建筑结构设计实例

陈　星　罗赤宇　李桢章　梁艳云　主　编

广东省建筑设计研究院　组织编写

中国城市出版社

·北　京·

图书在版编目（CIP）数据

建筑结构设计实例/陈星等主编. —北京：中国城市出版社，2014.1
ISBN 978-7-5074-2921-3

Ⅰ.①建… Ⅱ.①陈… Ⅲ.①建筑结构—结构设计 Ⅳ.①TU318

中国版本图书馆 CIP 数据核字（2014）第 017223 号

本书系广东省建筑设计研究院部分建筑结构优秀设计汇编，是广东省建筑设计研究院2000年以来高层公共建筑结构设计、大跨度公共建筑结构设计、高层居住建筑结构设计及市政交通建筑结构设计的代表作。每个项目内容均介绍工程概况、结构布置、计算方法、抗震构造措施、加强措施、地基基础等，以图为主，辅以文字混明，具有较强的技术性和实用性，对建筑结构设计、施工、监理及土建专业院校师生有较大参考价值。

* * *

责任编辑：常 燕 付 娇

建筑结构设计实例
陈 星 罗赤宇 李桢章 梁艳云 主 编
广 东 省 建 筑 设 计 研 究 院 组织编写
*
中国城市出版社出版、发行（北京市西城区广安门南街甲 30 号）
各地新华书店、建筑书店经销
广州恒伟电脑制作有限公司制版
北京振兴源印务有限公司印刷
*
开本：889×1191 毫米 1/16 印张：35⅜ 字数：1121 千字
2014 年 3 月第一版 2014 年 3 月第一次印刷
定价：**98.00** 元
ISBN 978-7-5074-2921-3

本社网址：http://www.citypress.cn

前　言

广东省建筑设计研究院始建于1952年，已经走过了60年的光辉历程，正值建院60周年之际，广东省建筑设计研究院编辑出版《广东省建筑设计研究院建筑结构设计作品汇编（2000～2012）》，本书集中反映了广东省建筑设计研究院2000年以来在建筑结构设计领域的科技创新与研究开发的新成果。

随着我国经济快速发展，越来越多的大型、大跨度公共建筑、超限高层建筑、复杂高层建筑结构如雨后春笋般地拔地而起，有的高层建筑追求新、奇、特的建筑体形，这就给抗震安全和结构设计带来了新的挑战。广东省建筑设计研究院积极开展科研创新，针对不同的复杂结构进行研究，并将研究的创新技术应用于实际工程中，解决了难度较大的结构设计问题，积累了丰富的工程实践经验，涌现出一批优秀建筑结构设计，其中广州白云机场航站楼一期及二期扩建工程、广东省博物馆新馆、广州亚运城综合体育馆、广州2010亚运自行车馆、广州名汇商业大厦、广州名盛广场、正佳广场西塔楼、华润中心（一期）工程等项目均得到同行高水平的评价，为广东省乃至全国建筑结构设计领域的科技进步作出了积极的贡献，给社会带来了较好的影响力。

本书精选出广东省建筑设计研究院部分优秀建筑结构设计汇编成册，分为高层公共建筑篇、大跨度公共建筑篇、高层居住建筑篇及市政交通建筑篇。每个项目的内容均包括工程概况、结构布置、计算方法、构造大样、配筋做法、抗震构造措施、加强措施、地基基础，部分工程介绍了试验研究的主要结果。本书具有较强的技术性和实用性，对提高建筑结构设计水平有指导意义，对于结构设计人员，有较好的参考价值。

目　　录

高层公共建筑

大跨度公共建筑

高层居住建筑

市政交通建筑

高层公共建筑

广州名盛广场结构设计

建 设 地 点 广州市
设 计 时 间 2001～2006
主要设计人 陈 星 罗赤宇 叶群英 林朴强 徐 静 王金锋 向 前 赖鸿立 李滨飞
获 奖 等 级 全国第五届优秀建筑结构设计一等奖/全国优秀工程勘察设计行业奖建筑结构二等奖/广东省优秀工程勘察设计二等奖

一、工程概况

名盛广场位于广州市北京路，是商业步行街的大型综合性超高层建筑（图 1）。建筑物塔楼为 36 层，地面以上总建筑高度为 168m；裙楼分为 A、B、C 三区，分别为 6 层、10 层及 9 层，5 层地下室埋深为 21m，地下室单层建筑面积近 1 万 m^2且基本满占建筑物用地，项目总建筑面积为 14 万 m^2。由于工程属旧城区改造项目，且地理位置、周边环境、场地条件和交通情况均比较复杂，部分建筑需跨越市政道路，分别形成 45m 跨度承托 5 层（图 2）及 27m 跨度承托 8 层的大跨度转换结构；另外，由于八层大宴会厅（图 3）顶层作为空中花园使用，需采用 36m 大跨度桁架屋盖作为结构支承。工程于 2001 年 11 月动工，于 2005 年 6 月裙房土建封顶，并于 2006 年 5 月投入使用，塔楼于 2009 年竣工。本工程建筑剖面见图 4。

本工程按 7 度抗震设计，大型商场区域抗震构造措施按 8 度考虑，场地类型为Ⅱ类。为满足裙楼商场能尽快投入使用的要求，设计上根据工程特点采用了新型的混合结构框架—剪力墙筒体结构体系，地下室与裙楼各楼层采用钢梁与组合楼板的楼盖结构，塔楼采用内置型钢的板柱一核心筒结构。本工程在设计上采用了多项结构新技术，其中采用柱支式地下连续墙技术的 5 层地下室全逆作法设计、新型钢一高强混凝土组合构件的设计应用及大跨度钢一混凝土组合转换结构新技术的应用具有创新性，取得了良好的效果。

针对本工程面对的技术难题，设计上对整体结构及复杂的构件及节点进行了多个计算程序的精心计算及对比，并先后进行了一系列的科研试验和监测检验工作，对大厦的成功建设提供了技术支持，解决了多项结构超限问题。主要科学研究工作如下：

1）大跨度预应力钢一混凝土组合拱架转换结构的试验研究；
2）带约束拉杆异形钢管混凝土柱（墙）及节点试验研究；
3）板柱一核心筒结构型钢混凝土节点试验研究；
4）柱支式地下连续墙地下室逆作法新技术研究；
5）地下室逆作法集成技术研究；
6）地下室全逆作法施工过程基坑变形与大厦变形沉降的动态观测及数值研究；
7）钢管混凝土柱混凝土 C80 高强混凝土高抛加振浇筑法试验。

二、钢一混凝土组合结构新技术的设计及应用

根据项目的特点，本工程结构设计通过理论计算分析和科学试验研究相结合，设计与施工密切配合，在工程中应用了多项钢一混凝土组合结构新技术。

1. 主体结构采用新型的混合结构框架—剪力墙筒体结构体系

本工程在裙楼及地下室采用竖向结构为带约束拉杆异形钢管混凝土柱（墙）组成的核心筒及钢管混凝土柱框架（图 5、图 6），钢管内充填 C70、C80 的高强混凝土，提高了墙柱的承载力及逆作施工支承结构的稳定性，各楼层采用钢梁与组合楼板的楼盖结构。带约束拉杆异形钢管混凝土柱（墙）结构具有钢

结构延性好，配合逆作法施工快捷的特点，同时又具有钢筋混凝土结构刚度大、抗压性能好等优点（图7），使商场部分墙柱面积减少，建筑视线通透。钢梁主要采用热轧或焊接H型钢，主要钢梁截面为H488×300及H582×300，部分大跨度的框架梁采用钢箱梁，梁柱节点连接主要是焊接与高强螺栓连接相结合，楼板采用压型钢板上浇筑混凝土组成钢—混凝土组合楼板。

本工程采用的带约束拉杆异形钢管混凝土柱（墙）技术是由高强混凝土填入异形薄壁钢管（如方形、L形、T形等）内，并在异形薄壁钢管各边按一定间距设置约束拉杆组成的组合结构构件（图8）。其基本原理是借助内填混凝土使钢管的局部屈曲模式发生变化，以及约束拉杆的拉结作用使钢管壁的变形减小，从而增强钢管壁的稳定性和延性；同时，借助钢管和约束拉杆对核心混凝土的套箍（约束）作用，使核心混凝土处于三向受压状态，从而使核心混凝土具有更高的抗压强度和变形能力。

在结构布置方面，考虑到的B区裙楼高度为55m，高层塔楼设置于尺寸为54m×80m的裙楼南侧，结构设计上在裙楼北侧利用楼梯间设置了两个剪力墙筒体，有效地减少了塔楼侧置造成的扭转影响。另外，由于塔楼标准层平面相对较小，后期改为带夹层的酒店式公寓，对建筑净空要求非常高，标准层大部分楼层改为内置型钢的板柱—核心筒结构（图9），顶部楼层为常规的框架—核心筒结构。针对塔楼部分楼层较多采用板柱—核心筒结构的情况，为确保超限结构的抗震性能，除了严格按照规范板柱节点的设计要求进行设计并进行详细的计算分析外，设计上还采用了以下加强措施：①两个核心筒左右对称布置，上下居中，避免了位置偏心；②增加核心筒外墙厚度及提高混凝土强度等级，并按核心筒承担全部结构地震剪力考虑；框架柱网尺寸控制在9m以内；塔楼剪力墙和框架的抗震等级均为一级。③楼盖采用了新型的型钢混凝土板柱节点，根据节点试验及ABAQUS软件对节点进行的弹塑性损伤分析，新型的板柱节点具有较好的抗冲切及抗弯性能。④考虑到平板厚度为250mm，自重较大，在楼板中填充轻质砌块使楼板自重减轻30%。⑤在柱上板带处设置框架暗梁，暗梁宽度取柱宽另加柱两侧各1.5倍板厚，暗梁支座上部穿柱钢筋面积不小于柱上板带钢筋面积的50%，暗梁下部钢筋不少于上部钢筋的1/2暗梁箍筋的配置。柱上板带支座处暗梁的上部钢筋，至少1/4在跨度方向拉通。⑥在外框处拉通板节点的型钢，形成强度较大外圈梁。外挑楼板设置200mm×500mm的封口梁。

为使超高层建筑具有良好的抗侧力刚度和承载力，结合建筑平面和竖向布置，结构设计在塔楼10层位置设置刚性层，在刚度稍弱的Y向共设4榀与中央钢筋混凝土芯筒（图10）相连的立放桁架作为刚臂，外框柱则用宽扁梁纵横闭合拉结。立放桁架的上、下水平杆件分别为上、下楼层的梁，而斜杆则为带约束拉杆方钢管混凝土构件（图11）。刚性层的设置使塔楼结构在地震作用及风荷载作用的层间位移得到了较好的改善。本工程整体计算分析采用SATWE软件，B区主要计算结果如表1。

主要计算结果 **表1**

自振周期（s）	T_1	4.99	T_2	4.32	T_3（T_t）	3.18
	T_4	1.60	T_5	1.56	T_6	1.29
	T_7	0.78	T_8	0.76	T_9	0.50

		X向	Y向
地震作用下的位移	顶点	1/1707	1/1150
	层间	1/881	1/780
风荷载作用下的位移	顶点	1/3718	1/1132
	层间	1/1953	1/804
地震作用下的基底弯矩 M_o（kN·m）		1370398	1392247
地震作用下的基底剪力 Q_o（kN·m）		18367	18027
风荷作用下的基底弯矩 M_w（kN·m）		757706	1397798

2. 45m跨度新型预应力钢—混凝土组合自平衡拱架转换结构

由于A区部分建筑需跨越市政道路，形成45m跨度承托4层的大跨度转换结构，设计上将桥梁拱架结构应用于民用建筑中，利用两个电梯筒及设置加强横墙的双钢管混凝土组合柱作为竖向支承结构，支承结构间设置跨度45m的矩形钢管混凝土拱架结构（图12），并通过下弦拉杆设置预应力来达到转换结构水平力自平衡的效果。由于拱体受力主要为受压，在带约束拉杆的1175mm×1000mm矩形钢管内充填高强混凝土既能解决钢构件的稳定问题又能增加构件的抗压强度；钢拱架结构拱脚设在二、三层楼面标高处，以二、三层平面中内设预应力钢铰索的钢箱梁作为拱架的拉杆，其中二层钢箱梁截面为1175mm×1500mm，三层截面为1175mm×800mm，均采用厚度小于30mm的钢板，梁截面高度均能较好地满足建筑使用要求；各层楼盖结构以466mm×466mm方钢管及预应力钢铰线悬索拉吊于拱架上，与拱体和拉杆形成大跨度拱架结构（图13）；由于拱的作用可使大跨度结构成为现实，同时由于各构件组合而成的巨型框架又可成为稳定的结构体系，可承受各种使用荷载及外部作用。

吊杆作为拱架结构的主受力构件，吊杆与拱架的连接节点是悬吊楼层主要传力途径。设计采用计算与模型试验结合，模型试验结果表明，竖向吊杆除底层吊杆出现局部压应变外，其余应变均为拉应变，这表明吊杆起着将各层梁的荷载传递到拱上的作用；另外，由于吊杆对主拱杆件的下翼缘产生的局部应力较大，吊杆节点需要优化。针对模型试验结果，结构设计对吊杆采用了软硬杆结合的办法，466mm×466mm方钢管内设置了预应力拉索，方钢管可承受压力及弯矩，并方便拱架施工及成型，而预应力钢索作为吊杆破坏的二次防线，并可解决了吊杆对主拱传力不明确的问题并使结构的挠度得到了有效的控制。

由于类似的结构在国内外应用较少，为了确保结构的安全及计算的准确型，计算上先后采用包括SAP2000、ETABS、MIDAS及ANSYS等程序对结构进行了较深入的分析，并进行了模型结构试验。结合国内的设计规范的参数，与科研单位密切配合，利用现有的计算手段对结构进行较真实的模型分析，使计算结果能真实反映结构实际受力情况。在对包括地震作用、风荷载及施工因素等各种可能出现的工况组合进行详细分析后，针对性地进行结构薄弱部位的构造加强以确保结构安全。计算和试验表明，由于钢管混凝土拱和边柱的主结构刚度很大，对于竖向挠度的控制起到了很好的作用。

3. 27m跨度部分预应力钢—混凝土组合桁架转换结构

在C区和B区交界的位置有另外一段市政路的通过，转换结构上需承托上部8层荷重。设计上与建筑配合采用传力明确直接的桁架结构体系，在二、三层间利用两层的高度形成整体桁架以支承上部8层的荷重（图14）。

桁架设计充分利用了钢构件受拉性能好及钢—混凝土组合构件抗压性能好的特点，上下弦杆采用钢箱梁，斜杆采用钢管混凝土构件；另外，在桁架受压杆件灌注混凝土，既减低混凝土浇筑难度又增强构件的受力性能。由于桁架一侧支承构件截面限制，设计上利用通风管道井处理为带约束拉杆异形钢管混凝土构件小筒体，除承受大跨度转换构件传递的弯矩外，还加强了整体结构的抗侧力刚度并改善了结构的抗震性能。为了有效地减少结构的挠度及下弦杆较大的拉力，在下弦杆设置四束8×ϕ^s15.2无粘结预应力钢铰线形成部分预应力钢结构（图15），经计算及实测，能很好地满足承载力及挠度的要求。对钢结构桁架采用部分张拉体外预应力的方法，可针对部分受力及变形较大的杆件进行，对减少用钢量及构件的挠度有着良好的效果。

4. 36m跨度超重负荷预应力钢结构立体桁架

由于在B区裙楼屋顶需建造空中花园，屋面大跨度结构需负荷空中花园超过20kN/m^{2}的活荷载，常规的36m跨度网架远不能满足承载力要求。设计上确定采用部分预应力钢结构桁架作为主体支承结构（图16），针对受力及变形较大的下弦进行体外预应力的张拉。考虑到常规做法因支座与主体结构采用两端固接，造成支承柱顶弯矩偏大，需要加强构造，且桁架杆件截面亦偏大；为了减少柱顶弯矩并优化桁架构件截面，本工程将使用在桥梁及市政工程上的定向盘式橡胶支座应用在支承结构上，形成桁架一端的可滑动支座（图17）。为了减少地震作用上过大的位移对塔楼结构产生过大的影响，结构处理在连接部分采用加强构造处理。为方便桁架整体安装，设计与施工密切配合，制定了一系列施工方案，在50m高空完成每榀70多吨的桁架拼装及平移就位。

5. 钢管混凝土柱－钢梁通用节点

本工程竖向构件为钢管混凝土柱（墙），而梁为热轧或焊接H型钢，梁柱节点种类繁多。对于钢管混凝土柱，采用带环板的钢牛腿形式的梁柱通用节点（图 17），而异形钢管混凝土柱则采用设加劲肋板的梁柱通用节点。首层以上采用钢梁与节点采用高强螺栓与焊接混合连接，地下室部分钢梁与节点采用焊接连接。带上下环板及节点加劲肋的环板节点能较好地将梁端弯矩和剪力传递到钢管柱，不会在钢管壁形成应力集中，又能解决内环板难以解决的混凝土浇筑质量的问题，施工方便且受力性能好；而节点设计形成一个具有良好内力重分布能力的刚性区，节点具有足够的刚度和承载力，框架梁塑性铰出现在节点区以外，达到“强柱、弱梁、节点更强”的要求。

6. 内置型钢的钢筋混凝土板柱节点

本工程属于超 B 级高层板柱—剪力墙结构，设计时从结构抗震体系及加强措施等多方面着手提高了结构的抗震性能。其中采用了具有良好抗剪、抗弯性能的新型内置型钢板柱节点（图 18），节点内由工字钢和槽钢组成了型钢剪力键，设计独特的“柱边型钢方箍”相当于将柱顶支座向外扩移，从而减少了板跨中竖向位移；方箍及其延伸的型钢腹板承受了下面柱的冲切力，上下翼缘板参与了抗弯，型钢上翼缘上面的混凝土因拉裂退出工作时，型钢翼缘板可承受更大的作用力；从整体上起到了抗冲切和整体抗弯的作用；从有限元分析的混凝土受压损伤情况看，柱先于节点处而破坏，达到了强节点的性能目标。

7. 钢—混凝土组合楼盖新技术

结合本工程采用钢结构及逆作法的特点，设计上采用了压型钢板的组合楼盖结构。为解决单向布置次梁导致两向框架梁受力不均的情况，次梁结构布置以十字梁为主，9m×9m 板格分为四块跨度为 4.5m 的双向板，设计上采用波高较小的单向压型钢板支模，组合楼盖总高度为 150mm，利用十字梁楼盖体系及合理的双向钢筋配置，ANSYS 有限元分析结果表明组合楼盖受力性能类似双向板楼盖，使纵横两向框架梁受荷基本一致，可改善主梁两向刚度不一致的情况。

8. 钢—混凝土组合构件内高强混凝土的浇筑与检测技术

本工程高层塔楼超过 150m，为提高竖向构件的承载力，结构设计在带约束拉杆异形钢管混凝土柱（墙）及钢管混凝土柱下部楼层采用了 C70、C80 高强混凝土。为确保高强混凝土的质量，设计、施工及业主各方密切配合，在高强混凝土的配合比、高抛加振捣施工工艺及管内混凝土的无损检测等方面通过试配和现场试验及实测的办法进行了研究。对于高强混凝土，采取了如低水灰比、尽量减少水泥用量、掺入超细矿渣细磨粉末、加入高效减水剂、缓凝剂、采用超细石和冰水等措施，为进一步克服高强混凝土的脆性和提高其抗裂能力，掺入了 0.08%的聚丙烯纤维。对于钢管混凝土柱混凝土高抛施工质量的控制要求，在施工前采用废钢管进行了高抛混凝土施工试验，并对完成的混凝土进行剖管目测与抽芯结合的检测。通过试验的效果提出了 10m 高内通过高抛加振捣结合的混凝土浇筑施工方法，并采用预埋管进行超声波检测以对管内混凝土的质量起到控制作用。

三、采用柱支式地下连续墙技术的五层地下室全逆作法施工设计

名盛广场地下室共 5 层，基坑具有面积大、开挖深的特点，土方量达到 18 万 m^3，同时存在施工场地狭窄、工程地质情况复杂、紧邻密集的民居与学校、工程量大且工期要求紧等因素，基坑的变形及安全控制非常重要。本工程采用优化的地下室全逆作法施工设计，大大缩短了工期，有效减少对周围环境的不利影响，基坑的安全性得到了保证；而钢结构与地下室逆作法配合在地下室结构中成功应用，节省了大量的挡土临时支撑构件，采用的柱支式地下连续墙技术又减少了大量施工困难的入岩段工程量，综合效益良好。本工程采用柱支式地下连续墙技术的五层地下室全逆作法施工设计主要有以下特点：

1. 圆形钢管混凝土柱、带约束拉杆异形钢管混凝土柱（墙）与梁组成地下室全逆作法施工的支撑体系

本工程采用的全方位的逆作法施工，基坑开挖及逆作法施工的全过程，是由地下室四周的永久承重地下连续墙、地下室钢管混凝土柱（含圆形和异形）和楼层梁板结构，组成一个完整的支撑系统（图 5），所有支撑都利用结构的受力构件来充当，节省了大量的支护费用。而核心筒采用的带约束拉杆的异形钢管混凝土墙，整体制作和吊装（图 19、图 20），浇筑完钢管内混凝土后，钢连梁连接完成而直接形成筒体，实现首层以下墙、柱等竖向构件一次性完成施工。核心筒剪力墙配合地下室逆作法的整体化施工具

有创新性，比常规的逆作法施工中核心筒剪力墙的处理更为简单快捷。优化的地下室全逆作法施工使总工期缩短一年，地下室结构完成时，十层裙楼商场已完工（图 21）。

2. 柱支式地下连续墙逆作法新技术

在传统地下室逆作法技术的基础上结合工程的实际情况，设计上提出围护结构为柱支式地下连续墙的逆作法新技术。柱支式地下连续墙充分考虑连续墙在逆作法施工中起到挡土、挡水、承重的作用，抗渗作用通过进入不透水层的普通墙段（下称浅墙段）来解决，承重作用则通过连续墙下面以一定的间距设置柱支式嵌岩段（下称深墙段），形成新型的地下室连续墙结构形式（图 22）。围护结构采用柱支式地下连续墙＋喷锚支护组合构件，即土质差的地层上部采用地下连续墙作支护、土质好的地层下部改用喷锚支护，利用刚度巨大的楼面梁板柱作为内支撑，很好地解决了单纯采用地下连续墙作基坑支护造价高的问题。地下连续墙厚度取 600mm 厚，按多支点支护结构计算，利用首层至地下二层楼盖结构作为刚度巨大的支撑点，浅墙段大约在－13.4m 位置终止，连续墙体深度仅是越过透水层，进入硬塑至强风化层或中风化层，其下采用喷锚支护结构组合构件共同挡土挡水侧压和抗滑移（图 22）。在逆作法施工继续向下开挖时，到达较好的土（岩）层后，裸露出来的基坑侧壁由于土质较好，而且侧向土体的上下支撑得到保证，基坑壁内的土层内力会形成一种土拱效应，只要结合常规的浅基坑支护技术则可达到下层土体自身稳定的效果。

柱支式地下连续墙分为深段墙和浅段墙，浅墙段用于挡水、挡土，覆盖全部不良土体；深墙段嵌岩，作地下连续墙主体的柱式支承；浅墙段以下的侧壁土体，利用已完成地下室上部结构作上支座，坑底坚硬土（岩）作为下支座，在侧向土压力的作用下，形成土拱效应从而自身稳定；良好的土拱作用以及上部的近似刚体的水平支撑作用的共同存在，设计时可以不考虑土体的滑移破坏和坑底隆土。

为了确保柱支式地下连续墙新技术的可行性，设计同时以实际工程为研究背景，运用二维地层－有限元法、三维地层－有限元法以及三维荷载－结构法的方法，采用大型有限元软件 ANSYS、MARC 和 ABAQUS 模拟分析了土体开挖产生的土体内力、变形及其对结构的影响，对柱支式地下连续墙逆作法进行了大量而充分的数值计算分析，对该技术的可行性进行了验证。在此基础上，对实际工程的基坑开挖进行了施工全过程监测，并与有限元分析结果进行对比，保证了有限元仿真分析结果的真实可信性，进一步验证了柱支式地下连续墙逆作法技术的合理性。

3. 结合主体结构特点的逆作法设计

由于逆作法技术的特点，地下室主体结构大部分构件均可作为深基坑支撑构件，设计应在逆作法应用中起主导作用，在影响逆作法工效及成本的关键技术设计中充分结合结构特点选择最优方案（图 19）。本工程结构设计遵循以上思路，针对工程采用钢结构的特点，设计上确定了以二层为逆作法基准层向上向下同时施工的方案，突破了传统逆作法先施工首层楼板的思路，立体化的施工可将工期大大缩短。在一次性完成从基础至首层的剪力墙、柱等竖向构件的安装施工后，进行二层钢结构楼盖的施工，然后按地面上下同步施工的方法进行，加快了首层以上主体结构的施工进度以及裙楼施工的形象进度。

在逆作法施工过程中，先施工的结构可对支护结构起到内撑作用，而太大范围的先施工结构又影响开挖及后续部分的施工，为了提高地下室土方开挖的效率及速度，设计配合土方开挖的工程制定了钢结构安装的流程，设定了先施工钢梁作为内撑的合理区域。为使逆作法施工工程中的内撑设置得到保障，使地下连续墙、楼面梁、板以及柱形成为整体结构，利用其侧向刚度，对基坑侧向土压力起到一个较强的水平支撑效果，设计中采用 ABAQUS 软件对整个地下结构在开挖过程的受力特性进行了三维有限元计算（图 23、图 24），以分析在施工荷载作用下地下室整体结构所起到的内撑效果。本工程采用全机械化开挖和出土、土方开挖和结构施工组成合理的流水作业，为工期的缩短提供有力的保证。

4. 钢结构在地下室逆作法中的应用

地下室楼板结构采用钢梁与压型钢板相结合的方案，经过构造加强的 H 型钢梁组合楼板形成强大的平面内刚度，从而形成巨大的内支撑体系；由于采用压型钢板作为永久性模板，实现了免拆模，从而省去楼面支顶及模板拆除等占用的时间，加快了地下室内土方开挖进度及地下室结构的施工进度。

由于地下室底板及四周柱支式地下连续墙为钢筋混凝土结构，与内部钢结构的连接节点构造成为了设计关键。由于逆作法施工与常规施工方法有较大的区别，施工时是在地下自上而下进行，工作环境与施工条件有很大变化，节点构造必须在工艺上满足现有的工艺手段与施工能力并必须满足抗渗防水要求。因此，在设计过程中加强了与施工的配合，对逆作法施工中墙、柱、梁、板节点等关键技术进行重点优化，主要包括地下室钢梁与连续墙的连接节点大样（图 25）、钢管混凝土柱定位器大样、钢管混凝土柱与钢梁楼板连接构造。在地下室楼面梁、板与地下连续墙连接处，均改为采用混凝土梁、板的形式，避免了钢梁和压型楼板伸入连续墙时切断墙的竖向钢筋，并且可以保证与地下连续墙很好地结合。

图 1　建筑全景

图 2　A、B 区建筑外观

图 3　B 区裙楼顶层大空间完成效果

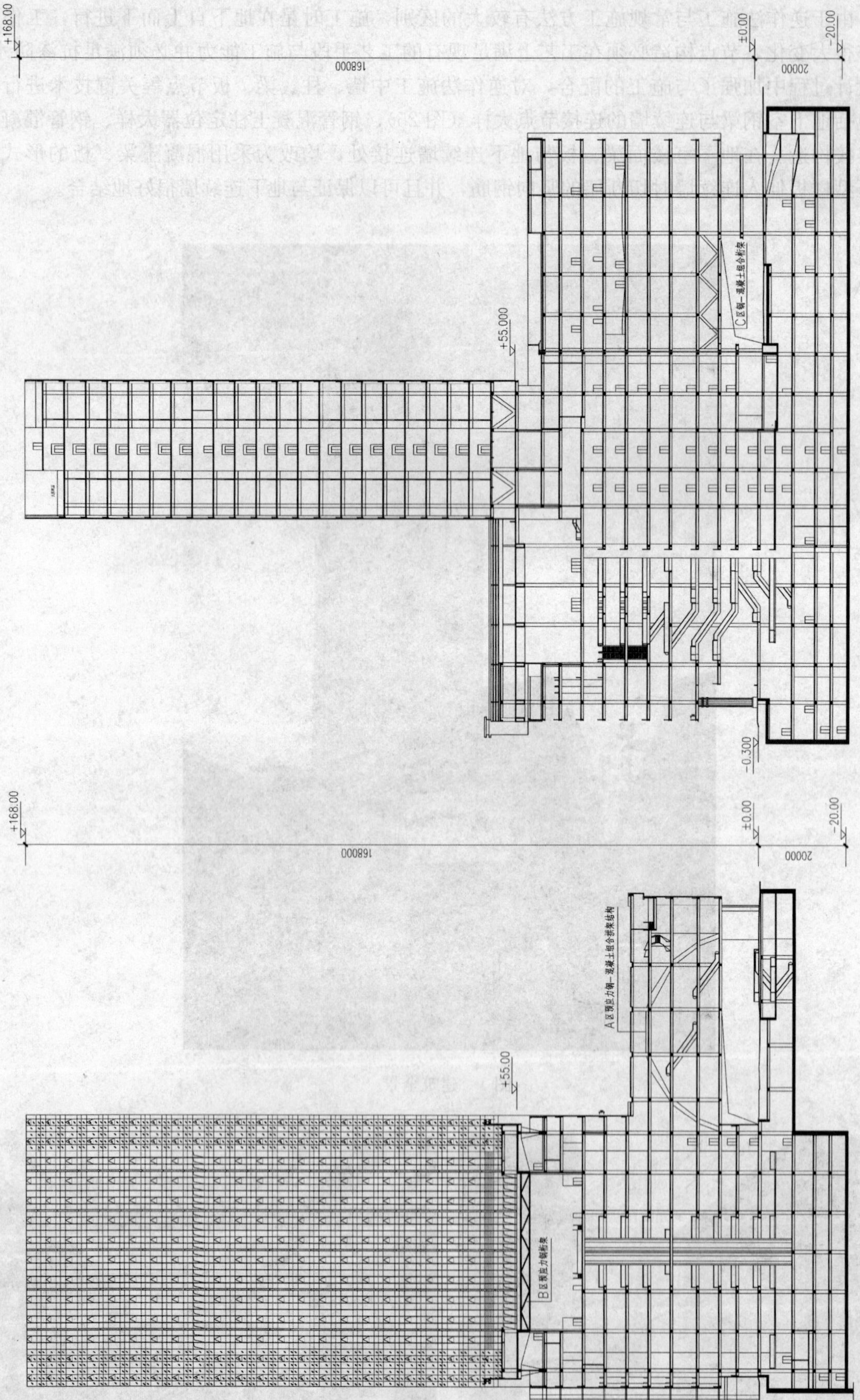

图4 建筑剖面图

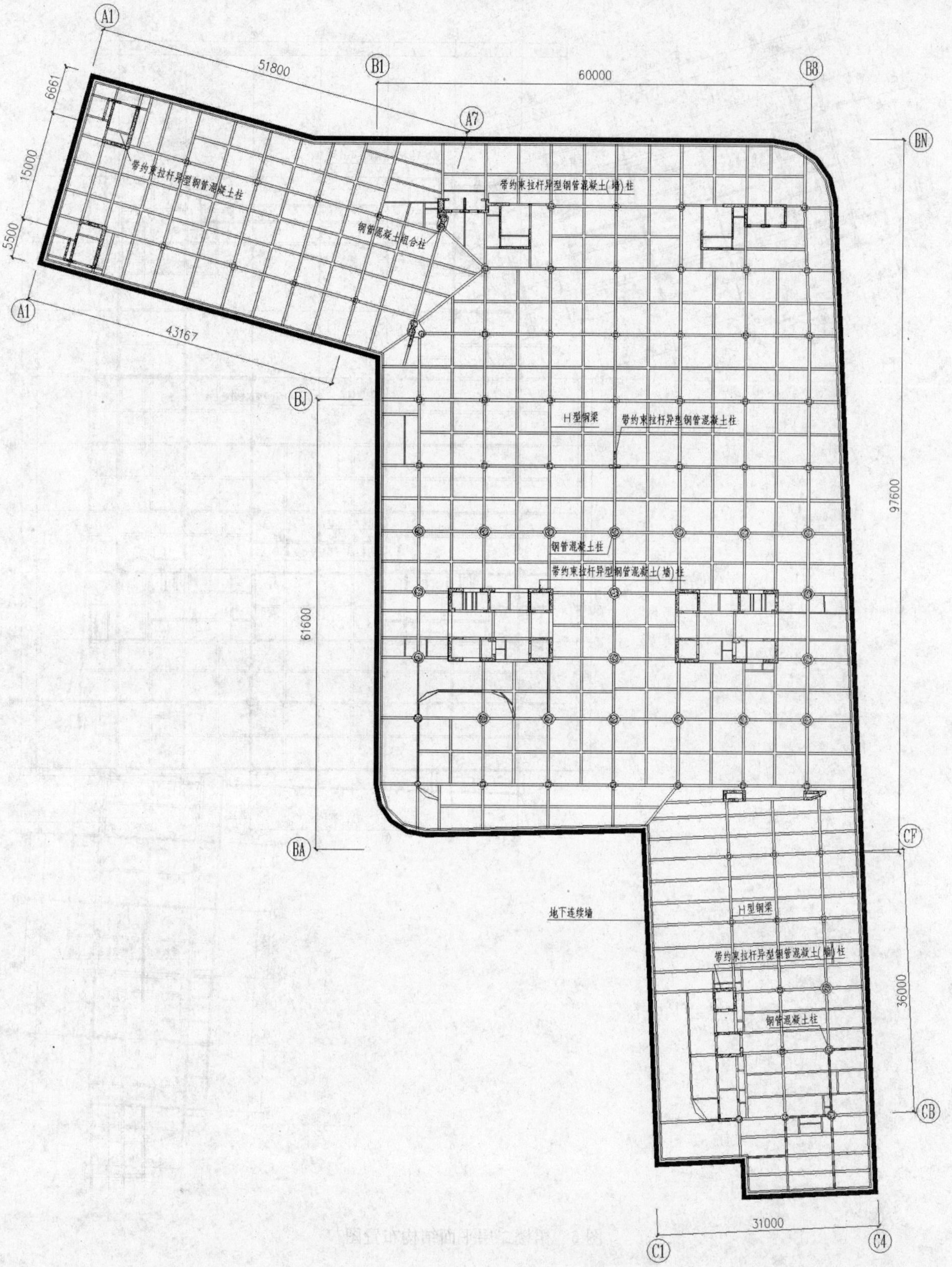

图 5　地下二层平面结构布置图

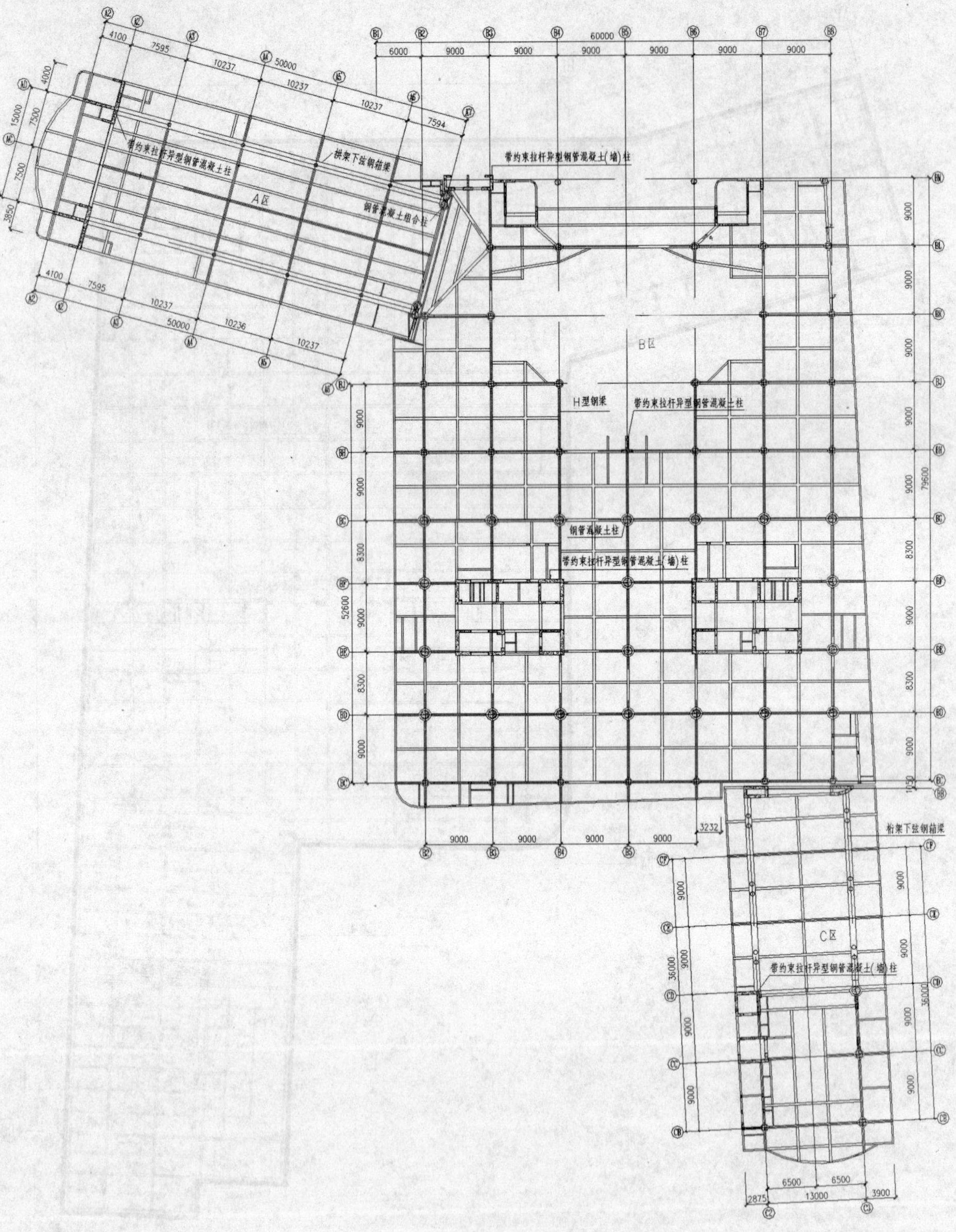

图 6　裙楼二层平面结构布置图

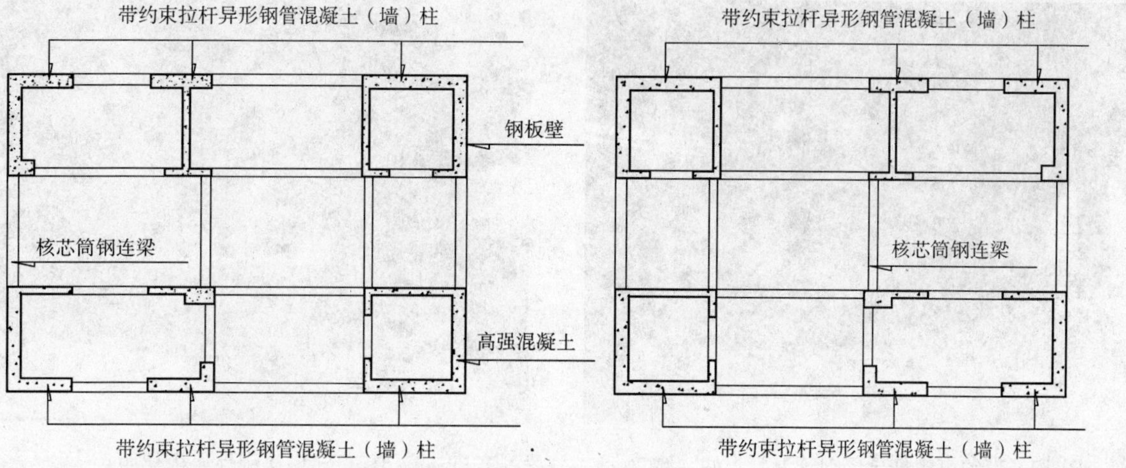

图 7　剪力墙核芯筒钢结构

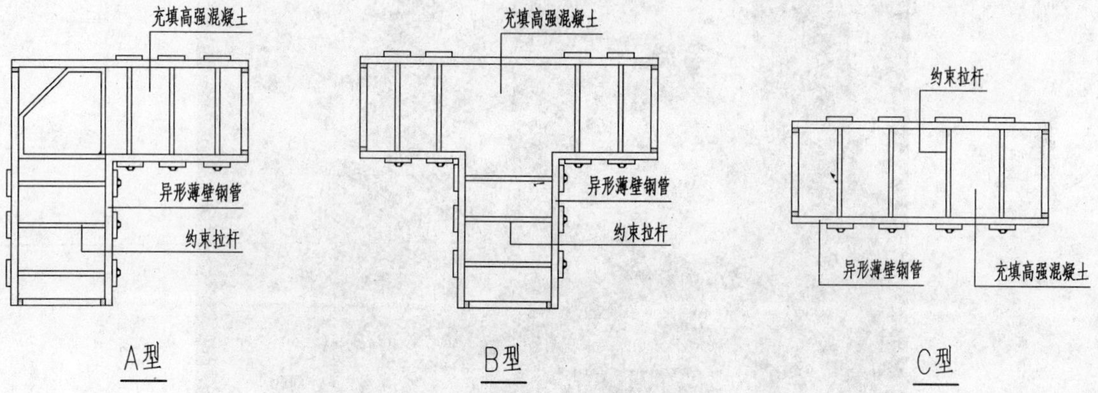

图 8　带约束拉杆异形钢管混凝土柱截面示意图

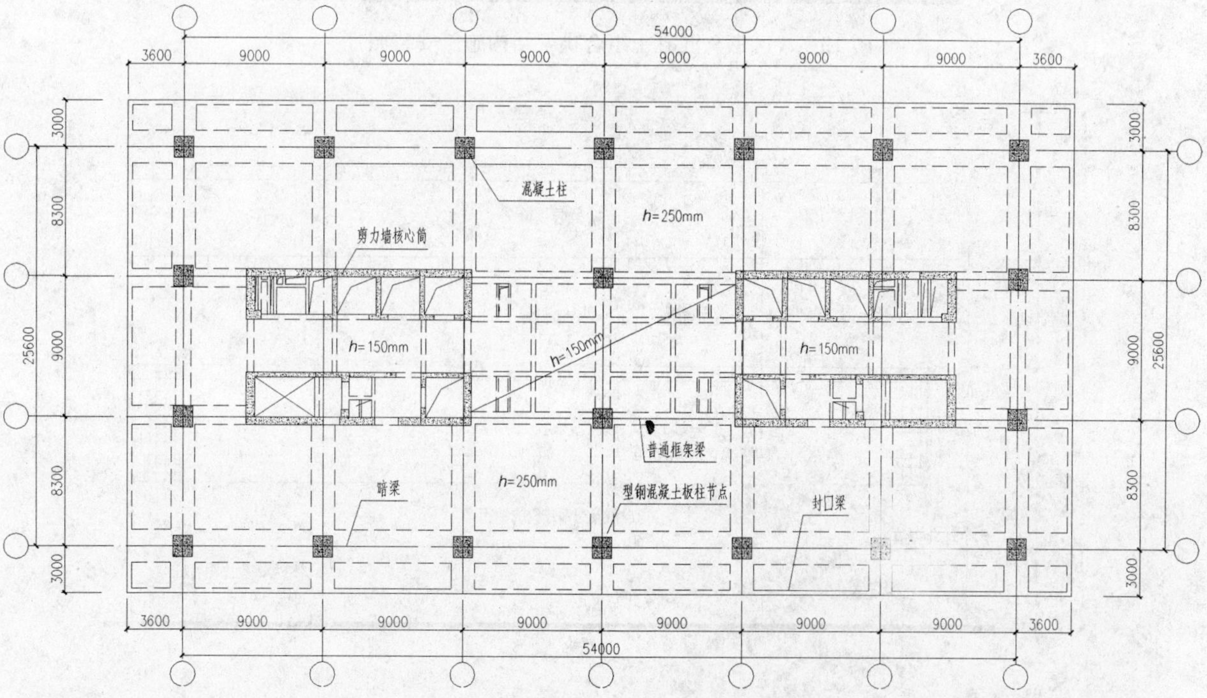

图 9　塔楼结构平面布置图

图 10　带约束拉杆异形钢管混凝土柱（墙）

图 11　塔楼刚性层桁架照片

图 12　A 区钢－混凝土组合拱架结构施工安装照片

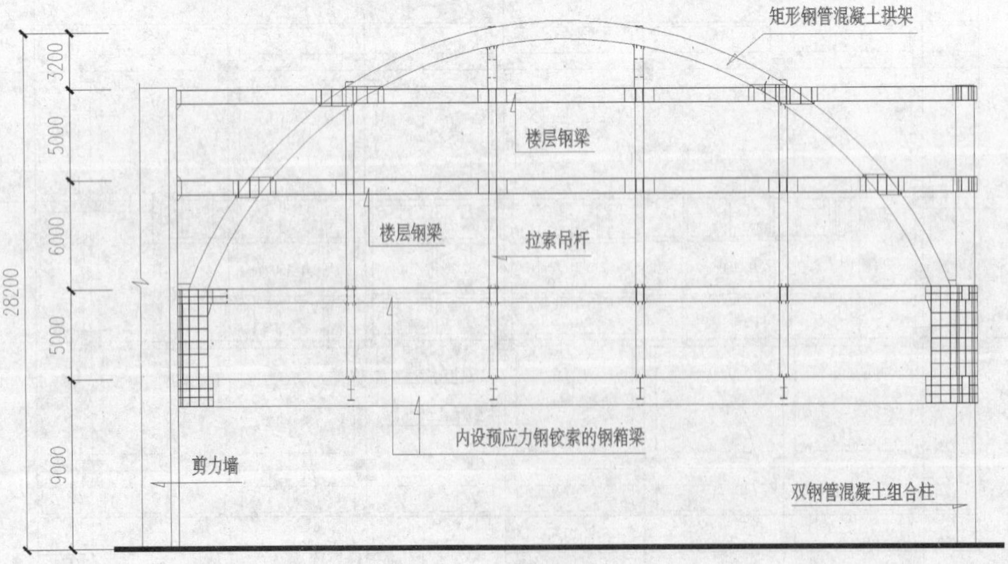

图 13　钢－混凝土组合拱架结构示意

图 14　C 区钢一混凝土组合结构桁架施工安装照片

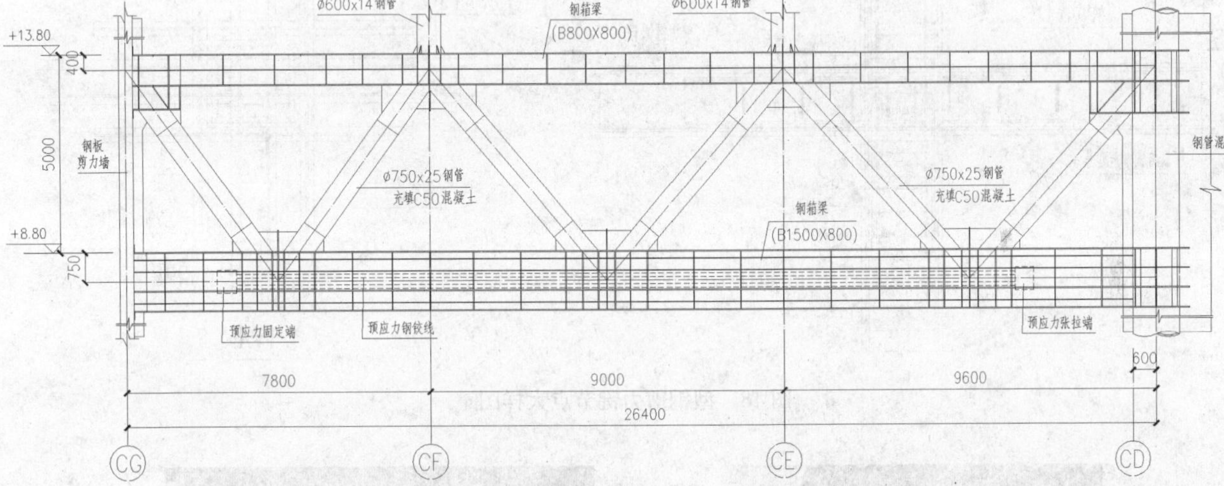

图 15　C 区钢一混凝土组合结构桁架

图 16　B 区桁架施工及定向滑动支座照片

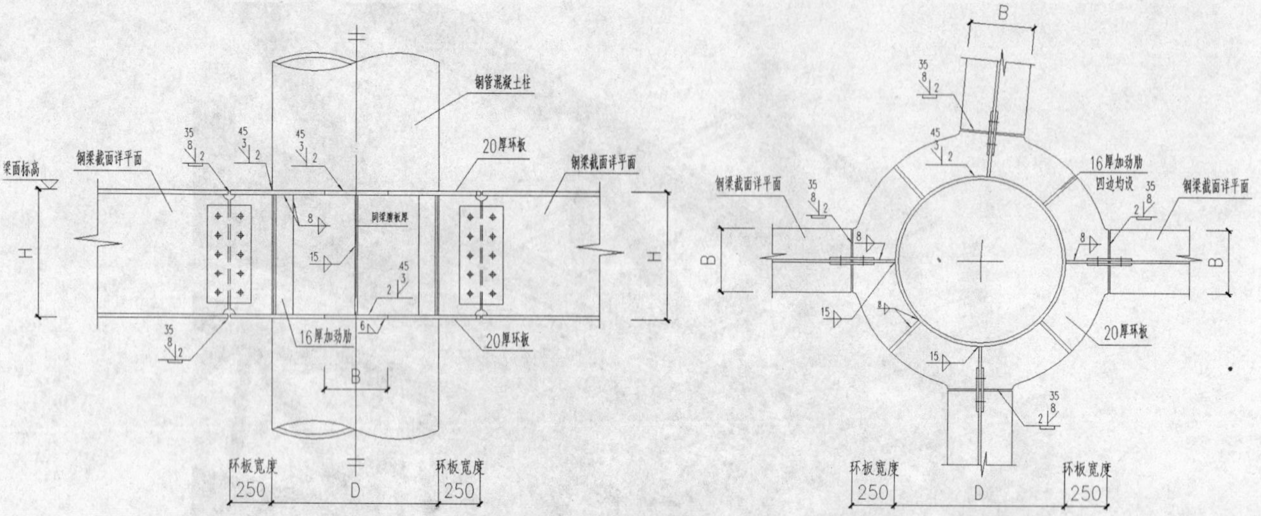

图 17　钢管混凝土柱－钢梁通用节点

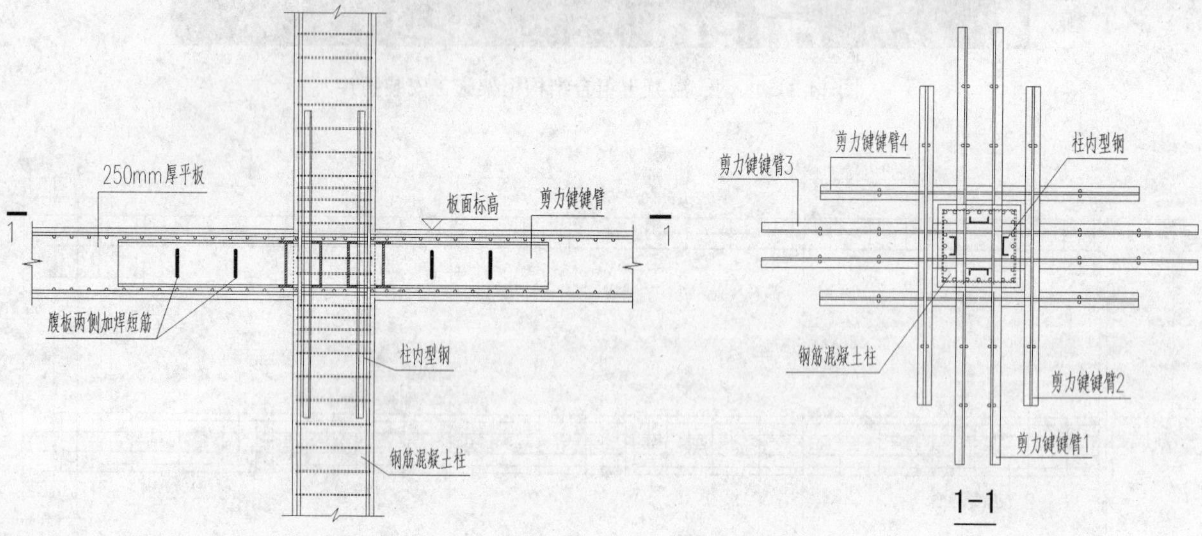

图 18　型钢剪力键节点大样图

图 19　核心筒剪力墙的整体安装

图 20　地下室异形钢管吊装照片

图 21　地下室逆作法底板施工照片

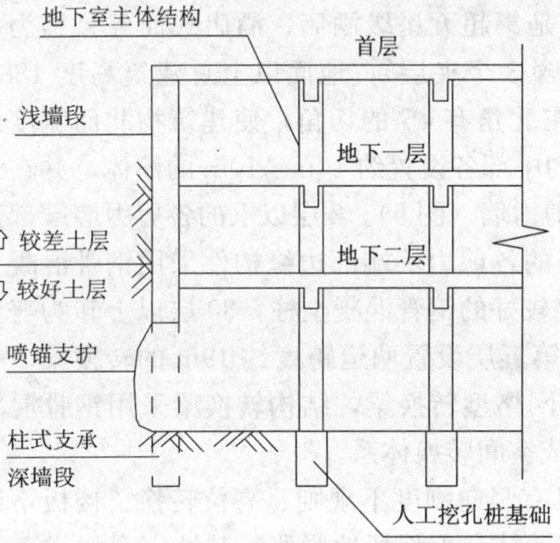

图 22　柱支式地下连续墙示意图

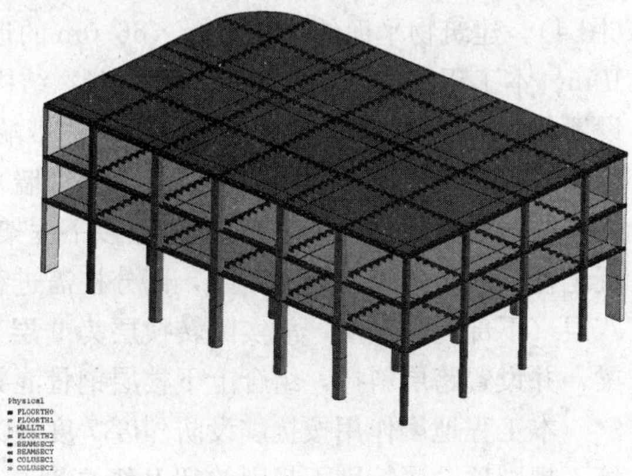

图 23　地下室逆作法内撑分析模型

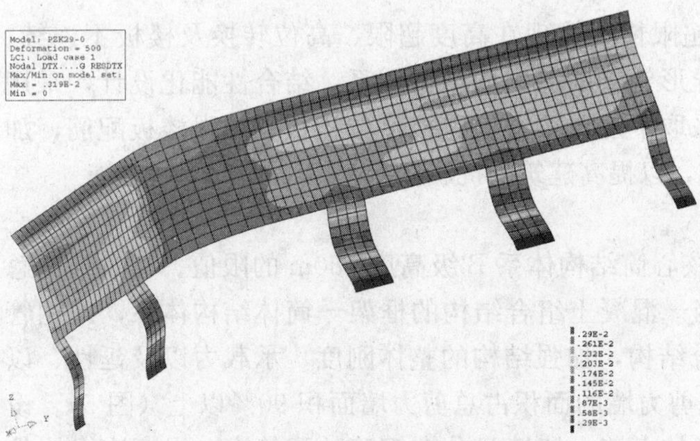

图 24　柱支式地下连续墙位移云图

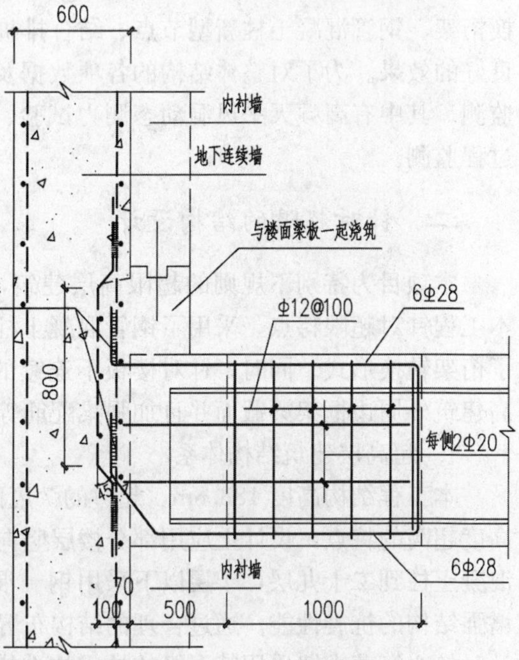

图 25　地下室钢梁与连续墙连接大样

正佳广场西塔楼结构设计

建设地点　广州市

设计时间　2005～2009

主要设计人　陈　星　罗赤宇　蔡赞华　王金锋　徐　刚　林朴强　徐　静　杨　春　叶群英
张　坚　欧妍君　赖鸿立　焦　柯　张　帆　欧旻韬

获奖等级　全国第七届优秀建筑结构设计二等奖

一、工程概况

正佳广场西塔楼工程位于广州市天河路正佳广场西侧，是集超五星级酒店、酒店式商务公寓为一体的超高层建筑（图1～图3）。建筑物地下4层地上41层（含3个夹层），地面以上总建筑高度188.8m（图4）。建筑物平面约为35.0m×66.0m的近似长方形，在东北角有45°的切角，使建筑物北面宽度约为10m。本工程采用框架一筒体（剪力墙）结构，在东西两侧的中部各设置约10m×10m的筒体，并在北侧设置约10m×4m的筒体，南侧设置两片带端柱长约10m的剪力墙（图5）。2层以下的各剪力墙端部边缘构件采用带约束拉杆异形钢管混凝土柱（墙），13层至29层的各剪力墙端部边缘构件采用钢骨混凝土暗柱。结构柱网约为12m，其中29层以下框架柱采用抗震性能较好的钢管混凝土柱，30层以上转为普通混凝土柱。由于建筑空间的需要，部分柱需进行转换，结构在第五层设置两道跨度约19m的转换梁，在第八层（下部为7夹层，故实际转换层为9层）设置多道交叉网格型转换梁，结构转换梁采用钢骨混凝土梁，并设置跨层斜撑，组合上下楼层钢骨混凝土框架梁而形成空间转换体系。

本工程地震作用按抗震设防烈度7度（0.10g）计算，具有竖向刚度不规则、高位转换、楼板不连续等不规则项，属特别不规则的超B级高度高层建筑。结构设计结合工程场地紧张、基坑安全要求高及高位转换等特点，在设计上针对性采用了多项结构新技术，其中有型钢一高强混凝土组合构件、大跨度转换桁架、钢管混凝土柱新型节点、结合排桩＋锚杆喷射混凝土支护技术的地下室逆作法设计，均取得了良好的效果。为了对整体结构的各项数据及性能有较好的了解，在设计及施工中还进行了相关的试验及监测。其中有高频天平风洞动态测力试验、风洞动态测压试验、结构模型模拟地震振动台试验、施工全过程监测。

二、针对超限的结构设计

本项目为特别不规则的超限高层建筑，主要的超限情况体现在高度超限、高位转换及楼板不连续。本工程针对超限特点，采用了钢管混凝土柱一内置异形钢管的剪力墙结构体系，结合性能化设计，采用了桁架转换形式。同时，针对楼板不连续的特点，采取了加厚核心筒连接部位楼板，加强楼板配筋，加高建筑外周边框架梁截面并且加强梁配筋等构造措施，以提高建筑的抗震性能。

1. 超高层建筑结构体系

本工程结构高度188.8m，超过的7度区框架一核心筒结构体系B级高度180m的限值。针对结构总高度超高的特点，设计上应用部分楼层竖向构件为钢一混凝土组合结构的框架一筒体结构体系，即钢管混凝土柱到二十九层，十层以下采用钢一混凝土组合结构，加强结构的整体刚度、承载力以及延性、以增强结构的抗震性能。通过合理的结构布置，使落地剪力墙的面积占总剪力墙面积90%以上（图5）。设计时核心筒剪力墙采用特一级的抗震构造措施，适当加大剪力墙墙身分布钢筋的配筋率，提高边缘构件纵向钢筋的配筋率和配箍率，连梁配置交叉暗撑；并采用钢管混凝土柱和型钢混凝土剪力墙，控制剪力墙、柱的轴压比。从计算结果来看（表1），由于剪力墙和筒体布置较合理，结构平动周期比较合适，扭转效应影响不大，各层的层间位移角能满足规范的要求，结构整体受力合理安全。

主要计算结果 **表1**

自振周期（s）	T_1	5.11	T_2	4.71	T_3（T_t）	3.44
	T_4	1.40	T_5	1.35	T_6	1.10
	T_7	0.74	T_8	0.68	T_9	0.57
				X向		Y向
地震作用下的位移			顶点	1/1001		1/1133
			层间	1/864		1/902
风荷载作用下的位移			顶点	1/973		1/1783
			层间	1/698		1/1584
地震作用下的基底弯矩 M_o（kN·m）				2579283		2566694
地震作用下的基底剪力 Q_o（kN·m）				22573		24078

2. 高位转换的设计

根据建筑的需要，在第九层取消北面的边框筒体，转为外挑圆弧梁以丰富建筑立面。经与建筑师商议，为避免框支剪力墙完全由框支梁支承和保持该剪力墙能有部分连续落地，结构采用了倒L形框支剪力墙，并尽最大长度保留X向的落地剪力墙（X向墙肢面积约为该L形剪力墙总面积的35%）；同时将Y向墙肢向下追设一层与边框筒连为一体以增强该L形框支剪力墙与边框筒的连接，并在八、九层均设置1.5m×2m的框支转换梁（图6）。计算显示，上述措施有效缓解了框支剪力墙在转换层附近的刚度、内力突变。设计时采用钢骨构架边缘构件，适当加大剪力墙墙身分布钢筋的配筋率。同时将圆弧梁范围内楼板加厚为150mm，加强楼板配筋，钢筋底面双向通长配置，以加强与周边楼板的连接。

由于本工程酒店入口和宴会厅都需要宽阔的空间，所以在该区段部分柱取消，使得竖向构件局部不连续，在第五层和第八层存在梁托柱转换。由于上部承托较多的楼层，采用钢骨转换大梁，以提高梁的刚度和增加梁的延性。同时为了减轻钢骨转换大梁的负担，转换层以上与梁上柱相连的框架梁采用截面较大的钢骨梁（800mm×1000mm），梁截面高度为种柱转换前跨度的1/20，并设置跨层斜撑形成整体桁架。为保证转换构件的安全性，工程还对转换构件进行了中震弹性计算，并且将中震弹性计算结果作为转换构件的配筋依据。从计算、振动台试验及施工监测数据看，桁架的受力性能良好。

3. 平面不规则建筑结构的抗震措施

为了使整个楼面两向的传力更为合理，楼面梁布置为井字梁现浇混凝土梁板结构，特别是二至九层局部大跨度空间楼盖，采用井式或交叉梁布置，梁的整体刚度作用使得梁的变形减少，计算上挠度和裂缝的控制值能满足规范要求。

由于建筑使用要求，工程的首夹层、二、四、六、七夹层非满布楼板，二层开洞率为26.8%、四层开洞率为29.8%、但能满足《高层建筑混凝土结构技术规程》规定的楼板开洞均小于30%的规定。首夹层平面开洞率为40.3%（图7），平面上已将北部剪力墙筒体脱离出来，因此剪力墙筒体楼板厚度在相应楼层加厚为150mm，采用双层双向配筋，提高板的配筋率。塔楼大部分楼层中部开洞率为12.17%，楼板洞口加斜向钢筋，洞口周边拉通钢筋处理。针对楼板因开洞削弱而产生的面内变形，结构设计选用了能考虑楼板变形影响的设计软件进行整体内力分析计算，程序采用弹性楼板假定，使结构计算模型能更真实地反映结构的受力情况。将核心筒连接部位楼板加厚为150mm，楼板配筋加强，钢筋底面双层双向通长设置，并设置集中配筋的边梁，以减少筒体处较多开孔对结构刚度的削弱；每层建筑外周边适当加高外框边梁截面并且加强梁筋构造。

三、钢一混凝土组合结构新技术的设计及应用

1. 主体结构采用新型的钢一混凝土组合结构竖向构件的框架一剪力墙筒体结构体系

本工程在地下室及12层以下采用竖向结构为带约束拉杆异形钢管混凝土柱（墙）组成的核心筒（图8）及钢管混凝土柱框架，钢管内充填C60的高强混凝土，提高了墙柱的承载力及逆作施工支承结构的稳定性，各楼层采用钢牛腿与混凝土梁柱的楼盖结构。带约束拉杆异形钢管混凝土柱（墙）结构具有钢结构延性好，配合逆作法施工快捷的特点，同时又具有钢筋混凝土结构刚度大、抗压性能好等优点。

2. 五层型钢混凝土转换结构

本工程三层为大宴会厅，建筑上要求有两层净高，五层该部分为小宴会厅及厨房，由于建筑使用功能变化，需要在五层进行转换，转换梁的跨度达到20m，托换柱轴力较大，若采用常规的转换梁形式，转换梁的高度较大，严重影响下层建筑功能。为满足建筑功能，本层转换梁采用钢骨混凝土梁加斜撑的形式（图9），其中钢骨梁的截面为1200mm×3000mm，斜撑为910mm×910mm的方钢管，钢管内灌注C60混凝土。梁式转换结构施工简单，转换构件受力明确，可较好的满足建筑对功能的要求。转换梁内增加钢骨可以有效增加梁的承载力，减小梁的尺寸，增加梁的延性，方便与转换构件的连接。同时增加跨层的与异形钢管混凝土柱相连的斜撑，可以有效的将力传至竖向转换构件。

3. 8层33m跨型钢混凝土组合桁架转换结构

本工程七层部分为室内泳池，该部位对建筑净空要求较高，七夹层相应部位为楼板大开洞，需要在八层进行结构转换。该处转换梁跨度达到33m，且为高位转换，若采用常规转换形式，转换梁的截面必然过大，严重影响建筑立面及下层建筑功能。

设计上考虑八层为建筑避难层，且八层层高为7.15m，经与建筑配合，转换梁采用传力明确直接的空腹桁架结构体系，在八、九层楼面处利用两层的高度形成整体桁架以支承上部的荷重（图10、图11）。利用八、九层钢骨转换梁作为桁架的上下弦杆，利用斜撑及钢管柱作为桁架的腹杆，斜撑内灌注C60混凝土，以增加斜撑的稳定性。在平面布置上，在八、九层转换桁架的垂直以及多个斜交方向上设置了多道钢骨混凝土大梁，使转换桁架与钢梁形成了空间受力的双向桁架（图12）。该种转换形式构件承载力高，传力路线明确，整体性能好，可有效减小转换构件的截面尺寸，同时钢骨混凝土具有良好的延性及抗震性能。

4. 钢管混凝土柱与钢筋混凝土梁刚性节点设计

本工程的非贯穿钢牛腿做法对钢管混凝土柱柱壁会产生拉应力，且梁的弯矩需要通过钢管混凝土柱柱壁来传递，因此在节点处采用了钢环板和钢筋混凝土环梁相结合的刚性节点设计（图13），通过钢环板扩散了钢牛腿对钢管混凝土柱壁的拉应力，确保了钢管混凝土柱的安全；在钢环板和钢牛腿的交接部位增加了钢筋混凝土环梁，节点区形成了一个刚性区域，梁弯矩通过环梁节点可以直接与梁柱参与分配，满足规范的“强节点、弱构件”的要求。

四、排桩加锚杆喷射混凝土支护基坑支护加半逆作法设计

本工程的东侧及南侧为已完成的正佳广场商场地下室。工程场地地下水静止水位埋藏较深，富水性较差，地质性能较好；东、南、北面紧贴已完成的建筑物，西面4m外市政管道密布，且工程基坑底板深度达到17.9m，部分桩台位置范围基坑深度最大处为19.9m。为了能有效地控制基坑变形，减少对邻近建筑物的影响，保证基坑结构安全，基坑开挖采用半逆作的方法进行施工，利用楼面结构的巨大刚度，加强基坑的支撑体系。以地下一层（标高−9.0m）楼面结构作为地下室逆作法施工基准层，并将该楼面框架梁延伸至基坑支护结构上同时作为基坑支撑构件，既可加强基坑支撑系统的整体刚度（图14）。又可以加快上部结构施工，缩短整体结构施工工作周期。此方案的主要优势在于可确保正佳广场裙房的结构安全。

1. 圆形钢管混凝土柱、带约束拉杆异形钢管混凝土柱（墙）与梁组成地下室全逆作法施工的支撑体系

本工程采用的基坑开挖及逆作法施工的全过程，利用钢管混凝土柱及带约束拉杆异形钢管混凝土柱（图13）作为逆作法施工的竖向支承构件。带约束拉杆异形钢管混凝土柱设置在核心筒剪力墙的暗柱位置，以后与后浇剪力墙混凝土墙段复合形成核心筒剪力墙结构。

2. 结合主体结构特点的逆作法设计

为了很有效地控制基坑变形，减少对邻近建筑物的影响，保证基坑及已建建筑物与旧围护结构安全，基坑开挖采用半逆作的方法进行施工，以地下一层楼面结构作为地下室逆作法施工基准层，设计上创造性地提出了利用地下一层楼面结构及组合后的上部结构的巨大刚度，加强基坑的支撑体系，然后通过下层的土拱效应，避免已建建筑物与旧围护结构形成向下开挖时的暴露情况，确保结构的绝对安全。

本工程逆作法思路充分考虑了新旧结构的连接处理，以地下一层楼面结构作为地下室逆作法施工基准层，既可加强基坑支撑系统的整体刚度，又可以按地面上下同步施工的方法进行，加快了首层以上主体结构的施工进度，地下室结构施工全部完成时，上部结构已施工至地面 20 层。这不但确保了原有结构的安全，同时也为投资方节省了投资，缩短了资金回收周期。

五、结构试验及施工全过程监测

针对本工程超高超限的特点，设计过程中先后进行了一系列科研工作，如风洞试验、振动台试验和施工全过程监测等，这些科研工作为大厦的成功建设提供了技术支持，解决了多项结构问题。

1. 风洞动态测压试验

从风洞动态测压的试验（图 15）结果来看，平面上塔楼表面具有大切角矩形外形的风压平面分布特点，迎风面大面积正压，中间大两边小，较大正压出现在建筑的 7/10～9/10 高度附近；侧、背风面分布为均匀负压，靠近来流的拐角和弧面附近（尤其在截面的尖端部分），有较大负压产生。同时，外围护结构的负风压常常比正风压大，在立面上大的负压有许多出现在大厦的中部，对建筑物下部和顶部来讲试验极值与规范标准值较为接近，对建筑物中部来讲试验极值比规范标准值大许多。规范标准值沿高度方向不断增大，试验极值则中部大两端小。

2. 高频天平风洞动态测力试验

试验数据显示，10 年重现期风速下顶部两个方向的最大加速度均满足设计要求。塔楼的折算频率与共振峰频率相距较远，风与塔楼的作用引起的共振的可能性较小，故两个方向的加速度较小。50 年重现期风速下的顶部最大位移为 X 向 0.093m，Y 向 0.037m。

3. 结构模型模拟地震振动台试验

从振动台试验（图 16）结果看出，模型在经历 7 度单向及 $X+Y$ 双向多遇地震后，结构的基本自振频率与震前相比基本没有变化，结构反应处于弹性阶段；在经历 7 度设防烈度地震作用后，基本自振频率略有下降，但结构仍处于正常工作状态；在经历 7 度三向罕遇地震后频率下降了 10%～20%左右，说明结构某些部位已进入弹塑性状态，但整体结构仍保持良好的承载能力。观察模型开裂情况，裂缝出现主要在大震阶段，位置主要集中在转换层的斜撑与剪力墙、梁的连接部位。

4. 施工全过程监测

工程采用逆作法施工，且存在多次及结构转换，转换跨度较大，且转换层最高层数为 8 层，为了保证结构安全及施工进度，工程的重要部位及重要构件进行了施工全过程监测。

所用监测方法为：利用楼层在建造的过程中所产生自重作用于转换层的构件时所产生的变形，以利用弹性模量来计算得到内力增量，将此内力增量与数值计算所得内力增量进行对比，从而达到监测的目的。监测时间间隔基本上为楼层每建一层，测量一次。遇到特殊的施工情形，缩短时间间隔，以期达到安全监测的目的。

工程施工全过程监测主要测点布置于地下二层的钢管柱及上部转换梁上。根据监测结果，监测数据于模拟数据基本符合（图 17）。监测过程中，个别数据出现了一些的浮动，这主要是由于现场施工的影响而造成的，且轴力增量也不大。而且在获得总的增量的时候，监测数据与数值模拟数据吻合的较好。通过施工全过程监测结果可知，工程的工作性能良好。

六、结语

正佳广场西塔根据工程实际情况进行技术的优化与创新，结构设计从建设项目策划及地下室施工项目开始前进行了综合研究分析，针对工程的特殊情况与建筑物的环境特点，选择了科学、合理、经济的结构形式与施工步骤，各项技术的应用均具有针对性及实效性，取得了良好效果。

图1　建筑效果图

图2　建筑外立面图

图3　建筑内部装修图

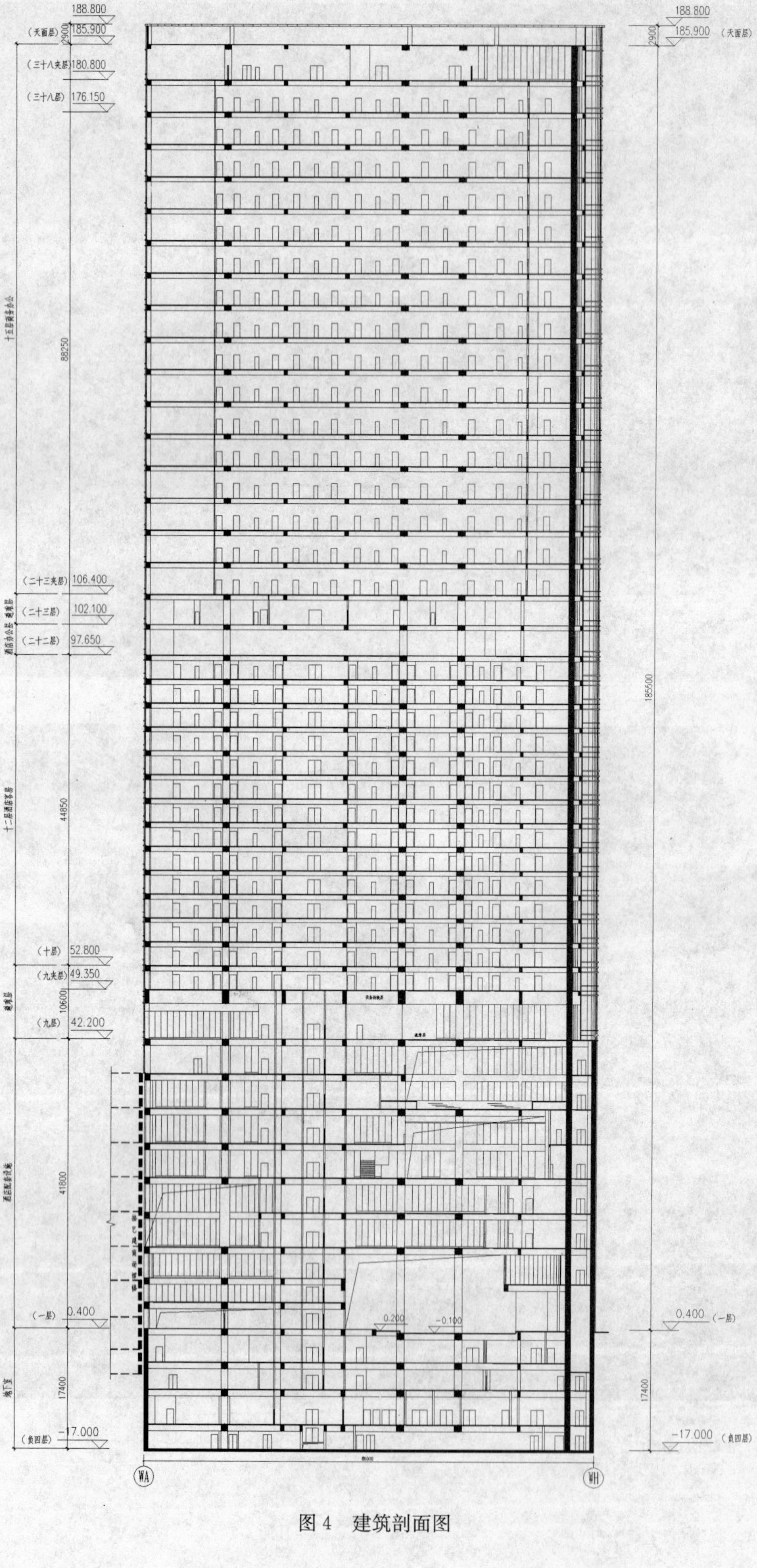
188.800
2900
(天面层) 185.900
(三十八夹层) 180.800
(三十八层) 176.150
88250
(二十三夹层) 106.400
(二十三层) 102.100
(二十二层) 97.650
44850
(十层) 52.800
(九夹层) 49.350
10600
(九层) 42.200
41800
(一层) 0.400
0.200
-0.100
17400
(负四层) -17.000
185500
WA
WH

图4 建筑剖面图

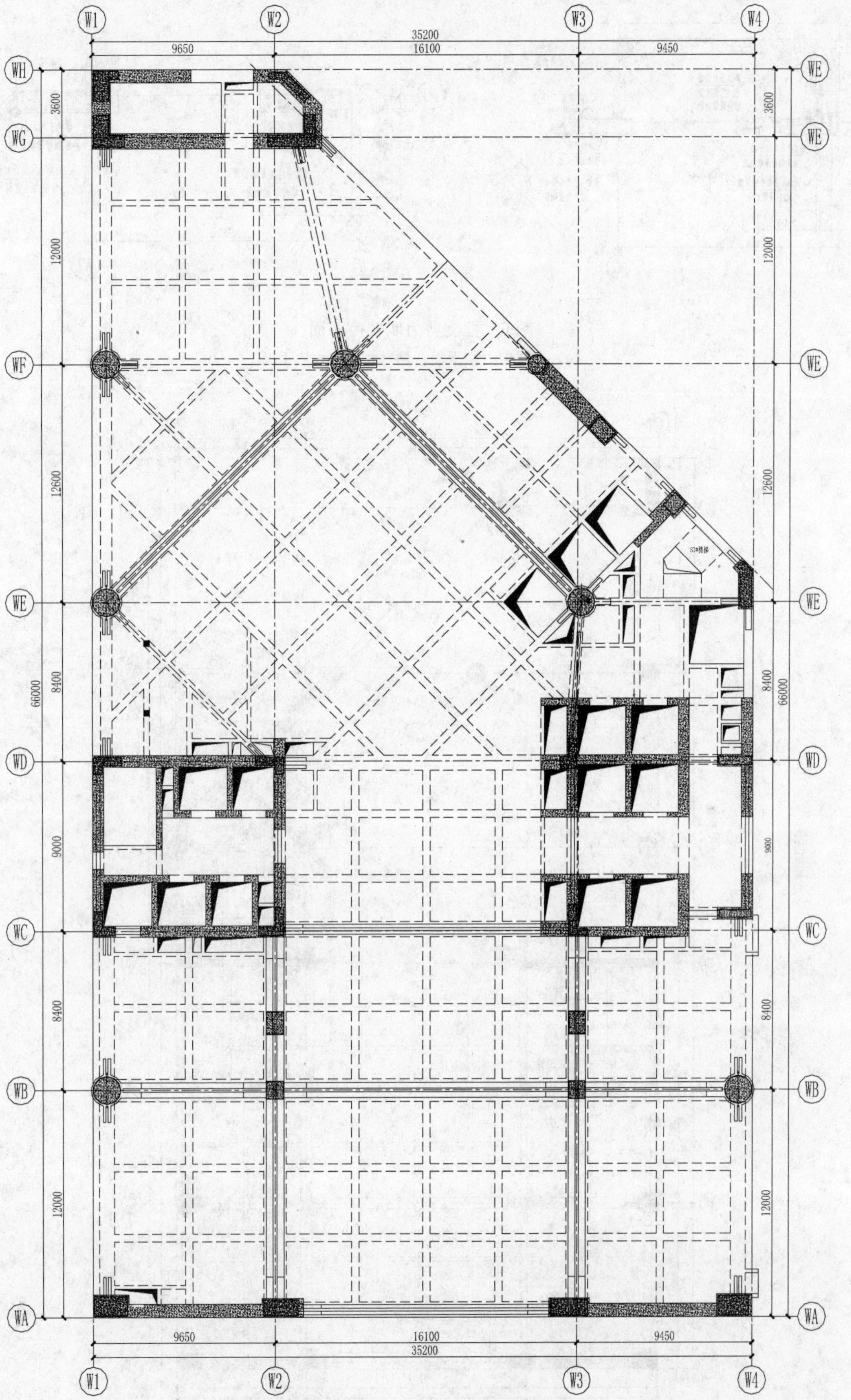

图 5　酒店标准层结构平面

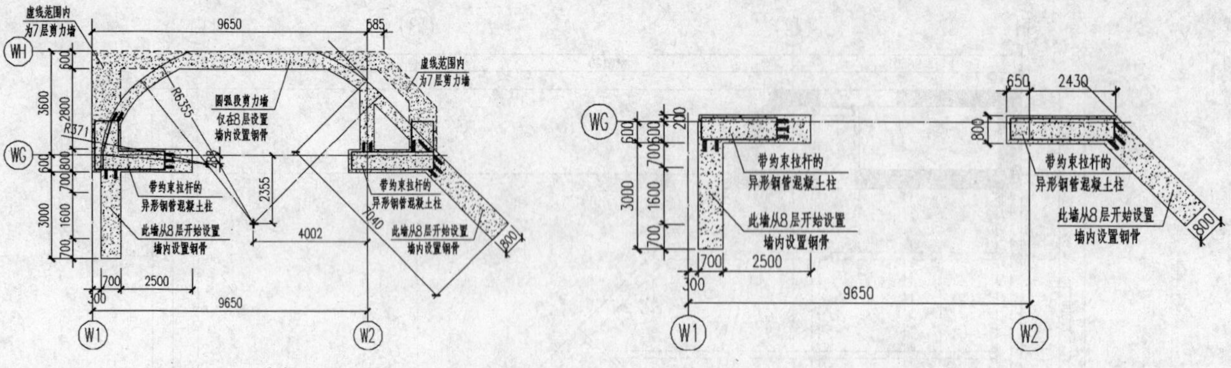

图 6　框支剪力墙转换平面
(a) 八层剪力墙平面；(b) 九层剪力墙平面

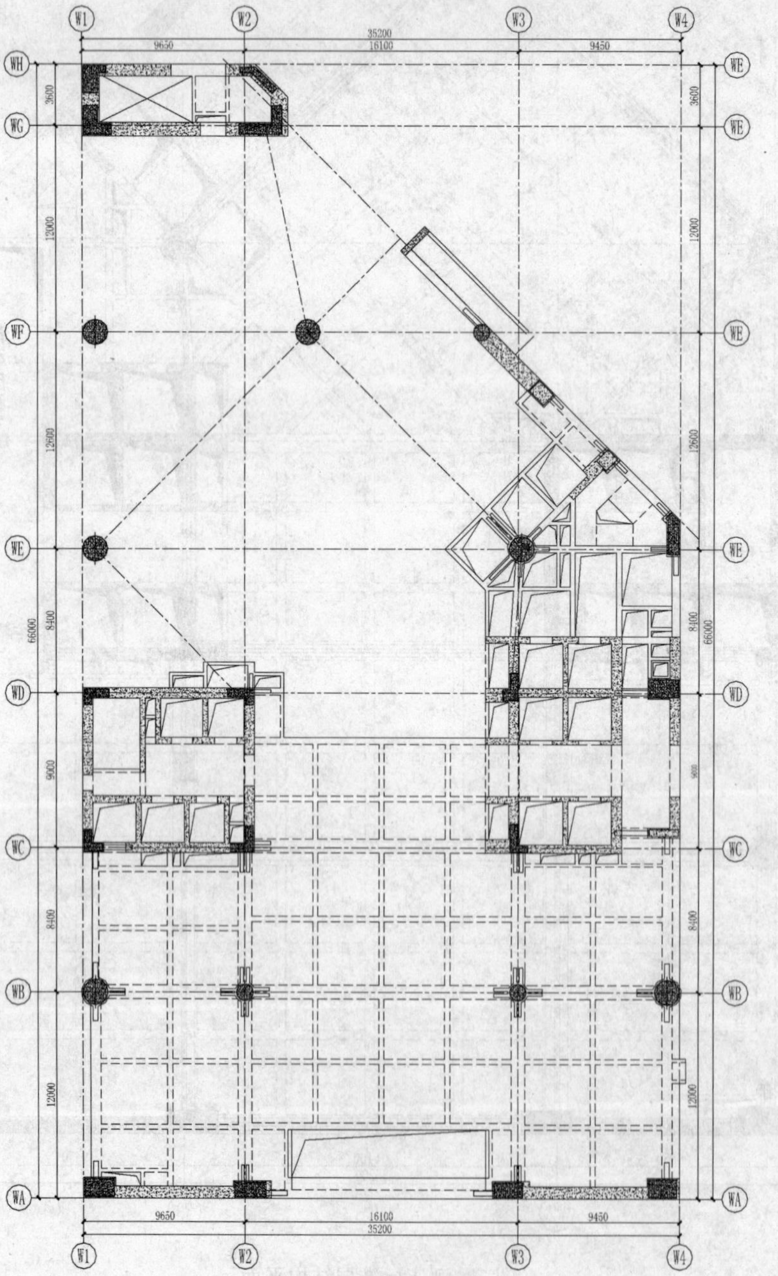

图 7　首夹层结构平面图

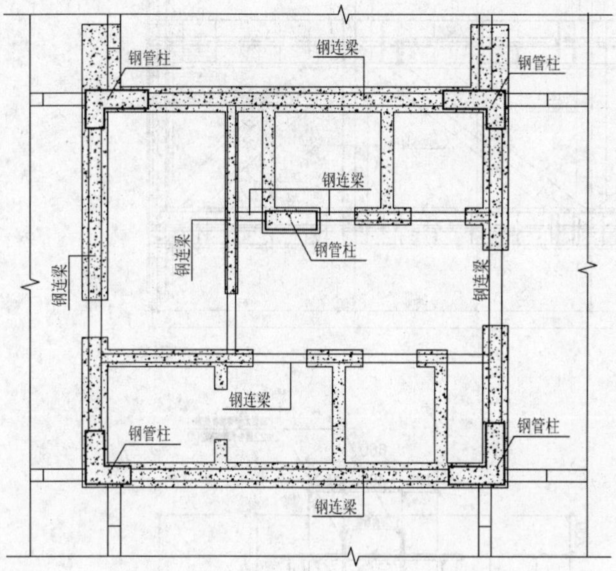

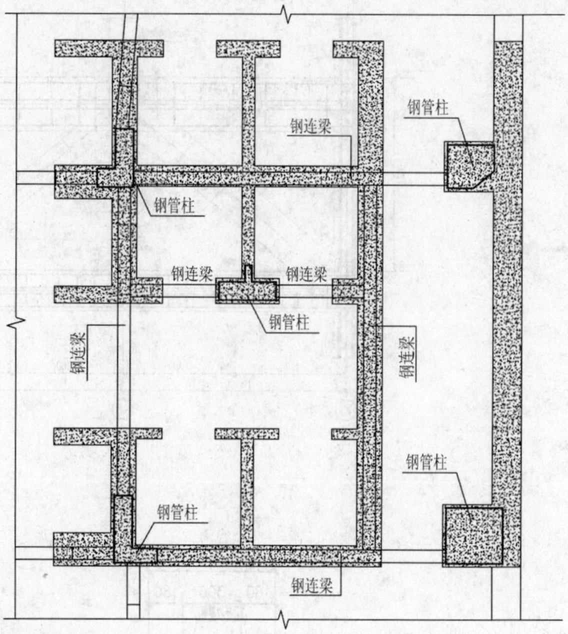

图 8　剪力墙核心筒钢结构

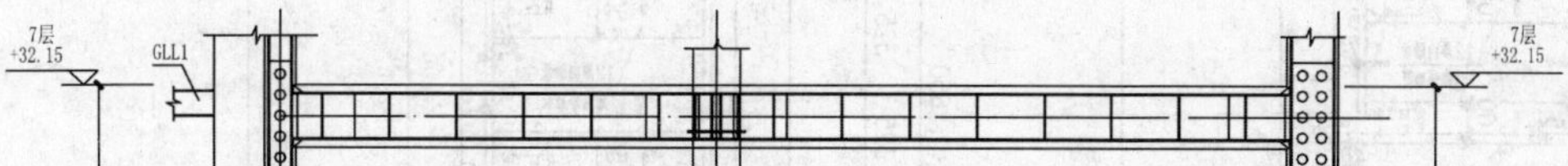

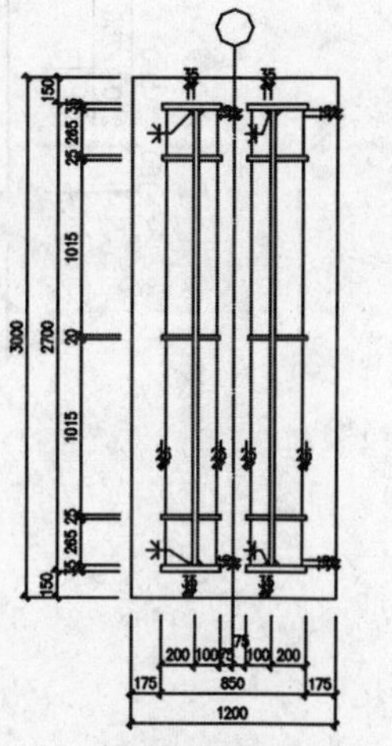

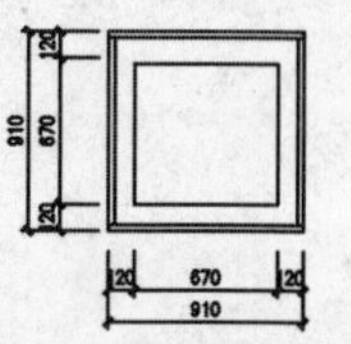

图 9　五层转换梁大样

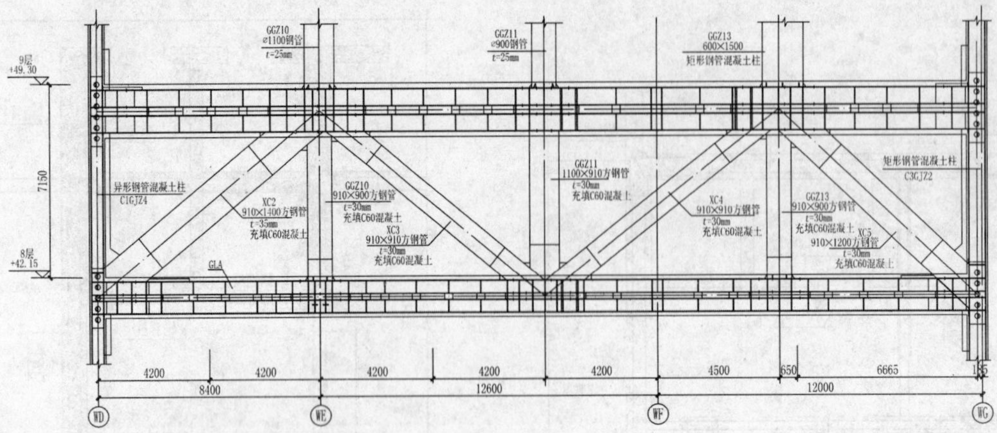

(*a*)

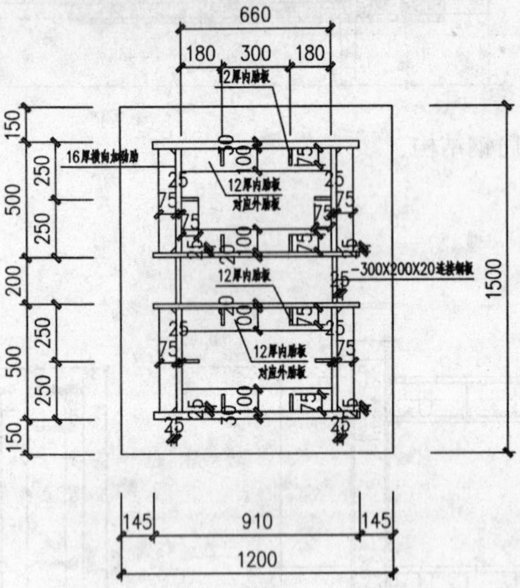

(*b*)

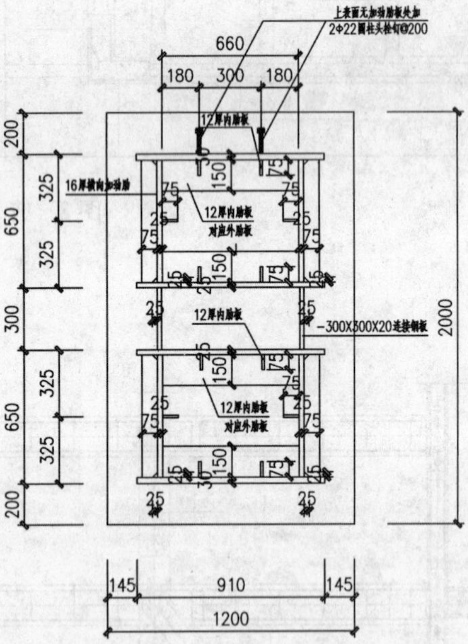

(*c*)

图 10　转换梁大样

(*a*) 八层转换梁立面；(*b*) 八层转换梁（*GLA*）剖面；(*c*) 九层转换梁（*GLB*）剖面

图 11　八层转换梁施工

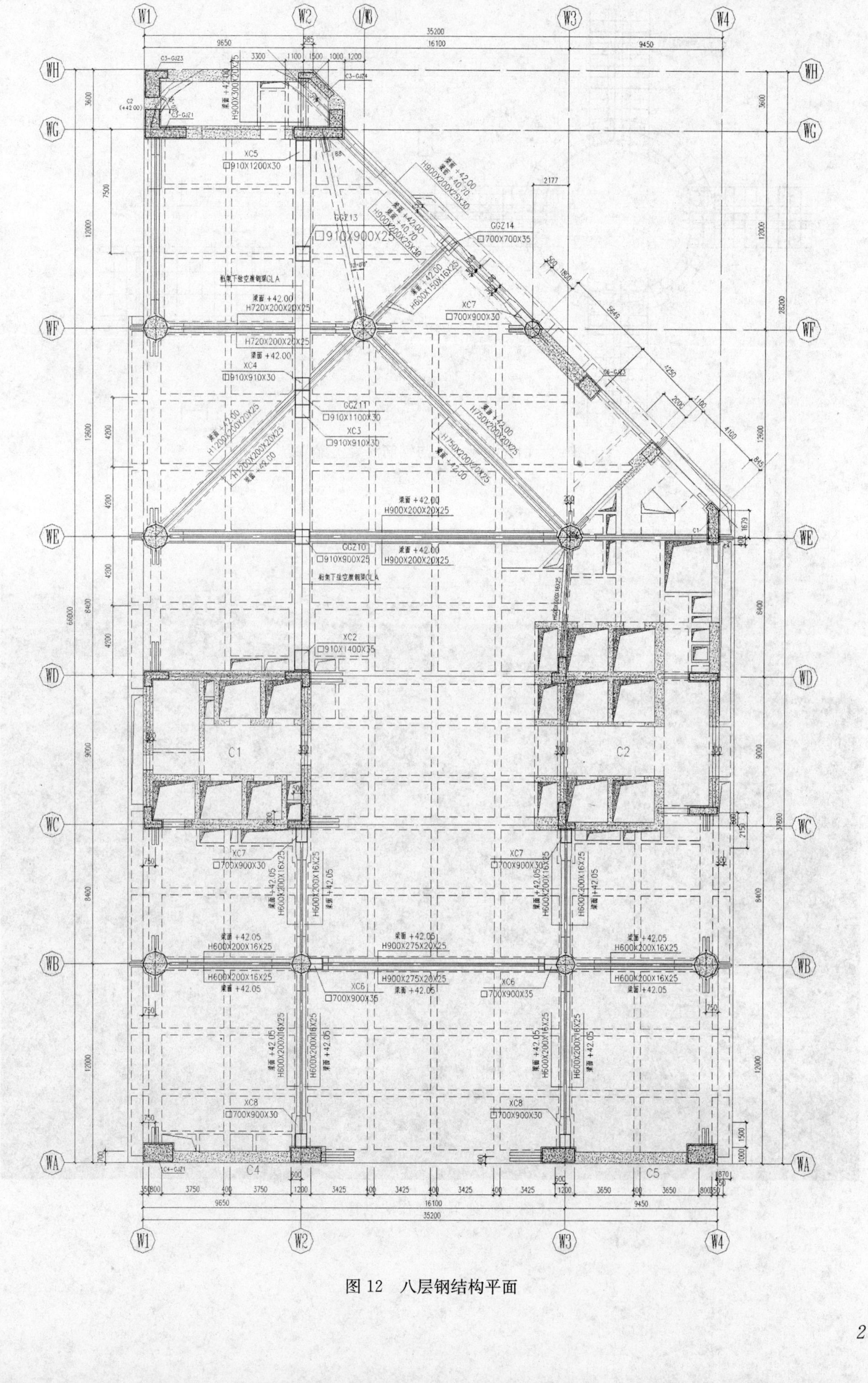

图 12　八层钢结构平面

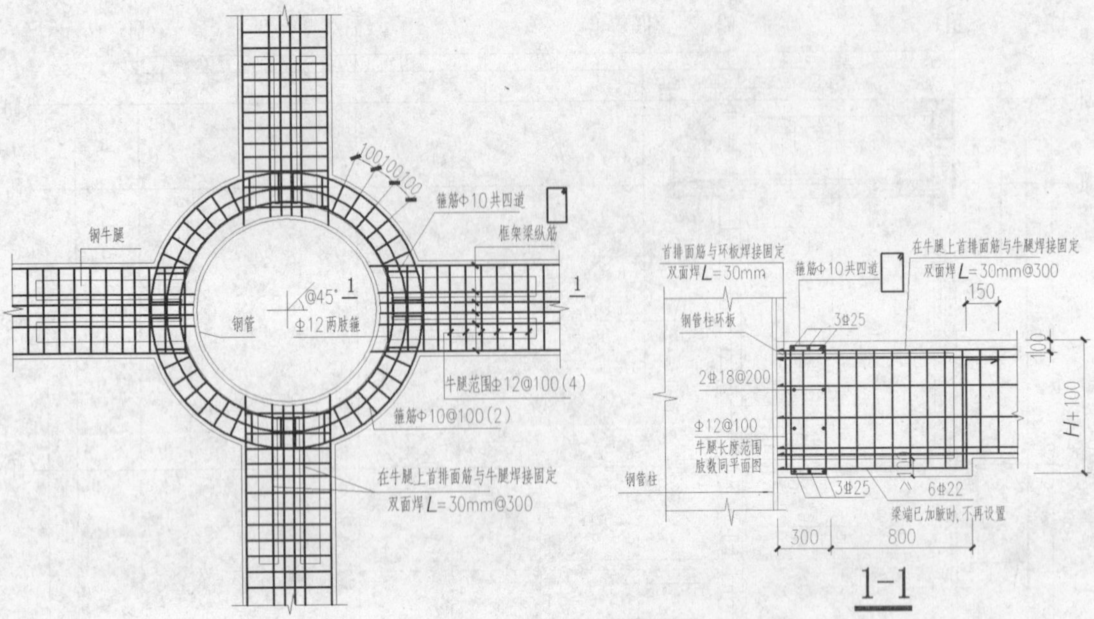

图 13　钢管混凝土柱与钢筋混凝土梁节点

图 14　地下室逆作法钢管柱

图 15　模型在风洞中试验的情形

图 16　模型振动台试验

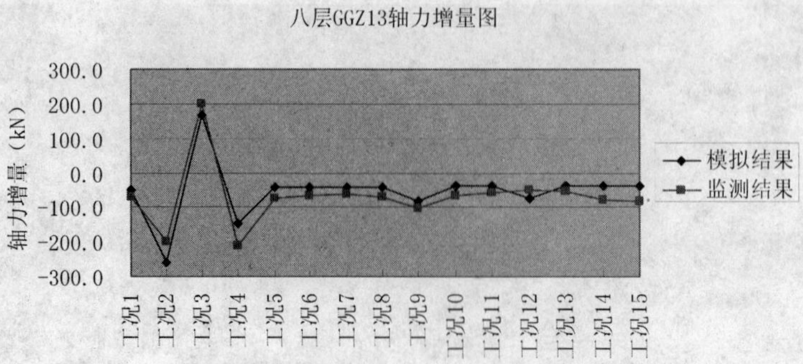

（*a*）

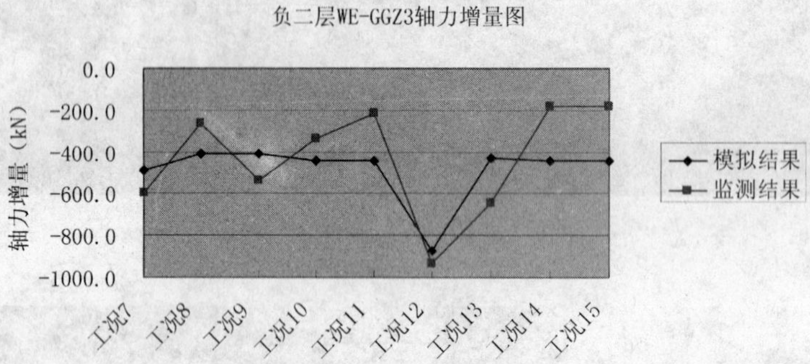

（*b*）

图 17　监测数据与模拟数据对比

（*a*）八层监测数据与模拟数据对比；（*b*）负二层监测数据与模拟数据对比

广州琶洲跨国采购中心结构设计

建设地点　广州市

设计时间　2005～2008

主要设计人　陈　星　李　宁　罗赤宇　苏恒强　叶　浩　王金锋　张英川　林朴强　吴泉霖

获奖等级　全国第六届优秀建筑结构设计二等奖

一、工程概况

广州琶洲跨国采购中心位于广州市海珠区新港东路（图1、图2），是集轻工会展和商务办公与一体的大型建筑。项目总建筑面积为27万m^2，地面以上总建筑高度为88.550m（图3）；建筑物占地平面尺寸为360m×180m（图4），地下室单层建筑面积为6.5万m^2，基本柱网尺寸为18m×18m，西翼为大型展览厅，地上共3层，地下1层。东翼根据功能分两部分，裙楼部分作长期展览厅用（图5、图6），地上4层，地下2层；塔楼部分为商务酒店及办公楼（图7），地上18层，地下2层。工程于2005年9月动工，于2008年6月封顶，并于2008年10月投入使用。

本工程东翼裙楼均为会展部分，柱网尺寸为18m×18m，五层以上为办公部分，柱网尺寸为9m×18m。在裙楼顶部，由于建筑功能的转变，柱网由下部的疏柱变为上部的密柱，需要在六层进行结构转换，设计上采用了预应力－型钢混凝土组合空腹桁架转换。

本工程按7度（0.1g）抗震设防，场地类型为Ⅱ类，由于裙楼区域为大型商场，裙楼和带转换层桁架的两层标准层区域抗震措施按8度考虑。为满足主体结构能尽快投入使用的要求，且把有限的资金投资到急需使用的展览厅的施工上，设计上根据工程特点，东区采用了结合全逆作法施工的混合结构框架—剪力墙筒体结构体系，西区采用了框架结构。

结构设计根据建筑功能及业主的要求，经过多方案比较，采用了新型钢－混凝土组合结构及采用深层搅拌桩止水帷幕加喷锚的基坑支护加半明挖的逆作法施工设计等结构新技术，解决了结构设计中的难题，取得了良好的效果。

二、钢—混凝土组合结构新技术的设计及应用

1. 新型的钢—混凝土组合结构竖向构件与钢牛腿结合的框架—剪力墙筒体结构体系

本工程在裙楼及地下室采用竖向结构为带约束拉杆异形钢管混凝土柱（墙）组成的核心筒（图8）及钢管混凝土柱框架，钢管内充填C60的高强混凝土，提高了墙柱的承载力及逆作施工支承结构的稳定性，各楼层采用钢牛腿与混凝土梁柱的楼盖结构。带约束拉杆异形钢管混凝土柱（墙）结构具有钢结构延性好，配合逆作法施工快捷的特点，同时又具有钢筋混凝土结构刚度大、抗压性能好等优点。

本工程整体杆系模型计算分析采用SATWE软件进行了设计计算。主要计算结果如表1、表2。

东区主要计算结果（框架核心筒结构）　　表1

自振周期（s）	T_1	2.2369	T_2	2.0909	T_3	1.7388（扭转）
	T_4	0.9758	T_5	0.7867	T_6	0.7333
	T_7	0.6635	T_8	0.5781	T_9	0.5689
计算方向			X向		Y向	
风荷载作用下的位移	顶点		$u/H=1/8342$		$u/H=1/4522$	
	层间		$\Delta u/h=1/3313$		$\Delta u/h=1/3628$	

续表

地震作用下的位移	顶点	$u/H=1/2308$	$u/H=1/2388$
	层间	$\Delta u/h=1/1346$	$\Delta u/h=1/1845$
基底剪力 Q_0（kN）		38122.67	38122.67
基底弯矩 M_0（kN·m）		1038520.13	1258487.50

西区主要计算结果（框架结构） **表 2**

自振周期（s）	T_1	1.6697	T_2	1.6072	T_3	1.4375（扭转）
	T_4	1.0201	T_5	0.5509	T_6	0.5140
	T_7	0.4992	T_8	0.4590	T_9	0.4556

计算方向		X 向	Y 向
风荷载作用下的位移	顶点	$u/H=1/4149$	$u/H=1/8333$
	层间	$\Delta u/h=1/2714$	$\Delta u/h=1/5146$
地震作用下的位移	顶点	$u/H=1/1326$	$u/H=1/1547$
	层间	$\Delta u/h=1/841$	$\Delta u/h=1/962$
基底剪力 Q_0（kN）		19242.78	24195.38
基底弯矩 M_0（kN·m）		399741.06	431972.25

2. 18m 跨度预应力－型钢混凝土组合空腹桁架转换结构

东区裙楼以下均为会展区域，柱网尺寸为 18m×18m，五层以上为办公部分，柱网尺寸为 9m×18m。在裙楼顶部，由于建筑功能的转变，柱网由下部的疏柱变为上部的密柱，需要在六层梁跨进行转换，托换柱最大轴力达 11000kN，若采用常规的转换梁形式，18m 跨的转换梁高需不小于 2.5m，严重影响建筑立面及下层建筑功能。设计上与建筑配合采用传力明确直接的空腹桁架结构体系，在六、七层楼面处利用两层的高度形成整体桁架以支承上部的荷重（图 9、图 10）。

桁架设计充分利用了钢－混凝土组合构件抗压及受拉性能都比较好的特点，上下弦杆采用 1400mm×1600mm 钢骨混凝土梁，腹杆采用 ϕ800mm×16mm 钢管混凝土柱。通过内力分析比较，随着桁架下弦杆的刚度增加，下弦杆的内力会非线性增大，如果下弦杆刚度过大，会使整个结构内力变得不协调，未能充分发挥空腹桁架空间整体共同作用能力。当上弦杆与下弦杆刚度相同时，下弦杆所承受的内力约比上弦杆大 12%，考虑到建筑的使用功能及立面要求，最终采用上弦杆与下弦杆均为 1400×1600 的空腹桁架。

为了有效地减小结构的挠度及下弦杆较大的拉力，在弦杆设置了 3×12ϕ^s15.24 和 2×9ϕ^s15.24 有粘结预应力钢铰线形成预应力结构（图 11、图 12），经计算及实测，施加预应力后，上、下弦杆的内力均有减少，减少幅度分别为未施加预应力时的 25% 和 20%，挠度也由原未施加时的 18.1mm（弹性挠度）减小为 15.6mm（弹性挠度），减小幅度约 16%，起到了良好的加强结构整体刚度和减少桁架挠度及裂缝宽度的作用，能很好地满足承载力及挠度的要求。对桁架结构采用预应力的方法，可针对部分受力及变形较大的杆件进行，对减少用钢量及构件的挠度有着良好的效果。

由于类似的组合结构在国内外应用尚未成熟，为了确保结构的安全及计算的准确性，计算上先后采用包括 SATWE、ETABS 及 MIDAS 等程序对结构进行了较深入的分析。结合国内的设计规范的参数，利用现有的计算手段对结构进行较真实的模型分析，使计算结果能真实反映结构实际受力情况。在对包括地震作用、风荷载及施工因素等各种可能出现的工况组合进行详细分析后，针对性地进行结构薄弱部位的构造加强以确保结构安全。经过多次计算分析标明，由于空腹桁架结构刚度很大，且在施加预应力后，对于竖向挠度的控制起到了很好的作用，主体结构安全得到了有效保障。

3. 钢管混凝土柱与钢筋混凝土梁刚性节点设计

本工程的非贯穿钢牛腿做法对钢管混凝土柱柱壁会产生拉应力且梁的弯矩需要通过钢管混凝土柱柱壁来传递，因此在节点处采用了钢环板和钢筋混凝土环梁相结合的刚性节点设计（图 13），通过钢环板扩散了钢牛腿对钢管混凝土柱壁的拉应力，确保了钢管混凝土柱的安全；在钢环板和钢牛腿的交接部位增加了钢筋混凝土环梁，节点区形成了一个刚性区域，梁弯矩通过环梁节点可以直接与梁柱参与分配，满足规范的“强节点、弱构件”的要求。

三、采用深层搅拌桩止水帷幕加喷锚的基坑支护加半明挖的逆作法施工设计

由于本工程展馆部分工期非常紧张，按照常规的施工顺序，从下到上，很难满足时间的要求，而且还要投入大量的资金在地下室。鉴于此，有必要对传统的施工方法、施工顺序进行优化，加快施工速度，把有限的资金投资到急需使用的展览厅的施工上，本工程经过多种方案比较，采用了深层搅拌桩止水帷幕加喷锚的基坑支护加半明挖的逆作法施工设计，主要有以下特点：

1. 圆形钢管混凝土柱、带约束拉杆异形钢管混凝土柱（墙）与梁组成地下室全逆作法施工的支撑体系

本工程采用的逆作法施工，基坑开挖及逆作法施工的全过程，是由地下室钢管混凝土柱（含圆形和异形）和楼层梁板结构，组成一个完整的支撑系统。而核心筒采用的带约束拉杆的异形钢管混凝土墙，整体制作和吊装（图 14、图 15），浇筑完钢管内混凝土后，钢连梁连接完成而直接形成筒体，实现首层以下墙、柱等竖向构件一次性完成施工。核心筒剪力墙配合地下室逆作法的整体化施工，比常规的逆作法施工中核心筒剪力墙的处理更为简单快捷。

2. 结合主体结构特点的逆作法设计

由于本工程周边无邻近的建筑物，场地非常开阔，根据现场的有利条件及地下室接近 8m 层高的特点，以首层为逆作法基准层，取消逆作法一贯常用的地下连续墙的做法，而采用深层搅拌止水帷幕桩加喷锚支护的基坑支护加半明挖的施工方案，可大大降低围护结构的工程造价。对于地下室土方开挖，一改以往逆作法施工常用的在楼面预留出土口进行垂直运土的做法，在东西两侧设置临时的长坡作运土车道，全部采用机械挖土运土，这样不仅施工速度快，而且大大降低了土方开挖的成本。地下室逆作法集成的设计和施工技术主要有：土钉墙、入岩预应力锚索、工程桩、钢管混凝土柱、核心筒剪力墙内置带约束拉杆异形钢管混凝土柱、基坑土方大开挖等等，参加组合的施工顺序有正作有逆作，各种技术相互关联并有机地结合，充分发挥了逆作法设计和施工的优越性。

本工程采用逆作法施工。首先进行主体结构人工挖孔桩基础施工，期间同步完成外围支护结构的深层搅拌止水帷幕桩。在完成人工挖孔桩基础及桩内定位器后，接着进行钢管混凝土柱的施工，在塔楼核心筒剪力墙部位，采用带约束拉杆异形钢管混凝土柱。当所有竖向支承构件完成后，即进行首层楼面的施工。以首层作为基准层，上部结构采用正作法施工，同时向下进行土方开挖及外围支护的施工（图 16），待土方完成至底板标高后，整个地下室底板、局部夹层及地下室外围侧壁墙又按正作法由下至上逐步完成。

本工程的地下室逆作法方案，降低了逆作法施工的工程造价，且大大地缩短了施工工期，整个上部结构直至结构封顶只用了 10 个月的时间，满足了业主要求的展馆部分提前投入使用的要求。

四、超长结构设计及施工要点

1. 超过 300m 的超长预应力混凝土结构的设计及施工

首层西区结构总长度为 360m，因建筑功能及防水要求未设伸缩缝，属于规范定义的超长结构。为防止混凝土结构构件在混凝土材料收缩和环境温差的作用下产生拉应力使构件开裂，结构梁板采用了预应力混凝土结构，以解决这一结构超长问题。

西区首层为大型展厅使用，活载设计值为 $15kN/m^2$，且主体结构也超过 300m，为解决首层的大荷载和超长的问题，在主要框架梁内设置了预应力钢筋，因主体结构太长，预应力钢筋损失大，且会对节点区产生极大的次应力，经过多种搭接方案的比较，采用了主次梁预应力筋每 2 跨分段搭接，在次梁边楼板上预留后浇洞，预应力筋在张拉洞内张拉（图 17）。这种板内开洞张拉方案相对于有粘结梁面开槽变角张拉来说，可以避免梁上开槽、削弱梁断面和截断主筋，且完成后每段内预应力筋都是连续的，能给结构

施加轴向预压应力，防止超长结构混凝土因温度变化而开裂。为防止楼板因张拉力过大而开裂，对楼板局部做了加强处理，将框架梁侧楼板局部加厚为300mm，预应力筋从梁侧穿入加厚板锚固于垂直框架梁方向的次梁上，预应力筋张拉端位置楼板预留1000mm×1500mm后浇张拉孔，有效地解决了对楼板的拉应力问题。

根据首层楼板的长度和实际结构布置情况，在首层楼板上设置预应力1×Φ15.24@1000，考虑到预应力混凝土结构整体受力情况，为保证结构预应力建立的平衡性，在楼板内同样双向配置了构造无粘结预应力筋，板面开槽变角张拉；另外考虑到塔楼核心筒对主体结构的约束，特别加强了该区域的预应力钢筋和构造钢筋。

经过实际观测，预应力筋的设置对首层及地下室侧墙结构的裂缝的开展情况有较为良好的控制作用。

2. 超长大体积混凝土设计及施工

本项目建筑平面为360m×180m，底板的厚度为500mm，属于超长大体积混凝土结构。因此，在底板施工过程中采用在平面内横向每2跨设1道后浇带，共9条后浇带，纵向设置2条后浇带，将结构分成长度合适的数块，通过跳仓施工的方案，以防止混凝土因早期收缩而开裂。在地下室底板的材料上，设计上选用了水化热低、收缩率低和抗裂性高的矿渣水泥，并选用了高性能的混凝土添加剂，对底板混凝土的水化热、水泥用量和用水量、混凝土的坍落度均起到了良好的控制作用。

对首层东西区分隔处，采用了楼板下沉的凹槽措施使首层主体结构在分隔处断开，原有主体的长度明显减少，对控制混凝土的收缩应力起到了明显的作用。

在施工过程中，制定了相应的施工要点，对混凝土的浇筑质量控制起到很好的效果。

1）通过混凝土的试配实验过程来确定混凝土的原材料及配比，通过混凝土工作性、强度和耐久性指标测定，并需通过抗裂性能的对比。

2）混凝土施工时混凝土的入槽温度不应高于28℃，混凝土中心温度和表面温度之差不应超过25℃；后浇带浇筑混凝土时，其混凝土要求按施工缝相关要求处理，后浇带两侧混凝土表面要求涂刷混凝土界面处理剂。

3）高性能混凝土加强保湿养护，大面积混凝土浇筑后，应立即采用塑料薄膜严密覆盖。二次振捣和压抹表面时，可卷起覆盖物操作，然后及时覆盖，混凝土终凝后如条件许可应尽可能采用蓄水养护。采用水养护时，水的温度与混凝土的温度相适应，避免因温差过大而混凝土出现裂缝。保湿养护期不应少于28d，28d后亦应避免混凝土表面受阳光直射。

4）加强新浇混凝土表面的保护，应及时清除混凝土表面泌水，当混凝土表面开始收浆及开始初凝前(不再泛现水的光泽时)，应进行二次抹面压光并用木搓搓毛，清除混凝土表面的塑性裂缝。

图1 建筑东立面

图 2　建筑北立面

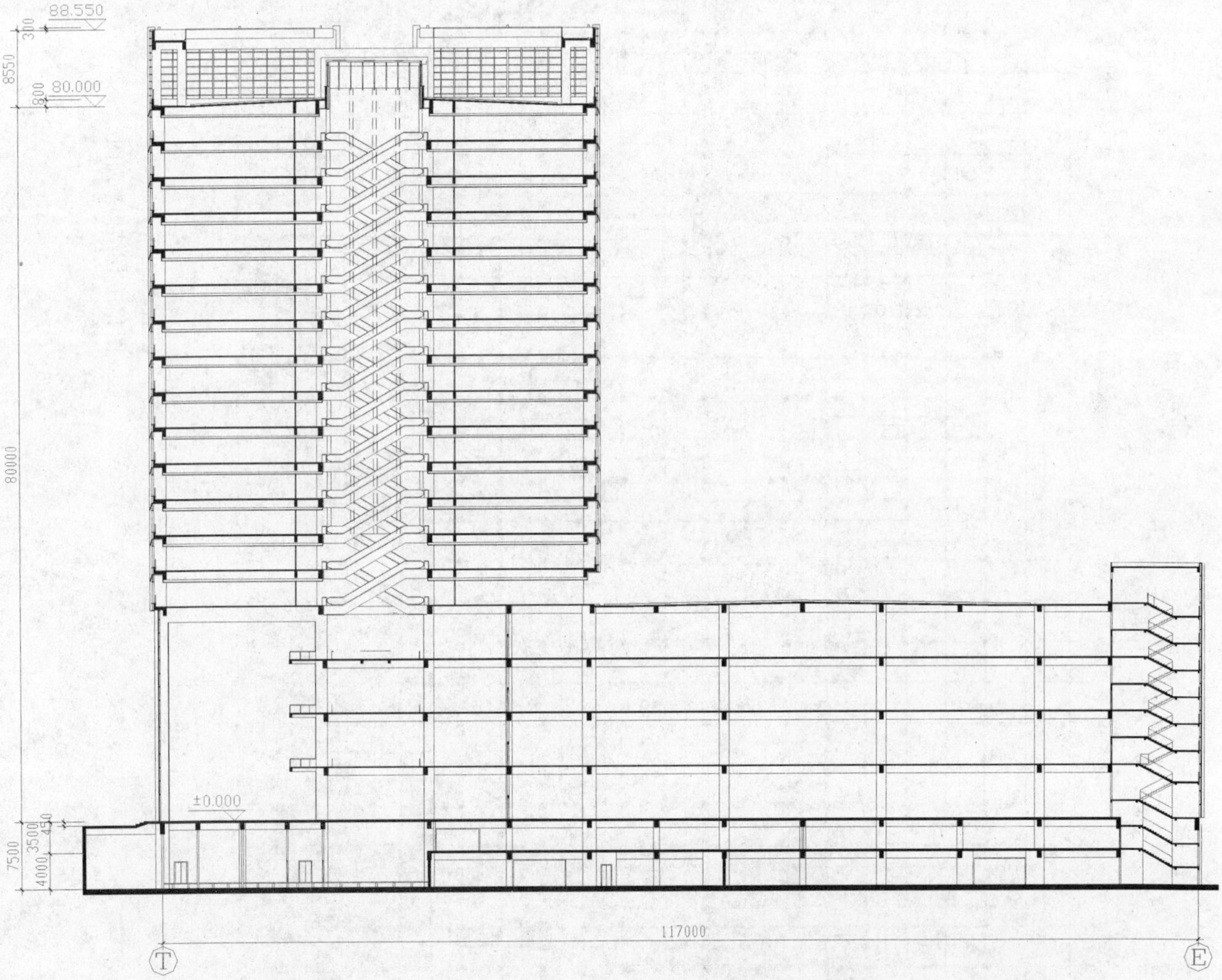

图 3　建筑剖面图

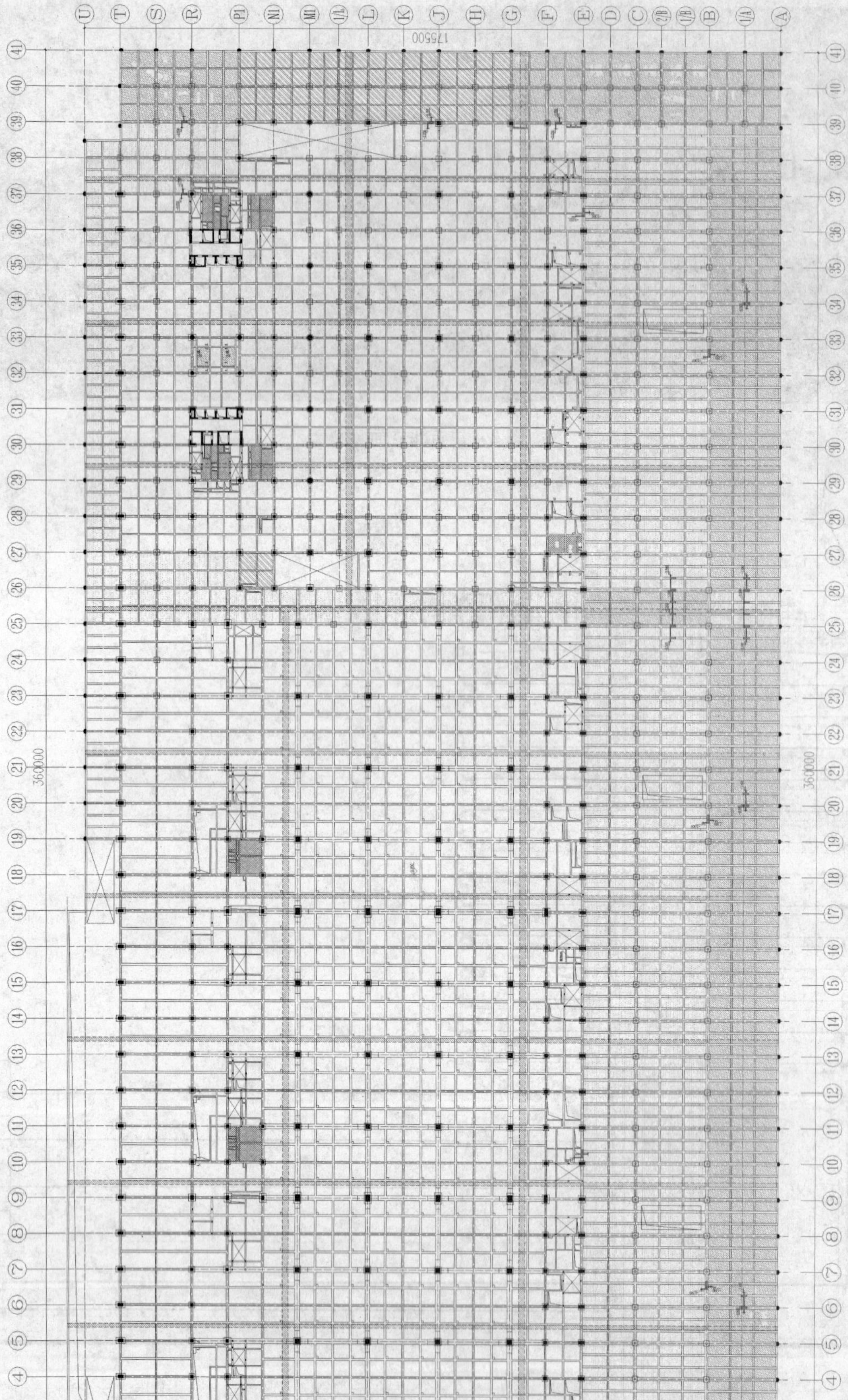

图4　首层结构平面图

图 5　24m 连廊空间

图 6　18m 跨首层会展空间

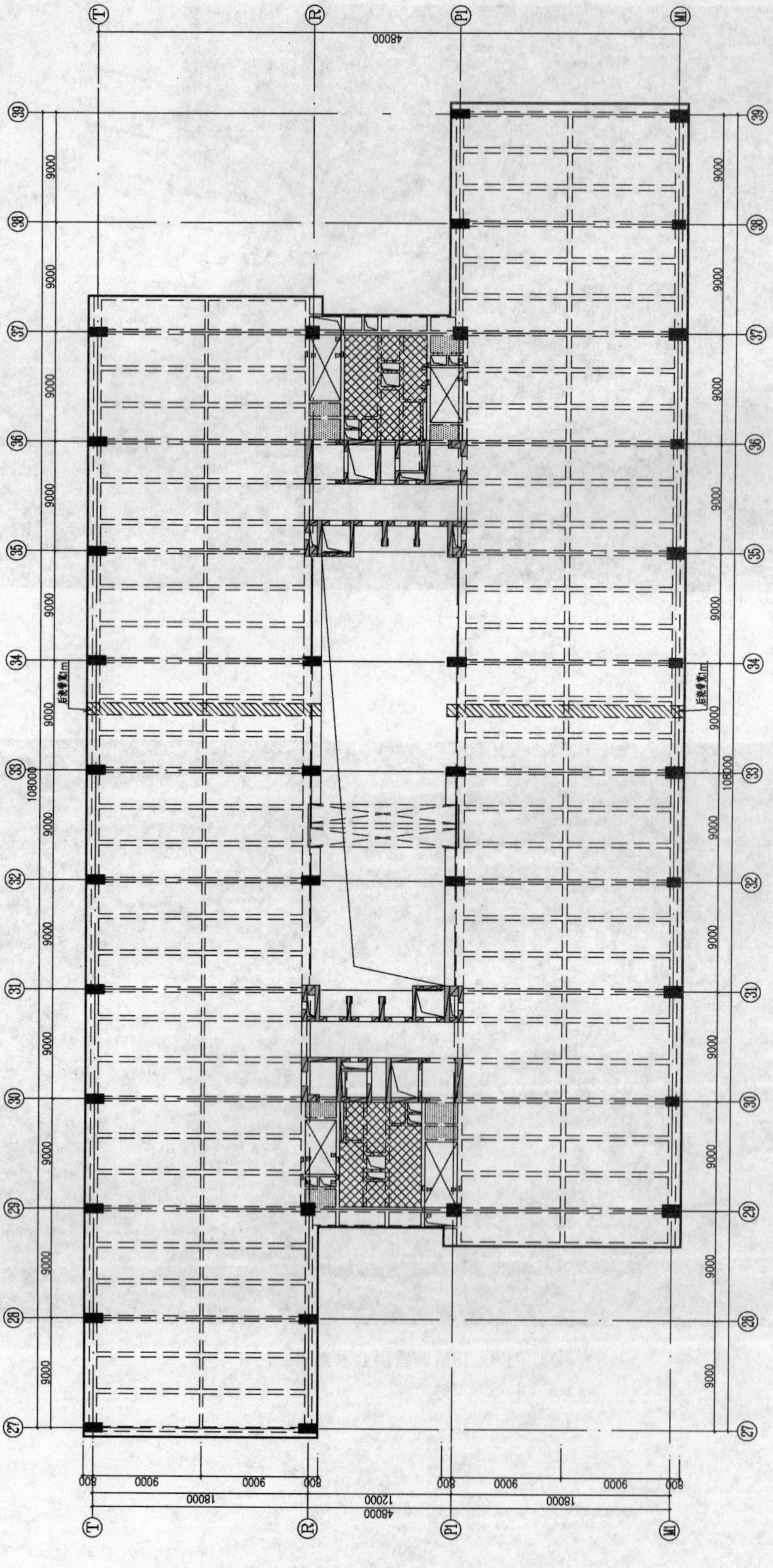
T
R
P1
M1
48000
39
38
37
36
35
34
33
32
31
30
29
28
27
9000
108000
18000
12000
9006
800

图7 标准层结构图

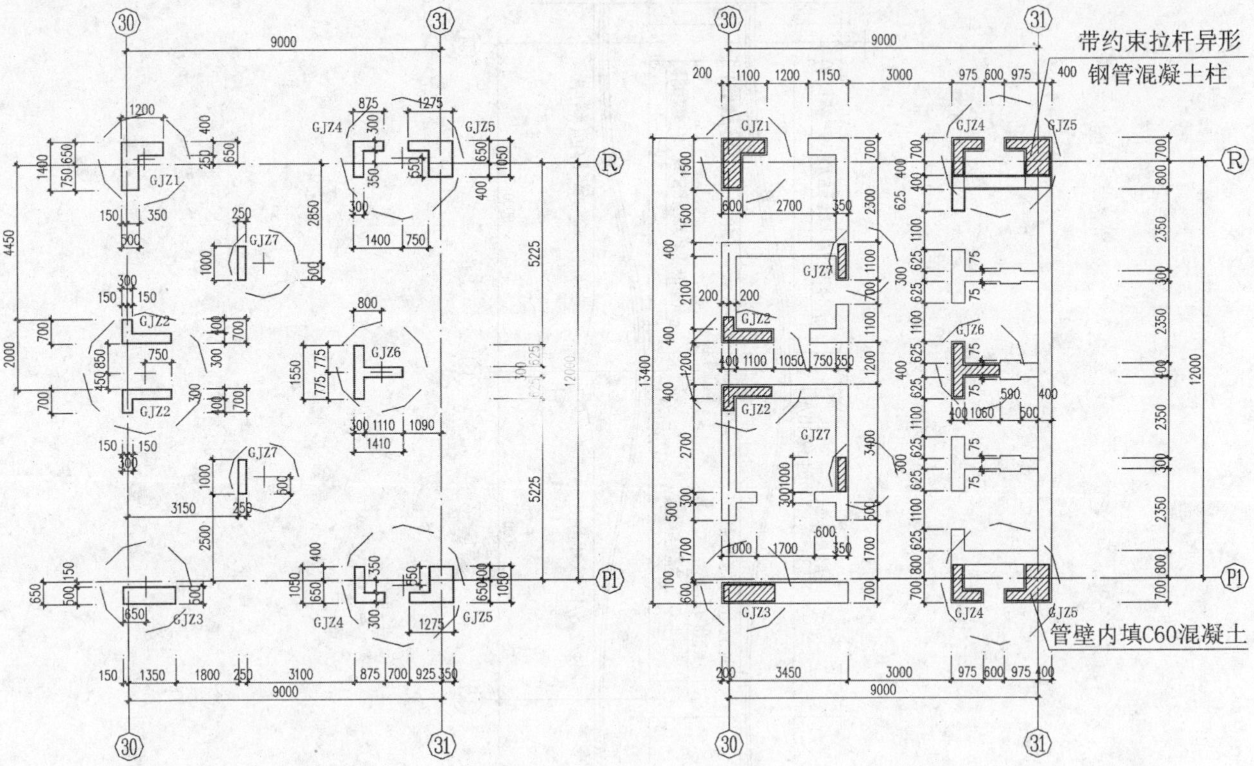

图 8　剪力墙核心筒钢结构

图 9　转换桁架吊装

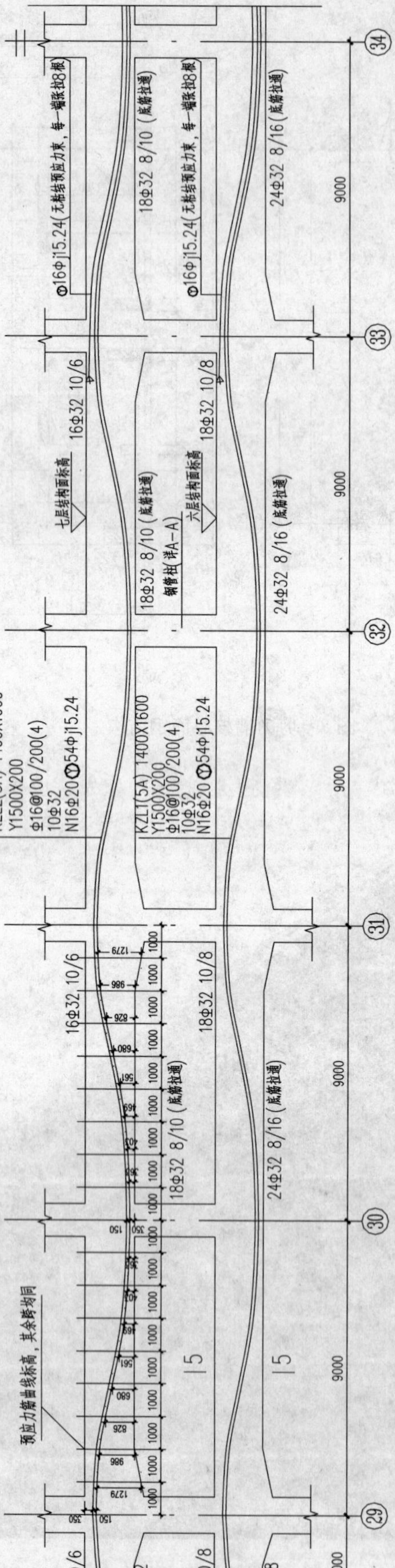
KZL2(5A) 1400X1600
Y1500X200
Φ16@100/200(4)
10Φ32
N16Φ20 ⓓ54Φj15.24
KZL1(5A) 1400X1600
Y1500X200
Φ16@100/200(4)
10Φ32
N16Φ20 ⓓ54Φj15.24
16Φ32 10/6
18Φ32 10/8
18Φ32 8/10（底筋拉通）
24Φ32 8/16（底筋拉通）
ⓓ16Φj15.24（无粘结预应力束，每一端张拉8根）
七层结构面标高
六层结构面标高
钢骨柱（详A-A）
预应力筋曲线标高，其余跨均同
8Φ32
8Φ28
3000
9000
29
30
31
32
33
34

图10 桁架立面布置图

图 11　转换桁架预应力节点

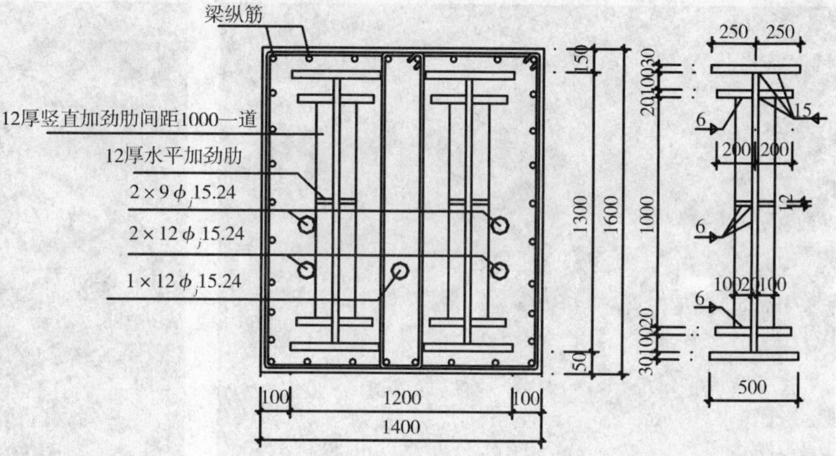

图 12　预应力一型钢混凝土组合梁

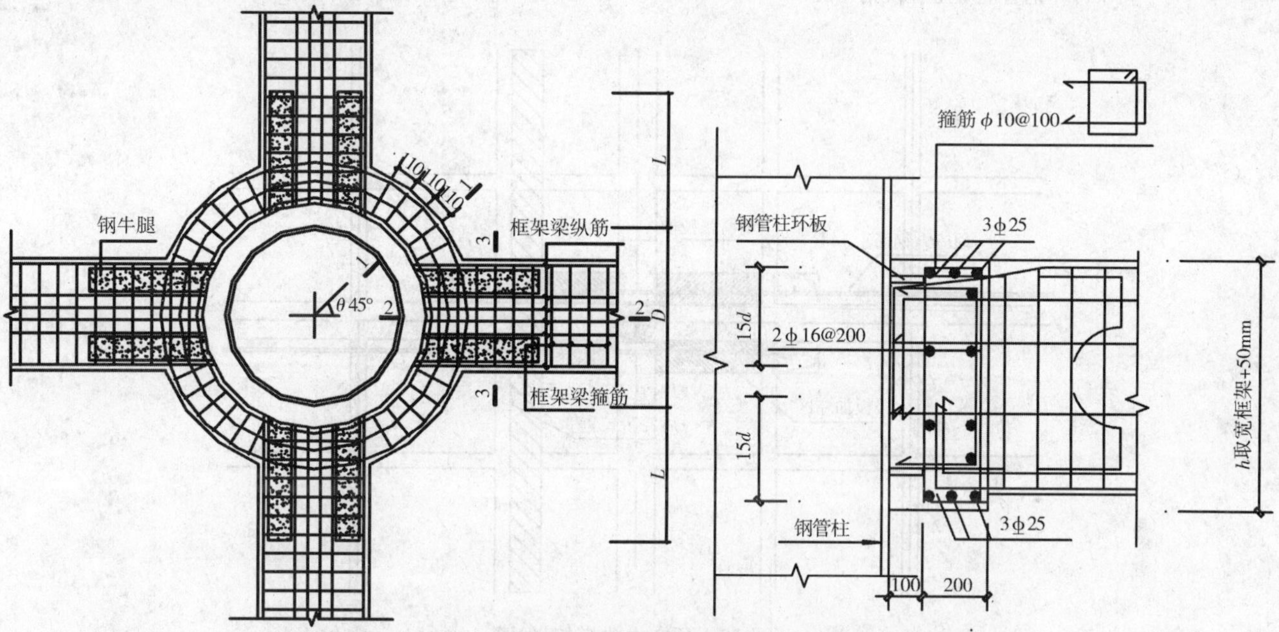

图 13　钢管混凝土柱与钢筋混凝土梁节点

图 14　异形钢管混凝土柱

图 15　钢管混凝土柱及钢牛腿

图 16　配合逆作法的常规支护形式

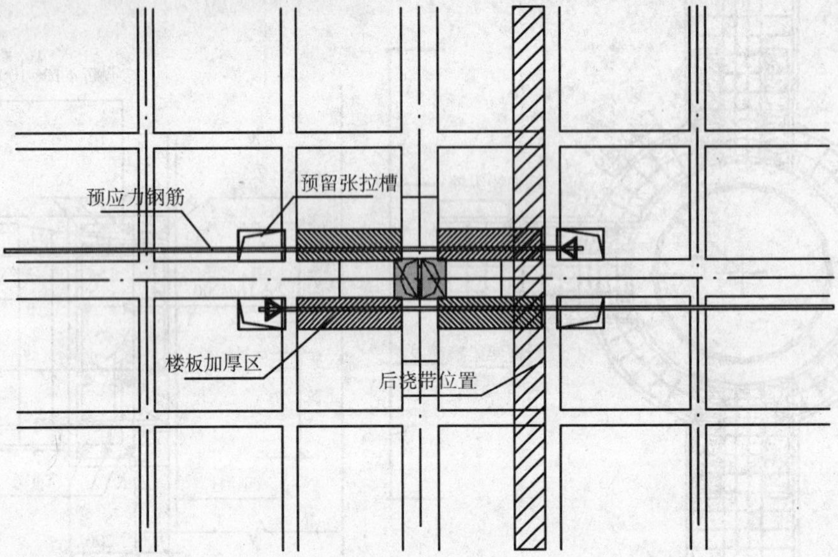

图 17　预应力梁搭接做法

华润中心（一期）工程结构设计

建设地点　深圳市

设计时间　2001～2003

主要设计人　刘　嵘　莫文杰　刘玉树　苏恒强　李盛勇　龙国兵　郑静红　方虎生　李博宁　蓝彩霞

获奖等级　第四届中国建筑学会优秀建筑结构设计二等奖/建设部2005年度部级优秀勘察设计二等奖/广东省2005年第十二次优秀工程设计一等奖

一、工程概况

华润中心（一期）工程位于广东省深圳市罗湖区，占地面积36044m²，总建筑面积229873m²，其中地下建筑面积69713m²，地上建筑面积160160m²。本工程为集商业、娱乐、高档写字楼于一体的大型综合性建筑群。华润中心（一期）工程的建筑设计由美国RTKL国际有限公司与广东省建筑设计研究院合作完成。

本工程由华润大厦及华润万象城两个单体工程组成。华润大厦为29层超高层国际5A甲级写字楼，地下三层，建筑总高度139.45m，建筑面积76260.3m²；华润万象城为5层高的商业娱乐中心，地下二层，总高度36.0m，建筑面积153612.8m²。两个单体工程由过街天桥横跨书城路相连。

华润大厦（图1、图2）由主塔楼和金三角裙楼组成，塔楼平面尺寸为41.4m×41.4m，塔楼地上部分29层，金三角裙楼地上3层，地下三层为平战结合人防地下室。地下二层为停车场，地下一层为商场，塔楼一至四层为商业用途。塔楼五至二十七层为办公标准层，层高为4.2m。华润大厦北部与地铁及深南东路连接区域设置了下沉式广场过渡。

华润大厦塔楼采用钢筋混凝土框架一筒体结构，塔楼顶部分为满足塑造“光顶”的效果，而采用钢一混凝土组合结构，金三角裙楼为高级商场，为满足建筑大空间的要求采用钢结构。本工程抗震设防烈度7度。Ⅱ类场地土，基本风压0.9kN/m²，C类地面粗糙度。

华润万象城（图3）平面尺寸为198m×122m，建筑总高度为36m，地上部分5层，地下部分设2层地下室。地下二层底部设有大面积混凝土结构空调地沟，地沟位于桩承台之间。地下二层为停车场，地下一层至五层为商业娱乐功能，部分二、三层间设计为层高2.8m的楼层停车场。三层至四层设有7个中小型豪华电影厅，四层中央部位为33m×50m大型真冰溜冰场。各层层高均大于5.6m，建筑物整体呈矩形平面，内部由一高25m宽约20m月牙形玻璃采光中庭（钢桁架结构）公共走道从北向南，由上而下贯通，将建筑物分隔为东西两大部分。东北主入口设圆形玻璃正锥体，由一巨大的长约200m弧形暗红色铝板景观墙（钢构架结构）由北向南连接到东南主入口处玻璃幕墙，弧形景观墙中部内凹嵌入直径达60m的圆形溜冰场金属屋顶（钢桁架结构）。

华润万象城主体结构采用钢筋混凝土框架结构，由于建筑的空间要求主体结构在大跨度、转换梁柱处有选择地采用了多种形式的钢结构及钢一混凝土组合结构。本工程抗震设防烈度7度。Ⅱ类场地土，基本风压0.9kN/m²，C类地面粗糙度。

二、设计特点

1. 设计特点概述

本工程为现代化的办公楼及大型购物中心，境外设计师在建筑设计中为满足办公及商业的功能要求，采用了多种建筑设计手法，并坚持其建筑空间要求，使本工程的结构设计极具挑战性。其建筑设计主要具备如下设计特点：

1）建筑体量巨大，万象城平面尺寸为198m×122m，且平面中设计贯穿中庭，中庭两边仅以狭窄过道及自动扶梯相连，建筑设计要求平面不分缝；

2）本工程柱跨较大，华润大厦边柱至中筒跨度为11～12m，华润万象城普通柱网尺寸为8.5m×11m，中庭处跨度为15～20m；

3）建筑设计中采用多个大型建筑空间，如华润大厦入口大厅、顶部多功能厅、华润万象城内的月牙形玻璃采光天棚、中央演示大空间、南北出入口大空间、地下室货柜车回车大空间及顶部溜冰场等大型建筑空间的设置为结构设计带来较大的设计难度；

4）建筑净空要求十分严格，如华润大厦标准层层高4.2m，要求建筑净空高度为2.9m，华润万象城标准层层高5.6m，建筑净空高度为4.0m。

以上建筑设计的特点对结构设计工作提出较高要求，为满足建筑的功能及空间要求，结构设计坚持经济、安全、美观的设计原则，采用了各种各样的结构形式，使本工程的结构设计具备如下设计特点：

坚持安全、经济、美观的设计原则，科学合理地选择结构体系。本工程初步设计时，境外建筑设计师建议华润万象城采用钢结构，经业主和我院认真分析研究，决定采用以钢筋混凝土结构为主，在有需要处局部采用钢结构及钢一混凝土组合结构体系；

采用构造预应力结构等多种结构处理措施，妥善解决结构大体量超长问题；

为满足建筑空间要求，大量采用转换结构形式，本工程的转换柱多达112处；

华润大厦结构柱采用分层钢管混凝土芯柱及钢筋混凝土节点；

华润万象城采用了多种形式的钢一混凝土组合构件设计，如钢管混凝土柱、钢一混凝土组合转换梁、半空心钢骨转换梁、宽扁钢一混凝土组合梁等结构形式；

钢筋混凝土结构的受力钢筋均采用Ⅲ级钢，利用Ⅲ级钢的强度大幅降低钢材用量。

上述结构设计特点作如下简介。

2. 华润大厦结构体系及钢管混凝土芯柱设计

华润大厦塔楼平面尺寸为41.4m×41.4m，地上部分29层，高度为139.45m，结构高宽比H/B=3.37，长宽比L/B=1。主体结构采用分层钢管混凝土框架一筒体结构，核心筒连续完整，尺寸为17.9m×21.4m，筒壁厚由下至上减薄为600、500、400、300mm，内墙厚200～250mm，外围框架采用稀柱框架，柱之间跨度为8.4m，柱与筒体剪力墙之间的跨度为11～12m，为取得角部办公空间景观优势最大化，取消角柱，改为在距角部4.2m处设框架柱。

楼盖结构采用现浇钢筋混凝土楼盖结构，框架梁截面采用600mm×800mm，次梁截面采用250mm×500mm井格梁布置，以利于提高建筑净空，满足使用要求。楼板厚度标准层h=120mm，首层及屋面h=150mm。由于建筑造型需要，塔楼标准层外围框架柱宽度不大于800，如采用普通钢筋混凝土柱，则底部柱截面尺寸为800mm×1700mm将影响建筑使用功能，经认真分析对比，确定在结构底部一至十层范围内采用分层钢管混凝土芯柱，柱截面仅为800mm×1300mm，钢管芯柱的直径为φ600，壁厚t=16mm，芯柱内灌相同强度等级的混凝土，外表面通过栓钉与外围混凝土柱协同受力，在结构平面处钢芯柱断开，通过混凝土节点与框架梁连接，较好地解决了节点的施工难度问题（图4）。

3. 华润万象城超长结构处理措施

华润万象城平面尺寸为198m×122m，平面尺寸远远超过规范规定的钢筋混凝土结构伸缩缝最大间距要求，但建筑专业坚持不分缝，经认真分析研究，通过采取如下措施解决超长结构问题：

屋面采用高低错落的钢结构加金属屋面，使每一块屋面结构尺度处于合理尺度范围；

普通结构层设置后浇带，后浇带网格尺寸为40m×40m，并严格执行后浇带施工处理措施；

通过专业公司的协作设计，在混凝土中添加适量的混凝土膨胀剂，在后浇带处适当加大膨胀剂用量；

在楼盖结构的框架梁中设计有粘结构造预应力钢筋，在次梁中设计无粘结构造预应力钢筋，预应力钢筋可抵扣普通三级钢筋，从而降低工程成本；

楼盖结构的板厚取t=120mm，采用通长结构板钢筋加局部受力短筋的设计方式。

通过采取以上结构设计措施，妥善地解决了超长结构问题，本工程楼盖结构在施工完毕及使用过程均未出现结构裂缝，取得良好的设计效果。

4. 半空心钢骨混凝土转换梁设计

华润万象城地下一层为大型货柜车通道，由于货柜车卸货及掉头需要，在地下一层相应部位设置了卸货及掉头大空间，为满足建筑功能要求，本工程结构设计在首层采用了半空心钢骨混凝土转换梁，半空心钢骨混凝土转换梁及节点设计图详图 5。

按叠加法计算转换梁的抗剪承载力

$$V_b = \frac{1}{\gamma_{RE}}\left(\frac{0.16}{\lambda+1.5}f_c b h_0 + 0.8 f_{fv}\frac{A_{sv}}{s}h_0 + \frac{0.58}{\lambda}f_a t_w h_w\right)$$

按极限平衡理论法计算转换梁的跨中抗弯承载力

$$M_u = \frac{1}{\gamma_{RE}}[b_f h_f f_c y_1 + b(x-h_f) f_c y_2]$$

由于转换梁在支座处为全实心梁，支座处的抗弯承载力可以直接采用 TBSAV6.0 的计算结果。

5. 大跨度钢箱一混凝土结构组合转换大梁设计

华润万象城在月牙形玻璃采光中庭的中部设计一个直径为 33m 的大型演示空间，演示空间局部上部为四层溜冰场、五层观景长廊及网架屋面，为满足建筑大空间的需要，结构专业须在 MG～MK 轴间设计跨度为 25m 的框架梁，该框架梁须支承 M8～M9 轴间跨度为 33m 的转换梁，该转换梁须支承其上两层柱及溜冰场、网架屋面传来的荷载，且该框架梁及转换梁的截面高度均不得大于 1.8m，否则不能满足建筑净空要求。

针对上述建筑功能要求，结构设计人员用四层、五层两层结构用作转换层，以分散和减小转换梁的内力，并在预应力混凝土梁、钢桁架、钢箱梁及钢箱－混凝土组合梁等结构形式间进行反复优化、比选，采用了钢箱一混凝土组合转换梁结构形式（图 6～图 8）。

本转换梁采用格构式空腹箱形钢梁与混凝土板组合受力形式，具有以下主要设计特点：

承载能力高，通过充分发挥钢及混凝土的材料性能优势，大幅度地提高构件的承载能力；

构件截面小，通过四层及五层协同转换及选用合理的结构形式，有效地减小了转换梁的截面高度，梁截面高度仅为 1760mm，高跨比 $h/L=1/19$，较好地满足了建筑使用功能要求；

构件自重轻，由于转换梁跨度很大，构件自重对内力的影响较大，采用钢－混凝土组合梁有效地减轻了构件自重，减小了自重对内力的影响；

在转换梁与梁上柱连接方式上，梁上柱采用圆形钢管柱，往下伸至下层空腹钢梁内与下翼缘焊接，同时钢管柱壁与空腹梁上翼缘相焊接，在空腹梁内，加设横肋隔板与空腹梁内竖向肋焊接，加强梁柱之间的连接。

施工过程中，为减小负弯矩区混凝土楼板的开裂，混凝土楼板施工时采用了分块浇筑的方法，先浇筑跨中区域的楼板，待上部结构混凝土部分施工完成，在自重作用下钢梁在支座处产生了一定的变形，再将钢梁支座处的混凝土楼板封闭。

6. 宽扁钢一混凝土组合梁设计

华润万象城二层至三层层高为 5.6m，局部用作停车楼，建筑设计为充分利用建筑空间，每层建筑空间均设计为两层停车楼，每层停车楼的层高为 2.8m，停车楼部分的柱网尺寸为 8500mm×11000mm，为保证 2.2m 的停车楼建筑净空，结构构件的截面高度不得大于 400mm，且当购物中心需扩大营业面积时，中间停车楼层须可以很方便地拆卸，改装为商场。

针对上述建筑功能要求，结构设计人员在预应力混凝土梁板结构、无梁楼盖结构、钢结构及钢一混凝土组合梁等结构形式间进行反复优化、比选，采用了宽扁钢一混凝土组合梁结构形式（图 9），主梁为 H 形钢梁，梁高度 300mm，混凝土楼板 150mm。

三、结语

华润中心（一期）工程作为集办公、商业于一体的多功能建筑群，具有功能复杂、规模大、档次高、建筑公共空间大等特点，对本工程的结构设计而言，根据不同的建筑功能要求选用经济合理的结构形式成为设计成败的关键。在本工程结构设计中，主体结构采用钢筋混凝土结构，体现了经济节省的设计原则，而在带转换、大跨度及有层高要求的部位采用了钢一混凝土组合结构形式，又妥善地满足了建筑设计的功能要求。本工程的结构设计能较好地配合建筑设计，贯彻了建筑师的创作意念，经过两年建设施工，本项目落成后成为深圳市的标志性建筑，取得了良好的经济效益和社会效益。

图1　华润大厦

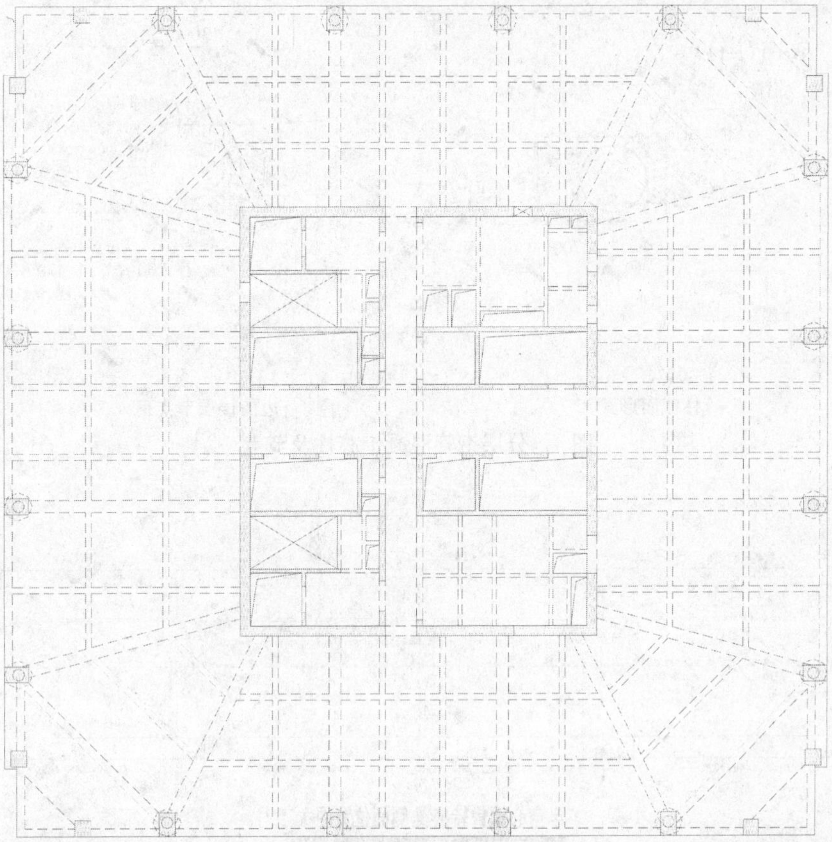

图2　华润大厦标准层

图3　华润万象城

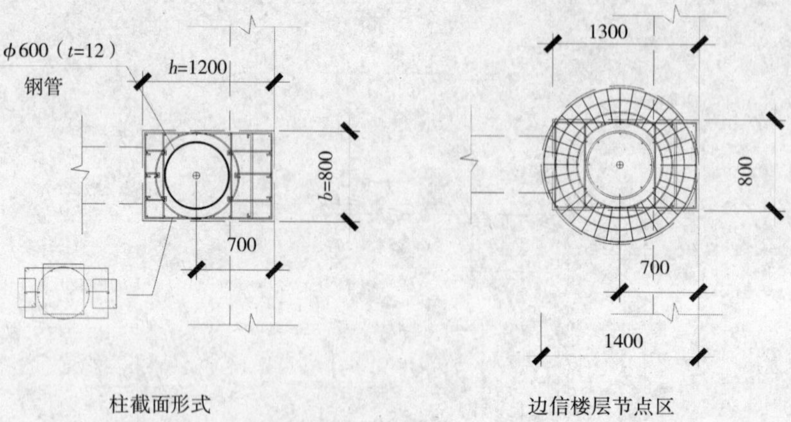

图 4　分层钢管混凝土芯柱及节点

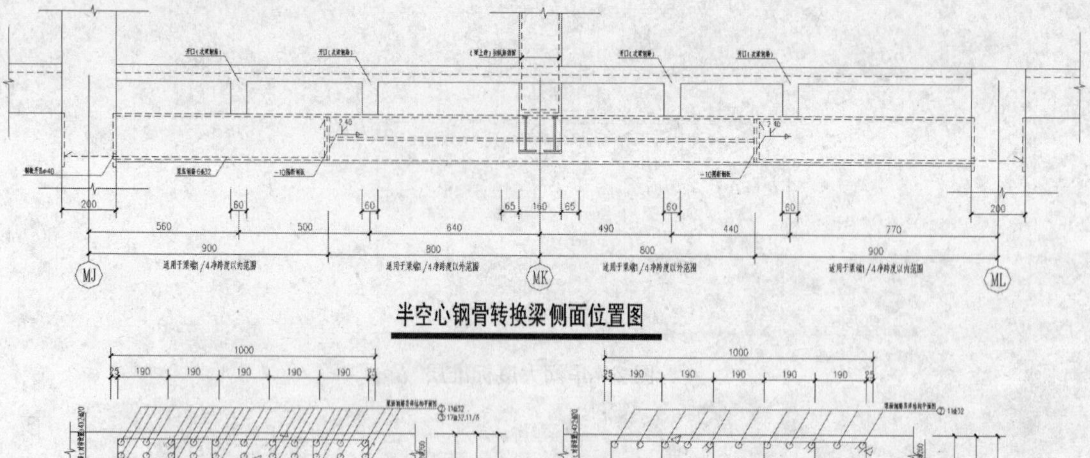

图 5　半空心钢骨—混凝土组合梁

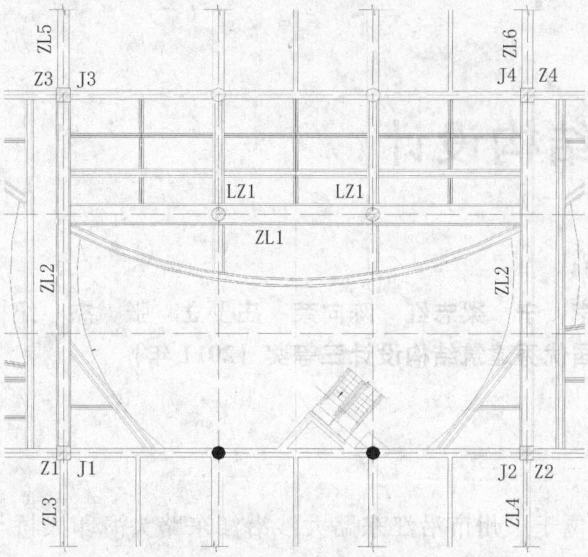

图 6　四层钢箱一混凝土组合梁平面布

图 7　钢箱一混凝土组合梁（一）

图 8　钢箱一混凝土组合梁（二）

图 9　宽扁钢一混凝土组合梁

广州港湾广场结构设计

建设地点　广州市
设计时间　2003～2004
主要设计人　陈　星　李　宁　梁志红　陈向荣　庄少立　张　杰　纪梓斌　甄庆华
获奖等级　全国第七届优秀建筑结构设计三等奖（2011 年）

一、工程概况

港湾广场 A 区一期工程位于广州市沿江东路大沙沿江东路头海印大桥与江湾大桥之间，南靠珠江，北靠沿江东路，为综合性办公楼（图 1）。

该工程分为 A 区、B 区及 C 区，A 区办公主楼包括地面 27 层塔楼，5 层裙楼，2 层地下室，负 1 层至 27 层用途为商务办公楼，负二层局部为平战结合，平时作为设备用房和车库，战时为五级人防地下室。塔楼首层层高 4.2m，二至二十七层层高 3.6m，屋面总高 99.9m，负二层底板标高－9.6m。地下室平面尺寸最大为 229.50m×51m，塔楼平面呈矩形，长 34m，宽 34m，长宽比 1，自室外地面算起塔楼高宽比为 2.94。办公主楼总面积约 74921m2，其中地下室 $20708m^2$，地上 $54213m^2$。

塔楼结构体系采用钢管混凝土柱一钢骨混凝土核心筒混合结构。核心筒在首层以上设计为钢骨混凝剪力墙（在核心筒四个角部及外围剪力墙与内部剪力墙交界处设置型钢），以提高核心筒的延性和承载能力；楼面采用局部型钢混凝土密肋扁梁楼盖，扁梁端部内置型钢以提高抗弯及抗剪能力。塔楼东南角 1/4 平面每四层设置一楼盖形成连层中庭，中庭平台采用钢结构楼盖，中庭幕墙采用单向索网结构。裙楼结构体系采用框架结构。局部型钢混凝土密肋扁梁楼盖、连接钢管混凝土柱与楼盖的节点构件，分别申请了发明专利。

本工程按 7 度抗震设计，结构安全等级为二级，基本风压 $w_0=0.5kN/m^2$，调整系数 1. 1，场地类型为Ⅱ类，地基基础设计等级为甲级。工程由广东省建筑设计研究院设计，由广州市建筑集团有限公司施工，于 2005 年 02 月动工，2006 年 09 月土建封顶，于 2009 年 09 月通过竣工验收并投入使用。

二、技术特点、技术经济指标、优缺点

1. 超长地下室无缝设计（图 2）

本工程地下室平面形状为矩形，长度为 182.75m，宽度为 51m，属于超长结构。整个地下室不设伸缩缝，沿建筑物长度方向（182.75m）每隔大约 60m 设置两道后浇带。对于混凝土后期温度差引起的温差应力，可能引起混凝土收缩开裂问题，原设计地下室楼板采用后张无粘结预应力混凝土结构。由于工程造价等原因，业主要求楼板设计取消预应力结构，改用普通混凝土楼盖。经研究分析，并参照大量工程实例，地下部分楼板的温差较小，由于温差应力引起混凝土收缩开裂的影响较小，主要问题是解决早期混凝土水化热引起的干缩和冷缩。地下室部分对温差最敏感的是首层楼板，而首层楼板面由于标高起伏变化大，大面积楼板分成了若干不规则板块，可有效削弱温差引起的收缩应力。经过论证，最终决定楼板不采用后张无粘结预应力混凝土结构，改为常规混凝土楼盖结构，保留原来楼板后浇带，同时采取以下相应措施：

1）降低混凝土强度等级，目的是减少混凝土中的水泥含量，混凝土强度等级由原来的 C40 改为 C35。

2）加强楼板结构容易开裂薄弱部位的配筋，主要增加双层双向通长钢筋网。

3）加强首层楼板板面标高不同处的联结梁的抗扭能力。

4）优化混凝土的配合比以减少水化热。

5）要求施工部门制定合理的混凝土浇筑方案。

6）要求施工部门加强混凝土的养护。

根据大量工程实际经验表明，地下室侧壁的开裂现象更加普遍和严重，因此对地下室外围侧壁，除了设置与楼板相同位置的后浇带外，另外每隔 30m 增加设置一道短期后浇带，浇筑间隔时间为 7～14d。

地下室在 2005 年 8 月完工至今，地下室底板除了混凝土收缩引起的细小无害裂缝，在后浇带个别部位发现渗水现象，未发现其他有害裂缝，地下室外围侧壁完成质量则非常理想，没有发现渗漏现象。事实证明，本工程超长地下室无缝设计和施工是成功的。

2. 平面不规则问题

主塔楼在东南角 1/4 平面面积的楼盖，每隔四个标准层设一层楼板，取消三个标准层楼盖，形成层高为 14m 的越层中庭，建筑平面不规则导致结构的扭转效应增大以及该处中庭柱子计算长度很大等问题（图 3、图 4）。设计中采取的措施如下：

1）使平面刚心与形心尽量接近，楼盖平面和核心筒平面尺寸不能改变，只能通过调整筒体剪力墙墙厚和在筒体开洞等措施，使“两心”贴近，减少结构扭转效应，调整后取得较为理想的结果。

2）框架柱采用延性较好及抗震性能优越、承载能力高的钢管混凝土柱。使结构在风荷载及地震作用下有较好的耗能作用。

3）核心筒在首层以下为钢筋混凝土剪力墙，首层以上设计为钢骨混凝剪力墙，在核心筒四个角部及外围剪力墙与内部剪力墙交界处设置型钢，提高核心筒的延性，使核心筒具有一定的塑性变形能力，在地震作用下起到耗散地震能量的作用。

4）因为中庭层高 14m，位于中庭的钢管混凝土柱是连层柱，计算长度很大（14m），如果采用普通混凝土楼盖，由于柱子的长细比很大，不加大柱子截面，难以满足设计要求。因此，中庭部分的楼盖采用钢结构，利用钢结构延性好的特点，同时减轻中庭钢管混凝土柱的负担。

本工程整体计算分析采用 SATWE 软件，主体计算结果见表 1～表 3。

自振周期比较表 **表 1**

	T_1（扭转系数）	T_2（扭转系数）	T_3（扭转系数）	T_4（扭转系数）	T_5（扭转系数）	T_6（扭转系数）
SATWE 不考虑中庭	3.1456 (0.15)	2.9430 (0.47)	2.4252 (0.36)	0.9689 (0.69)	0.8785 (0.10)	0.6933 (0.20)
SATWE 考虑中庭	3.49 (0.27)	3.21 (0.41)	2.55 (0.31)	1.09 (0.73)	0.94 (0.08)	0.72 (0.18)
PMSAP 考虑中庭	3.27	3.05	2.36	1.04（扭）	0.93	0.71

层间位移比较表 **表 2**

	地震作用下 X 最大层间位移	地震作用下 X 最大位移比	风荷载下 X 最大层间位移	地震作用下 Y 最大层间位移	地震作用下 Y 最大位移比	风荷载下 Y 最大层间位移
SATWE 不考虑中庭	1/893	1.34	1/1221	1/1412	1.35	1/1969
SATWE 考虑中庭	1/878	1.33	1/1252	1/1429	1.33	1/1978
PMSAP 考虑中庭	1/1072	1.29	1/1832	1/1143	1.36	1/2656

主要计算结果 表 3

	地震作用下 X 最大层间位移	地震作用下 X 最大位移比	风荷载下 X 最大层间位移	地震作用下 Y 最大层间位移	地震作用下 Y 最大位移比	风荷载下 Y 最大层间位移
SATWE 不考虑中庭	1/893	1.34	1/1221	1/1412	1.35	1/1969
SATWE 考虑中庭	1/878	1.33	1/1252	1/1429	1.33	1/1978
PMSAP 考虑中庭	1/1072	1.29	1/1832	1/1143	1.36	1/2656

3. 局部型钢扁梁结构

在建筑总高度不改变的前提下，保证建筑层数及楼层净高，楼盖结构采用了密肋宽扁梁结构体系（图 3），梁高 400mm，增加了楼层净空，满足了建筑使用的要求。同时为保证框架扁梁与钢管混凝土柱及核心筒的刚性连接，解决因宽扁梁截面不足造成的梁端抗弯承载力和抗剪承载力不足，于框架扁梁的梁端内置型钢。

4. 新型钢管混凝土梁柱节点

楼盖结构采用了密肋宽扁梁结构体系后，由于梁跨度为 8.5m，内框架宽扁梁梁高为 400mm，加上核心筒筒体刚度大，与核心筒筒体连接的宽扁梁在核心筒体端部处的弯矩和剪力很大，按常规钢筋混凝土结构无法进行配筋设计。设计中在宽扁梁内设置小型工字形或槽形双型钢，可以有助解决了梁抗剪抗弯能力不足的问题，在宽扁梁计算上，型钢承担主要的弯矩和剪力，代替了大部分梁纵向钢筋与箍筋；在结构的整体受力方面，由于梁端部设置型钢，与钢管混凝土柱有可靠的连结，使结构整体有较好的延性。另外由于框架梁均匀分布在楼盖中，在抗震中有相当可观的耗能作用。在框架扁梁与核心筒联结处，设置型钢暗柱，与框架扁梁的型钢刚性连接见图 5、图 6。

钢管混凝土柱与宽扁梁连接节点采用一种新型的节点，与目前使用较多的钢管混凝土梁柱节点相比，取消了笨重的混凝土环梁，减小了水平环板和竖向环板的宽度，节点区简洁精干，方便了设备管道的通过。根据试验报告的结论和建议，设计时加强了牛腿与钢管柱连接处角部构造，尤其是水平钢环板的角部及其连接，在节点区内配置梁纵向钢筋和箍筋，形成过渡区，使钢牛腿与混凝土共同受力，协调工作。典型节点（图 7、图 8）与同类节点相比可节约 20％的钢构件材料，且施工方便。目前国内尚无详细的研究和成熟的实例。为了了解新型节点的实际工作机理，验证理论计算与实际是否吻合，广东省建筑设计研究院与中南大学中心试验室合作，对该节点进行试验研究（图 9、图 10），根据试验结果，得出以下结论：

1）节点钢结构的抗剪能力远大于设计值，不控制设计。

2）梁根部弯矩值以屈服荷载计算，高梁节点试验值为设计值的 1.488 倍；矮梁节点试验值为设计值的 2.04 倍。以极限值计算，高梁节点试验值为设计值的 1.7 倍；矮梁节点试验值为设计值的 2.72 倍。

对新型节点的试验评价与建议如下：

1）整体上节点设计合理，传力明确，易于施工。

2）节点实际静载承载能力超过设计指标，满足设计要求。

3）节点抗震性能较好，满足规范中“强柱、弱梁、节点更强”的原则，满足节点延性系数为 3～4 的要求；梁体屈服源于牛腿梁根部塑性铰和由此引发的混凝土裂缝扩展、贯通。

4）建议进一步处理槽钢翼缘板、水平钢环板、竖向钢环板连接处角部构造，以免这些部位由于应力集中等因素过早屈服，影响节点的安全使用。

5. 中庭单层单向索网幕墙

主塔楼东南角约 1/4 的平面空间为中庭。中庭沿竖向由休息平台分隔为 7 段，首段跨越 1～5 层，段高 21.85m；其余每 4 层一段，段高 14m。中庭立面采用点支式玻璃幕墙。由于中庭空间开敞，幕墙跨度大，幕墙的结构选型以及支承幕墙的主体结构，是塔楼结构设计的重点之一。本工程采用了索网结构的支点式玻璃幕墙。由于塔楼主体已经完成，不利于设置横向拉索支座，因而本工程仅采用竖向拉索承受水平风荷载，避免了由首层到屋面为设置水平拉索支座而层层进行加固，仅需要对屋面及地面结构进行加固处理，受力直接清晰。

拉索距离 1417mm，竖向拉索上下两端通过铰支座固定于首层及屋面，索长约 106m。拉索中部，通过固定于每层中庭平台楼盖的可滑转支座，把拉索与中庭平台楼盖连接，并把 106m 长的拉索分成 7 个水平受力区段。索网结构计算取单索体系进行计算，采用 ansys 软件分析。计算时不考虑周边结构的变形影响，重点计算幕墙体系在自重、风下的变形。计算结果，中索拉力设计值 353kN，边索拉力设计值 401kN。拉索首层支座固定于地下室顶板连接室内外高差的钢筋混凝土梁，此处钢筋混凝土梁承载能力高，刚度大，为支座提供了可靠的固定；拉索顶层固定于为幕墙专门设计的钢结构桁架。

本工程中庭幕墙选型及设计，充分考虑了已完成施工的主体结构的实际情况，采用最新的幕墙结构形式，对结构主体影响小，加强及改造成本小，而且很好地满足了建筑效果要求。

三、结语

本工程根据建筑方案的特点，有针对性地采用了合理的结构设计，较好地实现了建筑方案的构思，解决了由于结构体系缺陷及平面不规则引起的结构受力难题。在钢管混凝土结构的梁柱节点方面，进行创新设计，填补了部分空缺，为今后这方面的研究和发展提供很好的理论数据和工程实例。

图 1　建筑实景

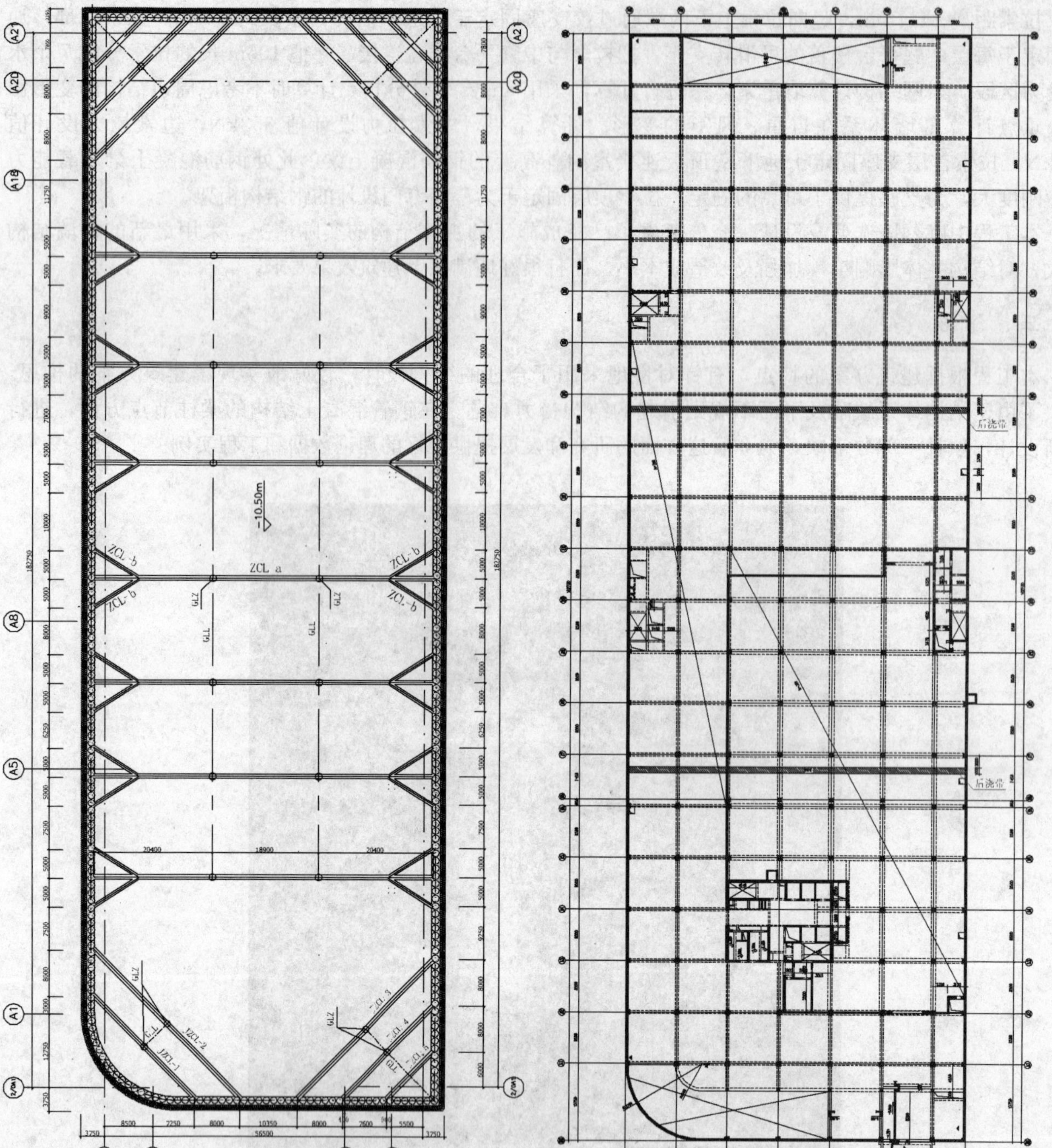

图2 基坑支护及地下室平面

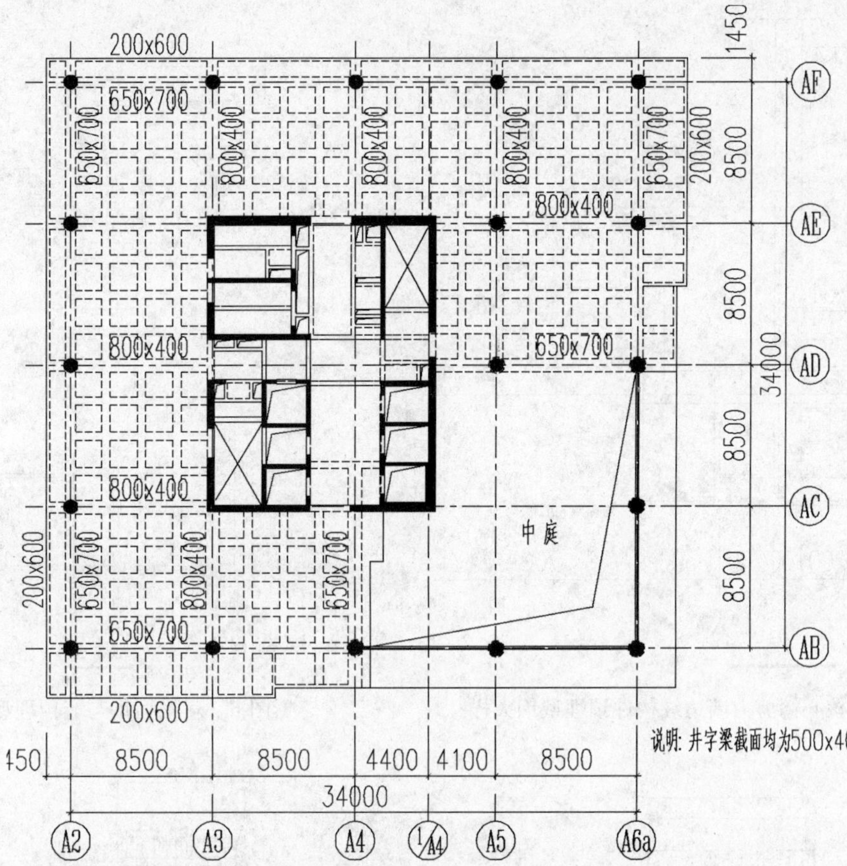

图 3　标准层平面（带中庭）

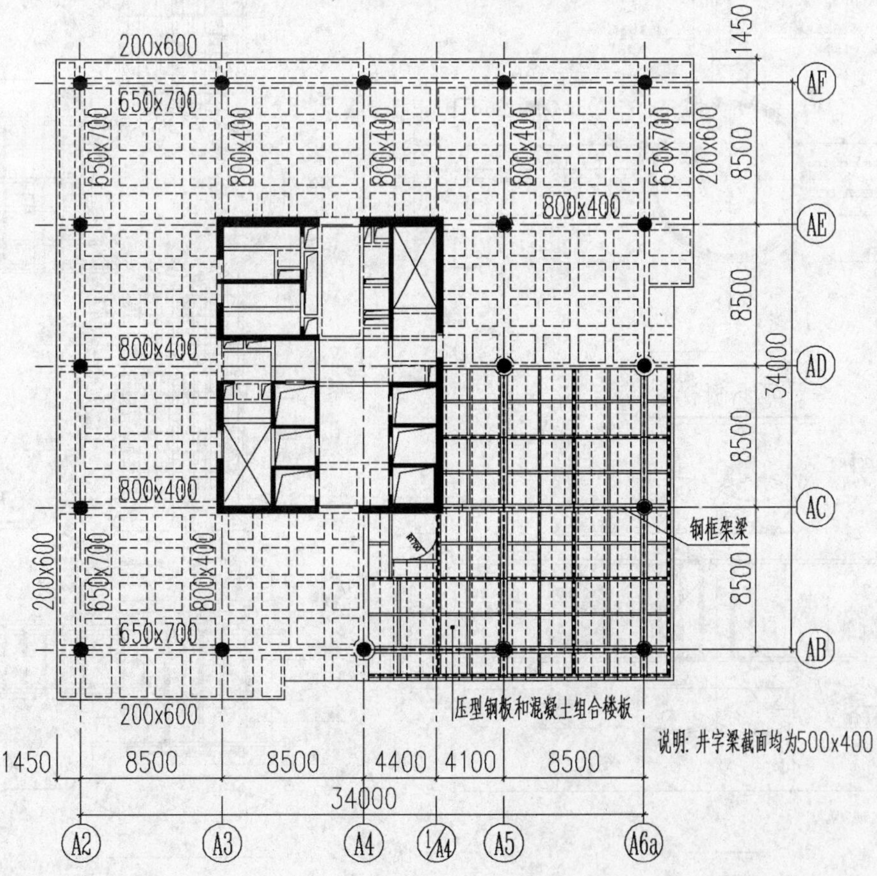

图 4　标准层平面（带中庭平台）

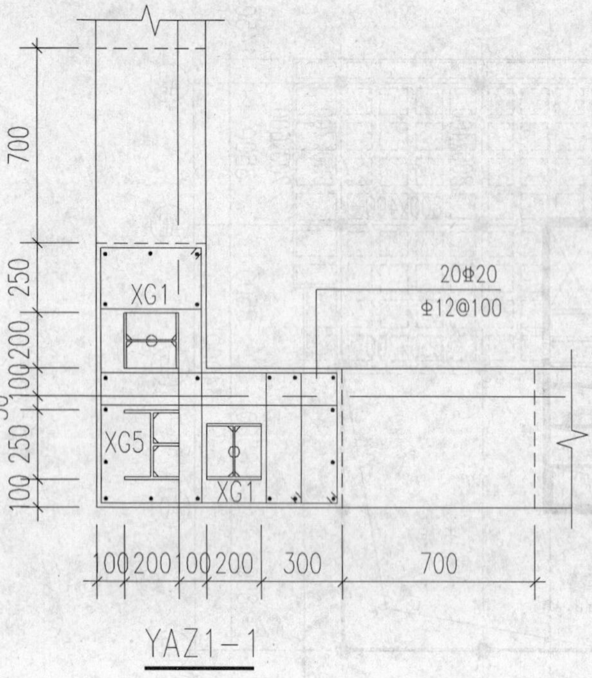

图 5　核心筒剪力墙边缘构件预埋型钢大样

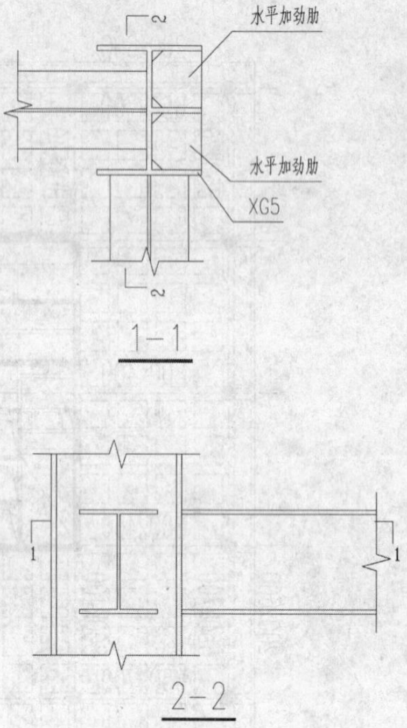

图 6　扁梁型钢与墙预埋型钢节点

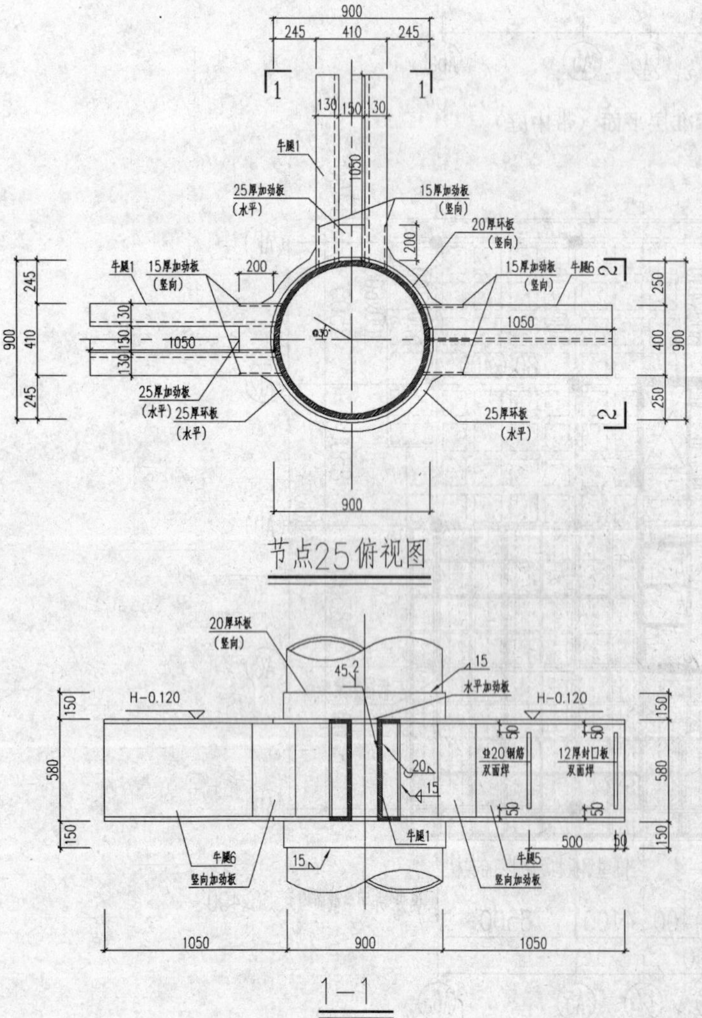

图 7　三牛腿节点大样

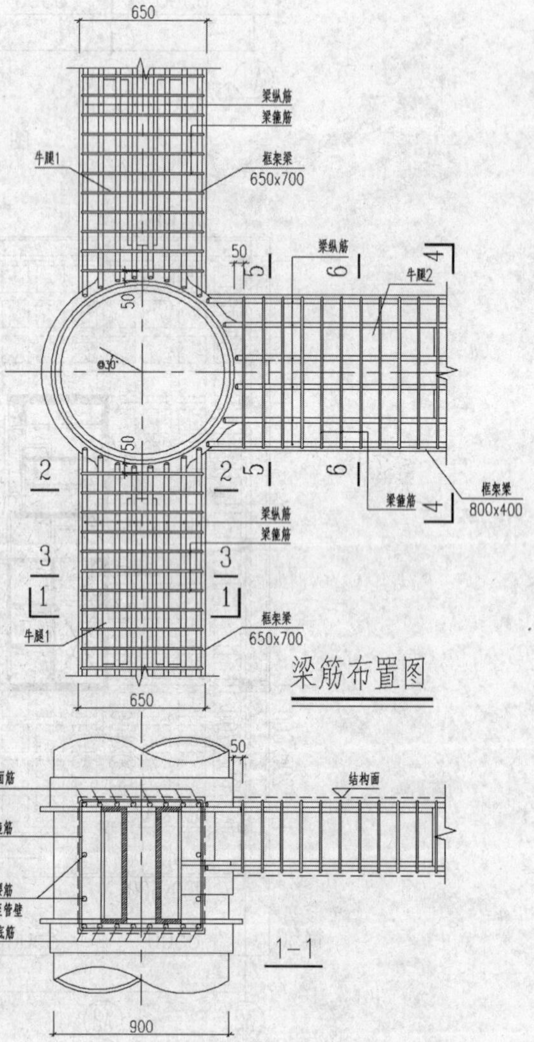

图 8　节点梁钢筋布置图

图 9　梁柱节点试验（一）

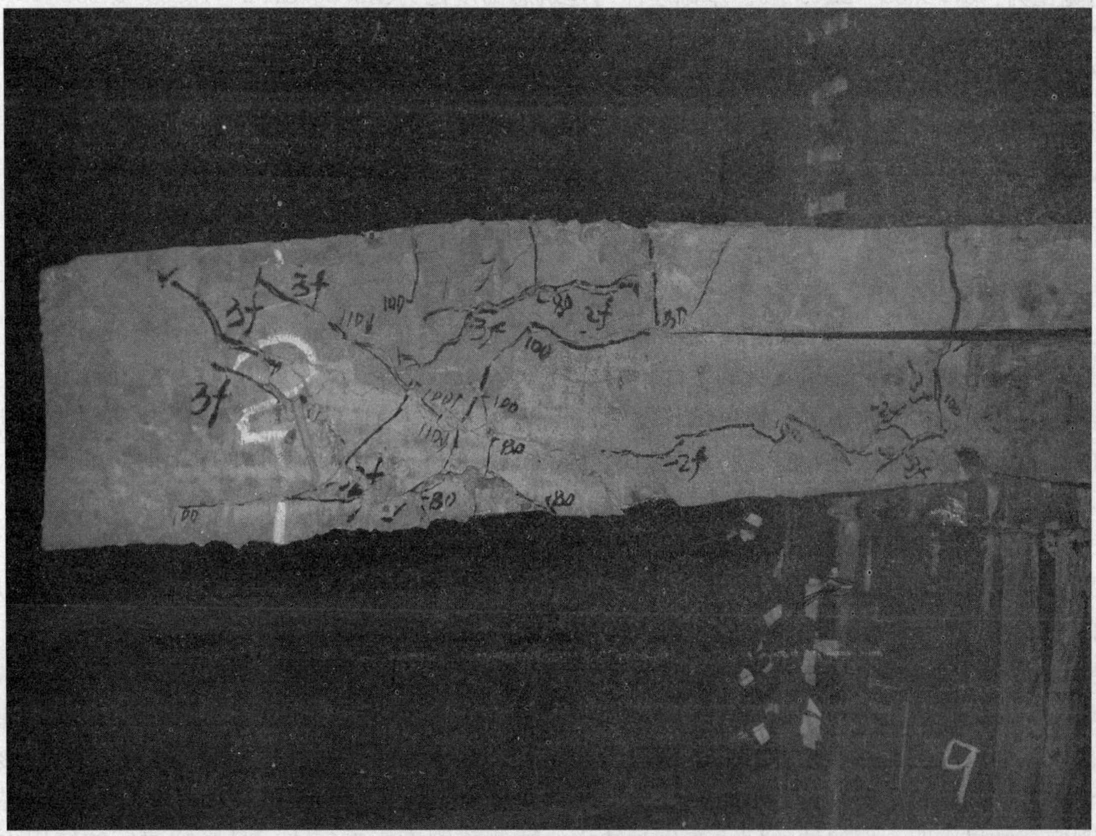

图 10　梁柱节点试验（二）

广州市交通信息指挥中心结构设计

建设地点 广东省广州市天河南二路

设计时间 2006～2008

主要设计人 黄辉辉 李恺平 刘斯力 李桢章 张谦俊 杨 飞

获奖等级 全国第六届优秀建筑结构设计三等奖

一、工程概况

本工程位于广州市天河区天河南二路，是以商业、办公为一体的高层建筑。作为广州市交通信息交换、指挥调度的枢纽，工程建成后将成为广州交通信息化的标志性建筑，负责广州市交通信息的实时收集、分析，然后进行全市公共交通（公交车、出租车等）的运力调配。主楼地上有20层，屋顶标高为96.0m，地下室2层，埋深8.5m。总建筑面积为65100m²，其中地上49727m²，为办公、商业用途；地下15373m²，为车库、设备用房。

各层层高关系：地下一、二层层高分别为4.0m、4.5m，除首层为6.0m外，二至四层均为5m。从五层起，由于建筑错层布置，每隔两层（即每隔12m）共用一个平层，错层所在的位置为轴线8。轴线1～8从第五层起一直到十九层层高均为4.0m，错层处轴线8以右从第五层到第十三层层高为6.0m，14～19层为4.0m，顶层为6.2m。裙房为长方形，长宽分别为92.8m、35.0m，长宽比为：92.8/35＝2.65＜6.0，高宽比为：87.2/35＝2.49＜5。基础埋深与建筑总高度比为：8.65/87.2＝1/10＞1/15。

本工程按7度抗震设计，场地类型为Ⅱ类。框架柱、剪力墙抗震等级为二级，错层柱为一级。地基基础设计等级为甲级，基础采用钻孔灌注桩，桩净长约为8～11m，桩端持力层为微风化泥质粉砂岩。工程由广东省建筑设计研究院设计，由广州市恒盛建设工程有限公司施工。该工程于2006年10月开始设计，2008年7月建成，见图1。

二、关键技术研究

1. 结构方案优化

本工程建筑外形是非常规整的，但是由于建筑竖向通道的偏置，集中于北侧，且位于东、西两侧，相隔较远，再加上地上部分建筑本身的平面长度较长（92.8m），导致结构的刚度中心与质量中心不重合，两者偏离较大，对结构非常不利。通过试算发现，位于西侧竖向通道的北侧9.6m长的剪力墙刚度较大，对结构的偏心影响较大，因此，首先将该完整墙分成三段，中间3.4m跨的剪力墙用框架梁代替（为了减少刚度，梁高仅取600mm，满足框架梁跨高比大于5即可）。这样一来，既使结构布局得到改善，又给建筑提供了采光的空间。尽管采用了削减北侧剪力墙刚度的措施，但结构偏心仍较大，因此，经反复试算，发现分别在轴线1与轴线12增设刚度较大的剪力墙后效果非常明显。这是因为东、西两侧的剪力墙位于建筑物的端部，且位于建筑平面的下侧，两者的共同作用从抗侧移刚度的角度能很好地平衡位于建筑平面北侧竖向通道的剪力墙。从建筑平面不难发现，X向的抗侧移刚度较弱，虽然在某些位置可以布置较长剪力墙，但对结构抗扭不利（如前所述），因此只能从其他角度出发。在方案阶段，曾考虑在轴线A上的东、西两端增设跨层斜撑，计算结果也是理想的，但是给建筑的立面及使用空间带来较大的影响，也只好取消。考虑到建筑平面较长，不妨尝试分别通过调整框架柱、框架梁的截面尺寸来增加单榀框架的抗侧移刚度。结果表明，框架柱的尺寸变化对结构的抗侧移刚度影响较小，且影响建筑的使用面积，而框架梁的尺寸变化则影响较大，因此，轴线A上的框架梁截面尺寸在裙房以下、以上分别统一增大到400×900，轴线B上的框架梁裙房以下、以上分别统一增大到400×700、500×700。意想不到是的，这一措施，不仅使结构 X 向的抗侧移刚度得到极大的提高，更使得结构平面的刚度中心向南下移，与质量中心更为接近，其效果与东、西两侧增设的剪力墙相当。见图 2。

由于建筑功能的划分，建筑平面从第五层起（即裙房顶），通过调整层高，形成了错层。轴线 8 以东层高为 6m，以西为 4m，一直延伸至标高 57.0m。根据规范《高层建筑混凝土结构技术规程》JGJ 3—2002，本工程的抗震设防类别为丙类，框架、剪力墙的抗震等级均为二级；另规定，错层结构的错层柱的抗震等级应提高一级，故本工程的错层柱的抗震等级为一级，轴压比限值为 0.75，错层柱的范围见图 3～图 5。由于错层框架柱受力甚为复杂，为确保其有足够的延性，本工程采用了钢管混凝土核心柱，本文稍后将对其受力机理、构造措施做专门阐述。

本工程柱网尺寸基本为 9×8.4，局部为 11.0m、13.5m，其中第 20 层为大空间会议室，跨度 24m，由于其上为屋顶厨房、餐厅，荷载较大，附加恒载（不包括结构自重）取 6.0kN/m^2，活荷载取 4.0kN/m^2。对跨度超过 11.0m 的柱网，采用了单向布置主、次梁的结构方案，见图 5、图 6。局部楼层（14～19 层）为了满足甲方不作吊顶的需要，采用了现浇空心楼盖，见图 7。

2. 斜拉结构的设计

在设计过程中，我们发现如果按照甲方的意图进行柱网布置，建筑密度超过规划要求，但是建筑平面的布局已成事实，甲方又不情愿削减建筑面积，这给设计者带来极大的难题。因此，我们想到了一个变通的办法，局部框架柱不落地，形成悬挑结构。见图 8。

结合图 2、图 4 可知，轴线（D、E）与轴线 2、3（10、11）围成的区域便是悬挑的部分，两边悬挑跨度分别为 7.8m、8.4m，上面还有三层楼板。我们对四种结构方案进行了试算，见图 9。方案 A，每层均采用钢结构斜拉，可以发挥钢结构受拉优点，缺点是节点处理的数量偏多，斜拉的角度仅为 32°，竖向分力发挥有限，且杆件长度偏长（约 9m）；方案 B，每层均采用混凝土斜撑的形式，利用混凝土进行抗压，缺点也是角度偏小，长度偏长，难以充分发挥混凝土受压性能；方案 C，跨层设置混凝土斜撑，斜撑角度为 52°，竖向分力充分发挥，但为了配合建筑师立面的要求，最终采用了方案 D——钢结构跨层斜拉。

在节点处理上，首先要明确构件的受力状态：拉杆上端内侧（内跨）为偏心受拉构件，而与其相连的悬臂侧则为偏心受压构件；拉杆的下端的两个构件均为偏心受压。由于斜拉杆的轴拉力较大，为了得到可靠的锚固，采用了在梁、柱内预埋 H 型钢的措施与斜拉杆连接。需要特别指出的是，内跨没有采用预埋一段 H 型钢的方法来抵抗拉力，这是因为，对偏心受拉构件，不仅仅要考虑承载力的因素，还要满足正常使用极限状态要求。对型钢混凝土构件，由于保护层厚度比普通钢筋混凝土构件要厚的多，而且型钢表面与混凝土的粘结强度远小于钢筋与混凝土的粘结强度，因此，型钢混凝土的裂缝控制相对更难满足。见图 10。

3. 错层结构设计

错层结构的设计是本工程一个难点。在概念上，错层结构的抗震设计与抗风设计是不同的，抗风设计是迎风面上荷载以集中力的形式通过楼层的错层区域进行传递，但地震作用是地面运动引起结构本身的强迫振动，它是一种由结构本身的分布质量引起的惯性力，如果错层区域两边的强迫振动是同相的，即使有地震作用，也不会对错层区域产生水平力。

下面将对错层位置的错层柱剪力增大的原因做理论分析。通过计算分析可知，错层柱在地震作用下，错层区域的柱剪力（A_{I}）较下段柱的剪力（B_{I}）增加较多，限于篇幅，只对轴线 A 上的轴线 8 的错层柱进行分析，见图 11。从图 11 中可知，A_{I}均比相应 B_{I}增加了 20%，最大达到 56%。这一现象可以这样解释，一方面是由于结构平面轴线 8 以西的结构质量比以东的要多，在地震作用下，由分布质量引起的惯性力就比以东的要大，剪力向下传递的过程中，产生一个由附加惯性力引起的附加节点剪力；另一方面，由于平层的作用，两边框架柱的几何长度不同，在框架柱截面尺寸相同的前提下，柱的抗侧刚度就会发现变化，从而发生剪力重分配，以致错层区域的剪力就会比下部柱的剪力要大。如前所述。

根据混凝土规范可知，柱的剪跨比 $\lambda = M^c/(V^c h_0)$，本工程错层部分多处出现 $\lambda \leqslant 1.5$ 的情况，鉴于目前对 $\lambda \leqslant 1.5$ 的柱研究甚少，本工程借鉴了叠合柱规程，在错层部分采用了钢管混凝土核心柱，一方面利用核心部分的钢管混凝土承担较大部分的轴力，降低外围混凝土的压应力水平，从而提高小剪跨比构件的延性；另一方面，钢管核心混凝土的存在，可以制约由水平力作用下弯矩产生的水平裂缝向受压区混凝土的发展，裂缝难以贯通，且裂缝宽度较小。

4. 钢管混凝土核心柱设计的相关问题

1）局部受压

钢管混凝土核心柱的柱脚做法，规范建议了两种做法，一种是端承式，另一种是插入式。其中端承式的缺点主要是由于柱底混凝土的浇筑质量难以保证，而插入式虽然在柱底设有孔洞，但同时又带来了新的技术问题——局部受压。尽管规范也提及采用插入式时须考虑局部受压的问题，但是对如何定量验算没有交待。混凝土规范所用到的局部受压公式是基于受压面是均布应力的前提推导出来的，而钢管与混凝土是两种力学性能完全不同的材料，将他们置于同一个承压面上，承压面上对应钢管与周围混凝土下的压应力是否相同，规范采用的局部受压公式是否继续适用非均匀受压情况至今研究甚少。虽然混凝土规范对素混凝土构件局压面上尚有非局部荷载作用的情况有公式如下：

$$F_l \leqslant \omega\beta_l(f_{cc}-\sigma)A_l$$

但是由于钢管混凝土的外围混凝土仍有均布荷载的作用，非局部应力 σ 的难以确定。研究指出：承压面上非局部应力 σ 与局部承压面的受压承载力是相关的，如果 σ 的应力水平很高甚至达到混凝土的抗压强度时，则局部承压面上的附加局部荷载将减少直至不能承担任何附加局部应力。因此，把整个叠合钢管混凝土截面覆盖的范围作为局部承压面后，仍可按混凝土规范相关公式进行局部受压的极限承载力计算，如图 12 所示，图中符号物理含义同混凝土规范。图 13 为钢管混凝土核心柱的局部受压有限元计算结果，其中：SGS 表示上下都是素混凝土，JGJ 表示上下混凝土都配有局部受压钢筋。应该注意的是，这两种混凝土局部承压面上都不设置垫板。由分析可知，局部承压面上的局部承压现象是明显的，对应钢管的位置出现圆环式应力集中，该周圈混凝土会明显比周围混凝土有相对下沉位移，但随着离承压面的距离的增加这种现象迅速衰减。当配有局部受压钢筋后，情况得到明显改善。

即使如此，上述试件仍有一个特殊问题，如图 12 所示，网片所覆盖的面积 A_{cor} 小于本文所定义的局部承压面积 $A_{ln}<1$，造成 $\beta_{cor}<1$。这种现象在本文中我们认为是合理的，因为当 A_{ln} 取为全截面时，钢筋网片约束的有利作用确实未能涵盖整个截面。本文给出局部受压节点构造，如图 14 所示。需要说明的是，钢管混凝土核心柱柱脚不设置垫板的做法，施工方便，经济合理，为首次在工程中应用。

2）节点设计

本工程钢管核心柱设计的另外一个难点就是梁、柱组合体钢筋的处理。常规钢管混凝土柱为了让框架梁的钢筋有可靠的锚固，在相应梁标高处沿着钢管柱圆周设置一圈钢筋混凝土环梁，但缺点之一是环梁钢筋施工较为复杂，且环梁尺寸影响美观（尤其对于边柱）。而将钢管混凝土设在框架柱截面中心的做法，除了考虑前文提及减少外围混凝土压力水平从而提高错层柱抗震性能因素外，框架梁钢筋在节点的锚固处理也得到改善。尽管如此，钢管直径的选取也值得考究，因为过大的钢管尺寸会使得梁钢筋难以满足水平段的锚固长度要求，梁钢筋绕过钢管的曲率亦会增大，施工困难；过小的钢管尺寸也会导致框架柱的截面增大，从而剪跨比过小，对抗震不利。综合以上因素，错层部位框架柱截面的尺寸对中柱，底部、顶部尺寸分别为 1400×1200、1100×1100；对边柱，底部、顶部尺寸分别为 1100×1100、900×900。钢管全部为 φ400、厚度为 16mm，均设置在框架柱截面中心。如图 15。

根据计算结果，对 7 度区，框架梁支座负弯矩比较大，配筋率约为 1.6%，而框架梁支座正弯矩不大，计算配筋较小，通过与混凝土规范构造配筋比较，结果为构造配筋。针对框架梁支座负弯矩钢筋的设置方法，我国规范的传统做法是将所有的计算配筋量全部分配到矩形截面宽度范围之内，对于配筋率较大的情况，势必造成钢筋层数加多，钢筋甚为拥挤；而且，由于框架柱核心部位有钢管核心柱，直径为 400mm，框架梁宽度为 600mm，除了角部几根钢筋可以直通外，有相当一部分钢筋的直通将受到钢管的阻挡，其中很小一部分钢筋可以以较小的曲率进行绕过钢管。尽管如此，仍然有 30%的负弯矩钢筋仍需以较大的曲率进行弯折，可想而知，施工还是相当困难的。是否还有其他方法，既能满足受力要求，又施工方便。实际上，对于现浇混凝土楼盖，翼缘是与钢筋混凝土梁是共同工作的，但是根据大量的实测结果发现翼缘板随着离梁距离的增加其发挥的作用就逐渐减少，即翼缘板存在剪力滞后效应。因此，不防将一部分框架梁的支座负弯矩钢筋放在翼缘上，根据平截面假定，如果能保证翼缘在一定范围内与混凝土梁共同工作，那么对应同一纤维层的钢筋都可以达到屈服，也就是说钢筋可以满足受力要求。根据以上分析，如何保证翼缘在一定范围内与梁的整体性将是关键。实际上，板是以梁为支座边，板端必然存在支座负弯矩，当支座负弯矩钢筋不足以抵抗该负弯矩时，将会开裂，甚至分离，设计上，我们采取较为慎重的方法：通过控制裂缝宽度并对120mm板厚的楼板采用封闭箍筋约束翼缘板，翼缘板封闭箍筋同时能起到约束翼缘板纵筋的作用，约束的范围为柱中到离柱中1/3跨之间的距离。节点构造及现场照片如图16、图17所示。

实现“强柱弱梁”的措施之一是增大对应梁抗弯承载能力的柱的抗弯承载能力，翼缘板钢筋的参与将导致梁承载能力的提高，应引起设计人员的关注，而本工程所采用的将梁一部分的计算钢筋取代翼缘板钢筋的做法，可以有效地降低因常规设置在翼缘板钢筋而引起梁抗弯承载能力的超强作用，既施工方便，又利于形成良好的承载能力级差机制。

5. 菱形钢筋的设计

框架剪力墙结构或筒体结构中的洞口连梁由于其能调节联肢墙的刚度和联肢墙的内力，在这类体系的设计中有着相当重要的作用。根据非弹性动力反应分析可知，洞口连梁较剪力墙底部先出现塑性铰，并随着侧向位移的增大，其塑性铰发育的程度就越充分，这就说明洞口连梁是此类结构中通过塑性变形来耗散大震时输入结构地震能量的主要构件。因此，保证洞口连梁的延性及耗能能力将是设计中的重点之一。由前文可知，为了解决本工程结构平面的刚度偏心以及侧移刚度不能过小这一矛盾体，不得不分割整片剪力墙，这就形成了有一定数量的洞口连梁。经过计算分析，洞口连梁的跨高比均较小，很多均小于2.5，甚至小于1.5，而计算配筋均显示该截面设计已经不能满足混凝土规范对截面剪压比要求或者需要配置非常多的箍筋，因此必须寻求其他出路。实际上，《高层建筑混凝土结构技术规程》JGJ 3—2002对跨高比小于2.5的截面控制公式及抗震抗剪承载能力计算公式的规定均来源于清华大学的实验。从清华大学实验可以发现，其不足之处就是为了保证必要的洞口连梁的延性不得不通过加大截面来满足较低的剪压比要求，还有就是按普通配箍筋方法进行设计的构件在较高剪压比下其延性非常低，说明箍筋所起的作用难以满足大震时对洞口连梁的延性要求。换句话说，按照《高层建筑混凝土结构技术规程》JGJ 3—2002纯粹通过增加配箍量来满足本工程小跨高比、高剪压的洞口连梁只是“一厢情愿”。根据重庆大学“小跨高比洞口连梁新配筋方案”课题组的研究成果：通过在洞口连梁处设置“交叉斜筋＋双向菱形筋”的综合配筋方案，可以将很小跨高比下的洞口连梁的名义剪压比提高到0.25，其延性及耗能能力都比较理想，位移延性指标至少为4，甚至达到6，完全满足大震时对延性构件的延性要求。本工程参照相关研究成果提供的相关计算公式：当跨高比$L/h \leqslant 1.5$时，截面控制公式为：

$$V \leqslant 0.25 f_c b h_0$$

$$V \leqslant 0.10 f_c b h_0 + 0.93 f_y \cdot A_{sD} \cdot (2+\xi). \sin\alpha$$

$$M \leqslant f_y \cdot (h_0 - a_s{}') \cdot [A_{sz} + A_{sD} \cdot \cos\alpha(1+\xi/2)]$$

$$\xi = (A_{sL} \cdot f_{yL}) / (A_{sD} \cdot f_{yD})$$

式中 f_{yZ}——受拉纵筋屈服强度；

f_{yD}——受拉对角斜筋的屈服强度；

f_{yL}——菱形斜筋的屈服强度；

A_{sZ}——受拉纵筋面积（单侧纵筋面积）；

A_{sD}——受拉对角斜筋面积（单侧对角斜筋面积）；

A_{sL}——菱形斜筋的面积（单边菱形筋面积）；

h_0——连梁截面的有效高度；

h_L——菱形斜筋的抗弯力臂；

$a_s{}'$——钢筋的保护层厚度；

α——对角斜筋的倾角；

β——菱形斜筋的倾角。

限于篇幅，仅列举本工程一个计算算例 $V=2146\text{kN}$，$M=929\text{kN}\cdot\text{m}$，C35，$L=1500\text{mm}$，$h=1800\text{mm}$，$b=300\text{mm}$，$\xi=0.5$；$\alpha=\beta=50^{\circ}$，$f_{yL}=f_{yD}=f_{yZ}=360\text{MPa}$，代入以上公式，算得①＝2⌀16，②＝1⌀16，③＝m³10@250。如图 18、图 19 所示。

图 20 为小跨高比洞口连梁的受力分析图，图中阴影区域表示集中力向支座方向剪力传递过程中由主拉应力引起的裂缝分割而成。由图可知，除主要斜压杆外，其他裂缝间的斜压杆均较陡，其与箍筋相交的角度均较小，两者离平行已经不远。这就说明，箍筋对这种小跨高比的洞口连梁发挥的作用有限。这种剪力传力机制已经不再是大跨高比时的桁架式模式，已经变为明显的斜压杆传力机制。因此，为了保证中间主斜压杆的混凝土不至于过早压碎，沿主斜压杆方向（对角线）布置对角斜筋，从而分担一部分压应力。另一方面，由于次斜压杆角度均较陡，沿着与次斜压杆成一定角度的方向布置了菱形钢筋，使得该菱形筋也能承担次斜压杆形成前的主拉应力转嫁过来的开裂应力。不可否认，沿着主斜压杆布置的对角斜筋是最重要的，但是菱形钢筋所起的分担作用也相当明显，大量的试验也证明了这点。

《高层建筑混凝土结构技术规程》JGJ 3—2002 对抵抗较大剪力时采用了斜暗柱的方式，实际上，斜暗柱的箍筋施工方法是相当困难的，而且连梁的宽度至少 350mm 以上才满足施工要求，故本工程没有采用；还有一点就是为了避免对角斜筋出现受压失稳，构造上加了拉筋，如图 18 ③号筋。

6. 环梁（明梁）设计

由前文可知，框架与剪力墙通过梁连接在一起，这些梁大多与剪力墙垂直，因此，剪力墙的厚度及其平面外的抗弯承载力都应认真设计。由于剪力墙的厚度自下而上是分级变化的，到了上部若干层只有 300mm 厚，这对二级抗震等级的框架梁而言，采用三级钢筋时，其在剪力墙支座的水平段 0.4Lae 锚固长度是满足不了的。《高层建筑混凝土结构技术规程》JGJ 3—2002 中提到可以采用暗柱或者扶壁柱的方法，实际上，暗柱的方法是值得商榷的，因为暗柱截面尺寸取得再大也仅仅是略提高剪力墙平面外的抗弯承载能力，梁的水平段锚固问题没有得到丝毫解决；而扶壁柱的做法要整个柱凸出剪力墙，这对建筑使用功能是有影响的，因而不能实施。根据重庆大学提出明梁（环梁）的设计方法，可以较好地解决这个问题，如图 21 所示。根据试验结果，剪力墙平面外受到负弯矩时，剪力墙的厚度如果较薄，就容易发生“局部拉脱式混凝土破坏”，这个时候即使配置再多的暗柱钢筋都达不到屈服强度，因此通过环梁（明梁）的方法来改善节点的受力性能，并参照相关研究成果对无梁楼盖的节点的设计方法，提出如下环梁的计算公式。

$$M_u=M_t+M_s+2T,$$

$$M_t=(f_t\times J_c)/(0.5c)$$

$$J_c=\frac{2t_1c^3}{12}+\frac{2ct_1^3}{12}+2b_wt_1\left(\frac{c}{2}\right)^2+\frac{2t_2h^3}{12}+\frac{2ht_2^3}{12}+2t_2h\left(\frac{t_1+t_2}{2}\right)^2$$

$$b_w=b+t,\ c=b+t,\ t_1=0.4t$$

式中 M_u——剪力墙平面外弯矩作用下承载能力；

M_t——墙破坏面混凝土不均匀剪应力提供的抵抗扭矩；

M_s——墙有效高度的抗弯承载能力，取等于 $0.1M_t$；

T——计算配筋的环梁（明梁）抗扭承载能力；

J_c——临界截面特性；

b_w——破坏面有效宽度；

c——破坏面有效高度；

t——墙厚度；

t_1——破坏面有效厚度；

t_2——环梁（明梁）突出高度；

b——框架梁截面高度；

h——环梁（明梁）高度。

图 22 为根据以上计算公式得出的节点构造图，图 23 为环梁完成后实景图。

对这种墙厚比较薄的平面外设计方法，多数工程师在设计时只一味的通过钢筋数量甚至设置支座较来满足计算要求，没有从结构的受力性能来认真思考，这是不可取的。大量的试验结果都证明了只有保证钢筋的水平段 0.45Lae 的基本要求，才有可能避免节点的局部拉脱式破坏，当然，环梁（明梁）的设计除考虑改善锚固环境外，还应通过详尽的抗扭计算分析来提高剪力墙平外的抗弯承载能力。

7. 牛腿设计

由于建筑立面的需要，在十八层处轴线 A、D 需要内收 1600mm，这就导致上下边柱形成错位。由于上部还有三层楼板，且屋顶为厨房餐厅，加上绿化荷载，附加恒载已经达到 $10kN/m^2$。在结构方案阶段，曾考虑用转换梁过渡，集中力为 28000kN，需要较大的梁高，但层高只有 4m，建筑净空无法保证。故采用牛腿进行转换，如图 24、图 25 所示。利用牛腿连接上下错位的框架柱，在恒载作用下，上、下梁可以分别理解成偏心受压、偏心受拉构件。为了更为准确地把握关键部位的局部应力情况，采用了 SAP2000 对局部进行了有限元计算。所有构件均采用壳单元，柱顶荷载取自整体计算模型的输出文件。结果表明，与牛腿相连的上、下框架梁除承受本层板的荷载外，还有一部分荷载来自牛腿上柱的集中力，牛腿所起的空间作用非常明显。值得注意的是，下框架梁为偏心受拉，因此，设计时将该梁的裂缝宽度控制为 0.15mm，配筋率为 1.7%。由于牛腿与下梁的交角较陡，为了避免应力集中，设计上在牛腿下部采用 500mm 的竖直段过渡，并附加竖直钢筋，取得较好的效果。从整体结构计算来分析，牛腿的设置并没有出现常规转换梁引起的层侧移刚度突变的情况，因此，不存在高位转换的概念。

8. 屋顶大跨度设计

屋顶大跨度结构设计是本工程的一个难点。由于建设方在二十层轴线 5 与 10 之间需要布置一个大会议室，并要求轴线 B、C 上的框架柱不能升上来，这样便形成了一个 24m×42m 无中柱的大跨结构。由前所述，屋顶的荷载是相当大，该层的层高只有 6.2m，对结构的梁高要求很严。针对这种情况，屋顶结构对主次井子梁、交叉网格梁布置方案进行了详尽的计算对比，发现这一系列的空间结构布置方案存在一个共性：框架梁的截面尺寸相当高。这是由于框架梁最短跨度为 24m，其对荷载的影响相当敏感，而恰恰上述方案都有一大部分次梁以集中力的形式传递到这些框架梁上，每根 Y 向框架梁的受荷范围基本为 8.4m×24m，截面尺寸控制不下来在情理之中。因此，有必要从减少每根 Y 向框架梁受荷面积入手，实现梁截面尺寸最低。经仔细分析，将这些梁全部沿 Y 向单向布置，并在每根框架梁之间再布置两根与框架梁等高的等间距次梁，每根梁的受荷面积只为 2.8m×24m，实际上相当减少了 2/3 的截面高度，非常可观，所有梁最终均取 400mm×1400mm，见图 26。虽然两根 24m 的次梁与轴线 1/A（1/C）的边梁相交，支座剪力较大，支座弯矩造成的扭矩也较大，但是边梁的跨度仅为 8.4m，其对荷载的敏感性较差，完全可以通过加宽边梁截面来满足计算要求，最终边梁确定为 700mm×1400mm。从计算结果看，框架梁与次梁的跨中配筋率分别为为 1.57%、1.87%，并不高，但是裂缝宽度满足不了规范要求，需要施加预应力。考虑到屋顶框架端节点的梁顶钢筋是按照计算配筋量来配足，节点的延性及塑性转动能力应该不成问题，因此最终通过在这些 24m 跨的梁内布置无粘结预应力钢筋来减少裂缝宽度。在对边梁抗扭及框架梁端弯矩设计时，根据预应力钢筋的偏心情况，将张拉预应力时引起的次弯矩考虑进去，使结果更加合理。

屋顶大跨度结构对边柱产生的弯矩是非常大的，本工程顶层边柱的上端弯矩达到 3350kN·m，如此大的弯矩，截面为 800mm×800mm 的钢筋混凝土柱根本满足不了受力要求，故采用钢骨混凝土。考虑到顶层端节点的两个方向的预应力筋及非预应力筋较多，如果采用常规的实腹式工字钢，则需要在工字钢的腹板及翼缘预留很多孔洞，施工麻烦。因此，通过抗弯刚度、轴压刚度等效的形式，将实腹式钢骨分解为四个规格为 HW200×200×20×20 工字钢，然后通过连接板每隔一定距离将工字钢连接到一起，形成格构式钢骨，见图 27。由于软件没有提供这种类型截面的模块，设计时根据内力按照规范进行人工计算复核。另外，顶层边柱的底部弯矩只有 1014kN·m，经计算，只需将柱顶的钢筋延伸下来，并与下一层框架柱的钢筋进行搭接即可满足受力要求，而格构式钢骨无需往下延伸一层，直接平放在楼面上（81.000m 标高）即可，施工方便，受力合理。

9. 现浇空心板设计

在施工进行到第八层时，建设方提出从十五层起，将轴线 7～12 之间的次梁取消，做成大板结构，这给设计带来很大的难度。由结构平面图可知，板跨较大，最大达到 14.5m，如此大的跨度，做成实心板，荷载增加较大，而下部框架柱及基础已经施工，很有可能需要加固。因此，根据《现浇混凝土空心楼盖结构技术规程》CECS 175—2004，采用了现浇空心楼盖。这种楼盖是通过将一种具有一定体积的模具放在楼板的中部，由于该模具质量较轻，可以减轻楼板的自重，避免了对已施工部分框架柱的加固。由大量的实验及有限元分析得知，尽管这种管是单向布置，但是却具有明显的双向空间作用，而且两个方向的抗弯刚度差别不大，这为使用商用软件进行设计带来了极大的便利。因此，我们采用了《现浇混凝土空心楼盖结构技术规程》推荐的拟梁法进行计算机模拟，并对计算结果进行局部调整后用于设计。实际上，这种楼板的抗浮施工措施也值得关注：因为 14.5m 跨的板厚根据受力及刚度要求最终确定为 450mm，而空心管直径达到 300mm，浮力相当大，如果措施不大，整块楼板会浮起来。施工时先是通过钢丝将空心管和上、下层钢筋绑扎到一起，然后在模板上预留孔洞，再将钢丝穿过这些孔洞与模板绑到一块，实践证明，这种处理是有效的，施工非常顺利。见图 28。

三、结论

本工程是一栋复杂的高层建筑，从结构方案的优化到局部设计措施的细致推敲、再到施工现场的密切配合等环节都倾注了设计团体的心血。从本工程中我们得到以下主要结论：

1）为了提高错层柱抗震性能，采用钢管混凝土核心柱，并根据实验研究解决了局部受压的问题，也对节点钢筋进行了较为合理的优化布置。

2）针对小跨高比、高剪压比的洞口连梁，提出菱形钢筋与交叉斜筋的联合设计公式。

3）对剪力墙平面外抗弯承载能力的计算及锚固长度不够的问题，提出了设置环梁（明梁）的设计手段，并给出了设计公式。

4）采用单向布置的结构方案解决了荷载较大的大跨度结构受力问题，并对边柱的钢骨设计进行了优化。

5）针对上下错位的框架柱结构，采用牛腿的转换方式并对局部应力集中的问题提出了解决方案。

6）为了减轻自重采用了现浇空心楼板，并对施工措施做出了经验性的总结。

图 1　竣工全景

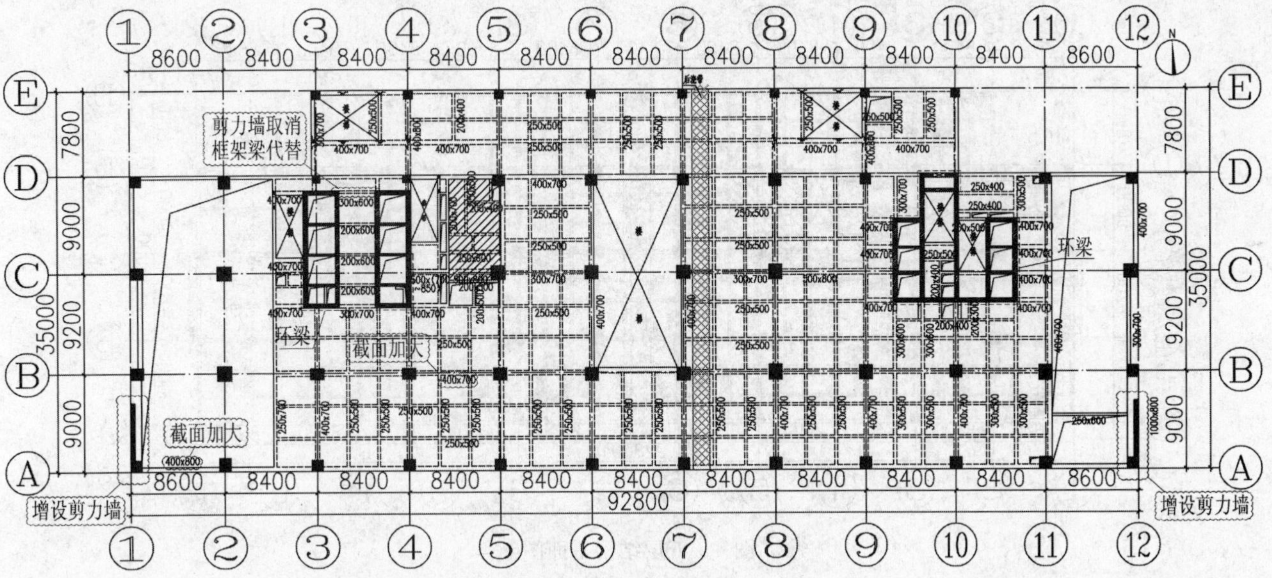

图 2　二层结构平面图

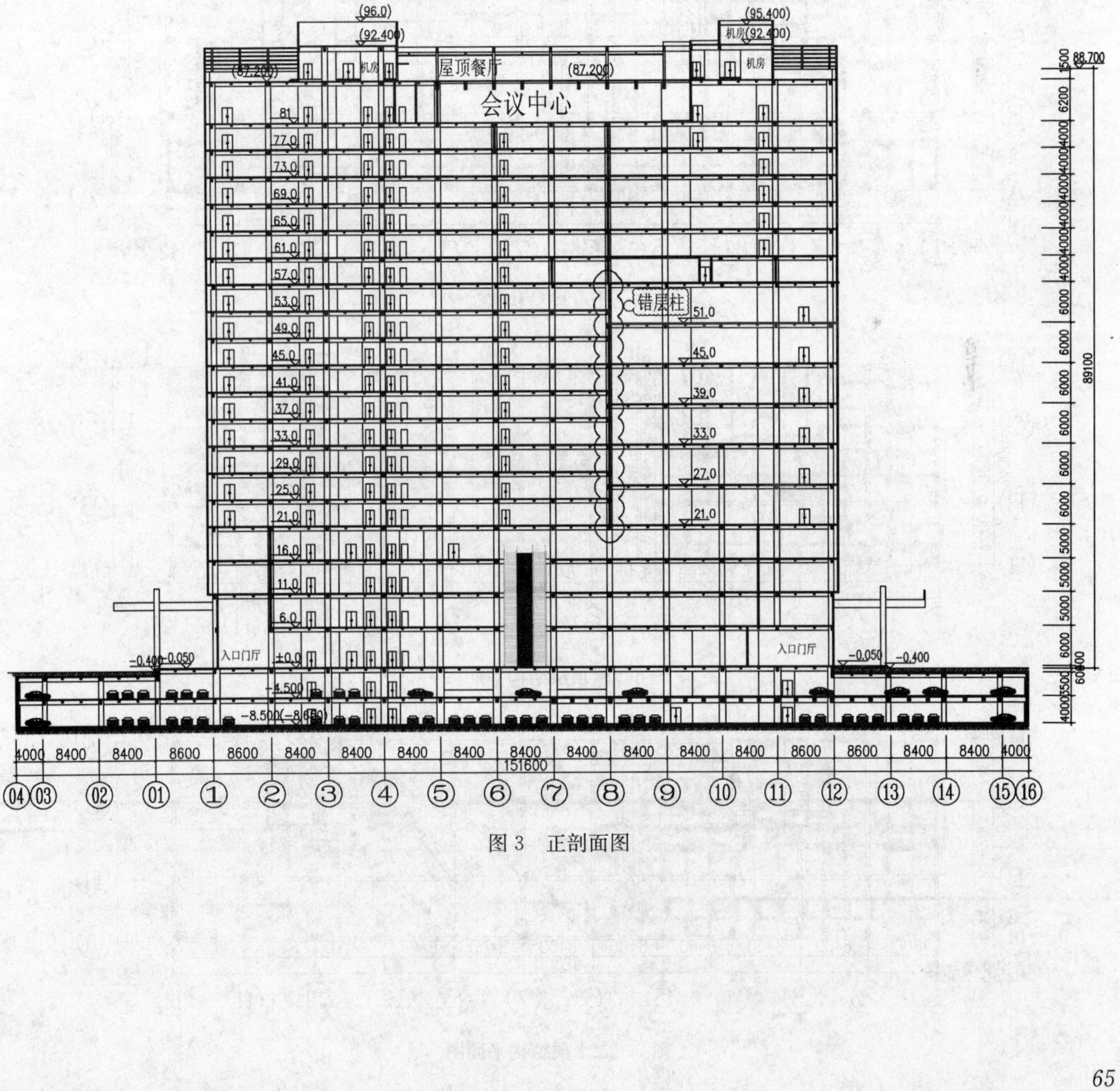

图 3　正剖面图

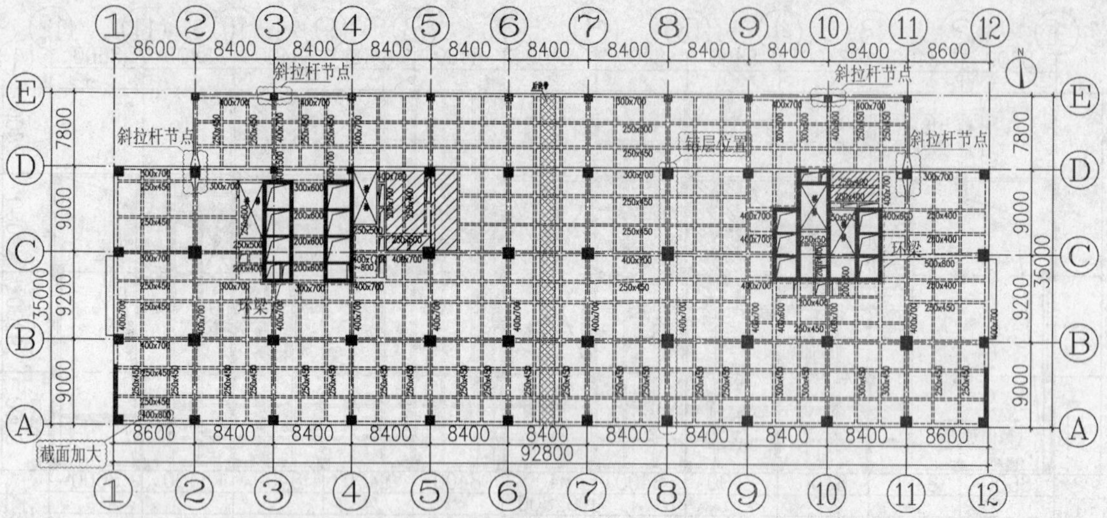

图 4　五层结构平面图

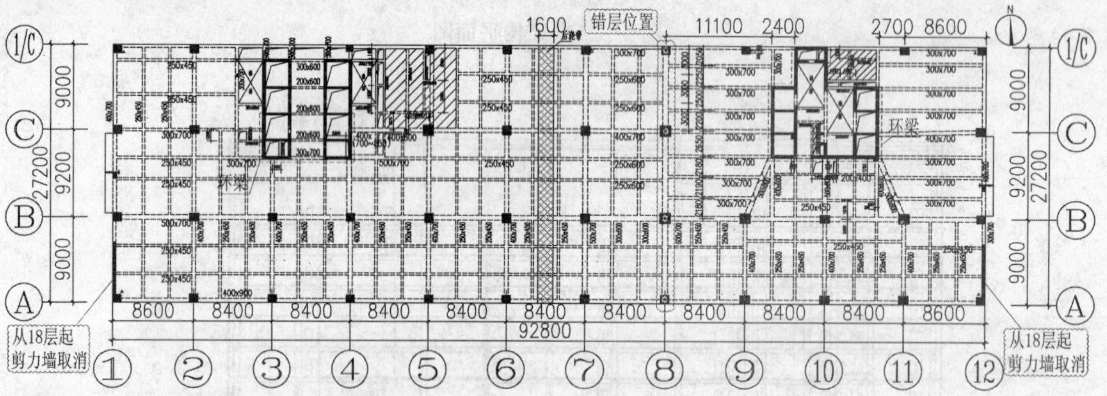

图 5　十九层结构平面图

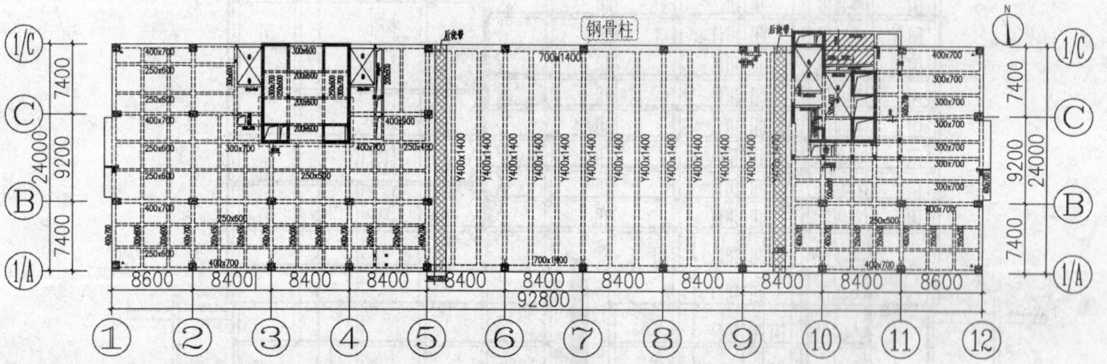

图 6　屋顶层结构平面图

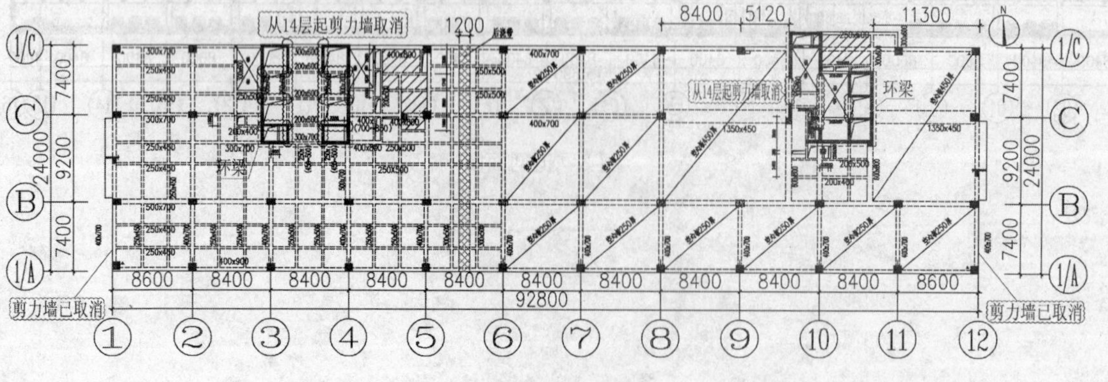

图 7　二十层结构平面图

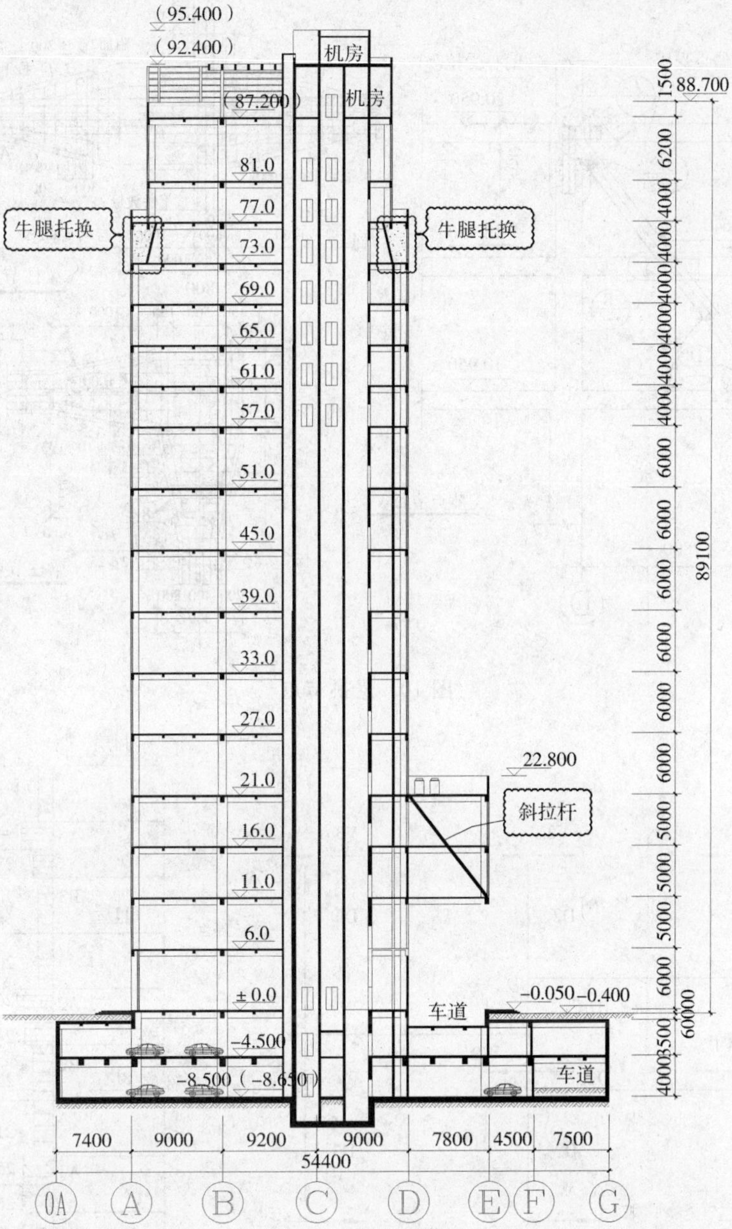

图 8　侧剖面图

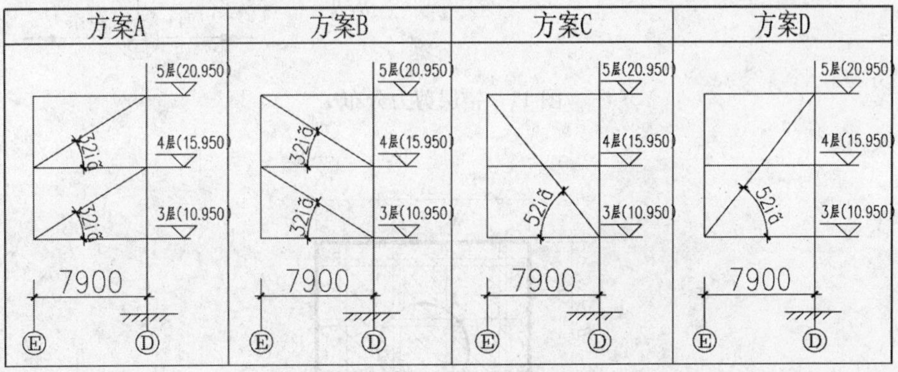

图 9　悬挑方案比较

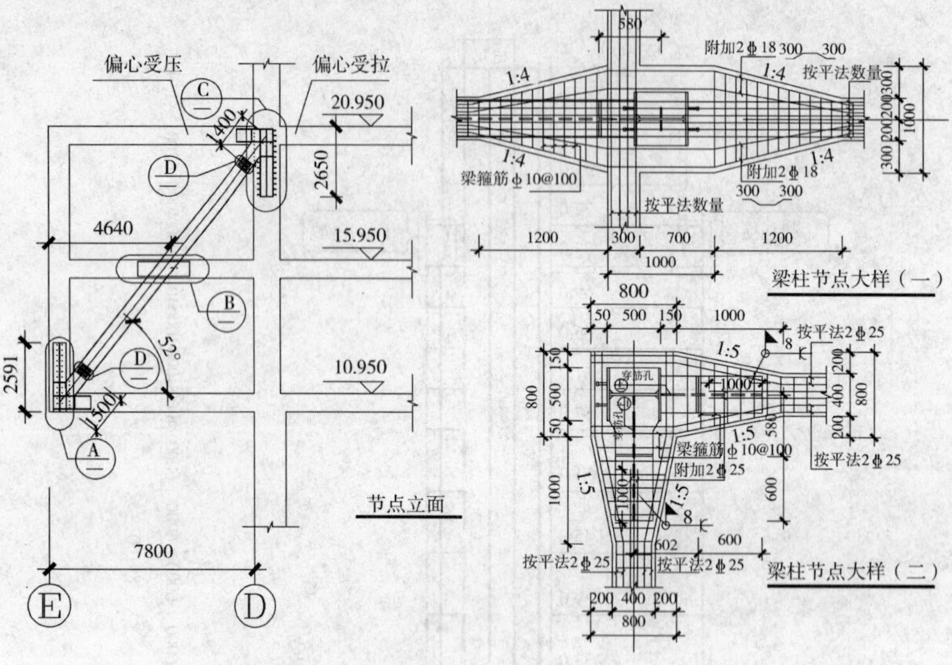

图 10　悬挑节点

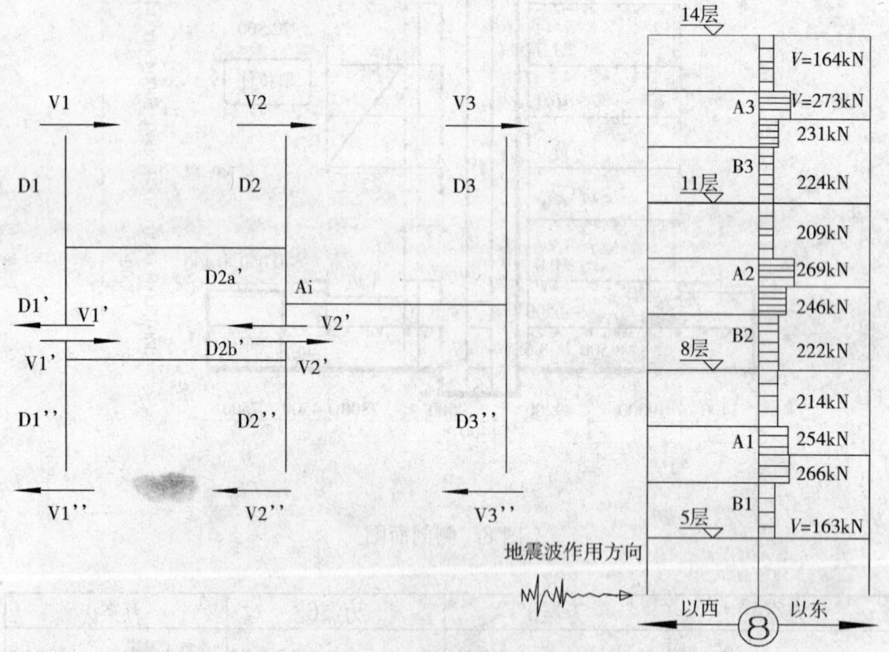

图 11　错层剪力分布

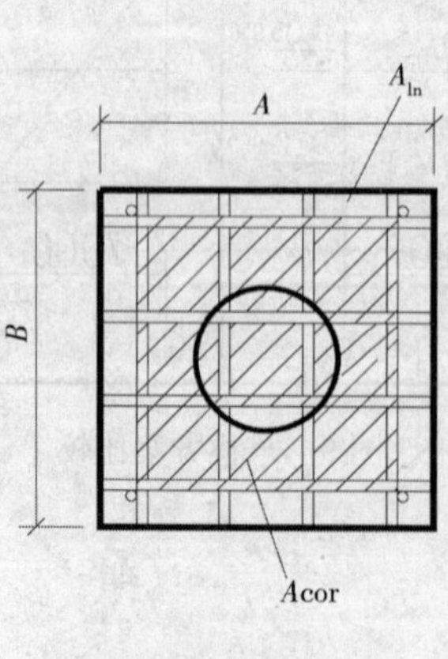

图 12　局部受压 A_{ln}

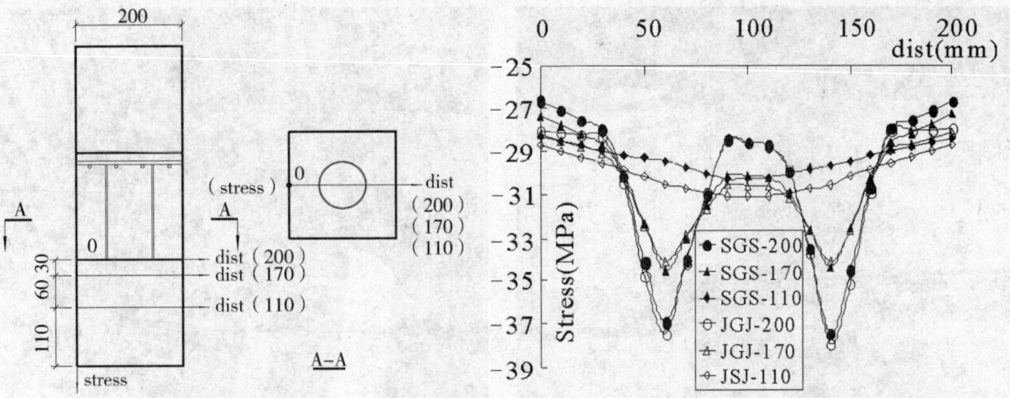

图 13　局部受压面压应力分布

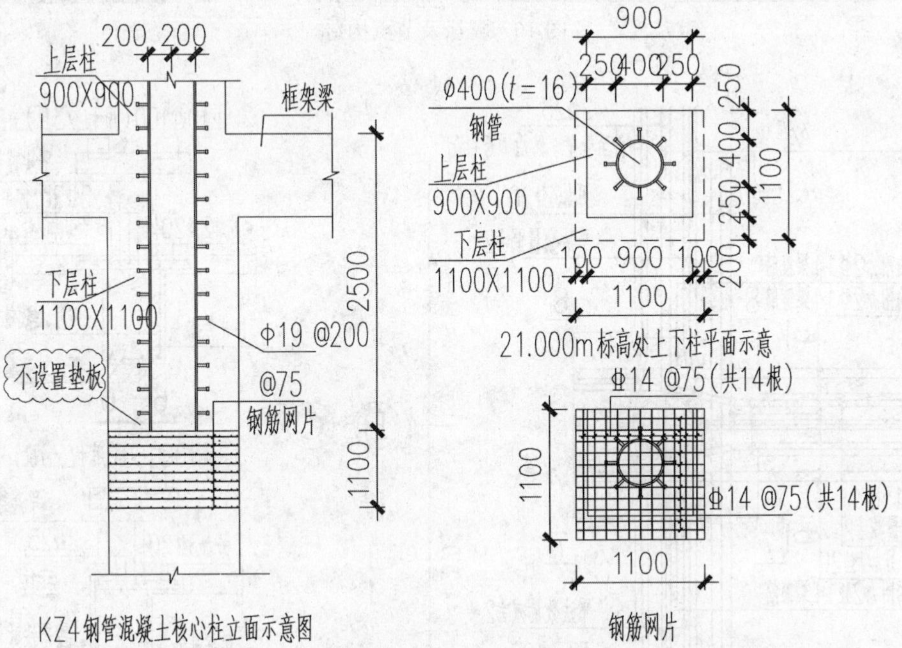

图 14　局部受压构造

图 15　钢管混凝土核心柱

图 16　翼缘及节点构造

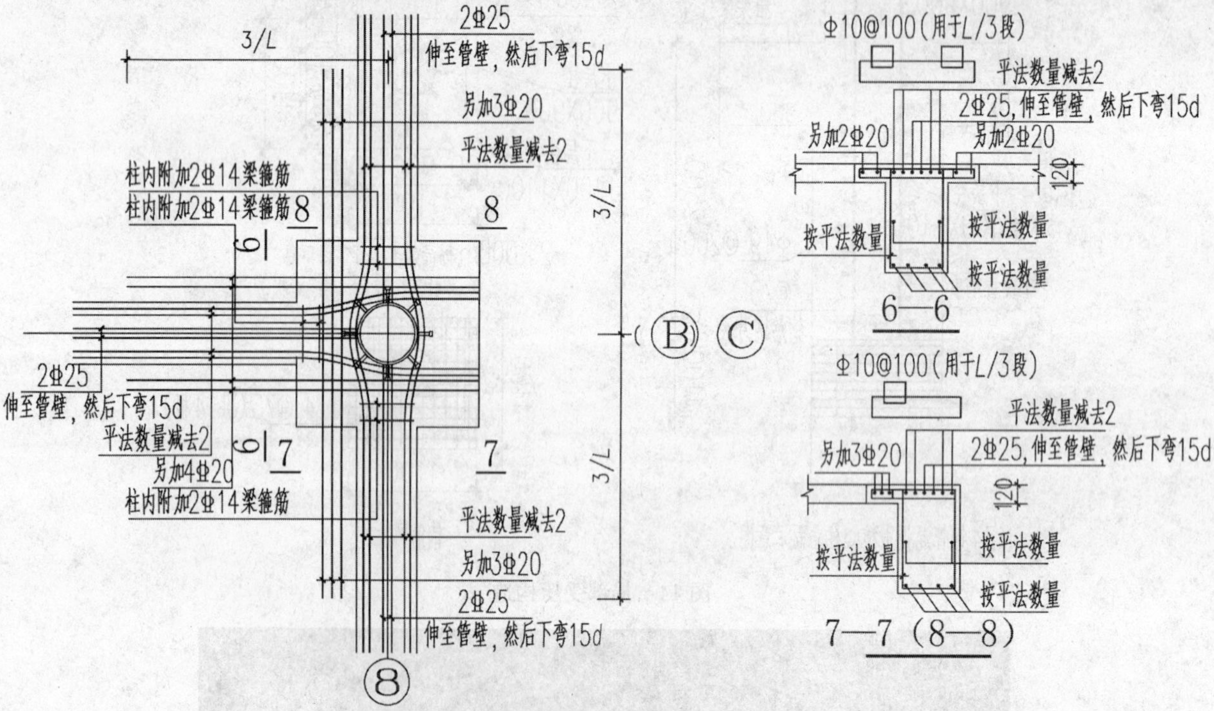

图 17　梁柱节点构造

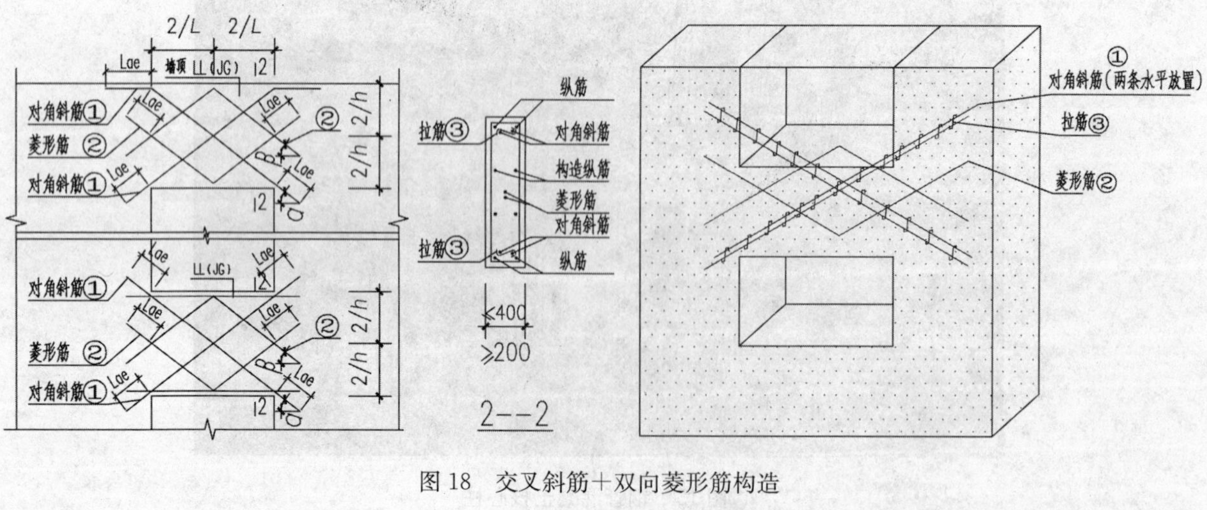

图 18　交叉斜筋+双向菱形筋构造

图 19　菱形钢筋现场照片

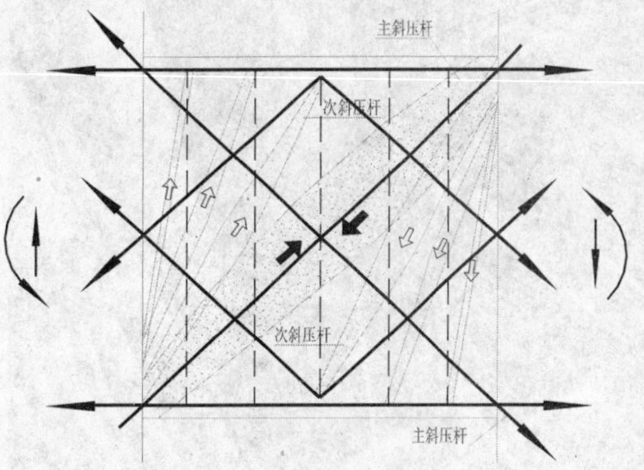

图 20　小跨高比连梁受力特性

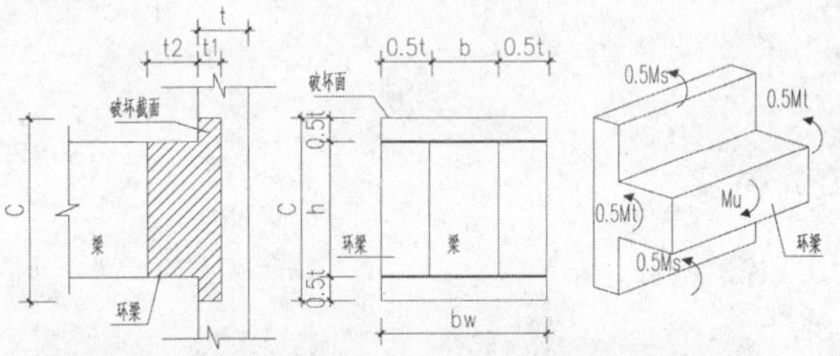

图 21　环梁受力示意图

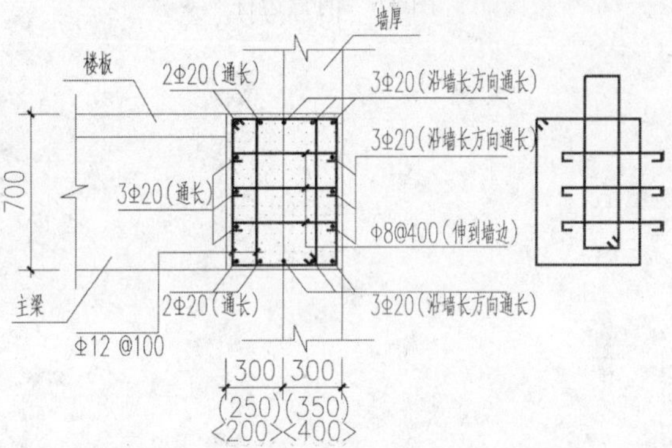

图 22　剪力墙环梁构造

图 23　剪力墙环梁照片

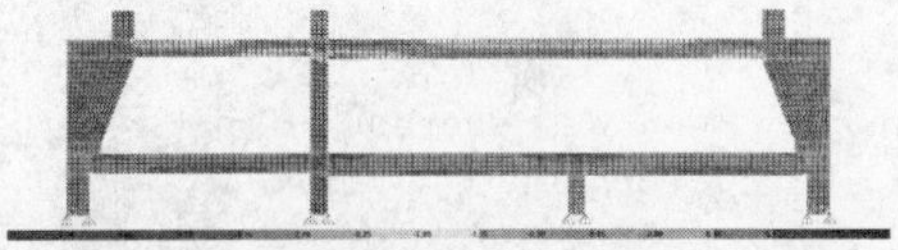

图 24　牛腿计算模型

图 25　牛腿照片

图 26　屋顶大跨度梁

图 27　钢骨边柱

图 28　空心板施工

广东国际大厦裙房改造结构设计

建设地点 广东省广州市环市东路

设计时间 2008～2009

主要设计人 黄辉辉 李恺平 敖卓男 王艳霞 李桢章 张谦俊

获奖等级 全国第七届优秀建筑结构设计三等奖

一、工程概况

本工程位于广州市环市东路，由三栋塔楼与裙房组成，该建筑建于20世纪80年代，为庆祝广东省改革开放十周年而建。为迎接2010广州亚运会，主塔楼（63层酒店）及裙房（地上5层、地下2层）将进行全面改造，改造后将成为亚运会的官方接待酒店，其中涉及结构改建的裙房面积为49055m²。

各层层高关系：地下一、二层层高分别为5.5m、5.9m，首层为5.2m，二至五层层高分别为4.52m、4.5m、4.5m、4.33m。由于建筑功能的需要，位于III区第三层轴线（G～H）交轴线（8～9）的10根框架柱必须全部切除，从而形成一个跨度为32m、三层打通、层高为13.33m的面积约为1500m²的国际宴会厅，并在该区域的四、五两层分别沿着轴线10和M往室内悬挑5m，形成两层不封闭的"7"回廊作为联系南北塔楼的通道，同时要将屋顶改造成绿化屋面。

本工程按7度抗震设计，场地类型为Ⅱ类。地基基础设计等级为甲级，基础采用筏板基础，持力层为微风化泥质粉砂岩。该工程于2008年9月开始设计，2010年7月建成，见图1。

二、关键技术研究

1. 加固方案优化

本建筑群建于20世纪80年代，从建筑使用年限来看，该建筑已经使用了20多年，其后续使用年限的确定对结构改造方案的选取及工程造价的影响较大。考虑到裙房面积较大，且功能不尽相同，区别对待各区的抗震措施是可行的。图2中轴线7处伸缩缝将裙房分成东西两区，即三区及四区。轴线7～10区域（即三区）如上所述，需拔柱形成国际宴会厅，且二层为工商银行的总部，一层为酒店（63层）大堂及主入口，其重要性较高，应按现行规范进行抗震设计；而轴线1～7区域为普通商业用途，尽管功能需要在轴线5～7之间增设自动扶梯，但毕竟对该区域（即四区）结构整体影响不大，因此四区后续使用年限定为26年，即抗震措施满足《混凝土结构设计规范》GBJ 10—89即可，其地震作用根据有关资料做相应调整，具体调整是将设防烈度调整为$I=6.49$度，地震加速度则根据$A=0.1\times 2^{I-7}$，算得$A=0.07$ g，水平地震影响系数最大值则为$a_{\max}=0.8\times 0.07/0.10=0.056$。然后在通用商业软件分析时，将四区的$a_{\max}=0.056$的参数输入即可得到地震作用下工况下结构内力。

对三区，业主要求施工期间不得影响二楼工商银行的正常营业，而且要求原结构必须满足现行规范抗震要求，如上所述，规范前后的抗震措施的差异足以让原结构进行一次大面积的加固，改造量及造价相当大，因此必须寻找切实可行，简易操作的方法。为此，我们采用粘滞性阻尼器技术进行一次变通，基本思路是通过阻尼器具有较高的耗能特征，通过自身的阻尼来主动的耗散部分输入到原结构的能量，从而减轻原结构在地震作用下的负荷，并在引进基于性能化的设计思路的基础上制定出适合本工程构件在大震作用下具体的量化的可控指标，通过动力弹塑性及动力弹性进行分析验证，为本工程不进行大面积抗震加固提供了可能。阻尼器在本工程中设置的数量及位置受客观影响的因素较多，如前所述，施工期间二层工商银行内部不得进入，三层轴线M是建筑通道的位置，其他楼层由于建筑功能因素难以给出从结构角度来说是最佳的阻尼器布置位置。尽管条件相当苛刻，我们还是通过大量的试算，寻求相对较为合理的布置方式，最终集中布置在轴线D及轴线M上，如图3、图4所示。根据反复试算，最后选定了两种规格的阻尼器，阻尼系数均为 $C=2000\text{kN}\cdot\text{s}^{0.4}/\text{m}^{0.4}$，位移限值为 ±70mm，阻尼出力分别为850kN、1000kN。限于篇幅，这里介绍采用SAP2000软件进行大震下非线性弹性时程分析结果。由图5可知，阻尼器的设置，使得结构 x 向顶点位移减低较多，最大位移减少了54%，而 y 向尽管位移不大，但降幅也达到了62%，这与进行弹塑性分析分别得到的 x 向及 y 向降幅的22%、17%有差别，主要原因是SAP2000分析时我们没有将梁、柱端部定义塑性铰，但总体趋势是一致的。通过图6可以明显看出，阻尼器的耗能在整个能量耗散过程中发挥了较大作用，随着时间的推移，其耗能量逐步增加，最大达到了总体耗能量36%，相当可观，充分显示了它对本工程起到耗能减震的作用。阻尼器轴力最大为810kN，位移最大为5mm，均没有出现超过上述设定的指标，阻尼器处理正常工作状态。另外，计算结果显示，轴线F与M之间的框架柱在设防烈度及罕遇地震作用下塑性转角不超过0.004rad，所有框架梁的塑性转角不超过0.02rad，框架梁的总体损伤指数在设防烈度及罕遇地震下控制分别不超过0.25及0.5，满足设计提出的性能化要求。这个性能化目标的制定主要是考虑到以下几个方面因素：首先，目前我国抗震加固规范仍采用“小震承载力＋抗震构造措施”办法来满足“中震可修、大震不倒”的设计思路，但对使用多年的结构进行鉴定抗震评估存在一定的困难；其次参照国内外科研成果，基于构件层次上的弹塑性分析证明，构件若具备一定的承载能力和一定的延性指标，即使不满足规范构造要求，也可以达到上述“大震不倒”的目标，无需严格执行抗震规范。

值得注意的是，阻尼器的设置有类似斜撑的作用效应，换句话说，它的轴向力在梁柱交汇处会有竖向的分力，这个附加的分力与地震作用下柱的轴力会进行组合，尽管阻尼器会减少地震作用下的柱的轴力，但组合后仍可能超过不设置阻尼器时柱的轴力。此外，轴力的响应是时间的函数，阻尼器的轴力时程峰值 F_Z 与地震作用下柱轴力时程峰值 F_D 不在同一时刻出现，有相位差，不会出现峰值叠加（F_Z+F_D）的情况。即使如此，设计时，应对与阻尼器现相连的柱的轴压比进行重新复核，确保结构安全。

2. 宴会厅细长柱二阶效应分析

如前所述，宴会厅的层高为13.33m，柱截面只允许做到700mm×700mm，长细比 L/i 已经达到65，且为边柱，轴线10的框架柱列尚有两层内悬臂5m的回廊，如图7所示。针对这一荷载不对称、刚度不对称的不规则结构，计算长度如何确定、二阶效应又如何准确计算成了本工程设计的一个难点。众所周知，混凝土规范计算框架柱的二阶效应采用的是 $\eta-l_0$ 法，即首先确定由“等偏心受压构件”求得的偏心矩（或弯矩）增大系数 η 和从侧向失稳框架临界状态下求得的与所考究的结构柱具有等效受力状态下当量长度 l_0，然后用求得的 η_s 乘以一阶分析下得到的组合作用弯矩 M，即 $\eta_s\times M$，从而求得由结构几何非线性引起的弯矩增大效应。研究表明，M 的取值应只为引起框架侧移的弯矩 M_h，不应包括不引起框架侧移的弯矩 M_v，规范采用 $M=M_h+M_v$ 存在概念上错误。这里借用图8对这一问题进行简要说明。图中为一两层对称结构，其上同时作用有水平荷载及对称的集中荷载，实线表示一阶分析得到的内力，虚线表示由于二阶效应（或称为几何非线性）得到的内力。其作用荷载可分解成，先在图8（a）作用对称集中荷载，显然，结构不会发生侧向位移，即无侧移状态，当集中力“传递”到节点时，会使已经发生挠曲的柱进一步加大挠曲变形，即 $P-\delta$ 效应。因此，柱上面一段弯矩被增大，下面一段具有反向曲率的弯矩也被增大，这就相当于柱对梁的约束降低，导致梁跨中弯矩增大，支座弯矩减少，因此，此时的柱顶弯矩不单不因二阶效应增大，反而有所降低。然后再单独在图8（b）作用水平荷载，自然产生水平位移，注意到此时的集中荷载已经“转移”到柱顶，它对柱底截面形心的偏心将产生附加弯矩，这种由于框架侧移导致竖向荷载移位的效应即为 $P-\Delta$ 效应，它将增大所有柱段一阶弯矩和一阶位移。根据以上分析，上述两层框架的右柱的最不利组合如图9所示。上层柱的柱顶及柱底的最终内力分别为 $M_1=M_{v1}-\Delta M_{v1}+M_{h1}+\Delta M_{h1}$，$M_2=M_{v2}-\Delta M_{v2}+M_{h2}+\Delta M_{h2}$。根据分析，由 $P-\delta$ 引起的 ΔM_v 一般较少，可忽略不计，则统一写为

$$M=M_v+M_h+\Delta M_h=M_v+(M_h+\Delta M_h)=M_v+\eta_s M_h \tag{1}$$

换句话说，二阶效应只增大引起侧移的弯矩，不增大不引起侧移的弯矩。由SAP2000软件分析宴会厅结构在恒载工况下变形图可知，由于两层的内悬臂引起了不对称荷载，在竖向荷载下就已经产生了向

左的侧向位移，这是与图 8 中竖向对称荷载不产生侧向位移的不同之处；另外，恒载作用下得到图中的弯矩既有产生水平位移的弯矩也有类似“对称荷载”不产生位移的弯矩，具体可通过在楼层处设置约束的结构力学方法求得。区分了在恒载作用下的弯矩成分后，再与水平荷载（地震、风）产生的弯矩按上述公式（1）进行组合。注意到图 8（*b*）有侧移框架中，如果忽略框架梁的轴向变形，那么同层各柱应具有相同的层间侧移，同层各柱 M_h 的增大幅度应与所在楼层的一阶位移增加幅度是一样的，即同层各柱的 η_s 应相等，此时的二阶效应具有“层效应”特点。由图 10 可知，通过弹性板并考虑梁的轴向刚度计算得到顶点的位移分别为 11.7mm、11.5mm，相差甚微，可推断出左右两边柱的 η_s 也应相同，从而解决了难以用常规方法得到有悬挑楼层的右边柱的弯矩增大系数 η_s 的难题。而按照《混凝土结构设计规范》GB 50010—2002 则会得到同层各柱不同 η 值，从上述分析可知，这是不合理的。实际上，高规从结构力学“层效应”的角度推导得出考虑二阶效应（$P-\Delta$）的放大系数公式，即通过公式（2）乘以一阶分析得到的弯矩及剪力从而求得考虑二阶效应后的结构内力。

$$\eta_s = \frac{1}{1-2\sum G_j/(D_i h_i)} \tag{2}$$

由于该公式是专门针对每榀平面框架得出的，对有扭转效应的本工程而言，顶层每榀轴线 F～M 的 η_s 是不同的。因此通过 SAP2000 软件的一阶分析，得到最不利组合工况下，分别求出轴线 G～L 等 5 榀的顶层 η_s，以最大的 η_s 作为轴线 F～M 之间的弯矩增大系数。

《混凝土结构设计规范》GB 50010—2002 第 7.3.11 款给出了现浇框架结构顶层柱计算长度取 1.25*H*，当水平荷载产生的弯矩占总弯矩的 75％以上时，计算长度将会因相交于梁柱相交处的各杆件的线刚度不在常规值范围内而带来较大误差，于是通过弹性稳定理论用分离杆件法，得出有侧移框架的计算长度简化计算公式，并取下述公式的最小值，具体物理参数详规范：

$$l_0 = [1+0.15(\varphi_u+\varphi_l)]H \tag{3}$$

$$l_0 = (0.2+0.2\varphi_{min})H \tag{4}$$

考虑到上述公式只是一个简化公式，为确保结构安全，针对本结构柱长细比较大，跨度较大的非常规情况，本工程采用了重庆大学科研成果，当 φ 较大时，规范公式得出的计算长度将偏大较多，故研究得出与理论值较为接近的下述等效公式：

$$l_0 = \left(4-\frac{1}{1+0.2\varphi_u}-\frac{1}{1+0.2\varphi_l}-\frac{1}{1+0.01\varphi_u\varphi_l}\right)H \tag{5}$$

要特别指出的是，虽然规范的文字表述是“水平荷载引起的弯矩占有 75％”，但由上述分析可知，本工程的竖向荷载也将有部分产生类似等效水平荷载的弯矩，因此组合时，应加以区分。由本节竖向荷载经对比，规范公式和科研成果得出的 l_0 分别为 1.16*H*、1.20*H*，其值差别不大，经分析，上述 φ 只有 0.7 左右，因此其误差较少，但随着 φ 增大至 30 以上时，差别将突显出来，公式（5）将优势更大。

由图 8（*a*）分析可知，轴力将加大由于弯矩作用已产生的挠曲变形（$P-\delta$），从弯矩分布可知，尽管梁柱相交处的弯矩会略微减少，但柱高高度范围的弯矩是相应增大的，显然，这一现象将随柱的长细比的增加而急剧增加，不难推测，极有可能出现柱高范围的弯矩超过常规设计时只考虑柱端部的最大弯矩。根据美国 ACI318 规范，可通过弯矩调节系数 C_m 来进行进一步加以考虑这一现象，但注意到该规范的 C_m 表达式是不加修改直接引用美国钢结构学会（AISC）的条文，其最大的问题没有考虑钢筋混凝土的非弹性特征，根据相关研究成果给出了能考虑非弹性特征的 C_m 表达式，即

$$C_m = 1-\frac{N_k l_0^2}{15E_c I_c}\left(1-\frac{M_1}{M_2}\right) \geqslant \left(1-\frac{N_k l_0^2}{15E_c I_c}\right) \tag{6}$$

式中 N_k——轴力组合标准值；

M_1——表示柱两端弯矩的较小值；

M_2——表示柱两端弯矩的较大值。

根据本工程的宴会厅的计算可得，C_m =0.95。

通过借鉴美国规范，并参照相关科研成果，由以上分析可得用于本工程宴会厅的考虑二阶效应后的最大弯矩表达式为：

$$M = C_m \eta (M_v + \eta_s M_h) \tag{7}$$

值得一提的是，上述公式的 η 与 η_s 具有不同的物理含义，前者是用于考虑 $P-\delta$ 即轴力只增加柱高范围的二阶效应，可直接采用《混凝土结构设计规范》GB 50010—2002 的表达式，而后者则用于考虑具有“层效应”的多层及具有剪切变形特征的框架，即 $P-\Delta$ 效应。为宴会厅的细长柱完成图如图 11。

3. 先铰接后刚接的相关技术问题

1）先铰接后刚接思路的提出

由上几节可知，本工程改造后跨度大，荷载大，如按照常规设计思路，宴会厅边柱（图 11）的柱顶弯矩相当大，尽管根据以上的 $P-\delta$ 分析，考虑二阶效应会适度减低，但毕竟有限，截面沿跨度方向至少还需增加到 1500mm 以上，极大地影响建筑的使用空间，必须寻求其他出路。考虑到恒载与活荷载或者地震等其他水平荷载相比有其特殊性，即“固定、明确”的特点，而且它在本工程所占的份额较大，因此就有了往能释放恒载作用下的梁端弯矩的有利方向想的思路，得到铰接下的内力然后再与形成刚接后的各种工况进行组合。为实现铰接，应从以下几个方面入手：首先，从荷载的角度入手，如果对屋顶结构采用钢筋混凝土梁，即使采用预应力混凝土梁，梁截面至少为 500mm×2200mm 以上的高度，线荷载高达 27.5kN/m，其弯矩是相当大的，只能采用减轻自重的方法，即钢梁应运而生，最终采用了 18 根单向布置的预应力钢梁方案，钢梁的截面为 H1500×300×14×25；其次，寻找一个有效的梁柱节点铰接方案，设计时曾想过采用桥梁盆式支座，但由于后期的地震等水平荷载将会对这铰接结构产生较大的位移和内力，所以只能从可控的铰接方案角度入手，因此有了铰接方案的雏形图 12。该方案是通过在靠近梁底的柱顶位置设置一个后浇注区域，并在核心区设置一段截面较小的钢管混凝土短柱，外围的钢筋则连通，并待恒载基本完成后，用微膨胀混凝土进行封堵。通过 ANSYS 建立实体模型对这节点进行有限元分析，分析表明，外围钢筋尽管没有混凝土包裹，但由于贯通，里外两侧的钢筋仍然会形成力臂，得到不小的弯矩。并尝试通过减少钢筋的数量来减少弯矩，虽然情况得到缓解，但是节点转角增大，钢筋（直径 25mm）会失稳，全部由钢管混凝土短柱承受，如果只是轴力问题则无须担心，主要是考虑到此时钢管混凝土短柱的直径只有 300mm，由于转角将会引起高度的局部应力集中，与初期设想有出入，因此没有采纳该方案。尽管如此，分析得到的部分结论对我们启发很大，就是钢筋应进行搭接处理。

2）铰接节点的措施

《高层建筑混凝土结构技术规程》JGJ 3—2002 有钢梁与混凝土柱连接的铰接大样，但没给出铰接的判断公式，对本工程钢梁截面高度达到 1500mm 的情况是否适合，又应如何优化成了本次设计的又一个难点。显而易见，摩擦型高强螺栓的数量在其中起到了关键性的作用，螺栓数量越多，其约束越大，以致梁端弯矩也就越大，对框架柱不利，但数量又不能太少，否则连接处承载力不够，如何平衡这个矛盾体必须经过严密的论证。正如上面提到的恒载较其他荷载不同的特点那样，是可控的，可从这个角度入手，也就是根据恒载的变化而“改变”螺栓的数量，这是与《高层建筑混凝土结构技术规程》JGJ 3—2002 采用“一步到位”上紧全部螺栓的做法的最大差别。另外，要注意到施工期间由于采用“改变”螺栓数量的方法必将引起每个受力阶段的支座约束情况的变化，其力学模型是阶段性的。再有就是，螺栓数量的确定应考虑预应力钢梁张拉引起的变化，显然，从力学模型来看，如果两端是简支的情况，跨中张拉预应力将不对支座产生任何的附加内力，这从另外一个角度也可以作为判断铰接性能可靠性的手段之一。最后就是螺栓的数量应能承受后期刚接时大震作用下的部分内力，关于这一点，将在后面展开论述。

有了上述螺栓确定的基本思路，接下来就是进行施工阶段验算。首先，通过计算求得浇筑 120mm 混凝土板厚和钢梁自重以及 1.5kN/m² 施工活荷载在两端简支状态下的标准工况下的支座反力，然后采用可考虑约束效应的规范公式进行螺栓内力验算，此时每端只需 4 颗摩擦高强度螺栓，即第一阶段，如图 13；接着，待混凝土楼板与钢梁形成组合梁后，重新采用规范公式计算此时为承受屋面建筑防水、保温、找坡、覆土等附加荷载所需的附加螺栓数量，暂定为 3 颗，由于此阶段要对形成组合梁进行预应力的张拉，因此尚需复核张拉时对支座连接板、高强螺栓的内力是否有较大的影响，此时采用 ANSYS 进行，即第二阶段，如图 14 所示；最后根据大震下支座内力，对已进行翼缘焊接和后浇带浇筑的组合钢梁采用日本设计指南提供的公式进行腹部螺栓承受弯矩、剪复合应力状态验算，螺栓附加数为 3 颗，此阶段为即第三阶段，合计10颗摩擦高强螺栓。从施工角度可写为：上4个螺栓——上3颗螺栓——张拉预应力——上最后3颗——上下翼缘焊接，混凝土浇筑。

以上三个阶段从理论分析已经满足承载力要求，但尚有几点需要从措施上加以保证。首先就是在沿着轴线7、10支座边，留有宽为500mm的后浇带，后浇带浇筑的时间待上述第二阶段结束后进行，从而达到释放支座负弯矩的目的，同时根据前面分析得到的结论，该后浇带处的钢筋全部进行搭接处理，如图15所示。另外，根据理想状态的简支力学模型求得两端的转角 φ，乘以钢梁截面高度 h 的一半，即 $\Delta=0.5\times h\times\varphi$ 作为支座上下翼缘预留的空隙，以保证钢梁能自由转动，如图13大样中的云图30mm所示。为确保安全，我们联合西安建筑科技大学进行了施工全过程的跟踪监测，重点监测支座处、跨中钢梁张拉处、混凝土边柱里外两侧混凝土应变、轴线7及10混凝土边梁的抗扭应变。监测的时刻以上述三个阶段作为关键性节点，再根据具体情况进行调整。监测结果与有限元分析相当吻合。

3）节点处的腹板连接计算

根据抗震规范对腹板连接的规定，应至少两列，且应满足钢梁的极限受弯承载力 M_u 应大于或者等于全塑性受弯承载力 M_p 的1.2倍，即 $M_u\geqslant1.2M_p$。注意到规范 M_u 只考虑全熔透焊翼缘得到的极限受弯承载力，腹板部分没作考虑，腹板同时受剪力和弯矩的情况也没做交代。本工程的钢梁截面达到了1500mm，其腹板高度范围的抗弯承载力该如何考虑值得关注。根据日本《钢结构极限状态设计指南》（2002）的相关规定，采用高强度螺栓的腹板连接受力示意图如图16所示。由图16可看出，腹板高度不只是全部承受剪力，离翼缘较近的位置可提高不少的极限抗弯承载力。并就图16（*a*）、（*b*）、（*c*）可能发生的螺栓群破坏形态给出了计算公式，限于篇幅，这里只给出与本工程有关的单列螺栓群极限抗剪承载力公式：

$$N_{vu}^{b}=0.58nm_{f}A_{e}^{b}f_{vu}^{b}\text{ , }N_{cu}^{b}=(0.5A_{ns}+A_{nt})f_{u}\text{ , }N^{b}=\min(N_{vu}^{b},N_{cu2}^{b},N_{cu3}^{b})\tag{8}$$

其中 N_{cu2}^{b}、N_{cu3}^{b} 分别对应图16中的（*b*）、（*c*），并都采用上述公式 N_{cu}^{b} 进行，只是参数不同而已。根据日本《钢结构极限状态设计指南》（2002）的相关规定计算得到腹板极限抗弯承载力 $M_u^2=1306\text{kN}\cdot\text{m}$，翼缘极限抗弯承载力 $M_u^1=5622\text{kN}\cdot\text{m}$，而钢梁全塑性受弯承载力 $M_p=5526\text{kN}\cdot\text{m}$，从而 $M_u=M_u^1+M_u^2=6928\text{kN}\cdot\text{m}\geqslant1.2\times M_p=6631\text{kN}\cdot\text{m}$，满足要求。

4）预应力钢结构节点张拉分析

正如前面所述，由于跨度大，荷载大，采用了钢梁的方案，经试算，若采用常规钢梁，则截面高度至少需要1900mm，影响了宴会厅的整体效果，业主要求尽量压低梁高。经优化，采用钢梁张拉预应力的方案，梁截面高度降至1500mm。在设计前期阶段，张拉端是设置在柱外侧，这也是最成熟最常规的思路。但从图2的平面可以看出，除了轴线K～M之间的5根梁可以有充分的操作空间外，其他13根钢梁一端或者两端受到周围建筑物的影响，难以施工，因此必须考虑其他方法。从发挥预应力高效的角度出发，预应力应布置成抛物线，但考虑到抛物线加劲肋下料带来较大的施工困难，且预应力摩擦损失较大，故没采纳，最终采用了直线索，每根钢梁设置了两束。即使如此，张拉端位置的确定（也可以理解成预应力直线索的长度）仍需细究，如果张拉端靠近两端支座（梁或者柱）的话，那么钢梁将会产生较大的反拱，也就是说，索越长，反拱越大，可能导致混凝土板面开裂。因此，经多次反复计算，以既满足降低梁高，又不造成混凝土开裂的原则进行，最终长度设置为12m。从简支受力模型来看，预应力是不对支座产生任何附加内力的，但考虑到实际工程是难以做到理想化，因此本工程就上述3.3.2节提到第二阶段的7颗螺栓的情况进行预应力张拉的有限元实体模型分析，其中高强螺栓与腹板采用了接触单元，如图14所示。从有限元分析结果可知，预应力张拉时（暂不考虑自重等其他荷载），支座处最大应力为27MPa，而张拉端后侧的应力衰减较快，在不到200mm距离，迅速降至13MPa，这与实测结果比较接近，实测结果略为偏小。与第一阶段的4颗螺栓较为理想的铰接状态相比，此时的7颗螺栓已出现了偏离铰接的状况，这一方面说明随着螺栓数量的增加约束会相应增加，另一方面也说明了只要上下翼缘不进行全熔透焊接不区分截面高度而一概认为是铰接的“一刀切”做法是不合理的，因此分阶段进行变刚度计算分析是必要的也是必须的。

5）混凝土边梁的抗扭设计

为了与钢梁可靠连接，采用了在混凝土梁内预埋工字钢的方式，如图 17 所示。由于螺栓连接中心线对混凝土边梁有一定偏心，而且随着螺栓数量的增加以及后期上下翼缘的焊接、混凝土后浇带的封堵将不可避免对边梁产生扭矩。由于钢筋混凝土梁具有相当高的非弹性性质，其抗扭刚度将随混凝土梁的开裂而急剧下降，若结构为超静定结构（如本工程），内力会重分布，尚应考虑其协调扭矩的变化。关于协调扭矩的设计，《混凝土结构设计规范》GB 50010—2002 在第 7.6.16 的条文说明中给出弹性扭矩折减系数不超过 0.4 的建议，而美国 ACI318 虽给出一个对应开裂荷载的扭矩值 $T_{cr}=0.33\phi\sqrt{f'_c}\dfrac{A_{cp}^2}{p_{cp}}$，但却认为该值在开裂后将不发生变化。根据重庆大学科研成果，协调扭矩会因刚度的变化随荷载的增加而增加，并不是一个固定值，可通过扭转刚度折减系数进行不同荷载情况下弹性设计，并指出，美国规范规定的开裂扭矩值偏低，存在不安全性因素。此外，通过（图 17）边梁扭转内力图可知，扭矩最大值是出现在宴会厅的两端，即轴线 F 及 M 上，究其原因，是因为宴会厅南北端部刚度较宴会厅内部所致。这与常规设计中一般较大值出现在每跨梁端有所不同，设计时应重点注意。

4. 新型 X 压条碳纤维的设计要点

在对本工程四区图 2 所示进行计算复核时，发现有不少楼板抗弯不足的情况，采用了粘贴碳纤维的方法进行了加固。碳纤维加固最突出的问题就是容易出现剥离破坏，为防止剥离破坏，国家加固规范给出了垂直压条（或称 U 形）的布置方法，但通过大量的实验发现，这种布置方式仍未达到能有效的遏制碳纤维剥离破坏的地步，因此需寻求更佳的压条布置方式。实验及有限元分析表明，垂直压条效果不理想有两方面原因：一是受弯构件有剪力效应，U 形压条是用来锚固纵向纤维布，但是一旦斜裂缝的出现，必将对 U 形压条有负面影响，影响它的锚固效果；二是 U 形压条与纵向纤维布是相互垂直的，且纤维布是单向受力，其锚固效果不会特别理想。因此，通过布置与碳纤维布成 45°角，将会得到更佳效果，如图 18 所示。另外根据实验表明，X 形压条自身也必须要有一定的锚固长度，否则加固效果会降低。碳纤维加固的延伸长度，除了按加固规范给出的物理参数指标算得外，还用现场实测的指标用规范公式进行计算，取两者的最大值作为碳纤维加固的延伸长度。

5. 偏心受压柱公式的合理应用

《混凝土结构设计规范》GB 50010—2002 依据材料设计值通过 ζ_b 计算公式求得截面的界限受压区高度，并以此作为大小偏压的临界点，接着按照已给定的配筋量及截面尺寸绘制成 $N-M$ 屈服面（线），然后检验结构杆件受到的轴力 N 及弯矩 M 是否符合承载能力要求，如图 19 所示。大小偏压的本质区别是截面的受拉区钢筋是否屈服，因此规范根据平截面假定分别给出了大、小偏心受压的计算公式。从 $N-M$ 屈服线来看，只要轴力超过临界点轴力 $N=\zeta_b f_c bh$，就应按小偏心受压杆件的公式进行复合内力 N、M 的复核。注意到上述是针对材料的设计值提出的，其计算得到的指标应为规范承载力。实际上，构件的破坏应与实际材料强度相关，其强度指标及应为平均值，计算得到的承载力应为实际承载力。根据以上原则，以本工程其中一根 700mm×700mm 为例，对称配筋，配筋大小两侧分别为 $6\phi32+2\phi28$、$4\phi25$，混凝土强度等级为 C25，则可得得到（图 18）$N-M$ 屈服相关曲线。从该图不难得出两个结论，当轴压比介于 0.5～0.9 之间时，由于采用了规范的小偏心受压公式，与实际情况应采用大偏心受压公式不符，如图中实际承载力曲线所示，由于采用了与破坏状态不同的计算公式，导致配筋增加，这就是本工程中出现的状况；在图中阴影区域，轴压比越高，相差越大。这结论为本工程出现图中所示情况的框架柱提供了是否应加固的理论依据，它的应用为本工程节约一定的造价。

三、结论

本工程是一栋复杂的加固改造建筑，从结构方案的优化到局部设计措施的细致推敲、再到施工现场的密切配合等环节都倾注了设计团体的心血。从本工程中我们得到以下主要结论：

1）基于性能化的加固设计思路以及阻尼器的优化设计在本工程中发挥了巨大的作用，节约了工期也节约了造价。

2）二阶效应概念的准确理解和合理应用给本工程解决了一系列技术难点。

3）“先铰接后刚接”必须将严密的构造措施及详尽的有限元分析结合，充分论证，确保结构安全。

4）新型X压条方案能很好解决碳纤维剥离的问题，为类似工程提供了较高的参考价值。

5）准确把握偏心受压构件设计的基本原则，可使设计更为合理、经济。

图1　建筑全景

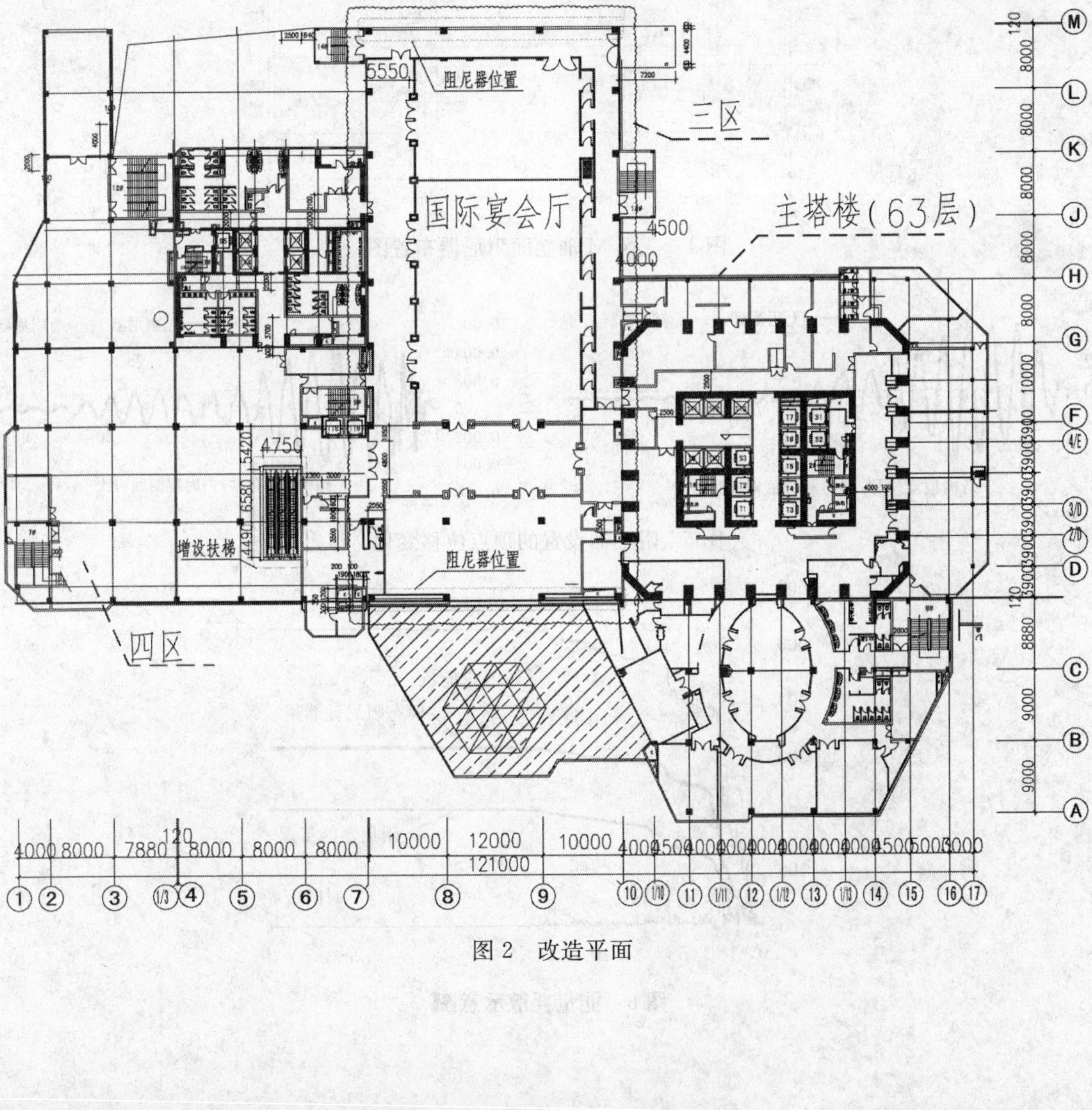

图2　改造平面

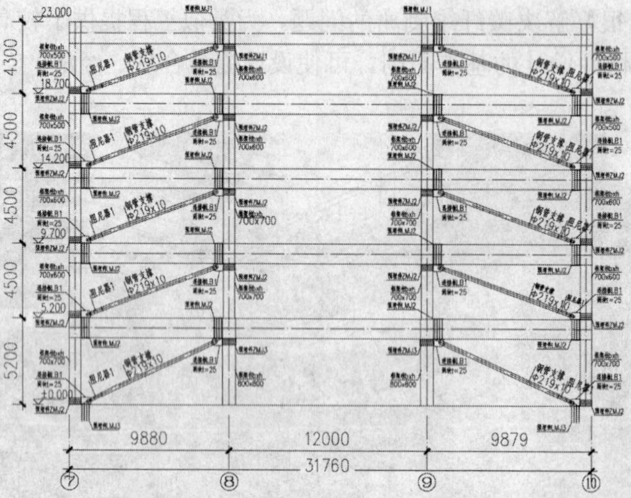

图 3　三区 D 轴立面阻尼器布置图

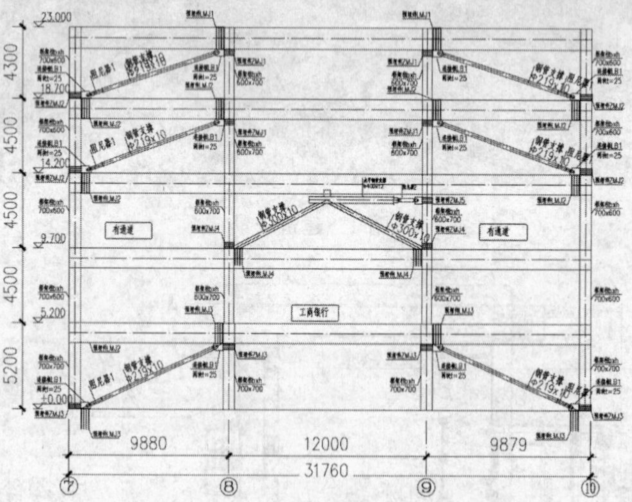

图 4　三区 M 轴立面阻尼器布置图

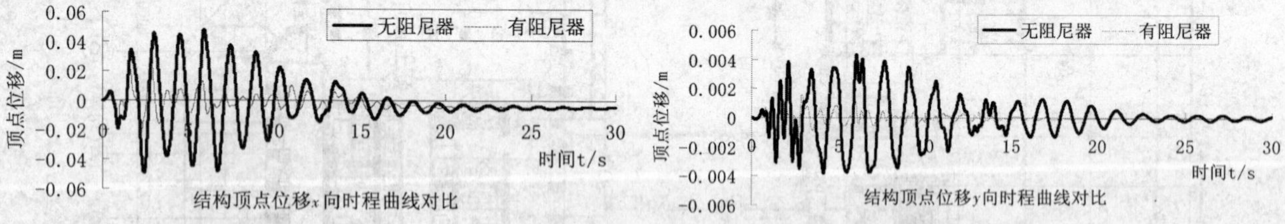

图 5　阻尼器设置的顶点位移变化

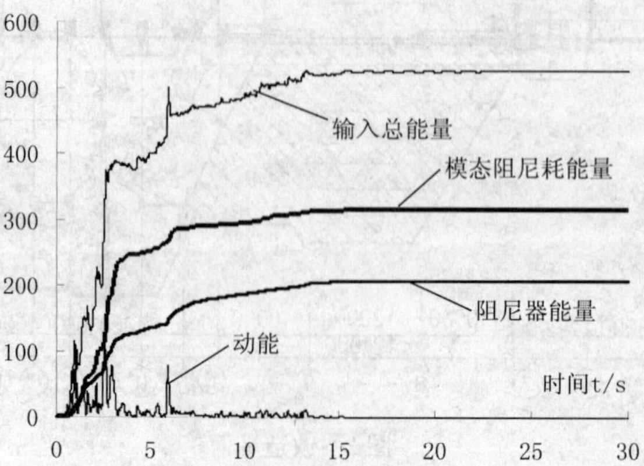

图 6　能量耗散示意图

图 7　宴会厅

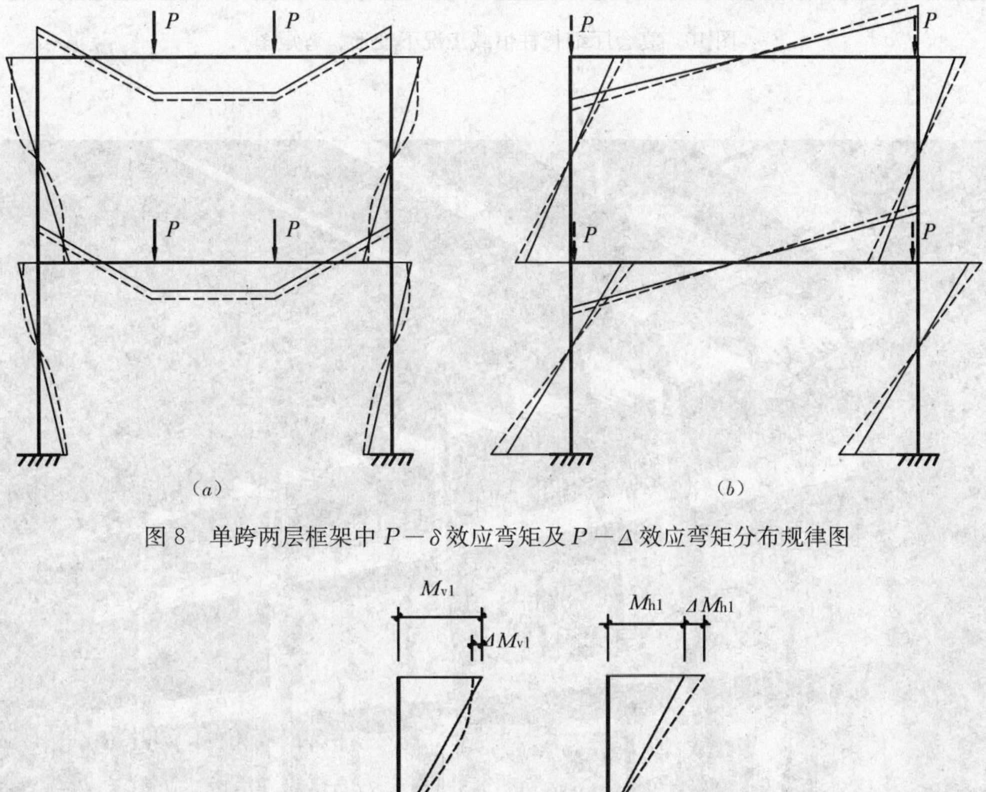

图 8　单跨两层框架中 $P-\delta$ 效应弯矩及 $P-\Delta$ 效应弯矩分布规律图

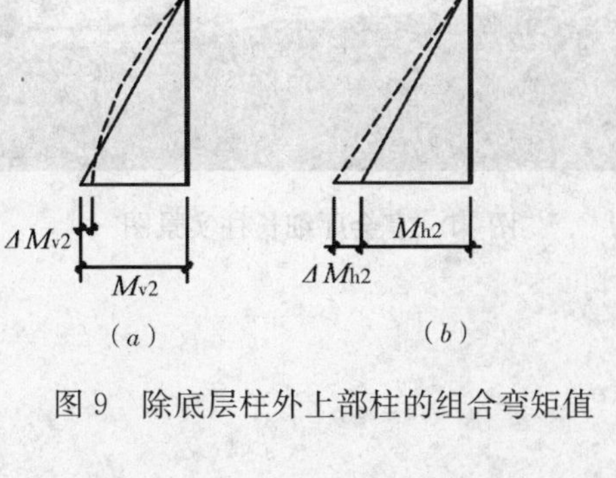

图 9　除底层柱外上部柱的组合弯矩值

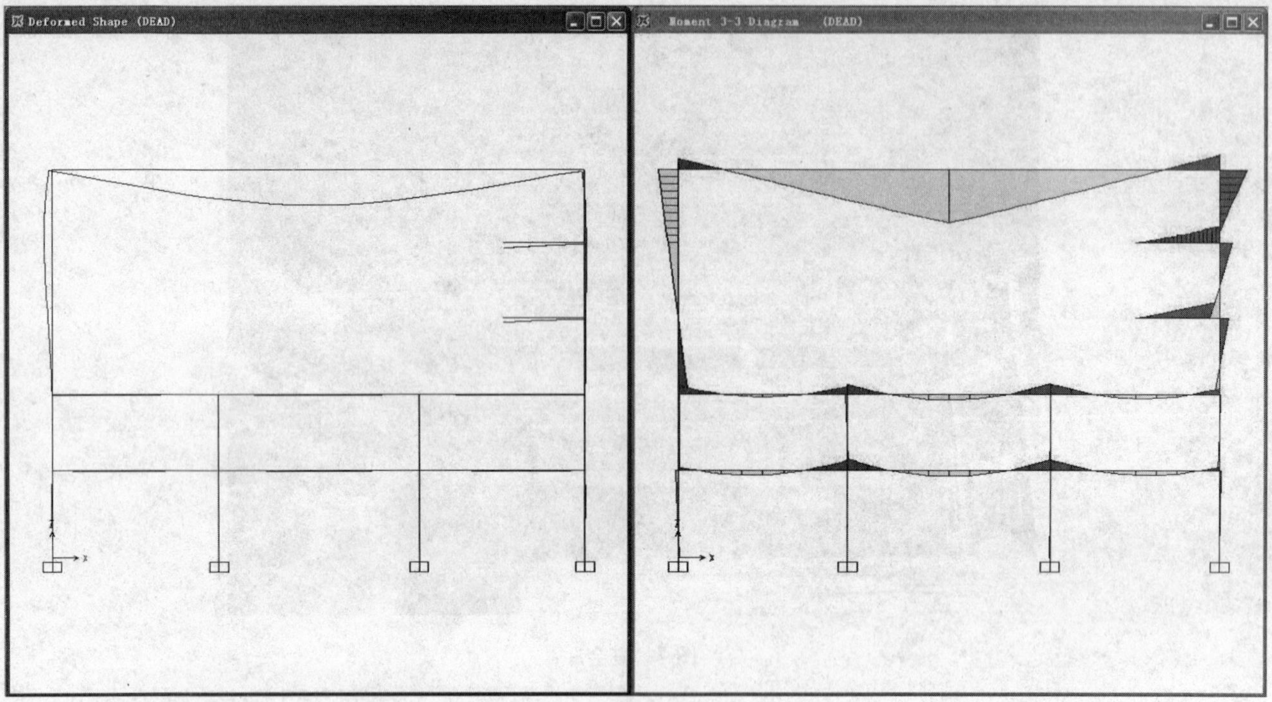

图 10　宴会厅细长柱恒载工况下变形、弯矩图

图 11　宴会厅细长柱实景图

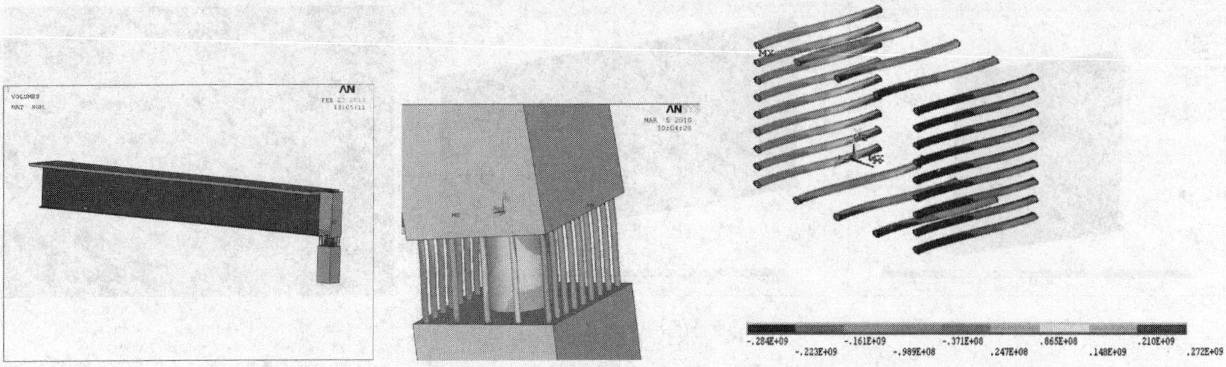

图 12　铰接方案一

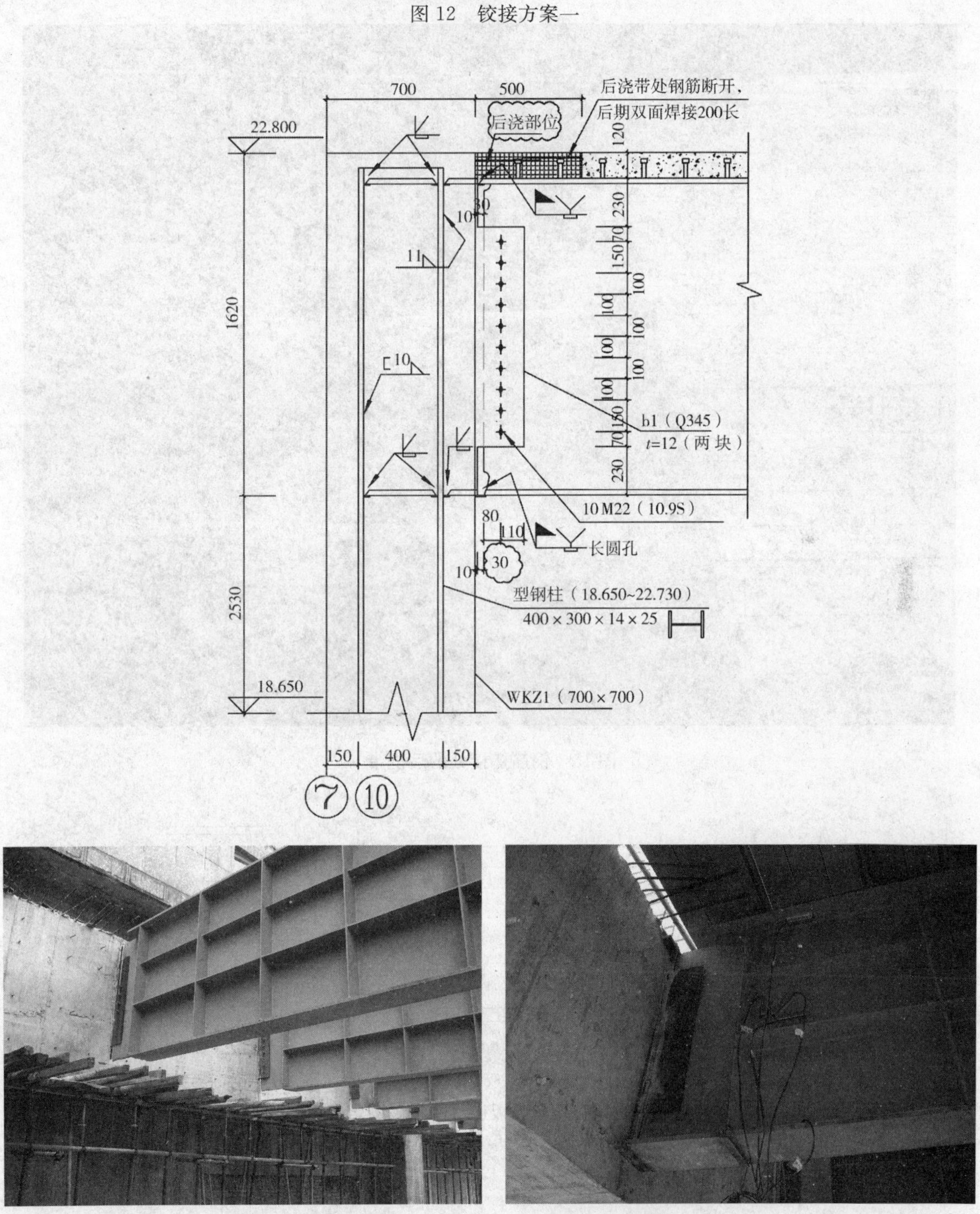

图 13　节点构造及应变监测

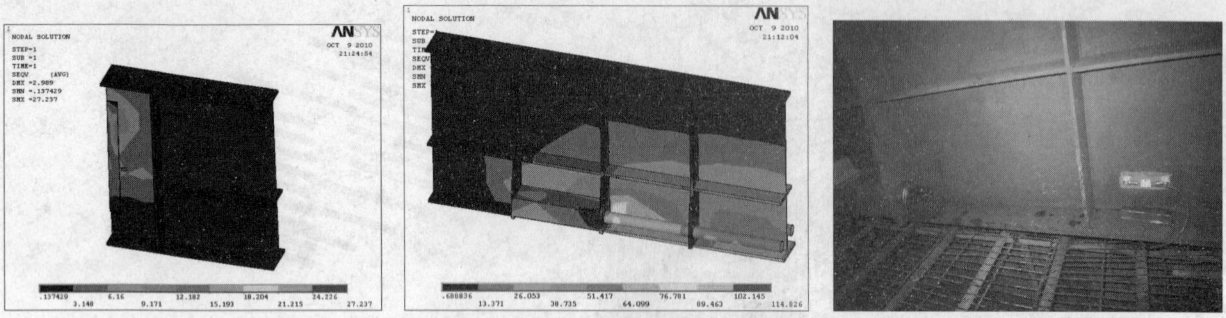

图 14　张拉节点分析及监测图

图 15　钢筋搭接处的后浇带

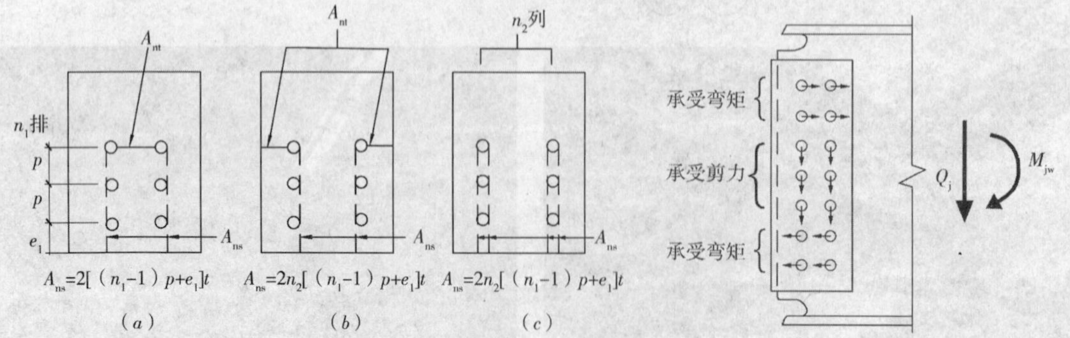

图 16　日本腹板连接的相关规定

(*a*) 中部拉脱；(*b*) 边缘拉脱；(*c*) 条形挤穿

图 17　边梁节点及边梁扭矩

图 18　X 形碳纤维压条

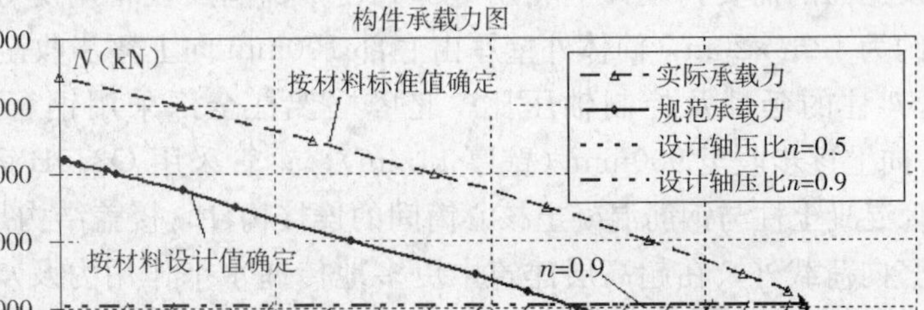

图 19　N—M 屈服相关线

广州汽车工业大厦/京穗中心结构设计

建设地点 广州市
设计时间 2006～2008
主要设计人 陈　星　罗赤宇　蔡凤维　张立平　徐　刚　张　帆　林朴强　徐　静　刘宇锋　蔡　健
获奖等级 广东省优秀工程勘察设计一等奖

一、工程概况

广州汽车工业大厦/京穗中心位于广州市天河区广州大道北，是集停车、商场、办公楼、酒店于一体的总面积超过15万m^2的超高层双塔楼建筑（图1、图2）。本工程设置4层地下室及7层裙楼，由于需要满足建筑功能的要求，地下室及裙楼不设防震缝，形成大底盘双塔楼建筑（图3），其中北塔楼为40层超高层办公楼，建筑高度为191.5m，采用框架一核心筒结构；南塔楼为27层豪华酒店，建筑高度为103m，采用框架一剪力墙结构。本工程抗震设防烈度为7度，基本地震加速度为0.10g，设计地震分组第一组，场地类型为Ⅱ类，其中大型商场部分抗震措施按8度要求。

本工程在裙楼区域设置有汽车展厅、酒店大堂及多功能会议厅等较大的建筑空间，部分塔楼及裙楼的竖向构件不连续，分别形成25m跨度承托4层、20m跨度承托24层及19m跨度承托20层等多个大跨度高位转换结构。结构设计上针对大跨度转换的实际情况，结合塔楼采用的钢管混凝土柱框架一核心筒结构体系及各区域建筑空间的要求，灵活地运用了多种钢一混凝土组合结构转换方案，通过详细计算分析及优化抗震构造，解决了结构高度超限及高位转换等多项结构超限问题。

二、结构体系及结构措施

1. 北塔楼结构设计

本工程南北塔楼的平面造型独特，结构设计结合建筑功能的要求，以节省综合造价、选择合理的结构体系及优化结构构件为设计原则，北塔楼采用框架一核心筒结构体系，框架柱采用钢管混凝土柱，框架梁及核心筒均为钢筋混凝土结构（图4）。由于塔楼建筑高度为191.5m，超过《高层建筑混凝土结构设计技术规程》JGJ 3—2002规定的7度地区框架—核心筒结构180m的B级高度限值，属高度超限建筑，而且高宽比接近6，结构的位移控制及满足结构的稳定要求是设计中需要重点解决的问题。

根据建筑使用功能及立面的需要，设计上利用电梯井、楼梯间及设备用房等设置沿建筑物全高贯通的核心筒，核心筒尺寸约为12m×20m，筒体外壁厚由底部700mm向上逐步收至400mm。为了减小竖向构件的截面积，提高框架柱的延性及控制轴压比，北塔框架柱全部采用钢管混凝土柱，由底部直径1200mm（壁厚28mm）向上逐步收至900mm（壁厚14mm），钢管采用Q345B钢材，混凝土强度等级最高为C80。作为外框钢管混凝土柱与钢筋混凝土核心筒间的连接构件，楼盖结构是整体抗侧体系的重要组成构件，框架梁除承担竖向荷载外，在超高层建筑中更多地传递水平作用力及承受包括温度变化、混凝土收缩和徐变、支座沉降等对结构产生的非荷载作用。针对北塔楼结构在X向高宽比较大及抗侧刚度较弱的特点，设计在采用框架—核心筒结构的基础上，通过加强外框架环梁及设置X向宽梁，从而达到提高主体结构抗侧刚度的要求。

由于北塔楼高度接近200m，多种因素导致的竖向构件变形差异需要通过框架梁来协调，通过构件形式比选及造价对比分析，考虑到本工程平面布局的核心筒设置合理且竖向及平面较规则，外框楼盖结构采用钢筋混凝土梁和新型的钢管混凝土柱劲性环梁节点，并针对钢筋混凝土梁协调竖向构件变形的特点，采用以下设计与施工措施结合的方法解决相关问题：

1）塔楼外框架柱采用大直径厚壁钢管混凝土柱，混凝土强度等级最高为C80，核心筒在承载力及刚度满足的基础上适当减少内筒墙厚并控制其轴压比，混凝土最高为C60，尽量使内外筒重力荷载下压应力水平接近。

2）针对框架梁与内筒连接端的受力特点，考虑到采用加高梁截面来抵抗弯矩的办法使梁端弯矩会因为梁刚度提高而相应增加较多，因此，设计上以梁端水平加宽的构造措施为主，而梁宽加大又使梁端钢筋的排布更为合理、施工更为方便。

3）对于主塔楼与裙楼竖向构件的差异压缩引起的水平构件内力异常，设计时考虑相邻竖向构件压应力水平尽量接近，施工时在塔楼与裙楼间设后浇带，并对梁端进行水平加腋构造。计算时以模拟施工方式计算，考虑消除支座变形差时以竖向构件刚度放大的模拟施工计算模式对部分构件进行设计，确认合理的计算结果作为设计依据。

2. 南塔楼结构设计

本工程南塔楼为L形平面建筑（图5），虽然L形平面长度及突出部分长度均符合《高层建筑混凝土结构设计技术规程》关于平面凹凸不规则结构的要求，但结构布置仍需采用有效的措施减少扭转的影响。根据建筑平面、造型和结构高度，南塔楼采用钢筋混凝土框架－剪力墙结构体系，落地剪力墙布置在L形转角中部，利用电梯筒和设备管井形成抗侧及抗扭刚度较大的核心筒，并对L形转角连接部位楼板进行加强。另外，在裙楼以上L形两端部设置两片带边框的剪力墙，以提高南塔楼的抗扭刚度。

根据建筑平面功能的要求，南塔楼L形平面两端部均有部分竖向柱构件上下不连续贯通，需要进行转换（图5）。由于转换的跨度、托柱荷载及转换层建筑空间要求的差异，设计上针对性地采取了不同的转换模式，并进行了相应的抗震加强构造：

1）塔楼位置加设的带边框的剪力墙采用框支剪力墙形式转换，由于剪力墙两侧框架柱为落地柱，竖向荷载主要由框架柱承受，剪力墙的主要作用是提高塔楼的刚度，因此框支柱采用钢管混凝土柱而框支梁采用截面为800mm×800mm的钢筋混凝土梁，构件抗震构造严格按框支结构要求。

2）塔楼西端局部梁上托柱转换，转换跨度约为19m，转换层及以下采用钢管混凝土柱，上部转为钢筋混凝土柱。考虑到裙楼屋面（游泳池）上有层高为1650mm的设备夹层（图6），设计根据设备管道的布置，在纵向设置截面为1000mm×2250mm的跨层钢骨混凝土转换梁，横向则利用设备管道上下两层的钢骨混凝土梁与纵向梁刚接形成空间受力的转换结构，共同承托轴力为8500kN的两根柱。

3）由于首层至三层为酒店大堂（图7），塔楼北端部分柱不能落地而需要转换，转换跨度为20m。而该需托换的柱作为塔楼的边柱，尚要支承5m的悬臂梁，最大柱轴力达到21000kN。由于建筑净空要求四层梁高度不大于900mm，考虑到四层主要作为酒店的娱乐配套功能，部分建筑空间允许隔断，设计上配合建筑平面的布置，在四层与五层间设置跨层桁架式转换结构（图8），桁架设计充分利用了钢构件受拉性能好及钢－混凝土组合构件抗压性能好的特点，上下弦杆采用钢箱梁，斜杆采用钢管混凝土构件（图9）。跨层桁架充分利用建筑空间，并提高了桁架的高度，有效减小桁架的挠度，构件的截面、内力及挠度都较为合理，其中四层钢箱梁截面为1200mm×700mm，五层截面为1200mm×1000mm，均采用厚度不大于40mm的Q345B钢板，各层梁截面高度均能较好地满足建筑功能要求。

4）为了减少塔楼北端悬臂梁跨度较大的问题，通过桁架托换的塔楼北端边柱由直径800mm的钢管混凝土在八层偏心转换为上层600mm×2000mm的钢筋混凝土柱。考虑到上层柱偏心弯矩对节点及内跨梁的影响，相关的梁柱节点及内跨梁按钢骨混凝土结构设计，并根据转换节点的受力特点，采用了新型的内置钢构架钢骨混凝土转换构件对偏心转换进行了特殊的构造（图10）。内置钢构架钢骨混凝土转换构件是在普通钢筋混凝土构件内设置钢构架，在保证两者共同工作的前提下，充分利用钢构架清晰简单的传力机理、较高的承载力以及良好的抗震性能，并通过外包钢筋混凝土保证钢构架的稳定性以及提高转换构件的承载力和刚度。

5）由于南塔楼设置了转换层结构，部分楼层因上下抗侧力构件布置不同引起刚度差异，设计上采取了加强落地筒体及框支柱，并通过增加底部剪力墙，调整剪力墙位置，转换层以下采用高强度混凝土等措施，框支柱采用抗震性能好的钢管混凝土柱，减少楼层侧向刚度沿结构竖向的变化。

3. 裙楼结构设计

本工程裙楼区域作为南北两塔楼的连接区域，采用设置少量剪力墙的框架结构。因为建筑空间的要求，裙楼柱距均较大，局部柱距达 20m 以上，而且对使用梁截面高度限制较严，设计上以大跨度十字扁梁楼盖体系为主（图 11），局部采用钢骨混凝土宽扁梁，梁宽超出柱宽时以设置柱帽作加强。梁内较大截面的钢骨伸至钢筋混凝土柱边附近，在柱帽内设置多肢小钢骨进行弯矩连续的传递，其中多肢小钢骨的总惯性矩比梁内的钢骨惯性矩要大，并且考虑了钢骨在节点区的一定锚固长度，保证了"强节点弱构件"的设计原则，较好地解决了钢骨混凝土宽扁梁与钢筋混凝土柱节点连接问题。

裙楼东北部由于多功能会议厅（图 12）的需要，在五层通过 25m 单跨的钢骨混凝土梁托换 3 层（图 13）。设计上采用对钢骨梁水平加腋（图 14）的做法提高梁端抗弯承载力，并通过提高梁刚度及对钢结构进行预拱等措施解决大跨度托换梁挠度大的问题。

为增强两栋塔楼之间的变形协调能力，塔楼间的裙楼连接体楼板局部加厚至 150mm。由于在二、三层连接两塔楼的中间区域为两层高的酒店大堂，连接楼板位置开有大面积洞口，虽然开洞面积小于楼面面积的 30%，但楼面开洞尺寸超过楼面宽度的一半，针对楼板因开洞削弱而产生的平面内变形，设计上采用弹性楼板假定进行整体分析，并针对性地进行楼板应力分析；结构布置上采用斜向拉梁弥补楼板刚度的削弱，同时按规范的要求采取相应的加强措施，每层建筑外周边和裙楼室内开洞周边适当加高外框边梁截面并且加强梁筋构造，提高结构的整体刚度。

4. 钢管混凝土柱新型梁柱节点

本工程外框竖向构件及框支柱为钢管混凝土柱，而大部分框架梁为钢筋混凝土梁，钢管混凝土柱与梁节点是设计构造重点同时又是施工的难点。为了避免常规的钢筋混凝土环梁节点影响建筑空间及增大建筑物总重与地震作用，设计上采用加强钢环梁的梁柱节点（图 14），钢管环板宽度为 100mm，在合理地配置钢牛腿、箍筋和腰筋后，形成牢固而安全可靠的劲性结构刚性节点区，刚性节点区能够将梁产生的弯矩、剪力传递给钢管混凝土柱，并平衡各向梁内力，形成一个具有良好内力重分布能力的刚性区，节点具有足够的刚度和承载力，框架梁塑性铰出现在节点区以外，达到"强柱、弱梁、节点更强"的要求。钢筋混凝土框架梁与钢管混凝土柱节点的连接主要通过由柱伸出的加长牛腿与梁搭接（图 15），形成传力的过渡区，梁纵筋只需与牛腿搭接，锚入刚性节点区内而不需要焊接，减少了现场焊接工作，提高了施工的效率和速度。

5. 单层大跨度网壳结构雨篷设计

在两个塔楼中间的主入口大广场设置大跨度单层网壳结构雨篷，雨篷外形近似半球面（图 16），直径约为 32m，拱高 7.5m，帽檐处悬挑约 9m，水平投影面积约 $700m^2$，总用钢量为 43.65t。单层半球面网壳结构（图 17）周边与混凝土封口梁采用平面管桁架连接，网壳分为悬挑区和后座区，以网壳主拱为分界。网壳各杆件之间为完全刚接，支座均为固定铰支座，径向杆、主拱、悬臂桁架采用矩形管，环向杆、悬挑区悬臂杆、斜撑采用圆钢管。经过对单层半球面网壳进行的考虑初始缺陷的非线性稳定分析，结构稳定性满足要求。

6. 地下室无柱帽的预应力无梁楼盖设计。

由于地下一层及地下二层部分区域设有双层及三层机械停车，对净高要求较严格，且设置柱帽会影响美观及使用，设计上采用了内置型钢剪力架的无柱帽预应力无梁楼盖，较好的满足了结构安全和建筑使用功能的要求。

三、计算分析和抗震性能目标

由于本工程的特殊性，计算中采用了多个空间结构分析程序进行了计算对比分析，并对多个程序计算结果加以判断后用于构件设计。为使计算能尽量真实地反映结构的受力特性及大底盘与塔楼间的相互影响，计算中采用整体建模并进行整体计算；考虑到两个塔楼的高度及体型相差较大，设计上另对两塔楼进行单独计算，并与整体计算的结果进行比较分析。整体分析主要以中国建筑科学研究院编制的《多层及高层建筑空间有限元分析及设计软件》SATWE为主，采用PMSAP进行设计验证，考虑到南塔楼转换构件较多，计算中采用了可考虑构件轴向变形的ETABS等程序进行补充分析。本工程采用SATWE程序整体模型计算分析的主要计算结果如表1。计算结果显示，本工程整体计算各项指标均满足规范的相关要求，其中北塔楼最大层间位移为1/665，未超过规范的规定层间位移的限值1/645，表明超高层建筑具有良好的抗侧力刚度。

主要计算结果 **表1**

自振周期（s）	T_1	5.5053	T_2	4.8696	T_3	3.3729
	T_4	2.6769（扭转）	T_5	2.5995	T_6	2.3922
	T_7	1.3905	T_8	1.2066	T_9	1.1708
计算方向			X向		Y向	
风荷载作用下的位移	顶点		$u/H=1/867$		$u/H=1/1946$	
	层间		$\Delta u/h=1/665$		$\Delta u/h=1/1576$	
地震作用下的位移	顶点		$u/H=1/954$		$u/H=1/1276$	
	层间		$\Delta u/h=1/701$		$\Delta u/h=1/1008$	
地震作用下基底剪力Q_0（kN）			20492.10		18993.28	
地震作用下基底弯矩M_0（kN·m）			1783795.88		1832157.88	

根据《高层建筑混凝土结构设计技术规程》JGJ 3—2002及广东省实施《高层建筑混凝土结构设计技术规程》的补充规定的有关要求，本工程计算中按《地震安全性评价报告》所提供的场地人工地震波进行多遇地震下的弹性时程分析。为满足“中震可修、大震不倒”的设计原则，设计中对关键构件提出抗震性能设计目标要求：钢筋混凝土筒体底部加强区、转换桁架及框支柱按中震弹性及大震不屈服设计，抗震等级均为特一级；筒体非底部加强区及外框架柱按中震不屈服设计，抗震等级为一级；其余构件按现行规范的要求进行设计及完善抗震构造。

图1 建筑实景图

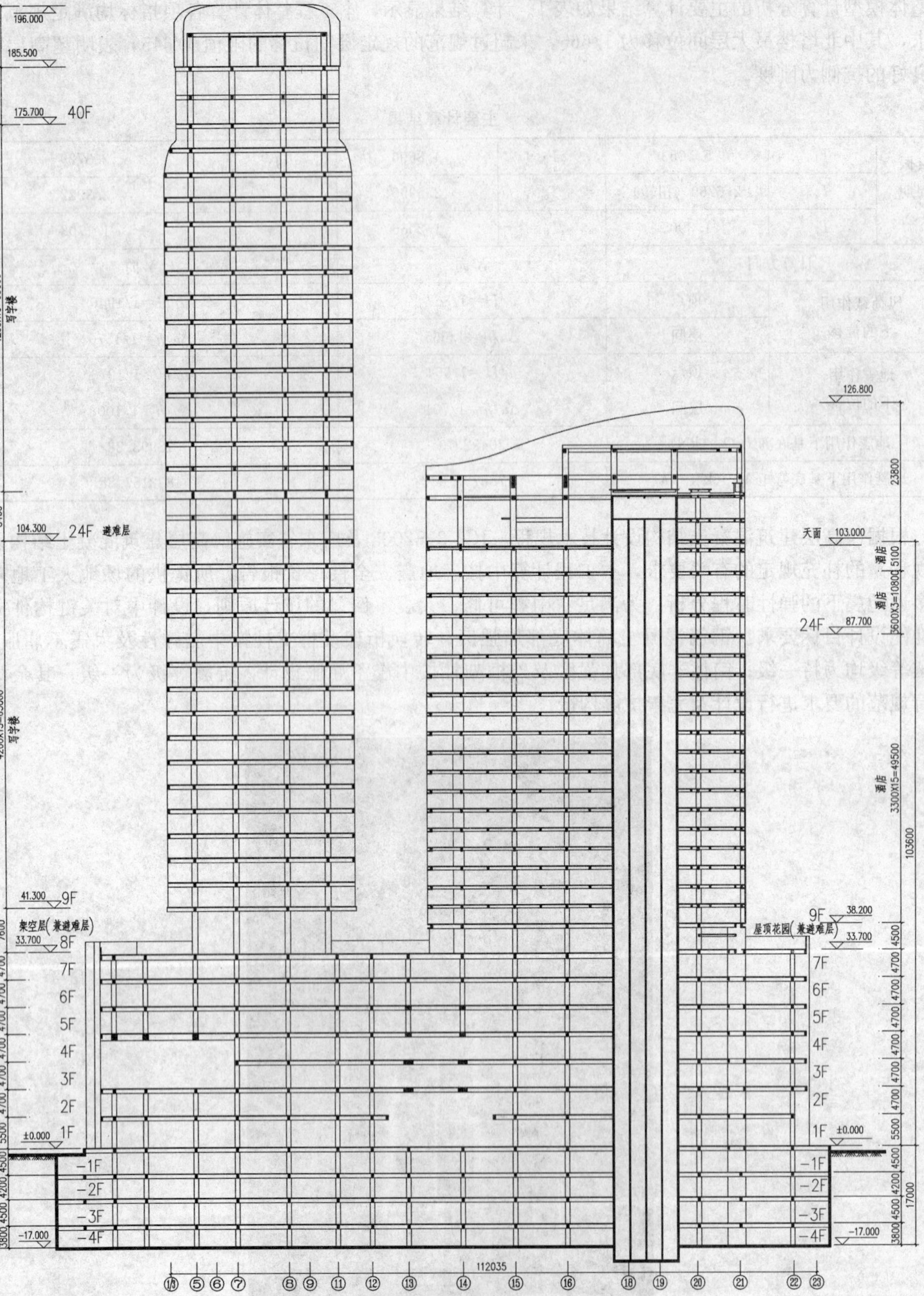

196.000
10500
185.500
9800
175.700
40F
4200X15=63000
写字楼
8400
104.300
24F
避难层
196000
4200X15=63000
写字楼
41.300
9F
架空层(兼避难层)
7600
33.700
8F
7F
6F
5F
4F
3F
2F
1F
±0.000
4700
5500
4500
4200
3800
17000
−1F
−2F
−3F
−4F
−17.000
126.800
23800
天面
103.000
酒店
5100
3600X3=10800
24F
87.700
酒店
3300X15=49500
103600
9F
38.200
屋顶花园(兼避难层)
33.700
4500
112035

图 2 剖面图

图 3　项目施工现场

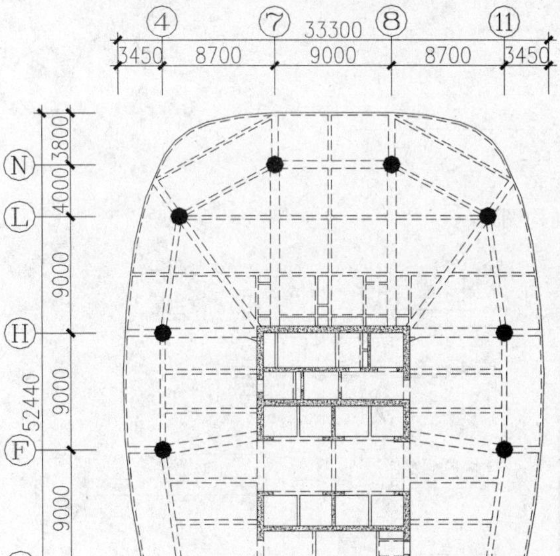

图 4　北塔楼标准层平面布置图

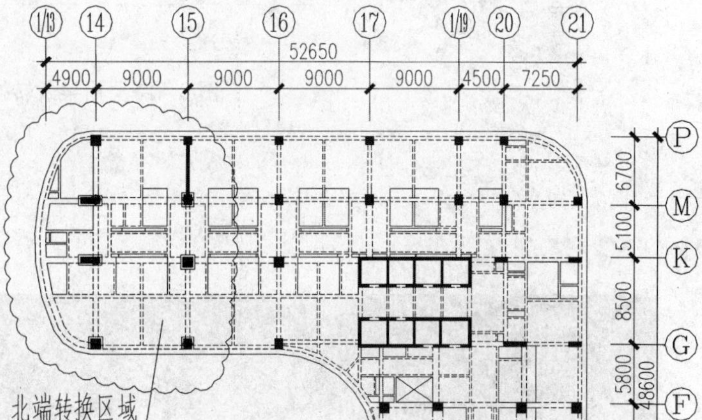

图 5　南塔楼转换层平面布置图

图 6　裙楼屋面游泳池

图 7　首层入口大堂

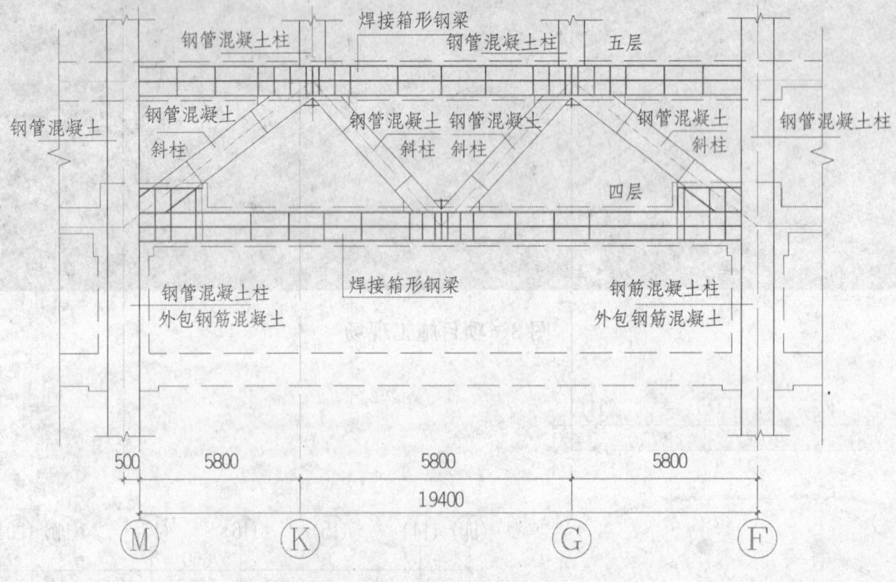

图 8　跨层桁架式转换结构图

图 9　跨层桁架式转换实景图

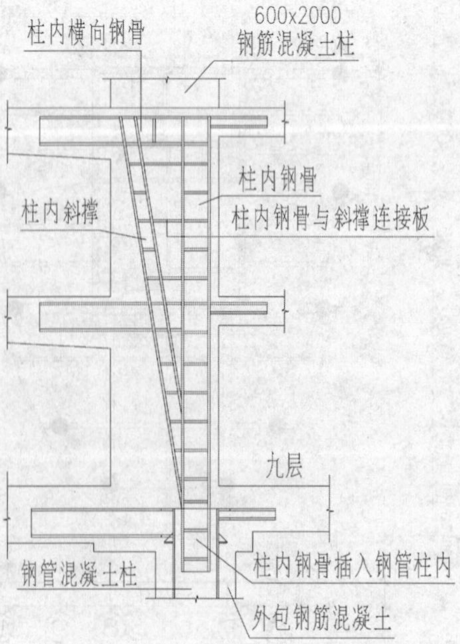

图 10　内置钢构架偏心转换结构

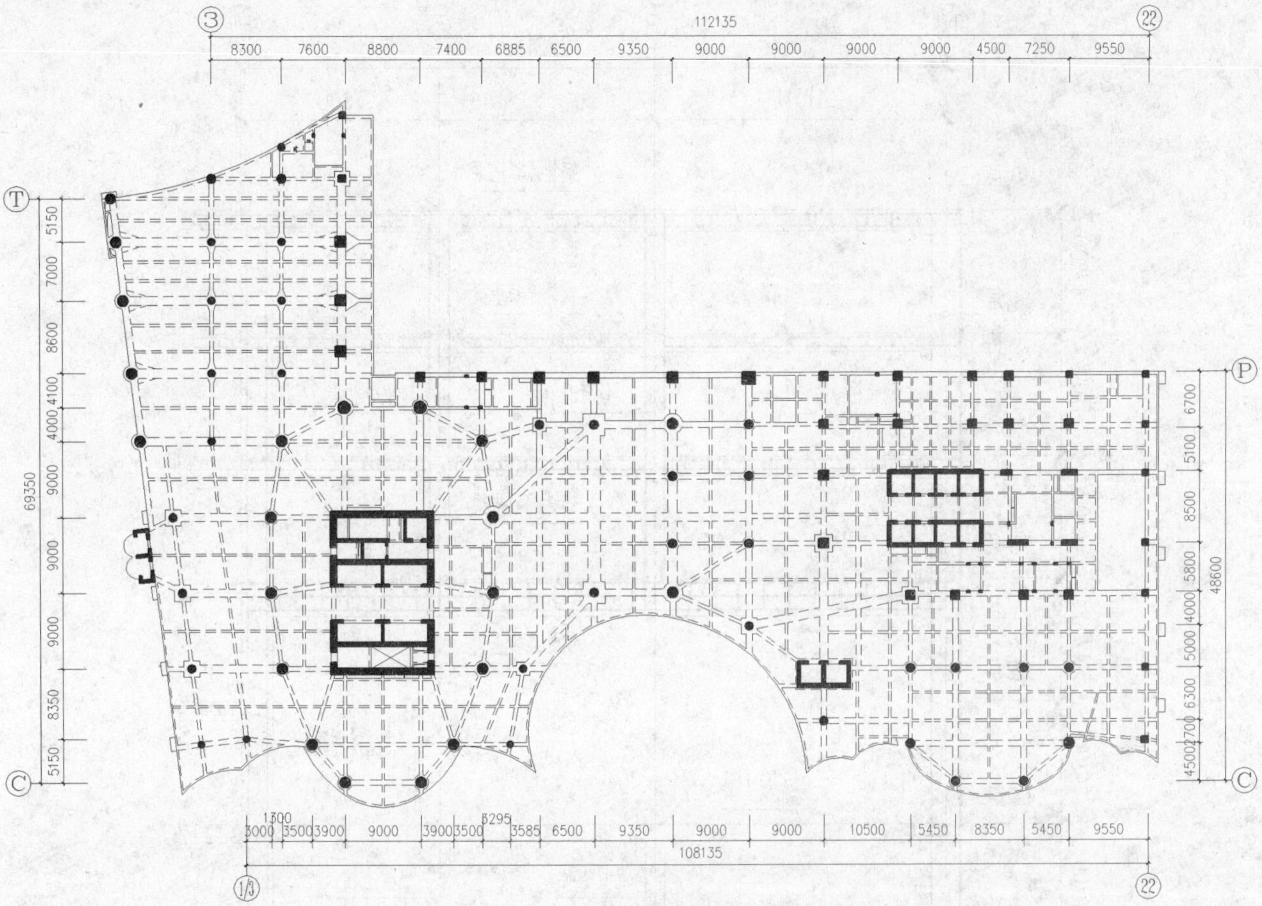

图 11　裙楼平面布置图

图 12　宴会厅内景

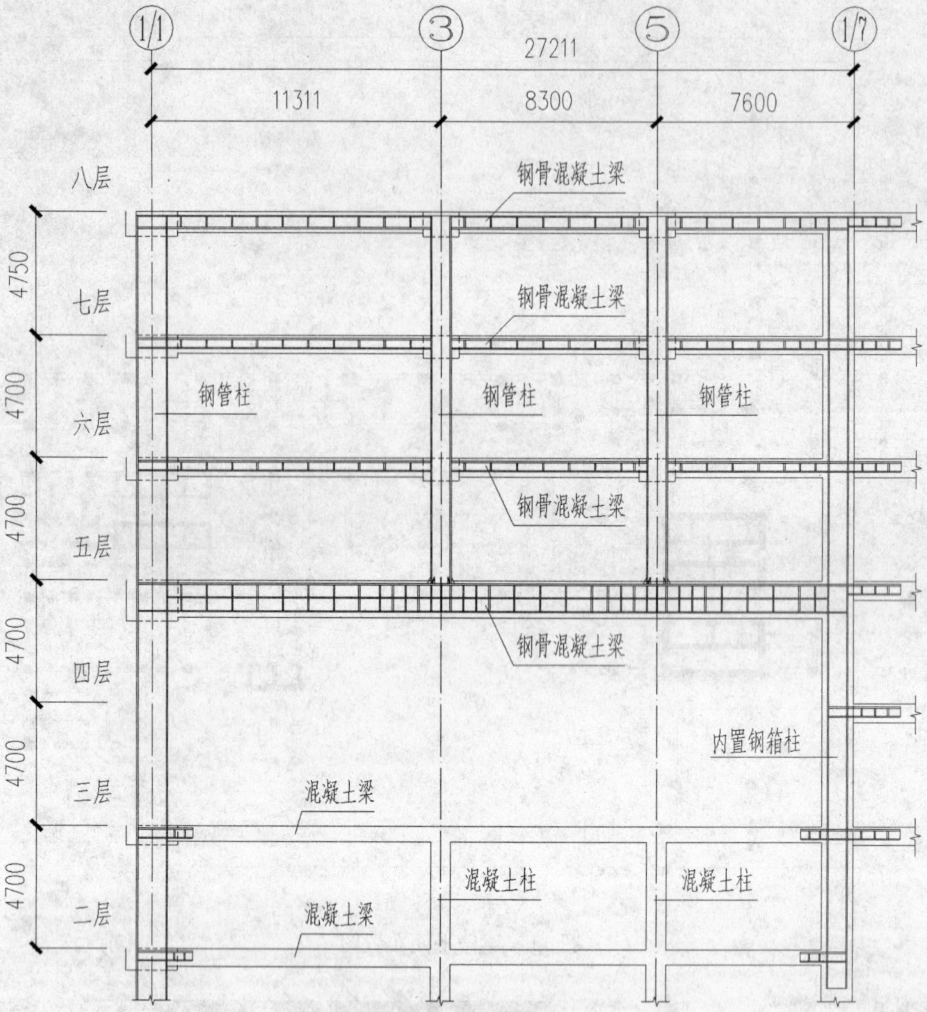

图 13　转换钢构架剖面图

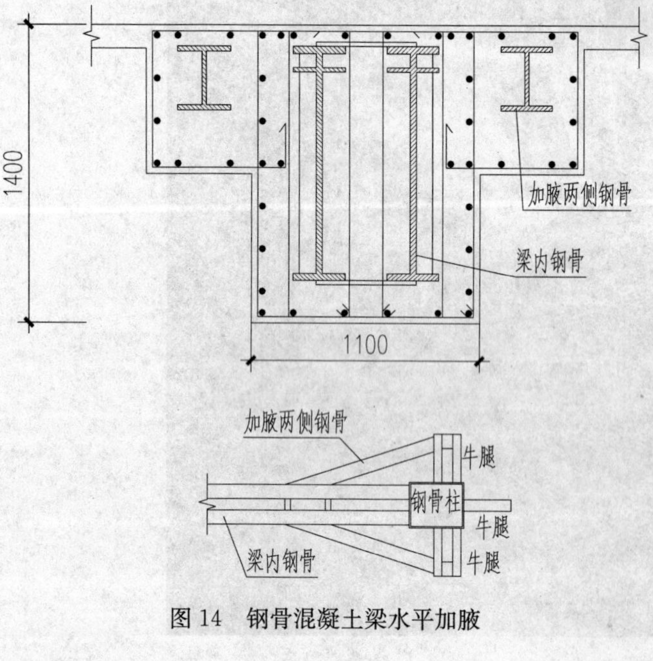

图 14　钢骨混凝土梁水平加腋

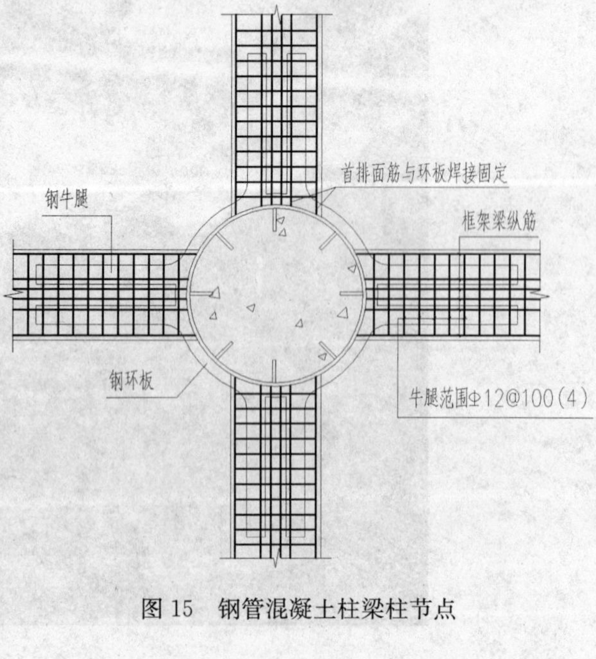

图 15　钢管混凝土柱梁柱节点

图 16　钢管混凝土柱梁柱节点

图 17　主入口雨棚实景图

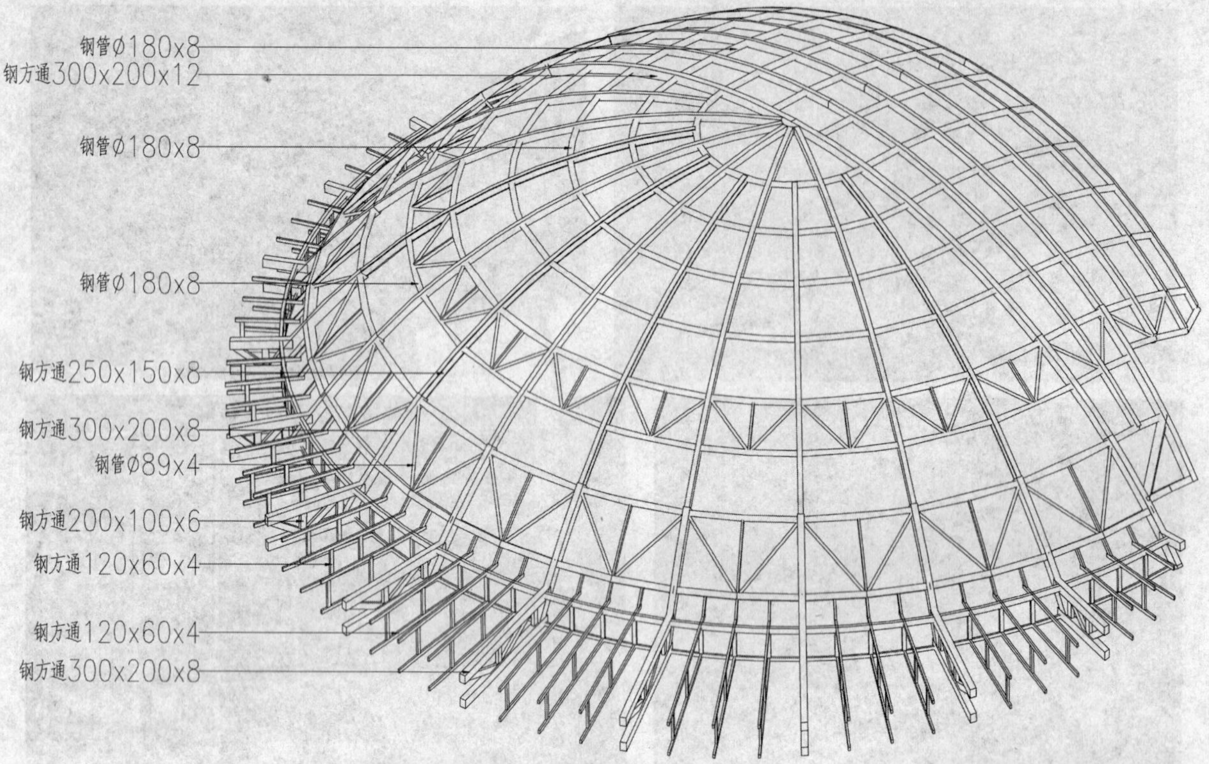

图 18　单层半球面网壳结构模型图

深圳海运中心结构设计

建 设 地 点　深圳市

设 计 时 间　2005～2006

主要设计人　张炼光　莫文杰　赵耀普　何伟雄　刘俊民　张伟生　梁　衡　游　晓

获 奖 等 级　2009 年度全国优秀建筑工程设计二等奖

第十四次广东省优秀工程设计一等奖

一、工程概况

深圳海运中心位于深圳市南山区招商局前水湾物流园区内，由一横（7 层口岸楼）一竖（25 层主塔楼）两大体块以 L 形布置，构成一个具有亲和力，并能解决大量人流办理业务，同时又能停车、休闲的生态广场。建筑造型新颖别致，韵律感强。口岸楼各层根据需要设置了中庭空间及室内花园，将绿化园林引入建筑内部，营造了一个生态健康、环境优美的办公空间（图 1～图 3）。深圳海运中心项目包括三部分，即办公塔楼、办文中心（分左、右两部分）、地下室。各项工程的概况如表 1。

深圳海运中心各子项工程的概况　　**表 1**

子项名称	建筑面积（m^2）	使用功能	平面尺寸（m）	层数	高度（m）	主要层高（m）	几何特征		结构形式
							长宽比	高宽比	
办公塔楼	48805	办公	29.9×65.0	25	99.65	6.0；24×3.9	2.17	3.3	框架一核心筒
办文中心（左）	51078	办公	101.2×55.6	7	31.85	6.0；3×4.2；3×3.9	1.82	0.57	框架结构
		餐饮、报告厅	35.3×78.9	2（1）	7.45				
办文中心（右）		办公	87.4×55.6	7	31.85	6.0；3×4.2；3×3.9	1.57	0.57	框架结构
地下室	19324	车库、设备、办公		1		5.5；5.3；4.2			框架结构

该场区 50 年一遇基本风压 $W_O=0.75kN/m^2$，100 年一遇基本风压 $W_O=0.90kN/m^2$，滨海地区，地面粗糙度为 A 类；抗震设防烈度为 7 度第一组，建筑场地类别为Ⅱ类，中软场地土。根据本工程场地地震安全性评估报告，本场地地震效应如表 2。

深圳海运中心场地地震效应　　**表 2**

场地土类型	中软土	设防水准	63.2%（50 年）	10%（50 年）	2%（50 年）
地面脉动卓越周期	0.37s	α_{max}	0.092	0.255	0.472
基本烈度	7°	T_g（s）	0.48	0.60	0.75

二、设计特点、技术经济指标、优缺点

1. 设计特点

深圳海运中心地上部分主要由主塔楼和口岸楼构成。

主塔楼为25层，99.65m高的框架—核心筒高档办公楼，未设加强层，设计内力与配筋主要由Y向风荷载控制。

口岸楼为7层，31.85m高的框架结构，其结构形式复杂，同时存在斜柱转换（地下室～2层楼面）、桁架转换（5～6层）、连体结构（7层），上部结构大外挑（加斜撑处理），平面大开洞、不连续等不规则情况。经设计人员细心分析、精心设计，采用了各种针对性的有效措施，保证了结构安全，满足了建筑方案的要求，取得了良好的社会效益和经济效益。

2. 技术经济指标

设计合同规定，本工程平均用钢量定额为96kg/m²，混凝土用量定额为0.5m³/m²，实际平均用钢量每节省1kg/m²，业主奖励4万元；工程验收后，业主共奖励40万元。技术经济指标如表3。

技术经济指标 **表3**

部位	建筑面积 (m²)	用钢量		混凝土用量		备注
		总用量 (t)	平均 kg/m²	总用量 (m³)	平均 m³/m²	
地下室	19324	3364	189.61	21326	1.103	
主塔楼	53275	4246.6	79.71	22951	0.430	扣除人防、基础用钢量后，平均用钢量为85.77kg/m²
口岸楼	47329	3145.4	66.46	17360	0.367	
总计	119207	11056	92.73	61637	0.517	

3. 优缺点

本工程结构设计，较好地实现了建筑方案的设计意图，结构安全可靠，技术经济指标合理，为业主节省了不少投资，获得了业主的好评和奖励。

设计中，由于业主及顾问公司意见，将口岸楼分为左、右两半部分，消弱了口岸楼结构的整体性。如果设计中坚持口岸楼不分缝，而是采用预应力钢筋进行适当加强配筋，提高施工要求等措施来克服结构超长带来的问题，可能更好。

三、设计特点和计算分析结果及采取的加强措施

1. 基础与地下室

根据本工程的勘查报告，拟建场地的地层分布如表4。

地层分布 **表4**

成因年代	土层编号	土层岩性	土层厚度 (m)	层顶埋深 (m)	预应力管桩桩侧摩阻力 q_{sia}	预应力管桩桩桩端摩阻力 q_{pa}
人工填土层	①	碎石、块石及砂填土	3.70～10.50		15	
第四系全新统海相沉积层	②	淤泥质黏土层	5.40～10.60		10	
第四系上更新统海陆交互相沉积层	③1	粉质黏土	0.60～11.60		40	
	③2	中粗砂	0.80～9.40		40	
	③3	黏土	0.70～6.70		25	
第四系残积层	④	砂质黏性土	2.00～16.50		40	2800

续表

成因年代	土层编号	土层岩性	土层厚度（m）	层顶埋深（m）	预应力管桩桩侧摩阻力 q_{sia}	预应力管桩桩桩端摩阻力 q_{pa}
加里东期混合花岗岩	⑤1	全风化	1.10～10.00	−18.35～−35.85	60	3500
	⑤2	强风化	5.20～27.90	−23.35～−40.35	90	4000
	⑤3	中风化	3.10～4.70	−30.35～−55.65		

本工程采用锤击预应力PHC管桩，桩径400、500和600，桩端持力层选用⑤2层强风化混和花岗岩，桩长约为22～36m，收锤贯入度为25mm/10击（7、9桩台中桩为22mm/10击），单桩承载力特征值分别为1500kN、2400kN及3300kN，采用电焊接桩。纯地下室部分的Φ400管桩兼作抗拔桩，单桩抗拔力特征值取400kN。由于本工程场地位于滨海填海地区，地下水对钢材、钢筋具有中等强度腐蚀性，故抗拔桩采用防腐蚀型机械连接接头，并加电焊连接。打桩时，为保证重型桩机的作业条件，先开挖3.8m深基坑，保留500mm以上填土层供打桩机移动作业。为减少挤土效应，要求主塔楼大桩台先采用冲孔桩机引孔；施工时应严密监测桩顶标高的变化并进行复打。

本工程只设置一层地下室，面积接近20000m^2。由于地下室分缝将带来如下问题：1）建筑防水较难处理；2）结构设计须考虑水、土压力对主体结构的水平推力影响，将增大构件内力，增加成本投资。同时，地下室底板和顶板由于板面标高的不同，各自分为多个不同标高的平面，使得每个同一标高板块的最大尺寸缩小。所以地下室不设伸缩缝，设置间距约为40～50m、宽800mm贯通底板、侧壁及顶板的后浇带；地下室侧壁两条后浇带之间加设短期后浇带，间距约20～30m，以此减少收缩应力的影响。

2. 主塔楼

主塔楼为框架一核心筒结构，双内筒尺寸均为16.4m×9.0m，核心筒宽高比为99.650/9=11.07>12，未设加强层。外框架柱截面由地下室1200mm×1300mm、1200mm×1200mm、1000mm×1300mm变化为顶层的1000mm×1000mm、1000mm×1000mm、900mm×900mm，内筒壁厚由地下室400mm、350mm、250mm变化为顶层400、250、250；框架梁截面为500×900（外周边）～600×700。标准层平面如图4，混凝土强度等级如表5。

混凝土强度等级 **表5**

结构部位	墙柱	楼面	抗震等级	备　注
地下室、首层	C60	C35	二级	侧壁混凝土强度等级为C35，垫层为C15，楼梯均为C25
2～3层	C60	C30	二级	
4～7层	C55	C30	二级	
8～10层	C50	C30	二级	
11层	C50	C25	二级	
12～15层	C45	C25	二级	
16～19层	C40	C25	二级	
20～23层	C35	C25	二级	
24层	C30	C25	二级	

本工程采用SATWE进行计算分析，采用ETABS8.5.0进行复核计算，结果如表6、表7。计算内力配筋时，风荷载取100年一遇风压W_o=0.90kN/m^2；计算位移时，风荷载取50年一遇风压W_o=0.75kN/m^2。

结果对比分析 表 6

结构单元	分析程序	T_1	T_2	T_3	T_4	T_5	T_6	T_7	T_8	T_9	$T_{扭}/T_{平}$
主塔楼	SATWE	2.872	2.715	2.565	0.859	0.781	0.734	0.460	0.394	0.329	$T_3/T_1=0.89$
	ETABS	2.989	2.680	2.516	0.801	0.773	0.763	0.410	0.393	0.339	$T_3/T_1=0.84$

主塔楼顶点位移、最大层间位移、扭转位移比 表 7

结构单元	分析程序	水平作用方向	风荷载		地震作用		
			$\Delta\mu_{max}/h$	所在楼层	$\Delta\mu_{max}/h$	所在楼层	扭转位移比 $\Delta\mu_{max}/\mu$
主塔楼	SATWE	X	1/2428	8	1/1710	10	1.06
		Y	1/925	15	1/1307	16	1.31
	ETABS	X	1/2888	9	1/1711	11	1.05
		Y	1/918	14	1/1142	14	1.23

从表 6、表 7 中可以看出，结构侧移主要由风荷载控制。两个程序的计算结果大致相近，构件配筋相差无几，计算结果合理正常，可以在工程设计中应用。

主塔楼角部内筒与外柱连接的框架梁，由于跨度较大，内筒刚度较大，靠内筒一端梁端弯矩特别大。为解决这一矛盾，将该处梁端截面宽度加大为 900mm×700mm，很好地解决了弯矩大、配筋多、钢筋难配置的问题。

3）口岸楼

口岸楼楼高 7 层，建筑总高度为 31.85m，总平面尺寸为 188.8m×55.6m，框架结构，在楼、电梯间根据抗扭需要设置了少量的剪力墙，特征平面详图 5、图 6。口岸楼为竖向不连续（五层楼面转换），连体，部分斜柱，竖向收进及外挑不规则，平面不规则，楼面不连续及扭转不规则的高层建筑；同时，平面尺寸超过规范结构伸缩缝的最大间距。根据业主及其顾问公司的意见，我公司从首层起在（10）～（11）轴间设置了一条 200mm 宽的抗震缝（兼温度伸缩缝），将口岸楼划分为左、又两个结构单元。

口岸楼柱截面为 1000×1500（框支柱）～600×600 不等，以四层楼面为界，变化一次截面；剪力墙厚度为 300 及 200 两种，不变截面；为满足业主的“办公室净空不小于 2.6m，走廊净空不小于 2.4m”的要求，口岸楼框架梁除 $L>12$m 者，梁高取 900mm 外，梁高均限制不大于 700mm。混凝土强度等级如表 8。

混凝土强度等级 表 8

结构部位	墙柱	楼面	抗震等级	备 注
地下室、首层	C50	C35	二级	侧壁混凝土强度等级为 C35，垫层为 C15，楼梯均为 C25。框支框架为一级
2～4 层	C40	C25	二级	
5～7 层	C30	C25	二级	

根据《高层建筑混凝土结构技术规程》JGJ 3—2002 及广东省标准《广东省实施〈高层建筑混凝土结构技术规程〉补充规定》DBJ/T 15—46—2006 的相关规定，三～四层框支柱及框支梁、连体部位抗震等级均取一级。

本工程采用 SATWE 进行计算分析，采用 ETABS8.5.0 进行复核；计算结果如表 9、表 10。结构自振周期 s，仅列前 9 个。

结果对比分析 **表 9**

结构单元	分析程序	T_1	T_2	T_3	T_4	T_5	T_6	T_7	T_8	T_9	$T_扭/T_平$
办文中心（左）	SATWE	1.024	0.942	0.869	0.327	0.274	0.234	0.177	0.141	0.114	$T_3/T_1=0.84$
	ETABS	1.080	0.860	0.821	0.280	0.242	0.234	0.190	0.141	0.122	$T_3/T_1=0.80$
办文中心（右）	SATWE	1.320	1.181	1.111	0.441	0.356	0.318	0.245	0.180	0.168	$T_3/T_1=0.84$
	ETABS	1.624	1.175	1.122	0.503	0.312	0.290	0.266	0.158	0.142	$T_3/T_1=0.69$

顶点位移、最大层间位移、扭转位移比 **表 10**

结构单元	分析程序	水平作用方向	风荷载		地震作用		
			$\Delta\mu_{max}/h$	所在楼层	$\Delta\mu_{max}/h$	所在楼层	扭转位移比 $\Delta\mu_{max}/\mu$
办文中心（左）	SATWE	X	1/5659	5	1/1706	3	1.37
		Y	1/5576	5	1/1831	6	1.32
	ETABS	X	1/11093	3	1/1682	3	1.25
		Y	1/6711	4	1/2375	4	1.14
办文中心（右）	SATWE	X	1/3808	2	1/1243	2	1.08
		Y	1/3432	3	1/1404	3	1.30
	ETABS	X	1/9698	2	1/1180	2	1.03
		Y	1/3054	3	1/1480	3	1.18

从表 9、表 10 中可以看出，结构侧移主要由地震荷载控制，由于平面竖向不联系及平面不规则，造成结构刚度和质心不重合，造成结构扭转变形较大。两个程序的计算结果大致相近，构件配筋相差无几，计算结果合理正常，可以在工程设计中应用。

口岸楼楼平面为楼板局部不连续的不规则平面、立面规则性较差，有局部转换结构和大悬臂结构，结构超长，属于体型特别复杂的高层建筑。针对口岸楼的结构特点，拟采取以下结构抗震加强措施。

平面不规则、楼板不连续：

1）加强周边梁的刚度，增加结构抗扭刚度；

2）计算时考虑楼板弹性所产生的变形影响，并用 ETABS 分析楼面薄弱位置的应力情况；

3）楼面薄弱位置的连接楼板加厚并双层双向配筋。

立面大开洞、大悬挑：

1）口岸楼左侧，从四层起建筑体型外挑 8700mm。因此在立面大悬挑处加斜撑支承，即满足了建筑造型，又保证了结构安全；

2）采用 ETABS 分析斜撑、斜柱、框支结构及相关楼板的应力情况；

3）根据规范要求提高框支柱、框支梁的抗震等级并加强配筋。

结构超长：

1）每隔 30～40m 设置一条后浇带；

2）楼板采用较细较密的钢筋布置；

3）在楼面端部及应力集中处，适当增大楼面配筋率；

4）首层楼面 A10 轴处采用双梁结构设缝；

5）加强防水及隔热措施，缩短楼面暴露时间；

6）施工时采取措施减少水灰比，采用收缩率较小的水泥，改善砂石质量及级配，加强养护，条件许可时，楼面均采用蓄水养护 15d。

[A1～A2] 轴斜柱

口岸楼西立面，为满足建筑立面新颖、轻巧的效果，[A1～A2] 跨间柱须从基础至八层楼面均作成斜柱，并按一级抗震加强配筋；与此斜柱相连的楼层、屋面层框架梁也须加强纵筋的配置与锚固（图 7）。

[AA、AE] 轴转换桁架

口岸楼五层楼面在 A8～A10 跨须作一个转换构件，以承拖上面三层的结构重量。由于跨度较大（16.2m），建筑净空限制，仅作梁式转换构件时配筋及挠度均较大，为此借助梁上柱设计成一个转换桁架构件，很好地解决了净空与受力之间的矛盾（图 8）。

图 1　效果图

图 2　实景图

图 3　口岸楼三层内部屋面花园实景

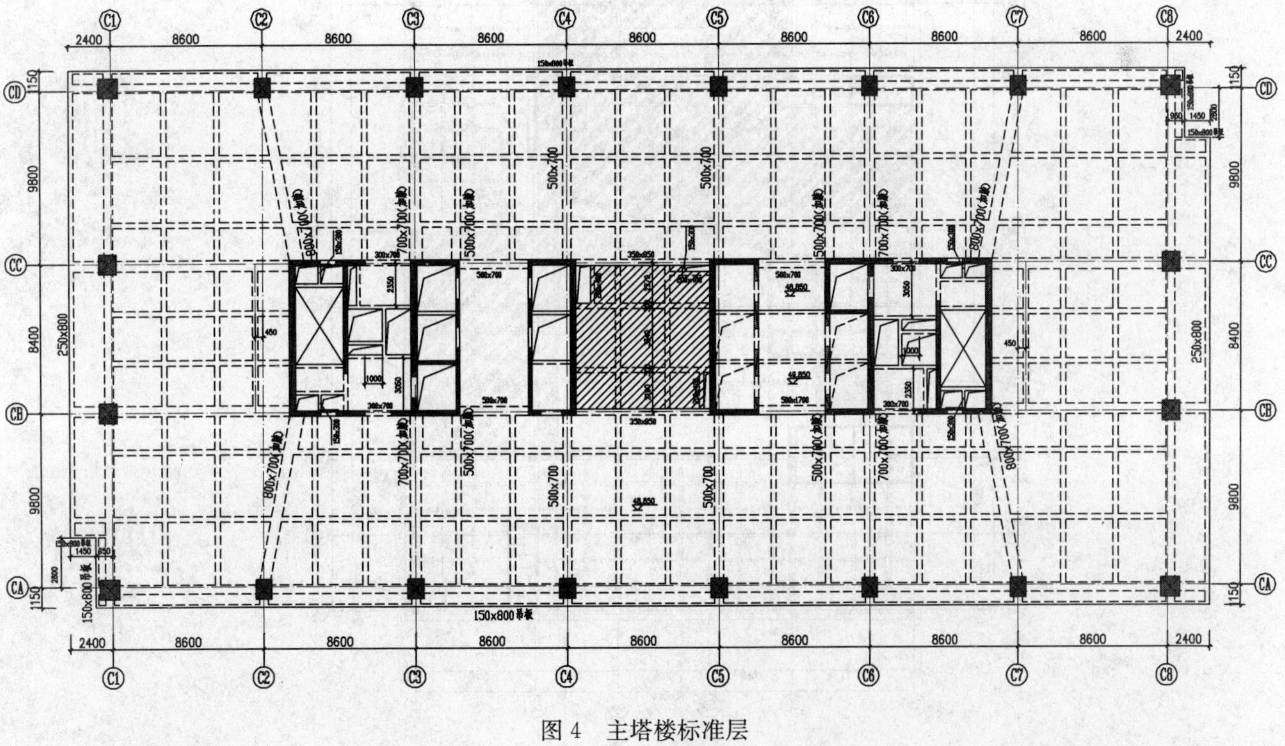

图 4　主塔楼标准层

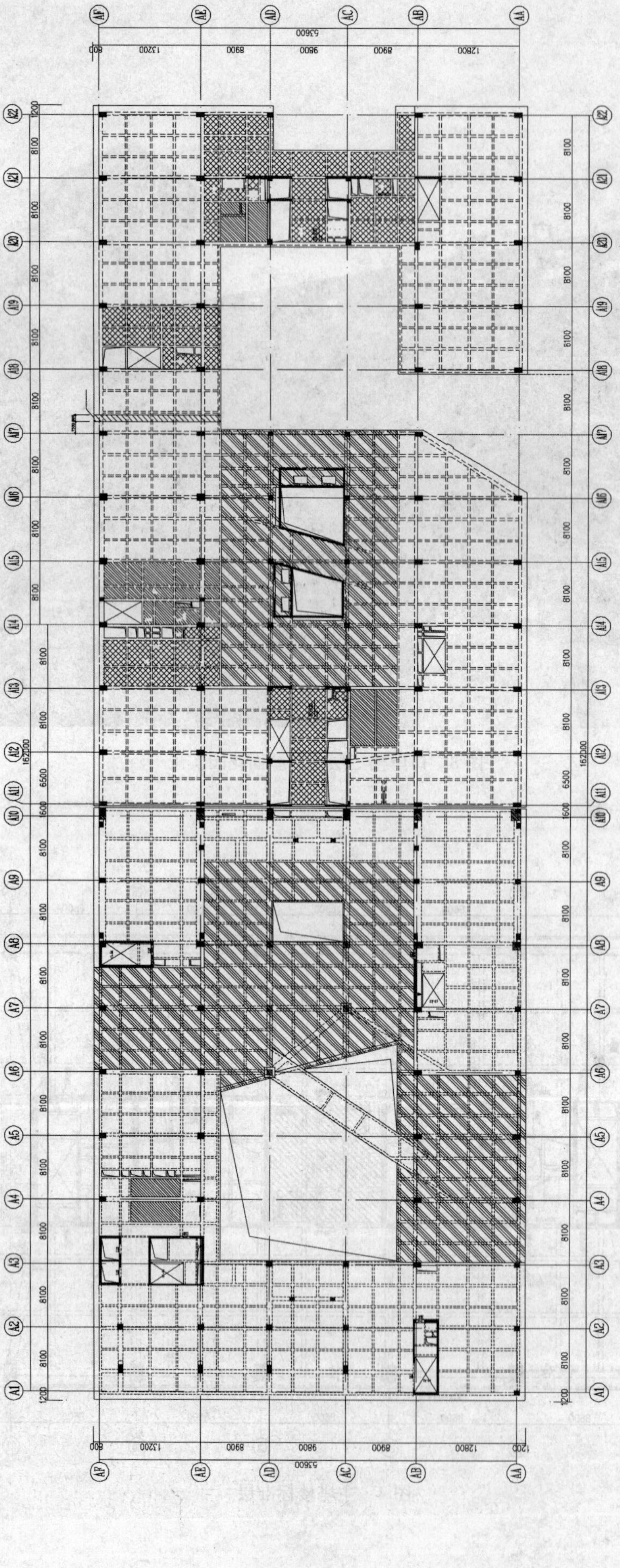
AF
AE
AD
AC
AB
AA
53600
13200
8900
9800
8900
12800
A1
A2
A3
A4
A5
A6
A7
A8
A9
A10
A11
A12
A13
A14
A15
A16
A17
A18
A19
A20
A21
A22
8100
6500
1600
1200
162000

图5 口岸楼五层平面

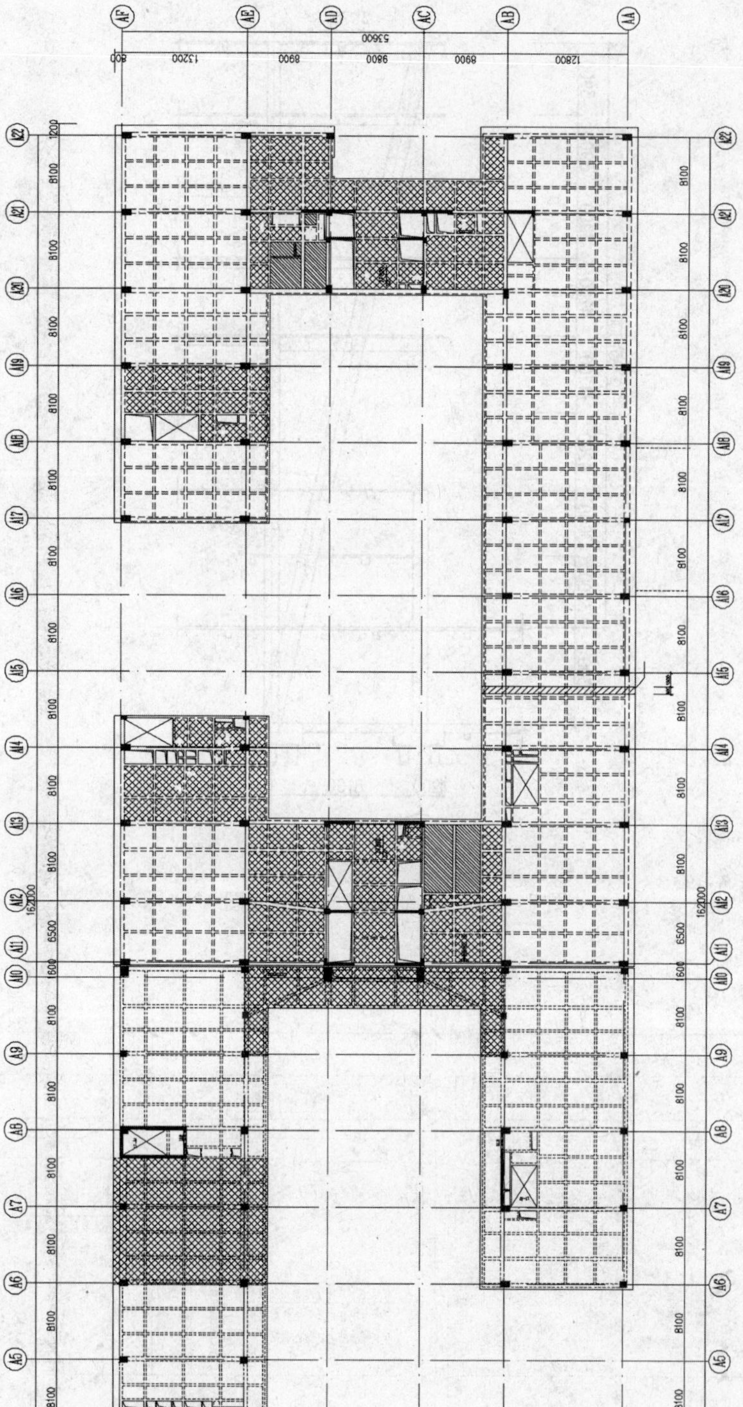
AF
AE
AD
AC
AB
AA
53600
A1
A2
A3
A4
A5
A6
A7
A8
A9
A10
A11
A12
A13
A14
A15
A16
A17
A18
A19
A20
A21
A22
162000

图6 口岸楼七层平面

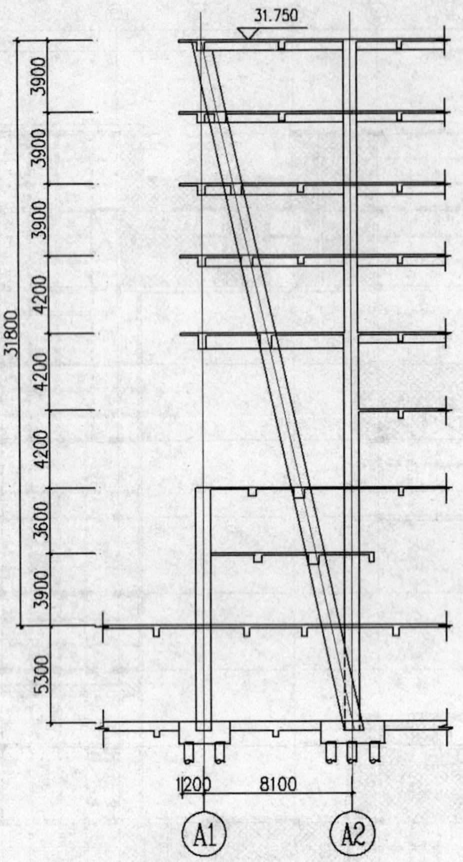

图7　A1～A2 轴斜柱部分剖面图

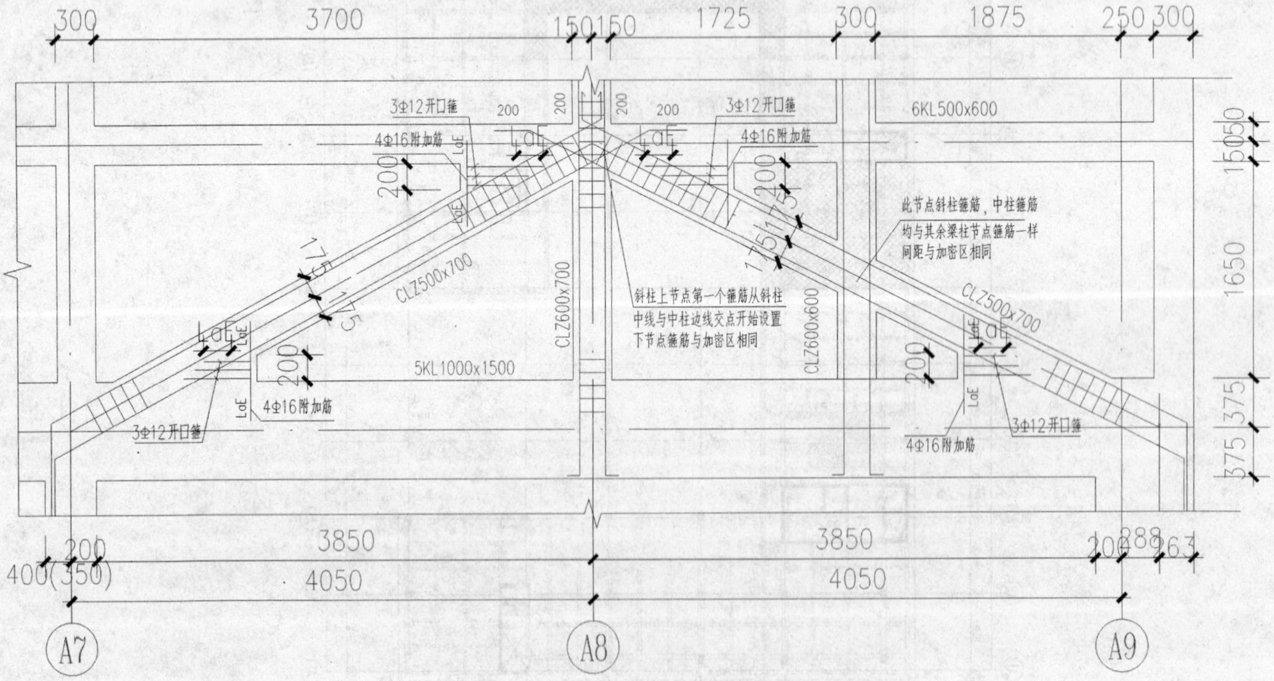

图8　[AA、AE] 轴转换桁架图

广东全球通大厦（新址）结构设计

建设地点 广东省广州市

设计时间 2003～2006

主要设计人 周敏辉 李志宏 周培欢 陈应荣 李伟锋 翟振锋

获奖等级 2009年度广东省优秀工程勘察设计二等奖

一、工程概况

本工程是一座通信、会展和办公组合用大楼，由会议展览中心、员工活动区和主楼（办公楼和机房及其扩大的裙房）三部分组成，建筑平面尺寸为100m×110m，总建筑面积约为12万m^2。主楼中的塔楼层数为37层，主楼平面尺寸为42.0m×29.8m，主楼地面以上总高度为154.95m，地下室埋深为13.0m（图1）。考虑建筑功能和抗震设防要求，将本工程地面以上的上部主体结构用抗震缝兼伸缩缝将其分割为三个独立的抗侧力结构单元，即会议展览中心结构、员工活动区结构和主楼相连扩大裙房结构，三部分主体结构间相连的部分楼面采用加牛腿橡胶垫可动铰支承，以释放两部分结构间温差收缩、地震作用的相互影响（图2、图3分别为东大堂及500人国际会议厅实景）。

本工程结合建筑需求，在设计上多方对比、论证，各部分均采用合理的结构方案：主塔楼为超高层建筑，为满足建筑要求较小柱截面，采用现浇钢骨混凝土框架一钢骨混凝土内筒（剪力墙）结构。数码廊凯旋门造型的展廊结构采用斜拉索空腹钢框架结构。员工活动区地下三层游泳池29m跨大空间采用树杈形柱作为竖向支承，既满足建筑造形的需要，同时满足上部错位柱转换传力直接的要求，达到结构与建筑的完美结合。

二、主楼超高层结构设计

1. 主楼结构技术措施

主塔楼采用现浇钢骨混凝土框架一钢骨混凝土内筒（剪力墙）结构。利用楼、电梯间设置钢筋混凝土剪力墙且连结成筒体作为主要的抗侧力构件，框架采用预应力混凝土宽扁梁框架（图4），同时为加强结构的抗侧刚度，利用顶层设备层和中部避难层、设备层设置加强层（图5、图6），加强层设置结合建筑功能要求分别采用框架钢筋混凝土大梁（顶部和设备层加强层）和横向外伸刚臂钢桁架（中部避难层），构成刚性加强层。由于主塔楼外框架柱跨度和开间均较大，单柱轴力较大，采用十字形钢骨高强混凝土柱以减少其截面尺寸，提高柱的延性，同时为减少地震作用时混凝土内筒刚度退化引起外框架柱剪力的显著增大，在混凝土内筒剪力墙转角处设置十字形钢骨，改善剪力墙的受力性能、提高剪力墙的延性、减少剪力墙刚度退化。采用预应力混凝土结构能有效控制裂缝开展和裂缝宽度，提高结构的耐久年限，同时也能有效地控制超长楼盖结构温差引起的温度裂缝开展。

2. 主塔楼空间弹塑性动力时程分析

采用中国建筑科学研究院PKPM CAD工程部编制的《多层及高层建筑结构弹塑性动力、静力分析软件》EPDA程序进行计算。

1）空间弹塑性动力时程分析显示NIN－4波作用下的楼层位移、层间位移、基底剪力等最大，本场地人工波的反应最小，其他三条波居中（图7）。总的来说，本工程结构在7度罕遇地震作用下地震反应较小，五条地震波在罕遇地震作用下最大层间位移如表1。

最大层间位移角 表1

	最大层间位移角	
	X 向	Y 向
Elcentro 波	1/483	1/477
OLY－3 波	1/617	1/490
KAR－3 波	1/563	1/490
NIN1－4 波	1/303	1/252
USER1 波	1/1066	1/868

其中反应最大的 NIN－4 波 X、Y 向最大层间位移角分别为 1/303 及 1/252，楼层层间位移角满足规范规定（层间位移角限值为 1/100）的要求。在罕遇地震作用下全部塑性铰均出现在梁端，未出现柱端塑性铰和其他不正常现象，满足“强柱弱梁”的设计原则。塑性铰在中部楼层出现较多，底部和顶部楼层出现较少。

2）计算层号 1、6 及 36 层楼层反应力较大，形成较明显的薄弱楼层，1、6 层应加强楼层的抗剪承载力，即加强剪力墙构件的水平分布钢筋和柱构件的抗剪箍筋。由于 36 层处于楼顶部，虽然楼层反应力较大，但总的楼层剪力较小，可不考虑加强措施。

3）最大楼层剪力曲线图（图 8）可看出，楼层剪力变化较均匀，不存在剪力突变楼层，这说明楼层质量和刚度变化均匀，即使桁架加强层（计算层第 20 层）也不存在剪力突变，说明桁架加强层刚度适中，符合抗震设计结构竖向布置体型规则均匀、竖向刚度变化均匀原则，结构竖向布置合理。

4）结构的层间位移角反应沿高度较均匀，只是在桁架加强层（计算层第 20 层）上部楼层层间位移角（Y 向桁架加强层）相对缩小，这说明桁架加强层有一定的腰箍作用，但作用不是很大，说明桁架加强层刚度不是很大。同时也说明结构竖向不存在特别薄弱楼层和部位。

3. 主楼结构模拟震动台动力试验

结构弹塑性模型与原型的比例为 1/20，模型总高度 8.24m，为当时国内震动台动力试验模型之最。结构动力试体按相似理论进行模型设计、制作和加载。模型设计和制作只考虑主塔楼部分，但模拟裙楼对主楼的影响，忽略地下室结构的影响，主要研究主塔楼结构的抗震性能。加载地震波选用 Elcentro 波、Taft 波、天津波三条实际强震纪录以及一组本场地人工合成模拟地震加速度时程曲线。根据试验得出如下结论：

1）试验测得的模型结构震前的基本频率换算成原型的频率后与设计计算值比较，其最大误差为 27.5%，平均误差为 12.5%，模型结构能较好地模拟原型结构的动力特性。

2）结构模型在地震波作用下，经历 7 度多遇地震、设防烈度地震和罕遇地震作用后，试验结果表明结构满足抗震设防三水准、两阶段设计要求。

3）结构模型在 7 度多遇地震作用下处于弹性变形阶段，在罕遇地震作用后，结构已有明显的弹塑性变形，结构筒体剪力墙连梁、裙房柱、剪力墙等均出现裂缝，但结构仍保持其整体承载能力，满足大震不倒的要求。

4）模型第 7 层（对应弹塑性计算的第 6 层）和第 37 层（对应弹塑性计算的第 36 层）以上为结构的薄弱楼层和部位，结构竖向不存在特别薄弱楼层和部位。

5）结构顶层加速度反应较大，顶部鞭梢效应明显，加速度放大系数约在 3.0 左右。

6）底部楼板留空形成的构架形式结构地震反应不明显，地震反应没有明显的放大和异常现象（如楼板局部开裂等）。

4. 主楼钢骨混凝土柱节点设计

钢骨柱节点核心区是结构受力的关键部位，为保证节点传力明确、安全可靠、施工方便，节点核心区设计采用梁内部分主筋穿过钢骨连续设置，部分主筋与柱钢骨伸出的钢牛腿可靠焊接，部分主筋从两侧绕过钢骨连续配置；预应力钢筋采用梁内部分主筋穿过钢骨连续设置。钢骨预留孔采用多轴立式钻床和数控机床制孔。典型钢骨柱节点如图 9。

三、数码廊钢拉杆空腹钢框架结构设计

数码廊凯旋门造型的展廊结构（图 10）采用钢拉杆空腹钢框架结构，计算模型采用空间杆件模型，计算程序采用 STAAD/CHINA 和 SAP2000 计算程序对比分析。

在 STAAD/CHINA 和 SAP2000 结构分析程序中，对结构进行非线性分析时，限定杆件拉力和压力值，就能对只受拉压对象进行模拟，设定钢拉杆单元压力限值为零，这样拉杆就不能抵抗压力。拉杆单元预张力的施加通过温度荷载予以建立，具体实施是通过对拉杆单元设定一负温度变化而产生的拉力等于所要施加的预张力。SAP2000 结构分析程序对于每一个非线性分析工况，可以指定任意数量的、被指定荷载工况加载的对象组。对每一个非线性分析阶段分析工况，可以从一个分析工况持续到另一个分析工况。

钢拉杆的预张力大小对钢桁架的整体刚度和各构件内力产生较大影响，钢拉杆的预张力大小的确定以保证钢桁架的整体刚度满足各荷载工况下位移限制条件和保证钢拉杆在任何可能的荷载组合下均处于受拉状态为前提条件（钢拉杆的布置及连接板大样如图 11）。利用 SAP2000 的上述功能，在对结构分析时设定多种分析工况对结构进行非线性分析。为避免钢拉杆施加过大的预张力而使结构构件内力增加过大，考虑与钢桁架的制作、安装顺序相结合，采用分三次对钢拉杆施加预张力；在钢桁架结构组装完未受力时进行第一次张拉至给定值，当钢桁架吊装就位承受钢桁架自重后对钢拉杆拉力小于给定值的杆进行第二次张拉至给定值，当钢桁架压型钢板铺设及钢筋混凝土楼板浇筑完后对钢拉杆拉力小于给定值的杆进行第三次张拉至给定值。钢拉杆拉力给定值根据多次反复计算确定取为 $P=100\text{kN}$。

四、员工活动区树杈形柱结构设计

员工活动区地下三层游泳池 29m 跨大空间采用树杈形框架进行结构转换支承上部结构，同时应满足建筑造型的需要。为满足树杈形异形梁柱的强度和结构的刚度要求，树杈形柱及其与之相连的框支大梁均采用钢骨混凝土结构（图 12、图 13）。采用 SAP2000 及 Midas/gen 程序进行平面有限元分析计算，根据平面有限元分析结果求出构件各控制截面内力，然后进行构件承载力计算。同时结构的刚度应满足要求，梁的弹性挠度和柱的侧向位移小于 $L/1000$。由于双枝树杈承受的轴力严重不对等，而且树杈截面相差悬殊，使得树杈柱在分叉处的横向位移较大，同时柱底也承受很大的弯矩；柱的横向位移又引起框支大梁下沉从而使其上部结构产生支座不均匀下沉，对结构相当不利，通过不断的造型分析寻求刚度的平衡，达到结构与建筑的完美结合（图 14）。

五、结语

本工程结合建筑需求，方案多方对比、论证，采用合理的结构形式：主塔楼平面简单、竖体型规则、均匀，质量、刚度和承载力分布均匀；受力合理、经济实用。特殊部位处理充分考虑建筑造型的需要和结构受力特点，达到结构与建筑的完美结合。

图 1　建筑效果实景图

图 2　东大堂实景图

图 3　500 人国际会议厅

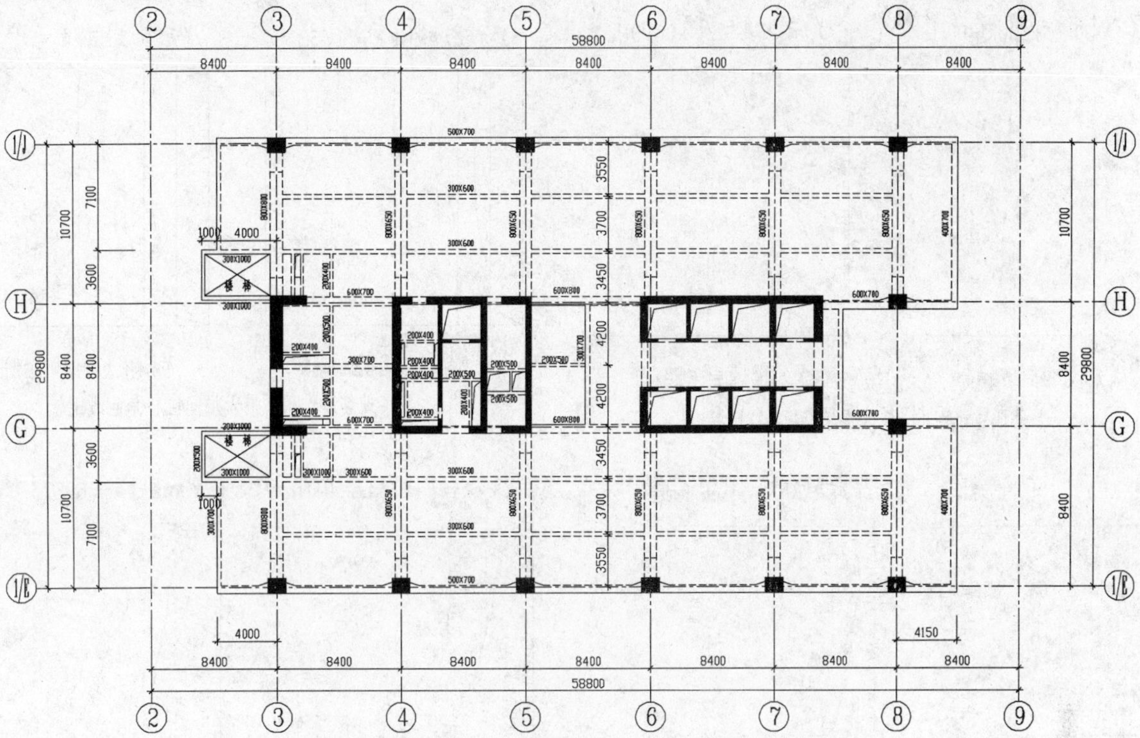

图 4　标准层平面

图 5　桁架加强层施工

图 6　桁架加强层实景图

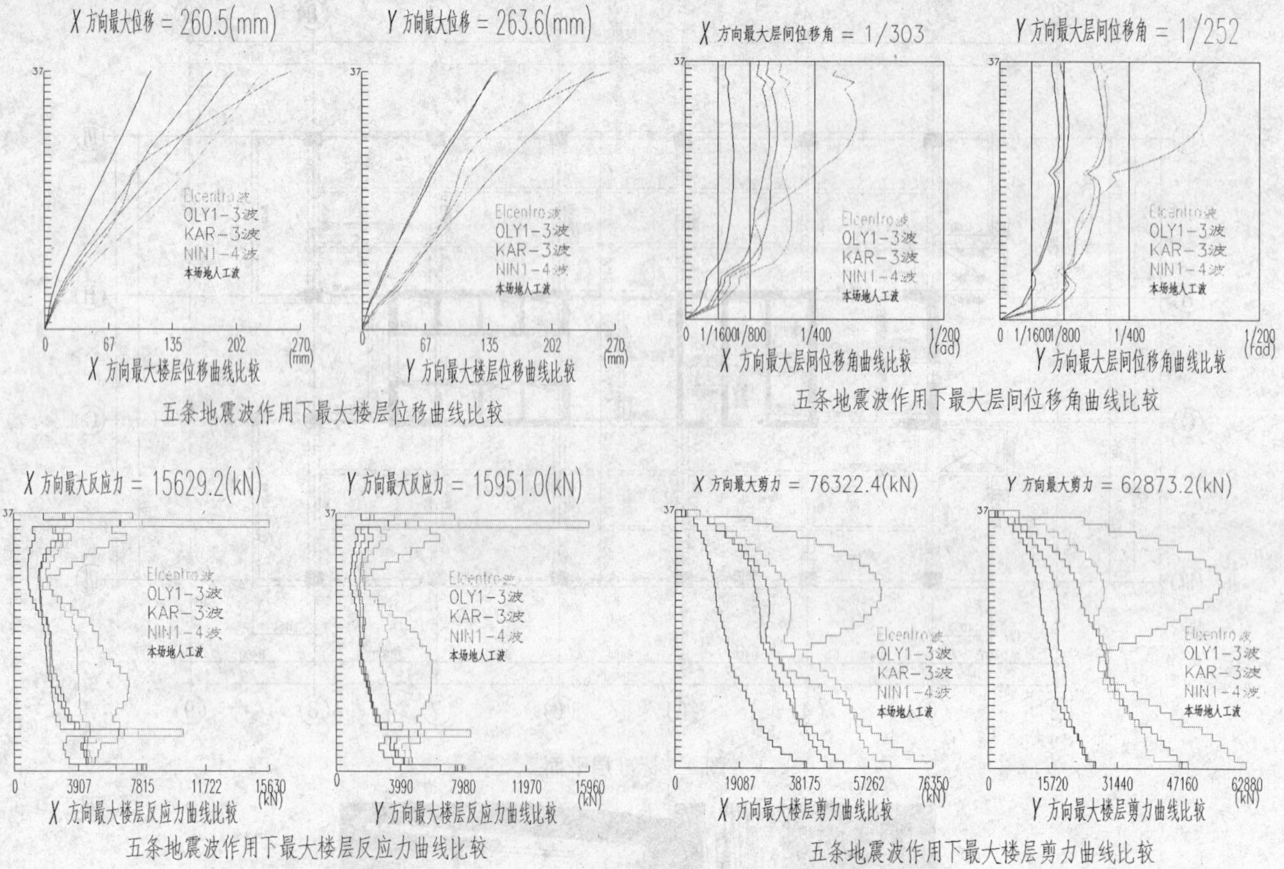

图 7　弹塑性分析结果图

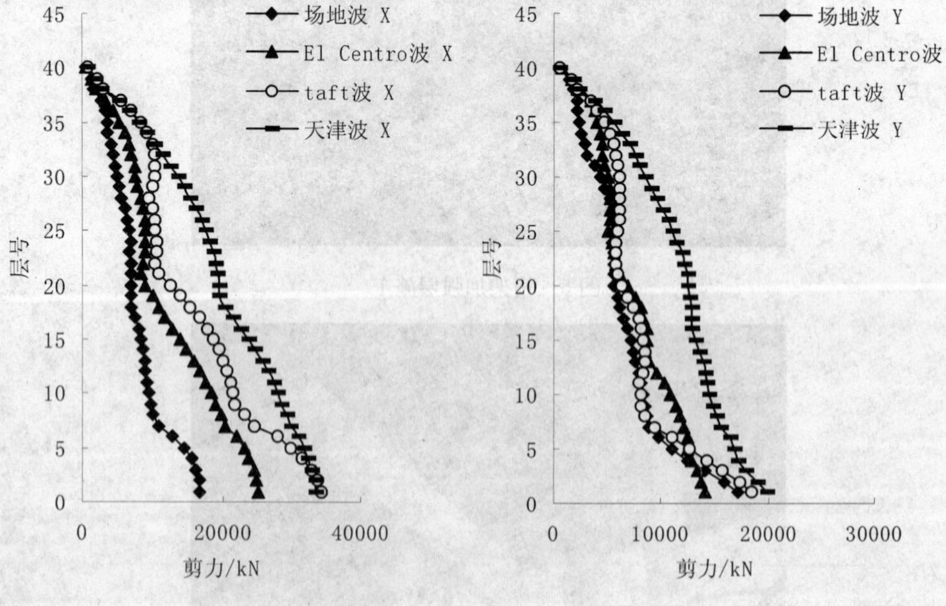

图 8　最大楼层剪力（kN）

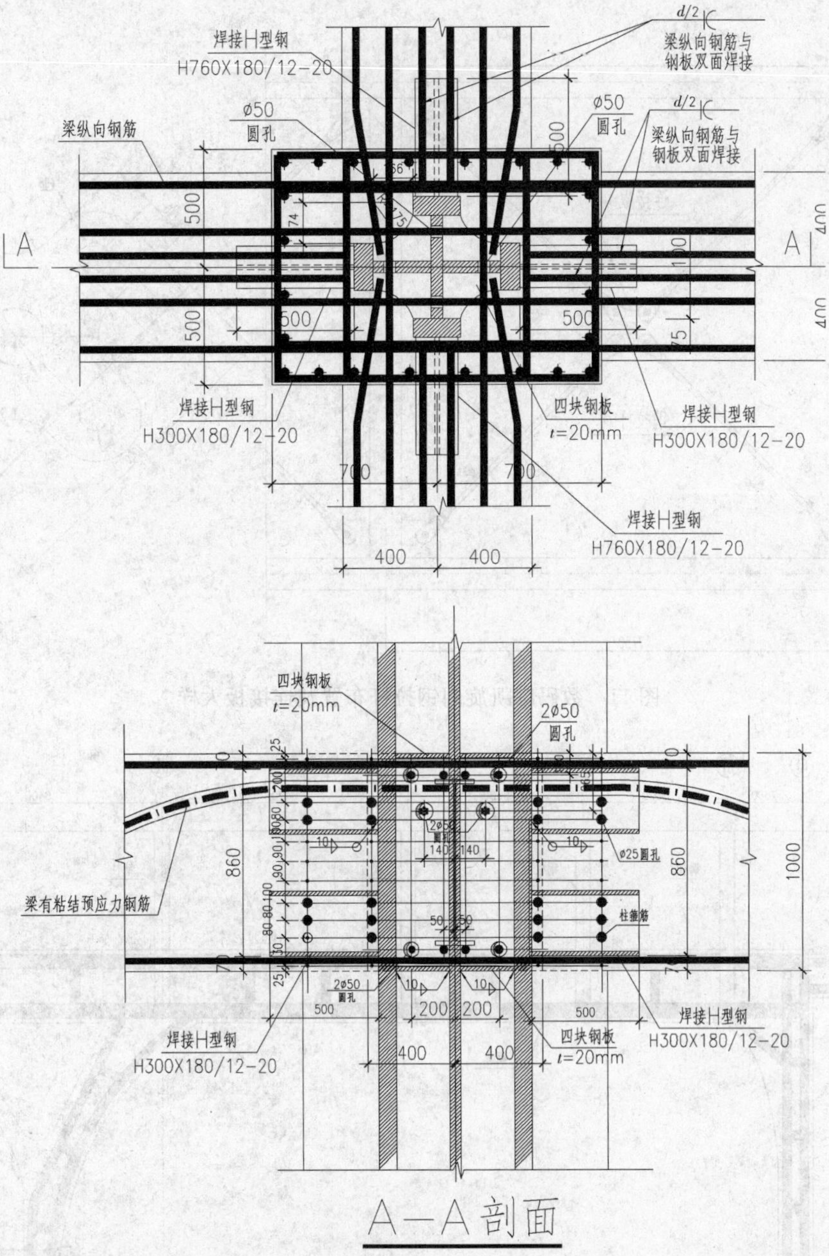

图 9　柱钢骨开孔及梁柱节点大样图

图 10　数码廊凯旋门造型的展廊结构

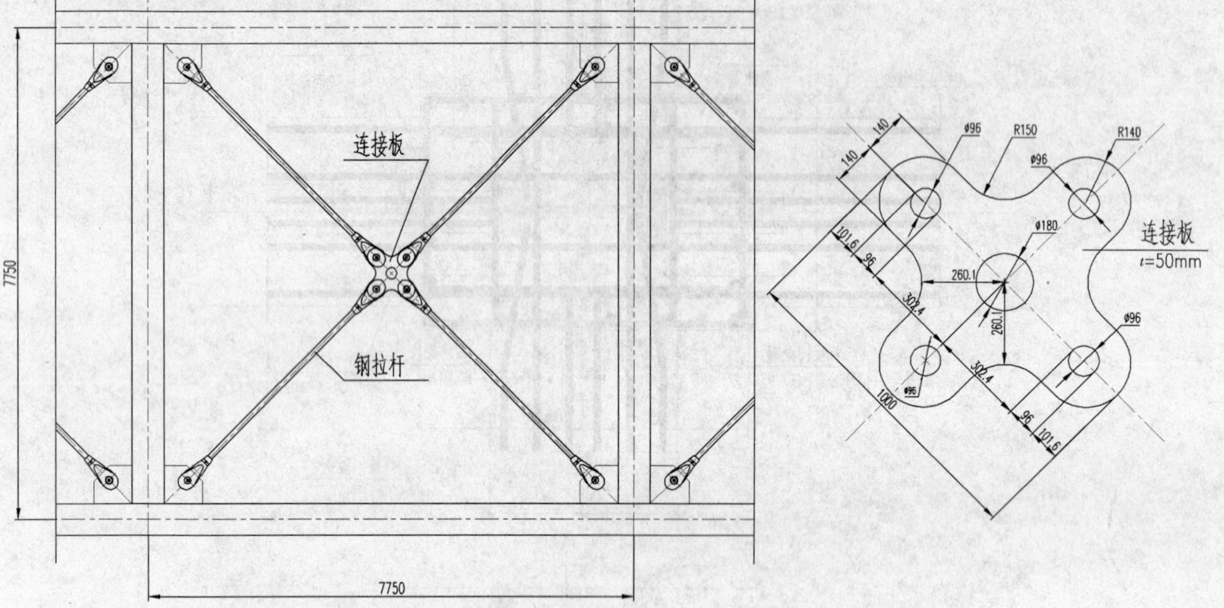

图 11　数码廊凯旋门钢拉杆布置及连接板大样

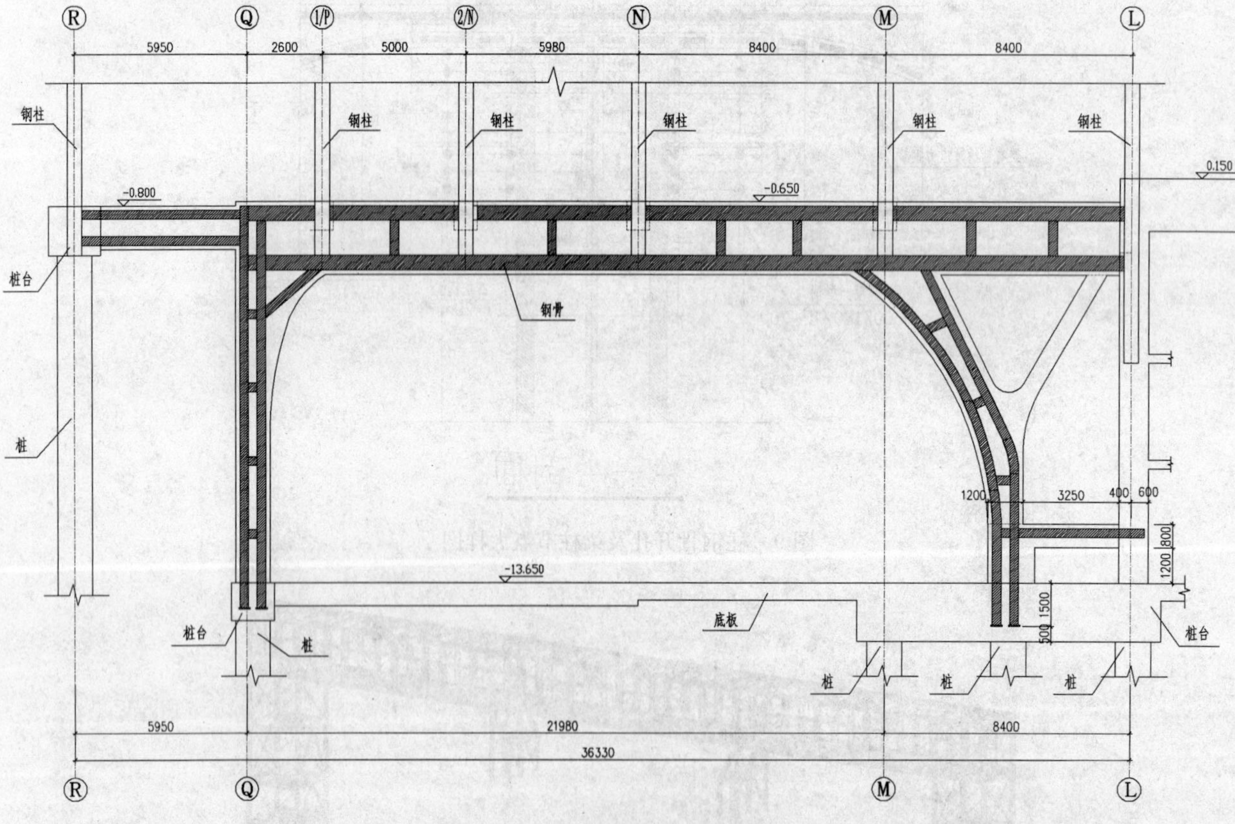

图 12　员工活动区树杈形柱结构

图 13　员工活动区树杈形柱结构施工

图 14　泳池上空树杈形柱结构实景

佛山保利商务中心结构设计

建 设 地 点　佛山市东平新城

设 计 时 间　2010～2012

主要设计人　罗赤宇　王金锋　向　前　张　帆　叶　浩　徐　刚　张战廷

一、工程概况

佛山保利商务中心位于佛山市东平新城，是佛山保利中心1号地块办公及酒店项目中的超高层办公塔楼。整个1号地块用地面积约53094m²，建筑面积约20万m²，除超高层办公塔楼外，整个项目还包括一幢97m高的五星级酒店、为酒店配套设置6层裙楼以及局部3层、大范围2层的地下室，本工程效果图如图1。结合建筑使用功能，结构设计在地下室以上的裙房与酒店塔楼连接位置设置防震缝，将本项目分成保利商务中心与保利洲际酒店两个结构单元（图2）。

本工程抗震设防烈度为7度，基本地震加速度为0.10g，设计地震分组为第一组，场地类别为Ⅱ类。由于办公塔楼与裙楼组成的结构单元的建筑面积超过8万m²，抗震设防类别确定为重点设防类（乙类），抗震措施提高一度按8度考虑。本工程塔楼结构高度为248m，采用钢筋混凝土框架—核心筒结构体系，周边框架柱下部20层采用型钢混凝土柱，核心筒为钢筋混凝土剪力墙；塔楼顶部为标志性的超高空的天灯造型，29.7m高的天灯层四周为通透单层索网玻璃幕墙（图3）。与塔楼连成整体的裙楼结构高度为37.6m，裙楼区域主要采用框架—剪力墙结构体系，考虑到裙楼与塔楼连接位置为23.4m跨度的大巴车通道，而且4层大型宴会厅27.9m跨度屋盖结构上需设置游泳池，部分区域采用钢结构。

本工程塔楼为超B级高度建筑，由于塔楼与裙楼连成整体，增加了塔楼偏置、楼板不连续等多项不规则，结构设计通过概念设计、方案比选、详细的分析及合理的设计构造，解决了复杂的超限设计问题，并有针对性地解决重载大跨度屋盖结构及超高空单层索网幕墙结构等技术难题。

二、结构超限与抗震性能设计

1. 结构超限情况

本工程塔楼采用钢筋混凝土框架一核心筒结构体系，按照《高层建筑混凝土结构技术规程》JGJ 3—2010的规定，框架一核心筒结构7度B级高度钢筋混凝土高层建筑适用的最大高度为180m，本工程塔楼高248m，超过规范B级高度的38%。由于建筑功能的要求，办公塔楼与裙楼间不分缝，合并为一个结构单元，并综合其他结构布置分析，存在塔楼偏置、楼板不连续、构件间断以及裙楼局部穿层柱等4项不规则类别，本工程属超B级高度的超限高层建筑。

2. 结构体系

通过前期对结构方案的合理性及经济性的比选，本工程超B级高度的办公塔楼确定采用钢筋混凝土框架—核心筒结构体系（图4），墙柱混凝土等级为C60～C50，梁板混凝土等级为C40～C30。本工程高宽比约为6，核心筒由楼梯间、电梯筒以及设备服务用房构成，剪力墙厚度为1000～500mm，从基础面到天灯层底部筒体尺寸基本无收进，裙房以上的各层塔楼楼板连续，没有楼板大开洞的情况，塔楼侧向刚度变化均匀，高宽比为11的核心筒与外框架共同为超高层塔楼提供了良好的抗侧力刚度。由于首层大堂建筑的要求，形成15m通高无侧向约束的外框框架柱，考虑到下部楼层框架柱的截面控制要求并提高特一级框架柱的延性，框架柱20层以下采用钢骨混凝土柱，含钢率约为5%，截面为1500×1500～1000×1000mm，设置了复合柱箍筋及焊接式短牛腿以降低钢骨柱的施工难度（图5）。

结合酒店配套用房的平面布置，6层裙楼采用了设少量剪力墙的框架—剪力墙结构体系，对于塔楼与裙楼连成整体后出现的塔楼偏置的不规则情况，结构在裙楼远端结合建筑使用功能布置剪力墙，有效地避免了塔楼偏置而造成扭转不规则效应。由于裙楼建筑功能的需要，部分区域为大跨度结构，结构选型上配合采用钢结构。为满足大跨度重载屋面结构的挠度和振动舒适度要求，宴会厅屋盖结构采用钢结构跨层桁架，将5.4m高、8.4m间距的6组钢桁架设于五层的次要空间，支承于钢筋混凝土柱顶，并在桁架下弦采用钢结构吊柱与钢梁形成楼面支承结构（图6～图8），楼板为钢筋桁架楼承板组合楼板。楼板舒适度分析得出楼盖垂向振动频率为3.4Hz，可满足舒适性的要求。

天灯层由于其巨型钢框架由格构式组合钢柱及跨度33.6m的桁架梁组成（图9），巨型钢框架除了提供顶层的抗侧力刚度外，还要承受单层索网幕墙对四边构件的拉力。

3. 抗震性能目标

针对本工程结构类型及不规则情况，设计采用结构抗震性能设计方法进行补充分析和论证。塔楼高度超过规范限值较多，属于重点设防类建筑，设计根据结构可能出现的薄弱部位及需要加强的关键部位，依据《高层建筑混凝土结构技术规程》3.11.1条针对性的选用B级性能目标及相应的抗震性能水准，如表1。

结构抗震性能目标及震后性能状况 **表1**

地震水准一抗震性能目标		多遇地震（性能1）	设防烈度地震（性能2）	罕遇地震（性能3）
层间位移角限值		$h/500$	1/250	1/100
框架柱性能		无损坏（弹性）	轻微损坏（不屈服）	轻微损坏（不屈服）
关键构件	核心筒剪力墙	无损坏（弹性）	受剪无损坏（弹性）；受弯轻微损坏（不屈服）	轻度损坏，部分中度损坏（弹塑性分析，不发生脆性受剪破坏）
	外框柱	无损坏（弹性）	无损坏（弹性）	轻微损坏（不屈服）
	框架梁（塔楼外框梁）	无损坏（弹性）	无损坏（弹性）	轻微损坏（不屈服）
	天灯层格构大框架	无损坏（弹性）	无损坏（弹性）	轻微损坏（不屈服）
	裙楼大跨度桁架与吊柱	无损坏（弹性）	无损坏（弹性）	轻微损坏（不屈服）
耗能构件	连梁、普通楼层梁	无损坏（弹性）	轻微损坏（不屈服）	轻度损坏，部分中度损坏（弹塑性分析，不发生脆性受剪破坏）
裙楼竖向构件		无损坏（弹性）	无损坏（弹性）	轻微损坏（不屈服）
楼板		无损坏（弹性）	轻微损坏（不屈服）	轻度损坏，部分中度损坏（不发生脆性受剪破坏）

4. 结构计算结果与超限加强措施

1）风荷载及地震作用

根据广东省标准的要求，结构承载力计算时按佛山市重现期为100年的基本风压0.6kN/m^{2}考虑，结构位移验算时按重现期为50年的基本风压0.5kN/m^{2}考虑，建筑物地面粗糙度类别为B类。风荷载的取值是基于广东省建筑科学研究院提供的2010年11月3日对佛山保利中心所进行的风洞试验结果以及荷载规范。

地震作用计算以国家标准《建筑抗震设计规范》GB 50011—2010为标准，并参考场地地震安全性评估报告及第一次地质详勘报告的结果，小震计算取规范与安评报告的包络值，中震与大震计算按规范的参数。

2）小震计算与结果

本工程初步设计阶段的结构计算分析由广东省建筑设计研究院与德国SBP结构设计事务所合作完成，采用振型分解反应谱法和弹性时程分析法进行多遇地震下的有限元分析，使用软件为SATWE与ETABS9.7（中国规范版），主要计算结果如表2。

常遇地震下计算结果汇总

表2

计算软件	方向	ETABS	SATWE
计算振型数		100	36
第一二平动周期（$X+Y$向平动因子）		$T_1=5.26$ $T_2=5.16$	$T_1=5.10$（1.00+0.00） $T_2=4.98$（0.00+1.00）
第一扭转周期		$T_3=1.73$	$T_3=2.12$
地震下基底剪力（kN）	X	40830	41954
	Y	39370	39950
风荷载下基底剪力（kN）（100年重现）	X	26710	27168.5
	Y	28556	29037.2
不含地下室结构总质量：1.0恒+0.5活（kN）		220900	213332
剪重比（规范限值1.2%）	X	1.84%	2.01%（首层）
	Y	1.78%	1.91%（首层）
地震下倾覆弯矩（kN·m）	X	4501000	4630000
	Y	4465000	4532000
风荷载下倾覆弯矩（kN·m）（100年重现期）	X	3550000	3868809.2
	Y	3670000	3911998
风荷载最大层间位移角（层号）[限值1/500]	X	1/1244（52层）	1/1187（52层）
	Y	1/1203（52层）	1/1129（52层）
地震作用下最大层间位移角（层号）[限值1/500]	X	1/806（52层）	1/792（53层）
	Y	1/785（52层）	1/757（52层）
刚重比 EJ_d/GH^2	X	2.2442	2.01
	Y	2.1938	1.86

由表2可以看出，由于塔楼结构平面规则，结构体系及材料选择合理，结构高宽比合适，小震计算总体参数均能满足现行设计规范各项指标要求。计算结果还显示框架部分承担的楼层剪力小于底部总剪力的10%（表3），根据小震及中震的弹性分析结果，同时根据大震弹塑性结果揭示的薄弱部位，将核心筒剪力墙承担的剪力增大了10%，同时增大了剪力墙底部加强区与薄弱部位的截面与配筋率（分布筋的配筋率为0.8%），提高了核心筒剪力墙的延性，从而提高剪力墙的安全储备，达到性能目标要求。同时，按规范的要求进行框架柱剪力的调整，并提高了框架梁的配筋率与框架柱的配钢率（加钢骨），加强了框架的二道防线作用。

3）中震计算与结果

对设防烈度地震（中震）作用下，除普通楼板、次梁以外所有结构构件的承载力，根据其抗震性能目标，按最不利荷载组合进行验算，但不考虑规范规定的构件内力增大、调整系数。根据《场地地震安评报告》，在计算设防烈度地震作用时，水平最大地震影响系数 $\alpha_{\max}=0.2695$. 阻尼比 $\xi=0.05$。对结构进行了弹性荷载组合和不屈服荷载组合下采用反映谱法进行了受力分析，计算结果及相应加强措施如下：

（1）框架柱保持弹性，底层柱在弹性荷载组合下最大轴力为62426kN，其相应弯矩为3170kN·m；

（2）剪力墙在中震作用下未出现屈服；

（3）部分楼层的个别连梁、框架梁的配筋需求比多遇地震作用下的需求要高，部分连梁在多数楼层处接近屈服，为避免地震作用下此核心筒连梁过早退出工作，加大了核心筒外边四条大连梁的含钢率（上下总配筋率为4%）。

4）静力弹塑性推覆计算结果

为了解结构在罕遇地震作用下的性能及了解结构薄弱部位，本工程进行了罕遇地震作用下的静力弹塑性分析及弹塑性时程分析，表4为采用了德国SOFISTIK公司开发的SOFISTIK2010软件进行的推覆分析（Push Over）的位移曲线。

框架部分所占的剪力比例　　表3

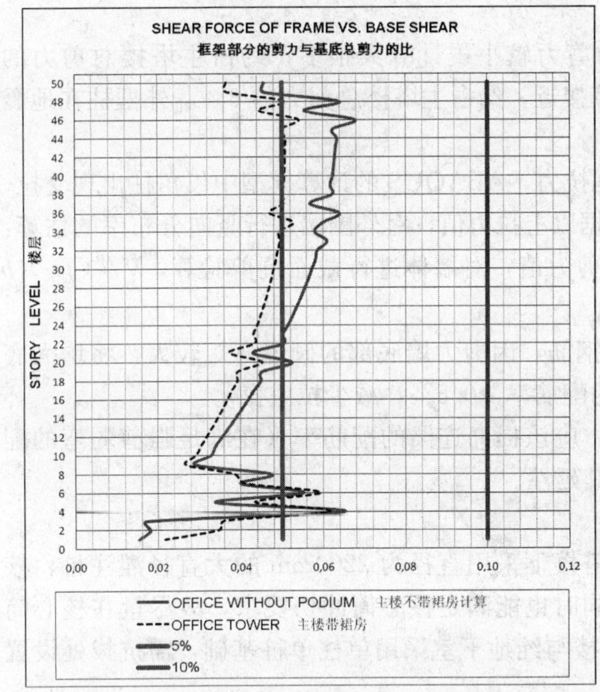

静力弹塑性推覆分析位移曲线　　表4

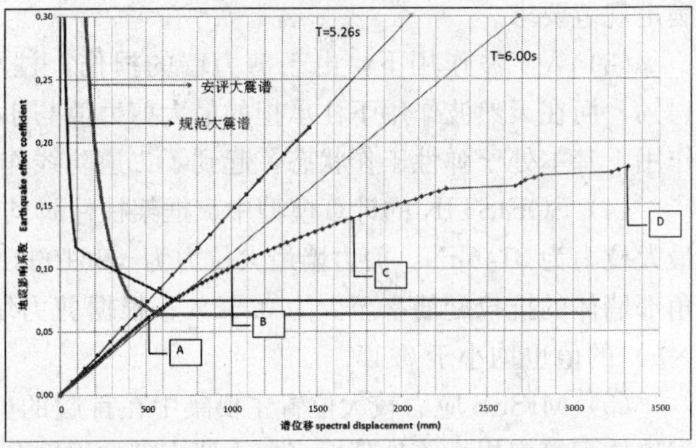

通过静力弹塑性分析结果，可以作出如下的分析：

（1）结构在小位移时的曲线几乎呈线性。

（2）当顶点位移达到大约500mm后，连梁首先进入屈服，随着水平力增大，曲线开始出现轻微非线性。

（3）结构在达到1.0m位移后，由于核心筒墙体底部受拉区的钢筋开始进入屈服阶段，导致结构刚度明显减小。墙体塑性发展趋势过程可参考弹塑性时程分析。

（4）结构顶点位移大约达到1.7m时，框架梁开始逐渐出现塑性铰，结构刚度进一步降低。

（5）随着剪力墙逐渐进入塑性，框架逐步地承担更多水平力，框架梁也不断进入塑性。在顶点位移约3m时剪力墙结构计算不收敛，结构倒塌。

（6）水平极限承载力约为0.18g，剪力大小相当于18%的结构重力荷载代表值。

（7）根据规范所得到的性能点所受地震力较安评报告大，约为0.07g。剪力大小相当于7%的结构重力荷载代表值。

（8）静力推覆的计算性能点的顶点位移比约为0.69/250=1/362。

5）罕遇地震下的弹塑性时程分析（SOFISTIK2010与ABAQUS）

本工程的罕遇地震作用下的弹塑性时程分析采用了SOFISTIK2010以及通用有限元程序ABAQUS进行对比分析验证。根据规范的要求，分析中使用不少于3组地震波输入，其中要有两组真实地震记录和一组人工地震记录。三组地震波均按照三向输入。其加速度最大值按照1（水平1）：0.85（水平2）：

0.65（竖向）的比例调整。在复杂弹塑性计算开始之前，将大震弹性反应谱和大震弹性时程分析基底反力进行了比较，以确保地震波的选取正确。三条地震波的弹性计算的基底剪力为反映谱法的95%、83%、78%。满足规范要求，图12为两个软件计算出的剪力墙损伤情况。

由计算结果知，在罕遇地震下，墙体产生部分屈服。在罕遇地震作用下，各层的最大塑性位移角最大值均小于1/100，符合《高层建筑混凝土结构技术规程》第4.6.5条的规定，建筑物可以实现大震不倒的设防目标。在DSAR1的作用下，在最不利的时间点，底部的墙体出现部分的损伤。

结构整体弹塑性计算指标评价如下：

(1) 结构在完成人工波动力弹塑性分析后，最大顶点位移为1491mm，结构刚度退化不大，满足"大震不倒"的设防要求。两条天然波的地震效应均小于人工波。

(2) 主体结构在人工波计算的最大弹塑性层间位移角 X 向为1/148，Y向为1/141，均小于1/100，满足规范要求。

(3) 人工波作用下，由于剪力墙的损伤，柱承担的剪力较小震计算大很多，约占主塔楼总剪力的14%，而在天然波作用下柱承担的最大剪力值与小震计算接近，约占主塔楼总剪力的6%。外框柱在地震作用下基本处于弹性工作状态，起到了二道防线作用。

(4) SOFISTIK的计算模型中，框架柱柱脚均未出现拉力，ABAQUS的计算模型中仅角柱出现受拉，最大拉力为3146kN。剪力墙最大拉力为−56109kN，根据以上拉力值，对外围墙进行竖向分布率的估算：角部墙体的抗拉配筋率至少为0.82%；根据剪力墙面内剪力值，对墙体进行截面抗剪验算，$V/(f_{ck}\times b\times h)$ 的值也均小于0.15。

(5) MISES应力较大位置主要集中在首层的剪力墙钢筋，因剪力墙底部的倾覆弯矩较大，将增大底层墙体配筋率提高该处延性（剪力墙底部加强区分布筋的配筋率≥0.8%，减少拉应变）。

(6) 在人工波的作用下，连梁的受拉刚度退化较大。应该提高连梁的配筋率（在满足强剪弱弯的配筋率限值前提下，控制其全截面配筋率为4%），以增强其延性。

5. 基础及地下室设计

本工程根据地质情况，采用冲孔灌注桩基础，办公塔楼下采用直径为2200mm的大直径灌注桩，核心筒与周边框架柱设置联合承台，为了减小承台厚度，同时也能满足核心筒冲切要求，故尽量在核心筒范围内布置较多的桩（图10），承台厚度为4200mm。裙楼与纯地下室采用单柱单桩基础，需抗拔处设置抗拔桩，桩径为1000～1600mm。

本工程地下室顶板、地下一层与地下二层楼层部分均采用梁板结构形式，而地下三层与地下二层的底板则采用无梁平板结构形式，以桩承台作为柱帽来减小板跨，根据地质报告设防水位取室外路面标高（−1.5m）。本工程（1号地块）地下室为整体超长地下室结构，外边尺寸约为235m×250m。为避免温度、收缩应力使地下室开裂，结构设计结合建筑标高设置了不同区域的标高差，同时在地下二层底板处根据结构布置设置了温度变形凹槽，使得混凝土结构长度大大减小，同时提高双向的底板及楼板最小配筋率，顶板、底板、侧壁、地下一层及地下二层楼面每间距40～50m设后浇带，后浇带采用微膨胀混凝土。超长结构主要采用低水化热的矿渣水泥，不选用收缩性大的火山灰水泥，当混凝土中添加粉煤灰代替部分水泥用量，采用60d龄期强度作为设计强度，并对施工提出了相应的养护要求。

三、天灯层结构设计

本工程的整体设计创意有意识地采纳了中国传统习俗中的漂浮的孔明灯造型，248m高的办公塔楼顶部设计成了气派的天景空间，是本建筑最大的亮点，也是本项目结构设计的难点。豪华的天灯层位于顶部5层，高29.7m。在天灯1层（第五十层）这一转换层设有高端会议室和单独的卫生间及服务区，让客人从这里可以通过非常通透的索网幕墙俯瞰佛山的天际线。上部（第五十一到五十四层）为行政办公空间和会议空间。天灯结构的四周通透轻盈的单层索幕墙（图13）。为最好地实现建筑师的意图和满足业主经济性的要求，以及得到最佳的安全性和功能使用性。结构设计结合新型的建筑材料和幕墙材料的充分应用，突破性地在超高空采用了通透轻盈的单层索幕墙。

天灯层主结构的设计做到尽可能的传力清晰和明确，采用了最简单的空间单跨框架的结构原理，配合角部四个筒体采用格构式框架的结构形式，将屋顶结构的水平力和垂直力都传递到下部结构的主要构件上。建筑效果中强有力的角柱和顶部的桁架梁不仅是重要的抗侧力构件，同时也是索网幕墙以及屋面梁的支座（图 14）。由于建筑体形的要求，顶部 30.2m 跨度的大梁采用 4.2m 高的三弦空间桁架结构。桁架宽度为 2.17m。五十六层及屋面层的楼板和梁可以作为桁架的水平支承，防止大梁的扭转失稳（图 15）。

平面索网玻璃幕墙通过四周刚性桁架将索网幕墙分为四个 30.20m×26.65m 的区域。钢索由镀锌或不锈钢绞线组成，竖向和水平钢索的交叉点通过钢连接件和索夹具连接，索夹具同时作为玻璃夹具使用。竖向索锚固在上部和下部的刚性结构上，预张拉后必须可靠的锚固，以防止风力作用下的水平滑动。水平索两端则锚固在两侧的刚性桁架上。所有的索必须设置在室内一侧，这样可以得到更好的保护以避免受到天气的影响和腐蚀。玻璃网格的尺寸为 $W\times H=1.68\text{m}\times1.4\text{m}$，采用钢化或半钢化夹胶玻璃，通过角部的玻璃夹具及 EDPM 衬垫固定，边部网格采用边支座和玻璃夹具支承。

由于钢索锚固在四周的钢桁架和混凝土结构上，所以预应力度越大则钢桁架和混凝土结构的受力也越大，其相应的构件截面尺寸也会越大。所以合理地选择预应力度对于结构的安全性和经济性都是至关重要的。通过仔细的分析和比较（表 5），对垂直索采用 300kN 和水平索 200kN 的预应力值。

不同预应力度下结构受力比较 **表 5**

构件	垂直索预应力 300kN 水平索预应力 200kN	垂直索预应力 300kN 水平索预应力 300kN	比较
索网幕墙风荷载下的最大变形	580mm（L/52）	505mm（L/59）	位移减小 12.9%
垂直索的最大索力	564kN	536kN	减小 4.96%
水平索的最大索力	315kN	494kN	增加 56.83%
柱的最大轴力	9684kN	12256kN	增加 26.56%
支撑最大轴力	4940kN	6201kN	增加 25.53%
斜杆最大轴力	9029kN	12083kN	增加 33.82%
梁上弦杆地最大轴力	8183kN	8068kN	减小 1.41%
梁下弦杆的最大轴力	8281kN	7885kN	减小 4.78%
梁斜腹杆的最大轴力	4078kN	4764kN	增加 16.84%
混凝土梁的最大弯矩	1784kN·m	1583kN·m	减小 11.27%

从表 5 可以发现，在一定程度上再提高预应力度，虽然还是可以一定程度增大结构刚度，但是会造成周边钢桁架的内力大幅度的增加。所以当单层索网幕墙的变形满足 L/50 后，不宜再对增大索网的预应力度。

本工程单层平面索网幕墙位于顶层 220m 高度，四面布置且面积大，国内外均罕见。为确保幕墙的结构安全，详细计算分析了单层平面索网幕墙结构在强震、强风作用下动力响应分析，并进行安装张拉全过程施工分析，确定合理的施工张拉方案，考察在张拉过程中结构构件的响应，并与工程现场张拉监控结果进行对比，验证分析方法的正确性。

图 1　建筑效果图

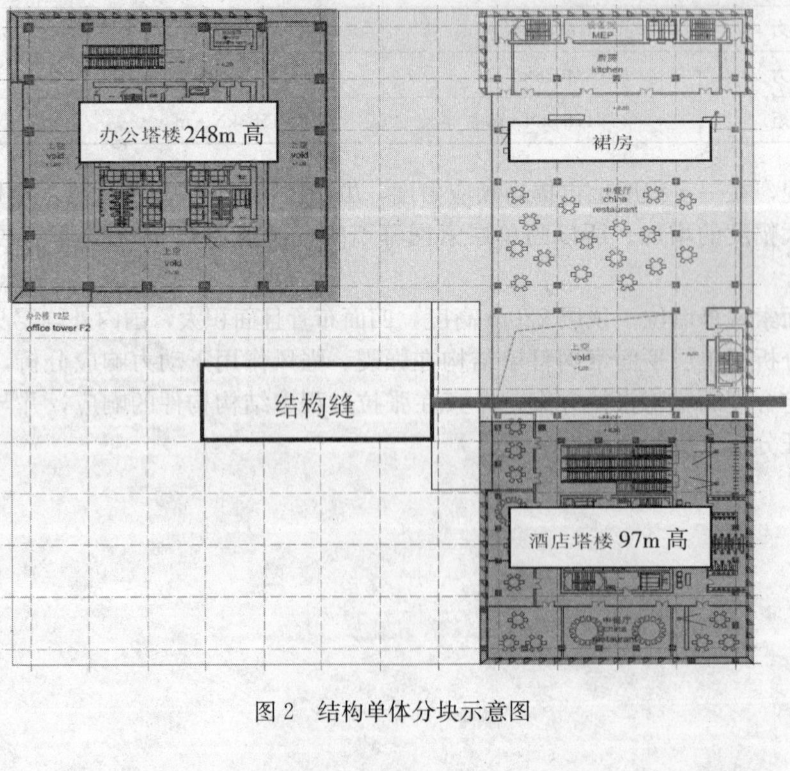

图 2　结构单体分块示意图

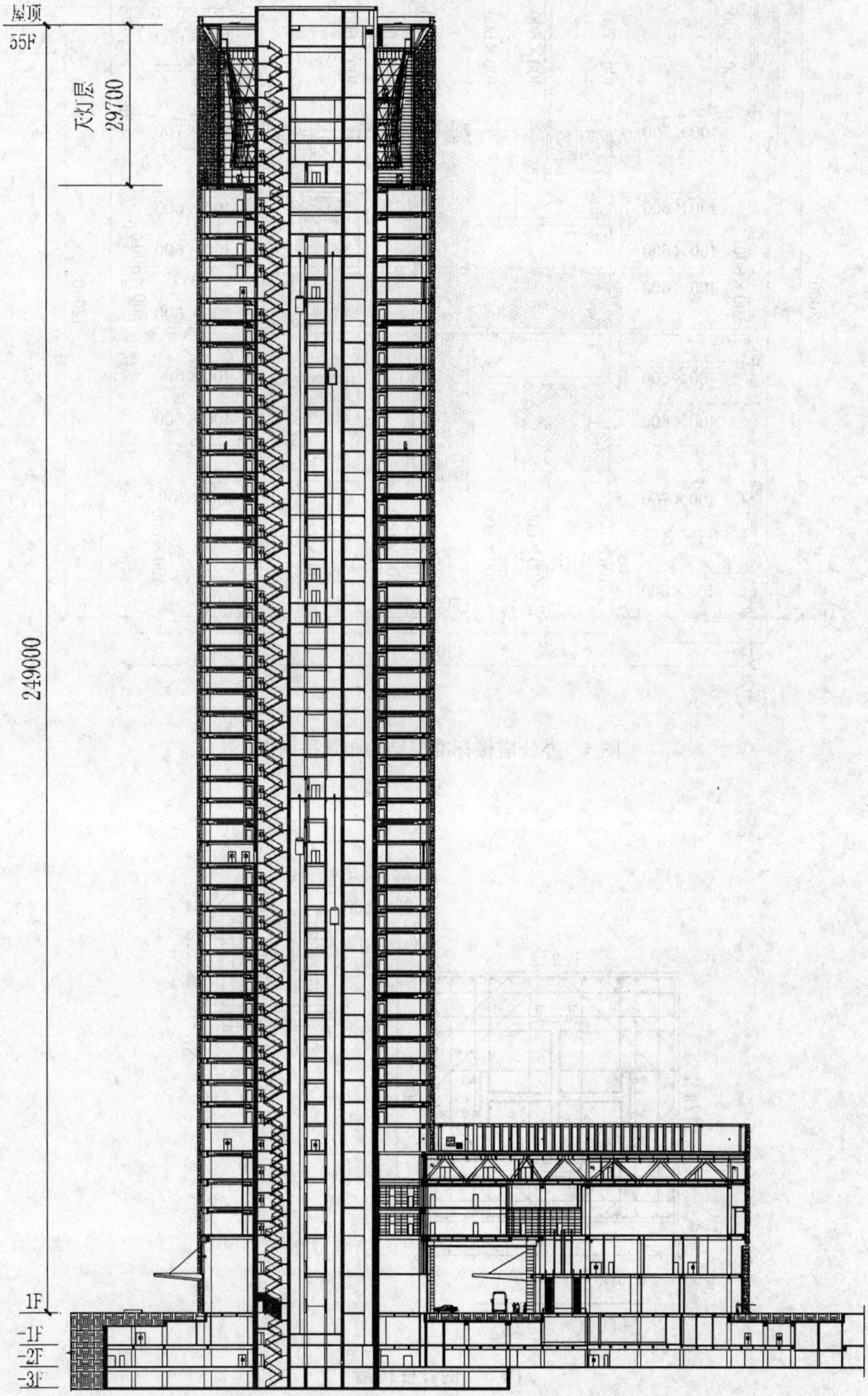

图 3　建筑剖面图

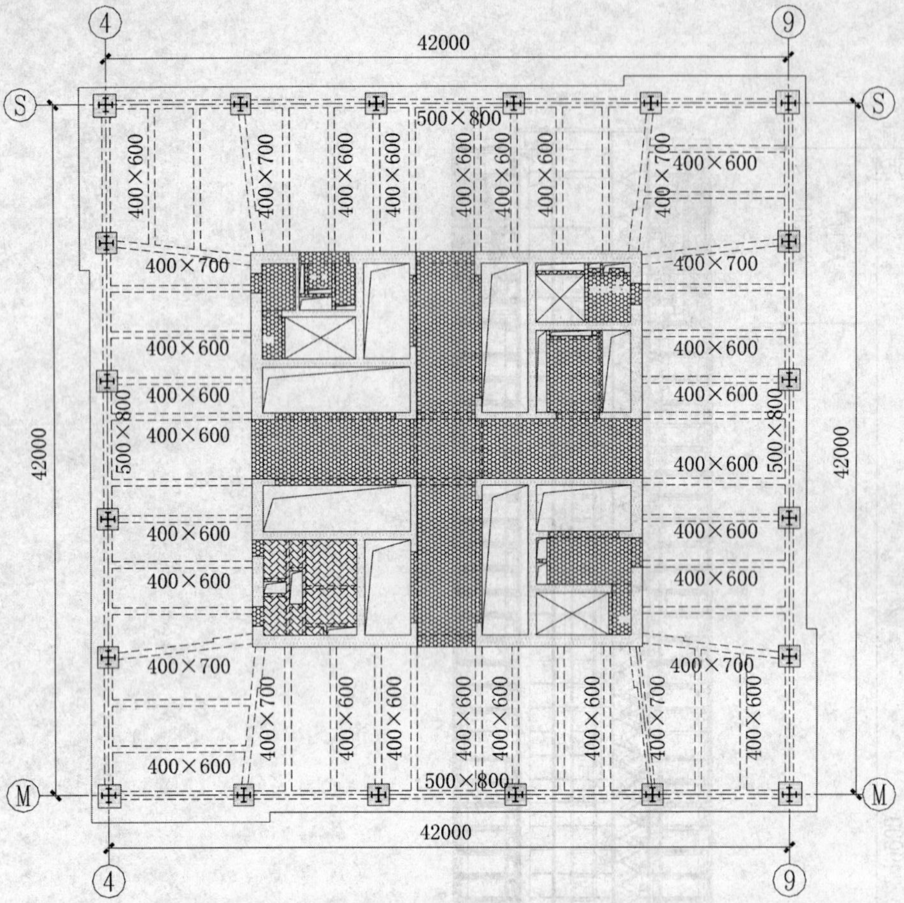

图4　办公塔楼标准层结构布置平面图

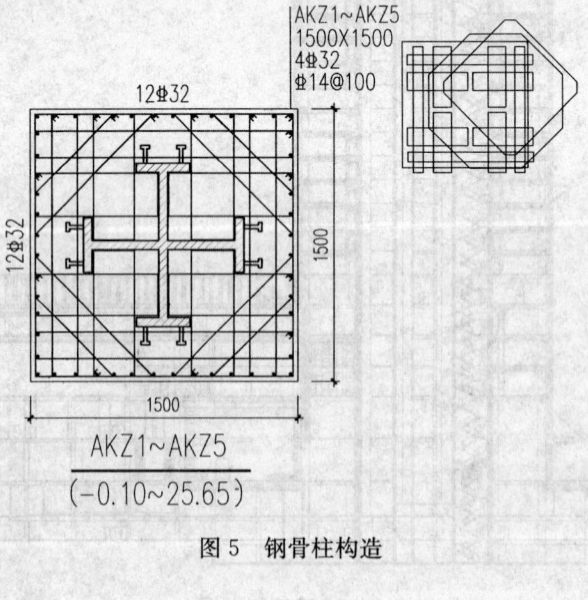

图5　钢骨柱构造

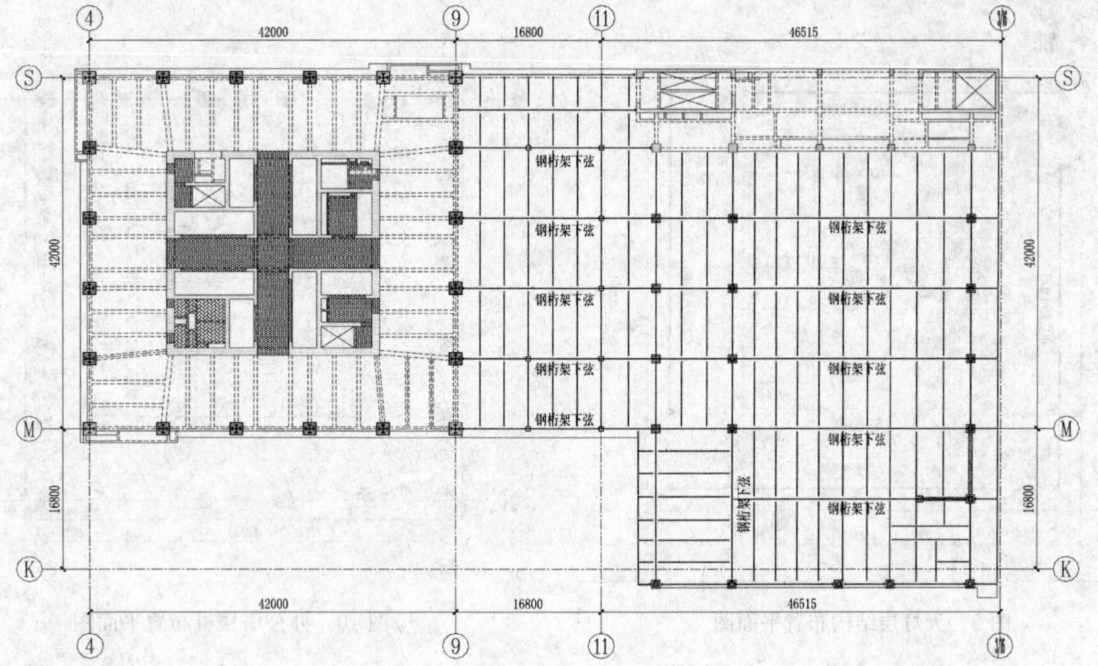

图 6　裙楼 5 层结构平面图

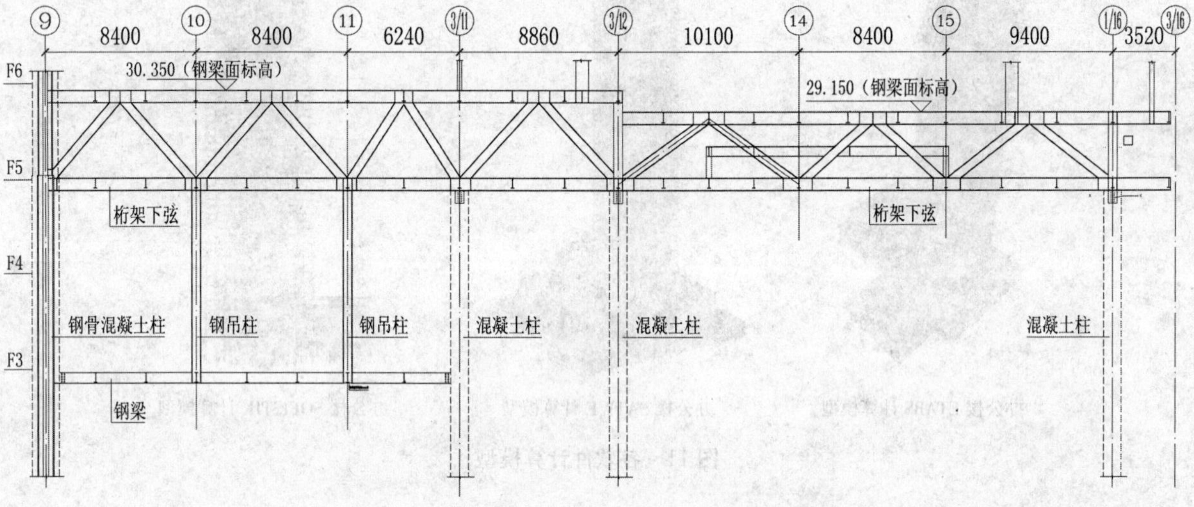

图 7　裙楼大跨度钢结构剖面图

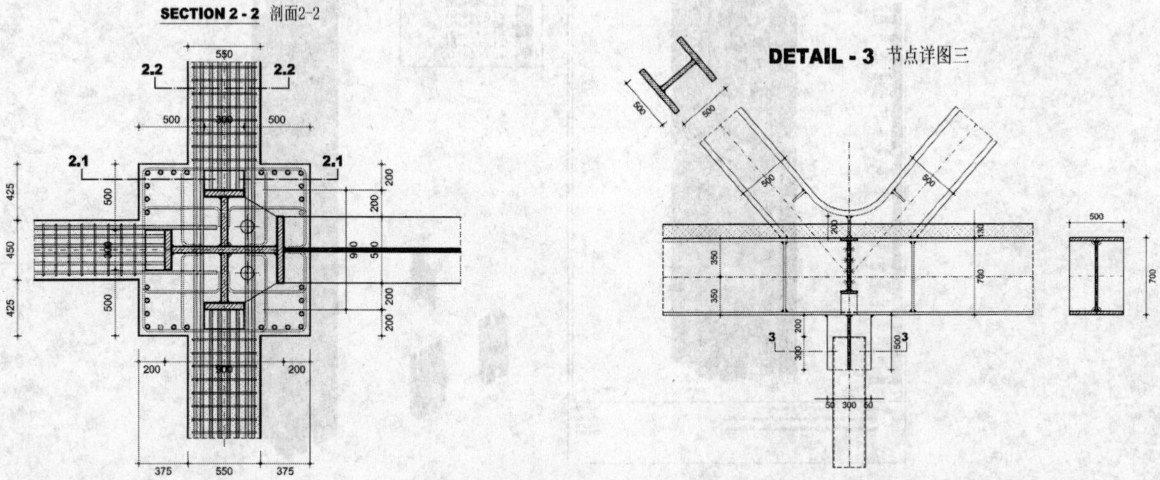

图 8　裙楼钢结构局部节点大样图

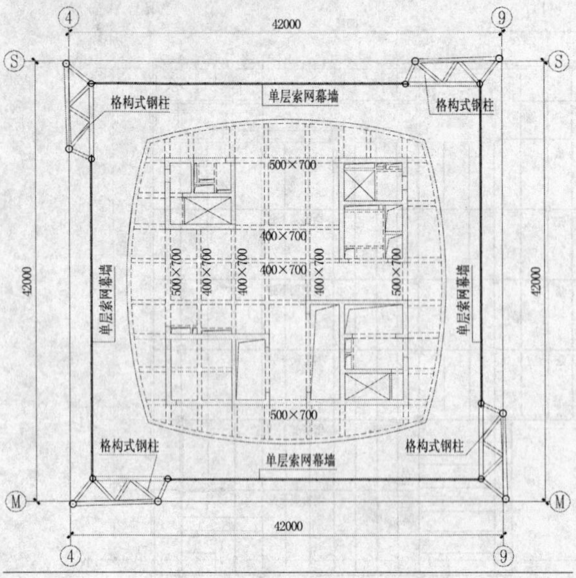

图 9　天灯层结构布置平面图

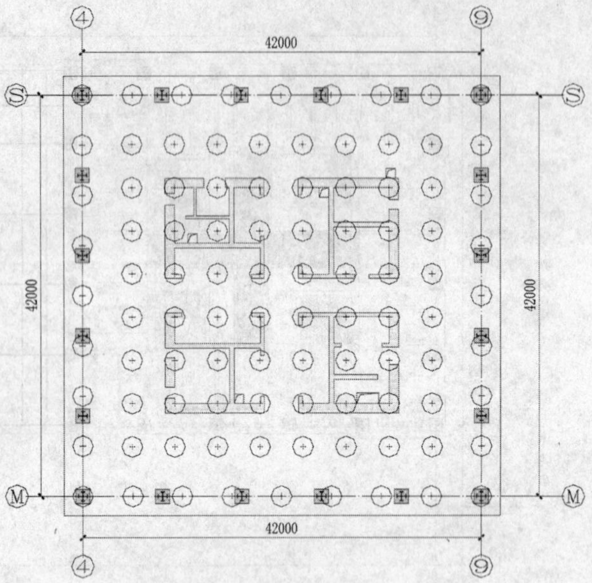

图 10　办公塔楼柱布置平面图

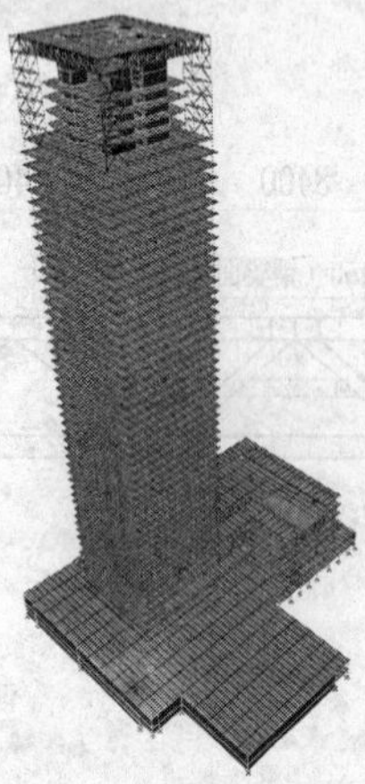

办公楼 ETABS 计算模型

办公楼 SATWE 计算模型

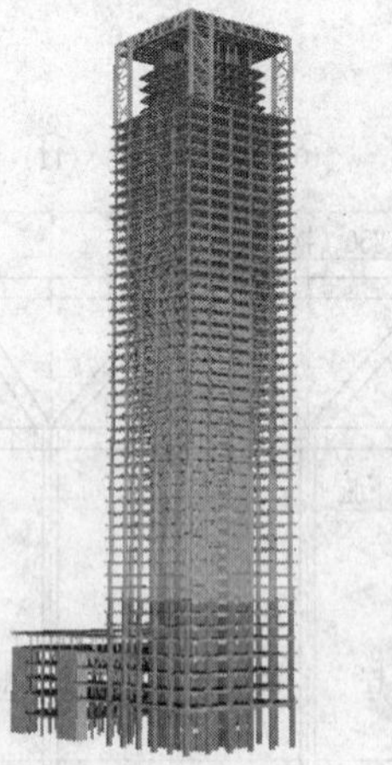

办公楼 SOFISTIK 计算模型

图 11　各软件计算模型

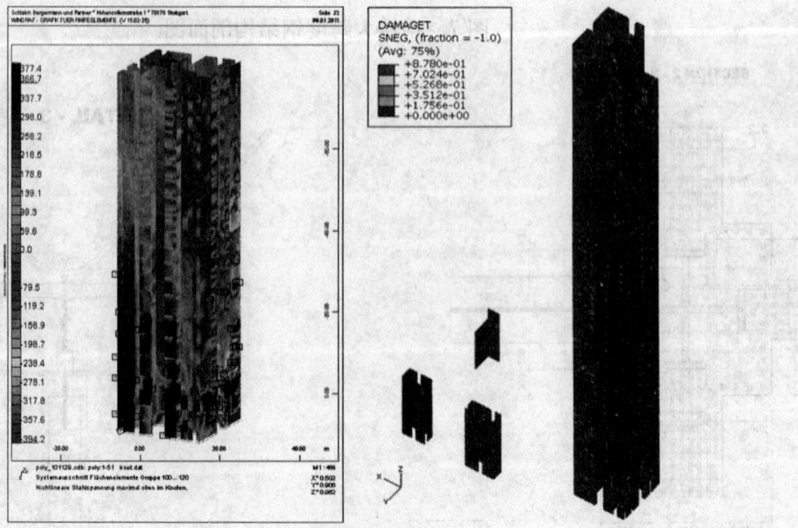

图 12　大震时程分析剪力墙损伤情况

图13　天灯层效果图

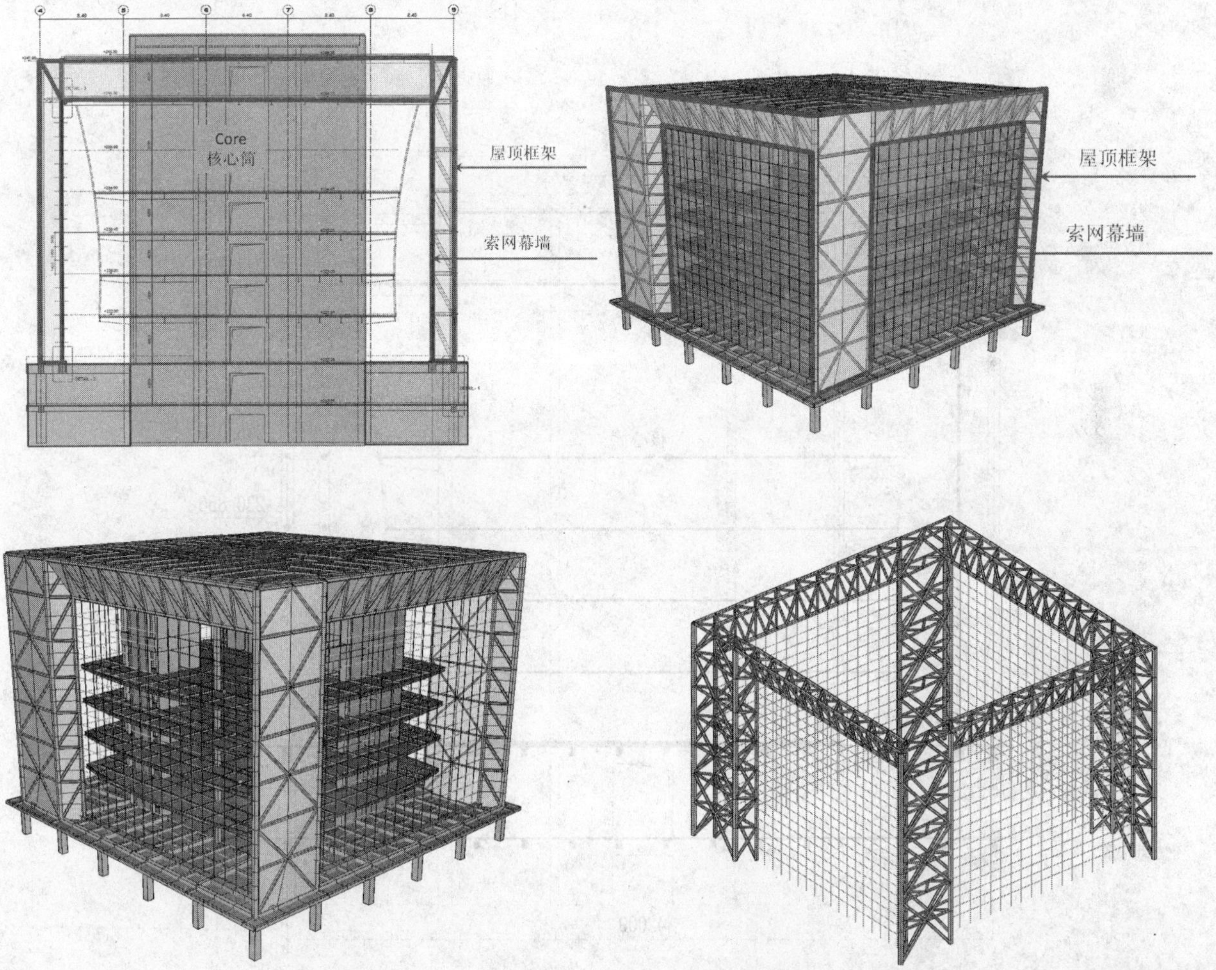

图14　天灯层剖面示意与计算模型

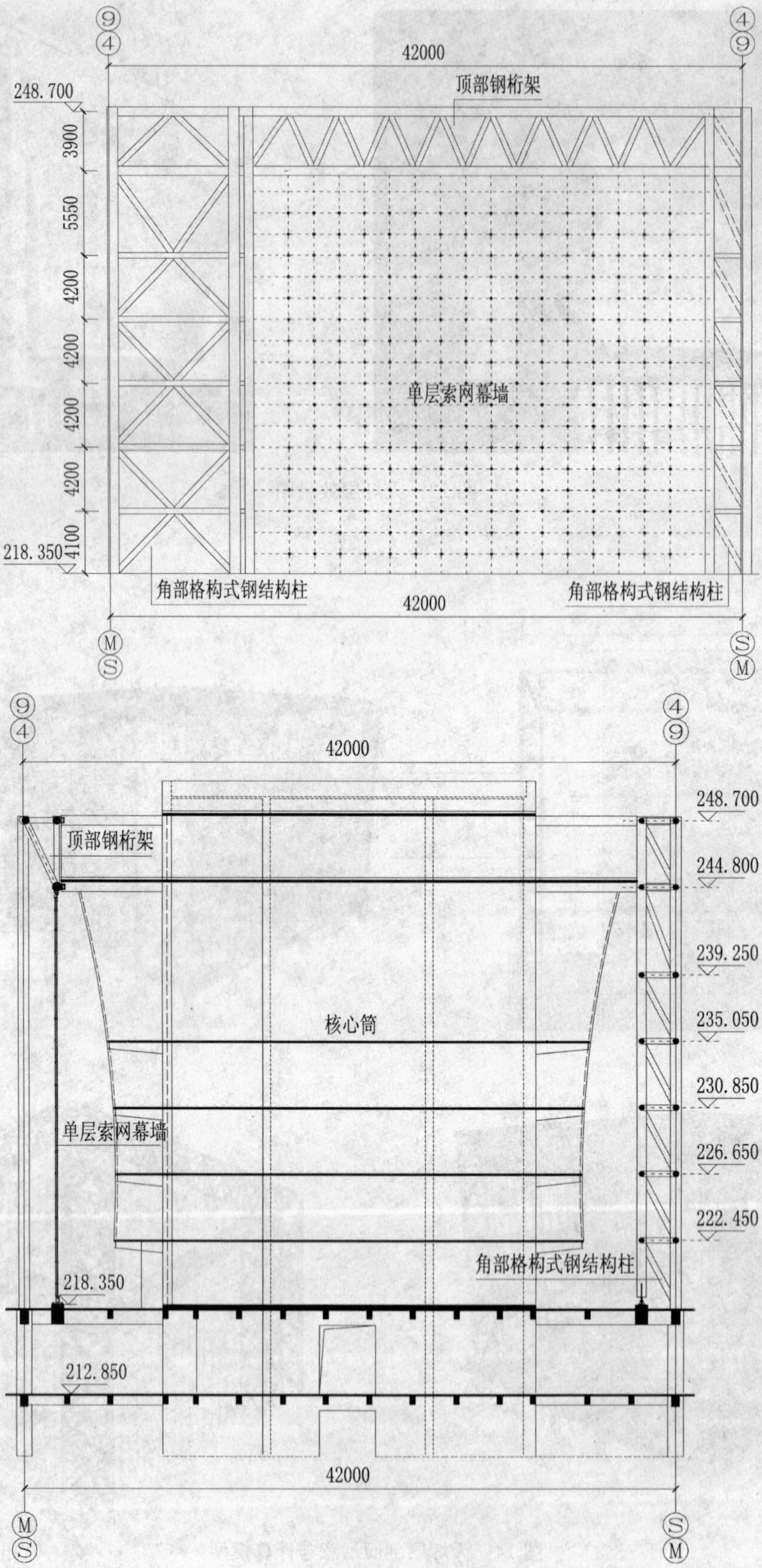

图 15　天灯层结构立面图与剖面图

图 16　钢骨混凝土柱施工

图 17　办公塔楼首层与地下一层施工

粤电信息交流管理中心结构设计

建设地点　广州市

设计时间　2009～2011

主要设计人　陈　星　李　宁　朱耀洲　谭剑锋

一、工程概况

本工程位于广州市黄埔大道与天河东路交汇处东侧，地块南面与已建粤电广场相邻，场地地理坐标为东经113.329°，北纬23.131°，地面以下5层，地面以上32层，其中一至四层为裙房部分，五至三十二层为塔楼部分（图1、图2），地下建筑面积21551m²，地上建筑面积34517m²，总建筑面积56069m²，地下室底板板面结构标高为－14.50m，建筑高度为153.50m，设计使用年限为50年，建筑物结构类型为钢筋混凝土框架一核心筒结构。地下室不设缝。

本工程设有5层地下室（图3），作为停车场及设备用房使用，负五层为核六级人防地下室。首层室内部分为大堂，其上塔楼部分作为办公用途，裙楼作为活动区及多功能厅之用（图4）。为满足首层大堂上空净空要求，塔楼二、三层部分楼板开洞。为与粤电广场连接（已建），在南面设有一层连廊，采用分缝处理方法与主塔楼分开。

本工程按7度抗震设计，抗震措施采用的抗震设防烈度为7度，场地类型为Ⅱ类，设计地震分组为第一组，设计基本地震加速度值为0.10g，特征周期0.37s，抗震设防分类为丙类，建筑安全等级为二级，建筑结构防火等级为一级，地基基础的设计等级为甲级。

本工程基本风压强度验算时按100年重现期 $W_0=0.6\text{kN/m}^2$ 考虑，位移验算时按50年重现期 $W_0=0.5\text{kN/m}^2$ 考虑，建筑物地面粗糙度类别为C类。

根据广东省地震工程勘测中心所作《粤电信息交流管理中心工程场地地震安全性评价报告》，本工程的场地土类型为中软土一中硬土，等效剪切波速为227～252m/s，建筑场地类别为Ⅱ类，场地地面脉动卓越周期平均值为0.26s按照《建筑抗震设计规范》GB 50011—2001第4.1.1条规定，场地可以划分为对建筑抗震有利地段。

二、结构体系

本工程建筑为153.50m，为高度超A级高度的超限高层建筑，为超限（A级）高层建筑。在竖向抗侧力构件方面不连续，在五层及三十二层有局部转换，平面规则上在二层及三层有楼板大开洞从而导致楼板不连续。本工程为框架一核心筒结构。周围的框架柱为钢管混凝土柱或型钢混凝土柱，核心筒在重要部位设置带约束拉杆钢管混凝土柱。

三、结构分析

1. 弹性阶段的计算采用SATWE计算，同时采用GSCAD进行校核对比。主要结果如表1：

SATWE主要计算结果　　**表1**

计 算 软 件	SATWE（0°方向）	SATWE（45°方向）
计算振型数	60	60
第1、2平动周期	（Y向）3.8826	（Y向）3.8889
	（X向）3.7323	（X向）3.7332

续表

计算软件		SATWE（0°方向）	SATWE（45°方向）
第1扭转周期		2.4602	2.4616
剪重比（不足时已按规范要求放大）	X	1.42%	1.50%
	Y	1.41%	1.48%
50年一遇风荷载下最大层间位移角（《广东超限审查细则》补充规定限值1/783）	X	1/1758（22）	1/1276（23）
	Y	1/1727（22）	1/1991（17）
安评反应谱地震荷载下最大层间位移角（层号）（《广东超限审查细则》补充规定限值1/783）	X	1/1284（23）	1/1154（25）
	Y	1/1262（23）	1/1282（22）
考虑偶然偏心最大扭转位移比（层号，SATWE）（对应层间位移角）	X	1.17（3）	1.35（5）
	Y	1.32（5）	1.21（4、5）
本层侧刚与上层70%或上3层平均值80%比值中最小值（层号）	X	1.360（23）	1.368（24）
	Y	1.357（23）	1.348（23）
楼层受剪承载力与上层75%的比值（层号）	X	0.94（31）	0.94（31）
	Y	0.94（31）	0.90（31）

从表1可以看出结构由于平面较为规则，且结构布置基本对称，塔楼质量中心和刚度中心均接近重合，扭转振型较迟出现，平扭周期比较小；最大层间位移角为满足规范限值，而且在转换层的刚度比也符合规范要求。

GSCAD的计算结果与SATWE相比相差不大。

2. 结构的弹性时程分析

本工程为带转换层的复杂高层建筑，进行弹性时程分析法进行多遇地震下的补充计算。输入地震波为两组实际地震记录（SATWE软件选波），并在由《粤电信息交流管理中心场地地震安全性评价报告》提供的地震波中选取一条场地合成人工波USER1输入SATWE进行弹性动力时程分析。

进行主方向为90°时的结构计算，得到最大楼层位移曲线（图5）、最大楼层位移角曲线（图6）、最大楼层剪力曲线（图7）、最大楼层弯矩曲线（图8）。

进行主方向为0°时的结构计算，计算结果均满足相关要求，本文不作详述。

3. 结构的中震验算

针对本工程结构的特点和超限内容，结构各关键部位性能目标按表2进行分析。

结构各关键部位性能目标　　表2

	小震	中震	大震
框架柱	弹性	弹性	不屈服
框支柱	弹性	弹性	不屈服
框架梁	弹性	部分屈服	部分屈服
转换梁	弹性	弹性	不屈服
剪力墙底部加强区	弹性	不屈服	不屈服
普通剪力墙	弹性	部分屈服（可出现轻微损伤）	剪力墙在大震下均应满足最小抗剪截面要求；部分构件中等损伤，进入屈服，经过修理、加固后可以继续使用
剪力墙连梁	弹性	可屈服	屈服，但仍具有一定的竖向承载力

对设防烈度地震（中震）作用下，除普通楼板、次梁以外所有结构构件的承载力，根据其抗震性能

目标，按最不利荷载组合进行验算，但不考虑规范规定的构件内力增大、调整系数。根据《场地地震安评报告》，在计算设防烈度地震作用时，水平最大地震影响系数 $\alpha_{max}=0.246$，阻尼比 $\xi=0.05$。

在经过中震弹性方法计算后，主受力墙、柱在中震作用下未出现屈服，部分楼层的个别连梁、框架梁的配筋需求比多遇地震作用下的需求要高，仅部分连梁和小部分框架梁出现屈服情况，但在整个过程中，连梁和剪力墙均未出现剪切屈服。

按弹性楼板计算的简要计算结果如表 3：

按弹性楼板计算的简要计算结果　　表 3

方　向		0°	90°	45°	135°
中震作用下最大层间位移		1/421 （23、24 层）	1/414 （23、24 层）	1/378 （25、26 层）	1/422 （22 层）
地面以上基底剪力	Q_0（kN）	33102	33002	35365	34347
Q_0/W_t（不含地下室）		4.40%	4.39%	4.71%	4.57%
基底弯矩	M_0（kN·m）	2646385	2641418	2709252	2765691

4. 静力弹塑性分析

按规范要求的“大震不倒”的抗震设防目标，采用 PUSH&EPDA 程序对建筑物在罕遇地震作用下进行静力弹塑性推覆分析。大震下静力弹塑性分析所得的性能点处相关指标如表 4 所示。另外，135°方向框支层位移角为 1/204。

大震下静力弹塑性分析所得的性能点处相关指标　　表 4

推覆方向	0°	90°	45°	135°
顶点位移（mm）	842.4	850.6	740.6	1002.8
最大层间位移角	1/149	1/149	1/180	1/115
基底剪力（kN）	41138	40907	42668	38127

根据 0°及 45°性能点曲线和性能点处的塑性铰图显示（图 9～图 14），结构满足相关要求。另外，90°及 135°均满足相关要求，本文不作详述。

计算结果表明，在罕遇地震作用下，在性能点处，各方向最大层间弹塑性位移角均小于框筒结构层间弹塑性位移角限值 1/100；135°方向框支层位移角为 1/204，其他方向各层位移角最小值为 1/149，均小于框支层层间弹塑性位移角限值 1/120，符合《高层建筑混凝土结构技术规程》第 4.6.5 条的规定，建筑物可实现“大震不倒”的抗震设防目标。

结构在加载开始时，少数连梁出现损伤，之后有少数框架梁出现塑性铰，在性能点处墙体的损伤主要是在推覆时底部处于受拉一侧的非主受力墙出现小面积的损伤，但未有连续发展的情况出现。

四、结构措施

1. 本工程的框支柱和转换梁是本工程的重要构件。因此，按中震弹性、大震不屈服性能目标进行设计，在构件中设置型钢，增强了构件在地震下的承载力和延性。框支柱截面含钢率不小于 4.0%，框支柱的轴压比在 0.6 以内。

2. 本工程中框架柱和剪力墙核心筒是主要的抗侧力构件，所以应该提高关键部位墙肢的延性，使抗侧刚度和结构延性更好地匹配，达到有效地协同抗震。

1）剪力墙墙肢轴压比控制按《高层建筑混凝土结构技术规程》要求不大于 0.5。

2）框架柱轴压比按《高层建筑混凝土结构技术规程》不大于 0.75。

3）底部加强区剪力墙抗震等级为一级，墙身水平和竖向分布筋配筋底部加强部位最小配筋率为

0.3%；约束边缘构件竖筋最小配筋率为1.2%，体积配箍率不小于1.8%。

4）剪力墙底部加强区满足大震不屈服性能目标。

5）转换层楼板取 $h=180\text{mm}$，每层每方向的配筋率不小于0.25%。

6）转换层以上一层楼板、楼板局部不连续的楼层楼板，板厚均为 $h=180\text{mm}$，每层每方向的配筋率不小于0.25%。

五、在本工程应用的新技术

根据项目的特点，本工程结构设计通过理论计算分析和现场实际情况相结合，设计与施工密切配合，在工程中应用了以下技术。

1. 主体结构采用钢管混凝土柱（墙）组成的核心筒及钢管混凝土柱（墙）框架

本工程在地下室采用竖向结构为钢管混凝土柱（墙）组成的核心筒及钢管混凝土柱（墙）框架，钢管内充填C80的高强混凝土，提高了墙柱的承载力及逆作施工支承结构的稳定性，各楼层采用钢筋混凝土梁与现浇混凝土楼板的楼盖结构。带约束拉杆异形钢管混凝土柱（墙）结构具有钢结构延性好，配合逆作法施工快捷的特点，同时又具有钢筋混凝土结构刚度大、抗压性能好等优点。钢管混凝土柱与钢筋混凝土梁节点连接采用牛腿连接，楼板采用现浇混凝土楼板。

本工程采用的带约束拉杆异形钢管混凝土柱（墙）技术是由高强混凝土填入由圆形薄壁钢管及钢板组成的异形钢管柱（墙）内，并在圆形薄壁钢管之间的钢板之间按一定间距设置约束拉杆组成的组合结构构件（图15）。

带约束拉杆外包钢板混凝土剪力墙指由高强混凝土填入剪力墙角部的异形钢管内，并在异形钢管各边按一定间距设置约束拉杆或者分隔拉结板，在墙肢部位设置外包薄钢板，也按照一定间距设置约束拉杆或者分隔板组成的组合结构材料，一般暗柱区钢板设置厚钢板，墙肢部位设置薄钢板。其基本原理是借助内填混凝土使钢管的局部屈曲模式发生变化，以及约束拉杆或分隔板的拉结作用使钢管与混凝土共同工作，形成较强的稳定性和延性，由于异形钢管混凝土暗柱能全截面参与抗弯，而且所有钢板能与混凝土一起参与抗剪，在提高平面内承载力的同时也具有其他组合截面达不到的平面外抗弯能力，这样就大大提高了其截面承载能力，同时由于无须配置钢筋，也相应地减小了施工难度和时间。

在设置约束拉杆后，明显提高了异形钢管混凝土柱的延性和承载力。异形钢管混凝土柱在剪力墙核心筒中除作为结构的永久受力构件，还兼作施工阶段的承重构架，解决了地下室剪力墙筒体以往不能逆作法施工的难题。带约束拉杆异形截面钢管混凝土柱经过以往工程实际运用取得了良好的效果，包括刚度、强度的提高，与逆作法结合大幅度减小了剪力墙的施工工期。外包钢板混凝土剪力墙在工程中的采用对结构的整体稳定及抗侧刚度能满足规范要求起了决定性作用。

2. 首层设置型钢混凝土梁作为转换梁

本工程由于采用逆作法施工，地下室部分施工时核心筒部分由各角部钢管柱支承上部结构，在首层设置型钢混凝土转换梁（图16、图17），首层以上按一般剪力墙继续向上施工，地下室部分后做剪力墙，形成钢管混凝土组合结构的核心筒。

六、采用地下连续墙技术的五层地下室全逆作法施工设计

根据地质勘探资料，经技术和经济对比优化，本工程基础选用人工挖孔灌注桩基础。

粤电信息管理交流中心地下室共5层，地下室基坑大致呈方形，南北向最大长度约70m，东西向最大宽度约61m。基坑围护采用地下连续墙，地下连续墙兼作地下室外墙的一部分。本工程基坑开挖面积约4130m^2，开挖深度约19.9m（最深位置为核心筒深度约23.3m），土方总开挖量约82900m^3。土方开挖分明挖、暗挖两种方式，其中明挖量约21800m^3，暗挖开挖量约60000m^3。

本工程地下室逆作法施工流程如下（图18、图19）：

1）第一阶段：地下连续墙基坑支护及压顶梁完成后，从原地面（标高约−1.00m）大开挖土方至−6.50m，接着进行人工挖孔桩及钢管柱施工，然后完成负一层梁板（局部梁板后做）及首层梁板施工，

在基坑上部形成两道水平支撑，为下一阶段的土方开挖作准备。工程明挖土方量约 22000m^3。

2）第二阶段：暗挖地下室负二层、负三层土方。在地下室负一层及首层梁板结构达到设计强度后，开始暗挖土方，然后完成负三层梁板结构施工，在基坑中部形成一道水平支撑。本阶段土方挖至地下室负三层板面标高下 2.0m（即－14.40m 标高），开挖深度平均约 8m，总方量约 32000m^3。此阶段通过安装起重升降机，使挖掘机及运土车辆直接下坑进入作业面，取土后快速出运，大大提高了出土效率。

3）第三阶段：暗挖地下室负四层、负五层土方（除反压土台部分之外）。在地下室负三层梁板结构达到设计强度后，开始第三阶段土方开挖（暗挖），然后完成地下室底板梁板结构（反压土台部分除外）施工，在基坑底部形成一道水平支撑。此阶段挖至－20.85m 标高，局部位置（核心筒）开挖到标高－23.35m，开挖深度约 7m，总方量约 26000m^3。

4）第四阶段：分段抽挖运基坑南边反压土台土方，总方量约 2000m^3。

七、结语

结构设计应遵循安全、实用的原则，根据工程实际情况进行技术的优化与创新，本工程结构设计从建设项目策划及地下室施工项目开始前进行了综合研究分析，针对工程的特殊情况与建筑物的环境特点，选择了科学、合理、经济的结构形式与施工步骤，各项新技术的应用均具有针对性及实效性，取得了良好效果。

图 1 建筑全景

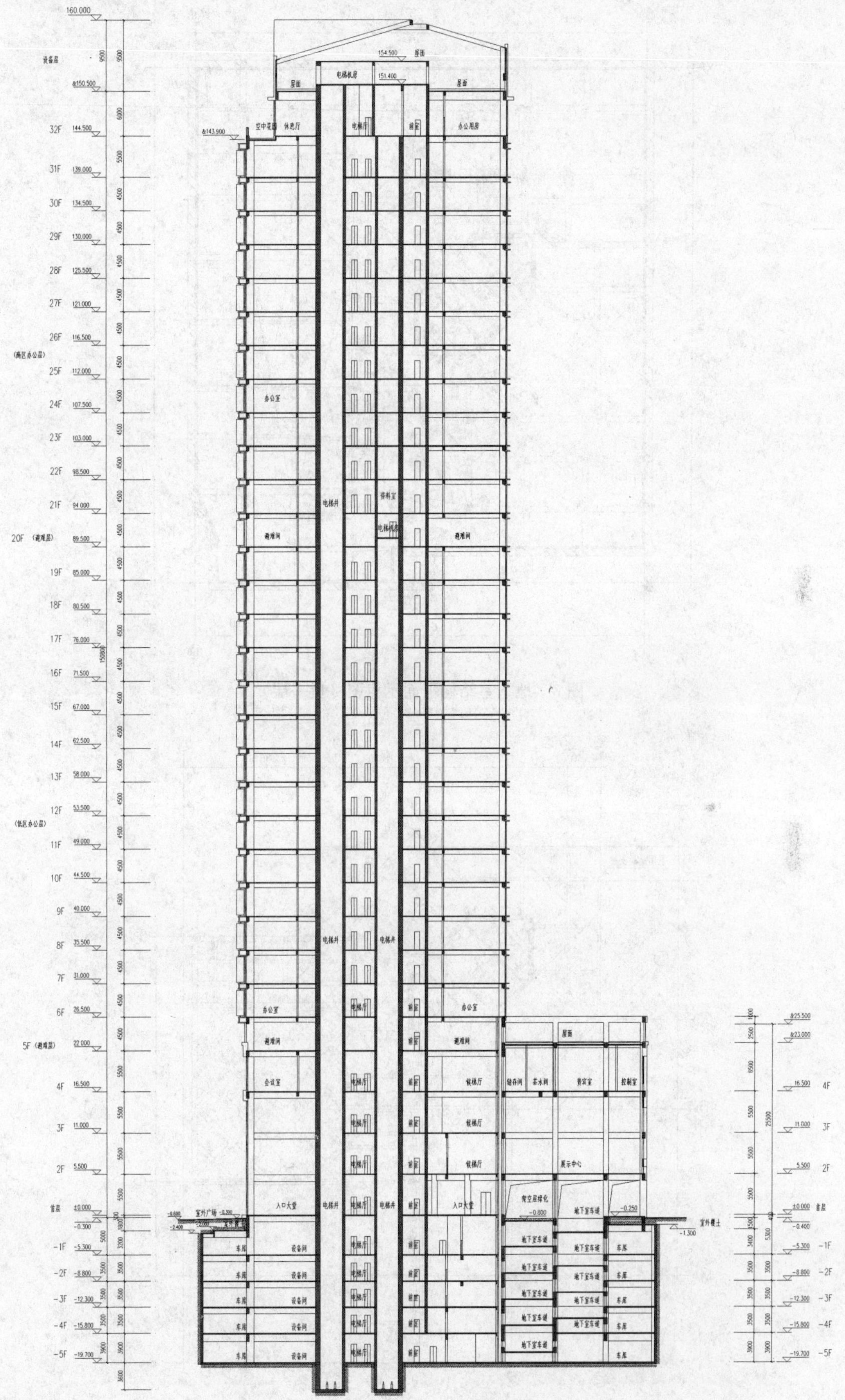

图2　建筑剖面

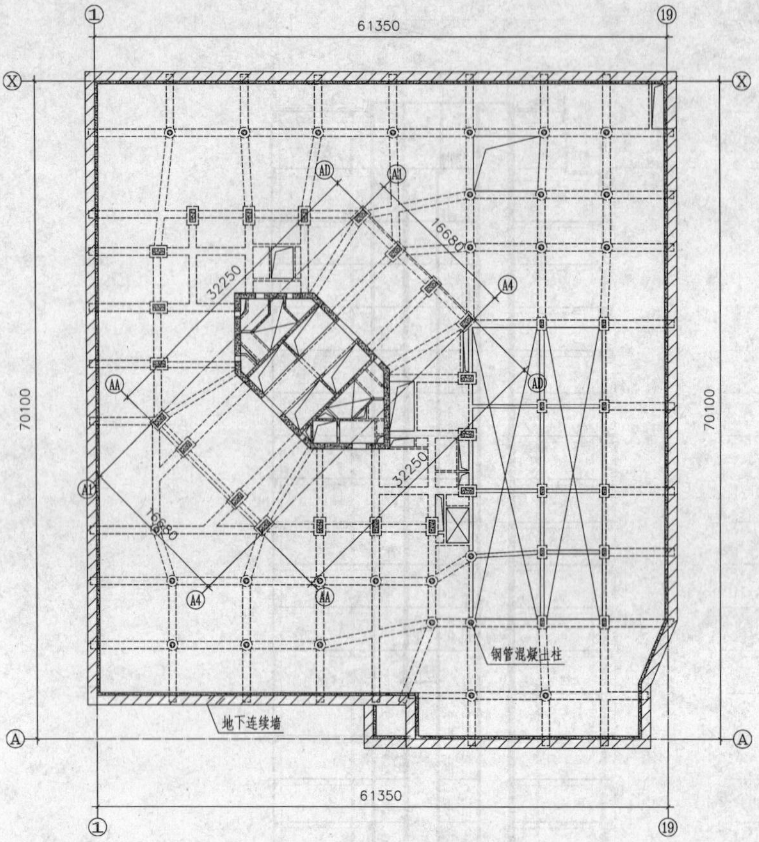

图 3　地下室结构平面示意图（负一层）

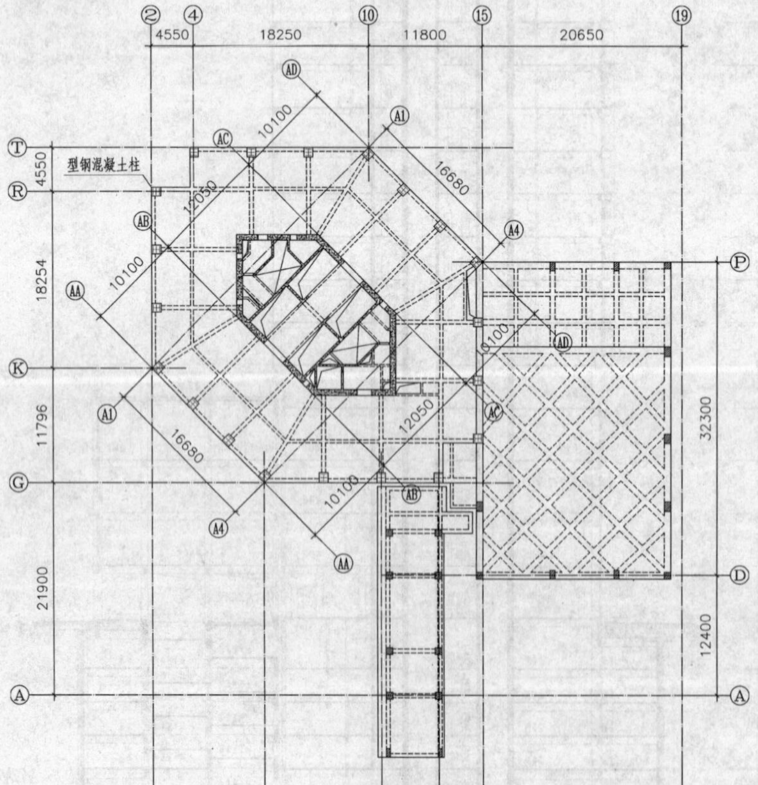

图 4　裙楼结构平面示意图（五层）

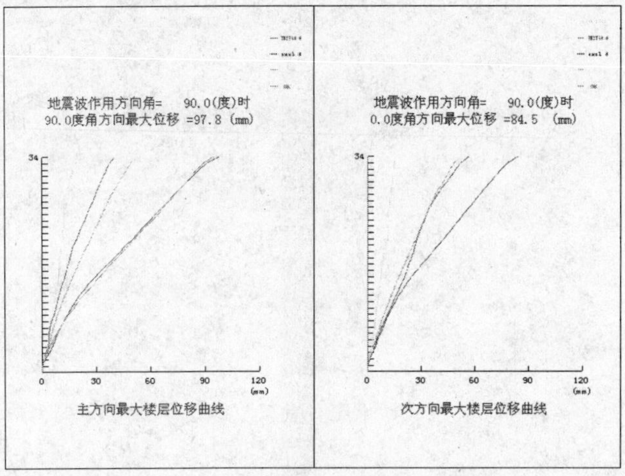

图 5　90°最大楼层位移曲线

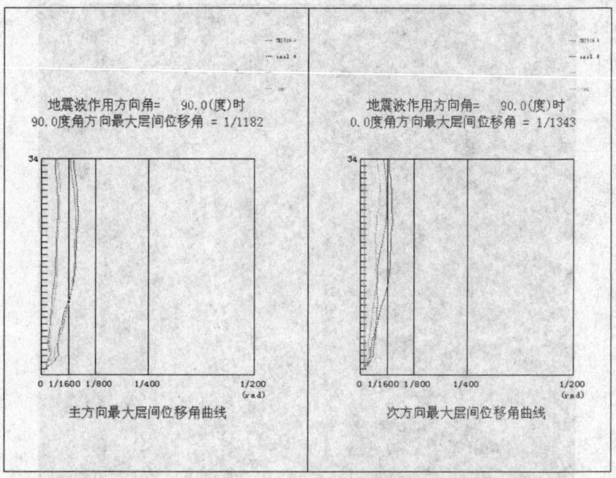

图 6　90°最大楼层位移角曲线

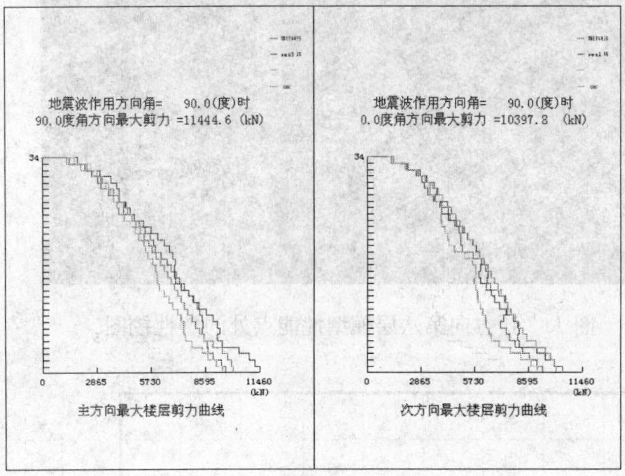

图 7　90°最大楼层剪力曲线

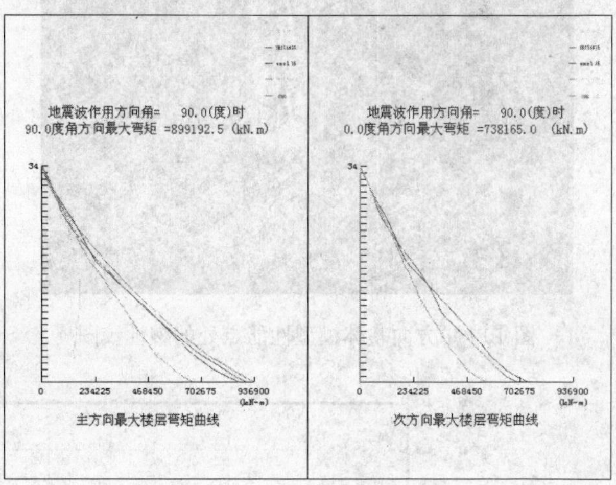

图 8　90°最大楼层弯矩曲线

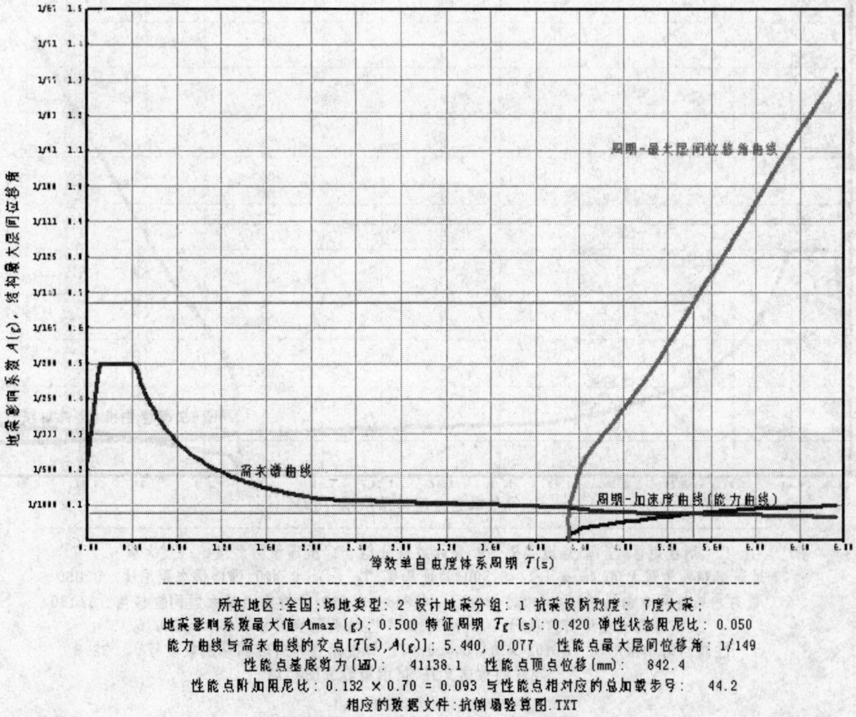

图 9　0°方向性能点曲线图

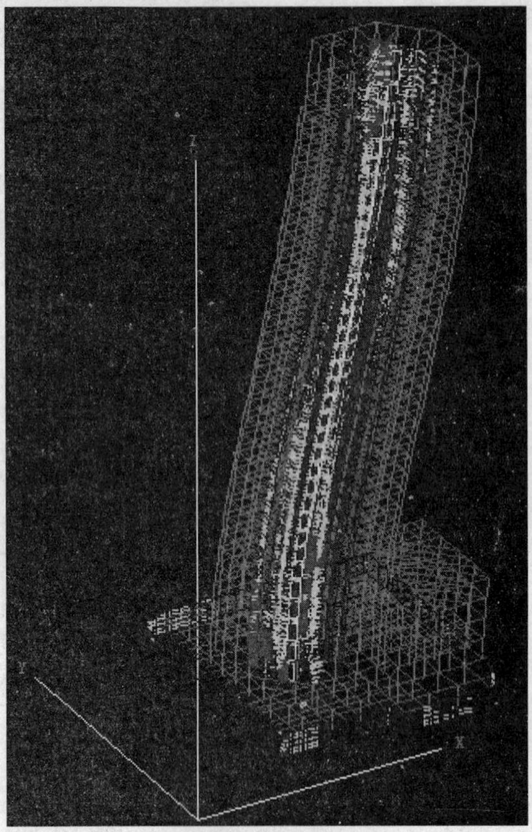

图 10　0°方向整体模型性能点处的塑性铰图

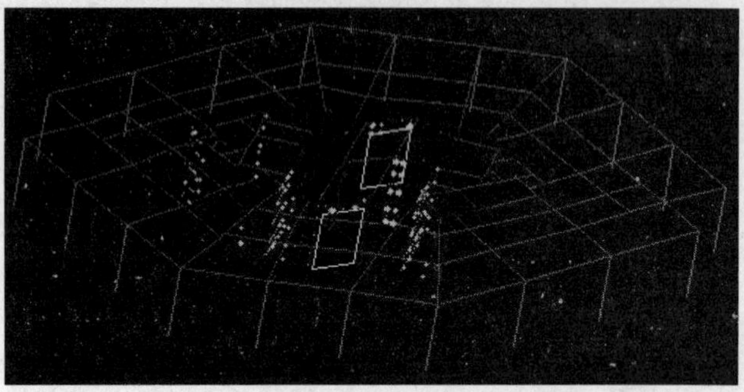

图 11　0°方向第八层模型性能点处的塑性铰图

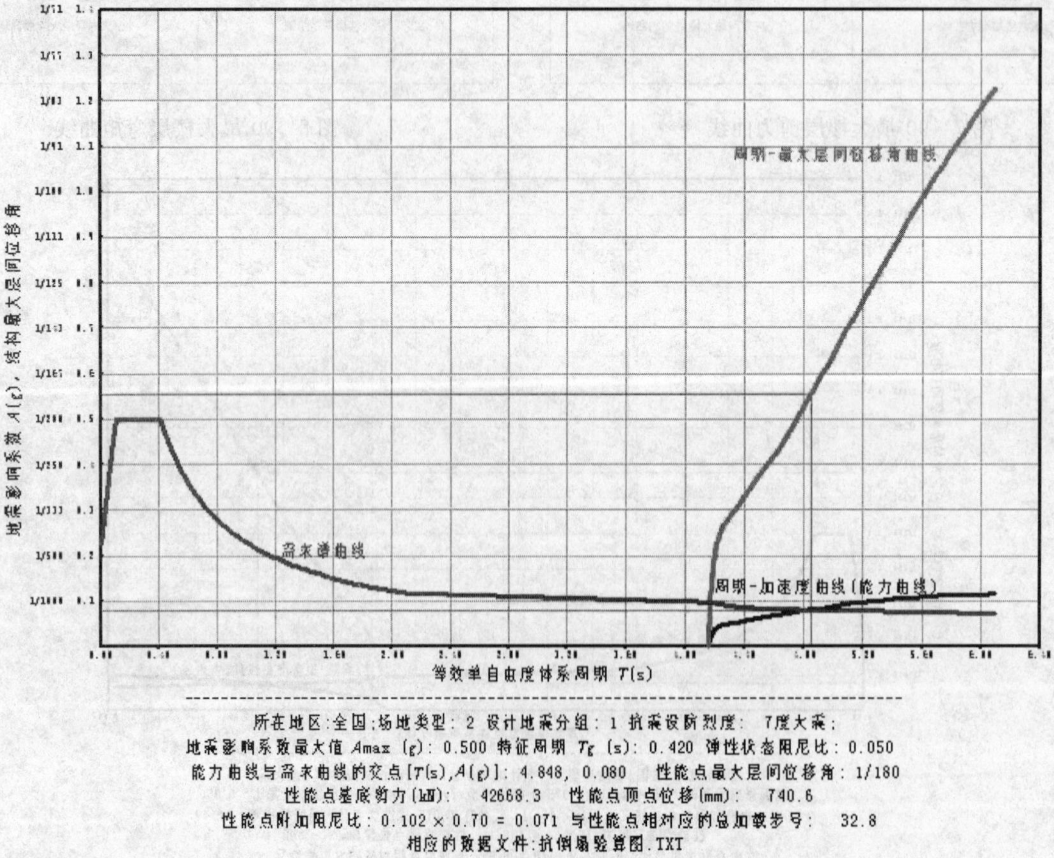

图 12　45°方向性能点曲线图

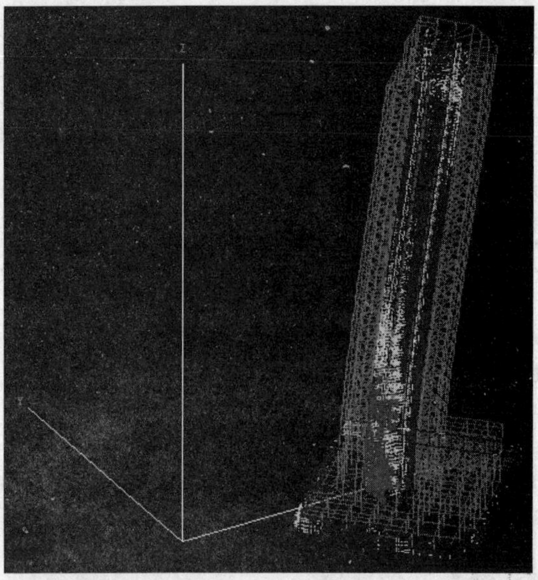

图 13　45°方向整体模型性能点处的塑性铰图

图 14　45°方向第八层模型性能点处的塑性铰图

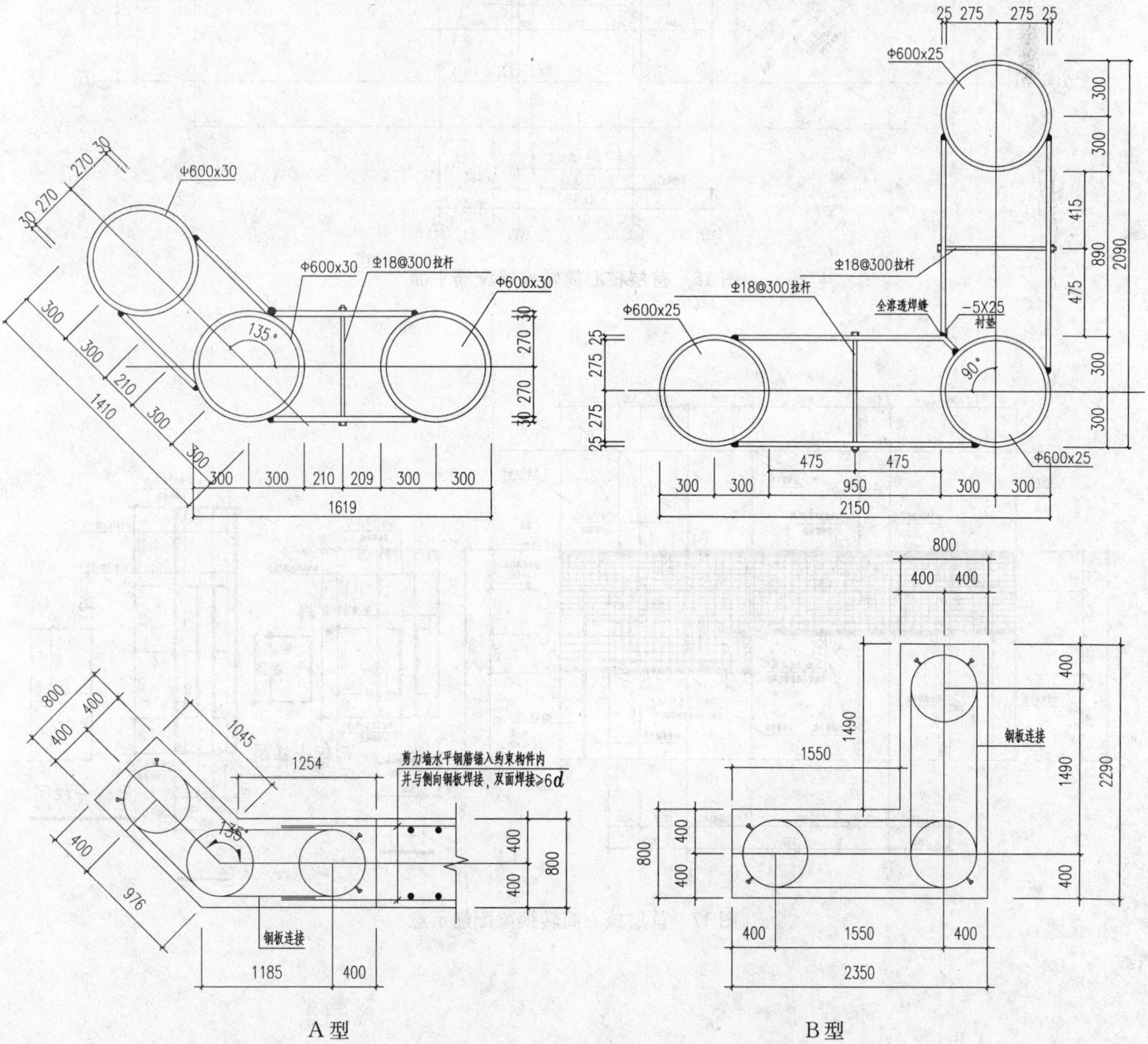

图 15　带约束拉杆异形钢管混凝土柱截面示意图

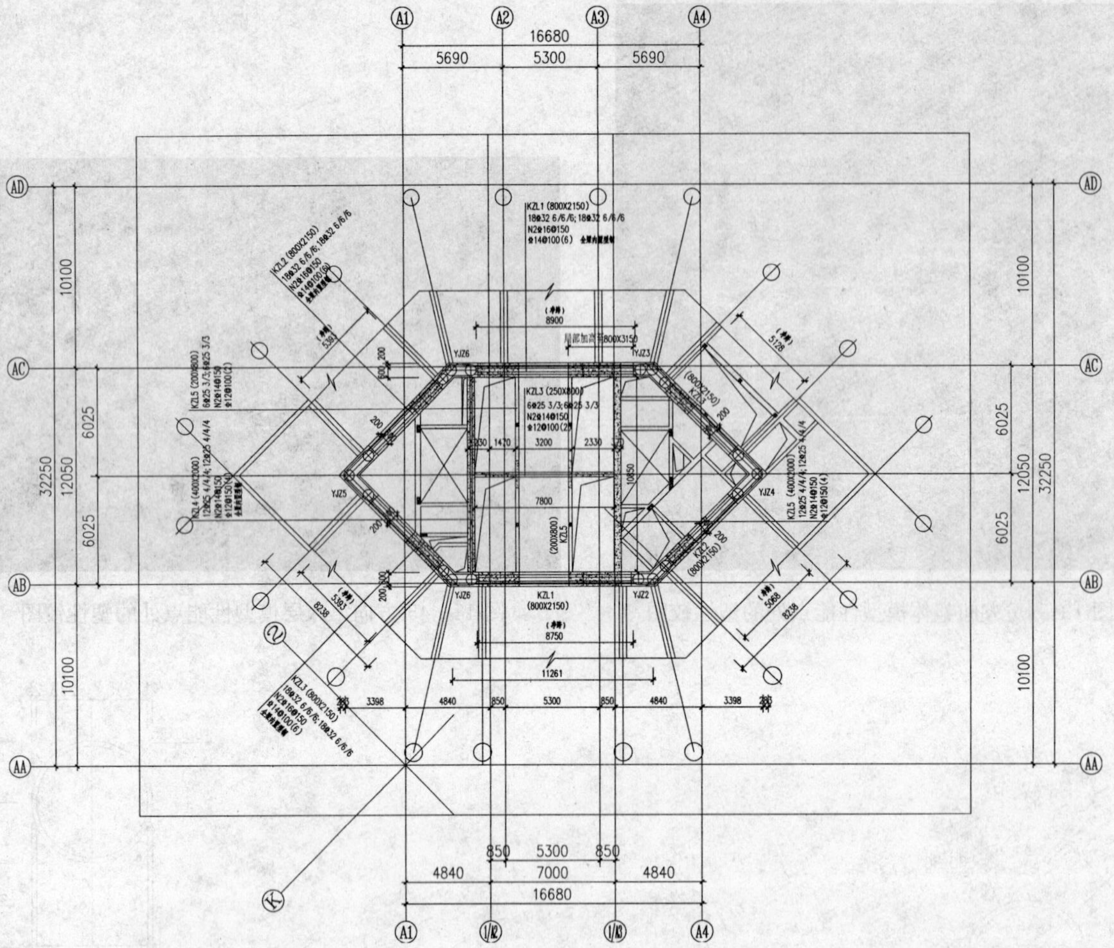

图 16　首层核心筒转换梁配筋平面

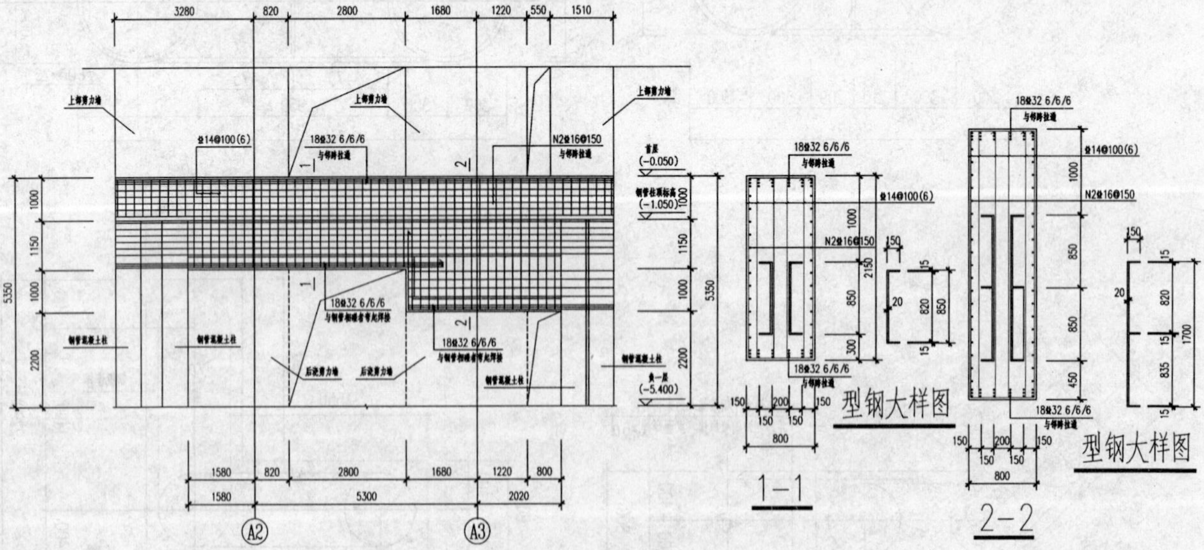

图 17　首层核心筒转换梁配筋示意

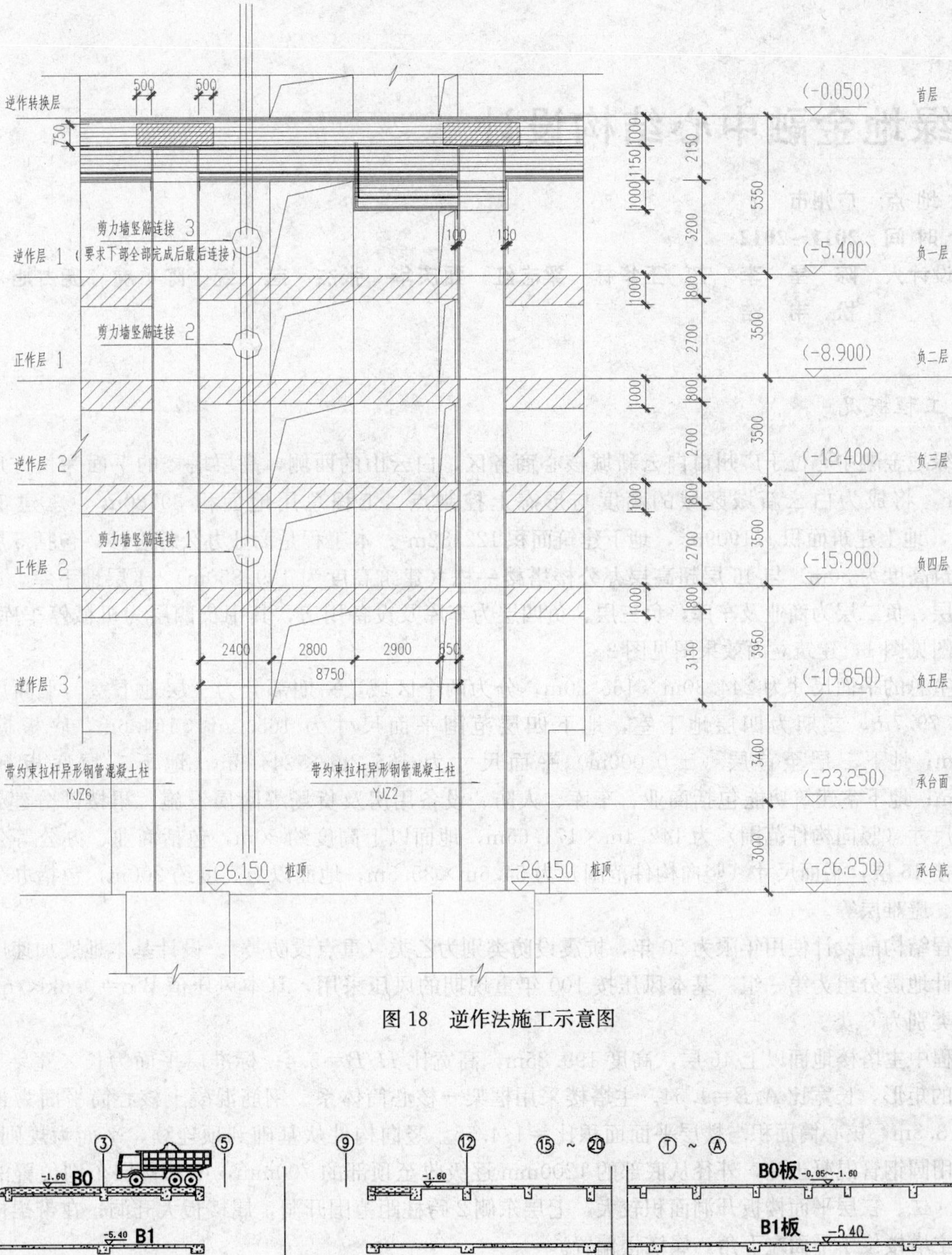

图 18 逆作法施工示意图

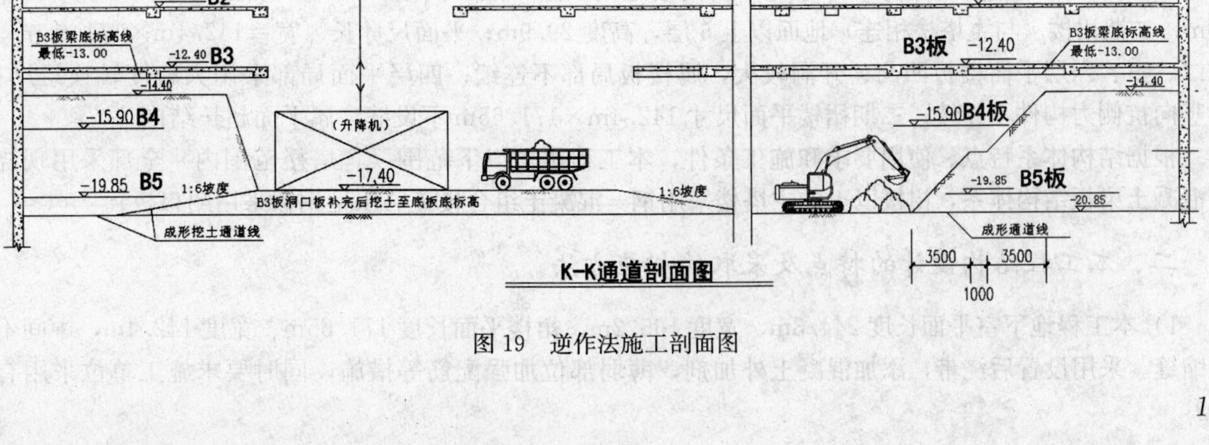

图 19 逆作法施工剖面图

广州绿地金融中心结构设计

建设地点　广州市

设计时间　2011～2012

主要设计人　陈　星　李　宁　王华林　梁志红　甄庆华　张杰　赵　统　陈　虎　庞占旭　翁泽松　韦　浩

一、工程概况

广州绿地金融中心位于广州市白云新城核心商务区，白云山的西侧，高层塔楼的平面为长方形，高度近200m，将成为白云新城区域的高度与形态上控制点。工程总用地面积39780m²，总建筑面积294091m²，地上建筑面积171909m²，地下建筑面积122182m²。本工程是商业办公综合楼，包括6层商业裙房（建筑高度为30m）与46层超高层办公楼塔楼一栋（建筑高度为199.850m），4层地下室，局部3层（负一层、负二层为商业及车库，负三层、负四层为车库及设备用房，其中负四层为机械停车库）。建筑总平面图见图1，建筑立面效果图见图2。

地下室总的平面尺寸为244.30m×165.20m，分为两个区域，一期部分为三层地下室，平面尺寸为122.7m×79.7m，二期为四层地下室，地下四层范围平面尺寸为165.2m×164.6m，底板标高为－19.000m；地下三层至首层（±0.000m）平面尺寸为165.2m×244.3m，地下三层底板标高为－13.800m；地下室建筑功能包括商业、车库、人防、设备用房及货场等附属设施。裙楼部分建筑物6层，平面尺寸（竖向构件范围）为142.4m×171.65m，地面以上高度约30m，包括商业、办公等公共建筑。主塔楼46层，平面尺寸（竖向构件范围）为54.6m×35.5m，地面以上高度约200m，包括办公、会所、餐饮、避难层等。

本工程结构的设计使用年限为50年，抗震设防类别为乙类（重点设防类）。设计基本地震加速度值为0.1g，设计地震分组为第一组。基本风压按100年重现期的风压采用，基本风压值W_0＝0.6kN/m²，地面粗糙度类别为C类。

本工程中主塔楼地面以上46层，高度199.85m，高宽比$H/B=5.4$；标准层平面为长×宽＝54.6m×35.5m的矩形，长宽比$A/B=1.54$。主塔楼采用框架－核心筒体系。钢筋混凝土核心筒平面为长×宽＝32m×13.3m，核心筒面积与楼层平面面积比＝1/4.55。竖向构件从基础到顶连续，平面为规则矩形；框架柱采用圆钢管混凝土柱，外径从底部的1200mm逐级收至顶部的700mm，中部楼层个别位置的钢管柱不连续。二、三层平面楼板开洞面积较大，七层东侧2跨柱距范围开洞，属楼板大开洞；在带裙楼平面范围内，主塔楼位于平面左下角，属塔楼偏置。

裙楼部分通过变形缝分为两部分，一期裙楼地面以上6层，高度29.9m；平面尺寸长×宽＝95m×60m；二期裙楼（与主塔楼相连）地面以上6层，高度29.9m；平面尺寸长×宽＝142.4m×171.65m；裙楼二、三、六层平面楼板凹凸、开洞较大，属楼板局部不连续；四层平面局部采用大跨度转换层结构，属竖向抗侧力构件不连续；二期裙楼平面尺寸142.4m×171.65m不设缝，属平面超长结构。

根据结构体系特点、使用要求和施工条件，本工程裙楼以下范围（含塔楼范围内）全部采用现浇钢筋混凝土梁板结构体系，裙楼以上的主塔楼采用钢－混凝土组合楼盖（压型钢板采用闭口板）。

二、本工程结构设计的特点及采取的相应方法

1）本工程地下室平面长度244.3m、宽度165.2m，裙楼平面长度171.65m、宽度142.4m，中间不设伸缩缝。采用设置后浇带，添加混凝土外加剂，薄弱部位加强配筋等措施，同时要求施工单位采用有效

的施工措施和加强混凝土的后期养护。

2）主塔楼二、三层平面楼板大面积开洞，七层东侧2跨柱距范围开洞，开洞范围框架柱与核心筒没有连接，形成跨层长柱；裙楼二、三层平面楼板凹凸，并且中庭位置开洞较大；裙楼五层平面有多个电影放映厅，造成六层平面楼板开洞面积较大。由于楼板开洞造成的楼板不连续，根据《高层建筑混凝土结构技术规程》4.3.6、5.1.5条要求，应考虑楼板平面内变形的影响，计算模型采用弹性膜楼板假定，薄弱部位的楼板适当加厚，钢筋双向双层拉通。同时与其他专业协调，避免过于薄弱的楼板连接的出现。

3）在二期裙楼平面范围内，主塔楼位于平面左下角，单塔与大底盘的质心偏心距大于底盘相应边长20%，塔楼偏置，属体型特别不规则建筑结构；由于主塔楼高度高，体量较大，由此引起的建筑物整体扭转效应相当明显。因此在远离主塔楼的位置，裙楼楼梯、电梯间部位设置剪力墙，增强裙楼的抗扭刚度，减少扭转效应。

4）主塔楼高宽比（5.4）较大，楼层平面和核心筒为矩形，X、Y两向侧向刚度差别较大，Y向侧向刚度在整个结构的计算中表现偏弱；加厚核心筒外围剪力墙厚度，在核心筒角部设置型钢暗柱，增加结构的延性并提高相应的承载能力，保证结构在大震作用下的性能；加大Y方向的外围框架梁的截面高度（大于X方向刚度），以弥补Y方向的刚度不足。

5）裙楼商场部分楼板开洞多且不规则，悬挑部分5～7m，采取后张有粘结预应力混凝土梁，控制梁截面高度以满足建筑要求，同时解决由于悬挑跨度大引起的内力、挠度大及裂缝等不利因素。二期裙楼南面入口处，上部四至七层柱需要转换，对柱距32m的采用型钢混凝土桁架结构作为转换结构；柱距27m的采用型钢混凝土转换大梁。

三、结构设计概况

1. 基础设计

1）裙楼部分基础采用筏板＋抗拔锚杆，持力层为硬塑粉质黏土，承载力特征值为220kPa；筏板基本厚度800mm，柱位加强区域4m×4m，厚度1200mm。抗拔锚杆入中风化岩层4m，单根抗拔锚杆抗拔力特征值400kN，锚杆为3Φ32，开孔直径200mm。

2）塔楼基础采用冲孔桩，桩端持力层为中、微风化岩层，钢管混凝土柱设计为单桩单柱，桩径2400，承载力特征值55000kN；核心筒为直径2000mm的群桩，承载力特征值38000kN。场地位于灰岩地区，地质勘察揭示有土洞、溶洞，岩面起伏大，有些钻孔相距7m，揭示的岩面高差达几十米；因此，有必要对工程桩进行进一步超前钻探，对单桩超前钻探孔数为3个，对群桩每桩一孔；其中有一个单桩位，2个钻孔岩面高差达28m。

3）一期地下室3层，二期地下室4层，交界处高差采用冲孔桩支护，兼作为该处的上部柱基础。

2. 结构计算及分析

主塔楼计算的主要结果如表1所示。

主塔楼＋外延3跨框架电算结果　　表1

计算软件	SATWE	GSSAP
计算振型数	30	30
第1平动周期（平动系数$X+Y$，扭转系数γ）	（Y向）5.8541 $X+Y=0.00+1.00$ $\gamma=0.00$	（Y向）5.7986
第2平动周期（平动系数$X+Y$，扭转系数γ）	（X向）4.6760 $X+Y=1.00+0.00$ $\gamma=0.00$	（X向）4.2676
第一扭转周期（平动系数$X+Y$，扭转系数γ）	3.2083 $X+Y=0.00+0.00$ $\gamma=1.00$	3.1869

续表

计算软件		SATWE	GSSAP
第一扭转周期/第一平动周期		0.548	0.549
地震下基底剪力（kN）	X	24098.79	23550.67
	Y	24808.73	23150.20
结构总质量（kN）（包括地下室）		2148734.06	2169886.75
标准层单位面积重度（kN/m^2）		15.85	16.00
剪重比	X	1.58%	1.55%
	Y	1.53%	1.52%
地震下倾覆弯矩（$kN \cdot m^2$）	X	2496511.75	2461931.00
	Y	2141381.75	2049673.00
有效质量系数	X	99.50%	98.49%
	Y	99.50%	97.19%
50年一遇风荷载下最大层间位移角（层号）（按《广东省实施〈高规〉补充规定》限值为1/615）	X	1/1947（30）	1/2384（29）
	Y	1/679（36）	1/794（36）
安评反应谱地震荷载下最大层间位移角（层号）（按《广东省实施〈高规〉补充规定》限值为1/615）	X	1/1088（31）	1/1115（31）
	Y	1/661（37）	1/664（37）
考虑偶然偏心最大扭转位移比（层号）	X	1.14（8）	1.10（10）
	Y	1.30（5）	1.45（5）
构件最大轴压比	建筑首层剪力墙	0.40	0.45
	2层以上剪力墙	0.40	0.47
	建筑首层框架柱	0.65	0.69
	2层以上框架柱	0.63	0.68
层侧刚与上层70%或上3层平均值80%比值中最小值（层号）	X	0.9353（12）	0.67（12）
	Y	1.0316（12）	0.70（12）
楼层受剪承载力与上层的比值（>75%）（层号）	X	0.96（37）	0.77（12）
	Y	0.94（12）	0.78（12）
刚重比 $EJd/H^2\Sigma G$	X	2.37	2.5
	Y	1.62	1.6

3. 裙房大跨度转换桁架设计

裙房部分集商业、娱乐、餐饮等功能为一体，是整个建筑的重要组成部分。由于建筑功能需要，在16～21轴交f轴形成跨度达31.650m、三层通高的入口。其相应位置以上共4层，分别为餐饮、影院、机房和屋顶花园，16～21轴向外悬挑4.7m，其平面结构布置如图3所示。结构跨度及上部荷载大，简单的转换梁结构很难满足要求，同时结合建筑对这一区域功能划分的要求，在f轴交16～21轴设置一道钢骨混凝土转换桁架。

转换桁架高度为第五层层高（5.000m），采用型钢混凝土结构。下弦杆兼作四层楼面梁，截面1000×2000，内部钢骨为焊接工字钢600×1600×30×30；上弦杆兼作五层楼面梁，截面800×100，内部钢骨为焊接工字钢600×500×30×30；竖向腹杆截面800×800，钢骨500×500×30×30；斜腹杆截面800×800，钢骨400×500×30×30。

为了配合建筑功能，桁架无法对称布置，故按图4所示三种桁架形式分别进行计算比较。根据计算结果，方案1、方案2各构件均能满足承载力要求，方案3的斜腹杆轴压比较大，如需满足轴压比0.65的要求（按一级框架控制轴压比），截面需增大到1000mm×1000mm，截面偏大。比较方案2和方案1，虽然方案1的整体性较方案2好，但后期施工节点复杂，数量较多。综合比较，选择方案2作为最终的桁架形式，如图5所示。

桁架结构采用PKPM计算，并采用Midas Gen进行复核。对于大跨度转换结构，计算模型中的施工顺序对结构的内力分布有很大影响。恒载作用下，按照逐层加载的施工顺序（即PKPM中的模拟施工3），下弦拉杆的内力标准值为$M=11000\text{kN}\times N$，$N=7150\text{kN}$；按桁架上弦、下弦所在楼层施工顺序相同计算（即四层、五层的施工顺序取为相同），下弦拉杆的内力标准值为$M=6250\text{kN}\times N$，$N=1020\text{kN}$，以上两种计算模型结果相差较大，特别是弯矩相差达到75%。考虑到施工时桁架部分是全部施工完成后再整体受力，因此采用第二种（即四层、五层的施工顺序取为相同）计算模型更为符合实际情况。

桁架采用型钢混凝土结构，节点复杂，梁柱、纵向钢筋遇节点难以拉通，因此在节点处设计钢筋套筒将受力钢筋混凝土桁架连为一体。由于钢构件的腹板厚度较厚，采用螺栓连接需要的螺栓数量较大，不经济，同时对截面的抗弯、抗剪有一定的削弱，因此钢构件的腹板连接以等强焊接连接为主，主要节点形式如图6所示。

4. 塔楼结构设计

本工程的主塔楼采用框架一核心筒结构体系，采用带型钢暗柱的钢筋混凝土核心筒，框架柱则为高强混凝土钢管柱，框架梁及楼面次梁采用焊接H型钢，楼板为压型钢板组合楼板。在裙房楼层，主塔楼投影范围的结构体系基本不变，不过由于主塔楼投影范围之外的裙房结构是采用钢筋混凝土框架结构，因此两种结构类型的楼面交接位置，柱子采用高强混凝土钢管柱，框架梁则采用钢筋混凝土梁。主塔楼在裙房楼层和标准层结构平面图见图7～图9。而在首层楼面以下，主塔楼投影范围的结构柱采用高强混凝土钢管柱，楼面采用钢筋混凝土梁板结构。

钢管柱直径从下至顶为1300mm、1200mm逐步收至800mm，钢管壁厚从28mm逐步收至20mm；楼面主框架钢梁跨度12～8m，梁高800mm和600mm，个别钢梁根据内力根部竖向加腋。

地下室的钢管柱均与钢筋混凝土梁刚接连接，为了节省工期，降低施工难度，钢筋混凝土梁的纵筋并不按常规与钢管柱发生连接，而是延伸到柱节点环板上即切断；但是要保证框架梁的端部弯矩能传递给钢管柱，从钢管柱外伸1.2m长的钢牛腿深入钢筋混凝土梁内，与纵向钢筋形成搭接连接关系，这种搭接连接还需要混凝土通过黏滞作用传递内力；一方面把每根梁的钢牛腿都设计成双槽钢的形式，增大与混凝土的接触面积，另一方面在槽钢上焊接竖向肋板，阻止钢梁在混凝土内滑移。同时钢筋混凝土的加密箍筋一直设置到钢管柱的柱边，保证混凝土的握裹力。

钢管柱节点采取的是不穿心外环板形式。与一般做法不同的是，对外环板的做法进行了一些调整，把外环板分割为钢牛腿根部翼缘板，以及普通环板等几个构件，牛腿根部翼缘板与水平环板交界处加宽，形成平缓过渡的梯形形状，目的是减少该处的应力集中。牛腿根部的环板在传递弯矩中起到关键的作用，普通环板则仅起到辅助的作用，所以当一个节点上有不同翼缘厚度的钢牛腿的时候，可以按各自的厚度设置根部环板，普通环板则统一取相对最小厚度。另外在节点区域外侧贴着水平环板的钢管柱各增加了一道竖向环板，使其与钢管柱壁组合成钢环梁，既减少了柱壁的穹延效应，从而减少楼盖梁的变形，又使传递弯、剪、拉、压力更加合理。至于钢牛腿与水平环板的连接，除了参照传统的连接方式外，还在根部设置了两片竖向加劲板，与根部上下水平环板以及钢管柱壁焊接，大大提高了钢牛腿的刚度，保证节点的可靠性。钢牛腿的大样及与混凝土梁连接的构造大样详见图10、图11。首层以上增加了钢梁与钢管柱连接的节点大样，钢梁为焊接H型钢，节点构造基本与上述相同。节点详见图12。

本工程首层以上框架梁与核心筒的连接，均采用铰接形式，在满足结构整体刚度的前提下，大大简化节点的设计，缩短施工工期。普通H型钢梁与筒体铰接节点大样，可见图13。而主塔楼的角部斜框架梁与核心筒连接时，预埋件会与埋置在暗柱内的型钢柱发生重叠，需要结合型钢柱整体考虑节点做法；另外由于斜梁与核心筒连接的夹角随楼层变化而变化，部分楼层夹角较小，对焊缝连接不利。综合考虑上面的因素，设计的节点大样如图14～图16所示。附现场加工完成的柱节点图17、图18。

对于钢管柱节点的设计，除了常规的计算之外，还运用通用有限元软件Ansys进行分析，结果表明在设计内力作用下，钢牛腿应力最大的区域集中在上翼缘根部，并且接近钢管柱壁的地方局部应力较大，同时可以看到水平环板在距离牛腿根部稍远的地方应力很小，节点设计根据计算结果进行了调整。有限元分析的应力应变图见图 19、图 20。

四、结语

本工程主塔楼超过 B 级高层建筑适用高度，但结构平面比较简单、竖向构件连续、体型规则；裙楼存在楼板不连续、平面不规则、局部竖向构件转换、大跨度楼盖等不利因素，在设计中充分利用概念设计方法，对结构存在的各种不利情况进行详细的分析和研究，采用不同计算软件进行计算，并提出相应的处理方案和措施；在抗震设计中，根据“三水准、两阶段”的抗震设计要求和目标，采用多种程序对结构进行了不同地震作用阶段的弹性、静力弹塑性计算分析和动力弹塑性分析，对影响结构安全的关键构件设定抗震性能化目标和相应的计算分析。计算结果表明，多项指标均表现良好，基本满足规范的有关要求，对关键和重要构件作了适当加强，以保证在地震作用下的延性。

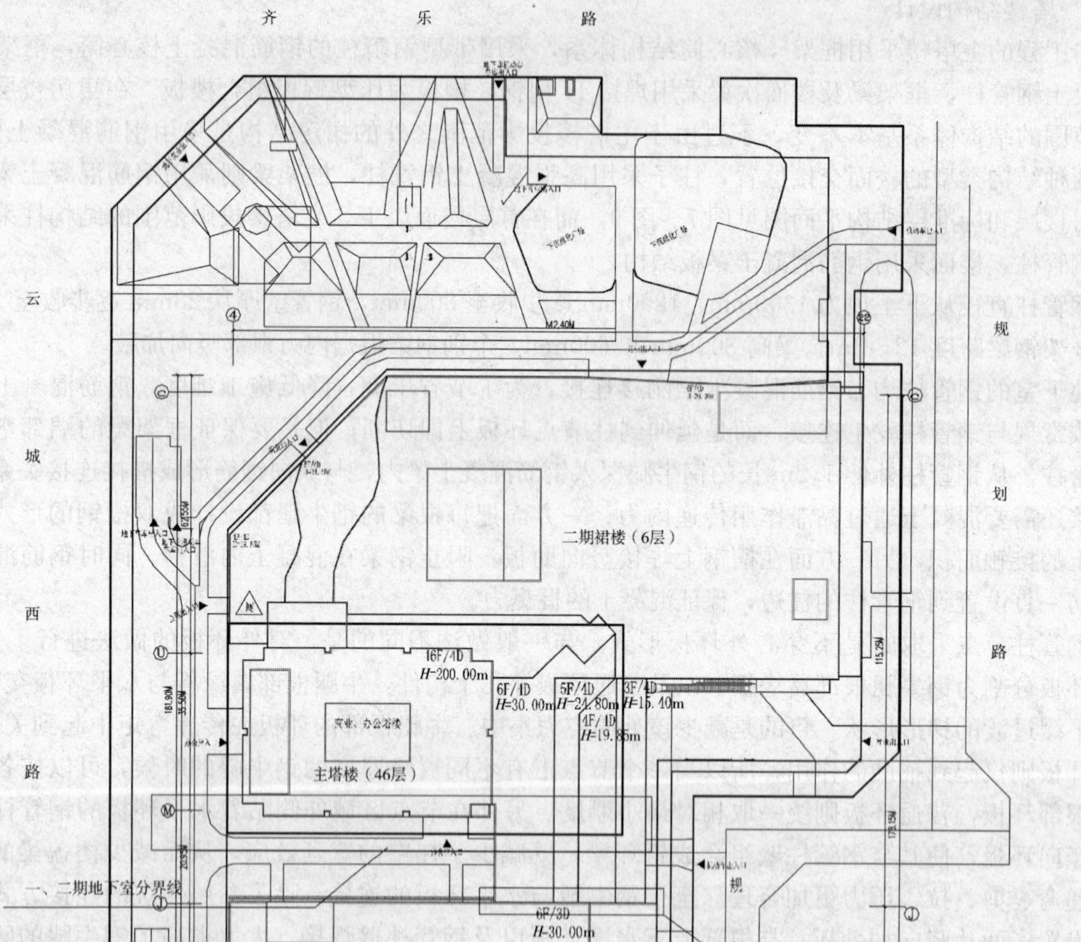

图 1 建筑总平面图

图 2　立面效果图

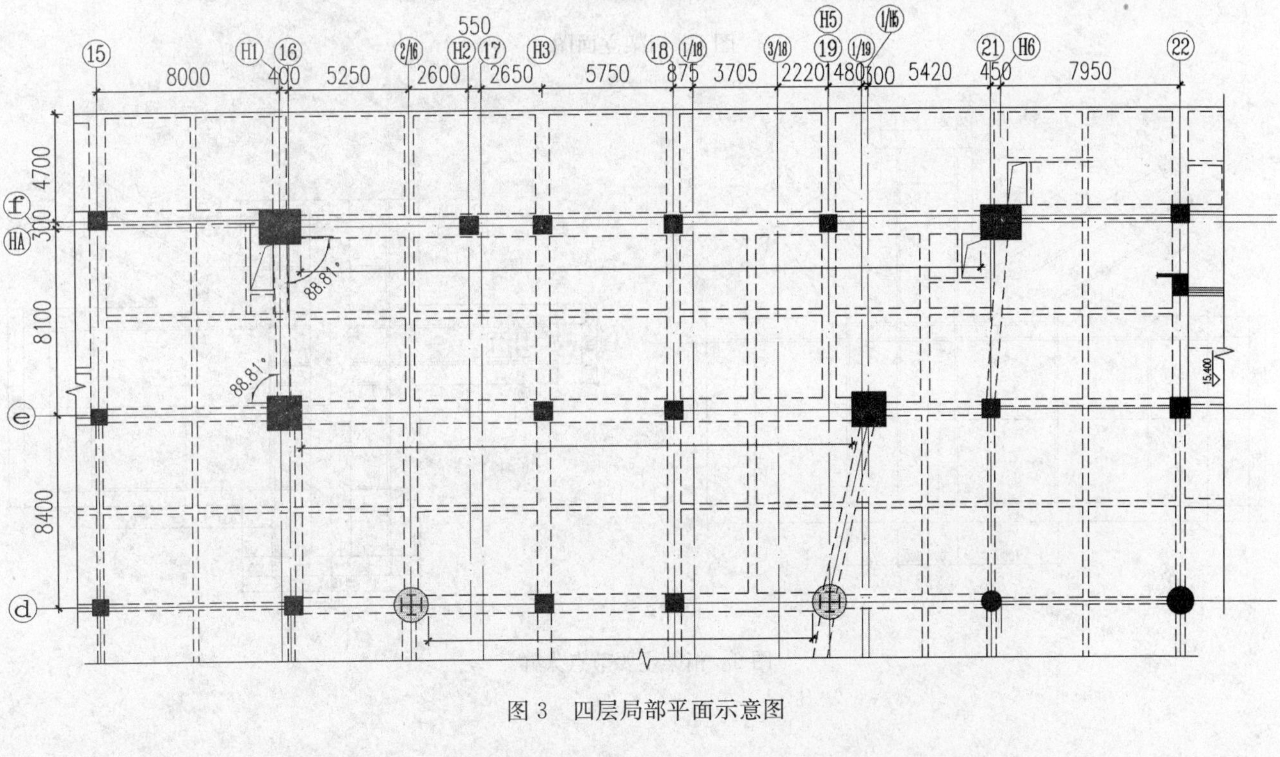

图 3　四层局部平面示意图

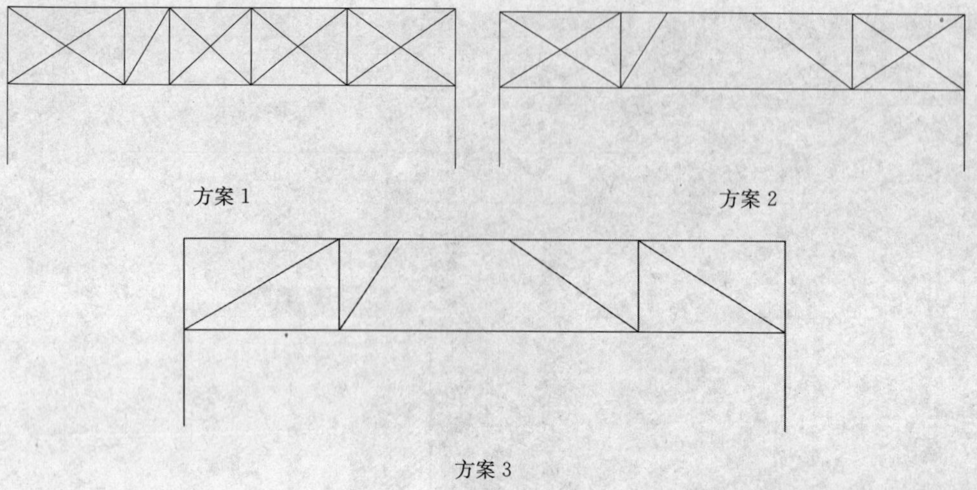

图 4　桁架布置方案

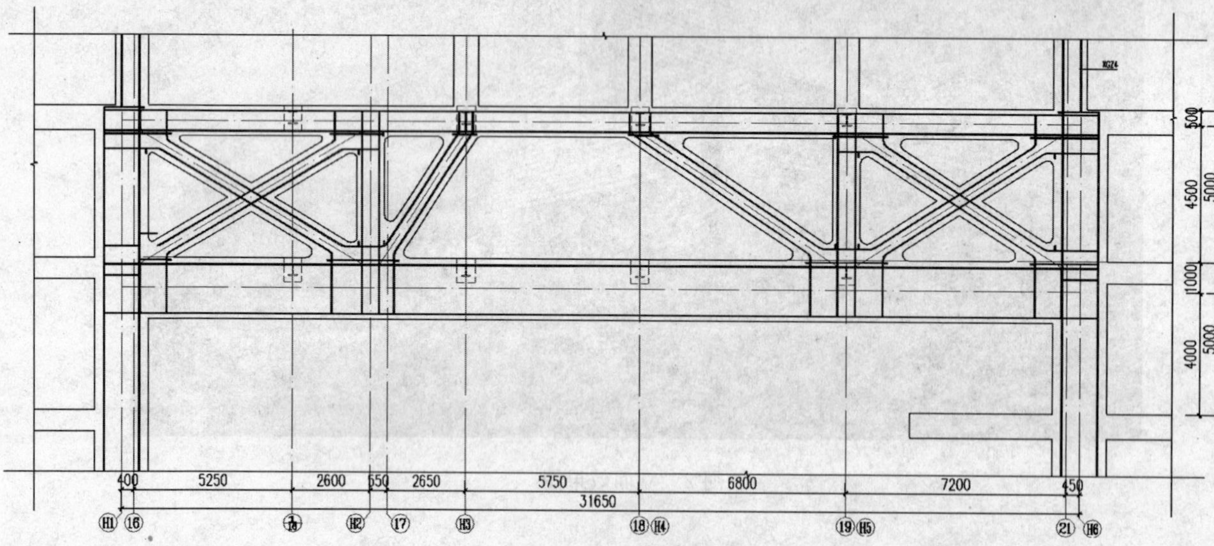

图 5　桁架立面图

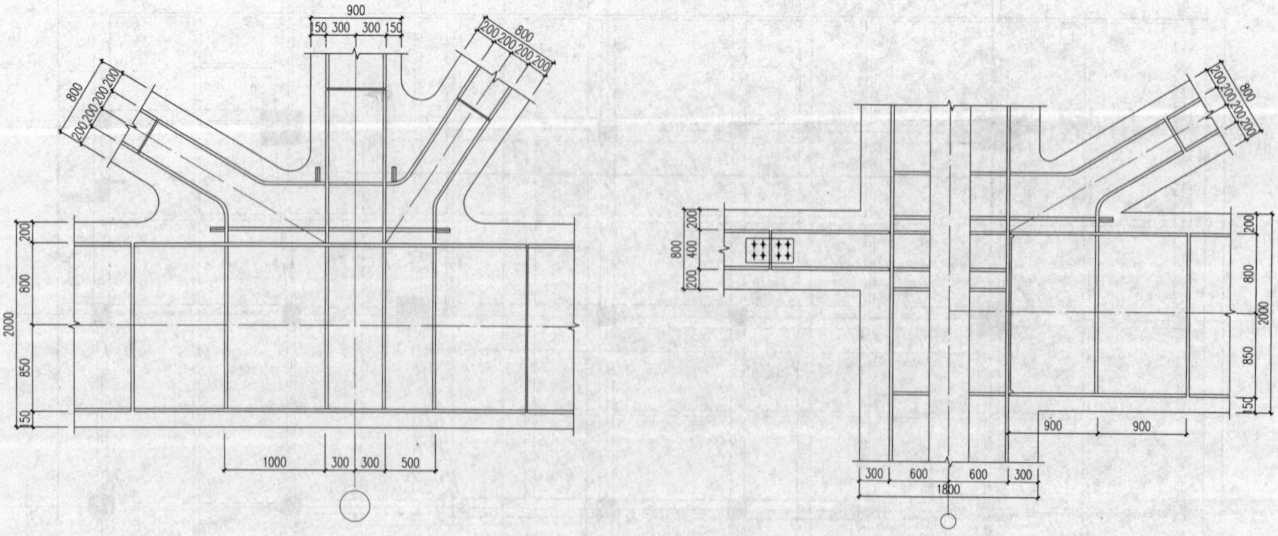

图 6　桁架主要节点大样

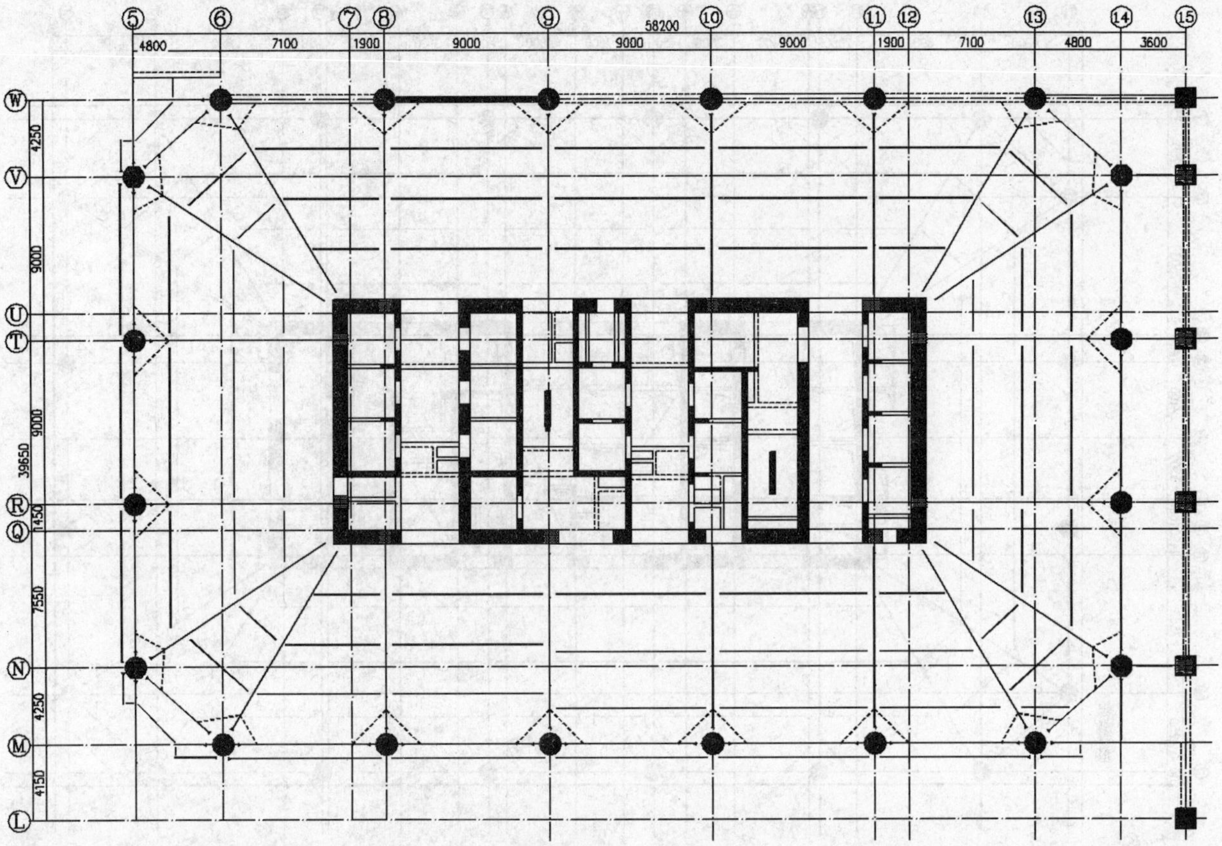

图 7　主塔楼裙房 4 层结构平面图

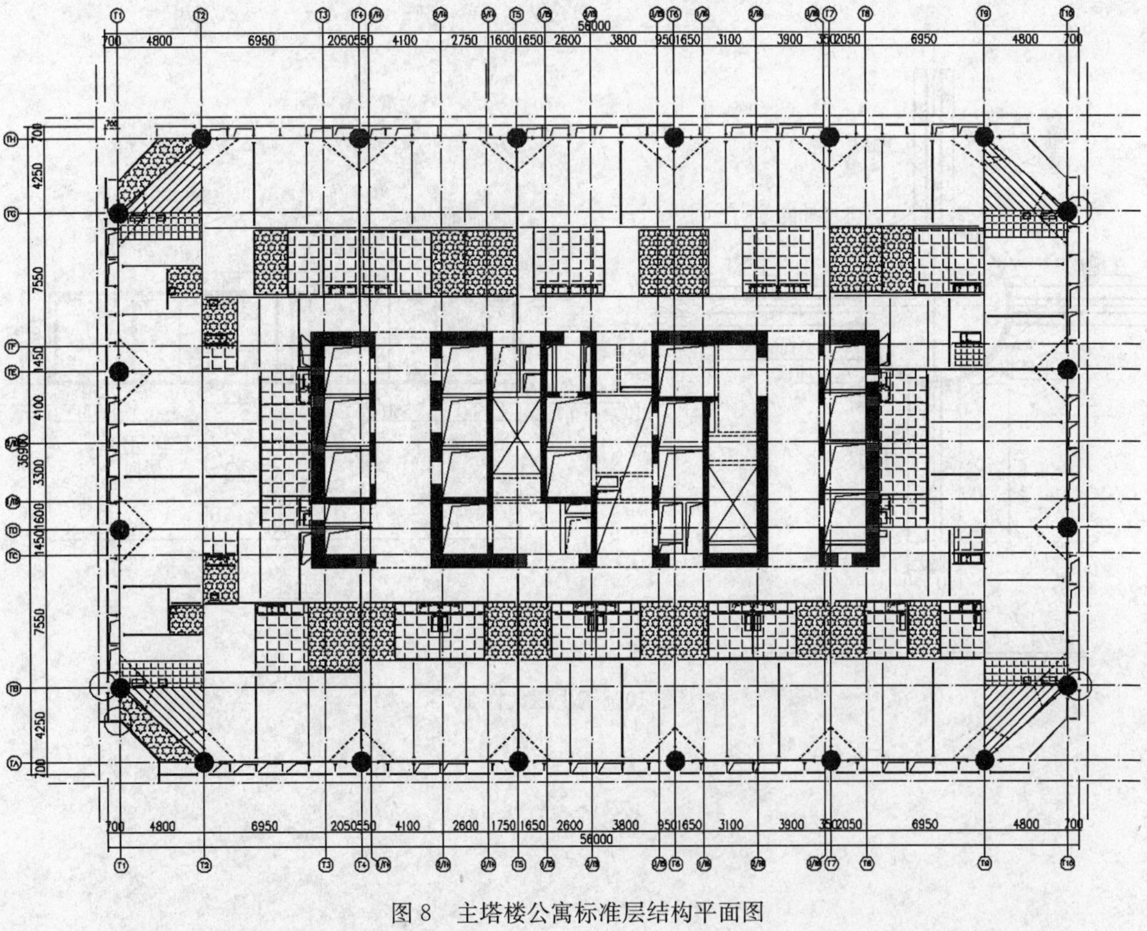

图 8　主塔楼公寓标准层结构平面图

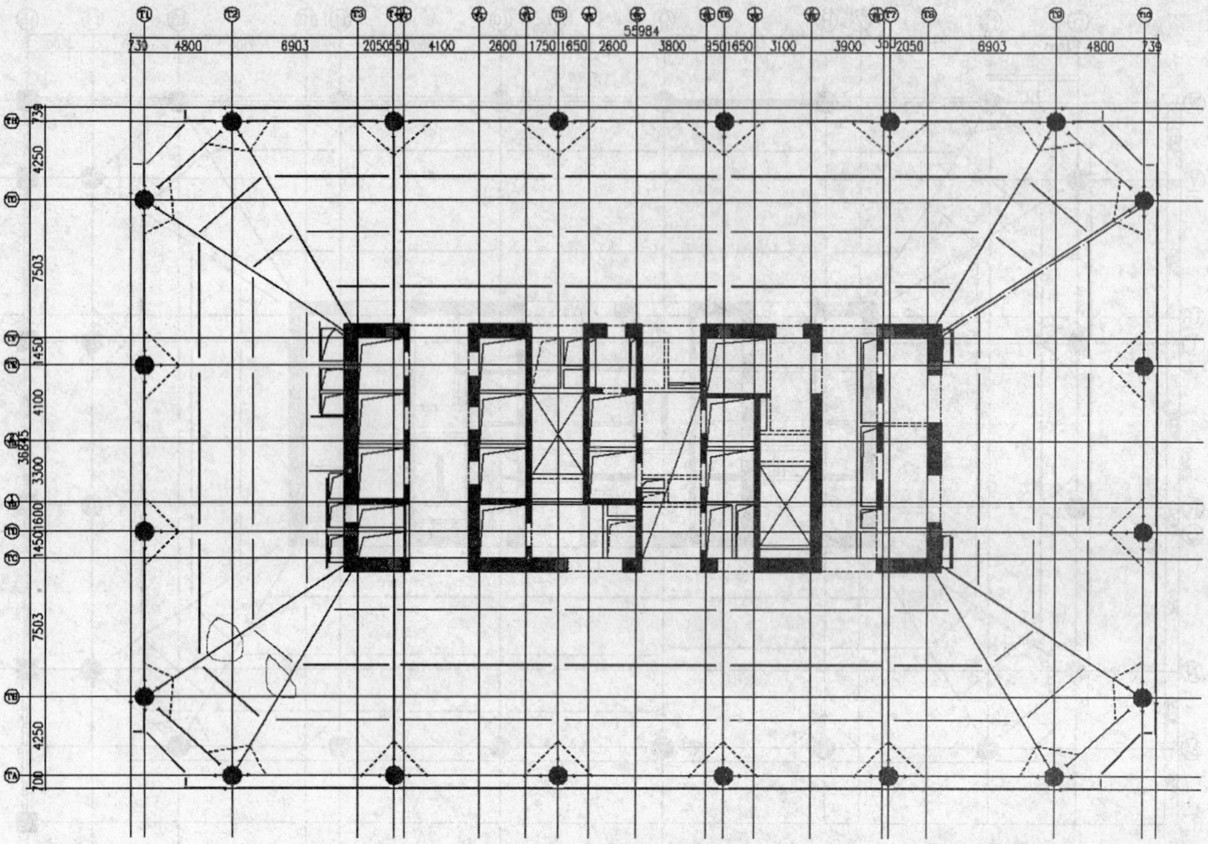

图 9　主塔楼办公标准层结构平面图

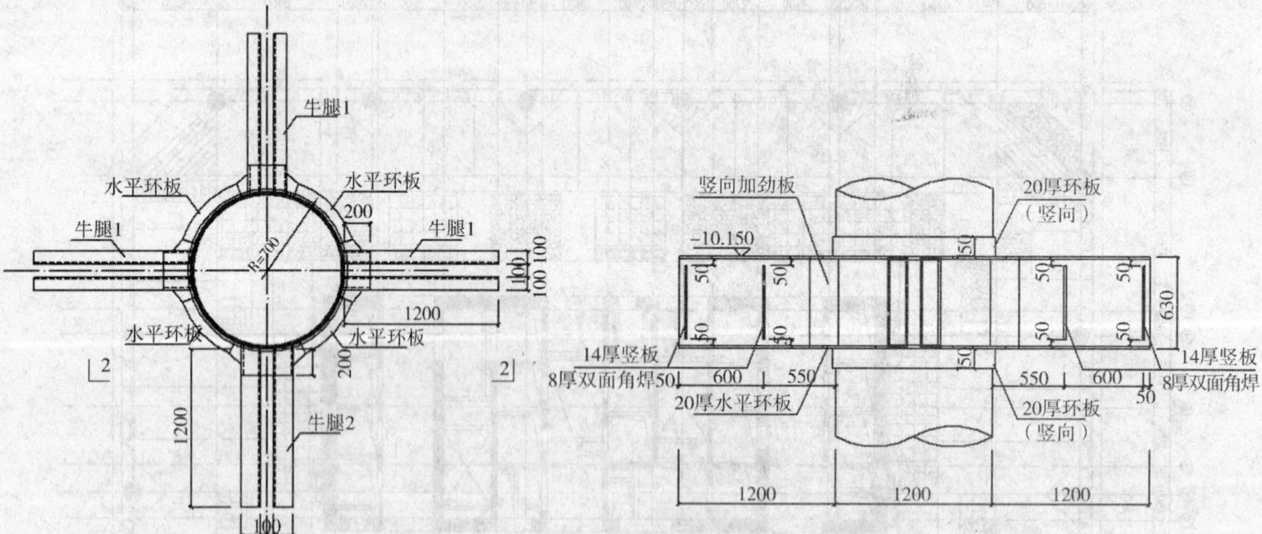

2-2

GGZ4、GGZ5负三层梁柱节点俯视图

图 10　钢牛腿大样 1

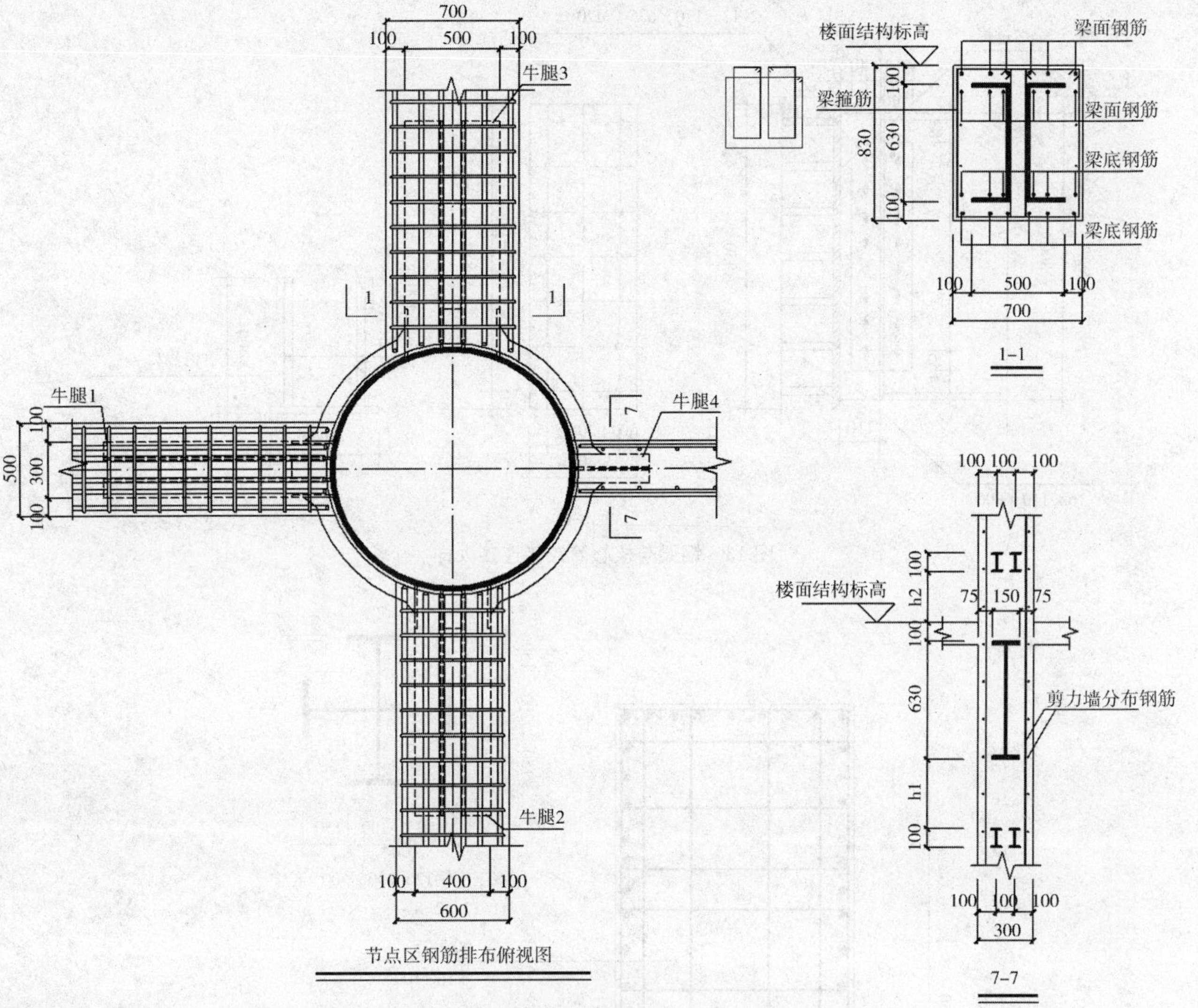

图 11　钢牛腿与混凝土梁连接构造大样

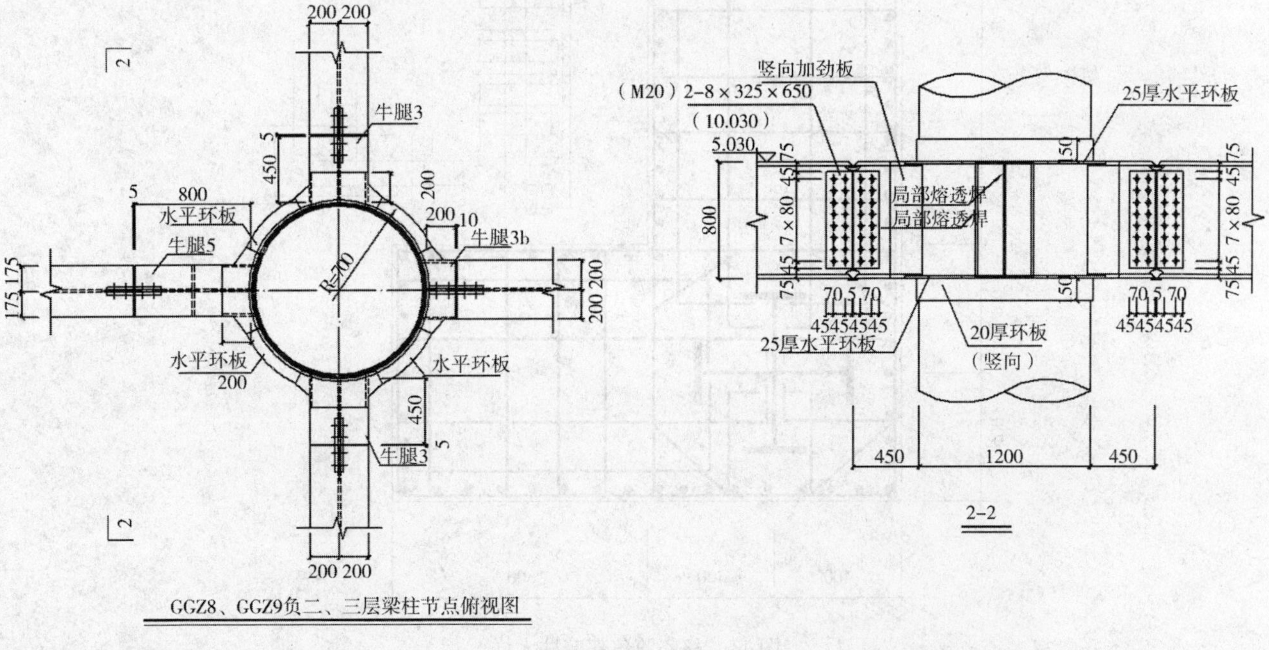

图 12　钢牛腿大样 2

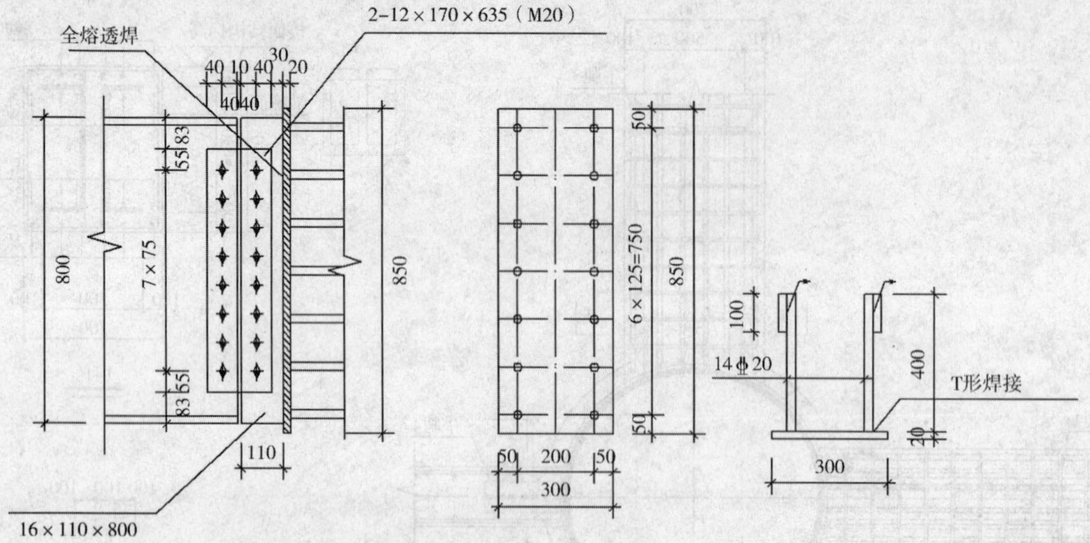

图 13　钢梁与核心筒铰接连接大样

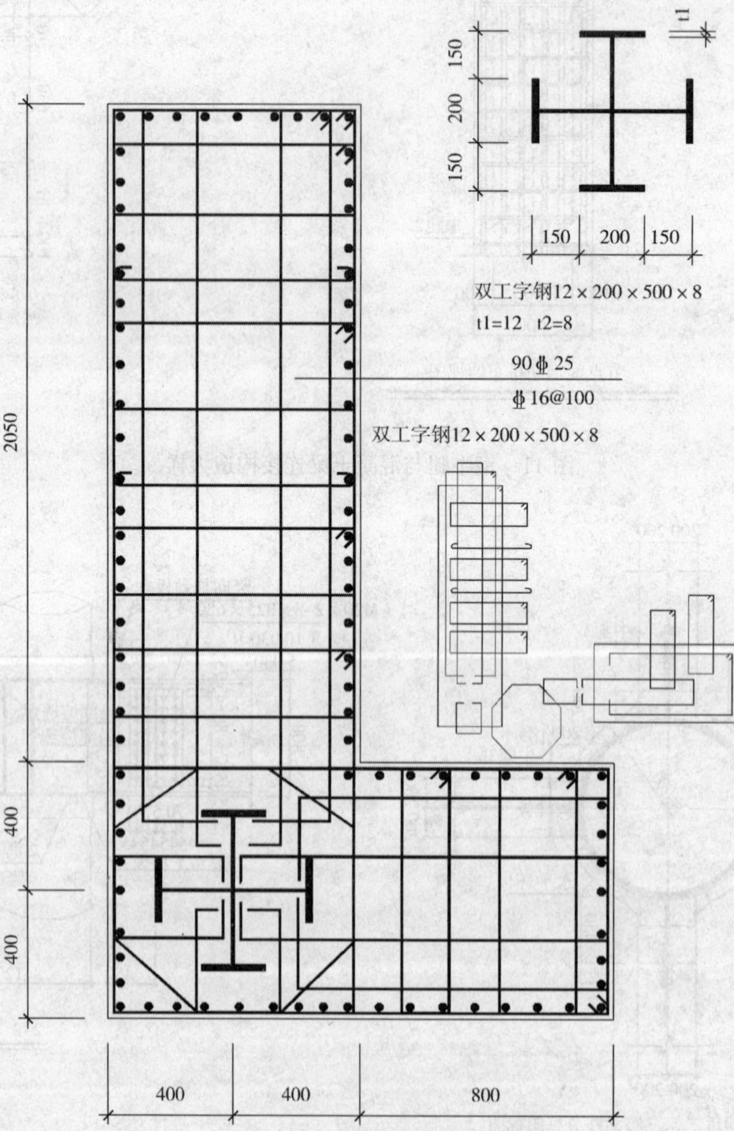

图 14　核心筒角部暗柱大样

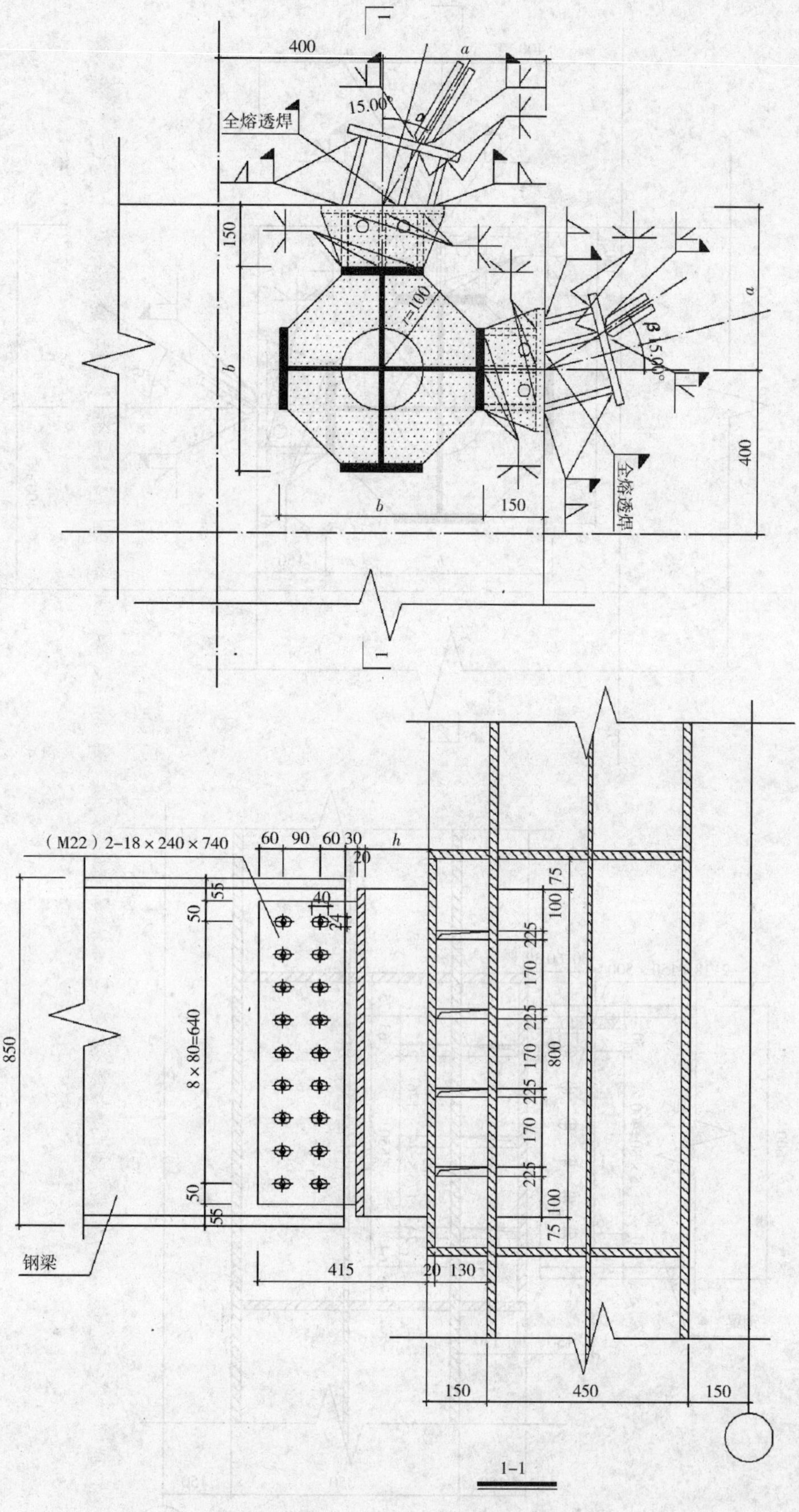

图 15　钢梁与核心筒角部铰接连接大样 1

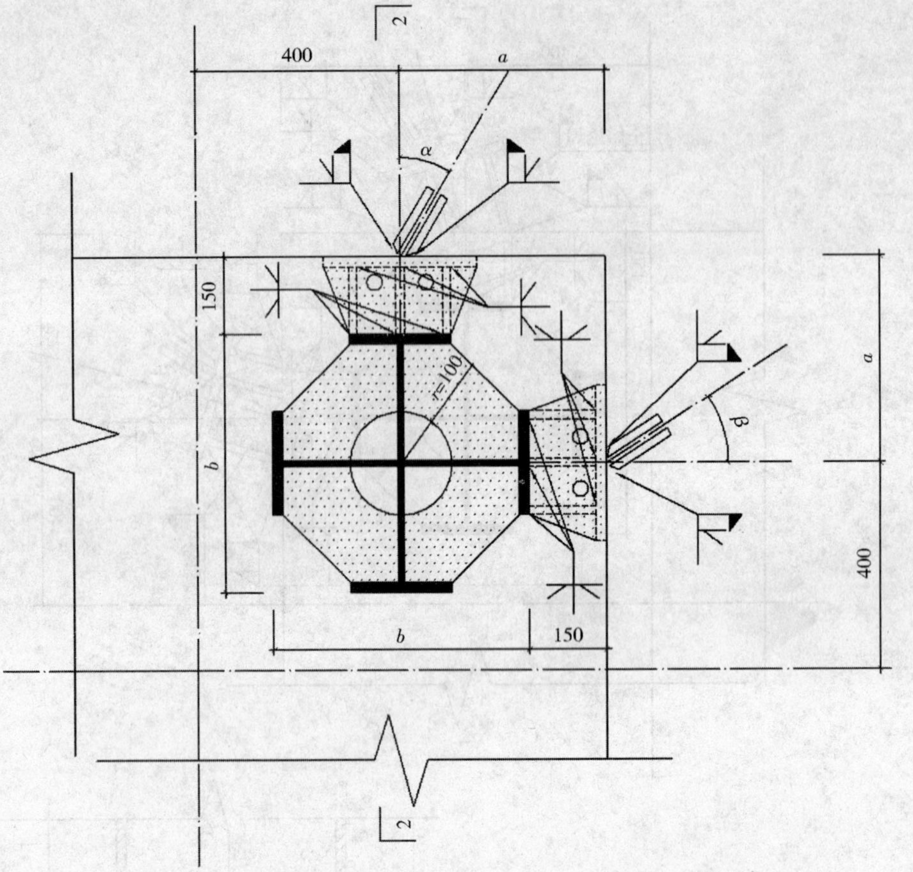

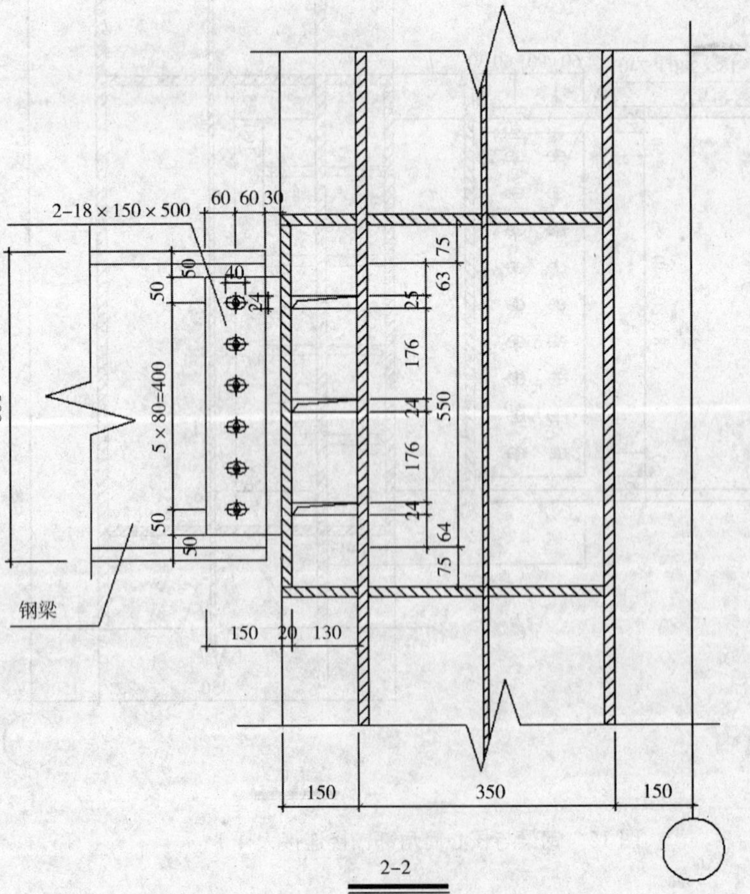

2–2

图 16　钢梁与核心筒角部铰接连接大样 2

图 17　现场钢管柱节点 1

图 18　现场钢管柱节点 2

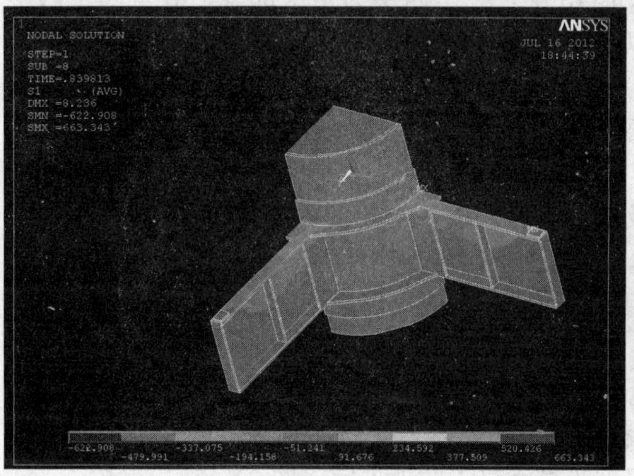

图 19　1/4 节点应力分布图

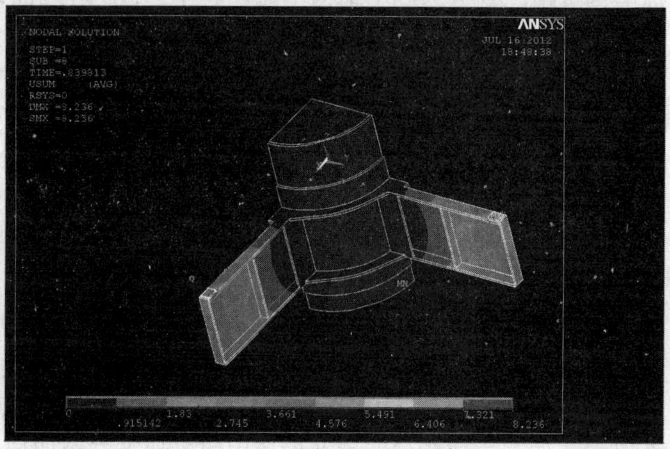

图 20　1/4 节点应变分布图

佛山东平广场结构设计

建设地点　佛山市
设计时间　2010～2012
主要设计人　郭　铁　胡　炬　林国坤　陈　星　郭　铖　贾海风　廖伟城　曹文艳

一、工程概况

本工程场地位于佛山市东平新城文华南路、裕和路、君兰路所围合区域，建筑用地面积 80411m²，总建筑面积为 694185m²，其中地下建筑面积 191544m²，规划为交通枢纽综合体项目（图 1、图 2）。A～H 栋塔楼按组图划分为四个结构单元，其中：AB 塔地面以上 48 层，一至四层为裙房部分，五至四十八层为塔楼部分，地面以上建筑物总高度为 163.00m；地面以下 4 层，主要为停车库及设备用房，地下二至四层局部为核六级人防地下室。C 栋地面以上 52 层，其中一至四层为裙房部分，五至五十二层为塔楼部分，地面以上建筑物总高度为 174.50m；地面以下 4 层，主要为停车库及设备用房，地下二至四层局部为核六级人防地下室。D、E、F 塔地面以上 48 层，一至四层为裙房部分，五至四十八层为塔楼部分，地面以上建筑物总高度为 163.00m；地面以下 4 层主要为停车库及设备用房，地下二至四层局部为核六级人防地下室。G、H 栋地面以上 54 层，其中一至四层为裙房部分，五至五十四层为塔楼部分，地面以上建筑物总高度为 174.50m；地面以下 4 层，主要为停车库及设备用房，地下二至四层局部为核六级人防地下室。西塔地面以上 52 层，其中一至四层为裙房部分，五至五十二层为塔楼部分，地面以上建筑物总高度为 243.40m；地面以下 4 层，主要为停车库及设备用房，地下二至四层局部为核六级人防地下室。北塔地面以上 40 层，其中一至四层为裙房部分，五至四十层为塔楼部分，地面以上建筑物总高度为 179.40m；地面以下 4 层，主要为停车库及设备用房，地下二至四层局部为核六级人防地下室（图 3）。

本工程按 7 度抗震设计，场地类型为Ⅱ类，抗震设防分类为丙类（裙房乙类）。在设计上采用了多项结构新技术，其中采用地下连续墙技术的局部四层地下室全逆作法设计、空心无梁楼盖技术、新型钢一高强混凝土组合构件的设计应用及大跨度钢一混凝土组合结构的设计应用等具有创新性的新技术应用。

二、结构布置、选型和材料

根据建筑物的总高度、抗震设防烈度、建筑的用途等情况，本工程 A～H 栋建筑为塔楼（图 4、图 5)，均采用部分框支剪力墙结构体系。结构的主要抗侧力构件为剪力墙，主要设置在核心筒及分户墙位置，以提供结构的抗侧及抗扭刚度；西塔、北塔建筑分成塔楼，均采用框架一核心筒结构体系。结构由剪力墙和柱共同提供受力，以提供结构的抗侧及抗扭刚度。由于考虑到本工程的总高度较高，为了提高竖向抗侧力构件的侧向刚度，标准层核心筒墙厚为 400mm，框支层转换梁内置抗剪钢板，并在轴压比较大框架柱内放置型钢，形成型钢混凝土柱。

结构转换层形式：根据建筑立面和功能的要求，本工程竖向构件上下不连续贯通，需要进行竖向构件转换。考虑工程实际情况，通过方案比选确定转换结构采用传力合理的梁式转换结构，为不影响建筑功能使用，在采用混凝土梁加抗剪钢板以降低梁高，增强转换梁抗剪能力。

关键节点构造：本工程框支柱为混凝土柱，个别柱截面受建筑限制，加钢管核心，转换梁为混凝土梁内置抗剪钢板，框架梁为钢筋混凝土梁，有钢管核心的凝土柱与框架梁及转换梁节点是设计构造重点（图 6、图 7)。

三、超限处理主要措施

本工程多栋塔楼均属于多项不规则的超 B 级高层建筑，框架柱和剪力墙核心筒是主要的抗侧力构件，通过提高关键部位墙肢的延性，使抗侧刚度和结构延性更好地匹配，达到有效地协同抗震（图5）。

1. 控制地下四层至剪力墙底部加强区的墙轴压比小于0.5，墙身水平和竖向分布筋配筋最小配筋率0.80%；约束边缘构件竖筋最小配筋率为1.5%，体积配箍率不小于1.8%。

2. 在墙应力大的端部增加型钢暗柱。

3. 柱采用钢管柱，壁厚35～40mm，轴压比控制在0.7以下，承载能力比控制在0.5以下。

4. 设置型钢桁架加强层，加强构件采用抗震性能2。

5. 穿层柱按两层和单层分别设计，柱按最不利作稳定验算。

6. 对大开洞楼板进行弹性楼板分析，对板边缘构件作加强。

四、主要计算结果分析

小震结果：

根据上述计算结果，结合《高层建筑混凝土结构技术规程》JGJ 3—2010及《广东省实施〈高层建筑混凝土结构技术规程〉（JGJ 3—2002）补充规定》规定的要求及结构抗震概念设计理论，可得如下结论：

1. 第一扭转周期与第一平动周期之比小于0.85，满足《高层建筑混凝土结构技术规程》JGJ 3—2010 4.3.5条要求。

2. 有效质量系数大于90%，所取振型数足够。

3. 在风荷载作用下和地震作用下，层间位移角满足《广东超限审查细则》要求，但不满足《建筑抗震设计规范》（GB 50011—2010）第4.6.3条要求。

4. *X*、*Y*方向剪重比均满足《建筑抗震设计规范》（GB 50011—2010）第5.2.5条要求。

5. 除A、B栋外，在偶然偏心地震荷载作用下，最大扭转位移比大于1.20，小于1.35，属于Ⅰ类扭转不规则结构，扭转不规则使主体结构薄弱部位通常出现在整体结构边缘区域，设计时采取减小边缘结构竖向构件轴压比、剪压比及提高配箍率、配筋率等措施，提高结构延性，避免脆性破坏，另外对于楼板凹凸角、弱连系楼板采用楼板加厚，双层双向钢筋贯通配筋构造。

6. 按《高层建筑混凝土结构技术规程》JGJ 3—2002第4.4.2条：抗震设计的高层建筑结构，其楼层侧向刚度不宜小于相邻上部楼层侧向刚度的70%或其上相邻三层侧向刚度平均值的80%，转换层不满足侧向刚度规则性要求，对转换层部位按中震弹性计算，配筋予以加强，核心筒角部内置钢管混凝土柱加强，提高配箍率、配筋率等措施，提高结构延性和刚度。

7. 楼层层间抗侧力结构的受剪承载力大于其上一层受剪承载力的80%，无薄弱层，满足《建筑抗震设计规范》（GB 50011—2010）第3.4.2条楼层承载力均匀性要求。

8. 该结构刚重比 $EJ_d/H^2\sum_{i=1}^{n}G_i$ 大于1.4，能够通过《高层建筑混凝土结构技术规程》JGJ 3—2010第5.4.4条规定的整体稳定验算。

9. 墙、柱的轴压比均符合《高层建筑混凝土结构技术规程》的要求。

弹性动力时程分析结果：

本次共进行了三条天然波和三条人工波的分析，根据这六条波的计算结果可看出：

1. 时程分析结果满足平均底部剪力不小于振型分解反应谱法结果的80%，每条地震波底部剪力不小于反应谱法结果的65%的条件。

2. 对比可见，弹性时程分析的楼层反力和位移平均值大部分小于规范反应谱结果，反应谱分析结果在弹性阶段对结构起控制作用。但时程分析计算局部楼层的剪力比振型分解法稍大，对这些楼层施工图设计时，将振型分解法的地震作用适当放大约1.1倍，使其能基本包络时程分析结果。

3. 楼层位移曲线以弯曲型为主，位移曲线光滑无突变，反映结构侧向刚度较为均匀。

4. 各条时程地震波时程分析结果中的层间位移角曲线形状均较相似，8层附近反应较大，是转换层，在设计中将对该部位构件适当加强。

中震弹性结果：

1. 设防烈度地震（中震）作用下墙、柱在中震作用下未出现屈服。

2. 部分楼层的个别连梁、框架梁的配筋需求比多遇地震作用下的需求要高，仅小部分连梁和框架梁出现屈服情况。

3. 中震作用下弹性楼板应力主应力与剪切应力均较小，只有在楼板开洞边角和与剪力墙角交接的地方出现的应力较大（小于7MPa），是需要注意加强的部位。

大震推覆分析结果：

1. 罕遇地震作用下，在性能点处，各方向最大层间弹塑性位移角均小于剪力墙结构层间弹塑性位移角限值1/120；符合《高层建筑混凝土结构技术规程》第4.6.5条的规定，建筑物可实现“大震不倒”的抗震设防目标。

2. 结构在加载开始时，少数连梁出现损伤，之后有极少数框架梁出现塑性铰，在性能点处时墙体的损伤主要是底部处于受拉一侧的小墙肢出现小面积的损伤，但未有连续发展的情况出现。

3. 各个方向推覆下，各栋基本都是底部标准层周边面外受力的剪力墙拉弯破坏，均不是受剪破坏。

例如北塔：

两个方向推覆下，标准层底部有几片面外受力的剪力墙破坏，但均不是受剪破坏。例如：

在0度推覆下18号墙元（3850mm×250mm），$A_c=962500mm^2$，该墙体其在性能点处最大剪力$V=128.14kN$；轴拉力$T=1073.12kN$。

$V/(f_{ck}\times A_c)=128140/(35.5\times962500)=0.0037<0.15$，抗剪验算满足要求；

截面轴心受拉承载力值$f_{tk}\times A_c=2.74N/mm^2\times962500mm^2=2637.25kN>1073.12kN$，此片墙元是拉弯破坏；

在90度推覆下54号墙元（4300mm×250mm），$A_c=1075000mm^2$，该墙体其在性能点处最大剪力$V=18.63kN$；轴拉力$T=1743.13kN$。

$V/(f_{ck}\times A_c)=186300/(35.5\times1075000)=0.0049<0.15$，抗剪验算满足要求；

截面轴心受拉承载力值为$f_{tk}\times A_c=2.74N/mm^2\times1075000mm^2=2945.5kN>1743.13kN$，此片墙元是拉弯破坏；

4. 设计时通过提高配箍率、配筋率等措施，并在墙内设置型钢，提高结构边缘区域剪力墙的抗拉、抗弯强度和延性。

5. 各栋塔楼计算过程中，框支柱及落地剪力墙按构造配筋进行推覆分析，个别墙柱拉弯屈服，对拉弯屈服墙柱按大震内力复合，当框支柱纵筋配筋率单边纵筋配筋率为1.5%，落地墙竖向分布筋为0.65%时，全部框支柱及落地墙均能保证大震弹性（个别框支柱另增加钢管核心加强）。

设计和构造措施：

根据计算结果以及弹塑性时程分析的结论对结构进行了以下加强措施：

1. 本工程中框架柱和剪力墙是主要的抗侧力构件，因此，按中震弹性、大震不屈服性能目标进行设计，提高关键部位墙肢的延性，使抗侧刚度和结构延性更好地匹配，有效地协同抗震。

1）剪力墙墙肢轴压比控制按《高层建筑混凝土结构技术规程》JGJ 3—2010要求不大于0.5。

2）裙房框架柱轴压比不大于0.7，塔楼框支柱不大于0.5。

3）底部加强区剪力墙抗震等级为特一级，并适当加大配筋率，约束边缘构件基本上都设计为封闭箍筋，提高对剪力墙混凝土的约束作用从而更有效地保证剪力墙的延性。

4）剪力墙底部加强区在罕遇地震下只有部分屈服，但没有发生剪切破坏。

5）塔楼投影范围首层及上下一层的主受力剪力墙抗震等级为特一级，并埋入型钢，提高剪力墙的抗压、抗拉强度和延性，有效地抵抗在大震作用下产生的拉力。

6）本工程裙房柱数量较多，首层框架承担的倾覆力矩：$X=6.60\%$、$Y=4.55\%$，相对较低，设计时柱按框架考虑抗震等级并适当地提高了首层柱的配筋率。

2. 塔楼偏置和扭转不规则使主体结构薄弱部位通常出现在整体结构边缘区域，设计时采取减小边缘结构竖向构件轴压比、剪压比及提高配箍率、配筋率等措施，提高结构延性，避免脆性破坏，另外对于楼板凹凸角、弱连系楼板采用楼板加厚，双层双向钢筋贯通配筋构造。

3. 由于各个塔楼偏置于周边，在塔楼结构投影范围，裙楼顶部上、下各一层的构件适当加大配筋率，此处裙楼板厚加厚至 h=180mm；对楼板局部不连续的楼层，楼板适当加厚；采用双层双向拉通筋，拉通钢筋锚入核心筒墙体的长度取 Lae，以加强楼面承拉水平拉力的能力及可靠性。并适量提高配筋率，对重要楼面进行应力分析。

4. 各栋转换层以下核心筒墙体水平、竖向分布筋配筋率提高至 0.8%，轴压比不超过 0.5，加强转换层以下框支柱竖向构件的承载能力；在罕遇地震作用下，框支柱出现拉力，采用内置钢管抵抗拉力，减小罕遇地震作用下框支柱的损伤，保证整个结构上下受力的正常传递，同时验算桩基在大震下的抗拉承载力。

5. 加强转换层上下两层墙体及框支柱、转换梁，保证结构大震性能。

6. 各栋标准层平面均存在楼板不连续，连接部位结构板采用中震弹性应力结果配筋，局部楼层连板应力较大的内置钢板提高连扳承载能力，考虑到高阶振型组合时内力贡献较小，而连板应力主要是高阶振型提供，故对连板应力计算适当提高，按中震弹性设计。

7. 转换层以下层楼板均为 180mm，其中转换层楼板厚 200mm，施工图阶段将采用双层双向拉通筋，拉通钢筋锚入核心筒墙体的长度取 Lae，以加强楼面承拉水平拉力的能力及可靠性。并适量提高配筋率，对重要楼面进行应力分析。

8. 屋顶装饰钢构架，钢柱为 HW350，钢横梁为 HN400，设计满足小震弹性，以及大震下满足不倒塌。

9. 在施工图设计阶段，连梁将适当加强配筋配箍，并在梁内增加交叉暗撑，避免因剪切破坏而过早退出工作。

10. 严格控制落地剪力墙的轴压比：根据《高层建筑混凝土结构技术规程》JGJ 3—2002 第 4.8.1 条规定，标准层墙柱抗震等级为一级，底部加强区墙为特一级，轴压比基本要求控制在 0.5。

计算手段

1. 设计时分别采用三个空间结构分析程序 SATWE、PMSAP 和 GSSAP 进行分析，计算时考虑两个方向的扭转耦联和偶然偏心地震作用等。

2. 按规范要求，选用两组Ⅲ类场地上的地震波和三组《地震安全性评价报告》所提供的场地人工波，对结构作弹性时程分析，并将结果与反应谱分析结果相比较，进行包络设计。

3. 对关键构件进行中震弹性验算，了解其抗震性能，并采取相应加强措施。

4. 针对上述超限情况，采用 SATWE 的 PUSHOVER 模块进行罕遇地震下的静力弹塑性分析；分析时考虑了高度超限可能带来的附加 $P-\Delta$ 效应，以确定结构能否满足第二阶段抗震设防水准要求，并对薄弱构件制定相应的加强措施。

五、结论

本工程多栋塔楼均为超 B 级高度的超限高层建筑，通过对整体结构的体系和布置进行优化，对重要构件作适当的加强以及在构造措施方面采用了相应的处理，使其具有良好的抗震性能。

在设计中充分利用概念设计方法，对关键构件设定抗震性能化目标。并在抗震设计中，采用多种程序对结构进行了弹性、弹塑性计算分析，除保证结构在小震下完全处于弹性阶段外，还补充了关键构件在中震和大震下的验算。计算结果表明，多项指标均表现良好，基本满足规范的有关要求。根据计算分析结果和概念设计方法，对关键和重要构件作了适当加强，以保证其在地震作用下的延性。

因此，本工程除能满足竖向荷载和风荷载作用下的有关指标外，亦满足“小震不坏，中震下主要构件不屈服、震后可以修复，大震不倒塌”的抗震设防目标。结构是可行且安全的。

图1　建筑全景

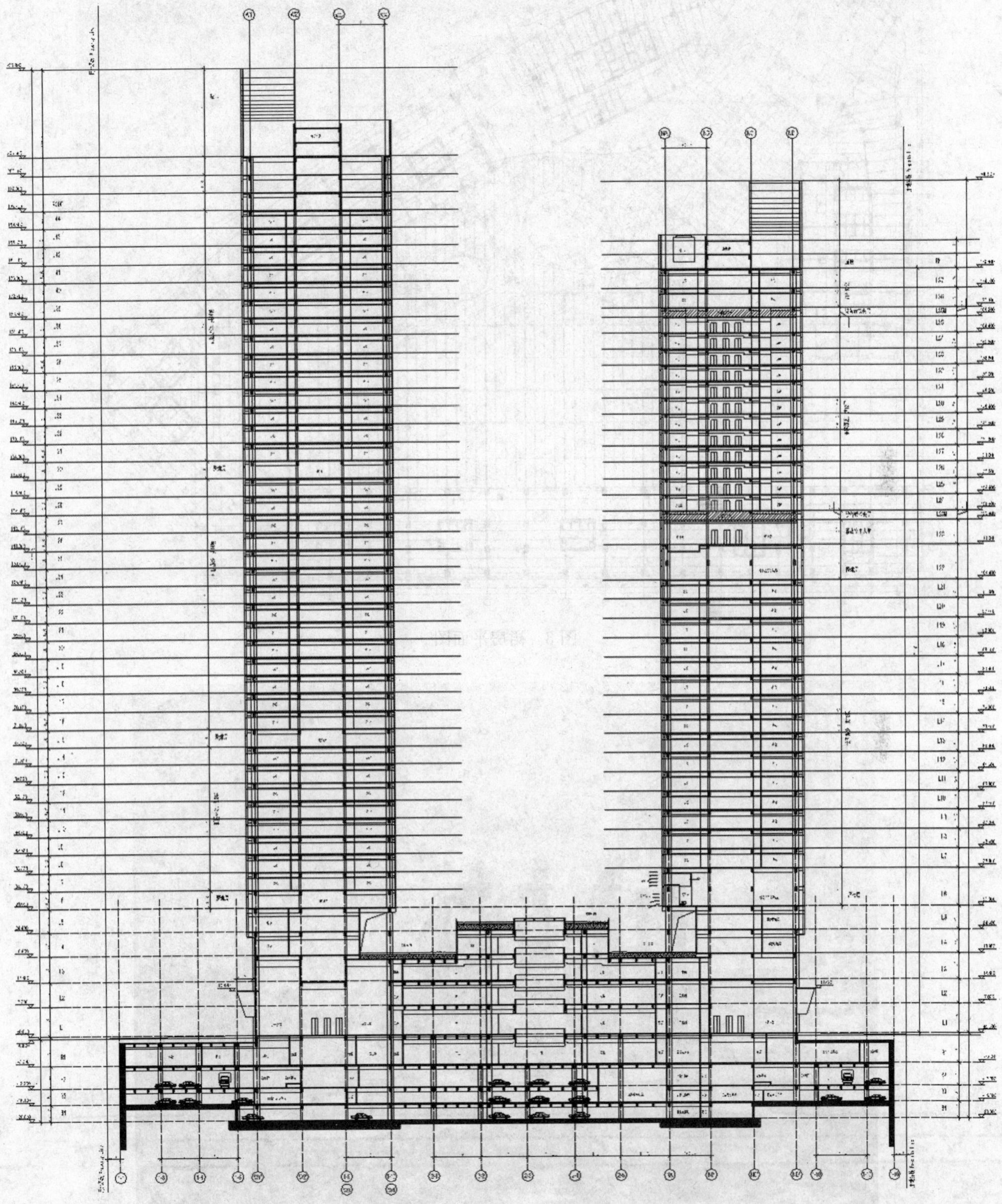

图 2　建筑剖面图

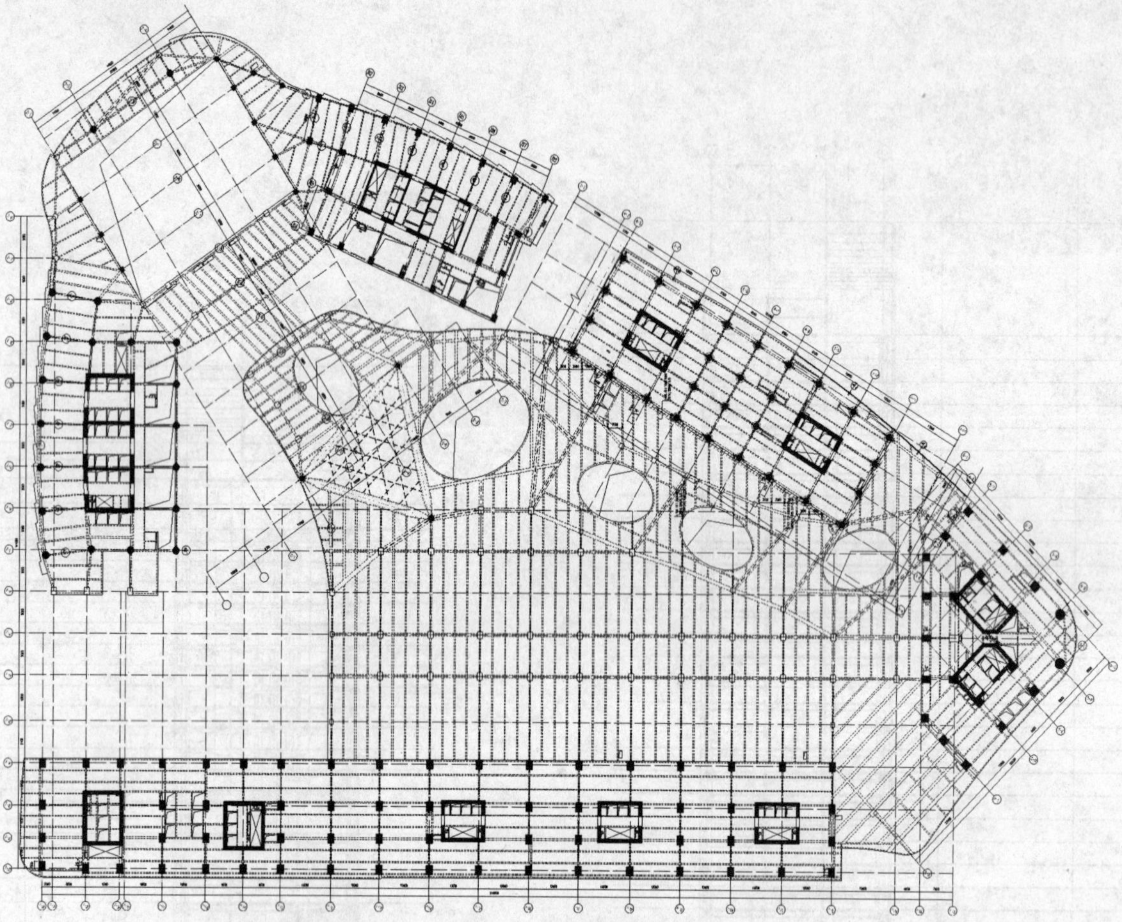

图 3　裙房平面图

图 4　项目施工现场

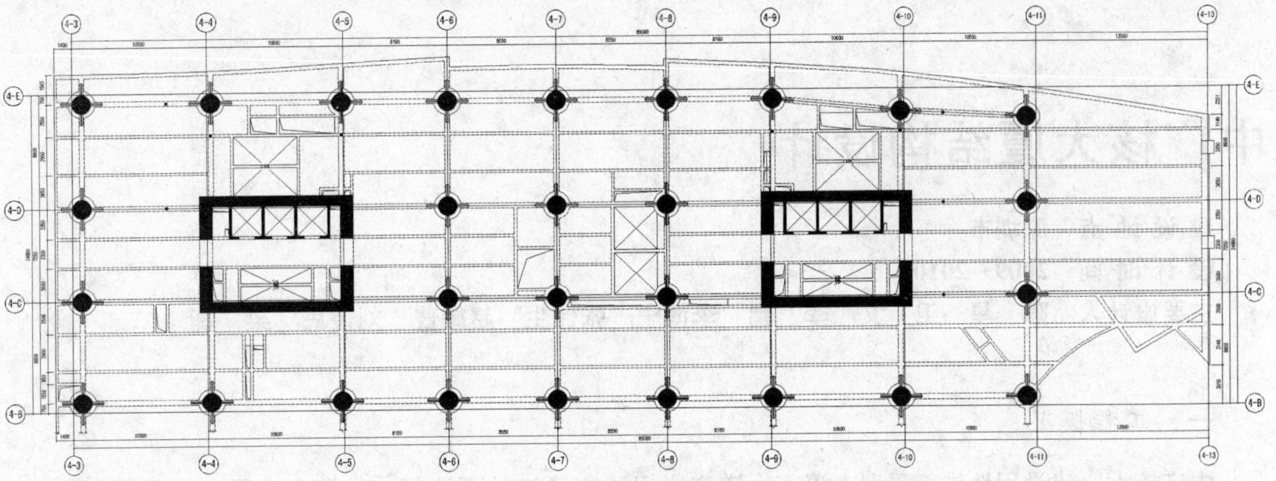

图 5　塔楼结构平面图

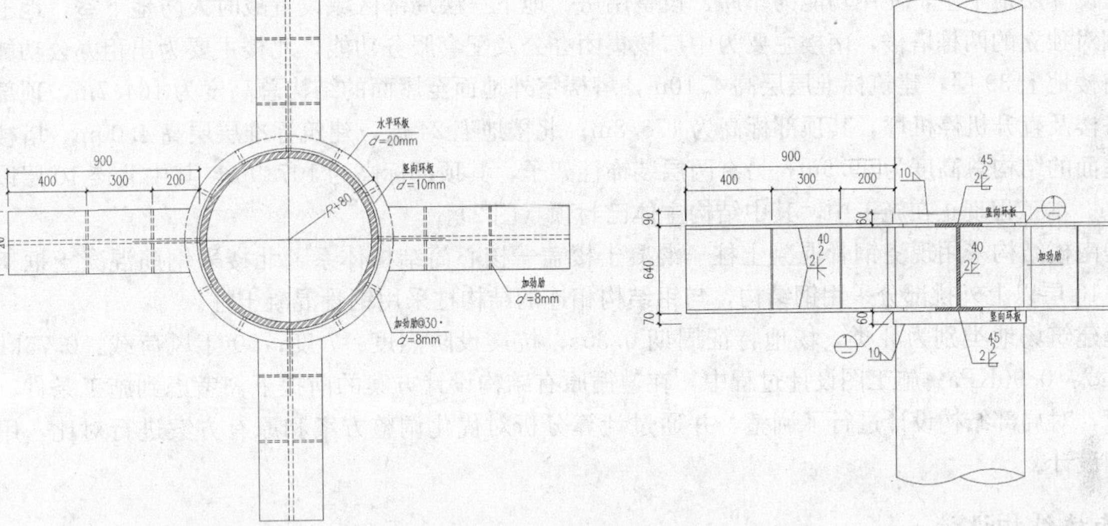

图 6　钢管柱接梁节点大样

图 7　钢管柱梁柱节点大样

中广核大厦结构设计

建设地点 深圳市
设计时间 2009～2010
主要设计人 陈星 卫文 李鹏 李博宁 张伟生 赵耀普 刘俊民 梁衡

一、工程概况

中广核大厦建设用地位于深圳市深南大道和彩田路交叉口处西北部，是深南大道由东往西进入深圳市 CBD 中心区的门户位置（图 1）。项目总用地面积 10135m²，总占地面积 5527m²，总建筑面积 158458m²。

本工程设 3 层地下室，使用功能为车库、设备用房、地下三层局部区域设置战时人防地下室，地上分为南、北相对独立的两栋塔楼，南楼主要为中广核集团办公及配套服务功能，北楼主要为出租办公功能。

其中南楼地上 39 层，建筑标准层层高 4.10m，塔楼室外地面至屋面的结构总高度为 164.7m，顶部另有 3 层小塔楼及直升机停机坪，其顶部标高为 176.8m；北楼地上 24 层，建筑标准层层高 4.00m，塔楼室外地面至屋面的结构总高度为 99.9m，另有两层装饰性架子，其顶部标高为 107.9m，其中北楼 10 层以上外挑 16.1m。本工程现正在施工中，其中结构主体已封顶（图 2）。

本工程南楼结构采用现浇钢骨混凝土柱—混凝土楼盖—核心筒结构体系，北楼采钢筋混凝土框架核心筒体系，10 层以上外挑部分采用钢结构，与钢结构相连的结构柱采用钢骨混凝土柱。

本工程建筑场地类别为Ⅱ类，场地特征周期 0.35s；抗震设防烈度：7 度；50 年风荷载：0.75kPa，100 年风荷载：0.90KPa。施工图设计过程中，在遵循原有结构设计方案的前提下，考虑到施工条件、经济性等因素，对局部结构设计进行了调整，并通过计算分析对优化调整方案和原有方案进行对比，用以指导施工图设计。

二、南楼结构设计

本工程南楼主塔楼（图 3、图 4）采用现浇框架—钢筋混凝土筒体结构体系，塔楼体型呈扁长形，Y 向刚度偏弱，为了增强 Y 向刚度，塔楼 2—D、2—A 轴区域外框柱为密柱筒体系，典型柱距为 4.4m，并将十八层以下外框柱设计成十字形钢骨混凝土柱，此外，为了保证地下室部分停车库的使用，密柱体系中部分柱不落地，在首层结构中进行转换。上部楼盖系统为混凝土梁及 120mm 厚混凝土楼板组成。结构竖向力由现浇外框架和钢筋混凝土筒体共同承担，外框柱较密，且多数通过混凝土梁与核心筒刚接，能够形成很好的框架与核心筒共同工作效果，来承担由于风荷载及地震作用产生的水平剪力以及倾覆弯矩。

南楼裙楼 5 层，裙房屋面层标高 23.550m，位于塔楼主要投影面以外 ②-1～②-4 轴位置。裙楼结构较为复杂，采用钢框架结构体系，主要受力大跨梁为钢梁，裙房柱子为方钢管混凝土柱，布置在大空间裙房的外围四周。裙楼二、三层均为大开洞，与主楼相连位置有局部平面，吊挂在四层平面的大跨结构梁上。

裙房结构与主塔楼一起分析，分析模型分为二个：模型一，考虑 2F 楼板缺失严重，实际中不能提供足够的楼板刚度，2F 不作为单独楼层分析，在刚性楼板假定情况下，模型中将二层、三层合并为一层，2F 荷载在 SATWE 中通过建立层间梁进行分析，模型首层层高按 11.9m 进行分析。

模型二，分层模型，在整体模型中将 2F 作为楼层进行输入，11.9m 以下分为 4.1m 和 7.8m 两层计算，与模型一进行对比分析。通过内力对比分析，模型二与模型一周期和振型能够较好的吻合，模型二比模型一地震剪力稍少一些，采用首层 11.9m 的简化模型一是偏于安全的，在计算总体指标数据上是可行的。因为裙房的设置，与裙房屋面相连的塔楼上下层柱和塔楼核心筒底部加强区均加强配筋，部分柱子内加型钢，用以提高楼层的抗剪承载力。

根据《建筑抗震设计规范》的要求，建筑结构以“三个水准”为抗震设防目标，即“小震不坏、中震可修、大震不倒”。各阶段抗震设防水准的具体表述如表 1。

南楼抗震性能目标　　表 1

抗震烈度（参考级别）	1＝频遇地震（小震）	2＝设防烈度地震（中震）	3＝罕遇地震（大震）
性能水平定性描述	不损坏	可修复损坏	无倒塌
层间位移角限值	1/601	—	1/100
核心筒墙肢	弹性	底部加强区抗剪弹性、抗弯不屈服	大震下墙肢抗剪验算 $V/F_{ck}<0.15$
核心筒连梁	弹性	允许部分进入抗弯屈服	—
±0.000 转换梁	弹性	弹性	—
二、三层悬挑	弹性	弹性	—

通过超限判断，南楼为 B 级高度超限高层，根据项目特点，采用了两种计算程序（SATWE 和 ETABS）进行对比计算分析，且两程序计算结果较吻合。整体计算分析 SATWE 软件主要计算结果如表 2。

主要计算结果　　表 2

自振周期（s）	T_1	4.43	T_2	3.86	T_3（T_t）	3.71

		X 向	Y 向
地震作用下的位移	顶点	1/2853	1/1344
	层间	1/1497	1/1184
风荷载作用下的位移	顶点	1/4555	1/1027
	层间	1/2200	1/855
地震作用下的基底弯矩 M_0（kN·m）		1233913	1459287
地震作用下的基底剪力 Q_0（kN）		16843	16802

首层密柱转换的转换梁为南楼部分的重点结构构件，在 SATWE 中建立了含地下一层的整体计算模型，对±0.00 转换梁进行了小震、中震作用下的计算分析。转换梁共两种截面，为 SRC 构件，按 4.5％的含钢率配置型钢。L1 截面为 1600×2200，L2 截面为 2650×1500。转换梁计算结果见表 3，表中弯矩、配筋、挠度结果均取同截面梁最大值。

首层转换梁计算结果　　表 3

梁截面	计算结果	地震作用 小震	地震作用 中震
L1	跨中弯矩（kN·m）	38055	37277
	支座弯矩（kN·m）	32576	35289
	跨中配筋（cm^2）	189	106
	支座配筋（cm^2）	106	106
	最大弹性挠度（mm）	2.07	2.90

续表

梁截面	计算结果	地震作用	
		小震	中震
L2	跨中弯矩（kN·m）	35994	36113
	支座弯矩（kN·m）	34342	35980
	跨中配筋（cm^2）	355	191
	支座配筋（cm^2）	304	192
	最大弹性挠度（mm）	2.65	3.73

由表3可以看出，不考虑风荷载和地震组合内力调整系数的中震计算中，转换梁的内力与考虑风荷载和地震组合内力调整系数的小震计算相比，内力相差很少，根据小震计算所得的配筋及截面，能够很好地满足转换梁小震和中震弹性性能目标。

三、北楼结构设计

本工程北楼主塔楼采用现浇钢筋混凝土框架—核心筒结构体系，塔楼典型柱距为8.8m。楼盖系统为混凝土梁和120mm厚混凝土楼板及钢梁和120mm厚混凝土楼板组成。

裙楼5层，裙房楼顶标高23.9m，外挑部分为十至二十五层，外挑16.5m，外挑部分采用较为轻巧的钢结构体系，外挑部分楼板体系采用压型钢板＋钢筋混凝土板组合楼盖体系，减轻外挑自重（图5、图6）。

结构水平力由外框架和钢筋混凝土墙体共同承担，框架部分抗剪切变形较好，剪力墙抗弯曲变形较好，二者相互作用，优势互补，共同承担由于风荷载及地震作用产生的水平剪力以及倾覆弯矩。

北楼十至二十五层外悬挑为本项目的重点及难点，本文通过以下几方面对该部分的结构设计进行阐述：(1) 北楼悬挑部分施工图阶段结构方案优化调整；(2) 北楼悬挑部分钢结构施工方案确定及现场检测。

1. 北楼悬挑部分施工图阶段结构方案优化调整

原有方案局部大悬臂部分，为减轻自重，增加结构延性，采用钢结构形式，悬臂部分共设置三道转换桁架，分别位于十至十三层、十六至十九层、二十二至二十五层；每道四榀，分别与核心筒或外框架柱相连。初设时针对超限情况，设计中采取了一系列的措施，在结构布置上采取的措施总结如下：

1）悬挑部分采用钢结构以减少结构自重；

2）承担悬挑部分竖向荷载的柱采用型钢混凝土（SRC）柱；

3）悬挑桁架设置成交叉桁架，保证悬挑部分拥有两道防线；

4）悬挑桁架上下弦杆边跨向核心筒方向延伸一跨；

5）桁架与型钢混凝土（SRC）柱相连部位及桁架与竖向钢柱相连的节点经过仔细设计，确保“强节点，弱构件”；

6）楼板以及增强配筋的方法，保证该处楼楼板在中震作用下不屈服。

在计算、设计方法上采取的措施总结如下：

1）采用了ETABS和SATWE两种软件进行结构整体分析，并且结果表明两种软件分析的主要结果比较接近。

2）全部采用弹性楼板假定，并且在所有分析中考虑二阶效应；

3）场地地震安全性评价报告提供的反应谱与抗震规范反应谱进行了对比，确保设计采用两者中较保守的进行设计；

4）采用场地安评单位提供的场地时程曲线以及强震记录进行弹性时程分析，确保反应谱分析能够比较准确的反映结构在地震下的反应；

5）对重要结构构件如交叉斜杆、底部剪力墙等提出抗震性能目标，见表4；

北楼抗震性能目标 表4

抗震烈度（参考级别）	1=频遇地震（小震）	2=设防烈度地震（中震）	3=罕遇地震（大震）
性能水平定性描述	不损坏	可修复损坏	无倒塌
层间位移角限值	$H/800$	—	$h/100$
墙肢	弹性	底部加强区抗剪弹性，抗弯不屈服	墙肢抗剪验算
连梁	弹性	允许部分抗弯屈服	
框架钢骨柱（与悬挑部分相邻）	弹性	弹性	
框架柱	弹性	—	
十层以上钢柱	弹性	不屈服	
交叉斜杆	弹性	弹性	压（拉）弯不屈服

6）根据抗震性能目标，进行了中震和大震作用下相关结构构件的检查，确保中震及大震下的抗震性能目标能够实现；

7）对于风荷载，除了利用荷载规范规定的风荷载计算层间侧移之外，还采用风洞试验的50年风荷载数据计算层间位移，确保在所有风荷载工况下最大层间位移角不超过1/800；

8）计算含竖向地震组合工况来检查悬挑部分构件的位移及应力。

在施工图设计过程中，除了采用以上措施外，我们又针对性的采取了以下一些措施：

1）为保证悬挑部分的整体性，增加结构的抗扭转能力，在三道转换桁架的上下层均加设交叉水平斜撑，在悬挑端部设置连接四榀桁架的垂直方向支撑；

2）经计算分析，悬挑转换层以上各层的筒体连梁受力较大，普通混凝土梁无法满足结构的承载能力要求，考虑到仅靠筒体端部的型钢混凝土柱亦无法完全抵抗大悬臂传来的内力，故在十层以上的筒体内层层设置钢骨混凝土暗梁，结合筒体端部及相邻位置的型钢混凝土暗柱，形成筒体内的一道道暗框架，将筒体的整体性和承载能力大大提高；

3）结构两侧悬挑桁架上下弦杆向框架方向延伸一跨；

4）在受拉力较大的十三层、十九层、二十五层这几道桁架顶层楼板加厚，板内除加强设置双层拉通钢筋外，还在板内加设预应力，以抵消自重下的楼板拉应力。

经研究、分析，原有结构方案力学关系清晰，传力直接，结构安全性有保证。但具体施工时需要将悬臂结构下的高支撑保持到结构封顶，而此支撑又是在40多米的高空之上，一方面支撑造价高，另一方面长时间高支撑也带来更多安全隐患；另外，由于转换桁架一直到顶层，结构加强部位和加强措施也需一直到顶，结构造价较高。为此我们进一步分析有无更合理的结构方案，经反复比较，提出将转换在转换底部全部解决的比较方案：

在十至十四层、十四至十八层分别设置两道四层高的转换桁架，因两道桁架上下相连，实际等于形成了共八层高的大转换桁架层，由于其具有足够的刚度，可以承担十八层以上悬臂部分的钢框架结构，也就是说，仅十至十八层为转换层，结构加强部位和加强措施到十八层止。

优化方案与原方案的比较如下（图7～图10）：

（1）原方案转换桁架涉及九层，优化方案为八层；

（2）原方案在核心筒设置的型钢混凝土暗框架为16层，优化方案为8层；

（3）原方案与悬臂部分相连的混凝土柱内加钢骨直到顶层，优化方案为到桁架顶即第18层，减小了上部7层的用钢量；

（4）原方案的桁架任一构件损伤或破坏，结构安全性即出现问题；优化方案则提供当所有桁架斜杆均失效而只需保证两道主力杆件的承载能力时，结构仍能维持承担自重和活载，即结构实现多重防线设计。

（5）原方案楼板加强层为六层：十、十三层、十六、十九、二十二、二十五层；优化方案为三层：十、十四、十八层；原方案楼板内设预应力三层：十三层、十九层、二十五层；优化方案为一层：十八层。

（6）原方案施工支撑体系需维持到结构封顶方可拆除，优化方案在施工完14层后，即可拆除施工支撑体系。

（7）优化方案节点区受力大于原方案，故节点设计需加强处理。

广东省建筑设计研究院对优化方案分别采用ETABS、SATWE和广厦等软件进行小震、中震、大震下的计算分析，各工况下结构杆件的计算结果均满足抗震性能目标；并用GSSAP对转换桁架层的楼板做应力分析，在恒载+活载工况组合下的悬挑楼板的最大拉应力约达到$4506kN/m^2$，考虑在该层设置的预应力产生的混凝土预压应力约为$3795kN/m^2$，混凝土最终拉应力为$711kN/m^2$，小于混凝土抗拉强度。同时，还用ABAQUS对悬臂桁架与钢骨混凝土柱，钢骨混凝土墙相交位置节点做了节点分析（图11～图14），根据分析结果对应力集中区域相应加强。

各项分析结果表明，优化方案是切实可行的。

2. 北楼悬挑部分钢结构施工方案确定及现场检测

北楼悬挑结构不对称的单侧悬挑，悬挑长度大，高度高，形式独特。钢结构与混凝土结构连接受力形式复杂，型钢与混凝土协同工作，悬挑结构支撑胎架搭设高度高，胎架本身的变形不易控制，并且整体结构沉降、风荷载、温度、共振对结构影响复杂，对精度控制提出很高要求。针对悬挑部分结构受力特点及考虑到施工的可行性，对北楼十至二十五层施工顺序设计如下：

1）设置支撑胎架，安装第10层钢结构；

2）浇筑第10层混凝土楼板，此层采用钢筋桁架楼承板；

3）逐层安装施工十一至十四层钢结构；

4）由下至上逐层浇筑十一至十四层混凝土楼板；

5）待十至十四层钢结构与混凝土主体形成整体后，拆除支撑胎架，逐层安装十五至十八层钢结构；

6）由下至上逐层浇筑十五至十八层混凝土楼板；

7）待混凝土达到设计强度后，对十八层楼板施加预应力；

8）逐层安装十九至二十五层钢结构；

9）由下至上逐层浇筑十九至二十五层混凝土楼板。

利用MIDAS等计算软件，对以上施工顺序进行了全过程模拟计算，并协同施工单位一起完善施工专项方案，在业主的组织下，对施工方案进行了专家评审会，并结合与会专家提出的各项意见对施工方案进行了修改，确保该部分的施工顺利完成。

北楼悬挑部分支撑胎架卸载是本项目施工过程中的重要环节，为了确保悬挑部分的卸载过程中各结构构件的受力顺序及变形要求能够符合原设计的理论分析，在胎架卸载过程中对悬挑外端的位移变形、转换桁架的关键节点处应力应变进行现场监测，并对所获得的数据与施工模拟分析数据进行比较，用以指导整个卸载施工过程。现胎架卸载完成已有一段时间，由于所有最终荷载未全部加载，现场监测仍在进行中，就目前所获得的变形数据及节点处应力应变数据，均小于设计时的最大值，说明了本工程设计是安全的。

四、结语

本项目的结构设计在遵循原有设计方案的前提下，结合现场实际施工条件、经济合理性等因素，广东省建筑设计研究院对结构设计不断的分析和完善，力求将设计做到更安全、更合理、更经济。通过本项目的结构设计，我们认识到结构设计的过程就是一个不断优化的过程，只有综合考虑各种因素将结构设计做到最优化，才是结构工程师不断追求的好设计。

图 1　建筑全景

图 2　现场施工照片

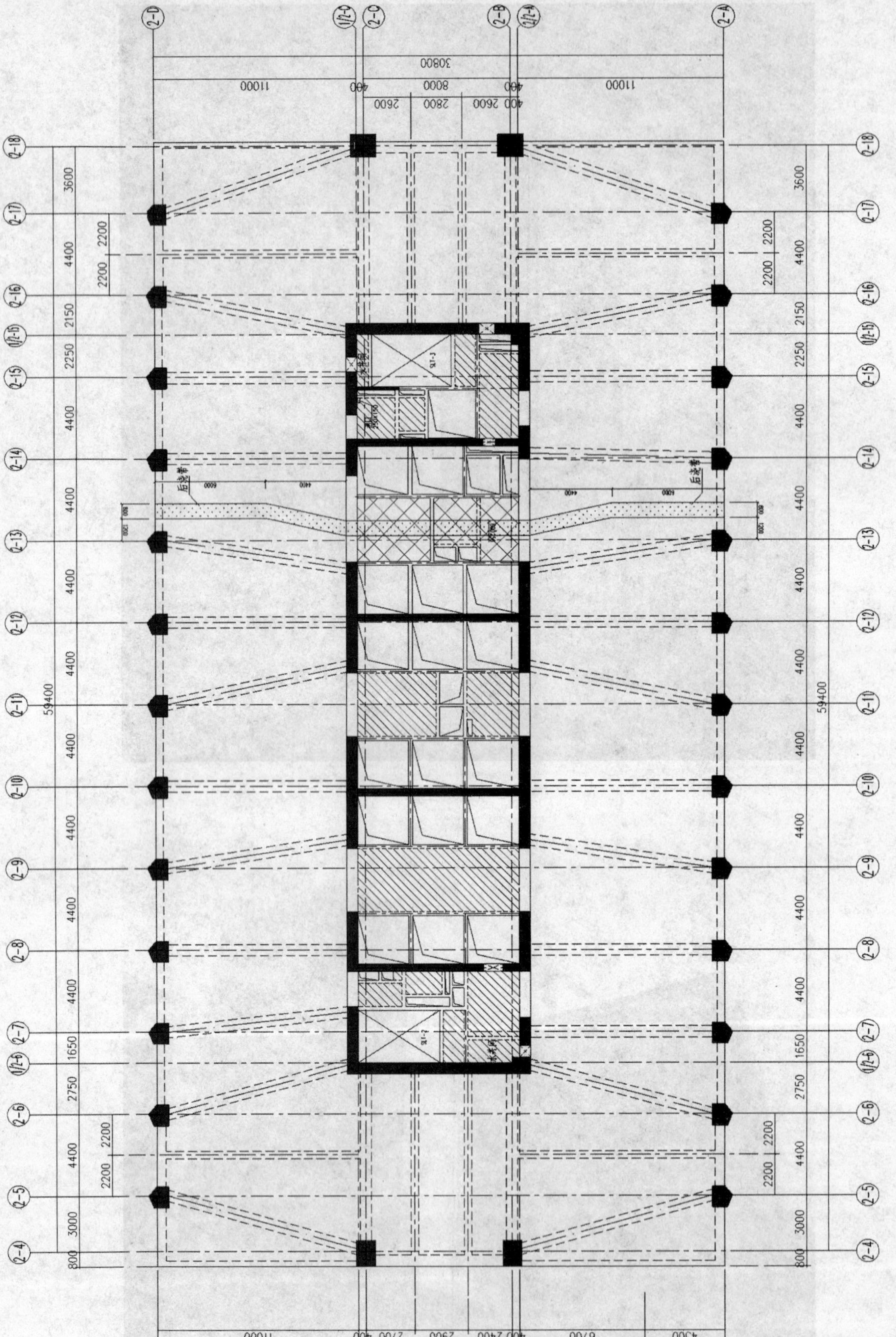

图3　南楼标准层平面结构布置图

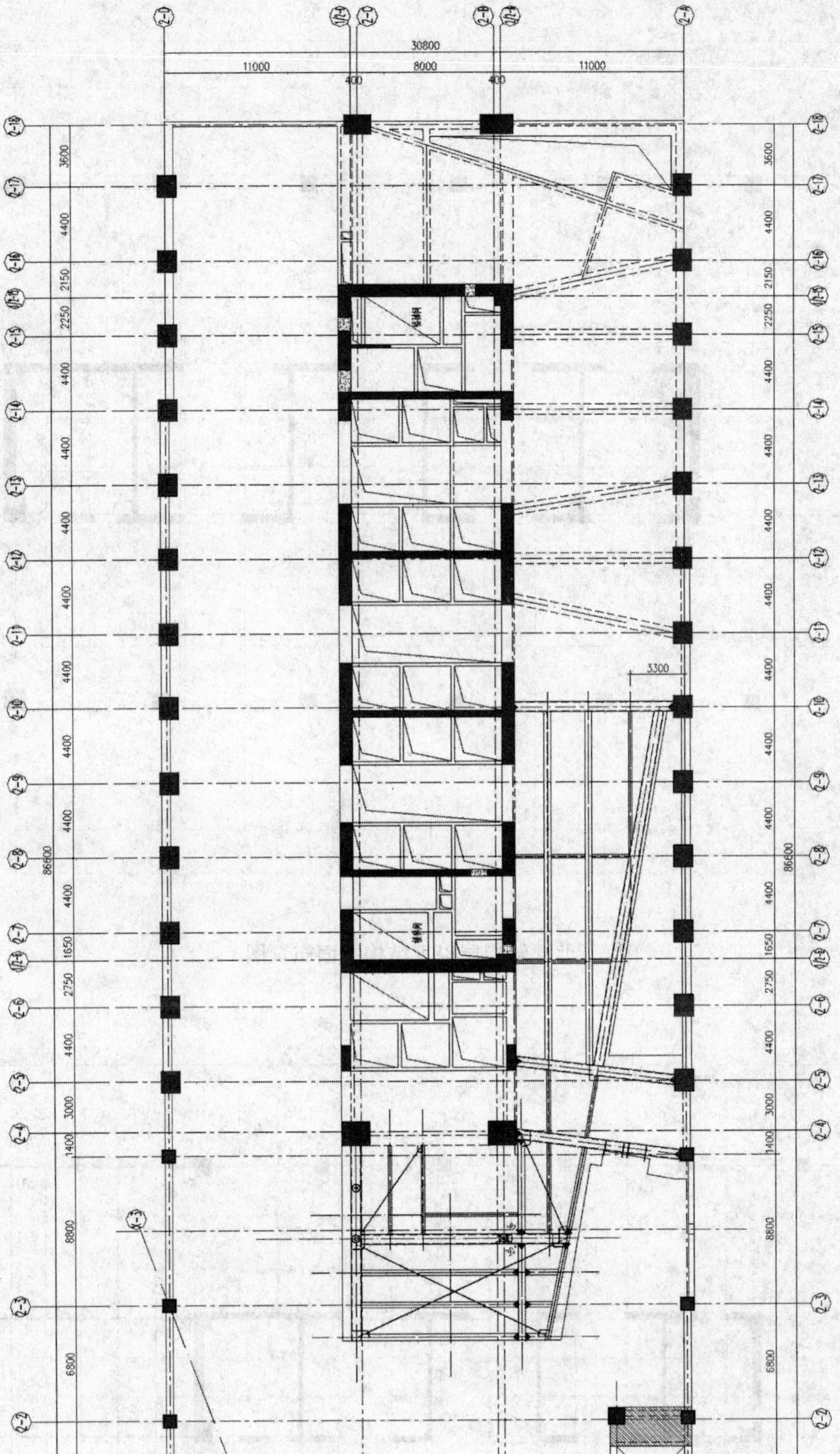

图4 南楼二层平面结构布置图

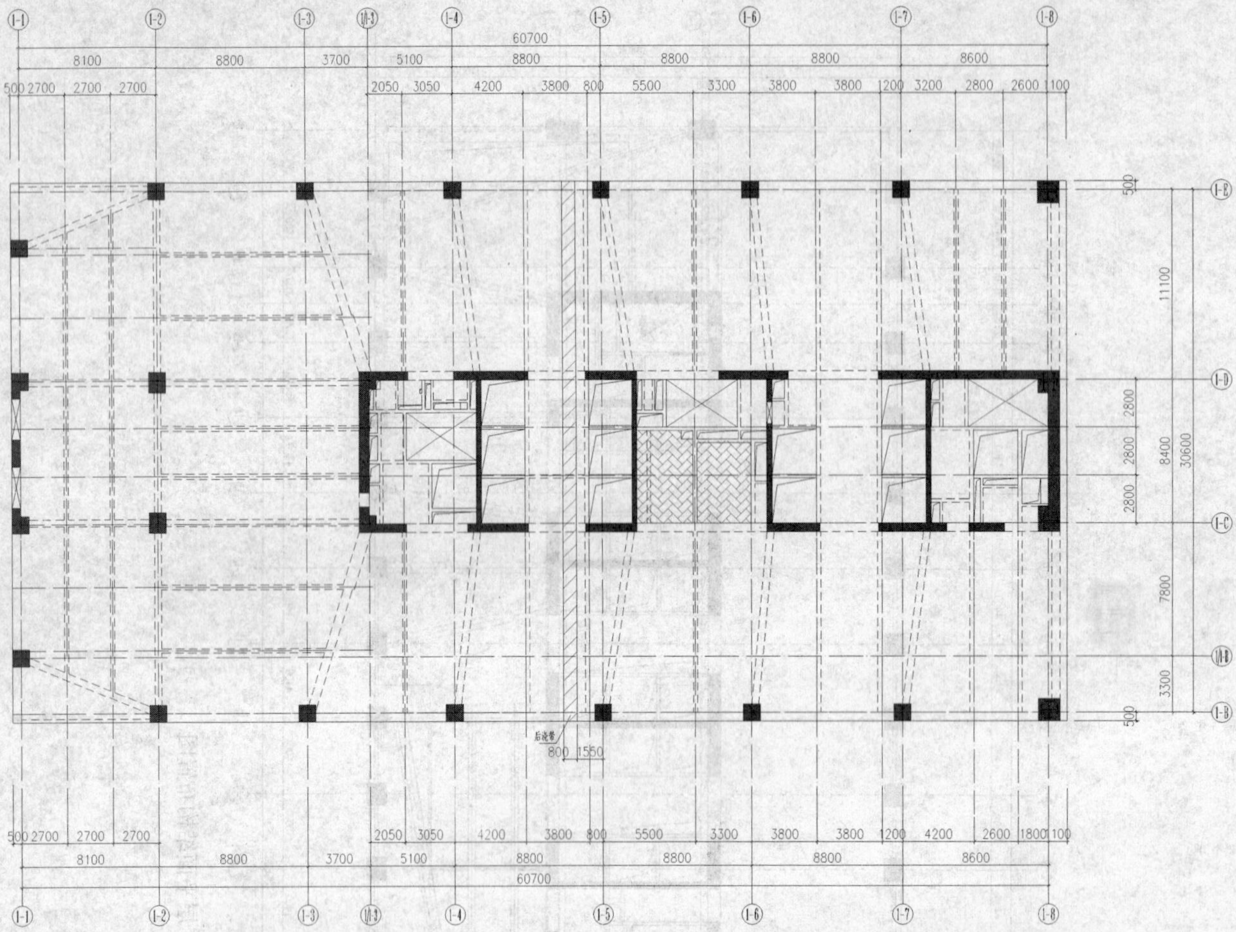

图 5　北楼转换层以下结构平面布置图

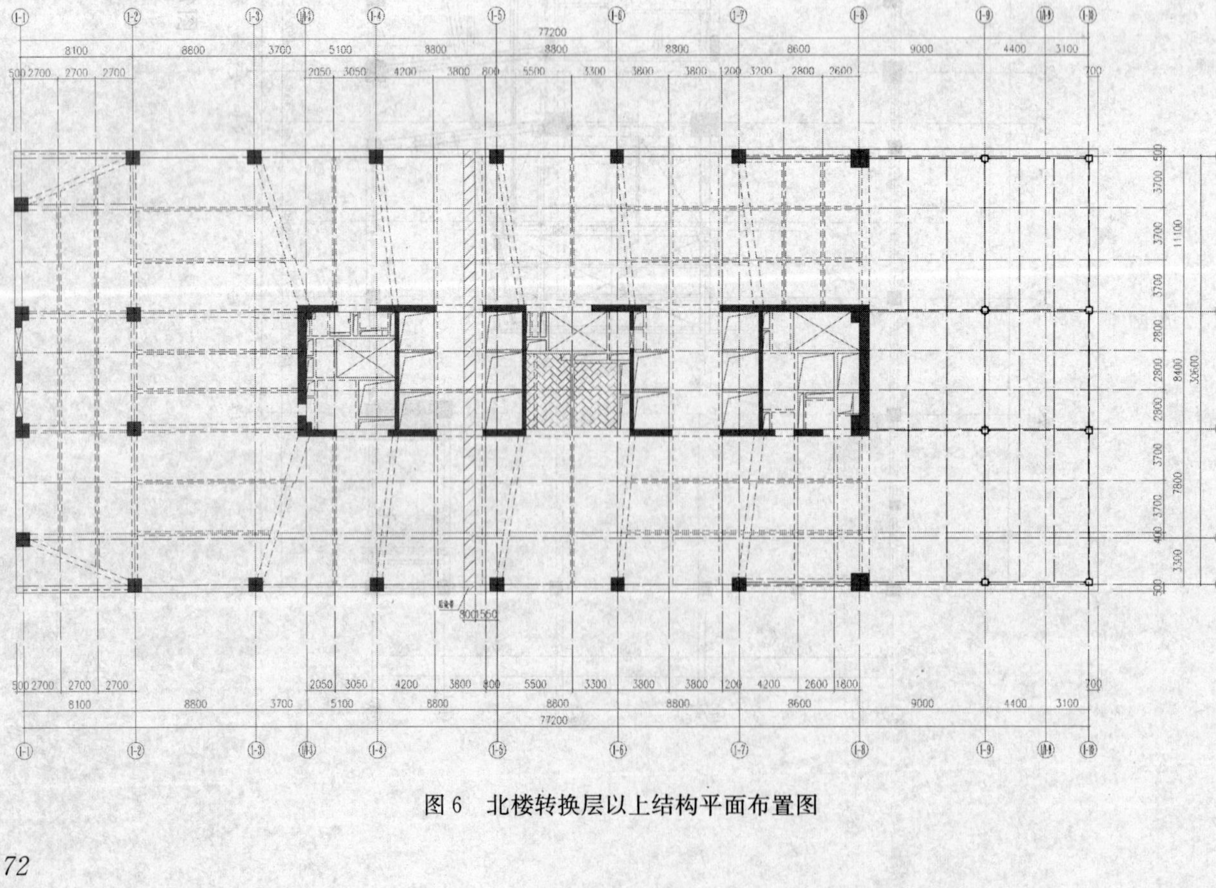

图 6　北楼转换层以上结构平面布置图

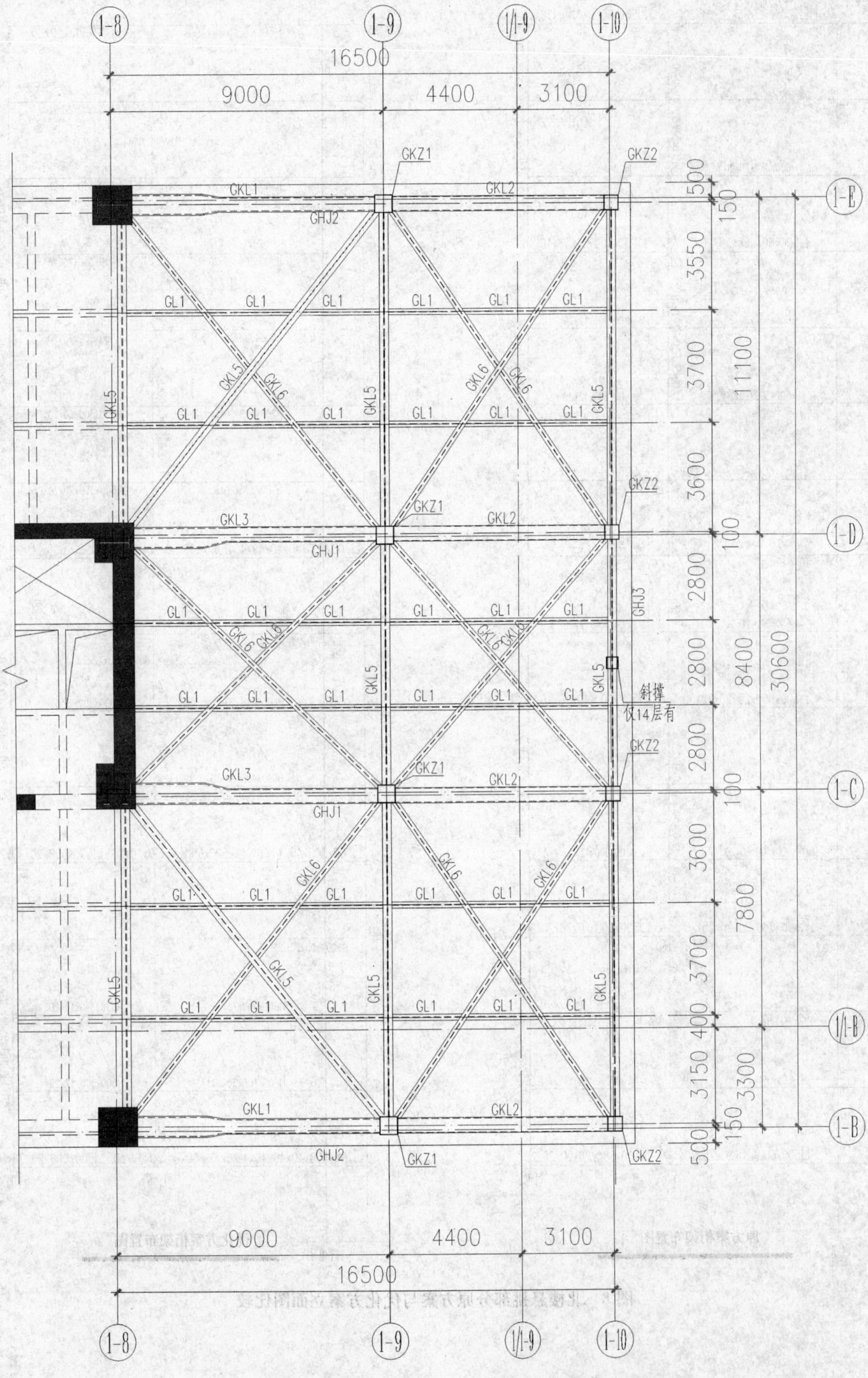

图 7　北楼优化方案十、十四、十八层悬挑部分平面布置图

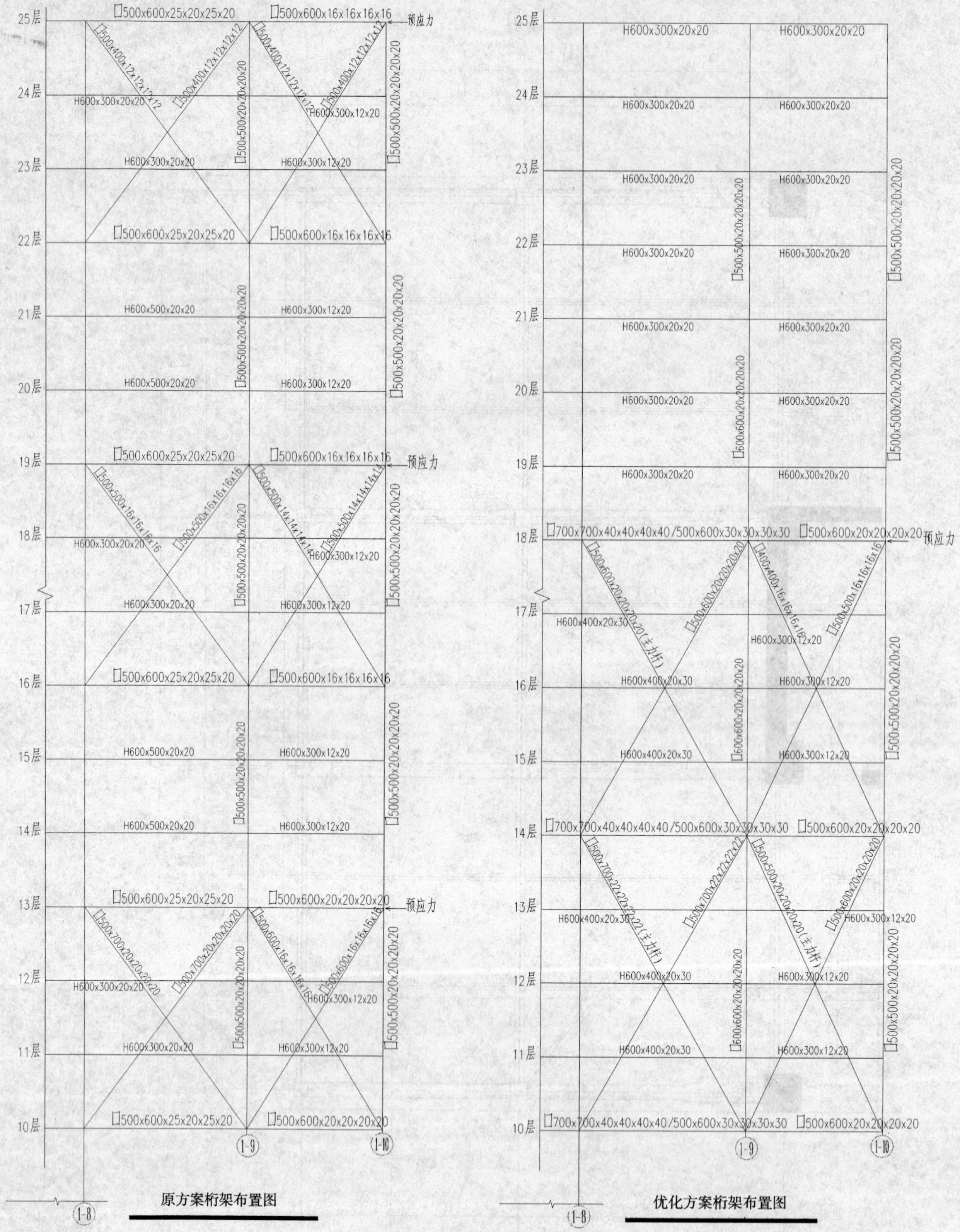

图 8　北楼悬挑部分原方案与优化方案立面图比较

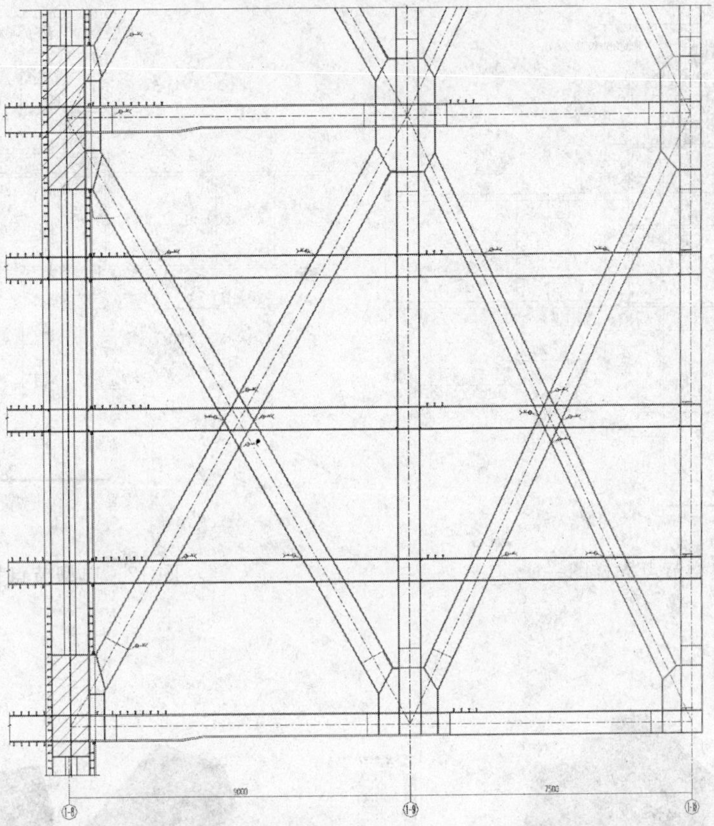

图 9　北楼 1－B、1－E 轴钢桁架立面图一

图 10　北楼 1－B、1－E 轴钢桁架立面图二

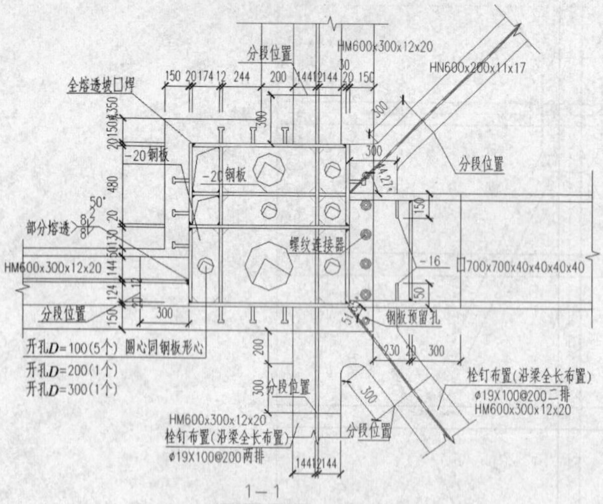

图 11　典型节点大样图一

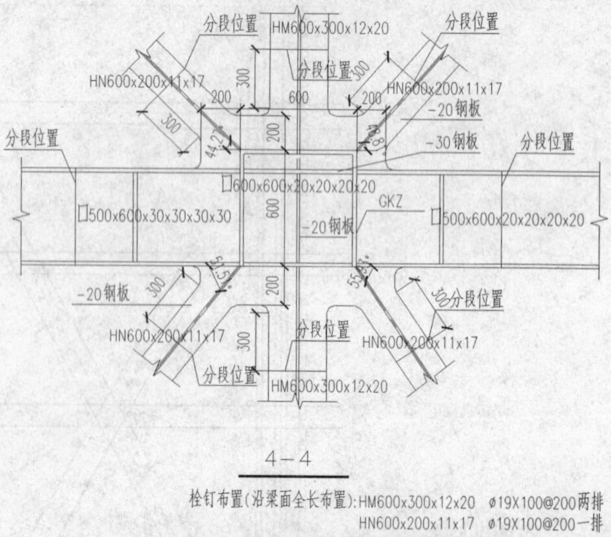

图 12　典型节点大样图二

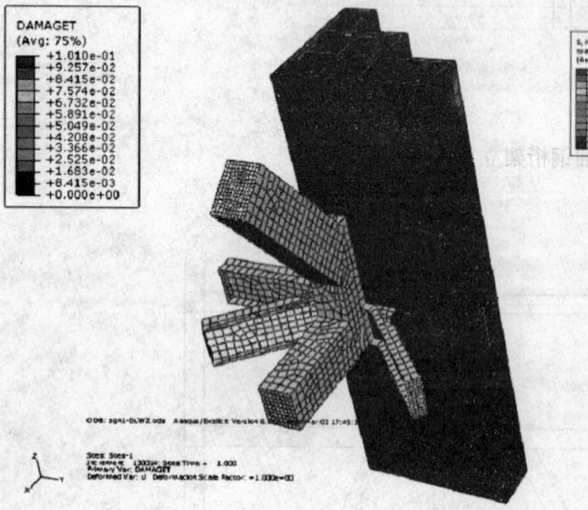

图 13　节点分析图二

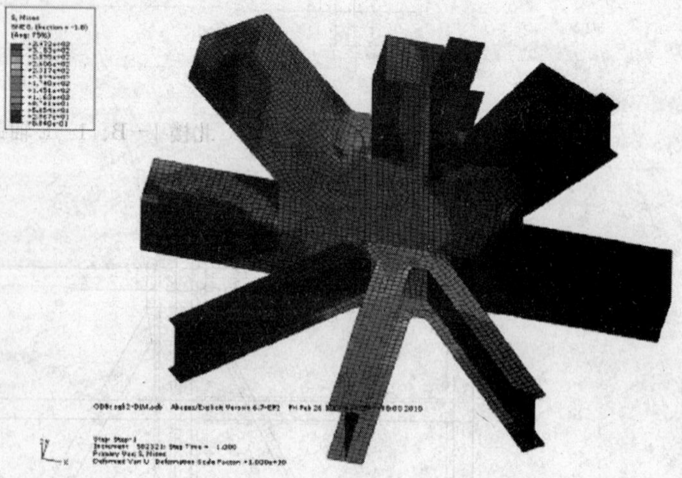

图 14　节点分析图四

江门海逸酒店结构设计

建设地点　江门市

设计时间　2010～2012

主要设计人　陈常清　周桂林　刘晓琴　陈　林　刘思为　郭勇勇　周瑞峰

一、工程概况

江门海逸酒店位于江门市外海大桥附近，北临西江，南侧为住宅小区，交通便利。从空中俯瞰，宛如一条盘旋而上的巨龙，跃世而出；抬头仰望，恰似一叶巨大的风帆，扬风而起，屹立在江岸。以帆船及水天一色为设计理念，建成后将成为西江岸畔的标志性建筑，酒店效果图（图 1）。总用地面积 12510m²，总建筑面积 69447m²，地上 48609m²，地下 20838m²，建筑总高 99.90m。地下 1 层，地上 26 层。一至五层裙楼设有大堂、餐厅、娱乐设施等，六层裙楼屋面设有游泳池，七至二十六层为酒店客房，西侧局部呈退台式布置（图 2）。地下一层设计上考虑平战结合，平时做车库，大楼机电设备用房及酒店的后勤用房，战时作为人防部分。建筑物安全等级为二级（框支框架安全等级一级），设计使用年限 50 年，抗震设防类别为丙类。工程抗震设防烈度为 7 度，基本地震加速度为 0.1g，设计地震分组为第一组，场地类型为 III 类。50 年一遇的基本风压值 0.65kN/m²。普通框架及非底部加强部位剪力墙抗震等级二级，底部加强部位剪力墙抗震等级一级，框支框架抗震等级特一级。

二、转换结构选型及建筑物整体扭转的控制

1. 树状转换结构

由于造型的需要，塔楼东侧在七层始，下部由 31.500m 高的两根钢管混凝土巨柱支撑，为满足塔楼建筑净空的需要，上部楼层梁高不能太大，需在七层设置转换结构。初步选择梁式结构、桁架结构进行计算，结果显示悬臂梁根部弯矩超过 60000kN·m，桁架结构上弦根部弯矩超过 30000kN·m，构件截面巨大而影响使用且观感不佳，难以配筋，挠度裂缝更加难以控制。经分析比较，改变常规转换结构中构件以受弯为主，工程提出以受压为主的双向斜柱树状转换结构（图 3、图 4）。受压结构能充分发挥混凝土结构尤其是钢管混凝土结构的材料性能，构件截面急剧减小，节约材料，方便施工，尤其重要的是能带来使用空间的最大化。

2. 建筑物整体扭转的控制

本建筑物特点是裙楼面积大，平面不规则且有较多大开洞，从七层起，塔楼西侧呈退台式布置，形成迭级观光露台，导致建筑物刚度中心和质量中心由裙楼略偏西侧，至塔楼逐层从西向东偏移（图 5、图 6）。建筑物在风荷载及地震作用下，均表现出较敏感的扭转效应。设计中通过以下措施来减轻扭转效应：

1）裙楼连成一体（图 5），虽然有造成建筑物结构超长的弊端，裙楼西侧由于建筑立面及内部功能的需要不能分缝，但东侧尾部裙楼给塔楼脚部提供了较大的侧向刚度。东侧尾部裙楼犹如大手，掐住东侧塔楼龙头的颈部，约束了塔楼的水平摆动，从而减小了结构的扭转。

2）利用迭级观光露台建筑线条（图 2、图 3），在与水平面角度大于 45°的线条处，设立支撑于下部梁柱节点上（条件不允许时，支撑在跨度较小、刚度较大的框架梁上）的斜柱，既增大建筑物的抗侧抗扭刚度，又变露台悬臂梁为普通框架梁，利于控制裂缝与挠度。

3）布置屈曲约束支撑。本工程裙楼功能复杂，需要抗侧构件能灵活布置；塔楼转换，希望结构自重较轻。与普通剪力墙等抗侧构件相比，屈曲约束支撑能最大限度地降低对建筑功能与布置的影响，减轻塔楼结构自重。

3. 主要计算结果

采用PKPM系列软件的SATWE模块和MIDAS GEN对结构在多遇地震作用下进行计算，计算结果如表1。

多遇作用SATWE和MIDAS GEN计算结果对比 **表1**

计算内容 \ 计算程序			SATWE	MIDAS
自振周期（s）	T1		1.8227	2.0354
	T2		1.7536	1.7303
	T3		1.6709	1.0497
	T4		1.0266	0.6517
	T5		0.7232	0.5472
	T6		0.6752	0.5240
地震作用下的位移（mm）	顶点	X向	1/1158	1/1061
		Y向	1/1279	1/1070
	层间	X向	1/936	1/907
		Y向	1/981	1/966
风荷载作用下的位移（mm）	顶点	X向	1/4555	1/3178
		Y向	1/3262	1/2248
	层间	X向	1/3178	1/2335
		Y向	1/2412	1/1711
地震作用下框架承担的基底弯矩M_0（kN·m）		X向	634441.4	549599.085
		Y向	641104.1	527523.052
地震作用下剪力墙承担的基底弯矩M_0（kN·m）		X向	1421990.1	1228351.206
		Y向	1420203.4	1375911.129
地震作用下的基底剪力Q_0（kN）		X向	33429.61	36620.371
		Y向	32252.74	37223.451

本工程为带转换层的复杂高层建筑，抗震设防烈度为7度，根据《高层建筑混凝土结构技术规程》JGJ 3—2001第4.3.4条和第5.1.13条规定，需采用弹性时程分析程序对建筑物在多遇地震作用进行补充验算。输入地震波为两组实际地震记录（SATWE软件选波），并在由《海逸酒店、海逸华庭场地地震安全性评价报告》提供的地震波中选取一条场地合成人工波USER2输入SATWE进行弹性动力时程分析。进行弹性动力分析时按7度地震III类土，50年时限内超越概率为63.2%（小震），阻尼比为0.05考虑。

采用SATWE模块对设防烈度地震（中震）作用下，对除普通楼板、次梁以外所有结构构件的承载力进行验算。根据其抗震性能目标，按最不利荷载组合进行验算，但不考虑规范规定的构件内力增大、调整系数。根据《场地地震安评报告》，在计算设防烈度地震作用时，水平最大地震影响系数$\alpha_{max}=0.2373$，阻尼比$\xi=0.07$，中震计算的简要计算结果如表2。

中震计算简要结果 **表2**

方向		0°	90°
中震作用下最大层间位移		1/420	1/494
基底剪力	Q_0（kN）	54579.64	55430.27
基底弯矩	M_0（kN·m）	1825385.38	2014032.13

按规范要求的“大震不倒”的抗震设防目标，采用MIDAS GEN程序对建筑物在罕遇地震作用下进行静力弹塑性推覆分析，大震下静力弹塑性分析所得的性能点处相关指标如表3所示。

大震静力弹塑性简要结果 **表3**

推覆方向	0°	90°
顶点位移（mm）	69	245
最大层间位移角（层号）	1/225	1/182
基底剪力（kN）	74600	91600

三、结构设计主要难点

1. 大直径大承载力钢管混凝土巨柱

1）大直径大承载力钢管混凝土巨柱构造形式的确定

为达到大震不屈服的性能目标，钢管混凝土巨柱需抵抗近120000kN的抗压承载力，直径达2500mm。对大直径大承载力钢管混凝土巨柱的设计，重点考虑以下方面：（1）由于混凝土存在收缩、徐变，如何保证外包钢管与内部混凝土的协同工作；（2）与节点能方便且可靠的连接。通过与外钢管内钢骨混凝土、双钢管之间加肋分腔并填充混凝土等截面形式的分析比较，设计方案为外圆钢管内方钢管且分腔的叠管混凝土截面形式（图7），其优点是：（1）分腔后单腔混凝土截面较小，混凝土收缩、徐变不明显，能与钢管壁较好接触，较好协同工作；（2）有较大的抗弯刚度；（3）内部分腔隔板起加肋作用，能较均匀传递截面应力，并能保证与节点方便可靠连接。

2）钢管混凝土巨柱计算长度

两根钢管混凝土巨柱是结构受力体系的最重要组成部分，二至六层无楼层梁板拉结，首层与七层梁板刚度相对巨柱小很多，不足以对巨柱形成有效侧向约束。巨柱计算长度的确定，对整体结构的安全性、经济性有极大的影响。本工程在进行线性屈曲分析，考察巨柱各阶屈曲模态，得出巨柱可进行这样的计算：柱底在底板处可考虑成固接，首层、七层梁板侧向与巨柱铰接（图8）。

3）巨柱与主体结构竖向构件变形的协调

由于考虑大震不屈服的性能目标，巨柱在小震作用下应力水平并不比主体结构大很多，施工阶段通过施工模拟适当预留巨柱变形量，计算表明使用阶段巨柱与主体结构竖向构件的变形能较好的协调。

2. 树状转换结构下部外围构件的处理——优化施工顺序调整结构内力分布

树状转换结构斜柱上端由于支撑17个楼层，有一定的挠度。如七至十层树状转换结构外围采用普通梁柱结构并按正常施工顺序，则七层节点外侧梁端受转换柱挠度的影响，根部弯矩巨大，实际上七层节点外侧梁、斜柱、钢管混凝土巨柱上直柱组成了转换桁架，未能发挥斜柱的良好受压性能。经过多轮试算，要充分发挥斜柱的受压作用，必须调整转换结构层的施工顺序（图9）。树状转换结构及其内侧结构与主体结构施工至屋面，此时转换结构上部荷载完全由斜柱传递至下部钢管混凝土巨柱，之后采用施工树状转换结构下部外围构件，实际上形成外围构件吊挂于转换结构之下的结构形式。经施工模拟计算，外围构件不再参与转换，受力与普通构件无异。

3. 10m悬挑观光露台

受净空的限制，露台结构厚度不能超过600mm，经比较，采用预应力空心钢管混凝土变截面厚板，其中内空钢管既减轻露台重量，又增大刚度；预应力钢筋既抵抗弯矩，又能较好控制挠度与裂缝。

四、试验与监测

针对建筑物结构特点，进行各类试验和监测。

1）鉴于建筑物体型复杂，扭转不规则，裙楼楼板开洞较多，且高位转换，工程拟对进行地震振动台试验。

2）工程拟进行树状转换结构及其节点的受力性能试验。

3）拟进行钢管混凝土叠合柱的轴压、偏压试验研究及抗震性能试验研究。

4）本工程拟进行施工监测，重点监测树状转换结构、钢管混凝土叠合柱的应力、应变。

目前工程正在施工中，有关试验亦在进行中。

五、结语

1）树状转换结构改变常规转换结构中构件受弯为主为以受压为主，做到物尽其才，节约材料，方便施工。

2）大直径大承载力钢管混凝土巨柱，保证外包钢管与内部混凝土的协同工作及合理确定计算长度，对保证建筑物安全意义重大。

3）对复杂结构应进行细致深入的计算分析。楼板局部有限元分析、关键节点有限元分析和结构抗震弹塑性分析等计算，是工程安全合理的有力保证。

4）对关键部位及特殊结构应进行必要的试验与监测。

图1 建筑效果图

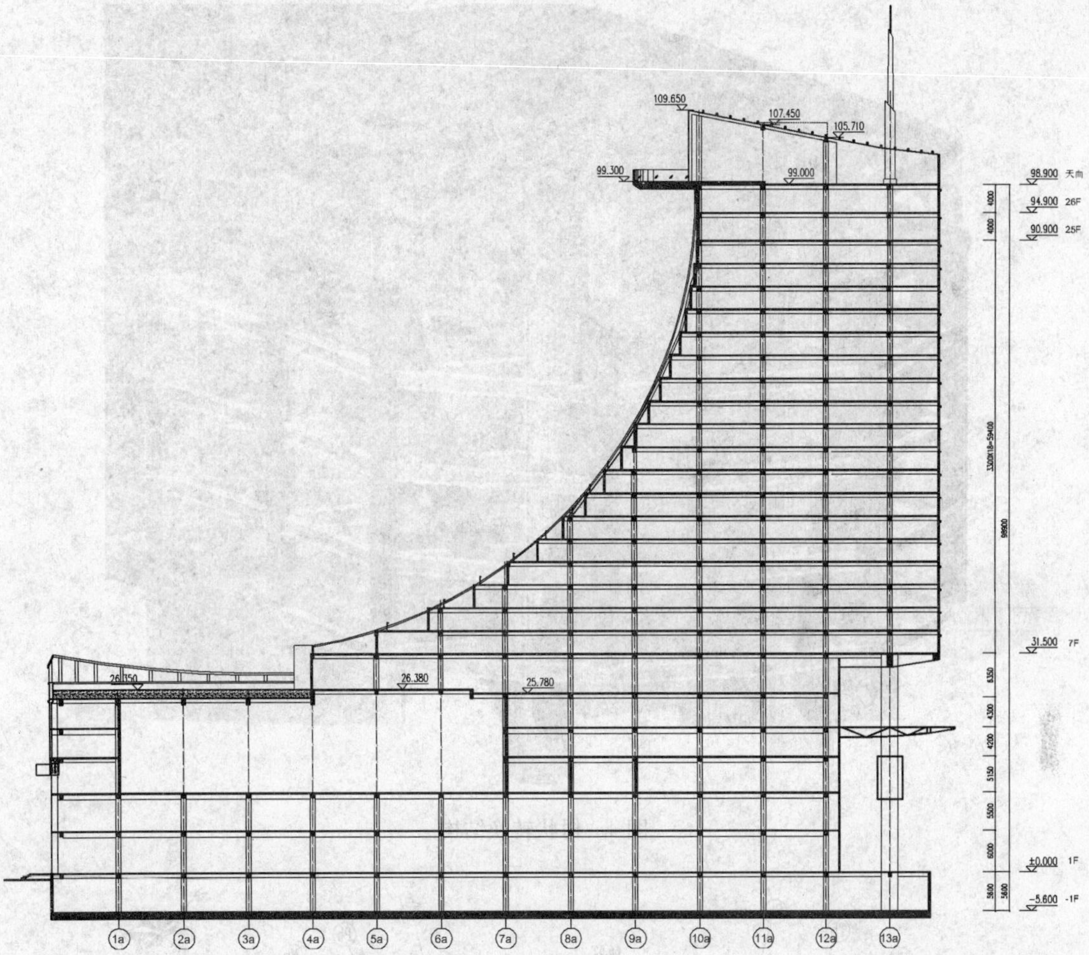

图 2 建筑剖面图

图 3 整体结构三维模型

图 4　树状转换结构

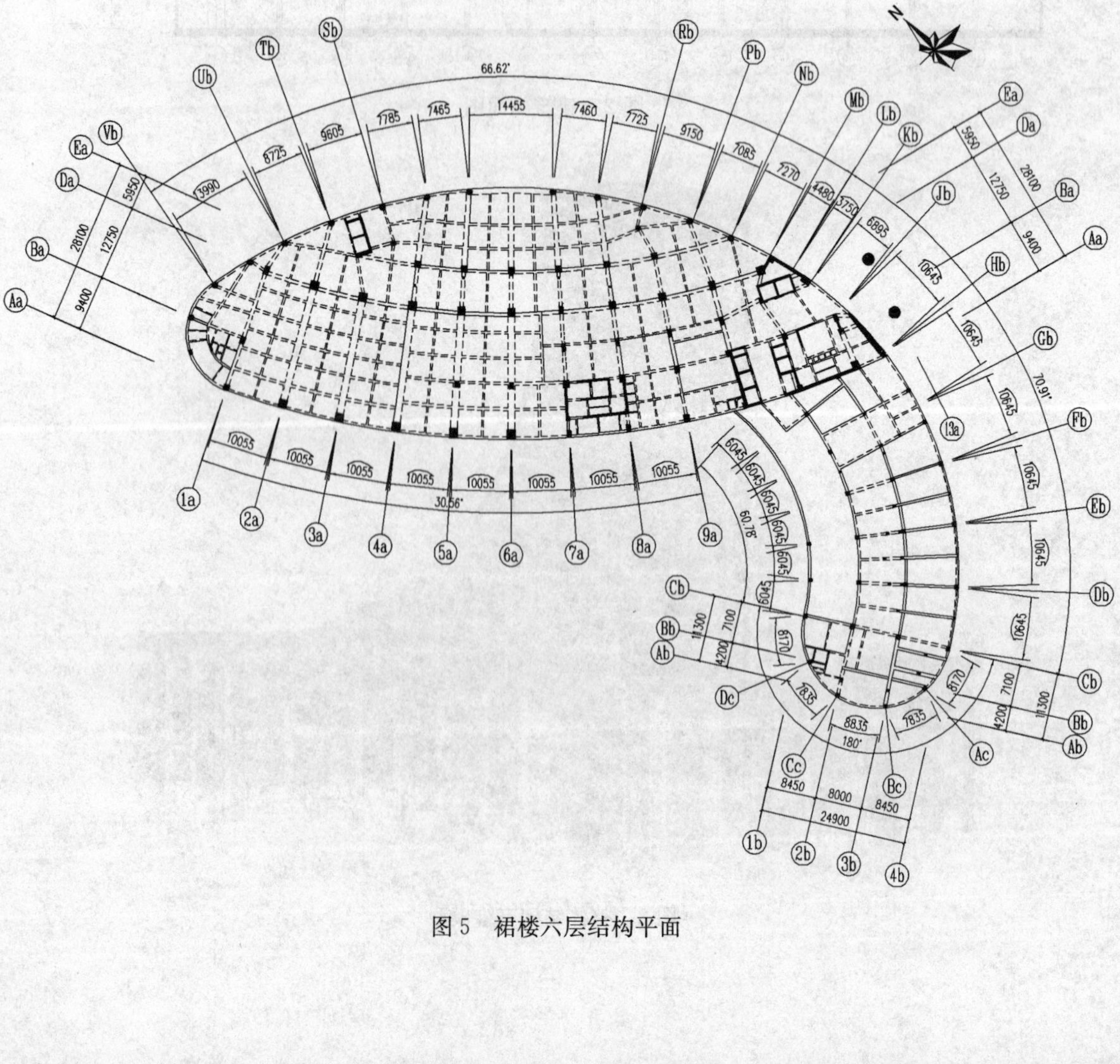

图 5　裙楼六层结构平面

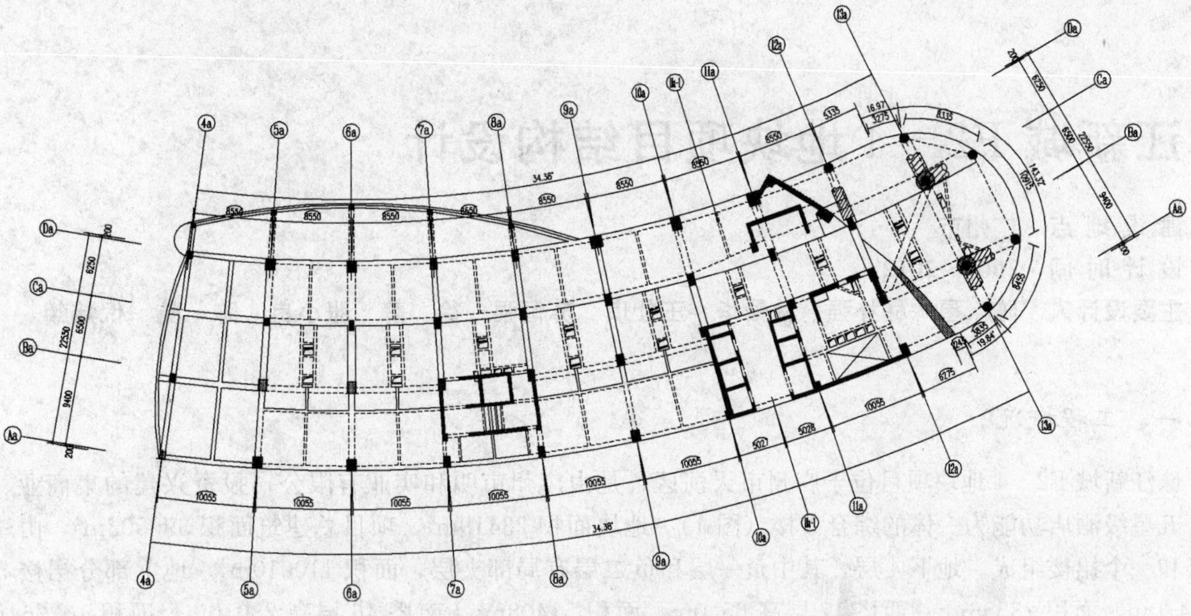

图 6　七层结构平面

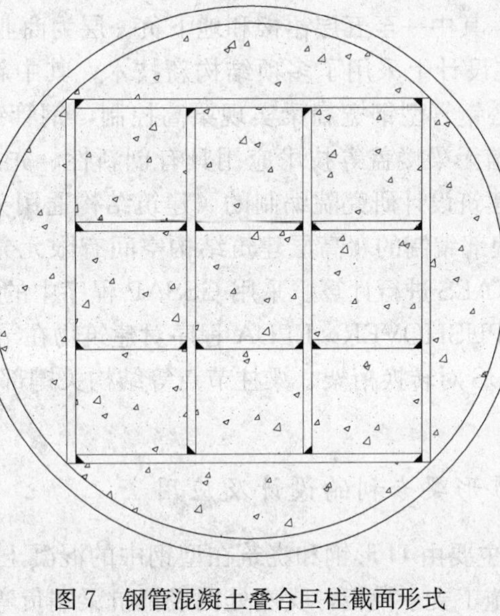

图 7　钢管混凝土叠合巨柱截面形式

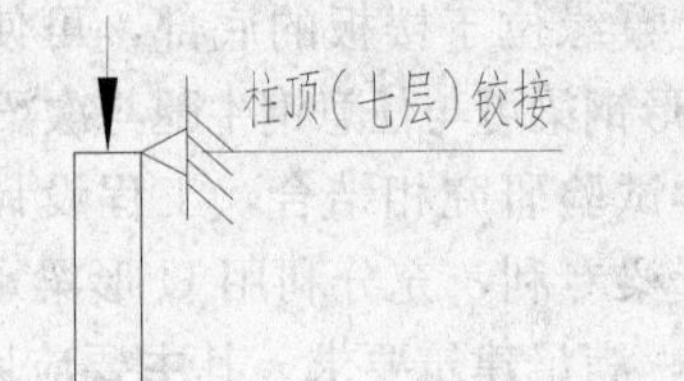

图 8　钢管混凝土叠合巨柱计算长度

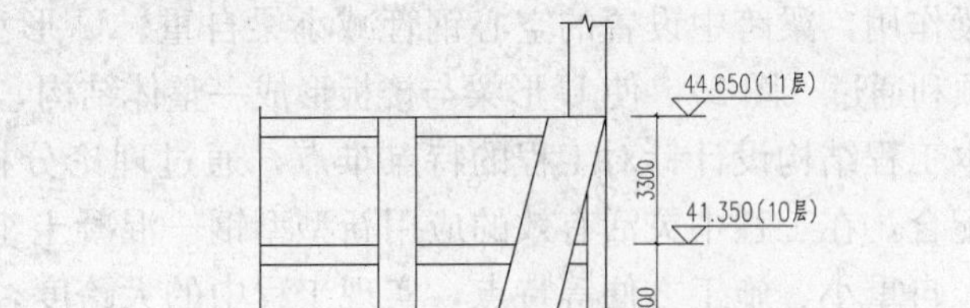

图 9　优化施工顺序

珠江新城 F2—4 地块项目结构设计

建设地点 广州市
设计时间 2007～2012
主要设计人 陈 星 林扑强 林景华 王仕琪 苏恒强 徐 静 张小良 陈 航 倪炜麟

一、工程概况

珠江新城 F2—4 地块项目位于广州市天河区，是由广州市明和实业有限公司投资兴建的集商业、办公、五星级酒店功能为一体的综合大楼（图 1）。地块面积 23419m²，项目总建筑面积 395503m²，由三个塔楼和一个裙楼组成。地下 4 层，其中负一层和负二层有局部夹层，面积 110010m²。地上部分裙楼 5 层高 24.0m，面积 28556m²；西塔 17 层高 65.0m，面积 51408m²；南塔 46 层高 280.0m，面积 102764m²；北塔 46 层高 200.0m，面积 102764m²。

本工程主要按 7 度抗震设计，其中一至五层裙楼和地下负一层为商业用地，抗震设防分类为乙类，按 8 度采取抗震构造措施。本工程在设计上采用了多项结构新技术，其中新型型钢—混凝土组合 U 形梁专利的设计及应用，采用非常规空心钢管型钢宽扁梁实现梁高控制，钢管钢板剪力墙，西塔 A 级高度建筑的高位转换，地下室采用带明柱帽无梁楼盖等技术应用具有创新性、先进性，在工程中取得了良好的效果。在计算上，成熟运用广东省建筑设计研究院编制的《建筑结构通用分析与设计软件 GSSAP》和中国建筑科学研究院 PKPM CAD 工程部编制的《高层建筑结构空间有限元分析与设计软件（SATWE）》、北京金土木软件技术有限公司的 ETABS 进行计算。采用 GSSAP 程序中的弹性时程分析程序对建筑物在多遇地震作用进行补充验算，采用 PUSHOVER&EPDA 程序对建筑物在罕遇地震作用下进行静力弹塑性分析，配合使用 ANSYS 及 ABAQUS 对转换桁架、梁柱节点等结构关键部分进行深入模拟分析，使计算结果能真实反映结构实际受力情况。

二、型钢—混凝土组合 U 形梁专利的设计及应用

型钢—混凝土组合 U 形梁，主要由 U 形钢和浇筑在型钢中的混凝土组合而成。其特征在于全梁设置 U 形型钢起抗弯剪扭作用并作为施工支承模板，支座处内设抵抗梁端负弯矩的“n”形钢与 U 形钢结合起钢箱梁作用，梁跨中设置的空心钢管减小梁自重。U 形型钢的上翼缘位于楼板的底部，可使楼板的双向底筋顺利通过（图 2），使 U 形梁与楼板形成一整体结构，并且 U 形钢梁可与任意钢牛腿与次梁顺利连接。

本工程结构设计针对工程的特点难点，通过理论分析和科学试验研究相结合，工程设计与实际施工密切配合，在工程中灵活有效的应用新型型钢—混凝土组合 U 形梁专利，充分利用 U 形梁承载力强、刚度大、自重小、施工方便等特点，实现工程中的大跨度，大空间，满足建筑要求。其主要应用于：

1）首层内院式大中庭 10m 大悬挑型钢—混凝土组合 U 形梁。

地下负一层、裙楼及各塔楼五层及以下为商业用房，R～L 轴、14～18 轴处为内院式顶部采光大中庭，为了配合建筑做到空间的高大而且通透，中庭处多处设置大悬挑梁，其最大跨度为 10m，最小跨度为 5.6m。为了改善悬挑梁的抗裂性能，降低端部挠度，在保证使用净空的前提下降低层高，五处大悬挑梁均采用钢—混凝土组合 U 形梁（图 3），10m 跨处 U 形梁截面尺寸为 1200mm×1000mm，若采用普通的钢管混凝土梁，其尺寸需做到 1200mm×1200mm 才能满足强度要求，主筋需配置 34 ⌀ 32，但悬挑端部竖向变形较大，短期刚度下的弹性位移即达到了 68mm，若将梁高增加至 1300mm，能将挠度降至 54mm，仍无法在限高的约束下较好控制自身在大跨度情况下的变形与裂缝。而采用常规的型钢—混凝土组合梁，在满足承载力及挠度裂缝要求的条件下，其用钢量比 U 形钢梁增大 20%，自重增加 25%，并且

其在负弯矩区段，其下方型钢存在受压稳定问题，往往为此须增设侧向拉结措施（隅撑、拉杆等），导致构造复杂，甚至影响建筑使用要求，并且普通的型钢梁型钢常位于混凝土板下方，除了型钢上翼缘的上表面与混凝土接触外，其余各表面均直接裸露，外露比例较大，防腐防火面积相应较 U 形钢梁大，处理费用高，且施工过程一般需要搭建施工模板，再浇筑混凝土以形成组合梁，其施工成本大，工期较长。

2）裙楼六层 24m 大跨度大荷载型钢—混凝土组合 U 形梁。

裙楼六层为天面层，其屋面设计荷载大，其投入使用后将有 1500mm 厚的覆土荷载和植被荷载，恒载为 30kN/m²，其梁跨 24m，故采用型钢—混凝土组合 U 形梁（图 4），充分利用了 U 形钢梁承载力强，刚度大，自重小的特点。

3）17m 跨度弧形钢—混凝土组合转换桁架。

塔楼的东南面由于建筑功能的需求，为了增加门厅入口处宽敞度，在一、二层塔楼的 1/B 轴与 1/6 轴处各抽掉两根柱子，使得 1/B 轴处的柱距由 7.8m 增至 14.8m，1/6 轴处由 8.5m 增至 17m，且 1/6 轴处梁系弧梁，存在较大的平面外作用力。对此，本工程采用钢—混凝土组合转换桁架，将上、下弦楼层（三、四层）结合为一个整体（图 5），通过斜撑受压及下弦受拉来承受上部结构传来的重力荷载，同时，为平衡平面外作用力，增加桁架抗扭能力，增强转换结构的整体性，桁架上弦处在托柱位置设置拉结 U 形钢骨梁，下弦处设置 U 形钢骨梁拉结在托柱的相邻两柱，并将受托柱下伸成为桁架的竖向腹杆（图 6）。桁架上、下弦为 1200mm×1000mm 钢—混凝土组合 U 形梁，斜腹杆为 1200mm×1000mm 的混凝土钢箱梁，其中，上、下弦的 U 形梁内腹板四侧每隔 1090mm 开长轴为 220mm，短轴为 120mm 的椭圆孔，以方便灌注混凝土，通过内填的混凝土增加桁架的稳定性并增强构件的抗压强度。作为结构中的关键部位，桁架抗震等级为特一级，考虑了竖向地震作用的影响，并进行小震、中震及大震下的验算，以确保其抗震受力性能。

三、混凝土空心钢管型钢宽扁梁

由于受城市规划的限制，为了显著提高建筑的使用空间，塔楼的层高受到严苛的限制，柱距 12m 的框梁梁高被限制在 450mm，这一限制使得使用普通宽扁梁无法满足规范上对裂缝与挠度的要求，而在支承条件和跨度一定的条件下，构件的刚度起决定作用，为此本工程创造性的采用 1350mm×450mm 的混凝土空心钢管型钢宽扁梁，其由贯穿全梁的 2 个 330mm×200mm×24mm×20mm 的 H 形钢、2 个 330mm×100mm×12mm×20mm 的槽钢及梁跨中 3 个 8mm 厚的 299mm 钢管间隔组合而成（图 7），不但提高刚度并有效减轻自重。同时型钢上、下翼缘可布置常规梁底面筋及箍筋，在刚度达到要求的前提下，可进一步减小型钢用钢量。而在空心钢管型钢梁的梁端钢管上焊 10mm 厚连接肋板，使钢管与型钢可由连接肋板通过螺栓连接，这样不但改善了连接性能并减少大量的焊接工作，使得施工工厂化、标准化，使塔楼标准层的施工速度达到 7d/层。由于宽扁梁的节点受力复杂，其工作特性明显不同于普通框架梁柱节点，宽扁梁梁端受到较大的附加剪力与附加扭矩，本工程通过在剪力墙筒体外框向外飘出 2m 左右厚度为 450～500mm 的厚板形成四周封闭的墙帽作为扩大支座，使得梁端的型钢与钢筋可以伸入墙帽支座区有效锚固、搭接，并且在墙帽处除配置一般箍筋外，增加附加水平箍筋和竖向拉筋以抵抗附加剪力与扭矩。通过墙帽的合理有效设置，不仅可以将宽扁梁端荷载可靠地传递给核心筒，而且空心钢管宽扁梁节点的内、外核心区均可视为梁的支座，有效地减小了梁跨，进一步优化了截面（图 8）。在计算上采用 GSSAP 全楼弹性板计算，用弹性板单元较为真实地模拟墙帽。

四、钢管钢板组合墙

在罕遇地震作用下，核心筒会因刚度大、承担大部分地震作用而首先破坏。因此必须采取有效措施保证核心筒的延性。针对这一问题，本工程创造使用了新型钢管钢板组合墙作为抗侧力构件，其由外层钢板、间隔排列的混凝土钢管柱及加劲板组成（图 9），具有较好的延性和耗能性能，ANSYS 及 ABAQUS 模拟计算分析表明，在罕遇地震作用下，外层钢板局部屈服后，组合墙的钢管柱出现局部屈曲，内填混凝土与钢管出现滑移，内填混凝土开始压坏，钢管钢板组合墙在抵抗大震时具有多道抗震防线，可以有效地减缓核心筒的刚度退化，提高核心筒延性，从而改善结构的抗震性能。

五、西塔 8 层高位转换

西塔负一层至五层为商业用房，六层为会所，均对使用空间的需求较高，无法设置过多的落地剪力墙，七层至十七层为酒店公寓，墙体相对较多，故采用框支剪力墙结构。由于是在建筑八层楼面位置进行结构转换，属于高位转换 A 级高度的钢筋混凝土建筑，其竖向抗侧力结构不连续，为了将水平位移控制在规范所要求的范围内，本工程增加了转换层上部结构周边剪力墙的刚度，对下部结构中电梯筒周边的墙体进行强化，在适当的位置设置较大高宽比的框支柱，并采用钢管—混凝土组合结构转换大梁的结构方案（图 10）。

六、地下室带明柱帽无梁楼盖

本工程需要在 21m 高度范围内完成 6 层地下室，使得地下室层高仅 3.40～3.70m，在考虑车库建筑净高、设备管道布设等因素后，对楼盖结构高度的限制相当严苛。如采用普通梁板结构不能满足地下室净高要求，故采用带明柱帽的现浇空心无梁楼盖，通过在现浇楼板中间预置轻质芯模来大大减少混凝土的用量，减轻结构的自重 20%～35%，同时不改变结构本身的承载能力，改善构件的变形及抗裂性能，达到保证净空的目的。在施工过程中（图 11），通过加强加气砌块安装的定位措施，沿加气混凝土砌块长向垂直方向浇捣混凝土，禁止沿加气混凝土砌块长向平行方向及多点围合式浇筑，保证砌块含水率及控制混凝土坍落度等方面较好地解决了空心楼板芯模间距控制以及浇筑混凝土时芯模的抗浮问题，保证了工程质量。

七、超限加强措施

本工程南塔和北塔属于 B 级高度的超限高层建筑，南、北塔四十四层至四十六层平面局部有收进，在四十三层处出现梁托柱的情况造成抗侧力构件不连续，南塔最大位移比为 1.40，北塔最大位移比为 1.33，为平面扭转不规则，共出现三项超限。根据《高层建筑混凝土结构技术规程》第 5.1.13 条规定，采用三个不同力学模型的空间分析程序进行计算分析。本工程采用广东省建筑设计研究院编制的《建筑结构通用分析与设计软件 GSSAP》和中国建筑科学研究院 PKPM CAD 工程部编制的《高层建筑结构空间有限元分析与设计软件（SATWE）》、北京金土木软件技术有限公司的 ETABS 进行计算。根据《高层建筑混凝土结构技术规程》第 3.3.4 条和第 5.1.13 条规定，采用 GSSAP 程序中的弹性时程分析程序对建筑物在多遇地震作用进行补充验算。根据《高层建筑混凝土结构技术规程》第 4.6.4 条和第 5.1.13 条规定，采用 PUSHOVER&EPDA 程序对建筑物在罕遇地震作用下进行静力弹塑性分析。同时在按规范进行设计的基础上，对以上三项超限采取以下加强措施：

1）针对南塔和北塔属于 B 级高度的超限情况。

南塔和北塔剪力墙截面从首层至顶层逐步均匀收窄，钢管柱也贯通全楼，组成延性较好的框架核心筒抗侧力体系，将底部加强区的剪力墙的抗震等级提高至特一级，并提高剪力墙底部加强部位的水平配筋率到 0.6%，在施工图阶段考虑在剪力墙暗柱区加型钢增加剪力墙延性，以确保核心筒在罕遇地震时不出现剪切破坏。

2）针对扭转不规则的超限情况。

南塔、北塔在偶然偏心地震作用下位移比最大值介于 1.2～1.4，属扭转不规则的超限情况。通过对南塔和北塔的首层进行加强，将剪力墙最大厚度提高到 800mm。对于南塔三十一层、北塔三十二层层高（5.0m），通过外圈加斜撑及加大外圈梁截面，加大结构的抗扭转性能。

3）针对南、北塔竖向抗侧力构件不连续情况。

四十四层至四十六层平面局部有收进，竖向抗侧力构件不连续。在四十三层处出现梁托柱的情况。其托梁采用型钢混凝土梁，通过在柱下端节点处另外拉结混凝土梁，形成双向拉结托梁，提高其整体受力性能；尽量减轻上托三层楼的楼面重量；收进的剪力墙截面力求均匀变化，调整剪力筒的布置使转换层以上的三层楼的刚心位置尽量接近四十三层的楼层刚心。在南、北塔四十四层（转换层）和顶层外圈采用型钢混凝土梁进行加强。同时在南塔四十四层（转换层）设置夹层，采用附加荷载和弹性楼板两个计算模型进行计算复核。

八、总结

本工程遵循安全、实用的原则，针对工程的特点难点，通过理论分析和科学试验研究的结合，工程设计和实际施工的密切配合，根据实际情况进行技术优化与创新，对整体结构的体系和布置进行优化，选择科学、合理、经济的结构形式与施工步骤，采用合适的结构分析软件进行计算，取得了良好的效果。

图 1　项目建筑效果图

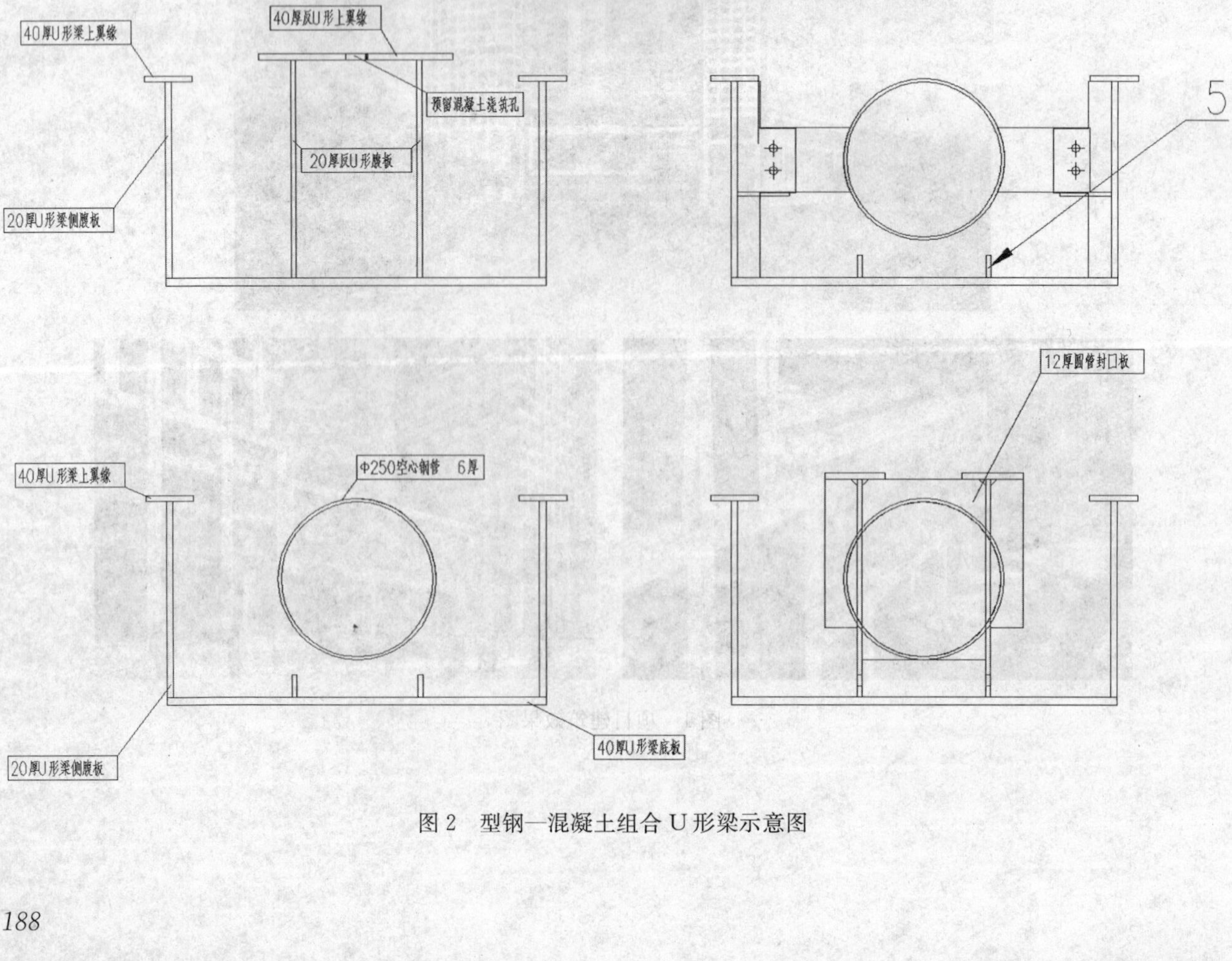

图 2 型钢—混凝土组合 U 形梁示意图

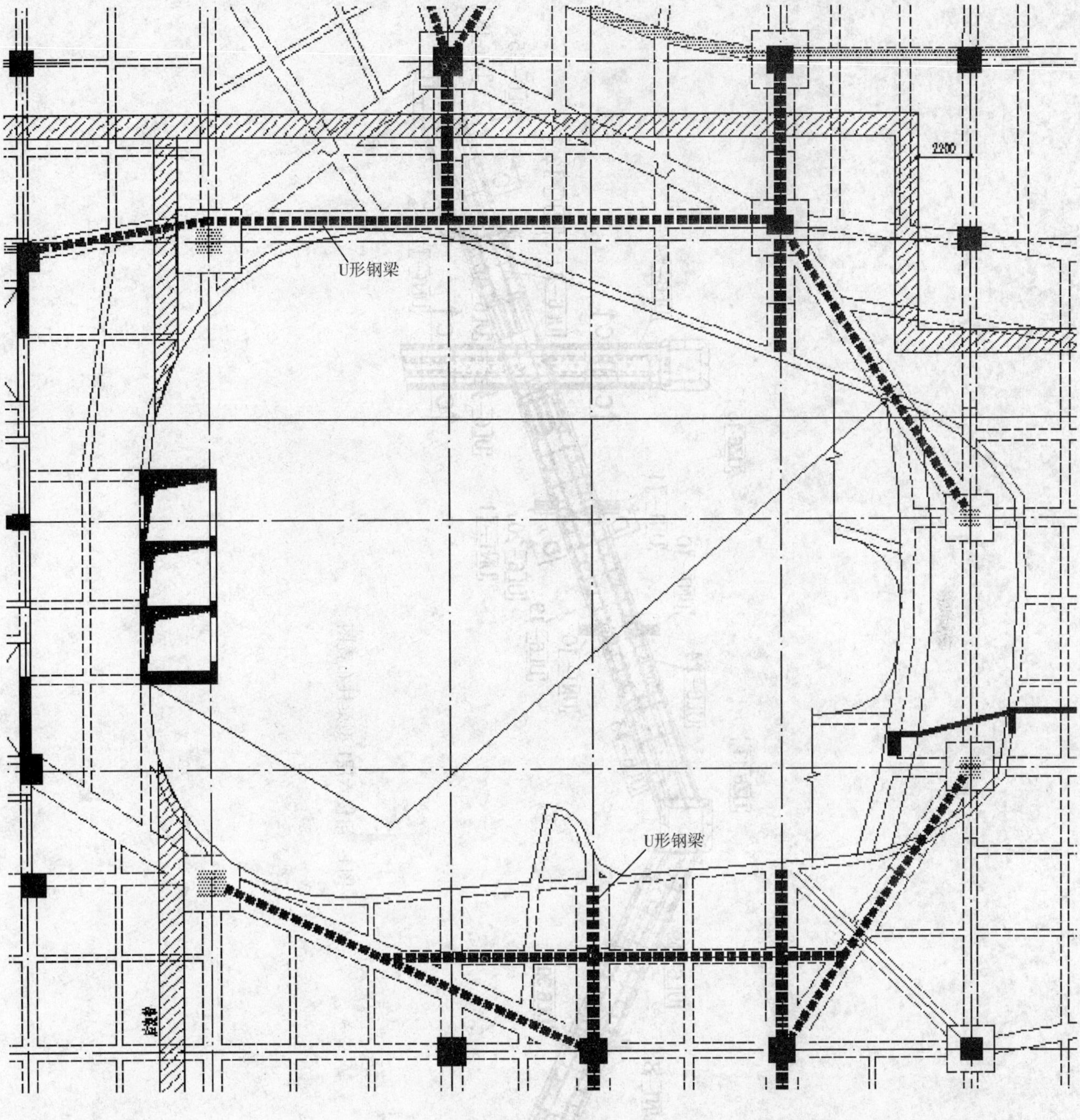

图 3　首层中庭 U 形钢梁布置平面图

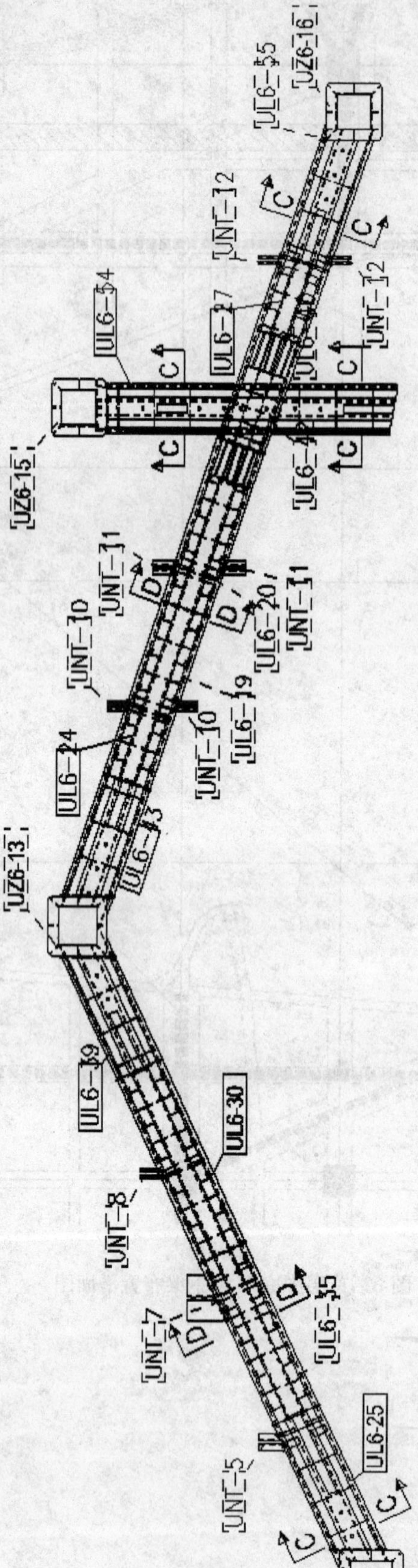

图4 裙楼六层U型梁柱布置图

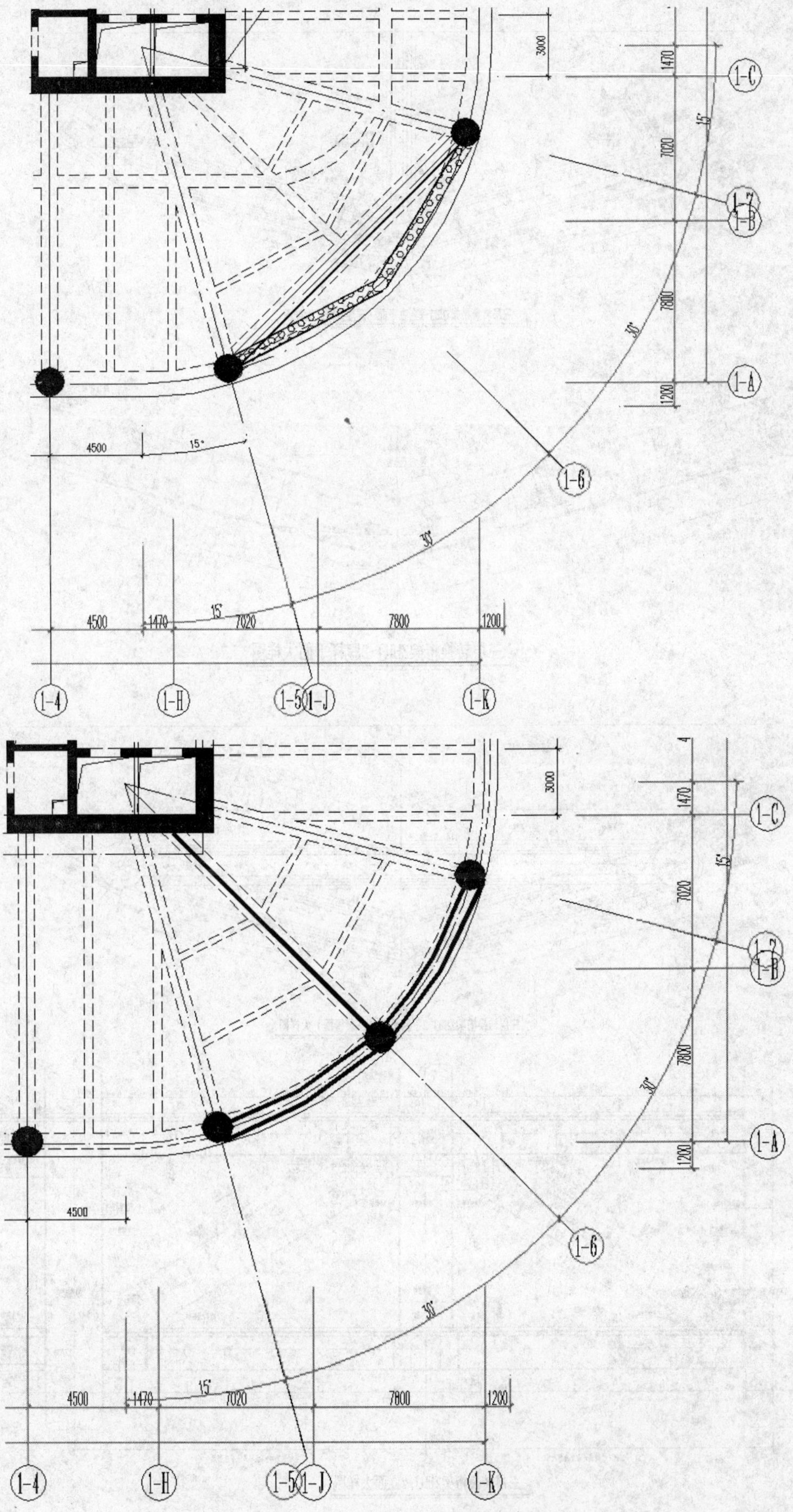

图 5　裙楼三、四层局部平面图

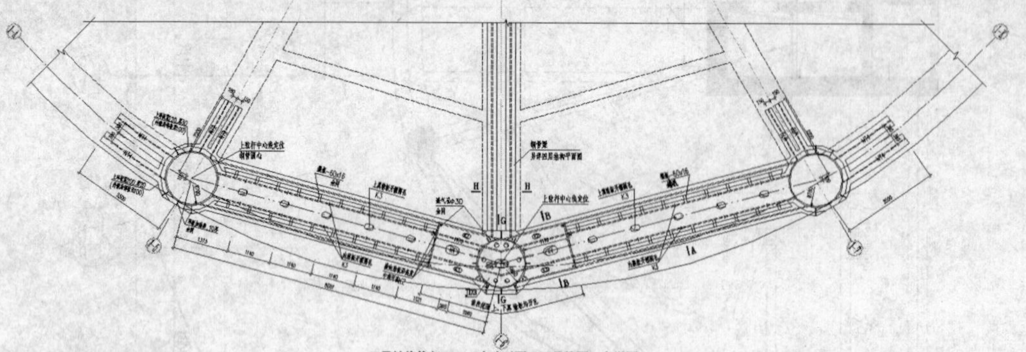

三层转换桁架ZHHJ-2上弦平面（四层楼面）大样图

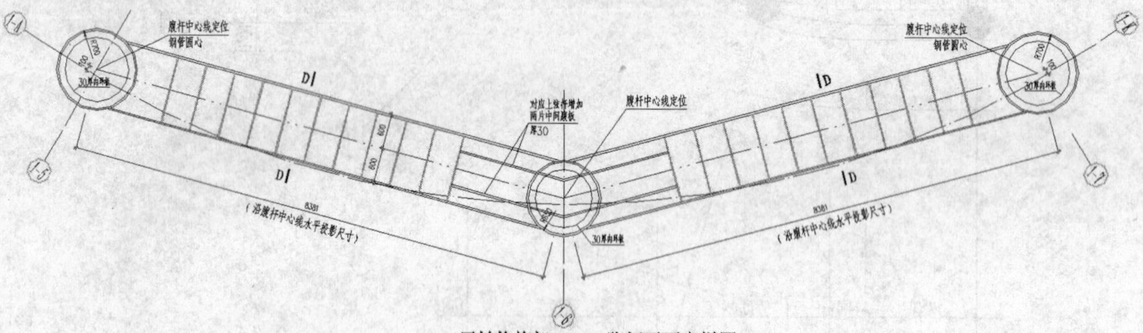

三层转换桁架ZHHJ-2腹杆平面大样图

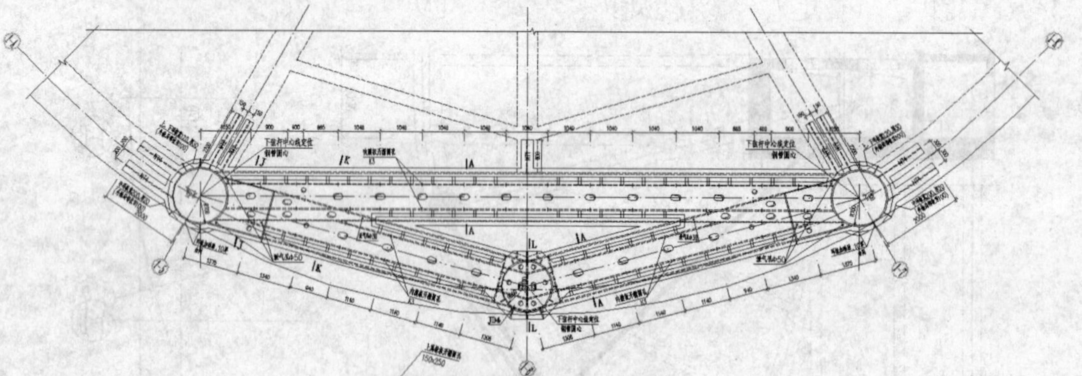

三层转换桁架ZHHJ-2下弦平面（三层楼面）大样图

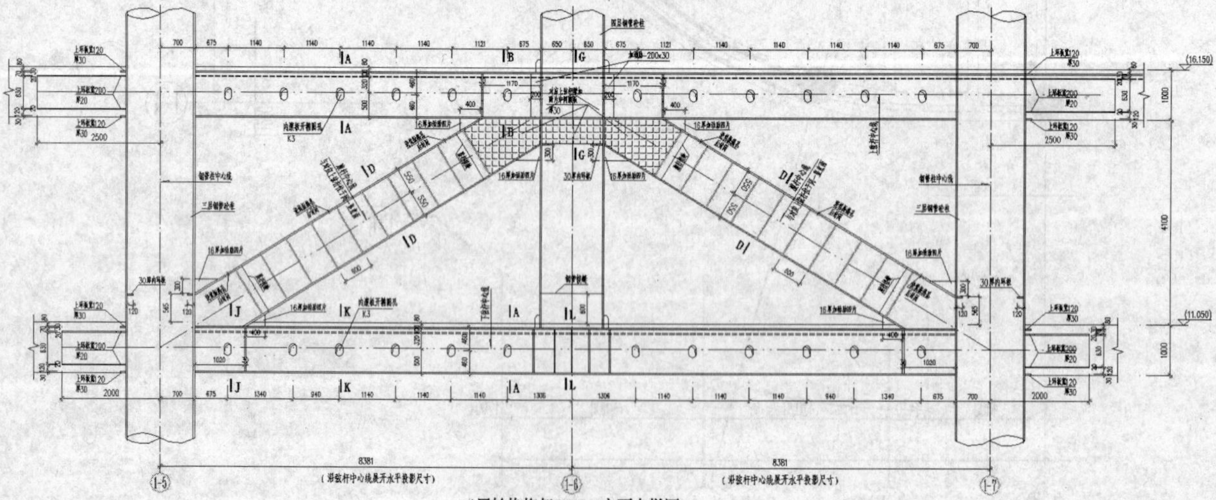

三层转换桁架ZHHJ-2立面大样图

图 6　转换桁架示意图

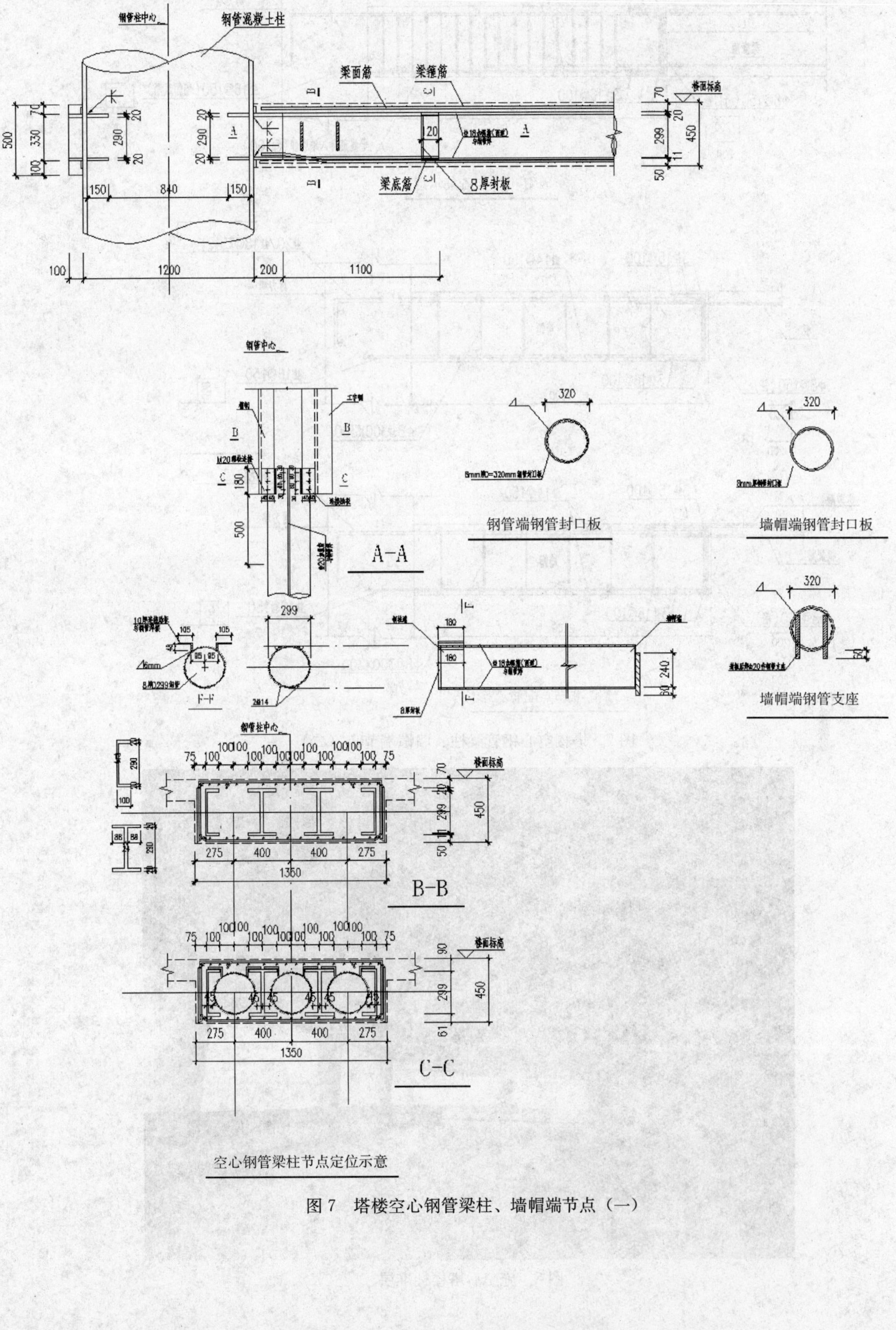

图 7　塔楼空心钢管梁柱、墙帽端节点（一）

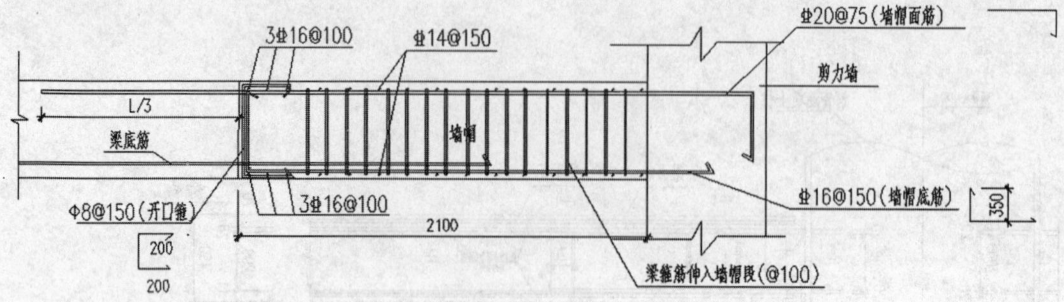

墙帽-梁节点配筋示意

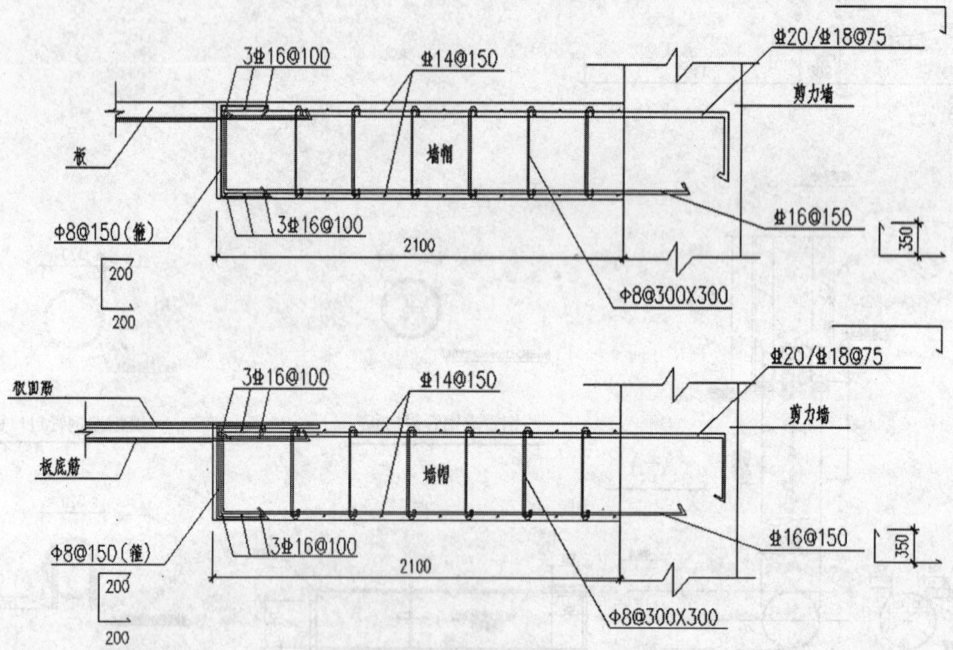

墙帽-板节点配筋示意

图 7　塔楼空心钢管梁柱、墙帽端节点（二）

图 8　施工后塔楼标准层

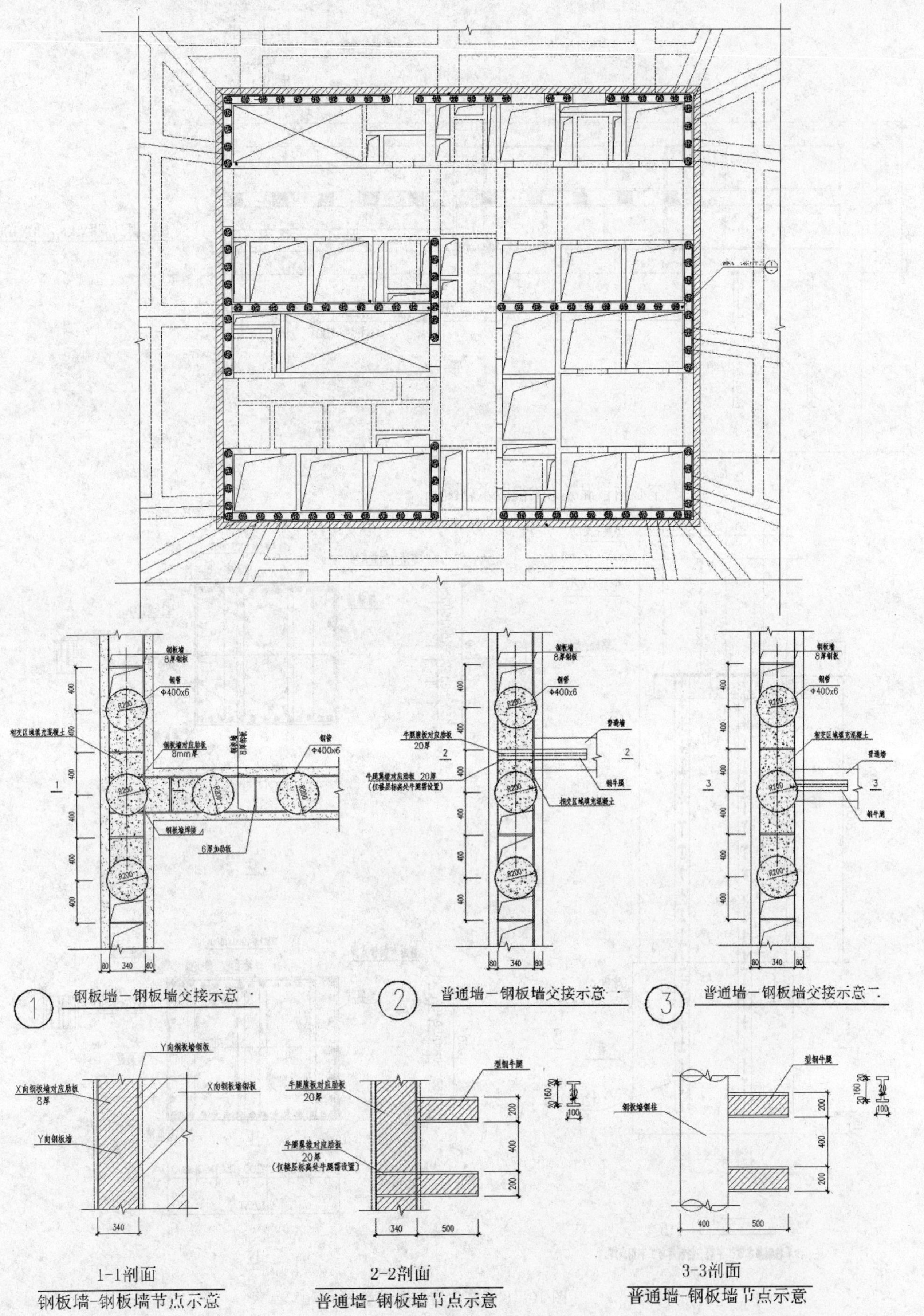
钢板墙 8厚钢板
钢管 Φ400x6
相交区域填充混凝土
钢板墙对应肋板 8mm厚
钢板墙焊接
6厚加劲板
普通墙
钢牛腿
牛腿腹板对应肋板 20厚
牛腿翼缘对应肋板 20厚 (仅楼层标高处牛腿需设置)
钢板墙—钢板墙交接示意
普通墙—钢板墙交接示意一
普通墙—钢板墙交接示意二
Y向钢板墙钢板
X向钢板墙对应肋板 8厚
X向钢板墙钢板
Y向钢板墙
型钢牛腿
钢板墙钢柱
1-1剖面
钢板墙-钢板墙节点示意
2-2剖面
普通墙-钢板墙节点示意
3-3剖面
普通墙-钢板墙节点示意

图 9　钢管钢板墙示意图

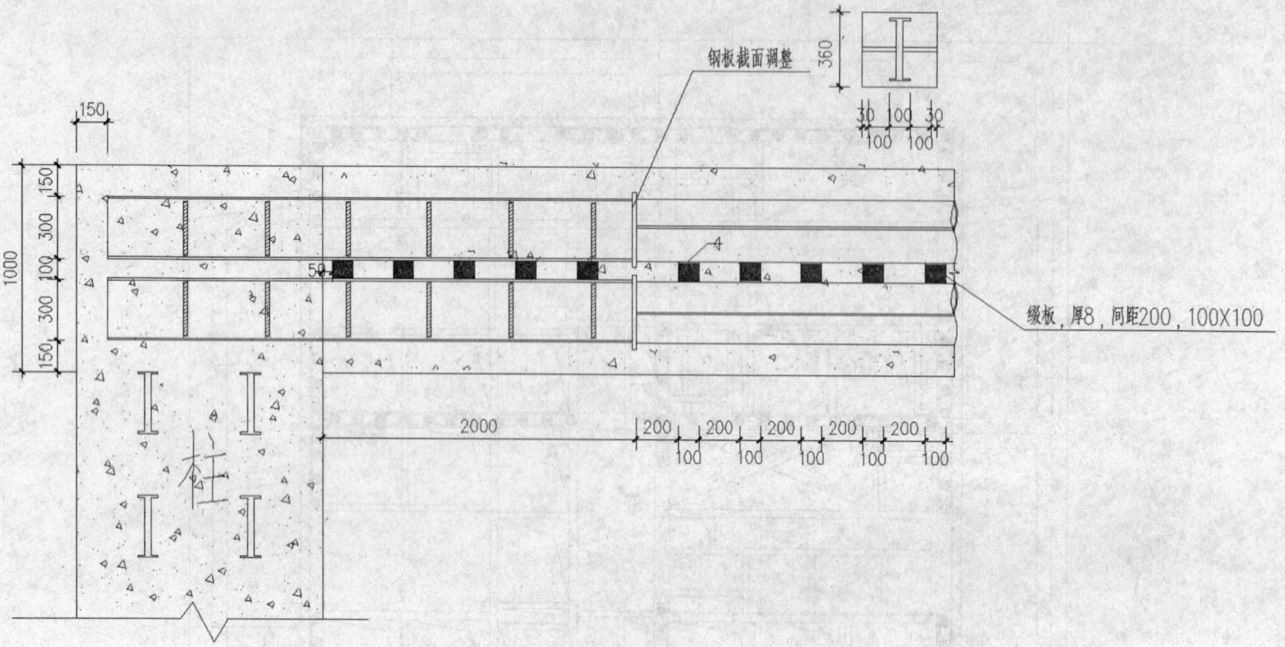

空心钢管混凝土梁剖面示意图 1:5

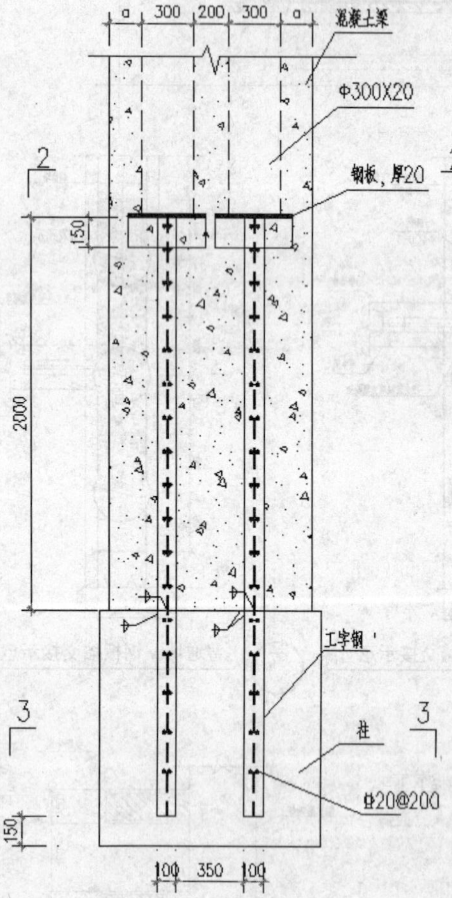

1—1 1:5

注：如果柱钢筋靠近工字钢，侧钢筋与工字钢点焊。

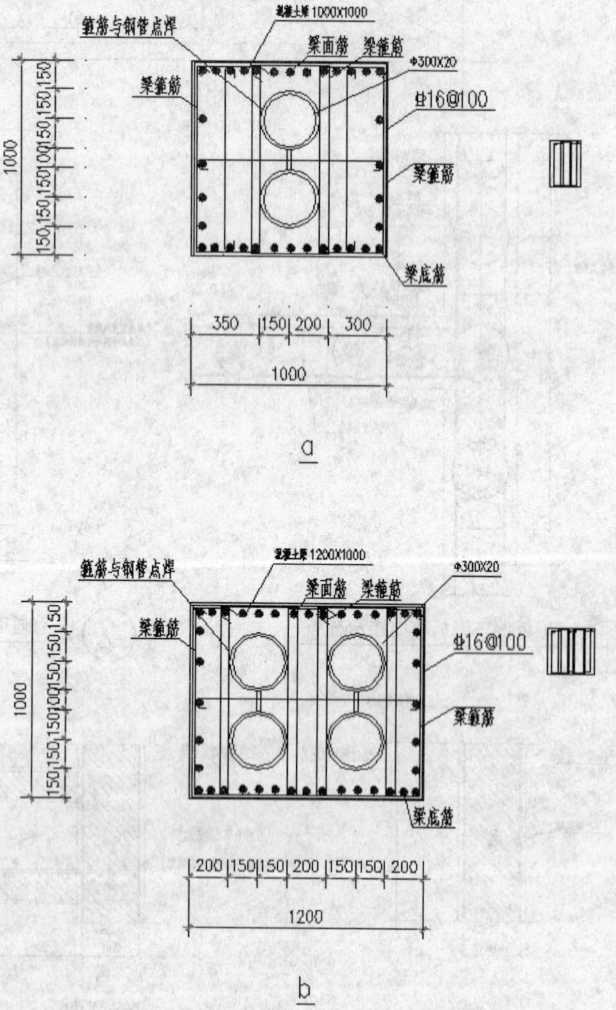

图 10　8 层高位转换梁示意图

图 11　空心楼板现场照

江门时代广场结构设计

建设地点　江门市
设计时间　2011～2012
主要设计人　陈　星　林扑强　张小良　龙秀海　徐　静　陈　航　王仕琪　倪炜麟　彭文蔚
余银银　区信明

一、工程概况

江门时代广场工程（图1）位于江门市新城区院士路与白石大道交汇处，建筑用地面积26115m²，总建筑面积为215520m²，其中地下建筑面积85807m²，规划为商住综合体项目。本工程由一个裙楼和两个塔楼组成，其中：一至四层为裙房部分；办公塔楼地面以上22层，五至二十二层为塔楼部分，地面以上建筑物总高度为99.8m，靠近办公塔楼的裙房部分有一个下沉广场（图2）；公寓式写字楼塔楼地面以上27层，五至二十七层为塔楼部分，地面以上建筑物总高度为99.8m；地面以下3层，主要为停车库、设备用房及商业用房：其中地下3层为核六级人防地下室，负一层的局部夹层为摩托车库。建筑物特征见表1、表2，建筑物剖面见图3。

裙房、地下室部分几何尺寸　　表1

单体名称	平面外包尺寸 $L \times B$（m）	高度 H（m）	长宽比 L/B	层　数	标准层层高（m）
地下室	224.33m×116.80m	−13.4	1.92	3层，负一层局部有夹层	3.75、3.85、5.80
裙楼	208.65m×91.00m	23.4	2.29	4	6.30、5.70、5.70、5.70

塔楼部分几何尺寸　　表2

结构单元	办公塔楼	公寓式写字楼塔楼
结构高度	99.8m	99.8m
层数	22	27
外包尺寸 $L \times B$（m）	45.00m×33.00m	46.00m×32.65m
主要层高（m）	4.00	3.20
长宽比 L/B	1.36	1.41
高宽比 H/B	3.02	3.06

本工程为大底盘多塔楼建筑，采用现浇钢筋混凝土框架—核心筒结构。据表2，结构平面长宽比及高宽比均满足《高层建筑混凝土结构技术规程》JGJ 3—2010 3.4.3条和3.5.5条的要求。

本工程不设防震缝，按7度进行抗震设计，商业裙房按8度考虑抗震构造措施，场地类别为Ⅱ类，结构体系具体情况如下：

框架柱采用混凝土柱，主要截面为800mm×800mm、900mm×900mm、1200mm×1200mm、1500mm×1500mm；转换柱采用钢管混凝土柱，主要截面为ϕ1400mm×30mm、ϕ1700×35mm。

框架梁采用混凝土梁，主要截面为300mm×800mm、400mm×800mm、900mm×1100mm；转换梁采用箱形型钢混凝土组合梁，主要截面为1300mm×1400mm×35mm×35mm、1300mm×1700mm×35mm×35mm；大跨度梁采用U形型钢混凝土组合梁主要截面为900mm×1100mm。

地下室底板采用平板结构，板厚 h＝800～1350mm；地下室其余楼板采用空心无梁楼板，负三、负二层板厚 h＝550mm，负一层夹层板厚 h＝450mm；地下室顶板为上部结构的嵌固端，采用厚度为 200mm 的现浇板。其余楼板均采用现浇板，主要厚度：裙房 120mm，塔楼 110mm，转换层 150mm。

本工程存在平面扭转不规则、楼板局部不连续、高位转换等超限情况。针对本工程面对的技术难题，进行了如下的科研设计工作：

1）大跨度型钢—混凝土组合桁架结构在高位转换中的应用；

2）多样化的地基基础设计；

3）地下室空腹楼盖设计；

4）空腹桁架以及 U 形型钢混凝土组合梁在大跨度中的应用；

5）抗震加强措施。

二、大跨度型钢—混凝土组合桁架结构在高位转换中的应用

由于建筑功能及视觉需要，本工程中庭及过道采用无柱化设计，两个塔楼均需在五层及六层进行高位转换。下面分析本工程涉及的四个转换桁架：

1）办公塔楼的桁架 HJ1 与 HJ2

桁架 HJ1 为办公塔楼利用四层与五层之间 10.3m 层高上部的 6.9m 设计的一个转换桁架并在六层延伸一层，大样见图 4；该转换桁架跨度 36m，上部承托 17 层。桁架 HJ2 为办公塔楼在六层四个端部为减少悬挑跨度而设计的两个人字斜撑桁架（图 5），图 6 为两个桁架的空间关系。

对于 HJ2，由于办公塔楼的四个角柱因建筑需要被抽掉（图 7），导致四角出现于抗震很不利的 12m 跨大悬臂，为消除大悬臂的不利影响，故设置 HJ2 变大悬臂为斜撑托柱转换，同时对四角的端柱进行拉结，减少了传递给桁架 HJ2 上的荷载，以保证安全度。

对于桁架 HJ1，D、H 轴转换柱采用 ϕ1700mm×35mm 的钢骨混凝土柱，C、D 轴转换柱采用 ϕ1400mm×30mm 的钢管混凝土柱，为增加桁架平面外稳定性，桁架上、下弦杆加宽到 1300mm，采用 1300mm×1700mm×30mm×30mm 的钢箱梁，斜腹杆采用 1100mm×1100mm×35mm×35mm 的方钢管，跨中被转换的三根柱子作为两层转换桁架的竖腹杆采用 1300mm×1500mm×35mm×35mm 的方钢管。为防止桁架失稳，桁架上、下弦杆，斜、竖腹杆内部均填充 C60 混凝土。同时为了增加侧向稳定性，采取以下措施：在没有楼板帮助下的下弦杆处增设水平横梁与核心筒拉结；上弦杆处楼面采用 180mm 厚 C40 现浇混凝土，增加与桁架连接梁的刚度；桁架向上延伸一层也有基于增加整体稳定、调节变形性能、增加桁架承载力的目的。另外，两个 HJ2 的两根转换斜杆分别落在 HJ1 的 C 轴、H 轴柱上，使 C 轴、H 轴柱顶部出现压力，有效地避免了 C 轴、H 轴作为桁架的边柱顶部出现拉力导致混凝土和钢管滑脱进一步使钢管柱翘曲的后果。计算上读取考虑竖向地震中震弹性下 SATWE 的内力，考虑梁的轴向变形采用 MIDAS Gen 795 软件对转换桁架进行内力分析。计算结构显示转换桁架具有风荷载和中震作用下保持弹性的性能，同时扰度也远远小于规范限值。同时采用 ABQUS 软件对重要节点（H 轴节点）进行有限元分析，如图 8、图 9 所示，在“恒＋活±设防烈度地震”不利工况下，节点未出现破坏，且由出现混凝土损伤或型钢屈服的位置和程度可知各节点满足“强节点弱构件”的性能要求。节点的混凝土受压刚度退化较小，位置出现在斜撑、梁与柱交接的部位。节点满足中震弹性的要求。

2）公寓写字楼的桁架 HJ3 与 HJ4

桁架 HJ3 与桁架 4 较之桁架 HJ1，转换跨度小，受力更为明确，荷载较小，只做简单介绍。桁架 HJ3 为公寓写字楼利用四层与五层之间的 6m 层高满层设置的一个两跨桁架，转换跨度分别为 18m 和 27m，上部承托 21 层，见图 10。桁架 HJ4 为公寓写字楼在六层设置的一个转换桁架，转换跨度为 22m，上部承托 20 层，见图 11。

三、多样化的地基基础设计

根据广东省地质工程勘察公司提供的《岩土工程勘察报告》及广东省地震工程勘测中心《场地震安

评报告》：场地土类型为中软土，场地覆盖层厚度为35.5～38.7m，建筑场地类别为Ⅱ类；场地等效剪切波速为193～419m/s。

根据地基土质、上部结构体系及施工条件等资料，经技术和经济对比优化，本工程基础采用多样化设计（图12）：

1）负三层5～18×F～M轴由于区域地质情况较好，没有高层，荷载相对较小，故采用平板式筏板基础，持力层为强风化岩层，地基承载力特征值为400kPa，为减少反力较大的中庭大截面柱对筏板的冲切，在大截面柱处设置了5600mm×5600mm×2000mm的柱墩；负三层其余区域为两个塔楼核心筒区域，荷载最大，而两核心筒之间的区域地质情况较差，故该区域整体采用桩加防水板基础，以保证地基承载力，也可以减少不均匀沉降。桩径为1200mm、1500mm两种，持力层为微风化岩层，桩端岩层饱和单轴抗压强度标准值为30MPa。

2）负二层2～22×N～P轴区域为强风化花岗岩层，地基承载力特征值为400kPa，故该区域采用独基防水板基础，见图13的1—1剖面；负二层的其余区域（22～23×N～P轴）地质较差，采用桩加防水板基础，与负三层相邻区域基础保持一致，见图13的2—2剖面。

3）负一层（2轴左边部分）只承受一层荷载，为保证整体性以及提高抗冲切能力，采用墩筏基础，见图13的3—3剖面。

抗浮措施：由于本工程地下室底板埋置深度为13.4m，地下室设防水位定在室外地坪面标高，建筑物裙房部分的地下室需要进行抗浮设计。由于结构自重及首层填土等永久荷载不能平衡水浮力时，为满足建筑物整体抗浮要求及控制底板结构配筋的经济性，地下室部分桩基础兼作抗拔基础，同时设置底板抗拔锚杆进行抗浮，锚杆间距2.75m×2.75m，单根锚杆抗拔力特征值为550kN。

沉降差异的处理措施：本工程塔楼区域采用桩基础，裙楼区域采用天然基础，结构设计在裙楼与主楼相邻跨设置沉降后浇带，待塔楼结构施工至六层时方可封闭。

四、地下室空腹楼盖设计

本工程共3层地下室，自下往上层高分别为3.75m、3.85m、5.8m，一层至负一夹层层高2.2m（为局部夹层）。由于层高较低，而建筑净高、设备管道布设等因素对楼盖结构高度的限制相当严苛，普通梁板结构不能满足地下室净高要求，故采用现空腹楼盖（图14），楼梯间、扶梯、电梯筒、卫生间等采用梁板结构。空心无梁楼盖是指采用轻质填充材料为内模，填埋于混凝土楼板内所形成的楼板轻质填充材料（如EPC、SDM、LPM、BZS等）施工时起内模板作用，施工完成后留在楼板内与钢筋混凝土楼板结构组成空腹楼板，使楼板具有更高的经济指标、更好的受力性能、更长的耐火极限，大大提高楼板的隔声、隔热、减振、节能等环保性能。也大大减少混凝土的用量，减轻结构自重的20%～35%，同时不改变结构本身的承载能力，改善构件的变形及抗裂性能，达到保证净空的目的。使用GSSAP软件采用壳单元进行计算，能较真实模拟空腹楼板的面内面外刚度。

五、U形型钢混凝土组合梁以及空腹桁架在大跨度中的应用

型钢—混凝土组合U形梁，主要由U形钢和浇筑在型钢中的混凝土组合而成。其特征在于全梁设置U形型钢起抗弯剪扭作用并作为施工支承模板，支座处内设抵抗梁端负弯矩的“n”形钢与U形钢结合起钢箱梁作用，梁跨中设置的空心钢管减小梁自重。U形型钢的上翼缘位于楼板的底部，可使楼板的双向底筋顺利通过（图15），使U形梁与楼板形成一整体结构，并且U形钢梁可出任意钢牛腿与次梁顺利连接。

1. U形型钢混凝土组合梁在3、4层大跨度梁中的应用

本工程由于中庭无柱化设计，造成大量大跨度梁，跨度从18m到44m不等，加上三、四层梁高限制在1100mm，显然采用普通混凝土梁已经不能满足结构安全使用要求。充分利用U形梁承载力强、刚度大、自重小、施工方便等特点，通过在三、四层大跨度处合理布置U形钢骨梁，满足了大跨度梁对承载力、裂缝、扰度的较高要求。

2. 空腹桁架结合U形型钢混凝土组合梁在大跨度楼盖中的应用

如图16所示，在五层2～11×C～J轴区域设有电影院，在结构上存在荷载大（附加恒载＋活载达到17.5kN/m^2）、楼盖跨度大（27m、36m、45m）等难点。同时电影院天面（图17）也存在同样跨度大的楼盖。为解决该问题，采取如下结构设计：五层27m跨度处，采用500mm×1500mm的混凝土密肋梁，以减少钢骨梁的用量，同时密肋梁往两头均延伸一跨，以平衡与密肋梁相关梁柱的弯矩；在5轴（36m跨）、6轴（45m跨）、7轴（36m跨）设置U形钢骨梁；在6轴设置空腹桁架（图18），五层5、6、7轴之间采用混凝土梁连接，六层在F轴设钢骨梁，加强空腹桁架与转换桁架HJ1的连接；同时在六层6轴×D轴与8轴×F轴之间、6轴×J轴与8轴×F轴之间分别设置一道钢骨梁，减少电影院天面荷载向空腹桁架以及转换桁架传递。这样空腹桁架、转换桁架、钢骨梁形成一个承载力很强的空间受力体系。经计算，整个大跨度楼盖结构承载力、裂缝、扰度均满足设计要求。

六、抗震加强措施

本工程属多项不规则的A级高度带转换层的大底盘多塔楼复杂高层建筑，采取以下加强措施：

1. 针对高位转换

1）框支框架抗震等级取特一级，框支柱采用钢管混凝土柱，按中震受弯弹性、受剪弹性和大震不屈服进行设计验算。

2）加强落地筒体、增加底部剪力墙（将Y方向的剪力墙加大到800mm）。控制剪力墙轴压比小于0.5，底部加强区高度范围取负二层至七层，该范围的剪力墙抗震等级取一级。对两个塔楼，底部加强部位的墙身水平和竖向分布钢筋的最小配筋率取0.40％；两个塔楼七、八层均设为剪力墙过渡层：墙身水平和竖向分布钢筋的最小配筋率取0.30％；剪力墙构造边缘构件纵向钢筋最小配筋率取1.0％，体积配箍率不小于1.0％。

3）加强转换层的上下层楼板，转换层楼板厚度取150mm，双层双向配筋，配筋率不小于0.25％，并验算楼板在大震作用下平均剪应力不大于混凝土轴心抗压强度标准值的0.15倍。

2. 针对位移比超限

按新规范考虑的偶然偏心最大位移比处的柱除提高配箍率、配筋率等措施外还增设芯柱，以提高柱子的延性。

3. 针对楼板开洞及穿层柱等

1）对开洞楼板进行弹性楼板分析，对板边缘构件等应力集中的地方作相应的加强。

2）办公塔楼二层的穿层柱按两层计算长度取，计算长度系数按梁柱刚度计算原则确定，柱按最不利作稳定验算并设置芯柱。

3）对于办公塔楼地下室负一层有夹层的情况，采用全楼弹性板计算，以考虑夹层墙柱的实际受力情况。

七、结语

遵循安全、实用的设计原则，根据工程实际对结构体系及结构布置进行技术的优化与创新，对各项超限情况采取了有针对性的加强措施，选择了科学、合理、经济的结构形式与施工步骤，取得了良好效果，对类似工程具有参考意义。

图1　建筑全景

图2　下沉广场

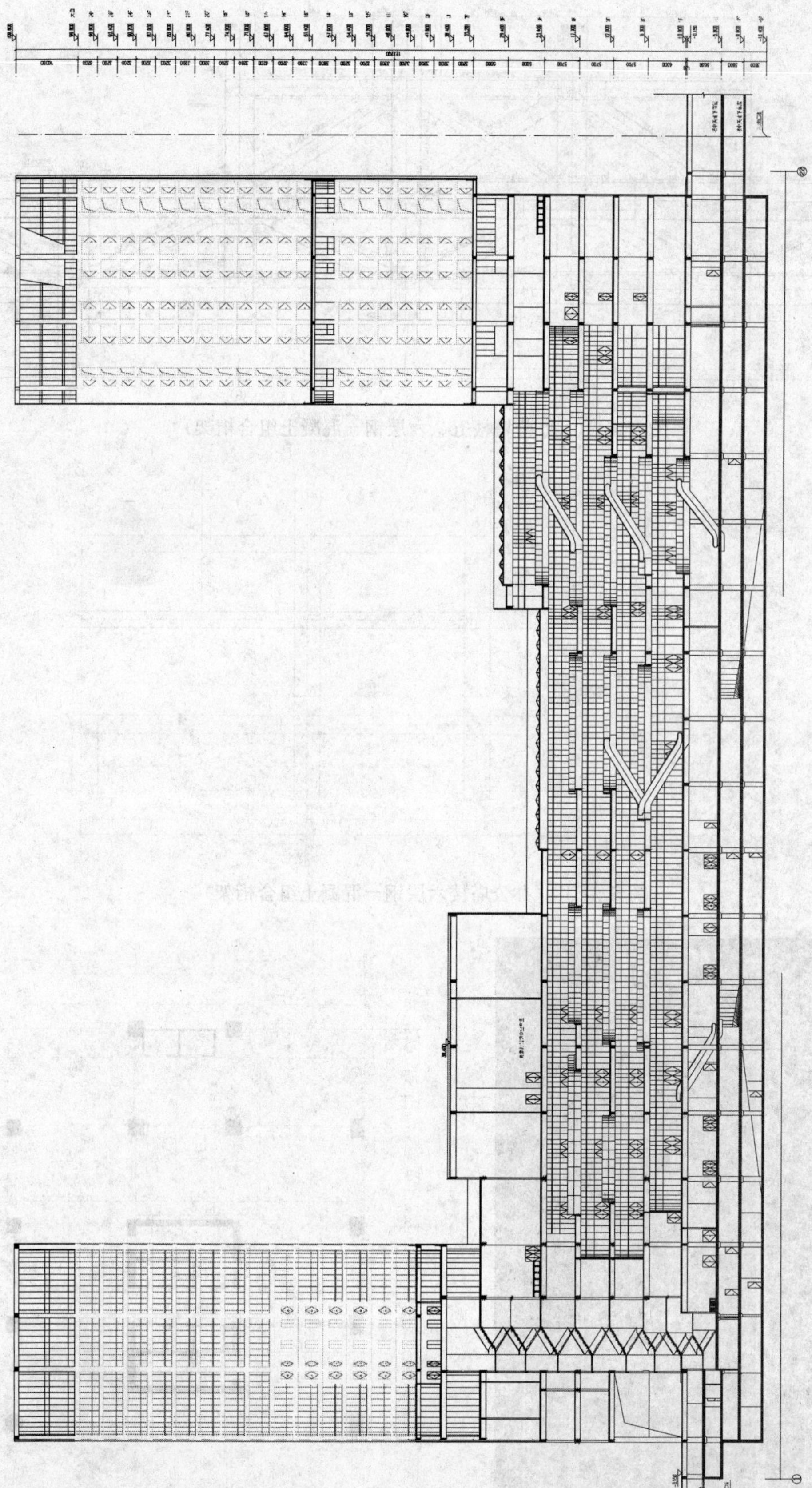

图3 建筑剖面图

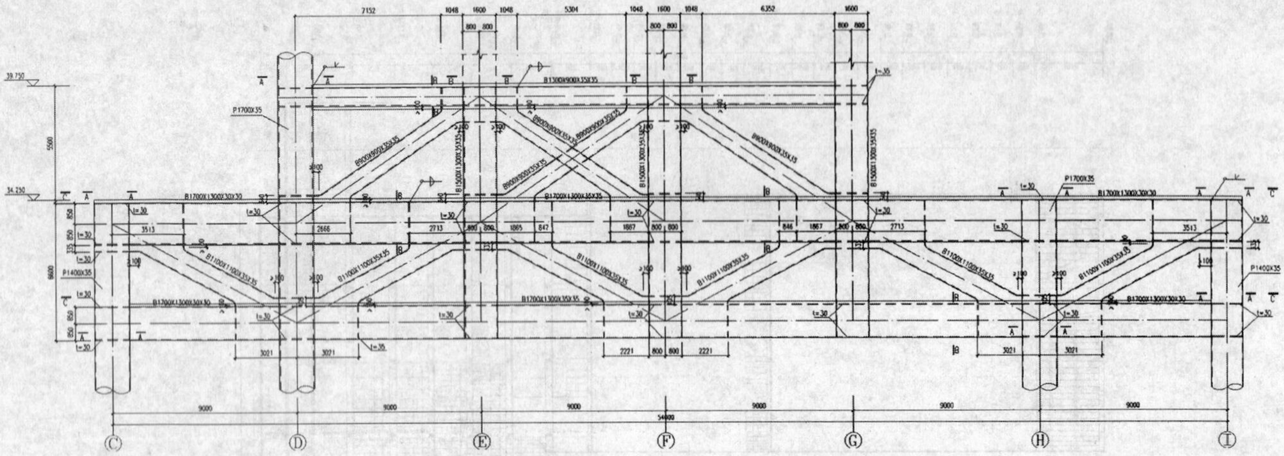

图 4　HJ1（办公塔楼五、六层钢－混凝土组合桁架）

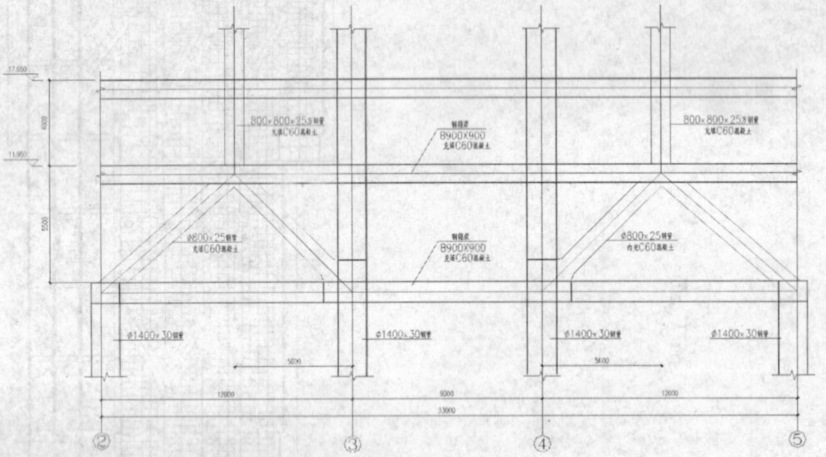

图 5　HJ2（办公塔楼六层钢－混凝土组合桁架）

图 6　HJ1 与 HJ2 的空间关系图

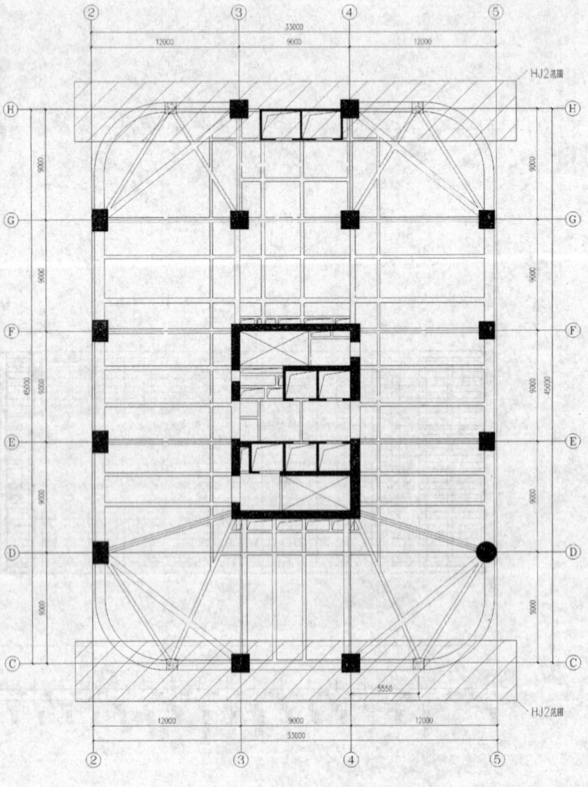

图 7　办公塔楼六层结构布置图

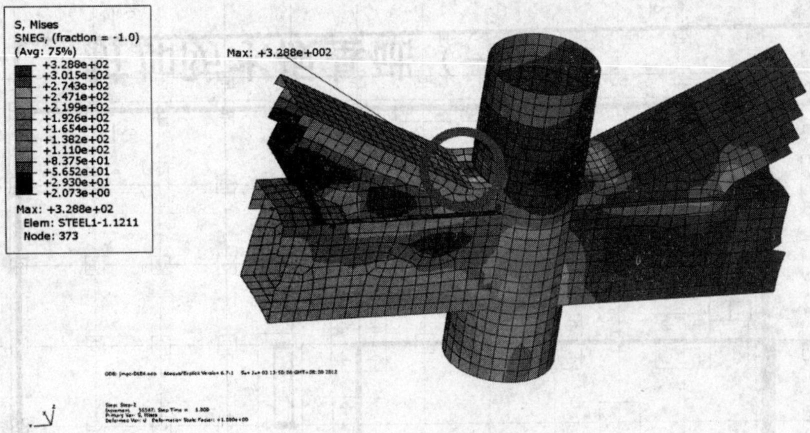

图 8　HJ1 H 轴节点中震型钢应力图

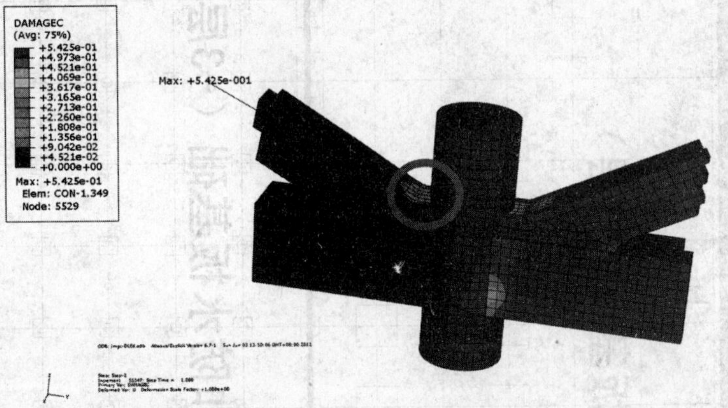

图 9　HJ1 H 轴节点中震混凝土受压损伤图

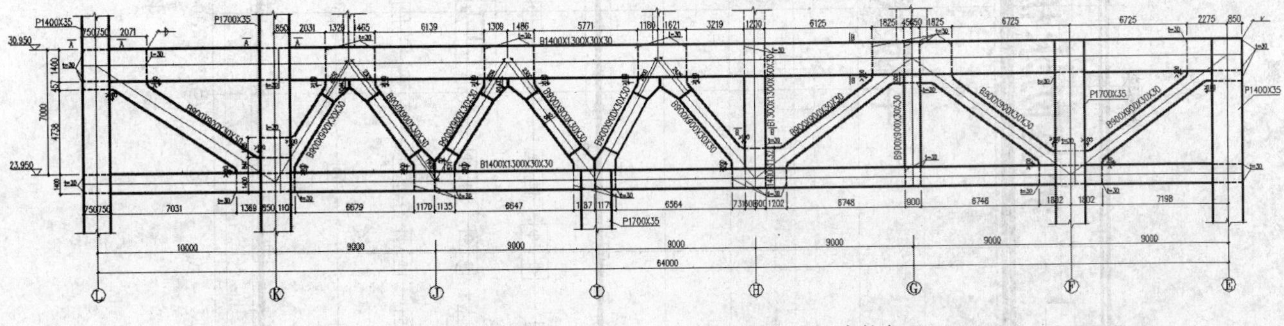

图 10　HJ3（公寓写字楼五层钢－混凝土组合桁架）

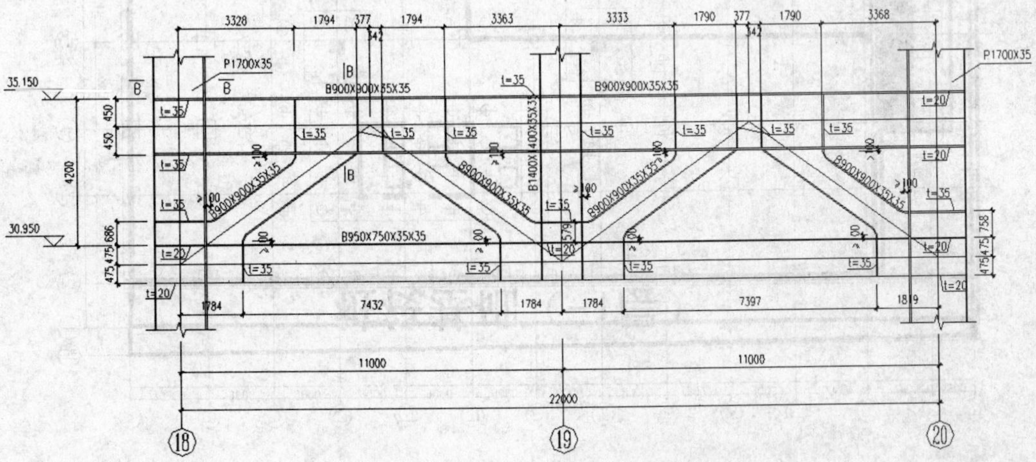

图 11　HJ4（公寓写字楼六层钢－混凝土组合桁架）

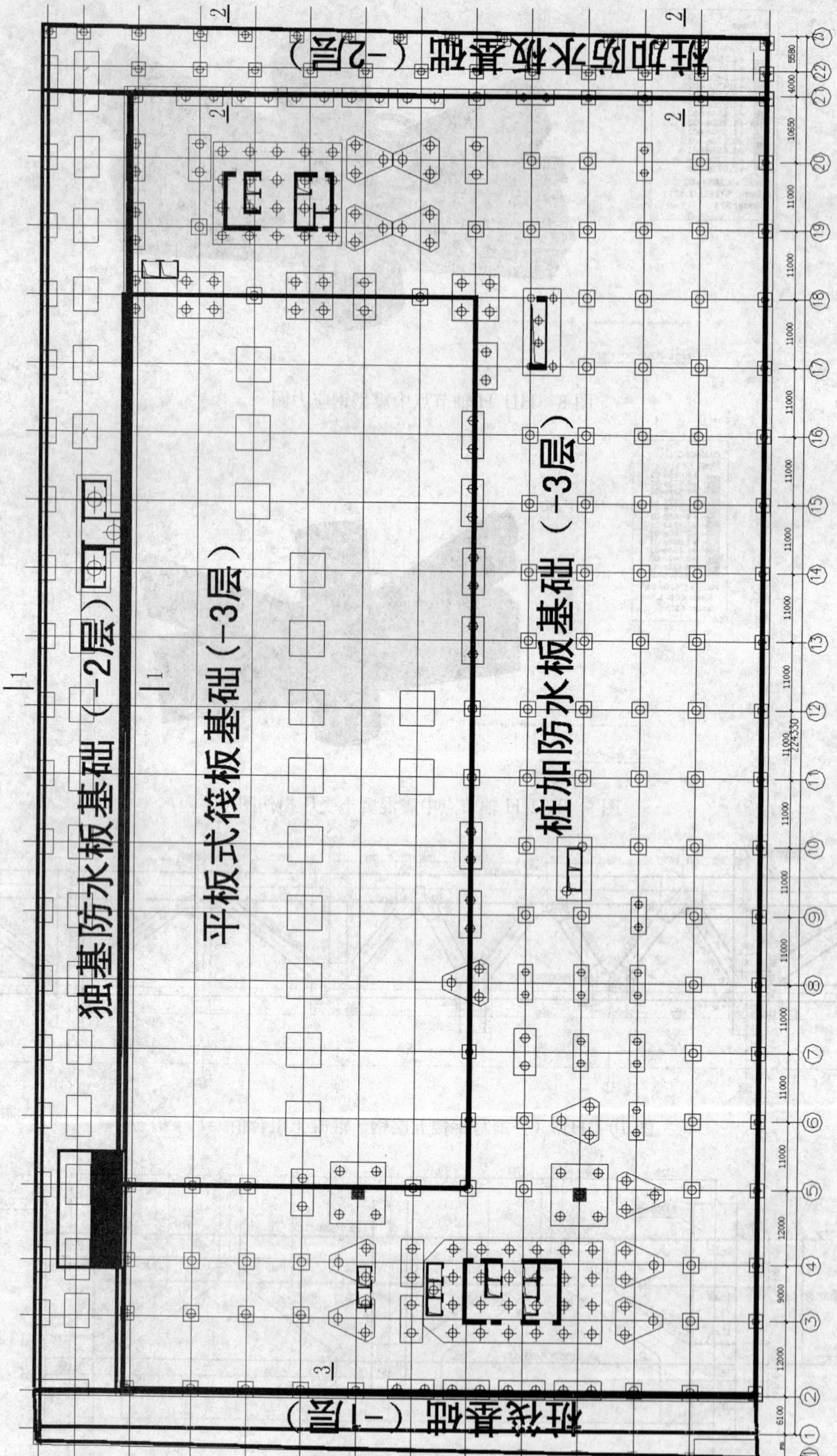

图12 基础布置图

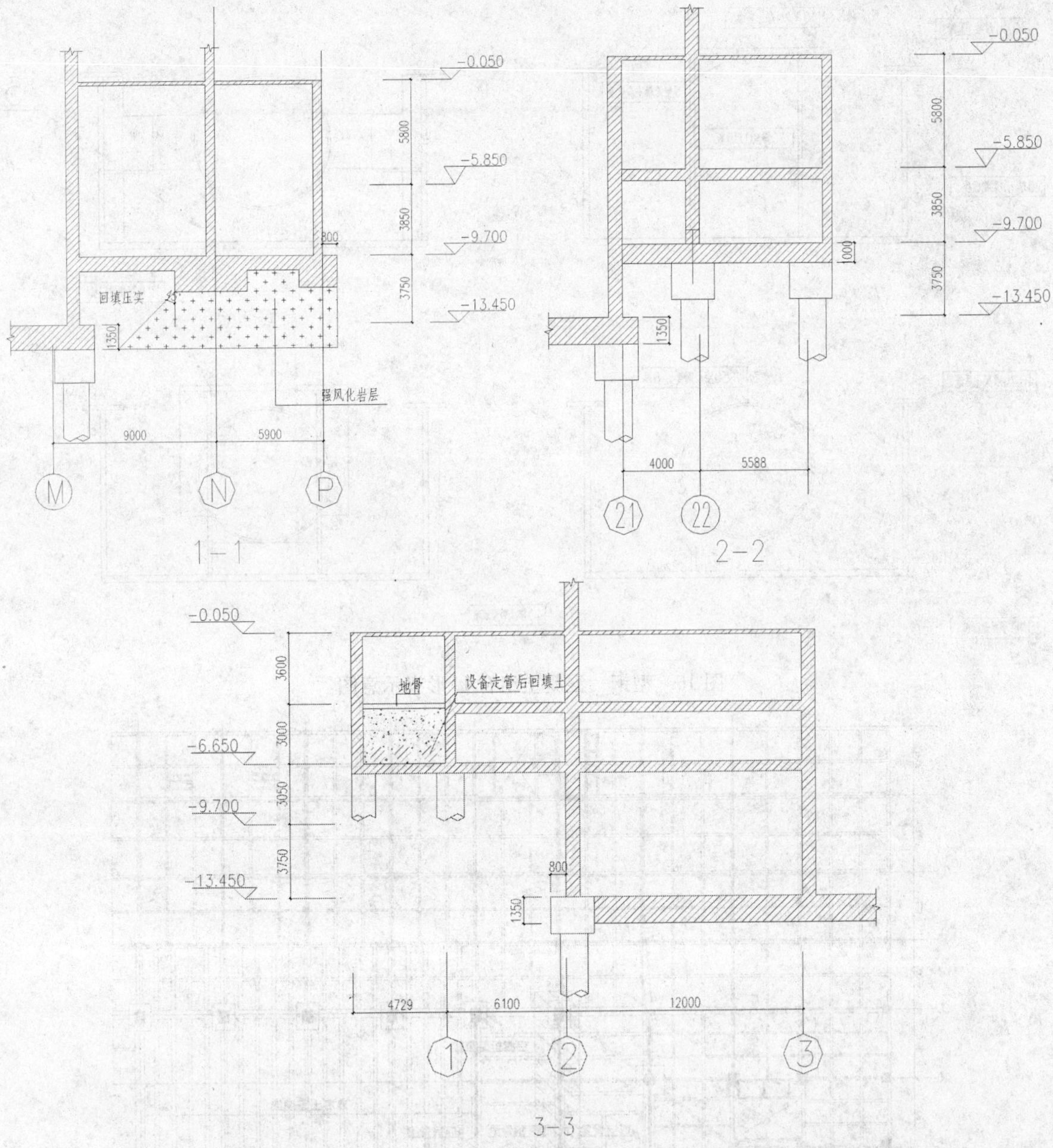

图 13　基础跃级大样

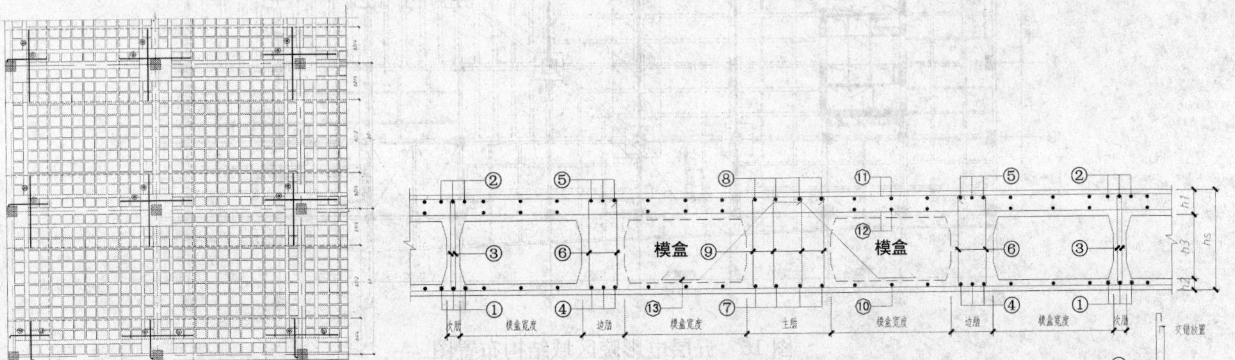

图 14　无梁空心楼盖

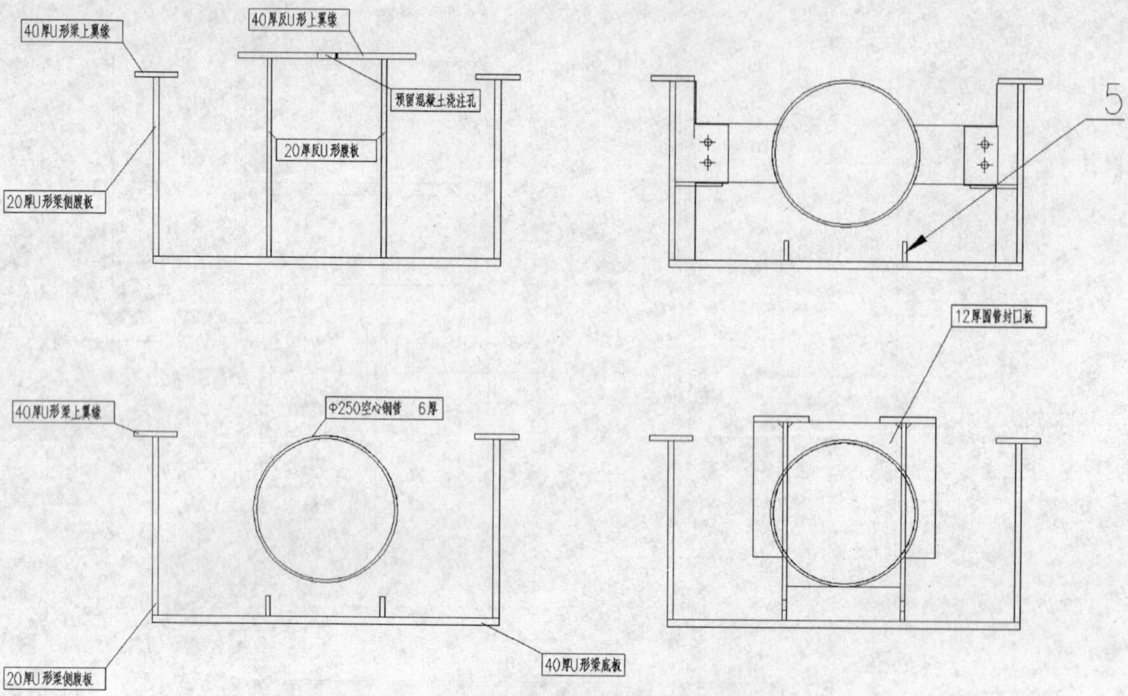

图 15 型钢—混凝土组合 U 形梁示意图

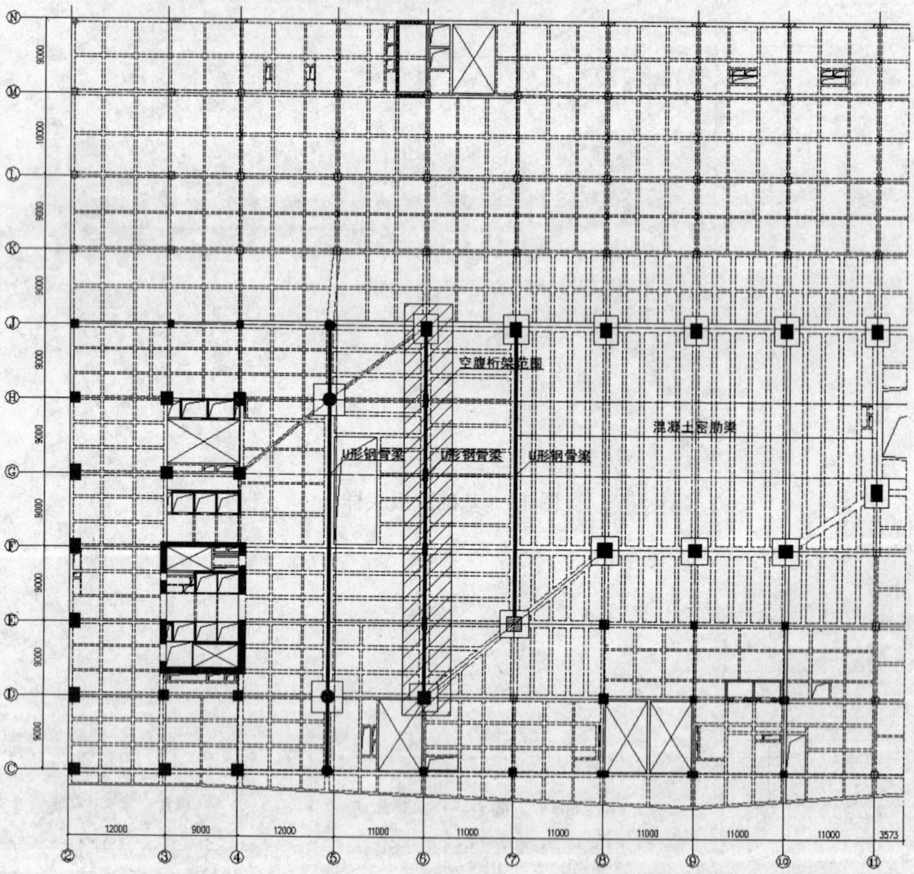

图 16 五层电影院区域结构布置图

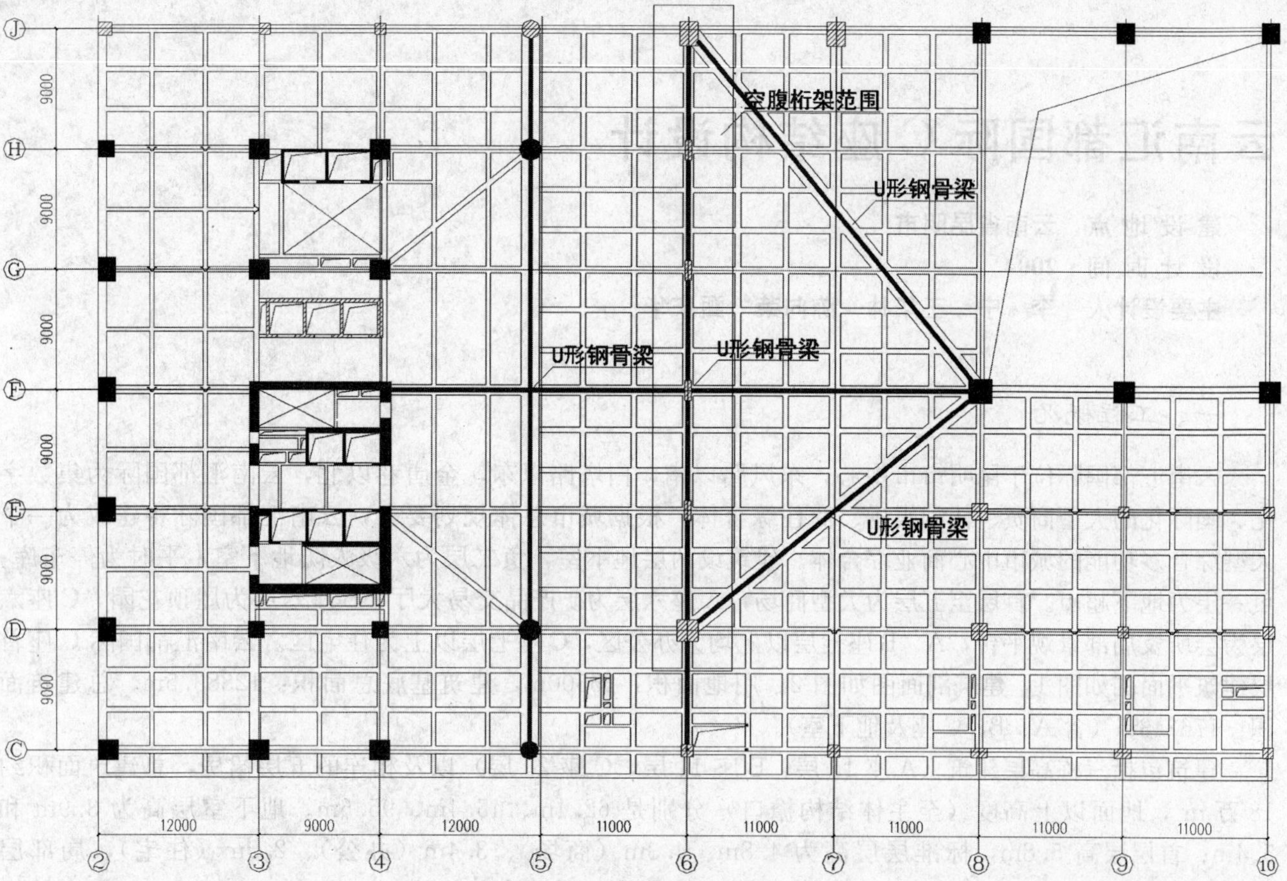

图 17　六层电影院屋盖结构布置图

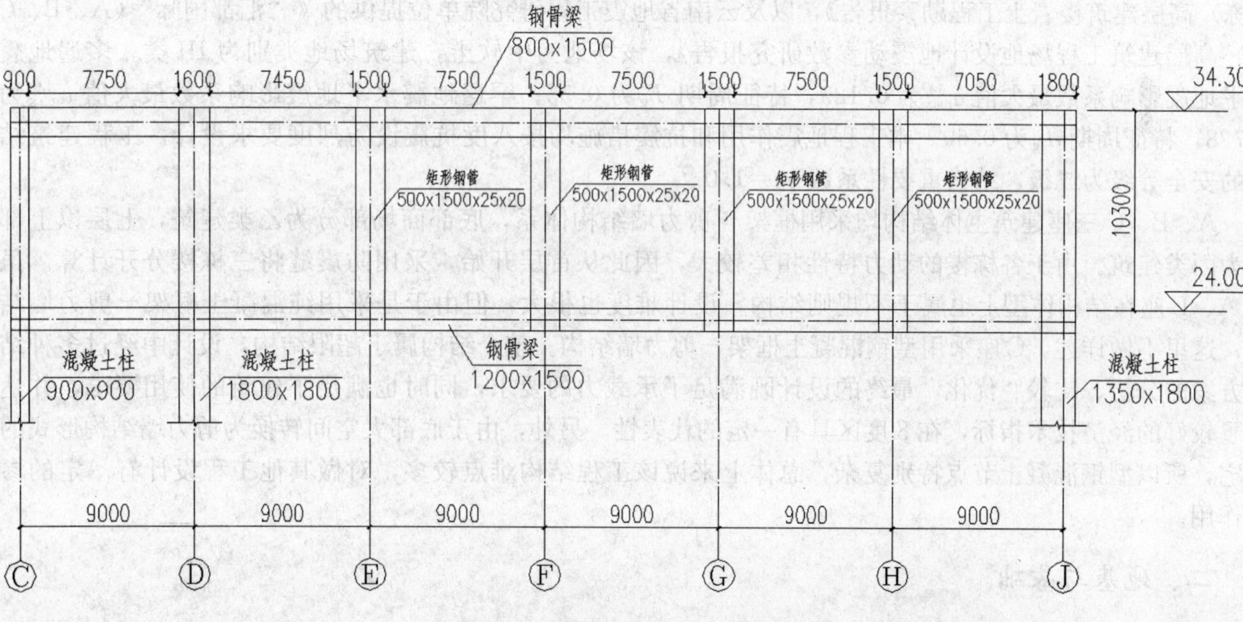

图 18　6 轴电影院区域空腹桁架图

云南汇都国际C座结构设计

建设地点 **云南省昆明市**

设计时间 **2004**

主要设计人 **李 宁 王华林 陈向荣 甄庆华**

一、工程概况

云南汇都国际位于昆明市市中心，东风路以南，白塔路以东，金唐巷以北，云南汇都国际为集数字化、国际化的大型商贸、休闲娱乐、商住综合体，根据城市总体规划要求，云南汇都国际将建成为一个大型综合多功能的城市中心商业综合体。建筑设两层地下室，负二层为六级人防地下室，平时为停车库；负一层为地下超市。首层至五层为大型商场，A座六层为矿产品交易大厅，B座六层为屋顶花园，C座六层为会所及局部景观平台，A、B座七层以上均为办公区，C座七层以上为住宅区。云南汇都国际C座首层建筑平面图如图1，建筑剖面图如图2。用地面积：25500m，建筑基底总面积：12883.5m，总建筑面积：176343m（含A、B、C座及地下室）。

建筑包括三栋高层建筑（A座16层，B座11层，C座29层）以及相连的五层裙房，总建筑面积约18万m^2，地面以上高度（至主体结构檐口）分别是62.4m、45.4m、95.6m。地下室层高为3.9m和5.4m；首层层高5.8m，标准层层高为4.8m、4.3m（商场）、3.4m（办公）、2.9m（住宅），局部层4.9m。柱距为8.4m，局部为10.5m。本工程±0.00为昆明市城市高程1892.30m。

昆明市抗震设防烈度为8度，根据云南地质工程勘察设计研究院单位提供的《云南汇都国际（A、B、C栋）高层建筑楼岩土工程勘察报告》，以及云南省地震工程研究院单位提供的《"汇都国际"（A、B、C栋）高层建筑工程场地设计地震动参数研究报告》，该场地为中软土，建筑场地类别为III类。多遇地震水平地震影响系数最大值α_{max}为0.125，特征周期T_g为0.55；罕遇地震水平地震影响系数最大值α_{max}为0.728，特征周期T_g为0.60。本工程地震作用和抗震措施均按八度抗震设防烈度要求设计。工程建筑结构的安全等级为二级，结构重要性系数$\gamma_0=1.0$。

A、B、C三座建筑主体结构均采用框架－剪力墙结构体系，底部商场部分为乙类建筑，七层以上部分为丙类建筑。由于各栋楼的动力特性相差较大，因此从首层开始，采用防震缝将三栋楼分开计算。虽然A、B座在结构体型上也属于不规则结构，设计难度也很大，但由于是采用纯混凝土框架－剪力墙结构，这里不做详述，C座采用型钢混凝土框架－剪力墙结构。整个结构属于超限结构，设计中经过多种结构方案的分析、比较、优化，最终的设计既满足了承载力的要求，同时也满足了建筑的使用要求，并达到了较好的经济技术指标，在8度区具有一定的代表性。另外，由于底部大空间转换为剪力墙结构形式的住宅，所以型钢混凝土节点特别复杂，总体上来说该工程结构难点较多，对做其他工程设计有一定的参考作用。

二、地基与基础

《云南汇都国际（A、B、C栋）高层建筑楼岩土工程勘察报告》由云南地质工程勘察设计研究院单位提供。工程地质报告提供的地基土层分布情况及物理特性见表1（开挖段以下各层）。液化等级为轻微—中等。

地基土层分布情况及物理特性 **表 1**

土层名称	土层深度（m）	压缩模量（MPa）	摩阻力特征值（kPa）	端阻力特征值（kPa）
④$_{4-1}$砾砂	9.70～15.50	—	30	1000
④$_{4-2}$黏土	7.60～12.30	6.4	25	800
④$_{5}$黏土	12.10～20.90	9.3	30	1050
④$_{6}$粉土	12.40～23.50	8.7	30	1300
④$_{6-1}$粉质黏土	18.20～20.80	—	20	—
⑤$_{1}$黏土	17.10～33.40	9.1	30	1350
⑤$_{1-1}$粉土	22.50～30.20	8.9	30	1300
⑤$_{1-2}$有机质黏土	28.60～32.60	5.2	10	—
⑤$_{2}$粉土	23.40～36.50	8.5	30	1350
⑤$_{3}$黏土	24.80～38.80	10.0	30	1550
⑤$_{4}$粉土	27.40～45.00	8.8	28	1400
⑤$_{5}$黏土	28.50～45.00	7.8	25	1300
⑤$_{5-1}$粉土	36.30～46.90	9.8	30	1350
⑤$_{6}$粉质黏土	33.50～49.70	8.6	30	1500
⑤$_{7}$粉土	38.80～52.90	10.5	30	1600
⑤$_{8}$泥炭质土	45.60～57.90	5.2	15	—
⑤$_{8-1}$黏土	53.60～56.80	6.0	25	1350
⑤$_{8-2}$粉土	50.30～55.30	10.4	35	1300
⑤$_{9}$黏土	49.20～59.60	9.4	20	1250
⑤$_{10}$粉土	63.50～69.20	6.6	35	1800

地下室呈“L”形，两个方向的总长度分别为：180.50m、149.00m。在确定基础形式时，曾考虑三种方案：1）柱底力完全由桩基础承受，底板只承受反向荷载；2）筏板承受上部结构传来的荷载，由桩基础调整沉降；3）由桩基础主要承受上部结构传来的荷载，剪力墙较集中的地方采用局部大承台，形成桩筏基础，由筏基调整底板沉降。工程采用预应力高强混凝土管桩基础，根据试桩结果确定单桩竖向承载力特征值为：φ400 约 1200kN，φ500 约 1600kN，底板厚度为 1400mm。结合云南当地实际情况，经充分技术经济比较，决定采用第 3 种方案。工程场地范围内地基土分布较为均匀，为防止以后出现的三栋楼之间的不均匀沉降差，在 A 座、C 座与 B 座上部分缝处设置了施工后浇带，另外为消除混凝土收缩、徐变、温差等可能引起的裂缝，在适当的位置设置了后浇带。图 3 为云南汇都国际 C 座基础平面布置图。

三、结构体系

初步设计时，C 座首层至六层建筑功能为商场，七至十九层建筑功能为办公区，二十层以上建筑功能为公寓，七层以上结构基本对称。施工图阶段，建筑功能作了重大调整，七层以上全部改为住宅，建筑高度也提高到 95.60m。为满足上部住宅的使用要求，结构在第七层设转换层（实际上转换层设置在塔楼范围），结构采用混凝土框架一剪力墙结构。结合型钢混凝土的混凝土等级和计算要求，墙柱混凝土等级分别为：C50（10.600m 以下）、C45（10.600～28.900m）、C40（28.900～52.700m）、C35（52.700m 以上）。本工程框支剪力墙结构中的框支框架的抗震等级为特一级，框架的抗震等级为一级，底部加强部位剪力墙的抗震等级为特一级，非底部加强部位剪力墙的抗震等级为一级。

结构布置方面：（1）转换层尽量结构采用一一转换，即上部绝大部分框支剪力墙在下部有柱支撑，仅有少部分通过梁转换，使内力能直接传递。(2) 在转换层部分受力较大处采用斜撑，为控制建筑物扭转，减轻转换大梁的负担，使上部荷载以较直接的途径传到下部竖向构件，提高转换层刚度，在转换层多个部位设置了型钢混凝土斜撑。(3) 采用局部提前转换，为避免刚度突变，本着转换层高度越低越好的原则，在建筑允许的前提下，将部分剪力墙在转换层下一层即第六层，提前进行转换，形成“双保险”，第七层转换梁照旧设计；(4) 各层平面均采用混凝土现浇梁板结构体系；(5) 为增强底部刚度除在住宅消防梯间周围布置核心筒（住宅塔楼落地剪力墙）以外，还在建筑商场部分的楼梯间设置小筒体（仅转换层以下楼层有)，转换层以下楼层四周设置较大长度的“T”、“L”形剪力墙对下部结构进行围闭，以提供较大抗侧刚度和抗扭刚度，同样住宅塔楼部分，每个塔楼的四周剪力墙墙肢尽量做长，以防止塔楼部分过大扭转；(6) 增加首层和转换层楼板厚度，确保剪力的传递和整个裙房的刚度。本工程为超限高层建筑，存在高位转换、平面和竖向不规则、多塔楼共三项超限类型。结构平面布置图如图 4～图 8。

本工程型钢混凝土构件主要设置在以下部位：转换层（七层）以下的柱、框支柱和剪力墙，七至九层的剪力墙（十层以上竖向构件为混凝土剪力墙)；六至七层的转换梁和部分框架梁，以及六至七层间设置的斜撑，以及局部跨度较大的梁。采用型钢混凝土构件后，截面比原来方案中普通混凝土截面减小很多，特别是转换梁和框支柱在满足承载力和侧向刚度的前提条件下，截面有大幅减小。型钢混凝土不仅提高了结构的承载力和延性，又能较好地满足建筑使用要求，另外还减小了结构自重，还能提高剪力墙的平面外刚度。

转换层以下竖向构件内型钢布置图如图 9，除此之外，七至九层剪力墙暗柱中也均设置型钢，如图 10。墙柱内型钢采用焊接工字钢，或能和梁截面内型钢较好连接的焊接异形截面；梁内型钢采用工字钢或者 II 型钢。墙、柱、梁典型截面配筋形式如图 11、图 12。截面较大的型钢钢板厚度为 20～30mm，较小的采用 14～18mm，钢材为 Q345。

四、结构计算

1. 设计依据

除结构设计规范、规程之外，还有由云南地质工程勘察设计研究院单位提供的《云南汇都国际（A、B、C 栋）高层建筑楼岩土工程勘察报告》；和由云南省地震工程研究院单位提供的《“汇都国际”（A、B、C 栋）高层建筑工程场地设计地震动参数研究报告》。

2. 计算荷载

1）计算恒载按实际考虑；计算活载考虑：地下超市 8.0kN/m^2，设备机房 7.0kN/m^2，首层施工荷载 10.0kN/m^2，其余均按《建筑结构荷载规范》GB 50009—2001 取值。

2）本工程地震作用和抗震措施均按 8 度抗震设防烈度进行设计。场地类别为 III 类，特征周期按资料提供的地动参数取值为：多遇地震水平地震影响系数最大值 α_{max} 为 0.125，特征周期 T_g 为 0.55；罕遇地震水平地震影响系数最大值 α_{max} 为 0.728，特征周期 T_g 为 0.60。

3）基本风压：0.35kN/m^2，地面粗糙类别：C 类；基本雪压：0.30kN/m^2。

3. 计算分析

计算程序采用了中国建筑科学研究院编制的 SATWE 和 PMSAP 进行不同情况下的整体计算，型钢在整体计算中就进行考虑。计算分双塔、单塔与刚性楼板、弹性楼板等不同情况进行，振型数取 36 个，质量参与系数均大于 90%。另外，还采用 PMSAP 对结构进行了弹性动力时程分析，选用的三组波为：天然波 ELC－3、OLY1－3 及人工波 MMW－3。此外还运用 FEQ 对部分框支框架进行了补充分析。各控制参数均按规范要求设置。在刚性楼板假定下 SATWE 的计算结果如表 2，其他计算与该结果接近。从计算结果可知，采用的结构布置较合理，结构整体动力特性能满足各项规范指标和概念设计的要求，弹性动力时程分析结果满足规范要求。

设置斜撑的部位，采用 ANSYS 进行补充计算，具体模型截取转换层下两层及转换层上一层，荷载从 SATWE 中提取各工况下的荷载施加到模型中。计算了四种工况：

工况 1：1.2 重＋1.3 平＋0.5 竖；工况 2：1.2 重＋1.3 平＋1.4 风；

工况3：1.2重+1.3平+0.5竖+1.4风；工况4：1.2重+1.3竖。

注："重"表示重力荷载代表值，"平"表示水平地震力作用，"竖"表示竖向地震力作用，"风"表示风荷载。

SATWE刚性楼板计算结果 表2

计算情况		双塔		单塔	
周期	T_1	1.93		1.87	
	T_2	1.90		1.82	
	T_3	1.83		1.51（*）	
	T_4	1.75		0.60	
	T_5	1.51（*）		0.57	
	T_6	1.43		0.49	
	$T_{扭}/T_{平}$	0.78		0.81	
最大层间位移角	方向	X	Y	X	Y
	风	1/5491	1/7650	1/5461	1/7767
	地震	1/989	1/989	1/982	1/946
	+5%震	1/874	1/921	1/865	1/1016
	−5%震	1/979	1/970	1/985	1/885
基底剪力（kN）		52318	54160	41979	37987
倾覆力矩（kN·m）		222952	2221702	1312225	1218017

控制工况下计算模型的ANSYS结果如图13、图14。从ANSYS计算结果可以看出最大应力点均在型钢截面内，与预期应力分布相符，且不超过材料允许应力。

五、结构构造措施

由于结构超限，所以采取了比规范要求更严的构造措施，主要表现在以下几个方面：

1）首层结构板采用300mm厚度的板，双层双向配置板钢筋，加强地下室的嵌固作用。

2）除在结构布置上加强底部框支层刚度控制结构侧向位移外，为保证在地震作用下落地剪力墙和框支柱不先于转换层以上的剪力墙破坏，主要的落地剪力墙和框支柱都采用了型钢混凝土结构增加抗弯抗剪能力，严格控制轴压比，并加大了结构断面尺寸和配筋。

3）转换梁的挠度进行严格控制，跨度较大的起反拱，减小上部剪力墙体因转换梁变形而引起的过大附加应力。七层转换梁尽可能封闭，特别是周边框架梁，采用同一型钢混凝土截面梁进行了围闭。

4）转换层以上两层剪力墙属于结构刚度变化最大的部位，为增加其抗剪能力和延性，暗柱也采用了型钢混凝土，并且加密箍筋，墙体配筋适当加大。

5）六层转换层板厚度150mm，七层转换层板厚度250mm，双层双向配置板钢筋，加强转换层刚度。上部八、九、十九、二十层以及二十九层和屋面层板厚150mm，其余层主要板厚100mm，这样上部塔楼形成三道加强层，加强上部结构刚度，也避免加强层数过多引起不必要的经济浪费。

6）墙柱内型钢在柱脚（即承台内）、首层上下半层范围内（标高−2.750～5.750m）和柱顶（标高26.500～28.850m），转换梁上翼缘和腹板上从柱（墙）内型钢外边缘起算1400mm范围内设置栓钉，确保型钢与混凝土的共同工作。转换层以上剪力墙内型钢在柱脚和柱顶设置。

7）型钢梁上开孔尺寸严格控制，与设备专业进行协调，使管线穿孔尽量集中在梁跨中，且梁开孔尽量在型钢截面中部，直径不大于型钢截面高的0.4倍，对腹板开孔处进行补强。

8）对Ⅱ形截面型钢梁开口翼缘，每4000mm间距设30mm厚宽400mm的盖板一块，保证型钢两个肢的共同工作。

9）除了在柱型钢截面选取上考虑钢筋穿越外，梁截面的配筋形式上也采用了将受力钢筋主要集中在角部的做法，尽量减少梁纵筋穿过柱内型钢的数量，且尽量不穿过型钢翼缘。凡柱、梁因钢筋穿孔的均按加强板进行补强。另外，由于转换梁截面较宽，部分梁计算配筋不大时，可能会使梁宽中间部位没有钢筋，容易出现受力和收缩裂缝，为此，在梁宽中间部位设置了附加主筋，与角部主筋相比可能效果要差一些，但至少能起到改善梁的裂缝分布甚至提高梁的承载力。梁高范围内，设置了腰筋，腰筋直径不小于16mm，且设置横向拉结筋，使梁主筋、腰筋、型钢、箍筋形成一个更好的受力体系，从而提高梁的承载力。

六、节点大样

梁柱节点核心区是结构受力的关键部位，设计时保证传力明确、安全可靠、施工方便等几个原则。整个工程中复杂程度最高的节点大样在转换层，最复杂的一个节点包括了四个方向的型钢梁和上下层型钢柱的连接。根据规范，梁柱节点均采用柱型钢贯通型，加劲肋采用水平加劲板式。除单型钢柱与工字钢型钢梁柱节点按照该原则进行节点设计外，我们还专门针对型钢混凝土剪力墙和截面高度较大的柱设计了一种既满足刚节点要求又容易施工的联合节点形式，即对剪力墙、柱内两个型钢采用上下两个小型型钢对齐型钢梁上下翼缘焊接，传递弯矩，两个小型型钢之间形成空隙，方便钢筋的绑扎，也方便混凝土的浇捣，切实做到强节点，满足节点刚接的要求。根据现场施工情况，该节点形式取得了良好效果。

为确保梁内型钢与墙柱内型钢的连接尽可能满足刚接要求，墙内型钢截面为工字形截面时，型钢主轴方向垂直于墙长方向，柱内型钢截面选取时，尽可能满足有一肢的主轴方向平行梁轴线方向，并加强节点区箍筋。这里给出本工程的一些复杂节点。见图15～图18（图中有阴影的型钢表示转换层上部结构型钢，无阴影的型钢表示转换层下部结构型钢）。图中给出了多个平面和剖面，能较完整反映一个节点的做法。经实践证明，这些节点均能满足型钢混凝土节点连接要求。

本工程柱脚采用埋入式柱脚，柱脚锚栓直径、数量根据计算和型钢截面而定，材料采用Q345。见图19。

七、施工简介

本工程型钢采用工厂制作，现场安装，且工期紧。因构件尺寸较大，制作安装难度大，特别是转换层，最重的单根型钢梁重达13t。为减少型钢混凝土施工质量对结构的影响，设计开始就对很多可能产生的问题予以了考虑，尽量减少实际施工中的难度，确保设计意图的实现和可操作性。施工单位对较大的分部工程都进行了施工组织设计，提出具体施工组织方案交建设单位、设计单位审查后再行施工。

型钢混凝土的施工方面主要注意了以下几点：

1）针对箱形或Ⅱ形柱在节点区域有较多的加劲板的情况，所有横向隔板均设置混凝土浇筑孔，纵向隔板设置混凝土流动孔，确保混凝土的密实性。

2）主要部位采用坡口焊缝，少数一般部位采用角焊缝。工厂制作构件全部采用熔嘴电渣坡口焊，现场安装采用人工焊接。现场对接焊缝为一级焊缝，角焊缝为二级焊缝，施工现场焊缝由昆明市质检站采用超声波探伤全数检测，并统一出示检测报告。

3）工厂在制作构件前，考虑型钢混凝土梁、柱、墙的钢筋，构件制作予以预留孔洞。

4）钢梁在制作时按3/1000起拱。施工中严格保证钢结构制作、安装，并考虑构件因温度、运输等引起的变形。

5）由于现场仅设置了两台塔吊，东区的塔吊最大起重量约在6t左右，而西区的塔吊最大起重量只有3t，所以七层长度小于6m的钢梁采用塔吊进行运送安装，而大构件只能采用50t的汽车式吊车紧靠建筑物，将构件的2/3长度运送至六层楼面，在六层楼面采用两台5t的卷扬机搬运至指定的位置。钢梁在楼面采用人工吊装，在钢梁两端焊接一个吊耳，利用两端独立的起重工具，将钢梁吊装到标高位置并点焊，然后点焊就位。

6）现场构件接头的焊接顺序，平面上从中部对称地向四周扩展，竖向采取有利于工序协调、方便施工、保证焊接质量的顺序。柱的现场对接采用两侧对称焊接。梁和柱接头的焊接，遵循先焊梁的下翼缘板，再焊接上翼缘板；先焊梁的一端，待其焊缝冷却至常温后，再焊另一端的原则，不宜对一根梁的两端同时施焊。

7）为尽可能地消除焊接产生的残余应力，构件采用振动时效消除残余应力峰值。

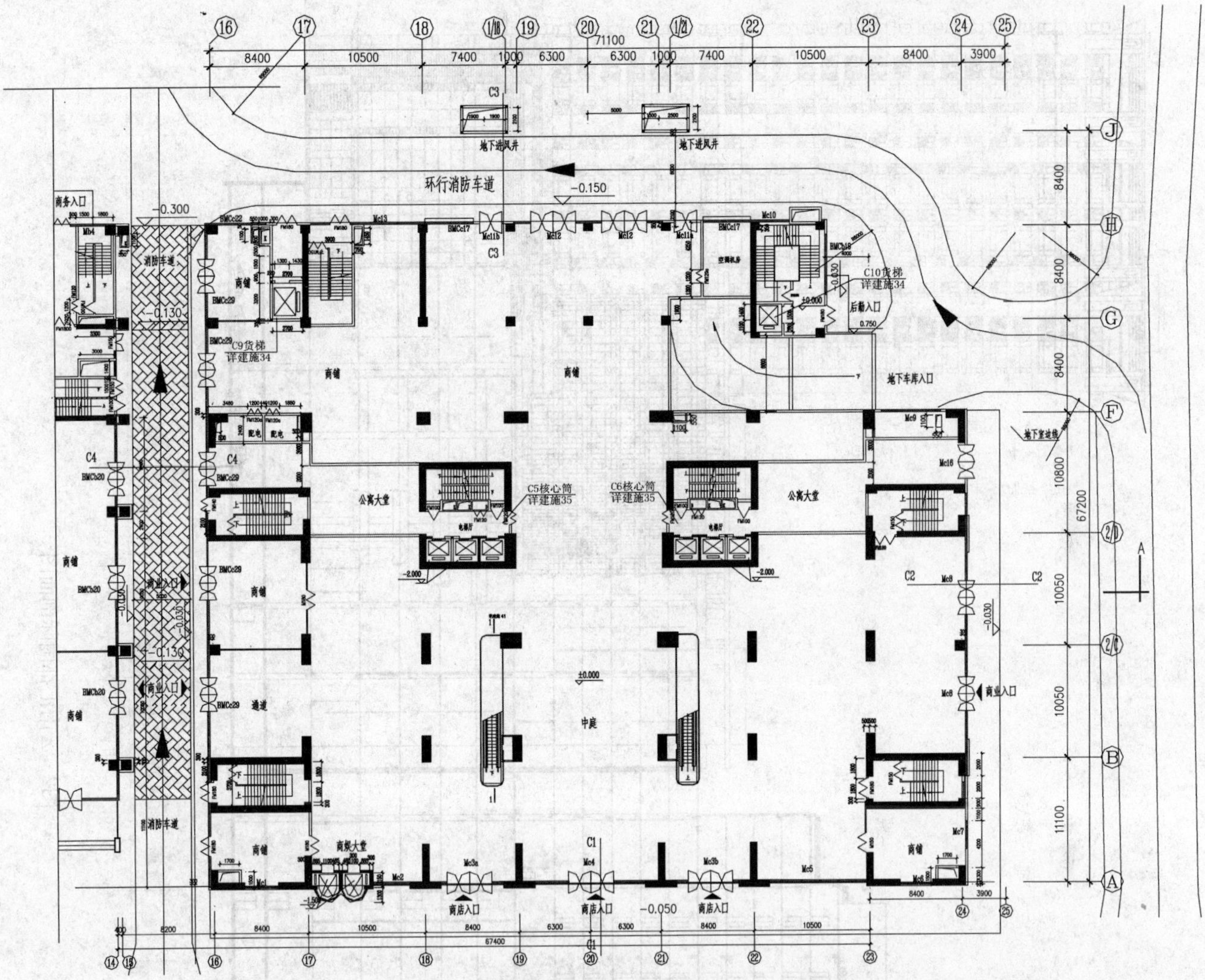

图1　云南汇都国际C座首层建筑平面图

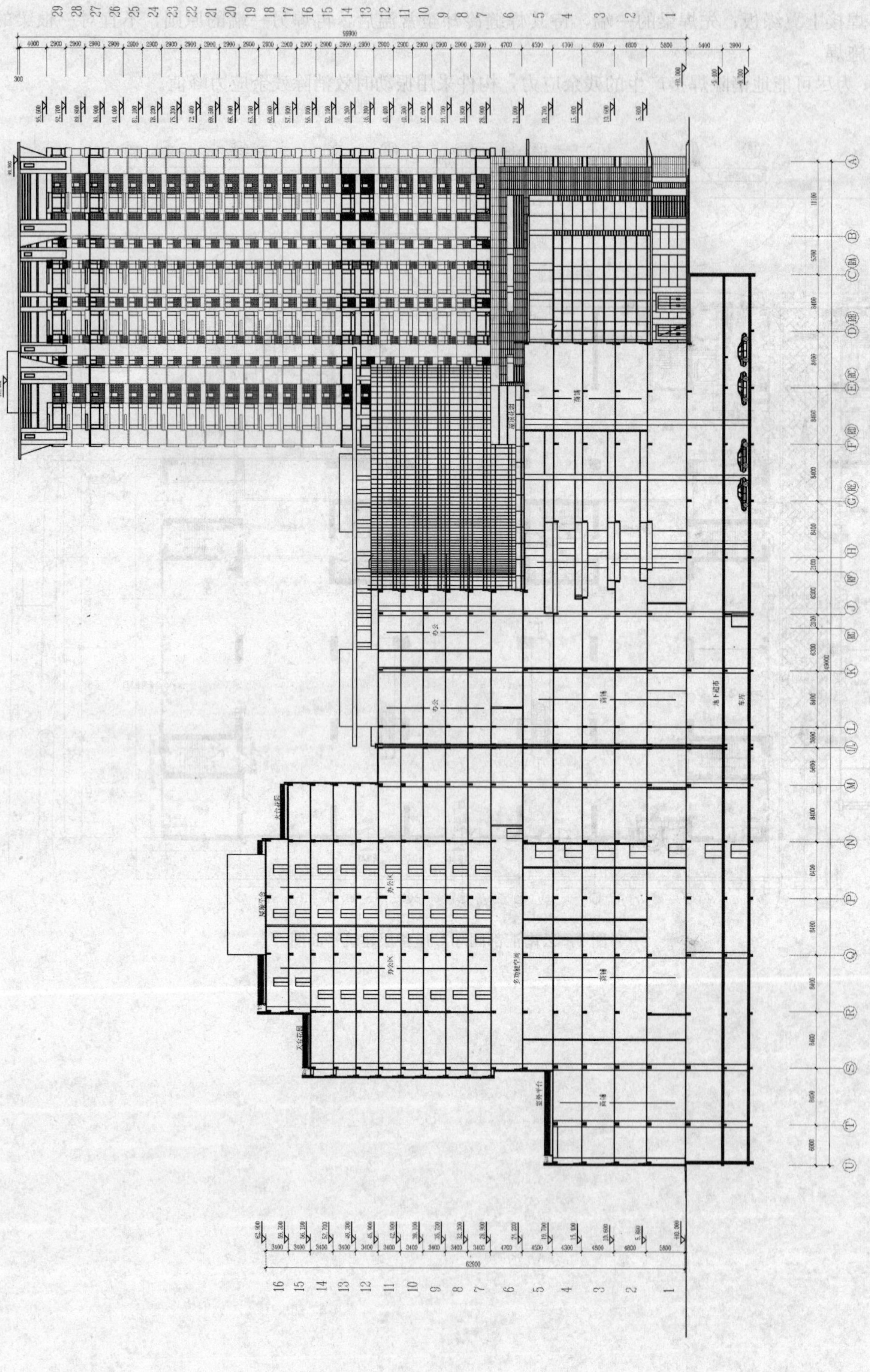

图2 云南汇都国际剖面图

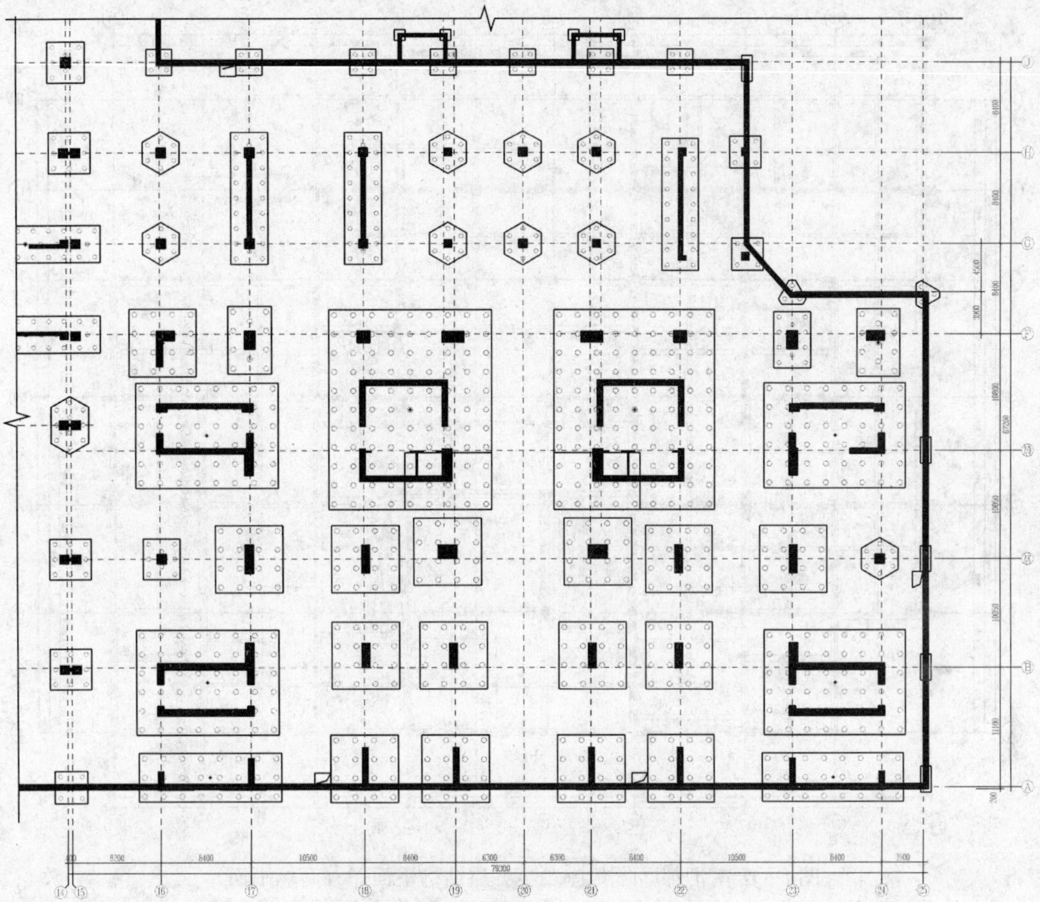

图 3　云南汇都国际 C 座基础平面布置图

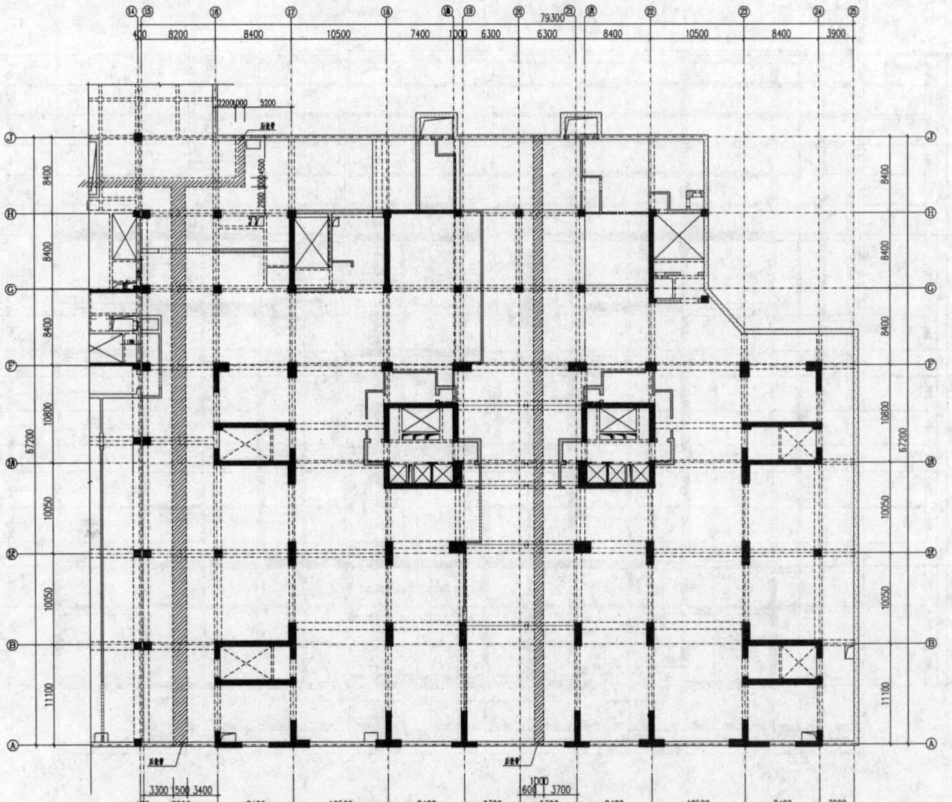

图 4　云南汇都国际 C 座首层结构平面图

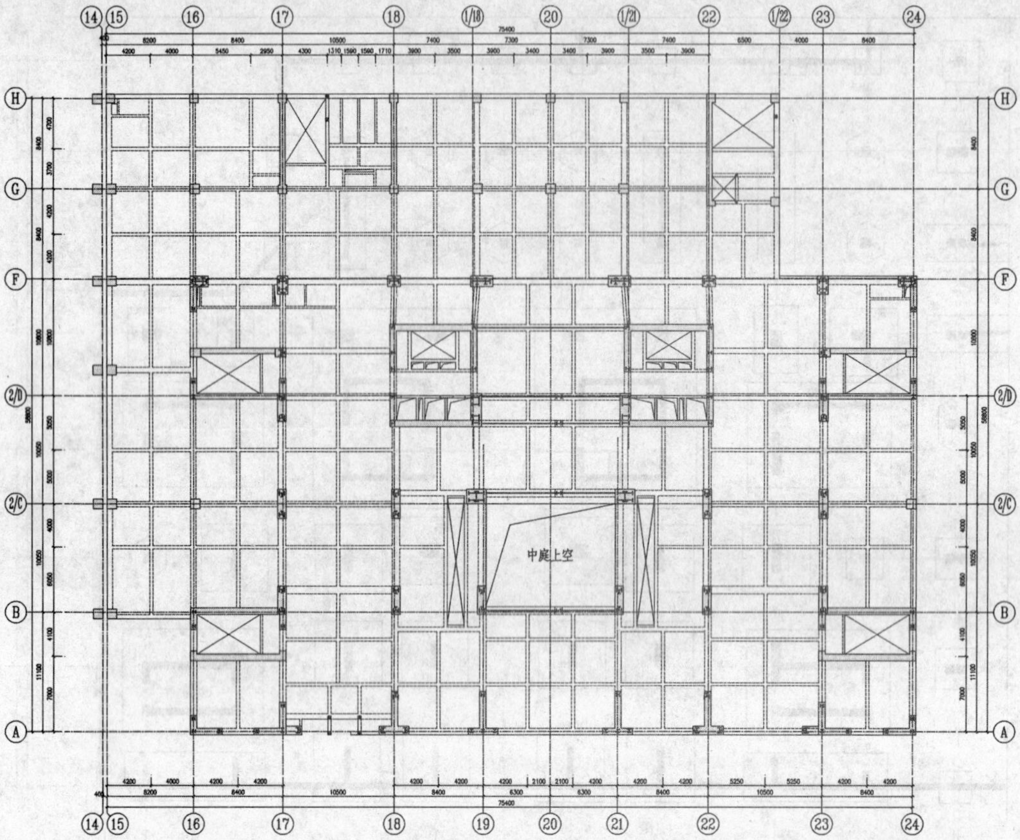

图 5　云南汇都国际 C 座二至五层结构平面图（商场平面）

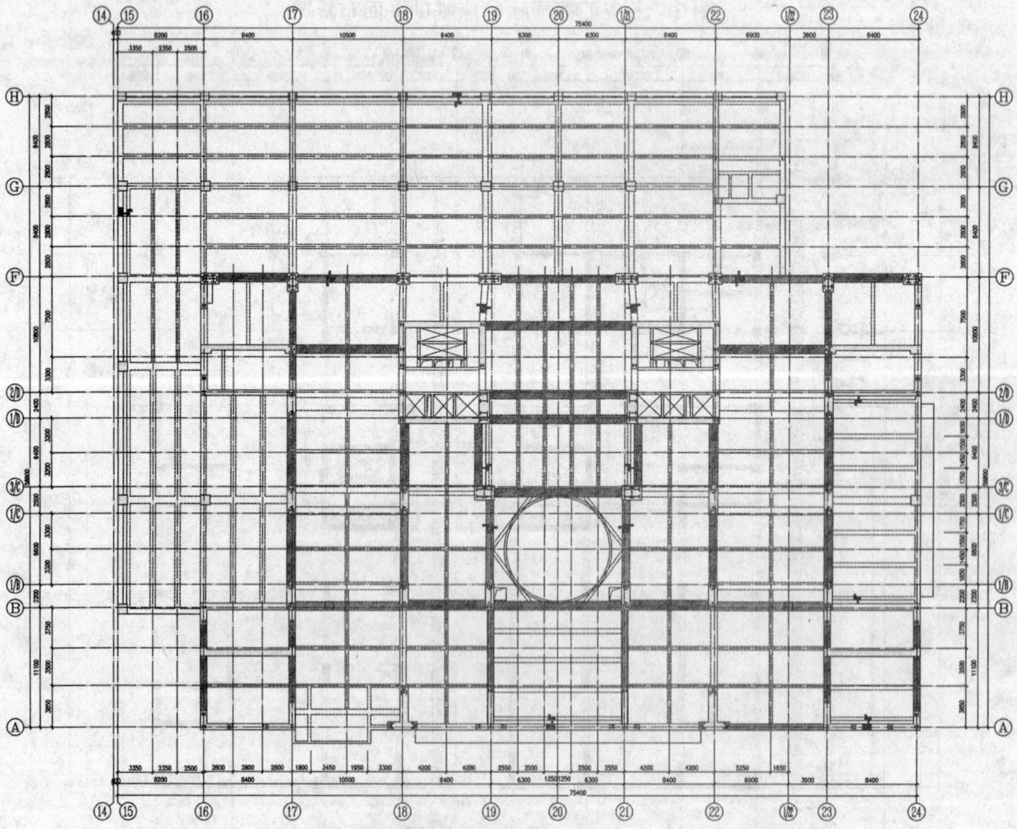

图 6　云南汇都国际 C 座六层结构平面图（会所平面）

注：图中阴影处为型钢混凝土梁。

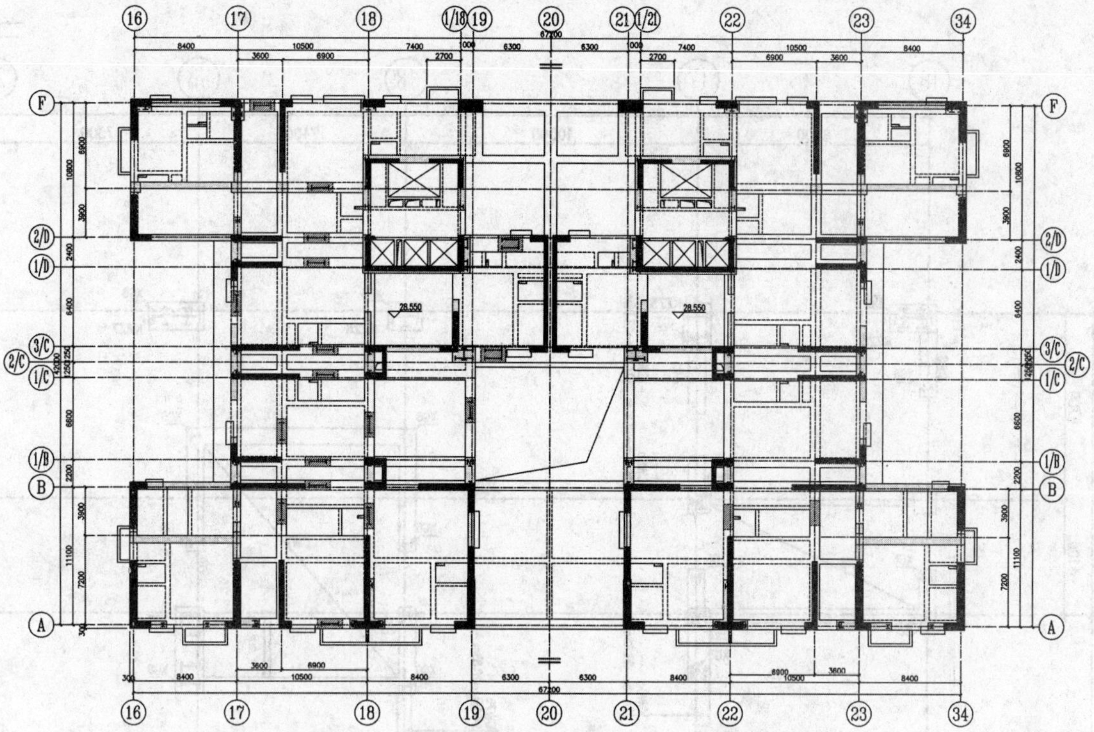

图7　云南汇都国际C座七层结构平面图（转换层平面）

注：图中阴影截面为型钢混凝土梁截面，关于⑳轴左右对称。

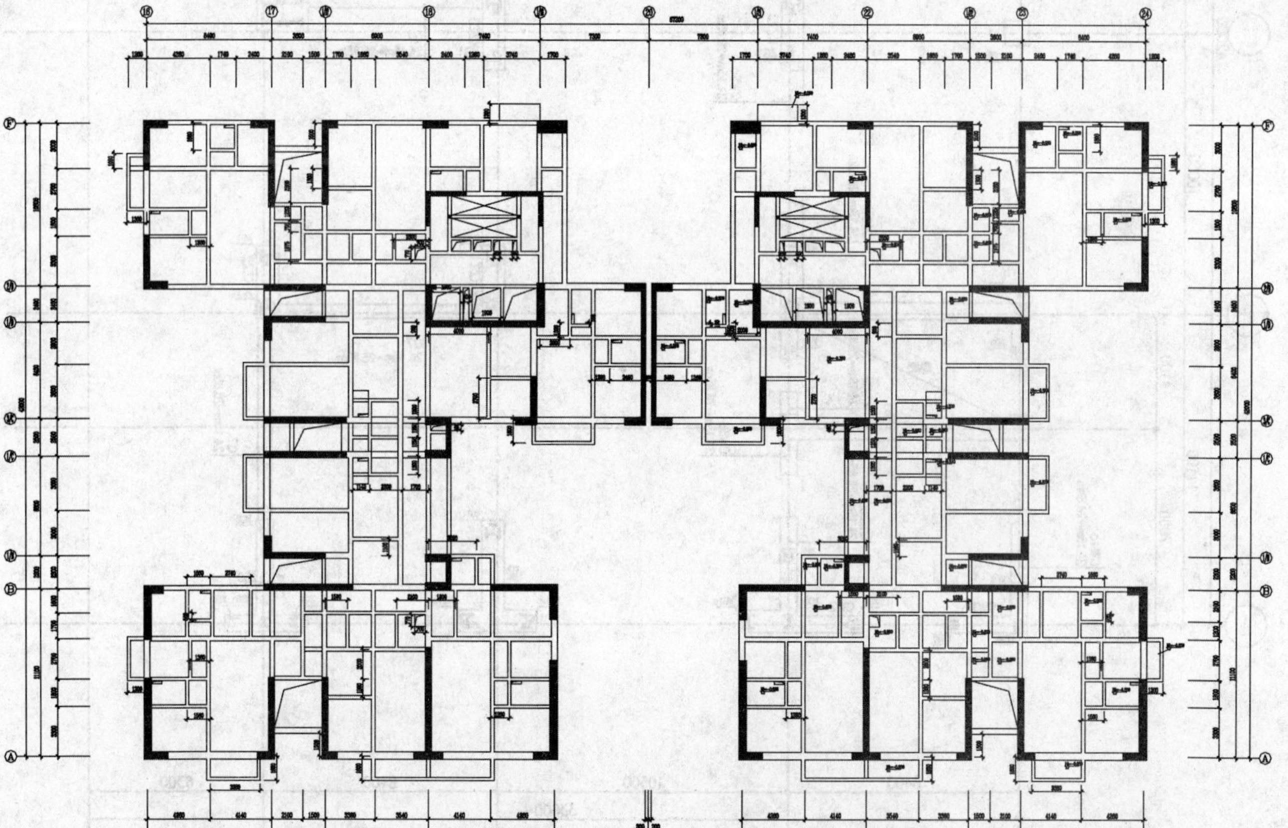

图8　云南汇都国际C座八至二十九层结构平面图（住宅平面）

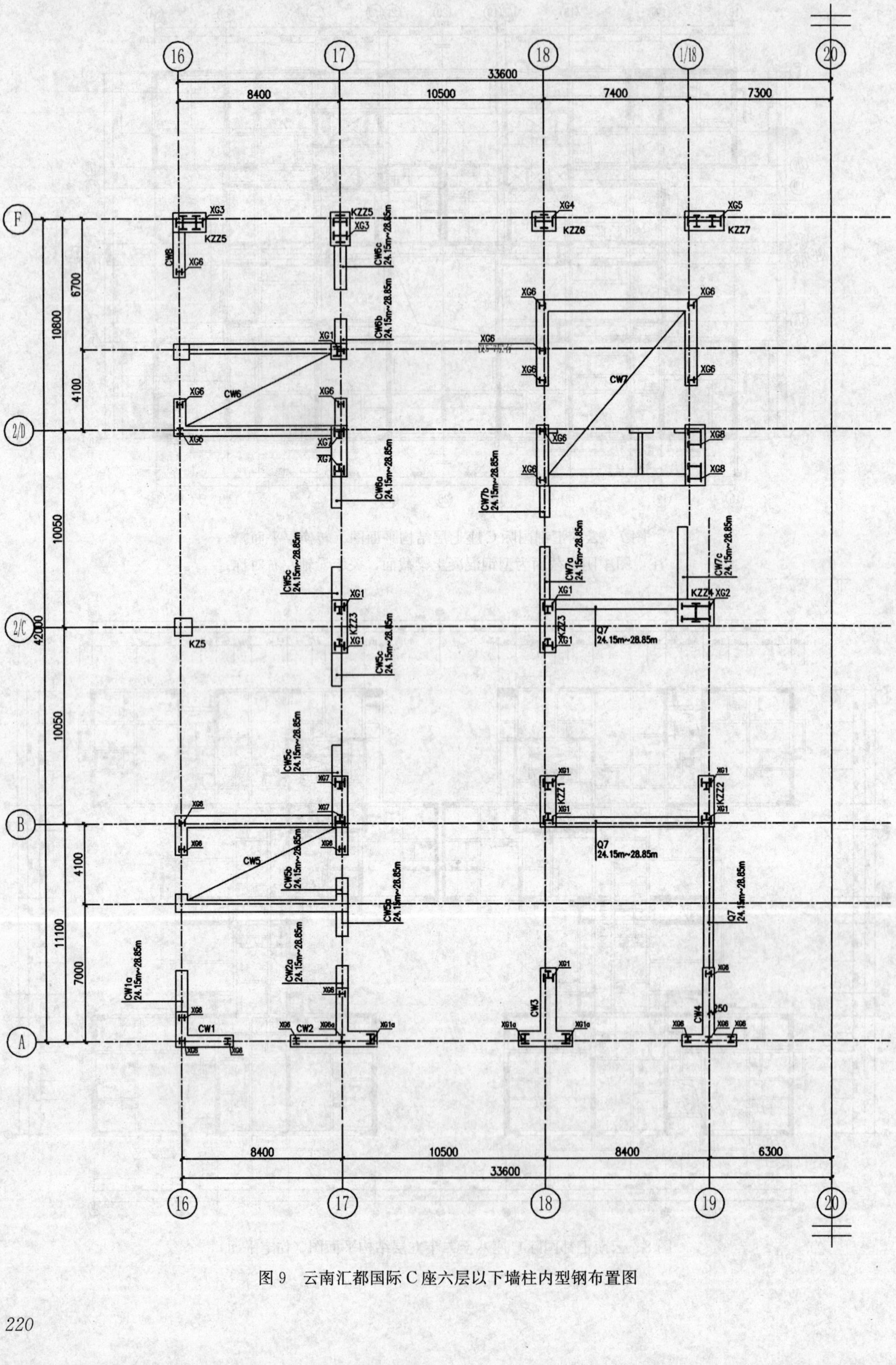

图 9　云南汇都国际 C 座六层以下墙柱内型钢布置图

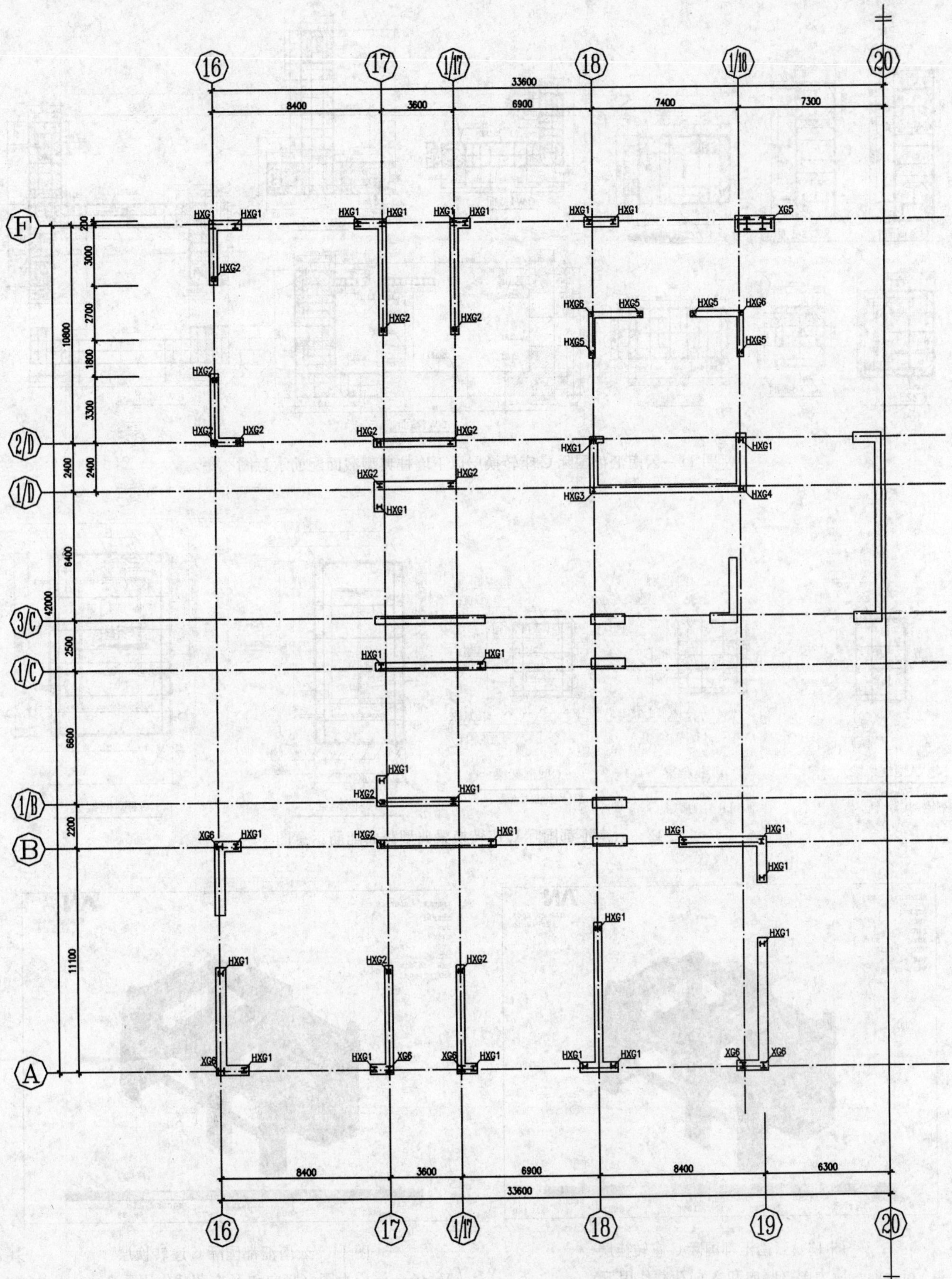

图10　云南汇都国际C座七至九层型钢布置图

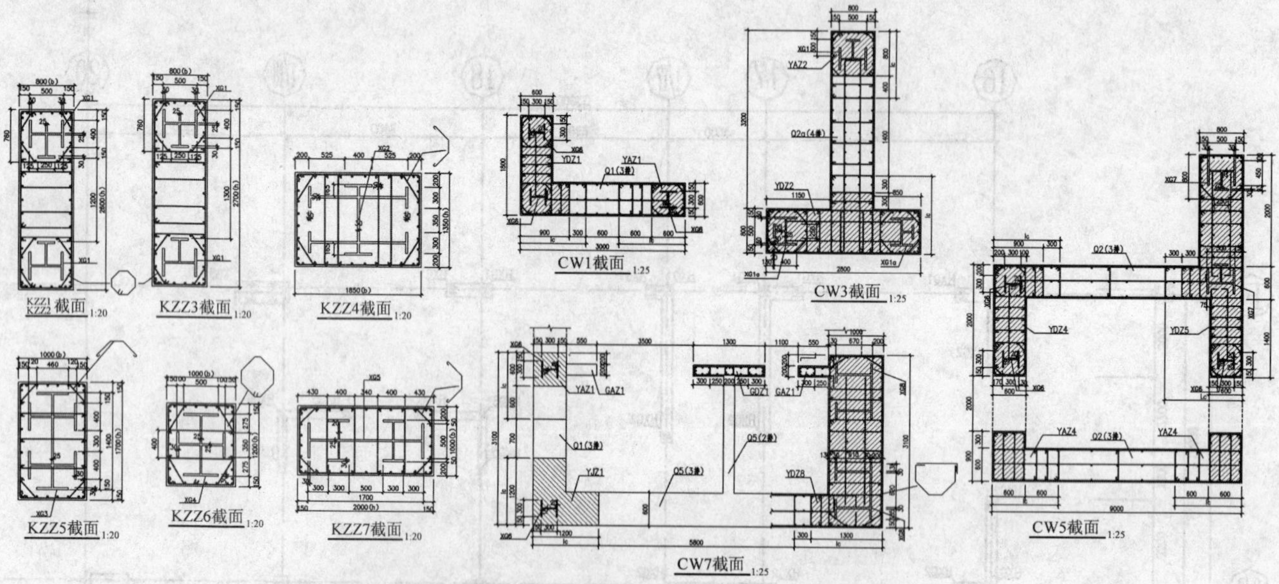

图 11　云南汇都国际 C 座转换层以下墙柱典型截面配筋示意图

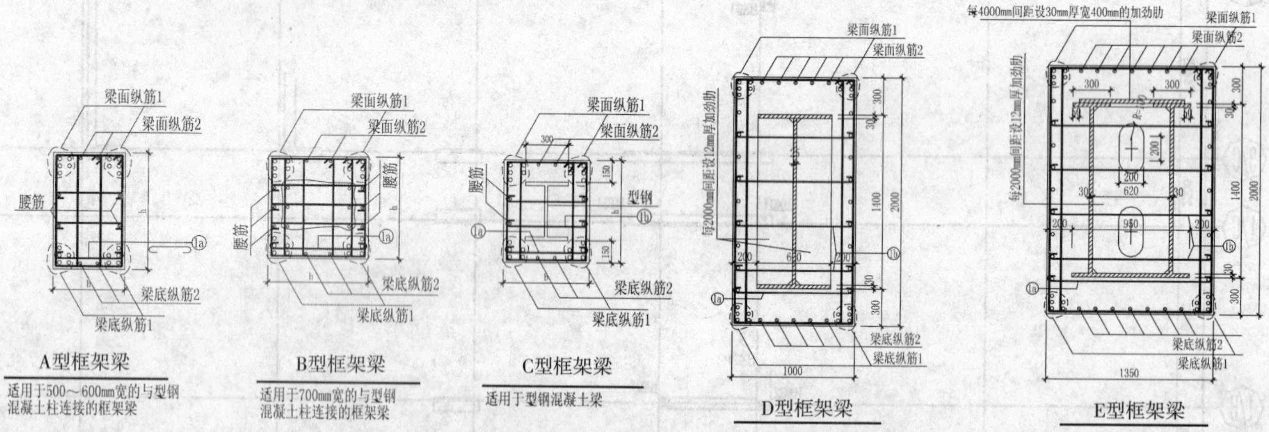

图 12　云南汇都国际 C 座转换梁典型截面配筋示意图

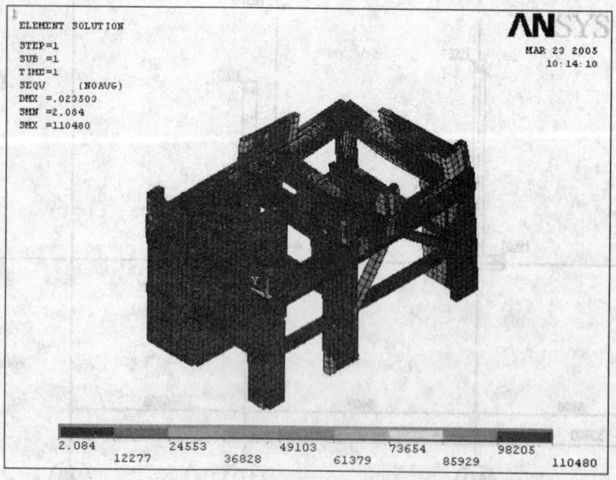

图 13　云南汇都国际 C 座转换层
Von mises 应力图（竖向和 X 向荷载作用下）

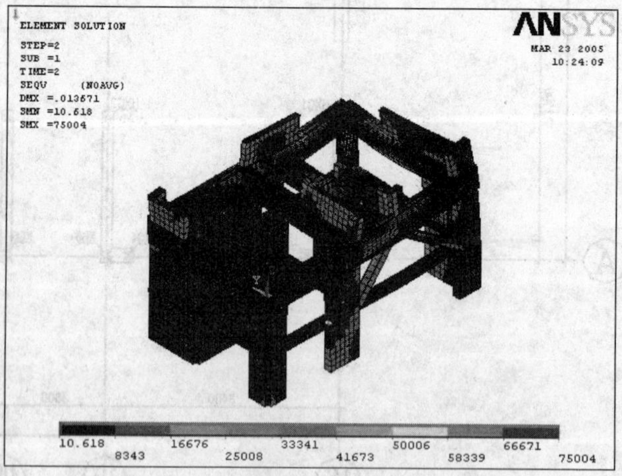

图 14　云南汇都国际 C 座转换层
Von mises 应力图（竖向和 Y 向荷载作用下）

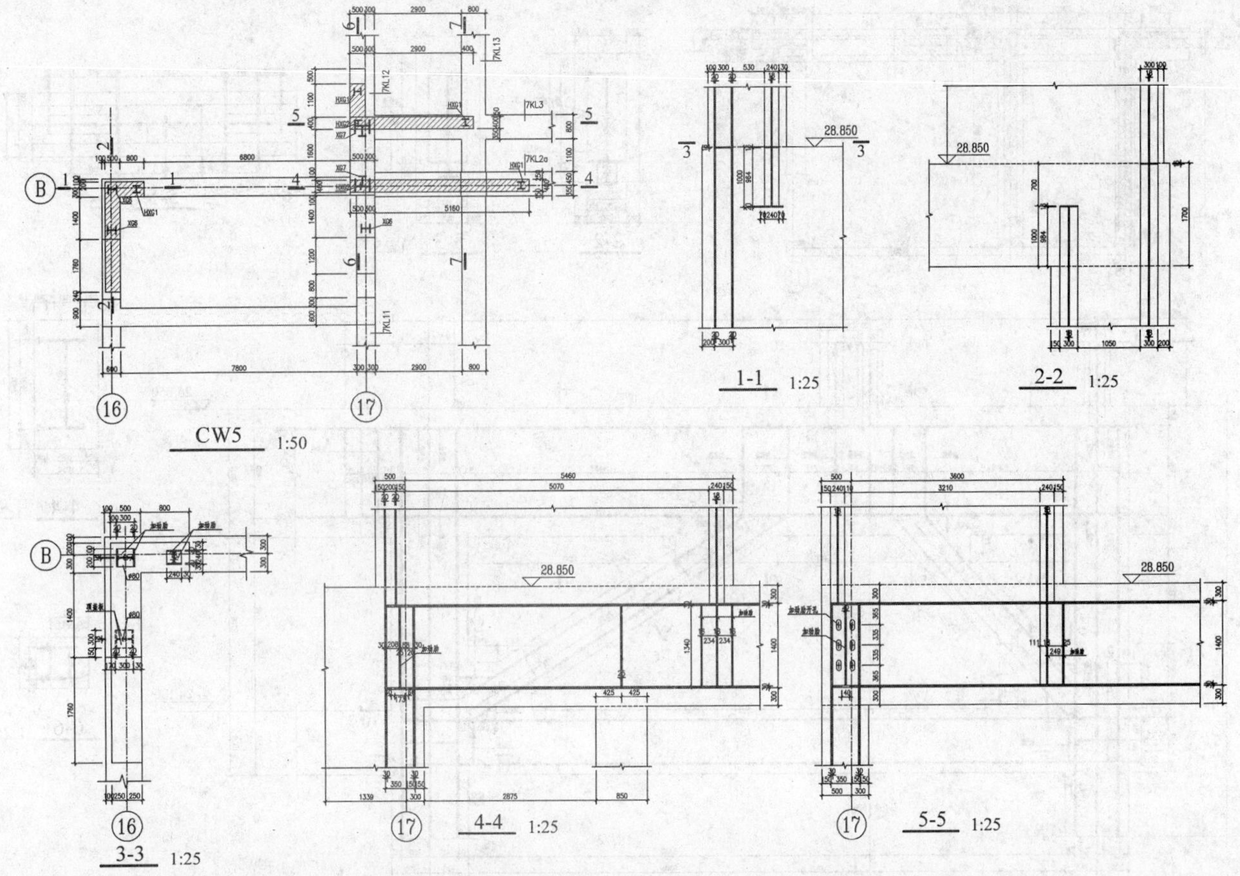

图 15　云南汇都国际 C 座转换层 CW5 节点大样 1

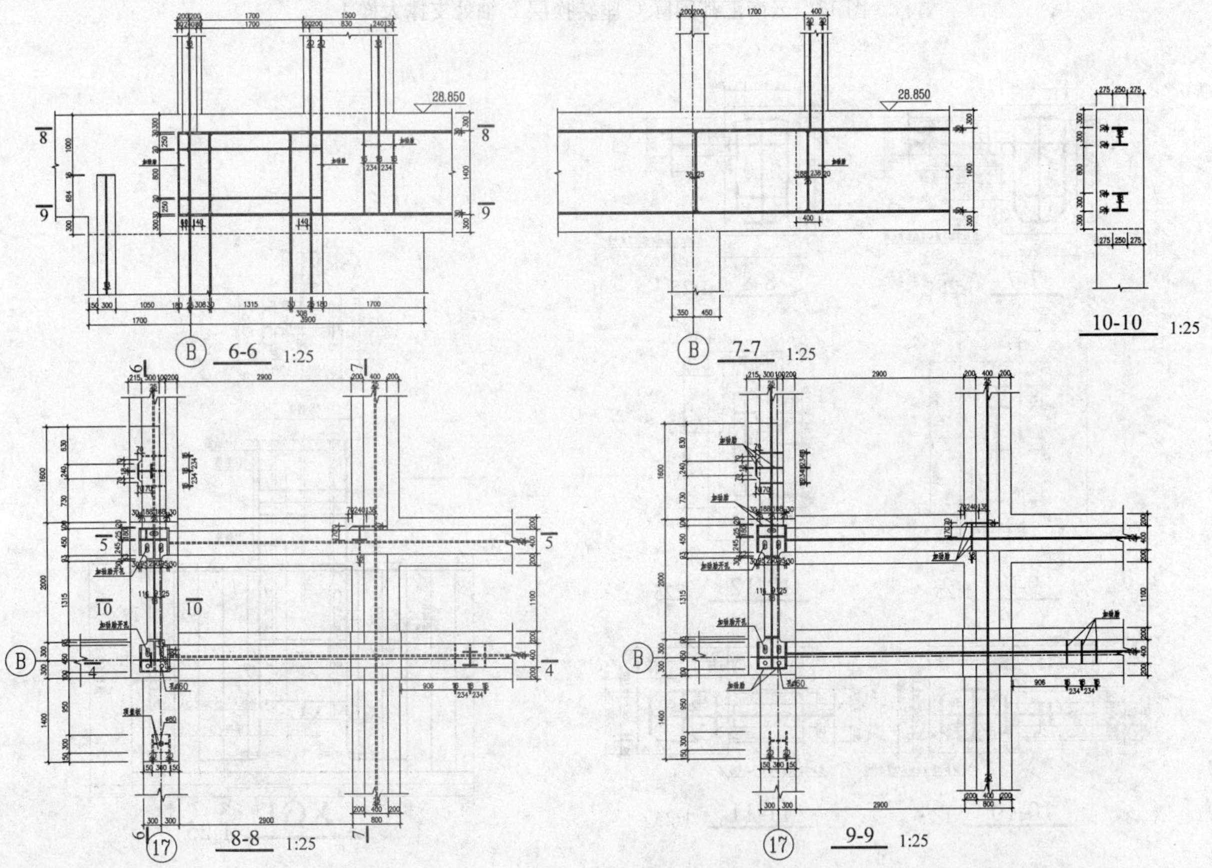

图 16　云南汇都国际 C 座转换层 CW5 节点大样 2

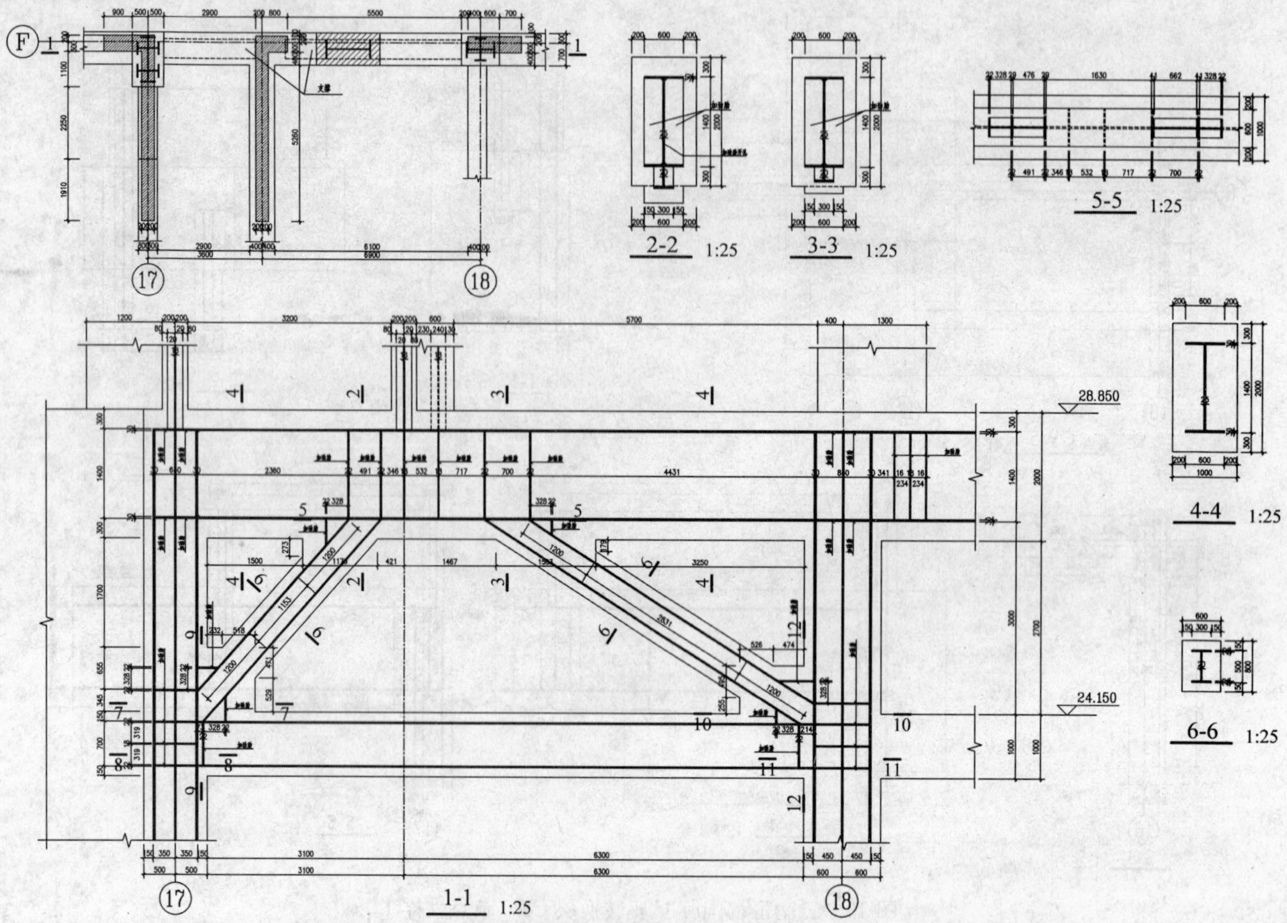

图 17　云南汇都国际 C 座转换层 F 轴处支撑大样 1

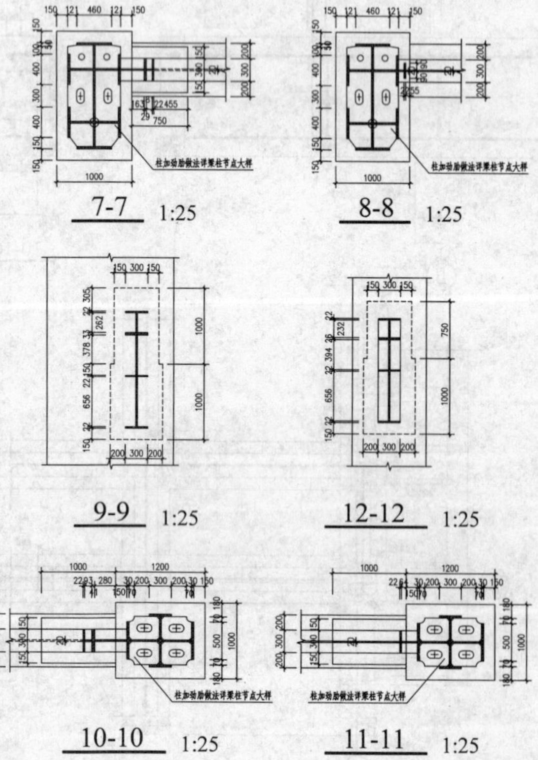

图 18　云南汇都国际 C 座转换层 F 轴处支撑大样 2

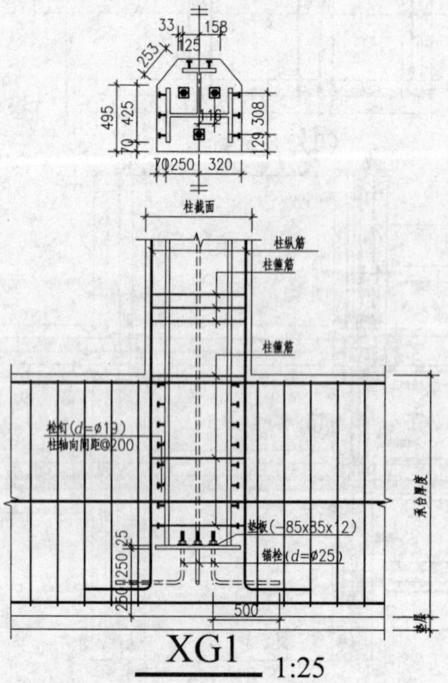

图 19　云南汇都国际 C 座柱脚大样图

图 20　云南汇都国际C座转换层施工现场

珠江新城 D3—2 地块项目结构设计

建设地点　广州市

设计时间　2010～2012

主要设计人　陈　星　林扑强　王仕琪　张小良　徐　静　陈　航　倪炜麟　龙秀海

一、工程概况

珠江新城 D3—2 地块项目（图 1）位于广州市天河区黄埔大道西的南侧、海业路东侧，地理坐标约为 23.12890N；113.33450E。拟建建筑为地下 3 层，地上 36 层，8 层的裙房（图 2）以及 26 层的塔楼（图 3），地下室（图 4）埋深 13.5m，建筑总高 157.0m，总建筑面积约 120781m²，本工程建筑剖面和立面见图 5、图 6。建筑结构尺寸如表 1、表 2 所示。

地下室几何尺寸　　表 1

平面外包尺寸 $L\times B$（m）	底板标高（m）	地下室层数	层高（m）	顶板标高
102.100m×54.900m	−13.000	3	6.0（−1 层），3.5（−2 层），3.5（−3 层）	±0.000

地上部分几何尺寸（结构高度 148.6m）　　表 2

单体名称	平面外包尺寸 $L\times B$（m）	高度 H（m）	高宽比 H/B	长宽比 L/B	凹凸比值 l/b（l/B_{max}）	层数	标准层层高（m）
裙楼	102.100m×54.900m	37.6	—	—	—	8	5.1
塔楼	40.800m×54.900m	111.0	2.72	1.35	0.81（0.27）	28	4.0

本工程抗震设防烈度为 7 度，建筑场地类型为Ⅱ类，设计地震分组为第一组，设计基本地震加速度值为 0.1g，特征周期 0.35s，抗震设防分类为丙类（裙房乙类）。

本工程为钢筋混凝土框架剪力墙结构，局部采用型钢混凝土柱。该项目塔楼长 54.5m，最小投影宽度 29m，天面层标高为 148.6m，裙房以上高度 111m，高宽比为 3.8，长宽比为 1.9，属于超 B 级高度高层建筑，符合《高层建筑混凝土结构技术规程》JGJ 3—2002 表 4.2.3－2 以及表 4.3.3 所要求的适用范围。为了结构有足够的刚度抵抗地震及风荷载所产生的水平力，在建筑物的高层塔楼与裙房各布置了剪力墙筒体。

本工程均采用现浇钢筋混凝土梁板体系，整体性良好。地下室负三层底板、负二层至负一层底板采用无梁楼盖结构，板厚分别为 h＝700mm 和 300mm；首层（地下室顶板）采用梁板结构，板厚 h＝180mm；塔楼部分板厚为 110～150mm，核心筒电梯厅位置板厚为 150mm；裙房顶层板厚 h＝180mm，塔楼顶板厚 h＝150mm。

本工程竖向构件尺寸，剪力墙厚取 300～800mm；裙楼柱截面为 1600mm×1600mm、1400mm×1400mm、1200mm×1200mm、1100mm×1100mm、1000mm×1000mm；塔楼柱截面为 1200mm×1200mm、1100mm×1100mm。

本工程基础采用人工挖孔灌注桩基础。地下室底板采用抗拔桩＋抗拔锚杆共同抵抗地下室水浮力。

本工程除高度超限外，存在平面扭转不规则、楼板局部不连续、竖向收进过大等超限情况。因此，针对本工程面对的技术难题，主要科学研究工作如下：

1）超限建筑结构分析；

2）塔楼偏置处理；

3）空心无梁楼盖；

4）型钢—混凝土组合 U 形梁的应用。

二、超限建筑结构分析

1. 结构超限类型和程度

参照《建筑抗震设计规范》、《高层建筑混凝土结构技术规程》和《广东省实施〈高层建筑混凝土结构技术规程〉（JGJ 3—2002）补充规定》有关规定，超限情况见表 3。

结构超限情况表（表中所示层号为结构计算层号）　　表 3

结构形式	框架剪力墙结构
高度是否超限	是（超 B 级高度） 148.6m＞140m
竖向不规则	是（裙房顶塔楼收进）
狭长、凹凸不规则	否 塔楼长宽比 $L/B\min=1.9<6.0$， 塔楼凹凸比值 $l/B\max=0.27<0.35$， 塔楼凹凸比值 $l/b=0.81<2.0$，
楼板局部不连续	接近规范限值，按不连续考虑； （最小有效楼板宽度该层楼板典型宽度的比值为 52%＞50%，开洞面积与该层楼面面积的比值为 14%＜30%，最小净宽度 5.1m＞5m）
塔楼偏置（偏心布置）	是
平面扭转位移比 （所在层数及其位移角）	X 向 1.23（17，1/991） Y 向 1.32（13，1/1085）
平面扭转不规则	最大扭转位移比大于 1.30，小于 1.40，属于 II 类扭转不规则结构
侧向刚度不规则	否 侧向刚度大于相邻上一层侧向刚度的 70%，并大于其上相邻三层侧向刚度平均值的 80%，满足侧向刚度规则性要求
竖向抗侧力构件不连续	否（裙房三层一根 5×K 轴的柱不连续）
楼层承载力突变 楼层受剪承载力 与上层的比值（＞75%）（层号）	否，X 方向 0.79（21） 否，Y 方向 0.78（21）
超限情况总结	4 项［超 B 级高度钢筋混凝土高层建筑，竖向不规则，楼板局部不连续，塔楼偏置（II 类扭转不规则）］

2. 超限处理的主要措施

1）设计和构造措施

（1）本工程中框架柱和剪力墙是主要的抗侧力构件，因此，按中震弹性、大震不屈服性能目标进行设计，提高关键部位墙肢的延性，使抗侧刚度和结构延性更好地匹配，有效地协同抗震。

①剪力墙墙肢轴压比控制按《高层建筑混凝土结构技术规程》要求不大于 0.5；

②框架柱轴压比按《高层建筑混凝土结构技术规程》要求不大于 0.75，塔楼投影部位提高为 0.7；

③底部加强区剪力墙抗震等级为一级，并适当加大配筋率，约束边缘构件基本上都设计为封闭箍筋，提高对剪力墙混凝土的约束作用从而更有效地保证剪力墙的延性；

④剪力墙底部加强区在罕遇地震下只有部分屈服，但没有发生剪切破坏；

⑤塔楼投影范围首层及上下一层的主受力剪力墙抗震等级取为特一级，并埋入型钢，提高剪力墙的

抗压、抗拉强度和延性，有效地抵抗在大震作用下产生的拉力；

⑥本工程裙房柱数量较多，首层框架承担的倾覆力矩，SATWE：$X=41\%$，$Y=44\%$，相对较高，GSSAP：$X=56\%$，$Y=53\%$，超过50%，设计时柱按框架考虑抗震等级并相应地提高了首层柱的配筋率。

(2) 塔楼偏置和扭转不规则使主体结构薄弱部位通常出现在整体结构边缘区域，设计时对裙房左右两个剪力墙筒体进行了加强，并采取减小边缘结构竖向构件轴压比、剪压比及提高配箍率、配筋率等措施，提高结构延性，避免脆性破坏，另外对于楼板凹凸角、弱连系楼板采用楼板加厚，双层双向钢筋贯通配筋构造。

(3) 由于塔楼偏置，在塔楼结构投影范围，裙楼顶部上、下各一层的构件适当加大配筋率，此处裙楼板厚加厚至 $h=180$mm；对楼板局部不连续的楼层，楼板适当加厚；二层5m宽走廊，板厚加厚至 $h=180$mm；每方向的配筋率不小于0.25%。

2) 计算手段

(1) 设计时分别采用两个空间结构分析程序SATWE和GSSAP进行分析，计算时考虑两个方向的扭转耦联和偶然偏心地震作用等。

(2) 按规范要求，选用两组Ⅱ类场地上的地震波和一组《地震安全性评价报告》所提供的场地人工波，对结构作弹性时程分析，并将结果与反应谱分析结果相比较，进行包络设计。

(3) 对关键构件进行中震弹性验算，了解其抗震性能，并采取相应加强措施。

(4) 针对上述超限情况，采用SATWE的PUSHOVER模块进行罕遇地震下的静力弹塑性分析；分析时考虑了高度超限可能带来的附加 $P-\Delta$ 效应，以确定结构能否满足第二阶段抗震设防水准要求，并对薄弱构件制定相应的加强措施。

三、塔楼偏置处理

地震力作用在建筑物的质量中心，当建筑的质量中心与刚度中心不重合时，建筑物在地震作用下容易产生扭转效应而造成损坏。

本工程从地上十层开始出现塔楼偏置，在 X 方向上塔楼质心（图2①）与裙楼质心（图2②）的偏心距大于裙楼该方向边长的20%，而在 Y 方向上没有质心偏心。

本工程在裙楼另一方向相应位置（图2③）每层均设置加厚剪力墙和加厚楼板，增加裙楼另一个方向对应塔楼位置的质量，使裙楼和塔楼的总质量中心与裙楼的质量中心更靠近，以减小地震作用时塔楼偏置带来的扭转效应。

四、空心无梁楼盖

本工程有地下负二层3.5m、负一层3.2m以及负一层夹层2.8m，地下室层高均较小，在考虑车库建筑净高、设备管道布设等因素后，对楼盖结构高度的限制相当严苛。如采用普通梁板结构不能满足地下室净高要求，故采用带明柱帽的现浇空心无梁楼盖。

空心无梁楼盖通过在现浇楼板中间预置轻质芯模来大大减少混凝土的用量，减轻结构的自重20%～35%；降低楼层间的噪声干扰，楼盖的保温隔热性能增强；采用支平板模，施工简单，提高楼盖施工速度；不改变结构本身的承载能力，改善了构件的变形及抗裂性能；可降低结构构件高度，增加室内净空高度。

在施工过程中，通过加强加气砌块安装（图7）的定位措施，沿加气混凝土砌块长向垂直方向浇捣混凝土，禁止沿加气混凝土砌块长向平行方向及多点围合式浇筑，保证砌块含水率及控制混凝土坍落度等方面较好地解决了空心楼板芯模间距控制以及浇筑混凝土时芯模的抗浮问题，保证了工程质量。

五、型钢—混凝土组合U形梁的应用

由于本工程建筑第三层楼面出现较大突变，且需在第三层的悬空梁上植柱，故需采用转换梁结构以提供必要的支承。根据本工程的特点，转换梁采用一种新型的型钢—混凝土组合U形梁（图8），其承载力强、抗弯能力强、用钢量少、方便安装，这样既缩短了工期，同时也节约了成本，综合效益良好。

型钢—混凝土组合梁兼具钢结构和钢筋混凝土结构的特性，能够发挥钢材抗拉强度高、混凝土抗压强度高的优点，因此，型钢—混凝土组合梁作为一种新型的结构体系应用范围不断扩大，已经广泛应用于工业建筑上，并作为重荷载梁、吊车梁、高层建筑的转换梁、大荷载梁使用。

但是，现有的型钢—混凝土组合梁存在以下缺陷：1）与钢筋混凝土梁相比，型钢—混凝土组合梁的用钢量较多，钢材的耗费量较大，而且自重也较大；2）一般是在型钢内灌注混凝土构成组合梁，在受力时，如果型钢与混凝土之间的摩擦和咬合效果不好、二者结合不牢固，容易造成型钢与混凝土之间产生滑动，使得型钢—混凝土组合梁发生形变，从而影响组合梁的承载力；3）现有的型钢—混凝土组合梁在施工时，混凝土的灌注工艺比较复杂，施工不方便，容易出现混凝土灌注不到位的情况，特别是对于外包型钢的组合梁而言，容易因混凝土灌注不到位而在型钢内形成空洞，导致存在很大的安全隐患；4）钢梁侧板拉结问题；5）现有的组合梁中型钢外露面积较大，因此防腐防火面积相应较大，处理费用高；6）现有组合梁的施工过程一般需要先搭建施工模板，然后再浇筑混凝土以形成组合梁，之后还要将施工模板拆除，这样不仅增加了施工成本，而且还延长了施工工期；7）现有的组合梁在通过钢牛腿与次梁相连接时，需要选择合适结构的钢牛腿，增加了施工难度，提高了施工成本。

本工程采用的组合 U 形梁的目的在于提供一种施工方便、承载力强、可提高抗弯能力、减小用钢量、具有经济节约性、方便安装、能够减小自重、提高工作效率、相应缩短工期的型钢—混凝土组合 U 形梁，可与任意的钢牛腿连接而实现与次梁的顺利相接。

该技术是通过如下的技术方案来实现：该型钢—混凝土组合 U 形梁，主要由型钢和浇筑在型钢中的混凝土组成（图 9），其特征在于所述型钢包括用于作为施工支承模板的 U 形型钢与设置在 U 形型钢两端支座内的 n 形型钢，所述 U 形型钢包括底板、侧腹板及上翼缘，所述侧腹板竖向设置在底板两侧边沿以形成槽体，所述上翼缘位于所述侧腹板的顶面上；所述 n 形型钢包括腹板与横向设置在腹板顶面上的顶板，所述腹板与顶板均沿 U 形型钢的长度方向设置，所述 n 形型钢的腹板底面固定在所述 U 形型钢的底板上构成用于浇筑混凝土的中空腔室，所述腹板与侧腹板之间具有间隙，该间隙与 U 形型钢跨中部位内均浇筑有混凝土，所述 n 形型钢的顶板上开有用于灌注混凝土的浇筑孔。

该组合梁采用 U 形型钢直接作为施工支承模板，因此在施工过程中无需另外搭建施工模板，不仅节约了施工成本，而且缩短了工期；向 U 形型钢灌注混凝土时，混凝土可以浇筑到任何部位，型钢和混凝土的结合力好，提高了梁的承载力；在 U 形型钢的两端支座处设置 n 形型钢，即在整段梁的负弯矩最大处设置 n 形型钢，相当于加设了配有抵抗梁负弯矩的型钢，可大大提高梁支座处的抗弯能力，同时大大减少了支座处的面筋的配筋面积；该组合梁作为楼面梁时，顶面（U 形型钢的上翼缘与 n 形型钢的顶板）与楼板的底部结合，所以型钢外露的部分减少，使得防腐防火面积减小，进一步节省了成本；U 形型钢的上翼缘位于楼板的底部，因此可使楼板的下双向钢筋顺利通过，组合梁与楼板形成一整体结构，从而减小了梁的侧板拉结问题。

作为该技术的一种改进，在所述 U 形型钢的跨中部位增设钢管，所述钢管沿所述 U 形型钢的长度方向设置，所述钢管的两端设有用于封堵管口的封口板，所述封口板的另一板面与所述 n 形型钢的端面连接，所述钢管的外壁与所述 U 形型钢的侧腹板的内壁之间具有空隙，该空隙与所述间隙相通。组合梁设置的钢管可在不降低梁的承载力的前提下，大大减少自重，约可减小 25%的自重。

作为该技术的进一步改进，所述 n 形型钢的顶板由板体与板块组成，所述板块为两个，所述板块连接在板体朝向跨中部位边沿的两侧上使得板体与板块位于同一平面内，所述两个板块之间形成与所述 n 形型钢内相通的长条形开孔，所述板体与板块的两侧边伸出于所述腹板的顶面外。

该组合梁还可以有以下改进，所述钢管的外壁与所述 U 形型钢的侧腹板的内壁之间的空隙中设有加劲肋，所述加劲肋包括设置在钢管外壁上的肋板与设置在所述 U 形型钢侧腹板内壁上的肋板，肋板对应设置，肋板通过螺栓连接使得钢管悬空，即钢管的底部不与所述 U 形型钢的底板相接触。

为了进一步减小用钢量，在本发明所述 U 形型钢的底板与钢管的底部之间通长设置有钢筋，所述钢筋在底板的上方沿横向均匀分布。

与现有技术相比，本工程采用的型钢—混凝土组合U形梁具有如下显著的效果：

1）组合梁采用U形型钢直接作为施工支承模板，因此在施工过程中无需另外搭建施工模板，不仅节约了施工成本，而且缩短了工期；向U形型钢灌注混凝土时，混凝土可以浇筑到任何部位，型钢和混凝土的结合力好，提高了梁的承载力；混凝土与侧腹板结合，可提高侧腹板的稳定性。

2）组合梁在U形型钢的两端支座处设置n形型钢，即在整段梁的负弯矩最大处设置n形型钢，相当于加设了配有抵抗梁负弯矩的型钢，可大大提高梁支座处的抗弯能力，同时大大减少了支座处的负钢的配筋面积。

3）组合梁作为楼面梁时，顶面（U形型钢的上翼缘与n形型钢的顶板）与楼板的底部结合，所以型钢外露的部分减少，使得防腐防火面积减小，进一步节省了成本。

4）组合梁U形型钢可出任意钢牛腿与次梁连接，而无需拘泥于某一特定结构的钢牛腿，因此施工方便。

5）组合梁跨中部的U形型钢的底板与侧腹板的下部均可以直接参与受力，作为受弯筋；设置的钢筋在保证承载力的前提下，能够进一步减小用钢量。

6）组合梁设置钢管并不在钢管内灌注混凝土，因此可在不降低梁的承载力的前提下，大大减少自重，约可减小25%的自重。

六、结语

结构设计应遵循安全、实用的原则，根据工程实际情况进行技术的优化与创新，本工程结构设计从建设项目策划及地下室施工项目开始前进行了综合研究分析，针对工程的特殊情况与建筑物的环境特点，选择了科学、合理、经济的结构形式与施工步骤，各项新技术的应用均具有针对性及实效性，取得了良好效果。

图1　建筑全景

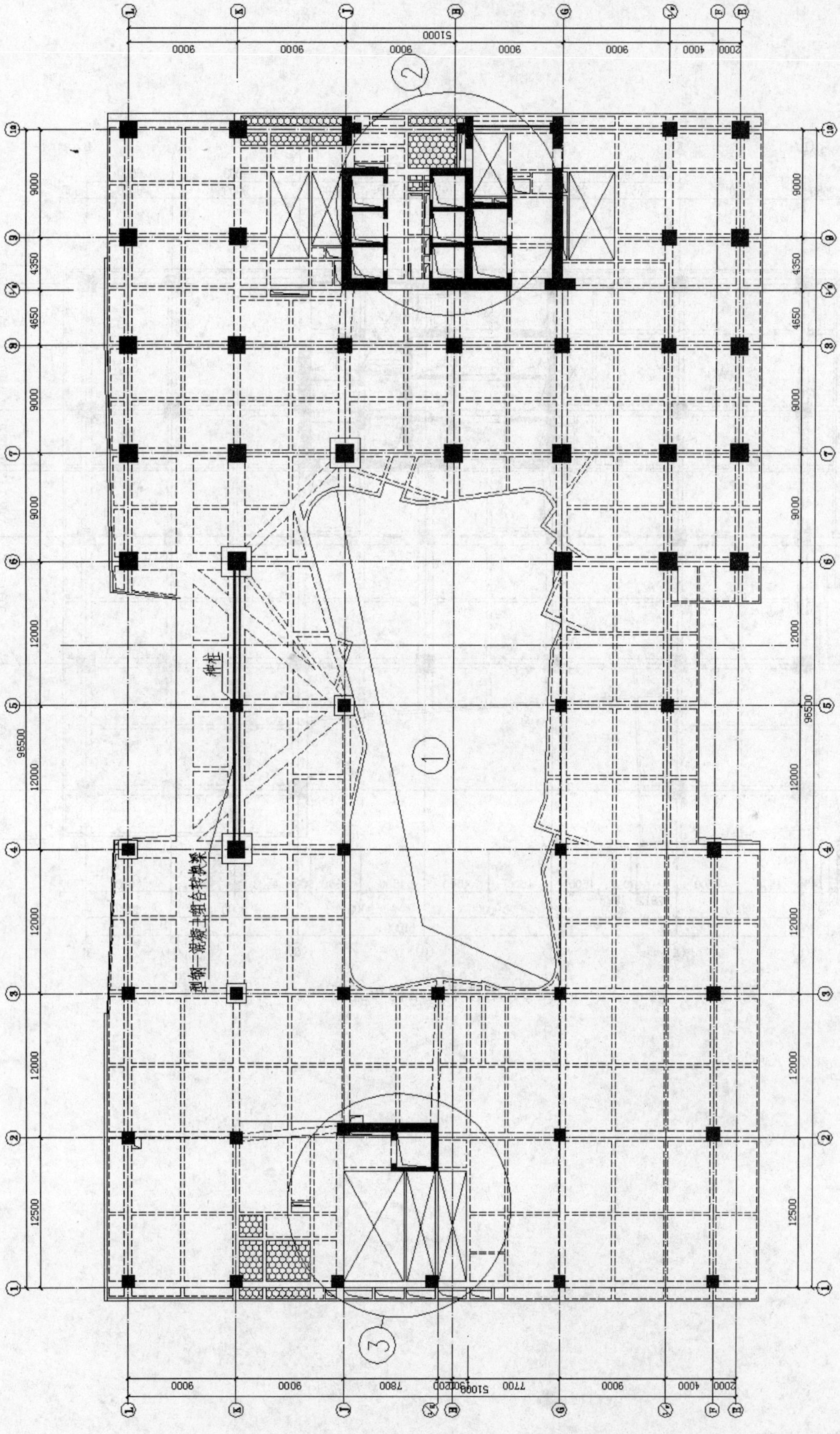

图2 裙楼三层平面结构布置图

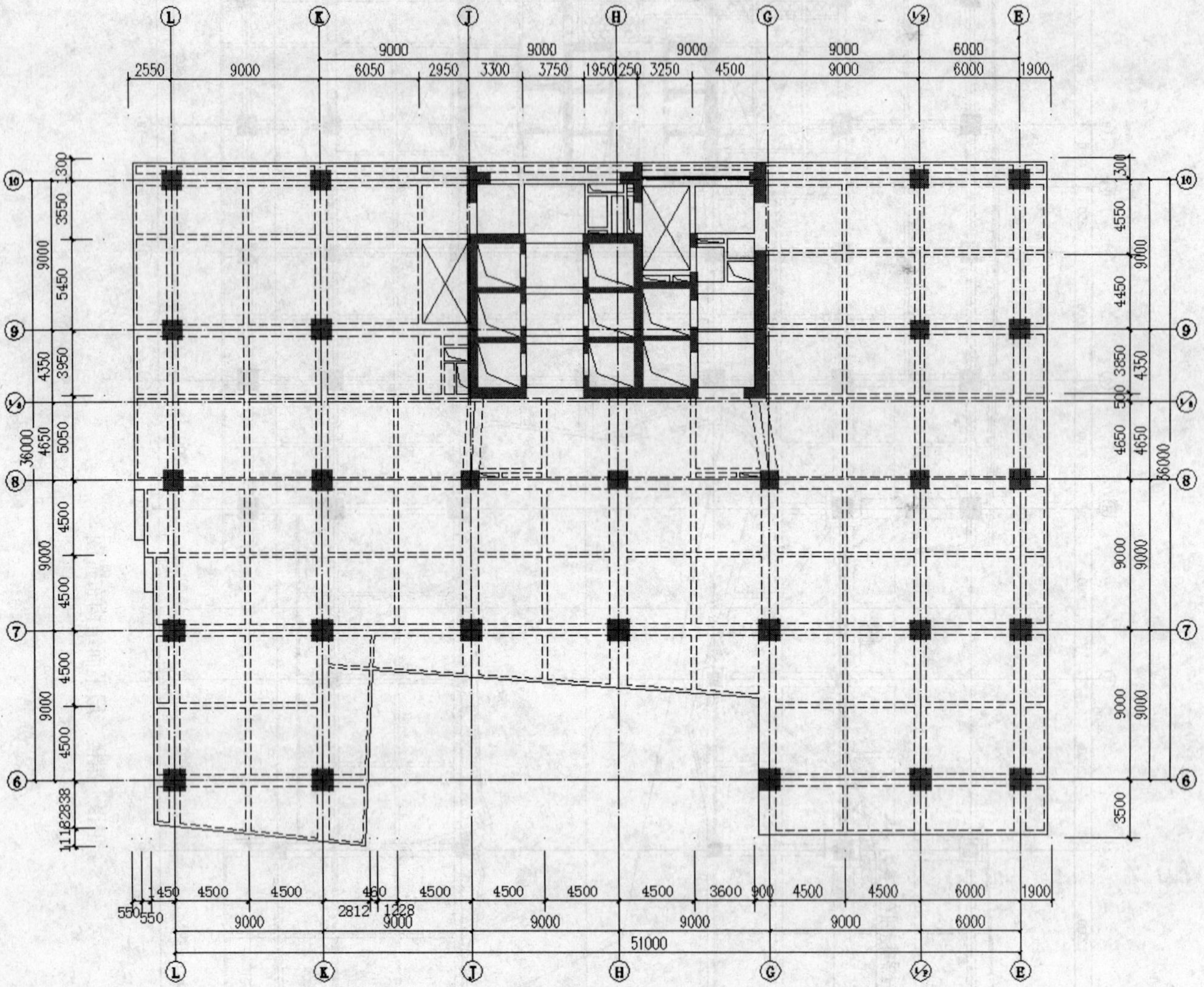

图 3　塔楼平面结构布置图

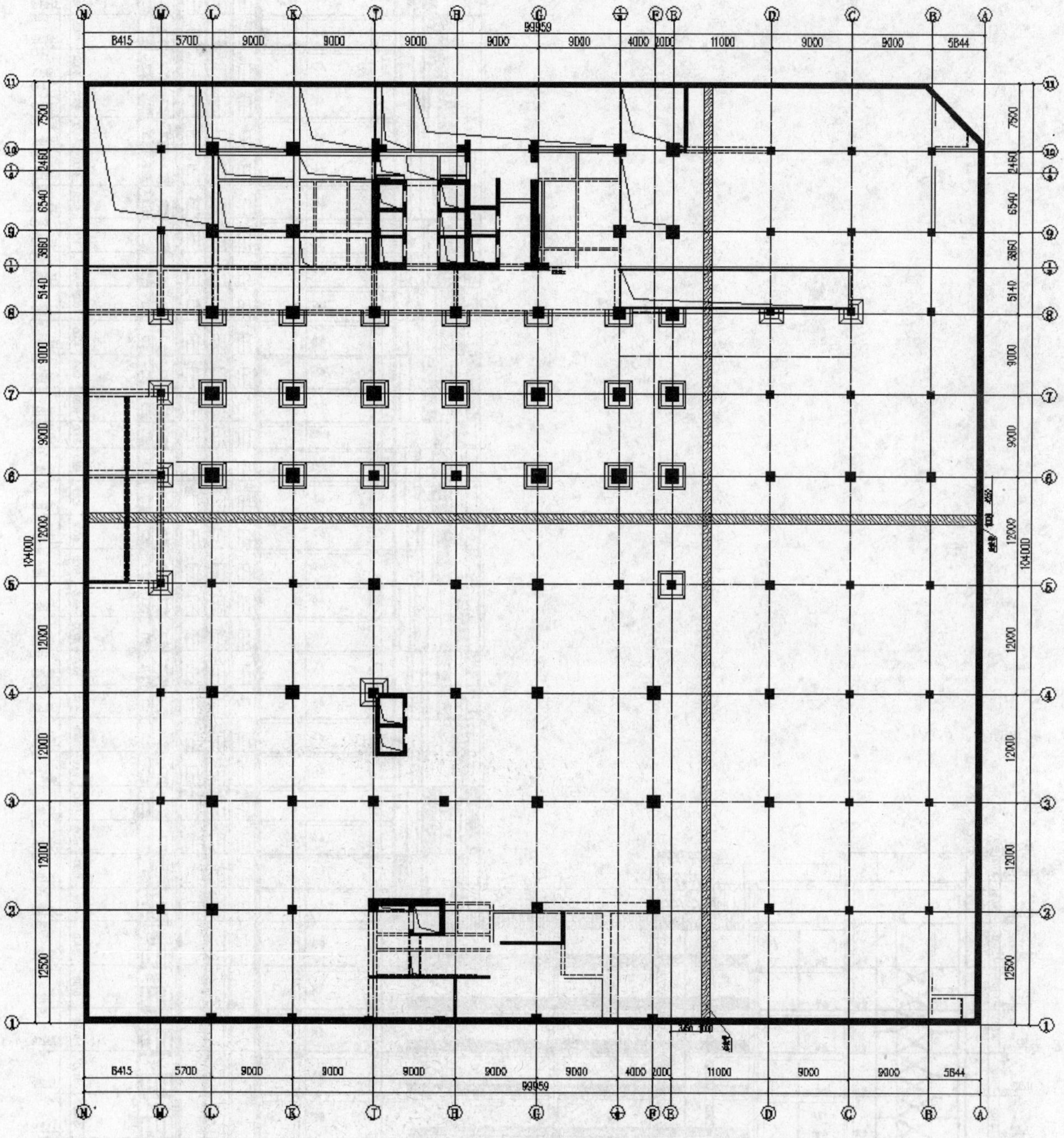

图 4　地下二层平面结构布置图

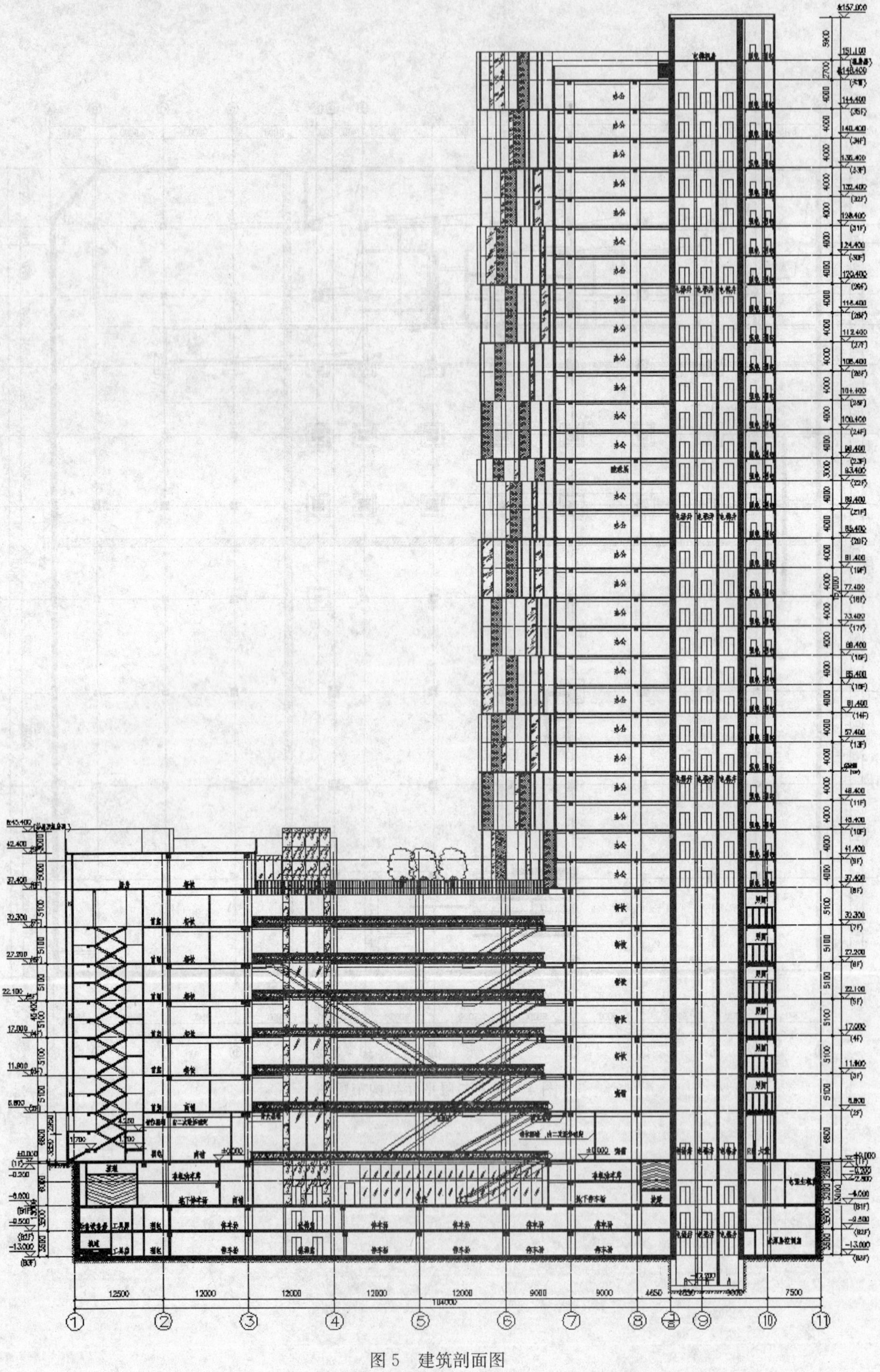

图 5　建筑剖面图

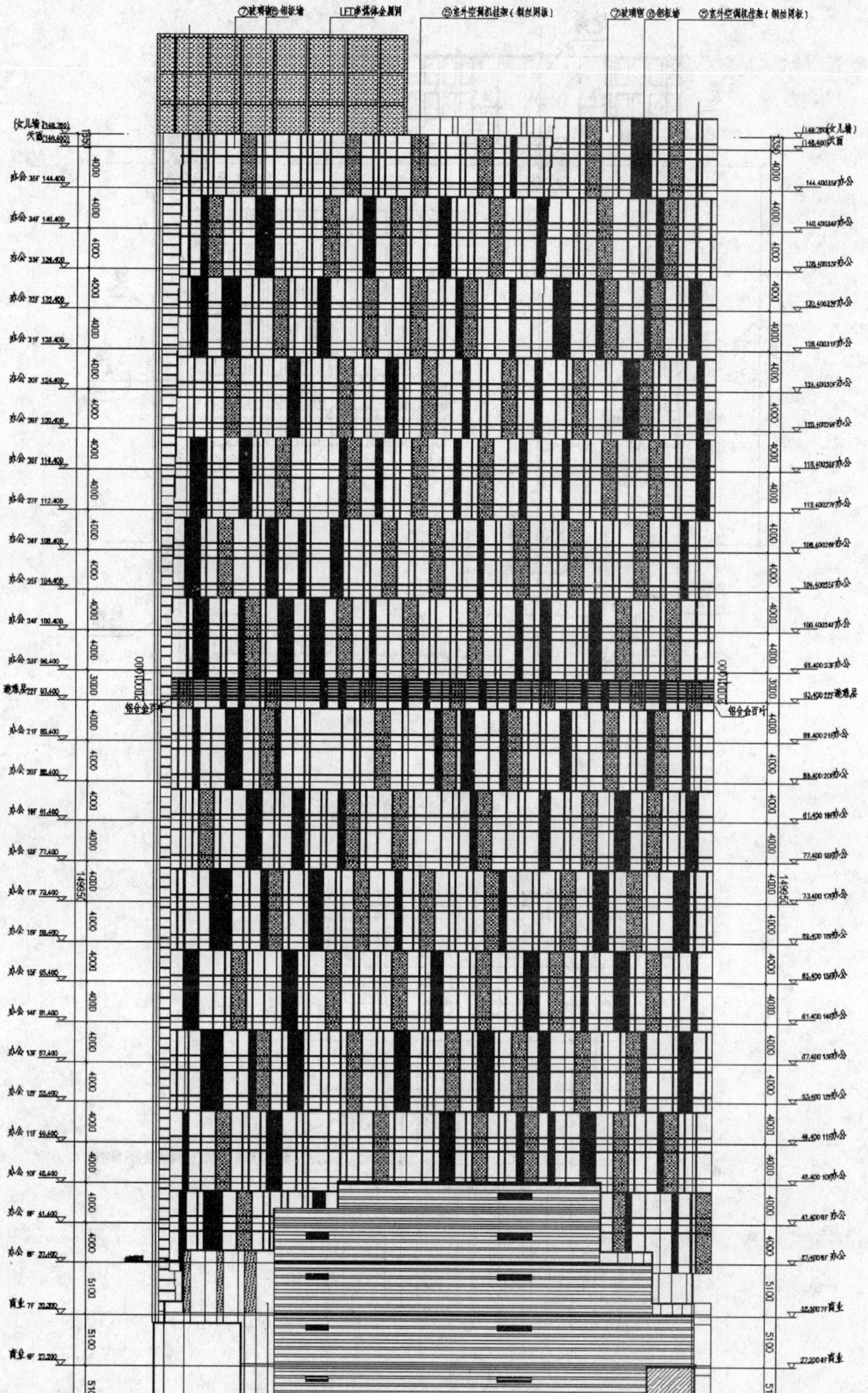

图 6　L～E 轴立面图

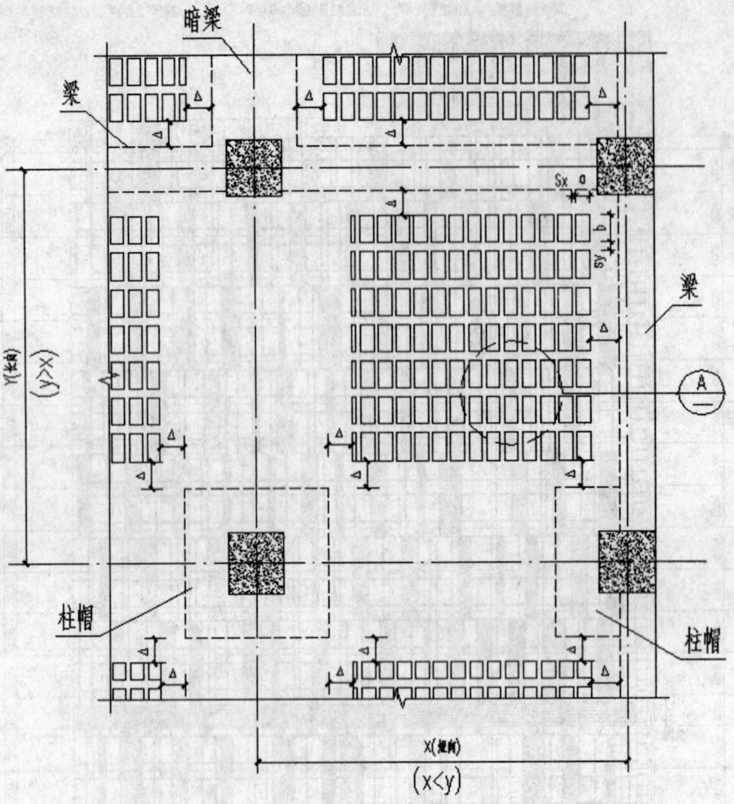

加气混凝土砌块布置平面示意

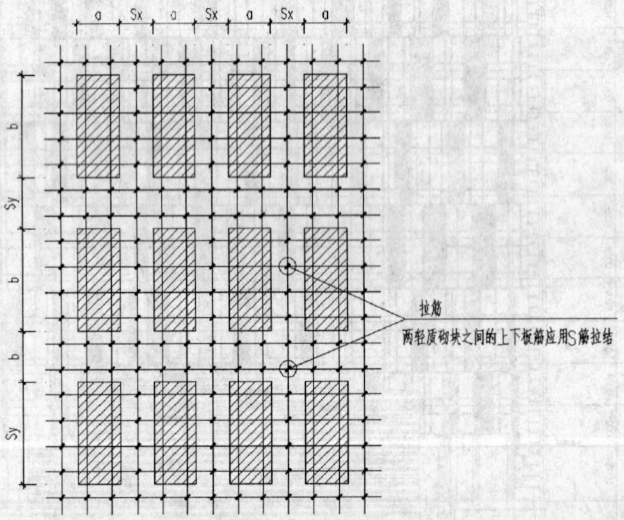

A

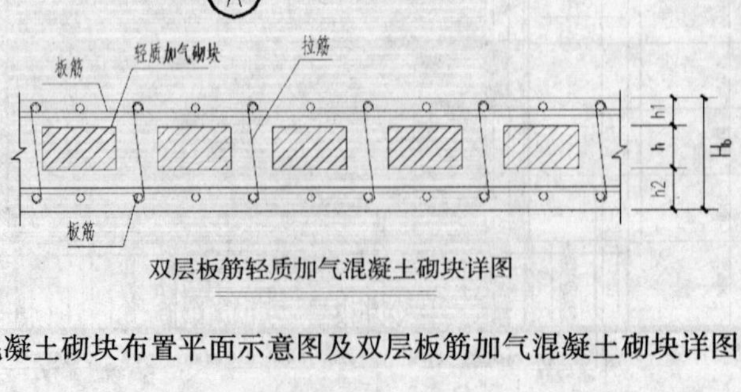

双层板筋轻质加气混凝土砌块详图

图 7　加气混凝土砌块布置平面示意图及双层板筋加气混凝土砌块详图

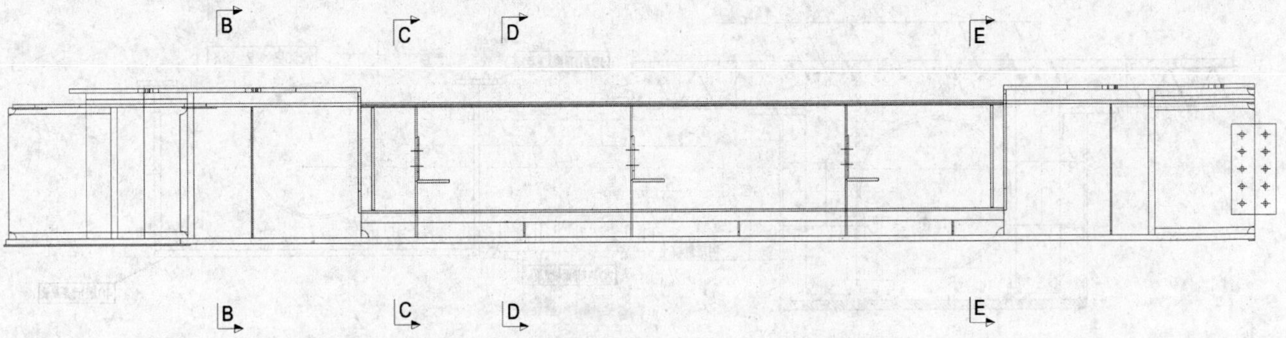

图 8　型钢—混凝土组合 U 形梁示意图

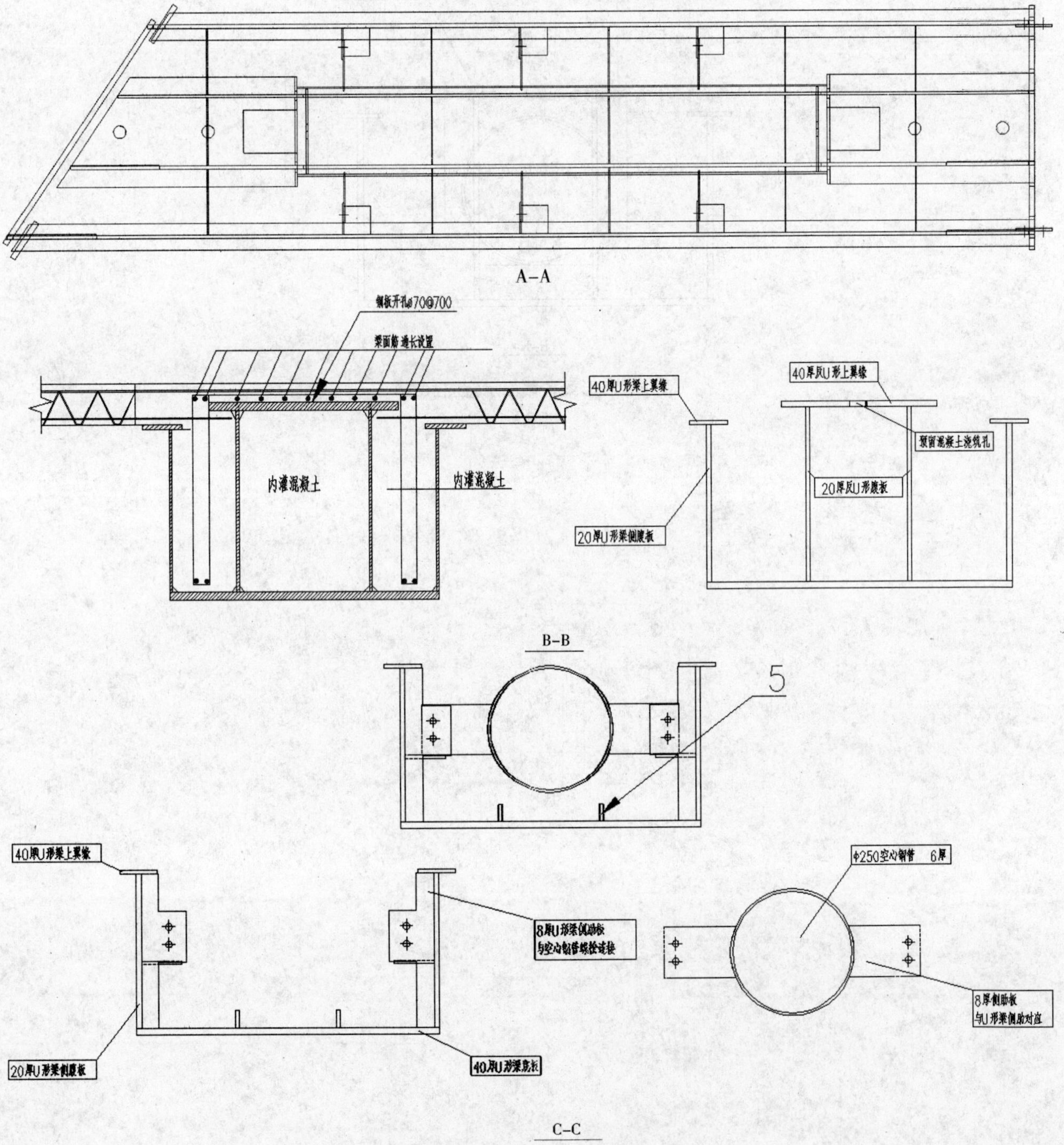

图 9　U 形梁各截面示意图（一）

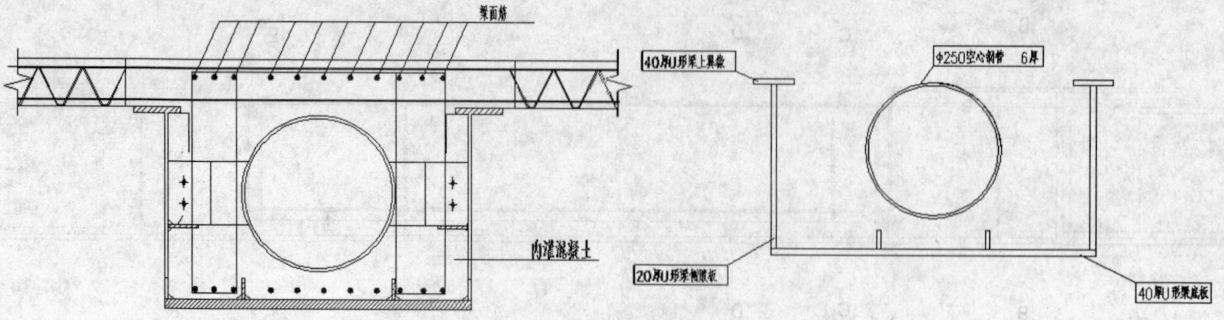

D-D

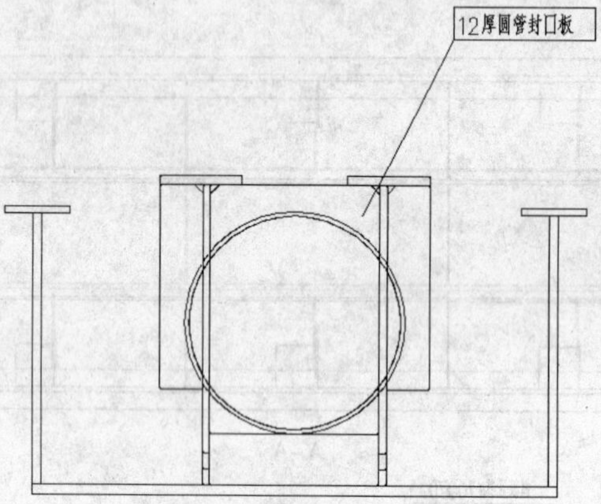

E-E

图 9 U形梁各截面示意图（二）

招商局广场结构设计

建设地点　深圳市
设计时间　2009～2010
主要设计人　陈　星　卫　文　莫文杰　张炼光　李博宁　赵耀普　杨　力　向臻峰

一、工程概况

本项目建设用地位于深圳市南山区蛇口海上世界。海上世界背山面海，是深圳西部集商业服务、休闲娱乐、服务式公寓和居住生活于一体的，具有山海风情的滨海公共中心，是深圳市15km滨海休闲带的起点和精华，用地基本由填海而成，总用地面积约38.28hm²。本工程场地东至规划中的望海路，南临伍兹公寓，西至规划中的街道绿化带，北至工业二路，总用地面积16559.48m²，是海上世界片区率先开发及片区内唯一的高端办公项目，在城市设计中定位为城市天际线节点及强化城市空间视觉辨识性的地标性建筑。总建筑面积为10.7万m²，地下3层，地上38层，建筑物高度为191.22m，地下室功能为车库、设备用房，地上为办公。基础底板埋深为－13.1m，基础形式为人工挖孔桩。主楼效果图见图1。

二、结构选型与布置

结构体系采用框架－核心筒结构，由中部交通空间和服务空间构成的核心筒＋周边的16根框架柱组成双重抗侧力体系。主楼剖面图见图2。剪力墙核心筒尺寸为21.2m×20.1m，约为高度的20.1/191.22＝1/9.5，按大楼建筑造型的几何形体需要，16根框架柱自首层到十一层外倾2.23°，十一层到顶层内倾1.27°，形成中部大，上、下两端小的形状，楼层的面积各层不同，首层40.1m×40.1m、十一层45m×45m、屋面层37.5m×37.5m。建筑空间要求首层层高20.650m，中部十一层、二十五层设有8.95m高的设备层，十八层以下用钢管混凝土柱，十八层以上为钢筋混凝土柱。顶部设有19.7m高钢结构装饰构架。标准层楼面采用现浇普通钢筋混凝土梁板楼面，四角悬挑部分采用折梁体系，外挑长度逐层变化由2m到8m。根据建筑平面形状，楼面四周设有凹口3.8m深，框架梁不闭合，主楼平面图见图3。该结构竖向力由现浇外框架和钢筋混凝土筒体共同承担；由于外框柱较疏，风荷载及地震作用产生的水平剪力以及倾覆弯矩大部分由核心筒承担，通过剪力调整，框架部分能成为抗震的第二道防线，满足规范要求的多防线抗震的设防目标。十层斜柱变角度处受力分析见图4。

主要建筑尺寸及几何特征（表1）：

主要建筑尺寸及几何特征　　表1

结构单元	长度（m）×宽度（m）		层数	总高（m）	层高（m）		备注
地下室	118×122		3	－13.1	－3F	3.65	
					－2F	3.4	
					－1F	5.9	
地面以上部分	办公楼	40.1×40.1（首层） 45×45（11层） 37.5×37.5（屋面层）	37	191.27	首层	20.65	
					标准层	4.49	
					11层	9.95	避难层，设有夹层
					25层	8.95	

本工程周边的16根框架柱采用C70钢管混凝土柱，首层以下D1400，二至三层D1200，四至十八层D1000，十八层以上为钢筋混凝土柱。核心筒剪力墙三层以下墙体厚度加厚为900mm；四层以上剪力墙墙

体根据受力状况逐级减薄，满足墙体轴压比要求。塔楼标准层楼面采用普通钢筋混凝土梁板楼面；框架梁主要截面尺寸为500×800（周边梁）、750×800（周边柱与中筒连接梁），其余为200×600、250×700等；次梁主要截面尺寸为200mm×500mm，150mm×500mm；楼板厚度主要为120mm，局部加强部位板厚取值180mm。

深圳基本风压按50年一遇为$W_0=0.75kN/m^2$，按100年一遇基本风压$W_0=0.90kN/m^2$，根据规定构件强度校核应采用100年一遇的基本风压，而进行风荷载作用下的位移计算可以采用50年一遇的基本风压，另外风压高度变化系数根据B类地面粗糙度采用，体型系数取1.4。

根据《高层建筑混凝土结构技术规程》3.2.8条规定，本工程宜采用风洞试验来确定建筑物的风荷载。本工程由广东省建筑科学研究院风工程研究室进行了风洞试验，风洞试验与规范风荷载对比，风洞产生的作用大于规范风荷载。计算时按风洞试验值输入计算。

抗震设防标准和场地地震安全性评价

抗震设防标准表（表2）：

抗震设防标准表 **表2**

项目		标准	安评
结构设计基准期		50年	50
建筑结构安全等级		二级	二级
设计地震动参数	地震烈度	7度	7度
	设计地震分组	第一组	第一组
	基本地震加速度	0.10g	0.10g
特征周期		0.35s	0.42s
水平地震影响系数最大值	多遇地震	0.08	0.097
	罕遇地震	0.50	0.501
设防分类		丙类	丙类
地震峰值加速度	多遇地震	$35cm/s^2$	$40.8cm/s^2$
	设防烈度	$111cm/s^2$	$112.5cm/s^2$
	罕遇地震	$220cm/s^2$	$211.7cm/s^2$

三个概率水平的地面地震影响系数α_{max}和特征周期Tg如表3所示：

三个概率水平的地面地震影响系数α_{max}和特征周期Tg **表3**

设防概率P	63%（50年）	10%（50年）	2%（50）
α_{max}	0.097	0.267	0.501
Tg（s）	0.42	0.50	0.60
γ	1.168	1.168	1.168

图5、图6对于小震比较了规范反应谱与场地安全反应谱，可以看出场地反应谱的峰值比较高，但是长周期段下降比较快，低于规范反应谱。本工程塔楼主体结构所承担的地震作用，按规范反应谱计算比按场地反应谱计算大，设计时我们采用对两个反应谱的包络取值。

SATWE计算时地震影响系数各周期（T）对应的α（T）表（表4）：

SATWE 计算时地震影响系数各周期（T）对应的 α（T） 表 4

步 数	+0.00	+0.10	+0.20	+0.30	+0.40	+0.50	+0.60	+0.70	+0.80	+0.90
0*0.10	0.042	0.097	0.097	0.097	0.097	0.079	0.064	0.053	0.046	0.040
10*0.10	0.035	0.032	0.029	0.026	0.024	0.022	0.020	0.019	0.019	0.019
20*0.10	0.018	0.018	0.018	0.018	0.018	0.018	0.017	0.017	0.017	0.017
30*0.10	0.017	0.017	0.016	0.016	0.016	0.016	0.016	0.016	0.016	0.015
40*0.10	0.015	0.015	0.015	0.015	0.015	0.014	0.014	0.014	0.014	0.014
50*0.10	0.014	0.013	0.013	0.013	0.013	0.013	0.013	0.012	0.012	0.012

深圳抗震设防烈度为 7 度，按照抗震规范设计，整体计算无需考虑竖向地震作用，局部大于 6m 的悬挑构件验算，考虑竖向地震。根据 PKPM 和 GSSAP 程序的计算假定，对水平长悬臂构件考虑竖向地震作用时，竖向地震作用的标准值取改结构或构件承受的重力代表值的 10%。

三、设防目标及结构抗震计算与分析

1. 抗震性能目标及抗震等级

本工程为超 B 级高度的超限高层建筑。按相关规范，结合工程特点，拟采用抗震性能设防目标见表 5。构件抗震等级见表 6。

建筑物多遇地震作用下最大层间位移与层高之比的限值（弹性层间位移角限值）$\Delta\mu/h$ 按《高层建筑混凝土结构技术规程》JGJ 3—2002 的规定执行。钢筋混凝土框架核心筒结构体系，层间位移依照表 4.6.3，本工程层间位移限值为：1/642。

抗震性能设防目标 表 5

抗震烈度（参考级别）	1＝频遇地震（小震）	2＝设防烈度地震（中震）	3＝罕遇地震（大震）
性能水平定性描述	不损坏	可修复损坏	无倒塌
层间位移角限值	1/642	—	1/100
核心筒墙肢	弹性	底部加强区抗剪弹性、抗弯不屈服	大震下墙肢抗剪验算 $V/Fck<0.15$
核心筒连梁	弹性	允许部分进入抗弯屈服	允许屈服，但不得发生剪切破坏
周边框架柱	弹性	弹性	不屈服
框架梁	弹性	不屈服	屈服，但不破坏
悬臂梁	弹性	弹性	不屈服
楼板	弹性	弹性	允许屈服，控制裂缝宽度和刚度退化
节点	弹性	弹性	弹性
顶部钢构架	弹性	—	无倒塌

构件抗震等级 表 6

抗震等级	首层、地下一层墙、柱	斜柱	剪力墙	框架梁柱
	特一级		一级	一级

注：底部加强区从基础面至三层剪力墙，即 26.940m 标高。

2. 结构抗震计算

基本计算内容：

1）整体结构小震弹性分析，采用 SATWE 及广厦 GSSAP 进行对比计算，保证整体结构的各项指标满足规范要求，目的在于确定构件尺寸，保证整体结构的变形满足国家现行规范的要求；

2）整体结构的弹性时称分析，与 CQC 法分析结果作比较，以确保结构分析的全面性，保证结构受力安全可靠；

3）基于抗震性能目标的中震分析、大震分析；

4）整体结构的静力弹塑性推覆（push－over）分析及 ABAQUS 弹塑性动力时程分析，分析结构破损过程中，结构的变形能力，验证大震下的结构安全性能；

5）斜柱部分应力分析，考察该部位应力分布状态，进行构件及节点设计。

3. 计算结果与分析

1）小震弹性计算

小震弹性（刚性楼板）对比计算结果见表 7。

小震弹性（刚性楼板）对比计算结果 **表 7**

	计算程序名称		SATWE	广厦 GSSAP
	自振周期（s）及周期比		T_1＝4.3667（Y 向） T_2＝3.8688（X 向） T_3＝2.2085（扭转） $T_{扭}/T_1$＝0.506	T_1＝4.3523（Y 向） T_2＝4.1157（X 向） T_3＝2.4057（扭转） $T_{扭}/T_1$＝0.553
主要分析结果	最大层间位移比	X 向地震	1/1639	1/1390
		Y 向地震	1/1559	1/1357
		X 向风	1/809	1/683
		Y 向风	1/795	1/690
	建筑物总质量（t）		102324.6	100808.8
	单位面积质量（t）		1.57	1.58
	最小剪重比（%）	X 向	1.49	1.39
		Y 向	1.36	1.3
	框架承担的倾覆力的比例（%）	X 向弯矩	10	
		Y 向弯矩	15	

2）大震下静力弹塑性（pushover）分析结果

主要计算结果分析

（1）在罕遇地震作用下，性能点处各层弹性位移角最大值均小于 1/100，符合《高层建筑混凝土结构技术规程》第 4.6.5 条的规定，建筑物可实现“大震不倒”的抗震设防目标（图 7、图 8）。

（2）X 向推覆时，先是处于受拉一侧的外筒连梁出现损伤，很快在受拉一侧的非主受力墙便出现受拉裂缝，在性能点处时墙体的损伤主要是底部处于受拉一侧的非主受力墙出现较为严重的受拉屈服（图 9）。

（3）Y 向推覆时，连梁先出现损伤，之后是三十二层（剪力墙筒收进处）及以下几层的外筒墙体受拉一侧的非主受力墙出现受拉裂缝，发展到一定程度后，底部受拉一侧的非主受力墙也出现受拉裂缝，在性能点处时墙体的损伤主要是底部处于受拉一侧的非主受力墙、三十二层以下几层的受拉一侧的非主受力墙出现较为严重的受拉屈服（图 10）。

（4）性能点处 Y 向顶点位移是 X 向的两倍左右，对比弹性的结果可知 Y 向刚度退化比 X 向大得多；

原因是集中在 Y 向布置的连梁大部分出现了刚度退化以及中部受拉墙体受拉屈服而引起的，建议加强这一侧的墙体，减小 Y 向剪力墙开洞的比例，并适当在 X 向剪力墙增设洞口。

四、设计加强措施

1. 核心筒墙体底部处于受拉

X 向推覆时，先是处于受拉一侧的外筒连梁出现损伤，很快在受拉一侧的非主受力墙便出现受拉裂缝，在性能点处时墙体的损伤主要是底部处于受拉一侧的非主受力墙出现较为严重的受拉屈服。首层核心筒部分墙肢出现拉力，加强核心筒底部加强区周边墙的竖向配筋，设置型钢，抵抗拉力，核心筒墙体型钢剪力墙现场照片见图 11。

2. 钢斜柱加强措施

1）斜柱

塔楼周边柱均为斜柱，16 根周边柱自首层到十一层外倾 2.23°，之后到顶层的部分内倾 1.27°，造成每层平面面积不同，十八层以下用钢管混凝土柱，改善了框架柱的承载力和延性，同时设计中对框架所承担的水平剪力进行调整，框架承担剪力满足 $1.5V_{f,max}$和 $0.20V_0$ 较小值，提高第二道防线的抵抗能力。

2）钢管柱节点设计

钢管混凝土柱节点设计参考广东省建筑设计研究院与中南大学共同研究的《广州港湾广场钢管混凝土钢环梁节点试验研究》，采用钢环梁节点，设置 100mm 宽钢环板，使钢管壁不承受过大的向外拉的应力，按牛腿承受 100％的弯矩计算。考虑到框架梁跨度较大，有部分大悬臂折梁构件，在钢环板周围填充 175mm 宽混凝土，合理地配置封闭环筋、箍筋和腰筋后，将形成牢固而安全可靠的结构刚性节点区，这个刚性节点区能够将梁产生的弯矩、剪力传递给钢管混凝土柱，并平衡从各向梁内力。梁与钢管混凝土柱节点的连接主要通过由柱伸出的加长牛腿与梁搭接，形成传力的过渡区，梁纵筋只需与钢梁搭接。钢管柱牛腿大样现场照片见图 12。

五、地下室采用地下连续墙＋抗浮疏排水设计施工

招商局广场地下室共 3 层，基坑邻近海边，基坑开挖深的特点，同时存在施工场地狭窄、工程地质情况复杂、紧邻地铁隧道，工程量大且工期要求紧等因素，基坑的变形及安全控制非常重要。基坑支护采用地下连续墙加内支撑方案，地下室抗浮采用抗浮疏排水设计方案，减少底板的抗浮造价，裙房部分不需另设抗拔桩，缩短了施工周期，提高了时间效益。抗浮井大样图及滤水层现场照片见图 13、图 14。

六、结语

本工程结构设计从建设项目策划及地下室设计开始前进行了综合研究分析，合理选用抗震设防目标并进行严密科学计算，针对工程的薄弱位置及建筑物的特点结构对重要部位进行加强，选择了科学、合理、经济的地下室结构形式进行设计施工，各项新技术的应用均具有针对性及实效性，取得了良好效果。结构设计遵循安全、实用的原则，根据工程实际情况进行技术的优化与创新。

图1 主楼效果图

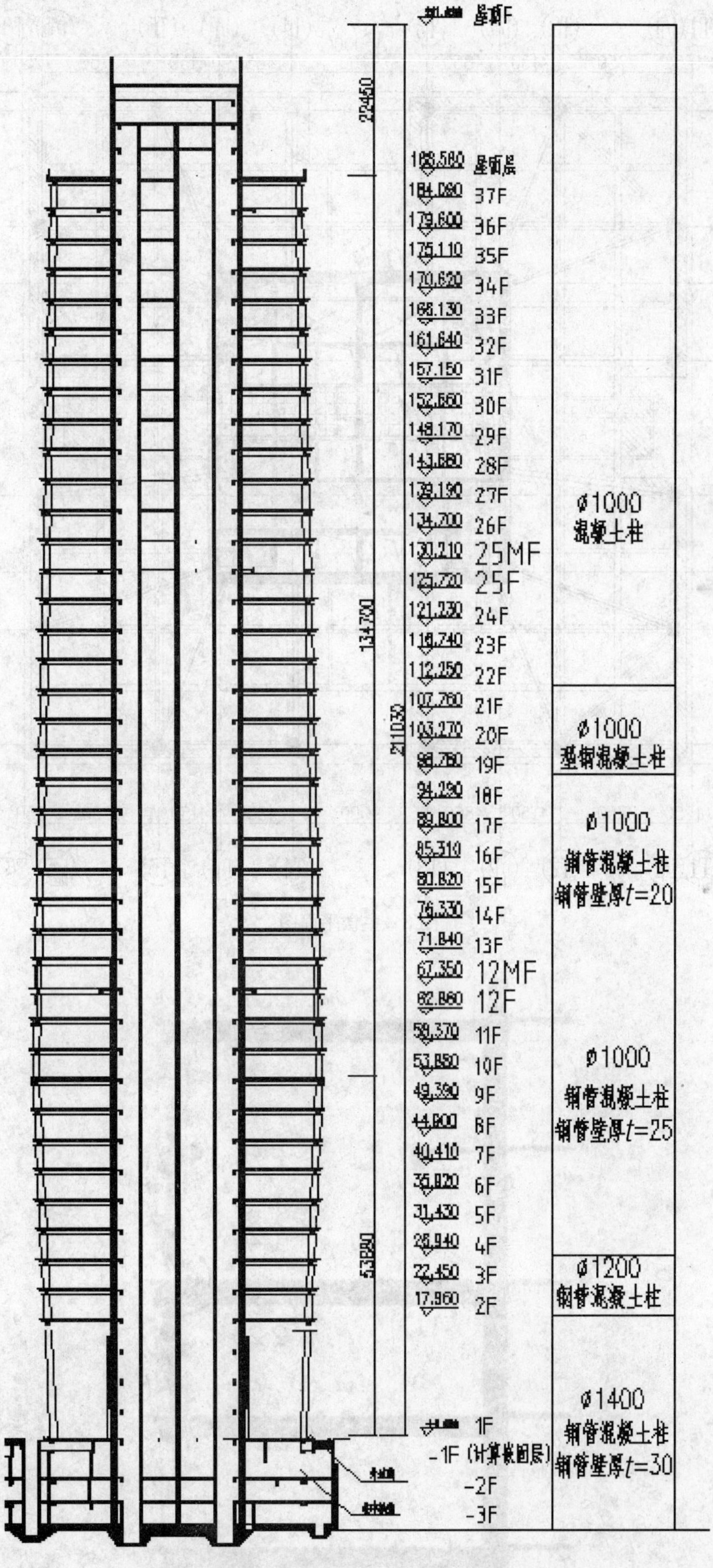
屋面F
22450
188.580 屋面层
184.080 37F
179.600 36F
175.110 35F
170.620 34F
166.130 33F
161.640 32F
157.150 31F
152.660 30F
148.170 29F
143.680 28F
139.190 27F
134.700 26F
130.210 25MF
125.720 25F
121.230 24F
116.740 23F
112.250 22F
107.760 21F
103.270 20F
98.780 19F
94.290 18F
89.800 17F
85.310 16F
80.820 15F
76.330 14F
71.840 13F
67.350 12MF
62.860 12F
58.370 11F
53.880 10F
49.390 9F
44.900 8F
40.410 7F
35.920 6F
31.430 5F
26.940 4F
22.450 3F
17.960 2F
134700
211030
53880
1F
-1F (计算嵌固层)
-2F
-3F
ϕ1000
混凝土柱
ϕ1000
型钢混凝土柱
ϕ1000
钢管混凝土柱
钢管壁厚t=20
ϕ1000
钢管混凝土柱
钢管壁厚t=25
ϕ1200
钢管混凝土柱
ϕ1400
钢管混凝土柱
钢管壁厚t=30

图 2 主楼剖面图

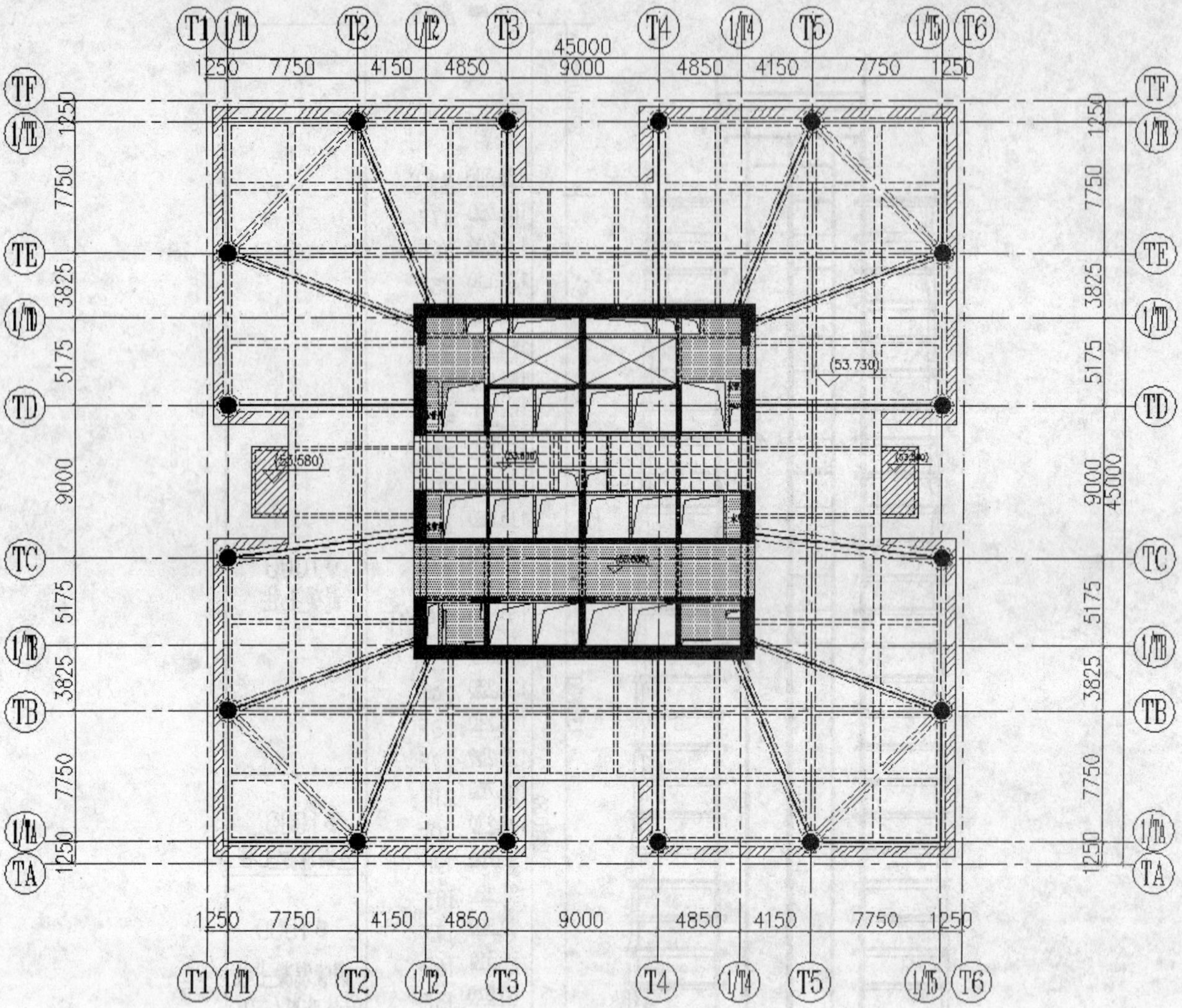

图 3　主楼平面图

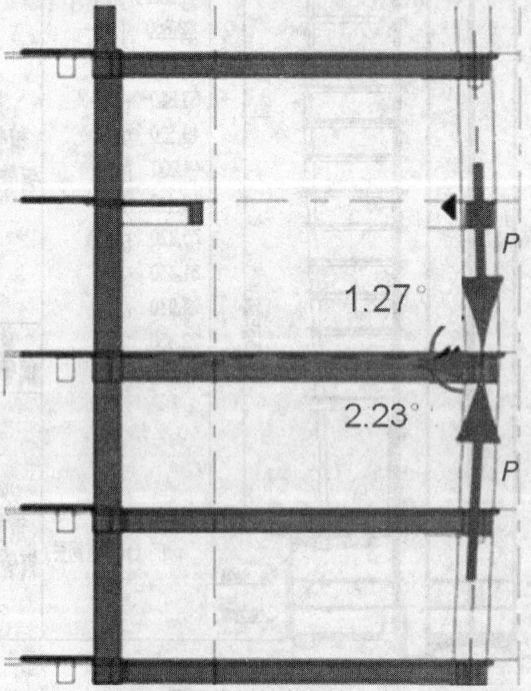

图 4　十层斜柱变角度处受力分析

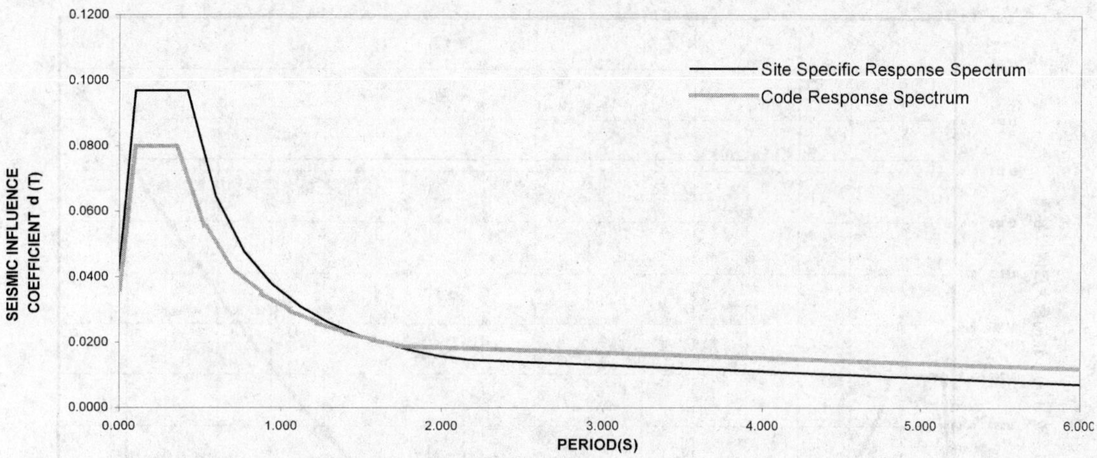

图 5　地震反应谱的比较（红色线为规范反应谱，蓝色线为场地反应谱）

图 6　地震反应谱包络取值后的图（绿色线为反应谱包络线，黑色线规范反应谱）

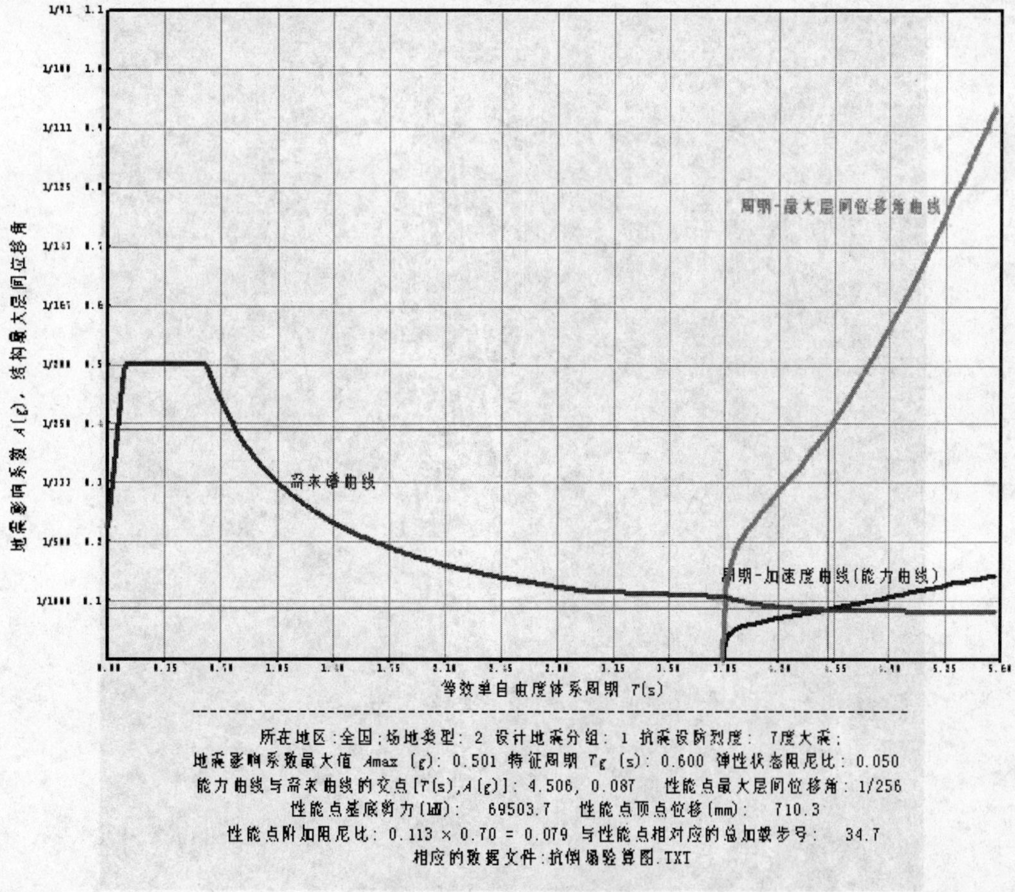

图 7　X 向抗倒塌验算图

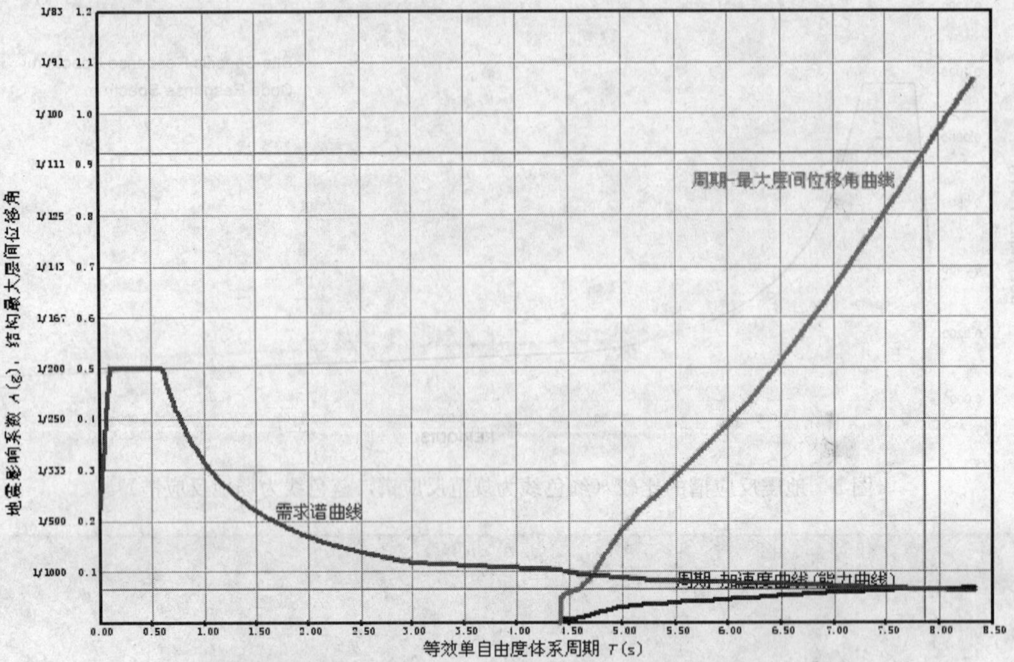

所在地区:全国;场地类型: 2 设计地震分组: 1 抗震设防烈度: 7度大震;
地震影响系数最大值 Amax (g): 0.501 特征周期 Tg (s): 0.600 弹性状态阻尼比: 0.050
能力曲线与需求曲线的交点[T(s),A(g)]: 7.865, 0.066 性能点最大层间位移角: 1/108
性能点基底剪力(kN): 55251.0 性能点顶点位移(mm): 1456.1
性能点附加阻尼比: 0.252 × 0.70 = 0.176 与性能点相对应的总加载步号: 59.7
相应的数据文件:抗倒塌验算图.TXT

图 8 Y 向抗倒塌验算图

图 9 X 向抗倒塌验算图

图 10　Y 向抗倒塌验算图

图 11　核心筒底部加强区现场照片

图 12　钢管柱牛腿大样现场照片

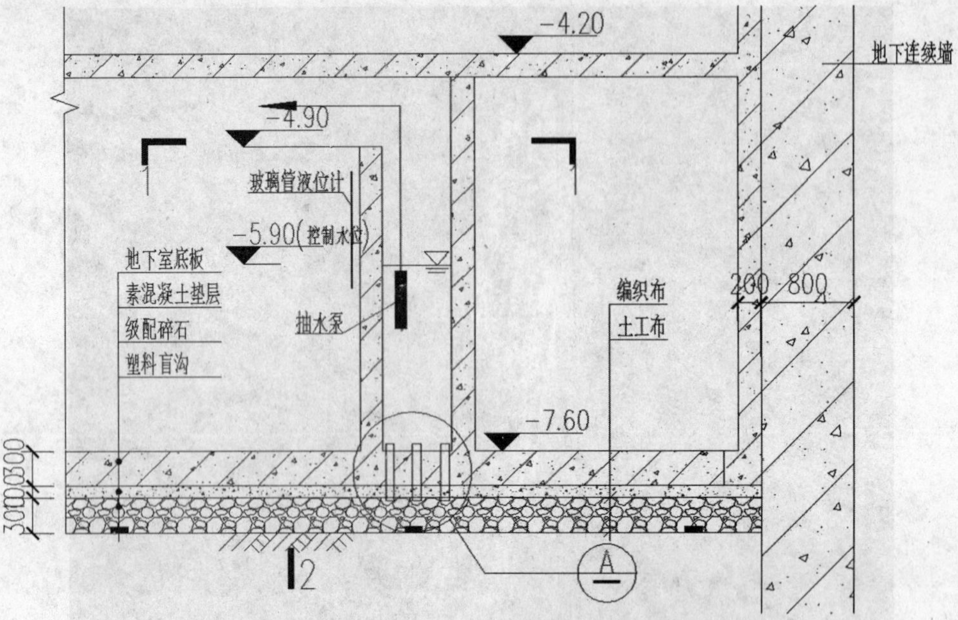

图 13　抗浮井大样图

图 14　滤水层现场照片

珠海出入境检验检疫局综合实验楼结构设计

建设地点　珠海市
设计时间　2011年
主要设计人　范绍芝　李　宁　吴卓锋　张　杰　杜文杰　陈向荣

一、工程概况

本工程位于珠海市香洲区珠海市银桦路与迎宾北路交叉口西南侧，南侧紧邻电信大楼，北侧与报业大厦隔路相望，项目总用地面积14877.47m²。本工程为1栋27层的综合实验楼（图1），地下室总共有两层，为地下停车场及设备用房；负二层设有2个核6级二等人员防护单元，平时兼作停车场。

首层北边为2层通高的主入口大堂；南边为2层通高的办公人员入口门厅；东西两边各设一个报检大厅；核心筒居中布置；西北脚设2台供裙房专用的电梯；西南面设后勤入口，设有2台小型电梯，专供四层的餐厅厨房使用；消防控制中心布置于东南角，直接对室外疏散。

二层为资料室、阅览室、档案室和办公室。

三层为会议中心，设有可容纳500人的大会议室；2个中会议室（其中一个可分割为2个小会议室）；4个小会议室；大会议室北面设有露天外廊花园；会议室均配有设备间和服务间。

四层为员工餐厅，就餐面积约1100m²，可容纳600人就餐；设有3个大小不等的包厢；厨房及备餐间约400m²，设有专用电梯运输食品及垃圾。在中筒西侧餐厅及备餐间局部位置设有设备夹层，以满足五层卫生间排水需要。

五层结合屋顶花园，设为员工活动层，功能包括阅览室、乒乓球室、卡拉OK室、桌球室、棋牌室、健身房等，配有卫生间、更衣室、冲凉房等。

六至十八层为办公室；该区域没有三层，设有3层通高的动植物观察室，这个空间可提供给员工休息使用，同时给电梯厅提供了明亮的自然光线。

十九层为避难层，避难空间外设有设备机房、低层电梯机房等。

二十至二十七层为实验室，该区域没有四层，设有4层通高的动植物观察室，这个空间可提供给员工休息使用，同时给电梯厅提供了明亮的自然光线；实验室需满足检验检疫要求，具体分隔待定。

屋顶为屋顶花园，设有电梯机房、水泵房、人防机房等。

总建筑面积48273.80m²，地上39158.50m²，地下9115.30m²，占地面积3565.98m²。其中一至四层为裙房，层高6m；五至十八层层高3.9m；十九层为避难层，层高6m；二十层至二十七层层高4.2m；地下二层（埋深从地面到底板面为7.7m）。结构形式为框架－核心筒体系。建筑地面以上高度为119.3m（图3）。

工程于2011年12月动工，目前已完成基础施工，正在进行基础检测的工作。

本工程按7度抗震设防，场地类型为Ⅲ类，基本风压0.85kN/m²。上部结构抗震等级：框架及核心筒剪力墙为二级，地下一层与上部同。地下二层以下抗震等级：框架及核心筒剪力墙为三级。

二、结构选型及新技术的设计和应用

针对本工程面对的技术难题，设计上采取了以下各项技术措施：

1. 基础选型

本工程的场地地貌单一，地层结构相对简单，地形平坦，在勘探深度范围内，未发现有活动性断裂通过，未见到影响场地稳定性的其他不良地质作用，强风化花岗岩揭露厚度有12.30～44.50m，强风化花岗岩下是中～微风化花岗岩。由于本工程上部荷载要求大，力学性质好的中、微花岗岩风化层埋深较大，故不宜采用天然地基浅基础，而采用桩基础。各种桩基础选型对比分析详见表 1。在满足结构基础承载力的前提下，本工程桩基选型采用《建筑桩基技术规范》JGJ 949—2008 提出的变刚度调平设计理念，基本思路为"抑强补弱"，即增强主体，弱化裙楼的原则进行设计。具体设计时，综合考虑了经济性和施工可行性，采用了三种桩基础的形式（图 4），其中群房及纯地下室部分采用了预应力管桩基础，桩径 500mm，持力层为强风化花岗岩，有效桩长约为 30m 摩擦桩，布桩时在满足结构基础承载力的前提下，尽量布置疏桩，以达到弱化裙楼的目的；塔楼部分采用了桩径 1500～2000mm 的大直径冲孔灌注桩基础，持力层为中风化花岗岩层，有效桩长约为 55m 端承摩擦嵌岩桩，设计时适当的增加此部分桩的安全储备，以达到增强主体的目的；因工期要求及场地限制，本工程采用先施工基坑支护结构（基坑支护形式为灌注桩＋锚杆支护）、再垂直开挖基坑、再进行基础施工的顺序，故地下室侧壁下边桩无法进行管桩基础的施工，考虑于此设计采用了小直径的钻孔灌注桩基础，持力层为强风化花岗岩，有效桩长约为 30m。

桩基础选型对比分析表　　表 1

对比分析项目	钻（冲）孔灌注桩	预应力混凝土管桩
持力层选择	中等风化花岗岩	强风化花岗岩
桩长（m）	60m 左右	30m 左右
桩径（mm）	800～2000	500
单桩竖向承载力特征值（kN）	以桩径 1500mm 为例，入岩深度按 1.50m 考虑：Ra＝18000kN	入岩深度按 0.50m 考虑：Ra＝2000kN
施工难易程度	适用于各类土层及风化岩、软质岩，能穿透旧基础、中密砾砂等障碍物，且不受地下水位的影响	场地分布有砾砂层，风化层起伏较大，进行管桩施工可能局部阻力大
施工质量控制	工程质量不易把握。场地内分布的残积风化土遇水易软化、崩解，长期水泡可能出现坑壁坍塌等岩土工程问题，钻（冲）孔桩施工应注意加强泥浆护壁，成孔后应及时清除孔底沉渣和沉淀物	施工会产生侧向挤压，严重时会影响已施工桩的质量，因此进行管桩施工时应注意安排好桩的施工顺序，并注意桩的锤重及落距，防止打爆桩或挤压影响到已施工桩
挤土效应	无挤土效应	挤土效应较明显
成本控制及工期	成本相对较高，工期相对较长	成本相对较低，施工工期短
桩基施工对环境的影响	在施工过程中，易形成废水废渣，对环境污染严重；噪声、振动较小	静压桩噪声小，对周围环境影响小；锤击桩噪声对环境污染严重，对周边居民影响较大

2. 楼盖结构布置

本工程底板采用无梁楼盖（图 5），板厚 600mm，由于地下水位较高及部分柱网跨度较大，为解决底板钢筋过多过密的问题，设计时采用承台加腋的方法减小板跨度以控制板的内力及合理配筋。其余地下、地上部分（包括±0.00 楼板）采用主、次梁楼盖体系。三层及五层处裙房有跨度达 18.2m 的会议室，楼盖形式采用斜交井字梁楼盖（图 6、图 7），周边主梁截面为 600mm×1500mm，次梁截面为 400mm×1500mm，在多向梁相交的梁柱节点，设置了柱帽，以利于梁钢筋的锚固，同时起加强梁柱节点的作用。标准层连接核心筒与框架柱的框架梁内力较大，为使梁钢筋更好放置，该部分梁采用了宽扁梁（图 8），并在核心筒外围筒壁上设置了比筒壁厚 300mm 的楼层圈梁（图 2），以利于梁钢筋的锚固。在裙房及地下室楼盖沿南北向设置一道后浇带，以解决施工时混凝土水化热产生的干缩效应的不利影响。

3. 部分柱转换处理

本工程在二层裙房处有排框架柱须转换，采用梁式转换，转换梁截面 700×1600。由于是局部抬柱转换（转换数量不超过 10%），所以仅加大传力途径内的楼板至 180mm 厚。楼板采用弹性膜模拟计算。转换梁柱抗震等级为一级。

4. 避难层的加强措施

本工程十九层的避难层因建筑功能需要，层高为 6m，经计算本层刚度仅为上层的 60%，形成薄弱层，为提高本层的刚度，在平面四角的 X、Y 向外围框架均设置钢筋混凝土斜撑（图 9、图 10），以加强本层抗侧刚度，斜撑截面 500×500，抗震等级为二级。由于斜撑的存在，十八至二十层的水平力出现重分配的情况，为使该层及其下一层水平力能有效传递，将十九层、二十层楼板厚度加厚至 180mm，并按应力计算结果配筋，同时控制楼板双层双向配筋率≥0.25%。

十九层钢筋混凝土斜撑的设置使塔楼结构整体在地震作用及风荷载作用的层间位移得到了较好的控制。本工程整体计算分析采用 SATWE 软件，主要计算结果如表 2。

主要计算结果 **表 2**

自振周期（s）	T_1	3.24	T_2	3.21	T_3（Tt）	2.11
	T_4	1.11	T_5	0.91	T_6	0.87
	T_7	0.69	T_8	0.6	T_9	0.52

		X 向	Y 向
地震作用下的位移	最大水平位移（层间位移）与平均值的比值	1.27	1.33
	最大层间位移角	1/1157	1/1095
风荷载作用下的位移	最大层间位移角	1/1796	1/1160
地震作用下的基底弯矩 M_O（kN·m）		976610	1003117
地震作用下的基底剪力 Q_O（kN·m）		13469	15834
风荷作用下的基底弯矩 M_W（kN·m）		7540789	1092388

5. 型钢混凝土柱及芯柱布置

外围部分框架柱轴力较大，因柱截面受建筑限制，如采用普通混凝土柱会导致柱截面过大，从而形成超短柱（剪跨比<1.5），对于抗震不利，故该部分柱在地下一层至地上十九层高度范围内设置不对称十字形钢（图 11～图 14），型钢截面 400mm×800mm、翼缘宽度 250mm、腹板厚度 22mm、翼缘厚度 25mm，采用 Q345 钢，提高框架柱的承载力及延性。其余塔楼角柱虽轴压比未超过规范限值，考虑其抗震的重要性，均在其中设置芯柱，芯柱配筋率≥1%，以提高其在中大震作用下延性。

6. 型钢混凝土柱－钢筋混凝土梁通用节点

本工程部分竖向构件为型钢混凝土柱，而梁为钢筋混凝土梁。节点设计参照《型钢混凝土组合结构构造》04SG523 进行设计，部分梁纵筋通过与柱型钢上钢牛腿焊接方式进行连接，在超出钢牛腿范围部分的梁纵筋则通过调整钢筋直径及结合机械锚固、弯锚等方法在节点区锚固，仅有极少量钢筋通过穿型钢柱腹板的方法进入节点区，以上措施避免了因梁纵筋穿过柱型钢翼缘时造成的节点削弱问题，同时更好地利用节点的空间，合理的布置节点箍筋，以达到“强节点”的设计思想。

7. 竖向构件抗震性能设计

考虑建筑重要性，本工程参照《高层建筑混凝土结构技术规程》JGJ 3—2010 中第 4 性能水准的要求，针对关键构件及普通竖向构件进行了抗震性能设计。本工程关键构件为：核心筒剪力墙底部加强区、塔楼首层至五层框架柱、避难层所有竖向构件及斜撑等，其余部位墙、柱均为普通竖向构件。要求关键构件在中震下抗弯、抗剪承载力满足不屈服设计；要求大部分普通竖向构件斜截面不发生剪切破坏。具体设计时，采用等效弹性方法计算竖向构件及关键部位构件在设防烈度下的组合内力，即在振形分解反应谱计算中通过适当考虑结构阻尼比的增加，剪力墙连梁刚度的折减，以及框架梁刚度的损耗的方法，近似考虑结构在设防烈度地震作用下进入初级弹塑性阶段的工作状态。同时对结构进行弹塑性静力推覆分析计算，计算结果显示：X 向最大层间弹塑性层间位移角出现在十三层，为 1/416；Y 向最大层间弹塑性层间位移角出现在十五层，为 1/375，表明两个方向结构弹塑性层间位移角均小于规范规定的弹塑性层间位移角限值 1/100，从出铰机制判断：在罕遇地震作用下，塑性铰主要集中在部分楼层的剪力墙连梁处，核心筒六至十二层部分小墙肢出现抗弯屈服，结构整体处于塑性发展初期，作为抗震二道防线的框架柱及所有关键构件基本处于弹性阶段，能实现多道设防的抗震概念，结构整体满足“大震不倒”的性能目标。

三、结语

本工程为典型框架—核心筒结构，在满足使用功能的要求和结构安全的前提下，针对此类结构普遍存在的主裙楼沉降不均，避难层刚度突变，柱轴压比过大，抗震性能要求等问题，本工程分别采用基础变刚度调平，避难层增设斜撑，采用型钢混凝土柱，等多项新技术，以期达到安全可靠、节省造价的设计目标。

图 1　建筑全景

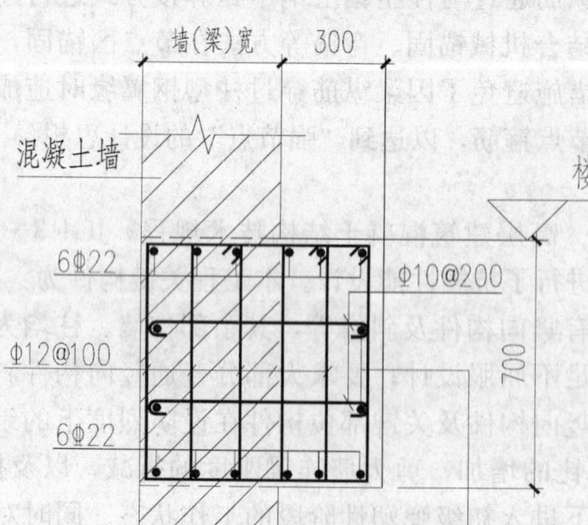

图 2　明框梁节点大样

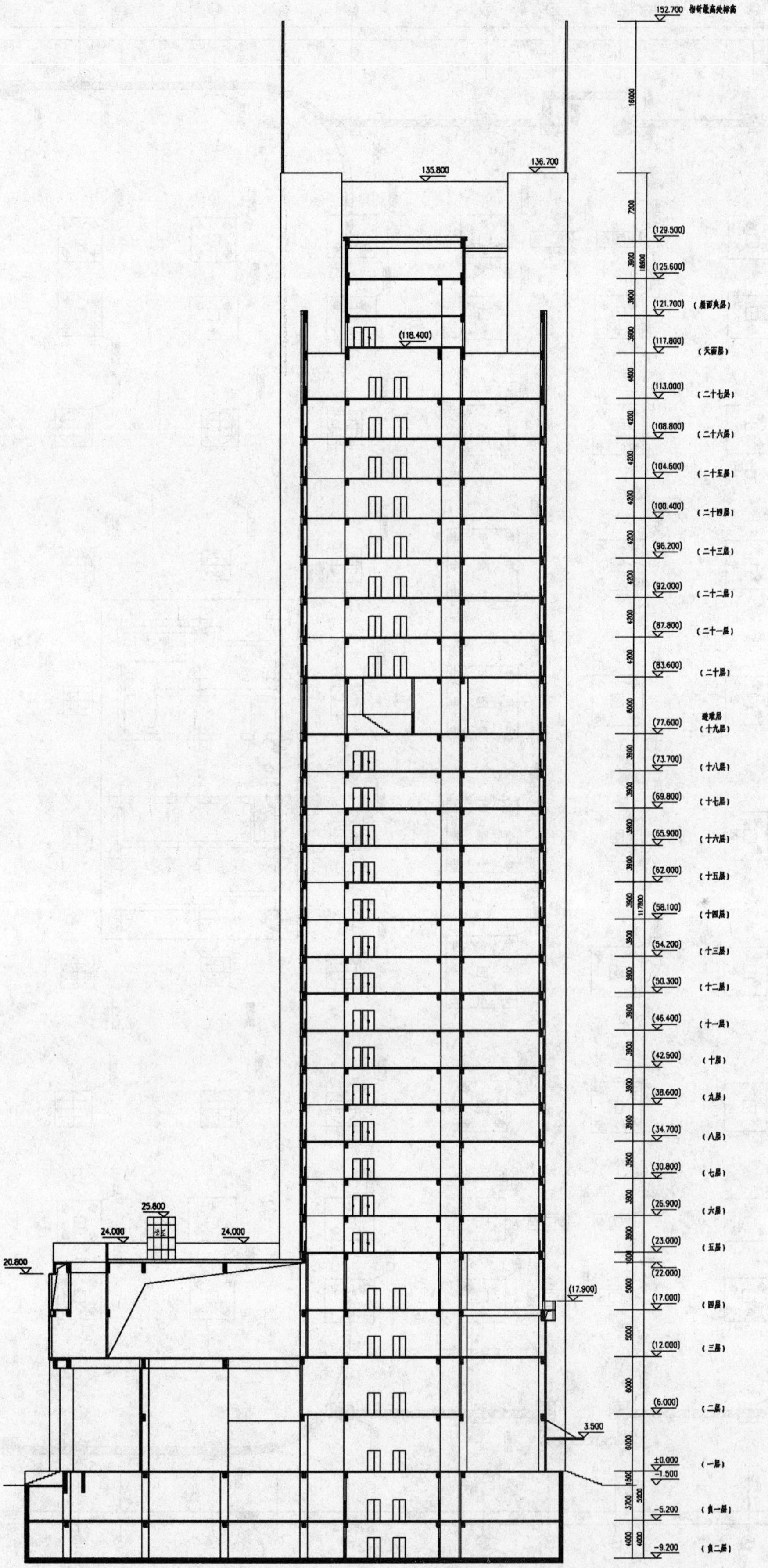

152.700 桅杆最高处标高
135.800
136.700
(129.500)
(125.600)
(121.700) (屋面夹层)
(117.800) (天面层)
(118.400)
(113.000) (二十七层)
(108.800) (二十六层)
(104.600) (二十五层)
(100.400) (二十四层)
(96.200) (二十三层)
(92.000) (二十二层)
(87.800) (二十一层)
(83.600) (二十层)
(77.600) 避难层 (十九层)
(73.700) (十八层)
(69.800) (十七层)
(65.900) (十六层)
(62.000) (十五层)
(58.100) (十四层)
(54.200) (十三层)
(50.300) (十二层)
(46.400) (十一层)
(42.500) (十层)
(38.600) (九层)
(34.700) (八层)
(30.800) (七层)
(26.900) (六层)
(23.000) (五层)
(22.000)
(17.000) (四层)
(12.000) (三层)
(6.000) (二层)
±0.000 (一层)
-1.500
-5.200 (负一层)
-9.200 (负二层)
25.800
24.000
24.000
20.800
(17.900)
3.500
16000
7200
18900
3900
4800
4200
6000
117800
1000
5000
1500
3700
5200
4000

图 3　建筑剖面图

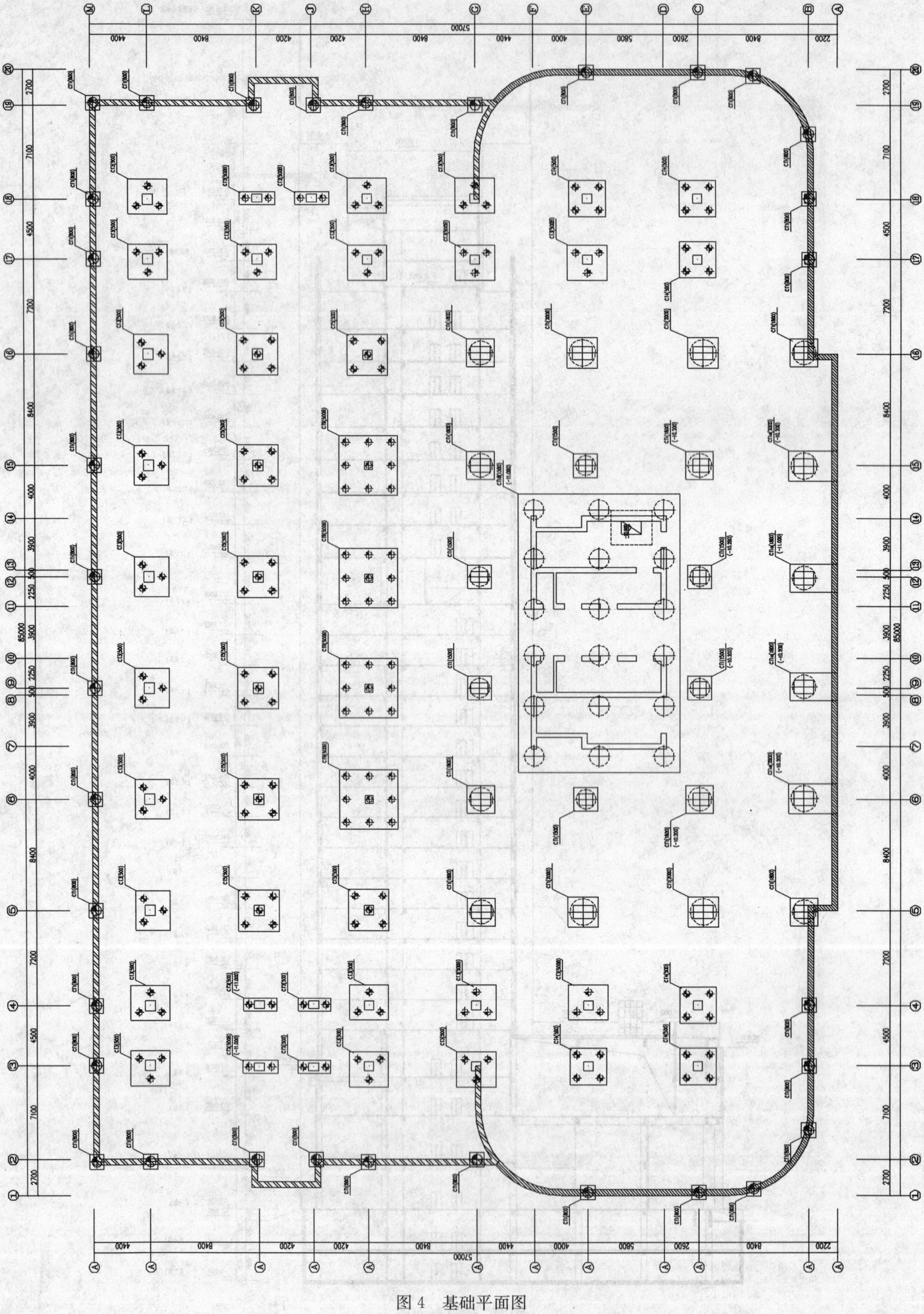

图 4　基础平面图

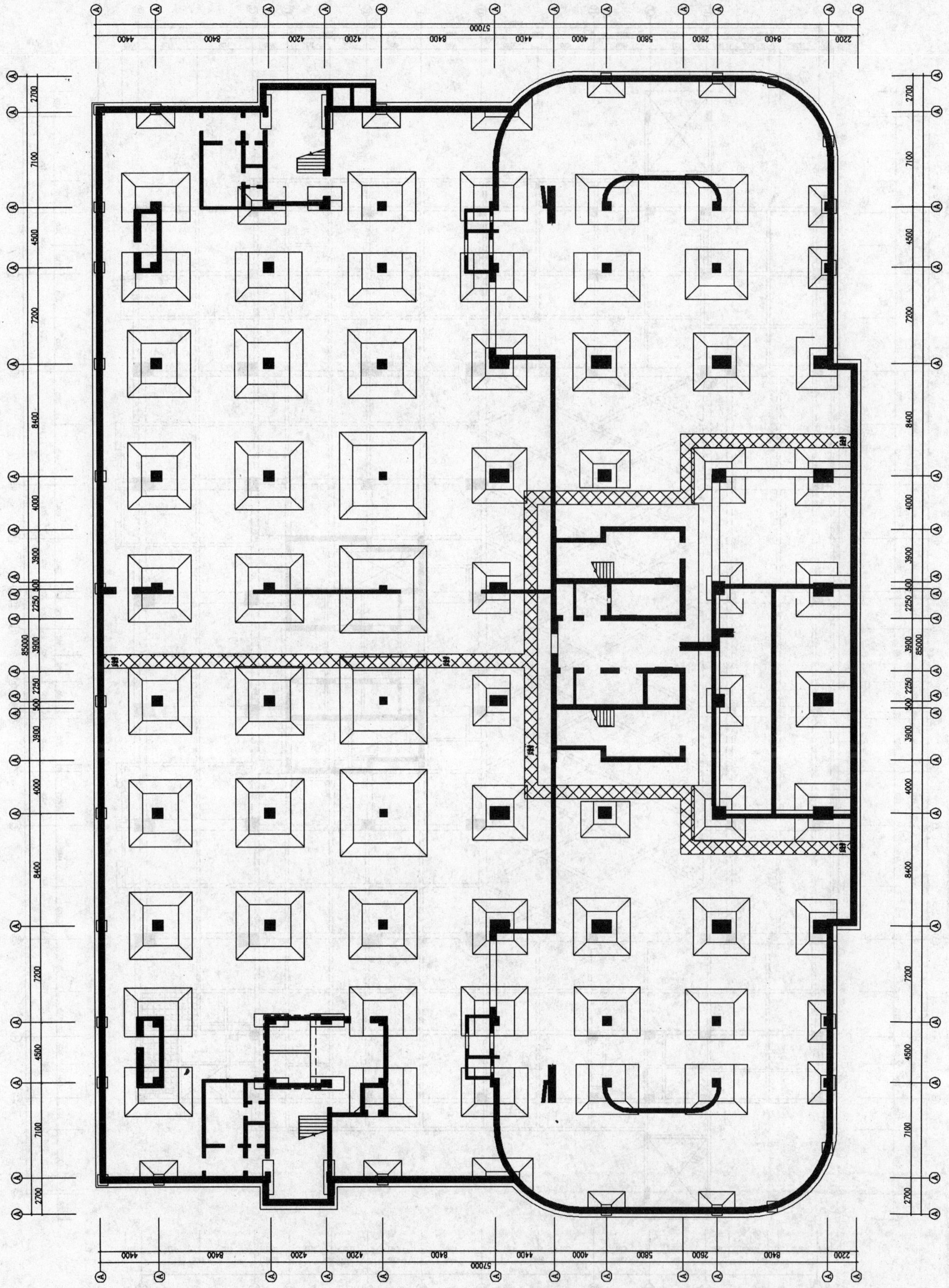

图 5　底板结构平面图

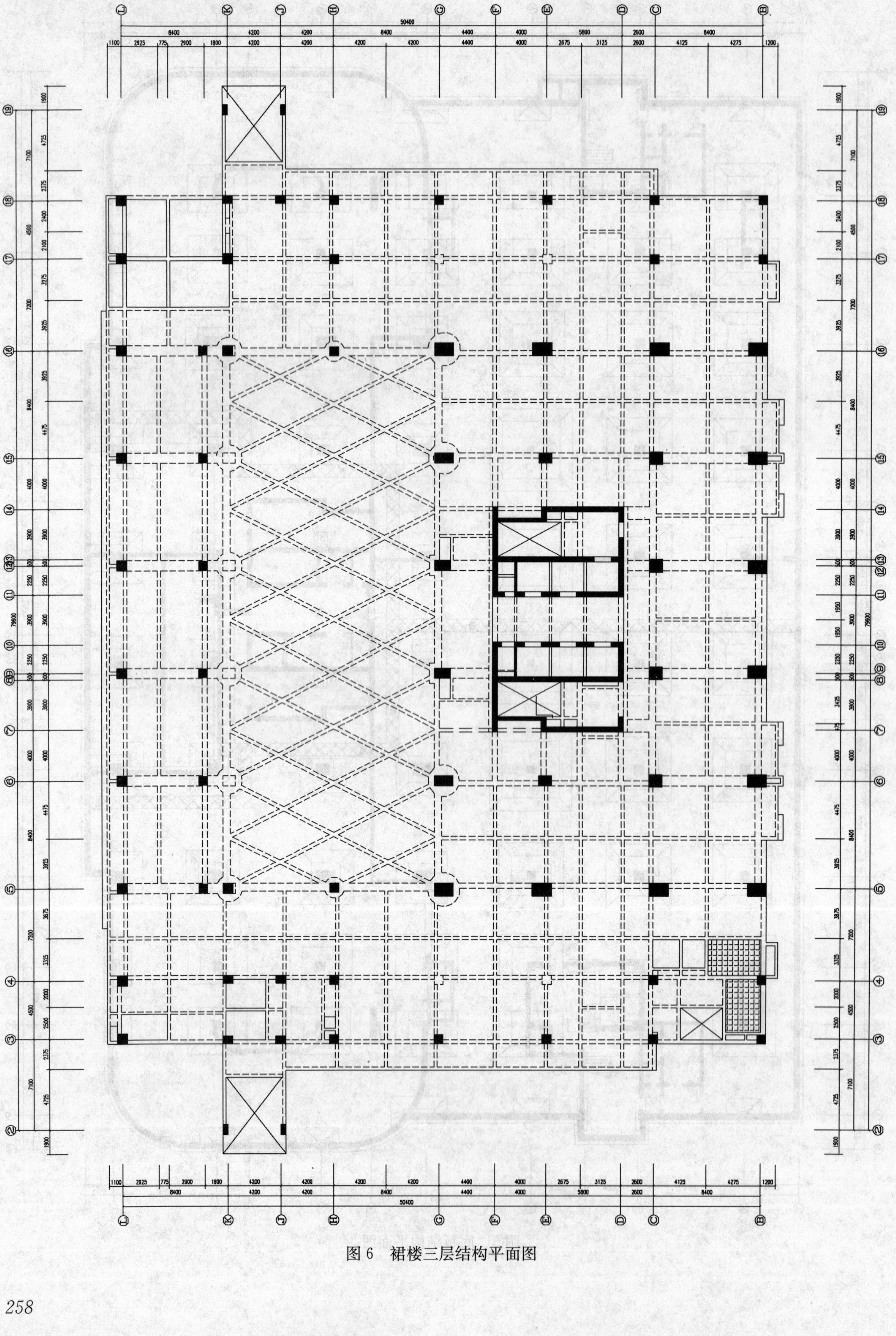

图 6　裙楼三层结构平面图

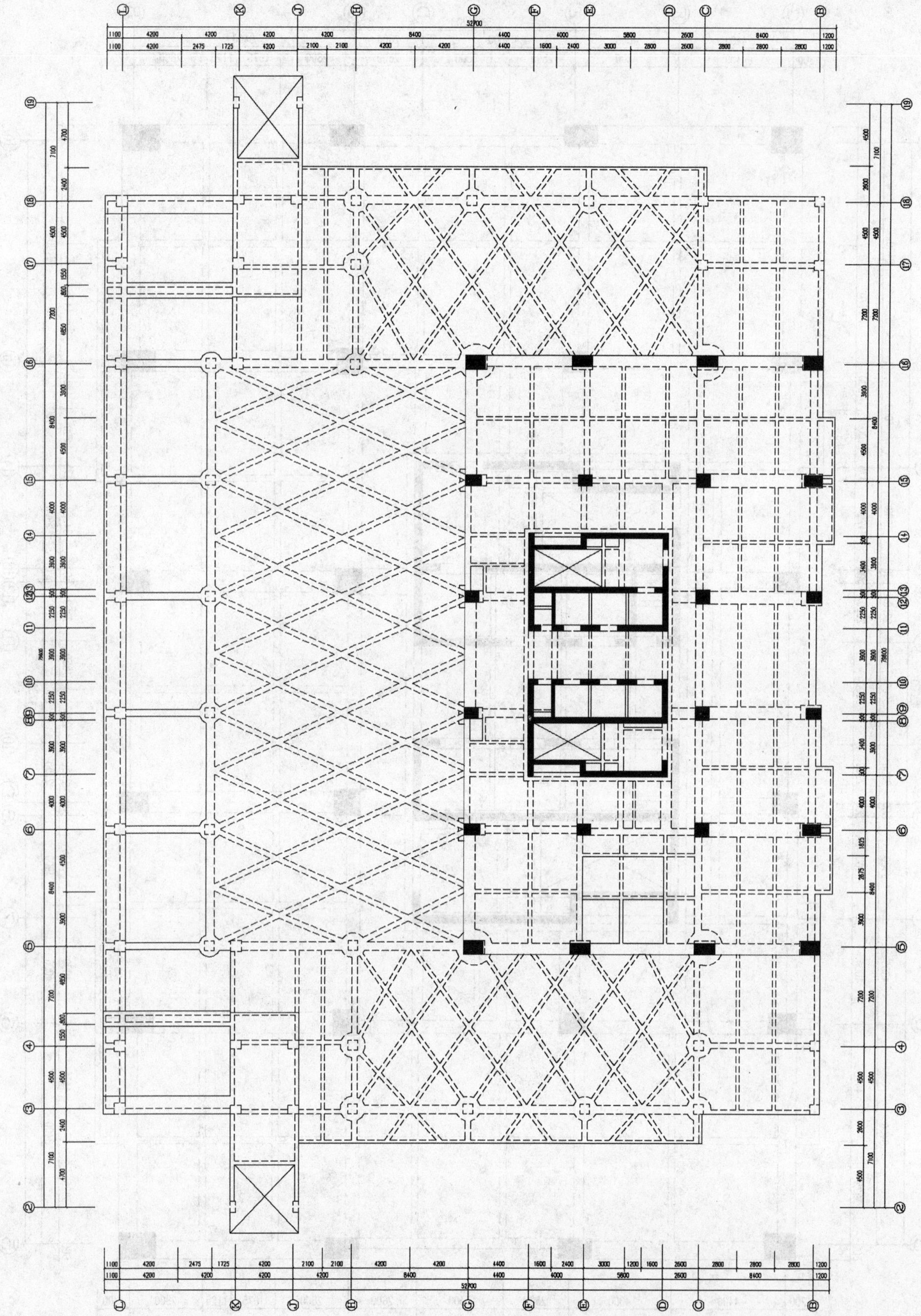

图 7　裙楼屋面层结构平面图

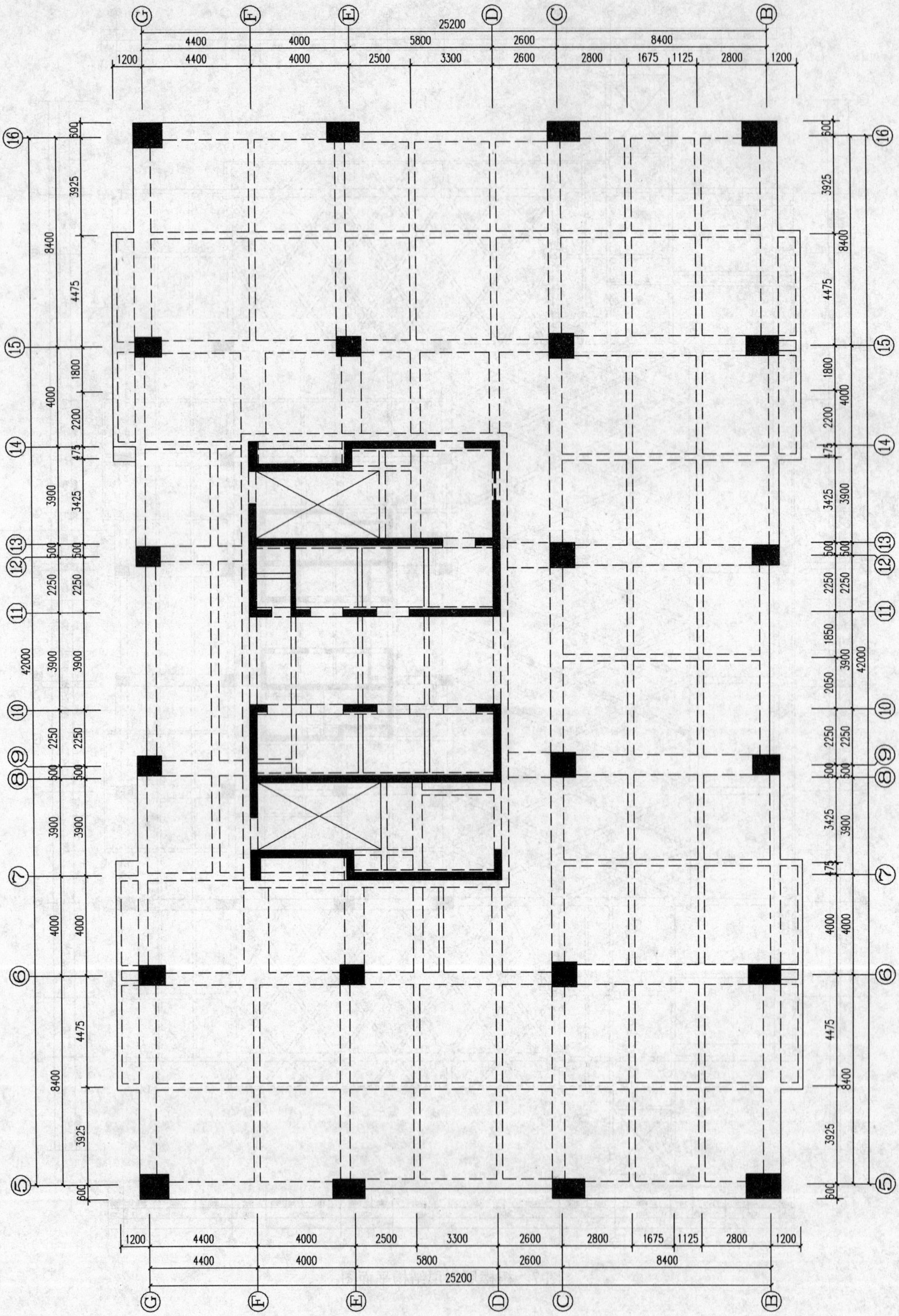

图 8　塔楼十九/二十层结构平面图

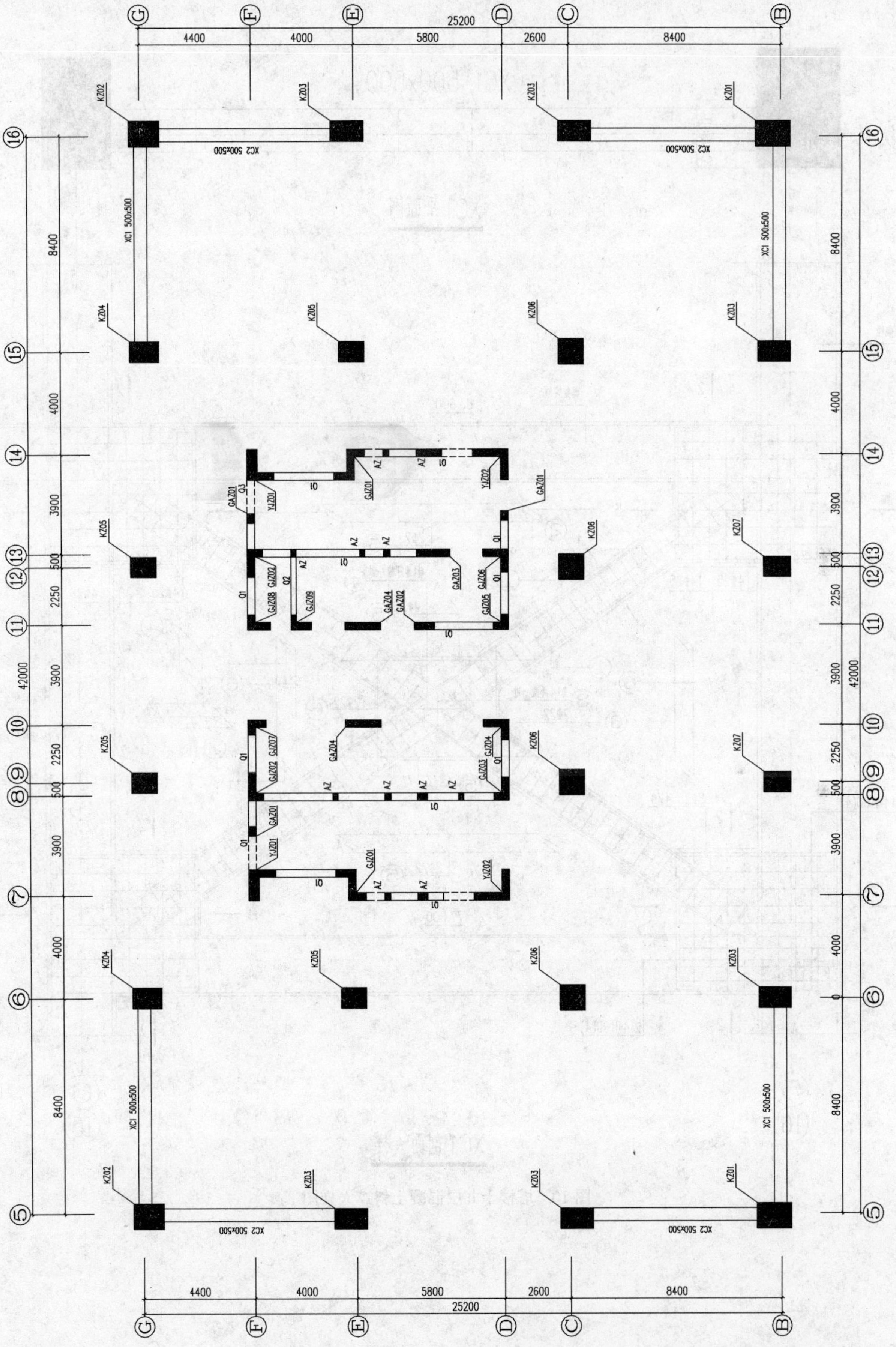

图 9　塔楼十九层墙柱定位图

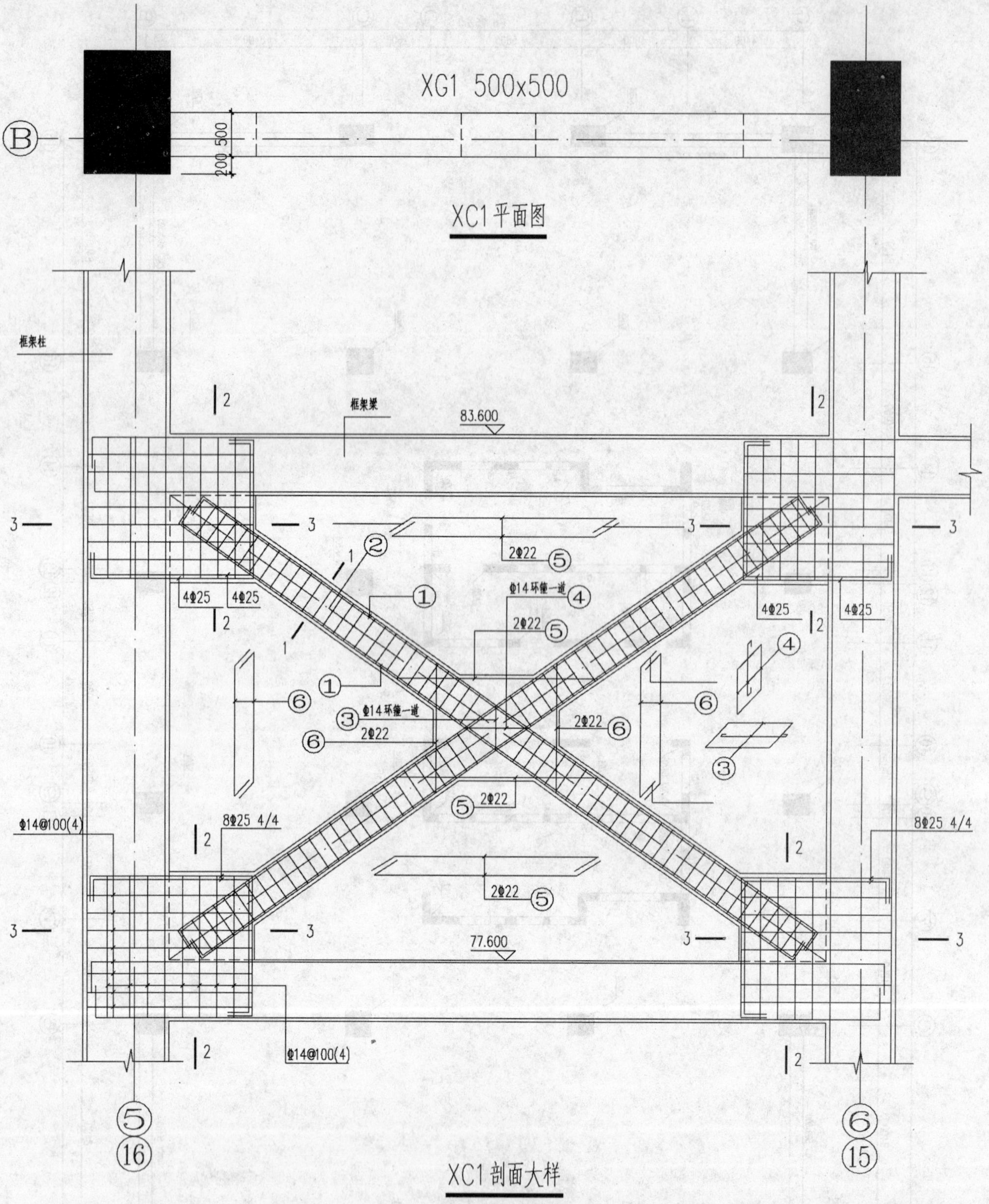

图 10　塔楼十九层混凝土斜撑大样图

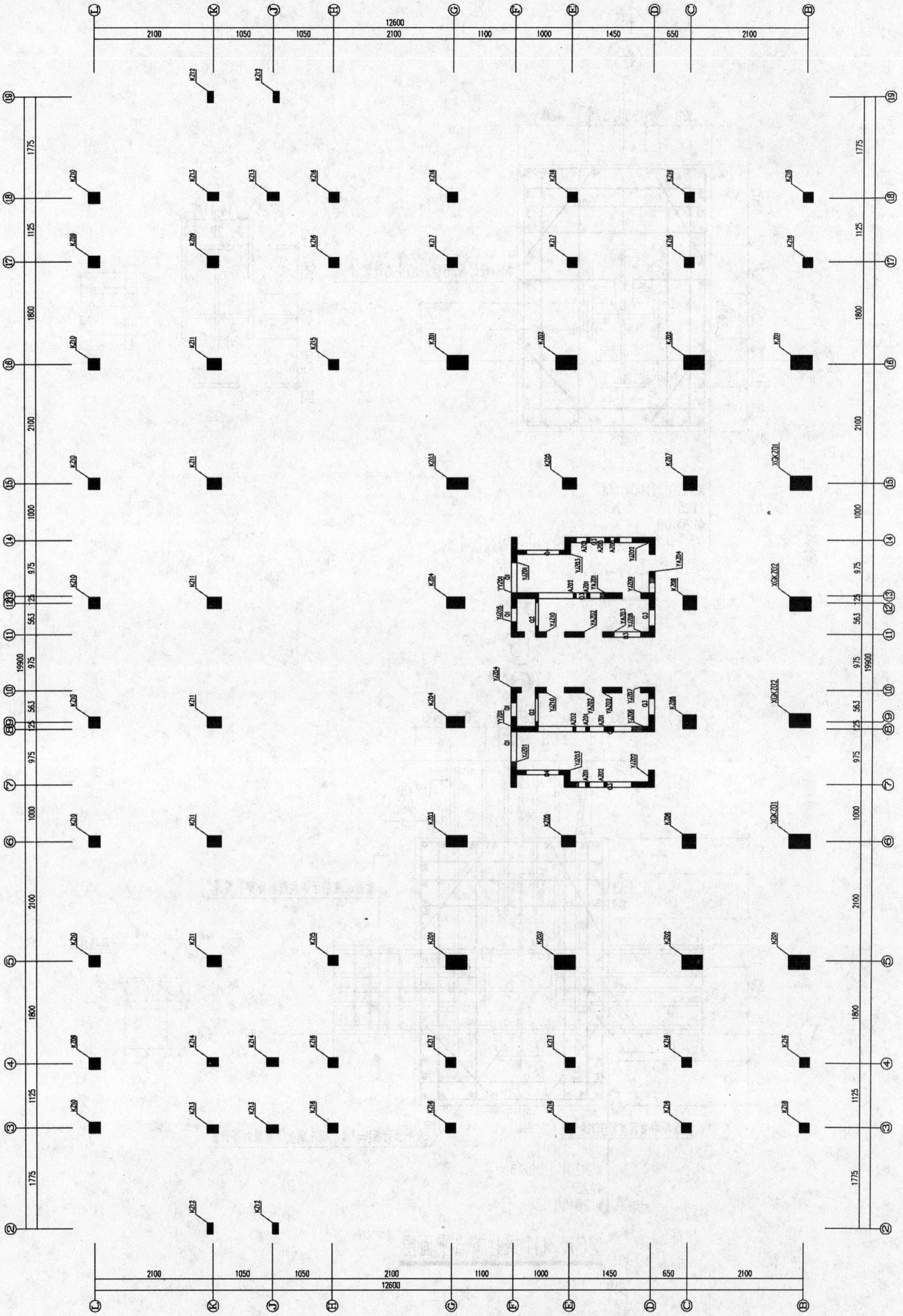

图 11　柱布置图

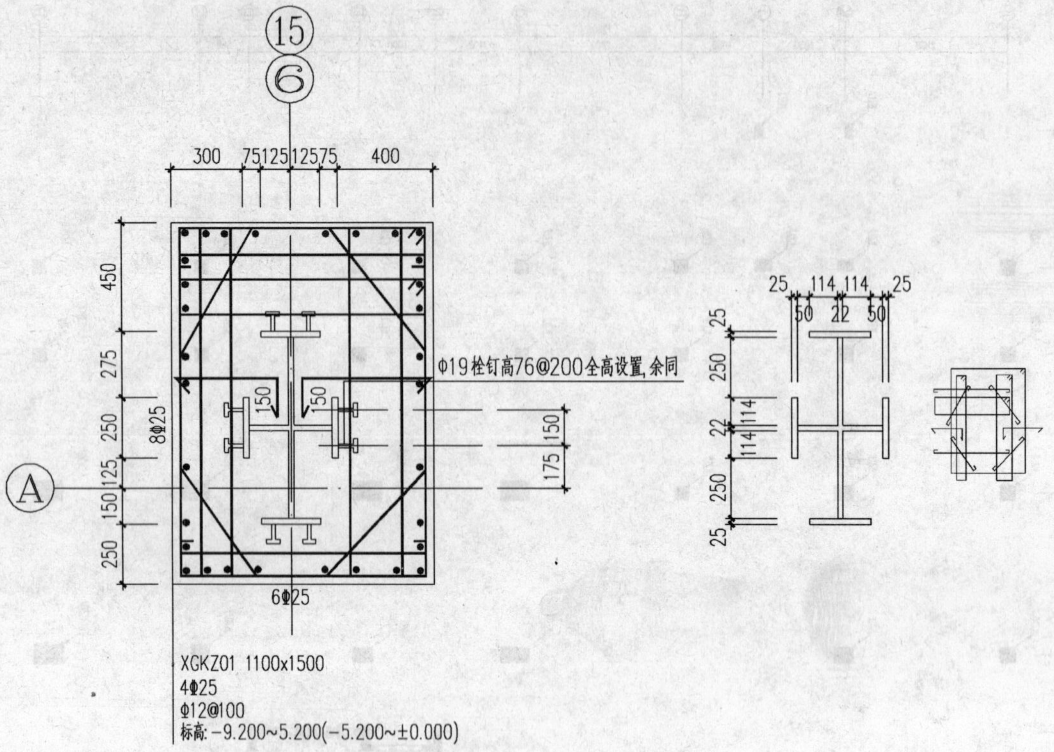

XGKZ01

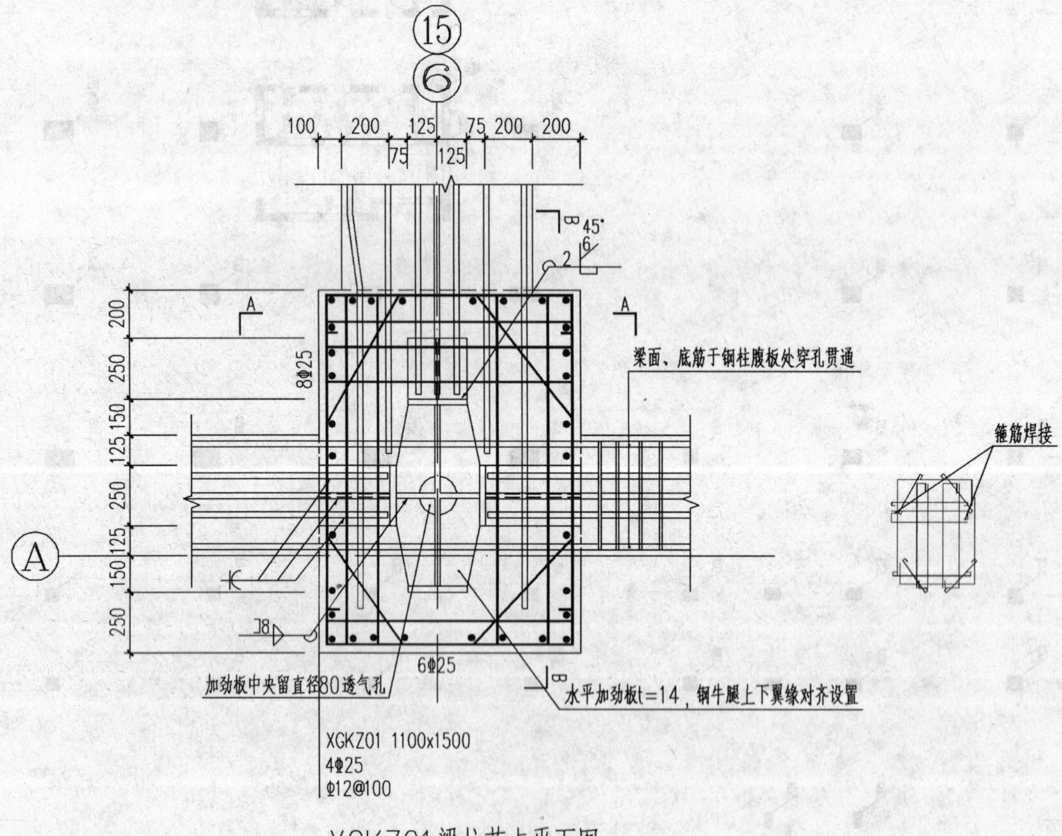

XGKZ01梁柱节点平面图

图 12

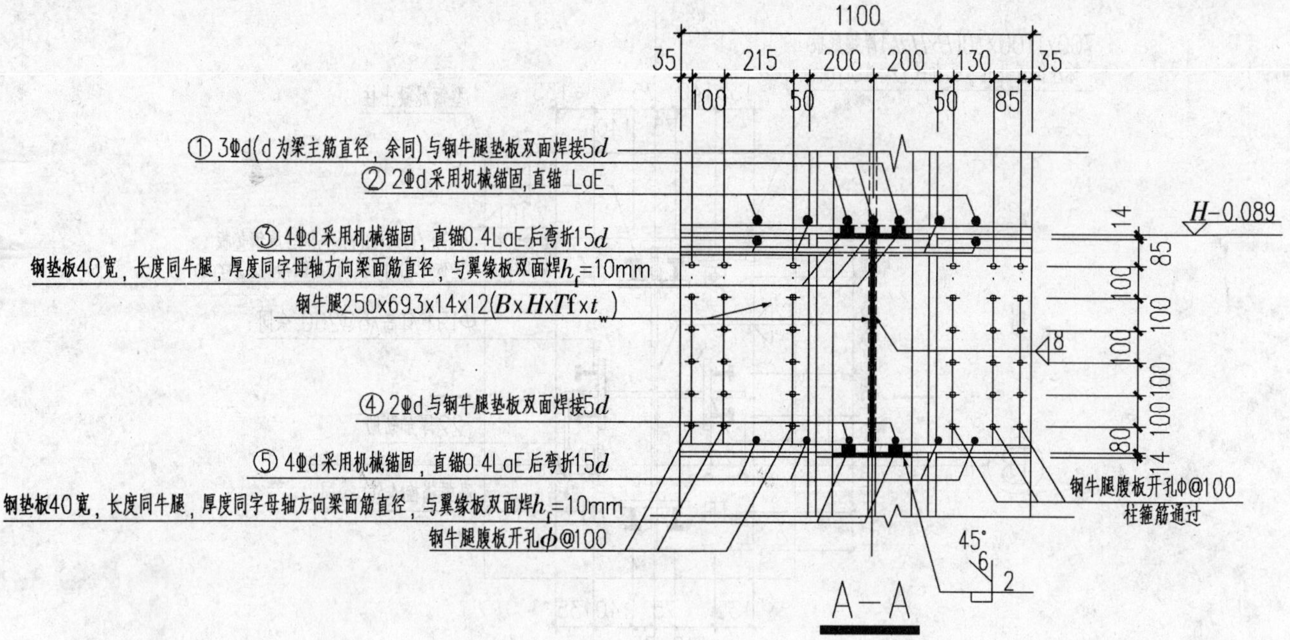
1100
35 215 200 200 130 35
100 50 50 85
① 3Φd(d为梁主筋直径，余同)与钢牛腿垫板双面焊接5d
② 2Φd采用机械锚固，直锚 LaE
③ 4Φd采用机械锚固，直锚0.4LaE后弯折15d
钢垫板40宽，长度同牛腿，厚度同字母轴方向梁面筋直径，与翼缘板双面焊hf=10mm
钢牛腿250x693x14x12(BxHxTfxtw)
④ 2Φd与钢牛腿垫板双面焊接5d
⑤ 4Φd采用机械锚固，直锚0.4LaE后弯折15d
钢垫板40宽，长度同牛腿，厚度同字母轴方向梁面筋直径，与翼缘板双面焊hf=10mm
钢牛腿腹板开孔Φ@100
H-0.089
14 85 100 100 100 100 100 80 14
8
钢牛腿腹板开孔Φ@100
柱箍筋通过
45°
6
2
A-A

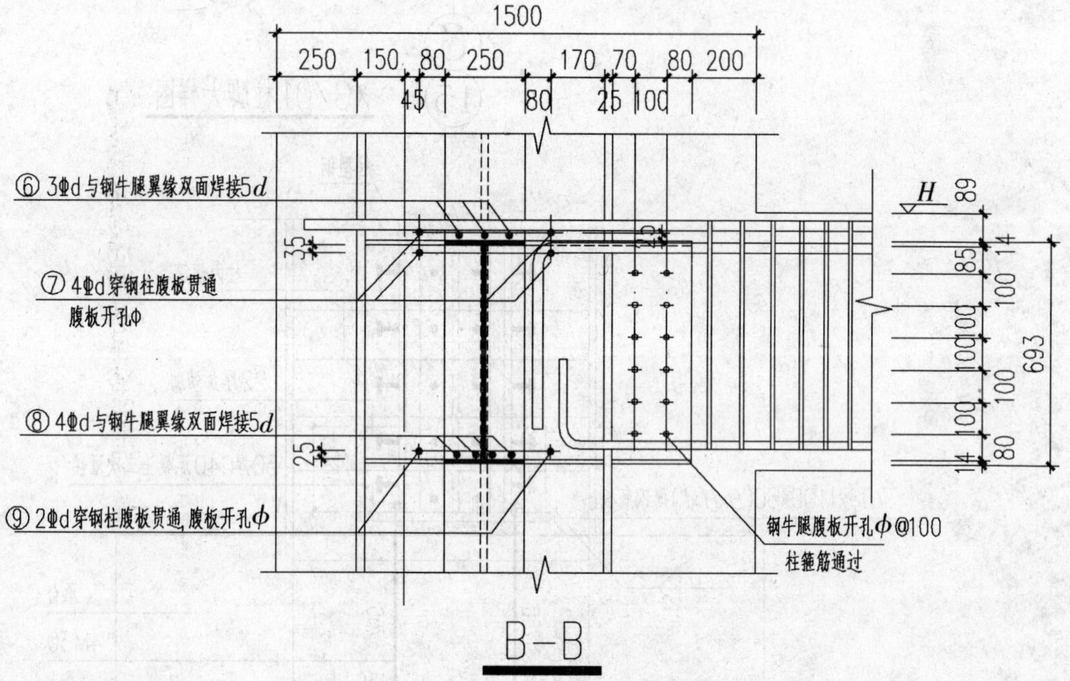
1500
250 150 80 250 170 70 80 200
45 80 25 100
⑥ 3Φd与钢牛腿翼缘双面焊接5d
⑦ 4Φd穿钢柱腹板贯通
腹板开孔Φ
⑧ 4Φd与钢牛腿翼缘双面焊接5d
⑨ 2Φd穿钢柱腹板贯通，腹板开孔Φ
35
25
H
89
14 85 100 100 100 100 100 80 14
693
钢牛腿腹板开孔Φ@100
柱箍筋通过
B-B

图 13

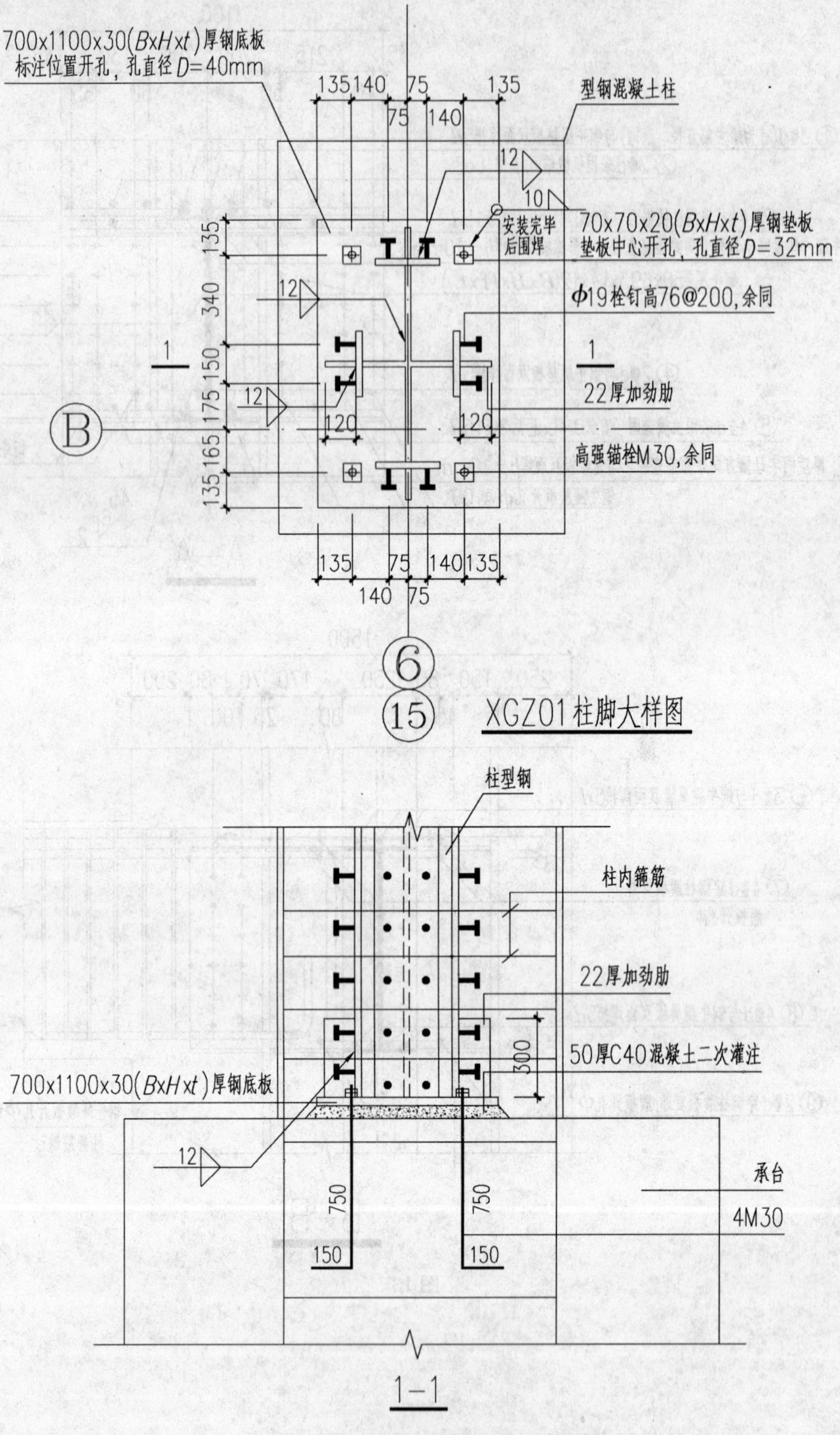
700x1100x30(BxHxt)厚钢底板
标注位置开孔，孔直径D=40mm
型钢混凝土柱
安装完毕后围焊
70x70x20(BxHxt)厚钢垫板
垫板中心开孔，孔直径D=32mm
ϕ19栓钉高76@200，余同
22厚加劲肋
高强锚栓M30，余同
XGZ01柱脚大样图
柱型钢
柱内箍筋
22厚加劲肋
50厚C40混凝土二次灌注
700x1100x30(BxHxt)厚钢底板
承台
4M30
1-1

图 14　型钢柱大样图

保定万博广场酒店结构设计

建设地点 保定市
设计时间 2010～至今
主要设计人 张炼光 莫文杰 张伟生 吴侨裕 李 鹏 赵耀普 甘明华 余 甫

一、工程概况

万博广场酒店位于河北省保定市新市区中心区，东风路与朝阳路交汇处，用地面积4.65万m^2，该项目是由超高层酒店主楼及裙楼、大型综合购物中心、办公楼组成的城市综合体，总建筑面积37.5万m^2（图1）。超高层酒店塔楼为地上50层，地面以上结构高度为201.9m，建筑物顶部设有15m高的钢构物及39.7m高的建筑装饰指针；大型综合购物中心为地上6层，结构高度为31.8m；办公楼为地上33层，结构高度为127.1m；地下室为三层地下室，地下二、三层功能为停车库、设备用房，其中地下二、三层局部设人防地下室（平战结合），地下一层主要为商业空间。本文仅介绍超高层酒店塔楼，其建筑平面图见图2～图4。

工程的结构设计基准期为50年，结构安全等级为二级，抗震设防烈度为7度，基本加速度为0.10g，建筑场地类别为Ⅲ类，抗震设防类别为塔楼丙类，裙房为乙类，设计地震分组为第一组；50年一遇基本风压为0.40kN/m^2，100年一遇基本风压为0.45kN/m^2，地面粗糙度类别为C类。

酒店主塔楼采用框架—核心筒体系；酒店基础采用桩筏基础，桩为采用后注浆旋挖灌注桩，核心筒与框架柱采用不同桩长的变刚度技术来调平核心筒与框架柱之间的沉降差异，保证建筑的整体稳定性，有效地克服不均匀沉降的问题，筏板厚度为3800mm。

二、结构体系与抗震设计原则

酒店主塔楼采用现浇框架—钢筋混凝土核心筒体系，框架柱采用方钢管混凝土柱，典型柱距为9m，柱至核心筒跨度10.5m，办公标准层楼盖系统采用450mm厚空心楼板，其余楼盖系统为现浇混凝土梁及120mm厚混凝土楼板组成；裙房5层，楼顶标高为26.3m，采用框架结构。

由于建筑使用功能要求，主楼2—J轴、2—5轴及2—9轴上四根角柱无法落地，利用6层至10层做斜柱转换落地，斜柱角度分别为79.11°及68.96°（图5、图6）；由于建筑立面退缩要求，四十七层楼面处需转换8根角柱。

为满足小震不坏、中震可修、大震不倒的三水准设防目标，结合本工程的特点，我们提出如表1抗震性能设防目标：

抗震性能设防目标 **表1**

抗震烈度（参考级别）	1＝频遇地震（小震）	2＝设防烈度地震（中震）	3＝罕遇地震（大震）
性能水平定性描述	不损坏	可修复损坏	无倒塌
层间位移角限值	1/610	—	1/100
核心筒墙肢	弹性	底部加强区抗剪弹性、抗弯不屈服	大震下墙肢抗剪验算 $V/F_{ck}<0.15$
核心筒连梁	弹性	允许部分进入抗弯屈服	允许屈服，不发生剪切破坏

续表

抗震烈度（参考级别）	1＝频遇地震（小震）	2＝设防烈度地震（中震）	3＝罕遇地震（大震）
（六至十层）斜柱转换及下部框架柱	弹性	弹性	抗剪不屈服
四十七层转换梁及框架柱	弹性	弹性	抗剪不屈服
其余部位框架柱	弹性	不屈服	不破坏
楼板	弹性	弹性	允许屈服，控制裂缝宽度和刚度退化

三、结构抗震计算

1. 基本计算内容

1）整体结构小震弹性分析，采用 Etabs 及 SATWE 进行对比计算，保证整体结构的各项指标满足规范要求，目的在于确定构件尺寸，保证整体结构的变形满足国家现行规范的要求；

2）基于抗震性能目标的中震、大震分析，校核现有体系能否满足设防目标要求；

3）整体结构的弹性时称分析，与 CQC 法分析结果作比较，以确保结构分析的全面性，保证结构受力安全可靠；

4）整体结构的静力弹塑性推覆（push－over）分析，分析结构破损过程中，结构的变形能力，验证大震下的结构安全性能；

5）斜柱部分应力分析，考察该部位应力分析状态，指导后续构件及节点设计。

2. 主要计算结果

1）小震弹性计算（表 2）

小震弹性（刚性楼板）对比计算结果 **表 2**

计算程序名称		SATWE	Etabs
自振周期（s）及周期比		T_1＝5.1841（X 向） T_2＝4.6001（Y 向） T_3＝3.4182（扭转） $T_{扭}/T_1$＝0.659	T_1＝5.0248（X 向） T_2＝4.4583（Y 向） T_3＝3.4155（扭转） $T_{扭}/T_1$＝0.679
最大层间位移比	X 向地震	1/1047	1/1037
	Y 向地震	1/893	1/876
	X 向风	1/2213	1/2295
	Y 向风	1/1706	1/1883
扭转位移比（3 层裙房部位）		1.34（x）	1.39（X）
建筑物总质量（t）		225070	225100
单位面积质量（t）		1.5（办公层）/1.6（酒店层）	1.5（办公层）/1.6（酒店层）
最小剪重比（%）	X 向	1.36	1.3
	Y 向	1.29	1.3
最不利上下层侧移刚度比［（三十四层/三十五层）计算层］	X 向	0.848	0.839
	Y 向	0.856	0.850
最不利上下层抗剪承载力比［（五层/六层）计算层］	X 向	0.98	
	Y 向	0.98	

续表

计算程序名称		SATWE	Etabs
框架承担的倾覆力的比例（%）	X 向剪力	2.41	
	Y 向剪力	12.43	
	X 向弯矩	15.92	16.8
	Y 向弯矩	20.51	21.1

2）大震静力弹塑性计算结果

在罕遇地震作用下，性能点处各层弹性位移角最大值均小于1/100，符合《高层建筑混凝土结构技术规程》第4.6.5条的规定，建筑物可实现“大震不倒”的抗震设防目标，详见图7、图8；

推覆过程中，受力方向上的墙肢首先在剪力墙筒的一面出现裂缝，特别是短肢墙和筒内壳单元摸似的连梁与墙支相接的地方出现，接着在连梁（杆单元）陆续出现塑性铰。整体来看，裂缝和铰出现的顺序是底部一中部一上部；特别的，中部在连梁出现铰后还在框架梁接着出现较多铰，但剪力墙只出现少量的裂缝，没发现集中出现铰的情况，塔楼框架柱未发现出铰情况；

在整个推覆过程中，六至十层斜柱未出铰，始终处于弹性阶段；

由于核心筒承担绝大部分的水平力和倾覆弯矩，推覆过程中，发现底部位置平面外的墙肢过早出现拉力，开裂失效；查看性能点处的首层墙肢底部内力，发现存在拉力，但在可控范围，针对这种情况，我们采取底部加强区部位埋置型钢来抵抗拉力及提高结构延性。

3）斜柱转换部位应力分析

为了分析斜柱转换部位节点及构件的应力水平及分布情况，我们采用通用有限元软件abaqus建立如图6所示的模型进行分析。斜柱交汇处我们采用相贯处理，截面变换部位（1400mm变为1100mm），在六层柱段采用截面渐变的方法来平缓过渡，缓解应力集中现象。为了验证斜柱的抗震性能目标是否能达到，我们选用大震下的组合内力来加载，组合为：（恒载＋0.5活载＋X向大震）。应力分析结果详图9、图10，从应力云图可知斜柱转换部位构件及节点区基本大震不屈服的承载力，能满足中震弹性、大震不发生剪切破坏的抗震设防性能目标。

四、结构超限的抗震加强措施

1）斜柱转换部位楼板加厚至150mm；高位梁式转换部位楼板厚180mm；核心筒内楼板及首层、屋面层楼板加厚至150mm；以上部位均采取双层双向拉通钢筋。采用Etabs大震下应力来控制加强部位楼板配筋，确保大震下楼板完整，确保结构具备良好的整体性。

2）六至十层斜柱间设型钢混凝土梁，承受拉力，形成稳固的三角形受力体系；同时采用abaqus软件分析该部位的应力分布状况，指导后期斜柱和节点的施工图设计。

3）底部加强区剪力墙边缘构件中配置型钢，提高剪力墙的延性和极限承载力；墙身竖向分布钢筋根据中震弹性计算下的墙肢拉力配置。

4）框架柱采用钢管混凝土柱，加强柱子的延性和抗震能力。

5）四十七层楼面局部梁式转换，转换梁采用型钢混凝土梁，同时满足中震弹性设防目标，以减少高位转换带来的不利影响。

6）根据抗震设防目标进行相应构件的设计。

7）钢管混凝土柱节点设计，采用钢牛腿混凝土环梁，牛腿翼缘设置钢环板，使钢管壁不承受过大的向外拉的应力；节点设置200mm宽混凝土环梁，合理地配置封闭环筋、箍筋和腰筋后，将形成牢固而安全可靠的结构刚性节点区。节点做法详图11～图13。

8）采用空心楼盖的办公层，在筒体周边及柱节点区设置一定尺度的实心厚板，配置一定钢筋承担大震下产生的拉应力和面外剪力。

9）为增强底部轴力大的钢管混凝土柱的套箍效应以及钢管壁的面外稳定，增设一定尺度的竖肋，改善方钢管混凝土柱的受力性能及增强钢管与混凝土两种材料的协调受力，详图 14。

五、结语

本工程为超限高层建筑，塔楼结构平面规则，地面以上主要竖向抗侧力构件保持连续，结构整体比较规则。通过对整体结构的体系和布置进行优化、关键和重要构件作适当的加强及在构造措施方面采用了相应的处理，使其具有良好的抗震性能。

随着结构高度的增加，体型的复杂化，近年来我国在超限高层建筑的结构设计已经开始采用性能化的抗震设计；有具体量化的性能目标及设防水准，能更好的指导构件设计，更好的保证三水准设防目标的实现。未来，基于性能的抗震设计应用将越来越广泛。

图 1　建筑全景

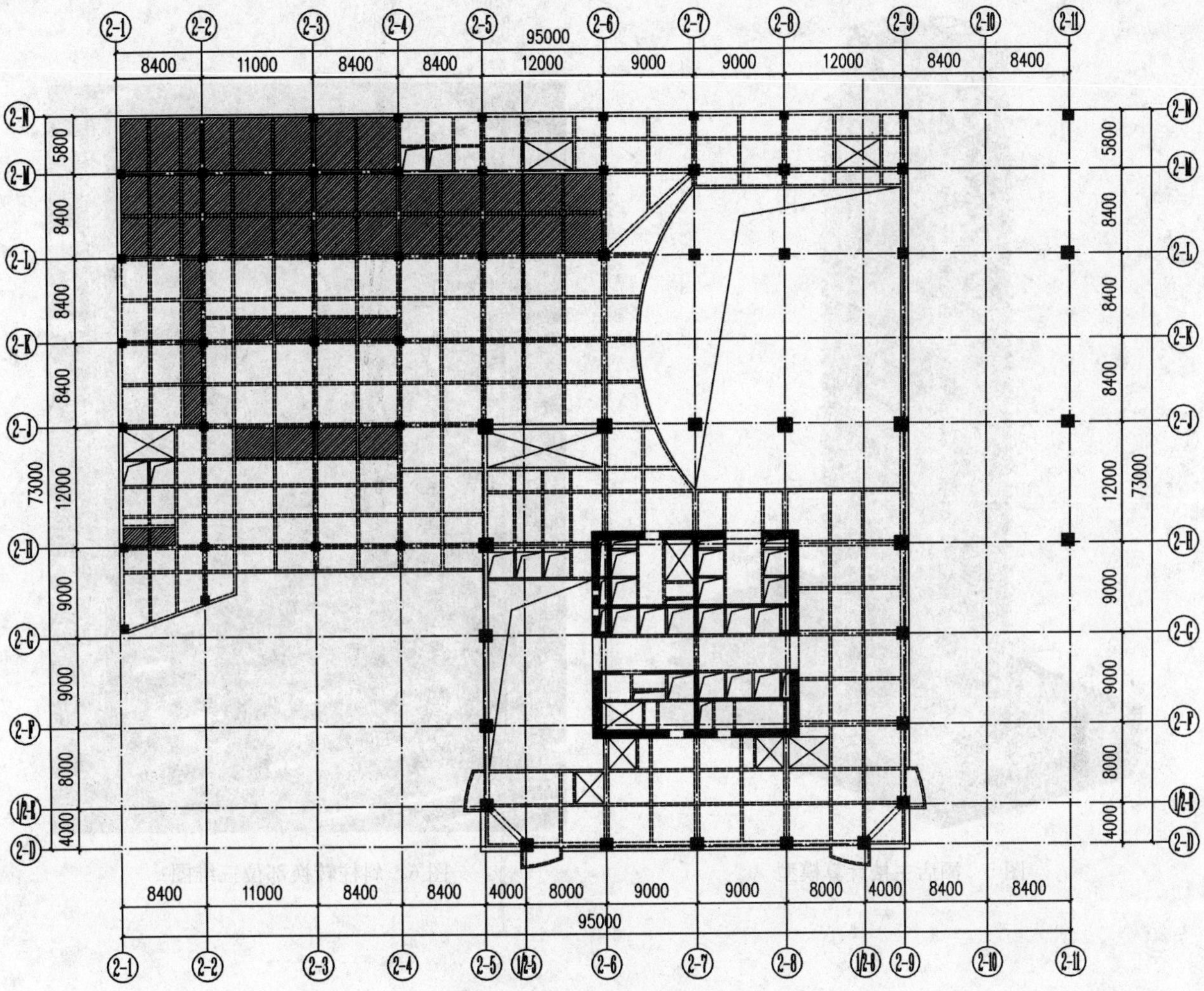

图 2　超高层酒店塔楼裙房平面图

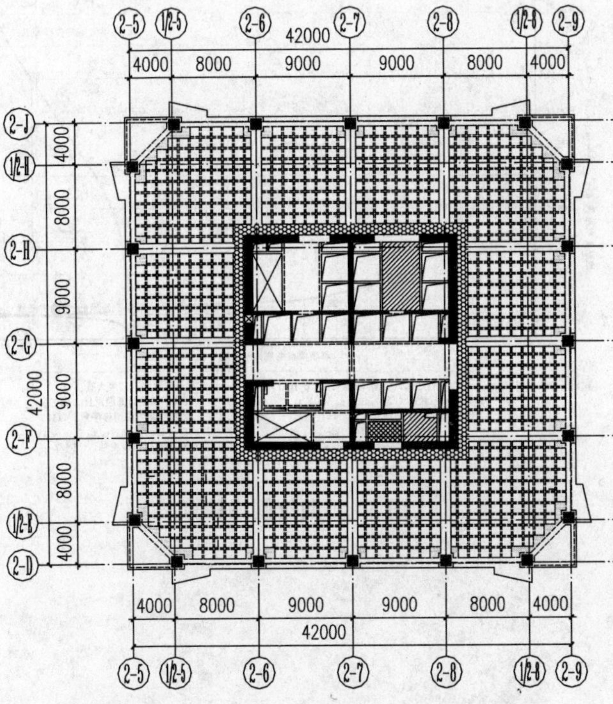

图 3　超高层酒店塔楼办公层平面图

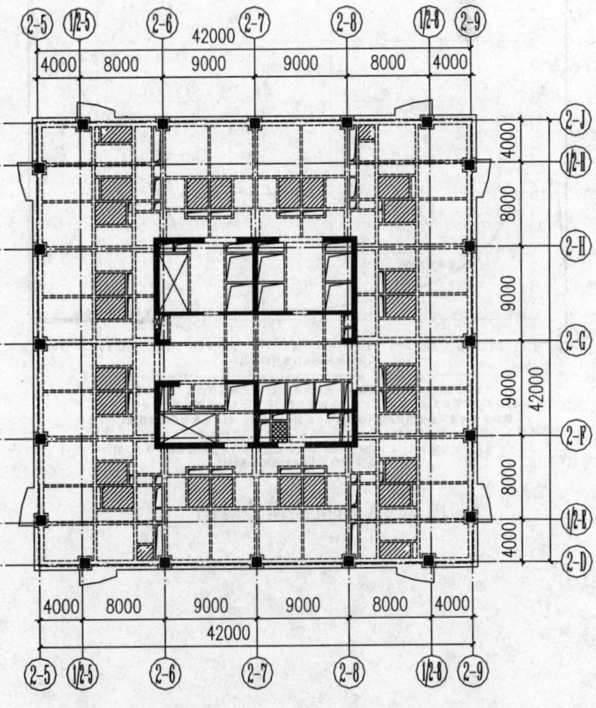

图 4　超高层酒店塔楼酒店层平面图

图 5　酒店主楼计算模型

图 6　斜柱转换部位三维图

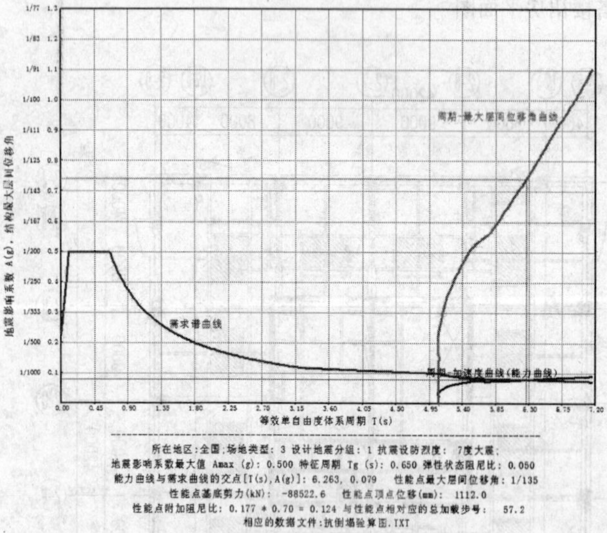

图 7　X 向抗倒塌验算图

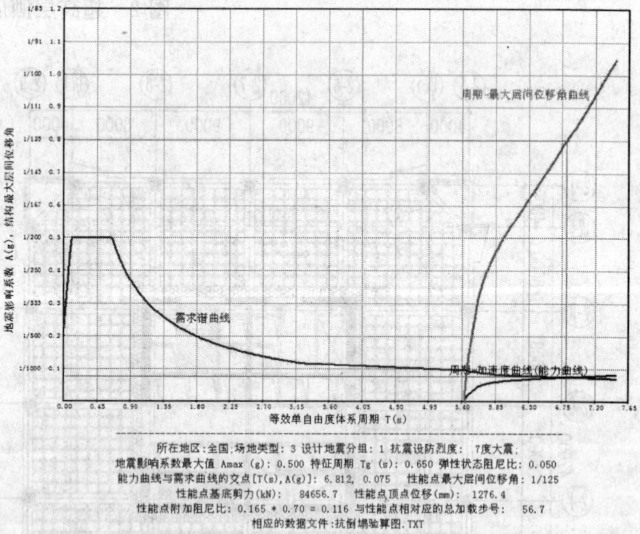

图 8　Y 向抗倒塌验算图

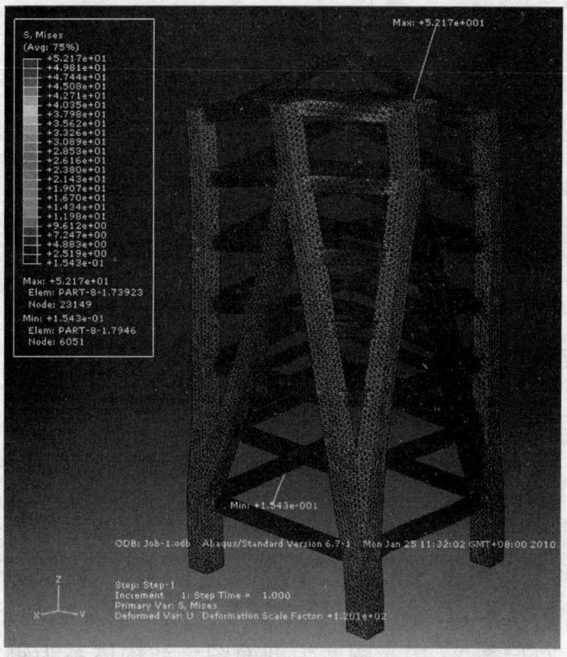

图 9　大震下斜柱混凝土梁柱应力图

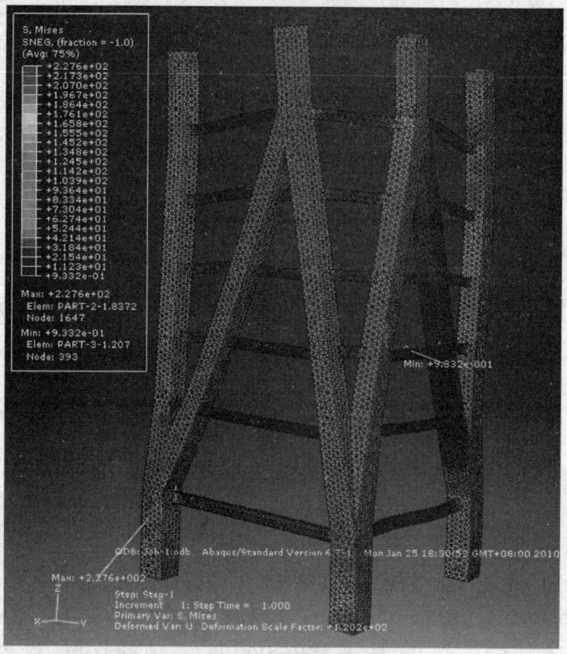

图 10　大震下斜柱钢管、型钢应力图

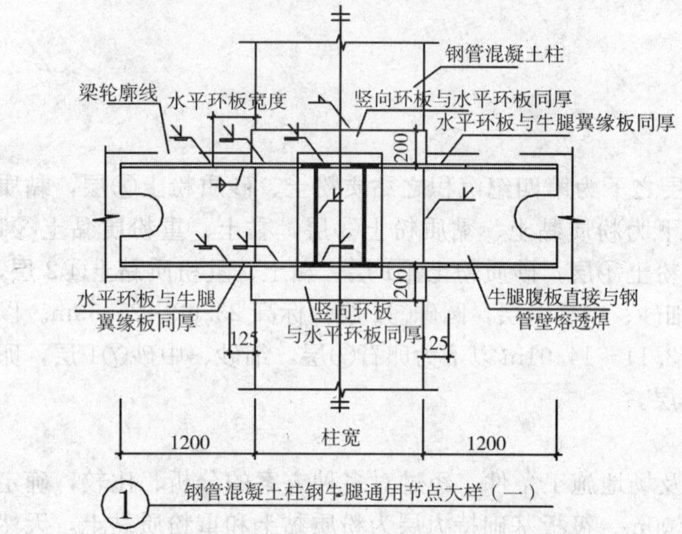

图 11　钢管混凝土柱典型节点大样

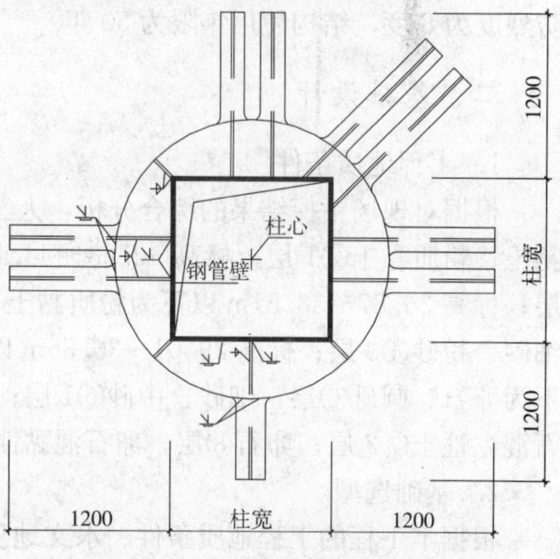

图 12　节点牛腿及环板大样图

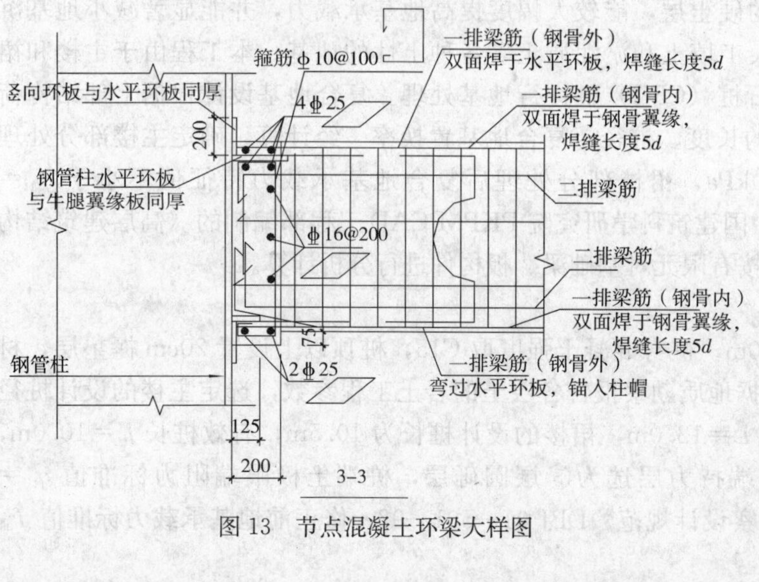

图 13　节点混凝土环梁大样图

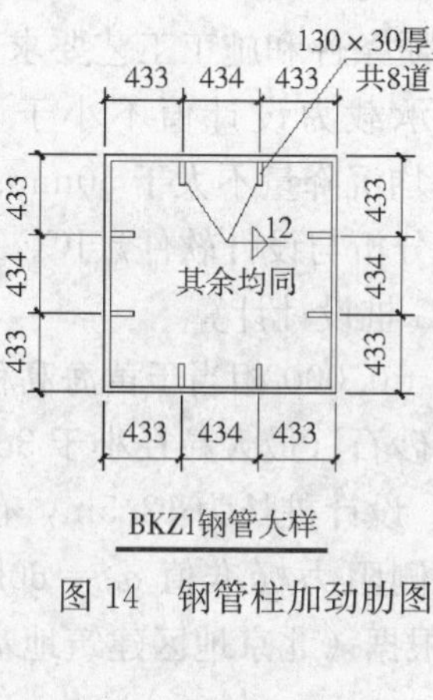

图 14　钢管柱加劲肋图

北京师范大学主教学楼（北楼）结构设计

建设地点 北京市

设计时间 2005～2006

主要设计人 苏恒强 姚诚勇 刘玉树 方虎生 张 勇 张 唯 曹文艳

获奖等级 2010～2011年度国家优质工程银质奖；2011年度广东省优秀工程勘察设计二等奖

一、工程概况

本工程是北京师范大学“教学主轴”建筑群的新主楼（北楼），位于校本部南北主轴线的南端，是北师大主入口处的标志性建筑。新主楼总建筑面积73943m^2，地下室平面尺寸90m×93.5m，裙楼东西长93.60m，南北长55.80m，塔楼东西长78.60m，南北长28.50m，图1为标准层平面图。设2层地下室，地下埋深10.5m，地上高度89.3m，顶部高度97.3m，总层数23层，图2为剖面图。结构体系为钢筋混凝土框架一剪力墙结构，塔楼与裙楼之间不设永久变形缝。本工程建筑物抗震设防类别为丙类，抗震设防烈度为8度，结构使用年限为50年。

二、基础设计

1. 工程地质条件

根据对现场钻探结果的综合分析，人工堆积层之下为第四纪沉积之黏质粉土、砂质粉土②层，黏质粉土、粉质黏土②1层；标高42.63～44.12m以下为粉质黏土、黏质粉土③层，黏土、重粉质黏土③1层；标高36.87～38.51m以下为粉质黏土、黏质粉土④层，砂质粉土④1层，黏土、重粉质黏土④2层，细砂、粉砂④3层；标高29.01～30.36m以下为细砂、中砂⑤层，圆砾⑤1层；标高23.62～25.59m。以下为卵石、圆砾⑥层，细砂、中砂⑥1层；标高13.11～14.01m以下为卵石⑦层，细砂、中砂⑦1层，卵石混黏性土⑦2层；卵石⑧层，卵石混黏性土⑧1层。

2. 基础选型

根据本工程的工程地质条件、水文地质条件及场地施工条件，经过对多种方案的分析、比较，确定基础形式为梁板式筏板基础，底板板面标高－10.00m。筏板基础持力层为粉质黏土和重粉质黏土，天然地基承载力为f_{ak}＝180kPa。通过加固处理复合地基，可以较好地发挥土体和桩之间的共同工作性能，通过桩的侧摩阻力，将荷载传递给埋藏较深的硬土层，能较大幅度提高地基承载力，并能显著减小地基沉降量，适用于处理黏性土、粉土、砂土、人工填土和淤泥质土等各种土性的地基。本工程由于主楼和裙楼地基土承载力不足，采用水泥粉煤灰碎石桩（CFG）桩进行地基处理。复合地基设计根据上部结构荷载、工程地质条件和施工工艺要求确定桩的长度、桩径、复合地基置换率。经计算，确定主楼部分处理后复合地基承载力设计值不小于f_a＝450kPa，裙楼部分处理后复合地基承载力特征值不小于f_a＝350kPa，平均沉降量不大于50mm。采用中国建筑科学研究院PKPM CAD工程部编制的《高层建筑结构空间有限元分析与设计软件》JCCAD程序按有限元对基础梁、板构件进行分析计算。

3. CFG桩设计计算

本工程±0.000相当于黄海高程49.450m，桩身混凝土强度取C15，桩顶以上设置20cm褥垫层，材料选用级配砂石（最大粒径小于3cm），根据地质勘察报告各层土的岩土工程参数，选定主楼的设计桩径D＝0.41m、设计桩长为12.5m，有效桩长L＝12.0m，裙楼的设计桩长为10.5m，有效桩长L＝10.0m，桩侧土极限侧阻力标准值q_{si}＝60kPa，桩端持力层选为⑤层圆砾层，桩端土极限端阻力标准值q_p＝1500kPa。根据《北京地区建筑地基基础勘察设计规范》DBJ 01—501—92，修正前地基承载力标准值f_{ak}

$=f_a-\eta_b\gamma(b-3)-\eta_d\gamma m(d-1.5)$，其中 $\eta_b=0$，$\eta_d=1.0$。主楼修正前地基承载力取 $f_{ak}=365\text{kPa}$，裙楼修正前地基承载力标准值取 265kPa。

1）单桩承载力特征值计算

单桩承载力特征值根据桩身承载力和桩土间作用承载力确定，根据桩身承载力确定时单桩承载力特征值按式 $R_a=\psi f_c A$ 计算；桩土间作用时单桩承载力特征值按式 $R_a=\dfrac{\sum_i \pi dl_i q_{si}+q_p A_p}{\gamma_{sp}}$ 计算。

桩直径 410mm（桩身混凝土强度等级 C15）单桩承载力特征值 $R_a=0.8\times7.2\times103\times0.132=760\text{kN}$。

主楼单桩承载力特征值 $R_a=\dfrac{3.14\times0.41\times12\times60+\dfrac{1500\times3.14\times0.41^2}{4}}{2}=562\text{kN}$。设计单桩承载力特征值取值 $R_a=560\text{kN}$。

裙楼单桩承载力特征值 $R_a=\dfrac{3.14\times0.41\times10\times60+\dfrac{1500\times3.14\times0.41^2}{4}}{2}=439\text{kN}$。设计单桩承载力特征值取值 $R_a=400\text{kN}$。

2）复合地基承载力特征值计算

根据桩土复合地基承载力特征值 $f_{spk}=\dfrac{mR_a}{A_p}+\beta(1-m)f_{sk}$ 求得地基土置换率 $m=\dfrac{f_{spk}-\beta f_{sk}}{\dfrac{R_a}{A_p}-\beta f_{sk}}$。

主楼地基土置换率 $m=\dfrac{365-1x180}{\dfrac{560}{0.132}-1x180}=4.55\%$ 。

裙楼地基土置换率 $m=\dfrac{265-1x180}{\dfrac{400}{0.132}-1x180}=2.98\%$ 。

主楼实际布桩间距平均为 1.6m×1.6m，置换率为 $5.16\%>4.55\%$ ，满足要求。

裙楼实际布桩间距平均为 2.1m×2.1m，置换率为 $2.99\%>2.98\%$ ，满足要求。

3）复合地基沉降计算

复合地基沉降由三部分组成，一是加固区的变形量 S_1，二是桩群体下卧层土层的压缩量 S_2，三是垫层的压缩量 S_3，垫层压缩量很小可不考虑。

4）加固区的变形量计算

加固区的变形量 S_1 为桩身压缩量 S_p 和桩端相对于土的贯入变形量 Δ 二者之和。

$$S_1=S_p+\Delta \tag{1}$$

桩身压缩量 $S_P=\eta\left(\dfrac{Q_P L_P}{E_P A_P}-\int_0^{L_P}\dfrac{q_{si}ux}{E_P A_P}dx\right)$ 或简化计算 $S_P=\zeta\eta\dfrac{Q_P L_P}{E_P A_P}$

式中 ζ——桩周摩阻力作用折减系数，ζ 取 1/2～1/3；

η——桩身塑性变形系数，η 取 2；

Q_P——作用在桩顶的单桩竖向荷载；

L_p——桩长；

q_{si}——桩顶作用竖向荷载 Q_P 时对应的桩侧土侧阻力值；

E_P——桩的变形模量；

A_P——桩身截面面积；

u——桩身截面周长。

主楼桩身压缩量

$$S_P = \eta(\frac{Q_P L_P}{E_P A_P} - \int_0^{L_P} \frac{q_{si} ux}{E_P A_P} dx)$$

$$= 2 \times (\frac{560 \times 12}{2.2 \times 10^5 \times \frac{1}{4} \times 3.14 \times 0.41^2} - \int_0^{12} \frac{15 \times 3.14 \times 0.41x}{2.2 \times 10^5 \times \frac{1}{4} \times 3.14 \times 0.41^2} dx)$$

$$= 3.67 \times 10^{-3} \text{m} = 3.67 \text{mm}$$

$$\text{或} S_P = \zeta\eta \frac{Q_P L_P}{E_P A_P} = \frac{1}{3} \times 2 \times \frac{560 \times 10^3 \times 12 \times 10^3}{2.2 \times 10^4 \times \frac{1}{4} \times 3.14 \times 410^2} = 4.87 \text{mm}$$

桩端贯入变形量Δ取单桩极限承载力所需的桩土间相对变形量，根据桩长、桩径、桩侧土层、桩端土层、桩成孔工艺等综合确定，取5～20mm。

5）下卧层土层的压缩量计算

下卧层土层的压缩量按各向同性均质线性变性体理论分层总和法进行计算

$$s = \psi_s s' = \psi_s \sum_{i=1}^{n} \frac{p_0}{E_{si}} (z_i \bar{\alpha}_i) - (z_{i-1} \bar{\alpha}_{i-1}) \tag{2}$$

式中 s——地基最终沉降量；

s'——按分层总和法计算的地基沉降量；

p_0——基底附加应力；

ψ_s——沉降计算经验系数；

n——地基压缩层计算深度范围内所划分的土层数；

$\bar{\alpha}$、$\bar{\alpha}_{i-1}$——基础底面计算点至第 i 层土、第 $i-1$ 层土底面范围内平均附加应力系数；

E_{si}——基础底面下第 i 层土的压缩模量，按实际应力段取值。

由式（1）、式（2）算得总沉降计算结果：77个节点中最大沉降为31mm，最小沉降为7mm，平均沉降为19mm，满足小于平均20mm的设计要求。

三、主体结构设计

1. 结构平面布置

本工程采用现浇钢筋混凝土框架剪力墙结构。利用楼、电梯间设置钢筋混凝土剪力墙筒体作为主要的抗侧力构件，其余部位设置钢筋混凝土框架以满足建筑功能要求有较开阔的空间和较大的柱网开间要求。由于本工程楼、电梯间钢筋混凝土剪力墙较偏置于两侧，五层以上长宽比较大，为使 X、Y 两个方向的刚度基本相同，刚度中心尽量接近质量中心，以减小地震耦连扭转作用，除加厚底层剪力墙厚度并增加连梁截面宽度外，在六层与七层间设置斜柱，以支承上部增加的剪力墙（图3），提高结构上部整体抗侧刚度；楼层结构布置时沿房屋横向布置多跨连续次梁形成纵向支承主框架体系，以增强整体结构在 Y 方向的抗侧力刚度。在三层报告厅上空（跨度为32m）采用井字梁结构，满足了建筑的空间要求。屋面6m跨大悬臂采用钢筋混凝土结构。

2. 结构抗震计算分析

本工程采用中国建筑科学研究院PKPM CAD工程部编制的《高层建筑结构空间有限元分析与设计软件》SATWE程序进行计算，抗震设防烈度为8度，抗震等级一级，建筑场地类别为Ⅲ类，设计地震分组为第一组，计算按总层数28层，地下室层数2层，地下室按全嵌固、无水平侧移考虑，地震作用计算时考虑扭转耦联和偶然偏心，振型数取18个，特征周期 $Tg=0.45$。根据本工程场地地震安全性评价工程应用报告提供的数据，规准后的反应谱曲线（即设计反应谱），其表达式为：$Sa(T) = A_{max}\beta(T)$，其中，A_{max} 为设计地震动峰值加速度，$\beta(T)$ 为设计地震动加速度系数反应谱。且有：

$$\beta(T)=\begin{cases}1+(\beta_m-1)\dfrac{T-0.04}{T_1-0.04} & 0.04<T\leqslant T_1\\ \beta_m & T_1<T\leqslant T_g\\ \beta_m\left(\dfrac{T_g}{T}\right)^{\gamma} & T_g<T\leqslant 6s\end{cases}$$

式中　T_1、T_g——特征周期；

β_m——放大系数；

γ——衰减系数。

工程场地地表水平向设计地震动峰值加速度及反应谱（5%阻尼比）参数值详表1：

水平向设计地震参数　　**表1**

超越概率值	T_1（sec）	T_g（sec）	β_m	γ	A_{max}（gal）	α_{max}（g）
50年63%	0.1	0.45	2.5	1.0	67	0.17

本研究中A_{max}和$\beta(T)$与《建筑抗震设计规范》GB 50011—2001水平向地震影响系数$\alpha(T)$的关系为：

$$\alpha(T)=A_{max}\times\beta(T)/980$$

通过对本工程各自振周期地震安全性评价报告和规范要求的水平地震影响系数$\alpha(T)$计算，本工程多遇地震影响系数最大值α_{max}取0.17，罕遇地震影响系数最大值取0.9。

3. 计算结果分析

经SATWE计算后，得出结构刚重比大于2.7，能够通过整体稳定验算，且可以不考虑重力二阶效应。在考虑结构扭转耦联和偶然偏心的作用下，楼层竖向构件的最大水平位移和层间均不大于该楼层平均值的1.3，按弹性方法计算的楼层层间最大位移与层高之比$\Delta u/h=1/824<1/800$，结构扭转为主的第一自振周期$T_t=1.8147$与平动为主的第一自振周期$T_1=2.0297$之比为$T_t/T_1=0.89$，小于0.9。通过以上计算结果显示，本工程结构平面布置合理，抗侧力刚度适合，各项结构力学性能指标均满足国家规范及北京地方标准的要求。

4. 结构弹性动力时程分析及结果

本工程采用《高层建筑结构空间有限元分析与设计软件》SATWE程序进行多遇地震下结构弹性动力时程分析的补充计算。根据《北京师范大学教学主轴建筑群北楼工程场地地震安全性评价工程应用报告》，按建筑场地类别和设计地震分组选用一组50年超越概率值为63%的本场地人工地震波和两组特征周期$T_g=0.45$的TH3TG045、TH4TG045天然波进行结构弹性动力时程分析计算，地震加速度的最大值为70cm/s^2。结构弹性动力时程分析计算结果整理列表如表2：

结构弹性动力时程分析计算结果　　**表2**

	主方向最大剪力		与CQC底部剪力比值		平均底部剪力与CQC比值	
	0度	90度	0度	90度	0度	90度
人工地震波	41488.5	31066.3	99%>65%	81%>65%		
TH3TG045	37184.3	38427.3	89%>65%	101%>65%	99%>80%	94%>80%
TH4TG045	44936.2	38033.5	108%>65%	99%>65%		
CQC	41588.0	38134.0				

从表2可以看出，三条时程曲线（一条人工地震波和两条天然地震波）计算所得的结构底部剪力均不小于振型分解反应谱法求得的底部剪力的65%，三条时程曲线计算所得的结构底部剪力的平均值不小于振型分解反应谱法求得的底部剪力的80%，满足《高层建筑混凝土结构技术规程》JGJ 3—2002第3.3.5条规定，在结构抗震设计时，结构地震作用效应可取三条时程曲线计算结果的平均值与振型分解反应谱法计算结果的较大值。

经过多遇地震下结构弹性动力时程分析的补充计算，我们可以知道，本工程采用振型分解反应谱法

（CQC 法）所得出的计算结果进行设计是合理的，而且是满足国家相关规范要求的。

四、屋面大悬臂设计

随着现代建筑的发展，高层建筑屋面大悬臂造型往往受到建筑师的青睐。本工程屋面大悬臂长度达 6m，若采用钢结构则成本高而且维护困难，因此，结构设计上采用钢筋混凝土形式。大悬臂构件除考虑自身结构受力和垂直地震作用外，更重要的是要考虑施工过程中对下层构件的支模荷载。本工程设计时先计算屋面外飘构件自重，并将自重荷载和施工荷载按图 4 中支撑点分摊荷载对下层构件进行承载力验算，根据构件受力状态对其配筋做加强处理。从悬挑屋面梁板布置及荷载计算结果可以看出，悬挑屋面梁板造型复杂、跨度大、重量大、高度高，尤其是悬挑梁板的重量对下层支撑体系的影响非常大，因此，必须合理确定屋面悬挑梁板的施工顺序，从而确定屋面悬挑梁板的主要关键受力构件。本工程施工支撑方案如图 4 所示，在二十二层设置水平悬挑钢梁，在二十、二十一层设斜撑钢梁做临时传力构件。施工时屋面悬挑构件分二次浇筑，即先浇筑主受力构件（梁），待主受力构件混凝土达到设计强度时再浇筑混凝土板，从而有效减少斜撑钢梁支承荷载。

五、结束语

1. CFG 桩加固复合地基的设计，应对桩长、桩距及桩径做不同组合的对比计算，才能得出最合理、经济、安全的布桩方案。

2. 高层建筑的结构设计，剪力墙作为抵抗地震力构件起着重要的作用，对类似这种从下至上整体刚度变化较大的结构，利用刚度突变层分隔墙位置设置柱墙转换从而提高结构整体刚度是行之有效的方法。

3. 钢筋混凝土屋面大悬臂结构在设计时，应充分考虑施工荷载对构件在施工过程中的附加作用，确保支模构件在施工过程中的安全。

本工程于 2008 年 7 月主体结构全部完成，各项工程指标均达到设计要求并获得北京市结构长城杯金杯奖，与已落成的图书馆（南楼）交辉相映，成为北京师范大学最重要的标志性建筑。

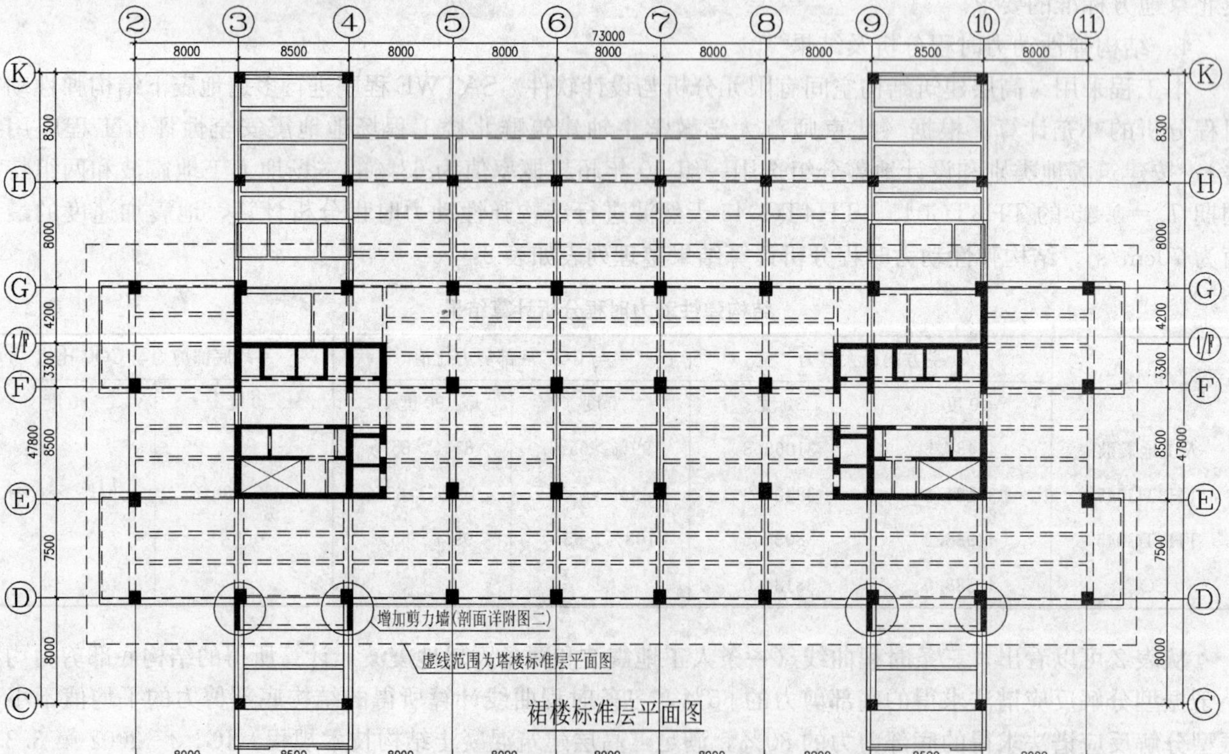

图 1　裙楼标准层平面图

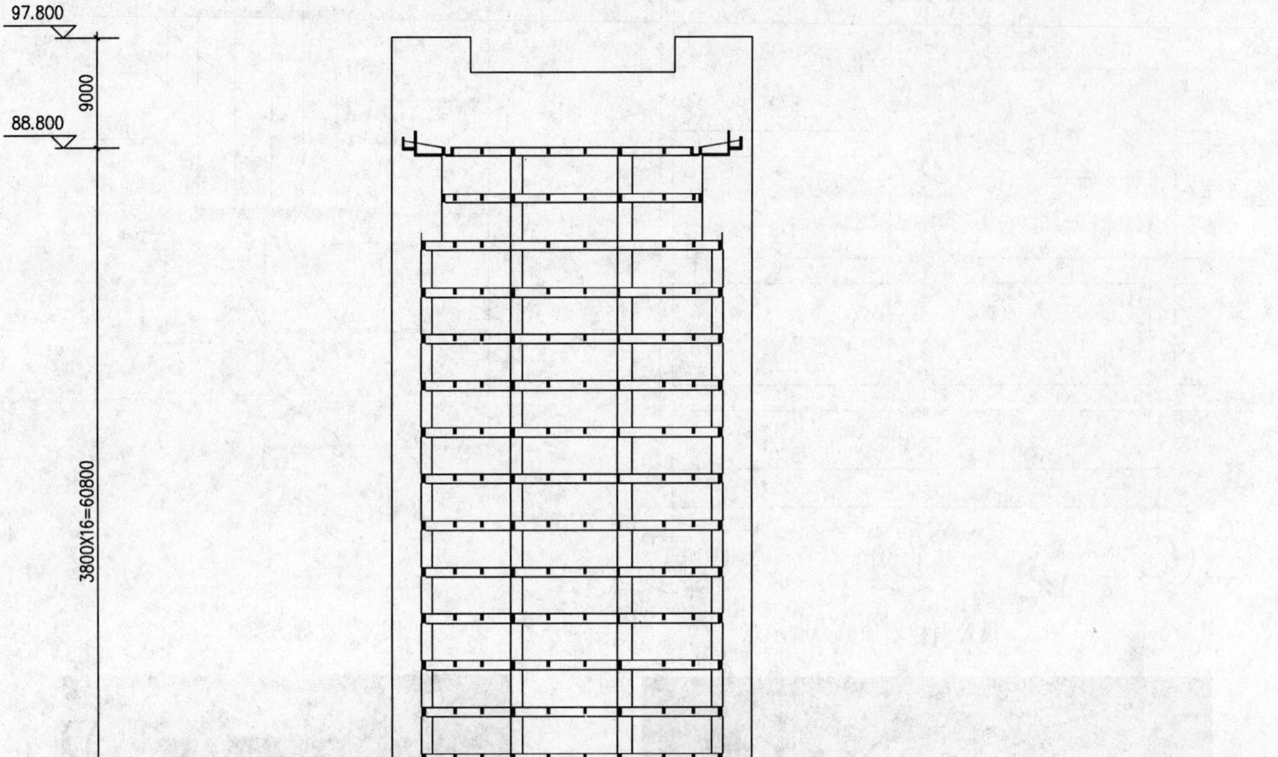
97.800
88.800
9000
3800X16=60800
28.000
4000X7=28000
±0.000
8600
-8.600
A
P

图 2　剖面图

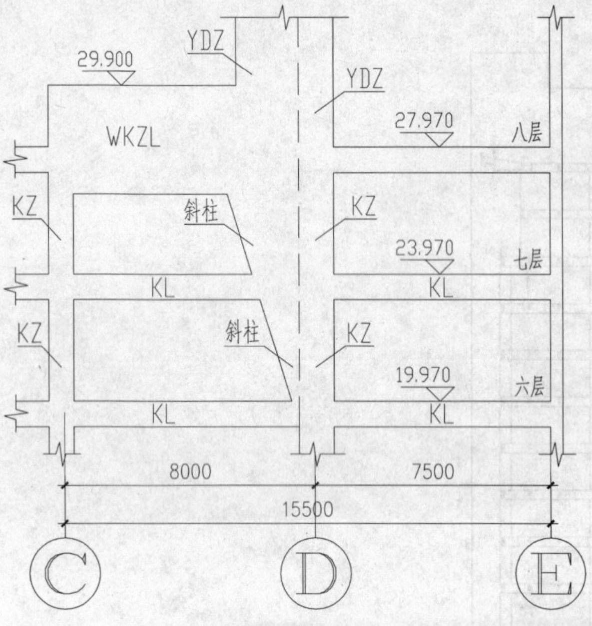

图 3　设置斜柱增加剪力墙示意

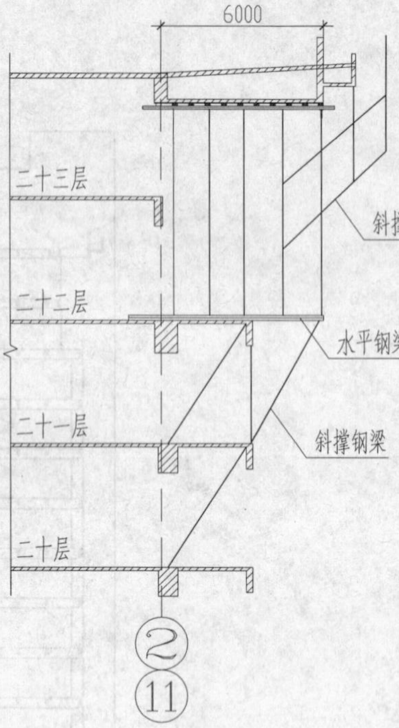

图 4　支撑方案

图 5　北京师范大学“教学主轴”建筑群（建筑实景图）

图 6　北京师范大学主教学楼北楼（建筑实景图）

图 7　北京师范大学主教学楼北楼（建筑实景图）

图 8　北京师范大学主教学楼北楼（建筑实景图）

图 9　北京师范大学主教学楼北楼（建筑实景图）

图 10　北京师范大学主教学楼北楼（首层入口大堂）

保利中辰大厦 3 号楼结构设计

建设地点 广东省佛山市顺德区

设计时间 2012

主要设计人 罗赤宇 邓汉荣 张守林 林景华 叶国认 曾志伟 李广斌

一、工程概况

保利中辰大厦项目位于佛山市顺德区容奇镇，总建筑面积为 121970m²。其中 3 号楼为酒店及公寓式酒店（图 1），地下室 3 层，主要为停车库及设备用房，其中地下二层及地下三层为核六级（局部五级）人防地下室。地面以上 34 层，其中一至五层为裙房，六至三十四层为塔楼，地面以上建筑物总高度为 158.5m（屋面构架顶），主屋面高度为 142.5m，结构形式为框架一剪力墙结构（图 2）。

本项目建筑结构安全等级为二级，结构设计使用年限为 50 年，工程建设场地类别为Ⅲ类，地震分组为第一组。本工程建筑结构防火等级为一级；地基基础设计等级为甲级。根据《建筑工程抗震设防分类标准》GB 50223—2008 相关规定，本项目的建筑抗震设防类别为标准设防类（丙类）；地震作用采用的抗震设防烈度为 7 度（0.10g），抗震措施采用的设防烈度为 7 度；框架剪力墙中墙柱及框架梁地面以上抗震等级均为一级。地下一层抗震等级为一级，地下二层为二级，地下三层为三级。

二、结构体系及基础设计

本项目塔楼高宽比为 6.7，为提高结构的抗侧刚度，设计根据建筑功能的特点，采用框架一剪力墙结构，利用楼、电梯间及设备用房，在平面中部及东侧设置了侧向刚度较大的筒体，并分别在平面左侧及北边设置剪力墙，减少筒体偏置的不利情况（图 3）。剪力墙墙体厚度沿高度从 600～250mm 渐变；剪力墙混凝土强度等级底部、中部、上部分别为 C55、C50、C45。框架柱分为混凝土柱和型钢混凝土柱两种。北边边跨和中间跨采用型钢混凝土柱，截面最大为 1300×1300，型钢截面最大为 2×800×500×50×50，型钢混凝土柱在 13 层变为混凝土柱（柱截面不变，型钢截面逐步减小）；南边为混凝土柱，截面最大为 1300×1300；框架柱混凝土强度等级底部、中部、上部分别为 C60、C55、C50。

根据结构体系特点、使用要求和施工条件，楼盖均为现浇钢筋混凝土梁板体系，整体性良好。地下室底板采用无梁大板结构，板厚度为 700mm，地下室楼板（首层除外）大梁大板结构，板厚取 250mm（局部 300mm），首层楼板裙楼及塔楼范围采用主次梁结构，地下室其他位置采用井字及十字梁楼盖，板厚均为 180mm；二层以上裙楼及塔楼采用主次梁结构。二层裙楼处 30m 跨度的宴会厅屋盖采用钢结构，三层屋面处游泳池支撑结构梁采用宽扁梁，泳池屋顶采用通透式轻钢结构，首层大厅主入口雨篷采用钢结构。本工程计算嵌固层确定为地下室顶板。

本工程建设场地软弱土层较厚（约为 10m），基岩埋藏较深，经过可行性及经济性分析，基础采用冲孔灌注桩，持力层为微风化泥质砂岩，其天然湿度单轴抗压强度标准值 $f_{rk}=24.79$MPa，冲孔灌注桩直径取 800～2800mm，单桩承载力由桩身强度控制，承载力特征值 Ra 为 5300～6100kN，有效桩长约为 10～36m；抗拔桩桩径为 1000mm、1200mm、1400mm，抗拔承载力 Ra 分别为 4300kN、5200kN、6000kN，桩身混凝土强度等级为 C35。

三、结构超限及抗震性能化设计

1. 结构超限情况及抗震性能目标

本工程采用框架一剪力墙结构，高度为 158.5m，超过了《高层建筑混凝土结构技术规程》B 级高度

140m的限值，由于建筑功能的要求，塔楼与多层裙楼连成整体，造成塔楼偏置，同时存在扭转不规则、楼板不连续、侧向刚度不规则等情况，属超B级高度的超限高层建筑。

本工程总体按性能目标C的要求设计，即在多遇地震（小震）下满足第1抗震性能水准的要求；在设防地震（中震）满足第3抗震性能水准的要求；在罕遇地震（大震）下满足第4抗震性能水准的要求。整体各抗震性能目标在各地震水准条件下的抗震性能水准要求如表1。

结构构件承载力设计要求 **表1**

		多遇地震	设防烈度地震	罕遇地震
关键构件	剪力墙底部加强区	弹性	轻微损坏 （抗剪弹性、抗弯不屈服）	轻度损坏 （抗剪不屈服）
	首层框架柱	弹性	轻微损坏 （抗剪弹性、抗弯弹性）	轻度损坏 （抗剪不屈服）
普通竖向构件	框架柱	弹性	轻微损坏 （抗剪弹性、抗弯不屈服）	部分构件中度损坏 （满足最小抗剪截面）
	非加强区剪力墙			
耗能构件	框架梁	弹性	轻度损坏，部分中度损坏 （抗剪不屈服）	中度损坏、部分比较严重损坏 （满足最小抗剪截面）
	剪力墙连梁			

2. 计算软件及计算参数

本工程采用中国建筑科学研究院编制的PKPM系列软件的SATWE模块（2011版）为主要计算程序，进行小震弹性、中震不屈服、中震弹性及大震不屈服的计算，采用深圳市广厦科技有限公司编制的GSSAP（16.0版），进行整体计算的校核与对比，并用GSSAP进行裙楼超长楼板在地震和温度应力下的计算分析；采用PKPM系列软件的PUSH&EPDA模块对结构做罕遇地震作用下的静力弹塑性分析（PUSHOVER）。

根据安评报告及规范相关规定，本工程地震输入按表2取值：

地震计算参数 **表2**

	α_{max}	T_g	取值依据	计算内容
多遇地震取值	0.086	0.60	安评报告值	小震弹性
设防地震取值	0.23	0.45	规范值	中震弹性和中震不屈服
罕遇地震取值	0.50	0.50	规范值	大震不屈服和PUSHOVER

根据《高层建筑混凝土结构技术规程》的规定，本工程结构承载力计算时按佛山市顺德区重现期为50年的基本风压0.66kN/m² 考虑，结构位移验算时按重现期为50年的基本风压0.6kN/m² 考虑，结构风振舒适度计算时基本风压取0.46kN/m²（重现期为10年），建筑物地面粗糙度类别为B类，建筑体型系数为1.34。

3. 小震计算结果

通过采用SATWE、GSSAP软件进行整体计算，分析时采用考虑双向地震作用并考虑偶然偏心的影响。主要计算结果见表3：

小震计算主要结果 **表3**

计算软件	SATWE	GSSAP
第1、2平动周期	4.289（X）	4.007（X）
	3.346（Y）	3.258（Y）
第一扭转周期	2.699	2.636

续表

计 算 软 件		SATWE	GSSAP
第一扭转周期 / 第一平动周期		62.93%	65.80%
地震下基底剪力（kN）	X	28013	27612
	Y	31346	32391
50年一遇风荷载下最大层间位移角（层号）	X	1/1959（14）	1/2123（14）
	Y	1/964（25）	1/1173（24）
反应谱地震作用下最大层间位移角（层号）	X	1/786（15）	1/940（13）
	Y	1/1068（32）	1/1112（32）
给定水平力并考虑偶然偏心最大位移比（层号）	X	1.18（6）	1.05（5）
	Y	1.38（6）	1.29（9）
剪重比	X	1.71%	1.83%
	Y	2.24%	2.42%
刚重比	X	1.84	1.80
	Y	3.02	2.30
地面以上结构总质量（kN）		1132821	1032051
地面以上单位面积重度（kN/m^2）		15.71	16.70

4. 结构的弹性时程分析

本工程采用弹性时程分析程序对建筑物在多遇地震作用进行补充验算。输入地震波为两组实际地震记录（SATWE软件选波），并在由《佛山市顺德区保利中辰大厦项目工程场地地震安全性评价报告》提供的地震波中选取一条场地合成人工波USER1输入SATWE进行弹性动力时程分析，计算结果如图4。

从图4中可以看出，时程分析结果满足平均底部剪力不小于振型分解反应谱法结果的80%，每条地震波底部剪力不小于反应谱法结果的65%的条件。弹性时程分析的三组加速度时程的各楼层剪力和层间位移角的结果小于或接近于规范反应谱结果，反应谱分析结果在弹性阶段对结构起控制作用。对这些楼层施工图设计时，将振型分解法的地震作用适当放大，使其能基本包络时程分析结果。

5. 中震、大震计算结果分析

1）中震分析

根据抗震性能目标的要求，中震计算主要进行了中震弹性、中震不屈服验算。

根据中震计算计算结果得出以下结论：

（1）中震不屈服，底部加强区剪力墙和框架柱在中震不屈服计算下配筋有所增大，但未出现抗弯和抗剪屈服情况，满足设防地震下承载力要求。个别框架梁和连梁抗弯出现屈服，但抗剪不屈服，基本满足性能目标的要求。

（2）中震弹性，塔楼首层剪力墙和框架柱在中震弹性验算下配筋增大较多，部分剪力墙边缘构件配筋率达5%～6%，设计中按照5%的配筋率设置首层剪力墙的边缘构件和适当增加外框架柱配筋，首层剪力墙和框架柱基本满足中震弹性的抗震承载力要求。

（3）大震不屈服，部分与剪力墙端部连接的框架柱出现抗弯屈服，抗剪不屈服。大部分剪力墙边缘构件已出现抗弯屈服，但抗剪不屈服，剪力墙水平分布筋有所增大，最大水平分布筋配筋率达0.91%。设计中首层及其上两层的剪力墙水平分布筋配筋率将按大震不屈服的计算结果配置，竖向分布筋按0.6%设置，保证其具有足够的抗剪承载力。

2）静力弹塑性分析

按规范要求的“大震不倒”的抗震设防目标，结合抗震性能目标，本工程采用PUSH&EPDA程序对建筑物在罕遇地震作用下进行静力弹塑性推覆分析（图5），主要计算结果见表4。

静力弹塑性简要结果 表4

推覆方向	0°	90°
顶点位移（mm）	965.0	538.2
最大层间位移角（层号）	1/112	1/238
基底剪力（kN）	134444	157745

计算结果表明，在罕遇地震作用下，性能点处各层弹性位移角最大值均小于1/100，符合《高层建筑混凝土结构技术规程》第4.6.5条的规定，建筑物可实现“大震不倒”的抗震设防目标。结构在加载开始时，底部及中上部连梁开始出现塑性铰，随着加载步数的不断增加，连梁塑性继续发展，底部及上部墙体逐渐出现受拉损伤，而框架梁柱塑性铰发展较慢。性能点处时，底部和顶部有不少沿推覆方的剪力在受拉一侧出现损伤，与其相交的同推覆方向的墙也同时出现一些损伤，但未有连续发展的情况出现，暗柱钢筋并无发生屈服，剪力墙基本满足性能C要求；只有少数框架柱现塑性铰，框架柱满足性能C要求；部分框架梁在端部出现塑性铰，多数连梁已出现塑性铰，框架梁和连梁基本满足性能C要求。

6. 超限处理主要措施

1）本工程中框架柱和剪力墙是主要的抗侧力构件，所以应该提高关键部位墙肢的延性，使抗侧刚度和结构延性更好地匹配，达到有效地协同抗震。（1）剪力墙墙肢轴压比控制按《高层建筑混凝土结构技术规程》JGJ 3—2010要求不大于0.5。（2）按《高层建筑混凝土结构技术规程》JGJ 3—2010要求抗震等级为1级的框架柱轴压比不大于0.75，型钢混凝土柱不大于0.70。（3）底部加强区剪力墙抗震等级为一级，墙身水平分布筋配筋底部加强部位按大震不屈服计算结果配筋，最大配筋率大0.93%，竖向分布筋按0.6%的配筋率设置；约束边缘构件竖筋最小配筋率为1.2%，体积配箍率不小于1.8%，个别边缘构件配筋率提高到5%。（4）针对首层高度较大的剪力墙，增加核心筒外围剪力墙厚度到600mm及在两个核心筒两个角部位置处增加型钢暗柱，以增强其整体抗震性能，底部加强区剪力墙基本满足中震不屈服、中震弹性和大震抗剪不屈服的要求。

2）对本工程中的跨层柱按中震不屈服的计算结果来配筋。

3）对裙楼及塔楼X方向超长楼盖采用拉通钢筋并设置后浇带的方式进行加强，并按弹性板进行地震和温度应力的计算。

4）加强三层楼板开大洞处连接楼板的梁板配筋率，连接板的厚度为200mm，双层双向拉通钢筋。

5）根据计算结果，针对本工程X方向高宽比较大，结构偏柔的情况，通过加大该方向框架柱及框架梁来增大侧向刚度

四、关键构件的优化设计

1. 地下室底板优化设计

方案设计阶段对地下室底板结构形式进行了对比分析，采用跨中加抗拔桩和大板结构（柱下局部加厚）两种形式进行对比。计算结果显示，从纯造价角度考虑采用跨中加抗拔桩的形式略为经济（约经济5%），但考虑到施工及检测等综合造价，最终采用大板结构，利用柱下桩进行抗拔，并对底板厚度取800mm、700mm、600mm进行了经济性分析，计算结果显示三种板厚的造价基本相同，经综合论证考虑后，地下室底板厚度取700mm（图6）。主要指标对比结果如表5。

底板不同厚度经济性对比表 表5

底板厚度(mm)	混凝土体积(m^3)	混凝土造价(元)	钢筋用量(kg)	钢筋总造价(元)	总造价(元)	每平方米造价(元)
600	57.3	27160	9485	64704	91864	1081
700	64.9	30763	9245	63071	93833	1104
800	72.5	34365	8661	59084	93449	1099

2. 钢骨混凝土柱设计

设计中分别对钢筋混凝土柱、钢管混凝土柱、钢骨混凝土柱三种框架柱类型进行了计算分析对比，钢筋混凝土柱截面太大，最大为1600×1600（按C80计算），影响了建筑的使用功能。钢管混凝土柱和钢骨混凝土柱各向性能接近，由于钢管混凝土柱截面为圆形，建筑装修后截面较大，对建筑方案（建筑方案中柱截面为方柱）影响较大，而钢骨混凝土柱相对而言较适合在本工程中使用，且钢骨柱到一定的高度后可以转为钢筋混凝土柱，地面以上框架柱截面主要为1200mm×1200mm，型钢截面50×50×700×350（×2）；局部框架柱为1300mm×1300mm，型钢截面50×50×800×500（×2），综合考虑多种因素后，框架柱最终确定选用钢骨混凝土柱方案。

钢骨柱混凝土的施工较困难，为了更好地排放框架柱箍筋及梁纵筋，减少施工难度，设计对型钢混凝土柱型钢的保护层厚度取不小于250mm。箍筋放在型钢的外围，同时为减少穿板或套筒钢筋的数量，型钢的翼缘宽度取腹板高度的1/3～1/2，型钢混凝土与混凝土框架梁的节点大样如图7。

根据抗震性能目标要求，首层剪力墙需满足中震弹性的性能要求，设计在核心筒剪力墙周边转角处在底部加强区范围采用了型钢暗柱，为了使剪力墙钢筋排布及框架梁钢筋锚固方便，将型钢柱分解为若干小型钢，具体如图8。

3. 宴会厅屋面钢箱梁设计

本工程裙楼二层，有二层高的宴会厅，*X*向跨度30m，共1跨，*Y*向跨度8.5m，共5跨，屋面为种植花园，覆土厚度500mm。经过对比分析，屋面采用钢结构。主梁GL1为钢箱梁，布置间距为4.25m，截面高度为1200～1880mm，宽度为800mm，上下翼缘厚度22mm，腹板厚度为20mm。次梁GL2为H型钢，间距2.5m，截面为HN350×175。钢梁屋面板采用压型钢板楼承板现浇钢筋混凝土板，压型钢板采用YX－75－200－600（Ⅱ）－1.2（Q235），楼承板面铺80mm厚（压型钢板波峰处），面筋双向⊈8@200，底筋为每肋1⊈10。箱梁大样如图9。

4. 屋面构架钢结构设计

屋面构架*X*方向净跨度为63m，*Y*方向23.2m，由两端的短边支座形成单向支承。通过分析比较，屋面构架结构形式可采用钢网架或钢桁架。因构架顶有擦窗机，根据建筑立面需要，*X*方向中间需要凹下去做擦窗机轨道，故选用两榀四管空间桁架。

桁架的上下弦杆及腹杆的截面形式，初步设计阶段选择了圆钢管、工字形型钢进行了综合对比，工字形型钢具有拼接及节点连接相对容易的优点，综合经济性较好，故施工设计选择了工字形型钢。

由于该构架跨度较大，桁架三边挂石材，顶面用铝板屋面，两榀桁架之间有擦窗机，自身荷载及温度应力引起的水平力较大，且只有在*X*方向有支撑，故对支座要求较高，ZZ1、ZZ2的技术参数要求如表6：

钢构架支座的性能参数　　表6

支座编号	类型		尺寸		承载力设计值		
	支座类型	受力类型	支座高度*H*	支座最大平面尺寸	受压承载力	受拉承载力	受剪承载力
ZZ1	单向（*X*向）滑动式钢支座	压、拉、剪	350	800x800	1000	1000	300（*Y*向）
ZZ2	固定式钢支座	压、剪	350	800x800	2000	—	1600（*X*向、*Y*向）

屋面钢构架部分用PMSAP的SpasCAD建模，在PMSAP中进行整体计算，考虑温度荷载。同时用3D3S软件进行单榀桁架的计算分析，取两种计算结果的包络值进行设计（图10）。

图 1　建筑效果图

图 2　结构三维图

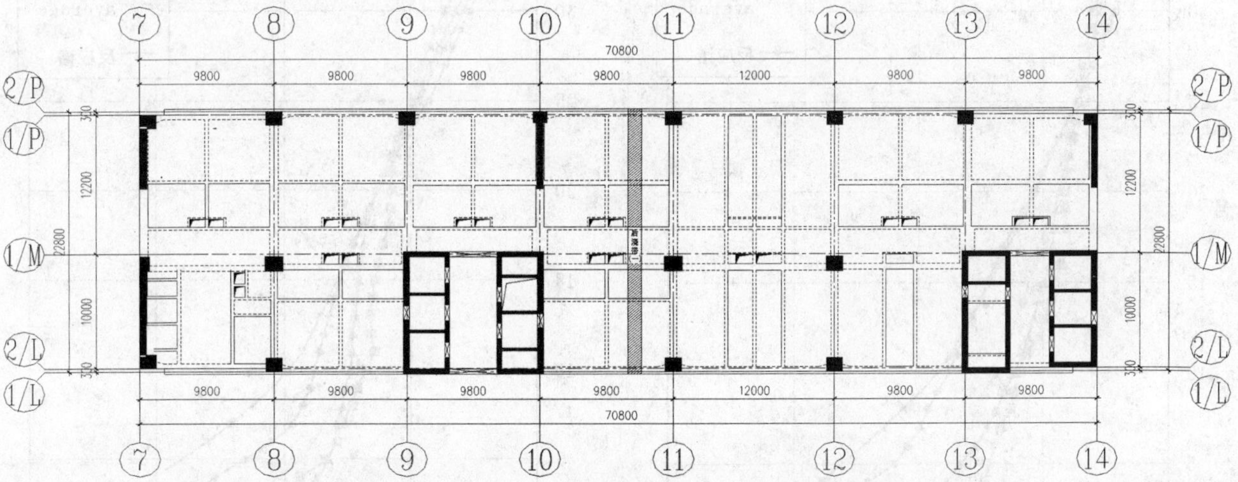

图 3　标准层结构布置图

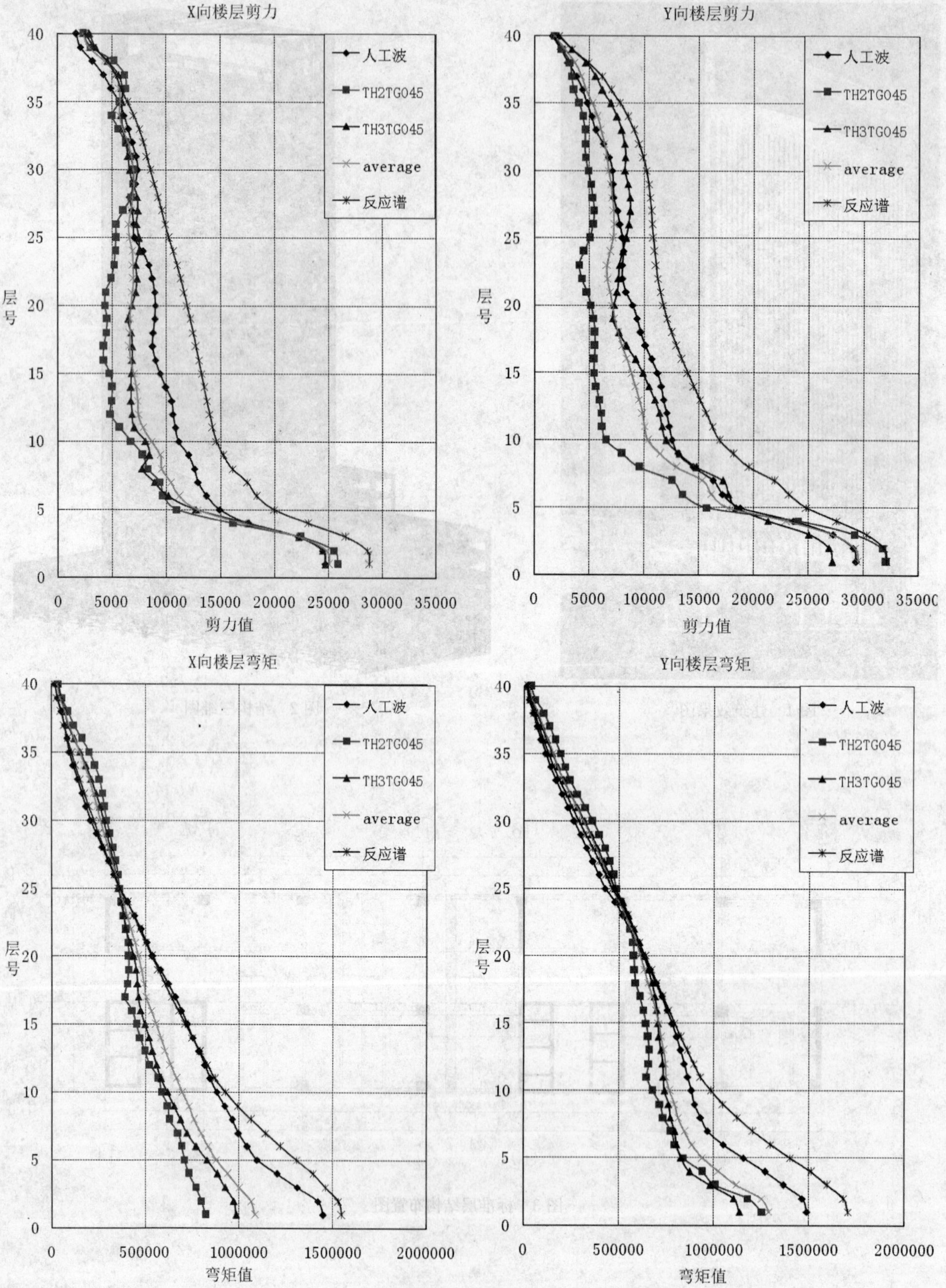

图4　弹性时程分析结果（一）

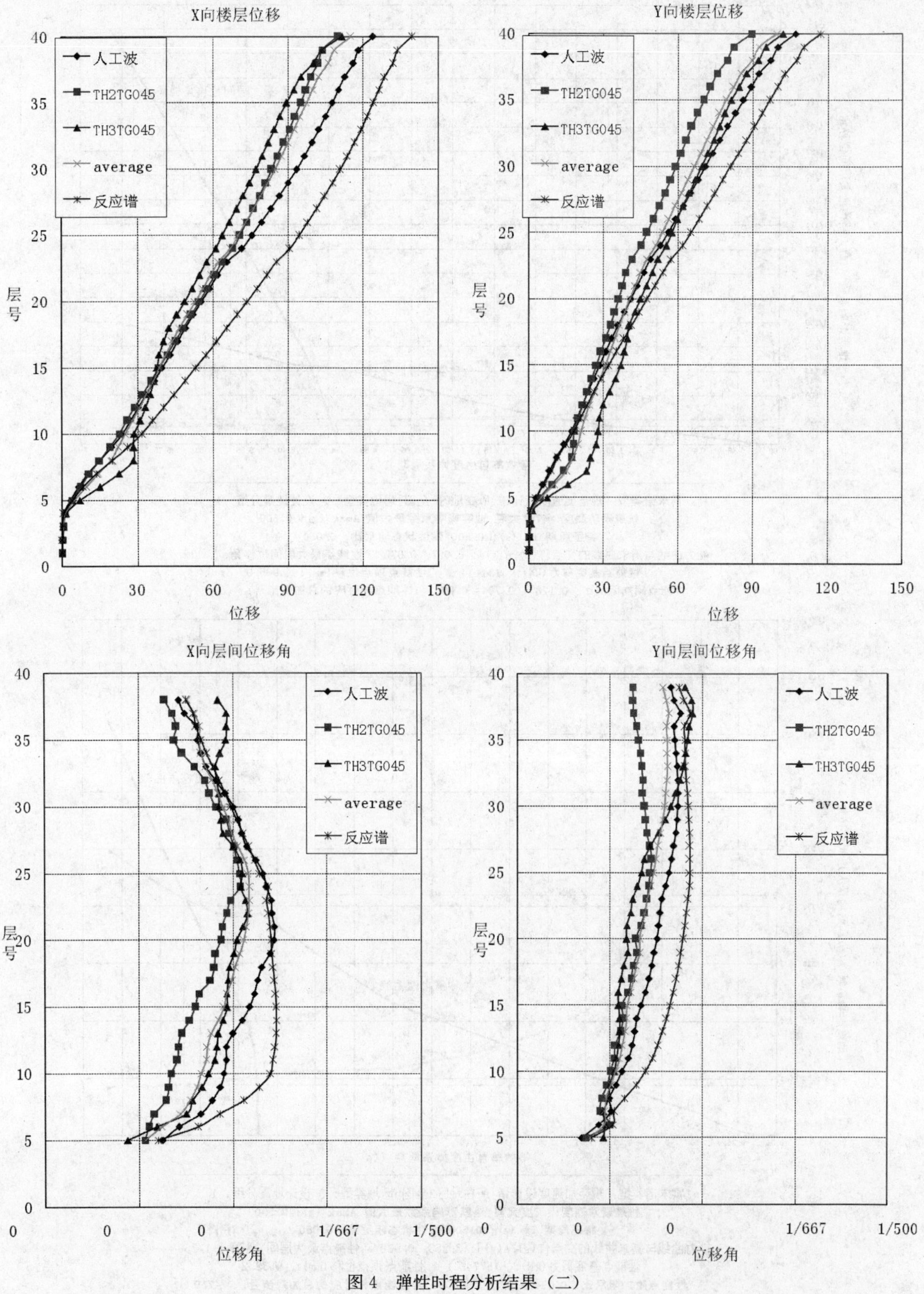

图 4 弹性时程分析结果（二）

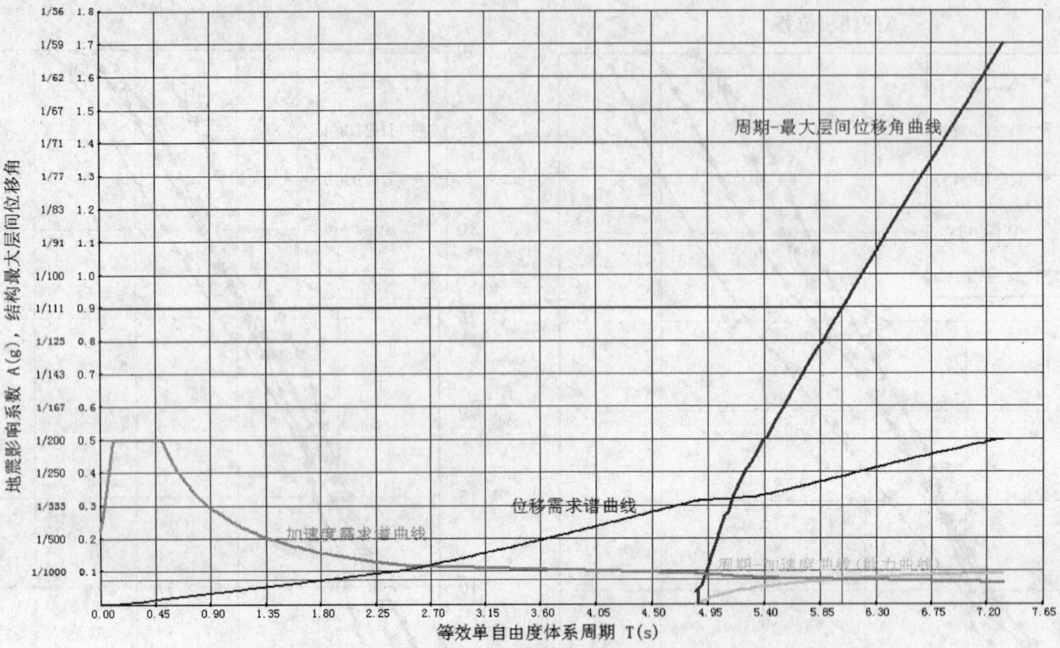

需求谱类型：规范加速度设计谱;所在地区:全国;场地类型：3 设计地震分组：1

抗震设防烈度： 7度大震;地震影响系数最大值 Amax (g)：0.500

特征周期 Tg (s)：0.500 弹性状态阻尼比：0.050

能力曲线与需求曲线的交点[T(s),A(g)]：6.027, 0.075 性能点最大层间位移角：1/112

性能点基底剪力(kN)： 134444.1 性能点顶点位移(mm)： 965.0

性能点附加阻尼比：0.128 * 0.70 = 0.090 与性能点相对应的总加载步号： 58.7

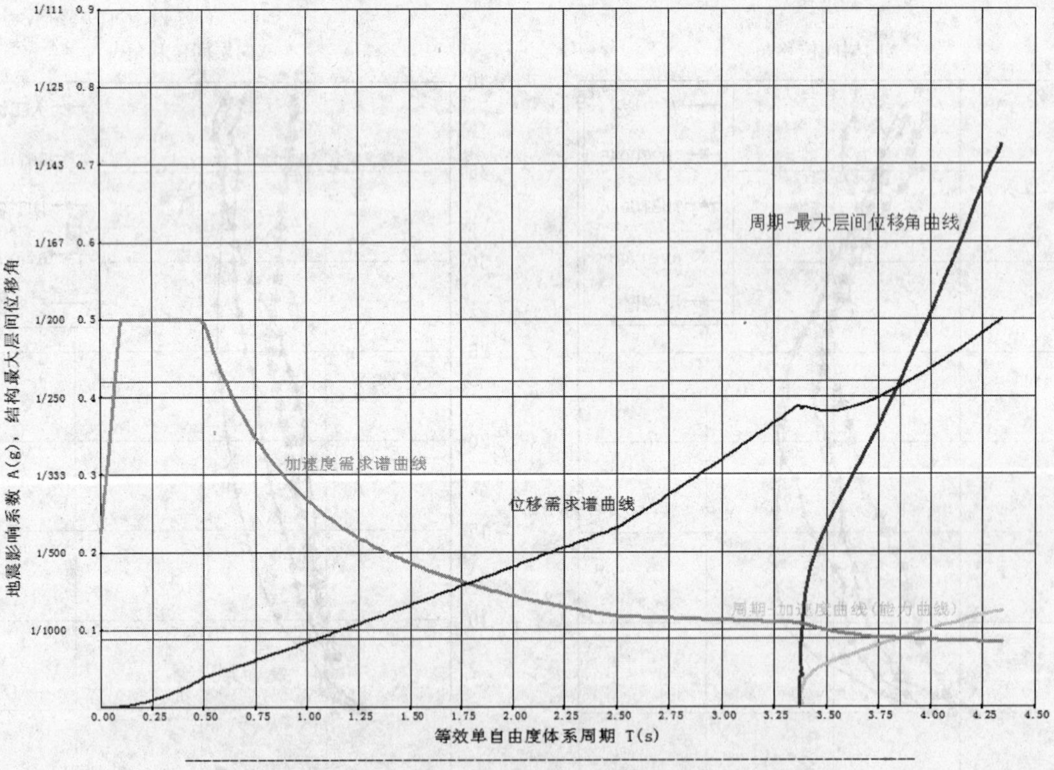

需求谱类型：规范加速度设计谱;所在地区:全国;场地类型：3 设计地震分组：1

抗震设防烈度： 7度大震;地震影响系数最大值 Amax (g)：0.500

特征周期 Tg (s)：0.500 弹性状态阻尼比：0.050

能力曲线与需求曲线的交点[T(s),A(g)]：3.853, 0.088 性能点最大层间位移角：1/238

性能点基底剪力(kN)： 157745.1 性能点顶点位移(mm)： 538.2

性能点附加阻尼比：0.094 * 0.70 = 0.066 与性能点相对应的总加载步号： 47.9

图 5 静力弹塑性分析性能点曲线图

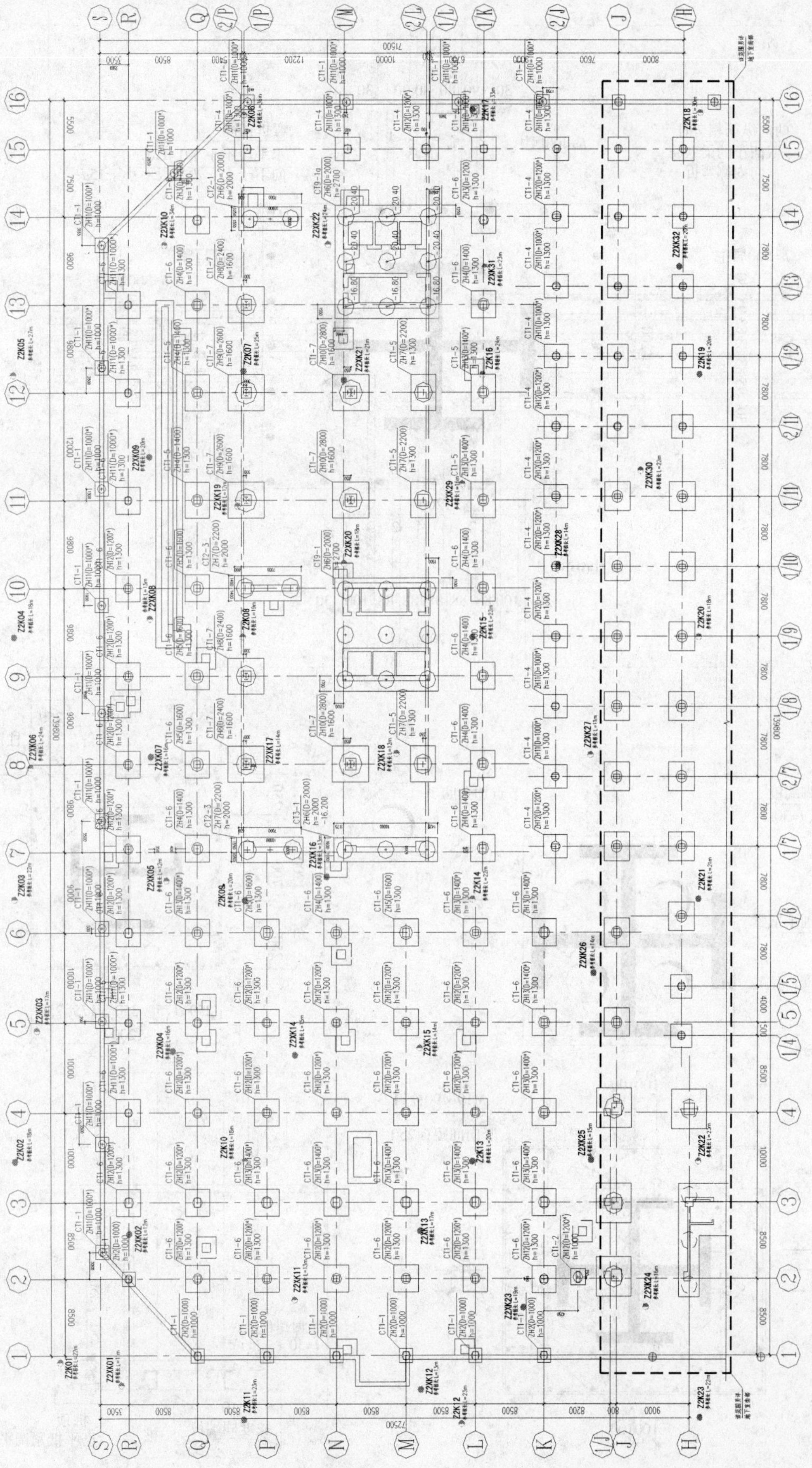

图6 基础平面布置图

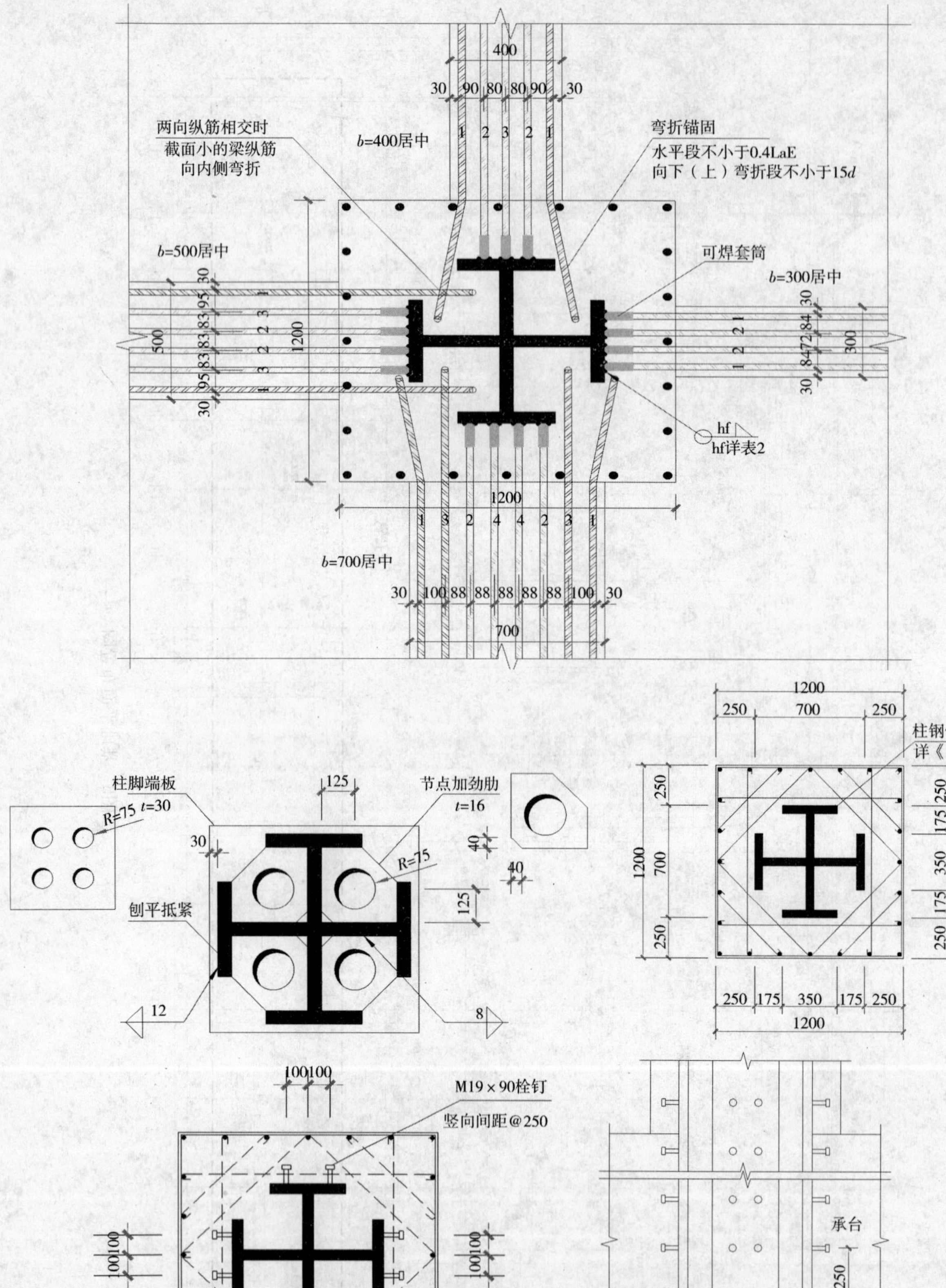

图 7　钢骨柱与混凝土梁节点典型大样及钢骨柱配筋示意图

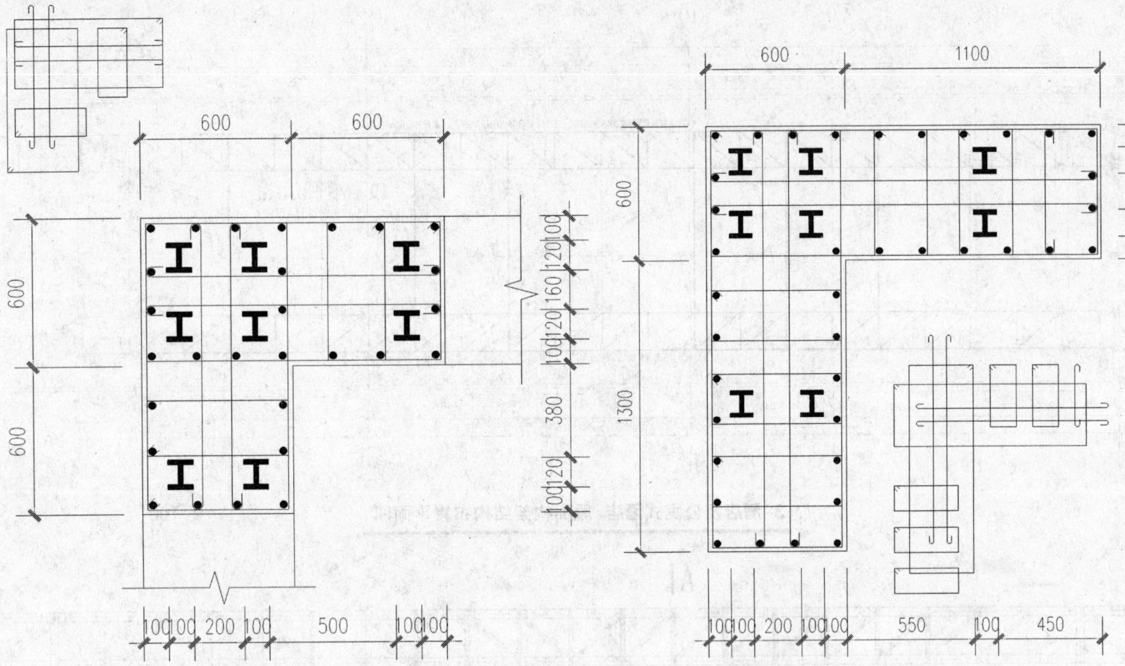

图 8　剪力墙型钢暗柱分解大样

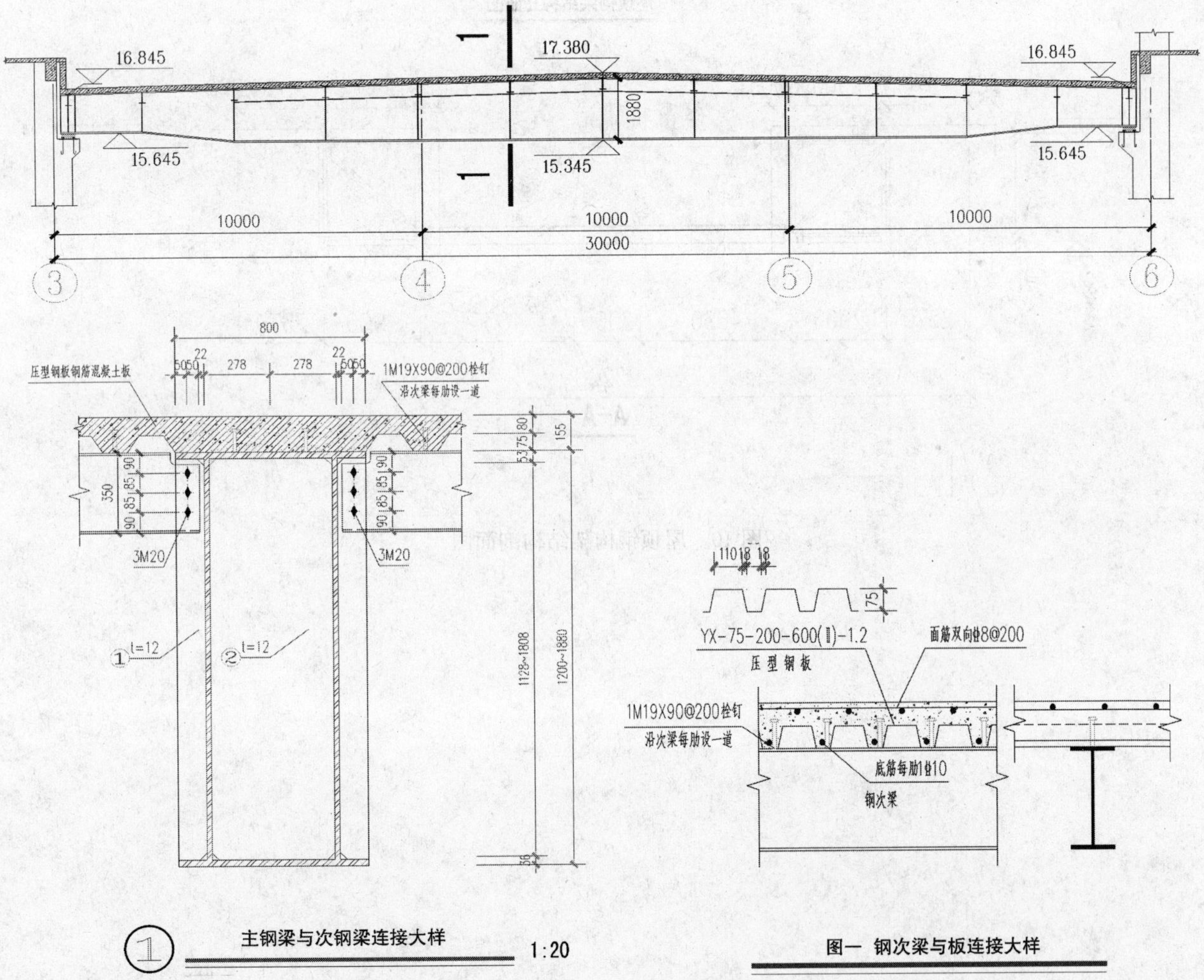

图 9 宴会厅钢箱梁剖面图

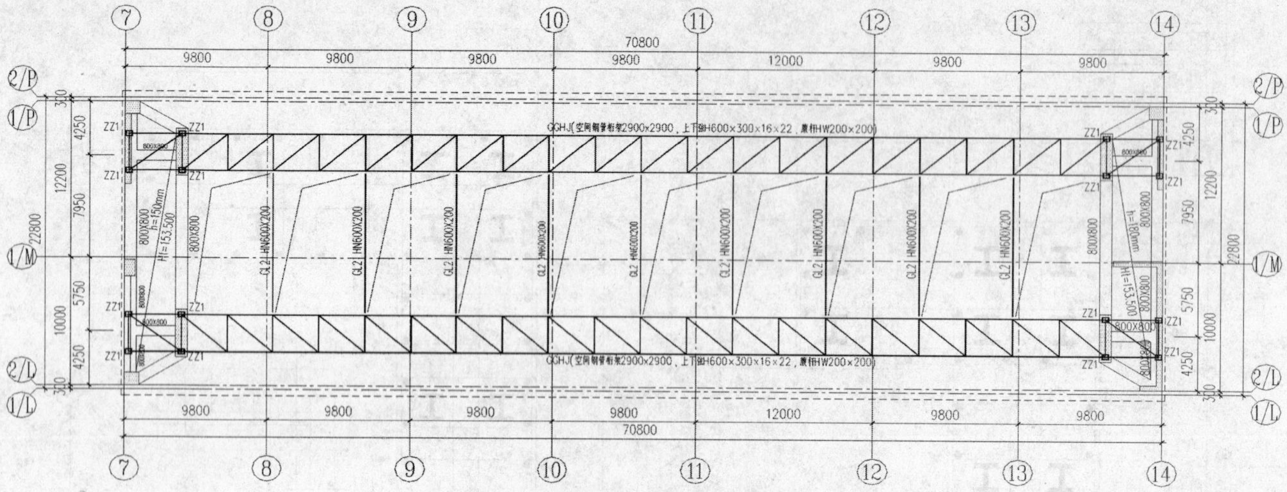

3-酒店及公寓式酒店 屋面构架结构布置平面图 1:100

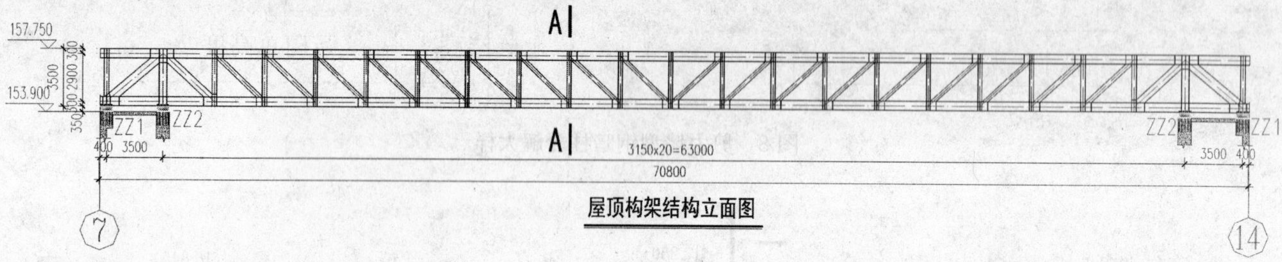

屋顶构架结构立面图

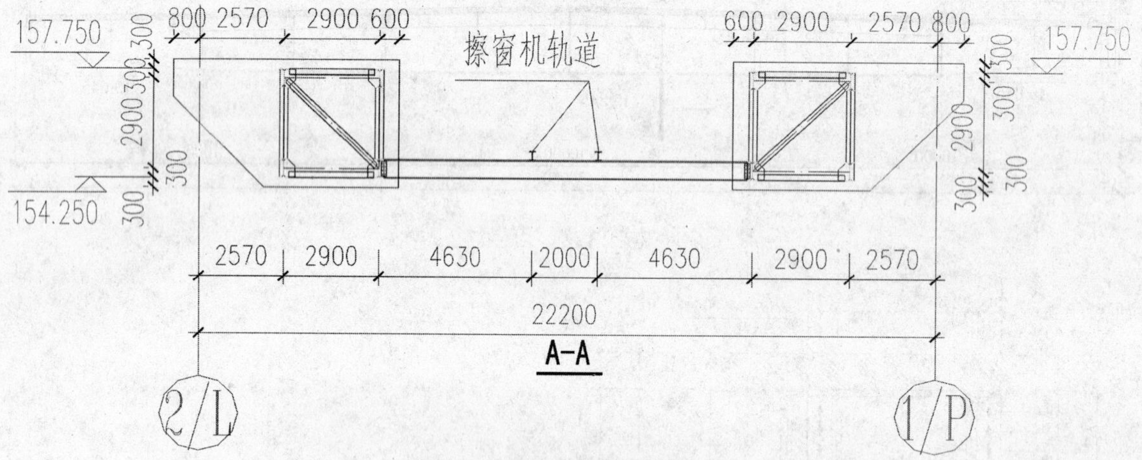

图 10 屋顶钢构架结构剖面图

广州市国家档案馆新馆（一期）工程消能支撑框架结构设计

建 设 地 点　广州市
设 计 时 间　2007～2009
主要设计人　杨新生　董朝专

一、工程概况

广州市国家档案馆新馆（一期）工程位于广州市大学城中心区西侧，建筑面积 2.88 万 m^2，地上 7 层，地下 1 层，首层层高 5.0m，二、三层层高 4.5m，四至七层层高 3.8m，结构总高度 29.2m。建筑平面呈矩形，结构平面尺寸为 130m×40m。图 1 为档案馆实景图。

按甲级档案馆设计，设计使用年限为 50 年。建筑抗震设防类别为重点设防类。抗震设防烈度为 7 度，设计基本地震加速度值为 0.10g，抗震措施按 8 度。除板柱的框架柱抗震等级为一级外，其余构件为二级。抗震 50 年重现期的基本风压为 0.5kN/m^2。

建筑平面分为三个功能区。①～⑥轴，首层至三层为展览区、四至七层为办公阅览区；⑦～⑭轴，首层为门厅、二层为展厅（由于层高限制，采用板柱结构）、三层为学术报告厅、四层中空、五层为空中花园、六层中空、七层为露台；⑭～⑲轴，首层为办公区、二层以上为档案库及其配套用房。⑥～⑦轴及⑭～⑮轴为南北连廊。该建筑结构存在扭转不规则、楼板局部不连续等体型不规则类型以及复杂连体结构形式。

二、抗震设防性能目标

由于本工程结构复杂，加之建筑功能的重要性，特别是档案库房的重要性，经过工程参建各方的认真研讨，以及工程超限审查专家的意见，制定如下的抗震性能目标：（1）主体结构及其结构构件，中小震弹性、大震不屈服；（2）档案馆藏物品中小震弹性、大震基本完好。

1. 主体结构及其构件抗震性能目标

本工程抗震设计依据文献［1］，由于当时抗震规范尚未提供抗震性能水准，因此抗震性能设计主要参考美国规范 FEMA356 及文献 2 设计。主体结构及其构件抗震性能目标如表 1。

主体结构及构件抗震性能目标　　**表 1**

构件及结构	小　震	中　震	大　震
框架柱	弹性	弹性	不屈服
框架梁	弹性	弹性	不屈服
支撑	弹性	弹性	弹性
层间位移角	1/1000	1/500	1/300

2. 档案馆藏非结构构件目标加速度

档案馆藏物品主要是指档案柜，其抗震性能目标就是要求在大震作用下不损坏。控制方法就是控制大震下的加速度，使其不致倾覆。档案柜在地震作用下可视为刚体，往复运动加速度可根据韦斯特公式[3]计算：

$$a = g \cdot b/h$$

式中 a——为使刚体倾覆的最小加速度；

b、h——分别为刚体的宽度和高度；

g——为重力加速度。

根据档案柜的实际尺寸（图 2）计算可得 $a \leqslant 0.25g \approx 2.5m/s^2$。

三、结构方案比选

根据建筑高度，并考虑到本建筑结构的复杂性，框架结构显然不能满足本工程设计要求。因此考虑在框架一剪力墙和支撑框架结构体系中择一。先设计一个框架－剪力墙结构，该结构满足建筑功能，且主体结构及其构件的性能目标满足表 1 的要求。试算发现，虽然可以通过加厚、加长剪力墙，增加结构刚度和强度来满足抗震性能目标，但增加结构刚度和强度却不能有效降低楼层加速度反应，因此不能满足档案馆藏非结构构件目标加速度的性能要求；因此最终选择消能支撑与普通支撑组合的支撑框架结构体系。

消能支撑框架的结构布置如图 5。图中 ZC1 为普通单斜杆钢支撑，系综合考虑建筑与结构专业的需要而设置；XNC1、XNC2 分别为人字形和单斜杆形消能支撑，消能支撑大样如图 3、图 4 所示，图 5 为二层结构平面图，图中可见支撑平面位置。NC1 用于一至三层，每层设置 8 个，共 24 个；XNC2 用于 4 层，共设置 8 个；五至七层不设置普通支撑和消能支撑。

两种结构体系在大震作用下的楼层加速度对比如图 6 所示，图中楼层号为结构计算时的标准层号，六至七层与馆藏档案库所在建筑自然层三至四层对应，由图可见，消能支撑框架在该楼层的加速度均小于 $2.5m/s^2$，满足设防消能目标的要求，而框架一剪力墙结构则不能满足要求。

四、消能支撑框架的结构分析

根据文献［1］第 12.3.3 条和第 12.3.4 条，当消能减震结构基本处理弹性工作阶段时，可采用等效线性分析方法对结构进行近似分析。消能减震结构的总刚度或总阻尼比为结构的刚度或阻尼比与消能部件附加给结构的有效刚度或阻尼比的和。当采用 SATWE 软件分析时，主要采用该方法；同时采用 ETABS NonlinearC V9.1.2 软件分析计算，可较精确输入所采用的速度相关型非线性阻尼器的力学模型，可获得较精确的计算结果。

1. 速度相关型非线性阻尼器的力学模型

采用刚度与阻尼串联的 MAXWELL 模型（图 7）模拟非线性阻尼器，其力和位移关系为：

$f_D = C_d \mathrm{sgn}(\dot{x})\,|\dot{x}|^{\alpha}$，式中 C_d为阻尼系数，α 为速度指数，$\mathrm{sgn}(\dot{x})$ 为符号函数。本工程非线性阻尼器参数如表 2。

阻尼器参数 **表 2**

阻尼系数 C_d［kN/（m/s）］	1250
阻尼指数 α	0.2
最大阻尼力 F（kN）	800
最大行程（mm）	±50

2. 消能阻尼器附加给结构的有效阻尼比 ζ_a

选取 5 条符合文献［1］要求的地震波，且每条地震波均考虑双向地震作用，采用 ETABS 软件对结构进行弹性动力时程分析，统计出各条地震波作用下的能量值 W_c、W_s，根据文献［1］提供的公式 12.3.4－1 计算 $\zeta_a = W_c/(4\pi W_s)$，式中 W_c为所有消能部件在结构预期位移下往复一周所消耗的能量，W_s为设置消能部件的结构在预期位移下的总应变能。表 3 和表 4 分别为该工程在多遇地震和设防烈度地震作用的 ζ_a计算结果。在多遇地震作用下，ζ_a平均值为 0.0728，总阻尼比 $\zeta = 0.05 + 0.0728 = 0.1228$；在设防烈度地震作用下，$\zeta_a$平均值为 0.069，总阻尼比 $\zeta = 0.05 + 0.069 = 0.1190$。

3. 消能阻尼器附加给结构的有效刚度

速度非线性相关型消能器的有效刚度可取消能器的恢复力滞回环在极限相对水平位移时的割线刚度，根据该定义，黏滞阻尼器有效刚度的值可近似等于阻尼器在工作状态下的最大阻尼力除以其最大阻尼器轴向变形。因此，通过 ETABS 计算统计出各阻尼器在各地震波工况下的最大轴向变形及最大阻尼力，求出各阻尼器各工况下的有效刚度，取统计分析的平均值作为其有效刚度。

4. 主要分析结果

采用振型分解反应谱法和弹性动力时程分析两种分析方法，为减少篇幅，只介绍与抗震消能目标有关的计算结果，其他结构参数均满足规范的要求。表 5 为层间位移角的计算结果，罕遇地震作用下的层间位移角满足设定的 1/300 性能目标。

5. 阻尼器参数验算

根据罕遇地震作用下的 ETABS 软件的计算结果，统计各阻尼器的最大出力小于 800kN，最大轴向变形小于 50mm，如图 8、图 9 所示。因此阻尼器参数选择是合适的。

多遇地震作用下的 ζ_a **表 3**

地震波名称		W_c（kN·m）	W_s（kN·m）	W_c/W_s	ζ_a
人工波 1	X 向	134.06	146.41	0.916	0.073
	Y 向	136.31	149.20	0.914	0.073
人工波 2	X 向	182.88	199.34	0.917	0.073
	Y 向	181.68	197.68	0.919	0.073
EL CENTRO	X 向	251.78	274.33	0.918	0.073
	Y 向	258.42	281.98	0.916	0.073
Loma Prieta	X 向	159.63	175.16	0.911	0.073
	Y 向	159.15	175.34	0.908	0.072
Taft	X 向	287.93	316.22	0.911	0.072
	Y 向	288.91	316.20	0.914	0.073

设防烈度地震作用下的 ζ_a **表 4**

地震波名称		W_c（kN·m）	W_s（kN·m）	W_c/W_s	ζ_a
人工波 1	X 向	125.37	140.56	0.892	0.071
	Y 向	127.47	142.81	0.893	0.071
人工波 2	X 向	160.86	181.84	0.885	0.070
	Y 向	165.34	185.8	0.890	0.071
EL CENTRO	X 向	231.88	269.98	0.859	0.068
	Y 向	243.18	287.79	0.845	0.067
Loma Prieta	X 向	149.38	174.63	0.855	0.068
	Y 向	149.34	176.56	0.846	0.067
Taft	X 向	244.94	285.39	0.858	0.068
	Y 向	253.69	296.74	0.855	0.068

消能支撑框架结构层间位移角计算结果 **表 5**

分析方法	振型分解反应谱法				弹性动力时程分析法	
软件名称	SATWE		ETABS		ETABS	
地震作用方向	X 向	Y 向	X 向	Y 向	X 向	Y 向
多遇地震作用	1/1828	1/1931	1/2288	1/2370	1/2915	1/2538
设防烈度地震作用	1/561	1/672	1/674	1/792	1/867	1/885

分析方法	振型分解反应谱法				弹性动力时程分析法	
罕遇地震作用	—	—	—	—	1/313	1/347

五、结论

通过本工程的计算分析可知，在工程建设成本仅增加约5%的条件下，消能支撑框架结构比框架一剪力墙结构具有更好的抗震性能，能更好地满足高标准的抗震性能目标，提高了结构的安全度，减小了非结构破坏，是一种性能优越的抗震结构体系。

参考文献

[1] GB 5011—2001（2008年版），建筑抗震设计规范.

[2] CECS 160：2004，建筑工程抗震性态设计通则.

[3] 胡聿贤. 地震工程学［M］. 北京：地震出版社，1988.

图1 档案馆实景图

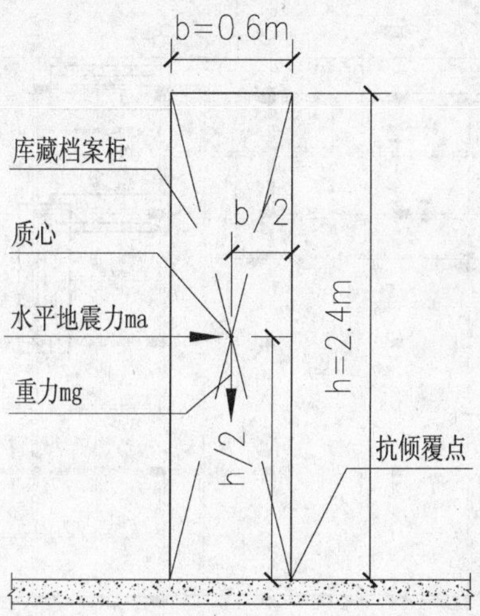

图 2　档案柜尺寸

图 3　人字形阻尼器

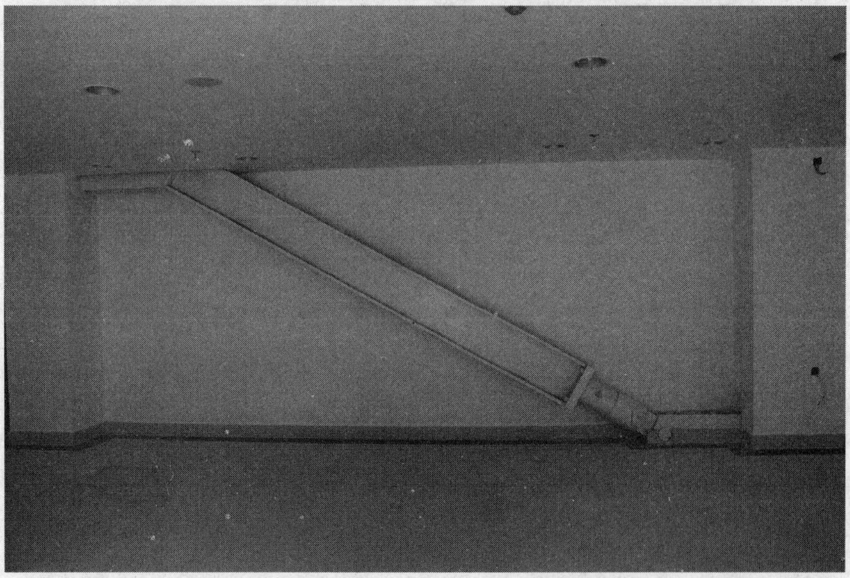

图 4　单斜杆形阻尼器

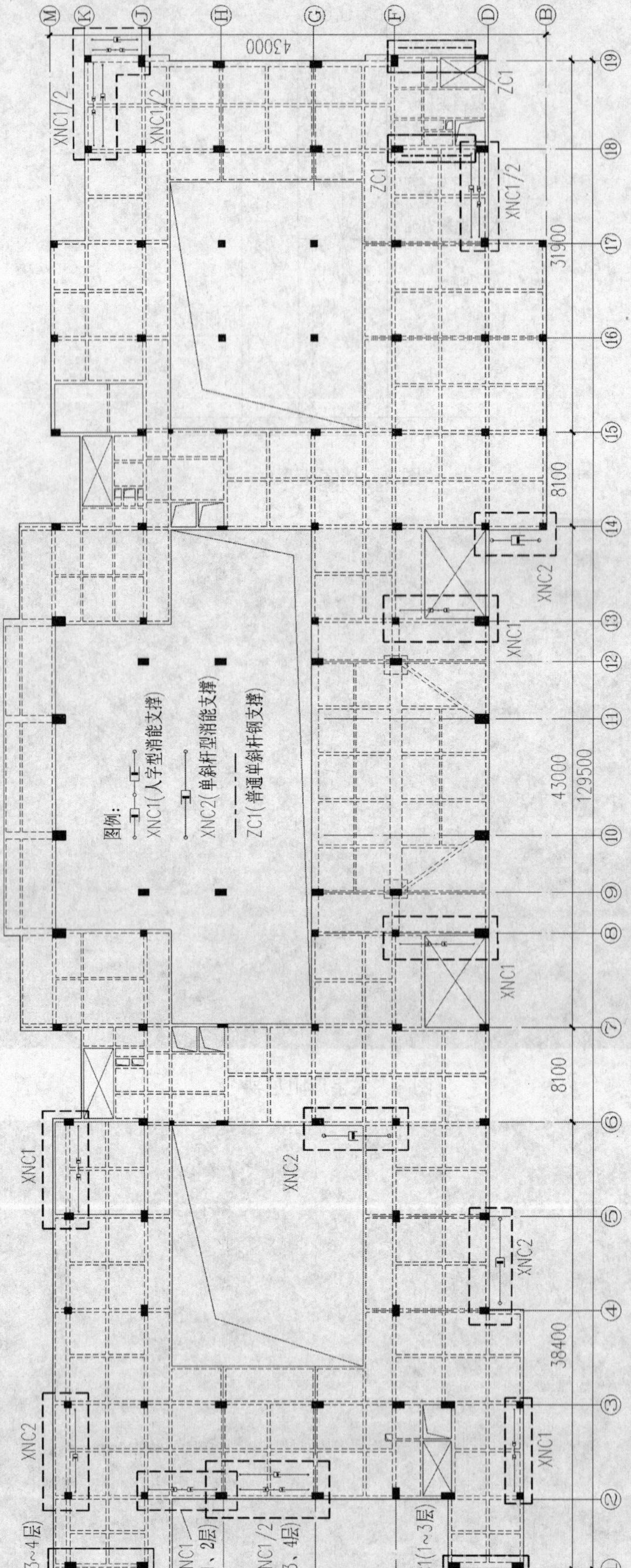

图5 二层结构平面图（支撑平面图）

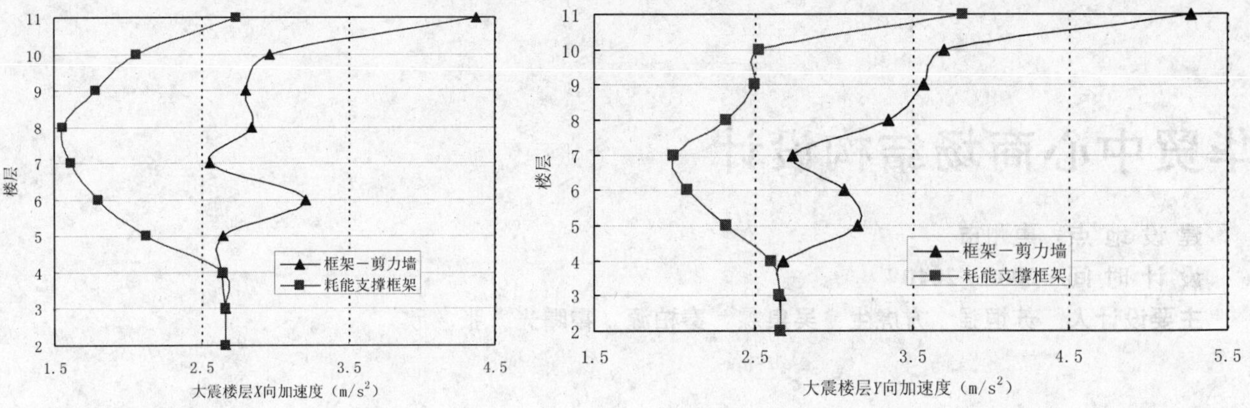

(*a*) (*b*)

图 6 大震楼层加速度计算结果

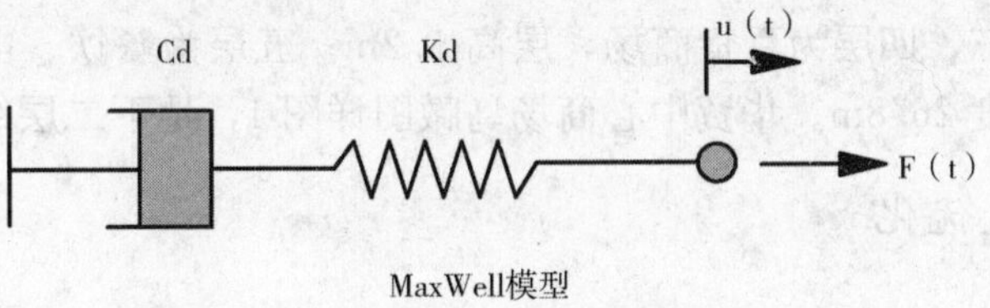

图 7 阻尼器力学模型

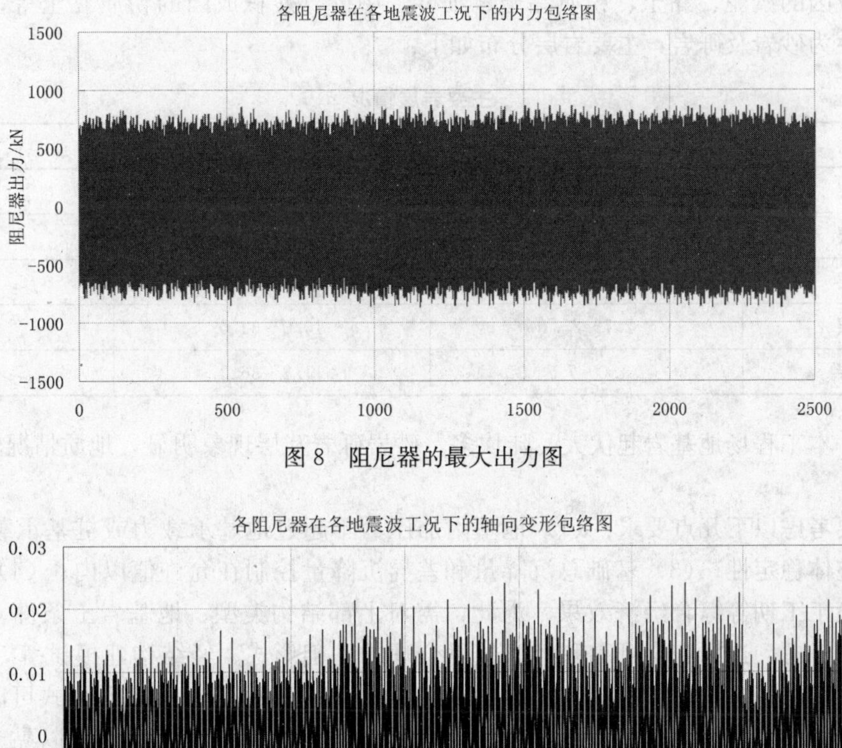

图 8 阻尼器的最大出力图

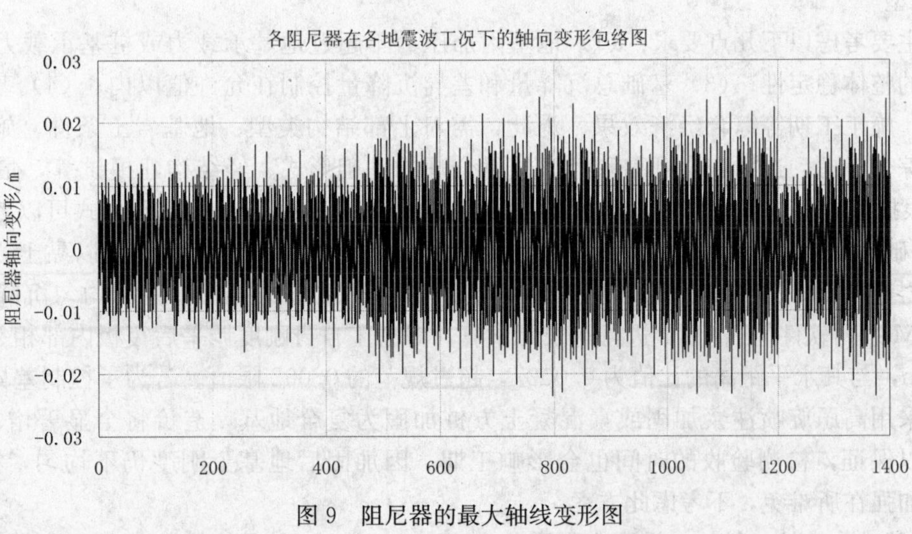

图 9 阻尼器的最大轴线变形图

华贸中心商场结构设计

建 设 地 点　惠州市
设 计 时 间　2008～2010
主要设计人　苏恒强　方虎生　吴泉霖　秦柏源　霍曙光　张　欣

一、工程概况

惠州华贸中心（商场）位于惠州市中心地带。地下2层，平面形状接近矩形约190m×152m，地上共5层（局部6层），平面形状接近矩形约185m×118m。首层为国际品牌精品店，层高6.0m；二层为国际品牌精品店，层高5.2m；三、四层为百货商场，层高5.2m；五层为餐饮、电影院，层高5.2m（电影院局部12.0m）。主要屋面高度26.8m。华贸中心商场鸟瞰图详图1，地下二层结构平面图详图2。

二、基础方案选型及优化

1. 工程地质情况

根据工程地质报告，拟建场地为冲积地貌单元，地下水埋深0.6～1.9m。场地上覆土层除素填土外，主要为冲一洪积成因的淤泥、黏土、粉质黏土、细砂、中砂，残积成因的粉质黏土等；下伏基岩为白垩系的沉积岩，岩性为砂岩及砾岩，主要岩层分布如下：

主要岩层情况　　表1

主要岩层	层厚（m）	层面埋深（m）	承载力
砂岩强风化层	1.3～12.5	3.3～26.0	f_{ak}：450～500kPa
砾岩强风化层	2.6～23.1	2.6～18.5	f_{ak}：500～550kPa
砂岩中风化层	1.0～8.0	12.9～34.0	f_r：14.3～29.4MPa
砾岩中风化层	2.7～25.1	10.0～32.0	
砂石微风化层	1.0～7.7	11.8～36.3	f_r：4.1～41.6MPa

由表1可见，本工程场地基岩起伏大，陡坎多，砂岩砾岩互层现象明显，地质情况较为复杂。

2. 基础选型

基础设计主要考虑以下几点要求：（1）地基附加压力不超过地基承载力或桩基承载力；（2）地基持力层或下卧层的整体稳定性；（3）基础总沉降量和差异沉降量控制在允许值以内；（4）基础的造价、使用、施工条件、施工工期等综合经济效果。为此，需对上部结构类型、地基岩土条件、施工技术和场地环境因素进行综合考虑，选择安全可靠和经济技术合理的基础形式。经结构建模试算，最大柱底轴力 $N\approx15500$kN，根据地质报告及工程实际情况及当地施工可行性，有以下几种基础形式可以考虑：

1）筏板基础：其中约1/4面积筏板已进入强、中风化岩，其余3/4面积筏板以黏土、粉质黏土为持力层。由于基岩起伏大，局部岩面倾斜超过30°，且压缩层土质不均匀，地基不均匀沉降需认真分析计算。经用PKPM系列软件的JCCAD进行有限元试算，考虑了自身刚度调平后筏板内部相邻两柱的沉降差最大值约23mm，与其水平距离的比值为0.0027，超过规范的0.002限值。若为了控制差异沉降而对地基进行处理，如采用高压旋喷注浆加固或素混凝土方桩加固为复合地基，造价将会显著增加且不好控制，加固效果也难以保证，检测验收的时间也会影响工期，因加固后地基土刚度仍不均匀，筏板受力复杂，构造性的配筋加强在所难免，不考虑此方案。

2）钻孔桩基础：一柱一桩，桩端嵌入中风化岩不小于0.5m，桩径1.2～1.4m。钻孔灌注桩属非挤土类型桩，优点是对地质条件适应性强，施工时无噪声、无振动，无需降水，但缺点也很明显，造价比较高，施工质量较难控制，孔壁容易塌坍，孔底容易沉渣、沉淤且容易发生颈缩现象，灌注质量不易保证，施工工艺要求高，不同的施工方法、施工效率及质量差别很大，成桩质量离散性大，受桩机数量限制，施工工期较长，钻孔过程泥浆护壁置换出来的泥浆污染严重等。

3）高强预应力混凝土管桩：桩径为500mm，壁厚125mm，以强中风化砂岩或砾岩作为桩端持力层，单桩承载力取2200kN。管桩具有一系列优点，如采用工厂流水线生产，质量稳定可靠；桩身混凝土强度高，耐锤打性好，贯穿能力强；运输吊装轻便，施工速度快，工期短，施工现场简洁文明以及成桩质量监测方便等。由就本工程地质条件而言，因岩层总体埋深浅，接近1/3范围底板底面已进入强风化岩层，而局部底板下土层厚度达20余米，岩面起伏较大，局部存在微风化硬夹层，采用预应力管桩会有以下几个问题：（1）大范围土层厚度不到5m，桩端一穿过覆盖层就立即接触到岩面，若采用打桩工艺施工的话，桩头打碎或桩身断裂概率较高，桩破损后再采取补强措施费时费力，且短桩受力性能不好，单价高，承台分摊费用大，抵消管桩自身的成本优势。（2）局部岩面起伏剧烈，桩尖接触岩面后有可能沿倾斜的岩面滑移，桩身易打折且不易发现，在覆盖层浅而软的地方桩身有可能跑位，即使桩身不折断，成桩的倾斜率也会超过规范要求。（3）桩长不易把握，配桩存在困难。（4）局部存在硬夹层，需要引孔施工，增加了施工工艺的复杂程度。

4）人工挖孔灌注桩基础：一柱一桩，能准确地将桩端置于设计要求的持力层，施工设备简单，适合我国劳动力成本较低的国情，施工文明，振动及噪声均小，施工质量易保证，可在桩孔内直接判断持力层岩土特征，可进行孔底载荷试验，能较准确的评价岩土强度及变形参数，桩底易扩头，充分利用基岩抗压强度，能大规模铺开作业，工期短。缺点是施工安全风险较大，对淤泥层较厚，容易出现流砂、涌泥的地区要慎用。

现场地质情况揭示，以上2）～4）基础方案均能满足受力要求，从受力性能、施工难易程度、工期等技术角度综合来看，人工挖孔桩最优。造价方面，按《广东省建筑工程综合定额》（2006）计算得到的基础费用对比表（表2），表中包括了承台的分摊费用。可见人工挖孔桩也是最经济的，最终基础方案采用人工挖孔桩。

各桩型工程造价分析对比表 **表2**

桩　　型	桩径（mm）	桩净长平均值（m）	单桩承载力（kN）	桩承载力单价（元/kN）
钻孔桩	1200	20	9420	3.34
预应力管桩	500	14	2200	2.68
人工挖孔桩	1200	15	9420	2.08

注：未考虑预应力管桩的施工破损率、配桩富裕系数。

3. 地下室抗浮设计

本建筑带两层地下室，地上仅为5层，结构自重无法平衡水浮力，地下室全面积均需考虑抗浮设计，抗浮方案的选择对工程造价影响很大。抗浮方案大致有：（1）自重平衡法，即于结构底板或顶板覆土或砂石增加结构自重以平衡水浮力，但增加自重会加大基础埋深，地下水浮力也会相应增加，增大的结构重量会部分的被水浮力抵消，且埋深加大自重增加会导致基坑支护、地下室侧墙及竖向构件、土方开挖、基础工程造价一系列的增加，同时增加混凝土或相关配重材料费用，一般来说并不经济；（2）降排截水法，即在底板下或地下室周围设置滤水层或排水盲沟，将水汇集到集水坑用水泵抽排，此种方法在连续暴雨或停电时排水有困难，长期费用也较大，在特定情况下方能采用；（3）抗拔桩抗浮，即直接采用人工挖孔桩通过桩身与岩层的摩擦力抗浮，桩身纵向钢筋由水浮力控制，抗拔桩单桩抗拔承载力较高，但因抗拔桩间距较大，底板厚度及配筋均需加大才能抵抗水浮力；（4）抗拔锚杆抗浮，原理与抗拔桩类似，只是利用锚杆与锚侧岩土的摩擦力来提供抗拔力，受力合理，施工简便，只是锚固端防水处理会比较麻烦。以上（1）、（2）方案均不适合本工程，而（3）、（4）两种方案均可行，关键是看造价。

以下对两个方案进行经济性比较。

1）材料：

混凝土：C30；钢筋：HRB400（C），强度设计值：$fy=360N/mm^2$。

2）结构布置：

底板均采用无梁平板方案，经与梁板式底板相比费用低一些。

抗拔桩方案：底板厚度 $h=600$，桩直径＝1200，桩承台长、宽、高为 1600、1600、1000，桩持力层为中风化岩，桩端承载力特征值为 2000kPa。

抗拔锚杆方案：底板厚度 $h=500$，抗拔锚杆采用面状布置，即在地下室底板下均匀布置，以强、中风化岩为锚固层，锚杆直径 $d=168$mm，锚杆钢筋按计算抗拔力确定并满足抗拔实验要求，如图 3 所示。

3）结构计算及配筋：

抗拔桩方案：底板厚度为 $h=600$，水头高度 9.8m，每 $8.4m^2$ 水浮力为 7261kN，抗拔桩需承受的抗拔力为 3061kN。按《混凝土结构设计规范》GB 50010—2002（8.1.2—1）公式

$$\omega_{\max}=\alpha_{\sigma}\frac{\sigma_{\mathrm{sk}}}{E_{\mathrm{s}}}\left(1.9c+0.08\frac{d_{\mathrm{eq}}}{\rho_{\mathrm{te}}}\right)$$

估算，为满足桩身裂缝宽度 0.2mm 的规范限值要求，钢筋应力需控制在 175MPa 以内，桩身配筋为 30B28（通长）。由此得出底板配筋方案如图 4：

抗拔锚杆方案：因底板在水浮力作用下会产生向上的反拱，桩和锚杆抵抗的水浮力并不是简单的按受荷面积摊分，为研究桩及锚杆在底板变形协调时的内力分配，利用有限元程序 midas 对水浮力在桩和抗拔锚杆产生的内力进行分析，模型如图 4 所示，其中混凝土开裂后的弹性模量 E_0 取 $0.4Ec$（Ec 为混凝土弹性模量）以考虑其刚度折减，锚杆钢筋经试算后取 3C28，锚杆长度根据地质报告估算其平均值为 14.5m，结构自重产生的桩顶轴力标准值经手算为 4200kN。计算结果如图 4 所示，锚杆钢筋统一取 3C25 能满足受力要求。根据规范抗拔试验最大加荷量不小于锚杆承载力设计值两倍的要求，实际选用 3C28。

由图 5 可知，由于桩向上的变形比锚杆小得多，桩分担的水浮力约为 4200－627.9＝3572.1kN，远大于锚杆的拉力最大值 303.4kN，可见考虑了底板的协调变形作用后能充分发挥上部结构自重的下压作用，这也是符合实际受力情况的。由于桩在水浮力作用下仍承受压力，不需按抗拔桩设计，桩身配筋按构造要求为 11B18（通长）＋11B18（2/3 桩身长）。

由于底板利用自身刚度协调锚杆及桩之间的受力，桩承台周围底板受力明显比其他部位大，该部位需加强配筋。底板配筋如图 6 所示。本方案材料用量统计结果见表 3。

材料用量统计表 **表 3**

方案类型	板厚 h (mm)	钢筋用量 (kg/m^2)	混凝土用量 (kg/m^2)	锚杆钻孔注浆 (m/m^2)
抗拔桩方案	600	120.5	0.896	0
抗拔锚杆方案	500	81.0	0.740	1.7

经技术与经济分析与比较，最终确定采用桩＋抗浮锚杆设计方案。

三、上部结构设计

华贸中心商场主体结构采用钢筋混凝土框架结构，其五层结构平面图如图 7 所示。因水平向长度超长(189m)，于结构总部设置伸缩缝一道。但因建筑功能复杂，为适应建筑功能要求，其中运用了多种结构技术，包括型钢混凝土结构、电影院钢结构夹层、室外钢结构楼梯、钢网架等。

1. 型钢混凝土结构

地下室局部跨度达 16m，其上为覆土绿化地面并须考虑消防车行走可能，荷载很重，而梁高只能做到 800mm，比较了宽扁梁、预应力梁、型钢混凝土组合梁三种构件方案，经计算分析，宽扁梁计算挠度满足不了规范限值要求，预应力梁为满足室外环境的裂缝控制要求需配置过量的预应力钢筋，预应力筋

的张拉端构造上很难处理，且局部集中试驾预应力易导致楼板开裂，而型钢混凝土梁能满足受力及使用上的各方面要求，最终采用型钢混凝土组合梁方案（图8），因与其相连的钢筋混凝土柱因柱头不平衡弯矩过大而导致柱计算配筋过大，为提高柱头的抗弯承载力，与型钢混凝土梁相连的柱也改为型钢混凝土柱。

2. 电影院钢结构夹层

华贸中心商场五层设置1200座电影院，因商场的主体结构完工前尚未引入专业影院公司，影院的内部设计需主体完工后才能落实，故于五层预留75m×50mm×11m（长×宽×高）大空间，主体完工后于五层楼面另行设计共2层钢结构夹层，钢结构柱截面尺寸为200mm×200mm×12mm方形钢管柱，钢梁采用200mm×200mm矩形钢管梁及250～350工字钢梁，楼板采用闭口楼承板，减少现场模板工作量，在严格的工期限值条件下完成了整个影院内部主体结构施工。

3. 室外钢楼梯

为增强建筑立面效果，室外疏散楼梯采用钢结构楼梯，楼梯支撑钢梁采用双折型钢梁，钢楼梯一侧支撑在首层结构上，一侧通过预埋件与商场外围框架梁连接。

4. 屋顶钢网架结构

五层电影院及宴会厅上空大空间屋盖为节约工程造价及缩短工期采用了钢网架结构，钢网架屋盖在电影院内部结构施工前先行施工完毕。

四、结语

华贸商场中心这类的大型独栋的购物中心，主体结构常采用常见的现浇混凝土框架结构，但因项目规模大，功能复杂，往往要在主体结构中应用一些结构设计新技术以适应建筑功能的需要，结构技术的选用须本着安全、实用、经济的原则结合建筑功能、当地的施工技术水平、工期、工程造价等条件通盘考虑。本项目结构设计在方案阶段即开始介入，对设计过程有可能碰到的技术难点在方案阶段即进行针对性的综合比较分析，并得出经济合理的结构方案，有效地解决了工程问题并取得良好效果。

图1　华贸中心商场鸟瞰图

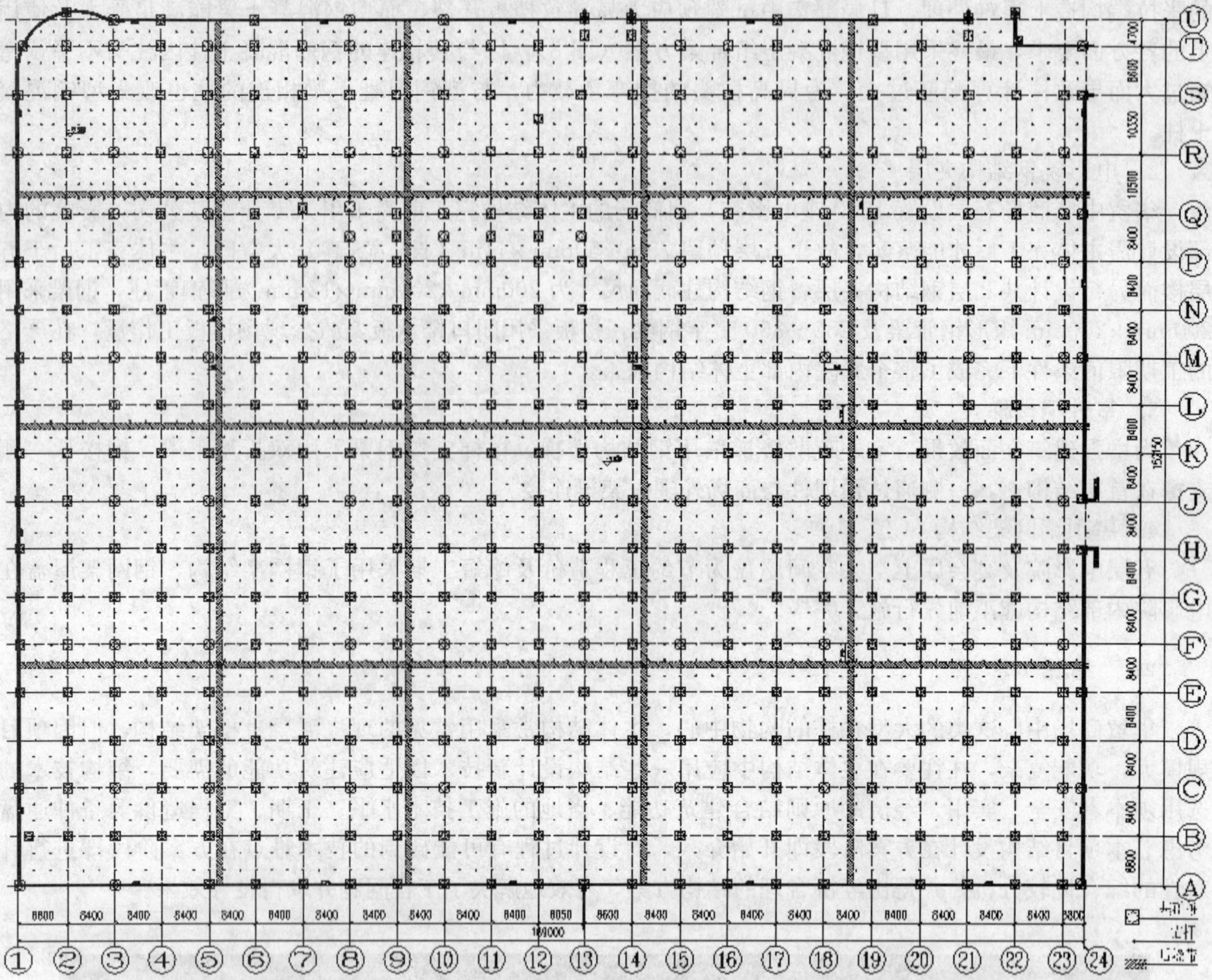

图 2　底层结构平面图

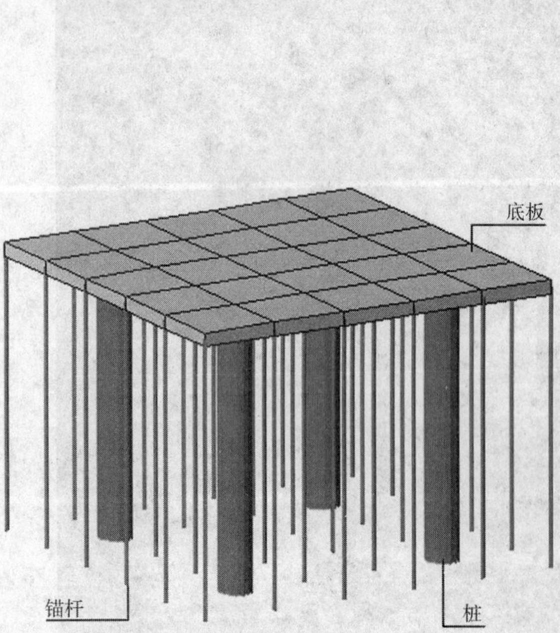

图 3　桩锚协调受力模型图

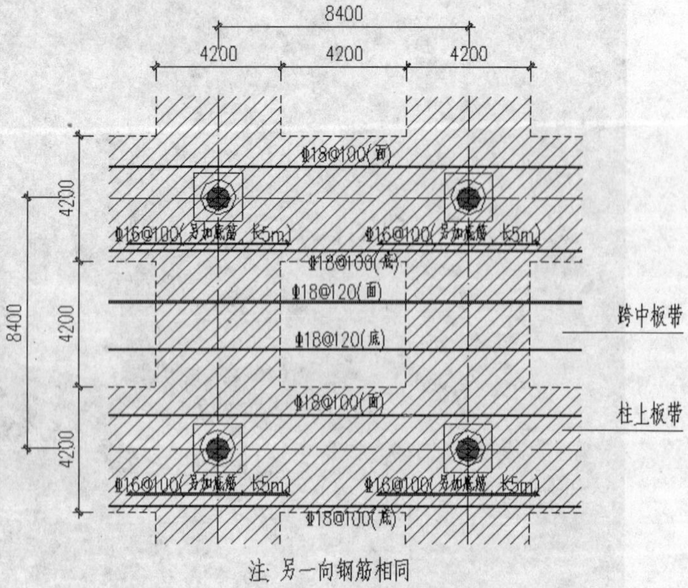

图 4　底板配筋图

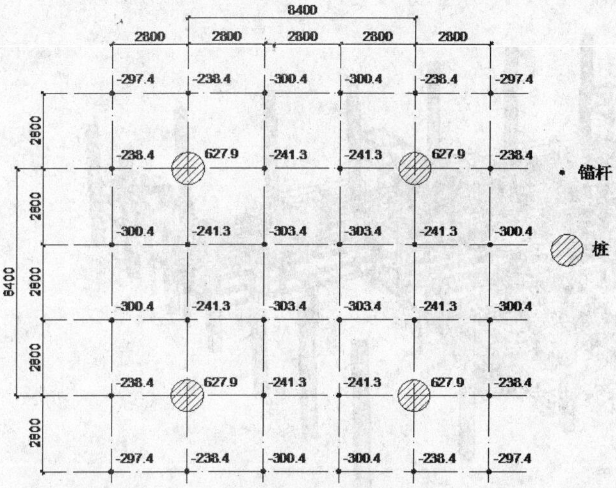

图 5　水浮力作用下桩及锚杆内力标准值

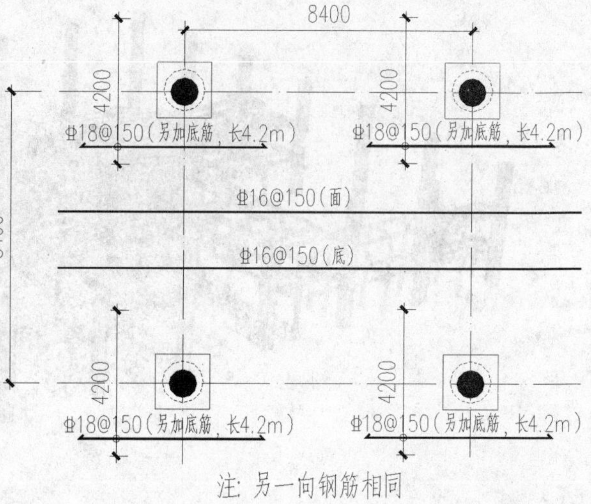

图 6　底板配筋图（抗拔锚杆方案）

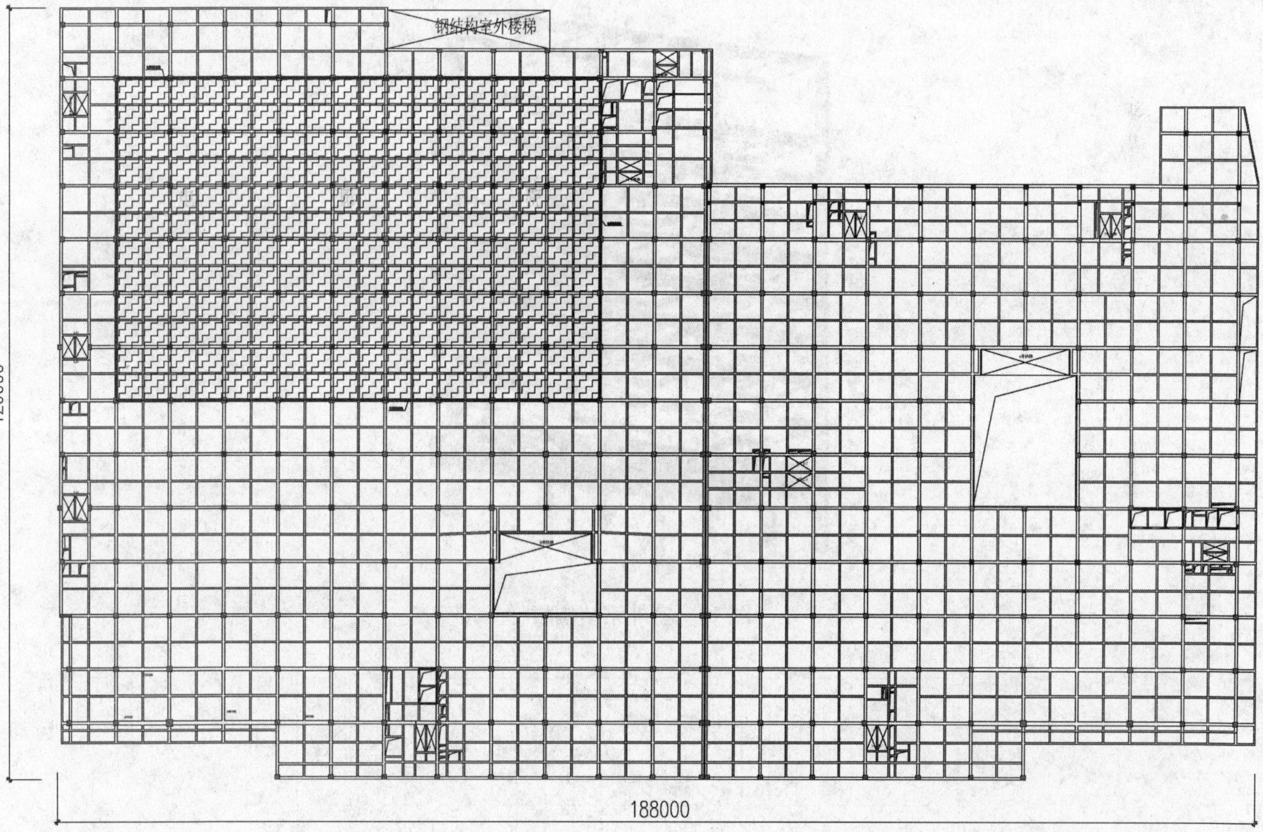

图 7　五层结构平面图

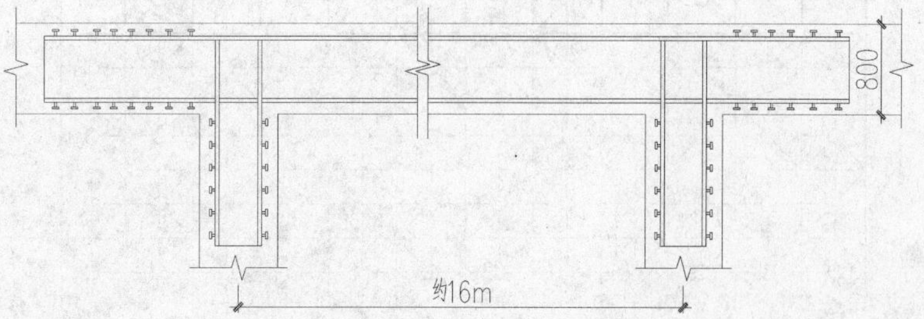

图 8　首层型钢混凝土梁柱剖面图

图 9　五层电影院钢结构鸟瞰图

图 10　室外钢结构楼梯

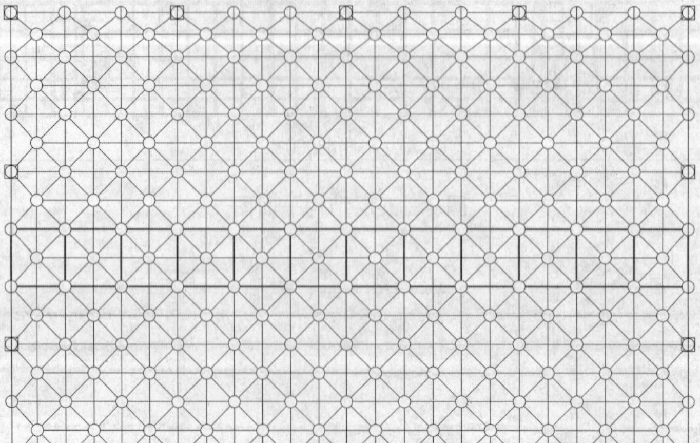

图 11　电影院屋面钢网架结构平面

株洲市中心医院结构设计

建设地点　株洲市

设计时间　2008～2009

主要设计人　陈　星　苏恒强　郑静红　何　军　张文海　项　征　李国辉

一、工程概况

株洲市中心医院位于株洲市湘江西岸，地理位置得天独厚，是滨江南路风光带的标志性建筑。中心医院占地面积约300亩，为三级甲等医院。医院分期建设，第一期建设规模为1500病床，总建筑面积188033m²。是目前整体规化大规模高科技医疗建筑综合体，整体鸟瞰示意图如图1所示。建筑群包门诊楼、医技楼、住院楼通过连廊组成的医疗街式医疗综合楼建筑面积159287m²，老干楼、行政楼、报告厅、后勤楼、污水处理站、锅炉房、高压氧舱等组成的附属配套建筑。二期工程包括：科研楼、公寓楼、酒店式病房楼、后勤保障部门以及研究所等。

本工程根据湖南省防震减灾工程研究中心提供的《株洲市中心医院综合楼工程场地地震安全性评价报告》，地震设防烈度6度，设计基本地震加速度值0.05g，设计地震分组为第一组。场地类型为Ⅱ类。三级甲等医院医疗综合楼（门诊楼、医技楼、住院楼）地震作用按抗震设防烈度6度，抗震措施按抗震设防烈度7度的要求，其余各栋按6度抗震构造措施设防。

设计以满足医疗功能、经济实用为宗旨，同时确保重点项目的进度要求，在当地推广了预应力管桩基础，采用了一体化地下室。塔楼采用多种结构体系：框架结构、框架－剪力墙结构、钢－混组合结构。住院楼为16层，门诊楼为5层，医技楼为5层，其余各栋1～6层。医疗综合楼下设1层地下室，层高为5m，地下室长286.3m，宽124.4m，建筑面积约3.5万m²。另外，后勤楼三层楼面设室内篮球场，为满足建筑功能要求，采用36m大跨度钢－混凝土组合楼盖。

针对本工程面对的技术难点，设计上对整体结构和复杂的构件及节点进行了多个计算程序的精心计算及对比，并设计中难点考虑施工方便，对项目的顺利建设提供了技术支持。

主要体会如下：

1）强化建筑方案阶段结构专业介入，提高设计效率和项目效益；

2）医疗综合楼超长地下室一体化设计，结合建筑合理疏导应力；

3）后勤楼大跨度钢－混凝土组合楼盖结构的设计与安装；

4）门诊楼采光棚钢结构设计与有限元分析；

5）高压氧舱舱位平台结合安装工艺设计介绍。

二、强化建筑方案阶段结构专业介入

1. 充分调查研究，推广基础的选型

本工程场地地形起伏变化大，场地原始地貌总体西高东低，西为居民区东部为耕地及池塘，地貌单元属湘江Ⅱ、Ⅵ级阶地，场地地面标高介于45.85～40.22m之间，相对高差5.63m。岩、土层自上而下分别为：

1）杂填土：松软，厚0.5～3.8m；

2）淤泥质土：含少量有机质，厚1.2～3.3m；

3）粉质黏土：主硬塑状，少量可塑状，厚0.6～6.2m；

4）粉土：中密－稍密，韧性及干强度低，厚0.5～6.2m；

5）粉砂：松散一稍密，厚0.7～8.1m；

6）中粗砂：稍一中密，湿一饱和，厚0.7～8.6m；

7）砾砂：稍一中密，湿一饱和，厚1.0～9.6m；

8）圆砾：稍密一中密，饱和，厚0.6～10.4m；

9）全风化岩：硬一可塑状，局部夹全风化砂砾岩，厚0.4～6.1m；

10）强风化岩：极软岩，裂隙发育，岩体破碎，厚于0.5～5.0m。

制定基础方案时，甲方强烈推荐采用当地最常用的人工挖孔桩，原因是当地队伍多，经验丰富。然而，根据地质勘察报告，本工程靠近湘江，水位高，水量大，砂层及卵石层厚，透水强，人工挖孔桩安全性差。我方提出采用当地从未采用过的预应力管桩。甲方对此持怀疑态度，对管桩技术不了解不信任。为了解预应力管桩技术在当地推广的可行性，设计收集长沙类似地质情况的实际工程，找长沙施工单位了解类似地质情况及施工情况，会同勘查部门分析并结合计算，确定持力层及承载力取值，制定好施工控制参数。然后从技术管理、技术交底、检测方法、经济性、施工周期比较等和甲方多方面沟通，与甲方达成共识，确保基础方案的实施。基础施工阶段积极跟进配合，给予及时技术指导，整个基础施工很顺利，取得了良好的效益，大大提高了甲方进度计划，为总工期的确保提供有力的保证。因此得到甲方的认同，赢得甲方信任，为后续工程的协调沟通打下了良好的基础。

本工程采用ϕ400、ϕ500锤击式预应力管桩，管桩均为端承型摩擦桩。桩施工前应根据地质情况选取适当根桩作试打（压）桩，以取得正式施打（压）所需要的有关控制数据，尤其是需要送桩时的贯入度控制值。桩基础选择强风化岩层、全风化砂砾岩层、圆砾层或砾砂层（当圆砾层或砾砂层较厚＞5m时）作为持力层，强风化岩层桩的端阻力承载力特征值q_{pa}＝5000kPa，全风化砂砾岩层、圆砾层（或砾砂层）预应力管桩的端阻力特征值q_{pa}＝3500kPa。对局部勘察钻孔显示持力层下有软弱夹层者，需穿透软弱夹层。停打以桩端到达或进入持力层（对照地质资料）、最后贯入度和最后1m沉桩锤击数为主要控制收锤标准。

2. 配合进度及发展需要，优化使用荷载

三级甲等医院医疗功能复杂，设备多，医院流程设计、医疗手段和设备选用方面尽量做到技术先进经济合理，体现现代化综合医疗设施的特点。由于医疗设施更新很快，应预留后期发展可能。根据项目的特点，对医疗设备安装说明书仔细研究归纳出与结构相关信息：

1）区分轻型设备及需特别重型设备；

2）部分房间的墙体为防辐射300～370mm厚实心墙，部分墙还需增加贴铅板重量；

3）吊挂悬挂设备多，需采用重量较重的页岩多孔砖间隔；

4）吊挂悬挂设备重量；

5）部分房间地面设备基座要求不低于层C25混凝土200～300mm；

6）后整体安装手术室重量。

由于部分科室经常重新布局和调整，为预留后期发展的功能，很多区域建筑功能需考虑灵活性，使结构荷载布置难以明确，且施工进度与设计时间的衔接很紧密。既要保证安全，又要考虑使用上的灵活性，设计荷载的取值必须慎之又慎。不合理入数导致基础、梁、柱等配筋不足，或者不必要的浪费。结构设计上按照医疗建筑总体布局要求功能分区，区分基本功能变化不大的区域、变化大及后续发展预留区域等，归纳了几种房间墙布局，按墙体折算等效均布面载并针对普遍情况制定等效荷载取值方案，提高设计效率。同时，施工期间动态跟进服务，及时复核到货设备的位置及重量。

以6m×6m跨梁板弯矩、剪力相等的原则进行折算，如图2所示。折算后医疗办公区域恒载取值为：200厚空心页岩砖墙灵活布置＋吊顶抹灰＝5＋3＝8.0kN/m^2；内框架梁上墙荷载取满载×0.8，外框架梁上墙荷载取满载（考虑外挂石板），次梁不加墙荷载；楼面活载取值为3.5kN/m^2。

3. 结合建筑功能，调整结构布置

住院楼端部利用电梯楼梯间设置剪力墙筒体，有效地减少了住院楼因功能布置要求平面长宽比较大造成的扭转影响，提高抗变形能力起到抗震墙作用。住院楼标准层结构布置如图3所示。

三、一体化大型医院地下室结构（结合建筑合理疏导应力）设计

株洲市中心医院的设计本着“以人为本，方便就诊”设置集约式医疗综合楼，医疗综合楼由门诊楼20m×50m、医技楼20m×50m、住院楼20m×50m三大建筑物组成，各栋之间由20m、30m长两个连廊式医疗街连接。门诊楼下设大型常五级核五级人防停车场，医技楼下设医疗附属用房及停车场，住院楼下设核磁共振医疗用房。

项目场地北高南低，西高东低。为节约地面用地及减少地面交通，改善景观，同时有效结合场地原始地貌（由西向东300m，高差8m），在医疗综合楼下设一体化大型地下室。医疗综合楼区域采用先施工基础后回填土的施工顺序，回填时清除土中大块孤石，并分层夯实处理，使建成后的场地及区域内道路管网铺设满足沉降要求，同时避免了施工时出现大量断桩，以及桩的过大负摩阻力，场地的过大沉降；综合楼区域在原状土上直接施工基础经济合理，简单快捷，节约前期投资成本及施工时间，为后续施工进度质量提供保障。

门诊楼、医技楼、住院楼三区域功能划分对裂缝要求不同，按《地下工程防水技术规范》GB 50108—2001，人员长期停留的场所，因有少量湿渍会使物品变质、失效的储物场所及严重影响设备正常运转的部位，不允许渗水，结构表面无湿渍，因此住院楼地下室防水等级为一级，其余为二级。结构专业充分了解了建筑功能和使用要求，配合建筑在门诊楼与连廊交接位置，医技楼与住院楼之间连廊交接位置，利用设备电缆沟及建筑高差将地下室分为90m、93m、103m三个部分，结合计算理论分析和工程经验，重点在顶板、底板、外墙采取以下方案：

1）顶板底板设置伸缩平台

充分利用平面高差错落集中消化温度应力。建筑平面门诊楼、医技楼、住院楼之间连廊建筑考虑设备管道铺设不通过人防地下室，结构标高降低0.6m。住院楼前庭园林标高降低1～1.2m，这些位置给楼板变形释放温度应力创造了非常有利的条件。

根据地下室情况，取地下室顶板分段最长部分采用midas Gen进行分析，取柱距8m×8m，柱截面为600mm×600mm，梁截面为300×800，板厚为180mm，模型中间部分板面标高相差600mm，板面变标高处梁截面为300mm×1400mm，梁板混凝土等级为C30，柱混凝土等级为C40。

若不设置降标高板，其他参数相同，降温15℃计算分析结果如图6。从图中可以看出，混凝土板温度应力基本处于1.8MPa，对于C30混凝土抗拉强度 f_t=1.43MPa，混凝土的温度拉应力足以使混凝土开裂。

若不设置降标高板，其他参数相同，升温15℃计算分析结果如图7。从图中可以看出，混凝土板温度应力基本处于1.8MPa，为压应力，不开裂。

若设降标高板，降温15℃计算结果如图8。从图中可以看出，混凝土板温度应力基本处于1MPa，对于C30混凝土抗拉强度 f_t=1.43MPa，混凝土的温度拉应力不足以使混凝土开裂。

若设降标高板，升温15℃，混凝土有效温度应力分布如图9。从图中可以看出，升温和降温相同的温度其温度应力变化是一致的，温度变化不会导致混凝土板开裂。

通过上述分析知，本工程中采用伸缩平台来抵抗温度应力裂缝是合理可行的。

2）在各区域内每30m布置田字形后浇带，区域内后浇带作为降低温度应力的第二道措施。

3）地下室钢筋采取通长布置，小直径密间距，施工尽量避开温差大时间，按施工规范及施工经验做好麻袋淋水养护等作为第三道措施。

四、后勤楼大跨度钢一混凝土组合楼盖结构的设计与安装

后勤楼建筑面积7300m^2，地上3层，框架结构，建筑总高度23.45m。建筑平面东西轴线长50.8m，南北轴线长50.6m。一、二层层高为5m，主要设计为职工餐厅，三层设计为室内篮球场，篮球场区域层高10.5m。根据建筑功能的要求，篮球场顶盖须采用大空间结构体系，最大跨度为36m。经反复方案评估，最终采用钢一混凝土组合楼盖结构体系。结构布置如图10所示。为能保证使用高度，减小梁高及梁

的挠度，主梁与柱之间采用刚性连接，梁以焊接箱形钢梁为主，截面型号为□1700×600×22×28，数量为三榀；次梁截面型号为 HN450×200×9×14。同时方便钢梁与柱的整体性，遵循强柱弱梁原则加大加强柱，柱以大截面焊接 H 型钢骨混凝土柱为主，钢骨截面型号为 H950×700×12×25。为确保传力，钢梁与柱节点区采用高强螺栓与焊接混合连接，形成有足够的刚度和承载力刚节点。关键节点如图 11 所示。楼面采用承重压型钢板与钢筋混凝土组合楼盖。压型钢板采用 931 系列 1.2mm 厚双面镀锌钢板。

本工程主体钢结构均采用 Q345B 钢材，喷涂防腐油漆和防火涂料。钢结构构件均为工厂加工制作，表面进行喷砂或抛丸除锈，除锈等级为 Sa2.5 和 St3 级。所有钢构件的防火涂料均在构件安装就位后现场喷涂，采用薄型防火涂料。焊接材料应与主体金属材料相适用，柱与主梁对接焊缝质量等级为一级。其他部位的对接焊缝质量等级为二级，角焊缝质量等级为三级。所有焊缝均按规范要求检测，检测方法采用超声波探伤，磁粉探伤。

焊接箱形钢梁一共三榀，单榀重量约为 27t（含加劲板、螺栓等重量）。钢梁吊装时要求所有分段的大型钢梁都要在现场组装焊接前应进行预拼装。现场吊装前都要进行试吊。吊装就位后拉缆风绳临时固定，采用 $\phi 28$ 揽风绳固定于三层楼面预埋的拉环上，确保整榀箱形梁的稳定。吊装时需先吊装②～⑥轴交 C 轴部位，在现场拼装好后由汽车吊抬吊至三层楼面进行多次转运至 C 轴线附件，将吊车移位至起吊位置，双机抬吊箱形梁就位。因柱顶板已经焊接好，待箱形梁吊装至柱顶位置后，校正轴线，对准高强螺栓孔，再对梁柱接头进行连接固定。为确保吊装安全，吊装时将 8 轴线位置的原 160t 汽车吊更换为 260t 汽车吊，避免了钢梁在楼面的转运次数。因此 D、E 轴线位置的钢梁一次性吊装就位，C 轴线位置的钢梁在屋面转运一次，钢梁提放屋面时下部垫设 12 根枕木，确保楼面承受均布荷载作用，确保了安全。整个吊装过程用时 4h（含吊车就位、移位及钢梁就位固定），吊装完后梁、柱接头位置焊缝做探伤试验，均符合焊缝的设计要求。施工现场照片如图 12 所示。

五、门诊楼采光棚钢结构设计与有限元分析

采光棚位于门诊楼中庭上空，其轮廓为 40m×15m 矩形。考虑使用功能的要求，结构采用钢结构骨架体系。骨架由 H1000×350×14×25 等四种 Q345B 焊接工字形钢梁组成，屋面板采用钢化玻璃。结构设计使用年限为 50 年，建筑抗震设防烈度 6 度，抗震措施采用的设防烈度 7 度。设计基本地震加速度值为 0.05g，设计地震分组为第一组。地面粗糙度类别为 B 类，基本风压值为 0.40kN/m²，基本雪压值为 0.70kN/m²。由于构架跨度较大，温度作用对结构的影响不容忽视，考虑株洲地区季节性温差，计算温度荷载取±25℃温差。根据《建筑结构荷载规范》的要求，本工程采用荷载工况组合如表 1 所示。

荷载工况组合 **表 1**

荷载工况	恒载	活载	风荷载	地震作用	温度作用
1	1.35	1.4			1.0
2	1.35	0.7×1.4			1.0
3	1.2	1.4			0.7×1.4
4	1.2		0.6×1.4		1.4
5	1.2	0.7×1.4			1.4
6	1.2	1.4	0.6×1.4		0.7×1.4
7	1.2			1.3	0.5
8	1.0			1.3	0.5
9	1.0	1.0	0.6		0.7
10	1.0	1.0			0.7
11	1.0			1.0	

采用MIDAS/Gen软件，对采光棚钢结构进行空间整体分析。分析结果表明，温度作用对本钢结构工程影响较大，各最不利组合均有温度作用参与组合，其中控制结构竖向位移的最不利荷载组合为工况3；控制结构侧向位移的最不利组合为工况6；控制结构内力的最不利荷载组合为工况5。最不利受力位置为钢梁中部，最大组合应力为197N/mm^2。由于钢结构自重较轻，且本工程又为6度抗震设防，地震力作用不大，对钢梁不起控制作用。最大挠度值为33mm，满足《钢结构设计规范》附录A中对结构或构件的变形容许值的要求。挠度结果如图13所示。

六、高压氧舱舱位平台结合安装工艺设计介绍

高压氧舱设备重量约：22.5t（整舱重量），氧舱尺寸规格：约3.0m宽×11.5m长×3.2m高。高压氧舱平台11m×3.2m。由于设备进场较晚，土建已完工，无法按常规方法进行整体安装施工。经过与设备厂家反复论证，采用推进式安装方式：

1）为确保楼面梁板受力均衡，穿高压氧舱首层梁板时，架空区域地面上铺设20mm厚钢板，将氧舱整体卸车后，落于满铺“地老鼠”的滚轮支撑上；电动葫芦10t的共2套固定于结构柱上牵引；

2）利用电动葫芦与地老鼠滚轮缓缓将氧舱设备托移至氧舱设备支墩一侧，根据设备整个过程的推进工况，推算出平台施工活载取值为15kN/m^2；

3）在高压氧舱二层结构梁区域楼板上钻孔，孔径为ϕ50；每处梁侧共钻孔4个，共设置六处支点吊索抬吊氧舱。

4）吊索规格为ϕ20，每孔穿两根吊索，二层楼面处采用ϕ50实心钢柱穿吊索搁置于结构梁两端点，确保每个吊点处的钢柱均搁置于三根框架梁上。

5）待所有吊索及钢柱固定好后，采用6个5t手动葫芦将舱体缓缓抬升，并在抬升的过程中将舱体逐步就位至舱体支墩上方。

6）待舱体就位至支墩上方时，采用手动葫芦将舱体缓缓落于支墩上，即可完成舱体就位。

七、结语

株洲市中心医院2008年9月26日动工，于2009年12月26日土建全部封顶，并于2012年7月投入使用。在实际的工程设计中贯彻、执行ISO的科学管理模式，优化设计程序，重视项目设计全过程管理，针对项目特点情况进行技术的优化与创新，深入实时解决实际工程问题，加强内部各专业，外部各单位之间的沟通和配合，提高技术及管理协调效率，努力确保项目符合“安全、科学、经济、实用”设计原则。

图1　医院整体鸟瞰示意图

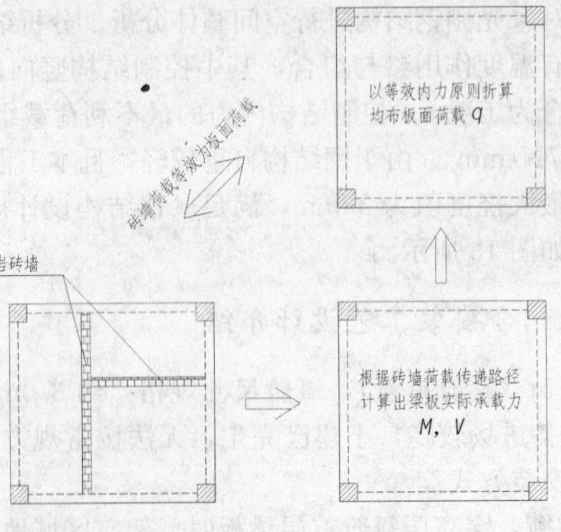

图 2　荷载等效折算示意图

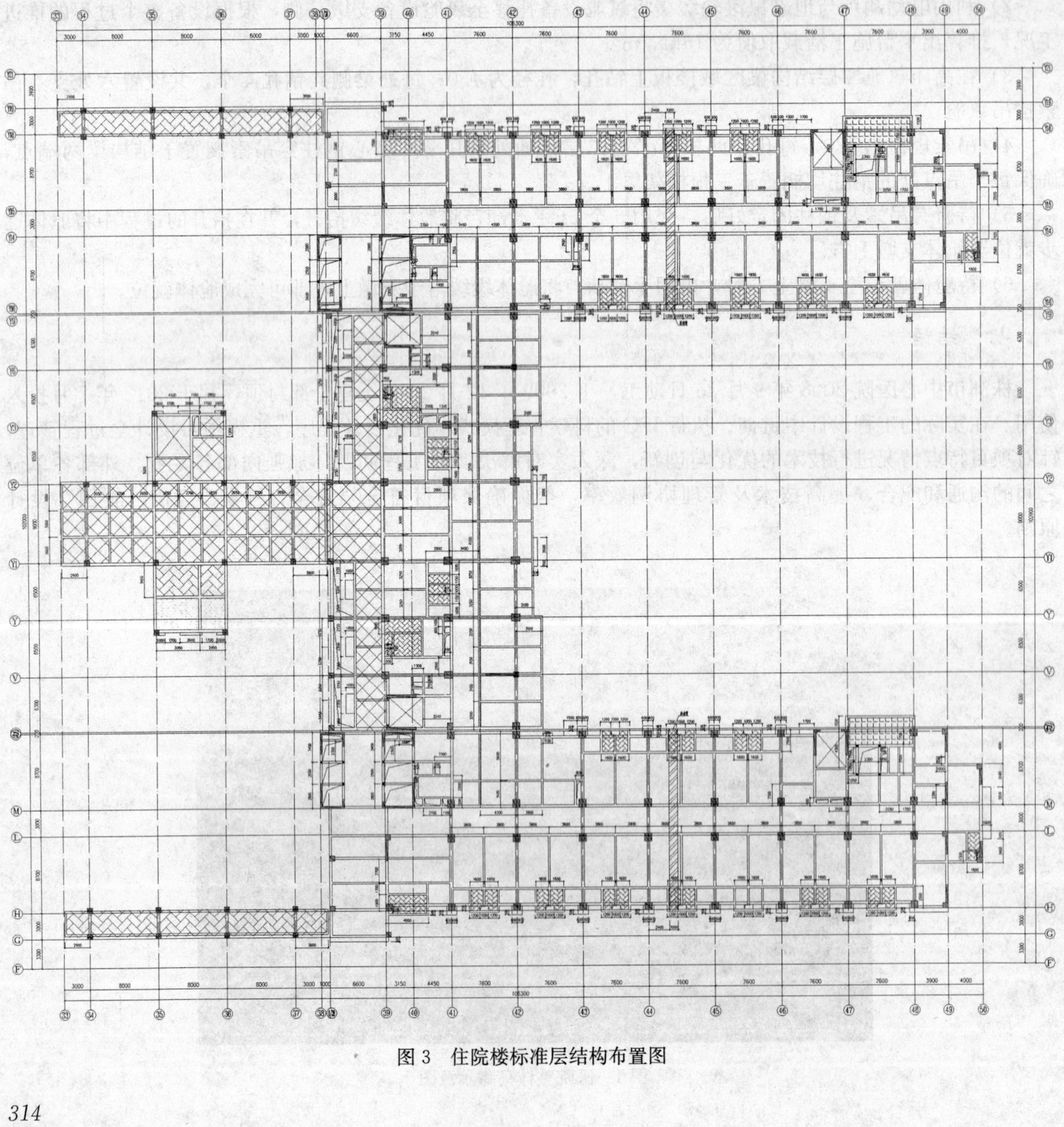

图 3　住院楼标准层结构布置图

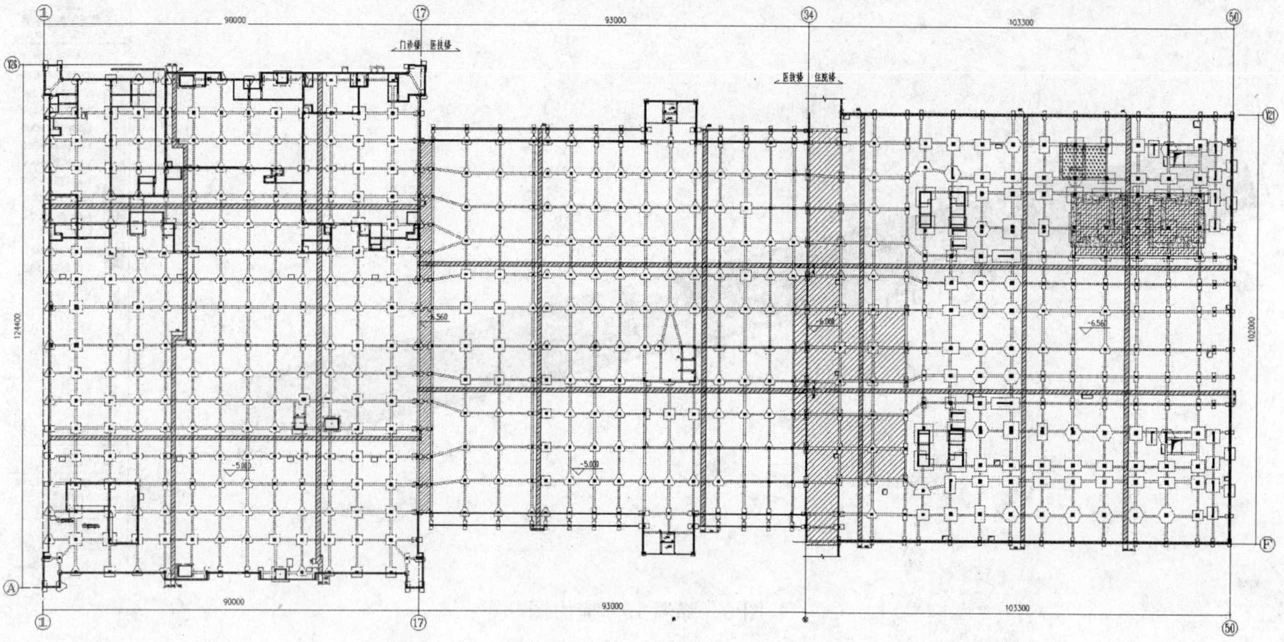

图 4　底板标高示意图

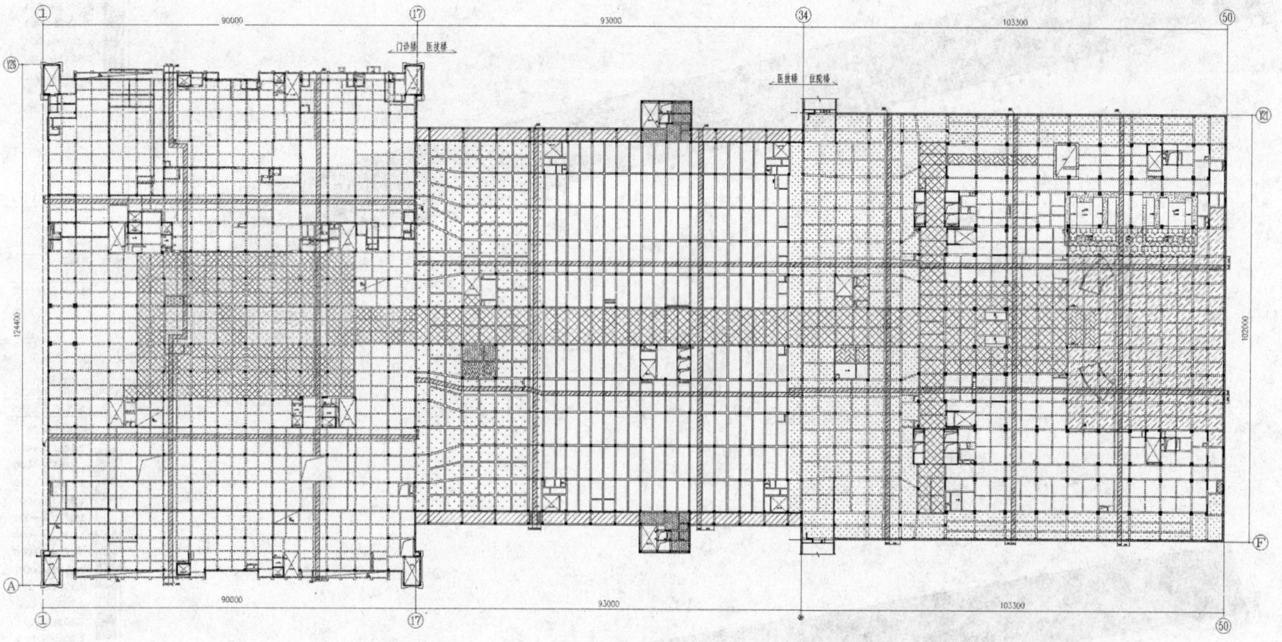

图 5　顶板标高示意图

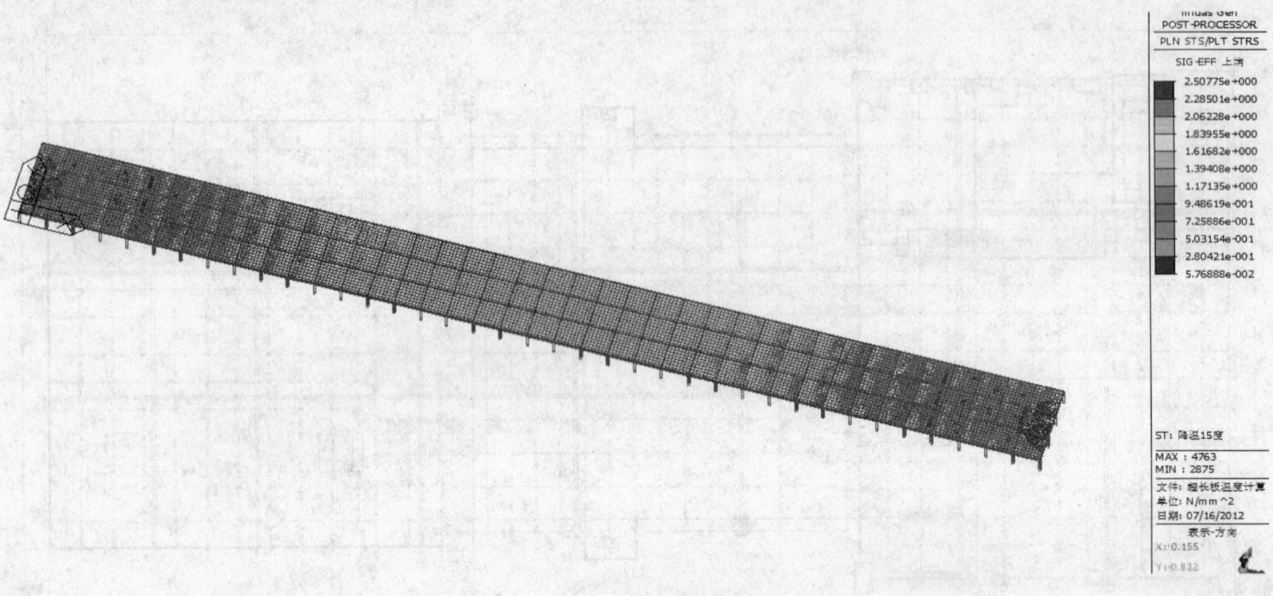

图 6　降温 15℃应力图

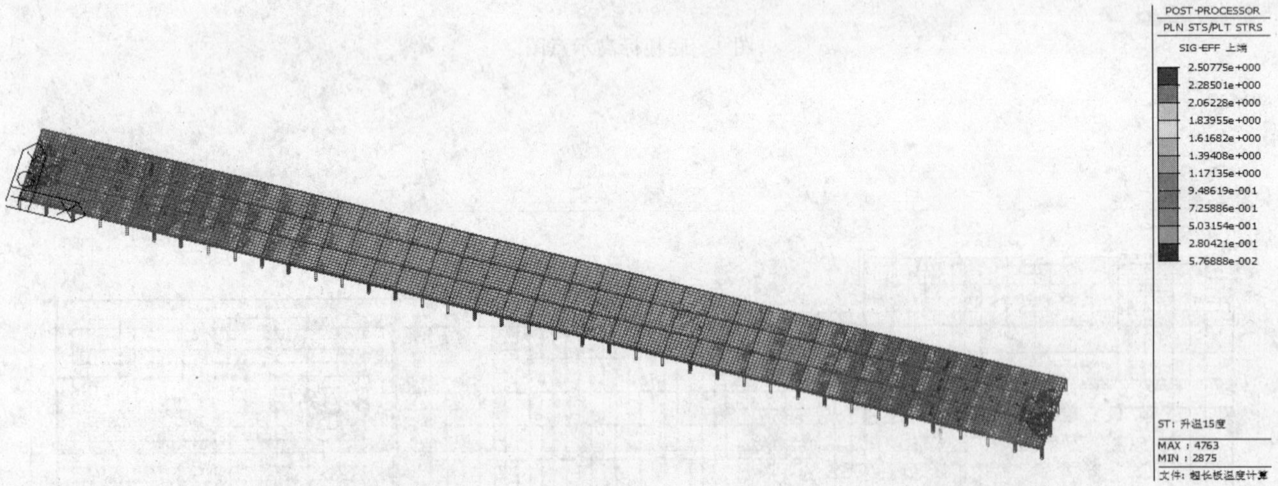

图 7　升温 15℃应力图

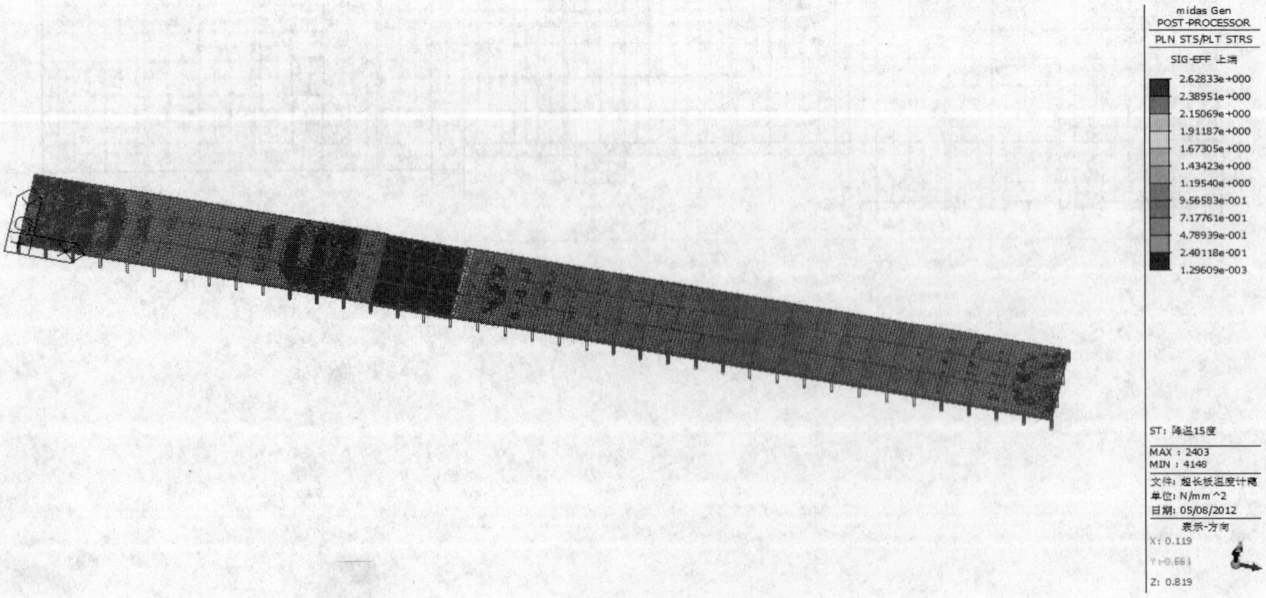

图 8　降温 15℃应力图

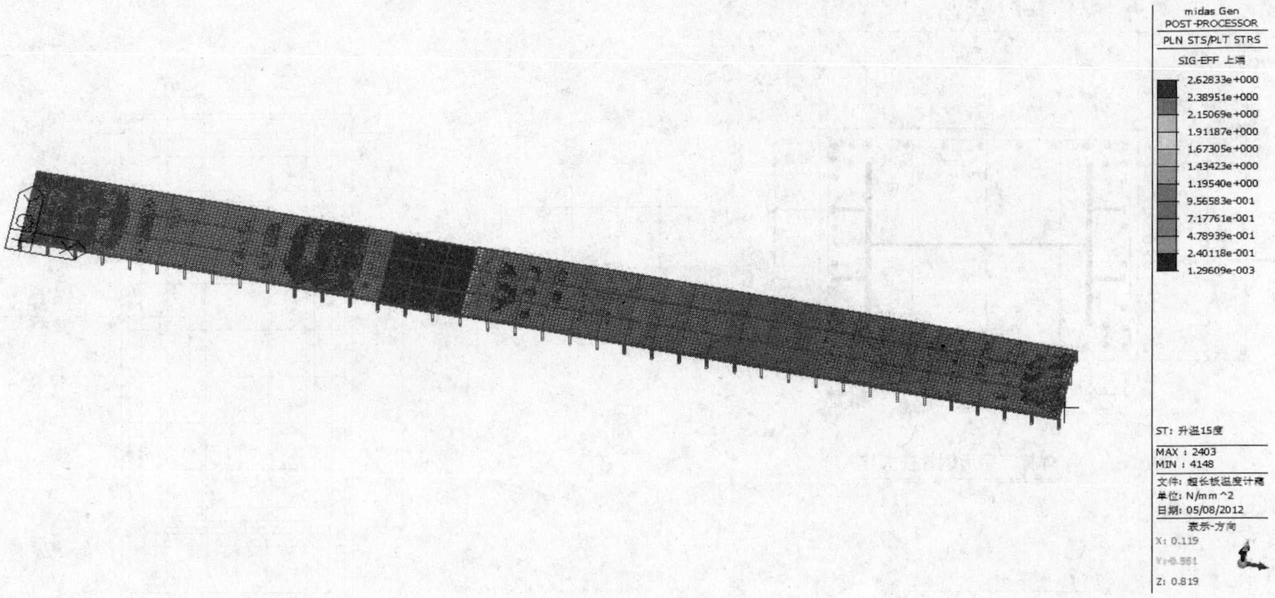

图 9　升温 15℃应力图

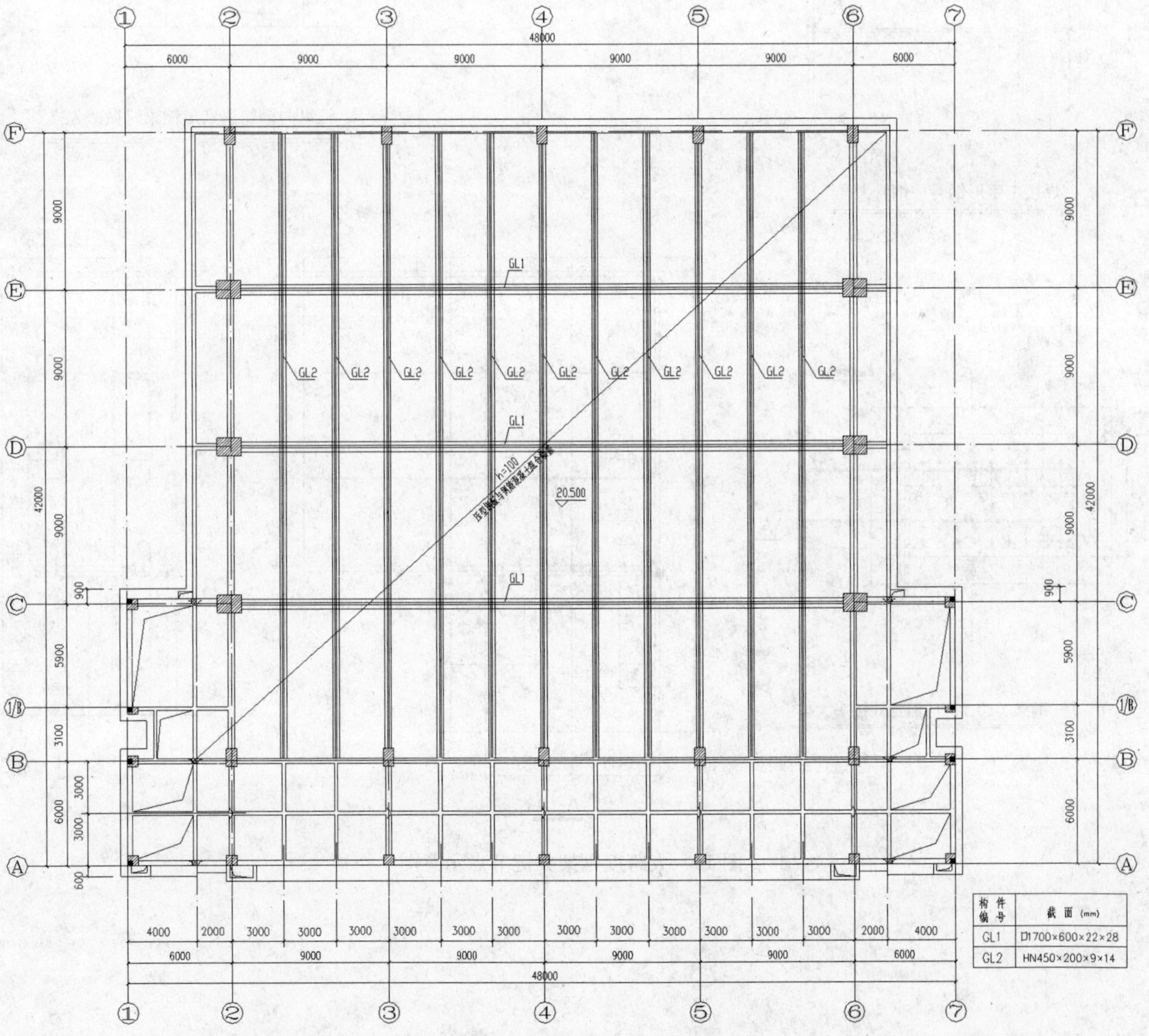

图 10　篮球场顶盖结构布置图

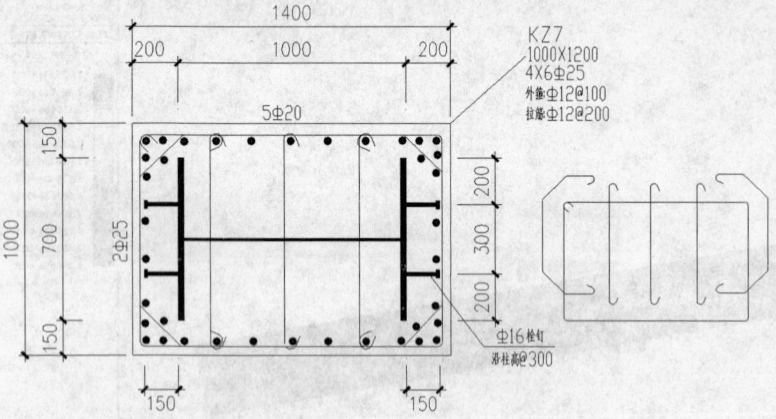

焊接工字形钢骨柱大样

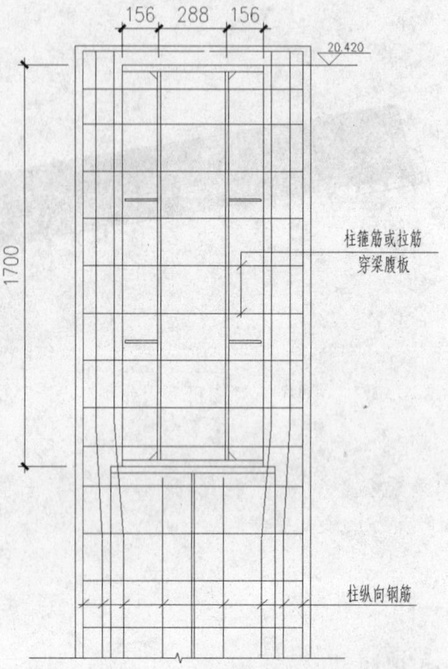

柱纵向钢筋遇到形钢梁时做法大样

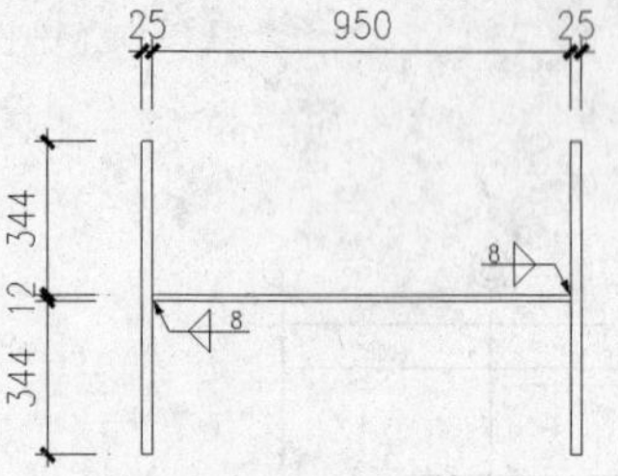

焊接工字形钢骨柱钢骨大样

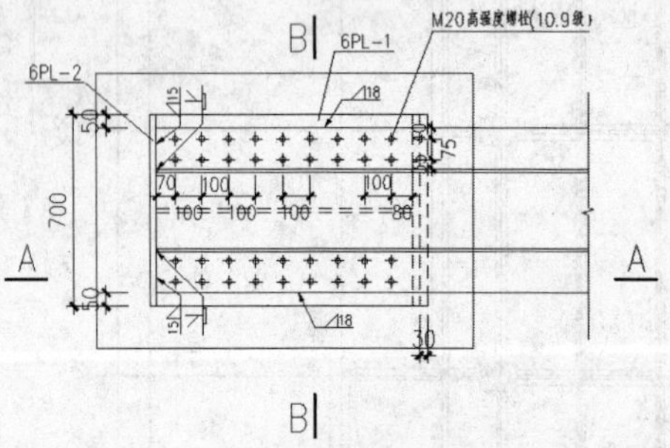

钢梁（GL1）与钢骨柱接头大样

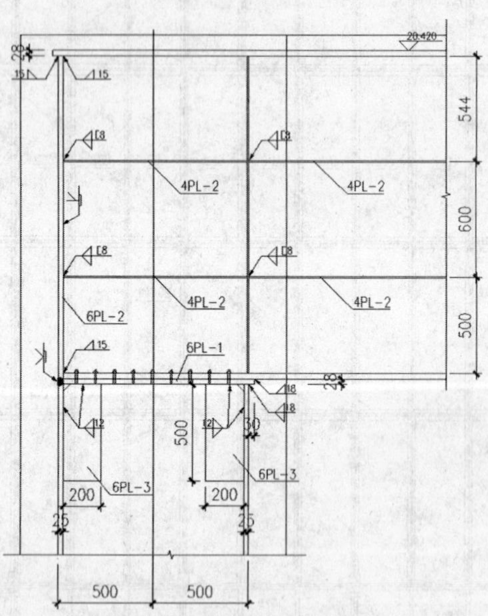

A-A 1:20

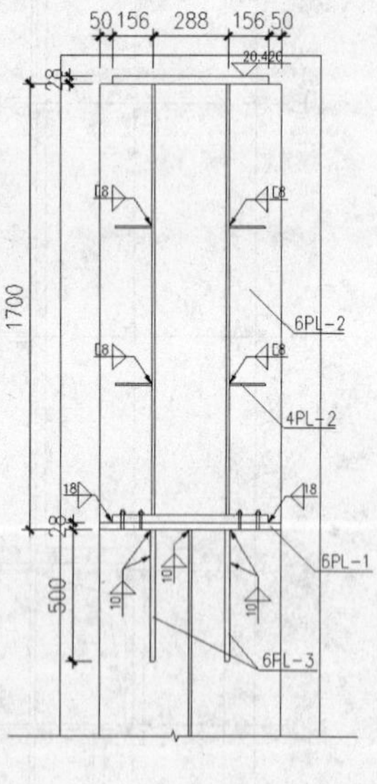

B-B 1:20

图 11 大跨度钢架关键节点示意图

图 12　施工现场钢梁安装照片

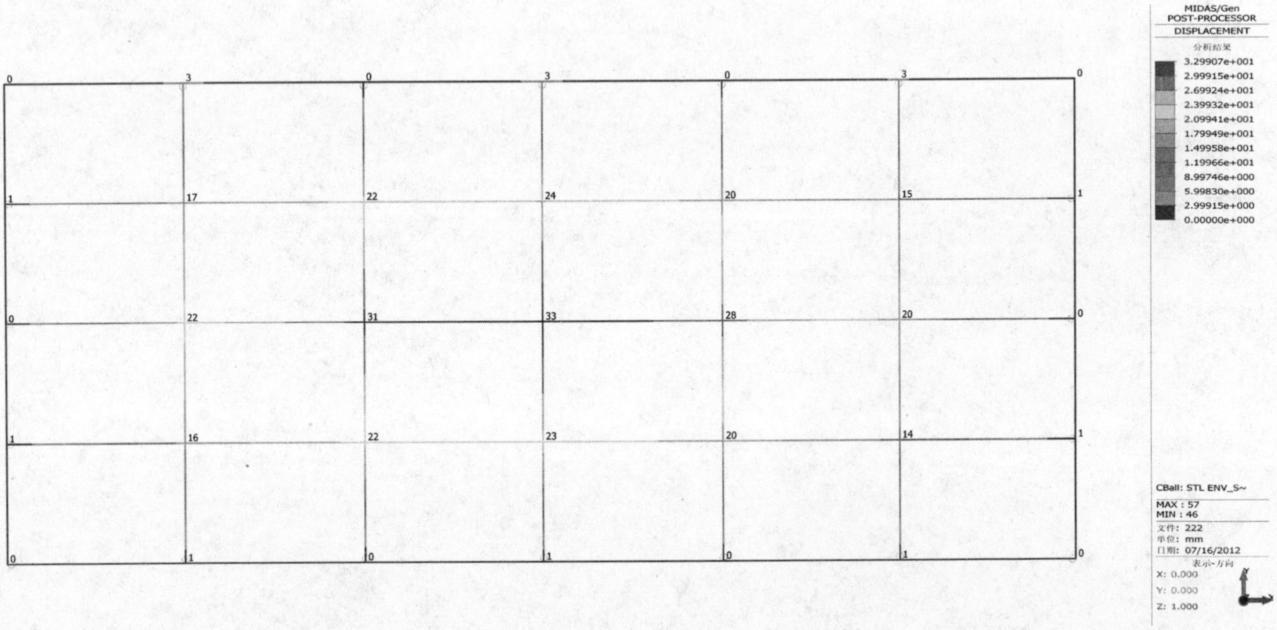

图 13　钢梁挠度图

大跨度公共建筑

广州白云机场航站楼一期及一期扩建工程结构设计

建设地点 广州市

设计时间 2000～2008

主要设计人 李桢章 李恺平 廖旭钊 梁 志 陈宗弼 杨新生 梁艳云 李伟锋 梁子彪 周敏辉 陈常清 李松柏 刘斯力 伍国华 陈文祥 谭 和 劳智源 刘 璟 陈晓航

获奖等级 2005年全国十大建设科技成就/2007年度华夏奖一等奖/第五届詹天佑土木工程大奖/英国结构工程师学会2005年中国结构大奖［结构特别奖及结构专项奖（材料）］/2005年度建设部部级城乡优秀勘察设计二等奖/第四届全国优秀建筑结构设计奖二等奖/广东省第十二次优秀工程设计一等奖/2007年度广东省工程技术创新奖

一、工程概况

广州新白云国际机场工程（图1）概算投资196亿元，被国家列为“十五”重点项目，位于广州北部，广州市白云区人和镇与花都区花东镇交界处，总用地15km^2，是国内第一个按中枢理念设计、建设和施工的大型国际机场。

航站楼的建设是整个机场建设最为核心的工程。航站楼一期工程的建设规模为35万m^2，包括主楼、东连接楼、西连接楼、东一指廊、东二指廊、西一指廊、西二指廊。年客运量为2500万人次，高峰小时客运量为9300人。2000年2月开始设计，2000年8月破土动工，2003年9月土建竣工验收，2004年8月5日正式启用。

白云机场一期工程完成后，随即筹备对一期工程的扩建工作，广东省建筑设计研究院受广州白云国际机场有限公司的委托，负责航站楼一期扩建工程（又称广州白云国际机场旅客航站楼东三指廊、西三指廊及相关连接楼工程）的设计工作。航站楼一期扩建工程总建筑面积约为15万m^2，包括东三指廊、西三指廊、相关的东连接楼和西连接楼。2004年11月开始设计，2006年8月破土动工，2009年9月竣工验收，2009年底投入运营。

新白云国际机场航站楼是广州的重要标志性建筑，是广州的门户，设计上力求用高科技设计来表达时代精神，以流畅的曲线和曲面造型象征飞翔意念，体现了广州南大门的雄伟气派。

白云机场一期及一期扩建工程是当时国内最大规模的建筑工程，运用了当前最新的建筑科学技术，以新工艺、新技术、新材料为特色展示在世人面前。

本工程的安全等级为一级，抗震设防类别为乙类，地震作用为6度，抗震措施为7度，场地土类别为Ⅱ类，地基基础设计等级为甲级，风荷载重现期为100年，建筑物的风荷载体型系数、内压力及吸力由风洞试验确定，风振系数由刚性模型动力计算得出。初步设计的计算程序为SAP2000、STAAD、ADAPT、SAFE。施工图阶段钢结构的计算程序为STAAD/CHINA、ANSYS、3D3S、MIDAS/Gen；混凝土结构的计算程序为PKPM/SATWE、GSCAD广厦建筑结构。

二、溶岩强烈发育地区地基基础设计

本工程场地为亚热带覆盖型熔岩地区，岩溶发育。在分析了1000多个钻探孔的地质资料后推断，场区的岩溶主要是小的溶洞及岩溶裂隙，连通的大溶洞不多，大部分基岩埋深为25～35m，施工嵌岩混凝土灌柱桩是可行的，其后的施工证实了这个判断。采用嵌岩冲孔桩基础是最稳妥的方案，受力可靠，沉降小，受其他因素影响小。较为次要的地面层采用静压预应力管桩基础，用后压水泥浆加固，提高了承载力。主体结构采用嵌岩冲孔混凝土灌柱桩，桩直径为 ϕ800mm、ϕ1000mm、ϕ1200mm、ϕ1400mm，总桩数约 2000 根。每桩均作超前钻，根据超前钻的结果做好穿越岩溶的施工准备工作及确定终孔标高。地面层结构采用静压预应力管桩，桩数约 3000 根。两类桩的总长度为 140km，平均每根桩长度为 28m。根据静载试验、抽芯、动测、超声波检测等检测结果，桩的质量良好。

三、大跨、超长预应力宽扁梁框架结构设计

混凝土结构为二层及三层建筑，框架结构。混凝土结构单元长度为 84～108m，柱网为 18m×18m，梁截面高度为 1m，采用单向板结构，次梁跨度为 18m，间距为 3m，沿结构单元长向布置，利用次梁及框架梁的预应力筋抵抗超长混凝土的伸缩应力，楼板为钢筋混凝土板。框架梁采用后张有粘结预应力混凝土结构，次梁采用后张无粘结预应力混凝土结构，这是一种典型的抗震区后张预应力框架结构体系。设计中采用的不承受水平力的混凝土框架结构是巧妙的设计构思，水平力通过屋盖桁架传至巨形柱，巨形柱与楼盖脱开，直接落地，楼盖不受水平力。后张预应力混凝土梁通常将预应力筋布置成抛物线形状，这样的力筋适合承受竖向均布荷载，不适合用于水平荷载。由于正反方向的水平荷载会产生支座处的正负弯矩，一般的做法是用直线形状的非预应力钢筋承受支座处的弯矩，往往造成配筋率较高。如果框架梁不受水平力，这个结构的非预应力钢筋的用量可以降至最低，本工程位于 6 度区，计算中不考虑水平地震力，楼盖不承受水平风荷载，间距为 3m 的次梁集中重使垂直荷载近似于均布荷载，非常适合采用抛物线形状的后张预应力筋，这种不承受水平力的混凝土框架结构的设计，使大跨度的混凝土框架的用钢量降至最低。

四、立体管桁架结构设计

1. 主楼

屋盖主体结构为支撑于内部大混凝土柱和外部人字形组合柱上的三角形钢管桁架。三角形钢管桁架两上弦杆间距为 3.8（人字形柱处）～5.25m（大混凝土柱处），主桁架上弦杆为半径 570.75m 的弧形钢管，主桁架下弦杆为半径 565.75m 的弧形钢管，桁架跨度为 76.9m 且带有长达 23m 的悬挑，三角形桁架间距约 18m。主桁架内部悬挑端上升设一圆弧形桁架作为玻璃纤维张拉膜的支撑结构。设置于两排柱上端且垂直于主桁架的东西向平面桁架也提供玻璃幕墙和张拉膜的侧向支撑。主桁架之间为跨长略大于 14m 的屋面压型钢板，屋面压型钢板作为主体结构的一部分起连接各主桁架及提供主桁架侧向约束和支撑作用。通过变化三角形主桁架高度和自身转动以形成近似几何球形屋面，该几何形状是通过三维计算机技术而取得。支撑主桁架的梯形大混凝土空心柱和人字形组合钢柱，两种柱按弧线排列，主桁架在大混凝土柱的支撑高度为 41.9m 到 21.0m 不等，主桁架在人字形柱的支撑高度为 35.7m 到 14.7m 不等。每一主桁架相对邻近主桁架绕支撑点连线自转 2°以形成曲面，在形成所希望的弧形屋面过程中，尽可能地考虑到使用经济的结构。例如，主桁架两柱顶支撑高度与相邻主桁架对比升降同等高度，因而大混凝土柱与人字形组合柱之间桁架完全相同，这样可节省钢结构加工费用。此外，为了减少切割和焊接，腹杆交点有离开弦杆中心线 70mm 的正偏心和沿弦杆方向 30mm 的偏心，从而避免了腹杆的搭接。这种大小的偏心只轻微增加杆件和节点应力，但提供了较大的经济性和制作、加工及安装的简便性。

航站楼主楼钢屋盖具有两个对称轴，主楼屋盖近似几何球形，平面为双向弧形变化，桁架空间定位较为复杂。考虑屋盖较大的长度与宽度，屋盖结构纵向平面桁架及屋面板分为三个独立的结构单元。屋盖横向主桁架采用圆钢管和方钢管，圆钢管截面变化较大，从 ϕ508mm×（16～25）mm（用于弦杆）到 ϕ244.5mm×7.1mm（用于腹件），方钢管截面为 500mm×300mm×12.5mm（用于主桁架内部悬挑端上升圆弧形桁架圆弧杆）；下弦杆两端支座处由于相交杆件多，受力很复杂，为制作加工的简便，设置 1m 长的实心钢棒，实心钢棒采用弹塑性有限元方法计算分析钢棒应力。屋盖纵向边桁架和纵向内桁架亦为钢管截面桁架。人字形柱作为钢屋盖支撑，根据建筑美学要求，其三角形组合截面设计成沿杆长线性变化的截面，呈中间大（根据柱长不同，三角形边长为 611～1500mm 不等）两头小的形状，各柱的变化斜率均一样，组合柱管截面为 ϕ273mm×16mm，详见图 2；三根圆管由厚度为 20mm 的钢缀板（缀板间距较

大，根据柱长每条柱设3～5块不等）连接而成，其剪切变形较大，现行规范没有类似构件的承载力计算规定，本工程用弹塑性大挠度几何非线性有限元法计算，并进行足尺模型结构试验以验证计算的正确性和结构构件的可靠性。

2. 连接楼

连接楼的主桁架是由圆钢管相贯焊接而成的双跨倒三角形立体桁架，两根上弦杆之间的距离保持为等距离，侧面斜腹杆与弦杆的连接采用有偏心的K形连接节点，腹杆之间基本上无搭接，以尽量避免产生无法焊接的隐藏焊缝。主桁架间距约为18m，沿径向布置。

主桁架的每段弦杆采用大功率数控型钢弯曲机冷弯成型，然后在现场用带衬板的全熔透焊缝进行拼接。弦杆分段变厚度，壁厚为12～16mm。

主桁架的空侧端由弦杆弯曲后直接支承在基础上，桁架的陆侧端支承在一对人字形柱上，桁架的内支座则是通过球铰支座支承在一条直径为1.2m的钢筋混凝土圆柱上。人字形柱的上下铰支座是铰轴平行的理想的圆柱形铰支座，容许人字形柱在桁架平面内自由摆转，但又保证人字形柱在桁架平面外的稳定。

老虎窗的钢骨架是由一榀拱形平面桁架和两条呈空间曲线的边梁组成。拱形桁架的上边框采用两段F244.5圆管对称拼接而成，并与主体桁架的上弦杆刚接。桁架的下边为起支承作用的纵向次桁架。为了与玻璃幕墙相协调，拱型桁架的腹杆采用纵横分隔的矩形管。老虎窗的边沿杆件采用对称的两条双向弯曲的□500mm×300mm矩形管。由于双向弯曲的矩形管难以弯曲成型，故在施工中是将它细分为长约1.6m的小直线段，在现场再用全熔透对接焊缝拼接成完整的双向弯曲曲杆。为了稳定拱型桁架和减少其上边框在支座处的固端弯矩，采用三根斜拉索对桁架的顶点进行固定。其中一根F32拉索沿老虎窗的窗脊，兼作张拉膜的支承索，另外两根F40斜拉索固定在两侧主桁架的端部。

连接楼钢屋架的纵向设置了五道次桁架，次桁架的间距为10～15m，次桁架的高度为1～2.9m。是平面桁架的上下弦杆均采用W21×62宽翼缘H型钢剖分成T形截面，圆管腹杆与弦杆直接相贯焊接。弧形玻璃幕墙的悬挂桁架是一三角形的空间桁架，承受玻璃幕墙传来的水平力、垂直力及由此产生的扭矩。穿过老虎窗的次桁架也采用了三角形的空间桁架结构，以增强其稳定性。

为保证主桁架上弦的稳定和传递山墙风力，在屋架的每个受力单元的两个端开间均设置了满跨布置的1m高的交叉桁架以作为平面斜撑，每道交叉桁架均为平面圆管桁架。

一期扩建部分的连接楼位于一期连接楼的北端，平面呈圆弧状，长约350m，宽约65m，与一期工程用结构缝分开。对一期工程的屋结构体系进行了改进，采用了之字形桁架结构体系。沿屋盖的纵向设置了三道纵向桁架，一道位于EB（WB）轴附近，一道位于EC（WC）轴，一道位于EF（WF）轴附近。主桁架在陆侧部分分叉成两个较小的三角形桁架，分叉部分同时也是老虎窗的边桁架，沿纵向形成“之”字形平面布置，使屋盖在张拉膜采光天窗（老虎窗）开口处的平面刚度得以增强，解决了侧向稳定性问题。由于省去了水平交叉桁架和减少了纵向桁架的数量，顶棚效果变得简洁。

3. 指廊

一、二指廊屋面主桁架为12m开间、中间跨度24m、两端各悬挑7.45m的平面桁架，通过铰支座与三层的混凝土柱相连，三层柱高5.05～14.38m。主桁架上下弦为拱形弧线，桁架高在跨中为2.252m，往两端逐渐减小，至混凝土柱顶处减至117m。主桁架弦杆为方钢管□250mm×（12～16）mm，斜腹杆为□160mm×（6～8）mm，竖腹杆为□80mm×160mm×5mm，屋面为厚度116mm及210mm、跨度12m的箱形压型钢板。

在主桁架的悬臂端、混凝土柱顶处、天窗处共设了6道纵向次桁架作为支撑。其中，悬臂端纵向次桁架为三角形圆钢管空腹桁架，承受和传递玻璃幕墙传来的水平风载；天窗处次桁架即为天窗架，位于主桁架之上，是方钢管空间桁架，自成抗力体系，承受着天窗荷载；由天窗架下弦往下至主桁架下弦斜撑4根隅撑，是保证主桁架下弦稳定的重要支撑。

除混凝土柱顶处的两榀次桁架外，其他次桁架都隐藏在屋盖之内，整个屋盖体系外观显得较为简洁。由于主桁架整体上相当于两端有较大悬臂、中跨铰支的三跨连续梁，与简支梁相比，弯矩和剪力分布较为均匀，变形也小，是一种比较节省的受力形式。主桁架下弦杆是受压杆，平面外计算长度为0.9m×

10m=9m。在屋面负风压为主的工况，整个24m的中跨范围内下弦杆都有较大的轴压力。因此，如果采用常见的角钢或T形钢作弦杆，截面必然较大，既不经济也不美观。由于建筑上的要求，无法再用增加纵向支撑或系杆的办法来减小计算长度，更不可能改用空间桁架，综合考虑各方面因素，最终采用了方钢管结构。

五、变截面空间组合钢管柱结构体系设计

支承钢桁架的三管梭形钢格构人字形柱都是首次在中国应用，都进行了足尺破坏性试验。梭形钢格构柱目前在各国的钢结构规范都无类似构件的计算规定，我们请清华大学结构工程研究所对主楼19m、23m、29m三根梭形钢格构柱用弹塑性大挠度有限元法ANSYS程序分别按无初始偏心及按$L/500$初始偏心计算，并作了足尺破坏稳定试验研究及缩尺模型试验研究，揭示了这种结构构件S形失稳模态和破坏机理，初步建立了梭形钢管格构柱的设计理论和方法。试验结果与按$L/500$初始偏心计算结果吻合，误差在10%以内。

六、超大跨度箱形压型钢板结构体系设计

屋面12m、14m、15.2m跨度的箱形压型钢板是首次在中国应用，都进行了足尺破坏性试验。航站楼主楼、指廊、一期扩建连接楼屋面采用了无檩式大跨度组合箱形压型钢板，这种箱形压型钢板是冷弯薄壁结构，跨度12m、14m、15.2m，首次在我国设计及制作，国产箱形压型钢板比进口产品节省大量投资。

大跨度箱形压型钢板是由两块（半块）压制成型的压型钢板扣合而成，组合压型钢板高度为312～380mm，基板厚度1.52～1.9mm，板跨可达14～16m，分上下两部分轧制成型，再经电阻点焊成箱形，在箱形空腔内加保温吸声材料，亦可按需要在空腔内加型钢，下表面按声学要求开孔，孔径3mm，开孔率8%。这种箱形压型钢板集结构承重、屋盖支撑、建筑吸声、吊顶装饰等要求一身，简洁美观，是我国目前跨度最大的屋面压型钢板。

12m、14m、15.2m跨度的箱形压型钢板在同济大学、天津大学、华南理工大学做了足尺破坏性试验，通过试验研究揭示了箱形压型钢板的失稳模态和破坏机理。对大跨度箱形压型钢板的非线性有限元分析得到的荷载－挠度全过程曲线（图3）。在线性阶段曲线呈明显的曲线，刚度最大；进入弹塑性阶段后刚度开始减小；在极值附近，压型钢板屈曲。屈曲后位移增长较快，刚度较明显减小。图中的数据点为试验值，试验值与计算值在线性阶段十分接近，进入弹塑性阶段后试验的挠度要比数值分析结果小。试验的极限荷载也比数值分析结果稍大一些，但比较接近。试验得到的极限荷载为4.112kN/m^2，数值分析得到的极限荷载为3.97kN/m^2，相差3.6%。说明采用非线性有限元法计算箱形压型钢板的极限荷载是可行的。

无檩式大跨度组合箱形压型钢板的成功应用，填补了我国大跨度屋面压型钢板的空白，对大跨度屋盖体系的发展具有深远的影响。

七、新型预应力拉索拱桁架结构体系设计

扩建工程三指廊屋面主桁架为18m柱距、中间跨度35m、两端各悬挑7.3m的预应力拉索拱形钢管立体桁架，通过铸钢铰支座与三层的混凝土柱相连。主桁架跨中结构高度为2.0m，往两端逐渐增大，至混凝土柱顶处增至3.75m。在混凝土柱顶处、跨中天窗处共设了3道纵向次桁架作为支撑。由于采用了预应力拉索拱形钢管桁架的结构形式，相比一期，在主桁架的开间及跨度均增加了50%的情况下，跨中结构高度却减少了11%。

混凝土柱顶处纵向次桁架为三角形圆钢管空腹桁架，承受和传递玻璃幕墙传来的水平风载。天窗处次桁架即为天窗架，位于主桁架之上，是钢管空间桁架，自成抗力体系，承受着天窗各种荷载。这3道次桁架共同构成主桁架稳定的支撑。混凝土柱顶处的两榀次桁架部分隐藏在顶棚之内，其腹杆的布置巧妙地和顶棚、灯具结合在一起，成为建筑装饰的一部分，而天窗次桁架则隐藏在天窗下的透光膜结构吊顶

之内，相比一期，整个屋盖体系外观显得更为简洁、美观。

每条指廊共有12榀主桁架，计至外边缘全长约203m，在7～8轴间117m处设置了一道伸缩缝，屋盖沿纵向为上拱圆弧形（圆弧半径在柱顶处为75m），伸缩缝就设置在圆弧的最高点，简化了伸缩缝处屋面防水及天沟的构造。主桁架顺着屋面纵向弧线绕砼柱顶铰支座有0.69°～8.97°的转角，使得主桁架平面垂直于屋面纵向弧线。

三层层高变化较大，柱高3.67～12.80m，柱顶和主桁架铰接，柱子本身基本为悬臂受力为了满足层间位移角的要求，柱横截面随着柱高的增加而逐步加大，由1m×1.2m增加至1.2m×1.6m。

三指廊的主桁架是由圆钢管相贯焊接而成的横截面为倒三角形的立体桁架，桁架横截面宽2.0m，高3.75～2.0m，上弦杆为ϕ245×16～20mm，下弦杆为ϕ299×16～20mm，侧面腹杆为ϕ121～159×6～10mm。两根上弦杆之间的距离保持为等距离。主桁架榀距为18m。

侧面斜腹杆与弦杆的相贯节点均为带间隙的双K型连接节点，腹杆之间无搭接，以避免产生难以焊接的隐藏焊缝，根据腹杆的布置情况，必要时采用有偏心的间隙接头。

主桁架的弦杆为正圆弧，采用冷弯或热弯成型，弦杆分段变厚度，拼接处离开节点1m（离开节点区至少2倍弦杆直径），以避开应力分布复杂的相贯节点区。

在主桁架下弦杆钢管内设置了两束预应力拉索，预应力拉索采用低松弛镀锌钢绞线（f_{ptk}=1770MPa，f_{py}=1249MPa），其两端采用带防松脱装置的夹片锚具。拉索的规格为ϕs15.2，每束15～16根。

主桁架中间跨度35m，两端各悬挑7.3m，简支内跨无论荷载还是跨度均远大于悬挑跨；同时桁架上拱，矢跨比较小，仅为0.115，且悬臂混凝土柱提供的水平向约束刚度有限，因此，其力学特点介于预应力简支桁架和预应力拱架（拱形桁架）之间，且偏向于简支桁架。

常见的预应力简支桁架预应力索的廊内布置方式有3种：（1）沿下弦直线布索；（2）折线布索，起点为桁架两端中性轴，折点位于下弦第二个之后的节点；（3）折线布索，起点为桁架上弦两端，折点位于下弦第二个之后的节点。如果单纯考虑预应力改善挠度的效率，那么可以容易地用结构力学的方法证明，这三种方式的效率是依次降低的。

本工程的预应力桁架沿下弦曲线布索，与常见的预应力简支桁架有区别，为了研究其力学特点，找出关键的控制参数，可将其简化成两折线模型（图4），拉索与桁架中性轴的偏心用刚性杆模拟，忽略预应力损失及拉索自身刚度的影响，计算简图及M、N、V图如下所示。用结构力学的方法可得到跨中挠度Δc的计算式：

$$\Delta c=\frac{5qL^2[4(H-h1+h2)^2+L^2]}{384EI}-\frac{PL^2(h1+2h2)\sqrt{4(H-h1+h2)^2+L^2}}{24EI\sqrt{4H^2+L^2}}$$

取q=2.5kN/m、P=1340kN、L=35m、H=4.03m，分析各几何参数（$h1$、$h2$、H）与跨中挠度（Δc）的关系如图5所示，结论如下：

1）当拱形桁架的支座水平向约束刚度小时（极端情况为滑动铰）：

（1）施加预应力可以显著减小拱形桁架的挠度；

（2）预应力可以改变拱形桁架的内力分布。有利的是可使跨中弯矩减小，弯矩分布更平均；不利的是使得轴力、剪力增加，尤其是轴力增加明显；经过本工程桁架实例验算，总体用钢量是节省了的；

（3）拱架高H的大小对挠度基本没影响；

（4）对挠度影响较大的是拉索的偏心距$h1$、$h2$，尤其是跨中的偏心距$h2$影响最大。

2）当拱形桁架的支座水平向约束刚度大时（极端情况为固定铰），直接施加预应力不但不可以减小拱形桁架的挠度，预应力反而变成荷载，使得挠度、内力增大。遇到这种情况，要使预应力发挥有利的作用，应分步施工：在张拉时解除支座水平向约束，此时拱形桁架的力学特点和第一种情况相同；待张拉完后再锁定支座。

基于以上分析，我们对本工程主桁架作了多次试算，确定了桁架的几何外形及拉索的预应力值，使得在主桁架的开间及跨度相比一期均增加了50%的情况下，跨中结构高度却减少了11%，取得了较好的建筑效果。预应力拉索的张拉控制应力比约为0.28；拉索最大设计应力比约为0.63，拉索的总安全度K

≈2.10。

本工程预应力桁架的施工基本步骤为："桁架拼装——穿索——整体吊装——拉索张拉——支座固定"。吊装时先在混凝土柱上设置临时支架。张拉前，锁定拉索锚固端的铸钢铰支座，桁架张拉端则支承在临时支架的滑动支座上，张拉至控制值后，即将张拉端的铸钢铰支座锁定，并浇注无收缩灌浆。桁架两端同步张拉，每两束拉索也要求同时张拉，张拉力差值不得大于50kN。桁架的张拉控制以变形控制为主，应力控制为辅。

八、大跨度热成型方管桁架结构体系设计

轧制方矩形钢管从轧制方法来划分，可分为冷成型与热成型钢管。热成型方矩形钢管与冷成型方矩形管相比，具有残余应力低、塑性性能及焊接性能好等优点。热成型方矩主要生产地在欧洲，在欧洲的机场、桥梁、商业建筑都有大量的应用。由于国内目前还不能生产这种方管，故在国内应用较少。热成型方矩形钢管在广州新白云机场工程中得到了成功的运用，最大截面为□500mm×22mm，这在国内还是首次。

连接桥是一空间桁架结构，跨度为45～54m屋面平均高度34m，大量采用了热成型方管。连接桥的竖向荷载由两片纵向方管平面桁架承受，桁架杆件为□400～500mm、壁厚为12～25mm的方管。纵向桁架跨度为45～54m，两端带跨度为3.692～6.946m的悬臂跨，内跨的竖杆间距为9m等距，悬臂跨斜杆布置呈"K"形，内跨斜杆的布置呈"米"字形。为改善悬臂跨的受力，悬臂跨下端通过边斜杆传力至连接桥钢立柱的下端，然后直接传力至基础。所有方（矩）形管的带坡口的相贯线均由六维全自动切割一次切割成型，切割中考虑了管圆角处的圆滑过渡。

连接桥的侧向风力由垂直刚架、水平刚性行人楼板、水平斜撑、屋面承受。每座连接桥利用四条钢立柱形成了两道垂直刚架，其杆件采用热轧H型钢、焊接H型钢和方管。在离三层楼板约10m高处，设有一道水平桁架，水平桁架斜杆为□300方管。屋面桁架也是带有斜撑的，以传递侧向力和承受屋面张拉膜的张拉力。屋面的形状是一曲面，它由两榀纵向桁架的两条异面的直线上弦杆及最大间距为9m的数道横向圆弧杆构成骨架，在上面再覆盖张拉膜以作为屋面。张拉膜是定在屋面的四边及横向圆弧杆上，中部圆弧杆采用□500方管，端部圆弧杆采用□400方管，每条圆弧杆的圆弧半径为38.072～73.729m不等。屋面斜杆采用□300方管，是一条直杆，其轴线是与边杆及横向圆弧杆的轴线是相交的，因此其顶面比张拉膜的固定杆的顶面低50～100mm，为了避免张拉膜下垂时不接触到斜撑杆件，通过竖板连接件将张拉膜再抬高150mm左右，这样斜撑仅承受轴力而不承受弯矩，增大了支撑刚度。

连接桥的二楼原考虑作为管道层或行李运输通道使用，层高较矮，后来建筑要求连接桥的二层用作能走人和通行电瓶车的中转通道，为了在保证三层标高不变和有足够的架空底层高度以通行电瓶车的条件下有足够的二层净高，只能大大减小二层楼板的结构厚度，因此采用了间距为1000mm，跨度为6000mm的□150mm×400mm密排矩形管，上铺花纹钢板，钢板上铺C35钢筋混凝土，钢板与钢筋混凝土楼板组合受力。为支撑二层楼板，设置了两道一层高的纵多跨向桁架，每跨跨度为9000mm，桁架两端部支承在两道横向刚架上，中间支承在由间距为9000mm的各道横向桁架上。横向桁架的上弦是截面为BH800×500mm的连续的焊接H型钢梁，下弦杆是用两根□150mm×400mm在侧面通过两条喇叭形焊缝连接在一起的组合杆件，以便减少结构厚度，两侧带是截面尺寸为□400mm的方管斜杆和竖杆，桁架两端支承在两片纵向主桁架上。

老虎窗的钢骨架是由一榀拱形平面桁架和两条呈空间曲线的边梁组成。拱形桁架的上边框采用两段曲率半径为11.197m的ϕ244.5圆管对称拼接而成，并与主体桁架的上弦杆刚接。桁架的下边为起支承作用的纵向次桁架。拱型桁架的竖向分隔采用间距1500mm的□300mm×100mm（宽度面沿桁架平面）矩形管，水平向分隔采用间距3000mm的□200mm×100mm（宽度面沿桁架平面）矩形管。老虎窗的边沿杆件采用对称的两条双向弯曲的□500×300矩形管，杆轴线在水平投影面上的曲率半径为108.926m，在垂直投影面上的曲率半径为105.000m。由于双向弯曲的矩形管难以弯曲成型，故在施工中是将它细分为长约1.6m的小直线段，在现场再用全熔透对接焊缝拼接成完整的双向弯曲曲杆。

过渡体是连接桥与连接楼屋盖的交接部分。为了与连接桥的结构形式一致，也采用了热轧方管空间桁架结构。上弦杆与连接桥一样，也采用□500 方管，主桁架腹杆采用□400 方管，水平斜撑采用□300 方管，四条立柱采用□400 方管，壁厚 10～25mm。顶面为张拉膜顶，为了方便固定张拉膜，过渡体顶面与连接楼屋顶相贯线处的桁架上弦采用了□400 方管。过渡体中间设置一片水平方管桁架用于增加空间桁架的刚度和稳定性。

九、结语

广州新白云国际机场航站楼工程的建设规模大、科技含量高，有多种建筑结构技术是首次在中国应用，效果良好，其设计和建设经验为其他工程提供了有益的参考和借鉴。

图 1　广州白云机场航站楼一期及一期扩建工程鸟瞰图

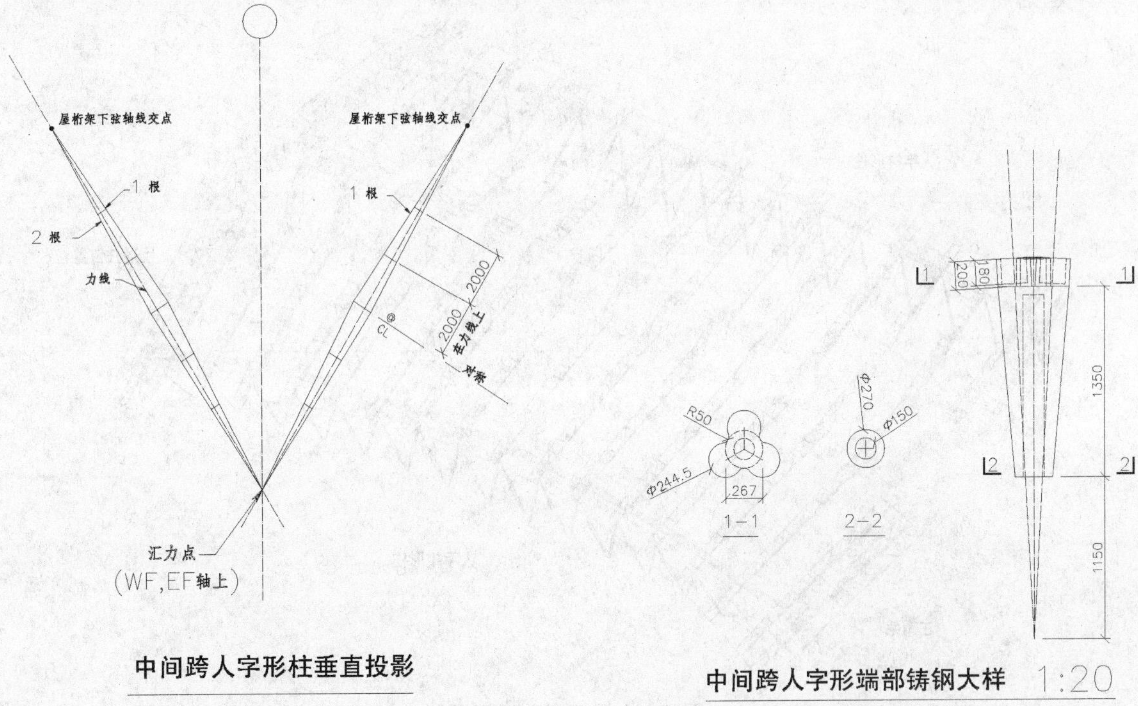

图 2　人字形柱大样图

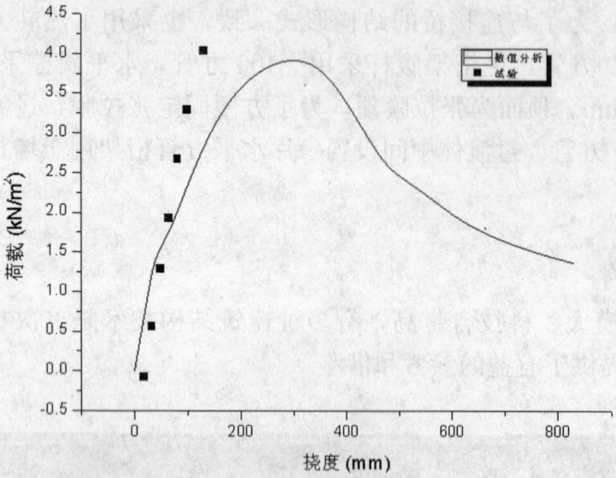

图 3　箱形压型钢板荷载一挠度全过程曲线

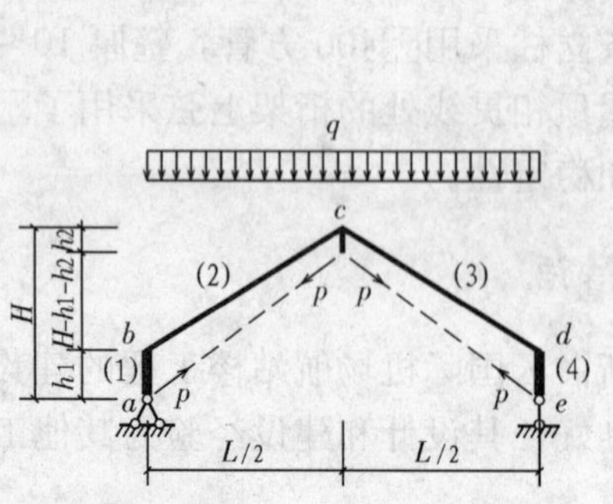

单元（1）、（4）：EA=∞、EI=∞;
单元（2）、（3）：EA=∞、EI=1

图 4　预应力桁架二折线简化模型

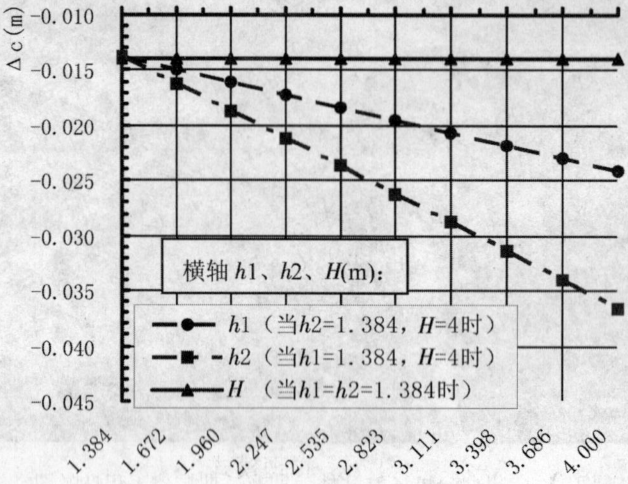

图 5　几何参数与跨中挠度关系

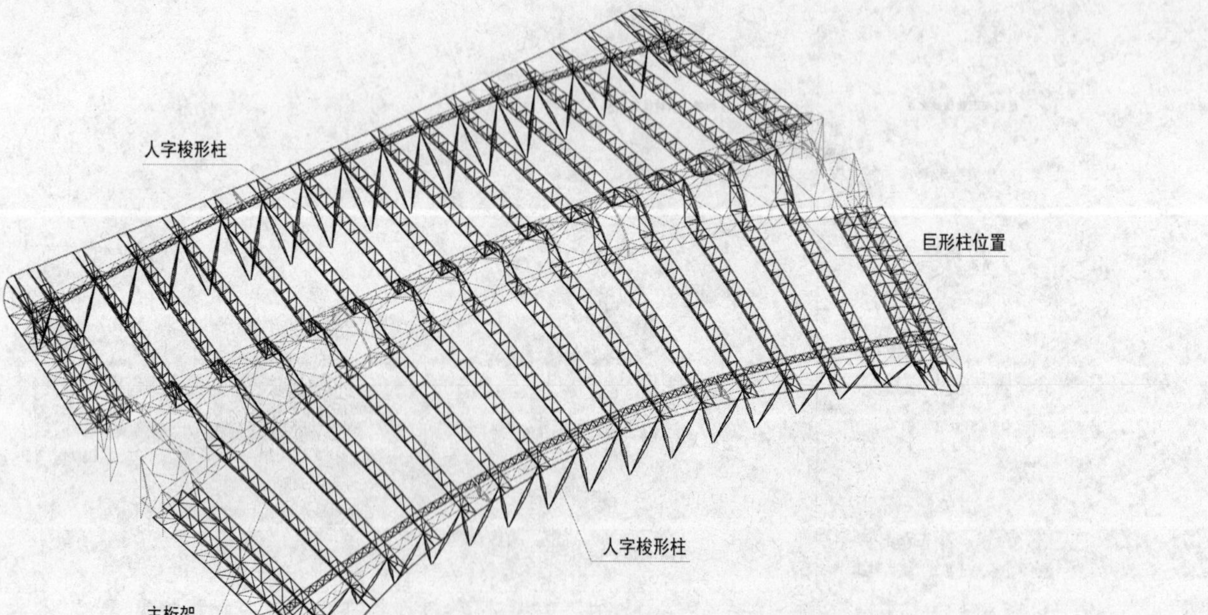

图 6　主楼钢屋盖透视图

图7 主楼屋盖结构平面布置图

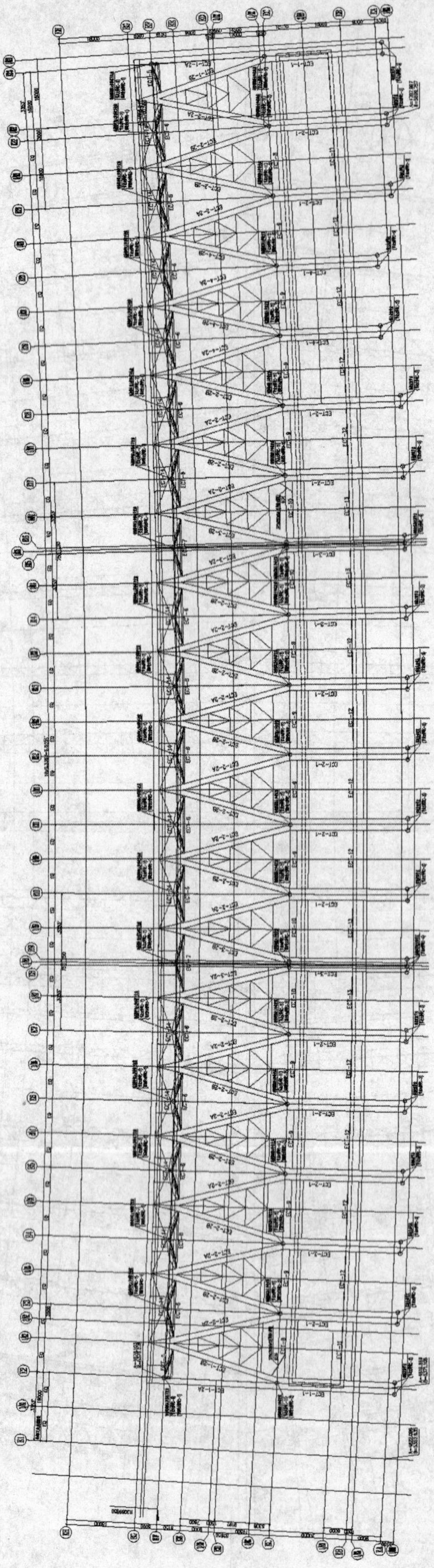

图8 一期扩建连接楼屋盖结构平面图

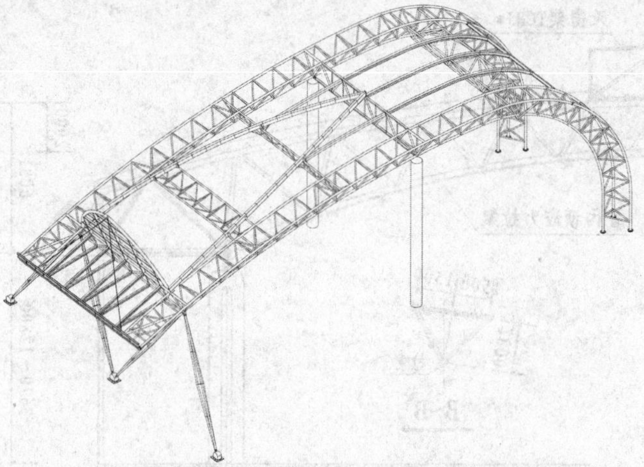

图 9　连接楼屋盖透视图

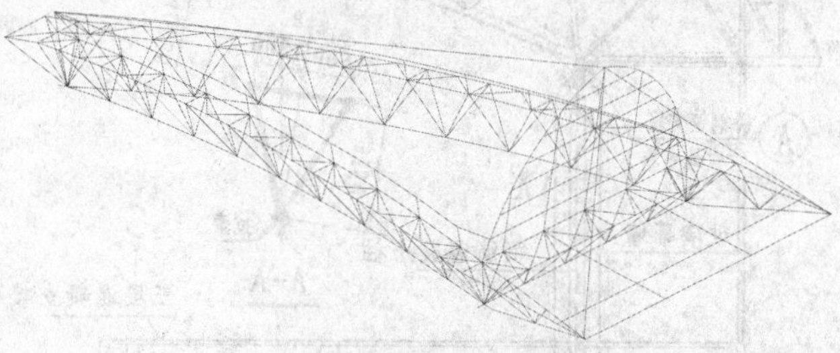

图 10　老虎窗结构透视图

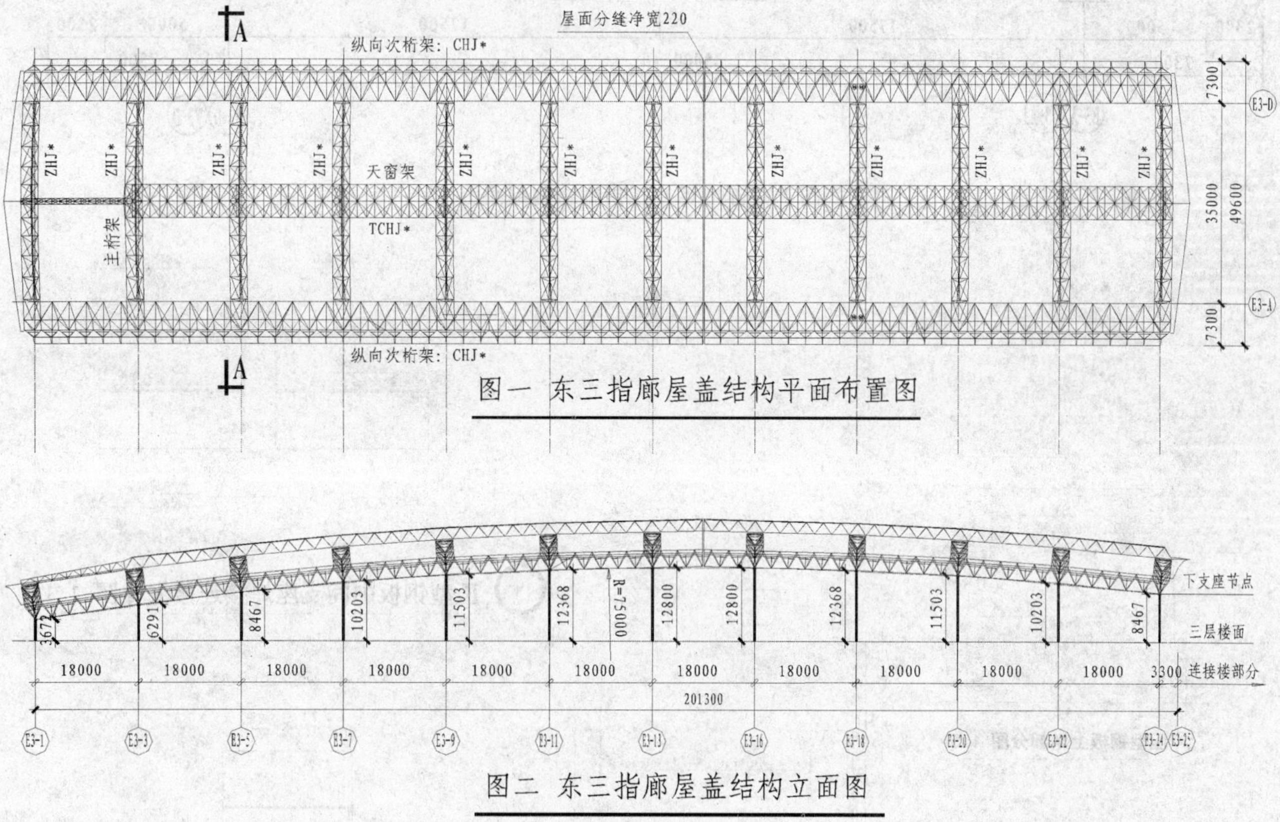

图 11　东三指廊结构平面及立面图

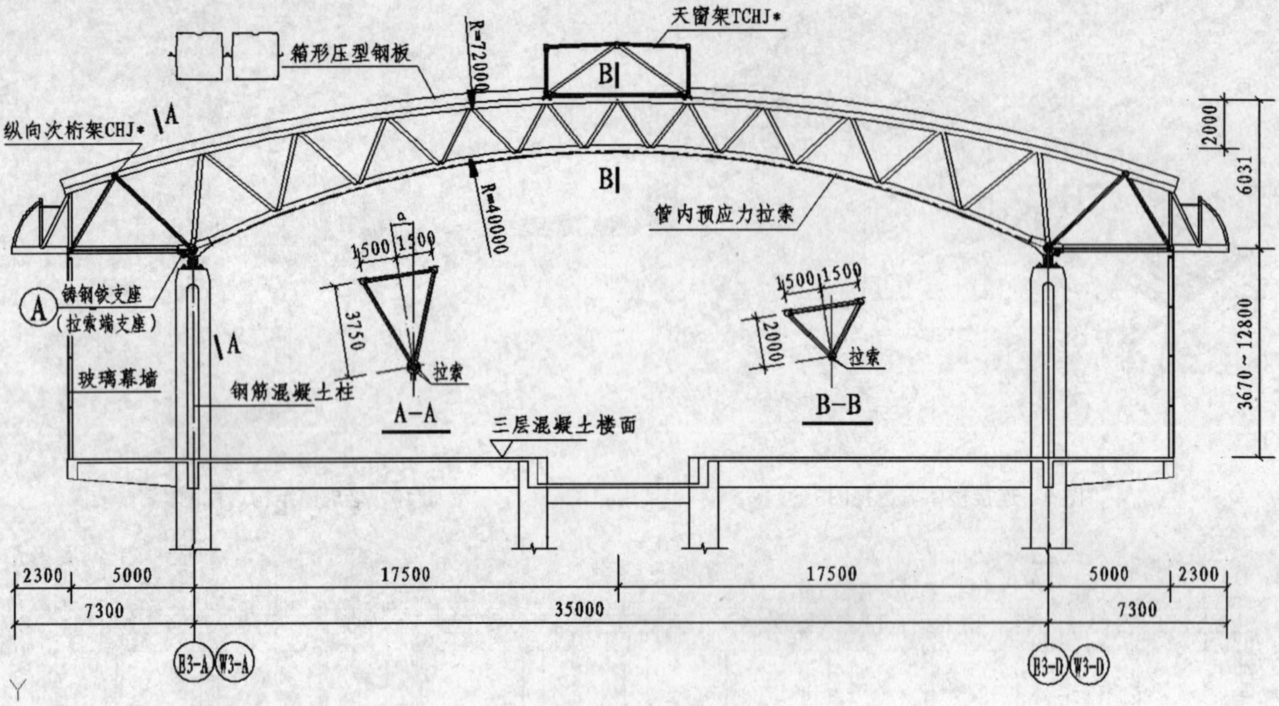

图 12 东（西）三指廊结构剖面图

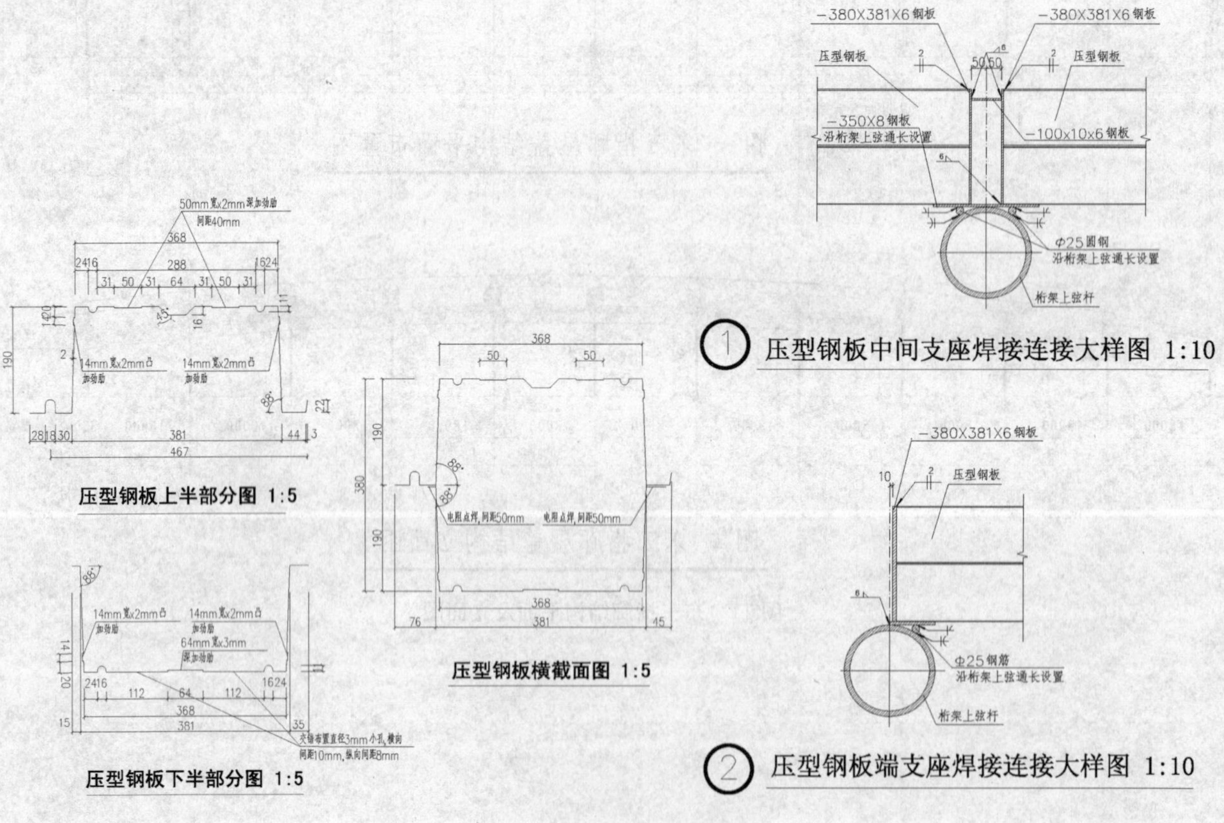

图 13 箱形压型钢板大样图

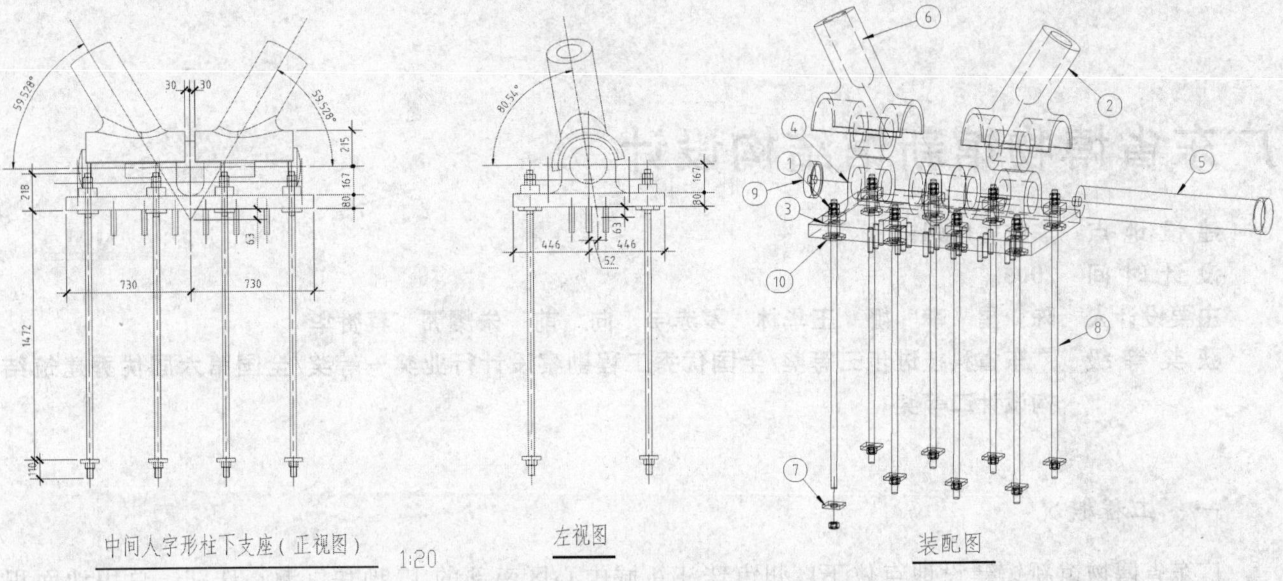

图 14　人字形柱下支座铸钢支座大样图

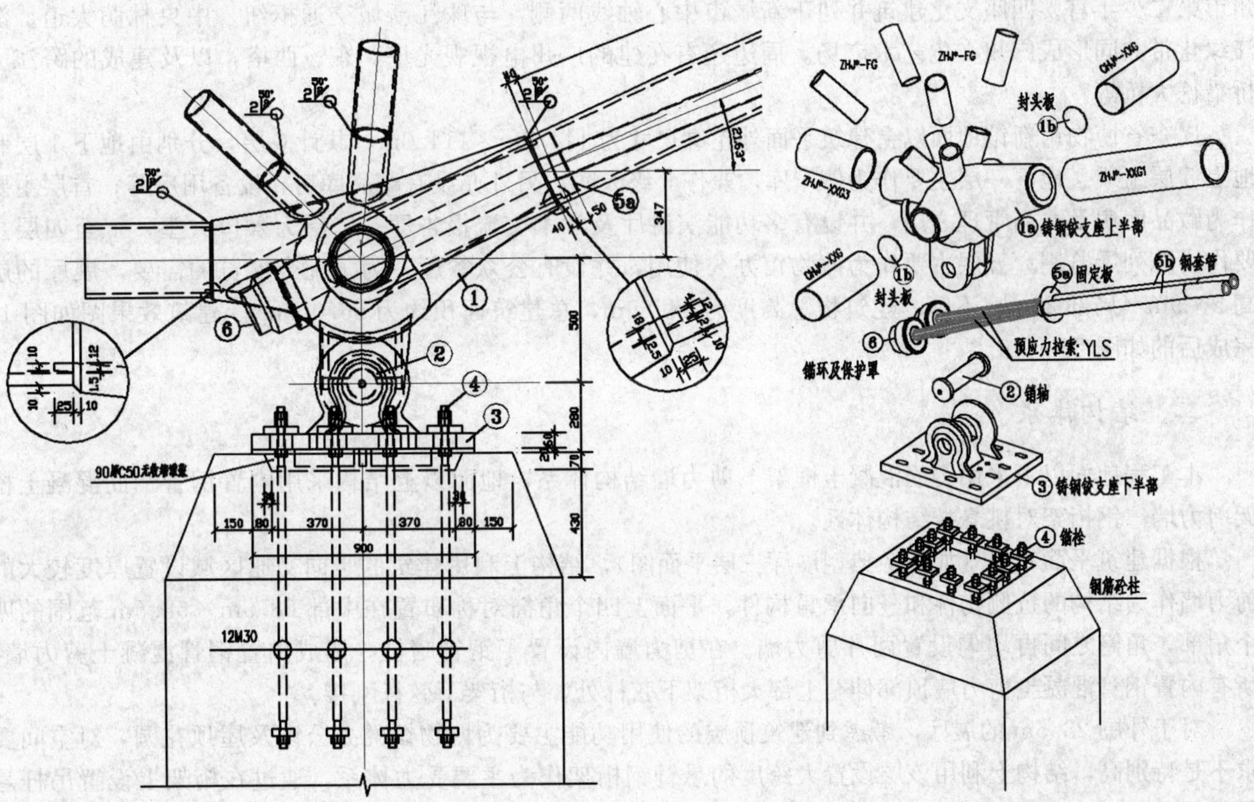

图 15　预应力桁架支座大样图

广东省博物馆新馆结构设计

建设地点 广东省广州市
设计时间 2005
主要设计人 陈 星 李 娜 王华林 罗赤宇 向 前 朱耀洲 蔡赞华
获奖等级 广东省科技进步三等奖/全国优秀工程勘察设计行业奖一等奖/全国第六届优秀建筑结构设计二等奖

一、工程概况

广东省博物馆新馆建设地点位于广州市珠江新城中心区南部的J5地块，濒临珠江，总用地面积41.027m^2。基地周边环境优美、交通可达性强，西侧为广州歌剧院，北侧为广州市图书馆，西北侧为广州市第二少年宫。四座文化建筑并列于新城市中心轴线两侧，与珠江新城交通枢纽、中央林荫大道、滨江绿化带共同形成广州文化艺术广场。周边还有在建的广州电视观光塔，东、西塔，以及建成的跨江大桥猎德大桥等。

广东省博物馆新馆地面以上建筑平面外轮廓尺寸为114.0m×114.0m，共计6层，分别由地下1层和地上5层组成。地下一层主要作为停车库，兼作6级人防，另外亦设有藏品库房、设备用房等；首层主要作为藏品库房及藏品管理之用，并设有多功能演讲厅及学术交流报告厅；二层为入口大堂；三至四层主要作为陈列展览用；五层主要作为博物馆办公使用，并设有公众餐厅。为了配合展览的需要，展厅的层高5～9m（局部20m）不等，建筑物总高度为44.65m，总建筑面积约为66.000m^2。建筑效果图如图1，完成后的如图2～图6。

二、结构体系

本工程地面以下采用钢筋混凝土框架一剪力墙结构体系，地面以上结构采用内置钢管钢筋混凝土桁架剪力墙—钢桁架对挑悬挂结构体系。

根据建筑平面布局（如图7典型展厅三层平面图），结构上利用建筑的竖向交通区域设置厚度较大的剪力墙作为结构的抗侧构件和竖向承重构件，平面上四个角筒对称布置在中部68.5m×68.5m范围的四个角部，角筒之间再均匀设置两片剪力墙。在剪力墙内设置了钢管暗柱，形成内置钢管混凝土剪力墙。所有内置钢管混凝土剪力墙顶部伸至上部大桁架下弦杆处，与桁架下弦杆刚接。

对于外围23.5m的展厅，考虑到建筑顶层的使用功能主要为博物馆的办公区及屋顶花园，对空间要求不是特别高，结构上利用该层设置大跨度的悬臂钢桁架作为主要受力体系，通过在桁架上设置吊杆悬吊外围展厅，以实现建筑在最外圈无落地柱的效果，如图8广东省博物馆新馆剖面图。

另外，为实现展厅内的大跨度无柱式空间，吊杆仅布置在展厅的最外围，展厅内次梁主要沿平行于主梁的方向单向布置，这样能将竖向荷载尽量传至剪力墙，既减轻了桁架的负担，又减小了与次梁平行的主梁高度，使得建筑的使用空间更加灵活。

对于中庭回廊，同样利用桁架上设置的吊杆作为竖向受力构件，这样既能实现建筑中庭的大跨度无柱式空间，又能平衡一部分由悬臂桁架产生的倾覆弯矩。

下部各楼层和吊杆连接的边框架梁采用箱形截面，四个角部主框架梁采用箱形截面，刚接于剪力墙的箱形钢连梁上，增加楼层的抗扭刚度，并加强结构的角部刚度，刚接于剪力墙端的4m范围内调整截面并浇筑混凝土；其余框架梁采用工字形截面，且为了减小钢梁截面，采用三段式变截面，铰接于剪力墙的箱形钢连梁上。在刚接杆件端部内浇筑混凝土共同抗弯，能有效减小梁截面大小，降低钢梁内压应力，控制用钢量。

建筑立面变化复杂，外墙洞口凹凸有致，而且部分洞口尺寸较大，完全通过幕墙来实现建筑立面效果有一定的难度。结构上设置3m×3m左右的空间钢架作为外墙的主支撑骨架，该体系跟随建筑上凹凸或开洞的位置下沉或断开，以实现建筑的立面效果。

三、结构计算

1. 弹性状态下结构整体的计算分析

本工程除了具有传统核心筒悬挂结构体系的特点外，还有一个重要的特点就是结构的主要受力构件均由钢、钢筋混凝土、预应力这三种材料中的两种或以上组合而成。针对工程的复杂性和特殊性，整体结构计算分析采用了多个国内外程序，主要包括MIDAS/GEN中文版、ETABS中文版以及PMSAP等进行整体计算分析。

根据规范规定，结构设计安全等级为一级，结构重要性系数$\gamma_0=1.1$；抗震设防类别为乙类；场地类别为Ⅱ类；抗震设防烈度为7度，设计基本地震加速度值为0.10g，设计地震分组为第一组，水平地震影响系数最大值为0.08，反应谱特征周期$Tg=0.35s$，阻尼比取0.035，并根据大跨度长悬臂悬挂结构的特点，考虑竖向地震作用。根据《广东省实施〈高层建筑混凝土结构技术规程〉JGJ 3—2002补充规定》，当结构设计使用年限为100年时，地震作用按50年乘以1.35的系数。根据《广东省博物馆新馆风洞动态测压试验报告》，结构整体的风荷载体型系数约为1.1，未超过规范规定的数值。整体计算时风荷载采用按100年重现期确定的基本风压值$0.6kN/m^2$，体型系数按规范取1.3，地面粗糙类别为C类。主要结果如表1～表5。

MIDAS/GEN、ETABS整体计算周期 表1

	MIDAS/GEN	ETABS	振型
T1	1.14380	1.17126	X平动
T2	1.09146	1.10936	Y平动
T3	0.96630	0.99262	扭转

MIDAS/GEN、ETABS整体计算基底剪重比（%） 表2

	MIDAS	ETABS
X方向	1.667	1.768
Y方向	1.792	1.734

MIDAS/GEN、ETABS整体计算层间刚度比 表3

	MIDAS		ETABS		薄弱层调整系数
	X向	Y向	X向	Y向	
首层	3.66	3.55	3.86	3.75	1.0
2层	1.69	1.69	2.13	2.15	1.0
3层	1.19	1.18	1.25	1.08	1.0
3层夹	2.22	2.56	2.24	2.64	1.0
4层	0.71	0.83	0.78	0.96	1.15
5层	1.0	1.0	1.0	1.0	1.0

注：表中数值为本层侧向刚度比相邻上一层侧向刚度的70%或其上相邻三层侧向刚度平均值的80%中的较大者。

MIDAS/GEN、ETABS 整体计算 *X* 方向地震荷载作用下层间位移 **表 4**

	MIDAS (mm)			ETABS		
	最大值	平均值	比值	最大值	平均值	比值
2 层	2.1207	1.9776	1.072	2.1607	1.9435	1.11
	1/3065	1/3287		1/3008	1/3344	
3 层	4.6937	4.5055	1.042	4.7435	4.3515	1.09
	1/1704	1/1776		1/1687	1/1838	
3 层夹	4.6514	4.3069	1.08	4.6139	4.239	1.088
	1/1505	1/1625		1/1517	1/1651	
4 层	3.4985	3.2930	1.062	3.2779	3.0445	1.08
	1/1429	1/1518		1/1525	1/1642	
5 层	8.0031	7.5937	1.054	8.0889	7.5362	1.07
	1/1437	1/1514		1/1422	1/1526	
屋面	1.3551	1.2891	1.051	1.2215	1.1511	1.061
	1/4797	1/5042		1/5321	1/5647	

MIDAS/GEN、ETABS 整体计算 *Y* 方向地震荷载作用下层间位移 **表 5**

	MIDAS (mm)			ETABS		
	最大值	平均值	比值	最大值	平均值	比值
2 层	2.2725	2.1535	1.055	2.4277	2.2471	1.08
	1/2860	1/3018		1/2677	1/2893	
3 层	5.4944	4.8732	1.127	5.0367	4.7619	1.058
	1/1456	1/1642		1/1588	1/1688	
3 层夹	5.5308	4.8912	1.131	5.2797	4.9222	1.073
	1/1266	1/1431		1/1326	1/1422	
4 层	3.4870	3.2655	1.068	3.6882	3.2838	1.123
	1/1434	1/1531		1/1356	1/1523	
5 层	8.6339	7.7937	1.108	8.4014	7.5758	1.109
	1/1332	1/1476		1/1369	1/1518	
屋面	1.1940	1.1900	1.003	1.3351	1.1928	1.119
	1/5444	1/5462		1/4869	1/5449	

计算结果显示，除四层/五层的层间刚度比不满足规范规定的数值外，其余各项指标均满足规范要求。原因是因为本工程结构的特殊性，五层与屋面层为顶部桁架层，设计时第四层视为薄弱层。此外，结构采用多遇地震下的弹性动力时程分析方法进行了补充分析。

2. 弹塑性状态下结构的抗震性能计算分析

为研究广东省博物馆新馆新颖结构的抗震性能，首先采用 MIDAS/GEN 进行了结构的静力弹塑性（PUSHOVER）分析。为进一步研究本工程结构体系的抗震性能以及“内置钢管混凝土桁架”对结构抗震性能的影响，采用了非线性分析程序 ABAQUS 进行动力弹塑性计算分析，找出结构在大震作用下的破坏点，同时也掌握内置钢管的工作性能。

四、结构设计特点

1. 内置钢管混凝土桁架剪力墙的采用

作用：1）剪力墙内设置钢管混凝土柱确保了竖向构件与悬挂主水平构件的有效连接；2）剪力墙内设置钢管混凝土柱有效提高了结构抗震性能，使结构获得二道防线；3）利用剪力墙内已有的钢管混凝土柱增设钢支撑形成内置钢管混凝土桁架，完成施工阶段到使用阶段结构体系的转换，极大地方便了施工，大大减少了施工工期和施工费用的一次性投入。

内置钢管柱采用直缝焊接钢管，钢管柱壁厚按受力大小取20～35mm，钢管内混凝土等级为C60，剪力墙混凝土强度等级为C50。内置钢管布置、及施工现场如图9～图12。

2. 施加预应力的部分矩形钢管混凝土悬臂整体桁架

作用：1）能较好地解决大跨度悬挂结构端部（或角点）位移大的问题，施加预应力不仅能控制结构挠度，也有效减小了受拉杆件应力，同时作为悬挂结构的二次防线措施，钢管混凝土增加了桁架刚度，控制变形，同时也减小了受压杆件应力；2）将各平面桁架组成空间结构，形成整体空间桁架体系，使各桁架间能协同工作，即使某一榀桁架在某种特殊荷载作用下局部构件达到屈服，由于协同工作的存在，也能将内力重分布至其他相邻桁架，确保结构的安全性。桁架及其内部预应力布置、混凝土浇筑分布示意图13～图15，现场施工照片如图16、图17。

3. 钢一预应力拉索混合式吊杆

作用：钢吊杆作为主受力吊杆，以加强结构的侧向刚度，及减小悬吊各楼层的振动；预应力钢索既是悬挂结构体系的二次防线，又与桁架预应力相结合作为回复力有效地减小了整个结构在竖向地震作用下的响应。

吊杆是结构中的重要受力构件，它除承受竖向力外，还要承受外墙传来的风荷载以及地震作用力，受力复杂。为确保悬挂体系的结构安全，吊杆内设置了预应力钢索。其中外围吊杆采用焊接箱形钢吊杆，内设4根预应力拉索；中庭回廊吊杆采用直缝焊接或无缝圆钢管，由于其受力较小，仅设置1根预应力拉索。钢吊杆为主受力杆件，以加强结构的侧向刚度，及减小悬吊各楼层的振动；预应力钢索作为吊杆的二次防线，为避免因预应力过大使吊杆由拉杆转变为压杆，引起压杆失稳，吊杆中钢索的预应力度控制在20%左右，如图18～图20。在结构的4个角部，悬臂桁架最外端和角点之间设置—2×700×40的斜拉板，既减少了4个角点的挠度，又减小了封口大桁架的尺寸。由于四角斜拉板的作用，角吊杆在四层以上以受压为主，因此角吊杆内不设置预应力，如图21、图22。

4. 适应悬挂结构受力特点的合理楼盖体系

适应悬挂结构受力特点的合理楼盖体系作用：1）下部楼层角部采用井字梁布置体系有效增加了楼层抗扭刚度，减小楼层相互间的不均匀变形引起的扭转；2）除角部以外的部位均采用单向梁布置体系将竖向荷载有效传给竖向构件，减小悬臂端荷载，进而减少上部桁架受力。

下部楼层的最终设计为：和吊杆连接的边框架梁采用箱形截面（□1000×650×25×12）；4个角部主框架梁采用箱形截面（三层╥1300×1000，其他╥1100×1000），刚接于剪力墙的箱形钢连梁上，以增加角部的抗扭刚度，刚接于剪力墙端的4m范围内加大板件厚度并浇筑混凝土与钢梁共同抗弯，有效减小梁截面大小，降低钢梁应力，控制用钢量；其余框架梁采用工字形截面铰接于剪力墙的箱形钢连梁及边框架梁上，且为了减小钢梁截面，采用三段式变截面（跨中为H1100mm×400mm，两边为H600～1100mm×320～400mm）。为加强角部的抗扭刚度，四角次梁双向布置（截面为H800mm×300mm）；其余次梁主要沿平行于主梁的方向单向布置，间距约3.0m，铰接于剪力墙的箱形钢连梁及边框架梁上。这样的布置能将竖向荷载尽量传至剪力墙，既减轻了桁架的负担，又控制了与次梁平行的主梁高度，同时还加强了墙体和楼面之间的连接。为减小用钢量，单向布置的次梁也采用三段式变截面（跨中为H1100×300，两边为H600～1100×250～300），如图23、图25。

5. 利用构件自身的滞后振动设置的减振（震）措施

利用构件自身的滞后振动设置的减振（震）措施的作用：1）利用建筑墙体自身滞后振动能有效减小地震荷载及人行荷载所产生的振动对主体结构的影响，并可消除多振源产生共振的危险性；2）自减振水池减小了振动对主体结构的影响。

工程采用了内置钢管混凝土桁架剪力墙——钢桁架对挑悬挂结构体系，对竖向振动极其敏感，而无论从结构安全出发，还是从博物馆的使用功能出发，都应该尽量减小竖向振动的影响。为节省投资，工程在建筑悬臂端的外墙（以梁柱为分割）四周设置橡胶垫，橡胶垫的存在使得外墙振动滞后于主体结构的振动，且由于建筑外墙在悬挂结构的最外围，其相对于支座的力臂较大，它的滞后振动能有效减小地震荷载及人行荷载所产生的振动对主体结构的影响，并可消除多振源产生共振的危险性。图 25 为橡胶垫设置大样。另外，在桁架上弦非悬臂部分的建筑允许范围内，设置了减振“水箱”。

6. 内置加气混凝土砌块钢筋混凝土楼板

作用：通过轻质加气混凝土砌块的设置，减轻了结构自重，在不增加任何投资的情况下，有效的控制了悬挂体系的用钢量，取得了较好的经济效益。

图 26 为轻质加气混凝土砌块楼板的做法示意图。经过折算后，140mm 厚的板自重减小 9.5%左右，170mm 厚的板自重减小 11.5%左右。减小 10%左右的自重对于悬挂结构体系来说意义重大。由于加气混凝土砌块设置于楼板正中间，不影响楼板的抗弯能力，而楼板的抗剪承载力在扣除了加气混凝土砌块后仍满足受力要求。

五、结构试验

1. 为研究广东省博物馆新馆“内置钢管钢筋混凝土桁架剪力墙—钢桁架对挑悬挂结构体系”抗震设计的合理性，进行了模拟地震振动台试验。

试验采用一条场地人工地震波和两条真实强震记录（El Centro 波、Taft 波）。广东博物馆新馆结构模型振动台实验过程中，模型结构在 7 度小震作用下，结构无裂缝产生，结构反应处于弹性阶段。在 7 度中震作用下，结构四层顶剪力墙某些部位出现水平横向裂缝。在 7 度大震作用下，结构四层顶剪力墙已出现的裂缝进一步发展，并在四层顶其他墙体出现了新的水平裂缝。薄弱部位：从裂缝观察来看，结构薄弱部位应为混凝土剪力墙四层顶；从应变结果来看，二层剪力墙所受应变较大，应为另一薄弱部位。从钢结构应变测试结果来看，反应不是很大，未超过其屈服应变。模拟地震振动台试验进一步证实了，工程所采用的结构体系很好的满足了抗震性能的要求。

2. 单榀桁架试验研究

单榀桁架试验按 1∶7 的模型比例设计。模型主要由双悬挑桁架、加载装置、柱脚等三部分组成。其中桁架长 16.214m，主要由箱形截面的弦杆及腹杆组成。试件为设置预应力索，左半跨未灌注水泥砂浆，右半跨灌注水泥砂浆的试件。根据计算结果及顶层单榀钢桁架的试验结果显示，整个顶部桁架空间体系整体协同工作性能良好，构件截面内应力分布均匀，构件应力均在材料许用应力范围之内。从计算结果可以看出，设置 2 束拉通预应力索后，桁架端部位移有效减小 20%左右，控制杆件内最大拉应力减小 30%左右、压应力减小 2%左右，试验结果也对此进行了有效的验证。根据时程分析计算结果，由于对拉预应力索的存在，能在一定程度上减小竖向地震对结构的变形。另外，预应力索作为柔性构件对整个结构的防连续倒塌起着至关重要的作用。

六、节点设计

1. 钢管柱节点

钢管柱节点包括楼层梁和钢管柱的连接节点以及桁架和钢管柱的连接节点。其中楼层梁又包括箱形梁与钢管柱的连接节点和工字钢梁与钢管柱的连接节点。部分悬臂段箱形梁与钢管柱刚性连接大样如图 27、图 28。

2. 吊杆节点

吊杆为下部楼层的承重传力构件，工程采用了硬吊杆加软吊杆的处理办法，即在钢吊杆内设置预应力索共同受力。外圈吊杆连接大样如图 29。

3. 桁架节点

桁架在工程中极为重要，其包含了多种材料和构件，桁架弦杆、腹杆、桁架内预应力索、吊杆、吊杆内预应力索、钢管柱、主次梁等。部分桁架内预应力转弯节点如图 30、图 31。

图 1　广东省博物馆新馆效果图

图 2　广东省博物馆新馆外观图

图 3　所有桁架滑移到位后全景图

图 4　立面钢架完成后

图 5　室内完成后

图 6　完成后外观图（东侧和西侧）

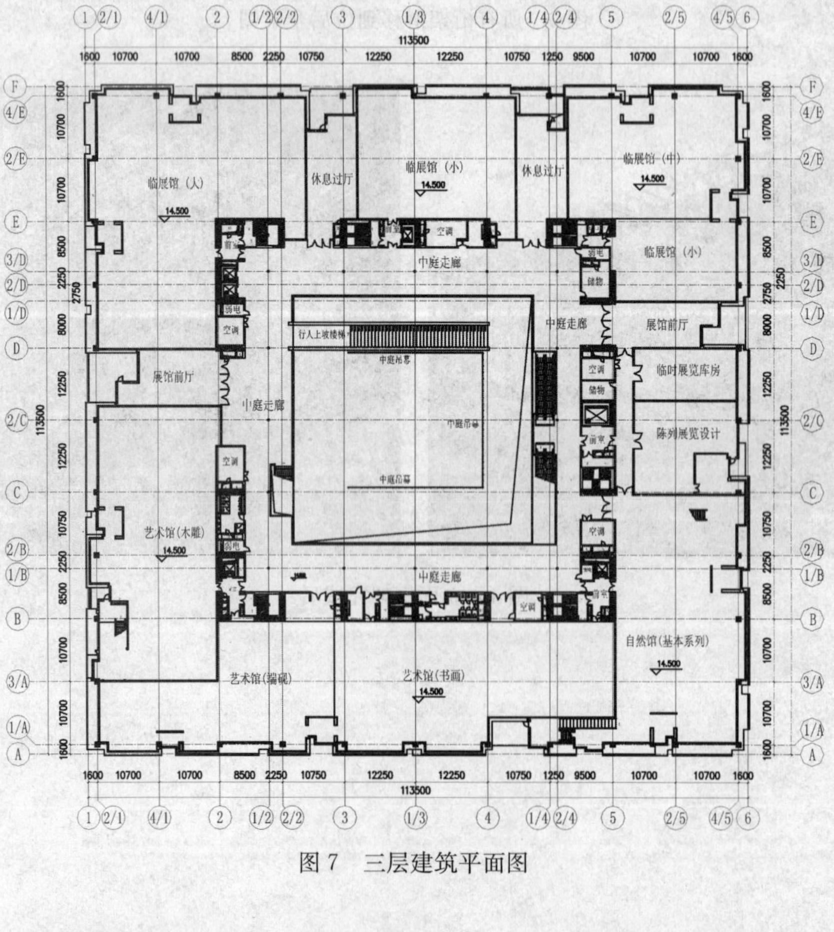

图 7　三层建筑平面图

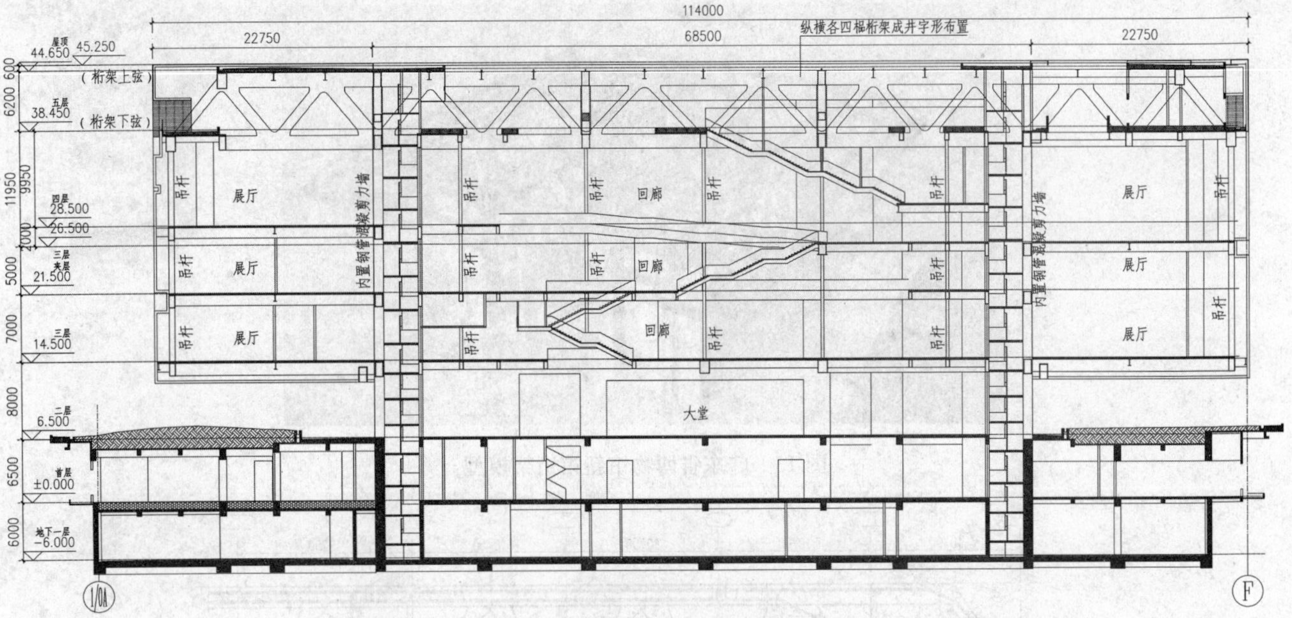

图 8　广东省博物馆新馆剖面图

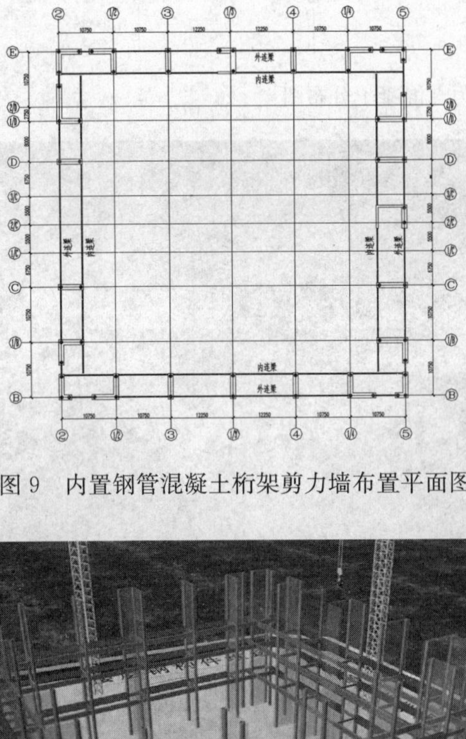

图 9　内置钢管混凝土桁架剪力墙布置平面图

图 10　内置钢管混凝土桁架剪力墙布置结构示意图

图 11　剪力墙内外连梁布置结构示意

图 12　剪力墙现场施工情况

图 13　广东省博物馆新馆桁架模型

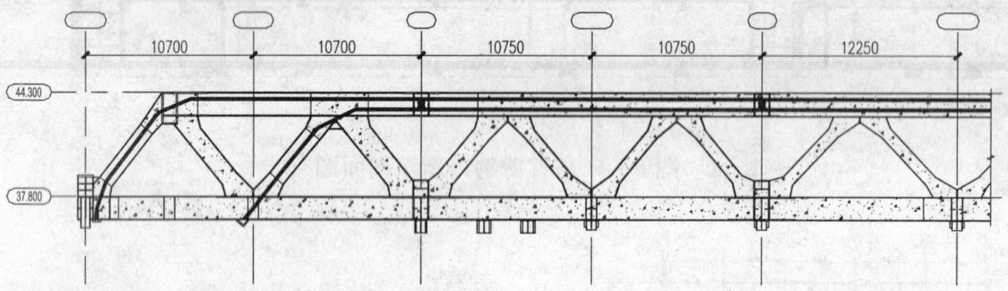

图 14　顶层悬臂桁架剖面及预应力、混凝土分布图

图 15　顶层悬臂桁架混凝土的分布

图 16　桁架预应力锚头现场照片

图 17　施工现场高空拼装完成后的一榀桁架

图 18　吊杆结构示意图一

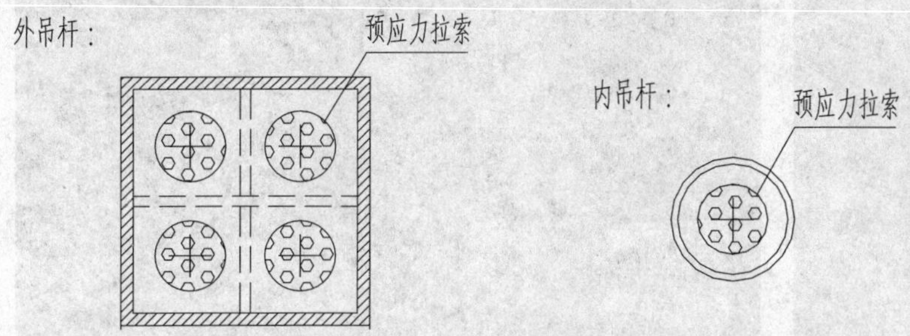

图 19　吊杆结构示意图

图 20　吊杆结构施工完成后

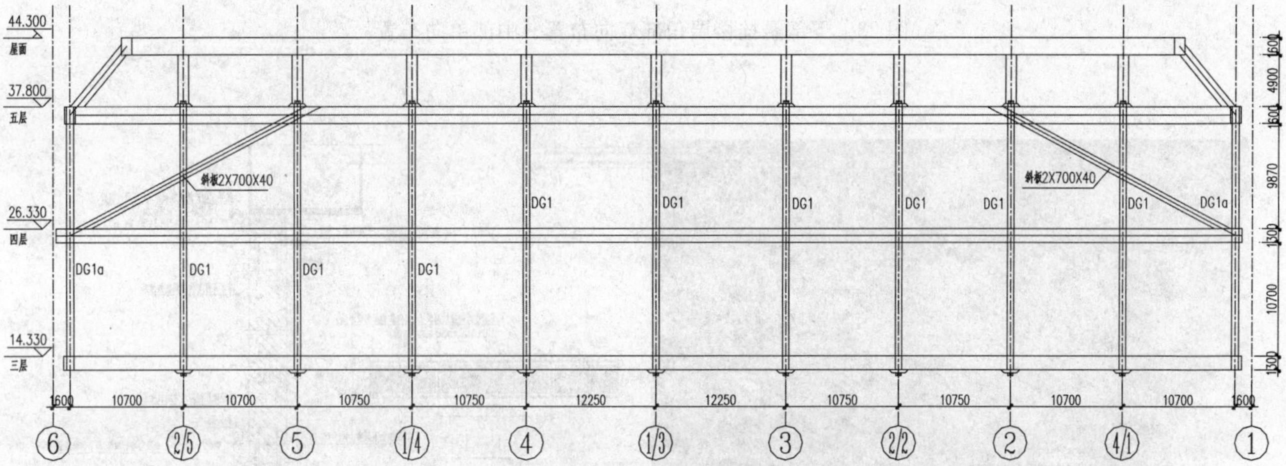

图 21　吊杆、斜拉板示意图

图 22　吊杆、斜拉板施工完成后

图 23　下部悬挂楼层角部双向布置、中部单向布置

图 24　楼面开洞削弱部位水平撑的设置

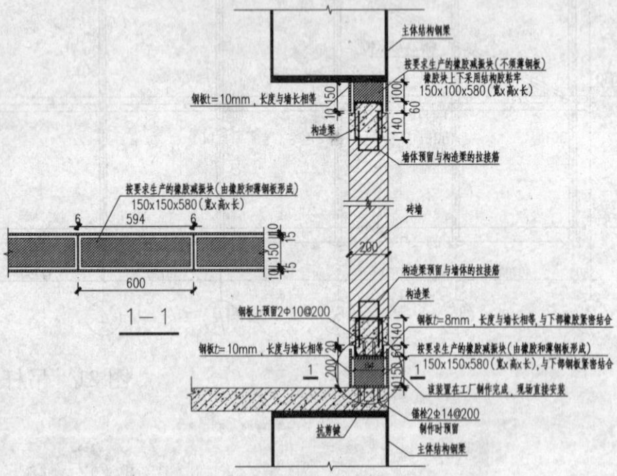

图 25　减振装置示意图

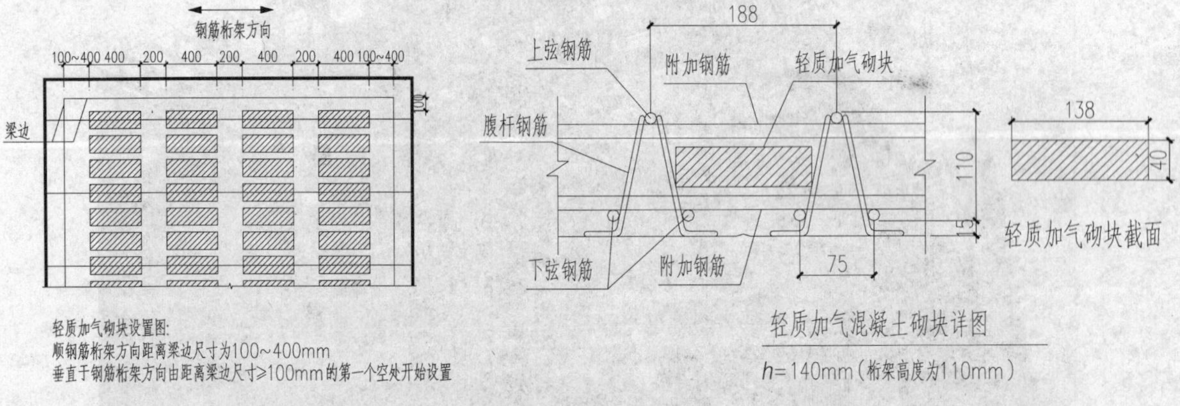

图 26　内置加气混凝土砌块钢筋混凝土楼板示意图

图 27　角部外伸悬臂段箱形梁与钢管柱刚性连接

图 28　添加了铸钢件的钢管柱与桁架连接

图 29　外圈吊杆连接

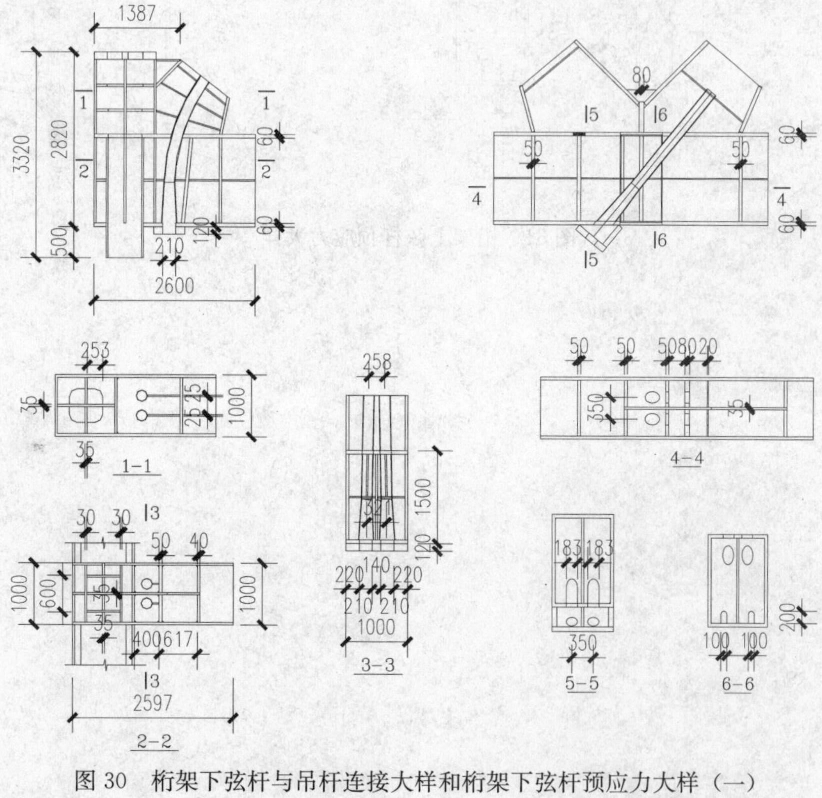

图 30　桁架下弦杆与吊杆连接大样和桁架下弦杆预应力大样（一）

图 30　桁架下弦杆与吊杆连接大样和桁架下弦杆预应力大样（二）

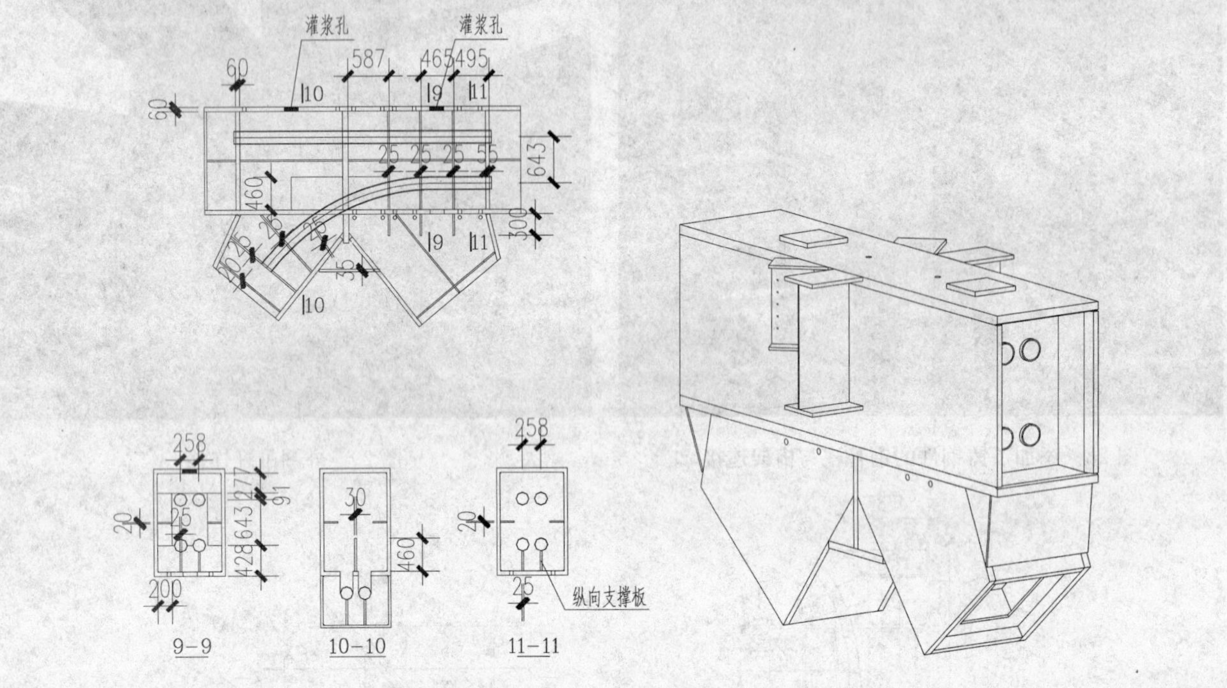

图 31　桁架上弦杆预应力大样

广州亚运城综合体育馆结构设计

建设地点 广州市

设计时间 2008～2009

主要设计人 陈 星 区 彤 谭 坚 傅剑波 李松柏 梁杰发 曾乐元 张 松 陈高峰

获奖等级 全国第七届优秀建筑结构设计三等奖

一、工程概况

广州亚运城综合体育馆位于广州番禺区海傍村，建筑总面积为5.2126万m^2，里面分设体操馆、台球壁球馆及历史展览馆。建筑设计采用“三馆一体”的设计概念，采用三馆分设，空间造型整合为一体的方式，较好地解决了功能与形式的和谐统一问题。三馆分别设体操馆、台球壁球馆和历史展览馆，历史展览馆在三馆中间，衔接台球壁球馆与体操馆。三场馆的结构以两道变形缝分开，不仅各自功能上三馆独立，结构体系也独立，见图1。图2～图8分别三个场馆实景图及施工过程照片。三个场馆规模如下：

1）体操馆建筑面积约为3.0891万m^2，赛时为6000座规模。

2）台球壁球馆建筑总面积约1.5626万m^2，台球馆可容纳1000观众及26张球台；壁球馆可容纳800观众，设9各标准比赛场地。

3）历史展览馆赛时使用面积为0.3677万m^2，赛后改造为0.2098万的商场及0.1724万m^2展览空间。

其中体操馆下部结构为三层钢筋混凝土框架结构，楼层标高分别为0m、5m、12.7m，上部有两个标高为16.3m和19.3m的钢夹层，屋盖结构采用钢结构，平面尺寸为220m×120m，屋面高度34m，钢屋盖投影面积约2.2万m^2，最大跨度99m，见图9。

台球馆、壁球馆下部结构为二层钢筋混凝土框架结构，楼层标高分别为0m、5m，上部屋盖结构采用钢结构，平面尺寸为172m×77m，屋面高度20.8m，钢屋盖投影面积约1.1993万m^2，最大跨度43m。见图10。

历史展览馆由核芯筒、楼层、屋盖及大悬挑钢结构组成，底下二层为钢筋混凝土框架结构，三层以上及屋面采用钢结构，楼层标高分别为−0.32m、4.8m、16.75m和18.25m，钢屋盖平面尺寸约68m×44m，屋面高度25.4m，钢屋盖投影面积约0.2130万m^2，空间悬挑碗状结构悬挑长度34m。见图11。

本场馆主要创新点如下：

（1）体操馆比赛区屋盖为大跨度结构，平面尺寸99m×120m，分别设计了5种不同的结构方案，最终选择了空腹网壳结构形式，对空腹网壳体系要求的刚接节点做了多种节点形式的有限元分析，确定方便加工受力合理的形式。

（2）体操馆大悬挑端结构高度受限，特别在悬臂端铺设应力蒙皮板，通过计算分析表明应力蒙皮板起到了一定的抗震作用，大震时能减少结构挠度近20%，大震时作为结构的安全储备。

（3）各场馆结构均不是典型的框架结构，通过精细分析，确定了柱子及压弯构件的计算长度。

（4）台球壁球馆空间造型复杂，通过在馆内分设箱形内环与空间桁架外环作为主结构的支承体系，有效过渡环内外不共面刚架，保证屋面构件传力的有效性和连续性。

（5）台球壁球馆结构对温度效应非常明显，通过在结构中部设置通长温度缝，并采用万向铰支座和滑动销轴支座，有效地减小了温度应力。

（6）历史展览馆结构为平面不规则结构，核心筒相对尺寸较小，而结构悬挑体较大，通过调整核芯筒和框架支撑结构的相对刚度，并辅以楼层配重，悬挑端采用陶粒混凝土楼板，使结构位移比和周期比均满足规范要求。通过计算分析，在核心筒剪力墙两侧设置钢板，即设计成钢板剪力墙的新型结构形式，可实现“大震不倒”的设防目标；基础采用附加外伸基础的形式，满足悬挑结构大震下抗倾覆要求。

（7）历史展览馆核心筒悬挑体竖向震动频率接近人行走频率，设计采用TMD（调频质量阻尼器）对大悬挑结构端部及其内部螺旋坡道进行减振控制。通过优化计算及TMD振动测试报告结果显示，竖向加速度减振效果不小于50%，且加速度不大于0.015g m/s^2。

（8）建筑对历史馆外露节点外观要求高，分别设计镂空、钢管圆筒两种新型鼓形节点能同时满足建筑效果和节点受力的要求。

二、体操馆结构设计

1）体操馆钢屋盖设计进行了5种方案比较和分析。各方案比较见图12、表1。

方案比较 **表1**

方案形式	结构厚度	方案优点	方案缺点	用钢量
桁架结构	4.2m	结构受力合理	视觉效果凌乱	98kg/m²
正交拱加张弦结构	3m	结构厚度小	用钢量大	110kg/m²
巨型桁架加张弦梁	5m	结构受力合理	结构厚度大	120kg/m²
弦支穹顶结构	3.5m	结构轻巧	施工难度大	50kg/m²
空腹网壳结构	3m	受力合理、视觉效果好	节点刚接	100kg/m²

2）结构上，将体操馆屋盖分为相对独立的3个大单元，即飘带区单层网壳、比赛区空腹网壳体系、训练区桁架体系，见图13，三者通过内外环梁及H形钢梁联系合为一体，各单元的独立性强。

比赛区中央大跨度钢结构采用双向受力的空腹网壳，桁架矢高5～10m，矢跨比1/20～1/10，桁架杆件均为压弯构件，受力以受压为主，结构高度2.5m，构件采用箱形截面，上下弦截450mm×200mm×14mm×14mm，腹杆截面450mm×250mm×14mm×14mm，桁架边上采用一四边形环形桁架收住，环形桁架弦杆截面为ϕ500×16mm，该受拉环桁架平衡空腹网壳压力，以减少其对内外环柱的推力。空腹部桁架根部采用普通桁架即增加斜腹杆的的形式加强，以承受空腹网壳根部的弯矩，将根部弯矩转换为桁架的轴力。

3）体操馆屋面钢结构部分有23m的悬臂端，飘带单层网壳跨度达64m，在其局部结构上铺设5mm厚的钢板考虑应力蒙皮作用，见图14。根据建筑抗震设计规范“小震不坏，中震可修，大震不倒”的原则进行抗震设计，在弹性工作阶段，不考虑屋面板的蒙皮效应，将其作为一种结构抗震性能的储备，在弹塑性工作阶段，则充分考虑屋面板的蒙皮效应。与罕遇地震下不考虑蒙皮效应的抗震性能进行比较，计算结果表明，屋面板与支承构件形成的蒙皮效应，能有效的提高结构的抗震性能。

4）比赛区中央大跨度钢结构采用双向受力的空腹网壳，纵向空腹网壳与横向空腹网壳连接节点设计成刚接节点形式，次方向弦杆与主方向弦杆刚接才能满双向受力要求，通过设置不同的加劲肋方案的方法，计算比较了7种节点的刚接性能，提出了非常规节点刚接的条件，最终确定为既简单又能满足受力要求的节点形式，见图15。

5）根据《钢结构设计规范》GB 50013—2003第5.3.3条，单层或多层框架柱等截面柱计算长度系数，按无支撑纯框架、强支撑框架、弱支撑框架划分。通过精确分析，确定内环及外环柱两个方向均可按强支撑框架柱即有无移框架柱计算。

6）对复杂的铸钢节点进行了有限元分析，见图16。

三、台球壁球馆结构设计

台球壁球馆内设台球馆和壁球馆，两馆一体，功能分设，类似于主体的“三馆分设”的概念，功能分区如图17所示。

1）由于体型狭长，长宽比达3.2，因而决定了结构的纵向刚度比横向大，所以沿横向采用单向受力体系会更为合理。主受力构件可采用桁架和刚架，由于场馆建筑高度不高，最高处才 24m，因而场内净空要求较高，故在这方面刚架要比桁架优胜，且在美观方面，刚架的效果要较桁架好。通过一番比较，最后采用刚架一支撑体系。见图 18。

屋盖刚架采用实腹式 H 型钢截面。台球馆有 8 榀，壁球馆有 11 榀。壁球馆的结构形式与台球馆相似，主要区别在于中部排架柱的布置不同，台球馆是圆周布置，壁球馆是矩形布置。台球馆区域，屋盖最大跨度为 43m，矢高为 3.97m，矢跨比为 1/12；为减少该区域屋面钢拉杆，同时需保证主刚架的稳定性，主刚架与次梁的连接采用刚接。壁球馆区域，屋盖跨度为 40m，矢高为 0～1.95m，矢跨比在 0～1/20之间，且部分屋盖向下凹；同样，主刚架与次梁为刚接。大门上方屋盖最大悬挑 13.2m，采用平面变截面 H 型钢作为悬挑梁；主刚架与次梁为刚接，加强稳定性。尾部单层网壳，所有杆件为 H 型钢且均为刚接，边界条件为两边（垂直边）支承。其余部分的次梁与主刚架为铰接，并加屋面支撑以加强结构整体性。

屋盖结构支承条件由内加强环梁、外环桁架与内圈混凝土排架柱、外圈钢管混凝土柱共同组成，环内外不共面的刚架结构通过内环梁及外环桁架将大跨度弯曲刚架连接起来。内环梁与外环桁架既作为屋盖结构的支承结构，又作为屋盖结构有效传力的转换构件。

2）屋盖钢结构长度达 230m，温度作用非常敏感，杆件轴力均较大。于是在台球壁球馆中间部位设置一条温度缝，用于释放杆件轴向力，保持杆件抗剪能力，使屋盖不至于完全分为两部分，保证面外整体性，同时对屋盖两侧的个别刚架柱脚释放面外的水平位移，以减少温度作用，结构边界条件如图 19 所示。通过计算对比，设置温度缝后大大减小了温度作用，有效减小杆件内力达 20%以上。

3）本工程场馆内，所有支撑钢结构屋盖的柱顶（外圈钢管混凝土柱除外），与屋面钢结构采用铰接连接，为了能达到双向铰接的效果，在柱顶设置一万向转动支座，见图 20。由于内圈柱大部分是混凝土柱，而万向转动支座的水平反力较大，采用锚筋抗剪无法通过，所以再设置一个型钢预埋到柱，上端与万向转动支座连接，组合成一个型钢混凝土柱形式的过渡段，使得上部内力有效地传递到柱上；十字形钢截面尺寸为 500mm×500mm×20mm×20mm。

四、历史展览馆结构设计

1）历史展览馆位于体操馆与台球壁球馆之间，主体由核芯筒、楼层、屋盖及大悬挑钢结构几个部分组成。结构主要包括以下几个标高：−0.32m（首层）、4.8m（二层混凝土楼层）、16.75m（三层钢结构楼层）、18.25m（三层悬挑端）及钢屋盖（25.4m）。核心筒平面尺寸为 9050mm×7050mm。首层平面图见图 21。

大悬挑桁架结构为组合体，分上下两层，上部为桁架结构，下部为曲面碗状网壳结构，根部支承于核芯筒，其大悬挑桁架结构内部空间为展览坡道，坡道支承在网壳和桁架结构上。见图 22。

本工程方案难点在于结构悬挑组合体很大，长为 34m，宽 30m，厚 11m，内部有建筑功能，不能将其整个设计成巨大桁架形式，且其核心筒尺寸相对较小，悬挑端后部配置不够，核心筒的设计及核心筒下基础的设计方案是需技术比较分析。

2）按普通的钢筋混凝土剪力墙核心筒计算，在大震下 10s 时核芯筒混凝土受压损伤系数已接近 90%，混凝土已经被压碎；大悬挑钢结构根部将水平力传至下部剪力墙，损伤首先从剪力墙底部处开始发展，应力相对较大，损伤严重。对其加强为钢板剪力墙核心筒形式，即在核芯筒剪力墙两侧沿墙高设置钢板，并与角部钢管混凝土柱焊接，墙两侧钢板之间用蜂窝钢板连接；在大悬挑结构根部三处连梁增强为钢板剪力墙。按钢板剪力墙计算核心筒，结果表明明显减小混凝土的受压损伤。加入钢板后有效地减小剪力墙混凝土受拉损伤的范围和程度。加强连梁后的墙体起到一定的耗能作用。见图 23。

3）基础的设计方案。本工程属特别不规则结构，基础受力的特点是水平力作用下核芯筒基底有较大的倾覆弯矩，且地震力比风力大。上部结构设计时进行了中震及大震的弹性分析，基础设计须保证承担中震及大震时的地震力组合作用安全性能。

由于核心筒平面尺寸相对较小，按常规基础设计难以满足设计要求。故本方案采用设计附加基础的方案。主体基础下面外伸附加基础，附加的基础和主体通过基础梁相连。该方案可在罕遇地震作用下保证结构的承载能力大于地震作用，满足结构安全要求，同时在附加结构中形成一个良好的消能塑性变形，且施工方便。见图24。

在罕遇地震作用时，结构发生塑型变形，要求首先在基础梁端出现塑性铰，同时还要防止由于基础梁筋屈服渗入节点而影响节点核心区的性能，即保证梁与基础连接的节点范围还处在弹性工作阶段。通过钢筋混凝土基础梁在屈服后刚度降低、变形加大，从而吸收大量的地震能量的过程中来实现“大震不倒”的目标。

4）舒适度分析。由于上人屋面18.25m标高位于大悬挑端的顶部，且人行振动频率（2.4Hz）接近结构基频（2.36Hz），人行走时会容易引起结构竖向自振，从而导致人行走不舒适。所以行致振对人舒适度的影响要求对结构进行减振设计，采用如下减振方案：

悬挑屋顶（18m标高）和“悬挑结构内部坡道”设置调谐质量阻尼器TMD，TMD应为螺旋弹簧和粘滞阻尼的并联组合形式。

减振目标：人群步行激励下，竖向加速度减振效果不小于50%，且加速度不大于0.015g m/s^2。TMD优化布置及计算通过MIDAS软件实现，最终通过实测效果确定。

TMD布置：屋顶布置6套，每套3t，坡道布置两套，每套1.3t。布置见图25。

从计算结果来看，悬挑端部竖向振动加速度由0.22m/s^2降为0.13m/s^2，降幅50%，坡道竖向振动加速度0.27m/s^2降为0.13m/s^2，降幅50%，达到了预期减振目标。

现场安装测试如图26～图28，从现场实测结果可以看出，安装TMD之后振动衰减了约64%，结构振动产生了双峰振型；系统结构阻尼比有显著增加。

5）大悬挑钢结构网壳面节点要求为刚接，且要满足建筑美观要求，分别设计了镂空铸钢鼓形节及圆筒鼓形节点，见图29。

四、结语

本工程屋盖造型新颖，屋面流畅变化，设计上结合本工程的建筑特点，优选了建筑美观、受力合理的结构形式。设计时尽量使用施工方便、技术成熟的较为简洁的形式，通过各种技术措施解决了工程中的各种技术难点，各馆结构体系较为简洁，美观，所有节点连接均较为成熟，用钢量适中，在工程的工期和成本中都带来一定的经济效益。

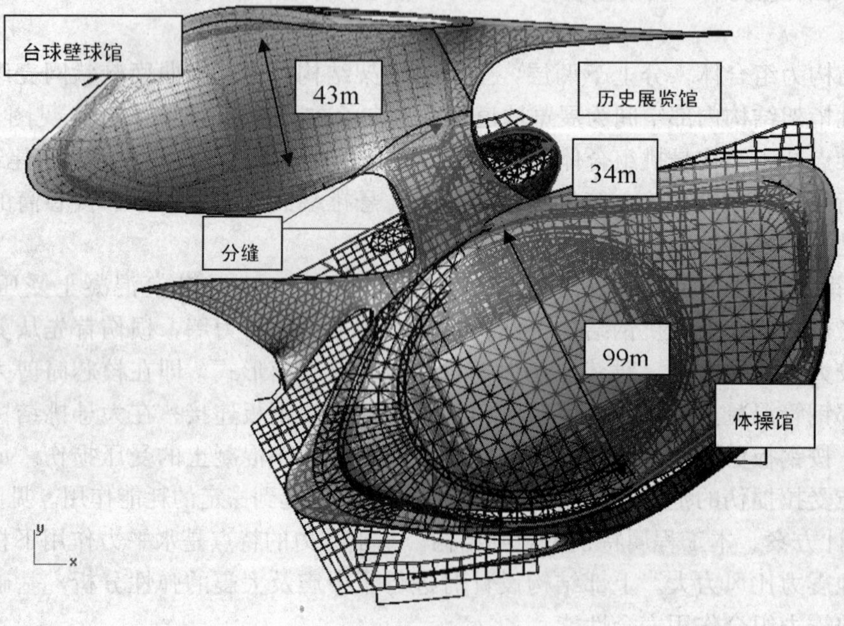

(*a*)

图1 三馆分设两道变形缝（一）

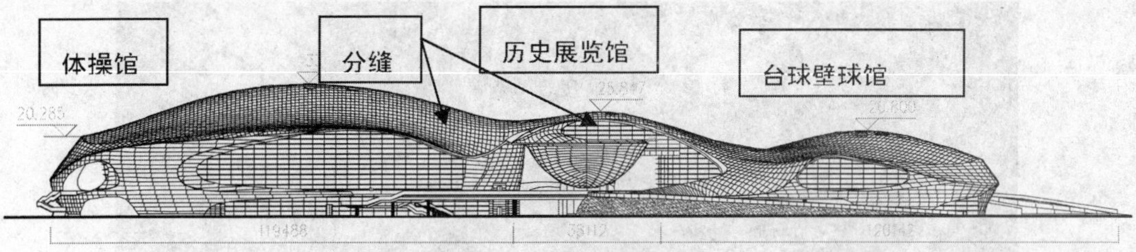

(*b*)

图 1　三馆分设两道变形缝（二）

（*a*）平面图；（*b*）立面图

图 2　建筑外观

图 3　体操馆完成效果

图 4　台球壁球综合馆刚架

图 5　历史馆悬挑碗端

图 6　历史展览馆坡道

图 7　历史馆核心筒

图 8　三个场馆施工图

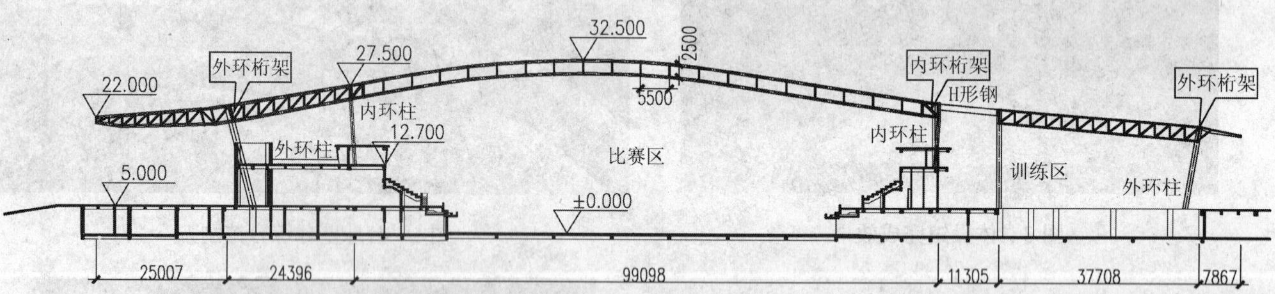

图 9　体操馆剖面图

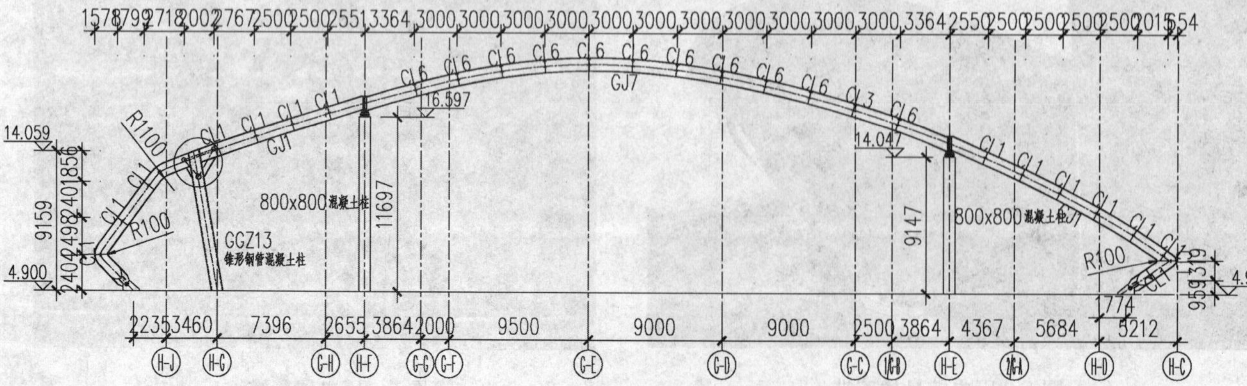

图 10　台球壁球馆剖面图

图 11　历史馆立面图

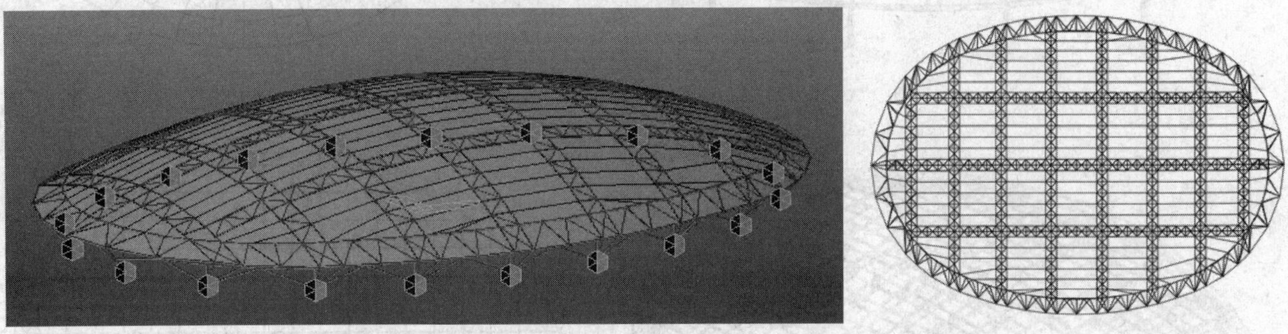

(*a*)

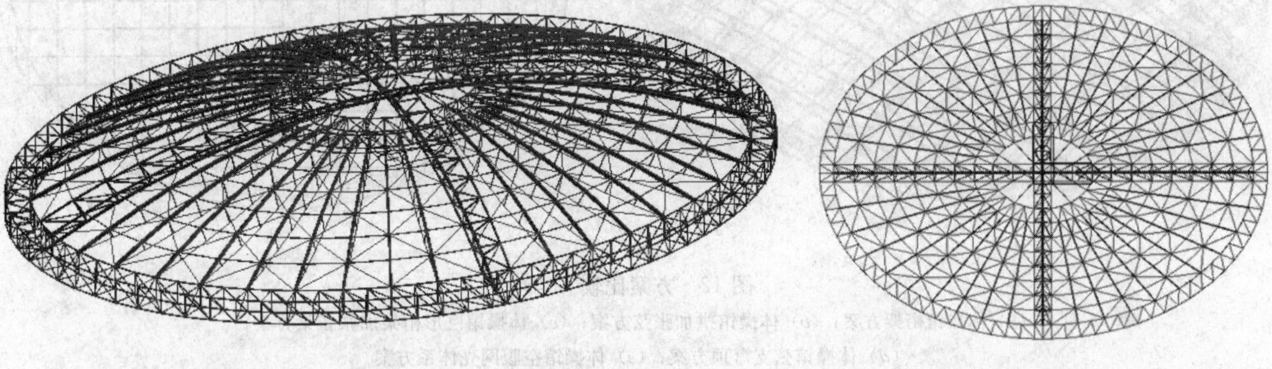

(*b*)

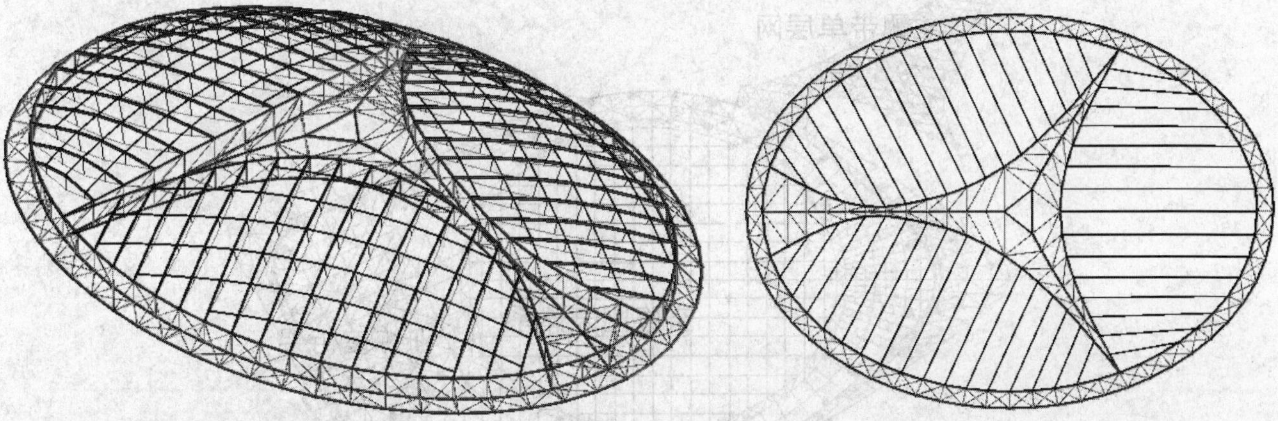

(*c*)

图 12　方案比较（一）

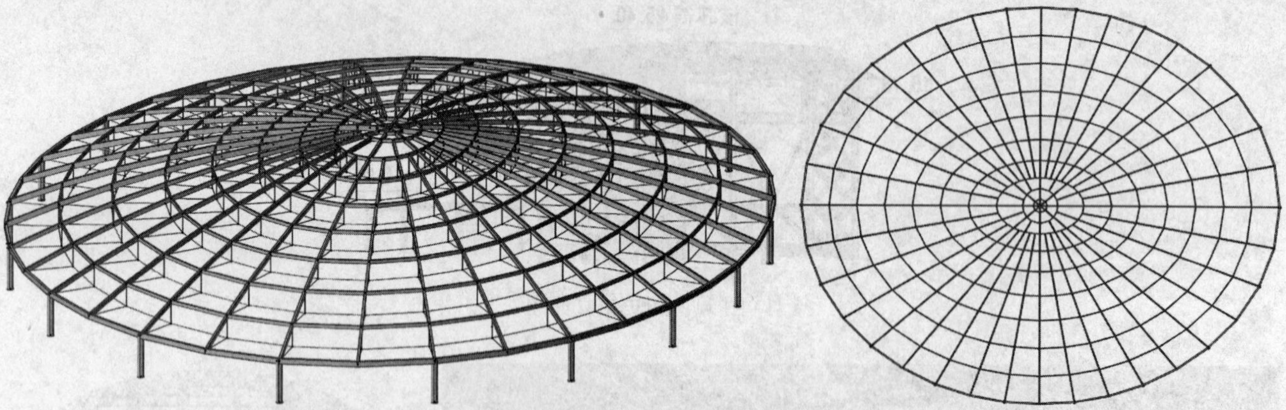

（*d*）

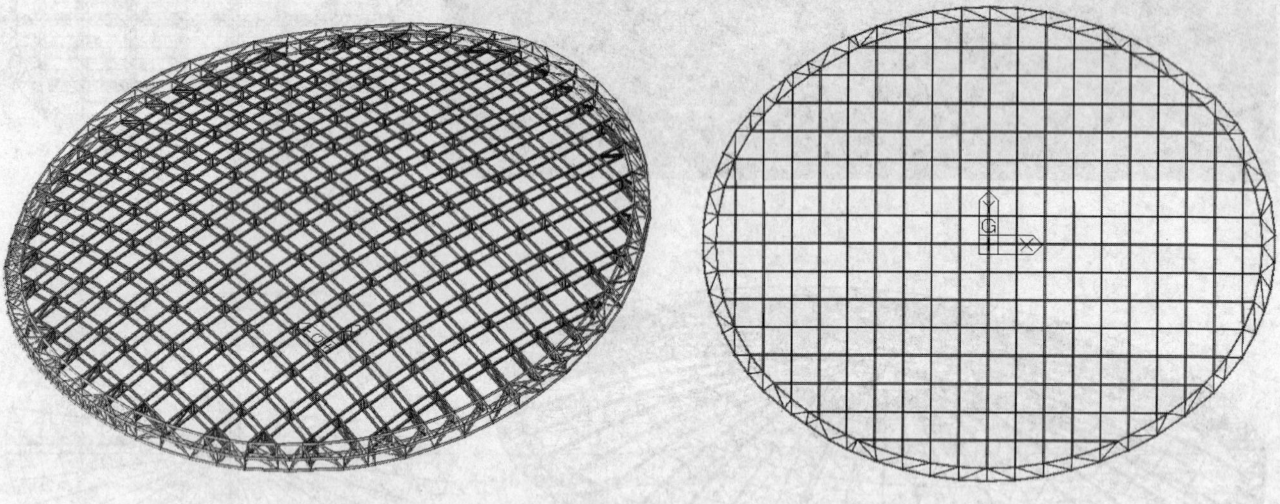

（*e*）

图 12　方案比较（二）

（*a*）体操馆桁架方案；（*b*）体操馆拱加张弦方案；（*c*）体操馆巨形桁架加张弦梁方案；
（*d*）体操馆弦支穹顶方案；（*e*）体操馆空腹网壳体系方案

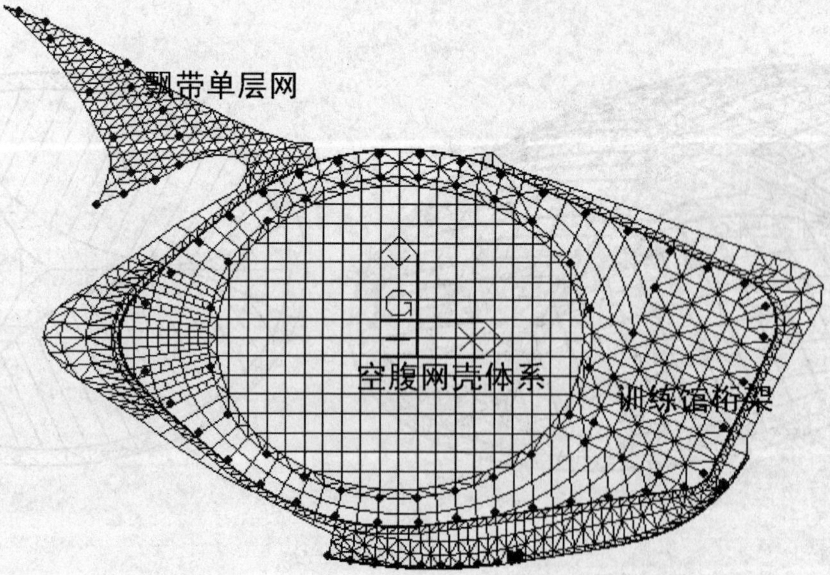

图 13　体操馆平面图（红点为柱位）

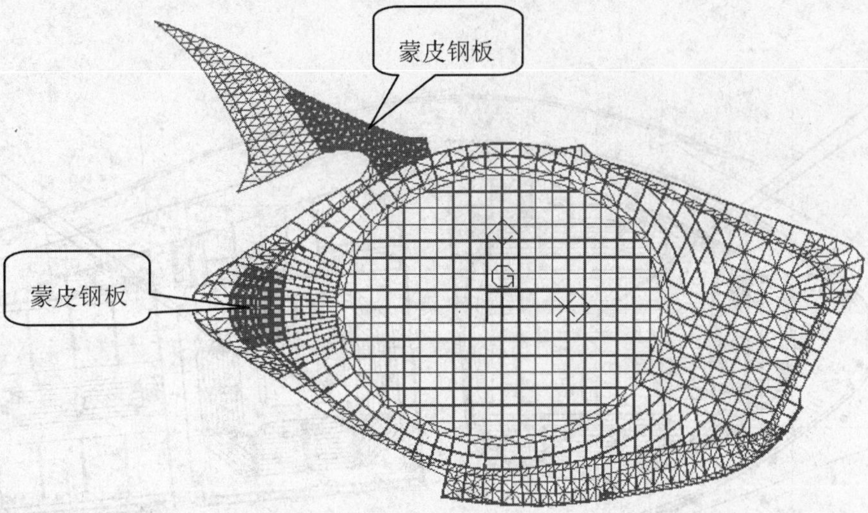

图 14　蒙皮钢板布置图

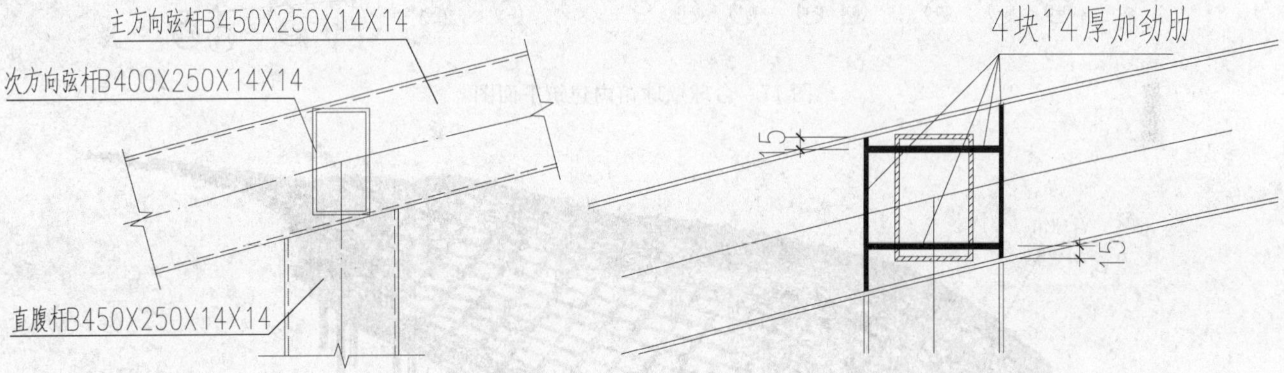

图 15　内拱桁架节点大样

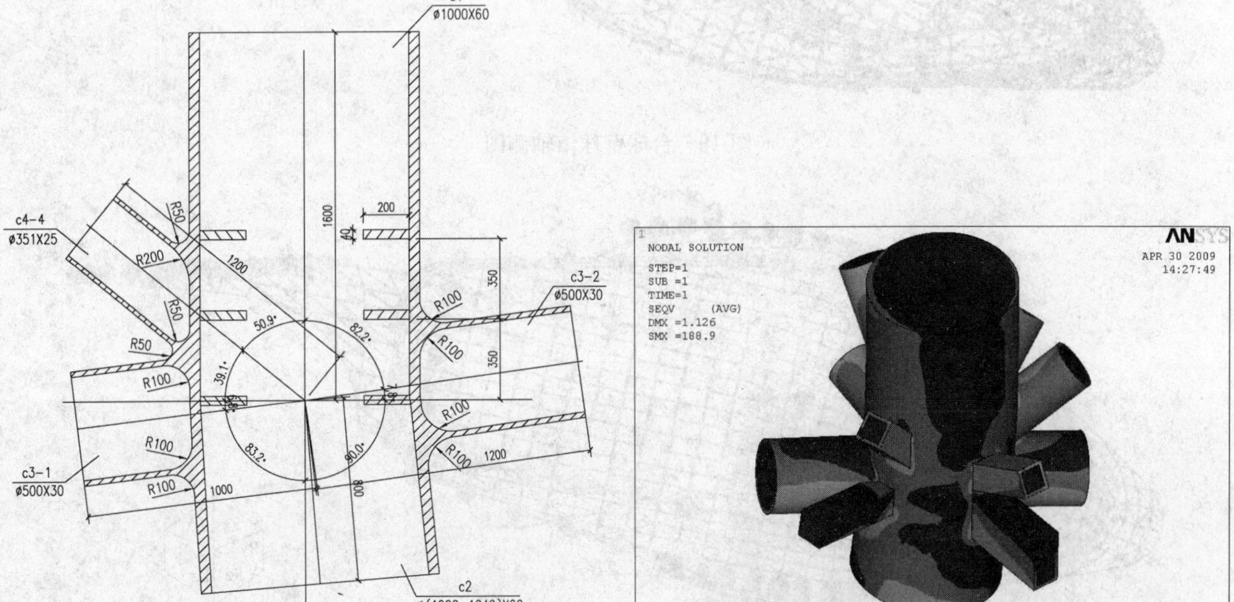

图 16　铸钢件剖面和有限元分析

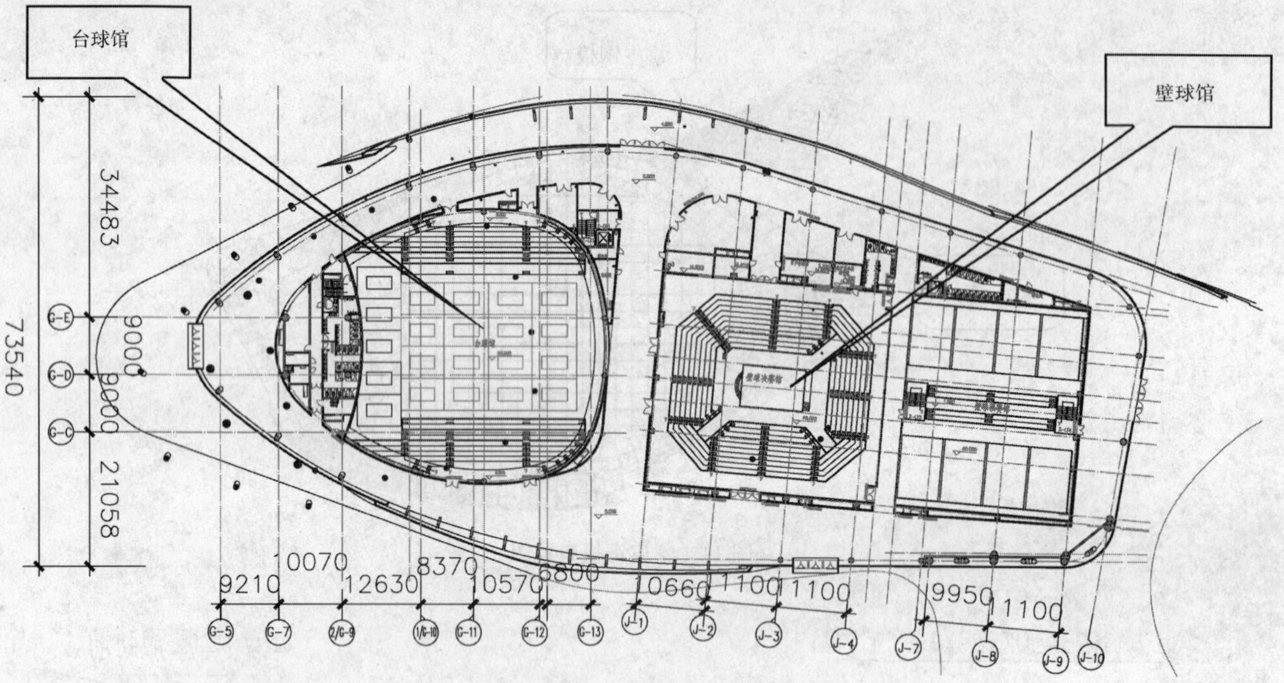

图 17　台球壁球馆内建筑平面图

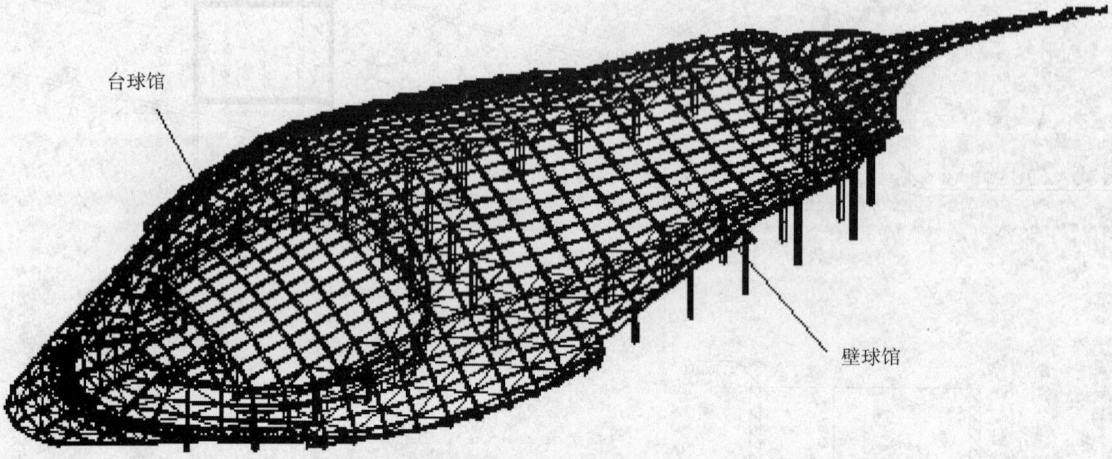

图 18　台球壁球馆轴侧图

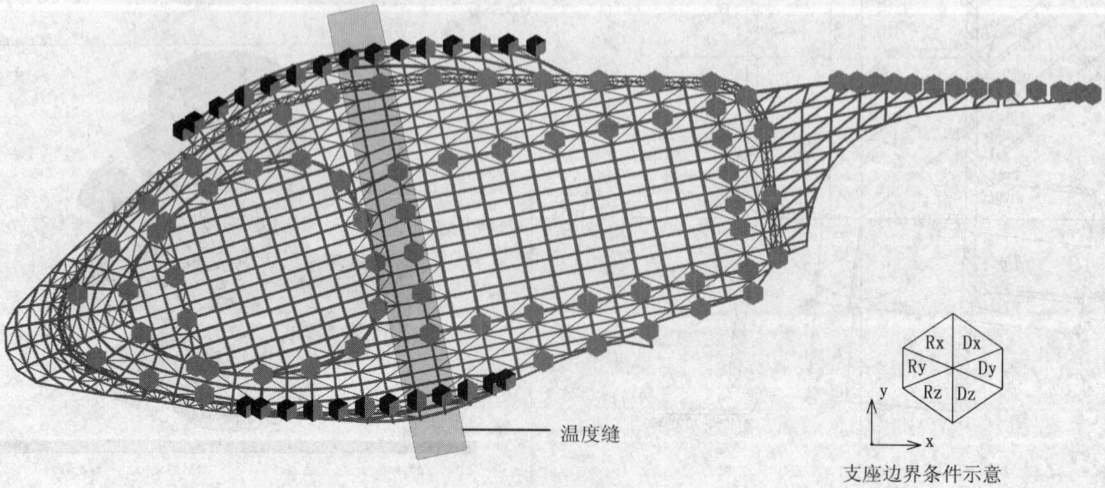

图 19　屋盖结构边界条件

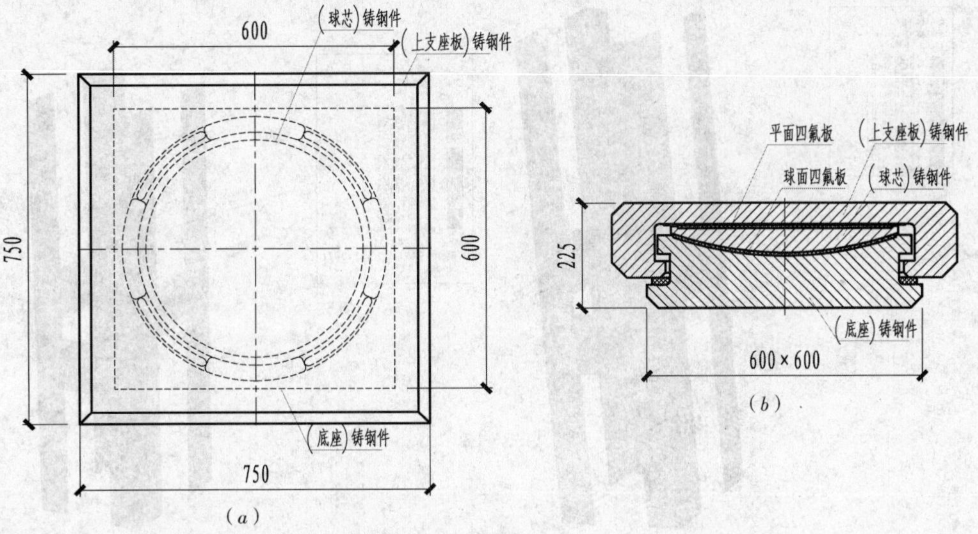

图 20　万向转动铰支座

(a) 平面图；(b) 剖面图

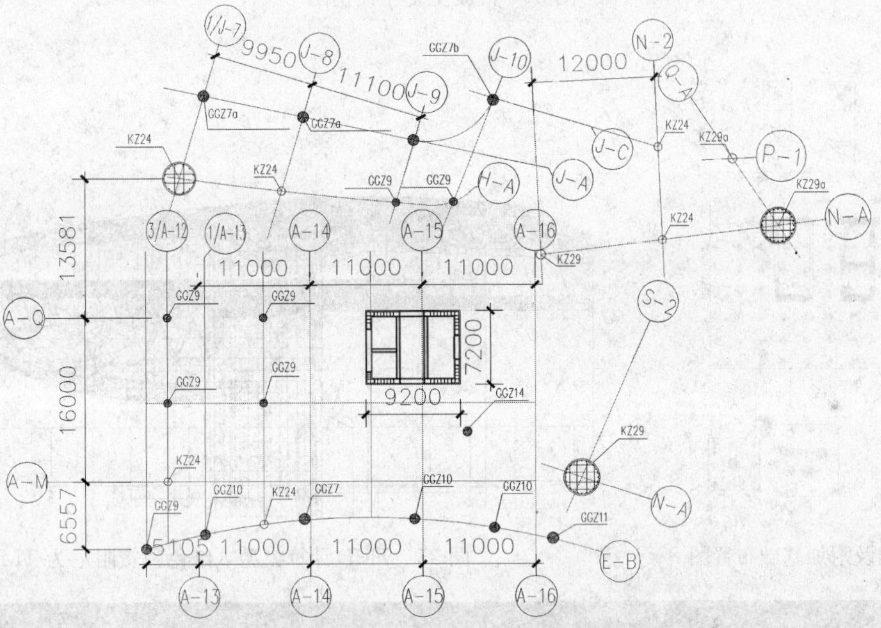

图 21　历史展览馆首层平面图

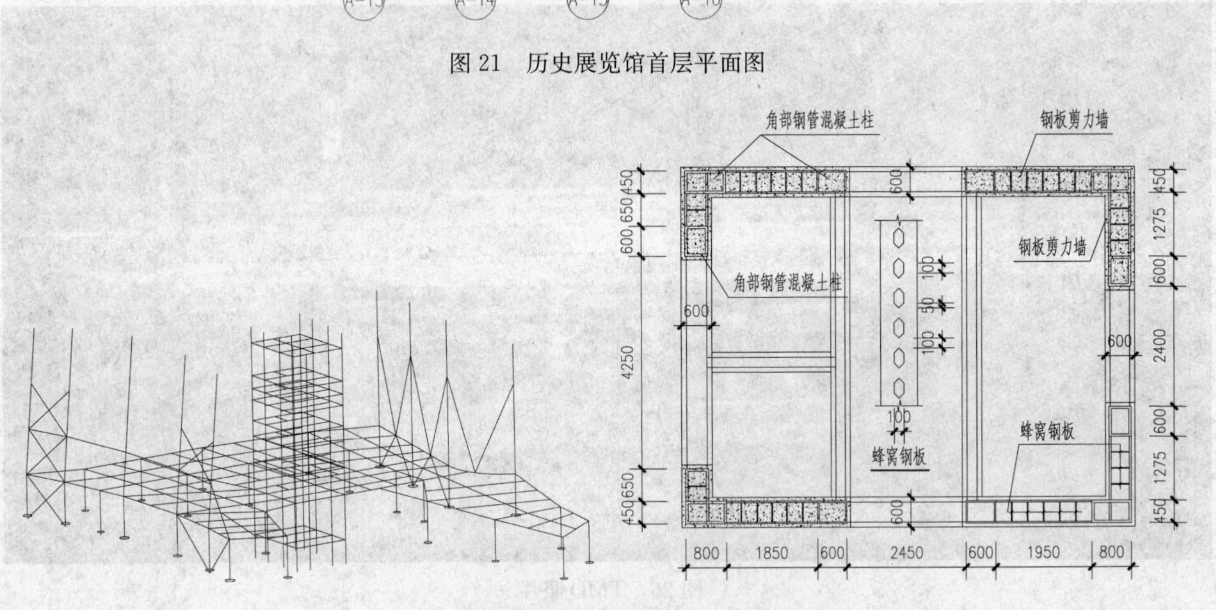

图 22　历史展览馆支撑体系及核心筒平面图

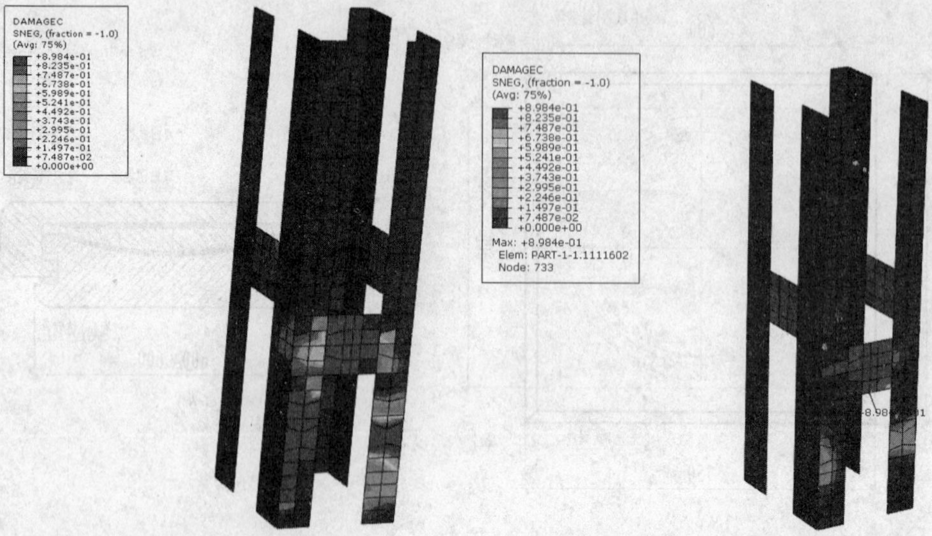

钢筋混凝土剪力墙核心筒　　　　钢板剪力墙核心筒

图 23　混凝土受压损伤图

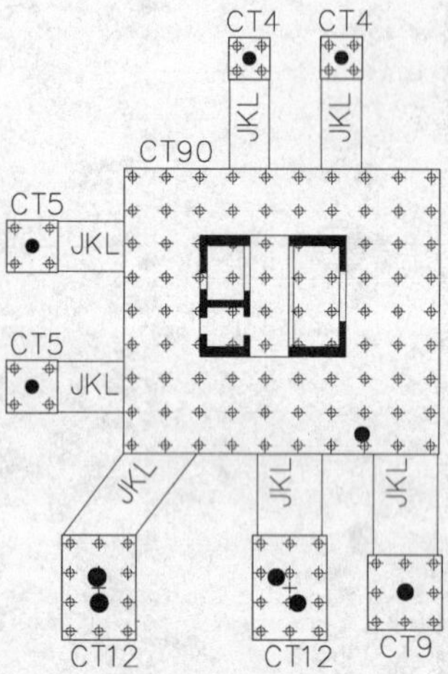

图 24　基础及附加基础布置图

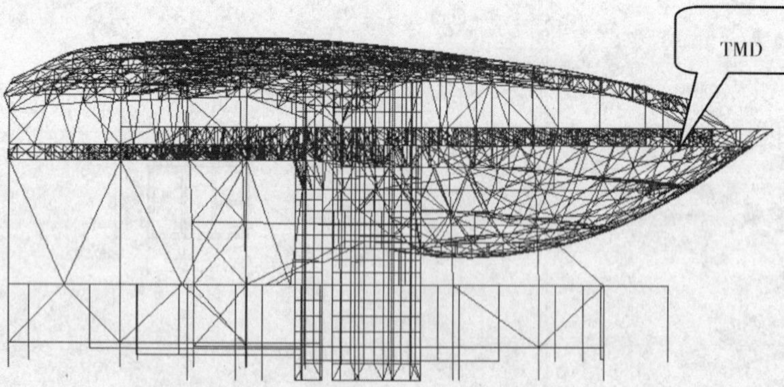

图 25　TMD 计算模型（红色弹簧阻尼为 TMD）

图 26　TMD 照片

图 27　碗端测试现场

图 28　人工激励工况

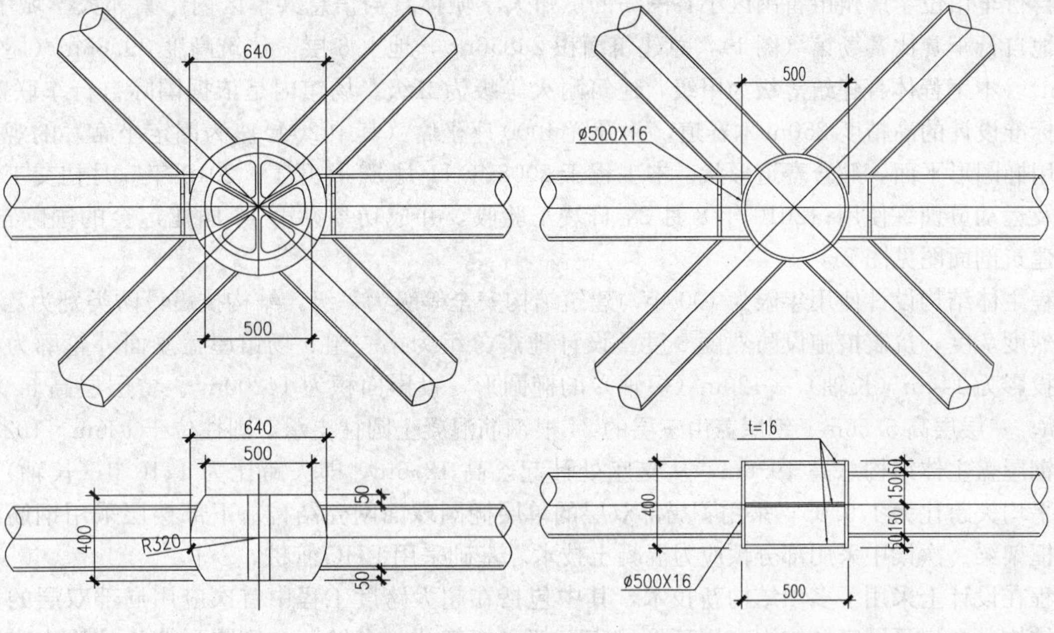

(*a*)　　(*b*)

图 29　单层网壳节点

(*a*) 镂空铸钢鼓形节点；(*b*) 圆筒鼓形节点

广州2010年亚运自行车馆结构设计

建设地点 广州市
设计时间 2008～2009
主要设计人 廖旭钊 李恺平 陈应专 魏 路 焦 柯 劳智源 刘 翔 梁子彪
获奖等级 二〇一一年全国优秀工程勘察设计行业奖建筑工程二等奖、建筑结构三等奖

一、工程概况

广州自行车馆位于广州市番禺区小谷围岛的广州大学城体育与信息共享区内，紧邻大学城中心湖岸，为亚运场地自行车赛比赛场馆（图1），总建筑面积26856m^2，地上3层，建筑高度39.86m（屋面檐口高度17.96m）。本工程体育建筑等级为甲级，建筑耐火等级为二级。场馆内是依据国际自行车联盟UCI年最新赛道标准设计的高精度250m木赛道，并设置4000座坐席（其中2000座为固定坐席）的观众区。建筑平面采用椭圆形平面，贴合赛道形状。本工程于2008年11月26日开工；2010年5月初交工验收，供赛道测试及运动员训练使用；2010年8月24日竣工验收，并成功举办第16届亚运会的国际自行车赛。本工程的建筑剖面图见图2。

本工程主体结构设计使用年限为100年，建筑结构安全等级为一级，结构抗震设防类别为乙类，地震作用设防烈度7度，抗震措施设防烈度8度，设计地震分组为第一组。场馆屋盖立面外轮廓为半椭圆球面，水平投影为144m（长轴）×120m（短轴）的椭圆形，投影面积为14200m^2。首层层高6.0m，二层层高6.0m，三层层高5.66m。钢屋盖由三层的24根钢筋混凝土圆柱支承，圆柱位于126m×102m的椭圆轴线上，钢屋盖主体结构总高19.6m，从支座处计起，高12.6m，即矢跨比为1/10.0（长轴）～1/8.1（短轴），平均矢跨比为1/9.05，采用了局部双层的单层椭圆球面网壳结构。下部楼层采用钢筋混凝土框架结构，框架梁、次梁中采用部分预应力混凝土技术。基础采用PHC管桩。

本工程在设计上采用了多项结构新技术，其中包括在超大跨度工程中首次应用局部双层的单层椭圆球面网壳结构、在扁平网壳结构中应用环形约束桁架和桁架式加劲肋、在椭圆形超长结构中应用预应力技术、在单层网壳中采用全刚接接头节点、采用滑动支座和阻尼器联合应用的技术以达到大跨度钢结构的消能减震效果以及采用环形混凝土墙达到消减温度应力，取得了良好的效果。针对本工程结构设计特点以及技术难题，设计上对整体结构及复杂的构件及节点进行了多个计算程序的精心计算及对比，并先后进行了一系列的科研试验和监测检验工作，对自行车馆的成功建设提供了技术支持，解决了多项结构超限问题。主要科学研究工作如下：

1）局部双层的单层椭圆球面网壳结构的可行性分析；

2）复杂体型风荷载试验研究；

3）保证扁平椭圆球面网壳整体稳定性的技术分析；

4）消能减震措施及弹塑性时程分析；

5）超长结构温度荷载的控制技术研究。

二、局部双层的单层椭圆球面网壳的钢屋盖结构的应用与研究

本工程钢屋盖的外形具有以下特点：

1）屋盖跨度大，达102～126m，超过60m，属于大跨度屋盖结构，长轴向跨度超过120m，可认为部分超限。

2）屋盖投影为椭圆形，结构主体外轮廓为椭圆球面。

3）屋盖扁平矢跨比小，常见的网壳结构矢跨比为 1/3～1/7，本工程平均矢跨比仅 1/9.05。

4）建筑造型新颖独特，表面凸肋复杂多变。

通过分析屋盖的以上几何、结构特点，从中提取出规则、合理的部分作为结构受力的主体；综合考虑结构受力、加工制作、施工吊装、建筑效果等方面的要求，在初步设计阶段，我们分析了“预应力弦支穹顶结构”、“双层椭圆球面网壳结构”、“局部双层的单层椭圆球面网壳结构”这三种可行结构体系的优缺点，最后按照“安全可靠、外形美观、经济合理、技术成熟、方便施工”的设计原则，选用了第 3 种结构形式：局部双层的单层椭圆球面网壳结构（图 3、图 4）。

屋盖中间大部分为单层结构，沿屋盖周边局部设置了双层的杆件，结构整体仍属于单层网壳结构。这种结构形式综合了单层网壳及双层网壳结构的优点，力学性能优良，整体稳定性好，工艺成熟，单价较低，在达到同等性能的前提下，用钢量比全单层网壳低。此外，结构厚度小，外观轻盈，无需装饰吊顶，建筑效果比双层网壳好。

现行网壳结构设计规范规定单层球面网壳跨度不宜大于 60m，而本工程跨度达 102m（短轴）～126m（长轴），属于超限的大跨度网壳结构。通过对近年来国内已建成的网壳结构进行对比（表 1），确认本工程是国内首个跨度超过 100m，采用“局部双层的单层椭圆球面网壳”结构形式的工程，由于结构整体仍属于单层网壳结构，因此，也可以说本工程是国内首个跨度超过 100m 的单层网壳结构。

国内跨度超过 50m 的网壳结构工程实例 **表 1**

工程名称	单双层	网格形式	形状及尺寸（m）	矢跨比	投影面积用钢量（kg/m²）	建成年份
广州亚运自行车馆	局部双层	近似正交型	椭球面，椭圆平面 102（短轴）×126（长轴）	1/10（长轴） 1/8.1（短轴）	106	2010
郑州体育馆	单层	肋环型	圆球面，圆形平面 ϕ64	1/7		1967
乌鲁木齐机场飞机库	单层	联方型	圆柱面，矩形平面 51.5×60	1/5.8	16	1981
北京奥林匹克体育中心综合体育馆	双层	斜放四角锥	圆柱面，矩形平面 70×83.2	1/6.4	60	1988
濮阳中原化肥厂尿素散装库	双层	正放四角锥	圆柱面，矩形平面 58×135	1/5.5	40	1989
嘉兴发电厂干煤棚	双层	正放四角型	圆柱面，矩形平面 102×80	1/2.4	65	1993
天津市体育馆	双层	梯形四角锥	圆球面，圆形平面 ϕ108	1/8	42	1994
哈工大部逸夫体育馆	2 单 2 双	三向型	近矩形，四片鞍形曲面 60×65		40	1995
攀枝花体育馆	双层	短程线形	球面，花瓣八边形 60×60	1/6.7		1995
上海科技馆	单层	联方型和凯威特型	椭球面，椭圆平面 51（短轴）×67（长轴）	1/3.4（长轴） 1/2.6（短轴）		1998
广东阳山县体育馆	局部双层、周边预应力	三向型	球面，矩形平面 44×56	1/5.6		1999
北京奥运会老山自行车馆	双层	四角锥型	圆球面，圆形平面 ϕ150	1/10	102	2007

续表

工程名称	单双层	网格形式	形状及尺寸（m）	矢跨比	投影面积用钢量（kg/m^2）	建成年份
国家大剧院	双层	肋环型	椭球面，椭圆平面 143（短轴）×212（长轴）	1/4.6（长轴） 1/3.1（短轴）	193	2007
鄂尔多斯超级穹顶	八弧面相贯组合双层	正放四角锥	近似矩形平面，四柱面相贯组合 168.4×263	1/5（长） 1/3.2（短）		2009

矢跨比是网壳的一个重要几何参数，对网壳结构的空间受力性能有关键性影响，常见网壳结构矢跨比为1/3～1/7。本工程为了减小室内空间高度及体积，以节省空调制冷、灯光照明的费用，从而达到环保节能的目的，因此，尽量压缩建筑高度，采用了较为扁平的体型，网壳矢跨比很小，平均矢跨比1/9.05，长轴向仅1/10。目前，对这种小矢跨比的扁平网壳研究不多，设计上存在一定难度，保证其整体稳定性是首要问题。此外，本工程还须解决“复杂体型风荷载、大跨度结构的抗震、超长结构温度荷载的控制”等关键问题。

1. 复杂体型风荷载试验研究

大跨度网壳结构体型低矮，自重轻，结构柔，横风向风振响应强烈，属于风敏感结构，风荷载是其主要荷载。场馆外形整体上看为椭圆球面，现行规范无合适的体型系数可供套用，且表面有复杂的飘带“凸肋”，也找不到类似的工程实例供参考。因此，本工程通过风洞试验，确定风压分布、位移与加速度响应以及风振系数，为抗风设计提供依据。

1）测点布置

为了考察屋面“飘带”凸肋处风压的变化，同时为了减少凸肋边缘尖角处局部紊流对整体风压数据的干扰，“飘带”凸肋宽度方向以约4个为一组布点，且边缘测点与凸肋边缘距离不小于凸肋高度。沿凸肋长度方向，风压的分布基本不受凸肋的影响，因此，按照常规的间距布点，在屋盖中部较为稀疏，在周边相对密集。虽然本工程为单轴对称体型，但是为了取得完整的脉动风压时程用于风振计算，并未利用对称性单边布置测点，而是全面完整布置（图4）。

2）试验结果

根据风洞试验结果，椭圆球面体型的风压分布特点：屋面顶部的风压，迎风面与背风面差别不大，风向沿短轴方向时的约为沿长轴方向时的1.2～1.3倍，而屋盖平面长短轴比为1.2，两者间关系有待进一步研究。本工程屋面中部区域体型系数约为0.5～0.68，比规范中相近体型：封闭式拱形屋面的0.8、旋转壳顶的1.0都要小。

飘带“凸肋”的影响：由于凸肋在A区大部分区域基本顺短轴方向布置，风向沿短轴方向时，凸起处和下凹处风压差别不大；风向沿长轴方向时，下凹处风压在背风面少量区域呈突然减小的现象。在凸肋处，由于布点时已特意避开了边缘紊流区，凸肋边缘风压基本比中部大20%～30%；在下凹处，差别要大些，局部差值可达45%～80%。凸肋对局部风压有明显影响，屋面围护结构的设计应作充分考虑。

风振系数：采用多阶模态力法，根据风洞动态测压试验数据可以求得屋盖结构典型测点的风振系数。风振系数最大值为6.15，最小为1.42。A区中间大部分区域为2～2.35，B区则多数大于2.5。考虑风振系数、高度系数之后的等效静风压值，在凹凸处呈连续、一致化，凹凸处边缘与中部的差别减小。

2. 保证扁平椭圆球面网壳整体稳定性的措施与分析

网壳结构是以“薄膜”作用为主要受力特征，理想状态的网壳，杆件中弯曲应力与正应力相比极其微小，结构基本上处于薄膜应力状态。矢跨比越小，网壳离“理想态”越远，空间效应越差，竖向刚度随之降低，缺陷敏感性增大，极限承载力减小，支座刚度由刚性约束变为弹性约束时临界荷载降低幅度越大。相比正球面网壳，由于椭圆球面网壳不是极对称，不能有效地将竖向荷载转化为“薄膜应力”，竖向刚度也差些，对边界约束刚度，尤其是水平约束的要求也高些。

本工程的屋盖属于小矢跨比的扁平椭圆球面网壳，上述两类缺点兼而有之，针对这些缺点，结合本工程建筑的特点和需求，为减小壳体对缺陷的敏感度，提高整体稳定承载力，对屋盖结构体系作了优化，采用了多项结构措施。

1）保证整体稳定性的加强措施

（1）封闭环形约束桁架：利用支座外侧的悬挑屋盖空间，设置了横截面为 9.0m（宽）×7.0m（高）的封闭环形桁架，给壳体提供了强有力的水平约束，大幅提高壳体的整体稳定承载力，同时避免了将椭圆球面网壳宽度方向的侧推力直接传递给下部的混凝土结构，简化了网壳支座及下部混凝土结构的设计，节约了混凝土结构的造价（图 6）。弦杆为 $\phi508\times10\sim\phi559\times14$，腹杆为 $\phi325\times6\sim\phi356\times10$。

（2）周边设置局部双层壳体：沿支座内侧，在网壳外围边缘设置双层杆件，其剖面形式为变高度的平面桁架，支座处为 7.0m 高，逐渐减小为零，屋盖的中央区域变成单层网壳，有效地减小了边缘杆件的轴力和弯矩，提高了壳体的整体稳定承载力，减小了对缺陷的敏感度，安全度也有较大改善。边缘双层网壳（平面桁架），弦杆为 $\phi508\times8\sim\phi610\times10$，腹杆为 $\phi299\times6\sim\phi351\times10$，斜撑为 $\phi244.5\times6\sim\phi356\times10$；中部单层网壳，双向网格杆件为 $\phi559\times8\sim\phi610\times12$，斜撑为 $\phi325\times6$。

（3）全刚接的接头节点：环形约束桁架采用全刚接接头（图 7），中部单层网壳部分的双向网格节点采用刚接接头，边缘双层网壳部分的节点采用半刚性相贯节点，所有的斜撑两端均为铰接，其中刚接接头综合考虑造价及建筑效果的需求，采用加强型钢管全刚接相贯接头（图 8）。全刚接接头采用穿心钢板及内衬钢环加强，相比铸钢节点，具有质量可靠、加工方便、检测容易、造价较低的优点，既无加劲板外露，又不必像节点球那样球状突起，外形较为美观。经弹塑性有限元实体模型分析，采用穿心钢板及内衬钢环加强的接头变形量完全满足全刚接的要求，且应力比普通相贯接头减少近 30%（图 9、图 10）。

（4）加劲桁架：利用建筑外部的凸起处，设置加劲桁架（即：桁架式加劲肋），提高了壳体的整体稳定承载力，改善结构的安全度。加劲桁架的上弦杆每两个节间断开，上弦杆与网壳杆件间通过直腹杆以全刚接接头连接，加劲桁架不设置斜腹杆，达到了既提高了整体稳定承载力，而又不改变网壳受力形态的目的。由于加劲桁架的作用，提高了屋盖中央部位的单层网壳结构的稳定安全度，减少了单层网壳部分结构的用钢量。

2）几何非线性的全过程分析

为了保证结构整体稳定的安全，作了（恒载＋活载）下的屈曲特征值分析及几何非线性的全过程分析。考虑几何非线性的全过程分析中，取 $L/300$ 的第一、二阶屈曲模态分布的初始缺陷。运用 MIDAS 及 ANSYS 对几种椭球面网壳的整体稳定承载力进行对比（图 11、表 2）：

表 2

模型	稳定安全系统				单元 1（靠近约束桁架处）		单元 2（中间单层网壳处）		挠度（$D+L$ 下的最大值）	
	第一模态	第二模态	第三模态	非线性	轴力 (kN)	弯距 (kN·m)	轴力 (kN)	弯距 (kN·m)	最大值 (m)	挠度/短轴
M1	6.8	6.9	7.5	2.2	−955	866	−966	18	−0.270	1/259
M1a	7.6	7.7	8.4	2.6	−960	869	−971	18	−0.270	1/268
M2	8.5	9.5	10.2	3.6	−297	−36	−886	28	−0.097	1/990
M3	11.6	14.8	15.0	5.1	−203	−46	−1158	59	−0.106	1/908
A1	11.9	14.8	15.0	5.4	−248	−28	−1192	64	−0.087	1/1230

MIDAS 计算模型：

M1——单层椭球面网壳，杆件与局部双层模型的上弦杆相同；

M1a——单层椭球面网壳，加大杆件直径，使得用钢量与局部双层模型相等；

M2——局部双层椭球面网壳，杆件与 M3 模型相同，但不考虑加劲桁架的作用；

M3——局部双层加肋椭球面网壳，考虑加劲桁架的作用。

ANSYS计算模型：

A1——局部双层加肋椭球面网壳，杆件与M3模型相同，考虑加劲桁架的作用。

对比结果图见图12所示。

从上述比较分析可以看出，局部双层的椭圆球面网壳结构体系有效地改善了结构整体失稳的形态，提高了结构稳定极限承载力，增大了结构刚度，同时将网壳周边的面外弯矩转化为弦杆的轴力，提高了材料的效率，进而提高了结构整体的安全度。利用建筑装饰飘带造型增设“加劲桁架”（即：桁架式加劲肋）可以有效地提高网壳的稳定性，将安全系数提高到5以上，满足《网壳结构技术规程》关于挠度及稳定安全度的要求。而通过加劲桁架的合理布置可以达到既提高网壳整体稳定承载力，而又不改变网壳受力形态的目的。

3. 消能减震措施及弹塑性时程分析

滑动铰支座的应用达到了释放竖向荷载及温度荷载下的径向侧推力的目的，但是也使得在水平力（风及地震荷载）作用下，顺着水平力可滑动的支座及其下的混凝土柱不能参与抵抗水平力，当支座滑动方向与水平力作用方向夹角越大时，支座参与抵抗水平力的作用才越大，其原理类似于箱形截面柱抗剪时，基本靠两侧的腹板抗剪，而翼缘基本不起作用。因此，为了改善结构整体的抗震性能，在所有支座两侧沿滑动方向设置了液体粘滞型阻尼器（图13）。液体粘滞型阻尼器在静止或缓慢运动状态下（比如重力荷载和温度荷载作用下）不起作用，一旦遭遇强风、强震，屋盖结构与钢筋混凝土圆柱之间有较快的相对运动时，阻尼器将产生阻尼力，阻尼力和相对运动速度相关，速度越快，阻尼力越大，每个阻尼器最大可产生和承受60t的水平力，从而吸收、消耗振动能量，同时也使得全部支承柱共同参与抵抗水平力，大大地提高了建筑结构在强风、强震下的安全。

采用大型有限元通用软件ABAQUS，对整体结构作了罕遇地震弹塑性时程分析，通过输入多条地震波对不同屋盖支座形式（支座各向铰接；支座径向可滑动、环向铰接；支座径向可滑动、环向铰接加阻尼器）和屋盖支座处设置不同阻尼参数的阻尼器的结构模型进行非线性地震反应分析，进而根据计算结果的分析整理与对比，确定了阻尼器的具体参数，考察了结构整体在罕遇地震下的安全，确保了“大震不倒”的设计目标。

1）自行车馆空间网壳结构在分别经历了有代表性的天然波和人工波作用后，结构的主要竖向构件均处于弹性工作状态，钢屋盖网壳也基本处于弹性状态，只有混凝土结构看台部分构件钢筋屈服，且最大塑性应变较小，远小于钢材的极限塑性应变，结构的安全储备较高，确保了“大震不倒”的设计目标。

2）罕遇地震作用下，带阻尼器结构基底最大总剪力、钢筋混凝土大柱最大轴力、顶点最大水平位移、顶点最大竖向位移都比支座固接或滑动模型明显要小（表3）。说明由于阻尼器的耗能作用，大大减小了屋盖结构对地震的反应。虽然是水平向设置的阻尼器，但对竖向地震反应也有很大影响。

结构整体计算结果汇总 **表3**

		RH波			
		计算模型			
		屋盖支座各向铰接	屋盖支座径向可滑动，环向铰接	支座径向滑动、环向铰接加阻尼器	
				$F=300$，$C=2000$，$\alpha=0.4$	$F=800$，$C=1000$，$\alpha=0.6$
质量（t）		60192	60192	60187	60187
周期（s）	T_1	0.6623	0.6716	0.6716	0.6716
	T_2	0.5285	0.5413	0.5413	0.5413
	T_3	0.5007	0.5337	0.5337	0.5337
最大基底剪力（kN）	F_x	133832（100%）	−127353（95.2%）	97520.3（72.8%）	86937.1（64.9%）
	F_y	−129038（100%）	−144141（112%）	−148201（114.8%）	112406（87.1%）

续表

RH波					
		计算模型			
		屋盖支座各向铰接	屋盖支座径向可滑动，环向铰接	支座径向滑动、环向铰接加阻尼器	
				$F=300$，$C=2000$，$\alpha=0.4$	$F=800$，$C=1000$，$\alpha=0.6$
屋盖顶点最大水平及竖向位移（m）	U_1	0.209192 (100%)	−0.237194 (113%)	−0.118007 (56.4%)	−0.108051 (51.6%)
	U_2	0.125752 (100%)	−0.154506 (123%)	0.110152 (87.6%)	−0.0784276 (62.3%)
	U_3（竖直向）	−0.157288 (100%)	−0.182128 (116%)	−0.131811 (83.8%)	−0.124002 (78.8%)

3）分别计算三个地震波，采用相同的带阻尼器结构模型计算，位移和内力计算结果的分布规律基本相同，但部分结果差异也很大，说明设计实践中应按规范采用3个以上地震波计算，以确保结构的安全。

4）比较水平单向（X向）和双向（X向+竖向）地震波作用下的反应，一般情况下双向的计算结果大于单向，但也有例外。由于本结构跨度较大，水平力与竖向力的耦合作用很明显，因此最好是水平向、竖向和双向三种工况都单独地震加载计算，取包络结果。

5）本结构阻尼器是沿径向在24个支座布置，阻尼器除了起到消耗地震能量的作用外，发现加阻尼器后结构的变形和内力分布更加均匀，不仅剪力分布更均匀，轴向力也更均匀，由于这24根柱截面是相同的，所以内力分布均匀，使得结构的安全储备会更高。这与阻尼器特性有关，本结构使用粘滞阻尼器，支座的运动速度越大，阻尼力也越大，耗能也越大，所以合理布置阻尼器可起到削峰的作用。

6）总体来说，在本结构屋盖支座处加阻尼器对结构抗震非常有利，大大减少了屋盖在大震下的反应，增加结构安全储备。阻尼器的选型很关键，要注意针对不同结构，根据节点的地震力大小和变形特点选用合适的阻尼器。

以下为EIcentro地震波作用下的部分计算结果：

（1）柱顶剪力曲线图

X向单向地震力作用见图14～图17。

（2）混凝土柱顶与屋盖支座之间，沿径向的相对位移图。

X向单向地震力作用见图18、图19。

结构在RH三向地震波作用下不同屋盖支座模型的弹塑性分析整体结果汇总对比见表3。

4. 向心布置的单向滑动支座以减少屋盖温度荷载

屋盖水平投影为144m（长轴）×120m（短轴）的椭圆形平面。由于室内空间高达30m，空调冷气聚集在下部空间，近屋盖处的温度仍然较高，相比混凝土楼面，屋盖钢结构的构件截面小、比热容小、导热系数大，因此，屋盖钢结构和混凝土楼面间往往存在较大的温度差。为了防止这种温度差的不利影响，屋盖和下部混凝土柱之间设置了带侧限及抗拔装置的成品单向滑动支座，滑动方向向着屋盖中心。网壳大部分的侧推力已由环形约束桁架抵抗，滑动支座的设置可以完全避免网壳在重力荷载和温度荷载下的径向侧推力，解决了网壳“保证整体稳定需要强约束、释放温度应力需要弱约束”的矛盾，大幅减小了温度荷载的影响。

三、楼面混凝土结构设计

1. 楼面结构布置

为了配合自行车赛道的类椭圆形轮廓，最大限度地利用空间，各层楼面均为椭圆形平面。为了尽可能多地切割出规则方形开间，建筑平面布置采用“曲中求直”的原则，客观上要求采用有利于灵活平面布置的结构体系，此外，多层建筑承受的水平力也不大，因此，首层至三层夹层楼面均采用现浇钢筋混凝土框架结构。

圆形、椭圆形平面结构布置通常采取径环向、正交纵横向这两种方式，均不同程度地存在开间不规整、柱网疏密不一的弊病。经过与建筑工种的密切配合，本工程综合运用了这两种布置方式，取得了较好的空间利用率，平面布置图见图 20：

1）B1～B22、B10～B13 轴中部区域为正交纵横向布置：A5 轴内的内场为直线轴网，柱网 6.6m×9m；A1～A5 轴短轴向为直线轴线，长轴向为微弯圆弧轴线，柱网 6.6m×9m～13.36m；

2）长轴两端近似半圆形的区域为径环向布置，径向轴线@8.62～10.93 度，柱网 6.1m×6.5m～10.6m×12.46m。

首层、二层分别为 139m×115m、142m×118m 的椭圆形平面；三层为椭圆环形平面，外边线 A1 轴为 126m×102m 的正椭圆，内边线 A4 轴为 115.5m×58.4m 的长圆孔状（即赛道外边线），则三层最宽处约 19.5m，最窄处仅 5.4m。三层以上除了局部夹层外，只剩 A2 轴处支承钢屋盖的 24 根钢筋混凝土圆柱“KZ2”，柱顶以钢筋混凝土环梁连接。

2. 楼面结构抗温度应力设计

A4～A5 轴间为环形木质赛道，由细木条拼成，用木桁架架空支承在二层楼面上，为防止赛道开裂，不允许跨越伸缩缝，并考虑到钢屋盖结构抗震及整体稳定的需要，各楼层及屋盖均不设置伸缩缝，楼盖属于超长无缝混凝土结构。为了解决超长混凝土收缩及温度应力问题，改善结构的受力性能，在环向及径向的框架梁、次梁中采用预应力混凝土技术。同时每隔 50m 左右设置后浇带，以释放混凝土初期收缩应力（图 21）。

1）预应力混凝土的设置原则为：框架梁采用有粘结预应力技术，次梁采用无粘结预应力技术。预应力钢筋除了抵抗温度应力外，还替换部分普通钢筋，承担部分承载力作用。

2）大致的设置范围如下：

首层：除框架梁外，仅在砖墙下布置次梁，采用地骨做法，未布置楼板，且考虑到首层梁与土直接接触，温度较为稳定，因此，不设置预应力构件。

二层：平面外周标高 5.8m、5.95m 层环向框架梁、次梁及径向框架梁。

三层：标高 11.60m 层，标高 11.95m 层环向框架梁、次梁及局部看台斜板内。

3）温度应力分析采用 MIDAS 软件，并结合其他体育场馆的设计经验，得出预应力配筋量。由于结构的计算内力为弹性假定下温度作用时的内力，实际上，混凝土结构工作于弹塑性状态，结构刚度可予以折减；此外温差效应主要由年温差导致，往往是一个缓慢加载的过程，混凝土结构会出现松弛和徐变，很大一部分温度内力得以消减。参考文献［1］建议弹塑性系数 γ_m 取 0.85，松弛徐变系数 $H_{(t,\tau)}$ 取 0.3～0.5，而本工程作弹性假定的温差效应分析时，内力取 0.35 的综合折减系数，而分项系数及组合值系数分别取 1.2 及 0.7。

4）设计控制参数：

预应力钢筋在梁中的配置形状大部分采用直线形，少量的大跨度梁采用抛物线形。

预应力钢筋张拉控制应力 $\sigma_{con}=0.75f_{ptk}$。

抛物线形筋的梁按考虑温度荷载的拉弯构件计算配筋，直线形筋的梁按平均预压应力值（按折算板厚计）结合温度应力分析的结果控制配筋：

二层：室外围廊取 1.5MPa，其余取 1.0MPa；

三层：取 1.0～1.5MPa，较窄处取高值。

5）环形混凝土墙消减温度应力：

为了减小温差作用下，三层楼面对斜看台内侧下短柱产生的剪力，减弱温度应力在楼面削弱处（即开洞、收窄处）的集中，以及避免预应力筋张拉施工时应力在三层环形楼面内侧的增加，在赛道外边线（A4 轴）二至三层间设置了环形剪力墙，墙厚 200mm，高 1.1～4.85m，底部平齐，顶部为马鞍形。这道墙事实上已将二、三层联为一体，完全消除了原来三层大开洞椭圆环形平面的各种不利影响。计算结果显示，设置这道墙后，短柱环向剪力减幅达90%，三层楼板温度应力由0.8～2.28MPa减少至0.5～0.88MPa。

四、结语

椭圆球面钢网壳是一种新颖的钢屋盖形式，为建筑师提供了广阔的表现空间。由于水平投影是一椭圆形，而大多数体育场馆为长圆形或椭圆形，若采用椭圆球面钢网壳作为上盖结构，能提供更合理的平面布置、提高建筑空间的利用效率。小矢跨比的扁平网壳可以进一步减小室内空间高度及体积，节省空调制冷、灯光照明的费用，符合环保节能的世界发展主流。

在本工程的设计实践中，着重对扁平、表面凸肋椭圆球面体型风荷载的特点、改善边界条件的环形约束桁架、提高稳定性的加劲桁架、释放温度内力与水平推力的径向滑动球铰支座等作了探讨和尝试，在一定程度上解决了保证整体稳定和减小温度应力之间的矛盾。同时对在屋盖支座处设置阻尼器，以提高结构抗震安全储备方面进行了研究，并取得一定成果。这些经验可供设计建造同类工程时参考。

参考文献：

[1] 王铁梦. 工程结构裂缝控制. 北京：中国建筑工业出版社，2000.

图1 建筑全景

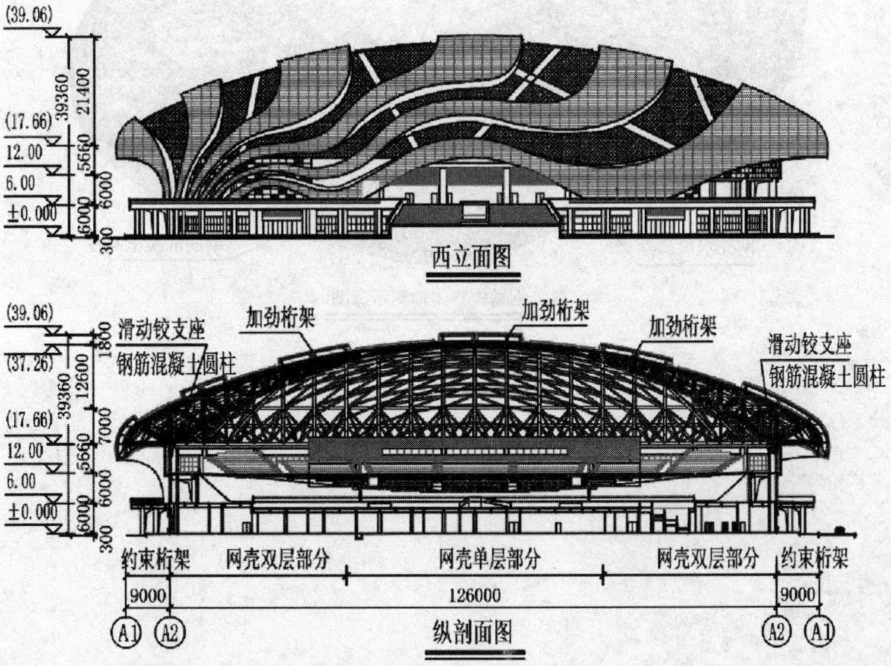

图2 立面及纵剖面图

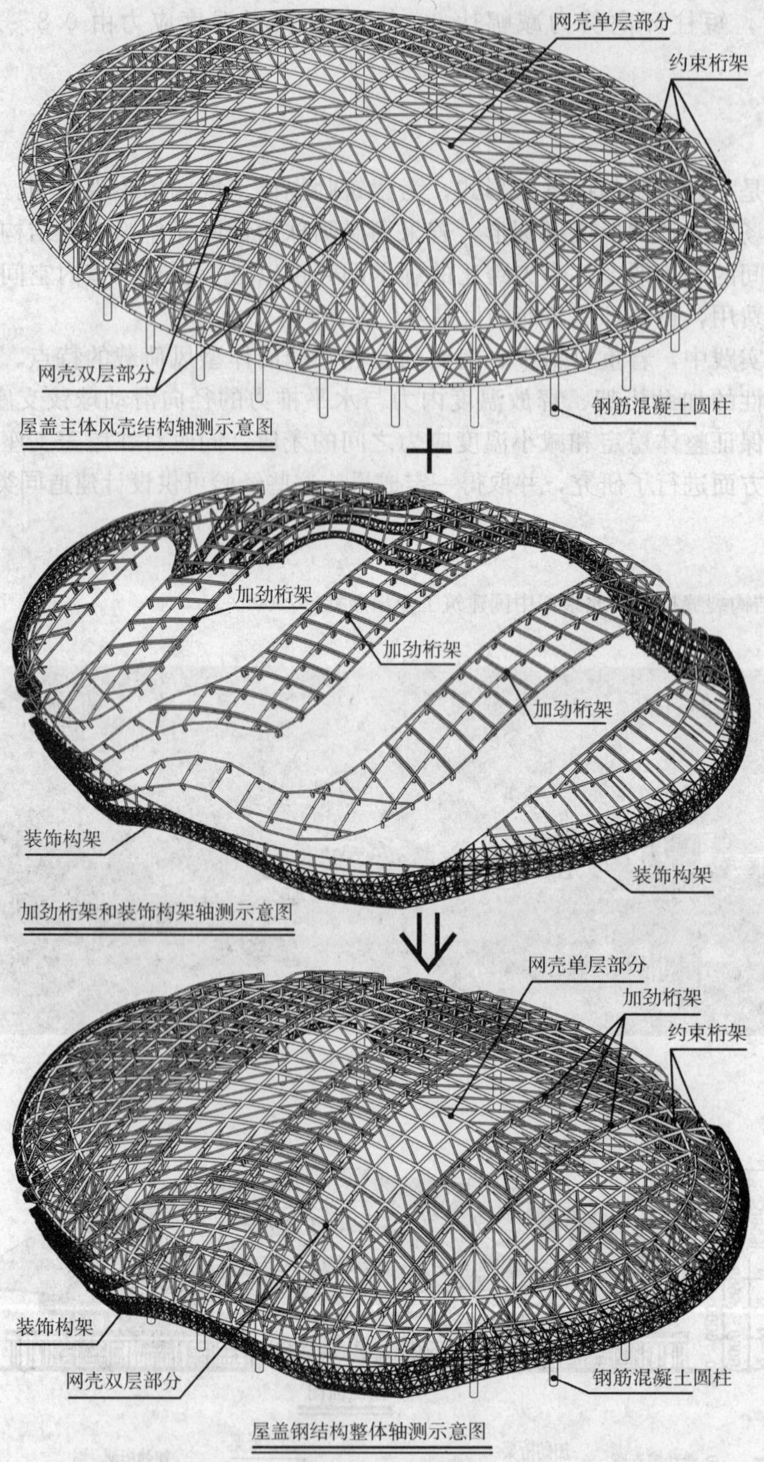

图 3　钢屋盖组成轴测示意

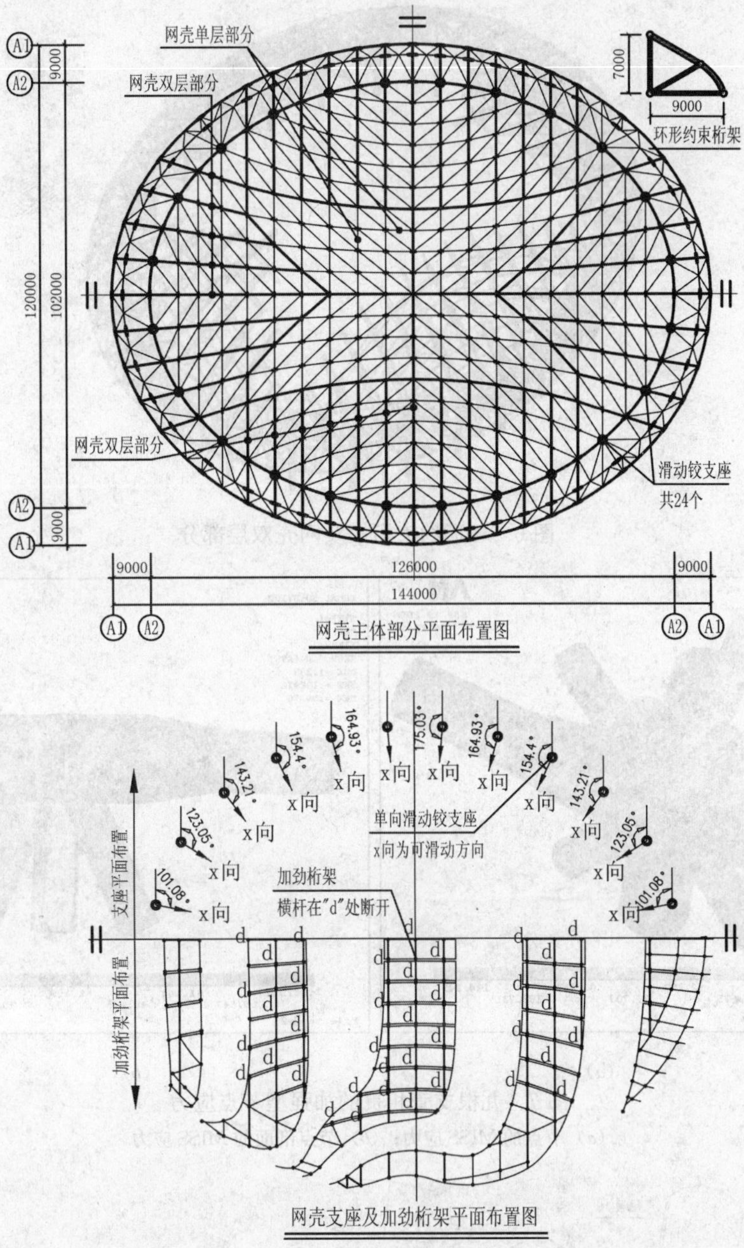

图4 钢屋盖主结构平面布置图

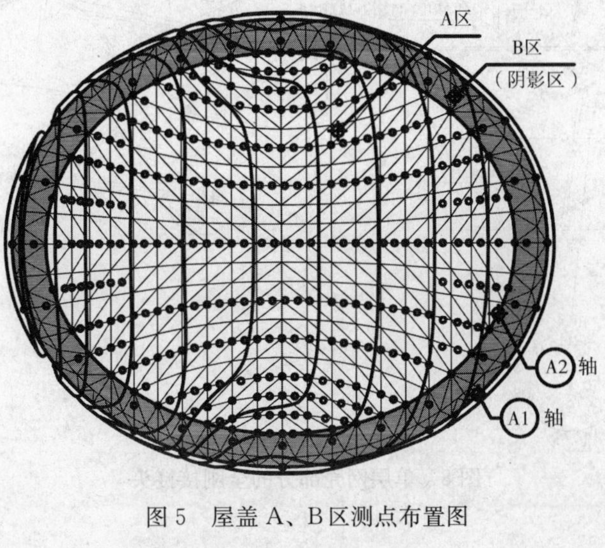

图5 屋盖A、B区测点布置图

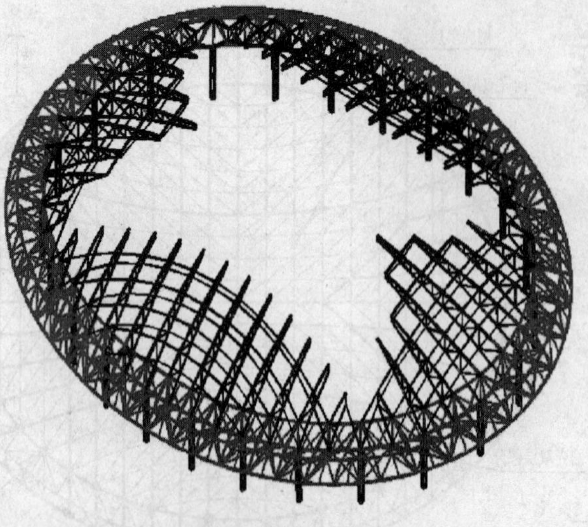

图 6　环形约束桁架及网壳双层部分

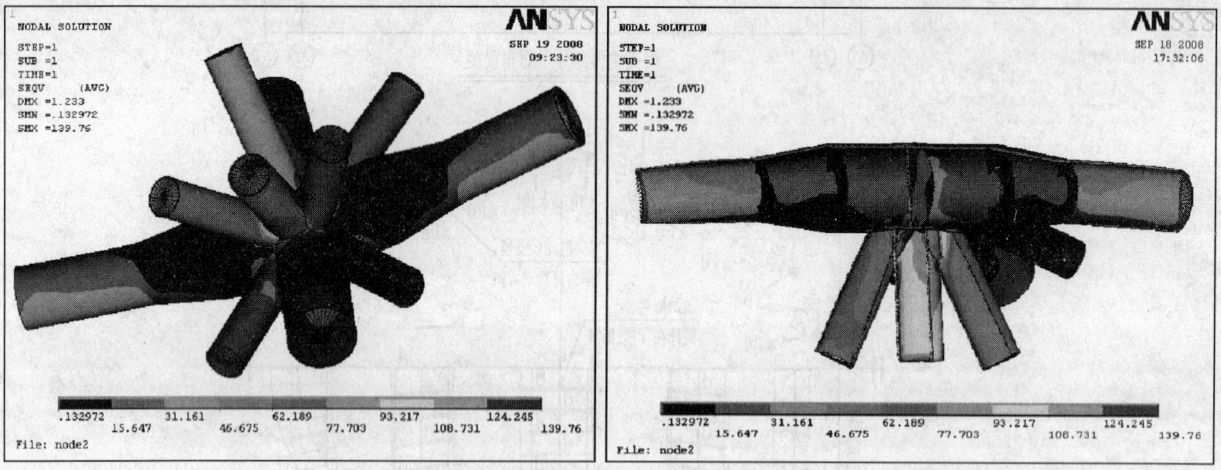

(*a*)　　　　　　　　　　　　(*b*)

图 7　九根支管相贯的加强型节点应力

(*a*) 节点的 MISS 应力；(*b*) 节点剖面的 MISS 应力

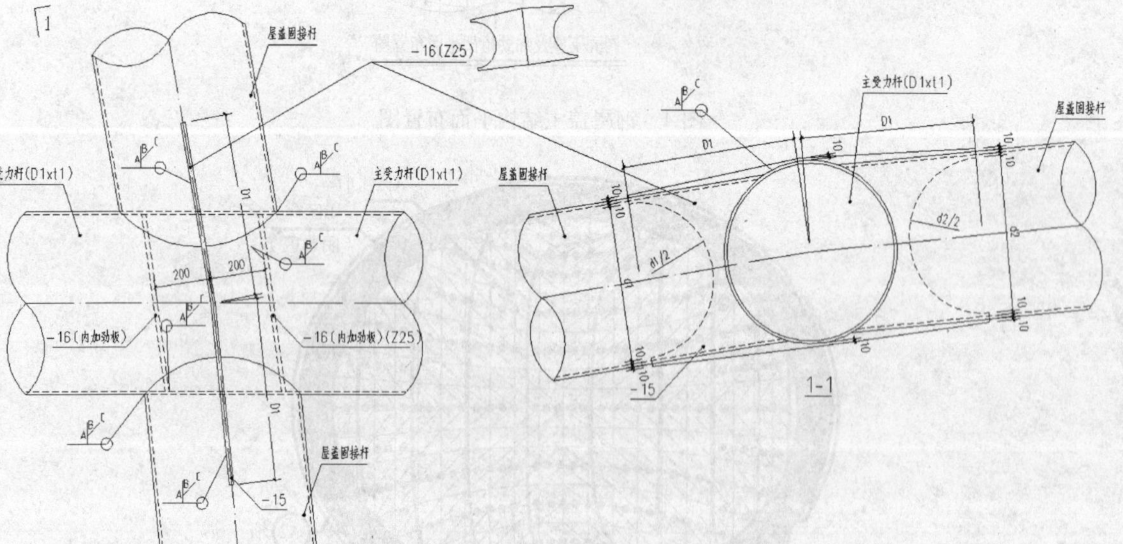

图 8　单层网壳部分的全刚接接头

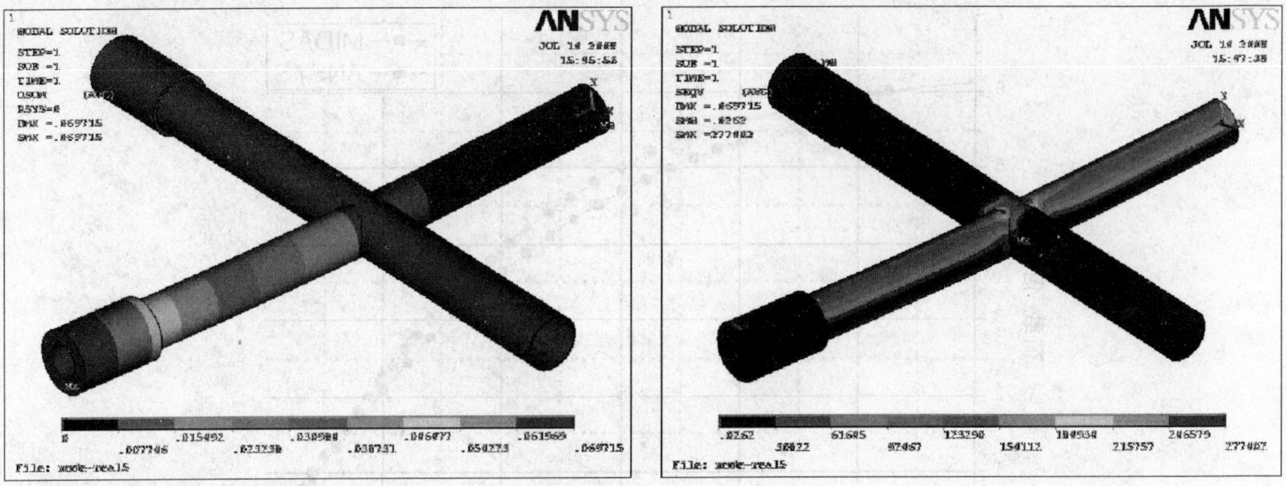

图 9　普通相贯接头

（最大位移：0.0697m，最大应力：277MPa）

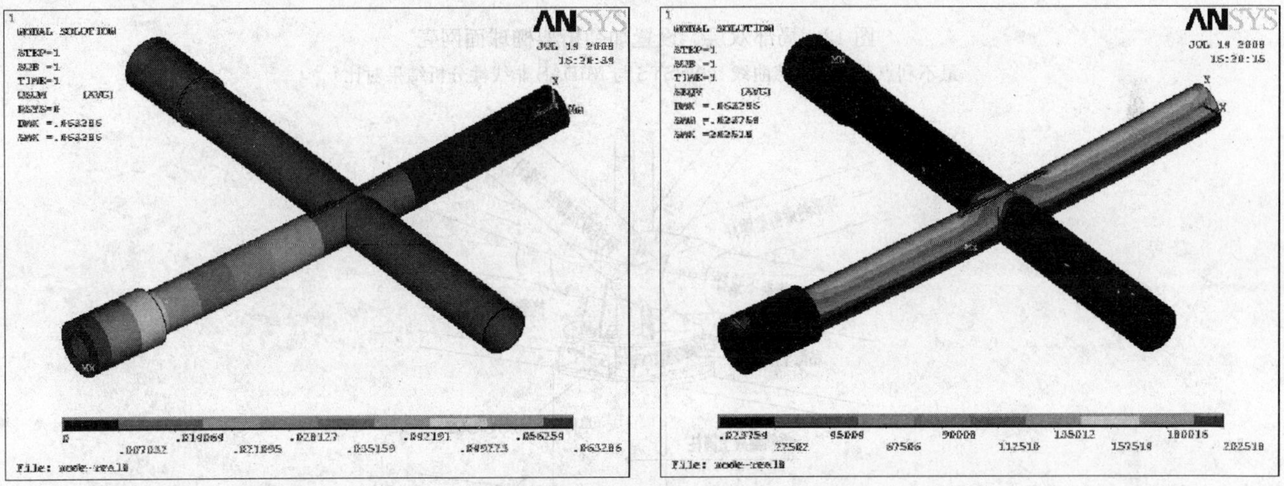

图 10　带穿心钢板、内加强环的全刚接接头

（最大位移 0.0633m，最大应力 202MPa）

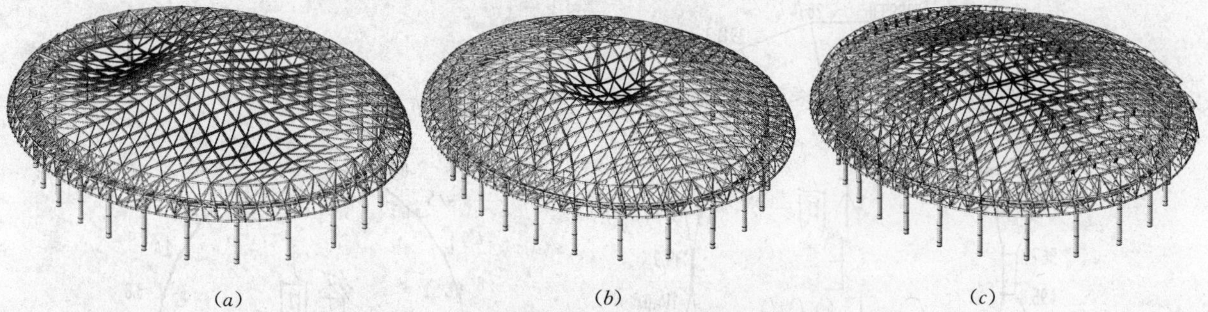

（*a*）　　（*b*）　　（*c*）

图 11　几何非线性稳定分析变形图

（*a*）单层；（*b*）局部双层；（*c*）局部双层、设加劲桁架

（变形放大系数均为 3.0）

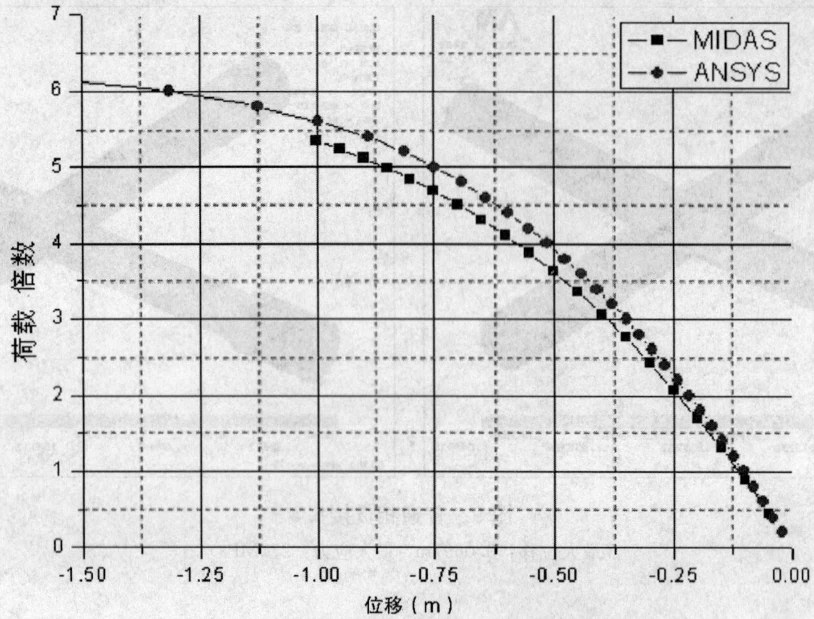

图 12　局部双层、设置加劲桁架椭球面网壳

最不利点荷载—位移曲线（ANSYS 与 MIDAS 非线性分析结果对比）

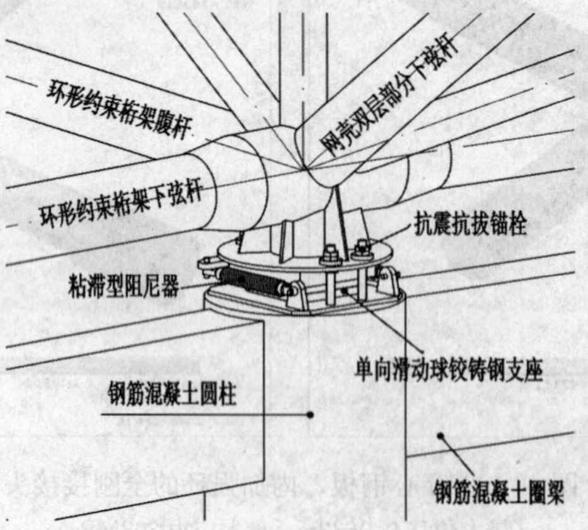

图 13　滑动支座及阻尼器示意图

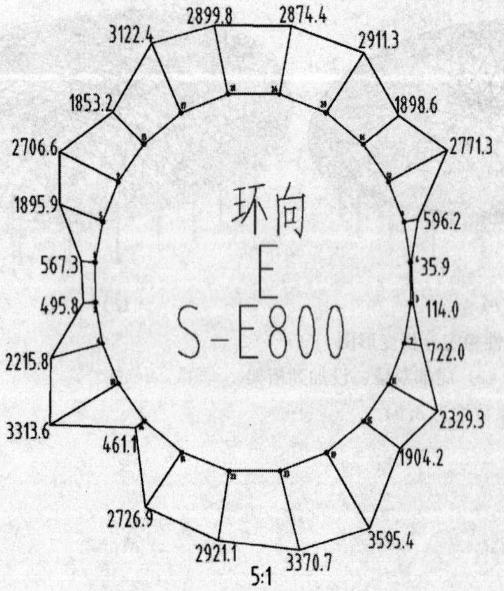

图 14　无阻尼器环向剪力曲线图

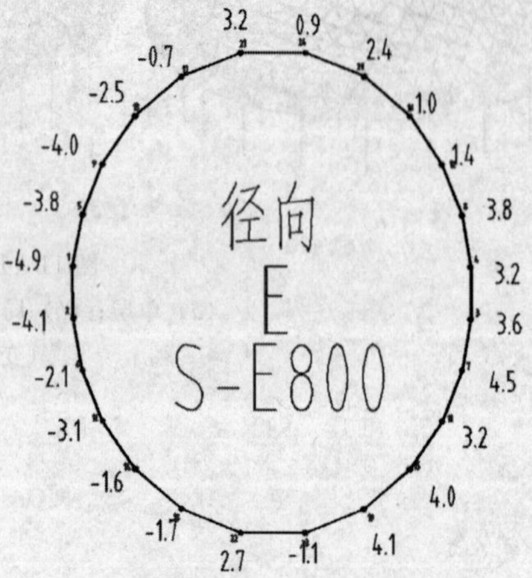

图 15　无阻尼器径向剪力曲线图

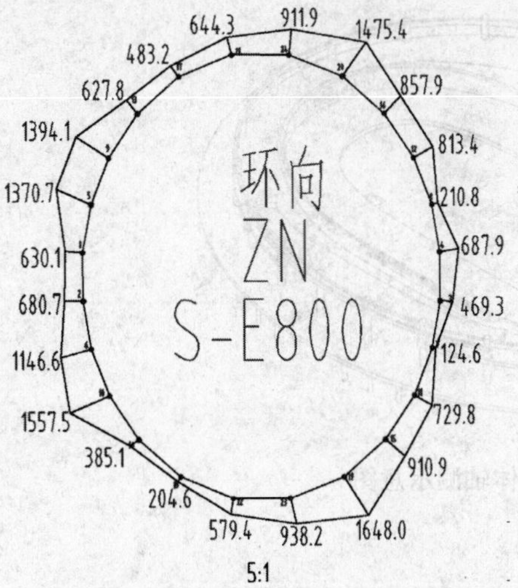

图 16　有阻尼器环向剪力曲线图

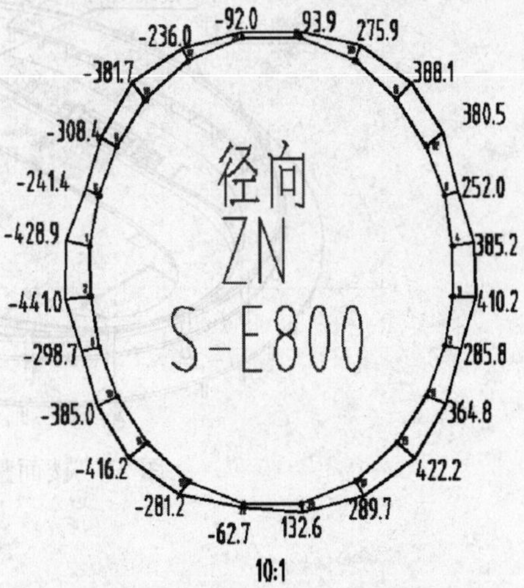

图 17　有阻尼器径向剪力曲线图

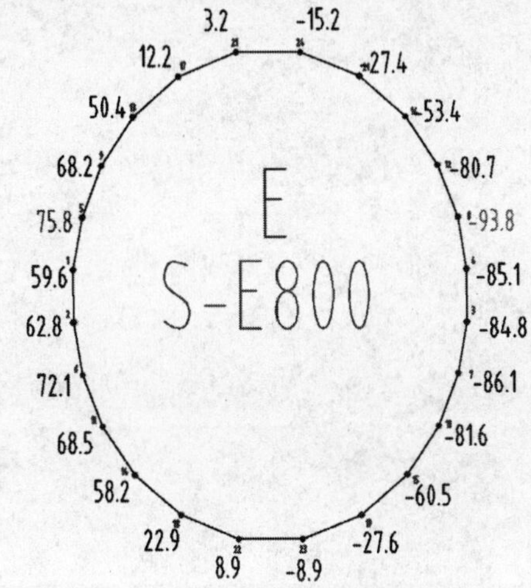

图 18　无阻尼器径向相对位移图

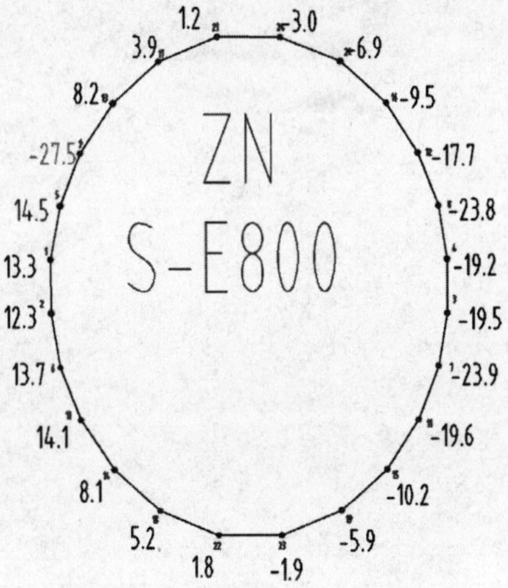

图 19　有阻尼器径向相对位移图

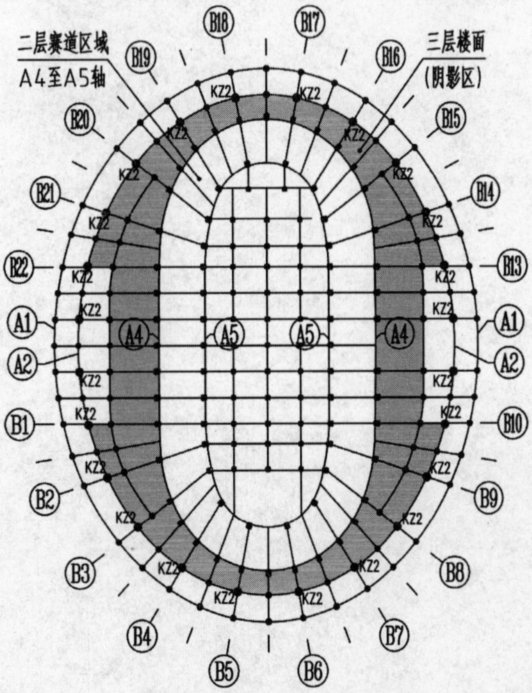

图 20　轴网及楼面布置图

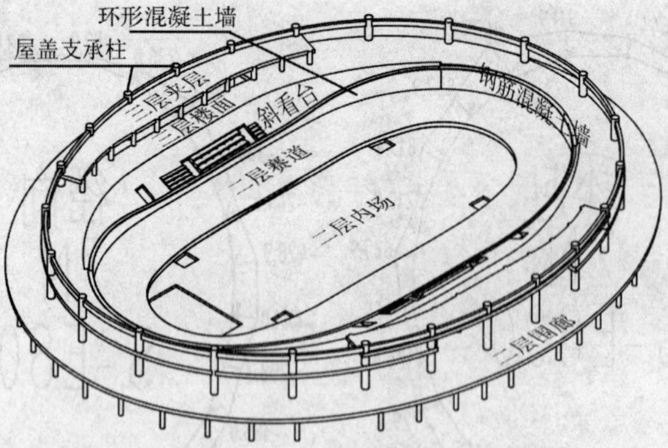

图 21　楼面整体轴测示意图

广州市花都区东风体育馆结构设计

建 设 地 点　广州市花都区
设 计 时 间　2008～2009
主要设计人　李松柏　区　彤　刘雪兵　傅剑波　梁杰发　张　松　李红波　郭　纯
获 奖 等 级　2011 年广东钢结构金奖（粤钢奖）

一、工程概况

广州市花都区东风体育馆（图 1、图 2）位于广州市花都区风神大道的南侧，康体公园（飞鹅岭）的北侧。本工程主要包括比赛馆和训练馆（不设地下室）。比赛馆地上 4 层，固定席位 7780 个；训练馆为地上 2 层。建筑基底面积 21685m^2，总建筑面积 37516m^2，工程总投资约 4.1 亿。建成后还将与其南侧计划兴建的康体公园融为一体，亚运会后将成为花都中心城区西部文化体育中心，并作为汽车城工业产品的展览展销平台，充分发挥该场馆的赛后作用。

两馆下部结构为钢筋混凝土框架结构，由框架柱支承钢结构屋盖。比赛馆钢屋盖用钢量约 2200t，单方用钢量 87kg/m^2；训练馆钢屋盖用钢量约 600t，单方用钢量 75kg/m^2。工程于 2009 年 6 月动工，于 2010 年 8 月建成并投入使用。本工程建筑内景及剖面图见图 3～图 7。

本工程抗震设防基本烈度为 6 度，根据拟建场地安评报告取用相应的地震作用参数。50 年重现期的基本风压值 0.50kN/m^2，用于正常使用极限状态验算；100 年重现期的基本风压值 0.60kN/m^2，用于承载能力极限状态验算；地面粗糙度为 B 类；风荷载取值依据风洞试验，计算中取其中 8 个风向角作用下风荷载进行计算。

二、结构选型及布置

比赛馆建筑平面为圆形，结构基本双轴对称，钢结构屋盖由内外两圈钢管柱支承，并分别分布在直径为 97.2m 和 116m 的圆上。其间形成通廊，外圈是 Y 形环向布置的钢管柱，Y 形柱上部通过销轴铰接于受拉圈梁（倒三角形桁架）上，下部采用万向销轴铰支座支撑于钢筋混凝土圈梁上；内圈为 V 形布置的钢管柱。

屋盖高为 33.1m。矢高约 27m，矢跨比为 1/4.3（图 8、图 9）。

比赛馆屋盖为预应力肋环型穹顶结构体系（图 10、图 11），由 24 榀径向变高度、变厚度空腹刚架与 4 榀环向桁架、中央压力环及转换桁架组成球面网壳，其径向桁架底部支承于受拉圈梁（倒三角形桁架）上（图 12）；圈梁支承于环向布置的 V 形锥管柱上（图 13），柱脚采用销轴支座，释放径向转角；同时结合建筑功能及结构受力需要，在东、西两侧入口两侧各设置两根直径 1.0m 的钢管混凝土直柱，以增强结构整体抗侧刚度。钢管混凝土柱采用埋入式柱脚，按刚接设计。12 榀径向桁架上部隔一汇交于中央压力环上，下部支撑于转换桁架上。

比赛馆径向桁架自上而下由空腹桁架渐变为普通桁架（图 14），桁架矢高 11m，矢跨比 1/8.8，桁架杆件均为压弯构件，受力以受压为主，结构最大高度 2.45m，构件采用箱形截面，材质 Q345B。上弦截面□300×300×12×12，下弦截面自上而下依次为□300×300×12×12、□300×300×14×14 和□500～300×300×14×16，腹杆截面□300×300×12×12，桁架底部采用倒三角形转换桁架将上部屋面结构转换至下部结构。转换桁架上弦杆截面为分别为：下弦杆 XXG（ϕ500×22）、上弦外侧杆 SXG－1（ϕ450×16）和上弦内侧杆 SXG－2（ϕ450×16）。大门上方下弦杆 ϕ500×25；转换桁架外侧上弦杆及下弦杆内布置有环形预应力，以平衡上部钢屋盖产生的环向拉力。通过施加环向预应力，钢屋盖结构基本处于自平衡状态，大大减小了内外柱所受的水平推力，简化了柱脚设计并大大减轻了下部结构负担。

三、环形预应力钢结构屋盖的设计

1．环形预应力技术简介

环形预应力技术在特种结构如混凝土压力管道、压力隧洞的衬砌、污水处理池、筒仓和储罐以及核电站安全壳结构中获得了广泛的应用，但本工程将该技术移植在大跨度钢结构的环形转换桁架中（图 15、图 16），并采用钢管内交错布索，形成环形高效预应力结构体系，在国内外尚属首次采用。

2．采用环形预应力技术的目的

1）节省用钢量。通过施加环形预应力，将径向桁架以及环形转换桁架所受内力均匀化，削减构件内力峰值，起到了降低用钢量的作用。

2）提高结构的安全储备。径向桁架大多数构件处于受压状态，转换桁架处于低拉应力状态。

3）减小转换桁架的管径（由 ϕ600 减小到 ϕ500）。

4）减小支座反力。

3．环形预应力的布置方式

借鉴特种结构中环形预应力索的布置方式，充分考虑本工程的实际情况后，按下属原则布置预应力钢绞线：

1）均匀对称，分段长度适中。

2）考虑施工方便，在采用管内布索前提下，预应力索进出位置设在径向桁架之间的节点，其余节点处设置转向器。

3）卸载效应大于增载消耗，保证结构整体效应增长。

预应力布索方案的优劣不但影响结构的力学性能，同时也对设计计算工作量带来较大影响。倒三角形转换桁架，布索存在以下七种可能：下弦杆布索（XXG）、上弦外侧杆（SXG－1）布索、上弦内侧杆（SXG－2）布索、XXG 和 SXG－1 同时布索、XXG 和 SXG－2 同时布索、SXG－1 和 SXG－2 同时布索以及三根弦杆同时布索。

根据本工程计算结果，以结构卸载效应大于增载消耗的预应力钢结构设计原则以及预应力引起的反拱值大小为判别标准，在施加等量的总预应力时，预应力的效率由高到低的顺序是：只在下弦杆布索时效率最高，其次是在下弦杆和上弦外侧杆同时布索，再次是三弦杆同时布索。

虽然只在下弦杆施加预应力效率最高，但由于客观上预应力值必须达到一定的量值后才会有明显的效果，较大的预应力值集中在单一构件上，将对设计和施工带来较大的困难。因此，从工程实用角度看，在下弦杆和上弦外侧杆同时施加预应力是最优方案，因为此时两个弦杆施加的预应力值较适中，节点容易设计和施工；当三个弦杆均施加预应力时，虽然每个杆件的预应力值有所减小，但由于张拉相互影响，设计和施工变得复杂化。因此本工程最终选择在下弦杆 XXG 和上弦外侧杆 SXG－1 施加预应力的布索方案。

本工程在下弦杆和上弦外侧杆两根弦杆管内施加预应力，形成环形高效预应力转换桁架。经过优化后三根弦杆截面尺寸为：下弦杆 XXG（ϕ500×22）、上弦外侧杆 SXG－1（ϕ450×16）和上弦内侧杆 XXG－2（ϕ450×16）。

4．预应力取值优化（表 1）

主要构件计算结果　　　　表 1

预应力加载方案和预应力值（T）	竖向挠度（mm）	环形转换桁架内力（T）			径向桁架内力（T）			顶部环向桁架内力（T）	中央压力环内力（T）
		XXG	SXG－1	SXG－2	下弦	上弦	腹杆		
方案（1）：XXG（600）＋SXG－1（300）	186/45	274/－231	120/－131	66/－34	－148/－156	－105/－59	基本卸载	33/2.6 －188/－124	－29/－25

续表

预应力加载方案和预应力值（T）	竖向挠度（mm）	环形转换桁架内力（T）			径向桁架内力（T）			顶部环向桁架内力（T）	中央压力环内力（T）
		XXG	SXG－1	SXG－2	下弦	上弦	腹杆		
方案（2）：XXG（330）＋SXG－1（165）	186/116	274/58	120/－31	66/30	－148/－152	－105/－80	基本卸载	33/11 －188/－135	－29/－27
方案（3）：XXG（300）＋SXG－1（165）＋SXG－2（165）	186/89	274/－71	120/－60	66/－32	－148/－135	－105/－83	基本卸载	33/7 －188/－138	－29/－27

说明："/"前后的数据分别为不施加预应力时和施加预应力后的轴力。

弦杆在重力荷载作用下的最大轴力比例约为：下弦杆：上弦外侧杆：上弦内侧杆＝4.2：1.8：1。

根据弦杆的内力判定，合理的预应力取值可能导致弦杆内力产生拉压变号并维持在较小的量值上。

三个方案均使转换桁架弦杆内力由拉力转变为压力，但表1中方案（1）导致下弦杆和上弦外侧杆由拉力几乎转变为等量的压力。与表1中方案（1）不同的是，表1中方案（2）和表1中方案（3）则将三根弦杆由较大的拉力转变为较小的压力，而上弦内侧杆虽然也由拉力转变为压力，但对结构的整体效益不如前两根弦杆（表2、表3）。

预应力对支座反力的影响 表2

支座编号	对应节点号	无预应力时支座反力（kN）	施加预应力后支座反力（kN）	反力变化（kN）
人字柱支座	4888	88.1	51.8	－36.3
	4895	67.9	18.4	－49.5
	4904	89.2	51.0	－38.2
	4922	77.2	28.7	－48.5
	4924	114.2	24.3	－89.9
V形撑支座	4028	254.8	178.1	－76.7
	4029	561.1	490.9	－70.2
	4961	478.5	575.0	96.5
	4030	535.5	641.5	106.0

预应力对结构非线性屈曲系数的影响 表3

基本荷载	倍数荷载	无预应力	有预应力
自重、预应力	满布活载	2.81	2.86
自重、预应力	半跨活载	3.25	3.35
自重、预应力	1/4跨活载	3.45	3.52
自重＋30℃、预应力	满布活载	2.83	2.89
自重－30℃、预应力	满布活载	2.83	2.89

四、分析结果

1. 模态分析

结构动力分析是衡量结构质量与刚度布置是否合理的重要指标。通过对整个结构进行自振动分析（图17）可以看出：1）前几阶振型均为竖向振型且自振频率密集；2）结构振型以中间大跨穹顶的竖向振动为主，说明竖向结构刚度较弱；这些特点与其他大跨空间结构非常一致。

2. 非线性屈曲分析

《网壳结构技术规程》JGJ 61—2003 第 4.3.1 条规定结构厚度较薄的双层网壳应做稳定性计算。结构厚度较薄的双层网壳对缺陷亦较敏感，故应进行非线性全过程分析。考虑初始缺陷的稳定分析：根据特征值屈曲分析结果，取第一阶模态作为初始缺陷的 1/300 进行几何非线性荷载一位移的全过程分析。第一阶屈曲荷载系数为 7.5×0.85＝6.375 满足网壳规范中稳定系数大于 5 得要求。

3. 多遇地震作用下弹性时程分析

选用下列两条实际场地波和一条人工波采用一维输入（X、Y 向分别作用）：

SH1　ELCENTRO，加速度峰值：341.7gal；

SH2　兰州波 1，加速度峰值：196.2gal；

SH3　场地地震安全性评价报告提供的人工波，加速度峰值：27.75gal；

选取地震波的最大加速度值调整为多遇地震的最大值 27.75gal，进行结构的弹性时程分析。地震作用内力见表 4。

地震作用内力　　**表 4**

地　震　输　入	F_x（kN）	F_y（kN）
振型分解反应谱法	16436	18456
ELCENTRO 波	24922	23835
兰州波 1	20098	24404
人工波	23181	28203

通过对比反应谱分析和时程分析结果发现，总体来说：反应谱分析得底部剪力小；整体位移：X 向地震作用时，时程分析结构位移较反应谱分析略大；Y 向地震作用时，时程分析和反应谱分析的结构位移接近；补充对结构进行时程分析设计计算，各地震波采用三维输入：SH（Y 向）＋0.85SH（X 向）＋0.65SH（Z 向）。

4. 中震弹性计算分析

中震弹性采用反应谱法进行计算分析。反应谱法采用在定义相应的小震反应谱基础上输入放大系数 3.72（即 0.05×3.72＝0.186），使最大地震影响系数最大值为 0.186；

经过计算分析，整体结构在中震反应谱和中震时程的作用下，结构包络位移为 86mm，屋面构件包络应力比 0.84，大门立柱包络应力比 0.3；结构仍处于弹性工作状态下，结构抗震性能良好。

五、节点设计

1. 万向销轴支座节点

比赛馆外圈万向铰支座节点（图 18～图 20）。该节点由销轴和关节轴承组合而成。关节轴承主要应用于机械设计制造领域，目前在建筑工程领域的应用还处于起步阶段，无相关的规范可以参照。该支座节点的设计应确保结构在荷载作用下产生的转角进行完全释放；并能够传递轴力和剪力。设计中对这个节点考虑一定的安全储备，并且同时满足建筑结构规范和机械设计制造方面的规范规定；然后采用节点足尺模型试验进行验证。通过节点试验和工程实践，证明该节点完全满足设计要求。

2. 内圈销轴节点

内圈 V 字形柱脚设计（图 21），本工程屋盖结构比较规则，内圈钢柱支座力以轴力为主，剪力和弯矩均较小。节点设计中采用 3 夹 2 销轴节点。径向弯矩完全释放，环向弯矩由节点板承担；为防止销轴的脆性破坏，控制销轴处于低应力状态下工作。

3. 预应力张拉节点

张拉节点（图 16、图 22）的设计关系到环向管内预应力实施的成败，是本工程的关键节点之一。本项目有效预应力值分别为：3350kN（下弦管内）和 1565kN（上弦外侧管内）。在钢管张拉节点处的作用力较大且集中同时需在原钢管上开孔以方便预应力的施加。因此合理的节点设计非常重要。该节点的设计中采用在弦杆外包钢管的方式加强此节点并在张拉端用加劲板保证节点板整体稳定。

4. 铸钢节点

比赛馆中多杆件相交、杆件相交夹角太小、正常加工困难的节点采用铸钢件，铸件材料均采用《铸钢节点应有技术规程》CECS 235：2008 中可焊铸材 ZG275－485H，屈服强度为 275MPa。采用美国通用有限元分析软件 ANSYS9.0 作计算分析，采用 solid92 单元模拟杆件，一根杆件两端固定，其余杆件加载。经计算分析，安全储备均在 2 倍以上。设计荷载作用下的有限元分析结果详图 23、图 24。

六、结语

1）结合建筑“花蕾”外形设计理念，屋面钢结构采用预应力肋环型穹顶结构体系，于受拉环形封闭桁架下弦杆和上弦外侧管内施加预应力。计算分析表明：结构受力简单、明确、合理，内圈钢结构屋盖水平受力体系基本处于自平衡状态，对下部支承结构的水平推理极小，结构整体工作性能良好。

2）环行管内预应力大跨度钢结构体系的采用不仅增加梁结构的整体刚度，提高了安全性能，而且减少了结构用钢量，降低了工程造价，产生了良好的经济效益。同时，预应力索工作期间处于封闭环境，仅需在进出索口部进行防火防腐处理。

3）采用万向销轴铰支座，在结构专业可使计算模型与计算假定统一，同时增加了建筑美观。

4）采用环形预应力，可实现较好的经济指标。比赛馆米用钢量 87kg/m^2，此用钢量包含屋面用钢量和钢柱用钢量，是同类、同规模钢结构场馆中用钢量最低的项目。

图 1　建筑实景图

图 2　夜景实景图

图 3　比赛馆室内实景图

图 4　比赛馆结构及马道布置图

图 5　比赛馆通廊实景图

图 6　比赛馆入口大门实景图

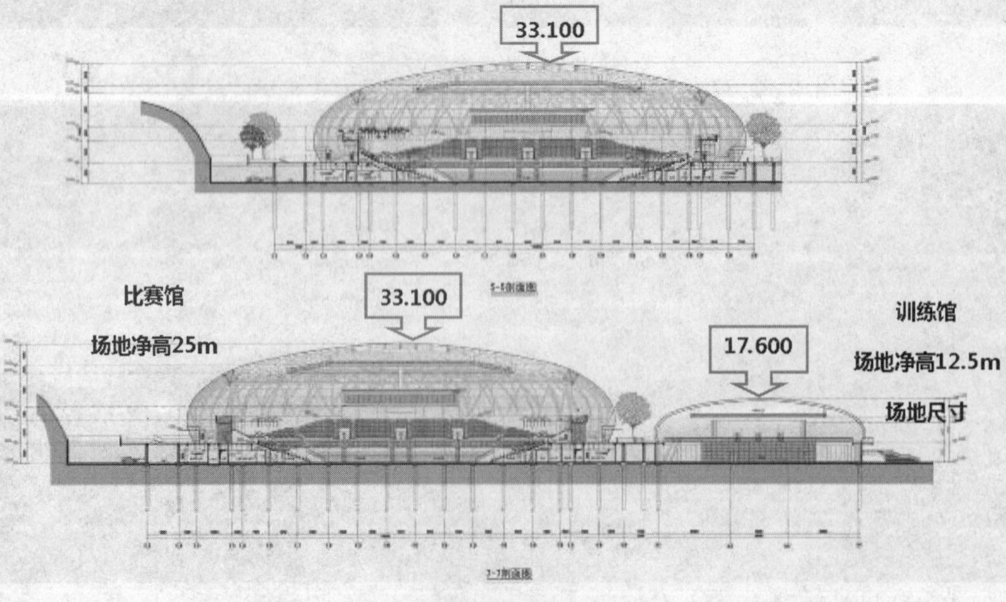

图 7　建筑立面（剖面）图

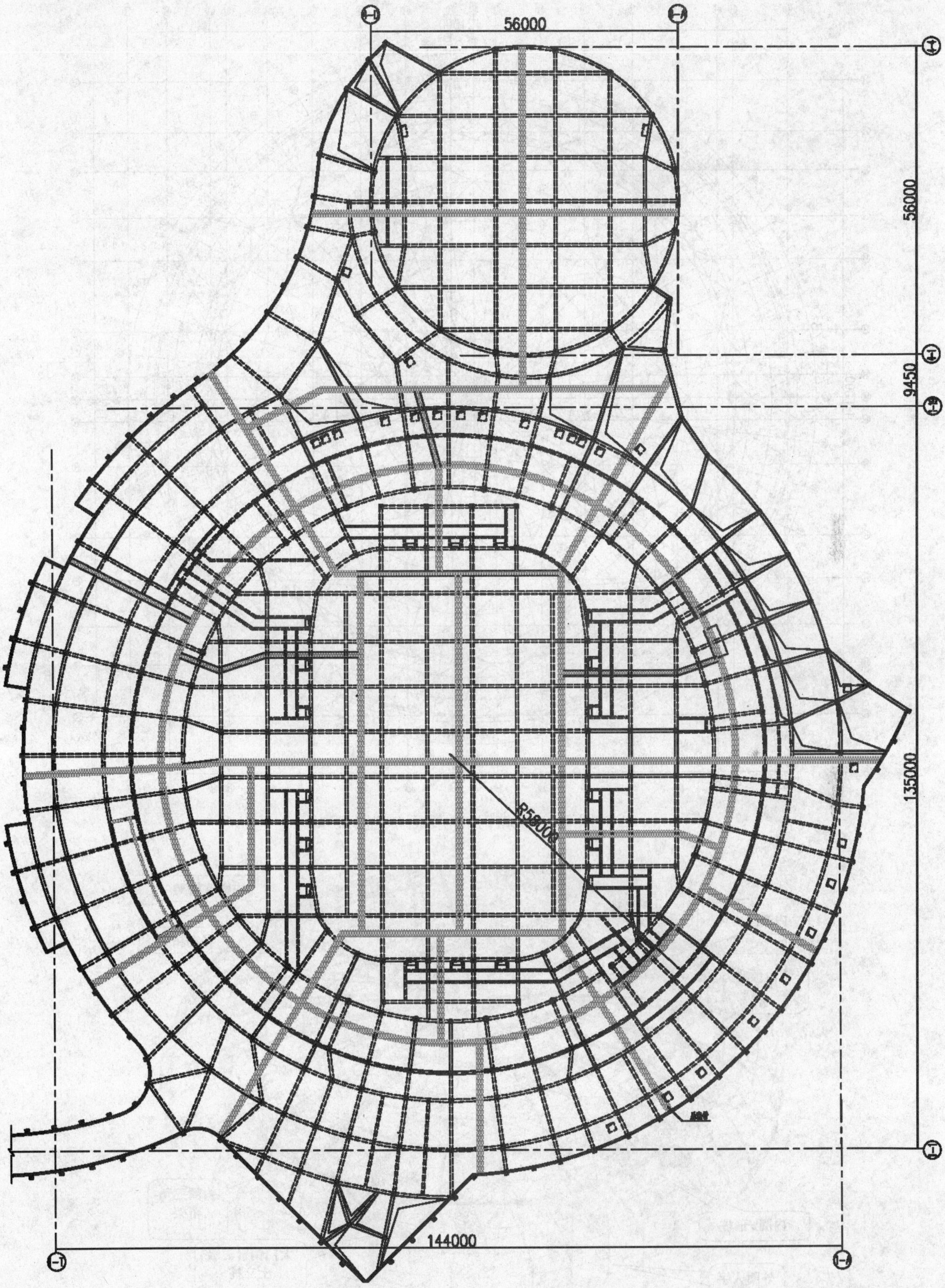

图 8　首层结构平面图

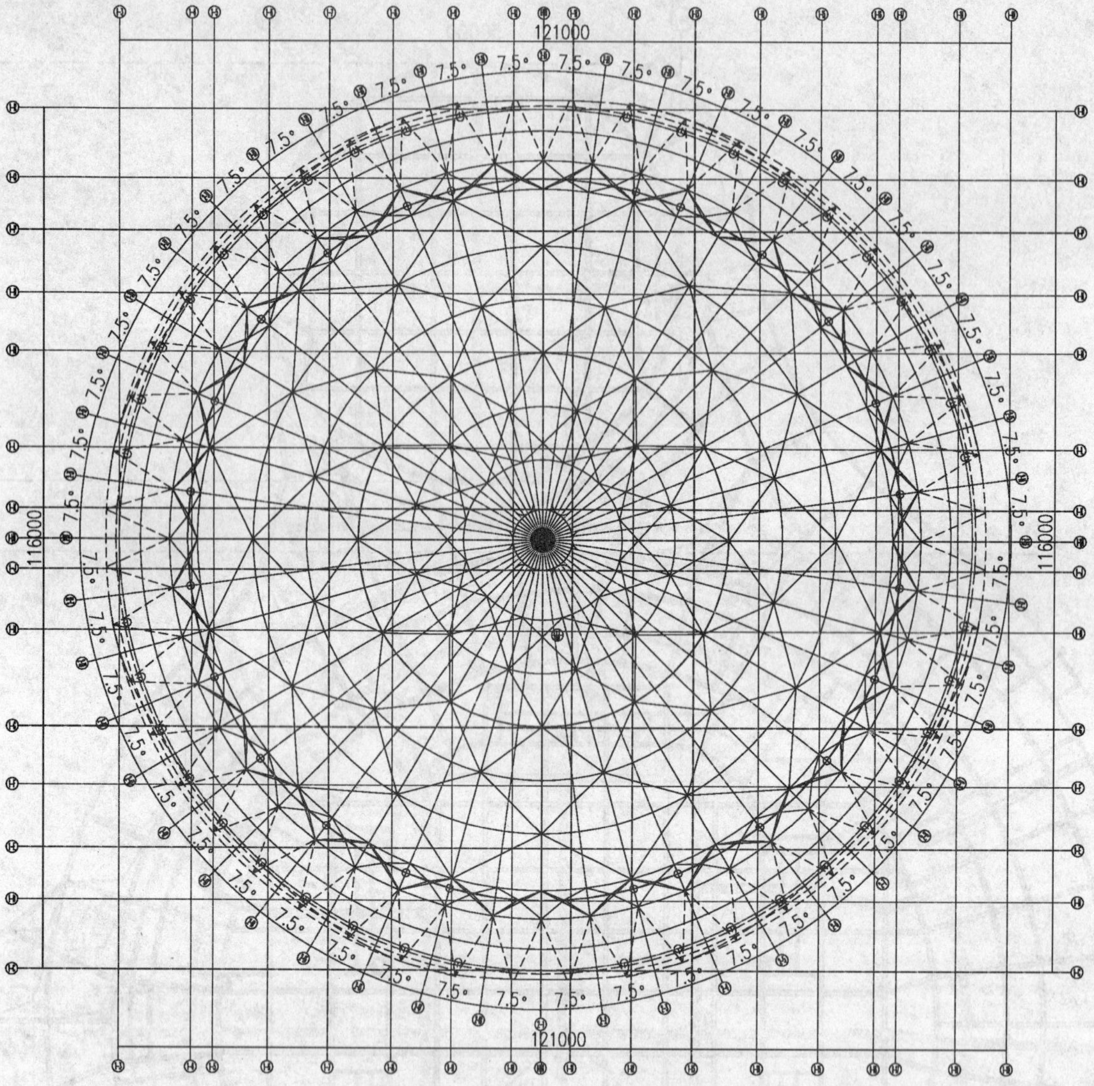

图 9　比赛馆钢结构平面布置图

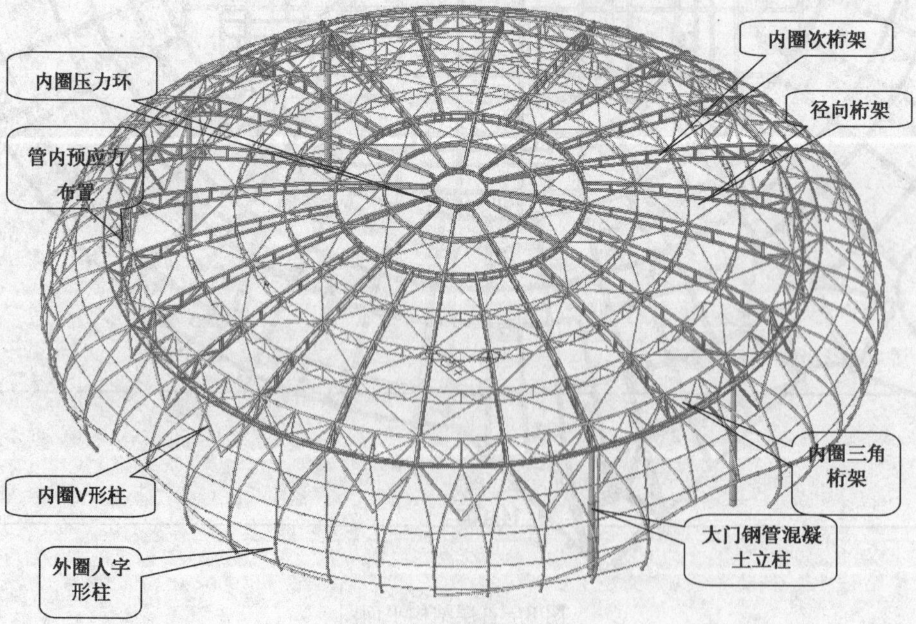

图 10　比赛馆钢屋盖轴侧图

图 11　比赛馆钢结构（双向旋转滑移施工工法）

图 12　比赛馆三角桁架

图 13　比赛馆 V 形柱

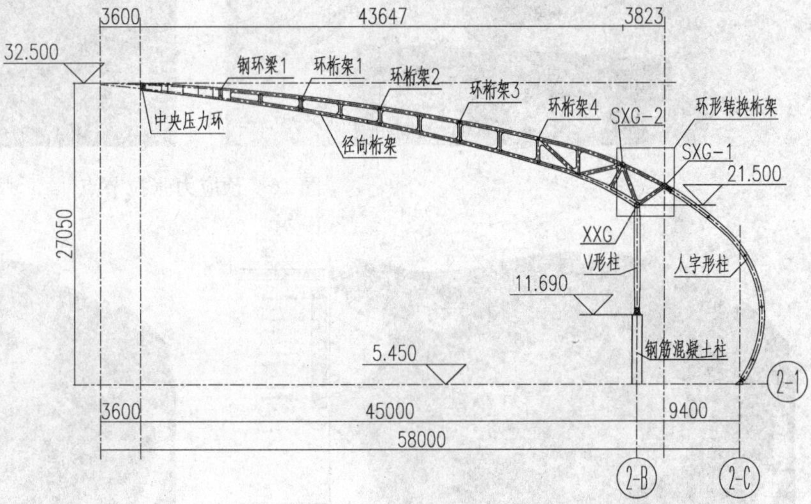

图 14　比赛馆径向桁架剖面图

根据本工程的屋盖跨度，
采用8等分布置预应力。
P4、P4a、P1、P1a分别为
XXG、SXG-1预应力钢绞线
的1/8段：XXG每段长度为38.17m，
SXG-1每段长度40.12m。

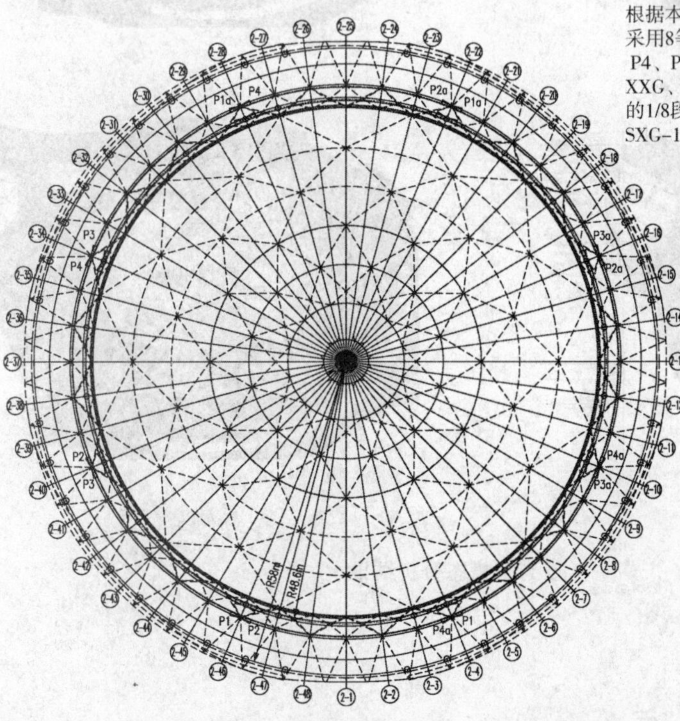

图 15　比赛馆预应力布置平面图

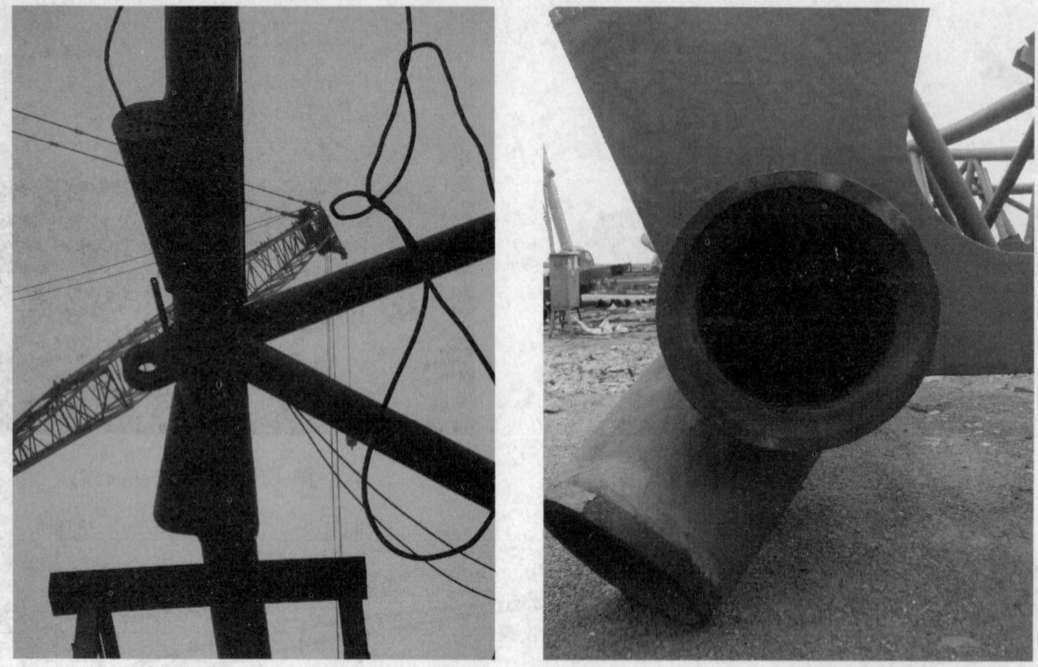

图 16　预应力张拉节点

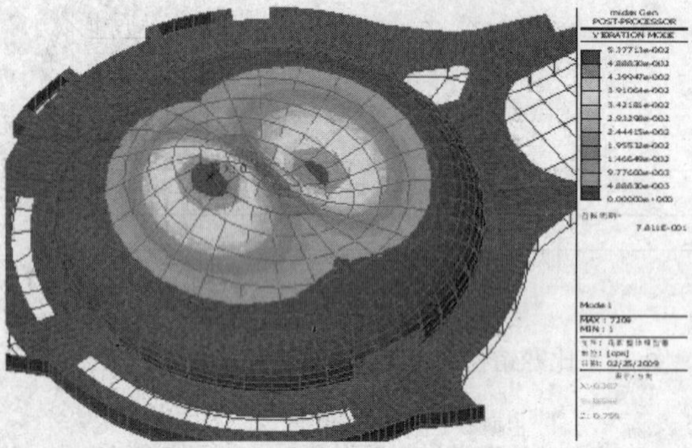

第一阶模态

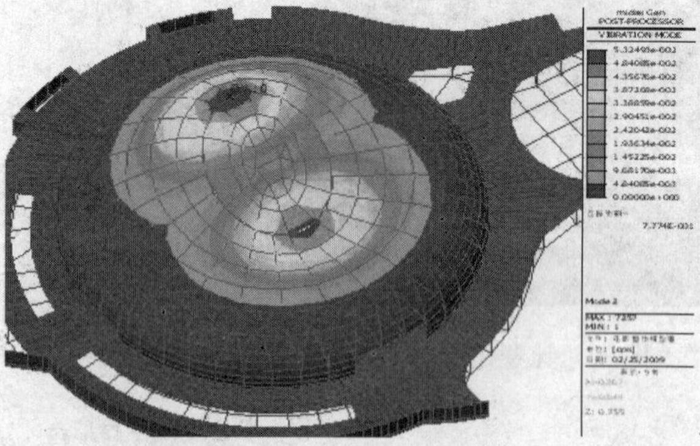

第一阶模态

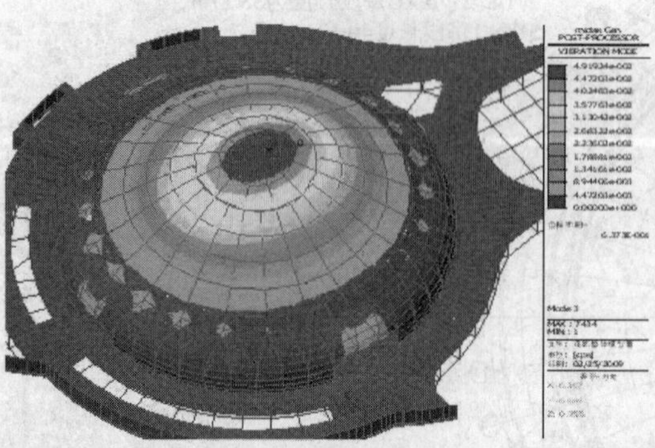

第一阶模态

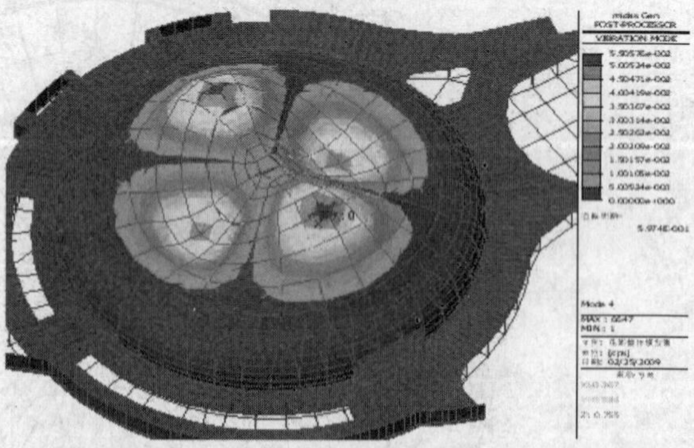

第一阶模态

图 17　模态分析结果

图 18　万向铰支座节点

图 19　比赛馆万向铰支座试验

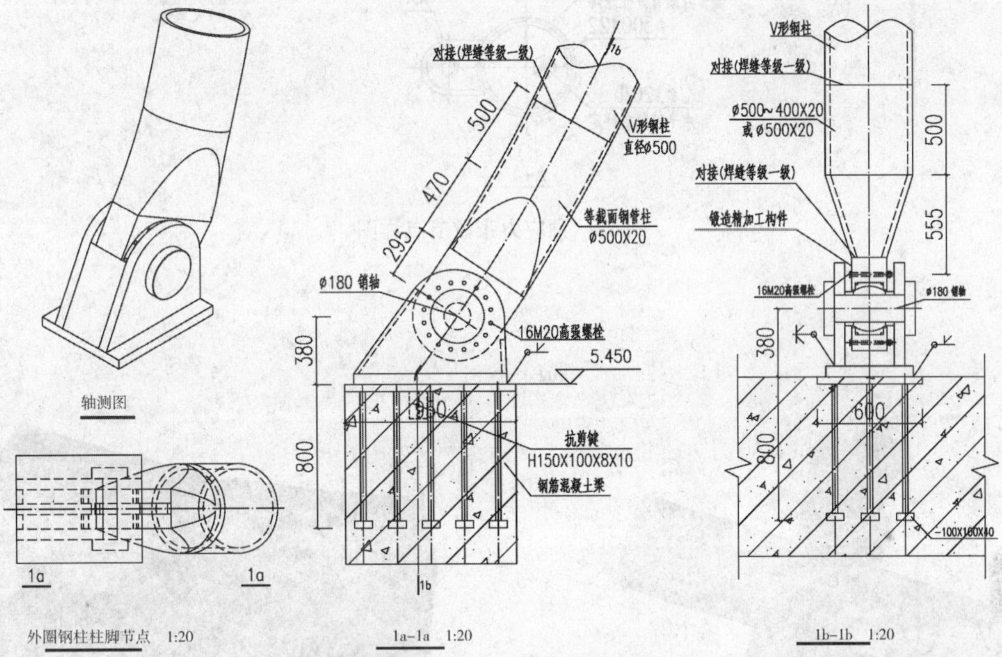

图 20　外圈万向支座节点详图

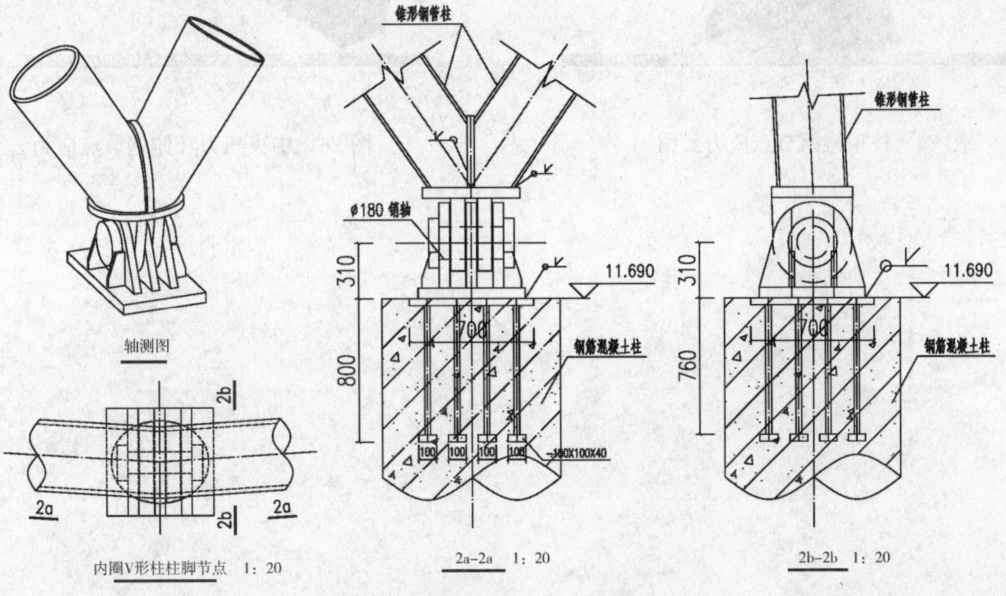

图 21　内圈销轴节点详图

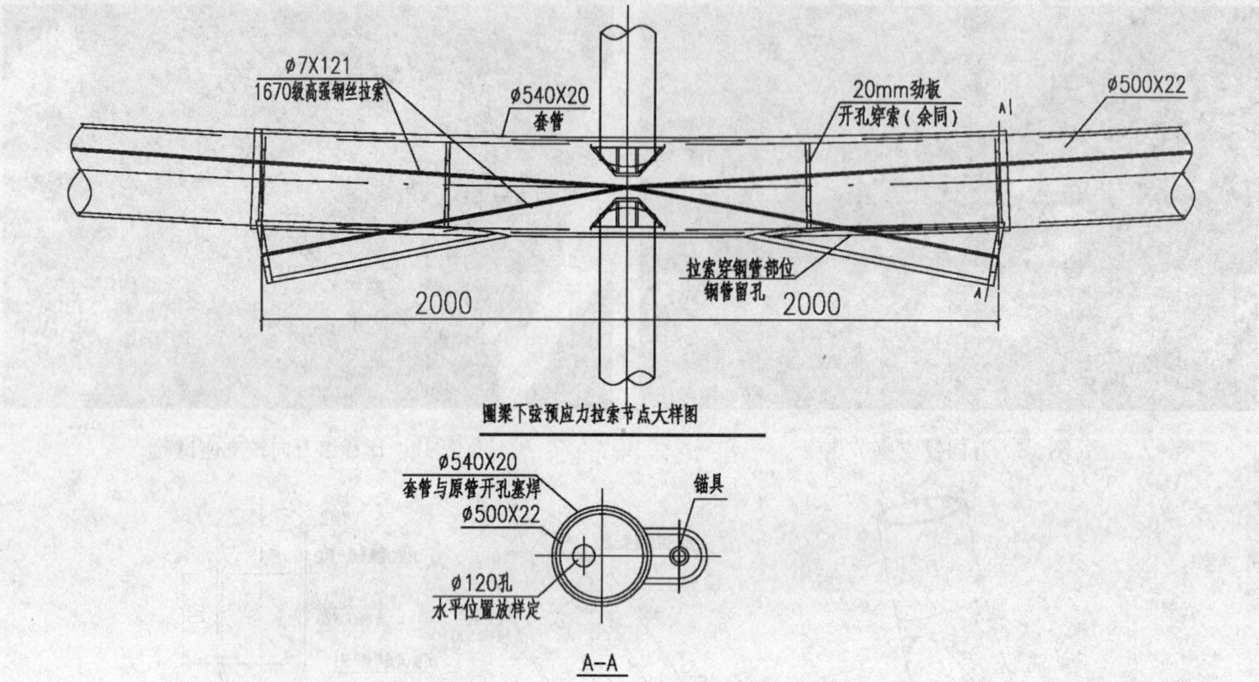

图 22　预应力张拉节点详图

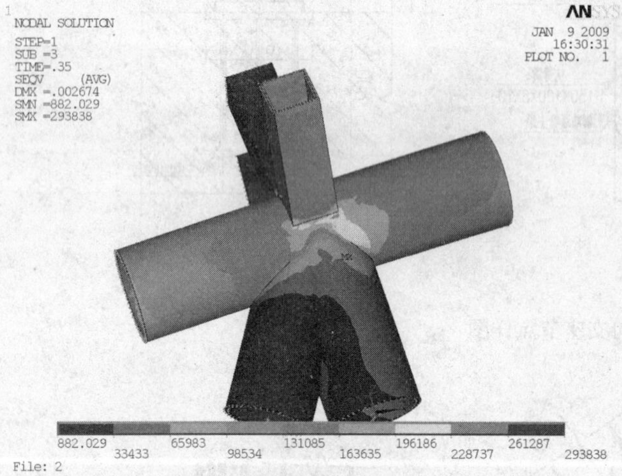

图 23　柱顶铸钢节点应力云图

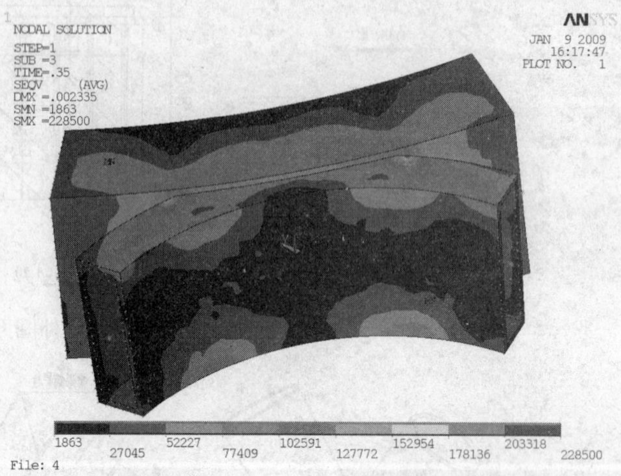

图 24　中央压力环铸钢节点应力云图

佛山岭南明珠体育馆结构设计

建 设 地 点　广东省佛山市
设 计 时 间　2003～2005
主要设计人　周敏辉　李志宏　李伟锋　陈文祥　陈应荣
获 奖 等 级　2007 年度广东省优秀工程勘察设计一等奖　2008 年度全国优秀工程勘察设计二等奖

一、工程概况

佛山岭南明珠体育馆位于佛山市禅城区季华六路的北侧，文华路西侧，大福路的东侧，位于规划中的城市景观轴附近，地段南侧为佛山市广播电视发射塔。是一座集比赛、训练、集会、演出功能于一体，兼顾市民日常休闲、健身，设施先进，具有 8000 座席的现代化综合体育馆（图 1、图 2），是佛山市迎接 2006 年广东省第十二届运动会的核心建设项目之一。建筑基底面积为 $34000m^2$，总建筑面积为 $78000m^2$，地下 1 层，地上 3 层，局部 4 层。在举办完第十二届省运动会之后，将成为佛山市重大体育活动的中心场地，承办各类国内外重大体育赛事。整个建筑物由一个主馆和两个副馆组成，主馆直径为 128.8m，高度为 35.48m；副馆直径为 78.8m，高度为 26.45m，建筑总长度为 260m（图 3、图 4）。工程于 2004 年 4 月动工，于 2005 年 8 月封顶，并于 2006 年 8 月投入使用。

本工程按 7 度抗震设计，抗震构造措施按 8 度考虑，场地类型为Ⅱ类。除屋盖采用“斗拱型”穹顶网壳钢结构外，其余均采用现浇混凝土框架结构。本工程在设计上采用了多项结构新技术，其中“斗拱型”穹顶网壳结构、超长混凝土结构应力沟的应用具有创新性，取得了良好的效果。

二、钢屋盖设计

1. 钢屋盖结构特点

整个屋面采用连续的穹顶网壳结构，与以往的穹顶结构不同的是：引进了斗拱的概念，强调了水平环的作用。在力学合理性方面，改变以往穹顶结构是拱的旋转体这种考虑方法，改变为水平环的集结体。穹顶的上半部为压缩环，下部为张力环，水平环采用 H 型钢组成的空间三角形钢桁架，具有足够刚度，水平环桁架通过层间立柱和外斜杆，逐层叠加形成一个牢固的穹顶。层间立柱由 H 型钢和圆钢管组成，外斜杆采用圆钢管（图 5），钢材均采用 Q345B。

大馆由 15 层水平环构成，两小馆分别由 10 层水平环构成，三个场馆三层以上通过多层水平环层层叠加，收聚成三个上部相互独立的空间穹顶。水平环层间设置外侧斜杆形成斜交网格，外侧斜交网格与内侧水平环通过偏心节点连接形成空间受力体系，有效的增强了结构刚度和整体稳定性，减小柱脚水平推力，也使结构造型更加美观。下部三层通过中间连廊连为一体，三馆连接处破坏了圆形的整体性，该区域受力较为复杂，对各个穹顶的刚度影响较大，因此必须加强连接区的刚度和强度，确保结构安全。平面布置图如图 3。钢屋盖的投影面积为 $34330m^2$，用钢量为 6838t，约 $197kg/m^2$。结构构成复杂，有 22000 根杆件，6000 多个节点，而且多根杆件从空间不同角度汇交，节点形式多样，对制作、加工、定位、安装提出了很高的要求。

从建筑的角度来看，这种结构由于每层水平环间具备开竖向窗的可能性，为建筑师提供了更多的创作空间。屋盖设置多层环状可开启窗带大大地改善了体育馆的通风、采光性能，不但减低了能耗，也丰富了室内空间效果，达到建筑与结构的完美结合（图 6、图 7）。

该结构的另一特点就是具有施工便利性，施工过程利用结构特点将稳定的水平环层层叠加，并结合顶部整体提升组成穹顶。工程施工采用场外分段吊装与场内局部进行整体提升相结合的安装方案。将下部环形桁架根据现场吊车能力划分成需要的吊装分段，在地面拼装焊接，然后运输到起吊位置，进行环形桁架分段吊装，定位后在现场焊接形成闭合环，分层逐层往上拼装（图 8）；三个屋盖穹顶中心部分在场内地面拼装后采用整体提升法吊装就位（图 9），最后在高空将中心整体提升部分与下部结构闭合、连接成整体。环形桁架和穹顶中心整体提升部分的定位均借助于临时支撑（胎架），避免满堂红脚手架，从而节省施工费用。

2. 结构计算分析

1）结构设计条件及参数取值

（1）建筑结构设计使用年限 100 年，建筑结构安全等级一级，结构重要性系数 1.1。

（2）结构自重：材料的实际重量即钢结构杆件自重由程序自动计算。

（3）恒载：屋面材料（屋面板及檩条）的重量按 0.5kN/m^2；屋盖永久悬挂荷载分别按主馆 1 号马道 40t，2 号马道 60t，副馆按 30t 总重量沿马道圆周均匀分布考虑。

（4）活载：按 0.50kN/m^2，并考虑活载的不利布置。

（5）风荷载作用。

基本风压按 0.60kN/m^2，地面粗糙度为 B 类，由于钢结构造型新颖，而且三馆连接于一体，风荷载特性与周边环境关系密切，故需要通过风洞试验确定屋盖结构的实际风压分布情况。根据风洞试验结果：①各部分屋面上表面的风压分布具有大型球形屋面的特点，正、负风压不是很大。迎风区域分布有一定面积的正压，中心相对较大且顺风势减小；气流越过坡面顶部时，有稍大负压产生；其余大部分区域分布为较小的均匀负压；②各部分墙体外表面的风压分布具有弧形外形的特点，迎风面大面积正压；迎风中心较大两边小；侧、背面分布为较小的均匀负压；靠近来流的拐角部分有相对较大的负压产生。

风振系数：本建筑物外形独特，柔性较大，在风荷载作用下易产生较大的变形和振动，属风敏感结构。风振系数的计算原理采用振型分解法，振型分解法属离散频域分解法，是先利用傅立叶变换将风荷载表示成有限简谐分量之和，然后对各简谐分量进行体系的响应计算，最后叠加各简谐响应而得到结构体系的总响应。本方法考虑了多模态的作用影响，用于大跨度网壳结构风振动力响应分析。

（6）地震反应。

根据《建筑抗震设计规范》GB 50011—2001 及广东省工程防震研究院提供的《佛山市体育中心场地地震安全性评价报告》。工程抗震设计基本条件：场区的地震烈度为 7 度，多遇地震，建筑场地类别为Ⅱ类，设计地震分组为第一组。建筑物的重要性类别为乙类，抗震设防构造措施按 8 度考虑。水平地震影响系数最大值为 0.101，计算振型数采用 64 个振形，建筑结构阻尼比取为 0.02。

（7）温度作用。

由于屋盖结构受温度影响较大，根据佛山地区的气象资料，对结构暴露杆件，如外斜杆按±45.0℃考虑，其他则按±30.0℃考虑。

2）结构计算模型和分析程序

采用北京迈达斯技术有限公司开发的 Midas/Gen 进行结构分析，并采用美国通用有限元程序 Ansys 进行比照分析（图 10）。

计算模型及假定：计算时外斜杆采用桁架单元，其余杆件均采用梁单元，即每个节点均有 u、v、w、θx、θy、θz 六个位移分量，能够准确的反映三维框架单元的轴向、弯曲、扭转及剪切变形。支座采用球铰支座。

采用 Midas 和 Ansys 对结构进行计算的结果如表 1 所示。由表 1 可知，2 个软件计算所得的自振周期比较接近，反映了结构建模与分析的正确性。

周期计算结果（s） **表 1**

参数	T1	T2	T3（扭转）	T4	T5	T6（扭转）
Midas	1.0323	0.8596	0.8361	0.6993	0.6385	0.6239
Ansys	1.0264	0.8545	0.8045	0.6860	0.6499	0.6096

结构位移的计算结果见表 2，由表 2 可以知道，结构的恒载（包括钢构架自重和屋面板）、风荷载及温度作用对结构变形影响比较大。根据计算结果，Z 向最大变形（组合值）为 131mm，d 为 1/983，满足《网壳结构技术规程》规定的限值 1/400。

各工况作用下最大位移（mm） **表 2**

荷载类型		X 向位移（mm）	Y 向位移（mm）	Z 向位移（mm）
自重		13.80	15.81	−58.17
恒载		11.76	13.78	−50.33
活载		5.27	6.65	−21.37
风荷载	0°	6.19	6.86	43.07
	45°	8.43	9.11	39.68
	90°	7.60	11.51	51.44
	135°	5.28	6.30	30.15
	180°	4.52	2.31	13.26
X 向地震作用		12.79	3.35	12.97
Y 向地震作用		8.13	14.58	9.60
温度荷载		43.57	37.99	56.58

3）几何非线性分析

稳定性分析是网壳结构设计中的关键问题。几何非线性稳定分析是综合评价结构稳定承载力的有效办法。结构的稳定性可以从其荷载一位移全过程曲线中得到完整的概念。传统的线性分析方法是把结构的强度和稳定问题分开来考虑的。事实上，从非线性分析的角度来考察，结构的稳定性问题和强度问题是相互联系在一起的。结构的荷载一位移全过程曲线可以准确地把结构的强度、稳定性以至于刚度的整个变化历程表示得清清楚楚。为了对空间受力性能进行判断，计算网壳结构的临界荷载，我们对屋盖整体结构的几何非线性作了分析，对整个结构的荷载一位移曲线进行跟踪，其中并未涉及材料塑性的计算。对结构在工况（恒载+活载）组合荷载作用下、按规范施加初始缺陷进行了几何非线性稳定性分析，根据《网壳结构技术规程》规定，可采用结构的最低阶屈曲模态作为初始缺陷分布模态，其计算值按网壳跨度的 1/300 取值。

根据计算结果可以得知，位于大球顶偏右侧（偏向结合部位）位移最大，提取其 Z 向荷载一位移曲线图（图 11）可以看出，在 3.18 倍荷载（$D+L$）时，结构的变形突然增大，此时达到失稳状态。图 12 分别给出了结构发生失稳时结构空间、X、Y、Z 三个方向的位移图。

结构分析表明，失稳现象发生时，主要受力杆件的应力已先期达到或超过屈服状态，说明结构强度极限状态的到达将先于稳定极限状态。在结构体系形成后，在给定的荷载工况下，本屋盖结构的安全性由构件的强度设计和稳定设计控制。该结构具有较强抵抗变形的能力，整体刚度较强。

3. 主要构件及节点设计

1）构件设计主要控制参数

采用 Midas/Gen 自带的普钢规范校验功能进行各构件的详细设计。包括强度、变形和稳定检验等，构造要求的横截面特性、长细比、板件宽厚比限值等，通过这些检验确定构件在所施加的荷载作用下，是否满足强度、变形和稳定性等要求。根据《钢结构设计规范》和《建筑抗震设计规范》有关规定，立柱的长细比取值不大于 $120\sqrt{235/f_{ay}}$，外斜杆的长细比限值取为 150，水平环桁架构件按受压杆件考虑，其长细比限值取为 150，受拉杆件的长细比限值取为 250。杆件的计算长度系数按《钢结构设计规范》规定的计算长度系数的方法确定，对水平环桁架的弦杆等构件，则根据具体连接杆件的相对刚度关系确定。根据计算分析结果，构件设计的控制工况为：1.35 恒载+0.7×1.4 活载、1.2 恒载+0.7×1.4 活载±1.4 温度荷载、1.2 恒载+1.4 风载±0.7×1.4 温度荷载等。

2）主要节点设计

岭南明珠体育馆穹顶结构杆件构成复杂，节点设计至关重要，节点设计应满足整体分析与设计时刚度及受力要求，应遵循“构件强、节点更强”的原则，充分发挥构件材料的强度，确保节点不先于构件破坏，要求构造简单，制作相对容易，保证其在各种荷载作用下的安全性、可靠性。

对典型节点进行局部有限元分析（图 13）。全部的节点均运用 Ansys 进行分析计算。为了保证计算结果的精度，单元网格的划分应尽量细分。分析过程中，除支座铸钢节点外，材料均采用 Q345B，考虑到局部可能出现的应力集中，采用弹塑性模型。材料弹性模量 E1 为 $2.06\times10^5\,\mathrm{N/mm^2}$，根据钢结构规范关于钢材的屈强比及延伸率的要求，这里取强化模量为弹性模量的 1/100，即 $2.06\times10^3\,\mathrm{N/mm^2}$，泊松比为 0.3，屈服强度 f_y 按规范要求选取。节点设计采用 Mises 强度准则，Mises 应力 σ_s取：

$$\sigma_s=\sqrt{\frac{1}{2}[(\sigma_1-\sigma_2)^2+(\sigma_2-\sigma_3)^2+(\sigma_1-\sigma_3)^2]}\leqslant1.1f$$

式中　σ_1、σ_2 和 σ_3 ——分别为第 1、第 2 和第 3 主应力；

f——钢材的抗拉、抗压、抗弯强度设计值。

节点杆件内力选取整体计算所得到的内力进行加载，具体选取不同组合如：恒载＋活载、恒载＋活载±温度荷载等。

（1）支座铸钢节点

为减少温度应力的不利影响，所有支座节点采用球形铸钢节点（图 14），既保证节点的几何精度、材料性能又必须满足现场安装要求。铸钢件采用的铸钢材应符合国家标准《一般工程用铸造碳钢件》GB/T 11352 要求，必须满足可焊性要求。铸钢支座的材质参照德国规范 DIN17182，GS－20Mn5，屈服强度 250MPa，抗拉强度 450MPa，延伸率≥22%，D 级冲击功≥34J。化学成分：碳 0.15%～0.18%；Mn1.0%～1.3%；P≤0.015%；S≤0.015%；Cr≤0.305%；Mo≤0.15%；焊接碳当量 Ceg≤0.42。

从图 15 中可以看出，在椎体与圆球结合部位局部应力较大，实际设计时，对球部分改用实心铸钢（图 16）。

（2）典型节点一

首层水平环桁架与外斜杆连接处，水平环桁架上弦采用宽翼缘 H 型钢，上、下翼缘在节点区域采用节点板，厚度取翼缘厚度较大者，为了保证节点的刚度，在上下翼缘之间采用圆钢管作为加劲板，圆钢管与悬臂钢管采用相贯焊缝连接，同时在圆钢管内加设一水平加劲板（图 17），该节点制作与焊接要求在工厂内完成。悬臂钢管与外斜杆通过耳板用销轴连接。

节点有限元划分如图 18，采用弹性分析。节点在悬臂钢管与圆钢管加劲板相贯处局部应力最大，为 308MPa，整个节点区域平均 Mises 应力值约为 80～240MPa。杆件相贯处焊缝应力值在弹性范围内，高应力区仅表现为边界的角点处，根据圣维南原理，可以忽略这部分。对于整个节点的承载能力，我们认为是可行的。材料的工作状态时未超过其强度极值。受程序单元数量所限，建模时，焊缝及管中加肋板并未建入。因此若考虑加肋板的加强作用的话，管壁四周应力应更小。

节点应力云图如图 19 所示。

（3）典型节点二

水平环桁架与立柱连接，并由立柱向上延伸，然后通过耳板与外斜杆采用销轴连接，如图 20、图 21。悬臂圆管与立柱连接时采用圆钢管过渡，钢管直径及壁厚与悬臂端相同，且在与水平环各杆件相连处设置加劲板以增强节点域刚度，根据受力要求，在耳板与悬臂钢管连接处设置加劲板，避免外斜杆的拉压力对钢管壁产生局部屈曲破坏。计算时，销轴与耳板采用绑定的接触单元来实现。图 22 为该节点的有限元模型构成，包括实体模型、接触设置、荷载约束条件及求解的内容。

节点应力云图及变形如图 23 所示：

该节点的计算结果表明，节点的全部区域仍处于弹性工作阶段，节点在水平环桁架与悬臂圆钢管相交处局部应力最大，为 243MPa，整个节点区域平均 Mises 应力值约为 160MPa。因此该节点完全可以满足承载能力的要求，节点设计比较合理。

三、混凝土结构设计

本工程除屋盖和中庭局部区域外，其余均采用现浇混凝土结构。根据地质条件和工期要求，基础形式采用预应力管桩。为了满足屋盖结构的整体受力要求，地下室不分缝。地下室超长结构底板采用带后浇带的凹板方式来释放温度应力的影响：部分区域建筑由于设备房净高需要底板加深，其他区域在底板中部设置 1m 深的应力沟（图 24）。首层楼板设置预应力钢筋并加强关键部位的普通钢筋。另外，地下室施工和后浇带闭合刚好是冬季，负温差较小，对结构裂缝的控制非常有利。

由于上部钢结构屋盖柱脚存在很大的水平力，而预应力管桩抗水平力较弱。因此，在钢结构墩柱周边增设楼板，使首层楼面形成一个整体，通过首层楼面和地下室一起承受水平力。同时，加强墩柱周边区域的梁板配筋，并在首层楼板设置预应力。

地上内部结构设置变形缝分为多个结构单元，局部采用单柱变形缝方案（图 25），满足建筑的外观要求。柱顶设置柱帽，铺设油毡后浇筑分缝后的梁板，缝两侧梁板共用一个支撑柱，梁端按铰接计算。

工程竣工至今未出现可见裂缝、漏水、变形过大等现象，实践证明以上措施可靠有效。

四、结语

1）该结构方案新颖，引进“斗拱”的概念，强化了水平环桁架的作用，是一种全新的空间结构形式，为建筑创作提供空间，达到建筑与结构的完美结合。

2）该结构由三个连续的穹顶组成，三馆连接部位是比较明显的薄弱部位，该区域是整个结构整体稳定控制的关键部位。

3）节点构成复杂，整个结构有 6000 多个节点，而且种类多样，大量杆件汇交于一点，节点设计应满足整体计算的假定要求并考虑施工的便利性。

4）外侧斜交网格和柱角铸钢球铰支座有效的减小了大跨度、小厚跨比与矢跨比网壳对支柱和基础的水平推力，同时减少了的温度应力。

5）超长地下室设置应力沟能有效的减少温差应力的不利影响，避免开裂。

图 1　建筑全景

图2 鸟瞰图

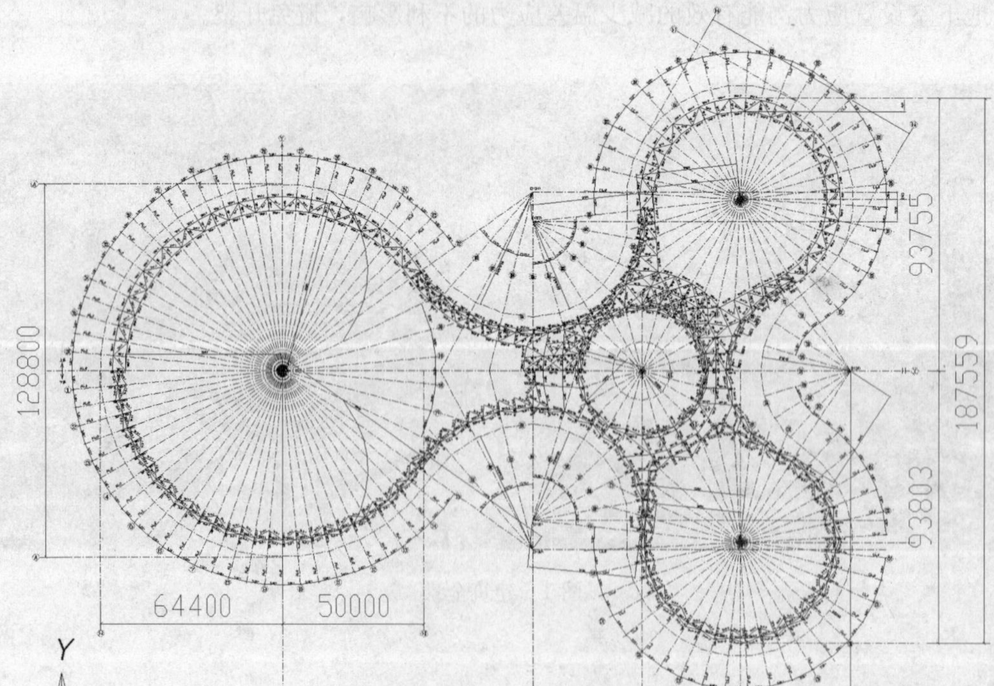

图3 屋盖结构平面图

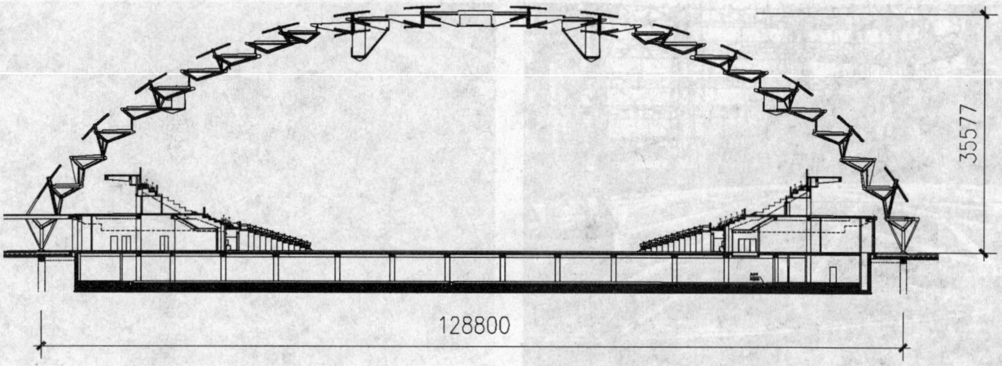

图4 主馆剖面图

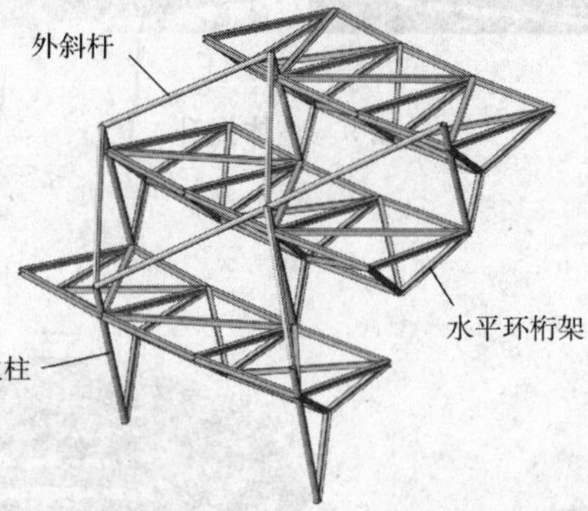

图5 结构单元构成图

图6 主馆穹顶结构实景

图7 主馆完成效果

图8 屋盖施工吊装现场

图 9 整体提升

图 10 计算模型

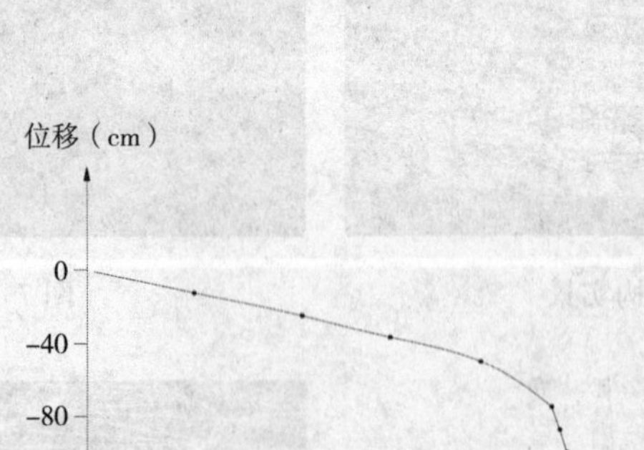

图 11 荷载一位移曲线图

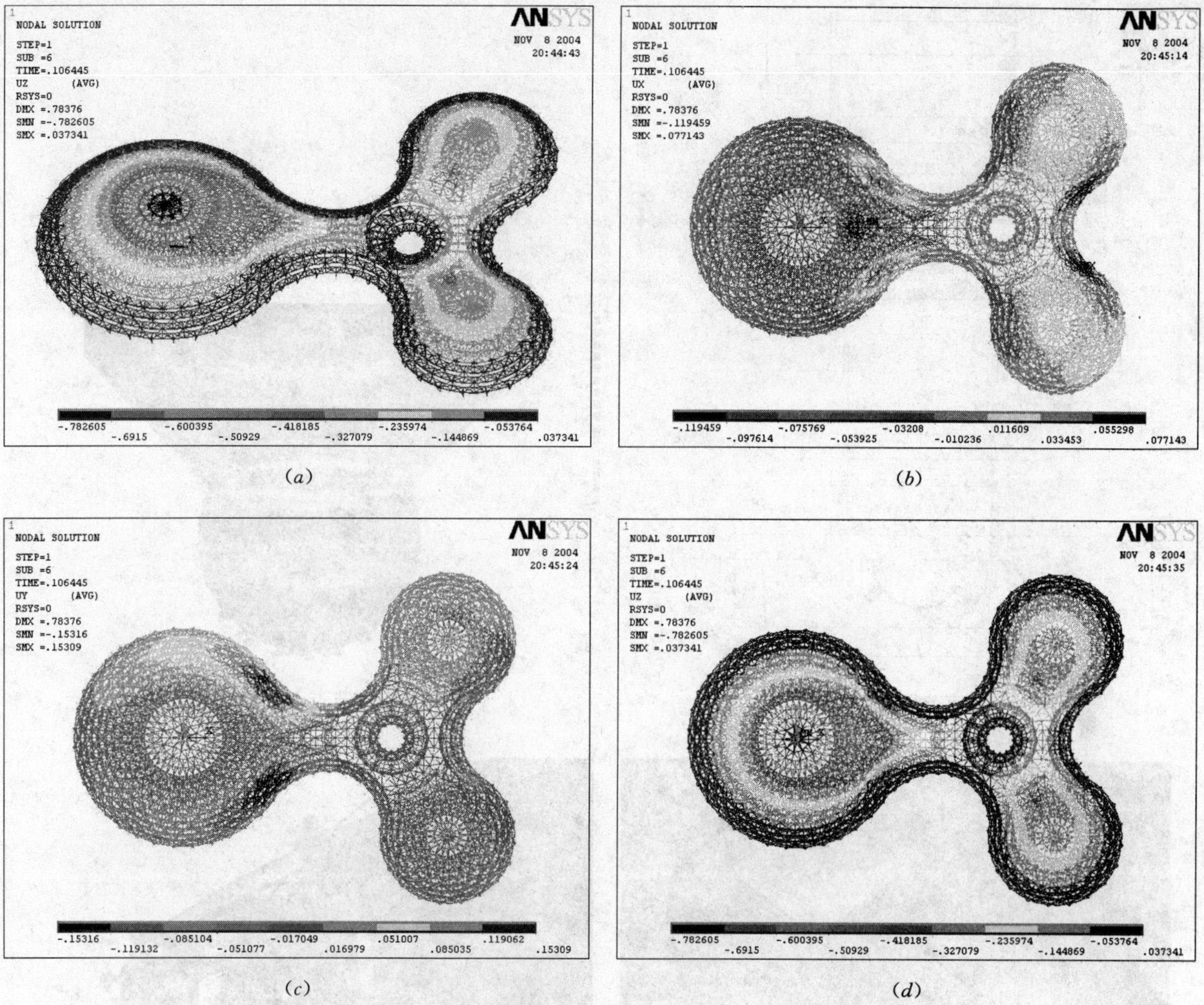

图 12 稳定分析结果

(*a*) 结构失稳时的空间立体图（m）；(*b*) 结构失稳时 *X* 水平方向位移（m）；
(*c*) 结构失稳时 *Y* 水平方向位移（m）；(*d*) 结构失稳时 *Z* 方向位移（m）

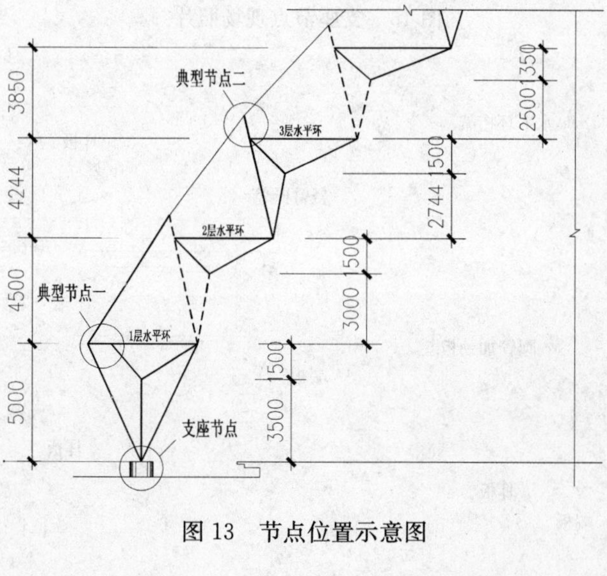

图 13 节点位置示意图

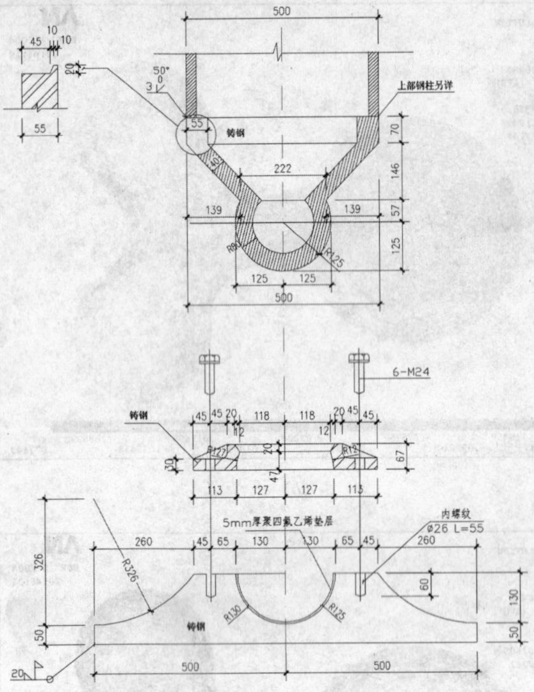

图 14　支座节点设计大样

图 15　支座节点 Mises 应力云图

图 16　支座节点现场照片

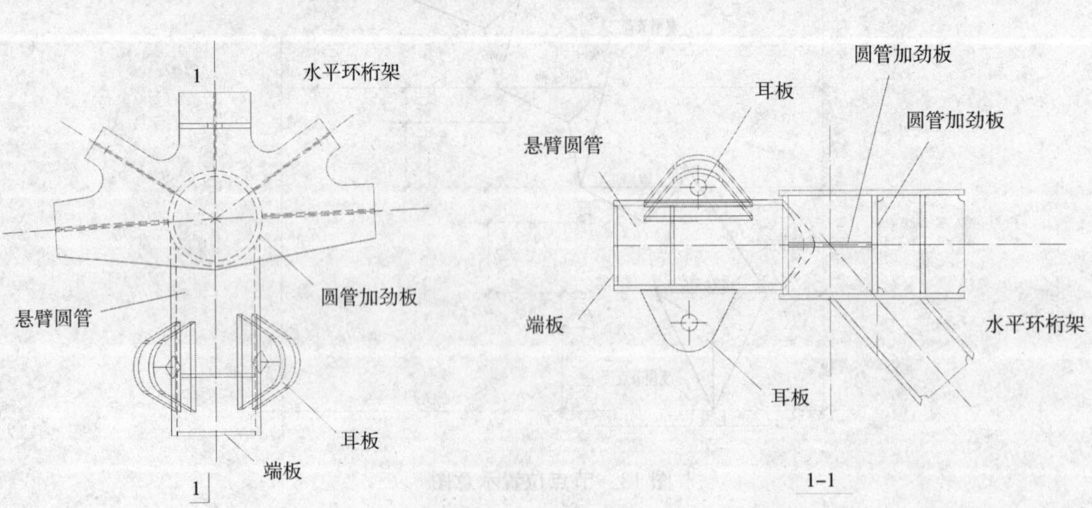

图 17　典型节点一设计大样

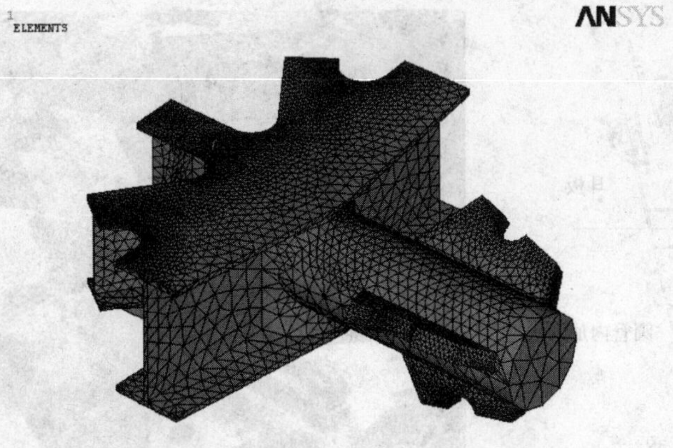

图 18　典型节点一有限元划分模型

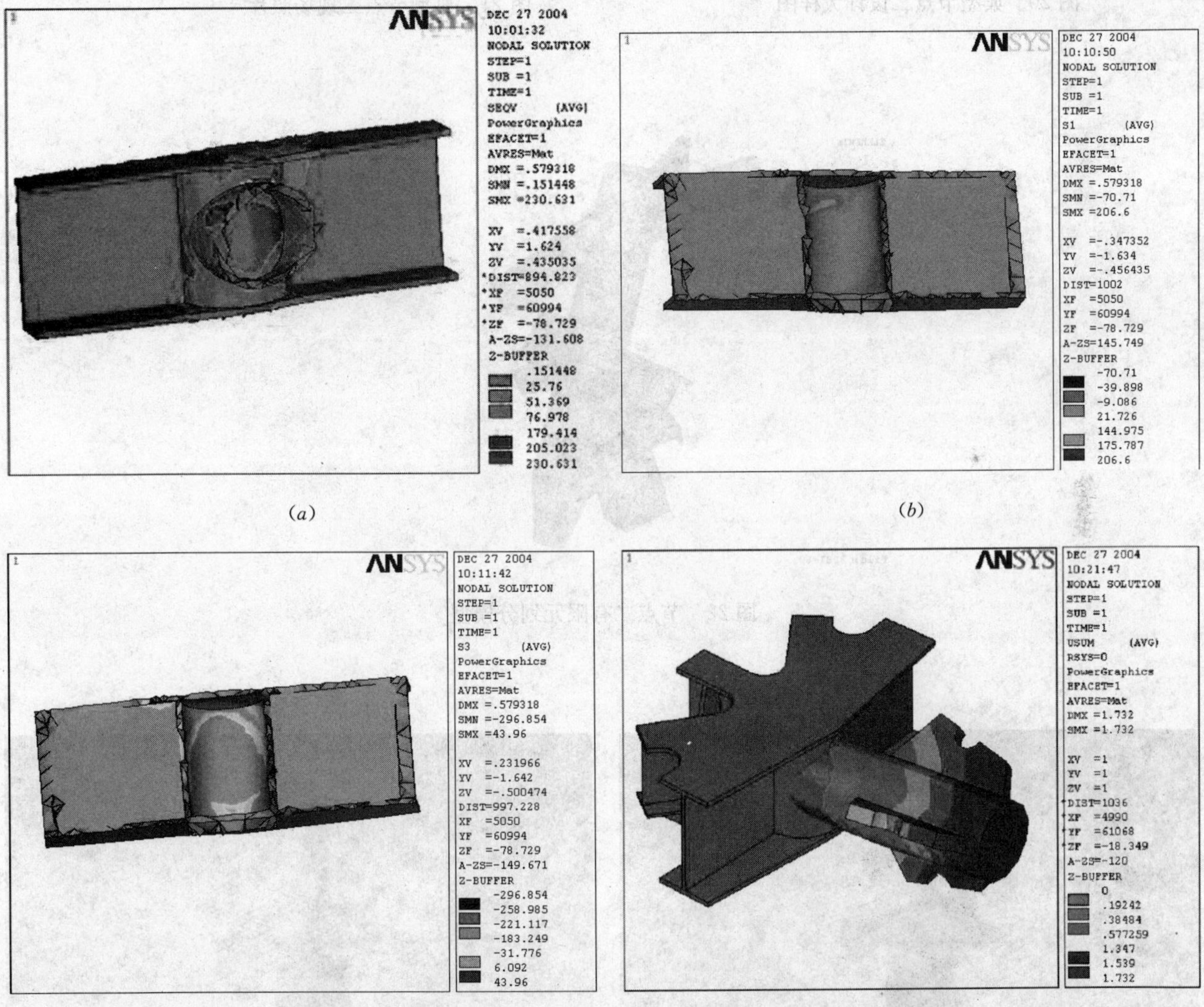

(*a*)　(*b*)

(*c*)　(*d*)

图 19　典型节点一分析结果

(*a*) 相贯处的 Mises 应力云图（MPa）；(*b*) 相贯处的第一主应力云图（MPa）；
(*c*) 相贯处的第三主应力云图（MPa）；(*d*) 节点变形图（mm）

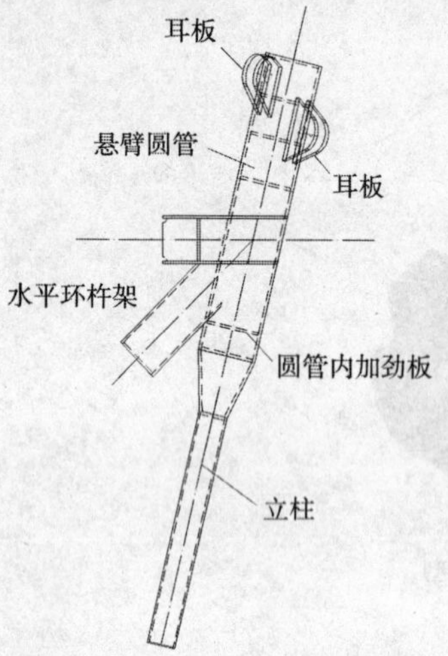

图 20　典型节点二设计大样图

图 21　典型节点二现场照片

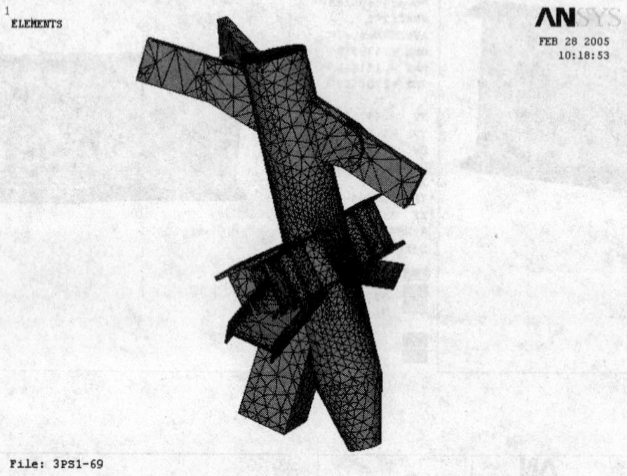

图 22　节点二有限元划分模型

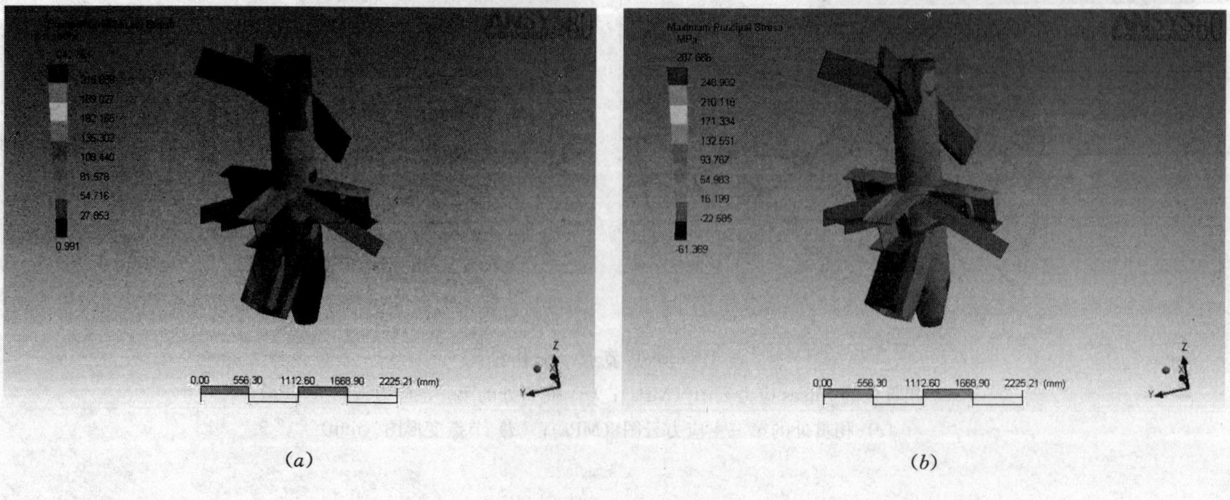

(a)　(b)

图 23　典型节点二分析结果（一）

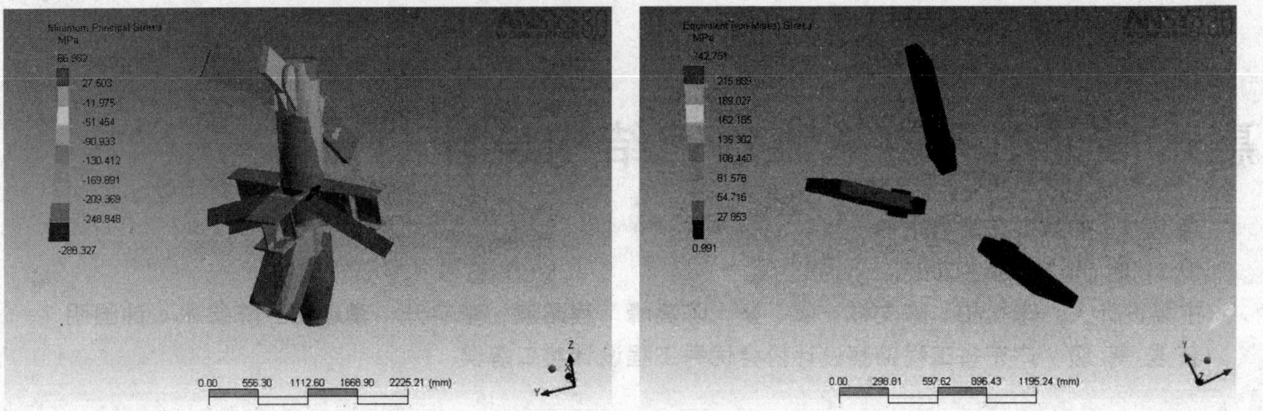

(*c*) (*d*)

图 23　典型节点二分析结果（二）

(*a*) Mises 应力云图（MPa）；(*b*) 第一主应力云图（MPa）

(*c*) 第三主应力云图（MPa）；(*d*) 三个销轴的等效应力（MPa）

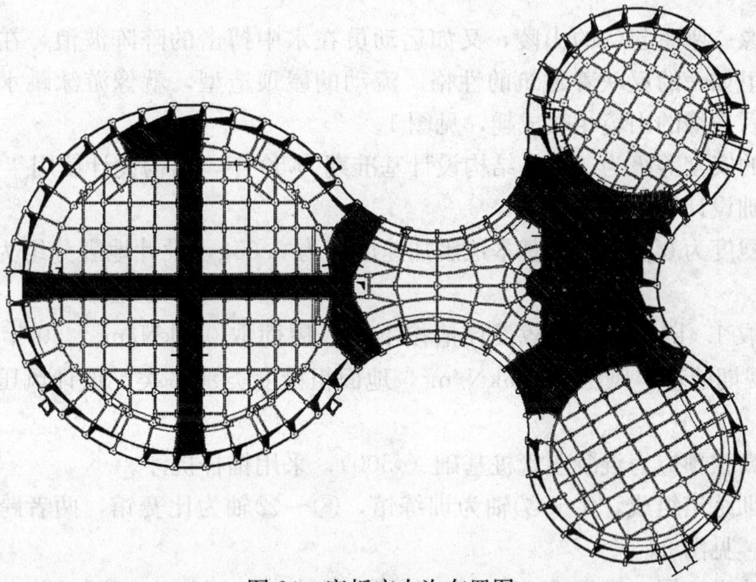

图 24　底板应力沟布置图

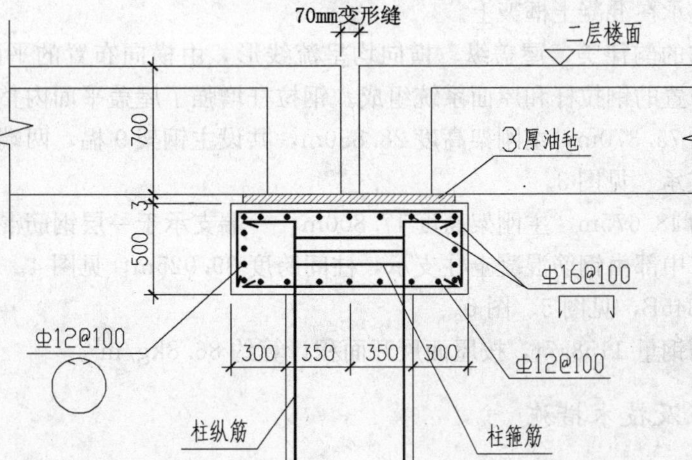

图 25　单柱变形缝

惠州市金山湖游泳跳水馆结构设计

建设地点 广东省惠州市

设计时间 2006～2007

主要设计人 李松柏 陈文祥 谭 坚 陈高峰 程昭波 李宇升 李建文 陈碧冰 钟国明

获奖等级 广东省工程勘察设计协会优秀工程设计奖二等奖

一、工程概况

惠州金山湖游泳跳水馆位于广东省惠州市金山湖校区，是集体育比赛、训练于一体的多功能体育场馆。建筑面积24574m²，是广东省第13届省运会比赛场馆。建筑依山就势，纵、横向均呈流线形，尽显体育建筑的动态美。

建筑物的外形既像一座座起伏的山陵，又如运动员在水中搏击的阵阵波浪，在绿水青山间穿游。她与环境一气呵成，表里如一的反映着建筑的性格。流动的屋顶造型，就像游泳跳水馆内流动的池水，波浪起伏的外形又与背后连绵的山境相映成趣，见图1。

本工程建筑结构的安全等级为二级，结构设计基准期为50年，结构设计使用年限为50年，建筑抗震设防为丙类，地基基础设计等级为乙级。

本工程抗震设防烈度为6度，设计基本地震加速度值为0.05g，设计地震分组为第一组。建筑场地类别为Ⅱ类。

屋面恒载设计值取1.4kN/m²，活载设计值按不上人屋面取0.5kN/m²。50年重现期的基本风压为0.55kN/m²，100重现期的基本风压为0.6kN/m²，地面粗糙度类别B类。设计风压值根据风洞试验结果取值。

基础设计：采用高强预应力混凝土管桩基础（ϕ500），采用锚杆抗浮。

建筑由比赛馆和训练馆组成，①～⑦轴为训练馆，⑧～㉒轴为比赛馆，两者跨度、高度、体型差别大，采用防震缝分开。见图2。

建筑地下1层、地上3层，高度28.830m，矩形平面尺寸为140.4m×75.37m。下部结构采用钢筋混凝土框架结构，钢屋盖支承在混凝土框架上。

钢结构设计注重结构的韵律美，屋盖纵、横向均呈流线形，由横向布置的平面刚架、“V”形支撑，纵向布置的次梁，斜向布置的钢拉杆和屋面系统组成。钢拉杆增强了屋盖平面内整体作用。

比赛馆屋盖总跨度为75.370m，主刚架高度28.830m，共设主钢架9榀，两端支承于楼面结构，跨度58m，中部设V形钢柱支承。见图3。

训练馆屋盖总跨度为48.675m，主刚架高度17.800m，一端支承于一层钢筋混凝土柱上，另一端支承于三层钢筋混凝土柱上，中部由钢筋混凝土柱支承，柱间跨度39.925m，见图4。主刚架截面采用Ⅱ1100×500×18×34，材质Q345B，见图5、图6。

本工程屋面主刚架用钢量1158.7t，按屋面展开面积计算约86.8kg/m²。

二、结构设计难点及技术措施

本工程屋面纵、横向高差起伏变化大，在风荷载、温度作用和地震作用下，刚架柱脚承受水平力大，钢柱柱脚节点技术构造复杂、施工难度大。针对本工程的特点，主要采取以下有效的技术措施。

1. 钢结构屋盖支承方式

由于屋面双曲且高差大，结构纵向联系薄弱，难以有效传递风荷载、温度作用以及地震作用，结构设计借鉴了桥梁设计的成功经验，合理布置双向固定支座、双向滑动（限位）支座、一向固定另一向滑动（限位）支座，用以支承V形钢柱，最大限度地消除温度作用、地震作用以及风荷载对结构造成的不良影响，既经济又满足了建筑师对建筑整体效果的要求，使得室内结构看起来更为轻巧、飘逸。

支座布置图见图2，现场实景见图7。

2. 减小结构跨度的措施

比赛馆屋盖跨度为75.37m，主刚架的两端直接支承于钢筋混凝土柱上，为减少结构跨度，中间设V形斜钢柱支承，V形斜钢柱支承于钢筋混凝土柱上，钢筋混凝土柱的最大跨度为58m。V形钢柱有效减小了结构跨度，改善了大跨度刚架的受力性能。V形柱节点见图8。

3. 构件断面设计的考虑

为了适应特殊的建筑造型，主刚架采用箱形断面，增加其自身的抗扭转性能；通过布置纵向次梁和斜向钢拉杆（图6），将不同高度的流线形平面刚架紧密联系在一起，形成空间整体结构，共同抵抗不规则的风荷载及温度作用。钢拉杆采用Q345B材质，直径$\phi 30$，施加张拉力30kN。

4. 现代计算技术的运用

1）根据结构、构件支撑条件，通过非线性分析确定压弯构件计算长度。

2）温度作用分析。

结构计算中钢结构屋盖考虑整体升温30°、降温15°，假定设计合拢温度20±5°。

3）空间扭曲节点分析。

由于建筑造型需要，GJ8－1、GJ8－2在空间相交并伴有扭曲，采用ANSYS进行有限元分析，见图9。

4）结构非线性屈曲分析。

由于该结构主刚架为不规则曲线，且纵、横向曲线变化较大，为更好地了解结构的整体受力性能，对该结构进行了屈曲分析。当荷载接近（1.0恒载＋特征值×活载）时，整体结构出现相应屈曲模态。分析表明，本工程比赛馆第一阶屈曲模态为屋面局部屈曲，相应特征值为10.88，据此计算，此时荷载约为荷载设计值（1.2恒载＋1.4活载）的2.87倍，因此判定该结构在正常使用阶段将处于弹性工作状态，不会发生屈曲破坏。

三、特殊节点设计

1. 主入口桁架变管径骨型相贯节点分析

主入口桁架管径小，为避免焊缝严重重叠，降低节点的应力集中程度，采用变管径的骨型相贯节点。其有限元分析结果见图10。骨型节点可以很好地解决受力问题，但加工制作较耗费工时。

2. 柱脚钢骨节点设计

为控制钢屋盖的位移，型钢柱脚采用刚接设计。根据受力需要，柱脚预埋件采用型钢并埋入混凝土柱节点。型钢承受上部钢柱传来的剪力、弯矩和上拔力，有效地将上部结构的支座反力传递到下部混凝土结构。见图11。

四、位移控制标准

本工程在各种荷载工况组合下的最大位移计算结果如表1所示。表1中，刚架平面内水平位移容许值为刚架高度的1/400，刚架平面内竖向位移容许值为刚架最大跨度的1/400；本工程受刚架柱脚设置可动支座的影响，刚架平面外纵向位移较大，但规范未给出限值，刚架平面外纵向位移应结合玻璃幕墙使用性能确定。

除训练馆刚架平面内水平位移约为刚架高度的1/300，较容许值偏大外，其他各项位移指标基本满足要求。根据本工程的多年使用状况，未发现任何不良影响，说明设计之初设定的位移限值尚有降低的可能。

位移计算结果 **表 1**

	刚架平面内水平位移（mm）			刚架平面内竖向位移（mm）			刚架平面外纵向位移（mm）	
	荷载组合工况	位移值	容许值	荷载组合工况	位移值	容许值	荷载组合工况	位移值
比赛馆	恒＋0.7 活＋温降＋0.6 风	26.5	42.5	恒＋0.7 活＋温降	69.1	144	恒＋0.7 活＋温降＋0.6 风	64.5
训练馆	恒＋活＋0.7 温降＋0.6 风	54.9	37.5	恒＋活＋0.7 温降＋0.6 风	105.5	107.5	恒＋0.7 活＋温升＋0.6 风	45.2

五、结语

本工程通过设置多种活动支座，即采用“放”的设计理念，有效释放温度作用，并辅以有效的计算技术，不但取得了较好的经济效益，同时也获得了极佳的建筑效果。

图 12～图 15 为工程实景图片。

图 1 建筑实景图

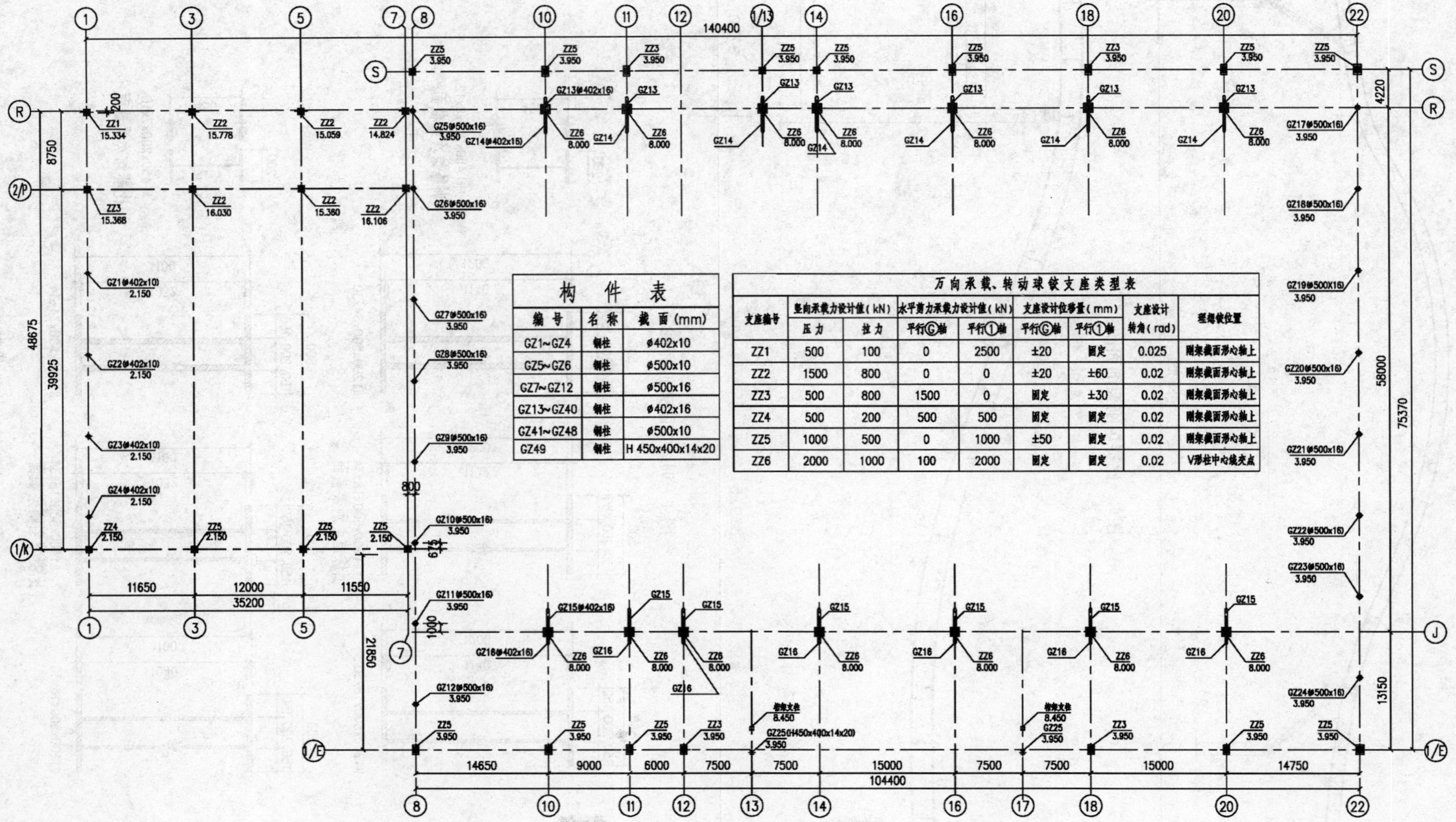

构件表		
编号	名称	截面(mm)
GZ1~GZ4	钢柱	ϕ402x10
GZ5~GZ6	钢柱	ϕ500x10
GZ7~GZ12	钢柱	ϕ500x16
GZ13~GZ40	钢柱	ϕ402x16
GZ41~GZ48	钢柱	ϕ500x10
GZ49	钢柱	H 450x400x14x20

万向承载、转动球铰支座类型表

支座编号	竖向承载力设计值(kN)		水平剪力承载力设计值(kN)		支座设计位移量(mm)		支座设计转角(rad)	理想铰位置
	压力	拉力	平行Ⓖ轴	平行①轴	平行Ⓖ轴	平行①轴		
ZZ1	500	100	0	2500	±20	固定	0.025	刚架截面形心轴上
ZZ2	1500	800	0	0	±20	±60	0.02	刚架截面形心轴上
ZZ3	500	800	1500	0	固定	±30	0.02	刚架截面形心轴上
ZZ4	500	200	500	500	固定	固定	0.02	刚架截面形心轴上
ZZ5	1000	500	0	1000	±50	固定	0.02	刚架截面形心轴上
ZZ6	2000	1000	100	2000	固定	固定	0.02	V形柱中心线交点

图2 刚架支座平面布置图

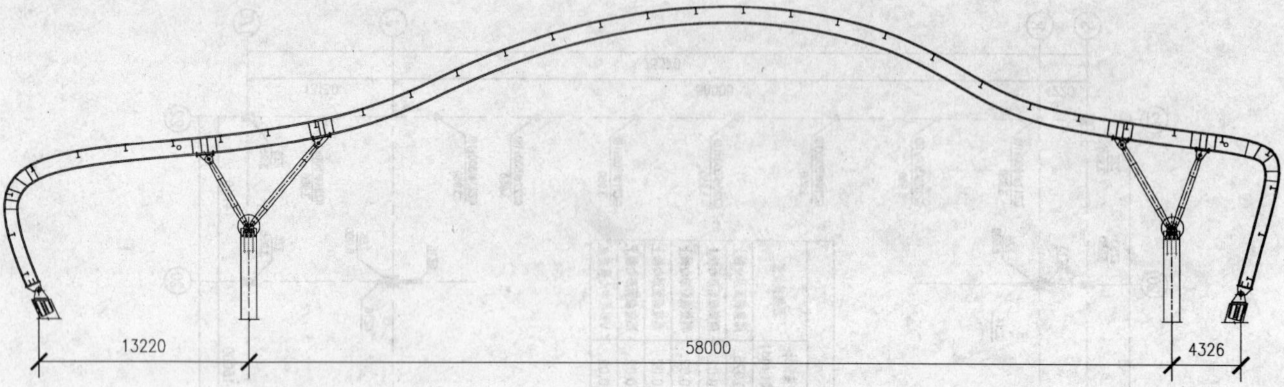

图3　比赛馆刚架剖面图

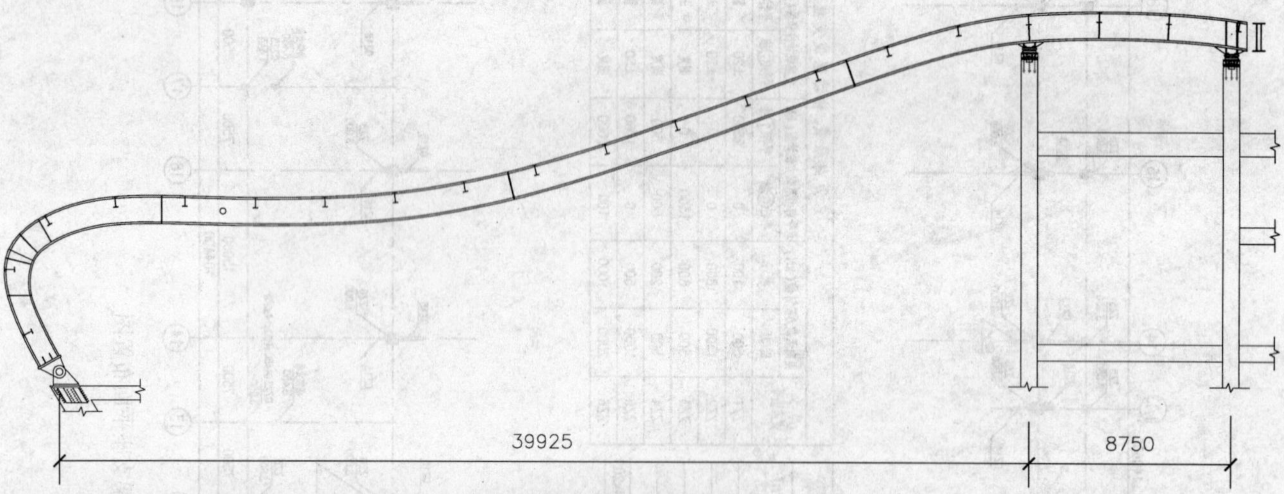

图4　训练馆刚架剖面图

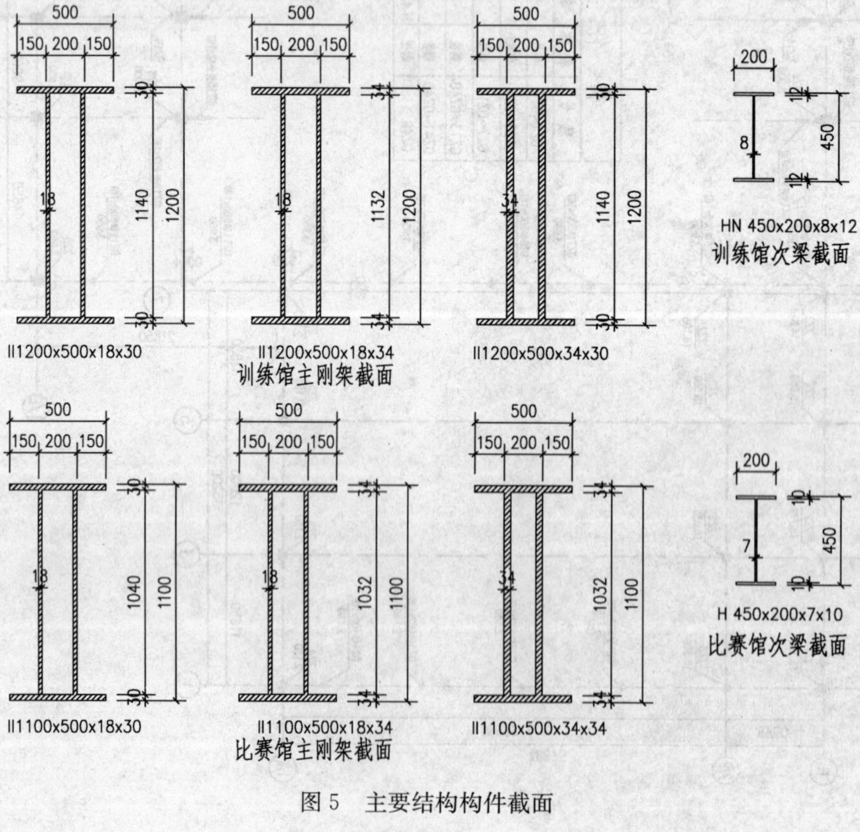

图5　主要结构构件截面

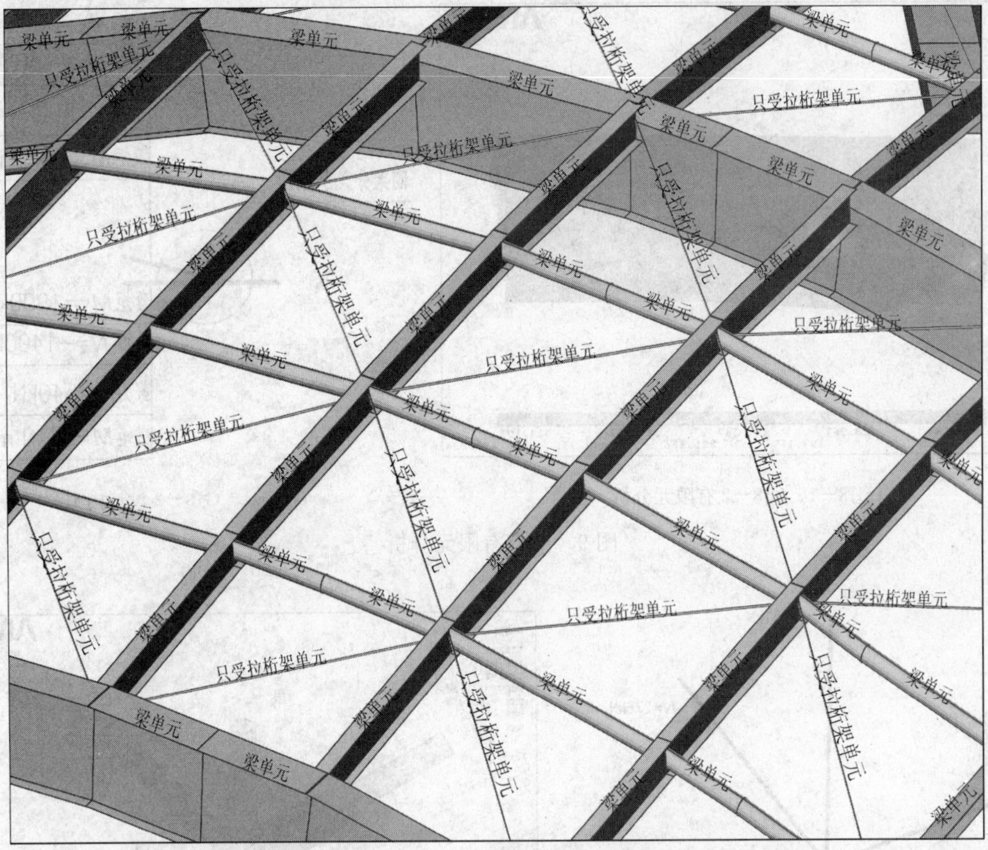

图 6　次梁和拉杆布置

图 7　V 形支承柱与刚架的连接实景

图 8　V 形支承柱支座构造细部

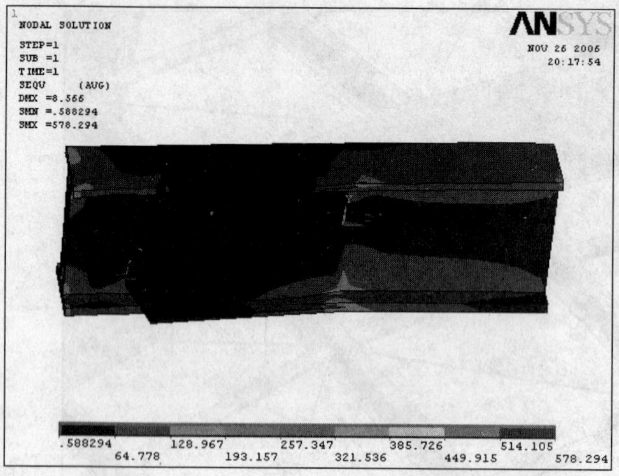

GJ8－1、GJ8－2 有限元分析

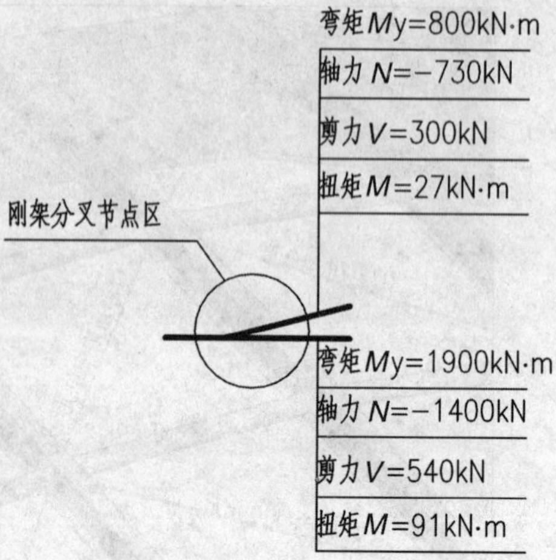

GJ8－1、GJ8－2 设计内力

图 9 节点有限元分析

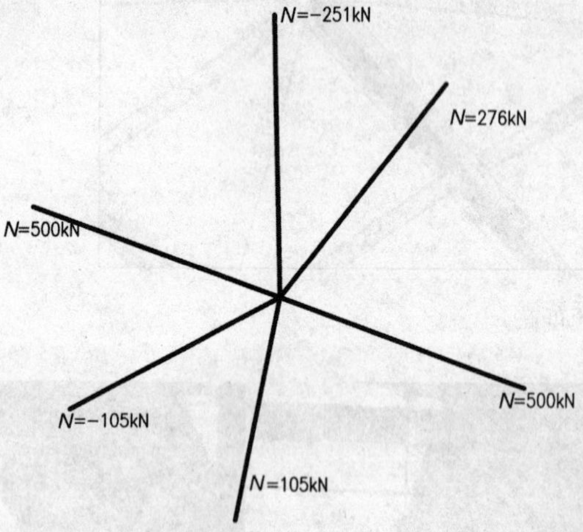

相贯节点的内力

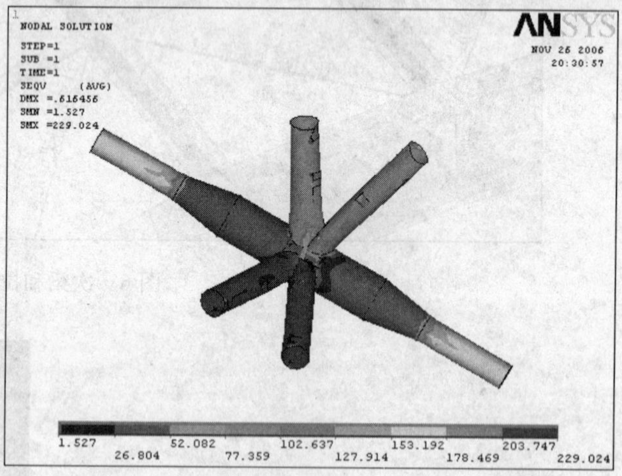

分析结果

图 10 节点有限元分析

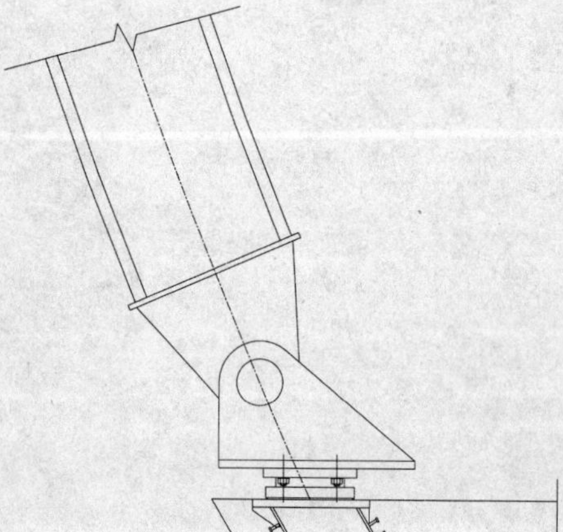

图 11 埋入式柱脚

图 12　建筑室内实景

图 13　V形支承柱及其柱脚支座细部实景

图 14　跳台及其钢结构背景墙实景

图 15　比赛馆与训练馆防震缝处室内实景

惠州市金山湖体育馆钢屋盖结构设计

建 设 地 点　惠州市
设 计 时 间　2005～2008
主要设计人　吴泉霖　苏恒强　何　军　张文海　董晓明
获 奖 等 级　广东省优秀工程勘察设计三等奖

一、工程概况

惠州市金山湖体育馆是为迎接2010年第13届广东省运动会所建场馆，是集篮球、羽毛球、排球等重大体育赛事于一体的多功能场馆，屋盖采用钢结构，由具有不规则曲线的平面刚架、次梁、支撑杆、拉条及屋面系统组成，建筑总高度25.5m，平面层凹形，尺寸为112.5m×64m，屋盖水平投影面积约$6600m^2$。建筑效果图如图1所示。

二、结构选型

体育馆结构分为混凝土看台和屋盖钢结构两大部分，本文仅对钢结构部分进行介绍。屋盖钢结构采用变截面单跨工字形刚架，刚架一侧弯曲落地，直接支承于钢筋混凝土桩承台上，另一侧支承于混凝土柱上，两侧支座都采用固接形式。同时在看台的混凝土柱上设置V形钢管柱支承刚架，以减少结构跨度。

在主钢架间沿建筑纵向设置截面为H300×220×6×9的次梁，由于次梁跨度较大（7.5m），在其腹板中间设置圆钢管（ϕ180×6.5）刚性支撑，保证次梁平面外的稳定性；同时设置十字交叉式圆钢（ϕ32）柔性支撑，以花篮螺栓张紧。

曲线形平面刚架通过以上结构布置，形成了空间整体结构，提高了主刚架、次梁等主要结构构件自身的抗扭转、抗风能力以及稳定性，加强了整体结构的双向抗侧移能力，保证了整个结构的强度、刚度和稳定性。屋盖钢结构整体布置如图2所示，主要结构构件变截面曲线刚架如图3所示。

三、设计荷载取值及工况组合

设计荷载是结构分析的重要依据，取值的合理准确将直接影响结构的安全性和经济性。本工程设计荷载包括永久荷载如结构自重、屋面覆盖结构重、吊顶材料及设备重等；可变荷载如屋面活荷载、风荷载等以及地震作用和温度作用。

1. 荷载标准值

1）永久荷载：所用构件的自重由计算程序自动计算，轻型屋面板自重按$0.4kN/m^2$，屋面吊挂荷载按$5kN/m^2$考虑。

2）屋面活荷载：标准值$0.5kN/m^2$。

3）风荷载：根据广东省建筑科学研究院风洞试验报告提供的屋面分区等效静态风压W_i进行计算。W_i由下式确定：

$$W_i = W_H \times C_{pai} \times \beta_Z$$

其中，$W_H = \mu_H \times W_0$

式中　W_0——基本风压（试验报告取为100年一遇10min平均风速所对应的风压，对于惠州市W_0取为$0.6kN/m^2$）；

C_{pai}——为风洞试验所得到的测点i的风压系数平均值；

β_Z——风振系数。

4）地震作用：根据《建筑工程抗震设防分类标准》GB 50223—2004 第 6.0.5 条、第 6.0.10 条，本工程抗震设防类别为丙类；根据《建筑抗震设计规范》GB 50011—2001，本工程所在地区抗震设防烈度为 6 度，地震分组为第一组，基本加速度为 0.05g。

5）温度作用：由于体育馆跨度较大，温度作用对结构的影响不容忽视。考虑本地区季节性温差，计算温度荷载取±30℃温差（结构施工安装时的合拢温度取为 25℃）。

2. 荷载工况组合

在荷载工况组合中考虑了以上所列各项荷载标准值。按照《钢结构设计规范》GB 50017—2003 的要求，在进行内力分析和结构变形分析时，分别采用基本组合和标准组合计算。表 1 列出结构计算时采用的各项组合。

荷载工况组合系数 **表 1**

组　合	恒载	活载	风荷载	地震作用	温度作用
基本组合	1.35	1.4			1.0
	1.35	0.7×1.4			1.0
	1.2	1.4			0.7×1.4
	1.2		0.6×1.4		1.4
	1.2	0.7×1.4			1.4
	1.2	1.4	0.6×1.4		0.7×1.4
	1.2			1.3	0.5
	1.0			1.3	0.5
标准组合	1.0	1.0	0.6		0.7
	1.0	1.0			0.7
	1.0			1.0	

四、结构分析

结构分析采用了同济大学 3D3S 开发组开发的空间钢结构系统 CAD 软件 3D3S v8.0，并用北京迈达斯技术有限公司开发的 MIDAS/Gen v6.9.1 进行复核计算。按照前述荷载取值及工况组合，对体育馆屋盖钢结构进行空间整体分析。

上述软件的计算单元的每个节点均有 u、v、w、θx、θy、θz 六个位移分量，能够准确的反映三维框架单元的轴向、弯曲、扭转及剪切变形，并可通过释放约束模拟梁、二力杆等结构构件。本工程计算时除将圆形截面拉杆设置为只拉单元外，其余单元均按梁单元处理。对于钢柱柱脚，考虑到简化结构传力途径、位移控制、外形美观、构造简便等原则，选用固接形式（图 3）。

通过对计算模型的反复调整、分析、优化，在满足建筑造型的前提下有效地降低了工程造价，最终整个屋盖钢结构设计钢量为 830t，单位面积用钢量为 76kg/m²（按钢屋盖展开面积计算）。

分析结果表明，温度作用对本钢结构工程影响很大，保留最不利组合均有温度作用参与组合，其中控制结构竖向位移的最不利荷载组合为：恒载＋活载＋0.7 温度作用；控制结构侧向位移的最不利组合为：恒载＋活载＋0.6 风荷载＋0.7 温度作用；控制结构内力的最不利荷载组合为：1.35 恒载＋1.4 活载＋温度作用。考虑温度组合作用时最不利受力位置为钢屋架两侧刚架的柱脚处，最大组合应力为 277N/mm²；如果不考虑温度组合作用，结构的最大内力出现在中部的刚架，其最大组合应力仅为 115N/mm²。本工程钢柱脚刚接于承台或混凝土柱中，结构计算时假定柱脚是完全没有位移的，实际上混凝土结构在温度作用时也会与屋盖钢结构同时膨胀或收缩，难以做到完全固接，钢结构相对于混凝土支承结构的伸缩值并没有计算值大，钢屋盖柱脚实际受力时的应力应比计算结果要小。由于钢结构自重较轻，且本工程为 6 度抗震设防，地震力不起控制作用。表 2 列出了 3D3S 和 Midas 的计算结果。从表 2 中可以看出，两个软件的计算结果相当接近，误差在工程允许范围之内，且表中结果产生的结构部位也一致，达到了相互校核的目的。

计算结果比较　　表 2

计算程序	υ_x	υ_x/H_x	υ_y	υ_y/H_y	υ_z	υ_z/L	Σmax
3D3S	39.2mm	1/610	28.5mm	1/747	107.9mm	1/462	272.6
MIDAS/Gen	37.6mm	1/636	29.8mm	1/715	110.4mm	1/451	276.9

注：1. υ_x 为构件 x 向顶点最大位移；υ_y 为构件 y 向顶点最大位移；H_x 为 x 向最大位移点高度，$H_x=23.9$m；H_y 为 y 向最大位移点高度。

2. $H_y=21.3$m。υ_z 为构件竖向最大位移；L 为钢架计算跨度，$L=49.8$m。应力单位为 N/mm²。

五、节点设计

特殊节点设计是钢结构设计的难点之一，其受力性能对结构设计至关重要。许多钢结构事故及震害都表明，钢结构大多是由于节点首先破坏而导致结构的整体破坏。节点设计不仅对结构安全有重要的影响，而且直接影响钢结构的制作、安装及造价。因此节点设计是整个钢结构设计工作的重要环节。

对本工程中构造比较复杂的钢管斜支撑支座节点，应用有限元软件 ANSYS 进行了三维非线性分析。计算模型采用 SOLID95 单元，该单元是一种二十节点四面体三维实体单元，可以支持材料塑性、应力刚化、大应变和大变形等，同时采用接触单元 TARGE170 和目标单元 CONTA174 来模拟连接板与销轴表面的接触，接触面抗滑移系数取 0.4。计算采用 Von Mises 屈服准则及相关流动准则，材料强化取多线性随动强化准则。

由节点等效应力图 4 可知，本节点应力最大值为 154N/mm²，位于销轴作用于下支撑板处，未超过钢材的屈服强度 265N/mm²，且达到该应力值的面积很小，考虑到钢板在受力时会变形从而减小应力集中程度，实际受力时钢板的应力会更小，节点的安全度是有保证的。

六、结语

广东省惠州市金山湖体育馆屋盖钢结构采用空间曲线钢架这一新颖的结构形式，可充分发挥其优异的结构性能并实现美观的建筑体形，经过合理的结构设计，实现经济和美观的统一。

由分析结果可知，温度荷载对结构的影响不容忽视；地震作用参与的荷载组合不起控制作用，故在 6 度设防条件下，地震作用可以忽略。

在钢结构设计中应充分重视节点设计，在现有规范设计公式不足的情况下，采用有限元分析软件 ANSYS 的计算结果进行节点设计是可行的。

图 1　体育馆建筑效果图

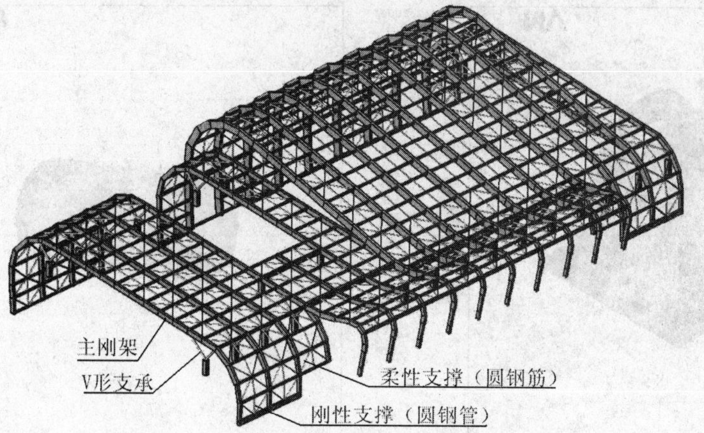

图 2　屋盖钢结构轴测图

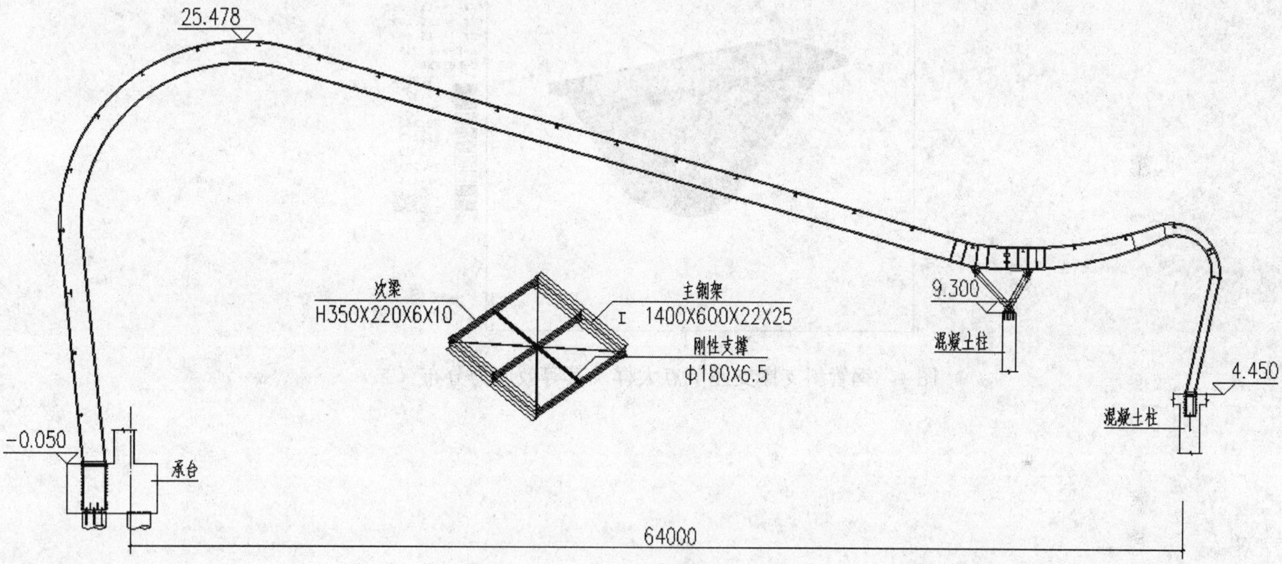

图 3　曲线刚架详图

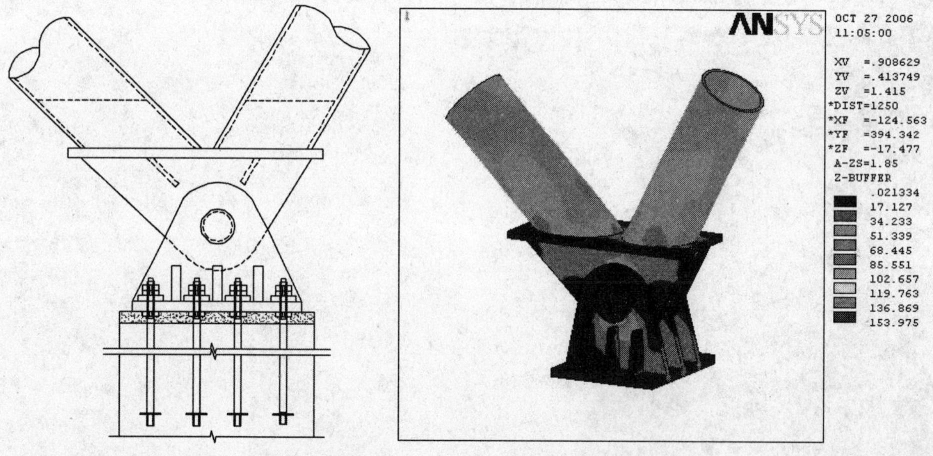

图 4　钢管斜支撑支座节点大样及其等效应力分布（一）

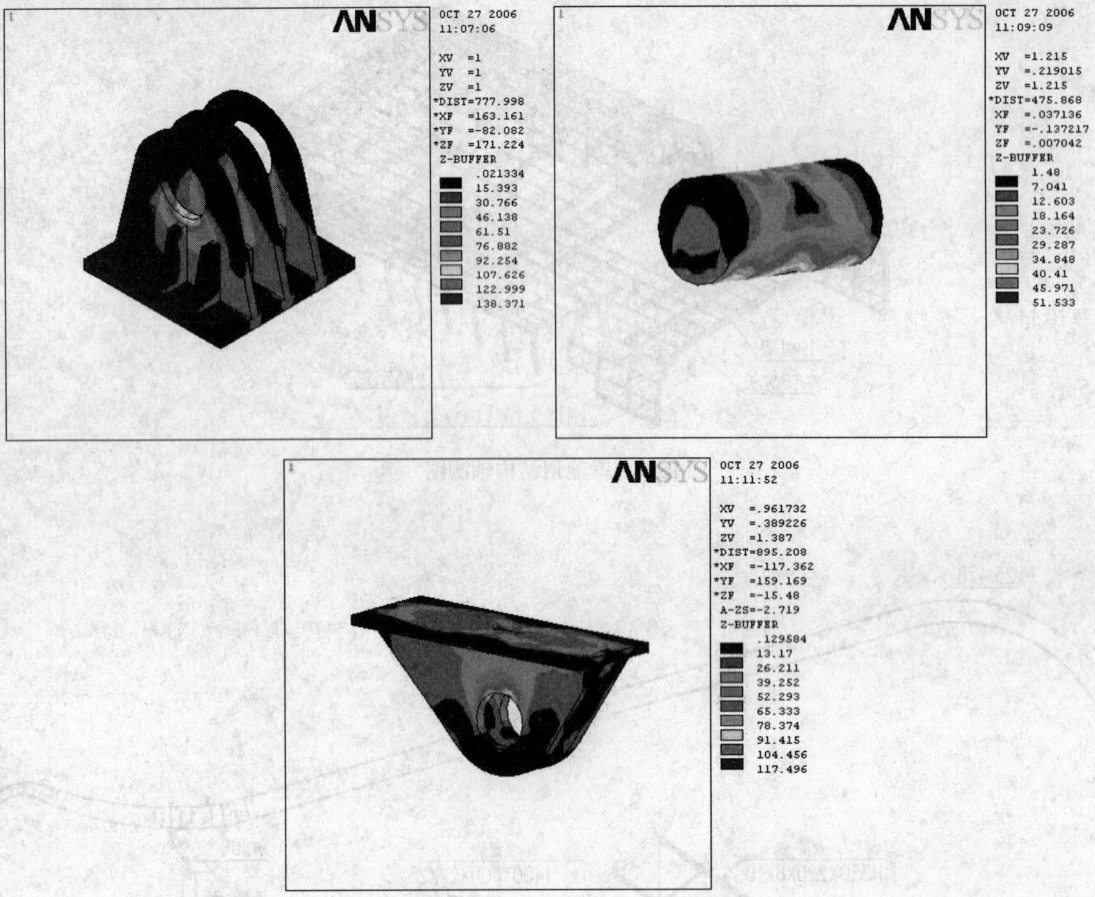

图 4　钢管斜支撑支座节点大样及其等效应力分布（二）

揭阳潮汕机场航站楼及配套工程结构设计

建设地点　广东揭阳
设计时间　2008～2009
主要设计人　李恺平　梁艳云　廖旭钊　梁子彪　罗益群　谭　和　刘永桂　魏　路　都兴利
杨　飞　陈应专　刘　翔　张谦俊　梁银天　刘　璟　劳智源　敖卓男　谢宝仪

一、工程概况

本工程位于揭阳市揭东县炮台镇与登岗镇交界处，总建筑面积约5.5万m^2。总层数为3层，局部设1层地下室。楼层部分结构形式为多层钢筋混凝土框架结构，屋盖采用钢结构。结构设三道变形缝把建筑物分为四个独立的结构单元，建筑物A区长宽比约$L/B=72/18.5=3.8$，高宽比约$H/B=1.08$，B区长宽比约$L/B=220/180=1.2$，高宽比约$H/B=0.11$，C区长宽比约$L/B=99/27=3.6$，高宽比约$H/B=0.7$，D区长宽比约$L/B=126/18.5=6.8$，高宽比约$H/B=1.08$。

本工程结构设计使用年限为50年，建筑结构安全等级为一级。本工程抗震设防类别为乙类，所在地区抗震设防烈度为7度，地震分组为第1组，基本加速度值为0.15g，场地类别为IIII类，按8度抗震构造措施设防。

根据广东有色工程勘察设计院《潮汕民用机场航站区岩土工程详细勘察报告》（勘2008－380号），场地岩土层按成因类型自上而下划分为：1）人工填土层；2）第四系海陆交互相沉积层；3）第四系残积层；4）侏罗系基岩风化层等四大层。具体分为：

（1）人工填土层，细划分为<1－1>素填土层（层厚0.50～2.80m）、<1－2>耕土层（层厚0.40～3.40m）。

（2）第四系海陆交互相沉积层。拟建场地第四系海陆交互相沉积层非常发育，分布广、厚度大，总厚度在60m以上，土性较为复杂，随着海陆的频繁交替，常形成砂、黏性土、淤泥（或淤泥质土）由粗一细的沉积韵律，场地内第四系海陆交互相沉积层大体可分为四个沉积韵律层，反映了四次海进和海退过程。根据其物理组分、工程性能特征及产出层序划分为以下14个亚单元土层，即：<2－1>淤泥层、<2－2>粉细砂层、<2－3>粉质黏土层、<2－4>中粗砂层、<2－5>淤泥质土层、<2－6>粉细砂层、<2－7>粉质黏土层、<2－8>中粗砂层、<2－9>淤泥质土层、<2－10>粉质黏土层、<2－11>粗砂层、<2－12>粉质黏土层、<2－13>黏土层、<2－14>砾砂层。

（3）第四系残积土层根据其状态划分为两个亚层，即<4－1>可塑状粉质黏土层、<4－2>硬塑状粉质黏土层。

（4）侏罗系下统基岩按风化程度划分为：<5>粉砂岩（炭质粉砂岩、泥质粉砂岩、长石石英砂岩）全风化带（层顶埋深52.60～94.60m）；<6>粉砂岩（炭质粉砂岩、泥质粉砂岩、长石石英砂岩）强风化带（层顶埋深53.60～98.50m）；<7>粉砂岩（炭质粉砂岩、泥质粉砂岩、长石石英砂岩）中风化带（层顶埋深61.10～108.50m）；<8>粉砂岩（炭质粉砂岩、泥质粉砂岩、长石石英砂岩）微风化带（层顶埋深为72.70～112.80m）。

本场地的特殊地层为软土，主要为海陆交互相沉积的淤泥（<2－1>）及淤泥质土（<2－5>、<2－9>）。淤泥层<2－1>、淤泥质土层<2－5>在本场地绝大多数钻孔中有揭露，广泛分布在地基浅层，且基本呈连续层状产出，其中淤泥层<2－1>层厚0.80～19.20m，平均厚度6.70m，淤泥质土层<2－5>层厚0.60～14.60m，平均厚度3.65m；淤泥质土<2－9>部分钻孔有揭露，分布不连续，呈薄层状或透镜体状产出，层厚0.60～11.50m，平均厚度4.38m。按各个钻孔揭露三层软土的厚度叠加后，总厚度为1.40～31.20m，平均13.30m，该三层软土均呈流塑～软塑状，属中～高灵敏度高压缩性土层，在施工中易产生流泥、触变、蠕变及震陷，且其强度差、承载力较低。而基岩层炭质粉砂岩和泥质粉砂岩的强～微风化岩均为易软化岩石，有遇水易软化的不良地质特性。

二、深厚软土地基处理

1. 处理目的

根据地质勘察报告，本工程场地上部覆盖有深厚的冲积或淤积而形成的淤泥或淤泥质土层，力学性能差，为减小工后沉降和差异沉降，同时为减少航站楼桩基础的负摩阻力，必须进行软基处理。

2. 技术标准

1）按照使用年限20年考虑，航站楼工后沉降量为20cm，工后差异沉降为3.0‰。

2）软基处理后地基承载力要求达到120kPa。

3）施工期的边坡稳定安全系数不小于1.10；运行期正常使用条件下的边坡稳定安全系数不小于1.3，非常使用条件下（地震工况）的边坡稳定安全系数不小于1.05。

3. 软基处理设计原则

1）本工程计算荷载只考虑填土荷载和城—B级行车荷载，不考虑临时荷载。

2）对用于计算沉降的压缩层，本工程只考虑强风化粉砂岩层以上的土层，主要包括素填土层、耕土层、淤泥或淤泥质土层、粉细砂层、粉质黏土层、中粗砂层等。

3）软土地基的稳定验算与沉降计算应考虑在施工期由于地基沉降而多填筑的填料增量的影响。

4）本工程为大面积堆载，航站楼软基处理的施工工期按8个月考虑，其中包括清表及塑料排水板施工期1个月，填土堆载施工期2～3个月，超载预压排水固接期4～5个月；停车场软基处理的施工工期按10个月考虑，其中包括清表及塑料排水板施工期1个月，填土堆载施工期3个月，超载预压排水固接期6个月。

5）软土路基处理后地基承载力、工后沉降值和差异沉降值应满足设计要求。

4. 软基处理设计

根据修测后的地形图和勘察报告现状场地标高在1.0～2.5m之间，其中部分为鱼塘，鱼塘深度1.0～2.0m，枫江支流由南往北穿过场地，河床底标高约为−3.2m；航站区场地平整标高由南往北从3.5m逐渐变化至6.87m；因此整个场地填土高度为1.5～5.5m，枫江支流段填土高度10m。综合考虑场地地质条件、施工工艺、工程投资等因素本次设计软基处理采用超载预压排水固结法方案。与袋装砂井相比，塑料排水板由于是工厂制作，具有质量指标较稳定、重量轻运输方便、连续性好，施工简便、效率高且相对便宜等优点，故本工程选用塑料排水板作为竖向排水通道。排水板间距为1.0～1.2m，等边三角形布置，地面水平排水通道采用50cm厚的中粗砂垫层和盲沟，超载土方高度1.0～2.0m，施工期设计为8～10个月，待沉降完成后施工桩基和道路及停车场基层。

根据场地内地质情况和填土高度的不同，将场地分为九个不同区域，具体软基处理设计如表1所示：

软基处理设计 **表1**

分区	平均填土高度（m）	堆载时间（包括清表）（月）	排水板间距（m）	布置形式	排水板长度（m）	超载高度（m）	超载时间（月）
A1区	5.4	4	1.0	三角形	20	2	4
A2区	5.2	4	1.0	三角形	23	2	4
A3区	5.0	4	1.0	三角形	25	2	4
A4区	4.0	4	1.0	三角形	19	2	4
B1区	4.0	4	1.2	三角形	17	1	6
B2区	3.0	4	1.2	三角形	25	1	6
C区	2.0	3	1.2	三角形	25	1	5

续表

分区	平均填土高度（m）	堆载时间（包括清表）（月）	排水板间距（m）	布置形式	排水板长度（m）	超载高度（m）	超载时间（月）
D1 区	8.5	4	1.0	三角形	25	2	4
D2 区	8.0	4	1.0	三角形	25	2	4

本次设计根据各区域地质普遍情况确定了各区的塑料排水板平均长度，在进行塑料排水板实际插设时可参考钻孔资料确定排水板的插设长度。

本次设计的塑料排水板选用原生 C 型板（严禁采用再生料板），宽度 100mm，厚度 4.5mm，芯板应具有足够的抗拉强度和垂直排水能力，其抗拉强度不应小于 130N/cm，其排水能力应不低于 $30cm^3/s$。芯板应具有耐腐性和足够的柔韧性，以保证塑料板在地下的耐久性，并在插打、土体固结变形时不会被折断或破裂。

砂垫层应宽出地基处理范围至少 1.0m，采用洁净的中砂或粗砂，有机质含量不大于 1%，不得含有黏土块和其他杂物，含泥量不得超过 3%，渗透系数不小于 5×10－5m/s。为增强地基稳定性，防止软基处理后的不均匀沉降，在砂垫层顶加铺一层双向合成纤维土工格栅，土工格栅要求具有较好的耐腐蚀性及耐温性（－50～150℃），单向抗拉强度不小于 40kN/m（C 区）、100kN/m（A、B、D 区），延伸率小于 10%。

盲沟施工首先在调平填土层中开挖沟槽，沟槽宽 40cm、深 30cm，盲沟顶部与砂垫层相连，在沟槽铺设滤水土工布后再充填粒径 3～7cm 碎石。为缩短排水路径，缩短固结时间，在航站区地基处理范围内按 50m 间距设置集水井，集水井与排水盲沟连通，集水井采用砖砌，内径 1m。

5. 软基处理后地基土性状

为验证地基处理的效果，于 2009 年 8 月对航站区地基作了 2 个钻孔的勘察。

勘察表明，在进行地基处理后地层分布与原详细勘察时地层分布一致，地层纵向和横向符合勘察报告中的分布规律。

通过原位试验——标准贯入试验。除人工填土层＜1＞、淤泥质土层＜2－1＞、黏土层＜2－5＞层变化较大外，各层的试验结果与原勘察报告结果一致。变化大的人工填土层＜1＞、淤泥质土层＜2－1＞、黏土层＜2－5＞对比分析如下：

1）＜1＞人工填土层，原勘察报告本层厚度小，力学性质差；而本次勘察揭露结果为＜1＞人工填土层厚度大（达 8m 以上），力学性质较地基未处理前有大幅提高。标准贯入试验结果为 14～58 击，中密为主，较高的击数为试验中标贯试验段位于填土中风化岩上的缘故。

2）＜2－1＞淤泥质土层，原勘察报告本层厚度和本次勘察基本一致，本次勘察揭露力学性质较原详细勘察时好很多；原详细勘察时本层呈流塑状，岩芯不能自立成型；本次勘察揭露本次岩芯呈土柱状，软塑。定名为淤泥质土。

3）＜2－5＞黏土层，原勘察报告本层厚度和本次勘察基本一致，本次勘察揭露力学性质较原详细勘察时好很多；原详细勘察时本层呈软塑状，岩芯可自立成型；本次勘察揭露本次岩芯呈土柱状，软塑。定名为淤泥质土。

三、基础及混凝土楼层结构设计

基础采用预应力管桩基础，由于场地存在约 5～8m 的回填土和最厚约 18m 的淤泥质土层，因此桩基考虑了负摩阻力效应，经仔细计算及现场试验后取得单桩承载力，桩基础施工及使用效果良好。

本工程各层超长楼板和二、三层大跨度次梁采用无粘结预应力混凝土技术，大跨度框架梁采用有粘结预应力混凝土技术，解决了超长混凝土结构温度收缩应力较大的问题，以及使大跨度梁挠度裂缝得到控制，满足设计规范的要求。本工程外排框架柱均为斜柱，对楼板及框架梁产生了一定的拉力，设计中通过梁板的预应力钢筋，抵消部分拉应力，实际使用效果良好。

本工程首层及三层部分商铺、服务用房、CIP 等采用了轻钢楼屋面结构，结构自重轻，既节省了主体结构的造价，又提供了良好的建筑效果。

四、大跨度曲面网架屋盖结构设计

1. 结构选型

根据近年来的工程经验，常用的结构形式主要有：钢网架、钢桁架、张弦桁架、钢网壳、弦支穹顶。经过经济技术比较，根据本工程屋面采用三维自由曲面造型，屋面起伏较大的特点，采用焊接节点球曲面网架，它能较为准确地逼近屋面的形状，且具有重量轻、施工方便、造价较低的优点，较为适合于有吊顶的建筑。

2. 结构布置

钢屋盖同下部混凝土一致分为A、B两个分区，每个分区采用结构缝分开，在受力上各分区独立。其中A区平面尺寸约为270m×170m；B区平面尺寸约为135m×70m；A区钢网架最大跨度约62m，B区钢网架最大跨度53m。网架厚度2～3m。钢屋盖每个分区结构形式均采用正交四角锥网架结构体系。网架的杆件采用无缝钢管或直缝高频电焊管，节点采用焊接空心球节点形式，圆钢管及空心球均采用Q345B钢。屋面系统采用檩条支撑屋面压型钢板的屋面结构体系。

屋面钢结构极限承载力计算时基本风压采用$W_0=0.95\text{kN/m}^2$（100年一遇）；正常使用变形验算采用0.8kN/m^2，初步估算时取体型系数采$\mu_s=-0.8$，悬挑部分采用$\mu_s=-1.4$；风振系数估算值取$\beta=2.0$。由于本工程屋面形状较为复杂，且屋盖为风敏感结构，进行比例模型风洞试验和风振分析，按风洞试验结果和风振分析结果进行设计。

本工程钢结构屋盖部分考虑±25℃温差作用。

结构计算采用三维建模整体计算，主要计算结果见表2、表3：

A区计算结果 **表2**

方向		X向	Y向	规范限值
自振周期（s）	T1	0.8093（竖向）		
	T2	0.8019（竖向）		
	T3	0.7241（竖向）		
	T4	0.5695（竖向）		
	T5	0.5221（X向）		
	T6	0.5185（竖向）		
地震作用下位移	层间	1/1209	1/1217	
	层间	1/1209	1/11217	1/550
风作用下位移	层间	1/824	1/708	1/550
	层间	1/824	1/708	1/550

说明：由于采用斜柱、柱不等高以及屋面刚性不大致使一侧柱层间位移角稍大。

B区计算结果 **表3**

方向		X向	Y向	规范限值
自振周期（s）	T1	0.6335（竖向）		
	T2	0.5082（竖向）		
	T3	0.4927（竖向）		
	T4	0.4848（竖向）		
	T5	0.4148（竖向）		
	T6	0.3907（X向）		

续表

方　向		X向	Y向	规范限值
地震作用下位移	层间	1/2500	1/3000	
	层间	1/2500	1/3000	1/550
风作用下位移	层间	1/1200	1/2400	1/550
	层间	1/1200	1/2400	1/550

3. 大悬臂钢结构设计及大抗拔力球铰支座应用

主楼主立面处，最大悬挑尺寸约为22m，由于屋盖选挑较大，当地也风压较大，在向上风的作用下，对屋盖支座产生较大的拔力和水平剪力，需要专门的大抗拔力球铰支座，目前厂家的成品铰支座存在以下问题：

目前的成品铰支座中，能抵抗拉力的只有KQGZ抗震型（或类似形式）球铰钢支座，但它是针对抗震的，以抗压为主，以抗拉为辅，拉力为偶然的次要作用，抗拉力仅按抗压力的10%～30%考虑；

抗拉构造采用“压力锅盖”式突缘平面接触传力，一般不设滑动片，在受拉时难以自由转动和自由水平滑动，与支座的受力假定相差较远，会对结构产生较大的不利约束反力；

本设计采用由我院的发明专利设计一大抗拔力球铰支座（专利号：ZL 2008 1 0028148.0），它具有以下优点：

- 经过特别设计，受拉构造完善，抗拔极限承载力达14400kN，而且还大有潜力；
- 采用抗拉、抗压两组球铰，抗拉时具有良好的转动能力；
- 经过试验验证和广东省建设厅科技鉴定，达到国内领先水平，并已在广州大学城中心区体育场成功运用。

图1　揭阳潮汕机场航站楼鸟瞰图

图2　A区端部屋盖实景

图3　B区端部悬臂屋盖实景

图4　A区悬臂屋盖大抗拔力支座实景

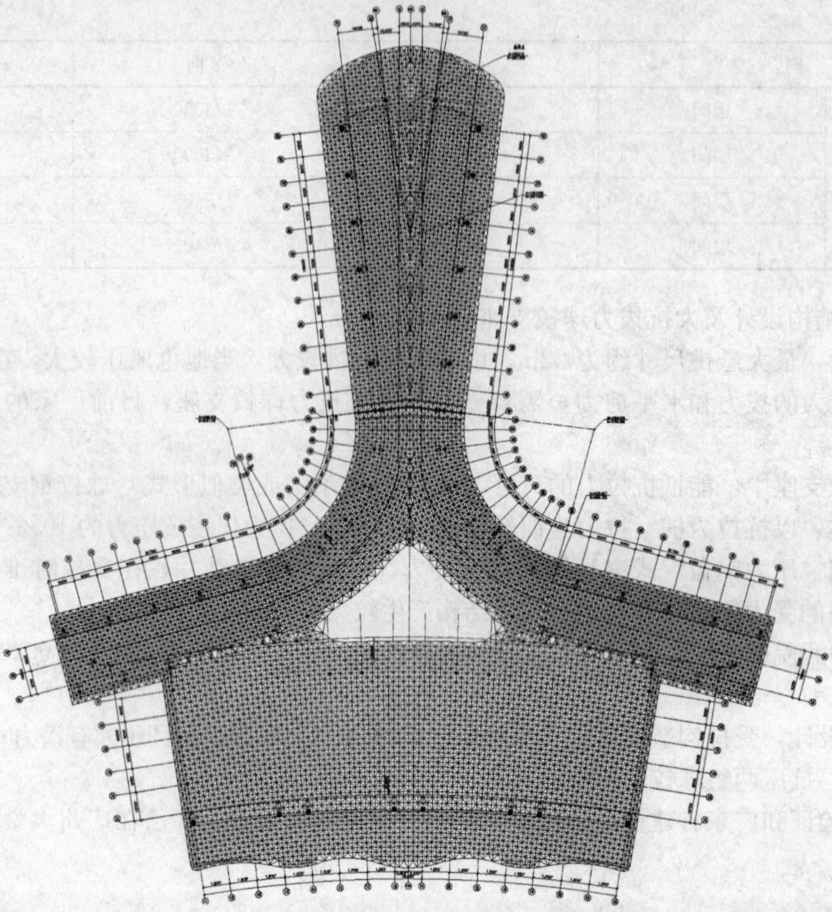

图 5　航站楼屋盖结构平面图

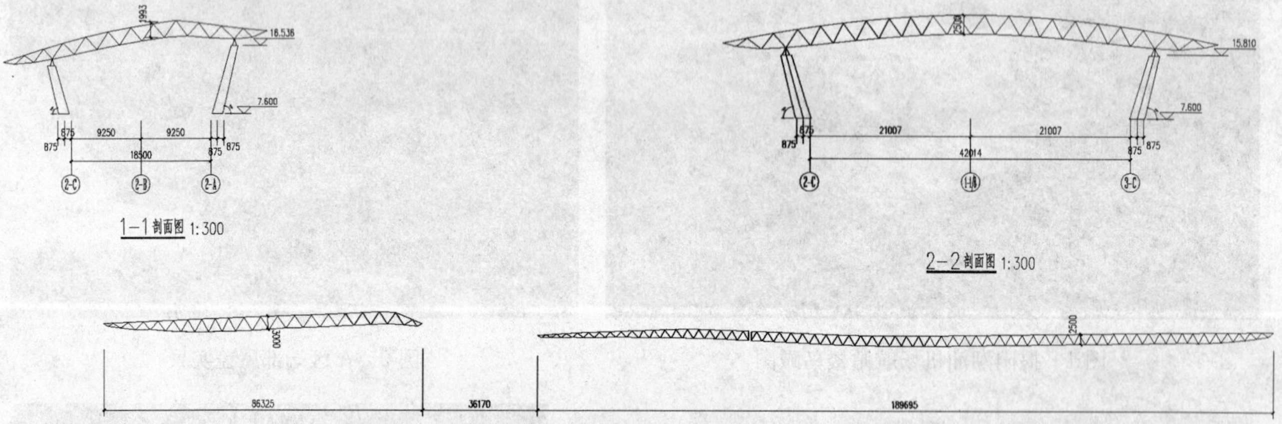

图 6　航站楼屋盖结构剖面图

北部湾体育中心——体育场

建设地点 北海市
设计时间 2009～2010
主要设计人 陈 星 李 宁 朱耀洲 杨 青 何建荣 谭剑锋 李振兴

一、工程概况

北部湾体育中心位于北海市银滩大道南西侧，是一座以大中型体育比赛、训练为主，兼顾市民休闲、健身、娱乐等功能于一体的大型体育设施（图1）。其中主体育场占地面积 53343m²，建筑面积 34364m²；设计地面标高 9.40～11.70m，高3层，建筑高度 36.5m（室外地面至屋顶最高处），为可容纳2.5万观众的甲级体育建筑。主馆看台及附属结构地上3层，为现浇钢筋混凝土框架结构（图2）。因体育馆跨度大，屋盖采用钢屋盖，结构形式为斜交人字形管拱桁架结构（图3）。大屋盖结构平面最大落地跨度 241m、最大空间跨度 252m，平均跨度约为 220m，外环呈多级式彩虹分布，故称此屋盖为"彩虹"屋盖。内拱最大高度为 33.5m，外拱最小高度 28.3m；屋盖结构的支承为两部分，首先是外环的14根落地曲形柱与看台相连，其次主要是以三条似彩虹的叠合拱组成两端独立落地（图3）。侧屋盖（图4）由两部分组成：两排柱之间的径向间跨梁，角部屋盖的实际悬臂跨度为 45.2m。整个屋盖结构形式可以看成是由斜交的多拱桁架、局部钢管混凝土柱和预应力构件组成。

本工程属于超限大跨结构，应进行超限建筑工程抗震设防专项审查。本工程超限有三个方面：一是本工程"彩虹"屋盖最大落地跨度 241m、最大空间跨度 252m，平均跨度大于 120m，属跨度超限；二是侧屋盖悬臂超过 40m，属跨度超限；三是所用结构形式为斜交人字形管拱桁架结构，局部增设钢管混凝土柱和预应力桁架以用于结构的稳定和减少局部应力过大，不是常见的空间结构形式。

二、设计荷载和主要材料

1. 恒载和活载

混凝土结构和屋面钢结构自重由程序自动计算，混凝土结构恒载和活载依荷载规范，屋面板（带檩条及保温隔热层）均布 0.6kN/m²，灯光和音响设备（按内拱桁架屋面 1m 范围布置）5kN/m，悬吊视频设备共 4×10kN 集中荷载（布置在悬挂于屋盖结构二道内拱结构上），索网幕墙自重和预应力由幕墙计算结果获得（现按每吊点 200kg）。

2. 风荷载

根据《建筑结构荷载规范》GB 50009—2001 的规定，作用在建筑物表面的风压标准值为：$W_k=\beta_Z\mu_S\mu_Z W_0$。$\beta_Z$：由于未提供风振系数实验数据，计算时风振系数取 2.0。W_0：风洞试验 W_0 取值考虑 50 年的重现期，基本风压取值为 $W_0=0.75$kPa。地面粗糙度类别：A类。

由于100年重现期的基本风压取值为 $W_0=0.90$kPa，因此应对风洞试验结果乘以系数 0.90/0.75＝1.2，以获得100年重现期的风洞试验计算结果。体型系数按风洞实验和建筑荷载规范的规定取大值计算。最大向上负压工况分区体型系数统一取最大正压工况分区体型系数按风洞实验取。设计时同时考虑多方向风的作用，30°对于斜交桁架的部分杆件及支座有所增大，施工图设计时将考虑包络设计。

3. 温度荷载

体育馆（主体及屋盖钢结构）考虑如下温度荷载：基准温度：＋20℃。

钢材部分：最大升温：＋30℃；最大降温：－30℃。

混凝土部分：最大升温：＋20℃；最大降温：－20℃。

4. Midas软件考虑的几何缺陷

完成特征值屈曲分析后，可以取第一阶屈曲模态的变形结果，并将变形放大，得到初始缺陷。对于大跨度结构来讲，变形放大系数即为结构最大跨度的1/300与最不利点位移值的比值，用变形放大系数乘以第一屈曲模态位移值，然后与原节点坐标相迭加，作为进行静力非线性分析时施加的结构初始缺陷。

5. 地震作用

按照《建筑工程抗震设防分类标准》GB 50223—2008的规定，本工程抗震设防类别为乙级，抗震等级为二级。按照《建筑抗震设计规范》GB 50011—2001（2008年版）的规定及安评报告提供的参数，取大值计算地震作用，按设防烈度7度采取抗震构造措施。按照《建筑抗震设计规范》GB 50011—2001（2008年版）的规定，6度区的大跨度结构可以不考虑竖向地震作用，但考虑到本项目最大跨度达252m及悬臂37m，仍然考虑竖向地震作用。竖向地震影响系数的最大值取安评报告水平地震影响系数的最大值的65%。

6. 主要材料及构件截面

1）混凝土结构

（1）钢筋。钢筋材料应符合《建筑抗震设计规范》GB 50010—2002的要求，钢筋种类HPB235、HRB335、HRB400。

（2）混凝土。F1～F3柱C40；梁、板C30；基础底板、外墙C35。

2）屋盖钢结构

（1）构件材料。按照《钢结构设计规范》GB 50017—2003中的3.4.1条规定，采用强度等级为Q345－B和Q345－C的钢材。不同应力比下对应的设计应力值见表1。

不同应力比下对应的设计应力值 **表1**

地震烈度水准	应力比	抗拉、拉压强度和抗弯强度设计值（N/mm²）	抗剪强度设计值（N/mm²）
小震	0.75	198.75	116.25
中震	0.85	225.25	131.75
大震	1.00	265.00	155.00

（2）螺栓。所用螺栓采用《钢结构设计规范》GB 50017—2003规定的8.8或10.9级螺栓。

（3）铸钢节点。铸钢节点在钢管连接结构中是一个整体的构件。比较起焊接节点来说铸钢节点更有利于构件的内部的传递和更好的动力及静力的受力强度。铸钢节点同时也拥有安装方便，计算简单，维护方便，寿命更长，以及更好的外观效果等非常显著的优势。采用德国规范所采用的铸钢牌号见表2。

铸钢牌号 **表2**

牌　号	厚度（mm）	强　度	抗拉强度	破坏变形（%）
GS－20 MN5	≤50	300	500～650	24
	50≤t≤100	280	500～650	24
	100≤t≤160	260	500～650	22

（4）钢索材料。采用极限抗拉强度1570MPa级别的不锈钢绞线，弹性模量Ecable＝160000N/mm²。

三、北部湾体育中心一体育场的超限设计及结构计算

1. 针对超限的抗震措施

1）计算分析软件方面见表3。

分析软件 表 3

软件名称	版本号	应用范围	应用情况
MIDAS/GEN	V7.30	地上部分	线弹性静力分析、非线性稳定分析、模态及反应谱分析、弹性时程分析
SAP2000	V9.03	地上部分	线弹性静力分析、模态及反应谱分析
SATWE	2008	主体看台结构及基础	主体看台结构、地下室及基础
ABAQUS	v6.7	地上部分	弹塑性时程分析

2）计算措施

大跨度“彩虹”屋盖组合曲形柱与看台整体分析。采用三阶段抗震验算：第一阶段：验算结构的位移时，采用多遇地震作用，按弹性方法计算；第二阶段：验算构件的强度、稳定性和连接强度时，采用设防烈度地震作用，按弹性方法计算；第三阶段：在罕遇地震作用下，按弹性时程方法计算结构的层间位移并作验算；如果层间位移比远远少于抗震规范规定的 1/50 的要求，则可以认为结构始终处在弹性范围之内，可不进行罕遇地震下的弹塑性时程分析和稳定分析。如果层间位移比接近或小于抗震规范规定的 1/50 的要求，则可以认为结构已处在塑性范围之内，可再进行罕遇地震下的弹塑性时程分析和稳定分析。

2. 抗震设计加强措施

1）杆件及节点

本工程结构杆件的抗震能力从以下两方面着手，一是控制主桁架的应力比在非地震设计组合和中震设计组合时不超过 0.85，大震标准组合下主桁架应力与材料屈服强度的比值不超过 1.0。二是节点区应力比不超过 0.5。

2）混凝土支座

对应屋盖钢结构支座处的混凝土大柱，其轴压比限制在 0.50 以内，保证有足够的承载能力。同时为保证水平推力的传递，沿外圈支座的柱顶设一圈环向拉梁。

3）其他措施

(1) 支座部分稳定性敏感和应力大的构件增设钢管混凝土柱，大跨度屋盖拱脚“收缩”部分灌注混凝土；

(2) 对于挠度过大和应力大的构件增设预应力桁架；

(3) 对于吸风敏感的侧屋盖增设稳定减震索；

(4) 增加密箍和型钢提高支承体系的延性。

3. 抗震设防目标

抗震设防目标见表 4。

抗震设防性能目标 表 4

地震烈度水准	众值烈度（小震）	基本烈度（中震）	罕遇烈度（大震）
抗震性能定性描述	不损坏	可修复	不倒塌
主桁架构件及其节点	弹性，应力比＜0.75	弹性，应力比＜0.85	弹性，应力比＜1.0
大跨度屋盖的支承体系	弹性	弹性	不屈服
252m 跨屋盖拱基	弹性	弹性	不屈服
侧屋盖悬臂支承体系	弹性	弹性	弹性

4. 不考虑地震作用组合“彩虹”钢结构屋盖的计算

采用为 MIDAS 和 SAP2000 软件屋盖钢结构及其下部混凝土结构总装计算，阻尼比取 0.03，MIDAS 模型见图 5。计算取前 60 个振型，X 向、Y 向地震总参与系数已经达到 90％以上。MIDAS 软件前 6 种振型见图 6。两软件周期比较见表 5，对比结果表明，两个程序计算所得的第一周期非常接近。两软件计算的位移比较见表 6（43 号节点为控制节点），2 个程序位移的计算结果接近。

前 10 个周期两种程序比较表 **表 5**

周期序号	MIDAS	SAP200
1	0.9558	0.951547
2	0.8558	0.847362
3	0.639	0.618064
4	0.606	0.540431
5	0.5132	0.512215
6	0.4494	0.445891
7	0.4255	0.410953
8	0.4147	0.387067
9	0.3993	0.382871
10	0.3865	0.358241

位移比较表 **表 6**

工况名称	屋盖内拱中心 43 号节点竖向位移（mm）	
	MIDAS	SAP200
恒载（钢结构自重＋屋面板自重＋设备荷载）	−204.08	−203.93
活载	−21.89	−21.53
吸风	229.72	225.27
压风	−66.70	−65.22

5. 考虑地震作用组合“彩虹”钢结构屋盖的计算

1）小震下结构位移结果见表 7。14 节点为钢屋盖中心处位移，4724 节点为柱节点处位移，所取节点位置见图 7。位移均满足规范的要求。

小震下节点处位移 **表 7**

节点号	工况	X（mm）	Y（mm）	Z（mm）	节点号	工况	X（mm）	Y（mm）	Z（mm）
14	X 向地震	4.23	1.31	13.98	4724	X 向地震	3.70	1.12	0.62
14	Y 向地震	3.11	1.57	5.68	4724	Y 向地震	2.28	1.11	0.43
14	Z 向地震	2.36	0.86	5.95	4724	Z 向地震	0.76	0.42	0.13

2）中震下结构位移结果见表 8。14 节点为钢屋盖中心处位移，4724 节点为柱节点处位移，所取节点位置见图 7。位移均满足规范的要求。

中震下节点处位移 **表 8**

节点号	工况	X（mm）	Y（mm）	Z（mm）	节点号	工况	X（mm）	Y（mm）	Z（mm）
14	X 向地震	11.83	3.68	39.06	4724	X 向地震	10.35	3.13	1.74
14	Y 向地震	8.70	4.39	15.87	4724	Y 向地震	6.38	3.12	1.20
14	Z 向地震	6.60	2.40	16.64	4724	Z 向地震	2.13	1.18	0.38

3）大震（弹性计算）下结构位移结果见表 9。14 节点为钢屋盖中心处位移，4724 节点为柱节点处位移，所取节点位置见图 7。位移均满足规范的要求。

大震（弹性计算）下节点处位移 **表 9**

节点号	工况	X（mm）	Y（mm）	Z（mm）	节点号	工况	X（mm）	Y（mm）	Z（mm）
14	X 向地震	21.37	6.64	70.52	4724	X 向地震	18.70	5.65	3.14
14	Y 向地震	15.7	7.94	28.65	4724	Y 向地震	11.52	5.63	2.17
14	Z 向地震	18.34	6.68	46.21	4724	Z 向地震	5.92	3.28	1.06

4）罕遇地震下的弹塑性分析

大震下结构的反应按弹塑性动力时程分析方法进行分析，由 ABAQUS 软件计算。本工程 GSSAP 模型按照 MIDAS 模型建模。表 10 是结构在三向地震作用下的弹塑性分析整体结果汇总对比，每项均给出的三个地震波的计算结果，未注明的结果均为 ABAQUS 计算的结果。表 11 为安评地震波作用下钢构件弹塑性发展状况。

结构整体计算结果汇总　　表 10

作用地震波	EMC－FAIRVIEW－0 波		EMC－FAIRVIEW－90 波		安评波	
	X	Y	X	Y	X	Y
MIDAS 计算前 3 周期	$T_1=0.95$，$T_2=0.85$，$T_3=0.64$					
ABAQUS 计算前 3 周期	$T_1=1.02$，$T_2=0.88$，$T_3=0.72$					
MIDAS 计算结构总质量（kN）	208976					
ABAQUS 计算结构总质量（kN）	198972					
MIDAS 大震时程基底剪力（kN）	41849	－53665	－45504	67042	33780	53677
最大剪重比	20.02%	25.67%	21.77%	32.08%	16.16%	25.68%
最大基底剪力（kN）	34638	42315	－47023	41903	－45192	－66385
最大剪重比	17.40%	21.26%	23.63%	21.05%	22.71%	33.36%
顶点最大位移	X，Y，Z 向		X，Y，Z 向		X，Y，Z 向	
	－0.471，－0.090，－0.304		－0.469，－0.097，－0.304		－0.663，－0.162，－0.304	

注：1. 大震反应谱地震影响系数按安评报告取 0.343。
2. 由于 ABAQUS 时程分析是在竖向荷载加载，结构变形后计算地震作用，同时考虑了钢筋对结构刚度的贡献，及材料屈服后刚度下降，内力重新分配，因此 ABAQUS 动力弹塑性与 MIDAS 弹性计算的基底剪力有所不同。
3. 安评人工波作用下主体结构的位移和基底剪力均最大，后文将主要列举安评波作用下的结果。

安评地震波作用下钢构件弹塑性发展状况　　表 11

时间（s）	15 根弧形状矩形混凝土柱子	7 榀主拱桁架弦杆	6 榀次拱桁架弦杆	小拱桁架弦杆	腹杆
0	未屈服	未屈服	未屈服	未屈服	未屈服
5	未屈服	1% －0.01094	2% －0.004353	1% －0.002219	3% －0.005658
10	未屈服	2% －0.01211	4% －0.004353	2% －0.002224	4% －0.00911
15	未屈服	2% －0.01211	5% －0.00436	3% －0.005163	5% －0.00911
20	未屈服	3% －0.01240	8% －0.004355	4% －0.005163	7% －0.01087

注：第一行是屈服构件数所占比例；第二行数字是最大塑性应变。

采用上述精细的弹塑性时程分析方法，对北部湾体育馆结构进行了分析。有以下结论：

（1）北部湾体育馆结构在分别经历了三向人工波作用后，该结构主要承力构件有少量进入塑性，还能承受结构本身的自重而竖立不倒，实现了“大震不倒”的设防目标。

（2）结构中没有钢材构件发生屈服破坏，最大塑性应变为 0.0124。

（3）从结构顶点位移、钢材塑性应变发展状况、楼板刚度退化情况看，由于下部混凝土结构与上部钢结构部分刚度差别较大，X 向网壳地震力主要通过 15 根弧形状矩形混凝土柱向下传递，Y 向网壳地震力主要通过 7 榀主拱桁架直接传递，因此结构 X 向对地震反应较敏感，且构件屈服主要发生在前 5s。

（4）除网壳以外的混凝土构件部分（包括剪力墙、楼板、看台板、混凝土柱梁），看台板和楼板出现了较大的损伤，从其中看台板钢筋的应力水平看，板未失去其承载力；而其他构件损伤程度均较小。

(5) 结构中发生塑性应变构件较多的部分主要是：支座及弯折处、与弧形状矩形混凝土柱顶相连杆件、悬挑网壳端部，见图 8。

6. “彩虹”屋盖钢结构的整体稳定分析

对于结构的稳定承载能力，通常使用的方法有以下几种：

第一，特征值屈曲分析。首先在结构上施加指定的荷载工况，计算得到各杆件内的内力分布，并形成应力矩阵［S］，针对应力矩阵和刚度矩阵［K］进行特征值分析，得到其屈曲荷载因子和屈曲模态。

第二，考虑大变形的非线性分析。为了尽可能真实地模拟结构的受力环境，一般要对结构引入一定程度的初始变形，以考虑各种可能的干扰因素（如安装误差、初始弯曲或荷载干扰等）。由于未考虑在变形随着荷载增加过程中局部或部分杆件进入弹塑性状态，由此计算得到的极限承载能力仍然不是结构的实际承载能力。

结构的稳定性分析结论与所采用的荷载工况有关。根据《网壳结构技术规程》JGJ 61—2003 第 4.3.3 条规定，网壳的全过程分析可按满跨均布荷载进行，因此，在这里还选取了“1.0 恒（自重＋板重＋设备）＋1.0 活工况”进行分析。

1) 线性分析结果

不考虑初始几何缺陷和非线性，进行第一类特征值屈曲分析，得到屈曲因子如表 12 所示，前 6 个屈曲模态见图 9。

几何线性分析屈曲 **表 12**

模态	1	2	3	4	5	6	7	8	9	10
屈曲因子	15.86	21.08	21.89	23.01	23.72	25.85	25.95	26.09	27.04	28.94

计算结果表明最小的屈曲因子大于 5，按照《网壳结构技术规程》J 258—2003 的规定，结构的整体稳定性满足要求。

2) 考虑几何非线性稳定分析

将上述第一类特征值屈曲分析的第一阶模态乘以相应的放大因子，并作为结构的初始缺陷，并考虑结构的 $P-\Delta$ 效应及大变形等几何非线性带来结构刚度的变化，重新分析，可以得到控制点 43 节点的位移与荷载的关系如表 13。

控制点 43 节点的位移与荷载的关系 **表 13**

注：X 轴函数项指位移。

当荷载—位移曲线发生转折时，荷载因子为 11，满足规范 K 大于 5 的要求。

7. 局部修改方案比较

1) 曲柱顶固铰接方式比较

图 10 为 14 根曲形柱顶与斜桁架连接方式采用固接方式意示图（亮绿色线处）。通过对上述位置固接方式时（保持构件截面不变）进行计算，屋盖内拱中心 43 号节点竖向位移如表 14。

拱中心 43 号节点竖向位移 **表 14**

工况名称	屋盖内拱中心 43 号节点竖向位移（mm）	
	铰接	固接
恒载（钢结构自重＋屋面板自重＋设备荷载）	−204.08	−200.51
活载	−21.89	−21.53
吸风	229.72	226.13
压风	−66.70	−65.79

由表 14 可知，改为固接方式后竖向位移最大减小 2％。曲形柱顶 X 向、Y 向最大剪力，固接时 Y 向最大剪力为 1488.9kN，铰接时为 919.4kN，增大了 61.9％；曲形柱顶固接时 X 向最大剪力为 1976.5kN，铰接时为 1788.6kN，增大了 10.5％。为了减小屋盖对下面柱产生的力过大，曲柱顶采用铰接。

2）"彩虹"屋盖支座固铰接方式比较

图 11 为彩虹屋盖支座铰接方式意示图。通过对上述位置铰接方式时（保持构件截面不变）进行计算，屋盖内拱中心 43 号节点竖向位移如表 15。

拱中心 43 号节点竖向位移 **表 15**

工况名称	屋盖内拱中心 43 号节点竖向位移（mm）	
	固接	铰接
恒载（钢结构自重＋屋面板自重＋设备荷载）	−204.08	−209.35
活载	−21.89	−22.43
吸风	229.72	226.31
压风	−66.70	−66.26

由表 15 可知，改为铰接方式后，所取节点在竖向荷载下竖向位移最大的增大 2.6％，而风荷载竖向位移最大可减小 1.5％，原因在于：相对于固接的方式，法向方向施加的风荷载对主桁架"扩展"部位产生的位移，更有利于减小跨中的位移。

3）"彩虹"屋盖主桁架的优化

在保证建筑外形不变的情况下，在主桁架底部 2m 处增加张拉预应力拉索，纵向拉索直接参与受力。主桁架高度由原来的 3m 提高到 5m（3m＋2m＝5m），刚度大大增加了，从而钢量减少了且支座反力也减小许多，下部结构造价也随之减少。带预应力拉索的"彩虹"屋盖及主桁架示意图见图 12。

8. 主桁架支座竖向反力

从图 13 中可以看出，在所有组合工况下，屋盖"扩展"一端的支座均有出现拉力，最大拉力为 28416kN，屋盖"收缩"一端的支座均有出现拉力，最大拉力为 5838kN。

在考虑地震作用组合下，屋盖"扩展"一端的支座只在屋盖桁架内侧支座出现拉力，最大拉力为 21443kN，屋盖"收缩"一端的支座只在屋盖桁架外侧支座出现拉力，最大拉力为 4993kN。

9. 侧屋盖钢结构屋盖的计算

计算模型采用屋盖钢结构及其下部混凝土结构总装计算，阻尼比取 0.03。对于吸风敏感的侧屋盖增设稳定减震索。计算取前 60 个振型时，X 向、Y 向地震总参与系数已经达到 90％以上。结构控制点位移见表 16。

结构控制点位移 **表 16**

节点号	工况名称	X（mm）	Y（mm）	Z（mm）
5528	恒载（自重＋设备荷载）	−8.76	−13.79	−101.31
5528	活载	8.61	18.33	56.43

续表

节点号	工　况　名　称	X（mm）	Y（mm）	Z（mm）
5528	吸风	28.00	143.43	246.35
5528	压风	1.10	−25.87	2.56
5528	预应力	9.81	20.64	70.36
5528	升温	25.99	10.57	84.89
5528	降温	−6.47	30.62	55.79
5528	（1.0恒＋0.7活＋1.0正压风＋0.7降温）	−29.62	−54.95	−189.85

注：1. 除了预应力工况，其他工况的位移是该工况与预应力共同作用结果。

2. MIDAS计算时，（1.0恒＋0.7活＋1.0正压风＋0.7降温）作为单一工况而考虑了预应力索的非线性作用。

在（1.0恒＋0.7活＋1.0正压风＋0.7降温）作用下最大垂直变形 f＝189.85mm，最大悬臂长度 L＝45.2m，f/L＝1/238，满足规范要求的不大于1/200的要求。

10. 节点图设计

钢屋盖支座设计见图14和图15。钢桁架弦杆变截面见图16，主桁架圆管拼接节点见图17，拉锁节点见图18。

11. 基础设计

根据地勘报告及场地的实际情况，以及建筑的布置，我们对本工程采用预应力管桩基础；对钢桁架位移敏感的大型拱脚基桩，除采用预应力管桩大型群桩联合承台外，还需采用预应力钢对拉杆连接大桁架两端基础（钢桁架预应力对拉杆平面布置图见图19）。由钢桁架而使基础产生向内及向外的水平力，向外水平力全部由对拉预应力拉杆平衡，向内水平推力由预应力管桩、对拉杆混凝土梁的轴向压力及承台与基底土摩擦力共同承受，施工时钢拱桁架施工前，对预应力对拉杆预先施加5000kN的预应力来平衡安装钢拱架自重产生的推力。

四、结论

1）本工程分别使用MIDAS、SAP2000程序计算，计算结果比较接近，计算结果可信。

2）在荷载工况“1.0恒＋1.0降温＋0.7压风＋0.7活”作用下，屋盖中心的最大垂直变形 f＝466.3mm，此处对应落地跨度 L＝241m，f/L＝1/517，远远大于规范要求的不大于1/400的要求，表明屋盖的整体刚度很好。

3）振型以内拱振动为主，在主桁架收密处的振动也很明显。从前六个振型可以看出振型振动最大的位置从内拱第一道“彩虹”向主桁架收密处来回移动的趋势。计算中取60个振型即可满足地震质量参与系数大于0.9的要求。

4）考虑几何非线性和1/300的几何缺陷后，在超出中国网壳规范要求的荷载工况组合［1.0恒（自重＋板重＋设备）＋1.0活］作用下，结构整体稳定系数为11＞5.0，结构整体稳定满足规范要求。

本工程结构设计遵循安全、实用的原则，根据工程实际情况进行技术的优化与创新，从建设项目策划及地下室施工项目开始前进行了综合研究分析，针对工程的特殊情况与建筑物的环境特点，选择了科学、合理、经济的结构形式，各项新技术的应用均具有针对性及实效性，取得了良好效果。

图1　建筑全景

图2　主馆看台结构示意图

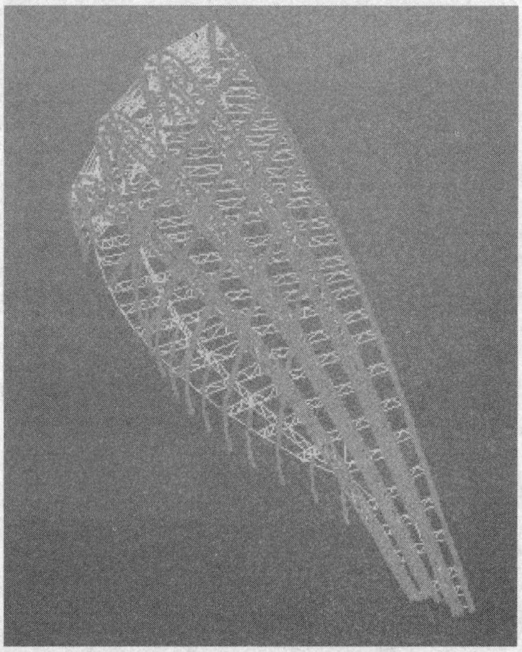

图3　斜交人字形管拱桁架结构示意图（亮绿线）

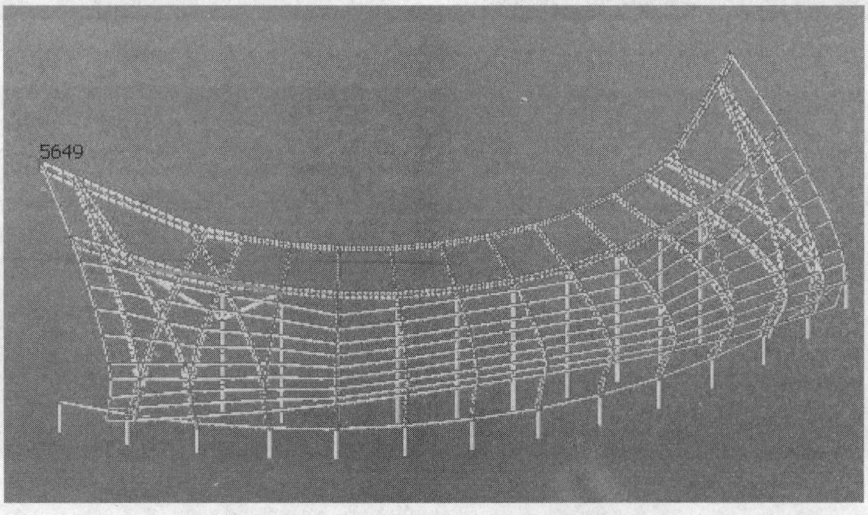

图4　侧屋盖和下面混凝土结构立体图

图 5　MIDAS 构件实体模型图

第一振型

第二振型

第三振型

第四振型

第五振型

第六振型

图 6　MIDAS 前 6 阶的振型图

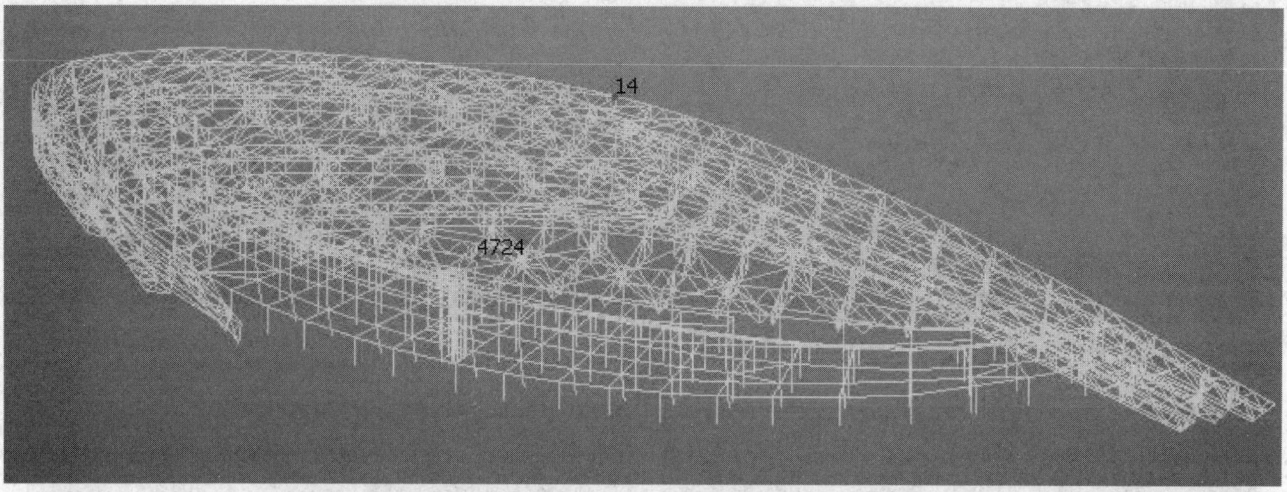

图 7　所取节点示意图

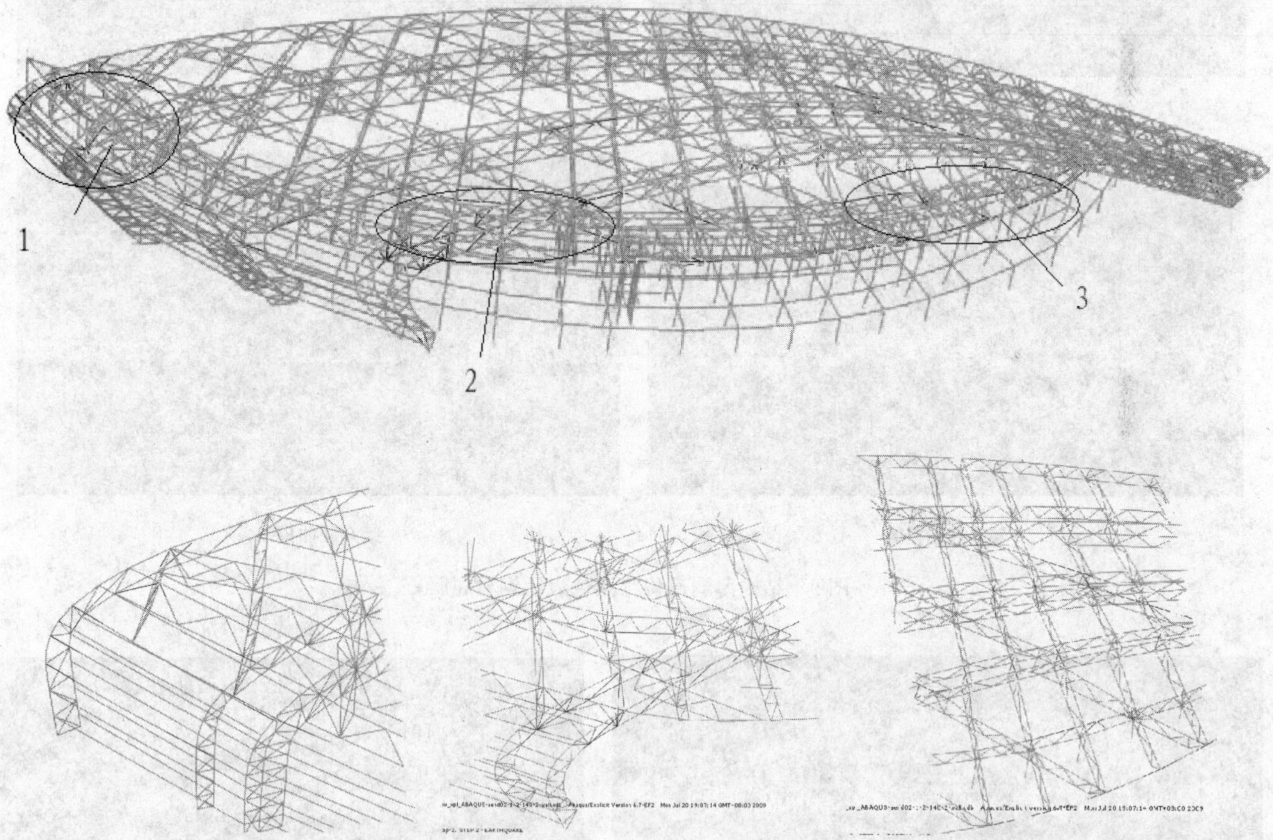

局部 1 放大图　　局部 2 放大图　　局部 3 放大图

图 8　结构薄弱部位（黑色表示钢材屈服）

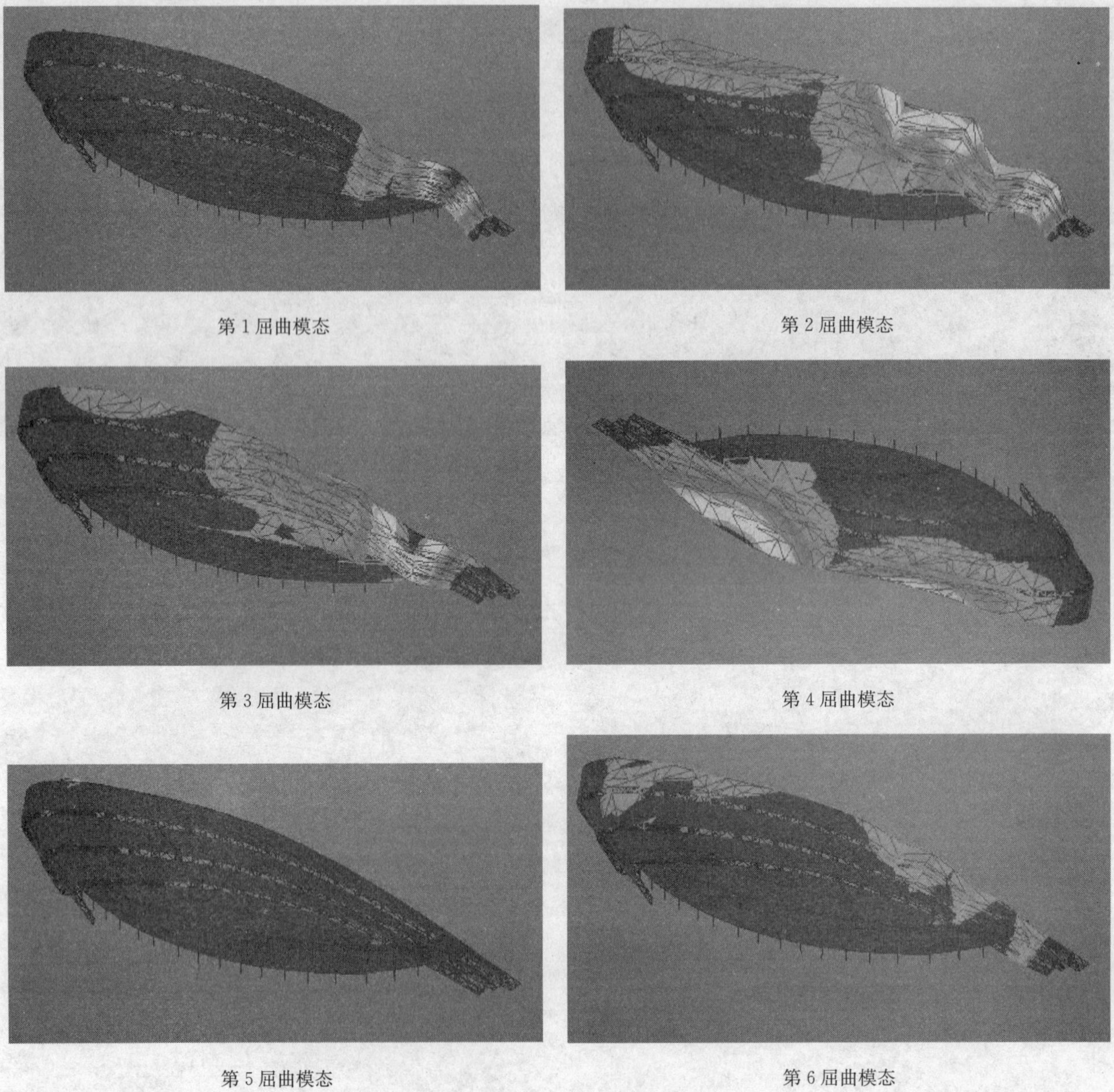

图9　结构薄弱部位（黑色表示钢材屈服）

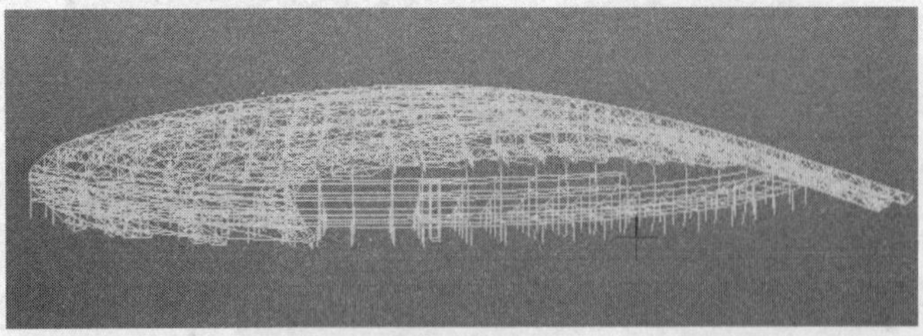

图10　14根曲形柱顶与斜桁架连接方式采用固接方式意示图（亮绿色线处）

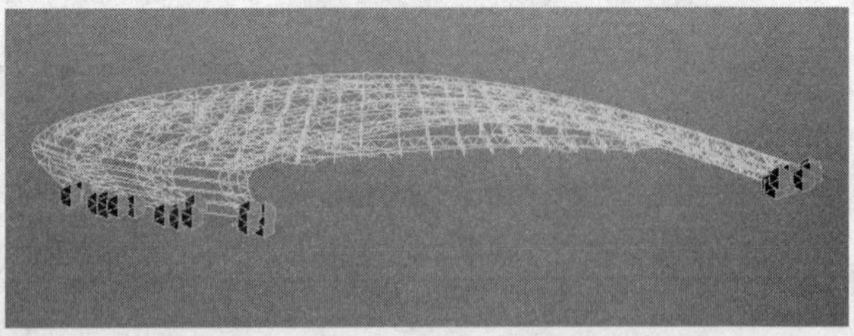

图11　为“彩虹”屋盖支座铰接方式意示图

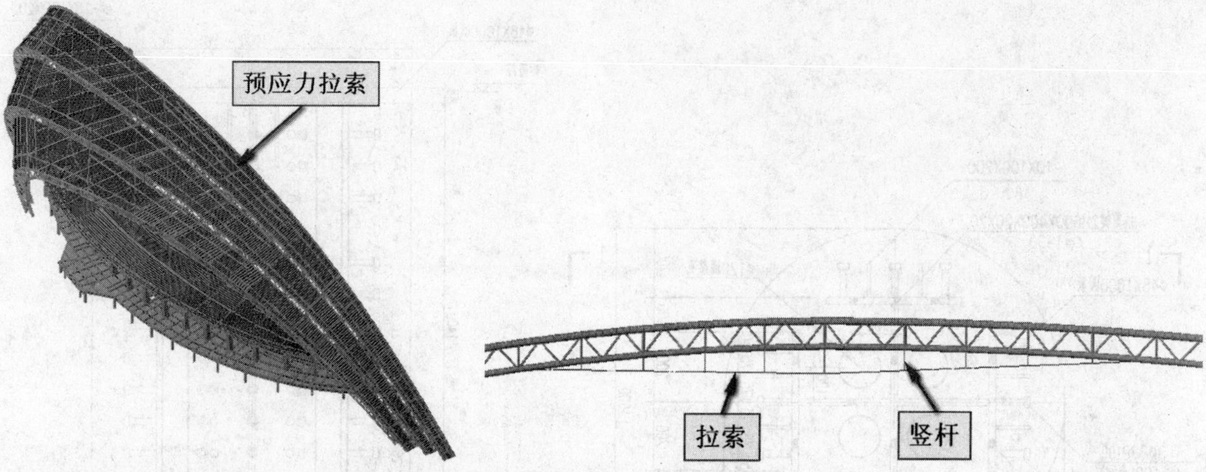

图 12　带预应力拉索的“彩虹”屋盖及主桁架意示图

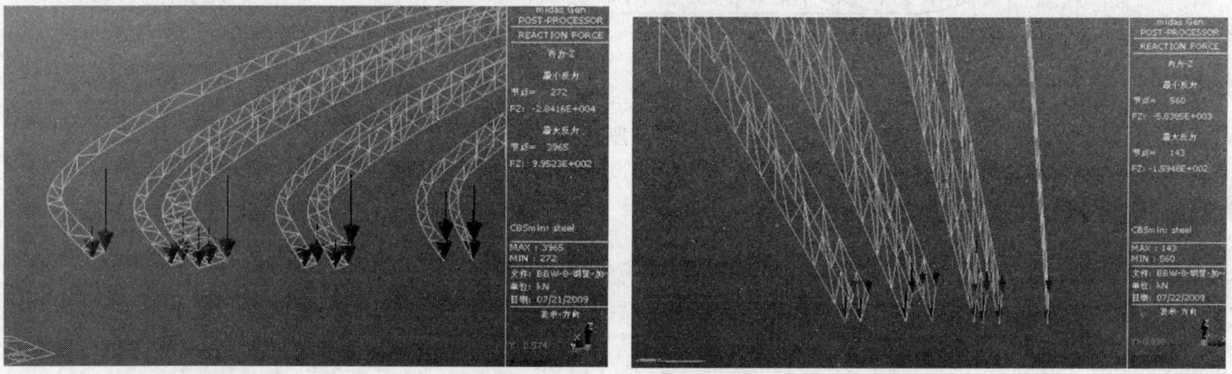

图 13　MIDAS 实体模型图

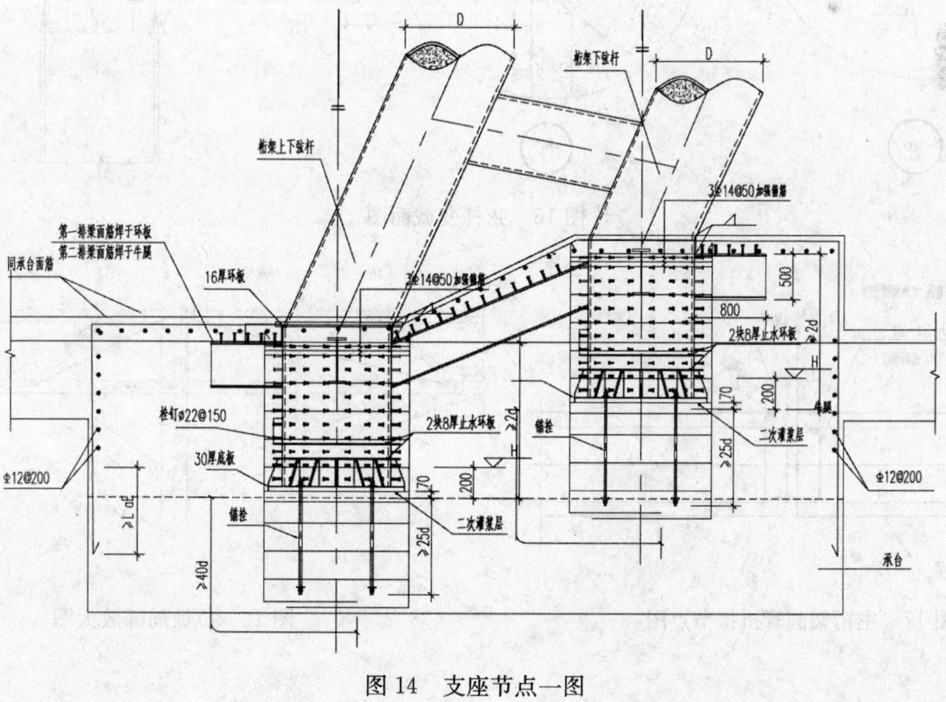

图 14　支座节点一图

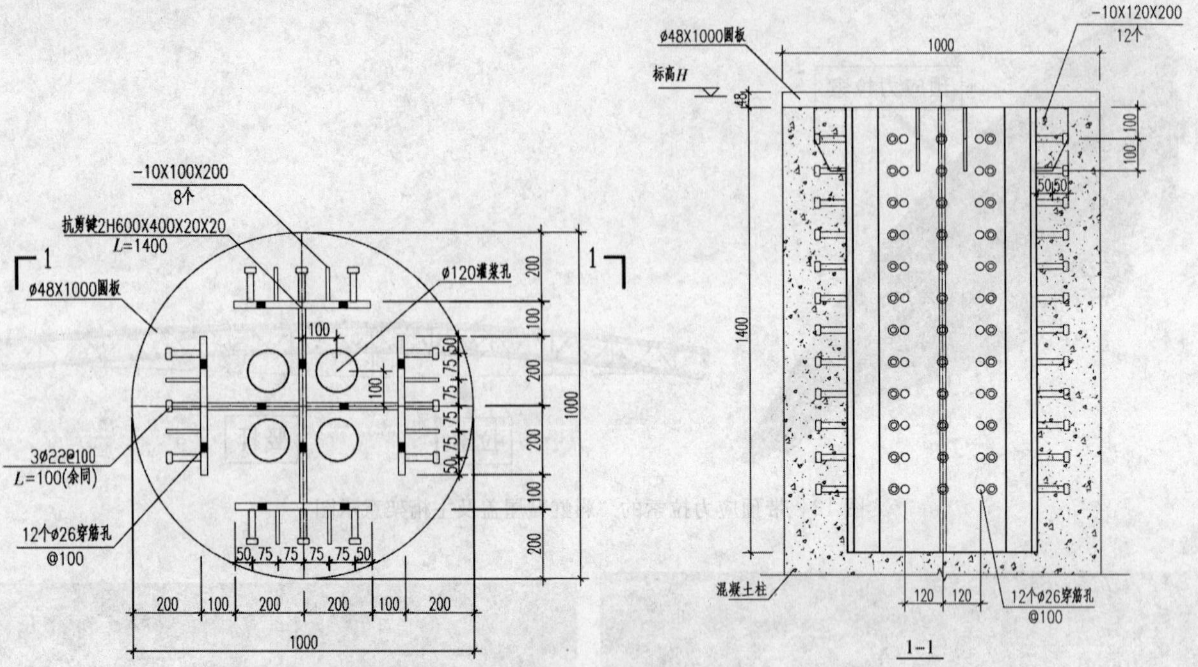

图 15　支座节点二图

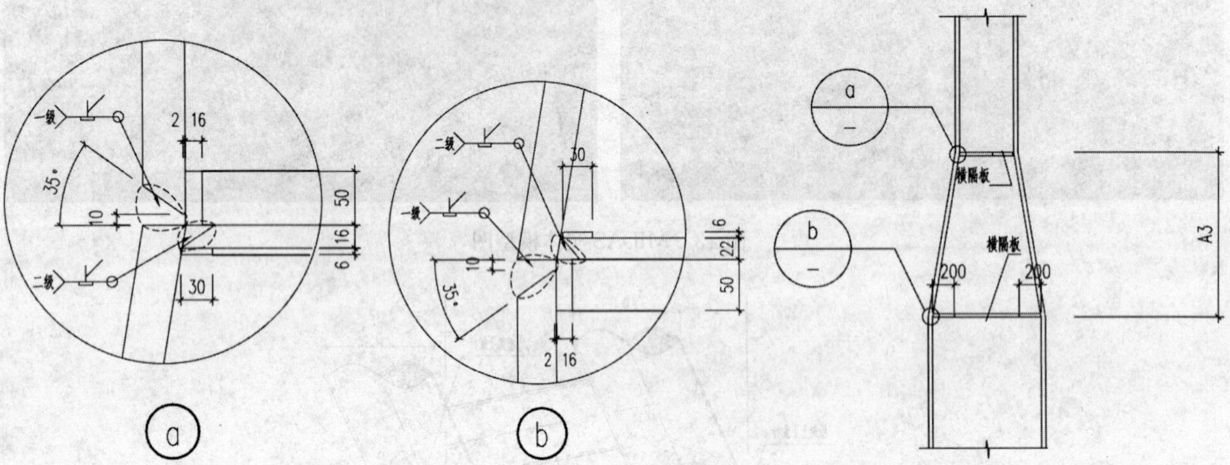

图 16　弦杆变截面图

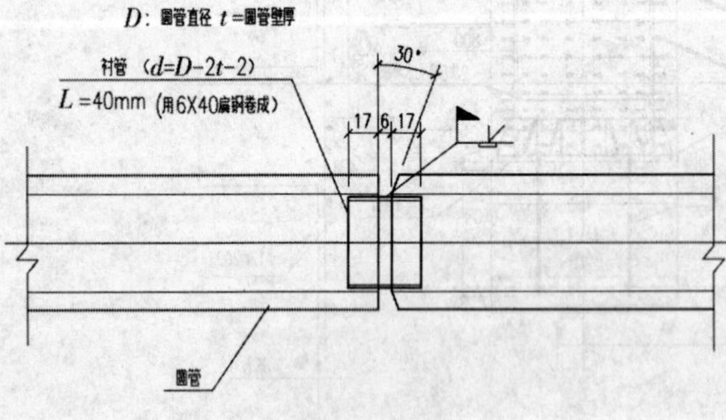

图 17　主桁架圆管拼接节点图

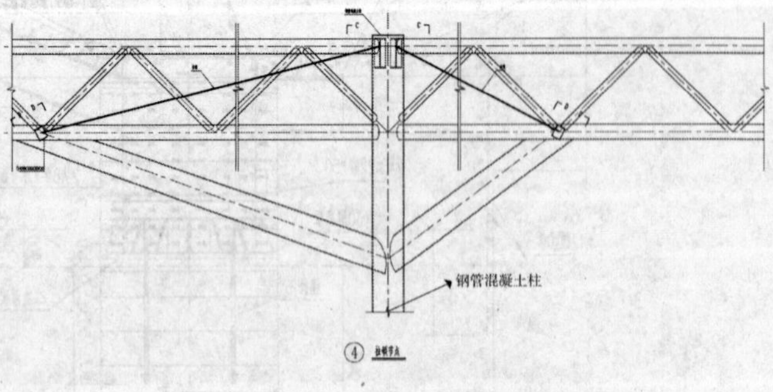

图 18　拉锁局部放大图

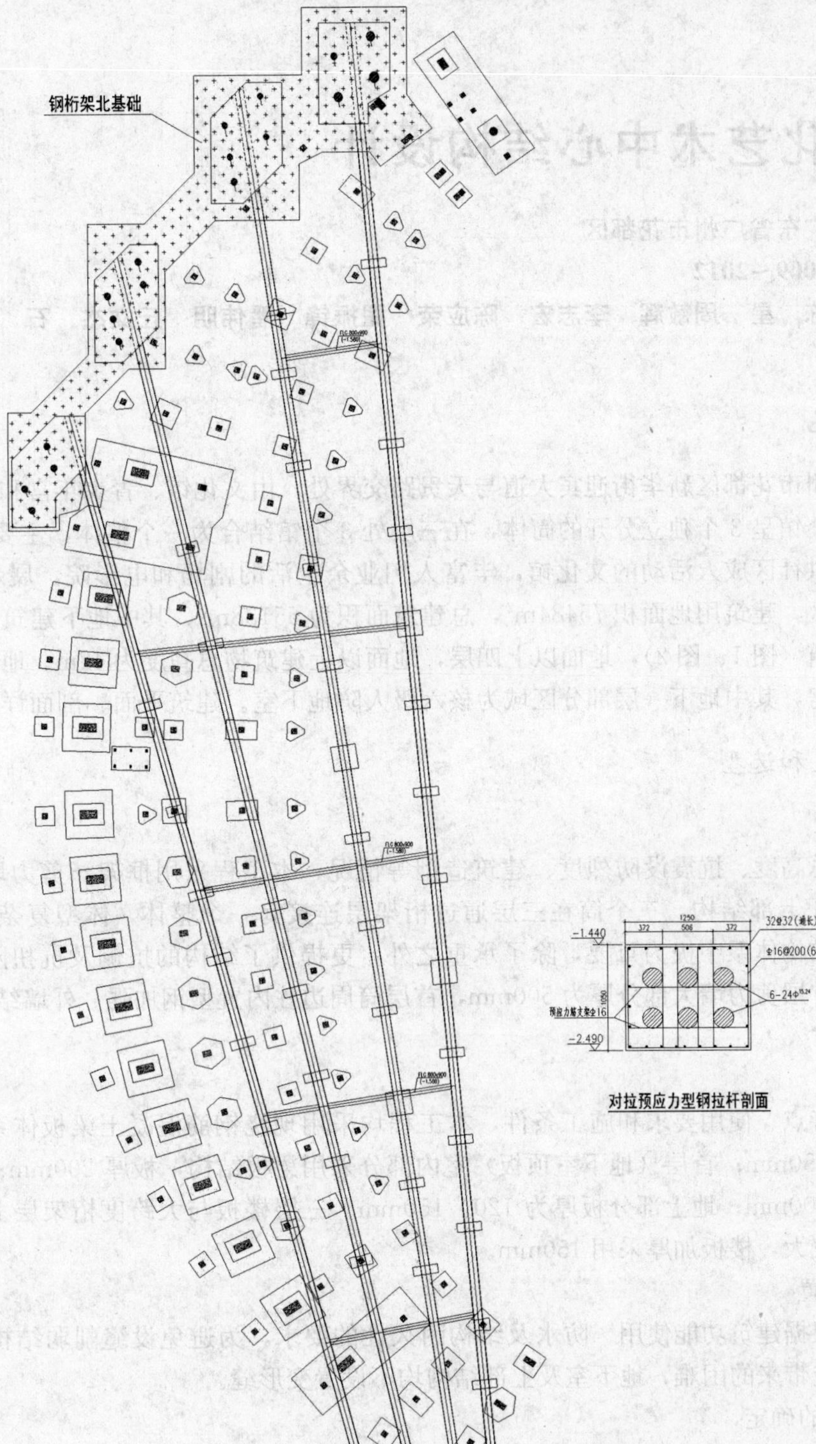

图 19　钢桁架预应力对拉杆平面图

花都区文化艺术中心结构设计

建 设 地 点　广东省广州市花都区
设 计 时 间　2009～2012
主要设计人　陈　星　周敏辉　李志宏　陈应荣　翟振锋　潘伟明　丘文杰　石　科　陈　勇

一、工程概况

本工程位于广州市花都区新华街迎宾大道与天贵路交界处，由文化馆、青少年宫和综合会展馆 3 部分组成。一、二层 3 个馆呈 3 个独立分开的筒体，在三层处 3 个馆结合为一个整体，主要有供青少年活动、教育的青少年宫，供社区成人活动的文化馆，丰富人们业余生活的剧场和电影院，展示花都区文化的会展区等 5 个功能分区，建筑用地面积 75484m²，总建筑面积为 55138m²，其中地下建筑面积 14484m²。本工程为大型公共建筑（图 1、图 2），地面以上四层，地面以上建筑物总高度为 42m。地面以下一层，主要为停车库及设备用房，其中地下一层部分区域为核六级人防地下室。建筑平面、剖面详图 3、图 4。

二、结构布置和选型

1. 结构体系

根据建筑物的总高度、抗震设防烈度、建筑造型等情况，本工程采用框架一剪力墙结构体系。本工程由三个落地筒承托上部结构，三个筒在三层通过桁架层连接为一个整体，体型复杂，结构受力复杂。三个落地筒在整个结构体系中极为重要，除了承重之外，更提供了结构的抗侧及抗扭刚度。因此必须加强落地部分结构，首层剪力墙大部分厚为 500mm，首层筒周边柱内置型钢加强。外墙结构形式经过比选，采用钢结构方案。

2. 楼盖体系

根据结构体系特点、使用要求和施工条件，本工程均采用现浇钢筋混凝土梁板体系，地下室底板采用平板结构，板厚 350mm；首层（地下室顶板）室内部分采用梁板结构，板厚 200mm；首层室外部分采用平板结构，板厚 300mm；地上部分板厚为 120、150mm。三层楼板与大跨度桁架层上弦连接，受桁架影响楼板面内应力较大，楼板加厚采用 150mm。

3. 结构缝的设置

本工程地下室根据建筑功能使用、防水及结构耐久性的要求，为避免设缝削弱结构的整体性及对防水、通风等建筑构造带来的困难，地下室及上部结构均不设置变形缝。

4. 计算嵌固层的确定

地下室顶板室内采用梁板结构，室外采用无梁楼盖。考虑到结构体型复杂，而且首层部分区域开设大洞口，本工程计算嵌固层确定为地下室底板，同时约束首层侧移。

5. 结构转换层形式

根据建筑立面和功能的要求，本工程部分局部结构竖向柱构件上下不连续贯通，需要进行竖向构件转换。考虑工程实际情况，通过方案比选确定转换结构采用传力合理的桁架式转换结构。在结构第三层设置转换层，桁架层高度为 4.1m，通过桁架层将上部结构的重量及水平作用传给落地的三个圆筒。三个圆筒间桁架最大跨度约 80m。三个圆筒外侧部分为悬臂结构，最大悬挑跨度约 18m。

6. 关键节点构造

由于外框架和转换层均为钢结构，内部结构为混凝土结构。因此关键节点主要有：弧形外框架与外圈落地柱（型钢柱）交接处、弧形外框架与混凝土楼层交接处的刚性节点；弧形外框架与混凝土楼层交接处采用单向铰连接节点等。节点构成复杂，以桁架下弦与钢骨连接为例详图5、图6。

三、设计依据及参数

本工程考虑地震作用的相关参数及各部位构件的抗震等级，如表1。

结构的相关参数 **表1**

编　　号	基　本　参　数	数　　值
1	建筑结构安全等级	一级
2	结构重要性系数	1.0
3	建筑结构抗震设防类别	乙类
4	设计使用年限	50年
5	建筑高度	A级
6	地基基础设计等级	甲级
7	抗震设防烈度	6度
8	设计基本地震加速度	0.05g
9	场地类别	II类
10	小震阻尼比	0.035
11	剪力墙抗震等级	二级
12	框架抗震等级	三级（3～4层） 二级（－1～2层） 一级（－1～2层落地筒外圈柱）
13	周期折减系数	0.9
14	嵌固层所在层	底板

在计算风荷作用下结构水平位移时，基本风压值 $\omega_0=0.50\text{kN/m}^2$（$n=50$年），地面粗糙度C类，建筑体形系数按风洞实验。

四、结构静力计算

1. 整体计算程序

由于本工程为特殊形式的大型公共建筑，根据《高层建筑混凝土结构技术规程》第5.1.13条规定，采用两个不同力学模型的空间分析程序进行计算分析，选用建筑及土木结构通用结构分析与优化设计软件（MIDAS/GEN 730）和深圳市广厦科技有限公司编制的GSSAP软件（细分墙元模型，15.0版）。结构计算考虑偶然偏心地震作用、双向地震作用、扭转耦联及施工模拟。根据《高层建筑混凝土结构技术规程》第3.3.4条和第5.1.13条规定，采用弹性时程分析程序对建筑物在多遇地震作用进行补充验算。对阻尼比为0.035时的小震的反应谱进行对比，抗震规范反应谱曲线与安评报告反应谱曲线的对比说明，小震安评报告反应谱均大于规范反应谱，采用安评报告提供的反应谱来进行验算。

2. 静力计算

1）整体计算模型如图6，各项计算参数见表2所示。

2）整体计算结果。

本结构模型分5个结构层，1层模型结构层梁板为建筑结构首层梁板，2层模型结构层墙柱为建筑结构首层墙柱。以下各表所示层号为模型结构层层号，前三振型图7。

整体计算（以水平力与整体坐标夹角为45°为例），弹性楼板假定的计算结果，见表3。

结构整体计算参数 **表 2**

计算内容	多遇地震（小震）	多遇地震（小震）	偶遇地震（中震）
	变形	承载力	主要构件承载力
地下室层数	1	1	1
楼板假定	刚性/弹性	刚性/弹性	弹性
结构体系	复杂高层	复杂高层	复杂高层
恒活荷载计算信息	模拟施工	模拟施工	模拟施工
风荷载计算信息	计算	计算	计算
地震作用计算信息	水平、竖向地震	水平、竖向地震	水平、竖向地震
修正后基本风压	0.5	0.6	0.6
结构规则性	不规则	不规则	不规则
设计地震分组	一组	一组	一组
设防烈度	6	6	6
场地类别	2类	2类	2类
框架抗震等级	一级、二级、三级	一级、二级、三级	一级、二级、三级
剪力墙抗震等级	二级	二级	二级
考虑偶然偏心	是	是	是
计算振型个数	160	160	160
活荷载折减系数	0.5	0.5	0.5
周期折减系数	0.9	0.9	0.9
结构阻尼比	0.035	0.035	0.035
特征周期	0.35	0.35	0.35
影响系数最大值	0.068	0.068	0.178
考虑 $P-\Delta$ 效应	是	是	是
结构重要性系数	1.0	1.0	1.0
梁柱重叠部分简化为刚域	是	是	是
混凝土柱的计算长度执行《混凝土结构设计规范》7.3.11－3条	是	是	是
柱配筋计算原则	双偏压	双偏压	双偏压
恒荷载分项系数	1.2	1.2	1.0
活荷载分项系数	1.4	1.4	1.0
活荷载组合值系数	0.7	0.7	0.7
活荷载重力代表值系数	0.5	0.5	0.5
风荷载分项系数	1.4	1.4	1.0
风荷载组合值系数	0.2	0.2	0
地震作用分项系数	1.3（水平）/0.5（竖向）	1.3（水平）/0.5（竖向）	1.0

整体电算结果（45°） **表 3**

计算软件		Midas	GSSAP
计算振型数		160	99
第 1、2 平动周期		（*Y* 向）0.7464	（*Y* 向）0.7590
		（*X* 向）0.6735	（*X* 向）0.7080
第一扭转周期		0.5370	0.5663
第一扭转周期/第一平动周期		0.72	0.75
地震下基底剪力（kN）	*X*	19243	20334
	Y	22684	23744
结构总质量（kN）（不含地下室）		73320	72439
地上部分单位面积重度（kN/m^2）		18.0	17.8
剪重比（不足时已按规范要求放大）	*X*	2.62%	2.81%
	Y	3.10%	3.28%
地震下倾覆弯矩（$kN \cdot m^2$）	*X*	462940	580716
	Y	390957	488147
有效质量系数	*X*	99.13%	79.94%
	Y	99.48%	80.15%
50 年一遇风荷载下最大层间位移角	*X*	1/6907	1/6235
	Y	1/7421	1/7652
安评反应谱地震荷载下三层筒边点层间位移角	*X*	1/5785	1/4657
	Y	1/4217	1/3835
考虑偶然偏心最大扭转位移比（层号）	*X*	1.56（4）	1.87（3）
	Y	1.56（4）	1.84（3）
构件最大轴压比	首层剪力墙	0.33	0.19
	首层框架柱	0.43	0.36
二层侧刚与三层侧刚比值	*X*	4.58	6.60
	Y	5.37	2.96

一至三层框架承担倾覆力矩比值，见表 4。

一至三层框架承担倾覆力矩比值 **表 4**

	0°	90°	45°	135°
一层比值（%）	46.9%	49.2%	53.3%	43.2%
二层比值（%）	54.4%	58.1%	62.4%	50.5%
三层比值（%）	75.5%	79.5%	83.5%	72.2%

3）小结

根据上述计算结果，结合《高层建筑混凝土结构技术规程》JGJ 3—2002、《广东省实施〈高层建筑混凝土结构技术规程〉（JGJ 3—2002）补充规定》及《建筑抗震设计规范》（2010 版），可以得出如下结论：

（1）第一扭转周期与第一平动周期之比小于 0.85，满足《高层建筑混凝土结构技术规程》JGJ 3—2002 4.3.5 条要求。

（2）GSSAP 程序振型数上限 99 个，有效质量系数未能满足 90%。虽经逐个振型排查，已无局部振型，但有效质量系数很难满足要求。Midas 与 GSSAP 对应取 99 个振型计算，有效质量系数约 70%。将

Midas 振型数提高到 160 个，有效质量系数大于 90%。

（3）在风荷载作用下和地震作用下，层间位移角均满足《建筑抗震设计规范》（2010 版）第 4.6.3 条要求。

（4）X、Y 方向剪重比均满足《建筑抗震设计规范》（2010 版）第 5.2.5 条要求。

（5）在偶然偏心地震荷载作用下，最大扭转位移比大于 1.40，属于扭转偏大结构，不满足《高层建筑混凝土结构技术规程》JGJ 3—2002 4.3.5 条。扭转不规则使主体结构薄弱部位往往在整体结构边缘区域，外强框架采用钢结构箱梁，节点刚接，提高抗扭能力。

（6）按《高层建筑混凝土结构技术规程》JGJ 3—2002 4.4.2 条：抗震设计的高层建筑结构，其楼层侧向刚度不宜小于相邻上部楼层侧向刚度的 70%或其上相邻三层侧向刚度平均值的 80%，满足侧向刚度规则性要求。

（7）墙、柱的轴压比均符合《高层建筑混凝土结构技术规程》的要求。

（8）两个程序对比分析其主要指标（周期、振型、基底剪力、位移）均吻合较好。

3. 弹性时程分析

1）地震波时程曲线

根据《高层建筑混凝土结构技术规程》JGJ 3—2002 第 5.1.13 条规定，本工程采用了弹性时程分析方法进行了补充计算。弹性时程采用安评报告提供的小震最大加速 29.8cm/s^2 作为各条地震波的地震加速度，考虑三向地震作用，以 1350 作为主方向计算，1350：450：Z=1.00：0.85：0.65。三条地震波如下：

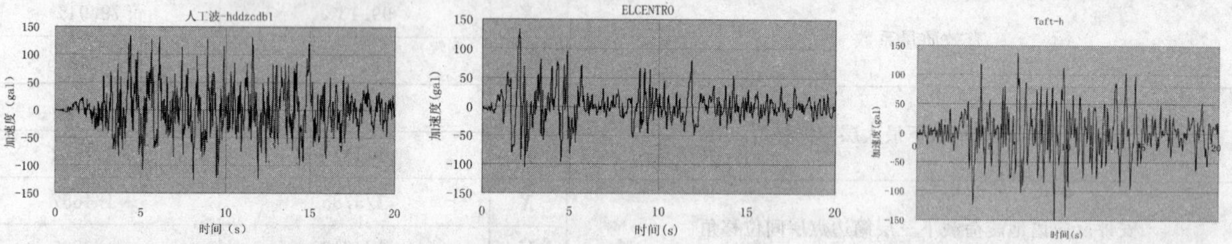

2）弹性时程基地剪力曲线

人工波基底剪力时程曲线

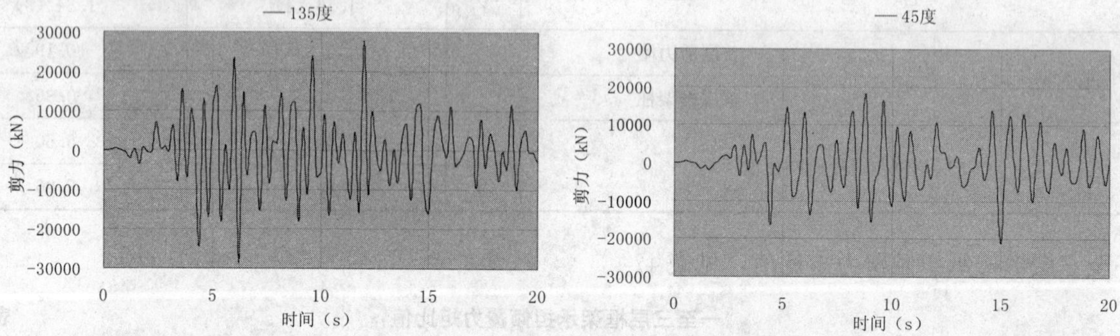

最大基底剪力，1350：−28492.8kN（6.2s）；450：−21235.8kN（15.0s）

天然波（ELCENTOR）基底剪力时程曲线

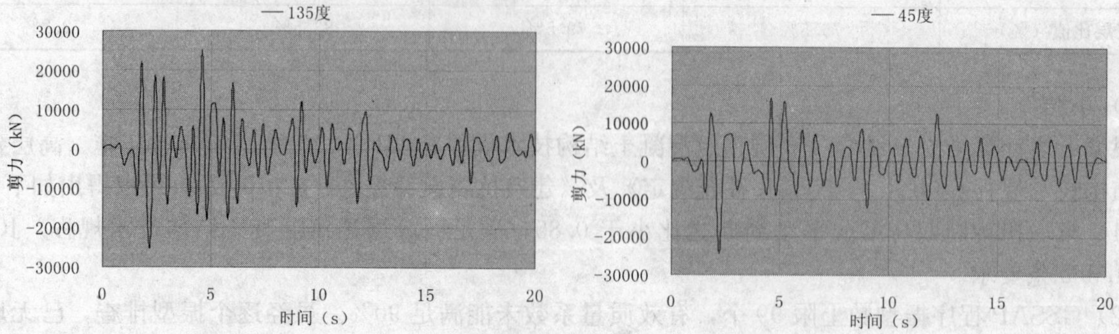

最大基底剪力，1350：25094.1kN（4.6s）；450：−24408.0kN（2.2s）

天然波（Taft）基底剪力时程曲线

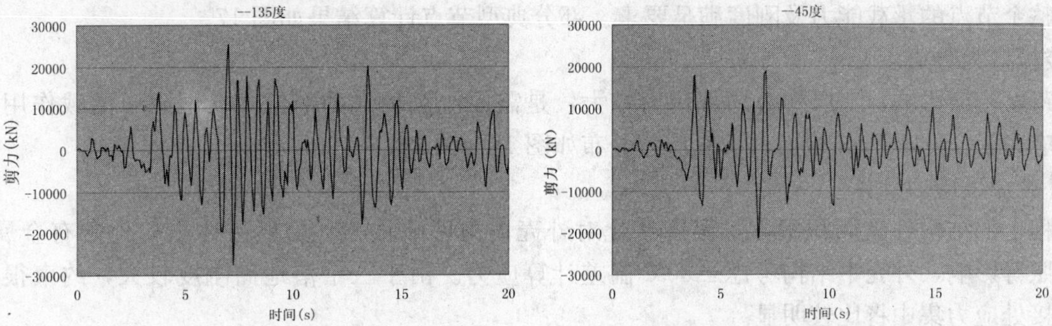

最大基底剪力，1350：27510kN（7.25s）；450：－21490kN（6.7s）

3）弹性时程层剪力与反应谱对比

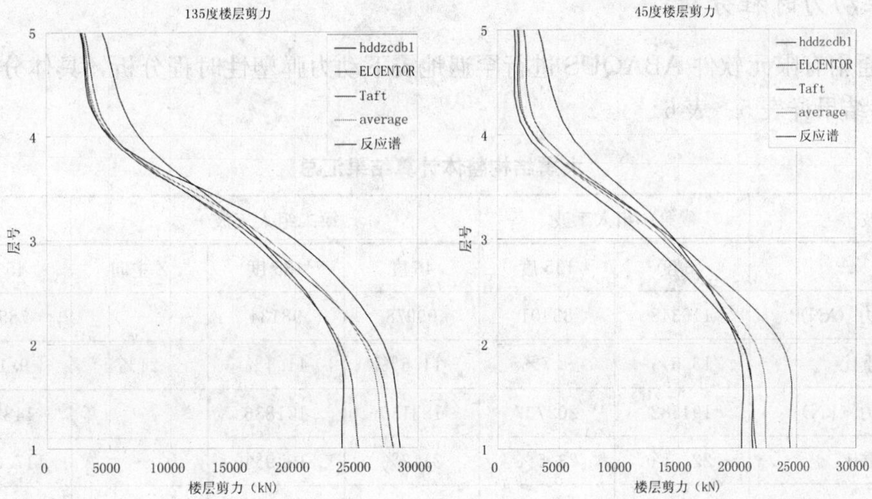

由以上各图可看出：

（1）时程分析结果满足平均底部剪力不小于振型分解反应谱法结果的80%，每条地震波底部剪力不小于反应谱法结果的65%的条件。

（2）由上述各图对比可见，弹性时程分析的基底剪力包络值大于规范反应谱结果，弹性时程分析结果在弹性阶段对结构起控制作用。

（3）楼层剪力曲线以弯曲型为主，位移曲线光滑但有反弯点，反映结构侧向刚度不均匀。

（4）各条时程地震波时程分析结果中的层剪力曲线形状均较相似，下部剪力较大，上部剪力小，符合结构刚度分布规律，在设计中对落地筒抗侧构件适当加强。

4. 结构大跨度桁架、节点及楼板应力分析

1）桁架分析

大跨度桁架区除纵向桁架外，还布置了横向桁架，桁架平面位置详图11。取典型的两榀桁架（TR3/TR12）分析受力情况，荷载工况取恒＋活，平面位置详图12。桁架TR3最大轴压力为11398kN，最大轴拉力为9768kN，最大剪力为1923kN；最大弯矩为5595kN·m，最大位移为74mm，挠度为1/648＜1/400，满足规范要求；桁架TR12最大轴压力为12310kN，出现在支撑TR12的横向桁架上，最大轴拉力为8446kN，最大剪力为1822kN；最大弯矩为3847kN·m，最大位移为177mm，挠度为1/451＜1/400，满足规范要求；图13～图16为TR3的部分计算结果。

2）节点分析

外墙结构采用钢框架，节点均采用刚性连接，在节点区域范围内，构件的翼缘或腹板适当加厚并设置加劲板。为了更好地了解节点的受力性能，对典型节点采用ANSYS分析。计算结果表明整个节点区域

主应力值约为−140～140MPa，处于弹性状态。高应力区仅在边界的角点处，根据圣维南原理，可以忽略这部分，整个节点的承载能力及刚度满足要求。部分典型节点计算结果如图 17。

3）楼板应力分析

受大跨度桁架影响，三层楼板局部应力较大，是需要注意加强的部位。在恒载＋活载作用下，楼板最大主拉应力为 9.05MPa，板面、板底应力分布如图 18～图 21。

4）外壳温度应力计算

本工程上部结构外露面积很大，温度变化对外壳内力影响很大。虽然主体结构外侧有金属屋面板，但考虑日照等影响，外壳钢结构考虑±30℃温差计算应力。由于三个落地筒刚度较大，约束很强，桁架层与其交接处应力集中将比较明显。

计算结果（图 22、图 23）表明，温差应力分布规律合理，整体升温与单侧升温最大应力接近，约 140MPa，对构件设计影响较大，设计时应考虑温度组合。

五、弹塑性动力时程分析

本工程利用通用有限元软件 ABAQUS 进行罕遇地震下动力弹塑性时程分析，具体分析结果如下。

1. 主要计算结果详表 5、表 6

大震结构整体计算结果汇总 **表 5**

作用地震波	第一组人工波		第二组人工波			天然波	
主方向	45 度	135 度	45 度	135 度	Z 主向	45 度	135 度
X 向最大基底剪力（kN）	116348	83401	99978	98134	—	78529	77189
X 向最大剪重比	13.5%	9.7%	11.6%	11.4%	24%	9.1%	8.9%
Y 向最大基底剪力（kN）	194582	202737	183130	171836	—	148933	148490
Y 向最大剪重比	22.6%	23.5%	21.2%	19.9%	—	17.3%	17.2%
X 向顶点最大位移（mm）	64.5	48.9	60.6	54.7	34.4	46.1	47.4
Y 向顶点最大位移（mm）	69.3	59.4	49.3	51.9	20.7	57.7	48.8

顶点水平相对位移验算 **表 6**

地　震　波	输入主方向	水平位移（mm）	相对位移
第一组人工波	45°	69.3	1/709
	135°	59.4	1/827
第二组人工波	45°	60.6	1/810
	135°	54.7	1/898
	Z 向	34.4	1/1427
天然波	45°	57.7	1/851
	135°	48.8	1/1006

2. 层位移与层间位移角

如图 13 所示，摘取第一组人工波 45°主方向和第一组人工波 135°主方向点组 1、点组 2、点组 3 各点的层位移和层间位移角，点组 1、点组 3 各点层标高为 6370mm、12200mm、15510mm、22030mm、29023mm，点组 2 为 6370mm、10010mm、15510mm、22030mm、29738mm。

以第一组人工波 45°主方向为例，其各点层位移、层间位移角见表 7～表 9 及图 24（其他方向及第二组人工波、天然波计算结果略）。

3. 基底剪力时程曲线见图 25

点 1 层位移、层间位移角　　表 7

		最大层位移（mm）		最大层间位移角	
		X 向	Y 向	X 向	Y 向
标高（mm）	6370	1.1	4.2	1/5663	1/1502
	12200	5.9	14.3	1/1230	1/581
	15510	8.7	17.7	1/1171	1/971
	22030	27.0	35.9	1/356	1/359
	29023	49.1	49.6	1/316	1/507

点 2 层位移、层间位移角　　表 8

		最大层位移（mm）		最大层间位移角	
		X 向	Y 向	X 向	Y 向
标高（mm）	6370	3.7	8.4	1/1733	1/761
	10010	11.7	10.7	1/453	1/1558
	15510	26.8	16.8	1/363	1/897
	22030	40.2	34.4	1/489	1/372
	29738	52.0	92.1	1/651	1/133

点 3 层位移、层间位移角　　表 9

		最大层位移（mm）		最大层间位移角	
		X 向	Y 向	X 向	Y 向
标高（mm）	6370	4.4	6.8	1/1448	1/943
	12200	16.7	32.1	1/474	1/230
	15510	17.0	40.1	1/11033	1/418
	22030	36.2	73.4	1/340	1/196
	29023	52.6	94.2	1/426	1/335

4. 小结

1）花都文化艺术中心工程结构在经过六组三向地震波及竖向地震波作用后，筒 2 结构顶点最大水平位移为 69mm，最大竖向位移为 36mm。筒间大跨结构竖向变形较大，最大绝对位移为 895mm。在考虑重力二阶效应和大变形的情况下，结构最终仍保持稳定，满足“大震不倒”的设防要求。

2）结构顶点在 20s 振动中都能回复到平衡位置，说明大震作用下结构刚度退化没有导致结构的单向倾斜。在筒 2 和筒 3 之间由于跨度较大，在大震作用下，出现向外“鼓”的变形，需要提高该部位刚度。

3）在三向地震作用下部分框架柱柱脚出现拉力，最大柱脚拉力出现在第一组人工波 45°主方向作用下，为 7502kN，根据最大拉力估算得到柱的抗拉配筋率为 1.2%。剪力墙基底局部出现拉力，最大拉力出现在第一组人工波 45°主方向作用下，为 13886kN。根据墙最大剪力值，对墙肢进行截面抗剪验算，剪压比满足小于 0.15 的性能目标。

4）位于筒 1 和筒 2、筒 2 和筒 3 之间由转换桁架上托的部分柱钢筋发生塑性应变，最大塑性应变为 0.0229。结构外围的钢构件均未发生塑性应变。

5）底层混凝土柱受压刚度无退化，有部分混凝土柱出现受拉刚度退化，底层柱钢材最大 MISES 应力为 172MPa，小于钢材的屈服应力。

6）转换层的混凝土梁柱的受拉刚度退化较大，主要集中在三个圆筒之间和圆筒外围悬挑部位，原因是圆筒之间的竖向变形差引起的混凝土受拉，而受压刚度基本无退化；转换层的混凝土梁柱钢筋及腹杆钢材均处于弹性状态；转换层下弦的钢材最大 MISES 应力达到 391MPa，超过了钢材的屈服应力 345MPa，但范围较小，下弦最大塑性应变为 0.0147，采取适当措施（如预应力）提高梁的整体强度和控制其裂缝的发展。

7）各层楼板基本没有受压损伤；楼板局部受拉损伤较大，应适当加大楼板与落地筒体连接处的板配筋，控制裂缝宽度。

花都文化艺术中心工程结构在经过三组三向罕遇地震波及竖向地震波作用后，满足了罕遇地震下各项抗震性能目标。

四、结语

本工程体型复杂、多项指标超限，但结构设计时充分考虑其不利因素，通过概念设计方法强化薄弱、关键部位，对关键构件设定抗震性能化目标。并在抗震设计中，采用多种程序对结构进行了弹性、弹塑性计算分析，除保证结构在小震下完全处于弹性阶段外，还补充了关键构件在中震和大震下的验算。计算结果表明，多项指标均表现良好，基本满足规范的有关要求。根据计算分析结果对关键和重要构件作了适当加强，保证在地震作用下的延性。

本工程除能满足竖向荷载和风荷载作用下的有关指标外，亦满足“小震不坏，中震下主要构件不屈服、震后可以修复，大震不倒塌”的抗震设防目标。

图 1　建筑效果俯视图

图 2　建筑效果仰视图

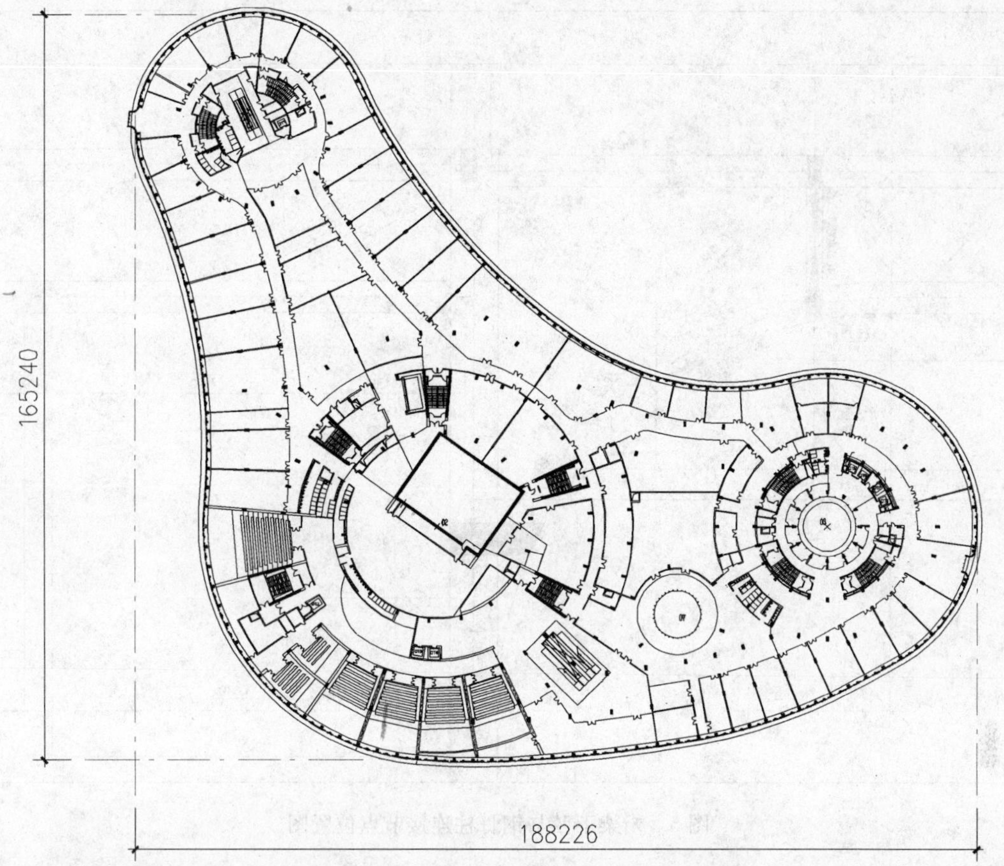

图3　三层平面图

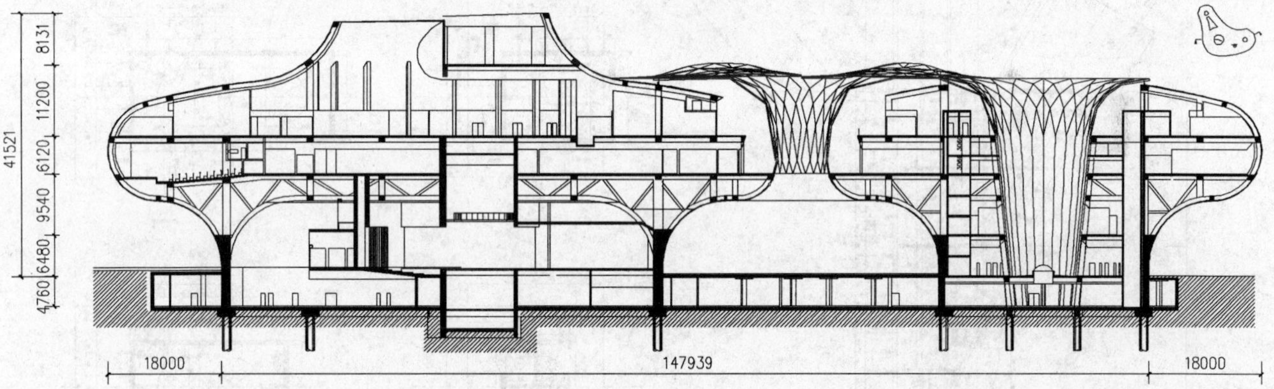

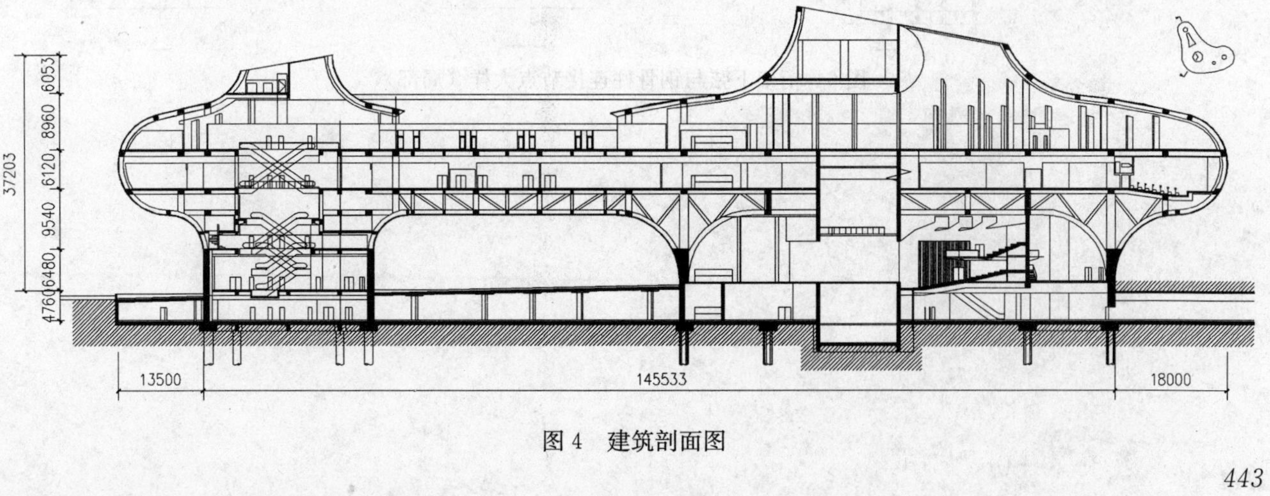

图4　建筑剖面图

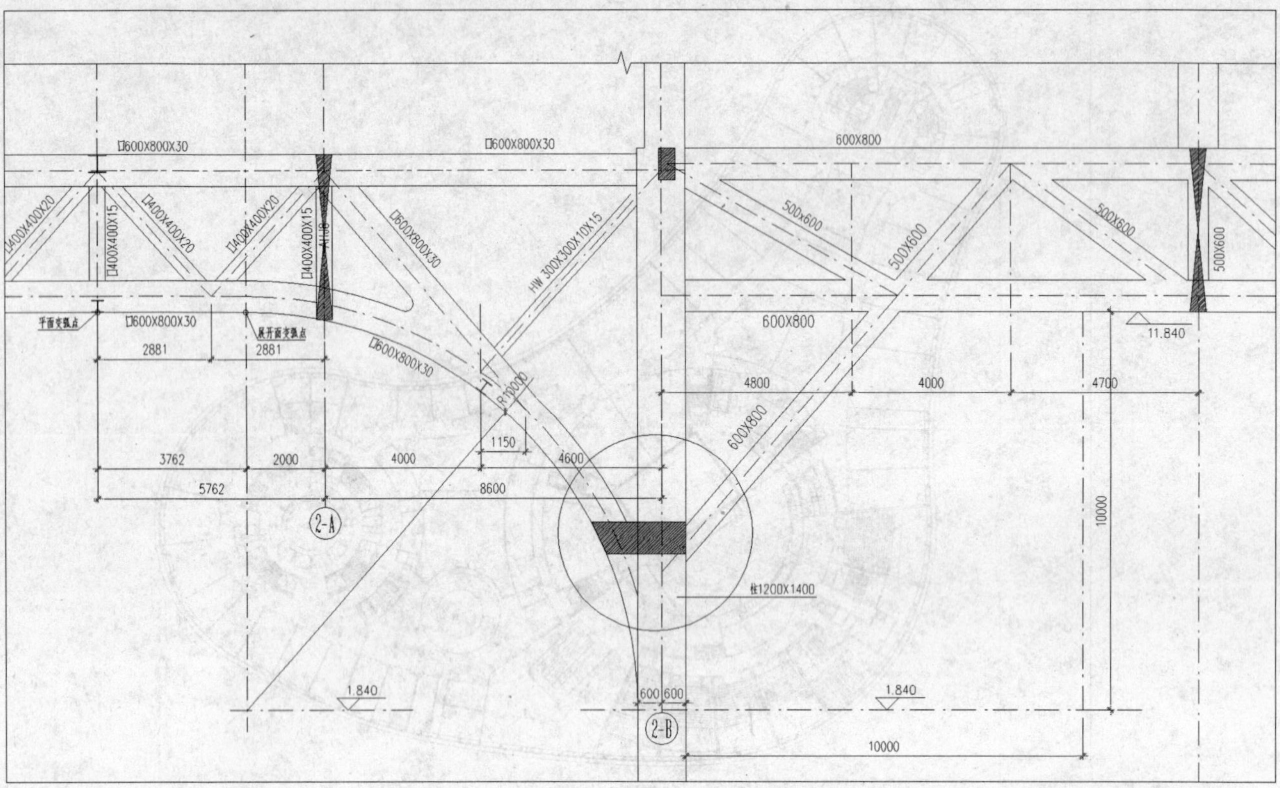

图 5 桁架下弦与钢骨柱连接节点位置图

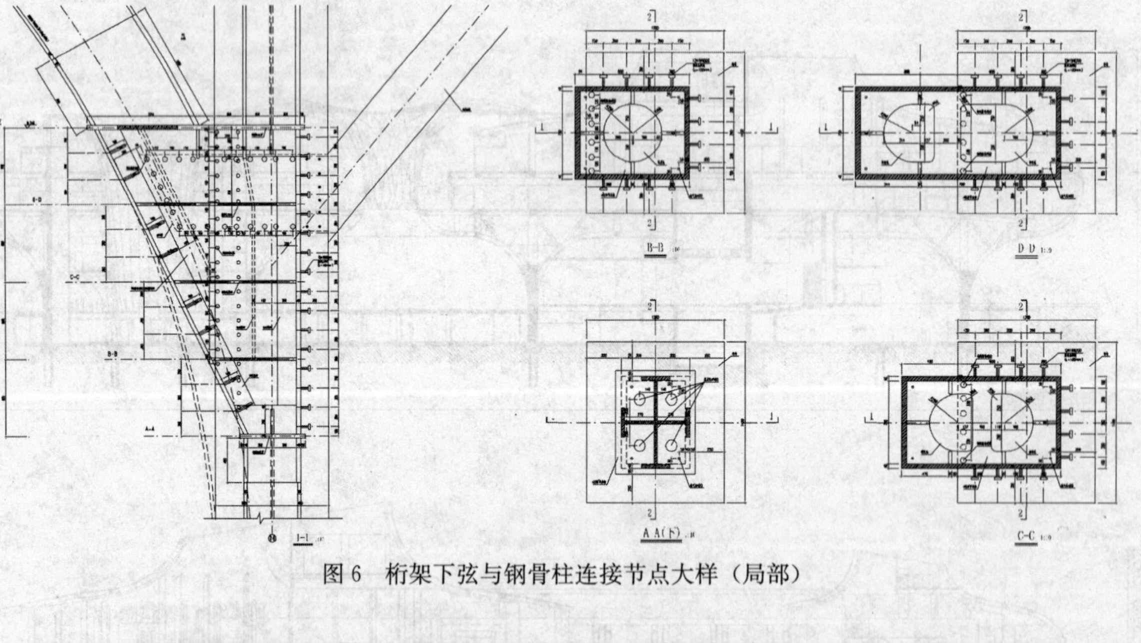

图 6 桁架下弦与钢骨柱连接节点大样（局部）

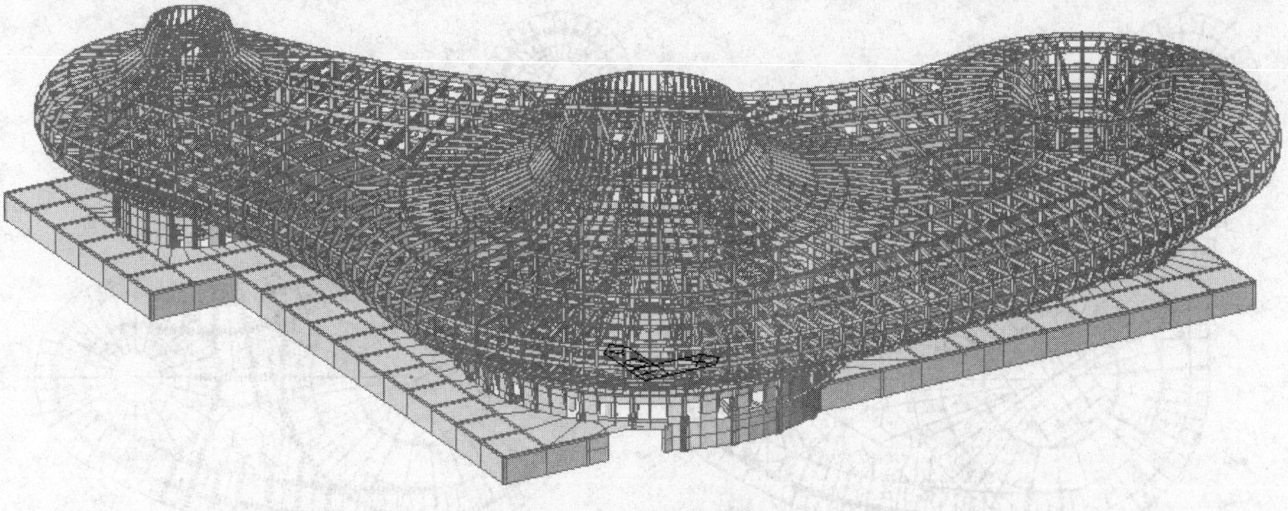

图 7　结构计算整体模型图

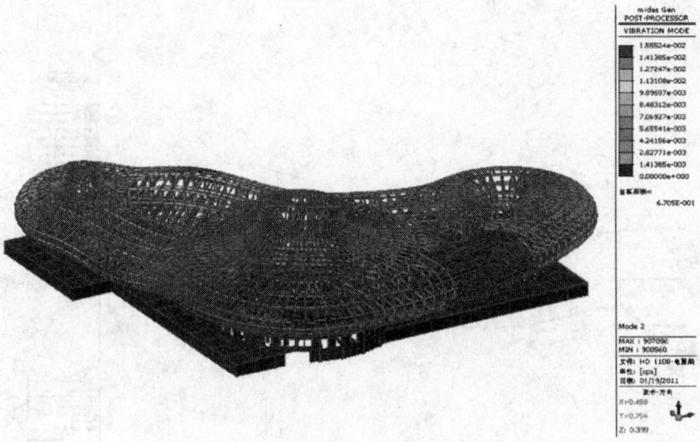

图 8　第一振型

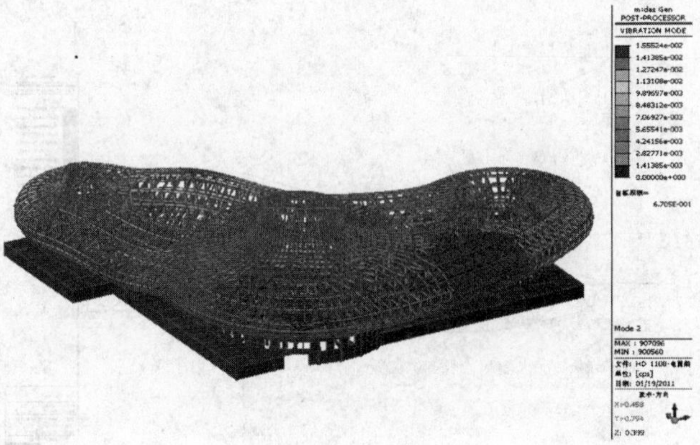

图 9　第二振型

图 10　第三振型

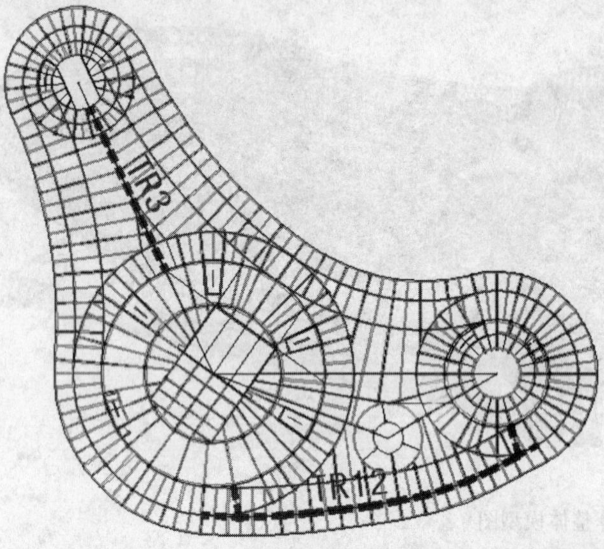

图 11　桁架布置平面图

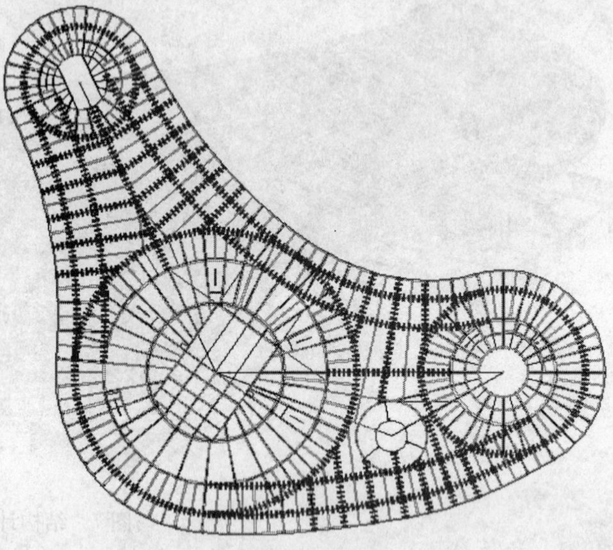

图 12　桁架 TR3/TR12

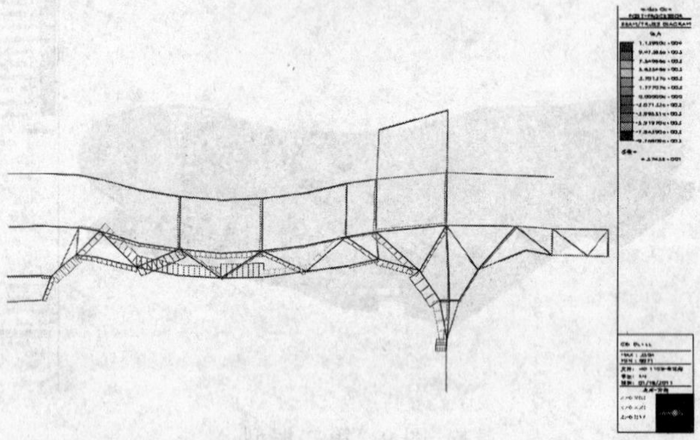

图 13　桁架 TR3 轴力图

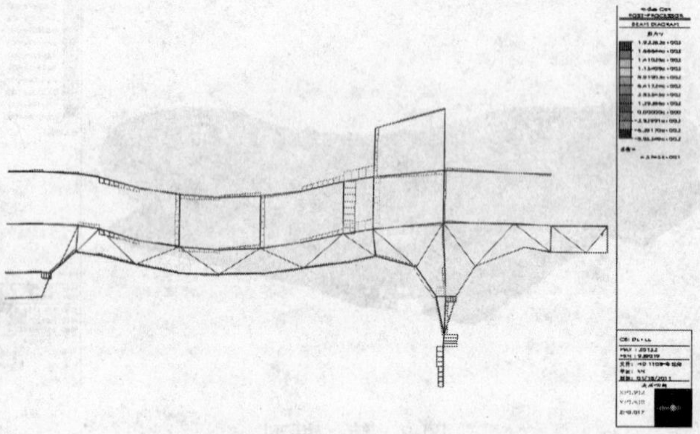

图 14　桁架 TR3 剪力图

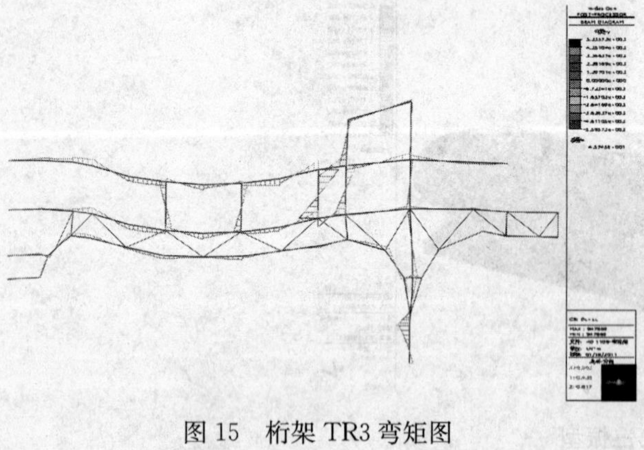

图 15　桁架 TR3 弯矩图

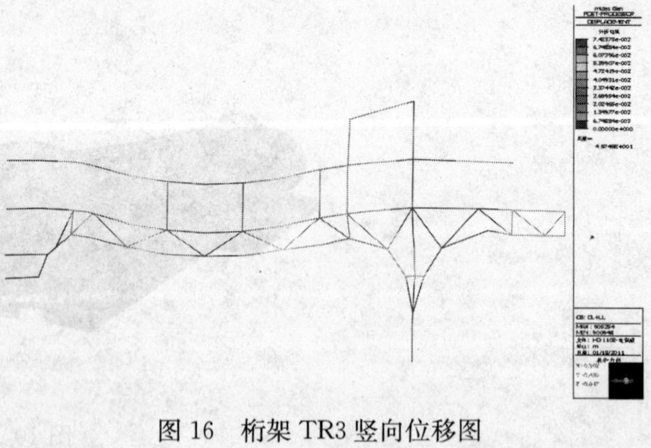

图 16　桁架 TR3 竖向位移图

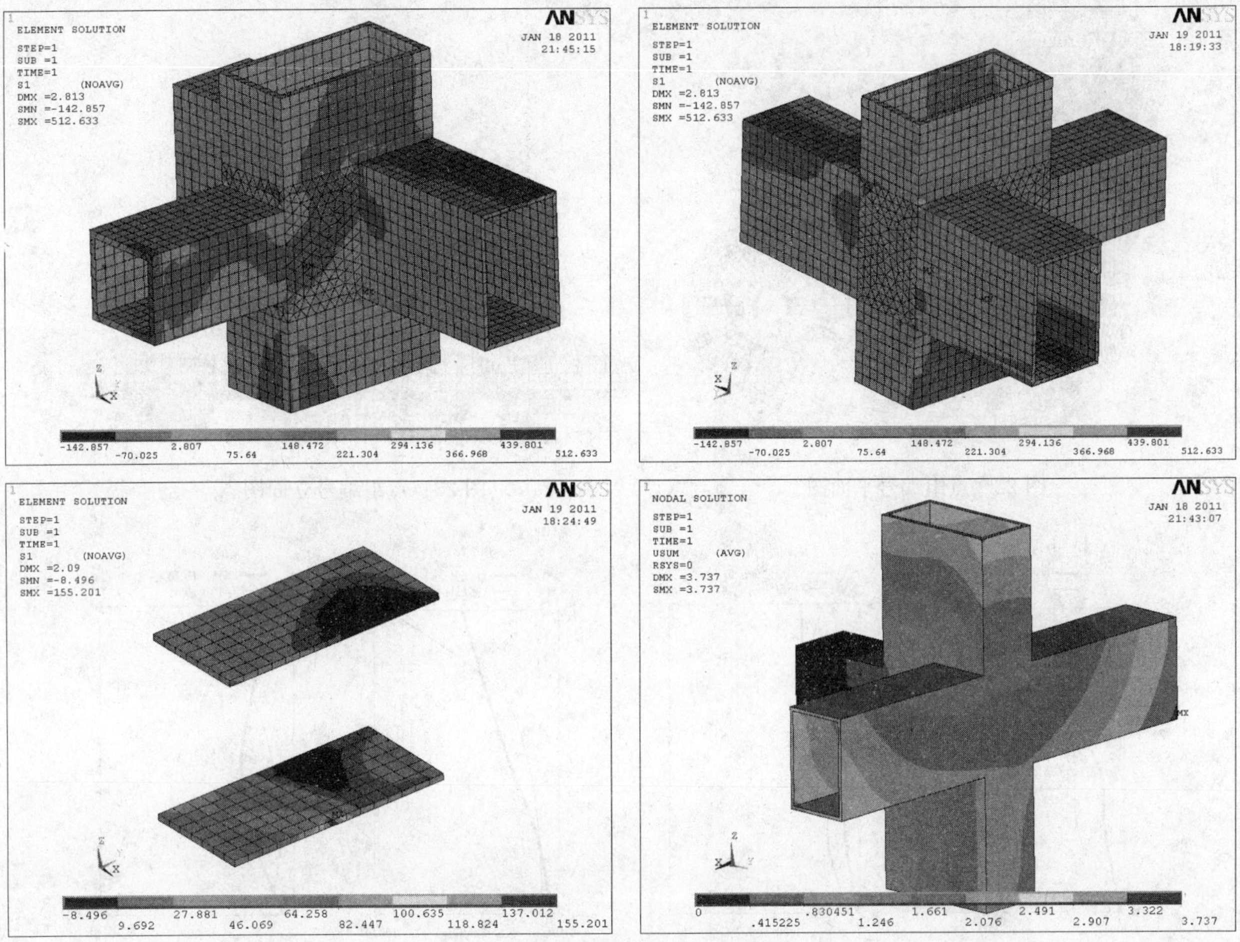

图 17　钢外框架典型节点应力、位移云图

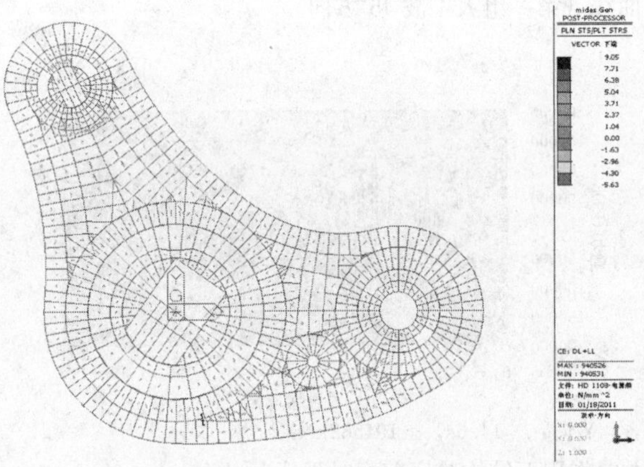

图 18　三层楼板最大主应力（板底）

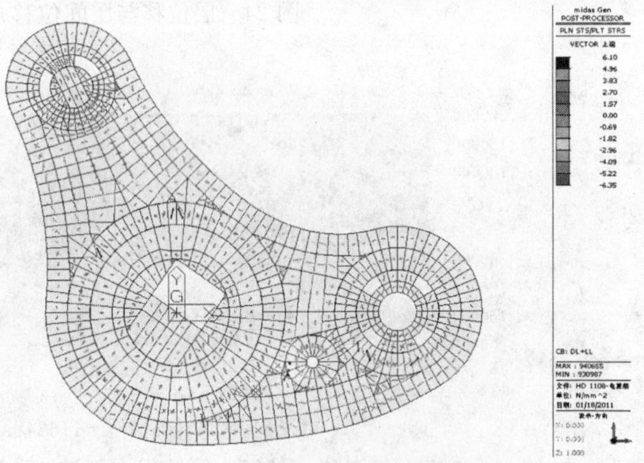

图 19　三层楼板最大主应力（板面）

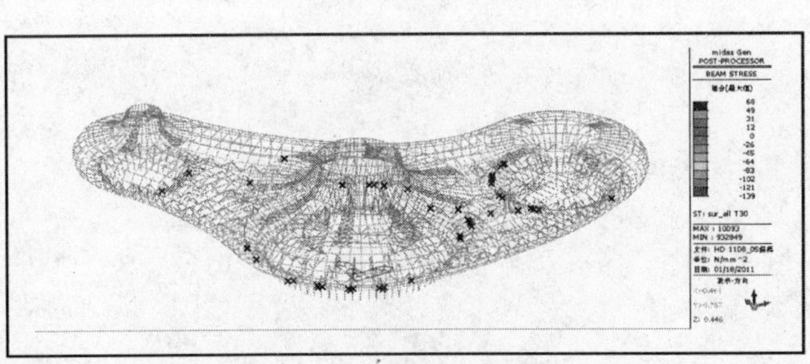

图 20　外壳整体升温 30℃应力图

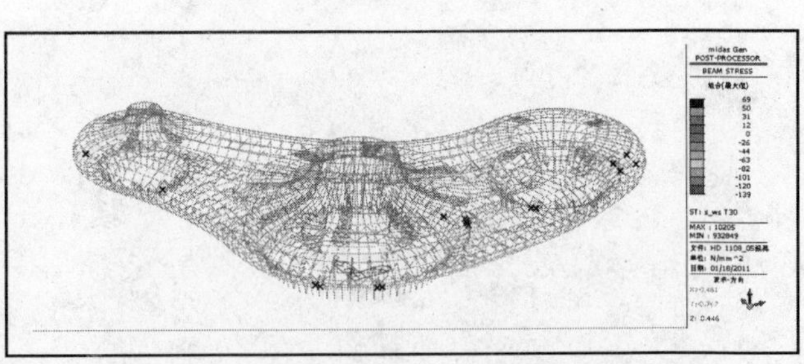

图 21　外壳单侧升温 30℃应力图

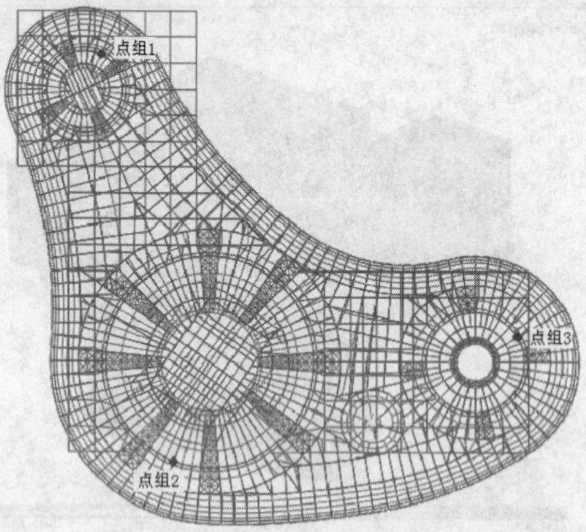

图 22　点组编号平面图

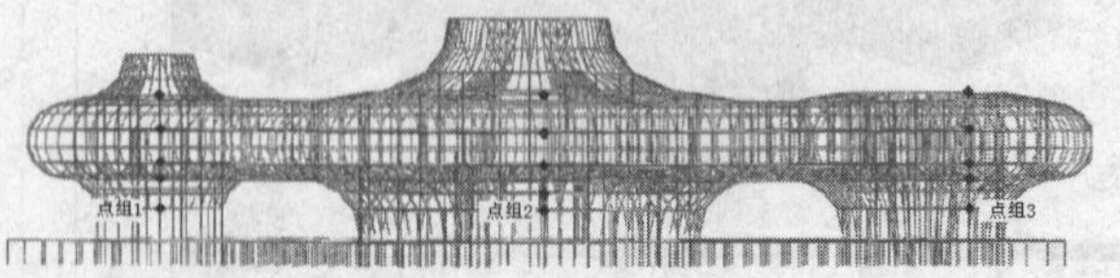

图 23　点组编号立面图

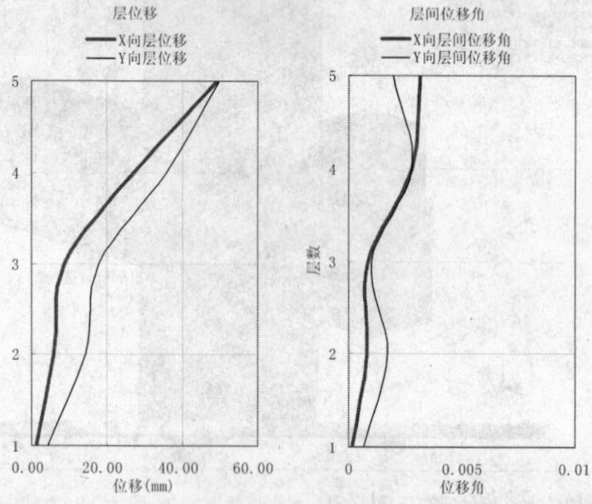

点 1 层位移与层间位移角曲线

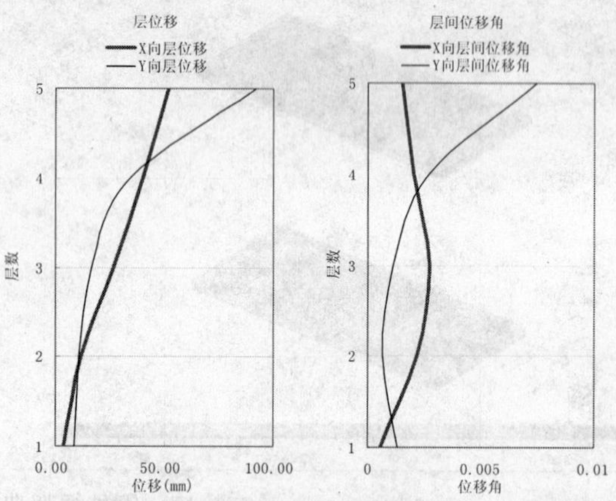

点 2 层位移与层间位移角曲线

图 24　层位移与层间位移角曲线（第一组人工波 45°方向）

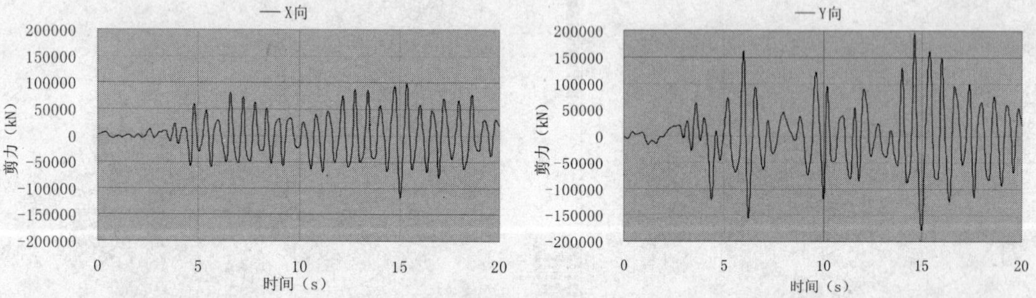

（X 向：　15.0s，　−116348kN，　Y 向：　14.6s，　194582kN）

图 25　第一组人工波 45°主方向作用下结构基底剪力时程

广州大学城中心区体育场钢顶盖结构设计

建设地点　广州市

设计时间　2005～2006

主要设计人　李恺平　廖旭钊　梁子彪　劳智源　陈应专

获奖等级　二〇〇九年"中国建研院CABR杯"华夏建设科学技术奖三等奖

一、工程概况

广州大学城中心区体育场（图1）位于广州市番禺区小谷围岛，方案和初步设计是由广东省高教规划设计院与日本的设计公司合作设计的，在施工图阶段与我院合作，由我院负责看台钢顶盖的施工图设计。

运动场设计容纳4万人，建筑面积33673m²，由于建筑上的独特构思，体育场东、西看台顶盖（图2）采用了不同的建筑与结构形式。东看台是依山而建，建筑师构思将东看台与山体完全融合，形成山丘的一部分，并将一片绿色的草地延伸到体育场的上空，因此东看台顶盖是一人工草皮顶面。而西看台的顶盖采用的是一整片的洁白色膜顶面，以实现建筑师的山间白云的独特构思。东看台顶盖采用预应力斜拉网格结构，而西看台顶盖则采用张拉膜覆盖的扁平网壳结构。

本工程在施工图设计上采用了多项新技术，其中包括可滑移球铰支座的应用、在大跨度钢结构中阻尼器的运用以及应用大跨度悬索钢结构技术，取得了良好的效果。主要科学研究工作如下：

1）超长不分缝钢结构温度效应控制技术

（1）解决了释放温度应力、确保整体稳定之间的矛盾。

（2）创造性地在超长大跨度钢结构中运用液体粘滞阻尼器，较好地解决了温度变形和消能减震的问题。

2）预应力斜拉网格结构设计

（1）成功采用了斜拉网格结构，并详细研究了斜拉网格结构的结构特点。

（2）首次在国内提出了"预应力斜拉网格——桅杆吊挂的双铰结构体系"。

3）大跨度钢结构复杂节点设计

（1）设计了多种首创的复杂节点，其中"带有防松脱限位装置的万向双铰支座"、"大抗拔力可滑移球铰支座"已取得国家发明专利。

（2）对大抗拔力可滑移球铰支座进行了足尺模型试验研究。

本工程钢结构关键技术研究与应用的科技成果经建设厅组织专家鉴定达到国内领先水平，并获得二〇〇九年"中国建研院CABR杯"华夏建设科学技术奖三等奖。

二、结构设计

1．设计准则

安全等级：一级。

抗震设防分类：该体育场是是2007年第八届全国大学生运动会的主场馆、2010年亚运会的分赛场，是广州第三大体育场。属于甲级大型体育场，划分为乙类建筑。

风压：基本风压$W_0=0.6kN/m^2$（100年一遇），地面粗糙度类别为B类。结构对风敏感，场地一侧有山，周边风环境也较为复杂。为了解风压分布和风振特性，委托广东省建筑科学研究院做了刚性模型的风洞试验，以测试多个风向下的风压分布，提供平均风压和峰值风压。并通过实测的风压时程，对结构进行风振分析，以确定风振系数。西看台屋面为膜屋面，并非很刚的屋面，但考虑到有主体钢骨架支承，且加了较大的预张力，仍近似用刚性模型进行试验。当屋面较柔时，宜采用气弹模型。

地震作用：建筑场地地震基本烈度为7度，地震作用设防烈度为7度，地震分组为第1组，场地类别为Ⅱ类；构造措施设防烈度为8度。

温度作用：暴露室外的钢结构，钢材表面的温度要比气温高一些，这种温差随气温的不同而不同，高温天气下温差更高一些。看台顶面隔热的能力较弱，尤其是西看台，屋面只有一层张拉膜覆盖，钢结构受气温的影响较大，根据广州的气象条件，计算温差取±35℃，要求施工时控制闭合温度为20℃±4℃。

2. 东看台结构设计

东看台顶盖采用“预应力斜拉网格——桅杆吊挂的双铰结构体系”，环向跨度为257m，径向跨度为48m（悬臂部分跨度为34m），屋面为圆锥面，水平投影面积为9500m^2。主受力单元（图3）由预应力斜拉索、桅杆、径向主梁网格组成，共有8组，每组间距约28m。在屋面曲面内设置环向连系梁及斜撑，与径向主梁一起构成稳定的圆锥面，通过预应力斜拉索吊挂于桅杆上。每组主受力单元对应一根桅杆，每根桅杆支承10根拉索，其中前拉索（靠内侧径向主梁悬臂端）为6根悬挂索，后拉索为4根平衡稳定索，整个屋盖的竖直向荷载大部分由桅杆下的看台型钢混凝土悬臂柱承受，另一端的平衡拉力由后拉索下端处的一根钢拉杆承受，将拉力传递至基础。桅杆下端通过万向铰支座与径向主梁连接，径向主梁又通过可滑动铰支座支承在一根看台钢筋混凝土悬臂柱上，这样，避免了不平衡张拉力对下部结构产生次弯矩。

桅杆为ϕ900×（45～50）mm钢管，主梁采用变截面焊接箱形梁，最大截面尺寸为H1200×600×22×36mm。屋面板采用夹芯压型钢板，上铺PVC防水层，然后铺人工草皮。檩条采用剖分蜂窝梁以减少钢材用量，截面尺寸为550mm×200mm×8mm×13mm，檩条沿环向设置，跨度约为14m，间距2m左右。

结构特点如下：

1）桅杆与径向主梁之间、径向主梁与悬臂柱之间均为铰接，结构传力清晰直接，桅杆、悬臂柱的主要荷载均为轴压力，结构材料效率高，经济性好。

2）斜拉索采用高强镀锌平行钢丝束缆索（f_{ptk}＝1670MPa，f_{py}＝1180MPa），轻质高强，拉索外观更加轻巧。斜拉索中施加了预应力，使得径向主梁的弯距分布更均匀，斜拉索的强度利用率更高，屋面在承受风吸力时，拉索不会松弛，避免了在屋面下方设置下拉的抗风平衡索，既保证了建筑效果，又取得了较好的经济效果。

3）斜拉索在桅杆顶呈放射状空间布置，各拉索之间、拉索和桅杆之间的夹角大小不一，因此，将拉索沿竖向分成4组，各自和桅杆形成平衡力系，简化了节点构造，方便了加工制造。

4）桅杆下端为铸钢万向铰支座（图4），可承受压力、剪力及拉力，带有防松脱限位装置，可沿各向转动，抗压承载力高达21000kN。

5）径向主梁与悬臂柱之间以铸钢铰支座连接，其中中间61m范围内的5个支座为固定铰支座（图5），其他为可沿环向滑动的铰支座，使得屋面梁仅承受中间61m范围内的温度荷载，避免了不分缝大跨度结构常见的温度荷载大的缺陷，同时也保证了屋盖的整体稳定。

6）径环向梁刚接铸钢节点处有8根空间相交的杆件交汇（图6），还有两根拉索连接，各个节点的杆件大小、构件夹角各不相同，所受的荷载也差异甚大，通过最优化设计，综合利用了铸钢件和轧制板材各自的优点，采用了圆盘状（鼓型）的节点形式，以一种规格满足了复杂的要求，保证了经济性和工程的顺利进行。

7）由于屋面采用夹芯板和人工草皮，重量较轻，对悬索受力不利，在每端3根（共6根）箱形径向梁中灌注了容重较大的重晶石混凝土，以增加索的压重。

3. 西看台结构设计

水平投影面积为16000m^2，屋面为球面。由于建筑要求，内拱矢跨比约为1/10，属于较扁的拱型网壳结构。屋盖的结构布置大致由10道径向桁架和两道环向的拱桁架（内拱桁架及外拱桁架）构成。

径向桁架（图7）间距约30m，为一变高度的平面悬挑桁架，截面高度为7～9m，悬臂长度最大约55m，其弦杆典型截面为ϕ610mm×25mm，腹杆典型截面为ϕ324×12.5mm。部分圆管相贯节点为多管相贯或支管夹角较小的节点，若采用焊接节点隐藏焊缝难以施焊，节点强度难以保证，采用可焊铸钢节点能较好地解决此问题。单榀径向桁架的最大质量约为61t，通过两个相距8m的可滑移抗拉球铰支座固定在Y形钢骨混凝土大柱上（图8），Y形柱与看台的钢筋混凝土结构连成整体（除两端）。外侧支座均为双向滑动抗拉抗压铰支座，内侧支座除每端2个支座为双向滑动抗拉抗压铰支座外，其余均为沿环向的单向滑动抗拉抗压铰支座。

内拱桁架为一三角形立体桁架，横截面宽约10m，高约7m。外环拱型桁架是8m宽、3m高的矩形截面立体桁架。

为了使顶盖结构成为一个稳定的受力体系，在内拱和外拱之间还设置了一至二道纵向桁架，与径向桁架、内外拱桁架形成网格，在网格底部（桁架下弦位置）设置了满布（除两端部分）的$\phi 40$圆钢拉条水平交叉支撑。

外拱内侧每个支座处均设有两根液体粘滞阻尼器（图9），目的是在温度作用下可释放温度内力，而在动风压和地震作用时又能传递风力和地震力。

全屋面覆盖有单层张拉膜，有10个贝壳形的造型，张拉膜直接覆盖在主体结构骨架上，为减少膜屋面的跨度，径向桁间之间设置一道径向梁，径向梁的典型截面尺寸为直径610mm×16mm。膜在受力上仅作为覆盖物，不参与整体相互作用，膜材覆盖面积约18500m^2。

三、钢结构设计

钢桁架计算软件采用MIDAS/GEN 6.9版。整体稳定计算、节点分析采用ANSYS。所有弦杆、腹杆、梁、柱均采用普通梁单元。管桁架的弦杆在中间节点处连续，曲线的弦杆通过分段的直线来模拟，而腹杆与弦杆的连接节点按铰接点考虑，计算时模拟节点的偏心。

东看台屋盖支座约束假定：除端柱为可水平双向滑移铰支座外，其余均为固定铰支座。除了使用阶段的受力分析外，悬索结构的受力状态最终要由施工过程来实现，施工阶段的悬索受力分析尤其重要。配合施工单位结合施工方案作了悬索的施工阶段分析，以保证结构施工后的受力状态满足设计的要求。

西看台屋盖支座约束假定：柱上外侧支座均为可水平双向滑动铰支座，柱上内侧（除端部的两根柱为双向滑动铰支座外）为仅可环向滑动的铰支座＋环向阻尼器，阻尼器可释放温度内力，但对地震和风起作用；内拱在端部大墩上的支座均为固定铰支座，外拱在端部大墩上的支座均为可轴向滑动的铰支座。

西看台屋盖在大柱支座上最大竖向压力设计值为15000kN，最大拉力设计值为9000kN，径向最大水平反力设计值约为3000kN。本工程的拉力较大，所以我们对球铰支座作了专门的设计并做了足尺模型试验。支座较大拉力的产生主要有两个原因，其一是由于网壳较扁，拱式作用不明显，主要是悬臂作用起主导作用，径向桁架的悬臂长度较长，作为锚固的两支座间的距离又较小，前者与后者之比最大达6.9，在较小力臂的情况下，需要较大的拉力来产生抵抗弯矩。其二是由于温度的作用，升温时对内拱产生上抬作用，降温时又对内拱产生下拉作用，对径向桁架产生了正负两向较大的弯矩。因此两个支座都既受较大的压力，也都要承受较大的拉力。在端部大墩处的压力约为24900kN，支墩拉力约为15000kN，对大墩的水平推力是通过桩承受。

1. 结构受力特点

经分析表明：1）东看台顶盖内力风的影响较大，内力约占40%；西看台顶盖内力温度的影响较大，占30%～40%；2）在恒载下（未计吊挂荷载）最大垂直位移：东看台顶盖为125mm，西看台顶盖为190mm；3）节点经非线性有限元分析，安全系数不小于3.0；4）对结构作了几何非线性整体稳定验算，安全系数不小于5.0。

东看台顶盖拉索的下倾角较小，导致索的受力较大。在看台顶盖的两端，由于下压力较小，对索结构的受力不利，故采取了在径向梁中灌大重度混凝土以增加平衡重的措施。西看台顶盖是个较为扁平的拱结构，沿径向的悬臂受力作用较为明显，在径向桁架上产生了较大的内力。而且，西看台顶盖受温度的影响也较大，因为较扁的屋盖的平面内刚度较大，因而产生了较大的温度约束力。

2. 钢结构防腐与防火

本工程的防腐耐久年限为30年。钢构件的防腐底涂采用电弧喷铝150μm，封闭漆30μm，中间漆

100μm，面漆采用耐候性较佳的丙稀酸改性聚硅氧烷 2×30μm。

根据《体育建筑设计规范》JGJ 31—2003 的有关规定，室外观众看台上面的罩棚结构的金属构件可无防火保护。

3. 材料

圆管采用 Q345B 热轧无缝钢管或一条直焊缝的埋弧焊管（$d\geqslant350$）或一条直缝的高频电焊管（$d\leqslant100$）；

钢板（包括焊接 H 型钢和焊接箱形型钢）采用 Q345B（厚度 $t<40$mm）或 Q345B－Z15 及 Q420B－Z15（$40\leqslant t\leqslant60$mm）或 Q420B－Z25（$60<t\leqslant125$mm）。

铸钢采用满足德国标准的 DIN17182 规定的 GS－20Mn5V 经调质处理可焊接高韧性钢铸件；钢铸件按照《件超声探伤及质量评级方法》GB/T 7233—1987 进行超声波探伤，另外还进行磁粉和渗透探伤；

拉索采用符合《斜拉桥热挤聚乙烯高强钢丝拉索技术条件》GB/T 18365—2001、《建筑缆索用钢丝》CJ 3077—1998、《建筑缆索用高密度聚乙烯塑料》CJ/T 3078—1998 的双护层高强度镀锌半平行钢丝束缆索（$f_{ptk}=1670$MPa，$f_{py}=1165$MPa）。

膜屋面的膜材采用带 PTFE 涂层的单层玻璃纤维张拉膜。

看台顶盖主体钢结构见表 1，总共 5018t，平均 149kg/m^2。

钢屋盖用钢量（t） 表 1

部位	型钢	檩条	节点	索	小计
东看台	1650	270	599	82	2601
西看台	2081	—	336	—	2417

四、超长不分缝钢结构温度效应控制技术

西看台顶盖是一个较为扁平的拱式网壳结构，其受力特点是：1）由于网壳较扁，拱式作用不明显，主要是悬臂作用起主导作用，故径向桁架受力较大，较大的支座截面弯矩在两个支座处产生了一对较大的拉压力偶；2）在温度作用下，支座有较大的约束反力，升温时对内拱产生上抬作用，降温时又对内拱产生下拉作用，对径向桁架产生了正负两向较大的弯矩。通过设置可滑移球交支座，有效减少了温度作用对结构受力的影响，解决了释放温度应力、确保整体稳定之间的矛盾。

西看台钢罩棚外拱内侧每个滑动支座处均设有两根液体粘滞阻尼器，共设置了 2×10＝20 根阻尼器，使结构在温度作用下可释放温度内力，同时起到了对风、地震的消能减震作用。

阻尼器一直用于机械行业，20 世纪末开始用于土木工程，近年来开始应用于大跨度钢结构，但仍为数较少。目前已经成功应用的阻尼器主要有：摩擦阻尼器、粘弹性阻尼器、液体粘滞阻尼器和金属阻尼器，其中液体粘滞阻尼器在军事和宇航上已经成功的运用了几十年，具有精确性好和稳定性高的优点，为本关键技术所采用。本工程较好地解决了大跨度钢结构的温度变形和消能减震的问题，是一次成功的尝试，对于钢结构的抗震和解决温度变形提供一种有效的技术。

五、大抗拔力可滑动球铰支座的分析和试验研究

西看台顶盖大柱每个支座既承受较大的拉力又承受较大的压力，为了尽量减少温度作用对结构受力的影响，我们专门设计了两种可滑移拉压球铰支座（图 10）：可水平双向滑动拉压球铰支座和仅可环向滑动的拉压球铰支座，并做了足尺模型试验（图 11）。对两种支座的布置进行了推敲，以求达到最佳的减少温度内力效果。最终布置方式：柱上外侧支座均为可水平双向滑动铰支座，柱上内侧（除端部的两根柱为双向滑动铰支座外）为仅可环向滑动的铰支座＋环向阻尼器，内拱在端部大墩上的支座均为固定铰支座，外拱在端部大墩上的支座均为可轴向滑动的铰支座。

当时的成品铰支座尚无可滑移大拉力拉压球铰支座，能抵抗拉力的只有 KQGZ 抗震型球铰钢支座，但它是针对抗震的，以抗压为主，以抗拉为辅，抗拉力仅按抗压力的 10％～30％考虑，且抗拉构造不完

善，受拉时转动和滑动性能较差，与计算假定相差较远。我们自主首创的支座采用上、下球铰结构，受拉支承面积大，摩擦系数小，抗拔极限承载力达 14400kN，而且还大有潜力。

图 1　建筑全景

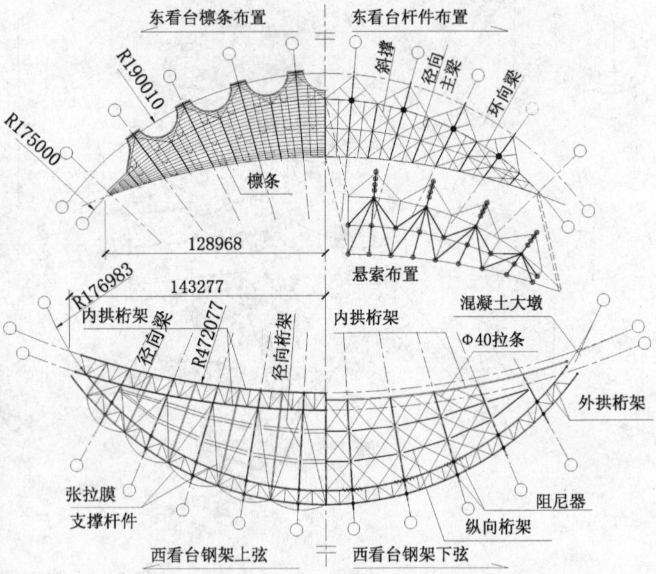

图 2　看台屋盖平面布置图

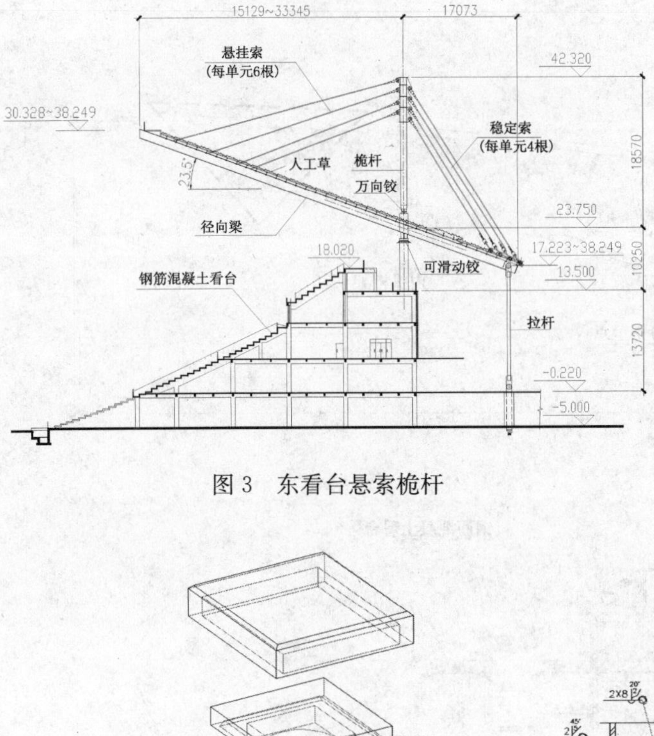

图 3　东看台悬索桅杆

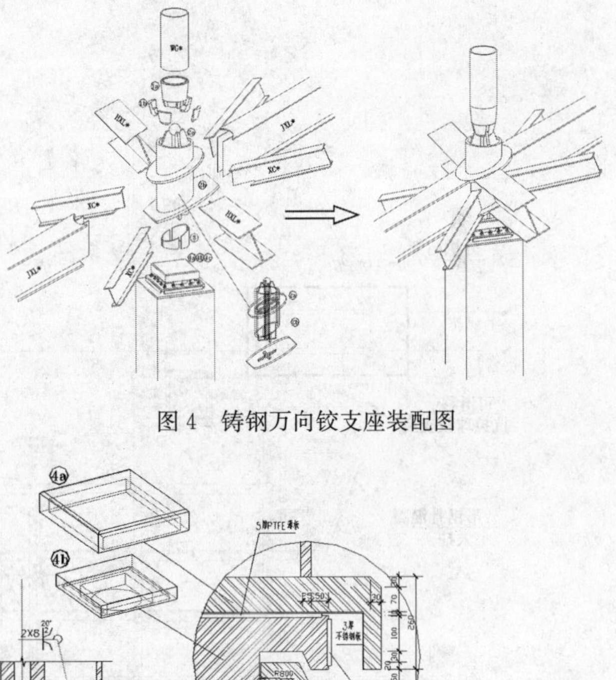

图 4　铸钢万向铰支座装配图

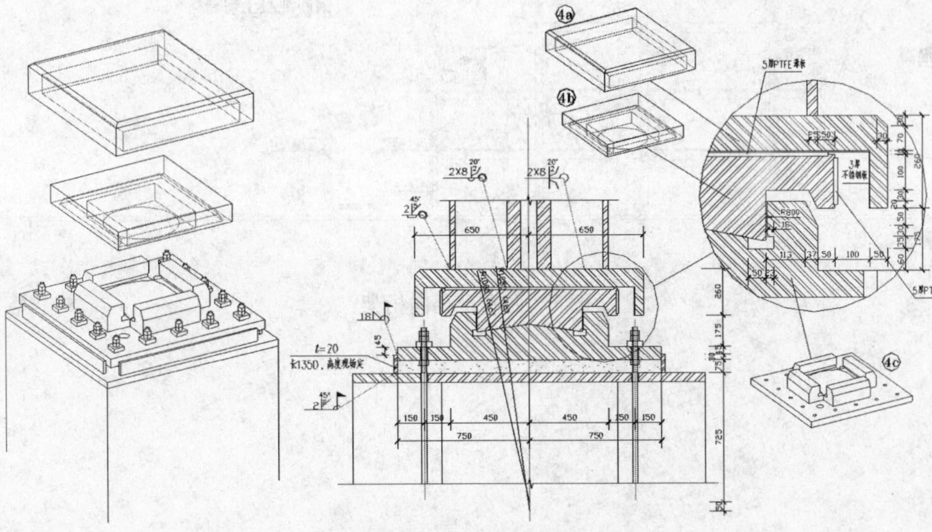

图 5　铸钢滑动铰支座大样图

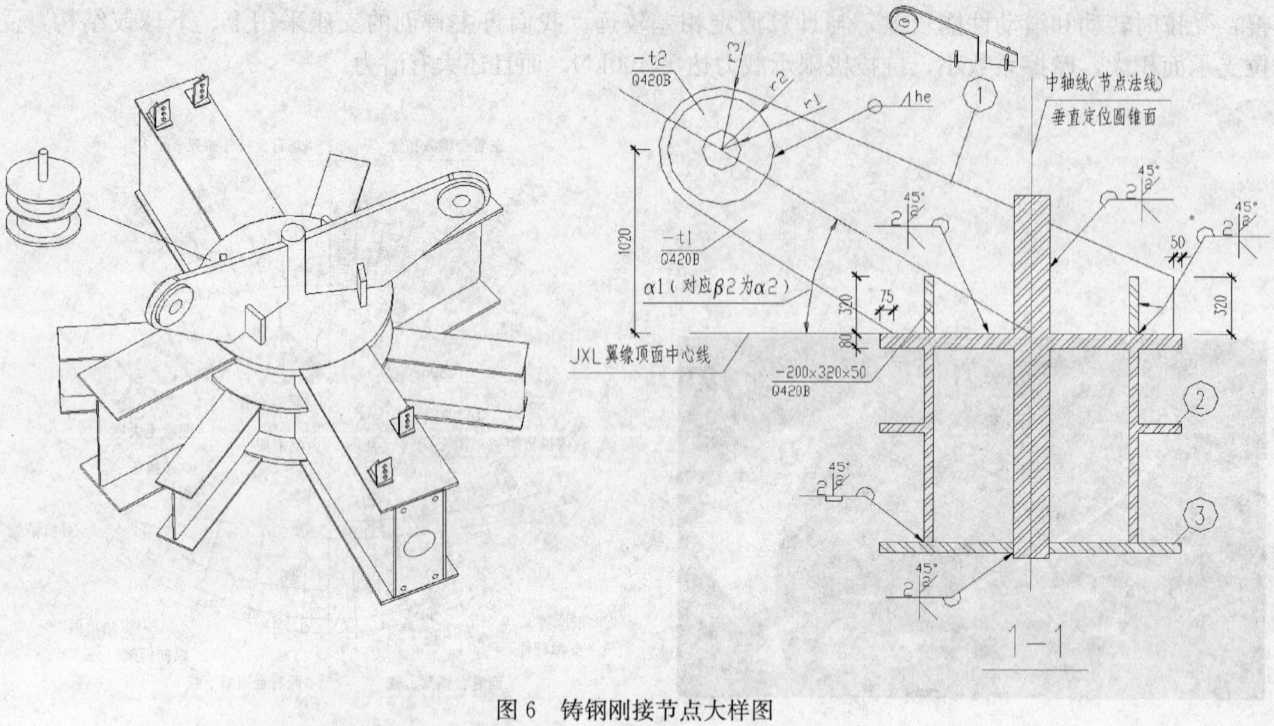

图 6　铸钢刚接节点大样图

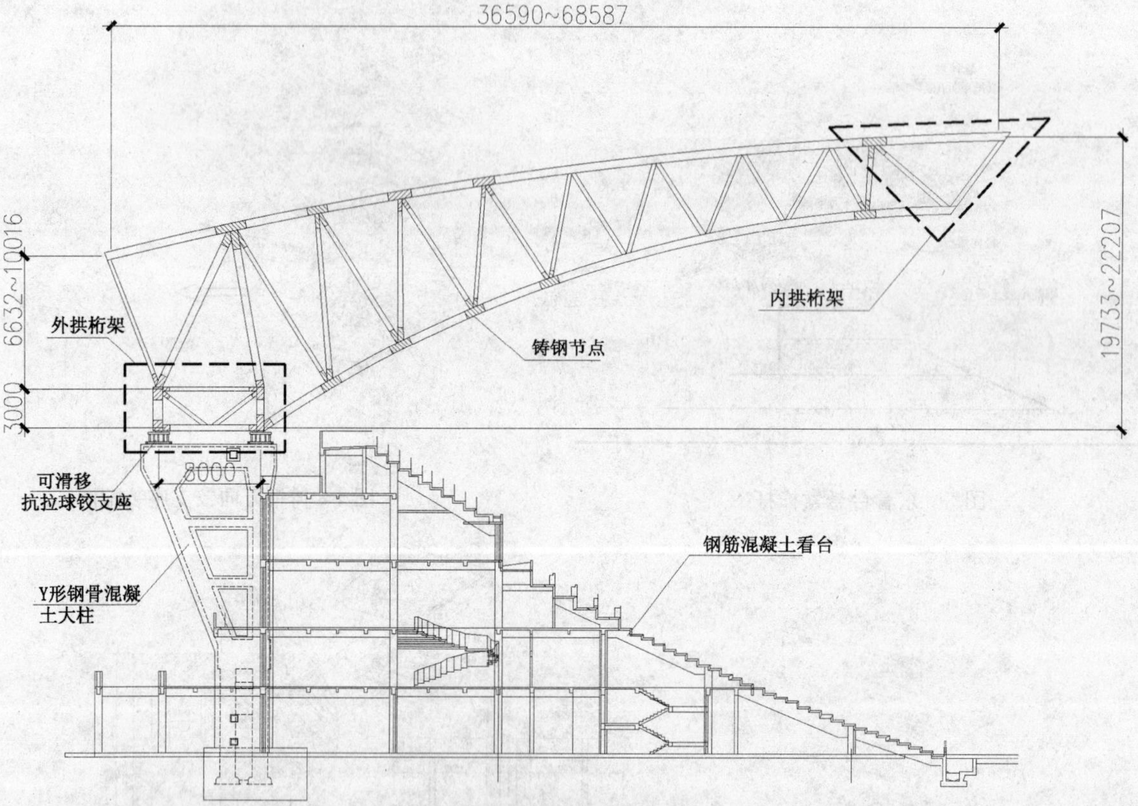

图 7　西看台径向桁架

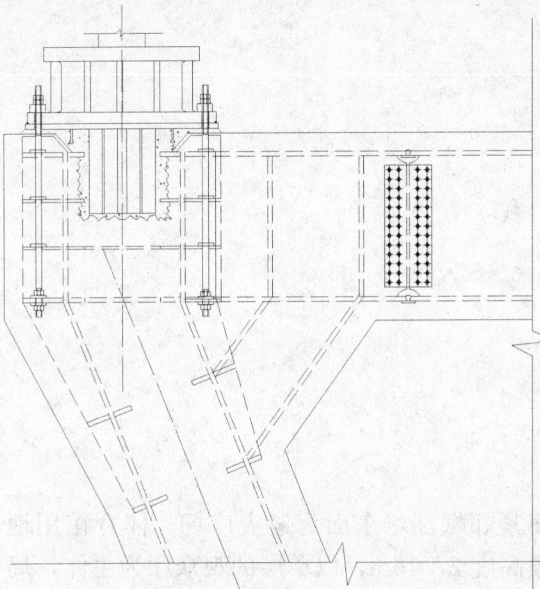

图 8　可滑移支座与 Y 形柱的连接

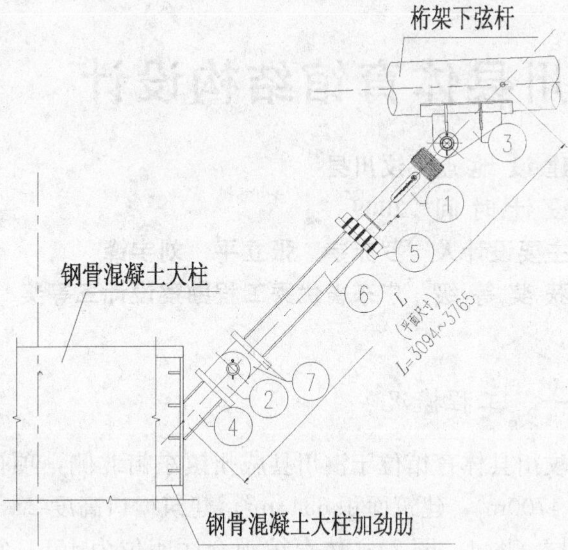

图 9　阻尼器设置

1—阻尼器；2—下部连接支座；3—上部连接支座；
4—调整尺寸用钢管；5—法兰；6—支撑斜管；
7—斜撑连接支座

图 10　可滑动拉压球铰

图 11　支座足尺模型实验

汶川县体育馆结构设计

建设地点 汶川县
设计时间 2009
主要设计人 罗赤宇 张立平 刘宇锋
获奖等级 广东省优秀工程勘察设计三等奖

一、工程概况

汶川县体育馆位于汶川县威州镇东街北侧，项目基地北面紧邻岷江，东面为避灾广场。体育馆用地面积4700m²，建筑面积6543m²，建筑檐口高度21.75m，屋顶高度27.16m，以单层的观众厅为主体，局部4层（图1、图2）；体育馆观众厅座位为1551个。本工程抗震设防烈度为8度，基本地震加速度为0.20g，设计地震分组为第一组，场地类别为Ⅱ类，重点设防类，抗震措施按9度要求。

本工程是汶川县灾后重建重点项目，虽然设计周期短，但结构方案比选、特殊节点优化处理、消能减震设计方面都经过了设计组严密的论证，柱间支撑耗能节点、不规则空间网格结构大直径节点球代换及屈曲约束构件等特色技术应用到了本工程中，实现了安全、适用、经济、美观的综合效益。

二、结构体系及结构措施

本工程主体采用钢筋混凝土框架结构，屋盖采用的是空间网格结构，局部三层网格，出屋面的“碉房”采用的是椭圆筒壳结构。

1. 主体结构

本工程以单层的观众厅为主体，局部4层，采用钢筋混凝土框架结构，结构剖面图如图3。

由于建筑功能的要求，本工程北面、西面为单榀框架，导致整体结构质心和刚心有较大偏离，第一振型扭转较严重。为增强结构的扭转刚度，在不影响建筑立面及功能的前提下，在结构南面、北面和西面从底到顶各设置两榀柱间支撑，东面适当位置首、二层也设置了两榀柱间支撑。柱间支撑为单斜撑，采用250×10和250×12的方钢管截面。从整体计算结果看，柱间支撑的设置有效增强了结构扭转刚度，使结构前两阶振型分别为Y、X向平动，第三阶为扭转，结构动力特性趋于合理。

本工程整体结构设计计算采用MIDAS.GEN软件，前三阶振型周期分别为0.464s、0.355s、0.344s，整体结构最大弹性水平位移比与层间位移比均满足规范要求。

2. 屋盖空间网格结构

根据汶川体育馆屋盖波浪形板的造型，在初步设计阶段我们对屋盖结构方案进行了比选，主要从平面桁架和空间网格两种常用结构形式间展开。屋面荷载考虑为：附加恒载0.4kN/m²，活载0.5kN/m²，基本风压0.30kN/m²。

两种方案比较 **表1**

		桁架		空间网格	
第一周期和振型		0.632	Y向平动	0.615	Y向平动
第二周期和振型		0.597	X向平动	0.535	X向平动
第三周期和振型		0.514	扭转	0.481	扭转
前三十阶振型参与	X向	66.5%		69.2%	
	Y向	60.9%		66.6%	

续表

	桁　架	空间网格
总用钢量	102.65t	82.38t
水平投影单位用钢量	28.1kg/m²	22.5kg/m²

从表1可以看出，两种方案周期振型基本一致，空间网格方案整体性要优于桁架方案，用钢量也省25%；参考广东省建筑工程综合定额，钢网架综合单价约为10000元/t，管桁架约为10500元/t，网架方案总价约为83万，桁架方案总价约为108万，桁架方案造价比空间网格造价高出30%。综合以上考虑，选用空间网格结构作为汶川体育馆屋盖结构方案。

空间网格结构屋盖计算采用MIDAS. GEN和3D3S两种软件，网格基本单元为常用的正四角锥，其中右下角翘起部位为局部三层网格，构件均采用Q235B无缝钢管，主要截面为60×3.5、76×4.0、89×5.0、114×6.0。网格厚度为满足建筑薄壳效果的需要取为1.5m，为跨度的1/24。屋面采用铝镁锰板，中部设几道天窗。屋盖网格总用钢量为92.6t，网格覆盖面积为3750m²，用钢量约24.7kg/m²。屋盖三维模型见图4。

3. 椭圆筒壳结构

汶川县是中国著名的四大羌族聚居区之一，碉房是当地最具特色建筑。椭圆筒壳突出整个体育馆屋面，在建筑效果上对当地的碉房建筑形成了呼应。

椭圆筒壳长轴长8.3m，短轴长4.3m，高9.7m，一共采用了12根钢管立柱，立柱与立柱之间采用斜腹杆和横腹杆连接。为满足筒壳结构整体刚度，六根主要立柱采用ϕ203×12，其余立柱采用ϕ159×8，如图5；斜腹杆采用ϕ89×5，横腹杆采用ϕ76×4，斜腹杆与立柱采用相贯连接，相贯节点按《钢结构设计规范》GB 50017—2003和《建筑钢结构焊接技术规程》JGJ 81—2002中的有关规定进行设计施工，要求所有腹杆与弦杆的相贯连接为等强度连接。

由图5，椭圆筒壳沿Y轴两侧的壳曲率小，平面外刚度弱，沿X轴方向在居中的三根立柱自上而下各设置了五道支撑，有效增强了椭圆筒壳的Y向刚度。椭圆筒壳落在下部混凝土结构上，与屋盖网格无直接联系，可以进行单独分析。经计算，筒壳顶最大位移不足3mm，最大应力为122MPa，椭圆筒壳也能与体育馆主体结构产生一致的振动。

三、特色技术

结构设计根据建筑功能及业主的要求，经过多方案比较，采用了新的有特色的结构技术，解决了结构设计中的难题，主要有以下设计特点：

1. 消能减震设计

1）主体结构设置消能柱间支撑

本工程为增强整体结构的抗扭刚度，主体结构四边各设置了两道柱间支撑，柱为混凝土柱，支撑为方钢管单斜撑，连接节点如图6，预埋件上对应支撑腹板位焊接两块梯形钢板，梯形钢板与支撑腹板通过连接板采用摩擦型高强螺栓双剪连接，连接板与梯形板相接处开四个椭圆形长孔，该节点能抵抗风荷载及小震作用下的水平力，在中震及大震作用下高强螺栓摩擦力被克服，节点可以沿椭圆孔产生相对的滑动，由此能起到消耗较大水平作用能量的效果。

为进一步说明此节点的消能减震效果，我们对整体结构在分别设置普通支撑和消能支撑情况下做了大震作用下的时程分析，从典型节点位移及典型柱脚剪力两方面来比较，结果见表2、表3。计算分析采用的软件为MIDAS. GEN，消能支撑在MIDAS软件中是用边界条件中的非线性连接单元实现的，这些非线性连接单元类型有黏弹性耗能器、间隙、钩、滞回系统等类型的非线性连接单元。本工程消能柱间支撑选用的是滞回系统进行模拟。滞回系统是由拥有单轴塑性特性的6个独立的弹簧构成，该系统用于建立利用滞后效应达到耗能的目的，从而用作金属耗能减震装置的模型。时程分析选用的地震波为El centro。

典型节点位移比较 **表2**

节点编号	普通支撑		消能支撑		减小幅度	
	DX (mm)	DY (mm)	DX (mm)	DY (mm)	DX	DY
224	88.7	101.4	82.9	70.9	6.5%	30.1%
228	77.5	118.0	82.5	81.9	−6.5%	30.6%
229	77.9	121.0	67.7	89.6	13.1%	26.0%
231	77.7	135.2	67.6	109.1	13.0%	19.3%
235	77.4	144.5	67.3	119.1	13.0%	17.6%
244	68.6	137.5	75.3	108.6	−9.8%	21.0%
245	70.3	138.4	77.9	109.5	−10.8%	20.9%
246	76.7	138.3	74.3	109.6	3.1%	20.8%
688	83.7	64.3	77.0	55.0	8.0%	14.5%
922	77.6	64.3	73.6	55.0	5.2%	14.5%
1156	71.4	64.3	70.2	55.0	1.7%	14.5%
平均减小幅度					3.3%	20.9%

典型柱底剪力比较（kN） **表3**

节点编号	普通支撑		消能支撑		减小幅度	
	*F*x (kN)	*F*y (kN)	*F*x (kN)	*F*y (mm)	*F*x	*F*y
50	3662.1	862.7	1762.7	724.8	51.9%	16.0%
51	3872.8	880.6	1836.2	769.8	52.6%	12.6%
66	1073.5	1270.1	1175.2	1163.9	−9.5%	8.4%
69	1091.4	1256.8	1209.7	1162.5	−10.8%	7.5%
59	4240.2	1025.6	2032.6	849.8	52.1%	17.1%
60	1029.1	1064.7	1145.8	932.9	−11.3%	12.4%
65	1287.5	2643.0	1412.5	1829.0	−9.7%	30.8%
68	1327.2	773.3	1475.3	546.6	−11.6%	29.3%
平均减小幅度					13.0%	16.8%

从表2可以看出，在罕遇地震下，消能柱间支撑能有效减小结构位移，其中Y向（本工程弱轴向）平均减小幅度达20%；从表3可以看出，消能柱间支撑能有效减小结构柱底剪力，相对于普通支撑柱底剪力相差较大的情况，设置消能柱间支撑后柱底剪力分配趋于更均匀，更合理。

设计之初仅为了增强整体结构的抗扭刚度、减小结构位移及层间位移比满足规范要求，后来在设计节点时想到了“强节点、弱构件”的设计原则，由于支撑要满足必要的强度、刚度要求，截面做到了□250×10和□250×12，作为连接支撑与混凝土柱的媒介，预埋件和高强螺栓很难做到强于支撑；后来想到了结构工程中“抗与放”的思想，与其硬抗，不如放，于是想到了在高强螺栓上做文章，通过计算分析，确实能起到一定的效果。由于本项目设计周期短，仅三个月，消能柱间支撑的布置未做到足够优化，相信优化布置后，消能柱间支撑减震效果会更好。

2）屋盖空间网格设置屈曲约束构件

从结构首层平面图及屋盖三维轴测图可以看出，整体屋盖应力集中处在5轴交H轴附近。对整体结构受力分析同样得出，5轴交H轴附近杆件受静力和动力作用较为敏感。在本工程中，采用屈曲约束构件替代了受力敏感的下弦杆，一共替代了10根，布置如图7所示。屈曲约束构件构造如图8，内核构件是每立方米 89×8 的 Q235B 圆管，外套筒由双层环板组成。外套筒一端与球节点留 30mm 间隙，在球节点上沿辐射状焊接 6 块钢板与内核圆管及外层环板顶紧，这样在加强无约束区段内核的同时也对外套筒提供了支承，外套筒另一端距球节点边 150mm 范围内仅通过双层环板之间的肋板及内环板对内核构件提供约束，肋板与球节点焊接。为了使内核充分耗能，我们要求约束屈曲构件所能承受的最大轴力为 $P_{\max}=f_yA_1$，要保证屈曲约束构件的整体稳定性能，必须使外围约束构件的稳定极限承载力 $P_{cr}\geqslant P_{\max}$，理论上若 $P_{cr}\geqslant P_{\max}$ 则构件不会发生整体失稳，但偏于安全，一般工程上应用的柱间支撑类屈曲约束构件常要求 $P_{cr}\geqslant 2P_{\max}$，本工程 $P_{cr}/P_{\max}\approx 3$，可以保证核芯圆管在达到屈服强度前不发生屈曲。

为进一步说明本工程屋盖布置屈曲约束构件后的消能减震效果，我们在前述布有消能柱间支撑整体结构模型基础上，对屋盖空间网格结构分别设置普通构件和屈曲约束构件情况下做了大震作用下的时程分析，时程分析选用的地震波为 Elcentro。从典型节点位移及典型杆件内力两方面来比较，结果见表 4、表 5。

典型节点位移比较（Z 向，mm） **表 4**

节点编号	普通构件	屈曲约束构件	减小幅度
893	22.3	20.5	8.1%
918	33.5	31.5	6.0%
890	39.8	38.2	4.0%
915	46.6	46.6	0
887	56.4	53.1	5.9%
912	72.8	65.6	9.9%
884	85.4	76.4	10.5%
908	95.4	86.2	9.6%
881	94.6	87.7	7.3%
907	86.5	80.7	6.7%
878	64.1	62.0	3.3%
904	37.4	36.0	3.7%
651	43.9	42.2	3.9%
736	64.8	60.2	7.1%
826	72.8	65.8	9.6%
911	82.5	73.1	11.4%
1001	76.2	67.6	11.3%
1088	72.8	64.0	12.1%
平均减小幅度			7.1%

典型单元内力比较（kN） **表 5**

单元编号	普通构件	屈曲约束构件	减小幅度
2791	97.8	90.7	7.3%
2933	152.7	142.2	6.9%
2788	119.5	116.2	2.8%
2930	83.9	74	11.8%
2785	126.7	125.7	0.8%

续表

单 元 编 号	普 通 构 件	屈曲约束构件	减 小 幅 度
2927	37.0	36.4	1.6%
2782	173.6	165.6	4.6%
2924	62.9	57.1	9.2%
1966	53.8	51.0	5.2%
2170	80.1	92.8	−15.8%
2662	63.2	66	−4.4%
2634	127.7	125.6	1.6%
3126	76.1	74.7	1.8%
3330	152.6	135.0	11.5%
3822	86.8	82.2	5.3%
4026	118.9	101.3	14.8%
平均减小幅度			4.1%

从表 4 可以看出，在罕遇地震下，屈曲约束构件能有效减小结构位移，其中所取典型节点中最大降幅达 12.1%，说明屈曲约束构件的设置没有降低结构的刚度，因为当动力荷载较小时，屈曲约束构件不会屈服，能起到普通构件的作用，当动力荷载较大时，屈曲约束构件内核屈服，屈曲约束机制发挥耗能作用。

从表 5 可以看出，屈曲约束构件的设置减小了各杆件单元的内力，平均能减小 4%，提高了网格结构的安全度。

网格结构中设置屈曲约束构件，确实起到了消能减震的效果，本工程是第一个在空间网格结构中设置屈曲约束构件的实际工程，作为一种尝试，屈曲约束构件的优化布置、计算分析方面还有很多地方需要进一步完善，空间结构中设置屈曲约束构件的消能减震效果还会更好。

2. 不规则空间网格结构大直径球节点代换

1）大直径球节点产生的原因

汇交于同一节点的杆件多，或者杆件不多，而杆件间夹角较小；网架、网壳规程中对球节点中杆件间关系有明确要求，如《网壳规程》中的 5.2.4 条：在确定空心球的外径时，球面上相邻杆件钢管间的净距不宜小于 10mm。并给出了空心球最小直径的计算公式；5.3.3 条也规定：螺栓球钢球直径应根据相邻螺栓在球体内不相碰并满足套筒接触面的要求。一样给出了螺栓球最小直经的计算公式；专业软件根据计算公式出节点下料图，设计人员照单下料，施工人员照料施工而无人为干预。

2）大直径球节点引起的问题

从结构安全角度看，大直径球节点会造成漏荷载，使整体结构偏于不安全，如一个 WSR8018 的加肋焊接空心球，自重 270kg，差不多 300kg，3kN；专业软件，如 3d3s，设计过程一般是先定义节点自重占结构自重的比例，结构杆件截面确定后，再根据结构总重算节点自重，每个节点重量平均，以一个网格尺寸 3m×3m、单位用钢量 20kg 的网格结构来算，大直径节点球那里就漏掉了 2.5kN 的荷载，这一点是不能忽视的；从建筑美观来说，在一个平均节点球直径 100～200mm 的网格结构中冒出几个直径 800、1000 的节点来，视觉上是很难接受的。

3）本工程应用的大直径球节点代换技术

由于本工程屋盖造型独特，且局部三层网格，一些位置节点出现了前述的情况。设计人员根据本工程实际，提出两种代换大直径球节点的方法。一种是套管相贯节点，另一种是螺栓板节点。

套管相贯节点构造如图 9 所示，采用稍大直径的套管作为各弦杆、腹杆交汇相接的节点。与套管方向一致的弦杆连续不断开，与套管通过一内环板联系，其余弦杆及腹杆与套管相贯连接。这种节点形式传力途径明确、能实现力线汇交、制作简单、造型美观，且大大减少用钢量。套管相贯节点相关构造须满足《钢结构设计规范》GB 50017—2003“第十章关于钢管结构的构造”要求，节点承载力计算方法可以规范第十章关于 TT 形和 KK 形圆钢管相贯节点承载力计算公式为依据，对于特别复杂的相贯形式，尚应作有限元分析验证。

另一种为图 10 所示的螺栓板节点（天津大学陈志华教授研制），由上盖板、下盖板和螺栓组成。网格的上腹杆、下腹杆分别与节点上、下盖板焊接连接，弦杆可通过钢管端部压扁、加插板的钢管等方式通过螺栓与螺栓板节点连接。此种节点亦能实现力线汇交，可以通过工厂预加工成网格单元然后运至现场拼装。从螺栓板节点的构造可以看出，节点承载力可通过各部件的强度计算来求得。节点上力流的途径为：结构杆件—螺栓—节点板—焊缝—杆件。因此，除了节点板的强度外，两道连接（螺栓和焊缝）的强度也可由钢结构规范中明确的公式计算求出。

汶川体育馆已于 2009 年 12 月 28 日竣工，至今经历了数次余震，使用状况良好。经过精心设计，本工程实现了安全、适用、经济、美观的综合效益。本工程中应用的消能柱间支撑、不规则空间网格结构大直径节点球代换及屈曲约束构件等特色技术，可以为强震区的类似工程提供参考。

图 1　建筑实景图

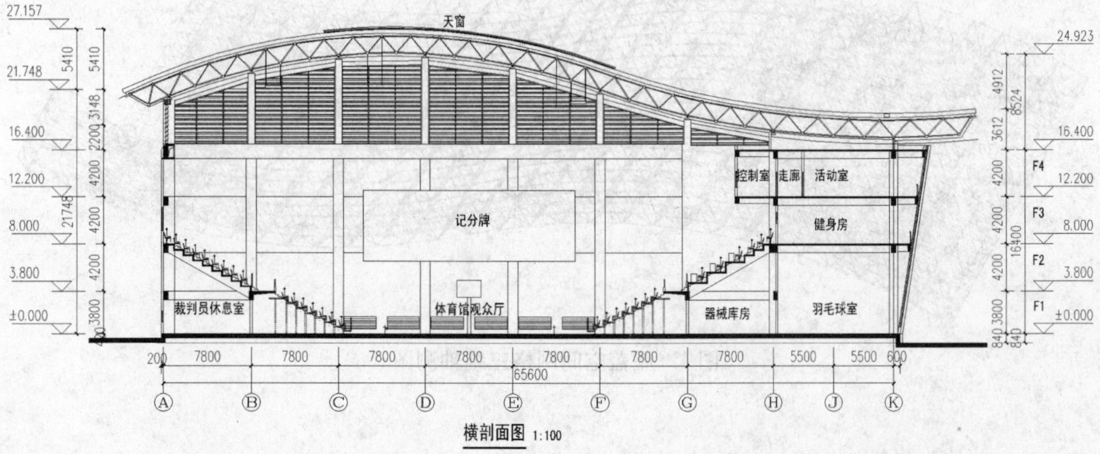

图 2　建筑剖面图（一）

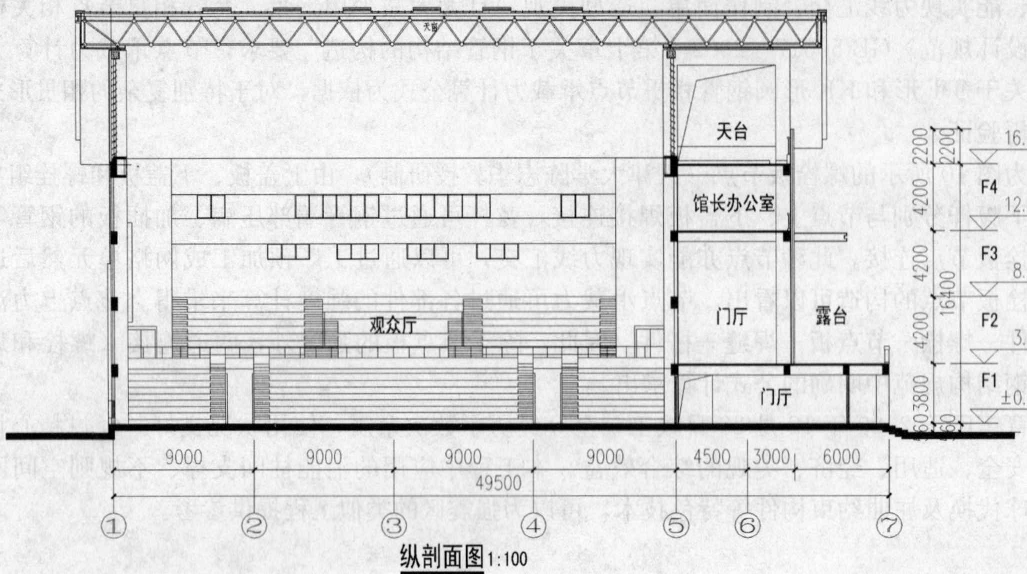

图 2　建筑剖面图（二）

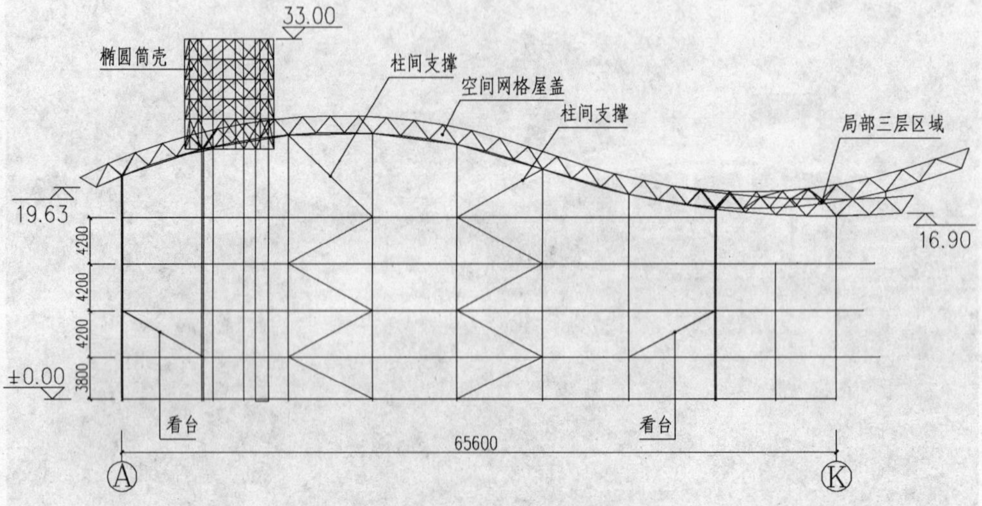

图 3　结构剖面图

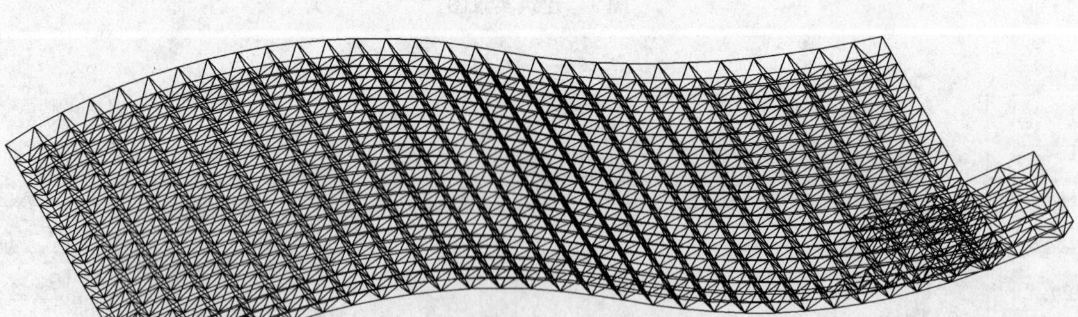

图 4　屋盖空间网格三维轴测图

图 5　椭圆筒壳三维轴测图

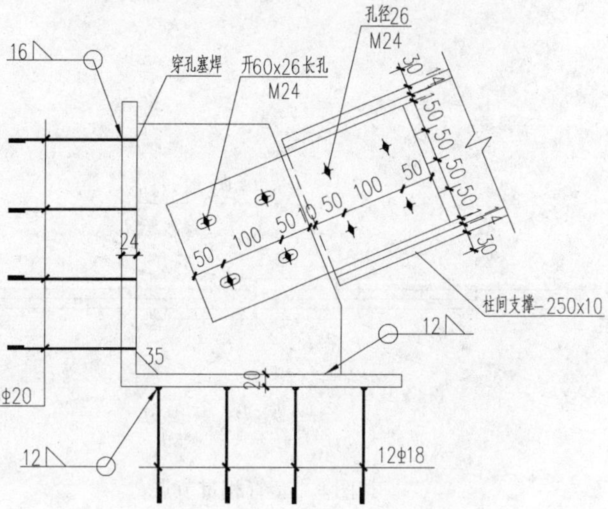

图 6　柱间支撑与预埋件连接节点详图

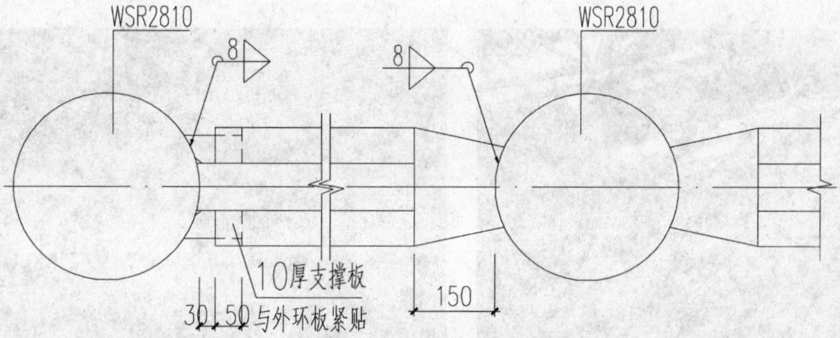

图 7　屈曲约束构件构造

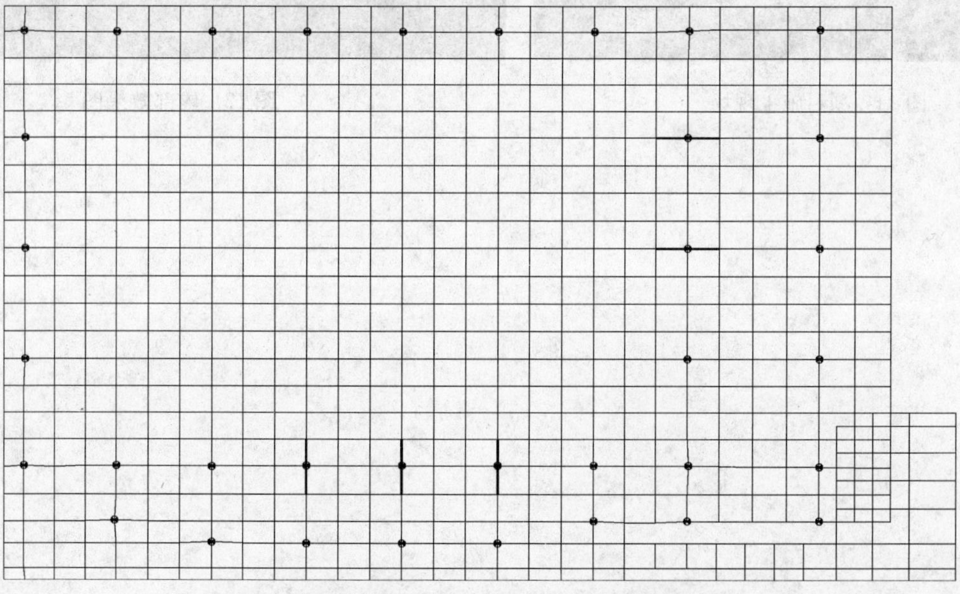

图 8　网格结构下弦杆及屈曲约束构件平面布置

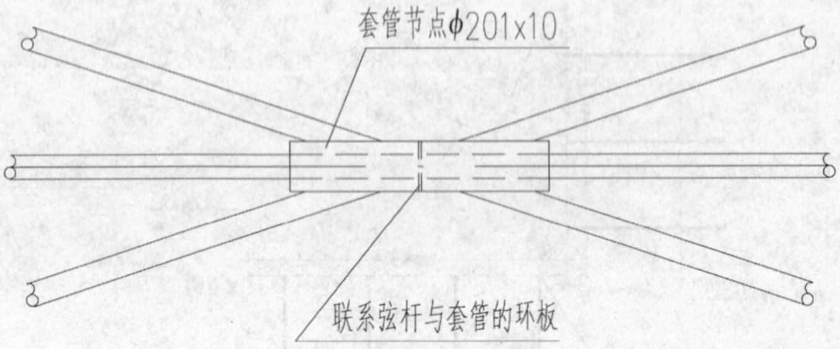

图9　套管相贯节点

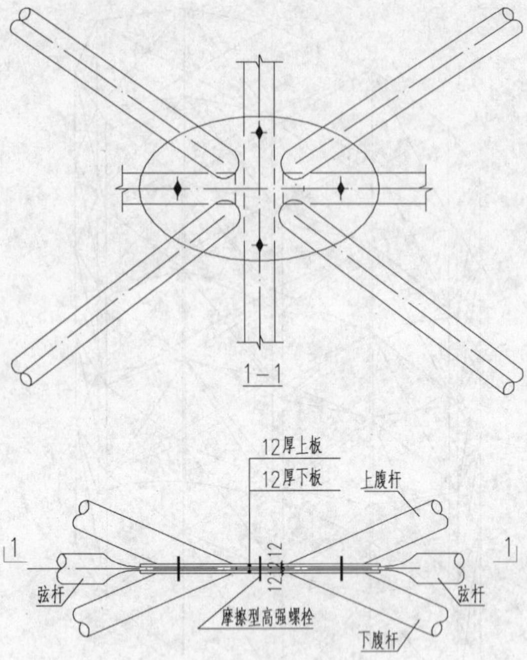

图10　螺栓板节点

图11　项目施工现场

图12　内部效果图

高层居住建筑

广州名汇商业大厦结构设计

建设地点　广州市
设计时间　1998～2000
主要设计者　陈　星　陈宗弼　莫文杰　罗赤宇　苏恒强　张道钦　蔡　健　张英川　王金锋
获奖等级　全国第四届优秀建筑结构设计一等奖

一、工程概况

名汇商业大厦位于广州市旧城区商业繁华地段下九路的北侧（图1、图2），是以商场、住宅为主的大底盘多塔楼大型高层建筑。建筑物设有4层地下室、6层裙楼；主塔楼为三幢33层的住宅，总高度为99.9m，地下室底板板面标高－17.5m，总建筑面积为12万m^2，其中地下室建筑面积为2.5万m^2。工程于1998年10月动工，2000年12月裙楼商场开业，2001年12月主体结构封顶，2002年投入使用。

本工程地震作用按本地区抗震设防烈度为7度考虑，场地类型为Ⅱ类。由于工程建设场地地形复杂不规则，结构布置上采用非正交柱网，结构体系为带空腹钢箱－混凝土组合梁转换的大底盘多塔楼框架—剪力墙结构；地下室及裙楼采用大柱距宽扁梁框架—剪力墙结构体系，竖向构件七层以下采用钢管混凝土柱，剪力墙核心筒部分暗柱采用带约束拉杆异形钢管混凝土柱；转换层以上三座塔楼均采用外框架短肢剪力墙与中间剪力墙核心筒的结构体系，各塔楼间设防震缝。为满足裙楼商场能尽快投入使用的要求，本工程结构设计根据建筑功能及业主的要求，经过多方案比较，结构设计上采用了多项的新技术，解决了结构设计中的难题，其中采用全新支撑结构体系的四层地下室全逆作法施工设计及钢－混凝土组合结构新技术的应用具有创新性，取得了良好的社会及经济效益。

针对本工程面对的多项技术难题，设计上对整体结构及复杂的构件及节点进行了多个计算程序的精心计算及对比，并先后进行了一系列的科研试验和监测检验工作，对大厦的成功建设提供了十分有力和宝贵的科学技术依托，完满地解决了多项结构超限问题，主要科学研究工作有如下几项：

（1）带约束拉杆异形钢管混凝土柱及节点试验研究；

（2）钢管混凝土柱新型节点抗震性能的试验研究；

（3）新型内置空腹钢箱的钢－混凝土组合梁抗震性能试验研究；

（4）地下室全逆作法施工过程基坑变形与大厦变形沉降的动态观测及数值研究。

二、地下室全逆作法施工的结构设计

本工程建筑物设有4层地下室，地下室底板板面标高－17.5m，其中地下室建筑面积为2.5万m^2，结合工程的具体情况，结构设计上科学、合理地采用适应高层多塔楼建筑的地下室全逆作法施工技术（图3），采用了新型的全逆作法施工支撑体系。

1. 圆形钢管混凝土柱、带约束拉杆异形钢管混凝土柱组合剪力墙与钢骨梁组成地下室全逆作法施工的支撑体系

本工程基坑开挖及逆作法施工的全过程，是由地下室四周的永久承重地下连续墙、地下室钢管混凝土柱（含圆形和异形）和楼层梁板结构，组成一个完整的支撑系统（图6），所有支撑都利用结构的受力构件来充当，节省了大量的支护费用。

本工程采用的全方位的逆作法施工，地下室核心筒剪力墙不需要由底层起预先施工浇筑，只需要在完成挖孔桩基础及钢管混凝土柱定位器（图7）的埋设后，利用设置在核心筒剪力墙相交和转角等位置处的带约束拉杆异形钢管混凝土柱作为地下室逆作法施工时的竖向支承构件，与地下室上层核芯筒内钢骨

墙梁组成承重构架，阶段性地支承地面以上若干层的核心筒剪力墙的负荷和安装在核心筒内的大型自爬式塔吊的负荷，有效地解决了长期以来由于核心筒剪力墙的施工而影响地下室全逆作法施工的技术难题。

位于广州市繁华步行街的名汇商业大厦设计和施工之前，按照业主提出的商场尽早开业投入使用的要求，对工程采用不同的地下室结构形式和施工方式进行了投资对比分析，采用新型支撑体系的全逆作法施工，由于地面地下结构同时施工，地下室结构完成时，塔楼结构已建至十九层，裙楼商场比原计划正作法施工提前9个月完工并交付使用，取得了良好的经济效益与社会效益。

2. 核心筒剪力墙内预置带约束拉杆的异形钢管混凝土柱

带约束拉杆的异形钢管混凝土柱既充当剪力墙内暗柱，同时在逆作法地下室施工期间阶段性负荷，后与剪力墙混凝土复合成核心筒以支撑全部荷载。带约束拉杆异形钢管混凝土柱作为逆作法施工的竖向支承构件而不需其他附加费用，其后还作为剪力墙的暗柱永久使用，这种新型结构构件的应用为解决以往逆作法施工中的大难题起到了关键的作用。

3. 大柱距框架—剪力墙核心筒结构及大跨度十字扁梁楼盖体系

由于裙楼及住宅建筑使用的不同要求，上下柱网不一致形成框支剪力墙结构，框支框架结构抗震等级为一级，为了提高框支结构的抗震性能，设计上采用承载力高及延性较好的（异形）钢管混凝土柱作为竖向结构，转换层以下框架柱全部采用C60钢管混凝土柱，直径有$\phi700$及$\phi1150$两种，核心筒由内置异形钢管混凝土柱的剪力墙组成。在水平构件布置方面，结构处理上采用双向受力的十字梁布置梁板体系（图8），把楼板划分成井字楼盖以充分利用结构的空间性，如8m×12m、8m×8m、8m×10m等板块用四格或六格划分，宽扁框架梁高均不超过500mm，配筋率控制在1.5%以内。在地下室逆作法施工过程中，大柱距竖向结构与宽扁梁楼盖体系的应用满足了逆作法挖土、支撑及结构施工的空间要求，大大提高了施工的效率。

4. 采用带柱帽无梁平板的地下室底板设计

由于地下室柱距较大，且由于抗浮的需要，底板采用无梁楼盖形式，底板厚度为600mm，利用桩台作为柱帽，减小底板下模板支撑的复杂性，大大地方便了地下室逆作法施工，加快了进度并有利于工程质量的保证。

三、钢—混凝土组合结构新技术的设计及应用

通过理论计算分析和科学试验研究相结合，科研开发与设计施工相结合，本工程结构应用了多项钢—混凝土组合结构新技术。

1. 带约束拉杆异形钢管混凝土柱及节点技术

带约束拉杆异形钢管混凝土柱指由高强混凝土填入异形薄壁钢管（如方形、L形、T形等）内，并在异形薄壁钢管各边按一定间距设置约束拉杆组成的组合结构材料（图9）。其基本原理有二：借助内填混凝土使钢管的局部屈曲模式发生变化，以及约束拉杆的拉结作用使钢管壁的变形减小，从而增强钢管壁的稳定性和延性；同时，借助钢管和约束拉杆对核心混凝土的套箍（约束）作用，使核心混凝土处于三向受压状态，从而使核心混凝土具有更高的抗压强度和变形能力。本工程在转换层以下设置了带约束拉杆异形钢管混凝土柱作为剪力墙的暗柱。

带约束拉杆异形钢管混凝土柱是一种具有良好经济效益和发展前景的新型结构构件。除具有常规钢—混凝土组合构件承载力高、延性好等优点，其优越性还表现在：

（1）异形钢管混凝土柱设置于剪力墙核芯筒内，可提高钢—混凝土混合结构高层建筑的整体刚度和变形协调能力，有利于结构抗震。

（2）构件及节点施工方便，特别适用于配合地下室逆作法施工时作为剪力墙核心筒的竖向支承构件，能显著地缩短工期。

此项技术的研究及设计采用科学试验和计算机模拟分析并行的研究方法，在设计前进行了一系列的科学研究。先进行计算机模拟试验，对构件进行较详细的非线性有限元全过程分析，并配合大量试件的结构试验，取得了具有指导设计的有价值的成果。

①构件的有限元分析

为摸清带约束拉杆异形钢管混凝土柱及节点的受力机理，在整体结构计算分析的基础上进一步补充针对性的有限元模型分析，研究采用的有限元程序有 ANSYS、ALGOR，在此基础上，针对模型应力分布采用了多种设计构造措施。

②结构试验研究

针对本工程实际应用需要，开展了带约束拉杆异形钢管混凝土柱及节点模型静力试验及拟动力模拟抗震试验研究，研究了裂缝产生、开展的全过程，以及最终形成破坏面的形状、分布范围，有关截面的主应力迹线分布等，揭示了构件的破坏特征和工作机理，把握了带约束拉杆异形钢管混凝土柱及节点的设计技术，进而提出了相应的设计方法和构造措施。

试验结果表明，约束拉杆的设置有效约束异形钢管壁的横向变形使得核芯混凝土处于三向受压状态，从而增强异形钢管混凝土柱的承载力并可有效提高结构构件的延性。在设计荷载作用下，结构构件并没有任何破坏的迹象，最后构件的破坏荷载远高于设计荷载，安全度达到 2～3 倍，结构设计安全可靠。

“带约束拉杆异形钢管混凝土柱及节点研究”作为广东省自然科学基金课题，获得了 1999 年度广东省建设系统科技进步奖一等奖及广东省科技进步奖一等奖。

2. 新型钢—混凝土组合结构转换层结构

本工程的结构转换层设置在八层，其中西南部须设置 9m 双向悬臂托换 26 层结构的转换构件。作为裙楼天面及设备的转换层，七层的层高为 4.5m，其功能为塔楼住宅的会所，梁底净空要求 2.9m，因此对转换结构高度的限制极为严格，结构高度最大只能 1.6m。常用的处理上下柱网不对齐的转换层有钢筋混凝土厚板转换层、钢筋混凝土转换大梁和桁架转换等方式，采用常规的梁式转换形式虽具有较大的优势，但部分转换梁跨度较大及上层柱集中力作用在梁中，最大梁端弯矩达到 22000kN·m，按照普通钢筋混凝土梁设计需要 2m 以上的梁高，未能满足建筑空间的需要。

结合工程中大量应用钢管混凝土柱和带约束拉杆异形钢管混凝土柱的具体情况，设计中综合了厚板式及梁式转换层的优点，采用了钢—混凝土组合结构转换大梁的结构方案（图 10、图 11）。由于梁式转换结构受力明确、计算模型简单，可应用常规的整体结构计算程序进行整体计算，计算结果表明整体刚度合理，自振周期及位移合理，均符合规范的有关要求。梁高为 1.5m 的空腹钢箱形劲性混凝土梁整体抗弯能力良好，在钢梁的适当位置加上纵横向的肋板，可提高其自身的刚度，肋板同时兼作与混凝土良好结合的连接构件，通过有限元计算分析及试验研究分析，结果表明钢与混凝土之间变形是协调的，共同工作性能良好。

转换层结构特点如下：

（1）转换梁内钢结构采用空腹钢箱的形式，可减少结构自重，主框架梁高 1550mm（钢结构高 1350mm），以宽度 b=1000mm 扁梁为主；次梁则采用“井字式”布置的钢筋混凝土梁，梁截面主要采用 800mm×1200mm；

（2）局部钢管混凝土柱上设置了伞形斜撑结构（图 15），斜撑采用钢管混凝土结构，伞形结构受力合理明确，在减小了梁内力的同时，钢结构的连接处理及浇筑混凝土都很方便；

（3）由于梁端较大的弯矩会对钢管壁产生较大的径向拉力而影响到柱的承载能力，梁柱节点构造上设置了加强环板以减少其不利影响；

（4）在转换梁与支承柱连接处理上，上部短肢剪力墙纵筋从钢箱梁面板的开孔直伸到梁底并围焊固定；短肢剪力墙除按抗震要求加强箍筋构造外，局部加设工字钢，加强转换柱底层的剪切刚度；

（5）考虑到转换层梁柱节点的加强构造及简化钢结构与两端支座的连接，在部分普通钢筋混凝土剪力墙内转角及端部位置设置异形钢管作暗柱，这样的构造处理既可提高墙体抗剪性能和延性，又使转换梁内的钢结构与之连接方便快捷，由此组成的梁、柱、剪力墙的劲性结构体系，其受力明确、抗震性能较好。

为确保空腹钢—混凝土组合梁结构的安全可靠，采用了 SUPER SAP93 软件对梁另外进行了有限元分析并进行结构试验的验证，有限元分析及试验结果表明：

（1）钢梁翼缘板的应力较大，接近钢板的设计强度，截面受压区的混凝土强度亦接近抗压强度设计值，钢结构和混凝土能够很好地共同工作并能协调变形；

（2）钢梁腹板承担了梁的剪应力的80％以上，混凝土仅占20％以下，说明梁箍筋受力较小，按规范要求进行必要的抗震构造即可；

（3）组合梁跨中最大位移满足规范挠度要求，但由于梁跨度较大，施工时须作必要的预拱。

3. 钢管混凝土柱单梁钢－混凝土劲性环梁节点技术

钢管混凝土柱节点设计采用加强钢环梁代替钢筋混凝土环梁，合理地配置封闭环筋、箍筋和腰筋后，将形成牢固而安全可靠的劲性结构刚性节点区（图11），这个刚性节点区能够将梁产生的弯矩、剪力传递给钢管混凝土柱，并平衡从各向梁内力。梁与钢管混凝土柱节点的连接主要通过由柱伸出的加长牛腿与梁搭接，形成传力的过渡区，梁纵筋只需与钢梁搭接，并锚入刚性节点区内而不需要焊接，减少了大量的现场焊接工作，大大提高了施工的效率和速度。

对钢管混凝土柱单梁钢－混凝土劲性环梁节点技术的研究主要是通过大量的试验及计算机分析研究，获取了节点区的受力规律和传力机理，研究其薄弱环节裂缝产生、开展的全过程，以及最终形成破坏面的形状、分布范围、应力迹线分布等，分析的重点主要放在受拉加强钢环的应力分析上，对拉环环向应力分布规律进行了探索和总结。在计算机模拟分析和试验的基础上，推导出半经验半理论的节点计算公式。通过四批不同形式的钢管混凝土柱节点的试验研究，得到以下几点结论：

（1）劲性环梁节点的传力构思概念在实际上是可行的，实用效果良好；

（2）通过加长、加高原来只用于传递剪力的钢牛腿，并提高其在梁中的高度，使之具有较强的抗弯能力，参与节点的弯矩传递工作，有效提高节点向柱传递弯矩的能力，提高钢管混凝土柱参与弯矩分配的能力，节点在力学模型上更接近刚性节点；

（3）适当的截面设计可以使节点形成一个具有良好内力重分布能力的刚性区，节点具有足够的刚度和承载力，框架梁塑性铰出现在节点区以外，达到“强柱、弱梁、节点更强”的要求；

（4）单梁节点的构造简单、材料用量少、对楼盖梁系的影响小，是最具有应用价值的节点类型，对圆形钢管混凝土柱和方形钢管混凝土柱同样适用；

（5）框架梁纵筋与钢牛腿间可以不加焊接，将纵筋锚入节点区内一定长度，利用混凝土的粘结力就可实现纵筋拉力向牛腿翼缘的传递；

（6）劲性环梁节点具有良好的内力重分布能力，在某一构件达到极限后，其他构件将协助其分担继续增加的荷载，体现了刚性节点区的优势；

（7）加强环式节点的力学性能良好，承载力高于梁身，节点刚度大，虽然在外力作用处有较大的应力集中现象，但并不会过分降低节点的刚度和承载力，如果在节点钢环周围再配置混凝土，对减小梁柱转角、提高节点刚度有较明显的帮助。

四、整体结构的优化及合理设计

1. 本工程主体结构采用非正交柱网，结构体系为带空腹钢箱－混凝土组合梁转换的大底盘多塔楼框架—剪力墙结构，各塔楼间设置防震缝。结构布置上裙楼和地下室采用较大的柱网尺寸，部分柱距达到13m，最大的单跨梁跨度为16m，最大的双向悬臂梁跨度为9m，形成大柱距框架—剪力墙的结构体系，而塔楼住宅采用小柱距的框架（局部短肢剪力墙）—剪力墙结构。在裙楼商场位置，设计上利用带约束拉杆异形钢管混凝土柱承载力高及延性好的优点，采用上下部结构平面变异的剪力墙筒体设计，裙楼采用四个角部柱式筒体代替习惯上沿用的整个剪力墙核心筒，通过转换层再改为普通住宅核心剪力墙，形成了商场通透大空间。裙楼及地下室采用大跨度十字宽扁梁楼盖体系，以利于提高建筑的净高，满足使用要求。

本工程结构模型计算分析采用TBSA5.0软件多塔楼程序进行了设计计算，计算结果显示两个主轴方向结构刚度均匀，单位面积的结构荷重为18kN/m^2。主要计算结果如表1。

主要计算结果 **表 1**

计算方向			X 向	Y 向
	风荷作用下的基底弯矩 M_w（kN·m）		1057145	969497
	自振周期（s）	T_1	3.414	3.243
		T_2	2.558	2.817
		T_3	2.101	2.219
A幢	地震作用下的位移	顶点	1/1414	1/1511
		层间	1/1020	1/1160
	风荷载作用下的位移	顶点	1/1406	1/2116
		层间	1/1040	1/1760
B幢	地震作用下的位移	顶点	1/2190	1/11706
		层间	1/1820	1/1285
	风荷载作用下的位移	顶点	1/2186	1/1677
		层间	1/1900	1/1270
C幢	地震作用下的位移	顶点	1/1528	1/2599
		层间	1/1130	1/2080
	风荷载作用下的位移	顶点	1/1591	1/2471
		层间	1/1230	1/2010
	地震作用下的基底弯矩 M_0（kN·m）		1033770	1027576
	地震作用下的基底剪力 Q_0（kN·m）		18344	18962

2. 塔楼标准层预应力平板设计：

本工程在塔楼标准层由于建筑功能的需要，需要采用大板的形式，在分析比较的基础上，结构设计采用了新型的无粘结集束布索预应力技术，主要技术特点为：

1）控制预应力度：设置足够数量的非预应力筋，保证楼板有适宜的延性，避免梁板走向刚度的退化过大。

2）预应力分批张拉：控制施工阶段板均匀受力状态，避免出现突变内力。

3）采用集束布索的布置预应力方式：预应力筋的布置主要考虑两方面因素：一是考虑到标准层住宅灵活开洞，采用集束布索的方式，解决了传统均匀布预应力筋不利于楼板灵活开洞的弊端；二是通过分析得到受拉楼板拉应力的分布规律，以此决定布筋的数量和间距，提高预应力效果。

4）设置后浇带：为使预应力能够有效地施加于楼板，保证楼板刚度，施工在梁板界面处沿预应力束的方向设置 1000mm 宽后浇带，待预应力全部施工完毕后合拢，减小预应力搭接对预应力的不利影响。

图1　建筑外立面

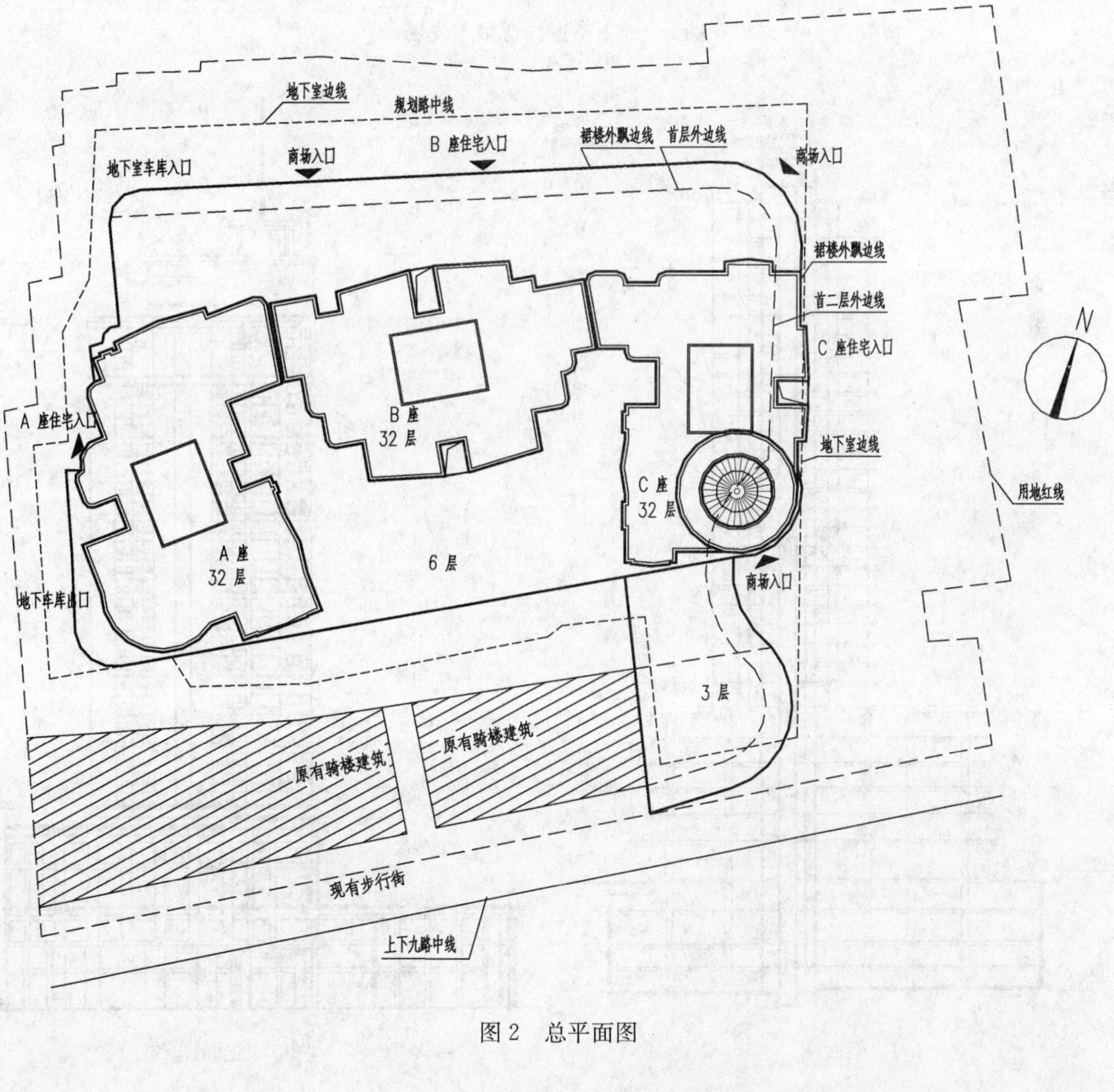

图2　总平面图

图 3　地下室逆作法施工现场

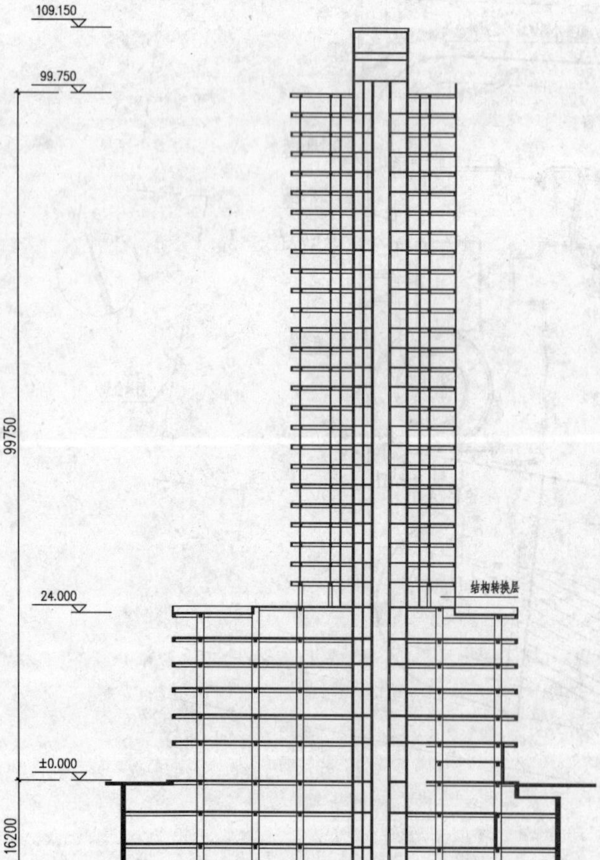

图 4　剖面图

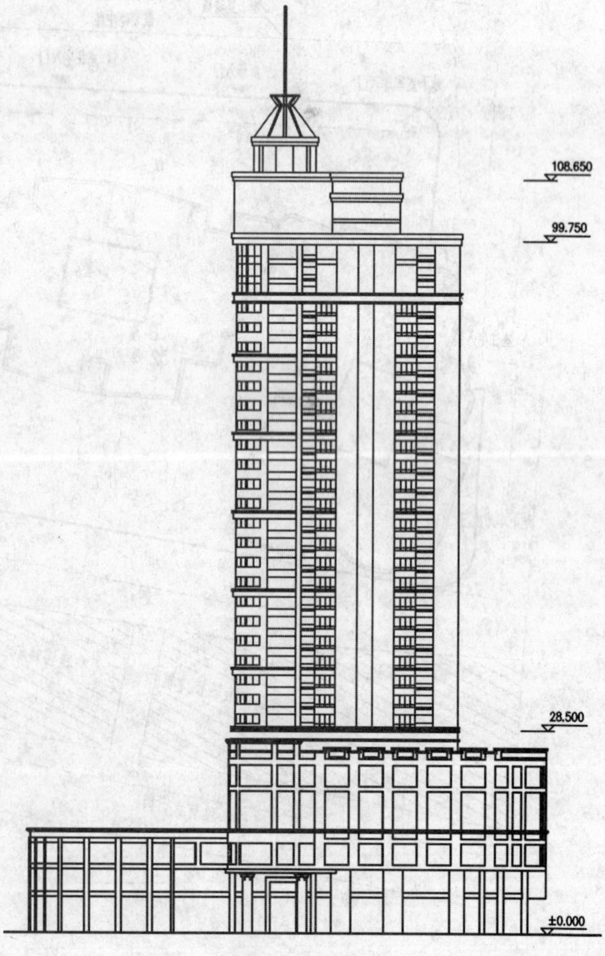

图 5　立面图

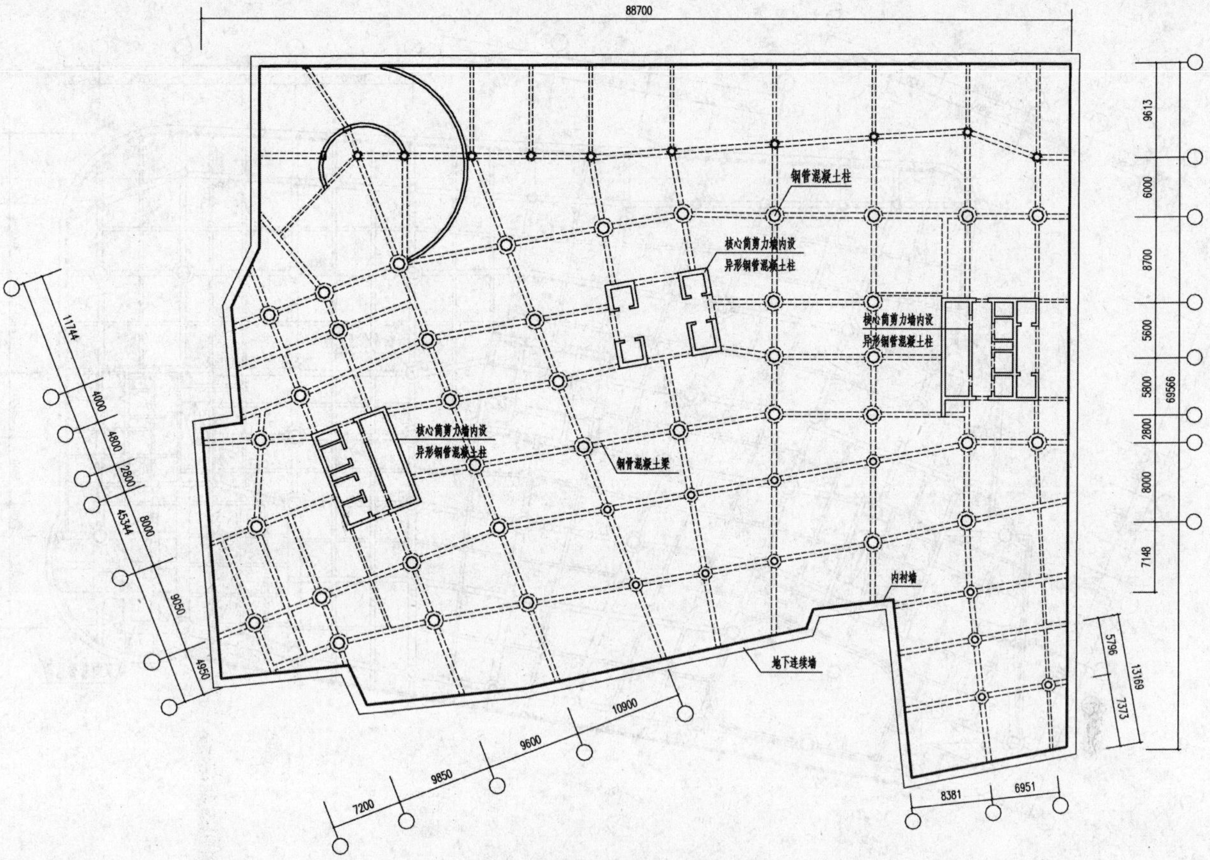

图 6　地下室逆作法支撑平面图

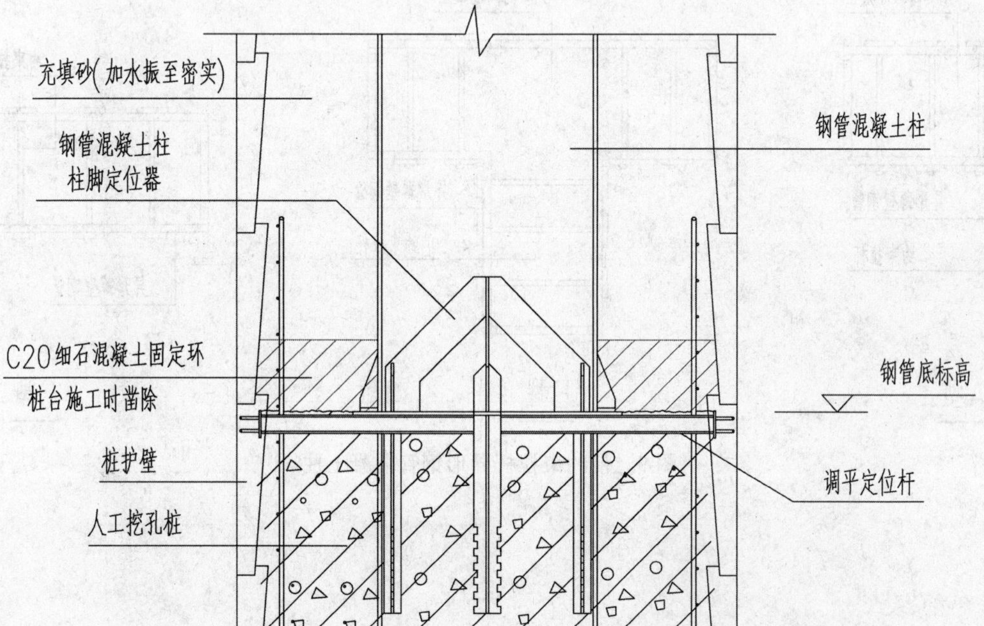

图 7　钢管混凝土柱定位固定大样

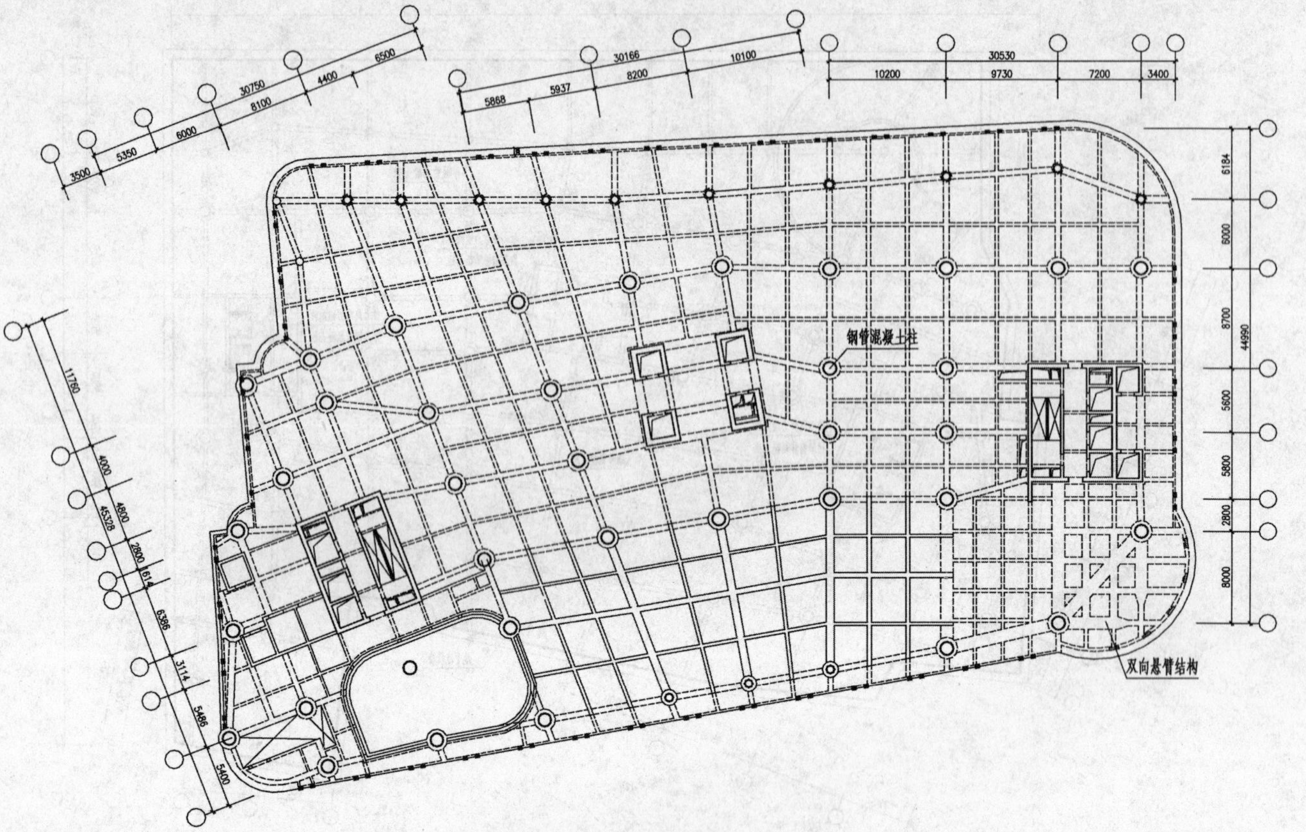

图 8　裙楼平面布置

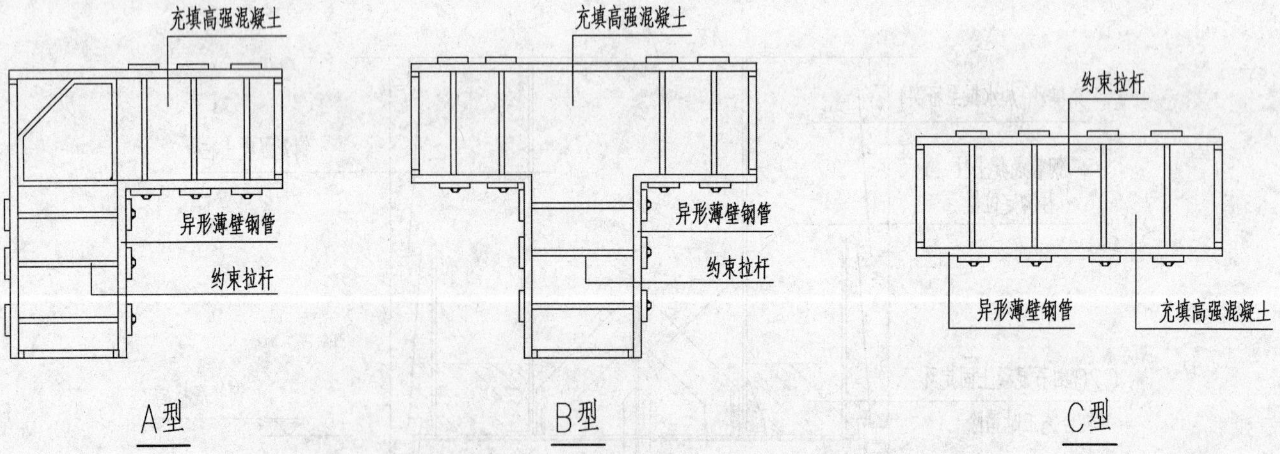

图 9　带约束拉杆异形钢管混凝土柱

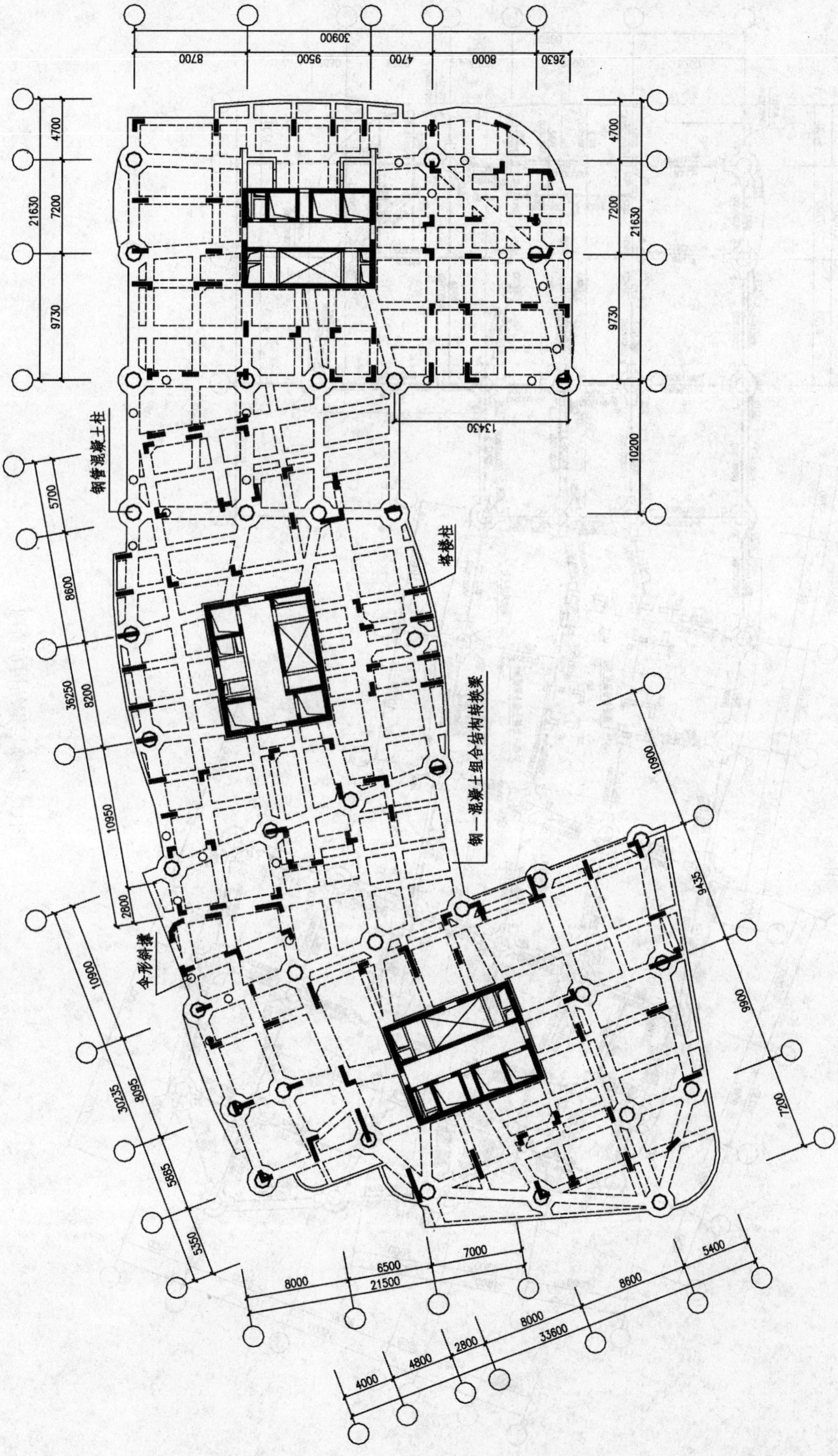

图10 结构转换层平面布置

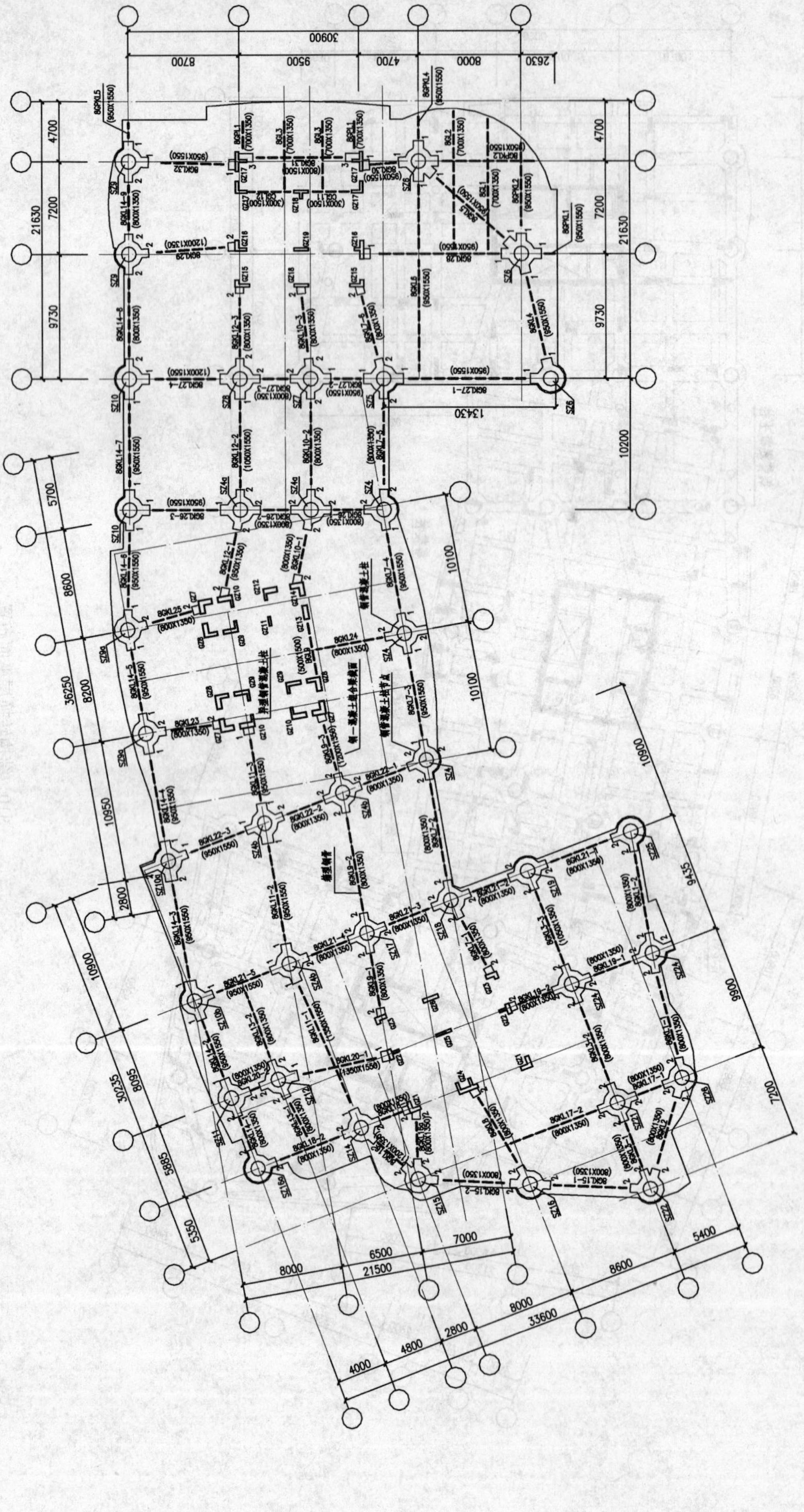

图11 转换层钢结构布置图

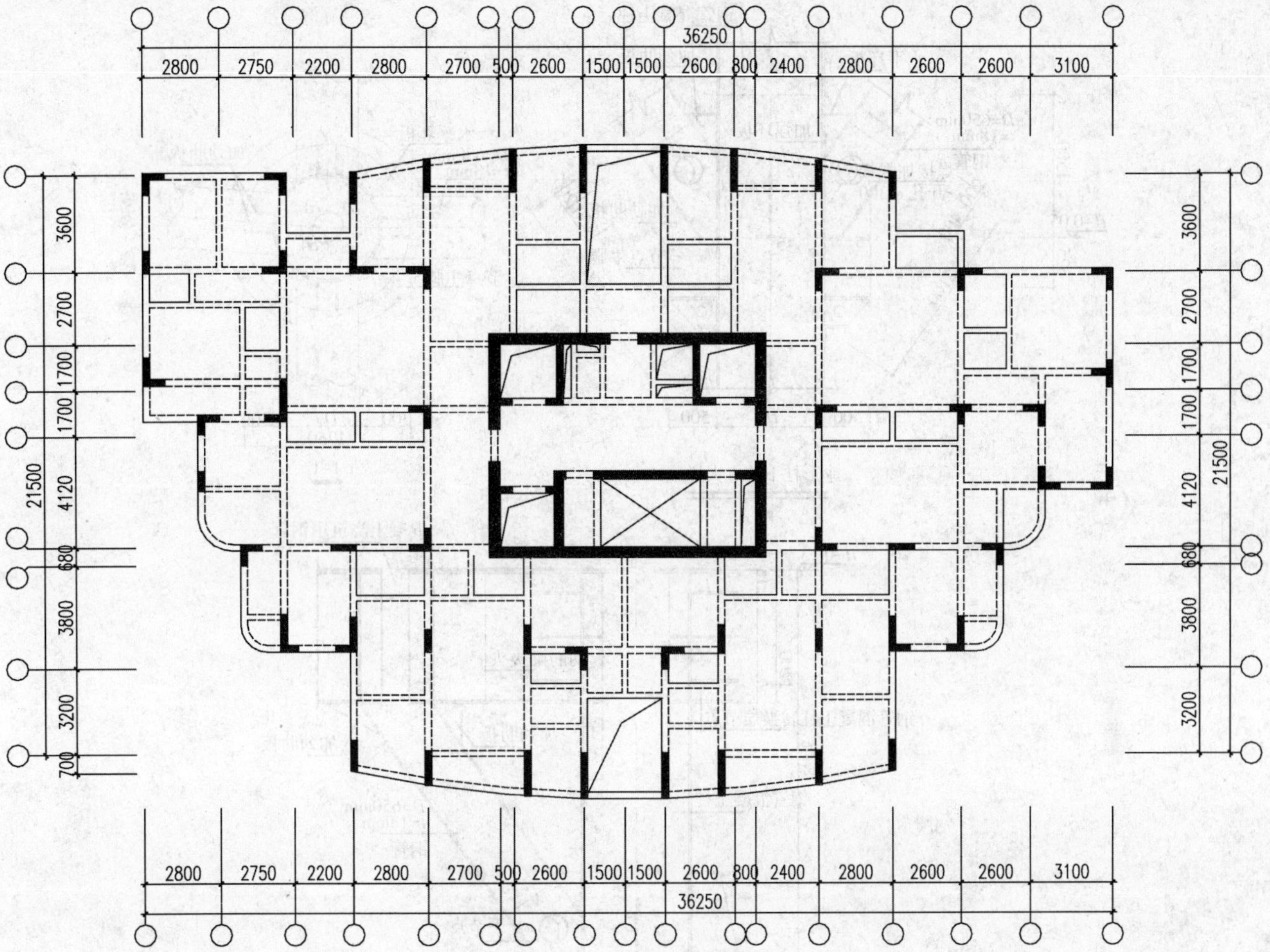

图 12　B 塔楼标准层平面

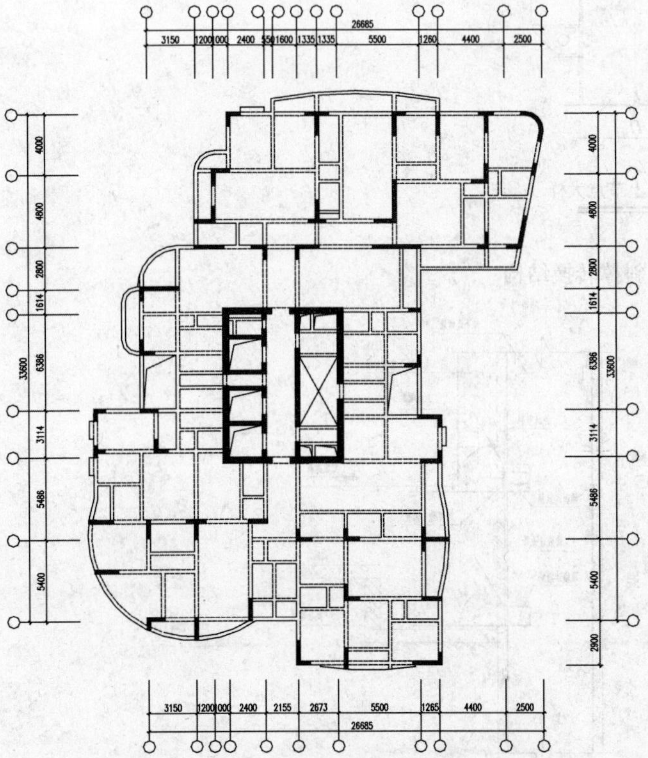

图 13　A 塔楼标准层平面

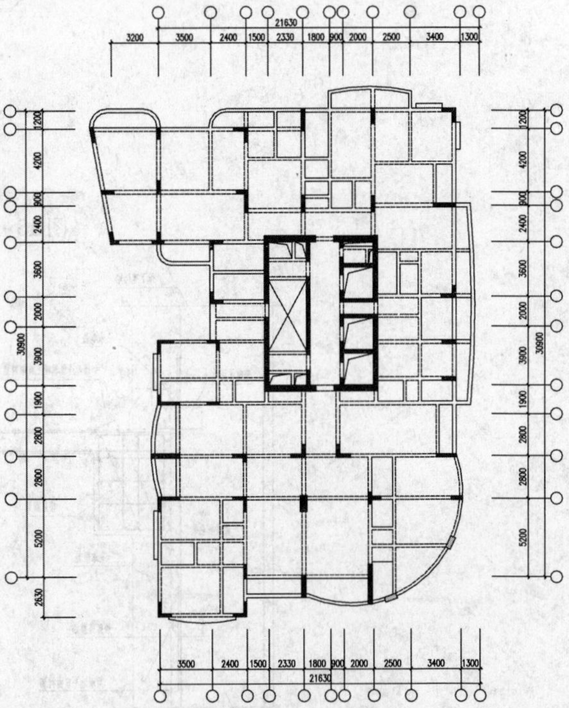

图 14　C 塔楼标准层平面

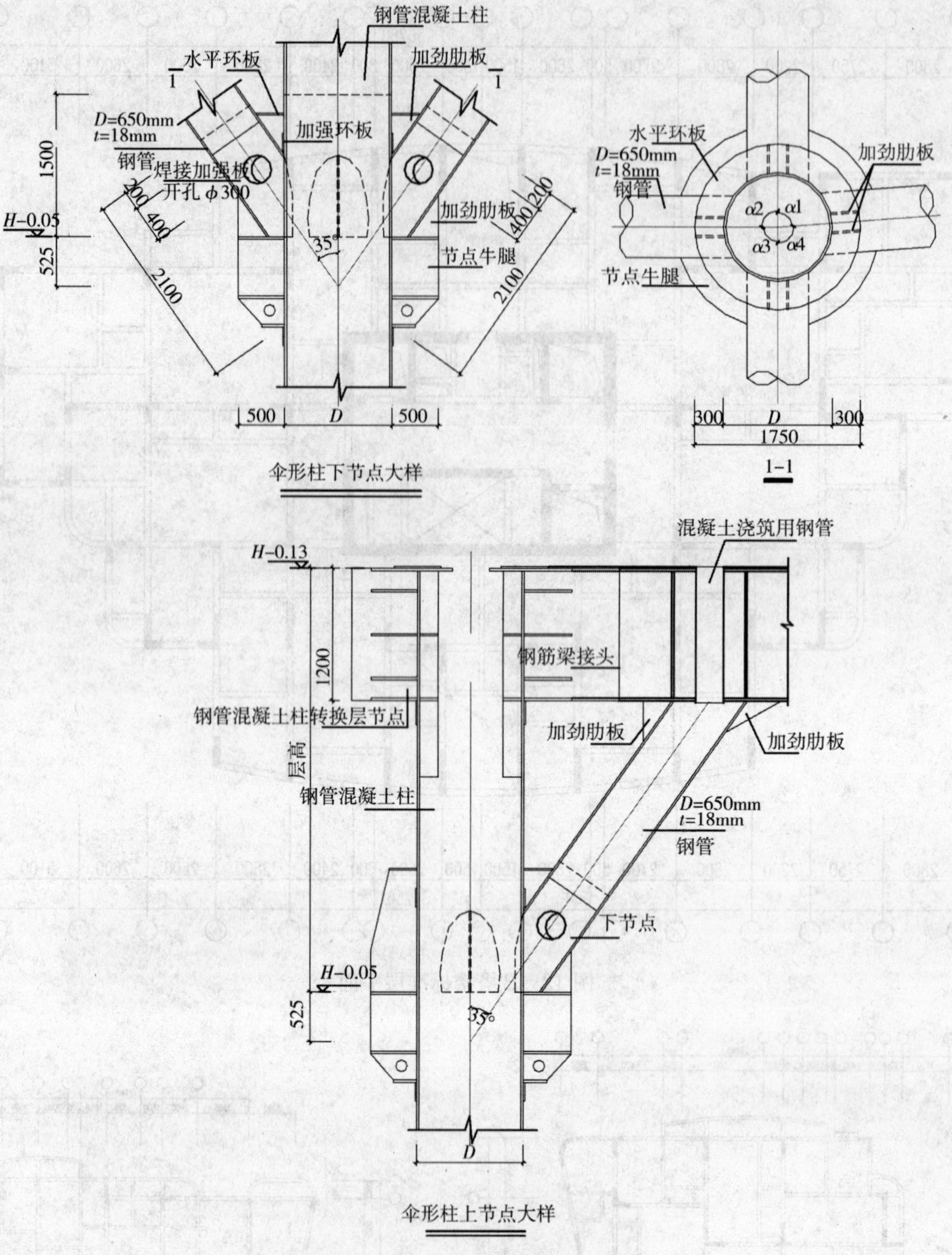

图 15　伞形斜撑转换结构

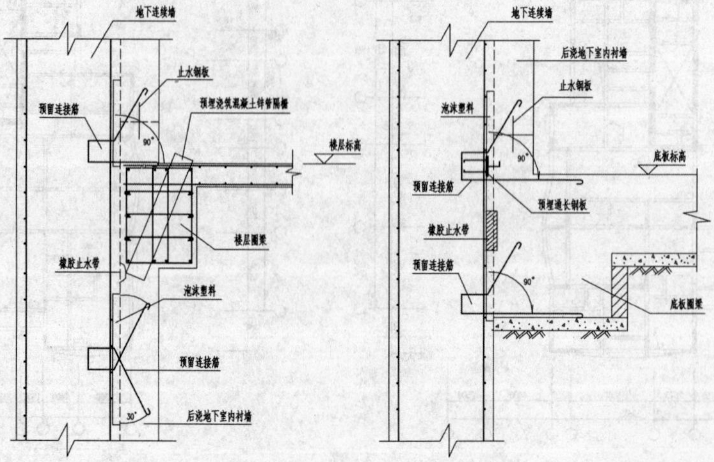

图 16　地下连续墙与楼盖连接构造

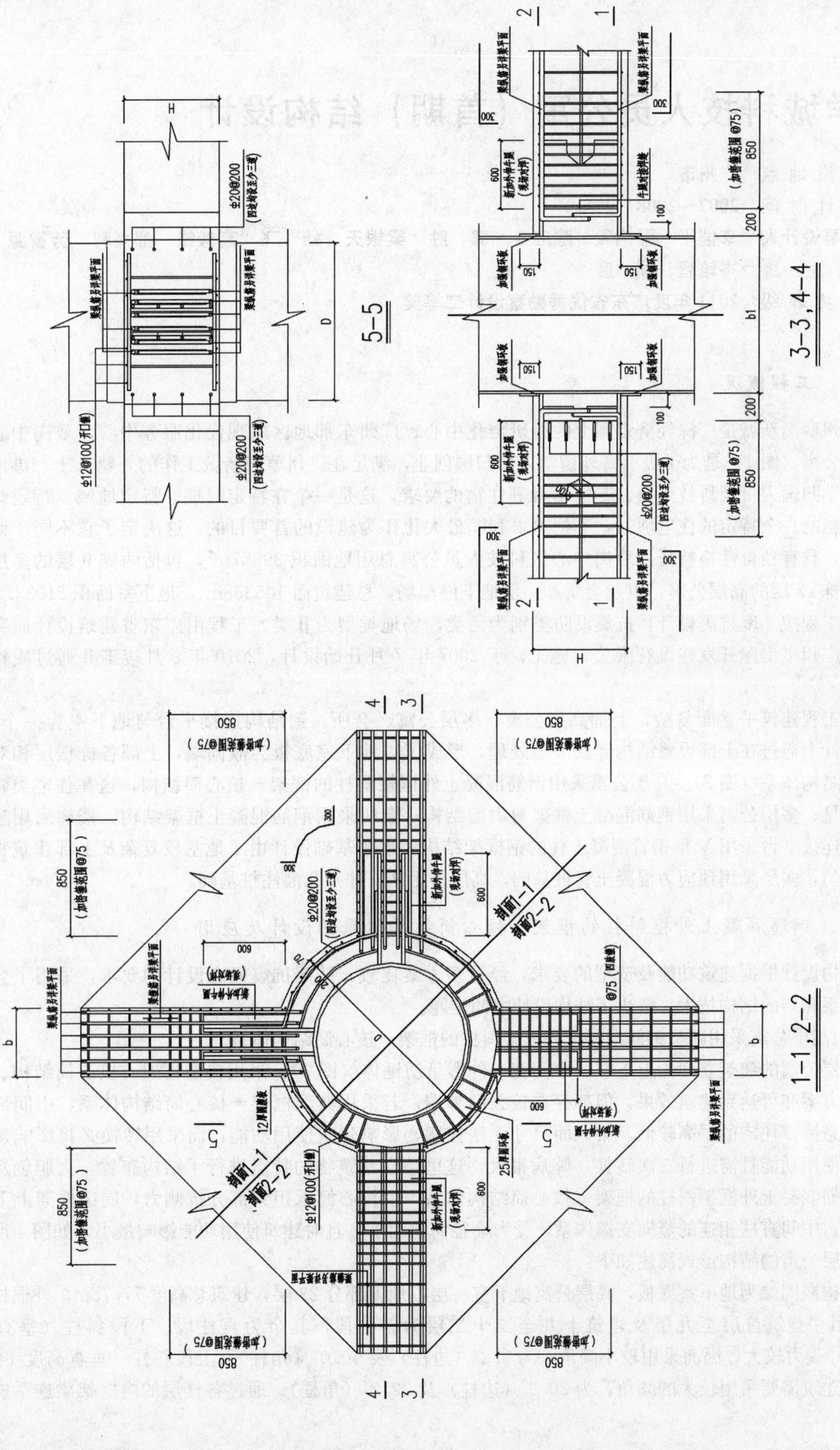

图17 钢管混凝土柱节点构造

科学城科技人员公寓（首期）结构设计

建设地点　广州市

设计时间　2007～2008

主要设计人　李恺平　梁艳云　陈应专　郭　胜　梁银天　杨　飞　高毅锋　都兴利　劳智源　岑培超　顾　彦

获奖等级　2011年度广东省优秀勘察设计二等奖

一、工程概况

广州萝岗新城是广深经济走廊上的科研孵化中心、广州东部地区的现代化服务中心，萝岗中心区科技人员公寓（图1）是为了吸引海外留学人员归国创业，满足在广州萝岗新城工作的外籍人士、港澳台侨胞、留学归国人员及科技人员、专家学者等住宿的要求，这是一个在特定时期、特定地域、特定政策背景下实施的一个特定的住宅项目，不把追求利润最大化作为建设的首要目的，这决定了它不同于商业楼盘住宅，具有独自性格特征。萝岗中心区科技人员公寓总用地面积39957m²，包括两栋9层的多层公寓楼，两栋22层的高层公寓，以及会所和一层地下停车场，总建筑面105358m²，地下室面积21033.82m²。

本工程按7度抗震设计，抗震设防类别为丙类，场地类型为Ⅱ类。工程由广东省建筑设计研究院设计，由广州市房屋开发建设有限公司施工，于2007年7月开始设计，2010年9月竣工并通过质检部门验收。

本工程建筑平立面复杂，上部高层公寓、多层公寓、会所、钢结构连接平台与地下室为一个整体，结构设计上通过在上部设置结构缝及节点处理，形成了以地下室底板为嵌固端，上部各栋楼层相对独立的多塔结构体系（图2）。高层公寓采用钢筋混凝土外框架斜柱的框架一核心筒结构，这在住宅类建筑中相当少见；多层公寓采用钢筋混凝土框架剪力墙结构；会所采用钢筋混凝土框架结构，楼梯采用悬挑钢楼梯；连接平台采用V形钢管混凝土柱的钢框架结构。地基基础设计由于地基较复杂及上部建筑物的受力不均匀，多层采用预应力混凝土管桩基础，高层采用钻（冲）孔灌注桩基础。

二、钢筋混凝土外框斜柱的框架一核心筒结构体系的设计及应用

结构设计根据建筑功能及造型的要求，经过多方案比较，按照抗震概念设计的要求，采用了合理的结构体系和新的结构技术，解决了结构设计中的难题。

1. 高层公寓采用新型钢筋混凝土外框架斜柱的框架一核心筒结构体系。

高层公寓的建筑立面为上下窄、中间宽，外形呈纺锤体（图3），采用典型框架一核心筒结构、高位转换等方案亦可达到建筑效果，但都存在较大的弊端，若采用典型框架一核心筒结构体系，中间部位周边为大悬挑，住宅的层高较低，梁截面尺寸无法控制，影响建筑使用功能，而采用转换必将影响建筑部分楼层使用功能且需进行二次转换，弊病很大，这里结合建筑物的特点进行了结构布置，大胆创新，采用了钢筋混凝土外框架斜柱的框架一核心筒结构体系，由核心筒承担大部分抗侧力，周边框架上下端采用斜柱，中间直柱相连的竖向支撑体系，受力途径简单明了，且对建筑使用功能影响最小，如图4所示。

高层公寓的结构形式简述如下：

结构嵌固端为地下室底板，高层公寓地下室一层，地上部分23层，建筑总高度77.75m，外框柱共分4段，其中建筑首层至九层及建筑十九至二十二层为斜柱段，其余为直柱段。下段斜柱（垂直高度31.5m）受力较大，因而采用较小倾角，为7.2°（边柱）及10.0°（角柱）；上段斜柱（垂直高度14.6m）则根据建筑需要采用较大的倾角，为20.9°（边柱）及32.2°（角柱）。通过各楼层的内框架梁连系核心筒

及外框柱，并用外框架梁将外框柱箍成整体，并保证了斜柱的稳定性，如图 5 所示。斜柱具有竖向杆件连续、刚度均匀的特点，使结构整体侧向刚度及承载力自下而上均匀变化。本工程整体计算采用 PMSAP 软件，MIDAS 验证，主要计算结果如表 1。

高层公寓主要整体计算结果 **表 1**

自振周期（s）	T_1	2.92	T_2	2.38	T_3（Tt）	2.23
	T_4	0.74	T5	0.66	T_6	0.49
	T_7	0.40	T8	0.36	T_9	0.27

		X 向	*Y* 向
地震作用下的位移	顶点	1/2094	1/1655
	层间	1/1655	1/805
风荷载作用下的位移	顶点	1/2753	1/1845
	层间	1/2326	1/1368
地震作用下框架承担的基底弯矩 M_0（kN・m）		75220	95770
地震作用下剪力墙承担的基底弯矩 M_0（kN・m）		308058	236376
地震作用下的基底剪力 Q_0（kN・m）		6252	5298

钢筋混凝土外框架斜柱的框架一核心筒结构体系的另一个特点是在竖向及水平荷载的共同作用下，斜柱会对楼层构件产生较大的水平力。边柱对连接外框架柱和核心筒的框架梁产生较大的拉力，角柱对外框架梁产生较大的水平力，斜柱转换点处的框架梁成为压弯构件，图 6 为不考虑楼板刚度贡献情况下各楼层框架梁最大轴力包络。斜柱转折处楼层构件都出现较大的水平力，其中二十、二十一层及首层楼面产生较大的水平压力，框架梁按压弯构件设计，九、十、十一层及十八、十九层楼面产生较大水平拉力，框架梁按拉弯构件设计，且混凝土楼板亦承受了部分水平力。

2. 采用主动式与被动式结合方式解决外框架斜柱的框架一核心筒结构竖向构件转折处框架梁受拉难题。

为解决拉力产生的不利影响，可以采用被动式和主动式两种方法。被动式方法即为加大梁截面及配筋率，严格按照空间整体计算和平面计算的最不利荷载组合进行拉弯构件验算和校核。主动式方法是在受拉框架梁上设置预应力钢索，并以有粘结形式设置在混凝土梁内，以主动抵消一部分梁内水平拉力。在拉力较大部位采用被动式方法梁截面较大，影响建筑使用空间。而主动式可以有效控制梁截面，但有粘结预应力钢筋需在混凝土强度达到 75%强度时方能张拉，会对施工工期产生很大影响。因此，综合考虑住宅梁截面尺寸控制、经济及施工进度因素，针对拉弯构件采用主动式（有粘结直线预应力钢筋）与被动式（普通钢筋）结合的方式进行设计。按照混凝土 28d 龄期，即施工预应力楼层以上 6 层楼层的施工进度时的荷载配足预应力混凝土梁的普通钢筋（施工现场在当前预应力楼层以上 6 层混凝土浇筑前张拉当前层预应力），在此基础上再进行直线预应力筋（图 7）的配置，以共同承受使用阶段的荷载。拉力较小部位则仅配置普通钢筋满足拉弯构件的强度要求。本工程中，九、十、十一、十八、十九及天面层主框架梁设置了拉通的直线预应力筋（图 8）。

预应力主框架梁是本工程设计的关键部位，关系到整个结构的稳定，因此需要有一定的安全储备，在进行预应力框架梁分析计算及设计时，不考虑楼板平面外刚度的贡献。

3. 拉弯混凝土楼板设计

混凝土楼板与梁共同承受楼层平面内外的荷载，斜角柱转折部位楼板更是处于三向受拉状态，一般情况下，用 PMSAP 软件中的弹性板 6 模拟楼板平面内外的刚度能比较真实的模拟楼板的刚度和变形。但在进行斜柱及与斜柱相连的水平构件内力分析计算时，只考虑荷载短期作用的效应，未考虑楼盖梁处于带裂缝工作状态时，由于其刚度的退化而引起与之相连构件的内力重分布，随着楼盖梁刚度的减小，梁的端部弯矩和剪力减小，轴力显著减小，而楼板的轴力增加，楼板的拉弯效应明显。因此，仅按程序弹性计算出来的内力还无法真实反应楼板的受力状态，特别是与斜柱相连的端部容易配筋不足而导致楼板裂缝过大，无法保证楼板的可靠传力，影响住宅正常使用功能。

本工程具体设计时，出于安全考虑，在保证关键部位框架梁具有一定安全储备的情况下，斜柱转折处拉力较大楼层的楼板按弹性板6进行内力计算，并将梁轴力的50%卸于楼板承担，调整楼板配筋，保证楼板的可靠传力。

三、V形钢管混凝土柱的钢框架设计

1. V形钢管混凝土柱的钢框架结构体系

多层钢结构连接平台共5层（其中顶层为构架层），位于高层公寓与多层公寓之间，与多层公寓用结构缝分开（直柱处），与高层公寓仅在连接平台顶层构架层端部钢梁用铰接相连，以支撑顶层构件，在受力上基本独立。平面尺寸约为10m×13m～20m×25m，略呈扇形的不规则形状；立面上，层高6.3m，建筑高度31.00m，呈下小上大，如图9所示。钢结构连接平台采用两组V形钢管混凝土柱与直钢管柱组合而成的竖向支撑体系，以承受竖向力及水平力，柱与楼层热轧H形钢框架梁采用栓焊刚性连接形成了稳定的框架结构体系，如图10所示。采用钢管混凝土柱提高了竖向承载力，并增强了框架的抗侧刚度，有效的控制了柱截面，外形轻巧简洁。用MIDAS/GEN软件进行计算分析，嵌固端为承台面，主要结果如表2：

多层钢结构连接体主要计算结果 表2

方	向	X向	Y向	规范限值
自振周期(s)	T_1	1.425		
	T_2	1.059		
	T_3	0.874		
	T_4	0.588		
	T_5	0.483		
	T_6	0.408		
地震作用下位移	顶点	1/815	1/2583	
	层间	1/769	1/588	1/300
风作用下位移	顶点	1/721	1/1148	1/500
	层间	1/625	1/2000	1/400

经过屈曲模态分析，第一模态稳定安全系数为8.9，薄弱部位在顶层构架，下部及V柱稳定性很好。

2. V形钢管混凝土柱连接节点

V柱分肢在楼层处设置环形节点板与型钢梁栓焊刚性连接，环形节点板传力可靠，在节点区应力满足的情况下，避免了在钢管内设加劲肋，方便施工，如图11所示。

V形柱在首层处转换成直柱，V形柱脚处，V形柱分肢主要承受轴向力，弯矩及剪力较小，因此在分肢交接处通过24mm厚椭圆形加劲板坡口焊接，以传递分肢轴力，采用一级焊缝，保证焊缝质量，如图12所示。

3. 与高层连接处铰接节点处理

钢连接平台相对于高层公寓侧向刚度很小，连接平台顶层构架端部钢梁支撑在高层公寓10层外围混凝土梁上，与预埋件铰接连接（图13），连接处加侧向加劲板，加强了构架稳定性。连接平台钢结构与高层公寓协同变形，用MIDAS软件建立整体模型考察高层公寓变形对钢连接平台的影响，复核了连接平台的强度。

四、采用无粘结预应力钢绞线解决超长地下室温度应力及混凝土收缩问题

对于超过规范规定的超长混凝土结构，在温度荷载、混凝土收缩及徐变等作用下，极易产生裂缝，

不利于结构抵抗环境腐蚀的作用，影响结构的耐久性。本工程地下室长187.9m、宽137m（图14），结构不分缝，属超长混凝土结构，需解决超长地下室温度应力及混凝土收缩问题。除设后浇带、提高配筋率及控制施工和材料等抗裂措施外，采用专门的预应力措施。地下室的底板、侧壁、首层部分梁采用无粘结预应力技术，预应力钢绞线直线型布置，施加预应力以提高受力性能、抗裂性能和减小挠度。

五、结语

广州科学城科技人员公寓为定位及标准都很高的住宅项目，结构设计遵循安全、实用的原则，根据建筑功能及造型的要求，采用了合理的结构体系和新的结构技术，取得了良好的效果。

图1　整体鸟瞰图

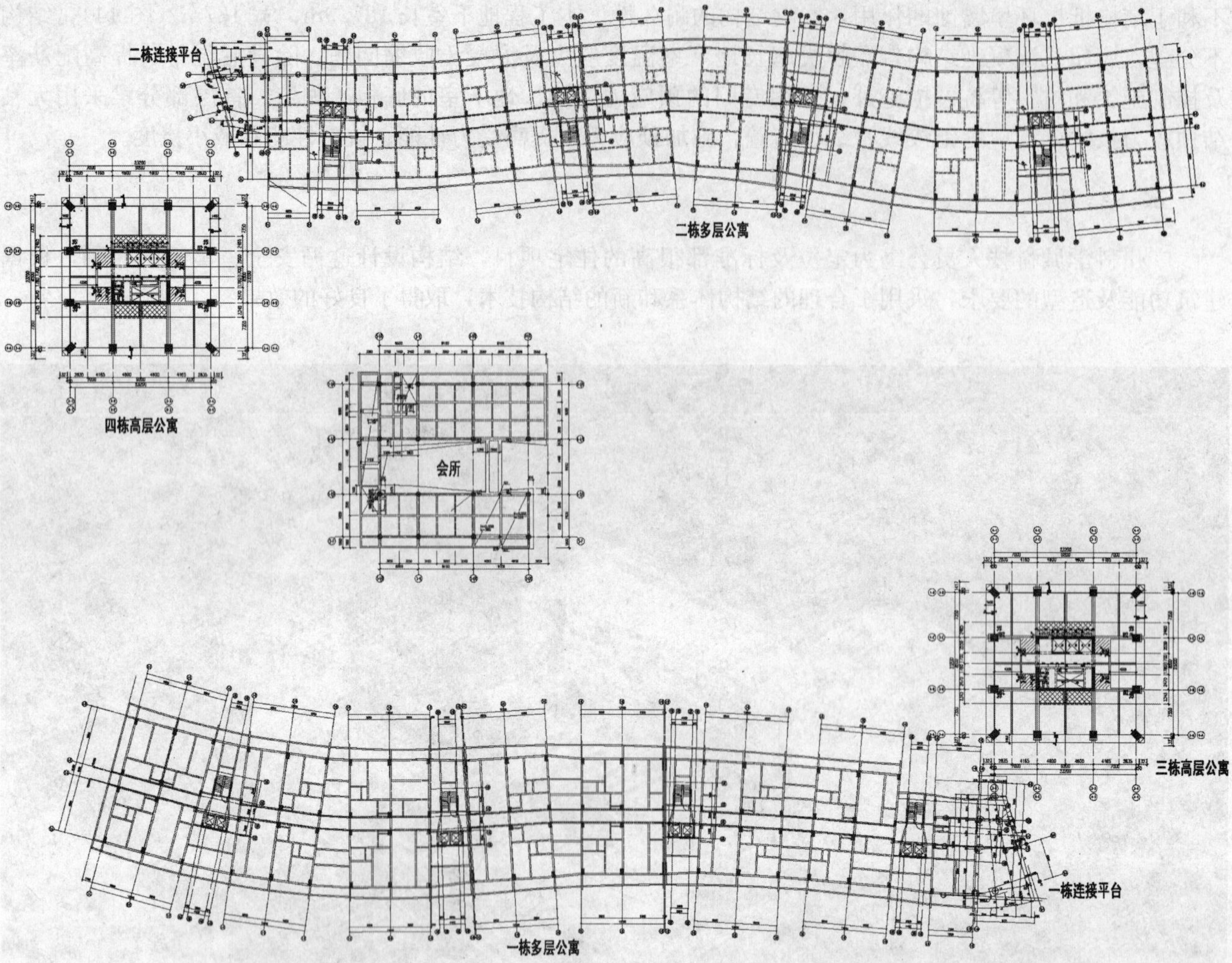

图 2　整体二层平面图

图 3　高层公寓实景

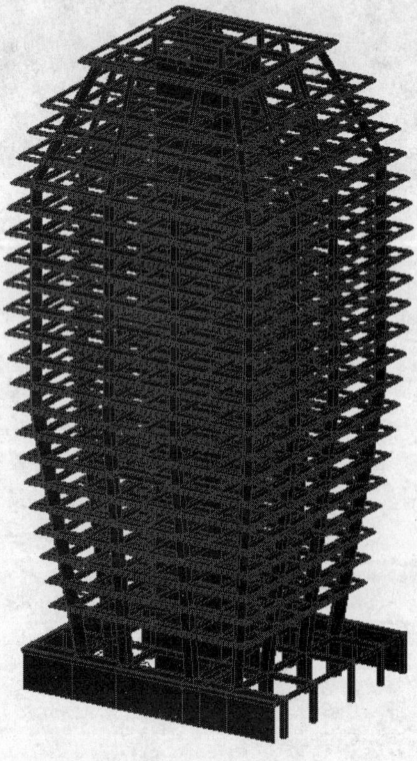

图 4　结构模型

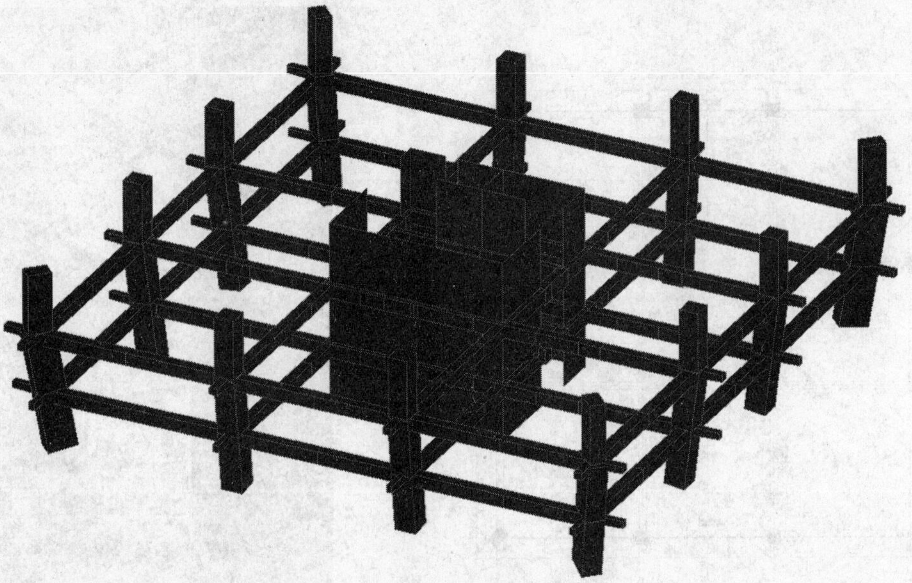

图 5　楼层主体结构布置示意图

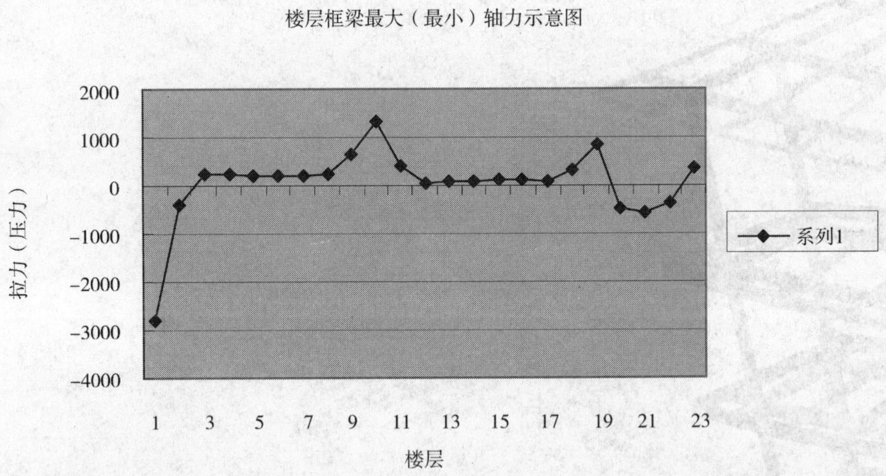

图 6　各楼层框架梁最大（最小）轴力包络图（拉力为正）

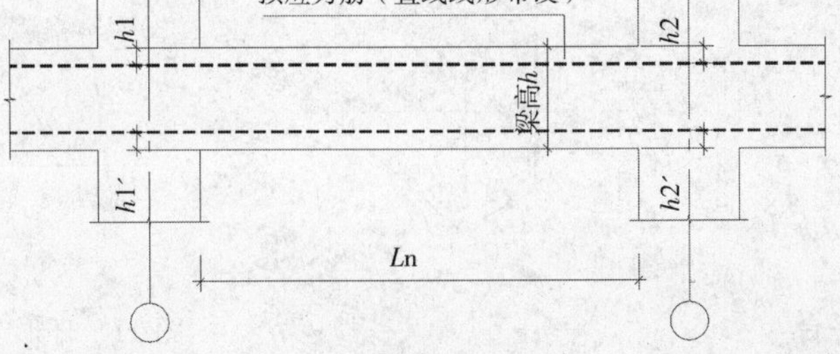

图 7　直线预应力筋布设大样

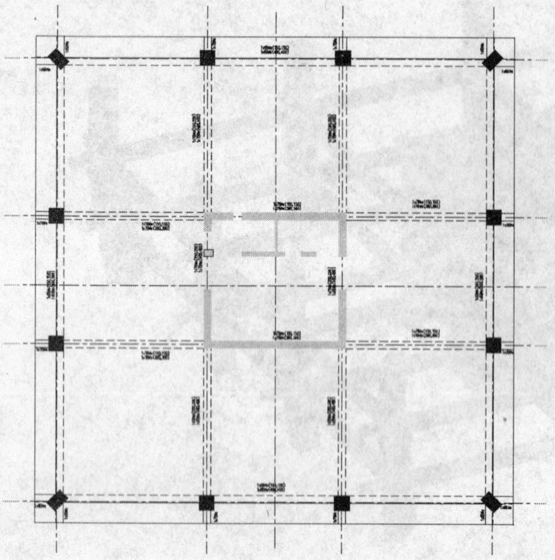

图 8　直线预应力筋平面布置图

图 9　连接平台实景

图 10　钢结构连接平台

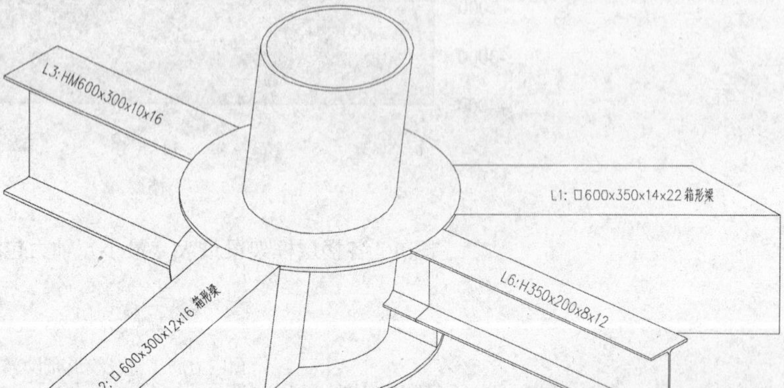

图 11　环形节点

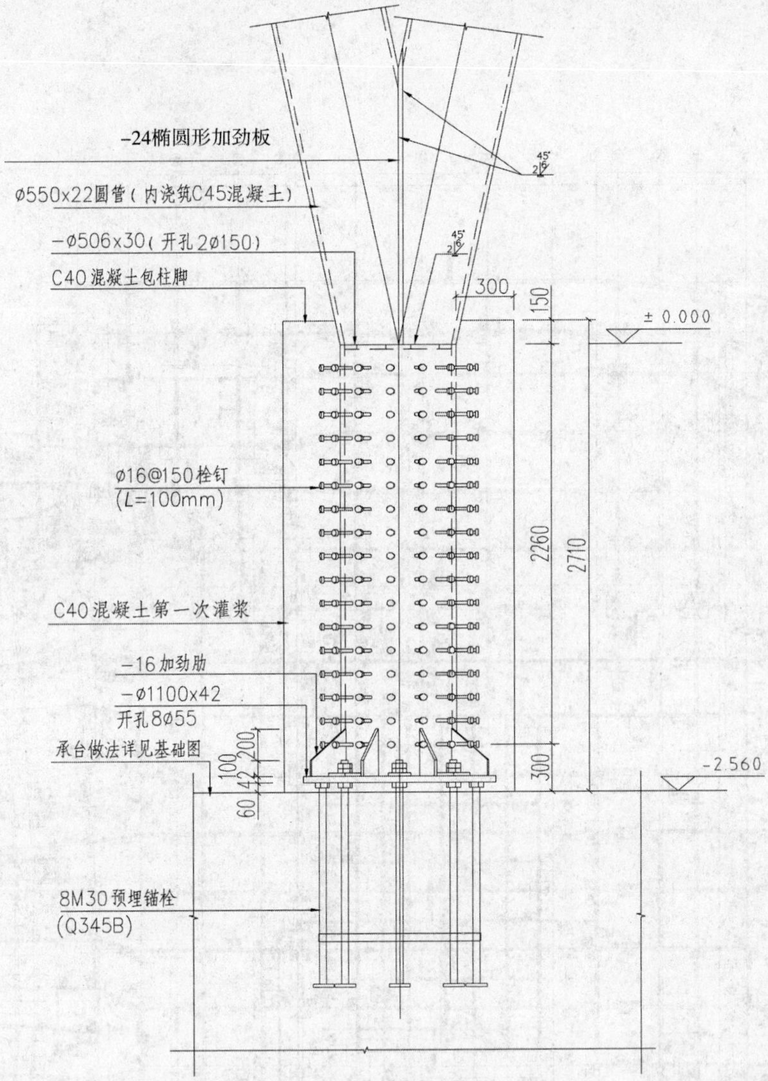

图 12 V形柱脚节点

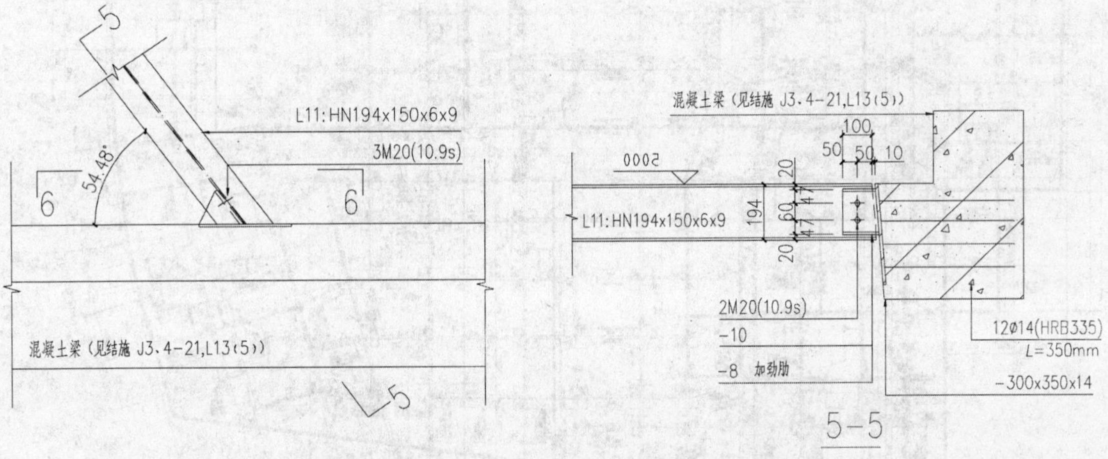

图 13 连接平台顶层构架与高层铰接节点

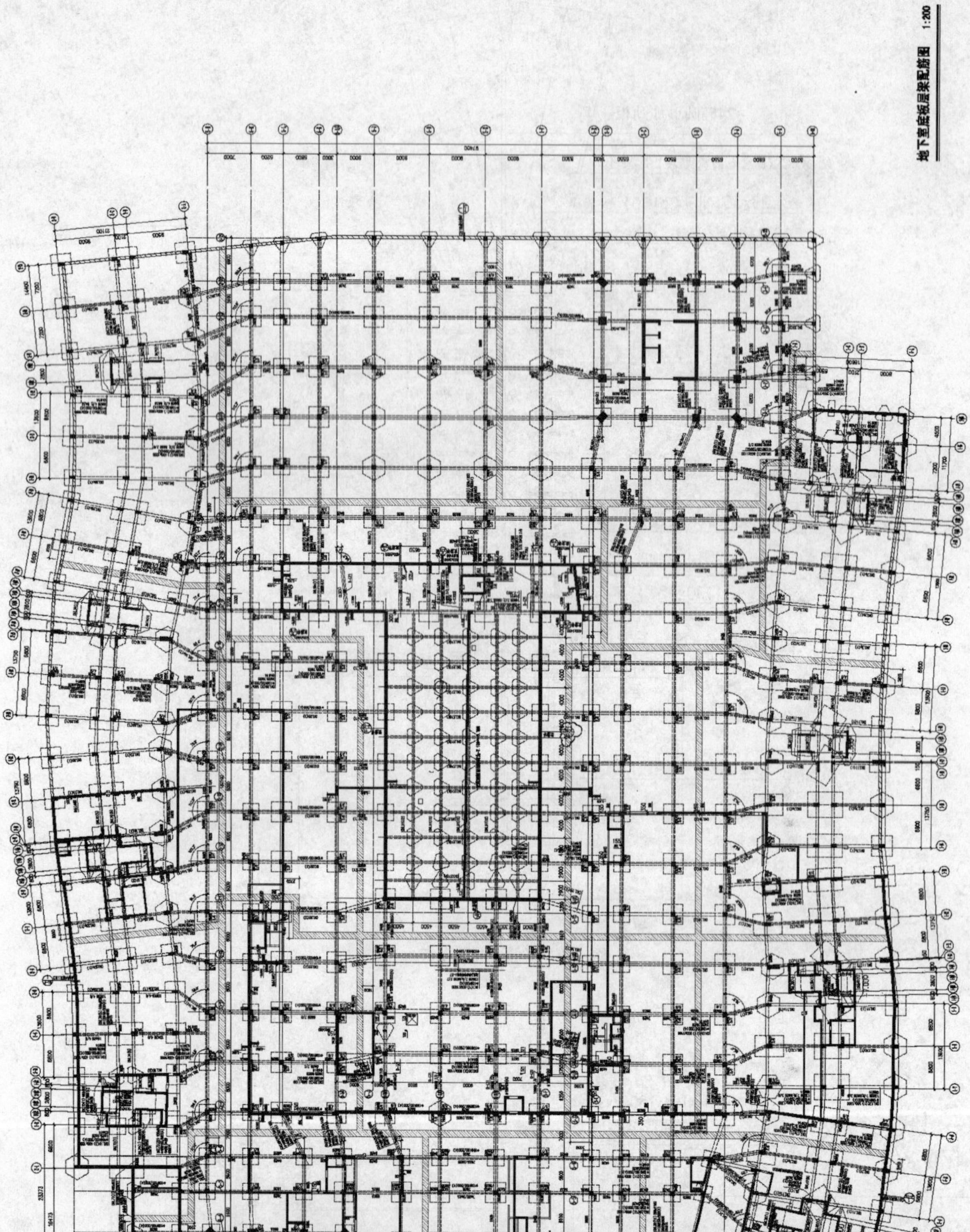

图14 地下室底板图

南海颐景园二、三期结构设计

建设地点　佛山市

设计时间　2005～2007

主要设计人　李　宁　王华林　梁志红　范绍芝　甄庆华　张　杰　吴勇军

获奖等级　2011年度广东省优秀工程勘察设计二等奖

一、工程概况

佛山市南海颐景园住宅小区位于南海的中心城区－桂城的东区。地块东至平三路，南临桂平路，西接平二路，北靠佛平路，毗临广州和深圳经济发达区，是广－深经济圈的重要组成部分。二期总面积为245014m²，其中地上建筑面积为204275m²，地下面积为40739m²。地下室为一层地下车库，局部为下沉式地坑机械停车库。本工程地下室尺寸为342m×186m，设三道伸缩缝，把地下室分为四个区，缝宽为100mm。其上由GB区和GZ区共17栋塔楼组成。塔楼之间从首层开始用防震缝分开，缝宽300mm。塔楼层数为二十六至三十二层。总高度为89.2～98.2m。三期总面积为21万多平方米，其中地上建筑面积为16万多平方米，地下面积4万多平方米。GN区地下室为一层地下车库。其上由GN共15栋塔楼组成。塔楼之间从首层开始用防震缝分开，缝宽250mm。塔楼层数为十六至二十三层。项目落成的部分照片见图1、图2。

二、地质概况及基础设计

1. 地质概况

第（1）层人工填土，大部分稍压实，力学性质不稳定，为不良地基土。

第（2）层粉砂、细砂，呈松散～稍密状，局部中密，局部可液化，工程活动时会引起流砂。

第（3）层粉质黏土、黏土，呈软～可塑状，承载力不大。

第（4）层淤泥质土、淤泥，呈流塑状，含水量高，压缩性大，抗剪强度低，为不良地基土。

第（5）层粉砂，呈松散～稍密状，局部中密，局部可液化，工程活动时会引起流砂。

第（6）层淤泥、淤泥质土，呈流塑状，含水量高，压缩性大，抗剪强度低，为不良地基土。

第（7）层粉质黏土、黏土，呈可塑状，承载力不大。

第（8）层中粗砂，有一定的承载力，分布连续，厚薄不一。

第（9）层强风化岩，本场地大部分地段均有分布，承载力较高，为理想的预制桩桩端持力层。

第（10）层中风化岩，岩质较硬，工程强度较高，但岩层多呈较破碎，可作为预制桩桩端持力层；或钻孔桩之摩擦端承桩的持力层。

第（11）层微风化岩，岩质坚硬，工程强度高，为理想的钻孔桩桩端持力层。

2. 基础设计

本工程地基基础设计等级为甲级，基础构件承载力计算重要性系数$\gamma_0=1.0$，地下层防水等级二级。

本场地近地表地基土为人工填土、粉细砂，对于建造十六至二十三层的建筑物，没有可供选用的天然地基，必须采用桩基础。各土层土力学参数详表1。本工程采用预应力混凝土管桩基础，持力层为桩端持力层选择强风化岩中下部或中风化岩上部。预计桩长11.0～15.0m左右。桩径$\phi400$、$\phi500$和$\phi600$，单桩竖向承载力特征值分别取1300kN、2000kN和3000kN。局部桩基础平面图见图3。无塔楼的地下室部分及幼儿园、商铺部分，需要采取抗浮措施，本工程采用桩径$\phi400$和$\phi500$的预应力混凝土管桩作为抗拔桩，抗拔承载力特征值分别取250kN和450kN。各土层抗拔系数详表2。

各岩土层力学参数一览表（按广东省标准《建筑地基基础设计规范》DBJ 15—31—2003）　　表 1

序号	岩土层岩性状态或密度	承载力特征值（f_{ak}）或抗压强度（f_r）（kPa）	预制桩桩周土摩阻力特征值（q_{sa}）（kPa）	桩端土（岩）承载力特征值（q_{pa}）（kPa）			
				预制桩		钻、冲孔桩	
				入土 9～16m	入土＞16m	入土≤15m	入土＞15m
(1)	人工填土（稍经压实）						
(2)	粉砂、细砂，（松散～稍密）	$f_{ak}=100$	10～15				
(3)	粉质黏土、黏土（可塑）	$f_{ak}=130$	18～25				
(4)	淤泥质土、淤泥（流塑）	$f_{ak}=50$	9～12				
(5)	粉砂（松散～稍密）	$f_{ak}=100$	10～15				
(6)	淤泥质土、淤泥（流塑）	$f_{ak}=60$	9～12				
(7)	粉质黏土（可塑）	$f_{ak}=180$	25～33				
(8)	中、粗砂、局部砾砂（中密～密实）	$f_{ak}=250$	30～40	3000	3500		
(9)	强风化岩带	$f_{ak}=600$	80～120		5000		1000
(10)	中风化岩带	$f_r=1200$～152100 $f_{rk}=4495$ $f_a=2000$			6000		1200
(11)	微风化岩带	$f_r=4000$～28100 $f_{rk}=10642$ $f_a=3724$		钻、冲孔桩：$q_{pa}=2300$			

注：q_s预制桩用大值，其他桩型用小值。

土层的抗拔系数表　　表 2

层号	岩 土 名 称	抗 拔 系 数 λ_i
(2)	粉砂、细砂	0.5
(3)	粉质黏土、黏土、局部粉土	0.7
(4)	淤泥质土、淤泥	0.15
(5)	粉砂	0.5
(6)	淤泥质土、淤泥	0.15
(7)	粉质黏土、黏土	0.7
(8)	中砂、粗砂、局部砾砂	0.6

地下室埋深为－5.5m，桩承台高度最小值为 $h=1$m，$h/H=6.5/98=1/15.08>1/18$，满足《高层建筑混凝土结构技术规程》第 12.1.7 条基础深度的规定。

三、荷载取值

本工程高层住宅基本风压值按 100 年重现期的风压值计算，基本风压 0.6kN/m²，地面粗糙类别为C类。

楼层部位使用功能活荷载标准值　　表 3

项次	类　别	活荷载标准值	准永久值系数	频遇值系数	分项系数
1	超市区	5.0	0.5	0.6	1.4
2	车库	4.0	0.6	0.7	1.4
3	设备机房	8.0	0.8	0.9	1.4
4	工作间	2.0	0.4	0.5	1.4
5	商铺	3.5	0.5	0.6	1.4
6	洗手间（商场）	2.5	0.5	0.6	1.4
7	楼梯	3.5	0.3	0.5	1.4
8	大堂	3.5	0.5	0.6	1.4
9	客厅、卧室	2.0	0.4	0.5	1.4
10	厨房	2.0	0.5	0.6	1.4
11	洗手间（住宅）	2.0	0.4	0.5	1.4
12	阳台	2.5	0.5	0.6	1.4
13	上人屋面	2.0	0.4	0.5	1.4
14	不上人屋面	0.5	0	0.5	1.4
15	花园	3.0	0.5	0.6	1.4

首层施工堆载 10kN/m²，地下室周边活荷载取 10kN/m²，首层平面图详图 4。

四、主体结构设计

本工程抗震设防类别为丙类。所在地区抗震设防烈度为 7 度，地震分组为第一组，基本加速度值为 0.1g，按 7 度抗震构造措施设防。

高层住宅采用钢筋混凝土框架抗震墙结构，按 7 度抗震构造措施设防，游泳池部分采用框架结构。泳池屋面及 GN10 的标准层结构平面图见图 5、图 6。高层住宅框架抗震等级为二级，抗震墙抗震等级为二级（其中短肢墙提高一级），塔楼部分抗震墙抗震墙抗震等级为三级（其中短肢墙提高一级）；有裙房的底部加强部位的高度由负一层～裙房屋面层，无裙房的底部加强部位的高度由负一层～首层。

三期的地下室层高为 4m，由于地下室超长，地下室通风管道的布置也较为复杂，所以对地下室净高的要求比较高。但是三期的首层又是园林景观荷载较大的区域，需要做复杂的水体假山等景观，综合折算成覆土的厚度达到了 1.2m，而地下柱跨 8.1m，按常规的梁板结构形式，在满足受力以及裂缝控制的前提下，无法满足地下室净高要求。本工程首层采用无梁楼盖结构，柱帽设计成阶梯式矩形柱帽，高度为 800mm，楼板厚度 240mm，在柱帽之间设置 600 宽暗梁（柱帽大样详图 7）；同时辅以楼板预应力钢筋，预应力筋采用 1860MPa ϕs15.24 有粘结钢绞线，在柱跨范围内双向均匀布置，预应力筋张拉端均过梁边 2000，固定端均过梁边 1000。工程已竣工使用多年，从使用情况方面来说，达到了良好的效果。

本工程结构分析采用中国建筑科学研究院编制的 SATWE 进行分析计算，并以此作为设计依据，计算时按框架剪力墙结构建模，考虑扭转耦联及双向地震和施工模拟，取 18 个振型（以有效质量 $C \geqslant 0.9$ 控制）进行计算，结构计算总层数为 32 层（30 层高楼宇），首层楼面加侧限，结构嵌固端取地下室底板面。

高层部分试算结果（以 GB1 为例） **表 4**

<table>
<tr><td colspan="3">计 算 程 序</td><td colspan="3">SATWE</td></tr>
<tr><td rowspan="8">自振周期（s）</td><td colspan="2">T_1</td><td colspan="2">2.388</td><td>主要 X 向</td></tr>
<tr><td colspan="2">T_2</td><td colspan="2">2.264</td><td>主要扭+Y</td></tr>
<tr><td colspan="2">T_3</td><td colspan="2">1.889</td><td>主要扭+Y</td></tr>
<tr><td colspan="2">T_4</td><td colspan="2">0.635</td><td>主要 X 向</td></tr>
<tr><td colspan="2">T_5</td><td colspan="2">0.619</td><td>主要扭+X</td></tr>
<tr><td colspan="2">T_6</td><td colspan="2">0.584</td><td>主要 Y 向</td></tr>
<tr><td colspan="2">T_7</td><td colspan="2">0.309</td><td>主要 X 向</td></tr>
<tr><td colspan="2">T_8</td><td colspan="2">0.297</td><td>主要 X 向</td></tr>
<tr><td rowspan="6">地震作用</td><td colspan="3">基底总剪力 Q_O（kN）</td><td>11024.15</td><td>11024.15</td></tr>
<tr><td colspan="3">Q_O/Wt（%）</td><td>1. 60%</td><td>1. 60%</td></tr>
<tr><td rowspan="2">最大层间位移</td><td colspan="2">$\Delta u/h$</td><td>1/2010</td><td>1/1851</td></tr>
<tr><td colspan="2">所在楼层</td><td>16</td><td>12</td></tr>
<tr><td rowspan="2">有效质量系数</td><td colspan="2">$C_{max}-X$（%）</td><td>99%</td><td></td></tr>
<tr><td colspan="2">$C_{max}-Y$（%）</td><td>99%</td><td></td></tr>
<tr><td rowspan="4">风荷载作用</td><td colspan="3">总风力 Q（kN）</td><td>5092.1</td><td>5092.1</td></tr>
<tr><td colspan="3">基底总弯矩 M（kN·m）</td><td>351680.6</td><td>351680.6</td></tr>
<tr><td rowspan="2">最大层间位移</td><td colspan="2">$\Delta u/h$</td><td>1/1985</td><td>1/1200</td></tr>
<tr><td colspan="2">所在楼层</td><td>16</td><td>11</td></tr>
<tr><td rowspan="2" colspan="2">重量（包括承重结构、非承重结构、活荷载）</td><td>总重量
Wt（kN）</td><td colspan="3">199281.13</td></tr>
<tr><td>单位总量
（kN/m²）</td><td colspan="3">18</td></tr>
</table>

各栋塔楼计算结果汇总见表 5、表 6：

风荷载和地震作用的最大层间位移角，地震作用下的最大扭转位移比 **表 5**

<table>
<tr><td rowspan="2">楼 号</td><td rowspan="2">方 向</td><td colspan="2">最大层间位移（楼层）</td><td rowspan="2">最大扭转位移比</td></tr>
<tr><td>风荷载作用下</td><td>地震作用下</td></tr>
<tr><td rowspan="2">GB1</td><td>X</td><td>1/1985</td><td>1/2010</td><td>1.03（风，地）</td></tr>
<tr><td>Y</td><td>1/1200</td><td>1/1851</td><td>1.10（地）</td></tr>
<tr><td rowspan="2">GB2</td><td>X</td><td>1/2034</td><td>1/1933</td><td>1.08（地）</td></tr>
<tr><td>Y</td><td>1/1063</td><td>1/1571</td><td>1.20（地）</td></tr>
<tr><td rowspan="2">GB3</td><td>X</td><td>1/1739</td><td>1/1659</td><td>1.09（地）</td></tr>
<tr><td>Y</td><td>1/938</td><td>1/1360</td><td>1.25（地）</td></tr>
<tr><td rowspan="2">GB5</td><td>X</td><td>1/1424</td><td>1/1736</td><td>1.11（地）</td></tr>
<tr><td>Y</td><td>1/1272</td><td>1/1820</td><td>1.20（风）</td></tr>
<tr><td rowspan="2">GB9</td><td>X</td><td>1/1578</td><td>1/1652</td><td>1.15（风）</td></tr>
<tr><td>Y</td><td>1/1019</td><td>1/1472</td><td>1.01（风，地）</td></tr>
<tr><td rowspan="2">GZ1</td><td>X</td><td>1/1870</td><td>1/1709</td><td>1.11（风）</td></tr>
<tr><td>Y</td><td>1/1062</td><td>1/1653</td><td>1.12（风）</td></tr>
</table>

续表

楼号	方向	最大层间位移（楼层）		最大扭转位移比
		风荷载作用下	地震作用下	
GZ2	X	1/2522	1/2011	1.03（地）
	Y	1/1123	1/1670	1.07（地）
GZ3	X	1/1987	1/1810	1.12（风）
	Y	1/1116	1/1684	1.15（风）

计算结果表明：最大层间位移角剪力墙结构小于1/1000，满足《高层建筑混凝上结构技术规程》第4.6.3条的要求。地震作用下，楼层竖向构件最大弹性水平位移和层间位移与楼层两端平均位移和层间平均位移的最大比值均小于1.2，属扭转规则平面。

基底剪力、弯矩（扭矩）和总质量（地震作用下） **表6**

楼号	方向	基底剪力 Q_0（kN）	基底剪力 M_0（kN·m）	总质量 W_t（kN）	标准层单位面积重度（kN/m²）	Q_0/W_t
GB1	X	2953.02	147366.80	199281.13	18.49	1.6%
	Y	2881.42	146210.06			1.6%
GB2	X	3004.52	157728.19	206331.25	18.59	1.6%
	Y	2868.01	153153.53			1.6%
GB3	X	3264.02	183580.44	236403.59	18.75	1.6%
	Y	3212.68	177896.34			1.6%
GB5	X	3268.86	161808.30	26155.86	17.31	1.6%
	Y	3408.98	167400.39			1.6%
GB9	X	3882.79	242670.2	25532.87	17.64	1.6%
	Y	3942.96	236269.58			1.6%
GZ1	X	2875.47	158963.89	19077.77	16.49	1.6%
	Y	2949.68	157604.00			1.6%
GZ2	X	3654.05	185631.94	265456.02	17.85	1.6%
	Y	3621.88	178385.66			1.6%
GZ3	X	2993.3	164605.28	19843.74	16.61	1.6%
	Y	3023.48	163383.92			1.6%

计算结构表明：各层侧向刚度均大于相邻上一层的侧向刚度的70%，并大于其上相邻三层侧向刚度平均值80%，满足《高层建筑混凝上结构技术规程》第4.4.2条的要求。

结构刚度比>1.4，满足《高层建筑混凝上结构技术规程》第5.4.4条关于结构稳定性的规定，可以不考虑重力二阶效应。

分析上述计算结果，当工程周期位移符合规定要求，Q/W_t值适中，综合评定构件截面合理，结构体系选择恰当。

五、新技术措施的使用

本工程的砌体采用非黏土砖和轻质材料；竖向筋驳接采用埋弧对焊连接；地下室及部分裙楼的平面长度超长，采用了设置后浇带及混凝土添加微膨胀外加剂的措施。

图1　园林实景

图2　泳池实景

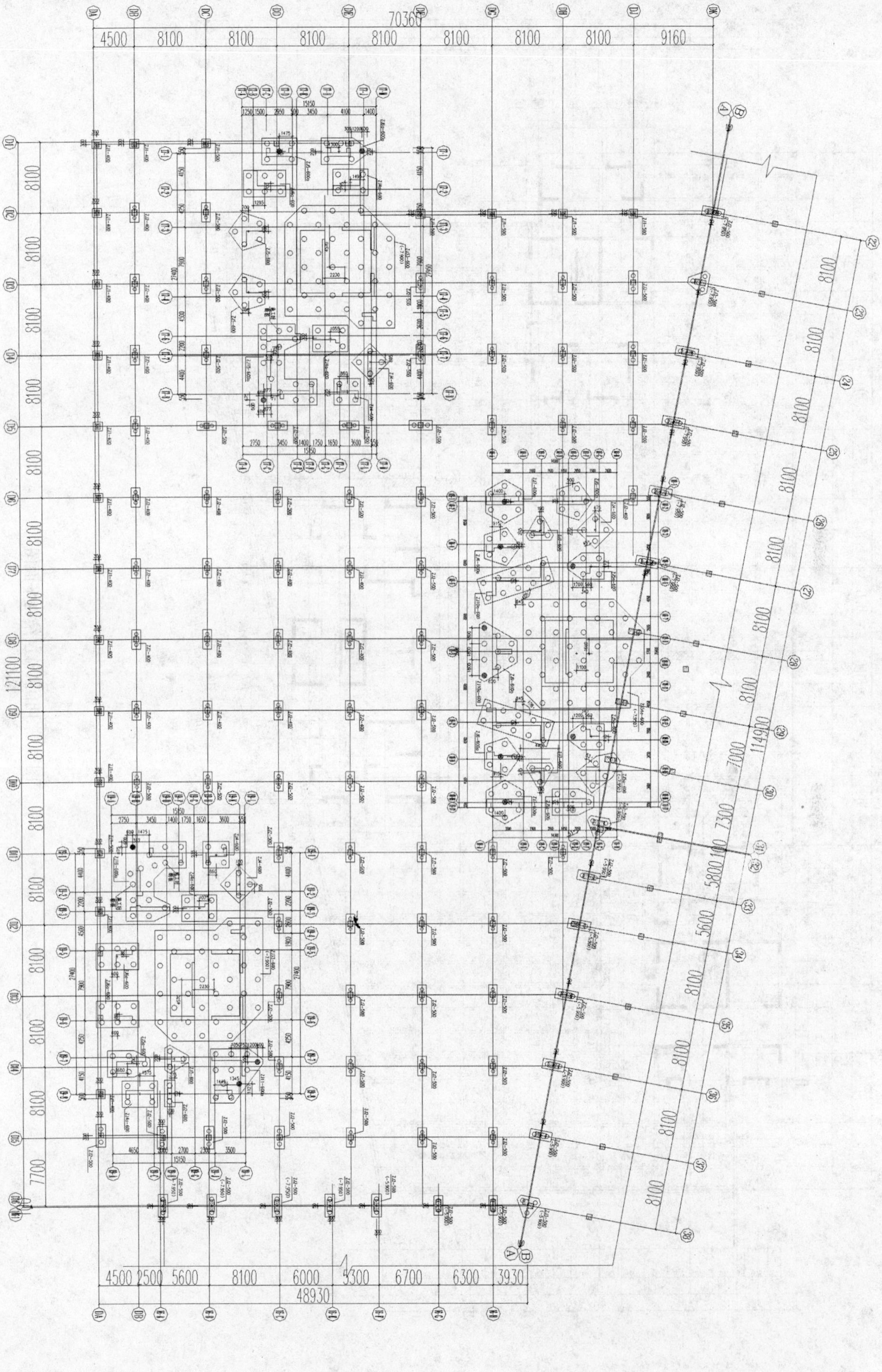

图3 二期D区桩基础平面布置图

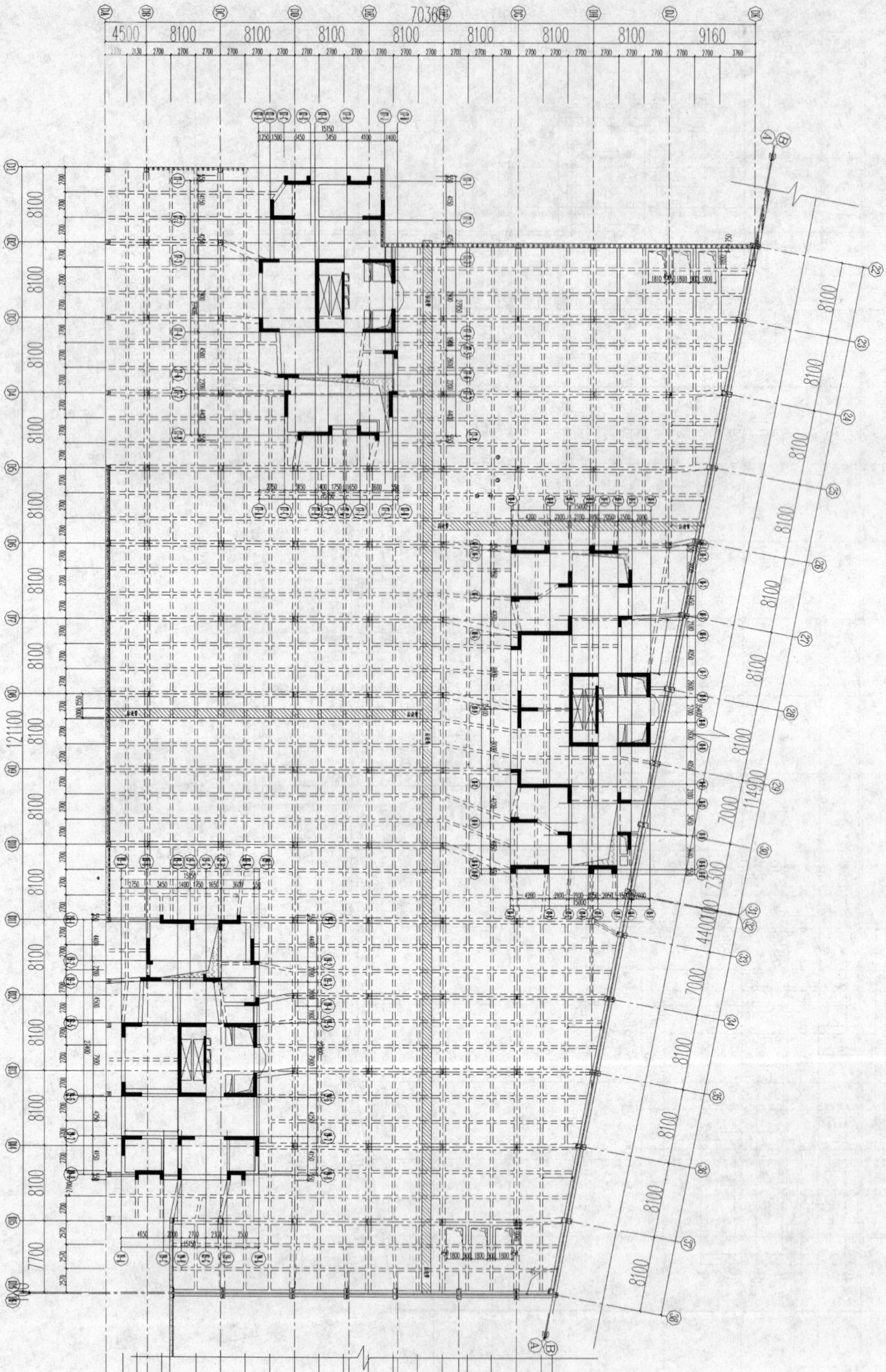

图4　二期D区首层结构平面图

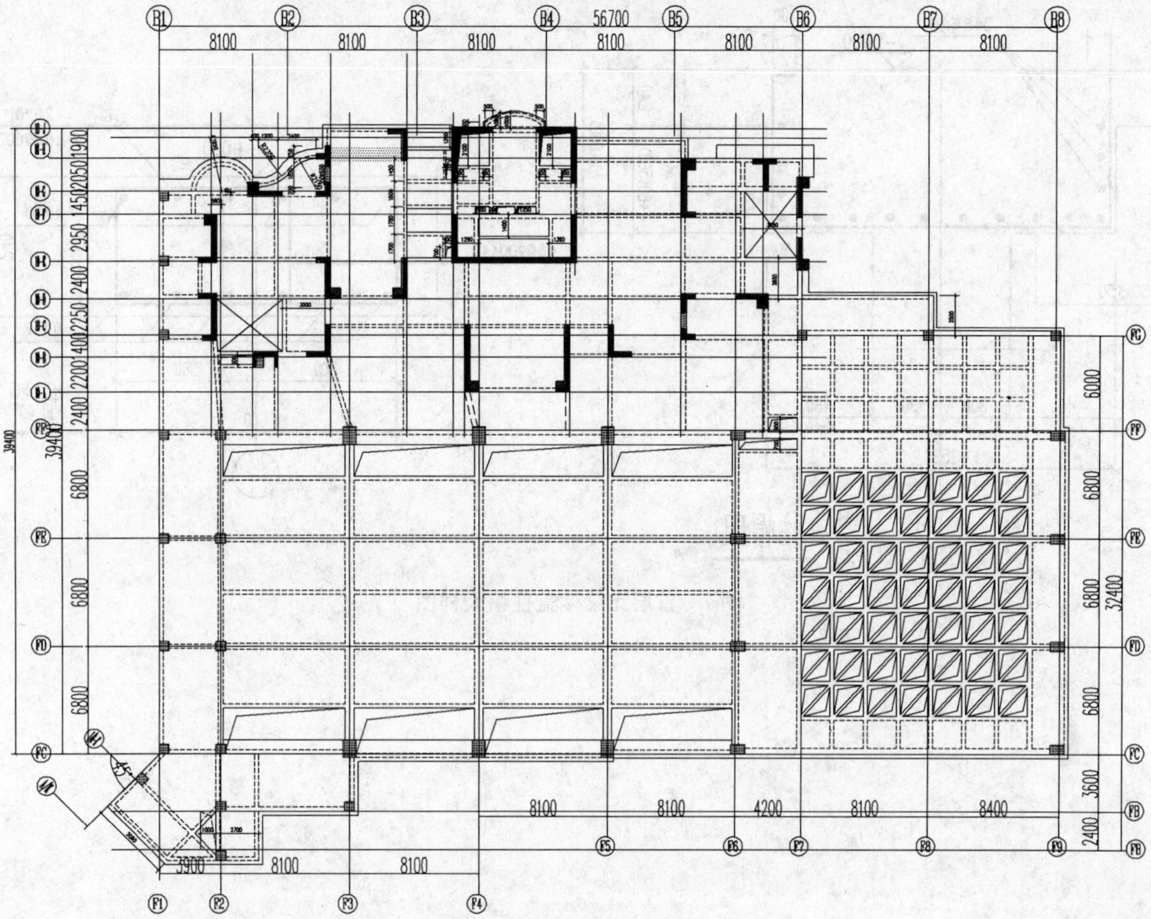

图 5　三期泳池天面层结构平面图

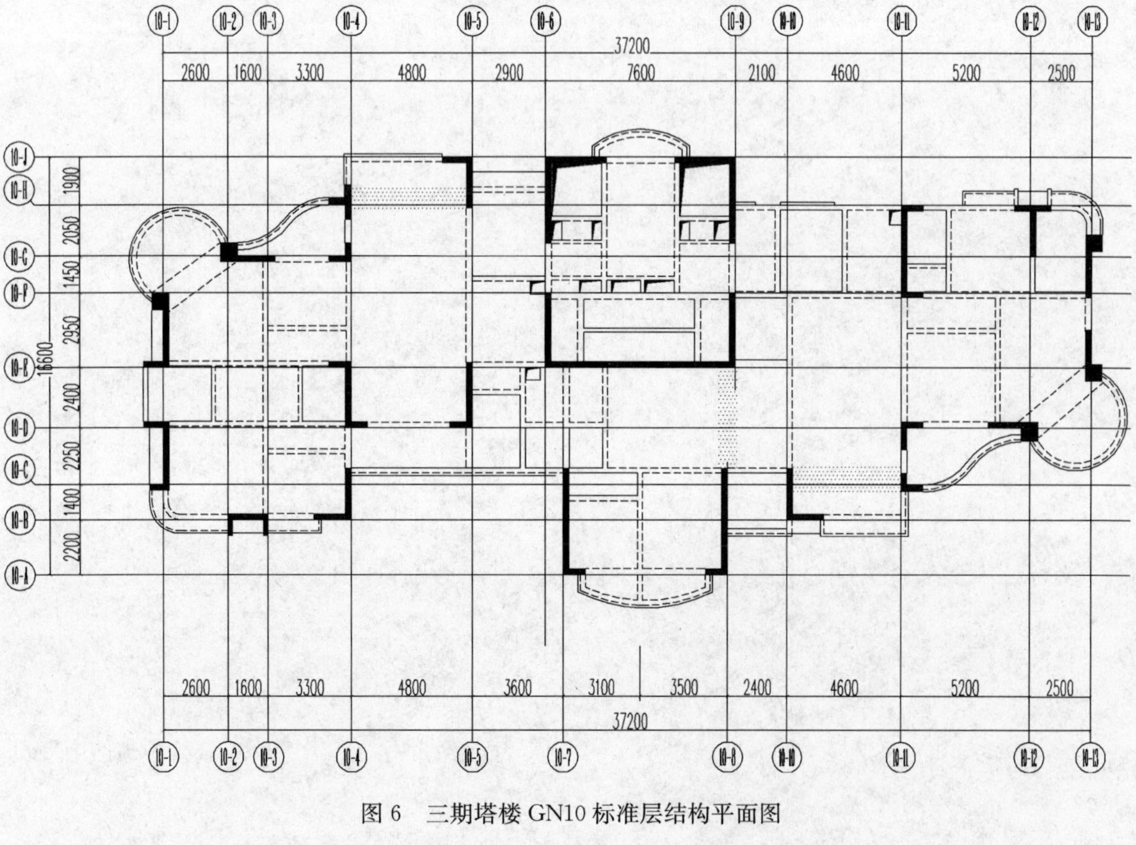

图 6　三期塔楼 GN10 标准层结构平面图

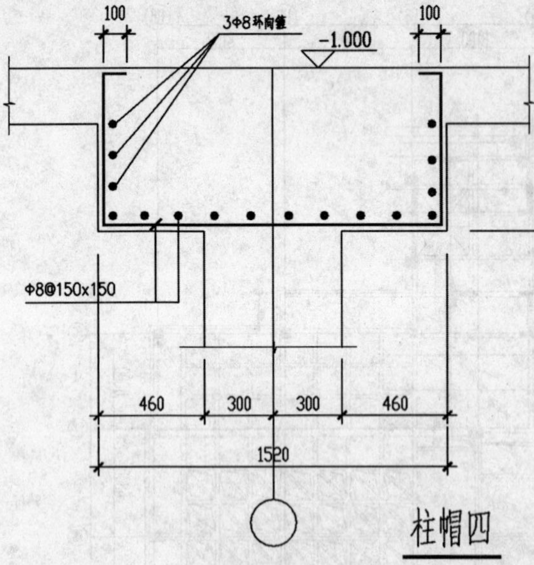

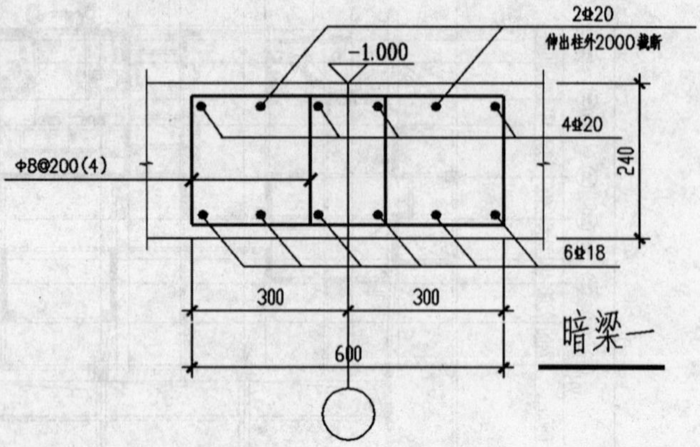

图 7　首层无梁楼盖柱帽大样图

佛山依云天汇 A21 地块结构设计

建 设 地 点　广东省佛山市

设 计 时 间　2011

主要设计人　王华林　李　宁　翁泽松　史文鋆　宣羽骏　石挺家　陈　虎　赵　统　吴　佳

一、工程概况

佛山依云天汇 A21 地块住宅工程，位于佛山市南海区中央商务区，东邻宝翠北路，南邻南平路。为目前佛山市已建成的层数最多的住宅项目。建筑效果图见图 1。

项目建筑用地面积 30187m²，总建筑面积 162087m²，其中地下建筑面积 39146m²，地上建筑面积 122941m²。本工程为居住建筑，地下 2 层（局部 1 层），地上由 5 栋 45 层的塔楼组成（编号为 1 号楼～5 号楼），总高度为 139.2m。

本工程建筑特征见表 1，场地建筑总平面图见图 2，建筑剖面图见图 3。

建筑特征　　**表 1**

结构单元	地下室	地上部分
建筑面积	39146m²	122941m²
层数	2 层（局部 1 层）	45
外包尺寸 $A\times B$ (m²)	87.1×262.8	37.7×27.7（1 号楼）；37.2×26.2（2 号楼） 41.5×27.4（3 号楼）；34.6×28.8（4、5 号楼）
主要层高（m）	3.8	首层 6.0m，标准层 3m
长宽比 A/B	3.0	1.4（1 号楼）；1.4（2 号楼） 1.5（3 号楼）；1.2（4、5 号楼）
高宽比 H/B	—	5.0（1 号楼）；5.3（2 号楼） 5.1（3 号楼）；4.8（4、5 号楼）

二、地基及基础设计

根据广东佛山地质工程勘察院提供的《招商地产依云天汇项目 A21 地块岩土工程勘察报告》，建筑场地土层分布及主要物理参数见表 2。

地基土层分布及主要物理参数　　**表 2**

层号	土层名称	土层厚度 (m)	f_{ak} (kPa)	钻（冲）孔灌注桩		预制桩基础		抗拔摩阻力
				q_{sa} (kPa)	q_{pa} (kPa)	q_{sa} (kPa)	q_{pa} (kPa)	
1	人工填土	0.6～3.7	110	10		12		
2	淤泥	0.6～4.8	40	6		8		
3	粉砂、细砂	1.6～13.7	100	14		15		0.55
4	中砂	1.3～13.0	180	25		27		0.60
5	粉砂、细砂	1.2～8.2	120	15		16		0.55
6	淤泥、淤泥质土	0.6～7.1	60	10		12		

续表

层号	土层名称		土层厚度（m）	f_{ak}（kPa）	钻（冲）孔灌注桩		预制桩基础		抗拔摩阻力
					q_{sa}（kPa）	q_{pa}（kPa）	q_{sa}（kPa）	q_{pa}（kPa）	
7	粉砂、细砂		0.8～9.9	140	15		18		0.55
8	中砂		1.3～6.8	200	30		32		0.60
9	粉砂、细砂		2.2～3.1	120	15		18		0.55
10	粉质黏土		0.8～5.5	200	28		32		0.60
11	残积土		0.8～10.1	250	40		42		0.55
12	全风化岩		1.0～35.1	400	45	600	50	3000	0.60
13	强风化岩		0.5～12.4	600	80	800	100	4000	0.65
14	中风化岩	泥岩	0.6～29.2	1200	150	1200			0.70
		砂岩		1500	180	1500			
15	微风化岩	泥砂岩	0.5～8.8	6000	250	6000			0.80
		灰岩		8000	300	8000			

注：本表参数是按广东省标准《建筑地基基础设计规范》DBJ 15—31—2003 给出，均为特征值。

从勘察报告资料可以看出，本工程场地内基岩岩性种类较多，风化程度差异大，微风化基岩强度变化大，存在破碎带或断裂构造；场地内基岩软硬相间，个别钻孔发现溶土洞；场地内部分地段发育双层的淤泥质土，场地内砂土的液化等级为轻微～中等。属抗震不利地段。因此，基础形式的选择至关重要。

1. 基础埋深

按《高层建筑混凝土结构技术规程》JGJ 3—2002 第 12.1.7 条，基础应有一定的埋置深度，埋置深度可从室外地坪算至基础底面，并符合下列要求：1）天然地基或复合地基，可取房屋高度的 1/15；2）桩基础，可取房屋高度的 1/18（桩长不计在内）。

本工程 1～3 号楼带两层地下室，基础埋深为 9.4m，相对建筑高度约为 1/14.8，满足规范要求。4～5 号楼带一层地下室，基础埋深为 5.6m，相对建筑高度约为 1/24.8，不满足规范要求，根据《高层建筑混凝土结构技术规程》12.1.7 条条文说明：在满足承载力、变形、稳定以及上部结构抗倾覆要求的前提下，埋置深度的限值可适当放松。由 SATWE 输出的基底抗倾覆验算结果表明，本结构在小震、100 年风压、中震作用下，结构可满足整体稳定的要求；由 SATWE 输出的刚重比验算结果表明，本结构在小震、中震作用下的整体稳定均满足《高层建筑混凝土结构技术规程》第 5.4.4 条的规定，结果如表 3 及表 4 所示。地下室不分缝，整体性良好，该结构是安全的。

4、5 号楼基底抗倾覆验算 **表 3**

荷载或作用	方向	抗倾覆弯矩 M_r（kN·m）	倾覆弯矩 M_{ov}（kN·m）	比值 M_r/M_{ov}	零应力区
小震	X	29858098	1132947	26.35	0.00
	Y	31736076	831646	38.16	0.00
100 年风压	X	29858098	643686	46.39	0.00
	Y	31736076	761832	41.66	0.00
中震	X	7629302	1647448	4.63	0.00
	Y	6244155	1975628	3.16	0.00

4、5 号楼结构刚重比 **表 4**

项　目	小　震		中　震	
	X 向	Y 向	X 向	Y 向
$EJ_d/H^2\sum G_i$	2.55	4.12	2.12	3.80
整体稳定验算结论	>1.4，满足《高层建筑混凝土结构技术规程》第 5.4.4 条的规定		>1.4，满足《高层建筑混凝土结构技术规程》第 5.4.4 条的规定	

2. 基础选型

经技术和经济对比优化，本工程塔楼采用旋挖钻孔灌注桩基础，桩端持力层为强风化岩～微风化岩。塔楼以外范围采用高强预应力混凝土管桩基础，桩端持力层为强风化岩。详见图 4。

（1）塔楼桩基设计

根据地质资料揭示，北部多处钻至 70 多米深仍未进入连续的中、微风化持力层；中、南部个别钻孔也无连续的微风化持力层，且大部分钻孔取芯率低，中风化岩呈碎块状。应业主要求，选取了两个方案进行对比分析。方案一为刚性复合地基＋筏板基础，该方案是充分利用场地上部的全风化、强风化岩层，通过深层搅拌桩施工方法改良浅层不良土质（淤泥层），然后采用旋挖灌注桩进行地基处理，灌注桩桩径 1m，桩距 2.5m×2.5m，桩长约 15m，持力层为全风化、强风化岩层，以此组合形成承载力为 750～800kN/m² 的刚性复合地基。筏板 2000mm 厚，通过 0.25m 厚的褥垫层支承于刚性复合地基上。方案二为常规的灌注桩基础，主要桩端持力层为完整的中、微风化岩层，设计时按摩擦桩考虑。通过经济分析对比，方案二比方案一造价高 15%左右。另外，本工程地质复杂，且位于断裂带上，方案一是采用抗震性能比较好的整体式筏板基础。但由于方案一属于地基处理，需达到设计强度、检测合格后方可进行下一道工序的施工，工期相对较长，经综合考虑后，甲方最终选择了方案二。

结合地质资料，本工程选用旋挖钻孔灌注桩基础，桩径采用 1400、1600mm 两种。桩基施工前，均在每根桩位布置了超前钻，更好地了解桩端基岩的完整性及强度，并以此来控制施工桩长。根据施工单位提供的施工记录资料，本工程的实际有效桩长为 37～60m，跟超前钻的结果比较吻合。

同时，为了减少场地岩性变化大、砂土液化等造成的不利影响，采取了以下措施：

1）桩基布置时尽量采用筏形承台来协调变形，并根据上部荷载的情况，同一承台采用不同的桩径。

2）适当加大承台的厚度。本工程承台厚度为 1.8～2.5m。

3）桩身螺旋箍的加密段穿越液化层。

（2）塔楼外桩基设计

塔楼范围外为纯地下室或 1～2 层的沿街商铺，纯地下室部分顶板覆土 1m。由于地下水位较高，结构自重和地面回填土的重量不能平衡水浮力，需要进行抗浮设计。因此，根据详勘资料，经与灌注桩基础进行综合对比后，最终采用高强预应力混凝土管桩基础。通过调整桩的合理布置，既满足抗压的要求，又同时满足抗浮的要求。

本工程管桩桩径 500mm，持力层为强风化岩。单桩竖向抗压承载力特征值 R_a＝2000kN，单桩竖向抗拔承载力特征值 R_{ta}＝450kN，总桩数为 1179 根。

（3）底板设计

地下室底板板面标高为－8.800m（两层地下室部分）和－5.000m（一层地下室部分）。本工程底板结构计算分析了普通的基础梁＋大板和桩承台＋抗水板两个方案。基础梁＋大板结构是传统的底板结构形式，该形式传力明确，但基础梁需要往下开挖和做砖模，工期长。桩承台＋抗水板是近年来伴随基础设计与施工发展而形成的一些新的基础形式，虽暂未列入国家相关的结构设计规范中，但由于其传力简单、明确，既方便施工，又经济实用，越来越多地被结构工程师所接受，并应用于实际工程中。经过对比，本工程底板采用桩承台＋抗水板的形式（图 5）。板厚 600mm（两层地下室部分）和 400mm（一层地下室部分），混凝土强度等级 C35，抗渗等级分别为 P8 和 P6。

本工程采用 SATWE 的“复杂楼板分析与设计软件（SLABCAD）”有限元模块进行计算，采用拉通钢筋加另加短筋的配筋方式进行设计。

3. 超长地下室整体结构设计

本工程地下室长 262.8m，宽 87.1m，考虑到对建筑功能的影响，业主不希望设置永久变形缝。但这个长度远远超过规范允许不设伸缩缝最大长度的限值。为了防止建筑物开裂，保证正常使用，经综合考虑后，除按相关规定采取的必要的构造措施外（如材料措施和施工措施等），本工程还采取了如下处理方法：

1）设置后浇带

设置后浇带是为了解决施工期间混凝土水化热引起的干缩和冷缩。本工程根据塔楼的具体位置，在塔楼和纯地下室之间沿地下室两个方向每隔 30～40m 设置一道贯通顶板、楼板、底板和侧壁的收缩后浇带，后浇带宽 1000mm，并要求在两侧混凝土施工完成两个月后才能封闭。

2）采用预应力技术

根据大量工程实际经验，地下室部分对温度最敏感的部分是首层楼板，为更好地解决首层楼板因温度收缩引起的开裂，在首层楼板中沿纵横两个方向布置了预应力筋。本工程纯地下室部分顶板采用框架梁＋大板结构的楼盖形式，框架梁高 600mm×800mm，板厚 350mm（图 6）。预应力筋采用后张有粘结法，主要是抗裂用，旨在减少温度应力，保证楼板在使用阶段不出现裂缝。预应力筋采用直线布置，位置为板厚的半高处。采用 $\phi^{s}15.2$ 钢铰线，其抗拉强度标准值 $f_{ptk}=1860$MPa。预应力筋的张拉控制应力 $\sigma_{con}=0.75f_{ptk}=1395$MPa。板中预应力筋的张拉工作在后浇带混凝土达到设计强度的 80％后方可进行。这种做法已在多个工程项目中应用，效果较好。

3）地下室侧壁设置变形凹槽

热胀冷缩是物体的固有特性，超长地下室侧壁容易受温度和混凝土收缩的影响，在地下室的薄弱环节形成裂缝。根据以往经验，地下室侧壁的开裂现象较普遍和严重，而且裂缝一般都是不规则，开裂部位难以控制。为了能让地下室侧壁在温度应力达到较大值时可以得到有效释放，本工程在地下室侧壁的中间位置设置了一道变形凹槽，该变形凹槽宽 1000mm，突出外边 1000mm，同时此处即为后浇带的位置。该变形凹槽的设置，能让混凝土结构较充分地变形，减小结构内的应力，即使开裂，也是有规律的，即在变形凹槽处，方便修补。如图 11。

三、主体塔楼结构设计

本工程方案由第三方完成，初步设计及施工图由我院完成。方案单位过多地从建筑效果出发，未考虑其布置对结构的影响，导使存在平面形状不规则、楼板凹入长度较大、中筒处楼板开洞较多等不利因素。同时，由于使用功能的要求，方案单位对结构的布置提出了较多的限制条件，给结构设计增加了不少的难度。各塔楼的结构平面图如图 7～图 10 所示。

1. 结构设计主要内容

本工程抗震设防烈度为 7 度，Ⅱ类场地类别，基本风压 0.6kN/m^2，C 类地面粗糙度，属丙类建筑。结构抗震等级为一级。

根据建筑物的平面形状和使用功能的要求，本工程采用剪力墙结构体系。由于建筑平面不规则、周边较多的梁往里边退缩、周边无法设置转角墙等，结构的抗侧和抗扭刚度较弱。为了满足规范和业主指定的经济指标的要求，设计人员进行了大量的计算分析和对比，对墙体的布置、厚度、截面收缩起止层数、周边的梁高对整体刚度的影响等，都进行了精心的设计和对比，达到了较好的效果。本工程剪力墙厚度由 400mm 收到 200mm（周边 250mm），混凝土强度等级由 C55 变化至 C30，尽量减少剪力墙厚度，增加建筑面积，提高使用率。楼盖采用普通混凝土主次梁结构，混凝土强度等级从 C40 变化至 C25。

2. 超限对策及加强措施

(1) 结构超限类型和程度：

参照《超限高层建筑工程抗震设防专项审查技术要点》（建质［2010］109 号）、《高层建筑混凝土结构技术规程》JGJ 3—2002 和《广东省实施〈高层建筑混凝土结构技术规程〉（JGJ 3—2002）补充规定》

DBJ/T 15—46—2005 有关规定，结构存在扭转不规则、凹凸不规则、高度超限等情况，属 B 级高度的超限高层建筑。

（2）超限对策加强措施：

针对本工程高度超限及扭转不规则、凹凸不规则等不利因素，有针对性地采取以下加强措施：

计算上：

1）设计时分别采用两个空间结构分析程序 SATWE 和 GSSAP 进行计算比较，在设防烈度地震作用下保证结构整体承载力安全，满足规范要求。

2）进行弹性时程分析法进行多遇地震下的补充计算，为使时程曲线具有较高的保证率，选取 SATWE 软件自带的三组实际强震记录的天然波，并在由《佛山依云天汇项目工程场地地震安全性评价报告》提供的地震波中选取两条场地合成人工波输入 SATWE 进行弹性动力时程分析，了解结构在地震时程下的响应过程。

3）为确保结构满足“小震不坏，中震可修，大震不倒”的抗震性能，按照《建筑抗震设计规范》GB 50011—2010 性能化设计要求，进行中震主要构件不屈服补充分析，以及罕遇地震作用下的静力弹塑性推覆分析获取性能点，确保结构安全。

4）按规范要求计算并调整剪重比，避免长周期结构地震作用偏小。

5）为满足抗震性能目标的要求，确保地震作用下楼板能可靠地传递水平力和协调变形的能力，采用 GSSAP 对标准层进行中震作用下弹性楼板应力分析。

构造上：

6）二层楼面以下剪力墙适当加厚，以 400mm 厚为主，同时加强部位及以下根据中震计算结果增加墙体配筋率，底部墙体分布筋配筋率增加至 0.5%。

7）二层主要框架梁截面提高为 400mm×700mm 来增加整个结构底部刚度，并参考中震计算结果适当增加底部加强层结构梁配筋，增加结构延性，避免屈服破坏。

8）根据中震、大震作用下的计算结果，在各栋塔楼底部加强部位范围内的中筒剪力墙角部及部分剪力墙墙肢暗柱内置型钢，以提高其延性和抗震性能。如图 12。

9）采用高强度材料：为了控制轴压比，剪力墙混凝土强度等级最高采用 C55；为了节省钢材，对受力部位的配筋尽量采用高强度的钢筋，如梁板，采用 HRB400 级的钢筋。

3. 优化设计，降低含钢量

本项目业主对经济指标控制得比较严，为此，我们从一开始的结构选型（针对不同部位选取几种不同结构形式进行对比）、材料强度等级选择到施工图的细节构造等方面都进了反复对比和优化，从而克服了由于结构体型不规则、外飘板多且构造复杂的不利影响，取得了比较好的技术经济指标。由于本工程属 B 级高度的高层建筑，剪力墙构造边缘构件的配箍特征值需满足 0.1、间距不大于 150 的要求，采用 HRB400 级钢比采用 HPB235 级钢，钢筋面积可以节省 10%左右。另外，在这种超高层项目中，由于中下部楼层的楼板混凝土强度等级比较高，采用 HRB400 级钢，也可比采用 HPB235 级钢节省不少。

通过本工程的优化设计，我们体会到，一是尽量采用高强材料，降低配筋率；二是只要仔细分析，优化潜力无处不在。

4. 结构分析

本工程采用中国建筑科学研究院编制的 SATWE 程序（简化墙元模型，2008 版）和我院自主开发编制的 GSSAP 软件（细分墙元模型，15.0 版）两种计算软件进行整体计算分析。结构分析主要结果见表 5（以 4、5 号楼为例）：

4、5 号楼计算结果 **表 5**

计 算 软 件	SATWE	GSSAP
第 1、2 平动周期	（X 向）3.7541	（X 向）3.8344
	（Y 向）2.8934	（Y 向）2.9957

续表

计算软件		SATWE	GSSAP
第一扭转周期		2.8056	2.9778
第一扭转周期/第一平动周期		0.747	0.777
地震下基底剪力（kN）	*X*	11728.92	10642.36
	Y	8612.43	8422.42
结构总质量（kN）（包地下室）		689165.62	706939.98
标准层单位面积重度（kN/m^2）		16.7	17.1
剪重比	*X*	1.53%	1.43%
	Y	1.78%	1.89%
地震下倾覆弯矩（kN·m^2）	*X*	521009.62	506293.4
	Y	563150.88	541012.0
有效质量系数	*X*	99.64%	99.94%
	Y	99.83%	99.84%
50年一遇风荷载下最大层间位移角（层号）（按《广东省实施〈高层建筑混凝土结构技术规程〉（JGJ 3—2002）补充规定》DBJ/T 15—46—2005 限值为 1/800）	*X*	1/1402（21）	1/1352（21）
	Y	1/1854（28）	1/1913（28）
安评反应谱地震荷载下最大层间位移角（层号）（按《广东省实施〈高层建筑混凝土结构技术规程〉（JGJ 3—2002）补充规定》DBJ/T 15—46—2005 限值为 1/800）	*X*	1/1033（29）	1/1054（30）
	Y	1/1675（32）	1/1643（32）
考虑偶然偏心最大扭转位移比（层号）	*X*	1.29（12—24）	1.23（13—18）
	Y	1.29（3）	1.25（8）
构件最大轴压比	建筑首层剪力墙	0.47	0.48
	2层以上剪力墙	0.49	0.48
	建筑首层框架柱	0.19	0.21
	2层以上框架柱	—	—
层侧刚与上层70%或上3层平均值80%比值中最小值（层号）	*X*	1.2601（2）	1.1429（2）
	Y	1.3113（34）	1.3125（34）
楼层受剪承载力与上层的比值（>75%）（层号）	*X*	0.98（3）	1.00（3）
	Y	0.99（3）	1.00（4）
刚重比	*X*	2.57	2.40
	Y	4.14	3.80

从以上计算结果可以看出，由于GSSAP的墙体的竖向剖分与SATWE的不同，这方面使得SATWE和GSSAP计算的楼层刚度有一定的差别，但计算结果还是保持一致的，计算模型符合结构的实际工作状况。

四、结语

1. 方案设计阶段，结构工种应尽早介入，从结构选型、布置、设计、构造等方面与建筑密切配合，保证既满足建筑功能和建筑立面的要求，又做到经济、适用，从而避免建筑方案被采纳而结构存在不合理的被动局面。这在超高层或功能复杂的建筑的方案设计中更显突出。

2. 结构设计必须不断优化。对结构选型，可针对工程的实际情况，进行多个方案的对比，采用综合效益好的方案，真正做到安全、适用、经济。

3. 采用高强度材料，减小截面，降低含钢量。

图 1　建筑全景

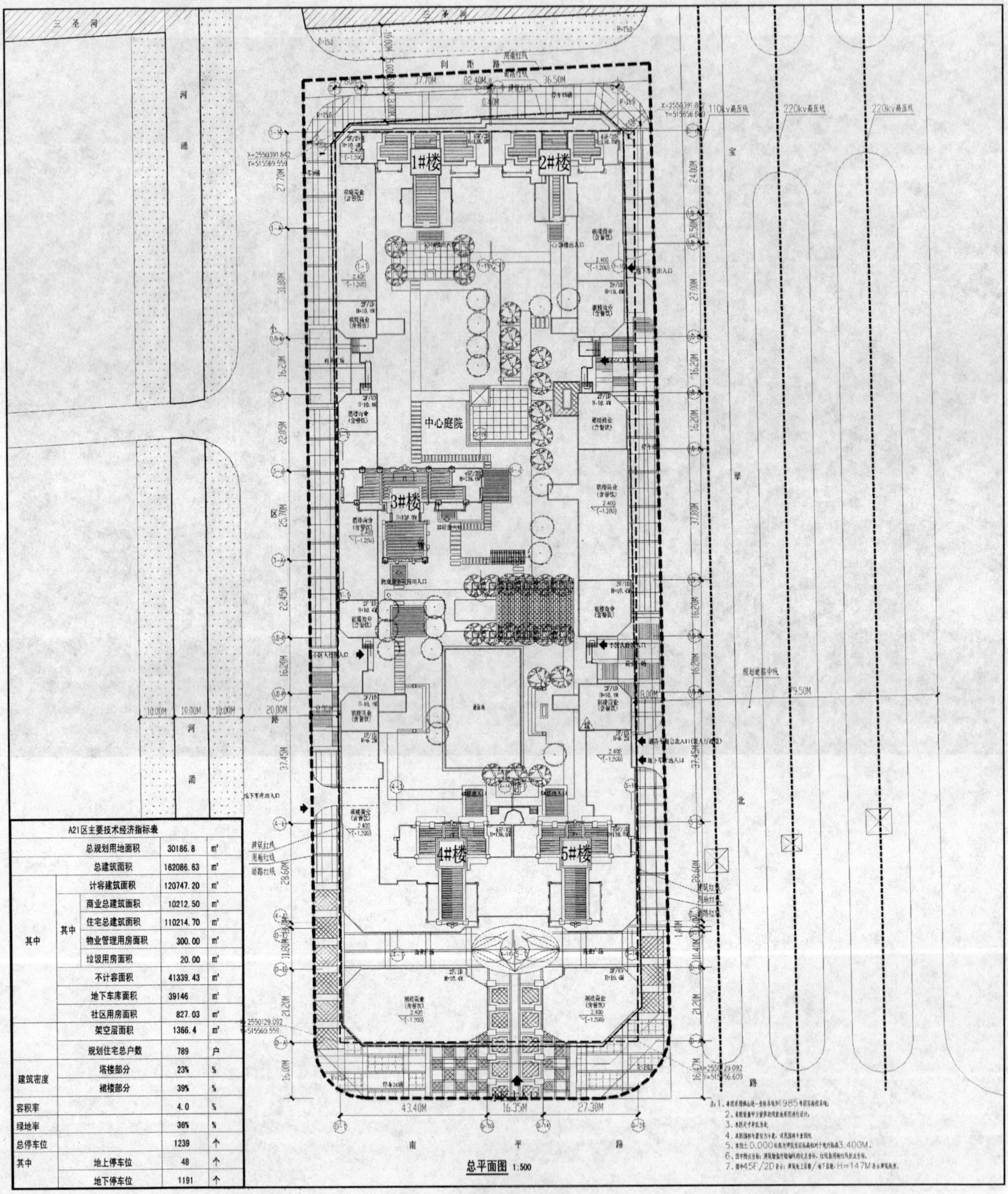

A21区主要技术经济指标表				
总规划用地面积			30186.8	㎡
总建筑面积			162086.63	㎡
其中	计容建筑面积		120747.20	㎡
	其中	商业总建筑面积	10212.50	㎡
		住宅总建筑面积	110214.70	㎡
		物业管理用房面积	300.00	㎡
		垃圾用房面积	20.00	㎡
	不计容面积		41339.43	㎡
	地下车库面积		39146	㎡
	社区用房面积		827.03	㎡
	架空层面积		1366.4	㎡
	规划住宅总户数		789	户
建筑密度	塔楼部分		23%	%
	裙楼部分		39%	%
容积率			4.0	%
绿地率			36%	%
总停车位			1239	个
其中	地上停车位		48	个
	地下停车位		1191	个

图 2　场地建筑总平面图

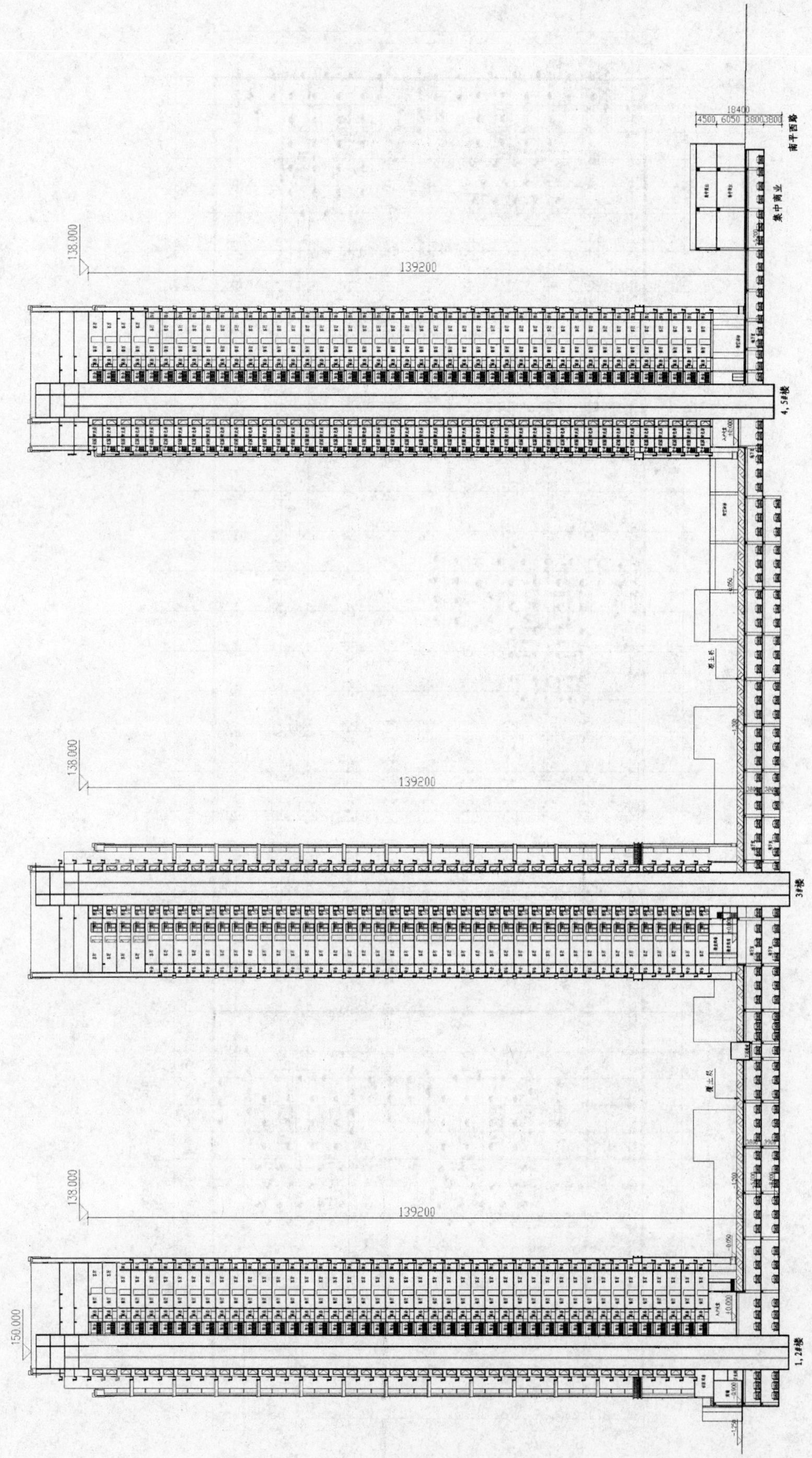
18400
4500
6050
3800
3800
南平西路
集中商业
139200
138.000
150.000
4,5#楼
3#楼
1,2#楼

图3 建筑剖面图

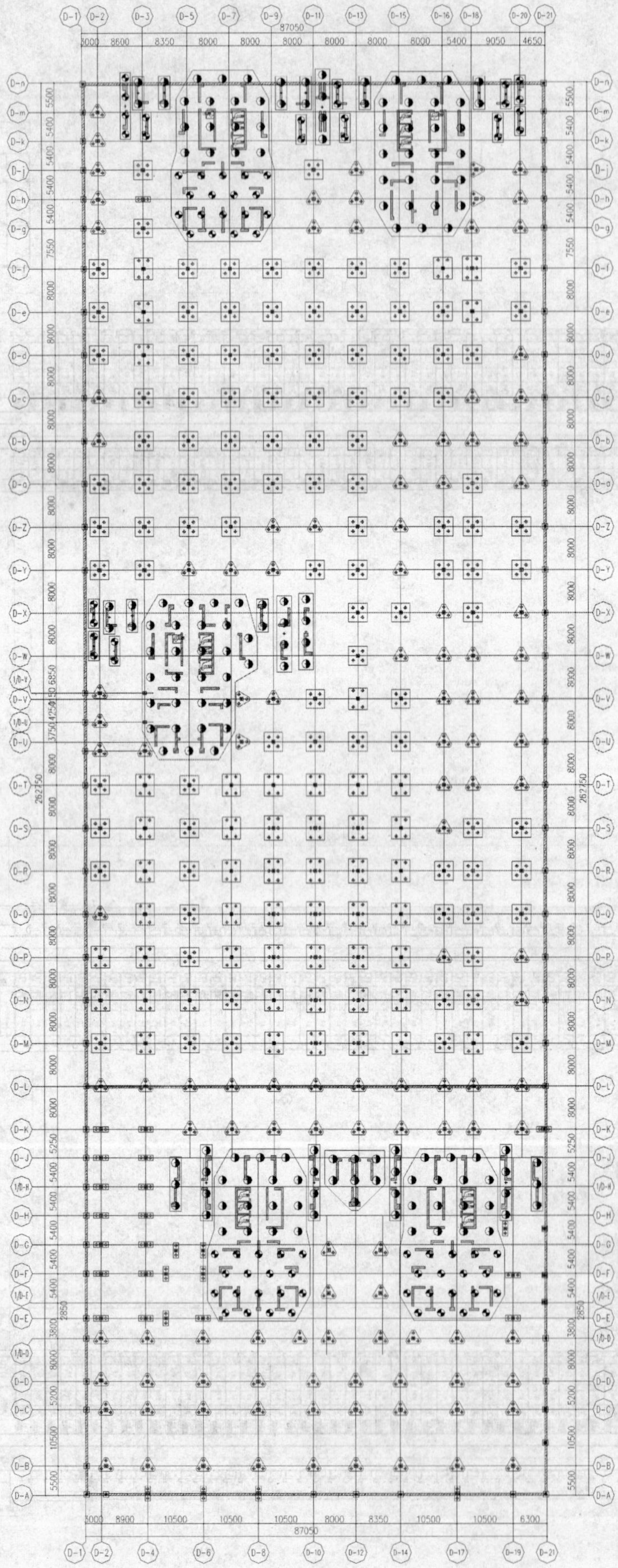

图4 桩基础平面布置图

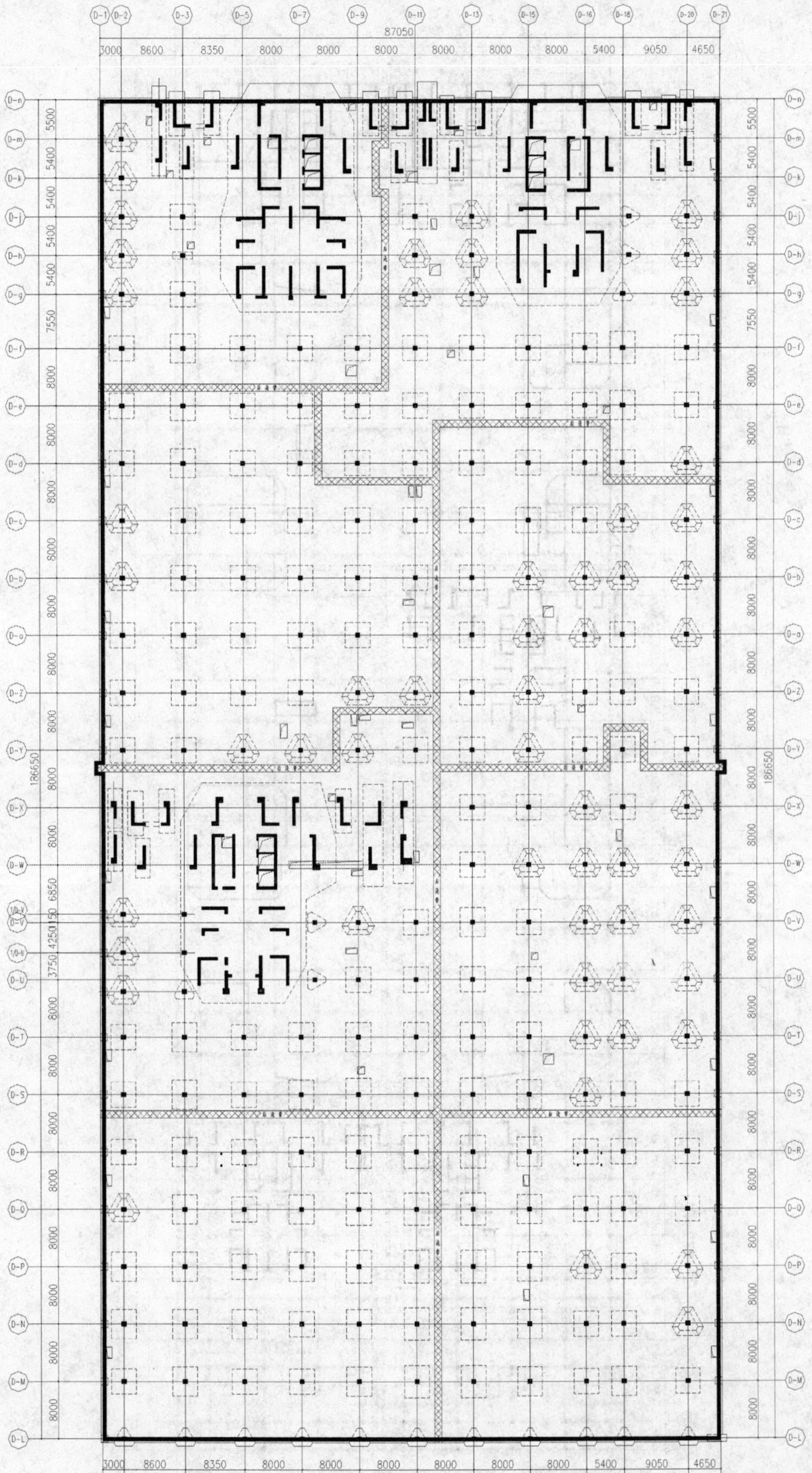

图 5　地下二层平面结构布置图

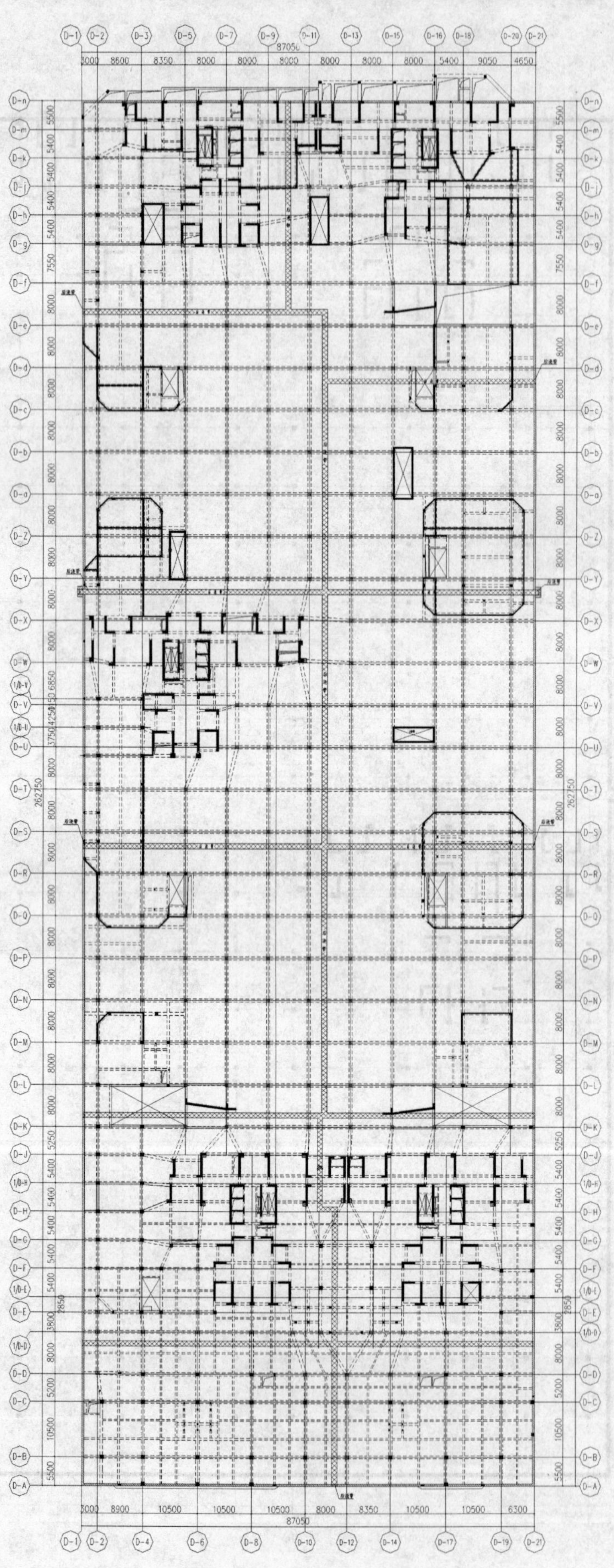

图 6　首层平面结构布置图

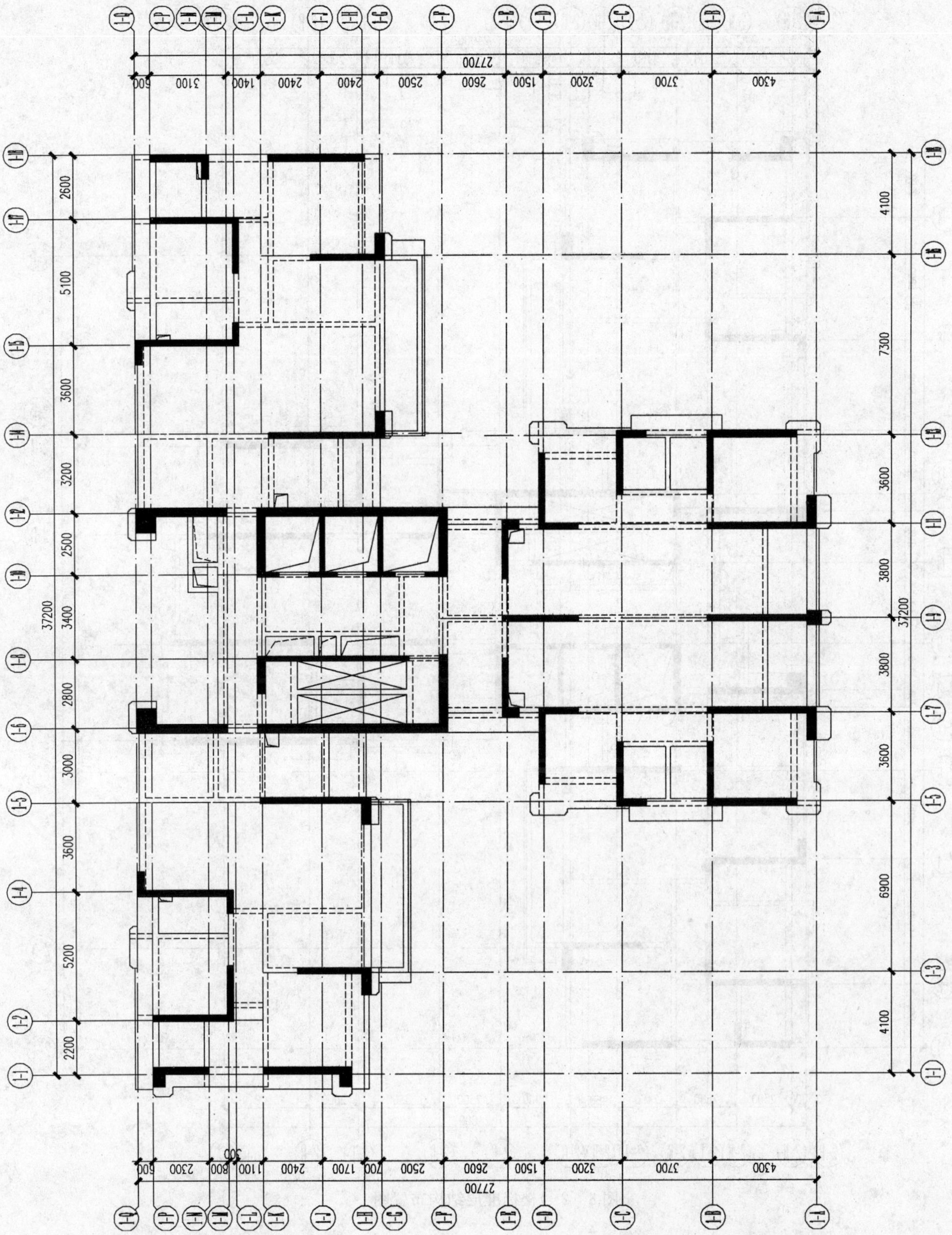

图7　1号楼标准层结构布置图

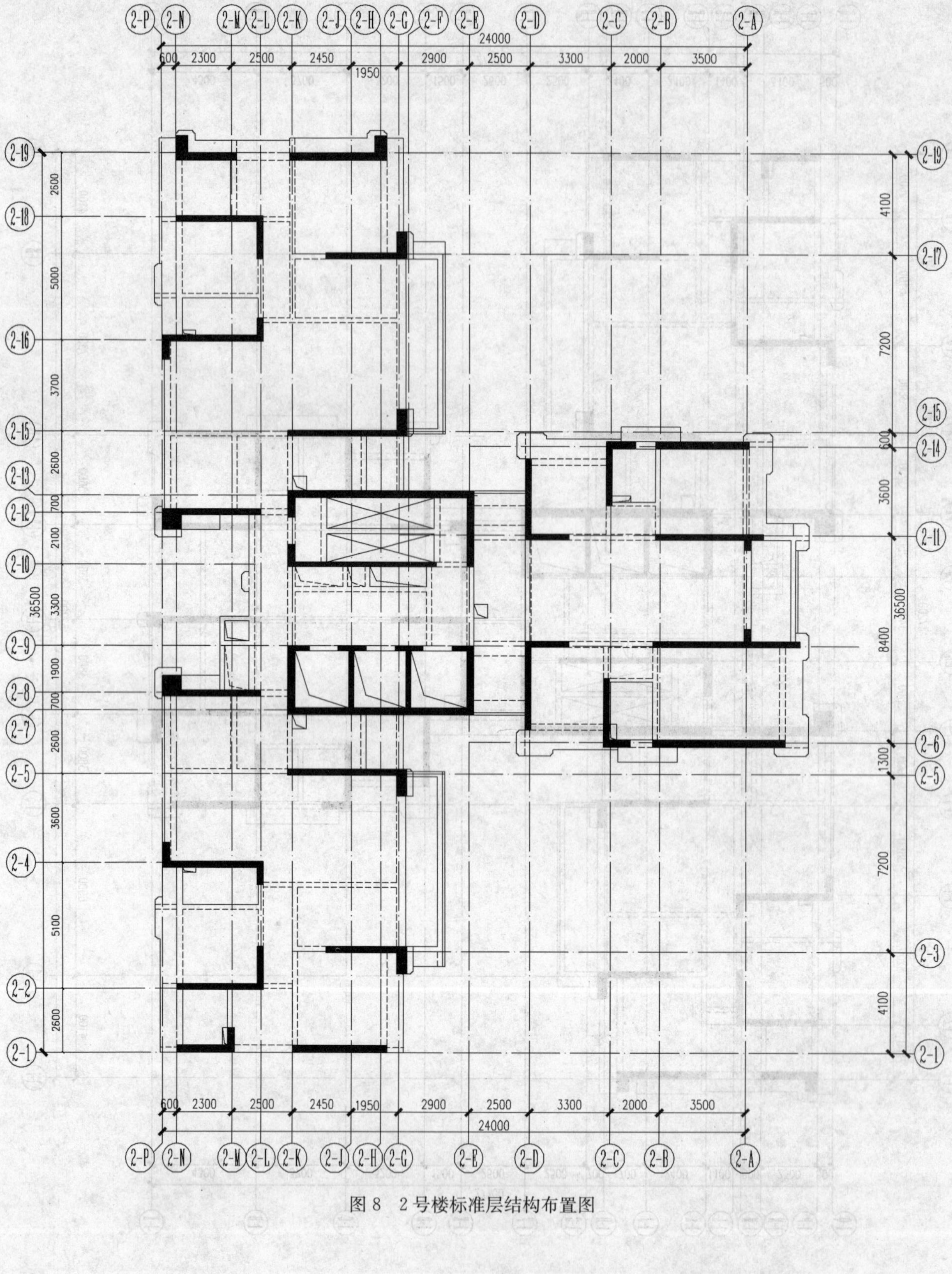

图 8　2 号楼标准层结构布置图

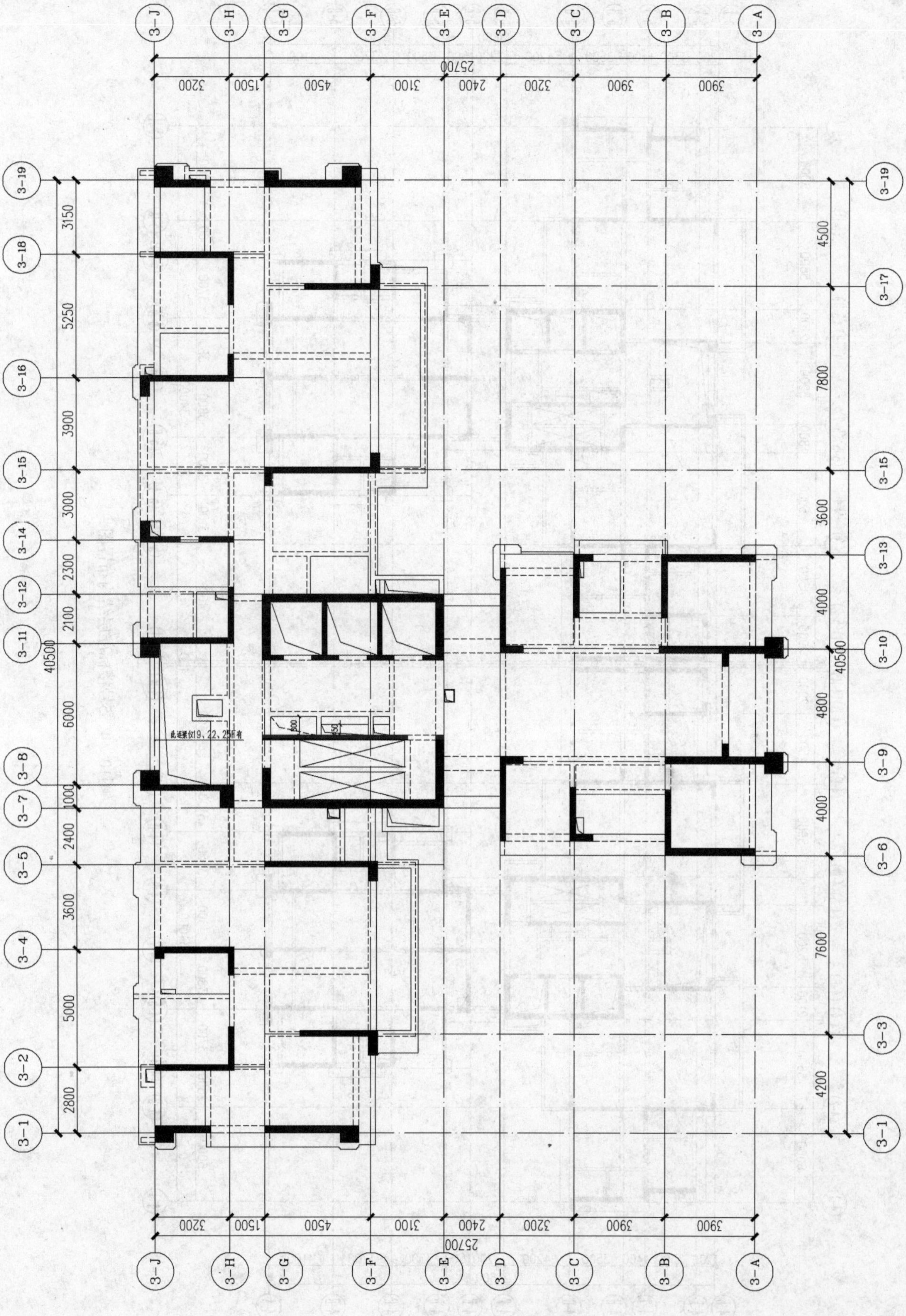

图9　3号楼标准层结构布置图

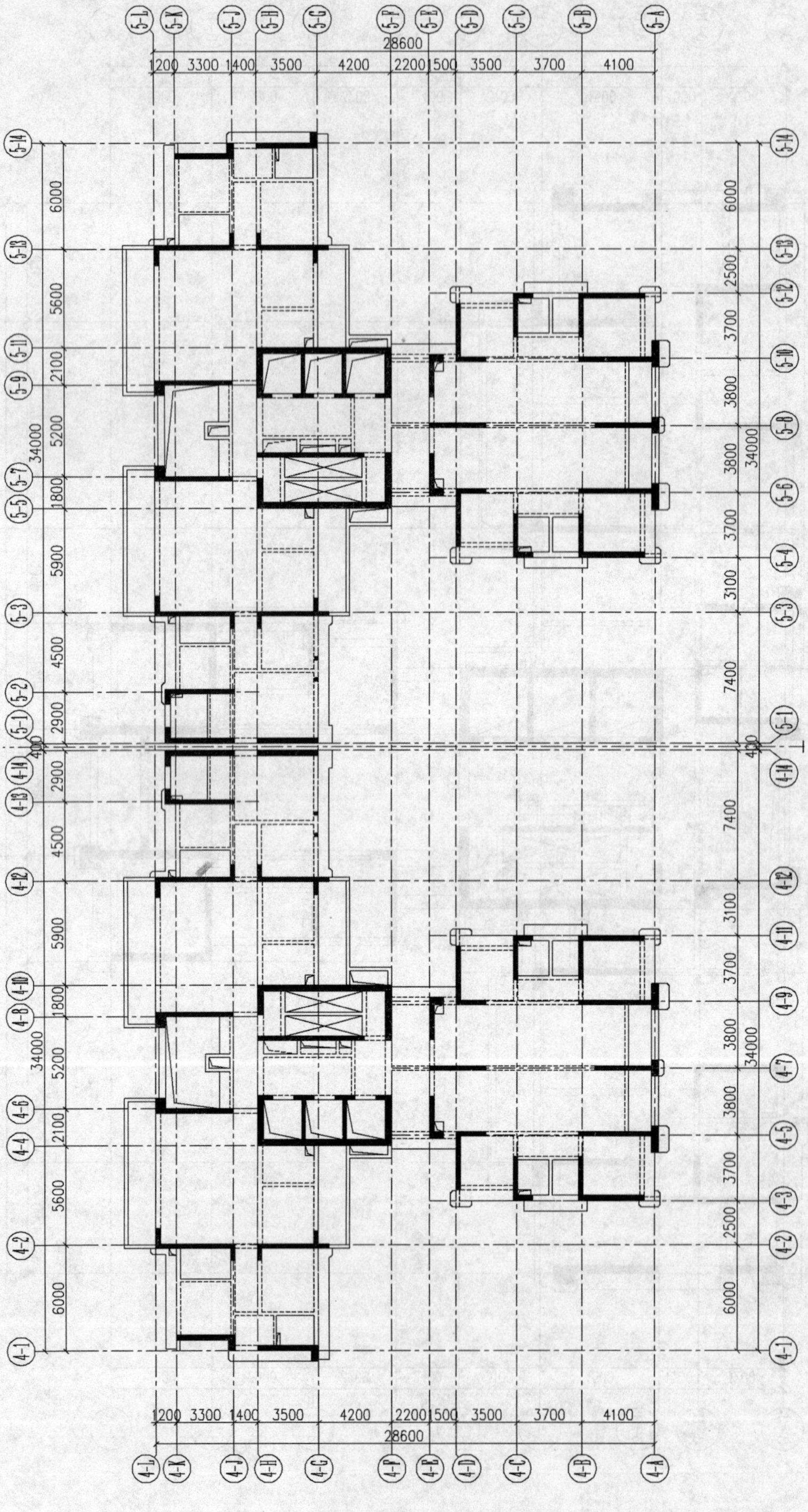

图10　4、5号楼标准层结构布置图

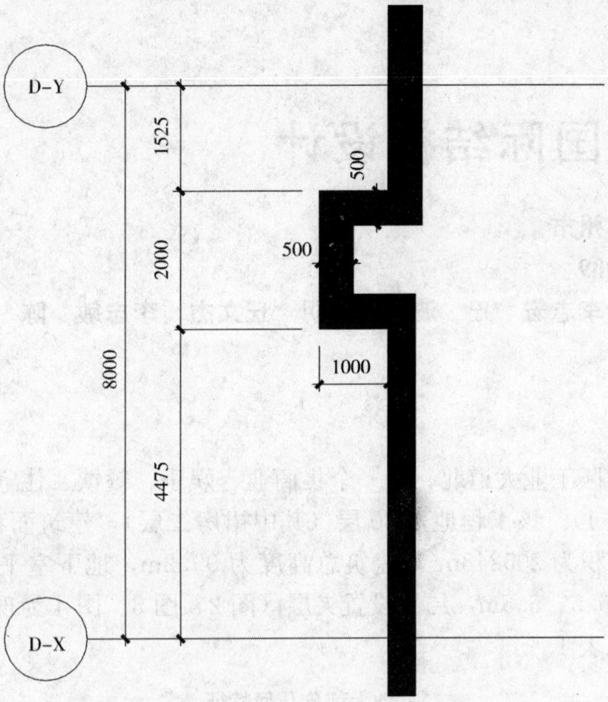

图 11　剪力墙设置变形凹槽示意图

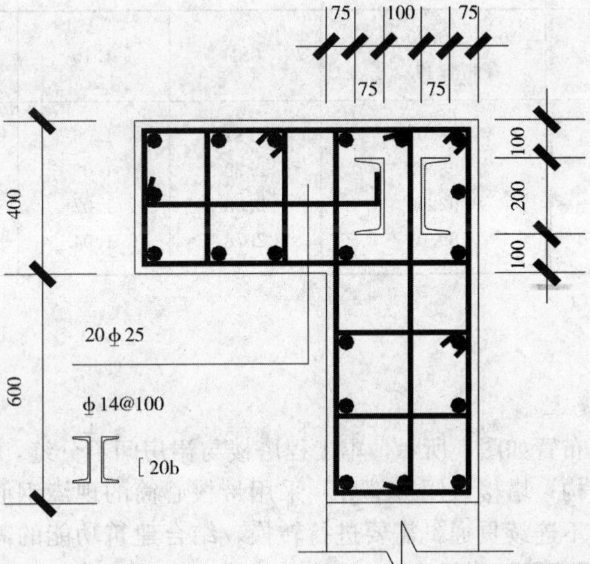

图 12　剪力墙内置型钢大样图

广州中海橡园国际结构设计

建设地点　广东省广州市
设计时间　2007～2009
主要设计人　周敏辉　李志宏　丘　波　潘伟明　丘文杰　李志敏　陈　勇　何子轩

一、工程概况

本工程位于广州市海珠区工业大道北，是一个集商业、娱乐、餐饮、住宅为一体的4塔楼大底盘高层建筑（建筑鸟瞰效果图见图1）。该工程地上30层（其中裙房二层），建筑面积110435m²；地下3层，建筑面积94813m²，总建筑面积为205248m²，建筑总高度为99.2m，地下室平面尺寸为194m×172m，负三至负一层层高分别为4、6.5、6.5m，局部设置夹层（图2、图3、图4为现场实景）。

地面以上几何特征详见表1。

地上部分几何特征　　表1

单体名称	平面外包尺寸 $A\times B$（m）	屋面标高（m）	高宽比 H/B	长宽比 L/B	地上层数	标准层层高（m）
裙楼	194×172	10.00（局部17.30）	0.1	1.10	3	5.0、5.0、7.3
1号塔楼	37×34.8	98.00	2.81	1.06	30	3.0
2号塔楼	36.4×35.3	98.00	2.78	1.03	30	3.0
3号塔楼	34.9×32.5	92.00	2.83	1.07	28	3.0
4号塔楼	33.3×32.1	89.00	2.78	1.04	27	3.0

二、结构整体分析

1. 结构体系及抗震等级

裙房顶（架空层）结构布置如图5所示，本工程塔楼与裙房间不分缝，采用大底盘多塔楼结构形式。裙房区域结构形式为框架结构；塔楼（阴影部分）采用带核心筒的现浇钢筋混凝土剪力墙结构；塔楼部分局部结构竖向柱构件上下不连续贯通，需要进行转换，结合建筑功能的需要，利用裙房三层平面架空层进行结构转换，转换模式为：设置斜撑－梁式转换层将上部剪力墙转换成下部框架柱，同时为增强转换层梁的抗扭能力，设置双层板，形成空间受力性能较好的斜撑－梁式转换结构。

本工程的抗震设防类别裙房为乙类，上部住宅为丙类；场地抗震设防烈度为7度，建筑场地类别为II类。抗震措施：裙房按8度设防烈度（含转换层），转换层以上按7度设防烈度。框支框架抗震等级为特一级，塔楼剪力墙抗震等级为一级（负一至四层）和二级（五层以上）。根据《广州市光大商业中心工程场地地震安全性评价报告》，设计地震分组为第一组，设计基本地震加速度值为0.10g。多遇地震水平地震影响系数最大值为0.0954，罕遇地震水平地震影响系数最大值为0.4780，反应谱特征周期 T_g=0.30s，阻尼比为0.05。

2. 结构整体计算分析

本工程SATWE程序进行计算分析，并采用ETABS软件进行设计验证。表2为SATWE和ETABS的计算结果，限于篇幅，单塔计算以1号塔楼（三十三层）为例。

计算结果 **表 2**

结果		多塔计算		单塔计算（1号塔楼）	
		SATWE	ETABS	SATWE	ETABS
楼层自由度		刚性楼板	刚性楼板	弹性楼板	弹性楼板
周期折减系数		0.9	0.9	0.9	0.9
总重量（kN）		3418900	3452000	421620	427000
平均重量（kN/m²）		16.7	16.8	20.4	20.9
振型数		36	54	18	18
振型质量参与系数		X 向：92.13% Y 向：92.38%	X 向：97% Y 向：97%	X 向：97.99% Y 向：97.99%	X 向：100% Y 向：100%
X 向刚重比		3.89	2.046	6.34	4.932
Y 向刚重比		4.28	2.023	5.91	4.376
自振周期（s）	T_1	2.64470	2.64470	2.47080（Y）	2.47080（Y）
	T_2	2.59081	2.59081	2.33901（X）	2.33901（X）
	T_3	2.55091	2.55091	1.9124（扭）	1.9124（扭）
	T_4	2.52451	2.52451	0.71354（Y）	0.71354（Y）
	T_5	2.45791	2.45791	0.66443（X）	0.66443（X）
	T_6	2.44305	2.44305	0.6273（扭）	0.6273（扭）
	$T_{扭}/T_{平}$	—	—	0.774	0.774
地震基底剪力（kN）	X 向	40180	40180	6453	6453
	Y 向	41570	41570	6564	6564
地震基底倾覆弯矩（kN·m）	X 向	1212000	1212000	326500	326500
	Y 向	1235000	1235000	331600	331600
地震最大层间位移角（楼层号）	X 向	1/892（18）	1/892（18）	1/1341（21）	1/1341（21）
	Y 向	1/900（18）	1/900（18）	1/1388（22）	1/1388（22）

在考虑不利偶然偏心影响的地震作用下，其竖向构件的节点位移比 D_{Max}/D_{Ave}（D_{Max} 表示该楼层的最大层间位移，D_{Ave} 表示该楼层的平均层间位移）如表 3，限于篇幅，仍以单 1 号塔楼（三十三层）为例。

不利偶然偏心影响的地震作用下，竖向构件的节点位移比 DMax/DAve **表 3**

	工况	最大 D_{Max}/D_{Ave}	所在层号（计算层号）	所在层最大层间位移角
1号塔	X±5%偶然偏心	1.40	6	1/3393
	Y±5%偶然偏心	1.31	4	1/3253
裙楼	X±5%偶然偏心	1.14	4	1/3171
	Y±5%偶然偏心	1.19	4	1/3808

计算结果表明：采用两个不同的程序计算结构多塔及单塔分析时，周期基本相近。在地震（不考虑偶然偏心的影响）作用下，最大层间位移角均满足规范≤1/1000 的要求。结构 X、Y 向刚重比大于 2.7 满足结构整体稳定验算，可以不考虑重力二阶效应的影响。从表 3 数据可以看出，在考虑不利偶然偏心影响的地震作用下，楼层竖向构件的层间位移均不大于该楼层平均值的 1.4 倍，满足规范的要求。

3. 结构转换层分析

本工程转换层设置在裙房顶架空层（三层），该层由于转换及管线吊装要求，层高为 7m，形成了结构薄弱层，决定整个结构体系的抗震性能。为满足竖向抗侧刚度不产生较大的突变，核心筒剪力墙及其相邻剪力墙直接落地，且增加剪力墙的墙厚，其他剪力墙则通过转换传递至基础。框支柱截面为1200×1500，框支梁为1200×2000，转换次梁为600×1200，落地剪力墙墙厚加大至500。

塔楼转换层上部与下部结构的等效刚度比较　　表4

		1号塔楼	2号塔楼	3号塔楼	4号塔楼
起止层号	下部	4～6	4～6	4～6	4～6
	上部	7～11	7～11	7～11	7～11
下部高度（m）		16	16	16	16
上部高度（m）		15	15	15	15
下部 X 方向刚度（kN·m）		1.760E+06	1.796E+06	1.691E+06	1.323E+06
上部 X 方向刚度（kN·m）		8.984E+05	9.169E+05	6.169E+05	5.707E+05
X 方向刚度比		0.4786	0.4786	0.3421	0.4043
下部 Y 方向刚度（kN·m）		1.708E+06	1.656E+06	1.629E+06	1.352E+06
上部 Y 方向刚度（kN·m）		8.878E+05	8.969E+05	5.799E+05	5.665E+05
Y 方向刚度比		0.4874	0.508	0.3338	0.3928

表4计算结果表明：转换层上部与下部结构的等效侧向刚度满足《高层建筑混凝土结构技术规程》JGJ 3—2002的要求。同时，各楼层的侧向刚度不小于相邻上一层的70%，并不小于其上相邻三层侧向刚度平均值的80%的规定。

为了更好地验证转换层的力学性能，除用平面应力法校核外，局部采用实体有限单元法复核，以4号塔楼转换层中4—B跨梁、柱、斜撑以及部分楼板进行计算分析，如图6中阴影部分。采用ANSYS的实体单元SOLID45建立模型如图7所示。模型中深色为转换层上一层的墙的位置，用来施加上部楼层传递下来的荷载。计算参数：板为500厚（上层300，下层200），斜撑为600×800，梁、板及斜撑采用C40混凝土，弹性模量3.25×104N/mm^2，泊松比0.2；柱采用C50混凝土，弹性模量3.45×104N/mm^2，泊松比0.2。

根据有限元分析结果，转换梁及支撑变形很小，最大竖向位移约2.3mm，最大拉应力为7.778MPa，处于弹性范围内（图8为转换层有限元分析结果）。

4. 弹性时程分析

由于本工程为带转换层的复杂高层建筑，抗震设防烈度为7度，根据《高层建筑混凝土结构技术规程》》JGJ 3—2002及《建筑抗震设计规范》的要求，需进行弹性时程分析法进行多遇地震下的补充计算。输入地震波为两条天然波TH3TG030、TH4TG030两组实际地震记录，并在由《广州市光大商业中心工程场地地震安全性评价报告》提供的地震波中选取一条场地合成人工波USER9输入SATWE进行弹性动力时程分析。进行弹性动力分析时按7度地震Ⅱ类土，50年时限内超越概率为63.2%，第一、二周期阻尼比为0.05考虑。表5和图9、图10为弹性时程分析计算结果汇总。

弹性时程分析汇总　　表5

小震弹性时程分析（采用SATWE软件的弹性动力时程分析程序）					
波形		TH3TG030	TH4TG030	场地合成人工波	平均值
地震持续时间（s）		30	30	40.94	
时间间距（s）		0.02	0.02	0.02	
地面运动最大加速度（cm/s^2）		172.6	75.9	40.4	
底层地震力（kN）	X 向	34842	37871	40408	37707
	Y 向	36620	37263	42589	38824

续表

小震弹性时程分析（采用 SATWE 软件的弹性动力时程分析程序）					
波形		TH3TG030	TH4TG030	场地合成人工波	平均值
地震力倾覆弯矩（kN·m）	X 向	565997	645944	397791	536577
	Y 向	570192	639697	430282	546724
层间最大位移角	X 向	1/1479（2 号塔 27 层）	1/1485（4 号塔 26 层）	1/2207（4 号塔 27 层）	1/1821（4 号塔 26 层）
	Y 向	1/1797（4 号塔 24 层）	1/1446（3 号塔 28 层）	1/2085（4 号塔 27 层）	1/1838（4 号塔 26 层）
最大扭转位移比	X 向	1.59（1 号塔 19 层）	1.89（4 号塔 8 层）	2.00（4 号塔 8 层）	1.65（4 号塔 7 层）
	Y 向	1.59（4 层）	1.74（5 层）	2.00（4 层）	1.76（5 层）

从图 9、图 10 可以看出：(1) 时程分析时，每条时程曲线计算所得结构底部剪力不应小于振型分解反应谱法结果的 65%，多条时程曲线计算所得的结构底部剪力的平均值不应小于振型分解反应谱法结果的 80%；(2) 用时程分析法计算所得的结果明显小于振型分解反应谱法计算所得结果，所以不必再作进一步的计算。这表明本工程按 SATWE 程序用振型分解反应谱法计算结果可以满足设计要求。

三、地基基础设计

根据本工程特点，将地下室平面分为塔楼和裙房两个区域。基础形式的选择综合考虑了调整两个区域沉降差、土层分布、地基承载力、上部荷载和地下室抗浮等诸多因素，基础平面布置见图 11。

塔楼和裙房荷载差异较大而又采用无缝设计，为调整两个区域的沉降差不仅要调整时间差，即设置沉降后浇带，待后浇带两侧结构上到一定楼层，结构初期的变形得到释放后封闭，而且还要调整压力差，即两个区域采用不同的基础形式和持力层，来补偿沉降差；并且在裙房和塔楼交界线处，设置刚性基础梁（800×800）来过渡。

塔楼区域荷载较大，采用嵌岩混凝土灌注桩，以微风化岩层为持力层。柱下尽量采用大直径的单桩，受力明确直接，承台的配筋可按构造，还可节省承台和桩孔护壁的混凝土量。灌注桩施工则根据超前钻确定的实际桩长和土层情况采用人工挖孔桩或旋挖桩；嵌岩桩按基岩承载力与桩身强度接近原则的设计，较好的节省造价；裙房区域荷载较小，底板下的持力层为全、强或中风化岩，修正后的地基承载力特征值 f_a=600kPa，而且压缩模量也较大，该区域采用柱下钢筋混凝土独立基础，以便充分发挥地基承载力。

抗浮设计时，根据区域范围不同采取不同的处理措施，塔楼区域荷载较大，没有整体抗浮的问题，而且柱距较小，水反力作用下，底板内力较小，局部跨度较大处适用抗拔桩抗浮。裙房区域岩层埋深浅，适宜采用抗拔锚杆，锚杆孔径 150mm，长度约为 8～12m，单根锚杆抗拔承载力可达 420kN；在水浮力作用下，带锚杆的底板整体发生微小位移，没有弯曲变形，为构造配筋，较为经济；但应注意做好锚杆与底板连接处的防水。

四、地下室设计

1. 设置疏水层

本工程场地面积约 34000m²，原状地面标高起伏较大，最大高差近 7m，有 3 层地下室，抗浮计算水头近 17m。利用地下室周边基坑与地下室侧壁之间工作面，沿场地的北面、西面和南面三边布置卵石疏水层（东面工业大道一侧均为地势低处，而且受地铁施工影响，不设疏水层），形成“连通器”，将地势高处的侧壁外地下水疏导到地势低处（疏水层截面见图 12）。这样，地下室底板和侧壁裂缝计算设防水位可按低点 10m 计算。底板和侧壁的配筋通常受裂缝控制，配筋会减少，从而降低土建成本。

2. 超长混凝土结构设计

本工程地下室平面尺寸为194m×172m，无缝设计使得结构长度远远超过规范的限定值，超长混凝土底（楼）板与侧壁的抗裂设计就成为本工程的难点也是重点。在ANSYS温度应力分析计算的基础上，结合各楼层的结构平面特点，有“抗”有“放”，来解决超长混凝土结构裂缝问题。

1）各楼层温度应力分析计算

为减少模型的单元数量，提供计算效率，取单层模型对各楼层分别进行温度应力分析计算。综合施工阶段季节最大温差、混凝土收缩当量温差和混凝土徐变应力松弛等因素，除裙房大屋面温差取25℃外，其余各层取13℃；混凝土线膨胀系数取为1.0×10^{-5}；采用ANSYS程序计算，楼板采用shell93单元，梁、柱采用beam189单元。裙房三层平面的温度应力结果见图13，根据有限元分析结果配置预应力钢筋，预应力钢筋施工现场见图14。

2）设计措施

（1）设置后浇带和临时后浇带

为减少混凝土硬化过程中的收缩应力，根据《高层建筑混凝土结构技术规程》第12.1.10条要求，原则上沿地下室两个方向每隔30～40m留一道贯通底板、楼板、顶板和侧壁，宽1000mm的温度后浇带，在其两侧混凝土浇筑完毕后两个月后再封闭（图12）。考虑到本工程面积大和施工工期紧张，在施工时，做了灵活处理：设置后浇加强带，带宽改为2000mm，浇混凝土的时间不少于14d；根据现场分块施工情况，增设宽800mm的临时后浇带，在其上一层楼板浇筑前封闭。

（2）设置凹（凸）板、诱导缝和局部分缝

为减小混凝土收缩应力，根据建筑功能和结构平面布置（开洞、降板等）的不同，地下一、二层楼板设置凹板；裙房大屋面结合园林布局，为提高结构楼板变形能力同时不影响建筑使用设置凸板（图15）；首层、二层大致在塔楼区域与裙房区域分界处，通过框柱上的牛腿和隔震橡胶支座实现局部分缝（图16）。为限定裂缝的发生部位，侧壁每隔30m设置诱导缝。

（3）增强配筋并配置适量的无粘结预应力筋

为更好地达到抗裂效果，设计上适当地提高了楼板纵向分布钢筋的配筋率和梁（尤其是沿外侧边梁）腰筋的直径和数量；为控制温差和干缩引起的竖向裂缝，侧壁水平分布筋采用变形钢筋，按“细而密”的原则，配筋率不小于0.5%，间距不大于150mm。

在温度应力较大的地下一层楼板和裙房大屋面设置无粘结预应力。由于温度应力计算时，边界条件难以准确把握，参照经验并根据实际情况，预应力平均预压应力设计采用0.6～1.0MPa，并要求温度预应力筋的张拉在混凝土达到设计张拉强度时尽早张拉，使预应力尽早作用于结构，抵抗结构早期的温度应力和收缩变形。

3）材料措施：（1）考虑到混凝土强度等级越高，水灰比越小，毛细孔中的水分不饱和而产生的负压越大，自生收缩率越大，越容易开裂，地下室和侧壁混凝土强度等级取C30；（2）水泥采用水化热低的矿渣硅酸盐水泥；（3）选用优质Ⅰ级粉煤灰掺合料，改善混凝土的黏塑性，代替部分水泥用量，减少水化热；（4）后浇带、后浇加强带和临时后浇带采用补强收缩混凝土，在混凝土内掺加膨胀剂。

本工程从2009年7月地下室结构完成到现在，没有发现明显的裂缝，说明以上的技术措施是切实可行的。

五、上部结构设计

1. 结构构件的设计

1）本工程有较多15m以上的大跨度梁（如二层平面溜冰场上空的梁跨度就达22m），结合建筑和框梁最大配筋率（2.5%）的要求，采用宽扁梁（如1000×800）。根据挠度和裂缝计算结果，部分宽扁梁还加设预应力筋，预应力筋以抛物线形式布置，可同时替代梁（板）的面筋和底筋受力；为满足建筑对净空的要求，首层溜冰场采用无梁楼盖。

2）裙房柱距为9m，建筑没有严格限制柱截面，考虑到施工的方便（模板及钢筋的制作）和建筑楼层柱面的装修，柱截面尺寸种类尽量少，以800mm×800mm和ϕ900mm为主要类型。

2. 抗震构造措施

1）针对转换层上下抗侧力构件布置不同引起的刚度差异，采取了加强落地筒体，增加底部剪力墙，调整底部剪力墙位置，转换层以下采用高强度混凝土等措施，减少楼层侧向刚度沿结构竖向的变化。

2）转换层和其相邻层附近结构抗侧力刚度发生变化，为抗震较为薄弱的部位，除按规范规定对竖向构件加强配筋外，其相邻两层楼盖板厚和配筋均进行适当的加强。

3）核心筒连接部位楼板加厚为150mm，楼板配筋加强，钢筋底面双层双向通长设置，并加强核心筒边梁和楼面洞边梁的截面和配筋，以减少筒体较多开孔和楼层开洞对结构刚度的削弱；

4）为提高结构的抗震性能和4栋塔楼变形协调能力，裙房与塔楼连接处的楼板加厚，并加强配筋构造；连接梁截面适当增大，增加结构的整体性。

六、加强结构整体抗震能力的措施和抗震对策

本工程为大底盘多塔楼建筑，建筑高宽比和层间位移角比没有超出规范要求，但本工程有多塔、扭转不规则，楼板局部不连续，竖向抗侧力构件不连续属II类，设计中采用以下措施加强结构的整体抗震能力：

（1）4个塔楼布置偏于裙房一侧，通过调整结构布置，使得塔楼与底盘质心的偏心距离 x 向为相应边长的7.9%，y 向为相应边长的20.8%，基本满足《高层建筑混凝土结构技术规程》JGJ 3—2002第10.6.1条的规定。

（2）针对转换层上下抗侧力构件布置不同引起的刚度差异，采取了加强落地筒体，增加底部剪力墙，调整底部剪力墙位置，转换层以下采用高强度混凝土等措施，减少楼层侧向刚度沿结构竖向的变化。

（3）转换层（三层）和其相邻层附近结构抗侧力刚度发生变化，为抗震较为薄弱的部位，除按规范规定对竖向构件加强配筋外，其相邻两层楼盖板厚和配筋均进行适当的加强。核心筒连接部位楼板加厚为150mm，楼板配筋加强，钢筋底面双层双向通长设置，并加强核心筒边梁和楼面洞边梁的截面和配筋，以减少筒体较多开孔和楼层开洞对结构刚度的削弱；每层建筑外周边和裙楼室内开洞周边适当加高外框边梁截面并且加强梁筋构造，提高结构的整体刚度，提高建筑物的抗震性能。

（4）为提高结构的抗震性能，对剪力墙底部加强部位的抗震等级提高一级采用；所有框支柱采用高强钢筋混凝土柱。在核心筒剪力墙与邻近框支柱的连接梁采用钢一混凝土组合梁，增强核心筒与周边的变形协调能力。

（5）为提高结构的抗震性能和各栋塔楼变形协调能力，对裙楼部分塔楼连接体的楼板进行加厚，并加强配筋构造；连接梁截面适当增大，增加结构的整体性。塔楼间的底盘屋面结构应适当加强，板厚不宜小于150mm，楼板钢筋双层双向布置，各层各方向最小配筋率不宜小于0.25%，屋面梁底筋、腰筋及不少于1/3的面筋宜通长布置。

七、结语

1. 本工程地下室单层建筑面积达到34000m^2，在满足规范安全性和相关规范标准的前提下，各个设计关键环节应在结构方案和细化设计上做充分考虑，才能做到技术先进，经济合理。

2. 地下室无缝设计时需同时采用多种措施相结合，来解决沉降差和结构超长的问题。

3. 应注重结构概念设计和采取抗震构造措施来解决复杂高层建筑结构超限问题，在设计中进行了较为全面的分析和研究，对结构的抗震薄弱部位采取了有针对性的加强措施，提出了加强结构整体抗震能力的措施和抗震对策，本工程的结构设计具有良好的抗震性能。

图 1　建筑效果图

图 2　实景图（裙房顶）

图 3　外立面实景图

图 4　远眺外立面实景

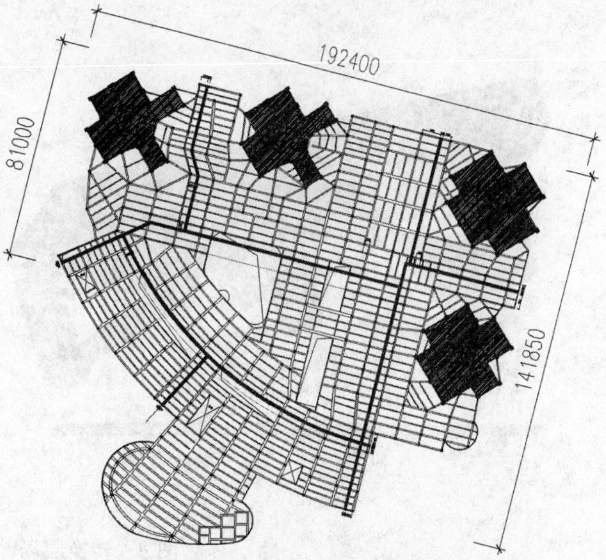

图 5　三层结构布置图（裙房顶）

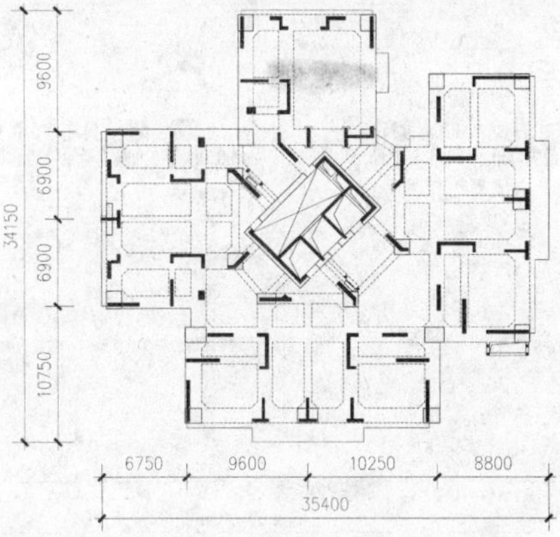

图 6　转换层平面图

图 7　转换层局部有限元计算模型

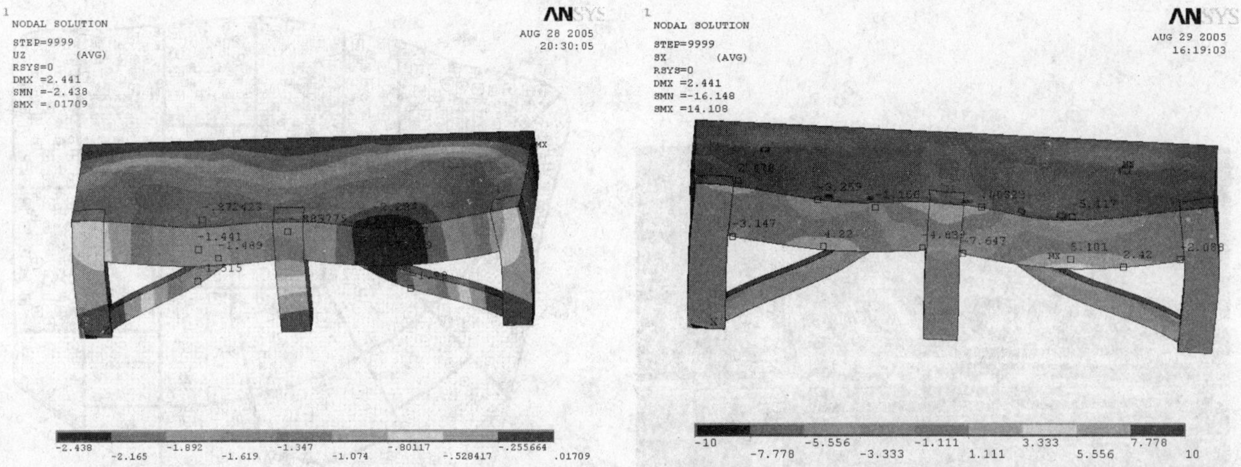

(*a*)　　(*b*)

图 8　转换层局部有限元计算结果（一）

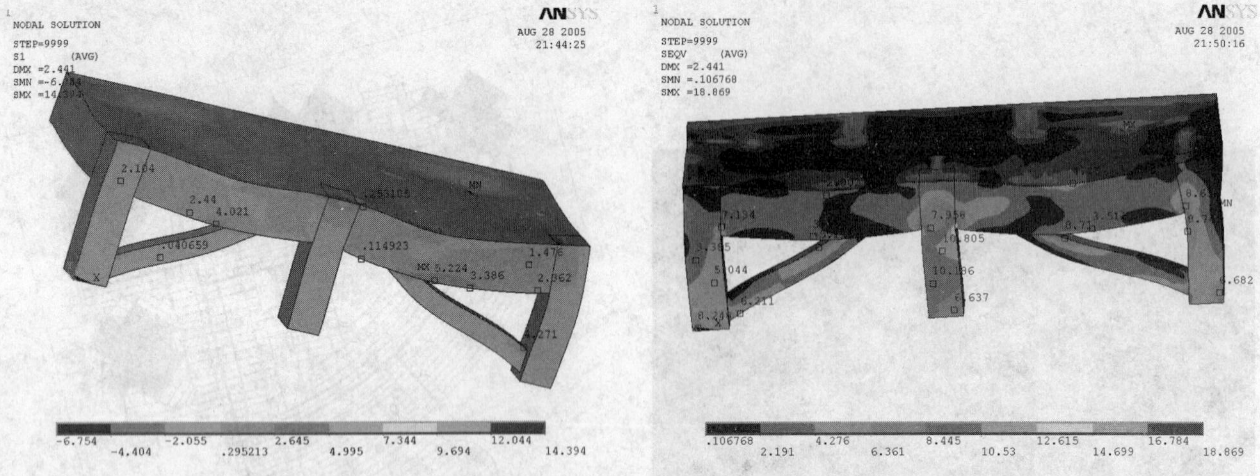

(*c*) (*d*)

图 8　转换层局部有限元计算结果（二）

(*a*) *z* 方向的位移 Uz；(*b*) *x* 方向的应力 SX；(*c*) *z* 方向的应力 SZ；(*d*) 等效应力（Vonmiss）

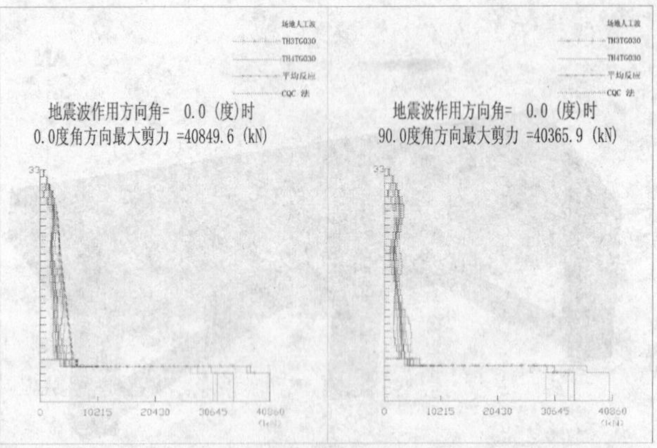

图 9　最大楼层剪力曲线

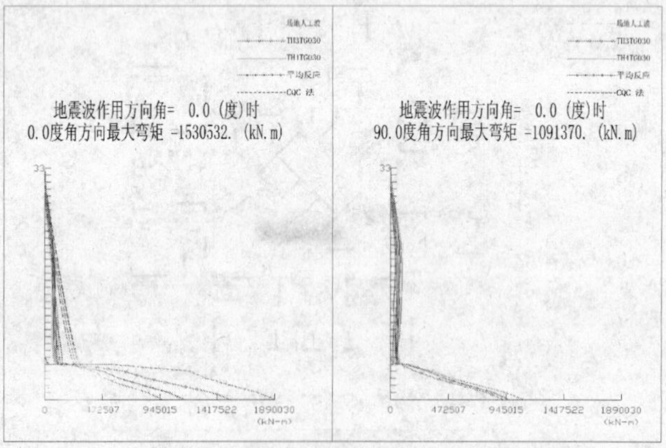

图 10　最大楼层弯矩曲线

图 11　楼板预应力筋施工

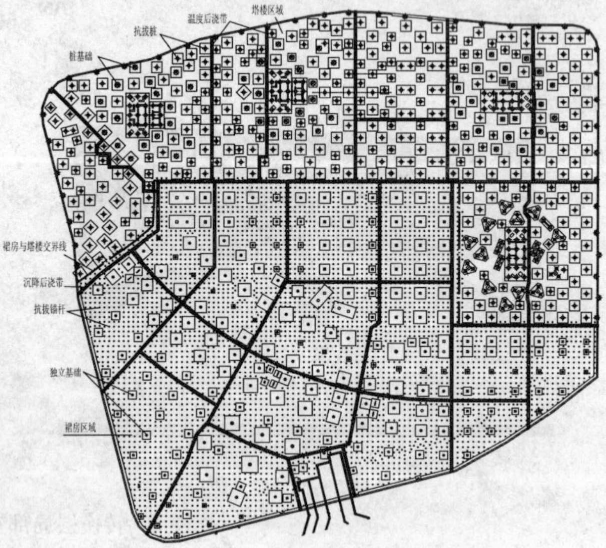

图 12　基础平面图

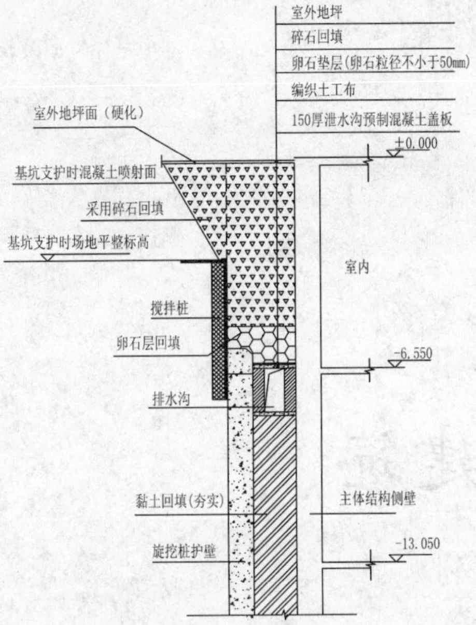

图 13　侧壁疏水大样图

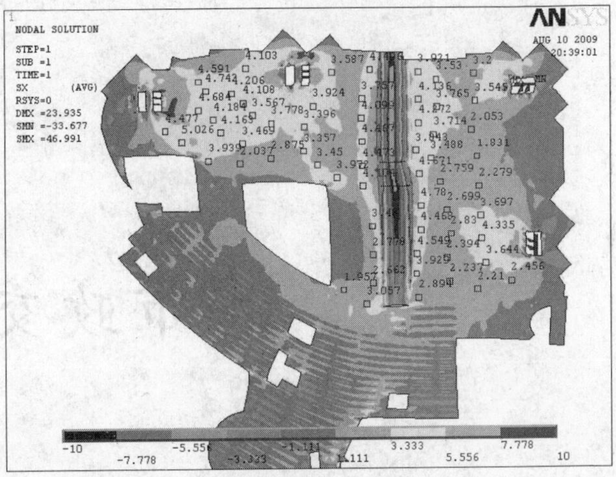

图 14　楼板温度应力（MPa）

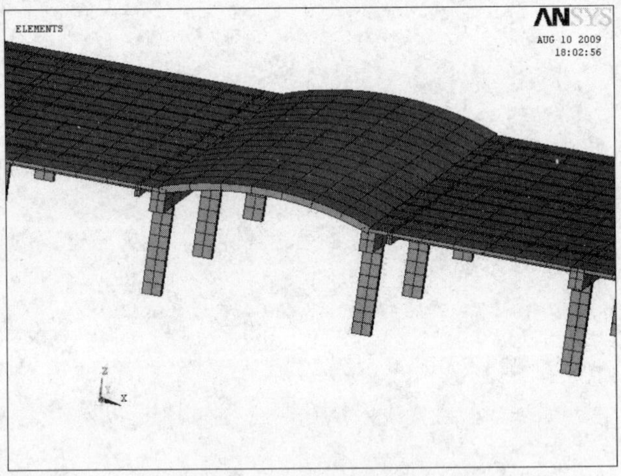

图 15　凸板有限元分析模型

图 16　橡胶隔震支座施工

市政交通建筑

广州市珠江新城核心区市政交通项目

建设地点　广东省广州市

设计时间　2006～2007

主要设计人　陈　星　李鸿辉　邓汉荣　林景华　罗赤宇　赏锦国　向　前　洪　卫　李　欣
陈　伟　张　帆　徐　静　林扑强　叶国认　张英川

获奖等级　全国第七届优秀建筑结构设计二等奖

一、工程概况

广州市珠江新城核心区市政交通项目是广州市21世纪中心商务区开发建设的重点配套工程，总建筑面积约36.7万m^2，是集商业、文娱、休闲等功能于一体的城市综合体；其地面部分即为广州目前最大的市民广场花城广场，其规划定位为广州市未来的城市客厅。

该工程主体建筑为全埋式地下室，主要为地下二层，局部为地下一层或地下三层。其中地下三层为配合轨道交通（地下旅客自动输送系统，简称APM）而设置，设有歌剧院站、花城大道站、妇儿中心站等三个车站的站台与线路区间，其底板面结构标高为－19.100～20.970m（±0.000相当于广州城建高程标高9.000m。）；地下二层主要为车库及大巴车场，其底板面结构标高为－12.000m；地下一层主要为商店及下沉广场，其底板面结构标高为－7.250m；地面部分为市民广场，局部设置下沉式广场。其中地下一、二层设有与周边已建、待建的多栋大型建筑的连接口。本工程同时作为地下人防工程，符合战时及平时的功能要求，是广州市目前最大的单体地下人防工程。

本工程主体部分（1～4区）南北总长达1000m，东西总长达600m。通过在顶板及负一、负二侧墙上设置永久性变形缝，将主体结构分成底板通长连续的若干块结构单体，分缝后结构单体的最大长度，南北向长达420m，东西向长达340m。其中负三层、负二层地下室底板不设置变形缝（负二层地下室底板尺寸为1000m×120m）。

本工程主要为钢筋混凝土框架结构，局部设有交通核的部位为框架－剪力墙体系。基础采用人工挖孔桩，抗拔措施采用抗拔桩及抗拔锚杆；框架柱采用钢管混凝土柱、钢筋混凝土柱、钢骨混凝土柱等；楼层框架梁采用普通钢筋混凝土梁、钢筋混凝土浅梁、钢骨梁等，地铁保护范围采用预应力钢筋混凝土转换大梁；顶板采用普通钢筋混凝土无梁楼盖、钢管混凝土空心板无梁楼盖，顶板中双向设置部分有粘结预应力筋。地下一层主要柱网为8.4m×8.4m、8.4m×16.8m，地下二、三层主要柱网为8.4m×8.4m。基础采用人工挖孔桩（墩）基础，抗拔措施采用人工挖孔抗拔桩（墩）及抗拔钢筋锚杆。

本项目结构设计的主要参数：建筑结构安全等级为一级；结构设计基准期为50年；结构设计使用年限为100年（耐久性）；因属于大型重要交通枢纽且内设大型人流密集的商场，根据《建筑工程抗震设防分类标准》GB 50223—2004相关规定，本项目的建筑抗震设防类别为乙类；地震作用采用的抗震设防烈度为7度（0.135g），抗震措施采用的设防烈度为8度；板柱结构中的柱抗震等级为一级，其余构件为二级。地基基础设计等级为甲级。

本项目结构设计中遇到了顶板荷载大（覆土较厚）、无梁楼盖板柱节点冲切力大、顶板板厚受到严格限制、结构超长、地铁5号线隧道从主体结构下方横穿而过、花城大道隧道从主体结构内部穿过而引起振动与噪声等难题。针对以上难题，并根据本工程的特点，设计上采用了无梁楼盖内置环式型钢剪力键的板柱节点、空心钢管混凝土楼板、后浇带钢箱（板）变形装置、大范围地铁保护采用预应力大梁及巨型结构托换、结构隔振隔声等新技术集成，进而提出并应用了以下六项结构关键技术（设计特点）。

二、空心钢管混凝土楼盖

本项目为全埋式地下室结构，其地面部分为市民广场，结构顶板以上设有覆土绿化、人造水面等。顶板上方有较厚的覆土（大部分为1.0～1.5m，局部达4.0～5.0m），导致板面附加恒载较大（约30～50kN/m^2）；覆土上要求种植绿化草木或设置人造水景，甚至部分设为消防车道，导致活载较大（10、16kN/m^2）；另外，大部分区域的顶板为人防顶板（常6级），对应人防荷载约为30kN/m^2。可见，该工程的结构顶板承受了相当大的均布荷载。另外，由于地下一层层高受到各种因素限制而无法再增加，又因建筑、设备对该层的净高要求相当严格，从而使得顶板板厚受到较大的限制（允许最大高度不大于900mm）；再者，其负一层主要柱网为16.8m×8.4m，跨度较大。针对上述限制条件，同时考虑到建筑美观上的要求，并兼顾施工方便、缩短工期等因素，顶板结构设计中采用了空心钢管混凝土楼盖——板厚900mm，内置空心钢管ϕ600×8间距@1000，并于钢管间设置预应力筋束。钢管布置及节点构造如图1、图2所示；轴测示意及建模示意如图3、图4所示。

为发挥空心板的优点，弥补其不足，花城广场地下空间的顶板结构设计过程，对普通空心板结构进行一些创新和改进。将钢管作为空心板的成型模板（内模），浇筑混凝土后不拆除，并通过沿管壁纵向焊接钢筋等方式使管壁与板内混凝土紧密结合，保证了钢管与混凝土的协调变形。这样钢管在空心板受力过程中参与承受板内弯矩和剪力，有效地提高了整个空心板结构的承载能力和刚度。当钢管的端部与型钢主梁或侧壁钢预埋件有可靠连接时，可以将此单向板支座作为固端考虑。另外，由于钢管与混凝土紧密结合，钢管作为内孔的孔壁可以承受较大的挤压力，在两孔之间可以布置预应力钢绞线，可以进一步提高空心板的承载能力和刚度。

钢管空心混凝土楼板是由空心钢管按一定的间距并排放置在混凝土楼板中，钢管形心根据需要可以放置在中和轴上让其参与抗弯拉压或者中和轴以下让其尽可能参与受拉，在空心钢管的外壁上设置加劲肋（或者抗剪键）既满足于混凝土的连接，又防止空心钢管在混凝土内受压产生管壁屈曲，对应薄壁钢管支座采用型钢与其进行连接。

其特色主要有：(1) 钢管为薄壁钢管，用钢量小；(2) 空心钢管减小了厚楼板的自重，有效减小了荷载作用，对结构进行了优化；(3) 圆钢管对混凝土浇捣几乎没有影响，施工进度与普通混凝土楼板相比无太大影响。

节选部分节点及结构的计算分析结果，如图5～图7所示。

该项目至今已完工并部分投入使用，空心钢管楼盖应用部位效果良好（如图8、图9所示）。

三、地下结构后浇带钢箱（板）变形装置

针对结构超长引起的温度应力问题，结合本工程的实际情况，设计人采用了一种新型的适用于地下室楼板、侧墙的后浇带装置——钢箱（板）变形装置。这种装置主要由箍筋、工字钢、曲折钢板组成，放置于后浇带中间。其基本构成为：在后浇带两侧设置两工字钢，工字钢腹板内侧之间设置曲折钢板——作为吸收变形的载体，工字钢的腹板外侧焊接一定间距的箍筋——作为变形装置与先浇混凝土的连接措施，两工字钢腹板之间即为后浇带范围。如图11～图13所示。

设置伸缩缝是减小超长楼板温度应力的有效方法，对于不允许设缝的连续楼板，通常设置后浇带来降低温度应力。针对传统的后浇带工期长、变形能力差，只能解决混凝土早期水化热的收缩问题、防水性能不佳等缺点，花城广场地下空间的结构设计研制出一种新型的适用于地下室楼板、侧墙的后浇带钢箱（板）变形装置。这种装置主要由箍筋、工字钢、曲折钢板组成，这样使后浇带的梁和板的用钢量有所提高，凹槽的设置使混凝土用量大大减少了，后浇带的延性得到明显增强，从而起到变形耗能的作用。该装置的设计原理为在大面积的地下空间结构混凝土楼板和侧壁中，间隔一定距离，设置温度变形凹槽，同时在凹槽处设置后浇带，并在后浇带里设置变形能力较强的弯折钢板，起到释放温度应力的作用。后浇带处楼板采用轻微的折曲状的镀锌钢板变形装置，设计时考虑到钢板的锈蚀速度是2mm/10年，加厚镀锌钢板，使其设计寿命超过50年。这样在温度效应下，应力集中于后浇带，该处混凝土开裂后，折曲

状的镀锌钢板被拉直，起到释放楼板变形，减小拉应力的耗能作用，同时又能起到止水作用。后浇带钢箱（板）变形装置在该工程中应用的典型大样详见图 14 所示。

这种后浇带内的变形装置分为两种形式——对于水平向后浇带（楼板），两工字钢之间为一片曲折钢板，形成钢板式变形装置，详见图 10、图 11 所示；对于竖直向后浇带（侧墙），两工字钢之间为两片相对的曲折钢板，形成钢箱式变形装置，详见图 12、图 13 所示。

与一般地下室的常规后浇带相比，带钢板（钢箱）变形装置的后浇带的优点在于：

(1) 后浇式变形装置是一个钢一混凝土混合构件，该变形装置充分利用钢结构可变形的特性，让曲折形钢板形成可轻微变形的消能带，可以有效吸收后浇带两侧的混凝土结构收缩变形所产生的能量，从而减小混凝土结构的内应力和应力集中；

(2) 后浇式变形装置能让混凝土结构较充分地变形，大大减小了结构内的应力，甚至可作为长期的变形缝和耗能带；

(3) 后浇式变形装置中设有的曲折形钢板，又起到了彻底止水的作用，施工时，后浇式变形装置可以方便地置于混凝土侧墙或楼板中，形成名符其实的分缝式消能带，同时又能很好的止水；

(4) 施工方便，效率高，解决了后浇带影响施工工期的矛盾，通过合理安排施工工序，大大缩短了工期。由于后浇带有曲折形钢板封口，当用于楼板后浇带时，施工时，在后浇带封闭之前，曲折形钢板可以有效阻挡楼层之间的砂石、水等的泄漏，因此，在制作后浇带时，各楼层可以同时施工，互不干扰，大大地提高了施工的进度，从而缩短了工期；当用于地下室侧墙的后浇带时，在后浇带封闭之前，曲折形钢板就可以起到彻底止水的作用。此外，在拆除模板的同时就将侧墙周围的土回填，避免了施工拥挤现象，同时也缩短了工期。

四、无梁楼盖内置环式型钢剪力键板柱节点

针对节点冲切承载力的问题，本工程的负一层顶板（空心钢管楼盖区域除外）结构设计中采用了无梁楼盖板内置环式型钢剪力键的新型钢筋混凝土板柱节点。

1. 节点构造及布置

这种节点的基本构造如图 15 所示：为加强型钢与混凝土的咬合作用，在键臂腹板上沿一定间距加焊了短筋，并在键臂端部设置端板；为增强剪力键与柱的连接，同时提高节点的抗震延性，在剪力键中心设置了角钢插件伸入柱内，伸入长度宜稍大于柱顶箍筋加密区高度；键臂型钢的高度取值以保证其保护层厚度（70～100mm）为前提。剪力键轴测示意如图 16、图 17 所示。

根据《混凝土结构设计规范》GB 50010—2002 第 7.7.3 条要求，采用在板一柱连接部位设置有效的型钢剪力键，提高平板无梁楼盖板一柱节点的抗冲切承载力。同时在设计过程中对传统的型钢剪力键节点提出了加强及改善措施，从而进一步提高了平板无梁楼盖板一柱节点的抗冲切承载力。型钢剪力键在顶板结构中的典型布置如图 18 所示。该节点设计在兼顾多方因素并提高节点抗冲切承载力的设计上取得了良好的效果。

2. 该新型节点的抗冲切原理

对于通常的平板无梁楼盖的抗冲切问题，《混凝土结构设计规范》GB 50010—2002 第 7.7.3 条给出了两种方法——配置箍筋或弯起钢筋。但上述两种方法均受到配筋量限制以及钢筋混凝土节点抗冲切承载力上限 $Fl \leqslant 1.05 f_t \eta u_m h_0$ 的限制。《混凝土结构设计规范》GB 50010—2002 中也提议：当有可靠依据时，也可配置其他有效形式的抗冲切钢筋（如工字钢、槽钢、抗剪锚栓和扁钢 U 形箍等，但没有具体的计算要求。而美国钢筋混凝土房屋建筑规范（ACI92，以下简称 ACI）中则提到了另一种方法——通过在节点内设置型钢剪力键来提高节点的抗冲切承载力。然而，ACI 规范对该法也提出了承载力上限的限制：

$$V \leqslant 0.6\phi \sqrt{f_c{}'} u_m h_0$$

为了突破上述各种承载力上限的瓶颈，首先需理解其意义——均出于确保钢（钢筋）与混凝土协同受力、共同承担剪应力的考虑，因而需控制节点区内混凝土所分担的剪应力（实则为混凝土的拉应力）不能太大——从而有了上述各种承载力上限的规定。但换一角度，若作为附加抗剪措施的剪力键本身已

能承担足够多（甚至是全部）的剪力，且确实存在足够可靠的途径让节点区内混凝土的剪应力传递至剪力键中，从而将混凝土的负担减小至可接受的范围内，那么，理论上，节点的抗冲切承载力是可以不受上述上限的制约的。

为了实现以上目的，必须满足两个条件：（1）型钢剪力键足够刚强；（2）在混凝土与剪力键之间有可靠的传力途径。剪力键是否足够刚强，可通过加大型钢的截面（尤其是键臂腹板的厚度）来实现，因此，型钢剪力键的关键还在于如何提供可靠的传力途径。

为了把节点区内混凝土的剪力传递至型钢剪力键中，我们把常规的井字形型剪力键的相邻两键臂间加设了圆形环板及腹板，该做法的目的是：将环板从属范围内混凝土中的剪应力通过“混凝土→钢环板→钢腹板→剪力键键臂→柱”的路径传递到柱上，从而把节点区混凝土抗冲切问题转化为型钢剪力键的抗剪问题。若节点范围再扩大（柱网较大或荷载较大时），则可考虑再增加一道环板——外环板（如图15所示）。另外，为了提高剪力键的型钢与节点区内混凝土的联系，可在键臂的腹板、环板的腹板等部位，设置一定密度的抗剪栓钉或者抗剪短钢筋，在键臂端部还可设置端板；为了加强节点与柱的连接，可在节点中心设置角钢插件，插件顶部与型钢剪力键焊接，下方插入柱内一定长度（建议≥柱顶箍筋加密区长度）；为节省钢材，键臂的端部因受力（主要是剪力）较小，可做成30°～60°的切角。

3. 该新型节点技术优点

无梁楼盖板内置环式型钢剪力键的钢混凝土板柱节点，其技术优点在于：

1）型钢剪力键的设置可显著的提高板－柱节点的抗冲切承载力；

2）加设环板的剪力键，其传力途径更充分，更可靠，更直接，可较大幅度地减小节点区内混凝土的剪应力，从而提高节点冲切承载力；

3）加设双环板的剪力键，可扩大板－柱节点的外冲切锥体的范围，从而减小节点区外围混凝土所承担的剪应力，从而提高节点冲切承载力，适用于节点范围较大（柱网较大或荷载较大）的情况；

4）加设双环板的剪力键，可显著提高无梁楼盖的抗弯刚度，减小板跨中挠度；

5）加设双环板的剪力键，其内、外环板的间距应适当取值，过小则外环板的效应发挥不充分，过大则有可能在两环板间出现混凝土被剪坏的情况。建议取净距$\Delta \approx h_0$。

节选型钢剪力键与混凝土楼板协同受力时的部分分析结果，如图19、图20所示。

五、跨越地铁隧道的结构分析与设计

本工程遇到了较为复杂的地铁隧道跨越及保护问题：已建成的地铁5号线隧道自本工程（2）区主体结构下方横穿而过，其穿越长度达600m；且地铁隧道在该范围内的线路变化相当复杂（其竖曲线变化先上后下再上，水平方向则先合线后分线再合线，且中间设有泵房通道、联络通道各一条）；再者，该处地铁线路与地下空间负三层、负二层、负一层底板距离各不相同，且洞线跨度各异。因此，地铁5号线的跨越、保护方面对本工程的结构设计提出了严峻苛刻的要求。

场地内地铁5号线隧道线路与主体结构关系如图21、图22所示。

为了满足地下空间建筑使用功能的需要，同时又达到保护已建地铁隧道的要求，结构设计须根据主体结构底板与地铁5号线隧道结构间净距的不同，分别制定各种跨越、保护地铁隧道的结构设计措施：

1. －1、－2层地铁隧道的跨越

由于底板与地铁隧道间尚有足够的净距，存在设置托换大梁的条件，如图23～图25所示；同时，作为地下建筑，结构自身存在较多钢筋混凝土墙体，在跨越区域可尽量利用这些墙体本身作为托换结构的一部分共同参与受力。

对地铁隧道正上方的结构采用大梁托换的方法，使上部框架柱产生的荷载通过托换大梁传递到托换桩上，并使托换桩与地铁隧道的水平净距满足地铁保护的相关要求（≥3m），且要求该处桩基础以中（微）风化岩作为桩端持力层，须保证桩底标高比相邻隧道底面标高低2.0m以上，并要求不得采用常规爆破进行施工。经验算，上述托换梁底面与隧道间的净距均满足地铁保护的相关要求。

由于托换梁的跨度较大、截面较大，属于大体积混凝土构件。设计上在梁底、梁面配置了直线预应力筋束，一来提高大梁的承载力与刚度，二来可增强其抗裂性能；施工上则要求采用针对大体积混凝土浇筑的相应措施，如分层浇捣、降低入槽温度、控制水化热等。

同时，利用地下室的侧墙、设备管沟的侧壁、花城大道隧道的中墙等墙体，作为深受弯构件对其上方的柱进行托换。这就充分利用了建筑自身的结构体系来作为跨越的途径。

2. 负三层地铁隧道的跨越

负三层为地下空间旅客自动输送系统行驶轨道及站台层，其底板底面与地铁隧道顶面之间净距最小处仅为 2.60m，已经进入了地铁隧道的特别保护区范围，且不存在足够的空间来设置托换大梁。针对这一特殊情况，该处的底板设计中采用了 700/1200 的变截面厚板来跨越地铁隧道（图 26），尽量增大底板底与隧道拱顶的净距。另外，由于负三层开间较小（2m×8.4m）、层高较高（7.2m），侧壁、底板、顶板共同组成了一个水平向的矩形长筒（图 30），在跨越地铁隧道的设计中，针对以上特点，利用该处建筑自身的结构体系（类似于一根巨大的箱形梁）来托换其上方的建筑；并通过该处结构的空间整体分析（如图 31～图 34），对关键部位（主要是侧墙顶部、底部的暗梁）进行了加强。

1）跨越施工过程对地铁隧道影响的分析

由于该处的主体结构已进入地铁隧道特别保护范围且净距特别小，设计中对此制定了专项的地铁隧道保护方案并经专家论证会审查通过。保护方案以减小对隧道受力及变形的影响、不对隧道造成破坏为目的，重点解决地下水浮力作用及上部土体卸载时地铁隧道受力状况改变的问题，采用分块跳槽开挖及恢复水位时分块回压等措施，以减少隧道压力变化及土体变形，在施工完毕后使地铁隧道的受力状况与现状接近，承载力及变形均须满足有关规范的要求而确保地铁隧道的安全。另外，由于该区域地质较好，中微风化泥质粉砂岩的开挖特别是爆破施工对已建地铁隧道的影响必须重点考虑，同时还应解决开挖施工中对隧道顶约 2.5m 长的隧道初衬锚杆的保护及修复问题。

保护方案的分析计算采用通用有限元软件 ANSYS 进行，对于土体计算模型采用 DP 材料模型，混凝土采用采用弹性材料，岩层材料采用中风化岩参数。针对提出的方案进行了施工进度模拟分析，即整个计算分为四个施工步，第一步进行土体初始应力和位移计算；第二步为五号线地铁隧道施工完毕同时已做好衬砌，此时考虑地下水作用；第三步为集运系统大开挖至底版，考虑地下水已降至隧道底以下，但同时考虑偶然因素施工期间下大雨，计算时考虑了集运系统底板的水头高度；第四步考虑保护框架以及集运系统全部结构均施工完毕，同时考虑地下水作用工况。节选部分施工工步的分析结果如图 27～图 29 所示。

模型分析结论：（1）在隧道施工完毕后，再进行地下空间集运系统基坑开挖至集运系统底板底时，即施工步三相对于施工步二，集运系统下面隧道衬砌顶部竖向位移由－1.958mm 变为－0.884mm，即向上变形了 1.074mm，满足要求；在所有结构施工完后（即第四施工步后），隧道衬砌底部竖向位移变为－0.123mm，即相对于施工步二向上变形了 1.835mm，满足要求。隧道衬砌水平全量位移与增量位移均在 0.200mm 以内，满足要求。（2）由各个施工步中的衬砌应力图可知，隧道施工完毕后衬砌最大 Von Mises 应力为 2.928MPa；集运系统基坑开挖完毕后（施工步三），其下方的衬砌最大 Von Mises 应力变为 2.22MPa，最大应力发生在集运系统与隧道交叉外边位置，但相对于施工步二应力变小，此时隧道其他部位衬砌最大 Von Mises 应力为 2.779MPa，较之施工步二无多大变化；待整个结构施工完以后（施工步四）集运系统下衬砌最大 Von Mises 应力又增至 3.143MPa，隧道其他部位衬砌最大 Von Mises 应力为 2.46MPa，均满足要求。

在上述分析结果及保护原则的基础上，设计中对该处地铁隧道跨越保护的施工提出了以下要求：首先，隧道保护方案针对隧道与集运系统底板间土体为中微风化泥质粉砂岩的情况采取措施，在上层土体开挖时对隧道交错区域进行降水保护，最后以隧道两侧加设的排桩与该工程主体结构形成隧道保护框架，以抵抗地下水对隧道的上浮力并限制隧道的变形。其次，隧道保护方案在施工阶段强调临时降水，在水位恢复前采用堆载预压，最后采用分层卸载，可增加结构底板与接触土体的密实度，最大程度上减少隧道的不利变形，确保地铁隧道的安全。应结合工程地质情况及具体的施工步骤展开可行性分析计算。最后，对于在开挖施工中对隧道顶超过 2.5m 长的隧道初衬锚杆的保护及修复问题，施工前必须掌握本区域锚杆长度及布点情况，对锚杆采用逐点开挖并采用反锚措施逐点完成，以免造成锚杆整体失效对已完成隧道造成不良影响，确保其受力情况基本保持一致。

2）跨越结构本身的受力分析

在负三层跨越的区域中，地铁左、右两线的隧道之间设有一泵房通道（图 30），形成了一个工字形的地铁保护区域，大大增加了上部结构跨越的难度。

针对该问题，初期的跨越方案采用水平转换梁，并将跨越结构从侧墙往外延伸了 4～5m，以期将地铁隧道“保护”起来免受上部施工的影响。在方案优化中，分析表明原方案的托换梁刚度不足，导致图 30（*a*）中 B、C 两点间的侧墙产生较大的变形；同时发现往外延伸的“保护板”在施工时的土方开挖反而对地铁隧道上方土体造成扰动；另外，保护板上方回填土的回填过程对转换梁和柱将造成难以计算而又不容忽视的影响。

针对以上问题，把跨越结构作了较大的改进，改进后的跨越结构图 30 所示。采用变截面托换大梁来提高其托换刚度；加大了 B、C 点间侧墙的截面；同时取消了往外延伸的“保护板”，最大限度地减少了侧墙外围的土方开挖，大大降低了对地铁隧道上方土体的扰动。

正如上文所述，该处跨越结构充分利用了建筑自身的结构体系作为主要受力结构，与改进后的变截面大梁、托换桩一起共同组成一个空间结构体系，使该处跨越结构形成了一个整体的托换框架（图 31）。

对于该跨越结构，应用通用有限元分析程序 ABAQUS 对相关结构建立整体模型（采用 c3d4 实体单元）（图 31），对竖向荷载作用下的结构效应进行的计算分析。并根据分析结果对相关构件进行了优化调整——加强侧墙 BC 段的配筋、增大托换边桩 ZH1 的刚度等。节选部分分析结果如图 32～图 34 所示。

六、全埋式地下结构的地震作用整体计算分析

本工程基本上没有上部结构，其地面广场仅分布有少量零星结构——地下交通核的出口，相对于其庞大的地下空间结构而言，这些小出口可忽略不计。因此，本工程为典型的全埋式地下结构。图 35～图 38 为本工程的典型地下结构剖面图。

作为全埋式地下结构的地震作用整体计算分析：

常规的结构抗震设计中，把建筑物的地下部分视作不受地震力或地震力很小而无需进行地震作用计算，仅按照规范以一定的抗震等级来采取构造措施；又或者简单地把地下结构视作多层地上结构，采用传统方法来计算其地震作用效应。

实际上，地下结构（尤其是全埋式地下结构）的地震作用分析，存在其固有的且不可忽略的特点——与上部结构相比，地下结构的抗震计算还应考虑周围土体的动土压力。随着对地下结构在地震作用下响应特征的进一步研究，一些新的概念和一些更加符合地下结构动力响应实际的设计计算理论和方法也得以提出。地层中地下结构存在的范围内，不同位置之间会产生相对位移，该相对位移迫使地下结构产生变形，这种层间相对位移达到一定程度就会引起地下结构的破坏。因此这种地震作用引起的相对位移，在设计计算中有必要加以考虑——首先计算出周围土体的变形，将变形量作为强制变形施加于结构上，计算出结构的效应。

本工程属于全埋式地下结构，这类地下结构在地震作用下的计算分析，其分析方法基本上分为三种：等效静力法、反应位移法、有限元整体动力计算法。本工程采用后者对结构进行了整体动力分析，主要做了以下工作：

根据结构动力学的基本理论，以土体一地下结构体系作为研究对象，建立合理的力学模型（图 39 所示）。

对全埋式地下结构进行动力模态分析，采用土一结结构体系地震反应的时程分析方法对本工程的主体结构进行动力响应分析。

考虑地震波的相位差，对大断面的地下空间结构进行多点地震输入，分析其地震反应。节选部分分析结果如图 40 所示。

通过以上计算分析，总结本结构典型断面的地震作用效应的基本规律，提出一些抗震设计的建议，

并将研究结果应用到广州市珠江新城核心区市政交通项目实际情况中，指出具体设计采用的抗震措施。

七、结构隔振与隔声

在花城广场地下空间中部，有一条沿东西向贯穿珠江新城的城市主干道（花城大道）隧道在其（2）区负一层内部由东往西横穿整个结构主体，其平面位置如图41所示，纵剖面图如图42所示，横剖面图如图43。从图中可以看到，在花城大道隧道的闭口段与主体结构连接部位，有车道、隧道与主体结构相互交错，相互影响。当车辆从隧道中通过时，车辆的振动通过隧道体传给下部的主体结构，对结构主体的安全和使用带来不利影响，同时车辆经过产生的噪声不仅以空气声的行式传给下部商场，而且会沿着钢筋混凝土结构以固体声的行式传至更远的地方，影响下部结构的使用。

1. 隔振橡胶支座的布置

针对地下空间所面对的上述结构振动与噪声问题，在结构设计的过程中，为满足《城市区域环境振动标准》GB 10070—1988与《城市区域环境噪声标准》GB 3096—1993，减轻隧道、车道的交通动荷载对其下方结构所造成的振动影响，降低汽车空气声噪声和汽车行驶过程中与地面摩擦或冲击所产生的撞击噪声干扰，设计中在相应支座部位设置隔振橡胶支座以达到隔振减噪的技术要求。隧道中隔振橡胶支座具体布置位置与方式如图44所示。

2. 隧道减振隔噪的设计目标

在图43中，花城大道隧道底板厚h_1＝800mm，商场顶板厚h_2＝800mm，隧道底板与商场顶板之间的最小距离为405mm，最大距离为920mm。隧道与主体结构通过柱顶隔振橡胶支座连接。隔振橡胶支座总高为350mm，其中橡胶层厚度约194mm。根据有关资料，汽车正常行驶条件下，在隧道中产生的空气声噪音A（计权）声级为100dB（不包括喇叭声110dB）。隧道与主体结构混凝土强度等级为C35，混凝土弹性模量E＝3.15×104N/mm^2。根据《城市区域环境振动标准》GB 10070—1988第3.1.1条规定，在城市商业中心区或城市道路交通干线两侧区域允许的铅垂向Z振级标准值为昼间75dB，夜间72dB；根据《城市区域环境噪声标准》GB 3096—93第3条以及第4.3条规定，在商业区允许的噪声标准为昼间60dB，夜间50dB；在城市中的道路交通干线两侧区域允许噪声标准为昼间70dB，夜间55dB。《民用建筑隔声设计规程》GBJ 118—88中规定：对一般隔声要求的房间，其允许空气声噪声级为不大于45dB；对楼板撞击声隔声标准为计权标准化撞击声压级不大于65dB。《建筑隔声评价标准》GBJ 121—88中规定：对一般民用建筑，对空气声的隔声标准为不小于50dB，楼板计权标准化撞击声压级不大于65dB。

根据以上各标准，确定隧道隔振减噪的设计目标为：

1）为降低振动噪声的影响，要求空气声隔声量不低于50dB；混凝土板计权标准化撞击声压级小于50dB；

2）为降低振动对结构的不利影响，要求振动的传递率不大于50%。

根据以上标准以及后期分析修正，对本工程采用的橡胶隔振支座提出了专门的构造要求，其构造大样如图45所示。

3. 隔声降噪效果计算评价

本工程通过如下手段对上述隔振措施（主要是经过专门设计的橡胶隔振支座）的隔声降噪效果进行计算评价：

1）通过对单层混凝土结构对空气声的传递以及双层混凝土板及其间空气层对不同频率空气声的传递的隔声量进行计算，从而评价相关措施的结构隔声（空气声方面）效应；

2）通过“关于楼板计权标准化撞击声压级的计算公式”来计算相关措施的计权标准化撞击声压级，从而评价其结构隔声（固体传声方面）的效应；

3）通过对结构建立有限元模型——对不同部位注意采用不同的合适的单元模型，计算分析其中各关键点的振动加速度值，并通过对相关加速度值进行对比，从而评价相关措施的结构隔振效应。如图46、图47所示。

八、基坑支护结构设计

鉴于本项目规模巨大，地质条件和周边环境复杂，其基坑工程分为两期施工：临江大道至华就路试验段、金穗路至华就路主体工程段。本次申报评优的为金穗路至华就路主体工程段基坑支护设计。金穗路至华就路段基坑工程含集运系统在内地下室共三层，地下一层底板面标高为－7.250～－8.250m；地下二层底板面标高为－12.000m；地下三层为集运系统，轨道面标高约为－14.000～－20.000m，集运系统位于基坑中间线两侧。基坑开挖深度为：第一层地下一层地下室深约7.95～8.950m，地下二层地下室深约12.700m，地下三层深约15.580～21.269m。

基坑支护结构设计的主要难点和先进性如下：

1）本工程规模巨大，工程地质和水文地质条件复杂，周边环境非常复杂，为国内规模和难度最大的基坑工程之一。（1）本工程开挖深度7.95～21.269m，基坑外边线周长约4170m，支护设计总周长约9960m。（2）本工程场地位于珠江北岸，砂层分布广泛，部分区域厚度大，地下水量较丰富，局部砂层直接与风化岩层接触，水文地质条件复杂；下覆基岩为“红层”，存在较多夹层，工程地质条件复杂。（3）本工程周边环境非常复杂：①基坑与周边14个建筑物地块地下室（4个地块地下室为一至二层，一个地块地下室3层，9个地块地下室4层及以上），其中6个地下室基坑工程已竣工，8个建筑物地块地下室基坑与本工程基坑施工交错，本工程支护设计和施工受相邻基坑影响严重。②地铁五号线双线隧道从本工程基坑中部下方穿过，长度约550m，隧道结构顶部与基坑底部最小距离仅2.60m，本工程基坑支护结构施工和土方开挖必须保证地铁隧道安全。③本基坑工程跨越覆盖三条南北向城市主干道，与两条东西向主干道相邻，道路下方存在较多的市政管线，其中包括2条大直径雨污水管，本工程基坑支护结构设计和施工必须保证市政管线安全。④本工程与金穗路隧道、冼村路人行地道相邻，其中金穗路隧道主体部分位于本基坑范围内，本工程土方开挖施工期间仍正常通行，本工程基坑支护结构设计和施工应保证市政管线安全。

2）基坑支护设计方案因地制宜、安全可行、经济合理、施工方便、保护环境。在广泛调查、剖析同区域类似工程经验的基础下，对场地环境条件及工程地质、水文地质条件进行详细分析，精心设计，对主体部分进行了多方案分析比较，对难点部分进行详细分析研究，基坑支护设计方案根据各剖面实际情况和特点分别采用人工挖孔桩加预应力锚索、人工挖孔桩加内支撑（钢筋混凝土内支撑或钢管支撑）、钻（冲）孔桩（旋挖桩）加预应力锚索、喷锚支护、水泥土重力式挡墙、放坡及其组合等多种支护形式，对于部分与本工程同期施工的地下室采用直接挖除土方的方式连通的方式，无法挖通且不具备设置内支撑和锚索条件时采用拉梁或对拉锚索连接两基坑支护体系，达到了因地制宜、安全可行、经济合理、施工方便、保护环境的效果。

3）止水方案选择合理，一桩两用。本工程场地位于珠江北岸，砂层分布广泛，部分区域厚度大，地下水量较丰富。对于本工程规模巨大，周边环境复杂，止水是关键也是重点。本工程主体部分基坑支护结构采用人工挖孔桩，在挖孔桩施工前有效截水能够起到确保施工安全、提高工作效率等作用。经过认真分析和比选，基坑止水方案采用了深层搅拌桩相互搭接的止水帷幕，考虑到本场地地层特点，局部砂层直接覆盖在风化岩上，搅拌桩不易穿越，采用旋喷桩搭接，解决了基坑止水和人工挖孔桩施工的难题，取得了预期的效果。

4）地铁隧道保护措施得当。地铁五号线双线隧道从本工程基坑中部下方穿过，长度约550m，隧道结构顶部与基坑底部最小距离仅2.60m，确保支护结构施工、降水和土方开挖期间地铁隧道安全是本工程的主要难点之一。在详细分析地铁隧道结构特征、隧道周边地质条件、开挖深度等基础上进行了数值模拟分析，提出了隧道保护范围内土方分步分层、分块、对称开挖的开挖原则，提出了地铁隧道自动化监测的技术要求。监测结果表明，基坑工程施工期间，地铁隧道变形很小，其位移最大值仅为8.8mm，小于地铁保护部门提出的设计报警值，确保了地铁隧道结构安全。

5）金穗路隧道保护措施安全有效、经济合理。金穗路隧道为东西向交通主要通道，在本工程施工期间应保持其安全、畅通。本项目在详细分析金穗路隧道结构特征、隧道周边地质条件、开挖深度等基础上进行了理论和数值模拟分析，在此基础上提出了分步分层、北侧卸荷降水、南北两侧对称均衡开挖、及时回填、加强监测的土方开挖和施工原则，并根据分析结果提出了两侧土体最大偏压高差控制标准以指导施工。监测结果标明，基坑工程施工期间，金穗路隧道未发现影响正常使用的现象，达到了既保证隧道结构安全又快速施工的预期目标。

6）偏载作用下已建建筑物应力和位移分析方法选择得当，效果显著。本工程与地铁珠江新城站、君悦酒店地下室北侧、农业银行地下室北侧相邻处土方均全部卸除，致使该三个已建地下室两侧存在10～13m的土体偏压作用。由于偏载作用下已建建筑物应力和位移分析规范尚无具体的分析方法，常规情况下在无法设置对称的情况下应在土方开挖一侧设置竖向斜支撑以平衡偏压力，不仅结构复杂、造价昂贵，还大大延长了工期。本项目在详细分析已建建筑物结构特点、地质条件和荷载特征的基础上，经过理论和三维数值模拟分析，提出可直接进行土方开挖，已建建筑物在上述土体偏压作用下结构是安全的，不致发生滑移、倾覆和结构破坏，大大降低了工程造价和缩短了工期。地铁珠江新城站的监测结果表明，最大水平位移仅为3.6mm，与计算分析结果接近，验证了分析方法和结果的合理性和可靠性。

7）安全评估结果合理，延长了已施工基坑支护结构的合理使用期限，最大限度地发掘了支护结构的潜力。根据规范规定，基坑支护体系为临时使用结构，其有效期为一年。由于本工程规模大，结构复杂，实际工期达四年（2006.06～2010.06）。期间应委托方要求，根据监测资料对已施工基坑支护结构的进行了全面系统的反演分析，根据分析结果，在采取适当措施的基础上合理延长已施工基坑支护结构的使用期限，避免了对已施工基坑支护结构进行全面加固。

8）设计变更及时，服务质量一流。岩土工程勘察与设计工作中，根据实际情况及时进行设计变更和提供现场服务是一项非常重要的工作。本工程从设计方案讨论和方案评审、技术交底和图纸会审、到实施过程的设计变更、安全评估、现场服务等，均以主动的一流的服务赢得业主的称赞。

9）实施效果良好，经济效益和社会效益显著。（1）本工程2006年6月动工，2010年8月基坑工程验收完毕。开挖过程和主体结构施工过程中未发生险情。据监测和应力检测果，测点普遍的最大水平位移为20～30mm，与设计要求相吻合，取得了良好效果，保护了周边环境，基坑与周边建筑物安全。对于相关部门有特殊要求的建（构）筑物，如地铁五号线隧道和金穗路隧道，其变形均满足其主管部门要求。总体上达到了预期的安全稳定的效果，实施效果良好。（2）经济效益显著：本工程单位支护面积单价约1000元，相比试验段以及本区域类似基坑造价1200～1500元/m^2，降低工程造价约25%，为业主节约造价2500万元以上，取得了显著的经济效益。（3）社会效益显著：本工程为亚运会重点工程，也是是国内目前规模最大、最重要的地下空间开发之一。基坑支护设计因地制宜、安全、经济，设计和实施过程中解决了一系列岩土工程难题，并获得了全面系统的监测与检测数据，为基坑工程反分析研究提供了很好的实例材料，并按期顺利竣工，确保了基坑和周边环境安全，可为类似工程提供宝贵经验，社会效益显著。

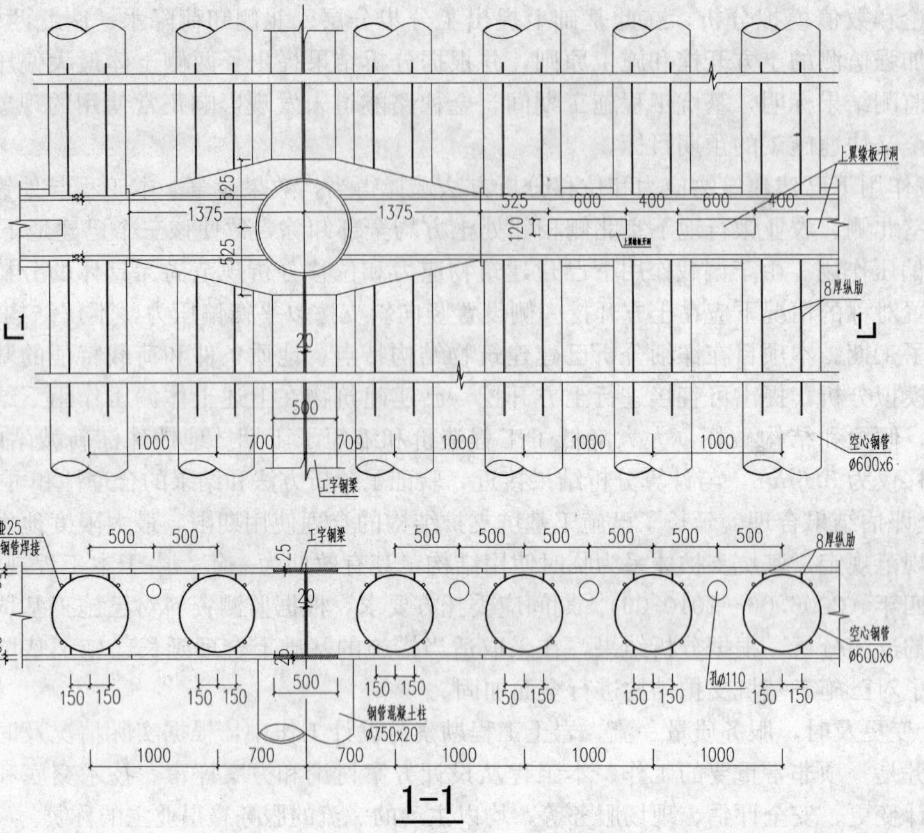

图 1　钢管空心混凝土板在本工程的应用

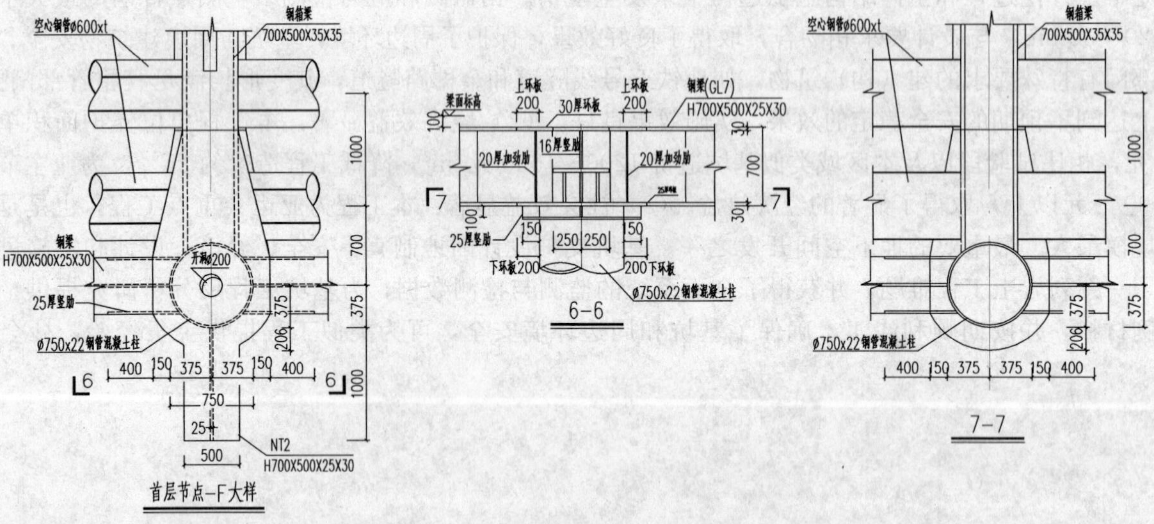

图 2　空心钢管混凝土楼盖典型节点

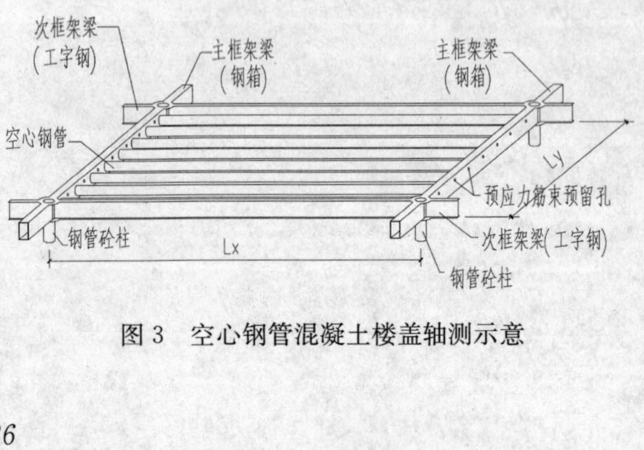

图 3　空心钢管混凝土楼盖轴测示意

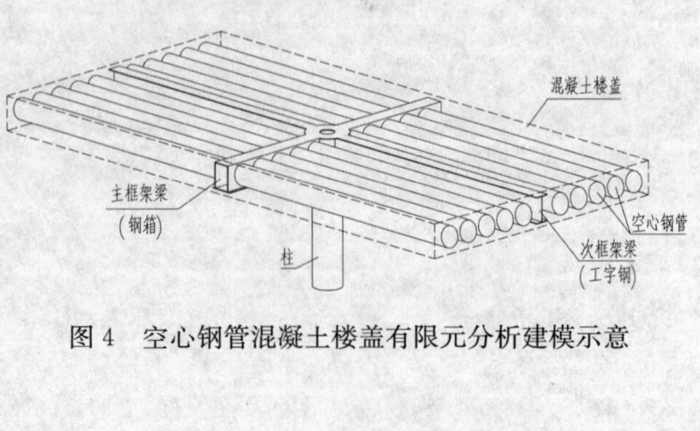

图 4　空心钢管混凝土楼盖有限元分析建模示意

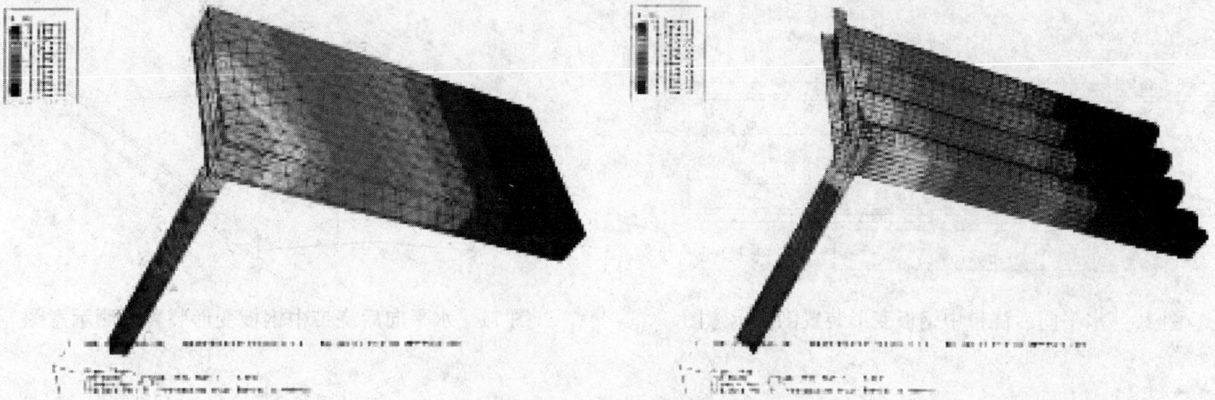

图 5　楼板整体位移及型钢部分位移

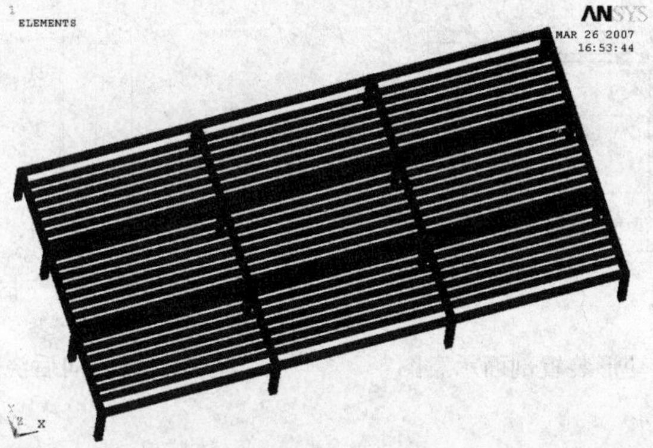

图 6　空心钢管混凝土楼盖内置钢管模型

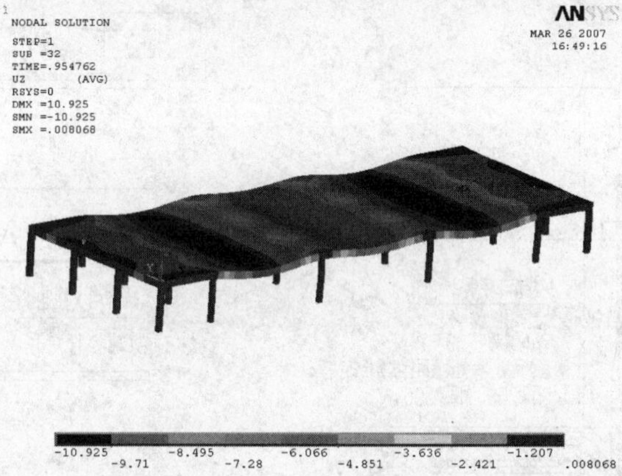

图 7　空心钢管混凝土楼板竖向位移

图 8　采用空心钢管区域施工中的现场照片

图 9　采用空心钢管区域竣工后的现场照片

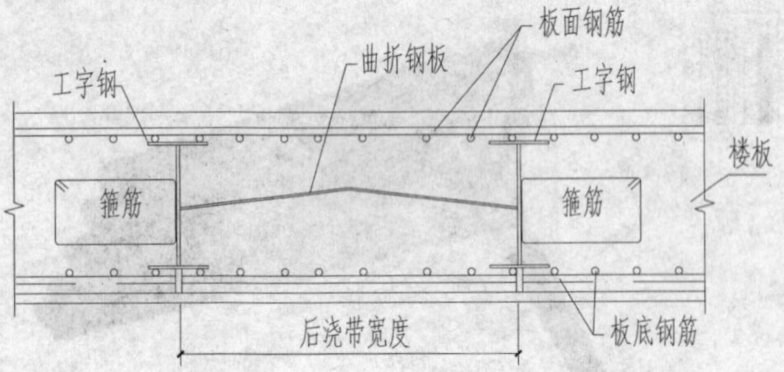

图 10　水平向后浇带中钢板变形装置剖面示意图

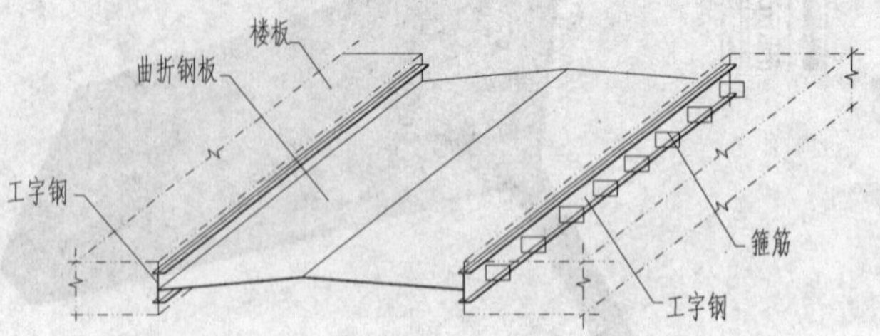

图 11　水平向后浇带中钢板变形装置轴测示意图

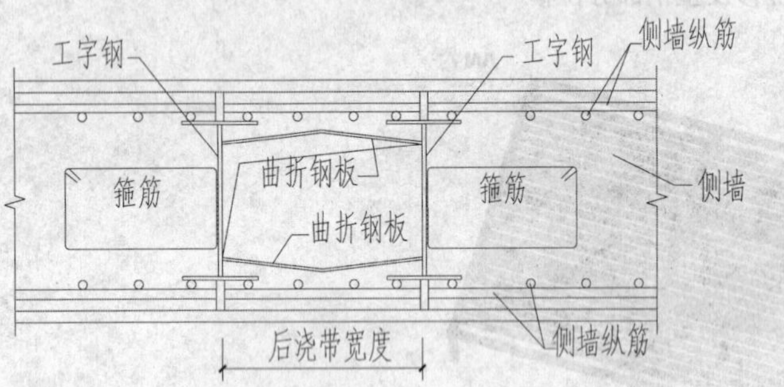

图 12　竖直向后浇带中钢箱变形装置剖面示意图

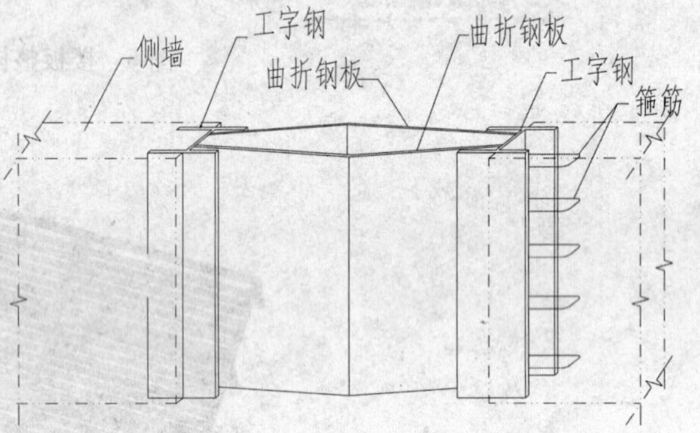

图 13　竖直向后浇带中钢箱变形装置轴测示意图

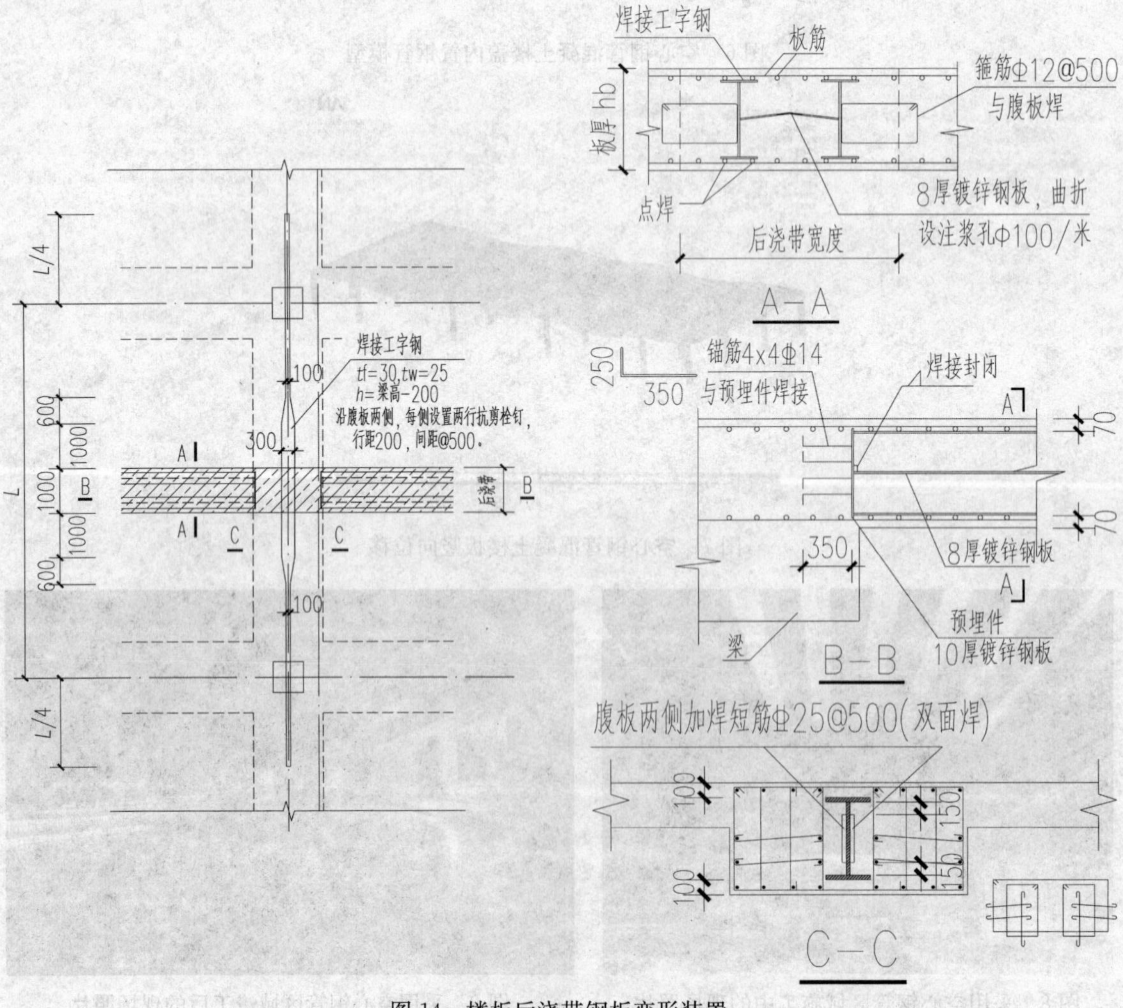

图 14　楼板后浇带钢板变形装置

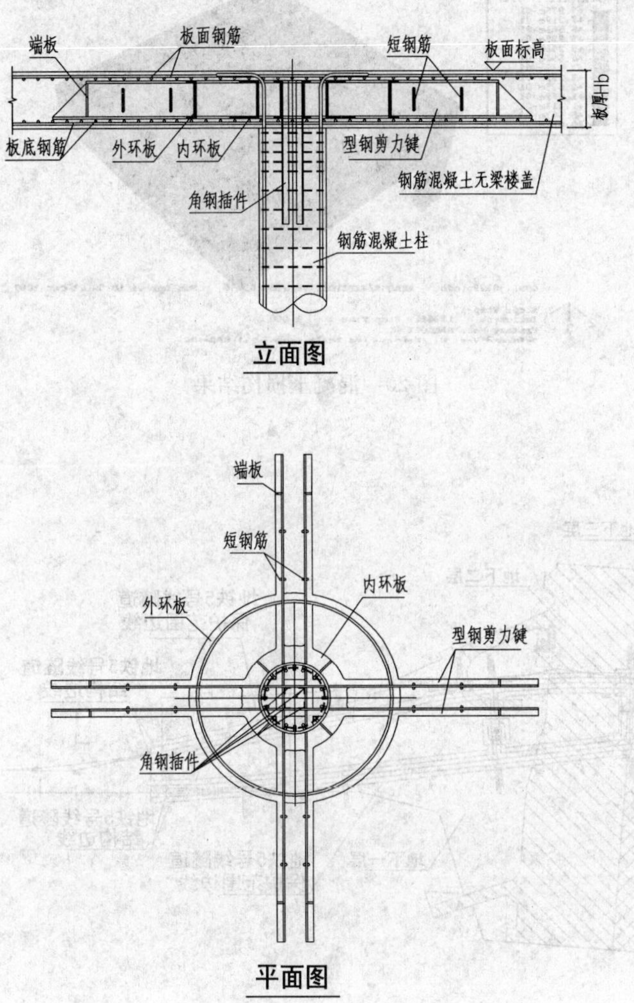

图 15 环式型钢剪力键构造示意图

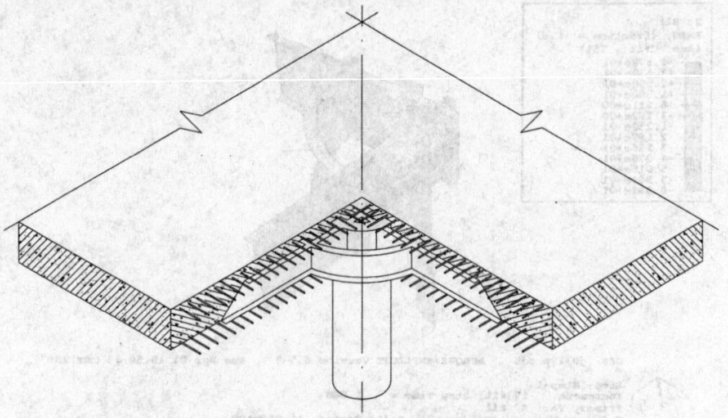

图 16 环式型钢剪力键轴测示意图 1

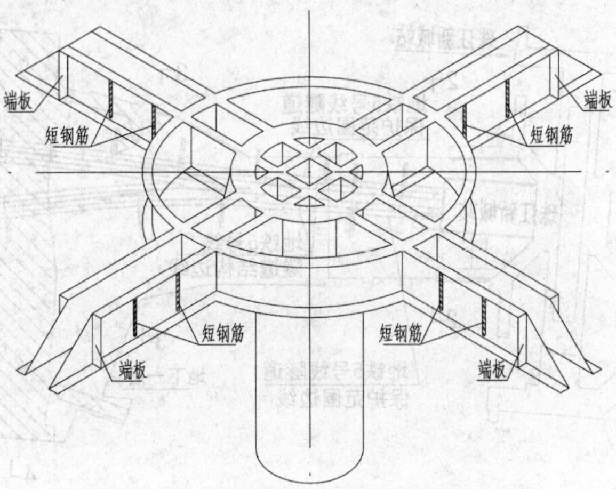

图 17 环式型钢剪力键轴测示意图 2

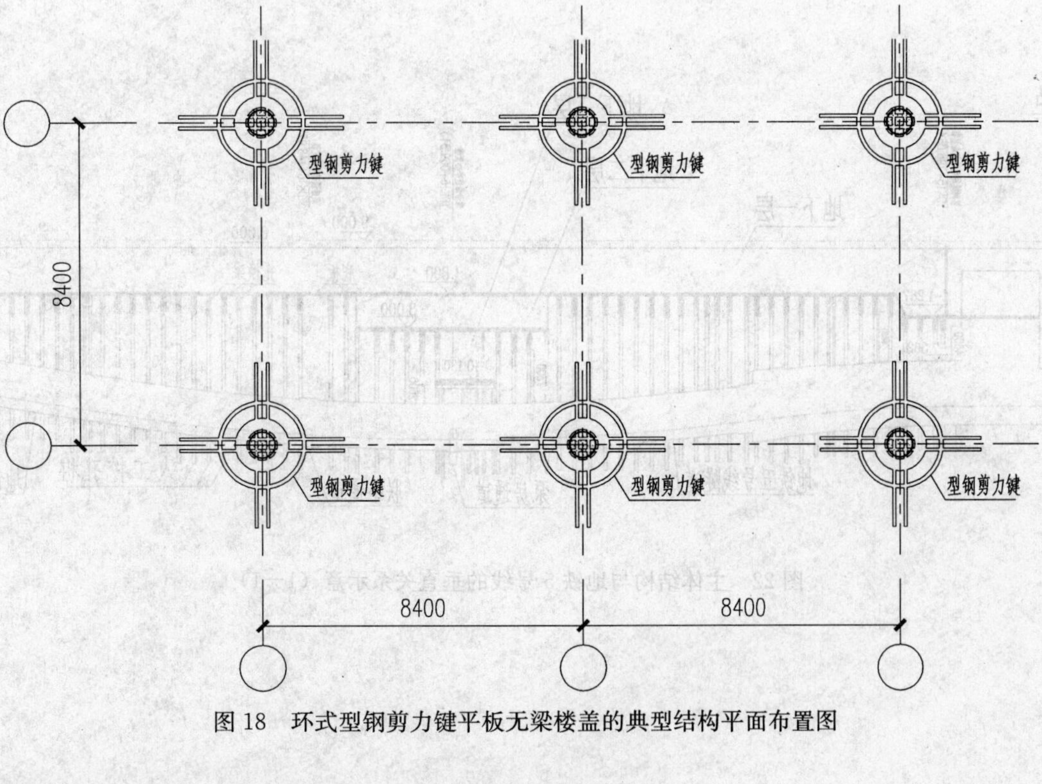

图 18 环式型钢剪力键平板无梁楼盖的典型结构平面布置图

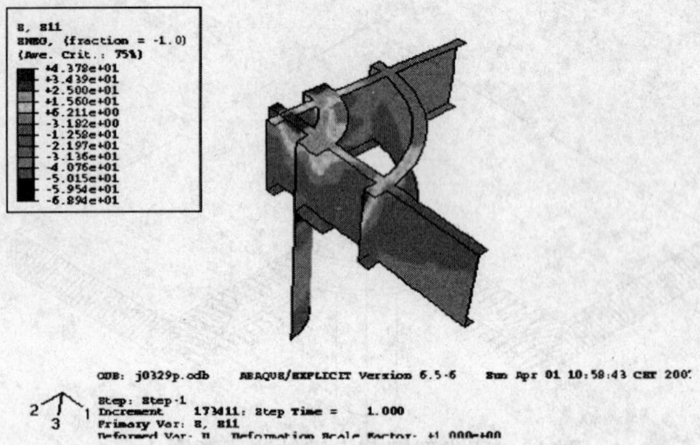

图 19　型钢拉应力结果

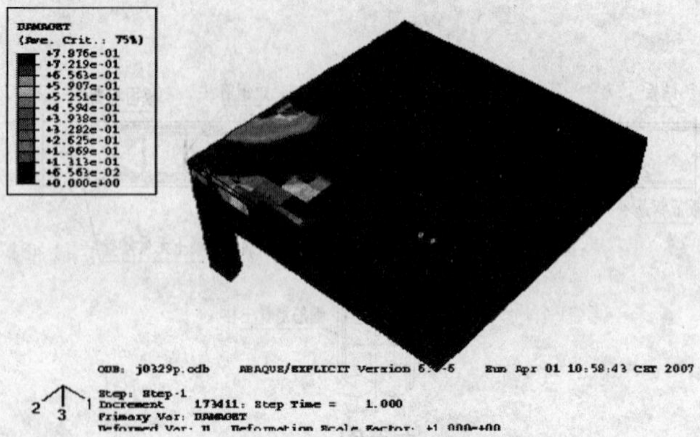

图 20　混凝土损伤结果

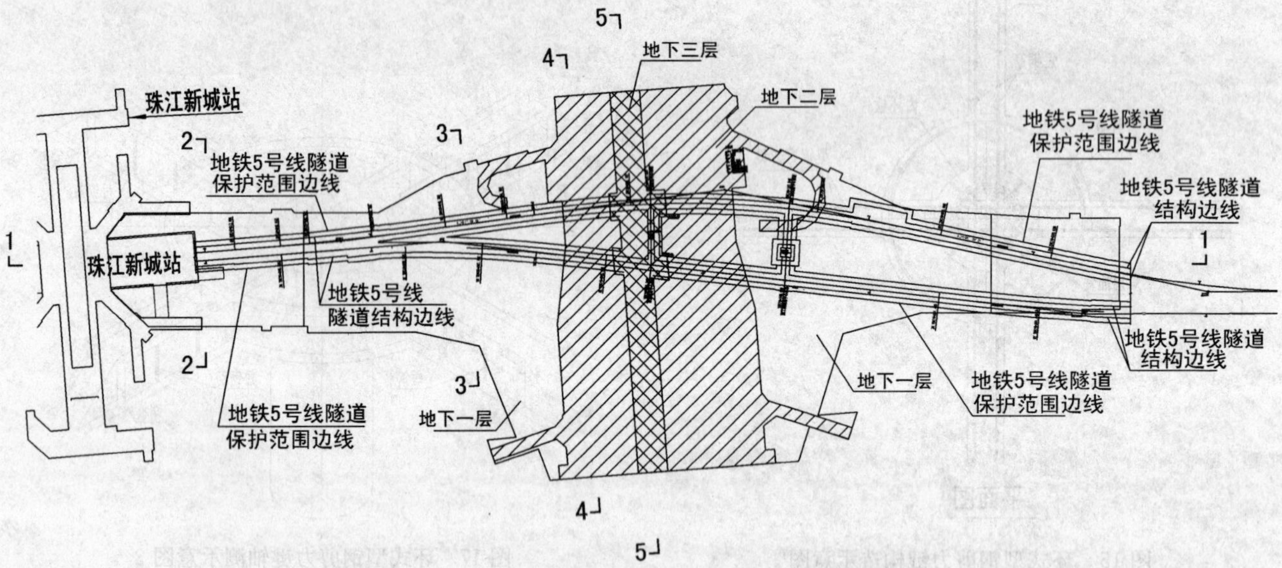

图 21　主体结构与地铁 5 号线的平面关系示意

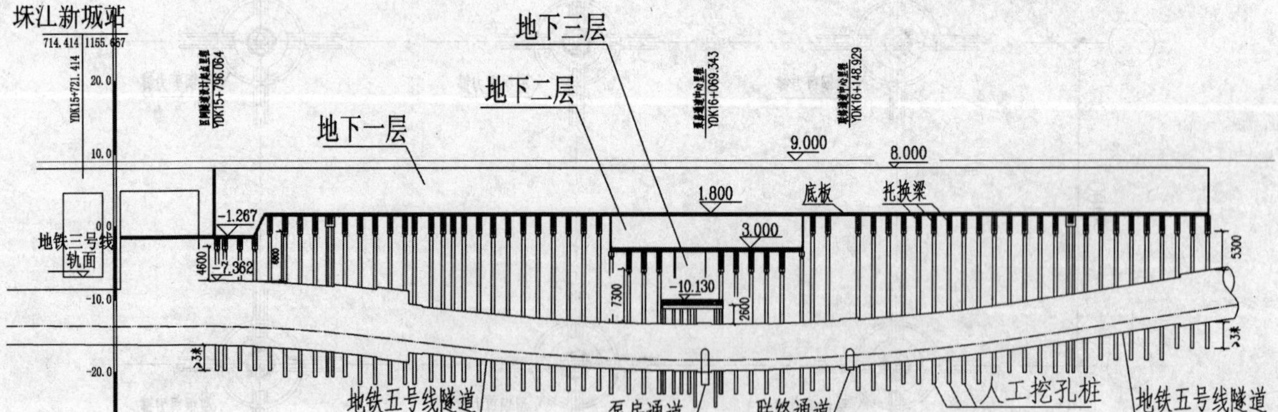

图 22　主体结构与地铁 5 号线的垂直关系示意（1—1）

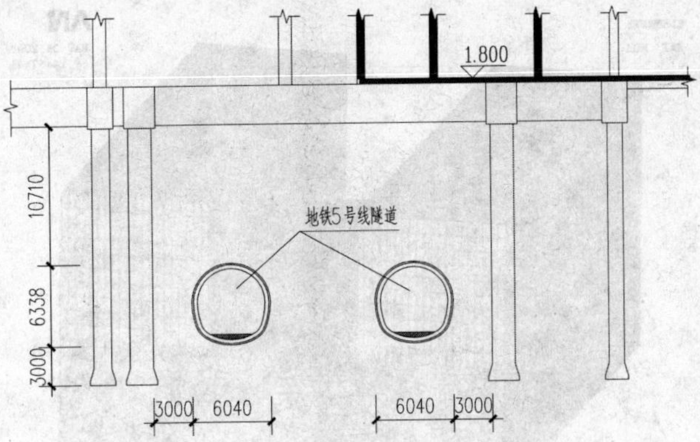

图 23　地下一、二层跨越地铁隧道剖面示意（3－3）

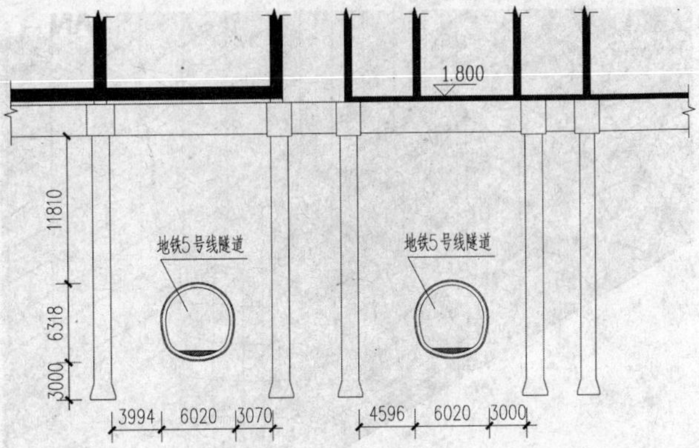

图 24　地下一、二层跨越地铁隧道剖面示意（4－4）

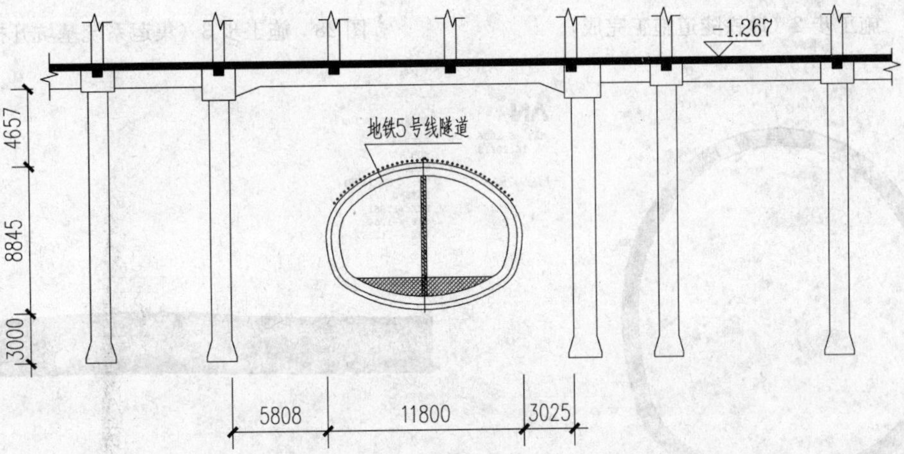

图 25　地下一层跨越地铁隧道剖面示意（2－2）

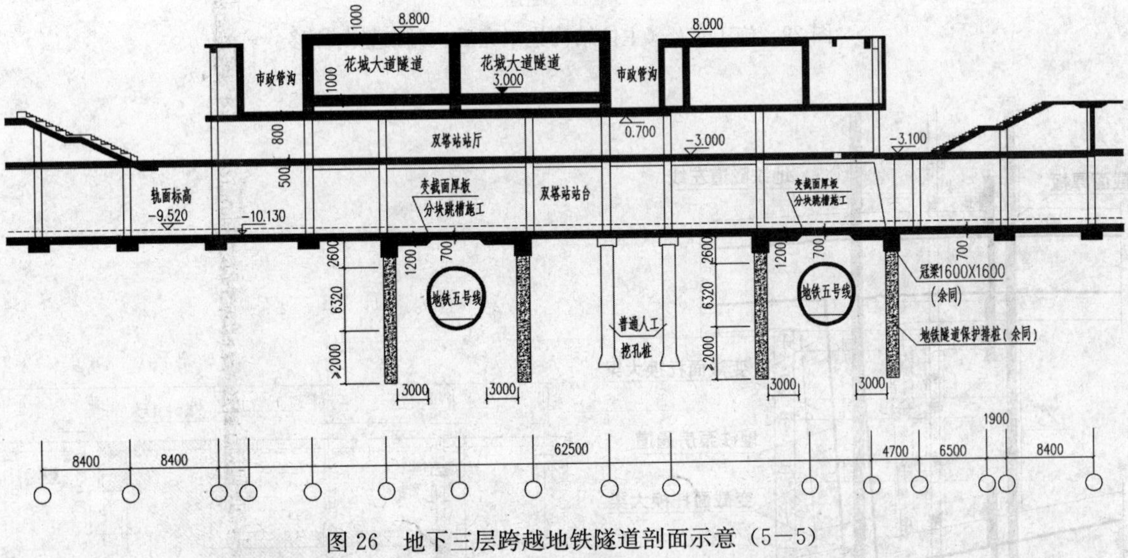

图 26　地下三层跨越地铁隧道剖面示意（5－5）

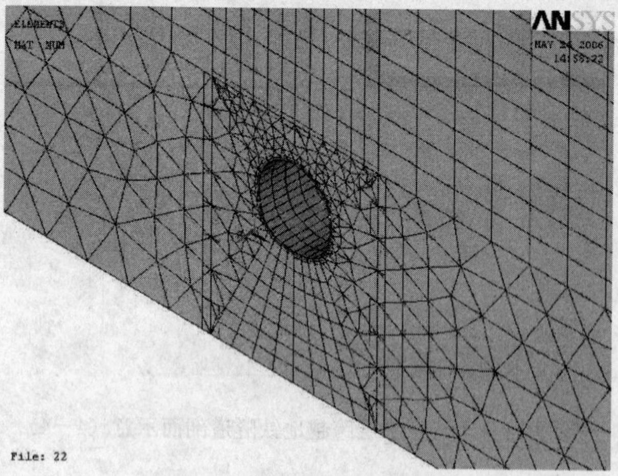

图 27　施工步 2（地铁隧道施工完成）

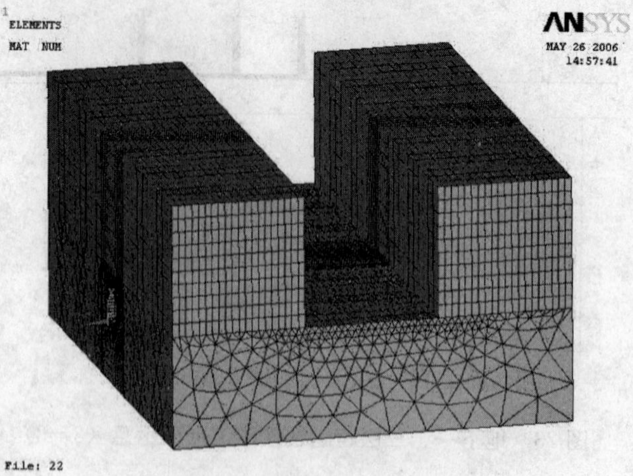

图 28　施工步 3（集运系统基坑开挖、降水）

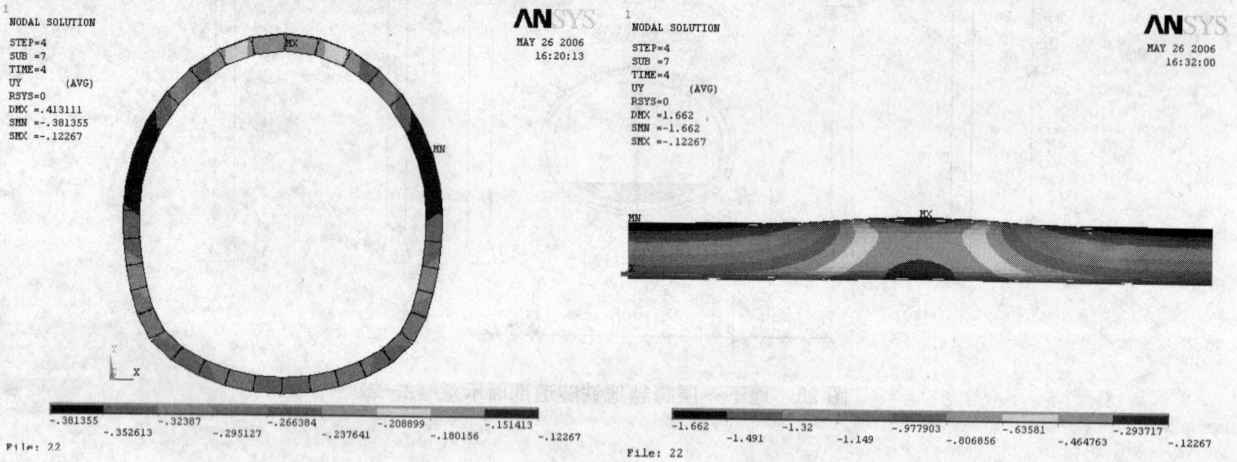

图 29　施工步 4（主体结构施工完后）衬砌竖向位移

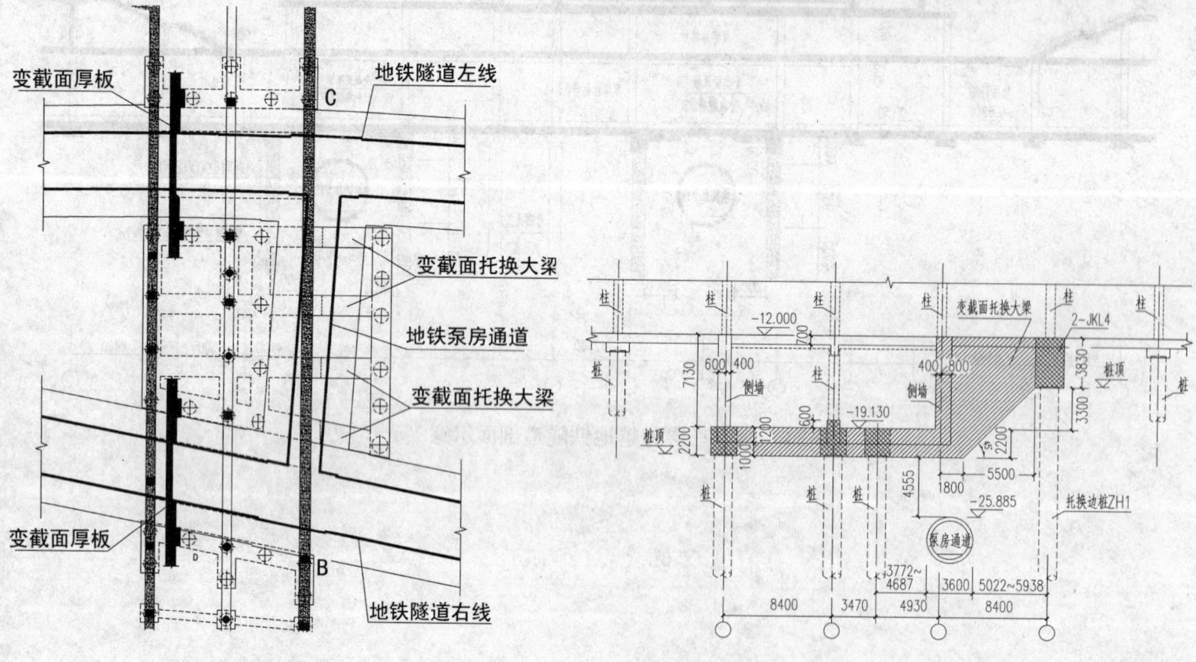

(a)　　　　(b)

图 30　负三层跨越地铁隧道主线及泵房通道的结构平、立面图

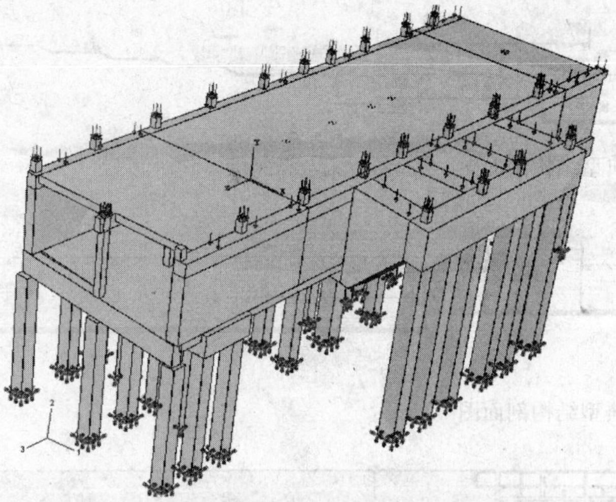

图 31　负三层跨越结构 ABAQUS 模型示意图

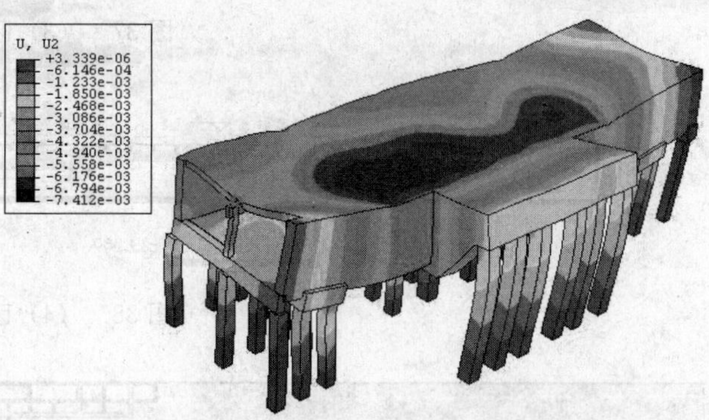

图 32　负三层跨越区竖向位移示意图（放大 500 倍）

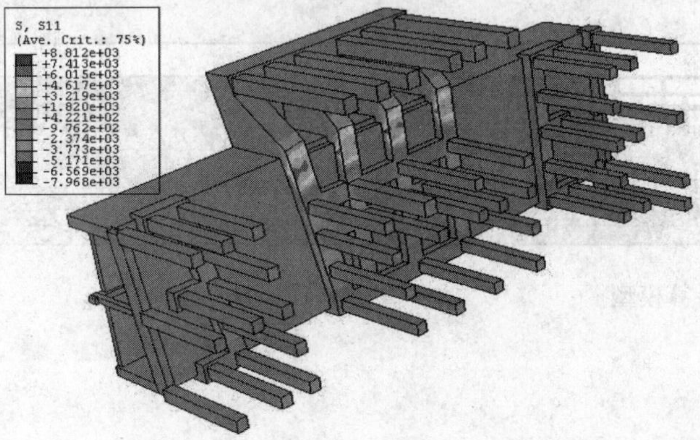

图 33　变截面托换大梁正应力云

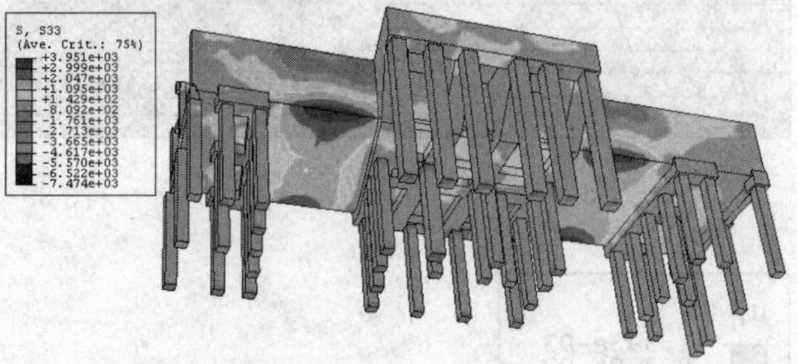

图 34　跨越区侧墙及底板纵向正应力云

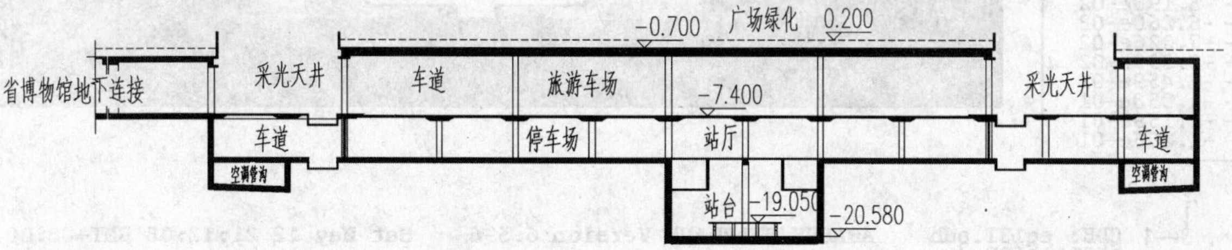

图 35　(1) 区典型结构剖面图

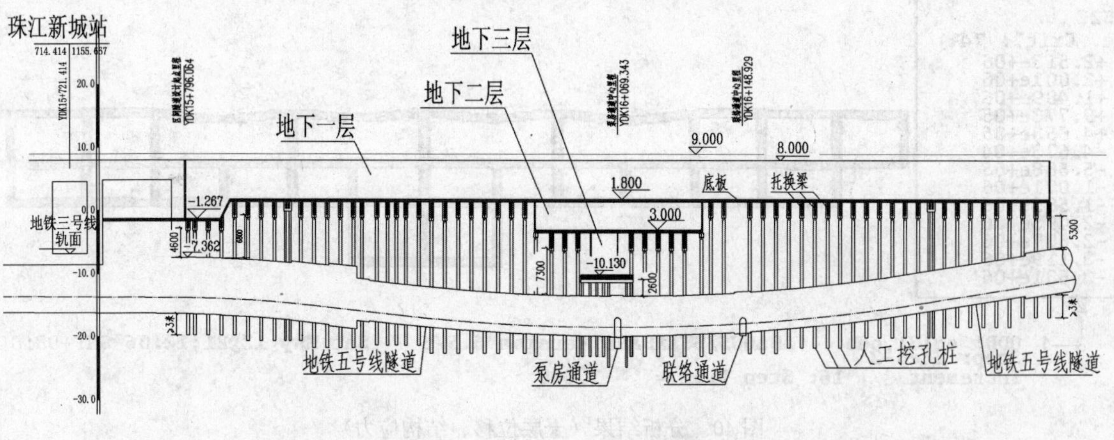

图 36　(2) 区典型结构剖面图

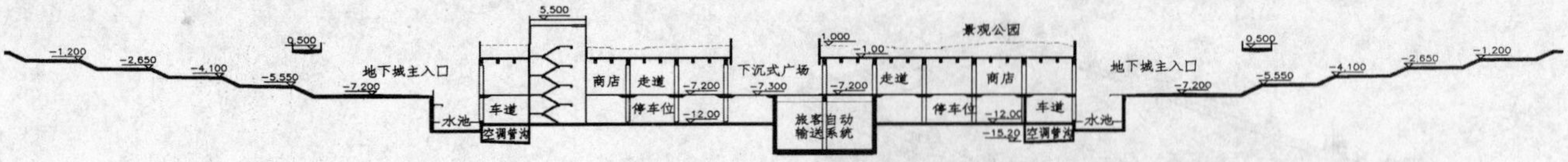

图 37 （3）区典型结构剖面图

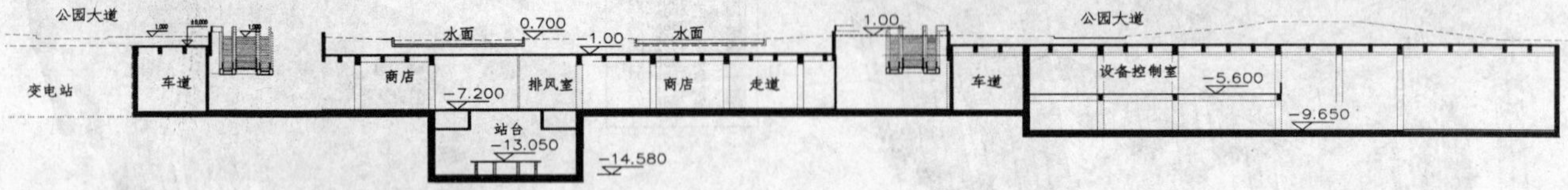

图 38 （4）区典型结构剖面图

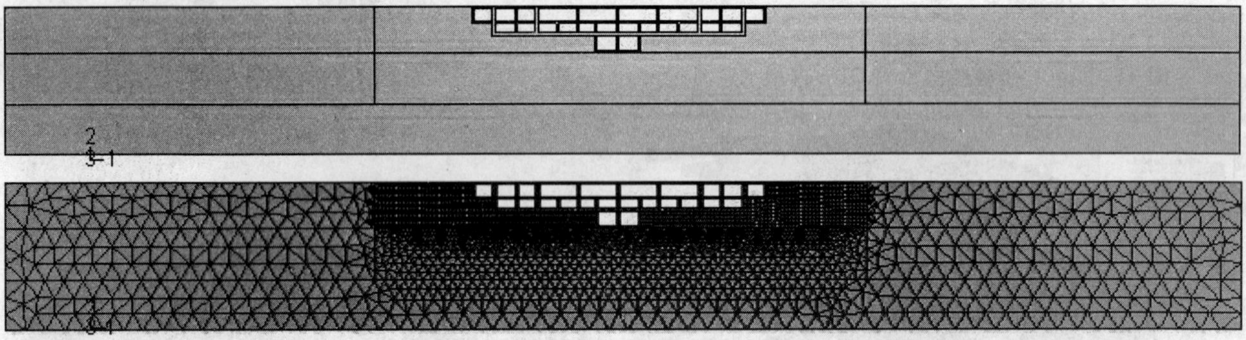

图 39 计算模型

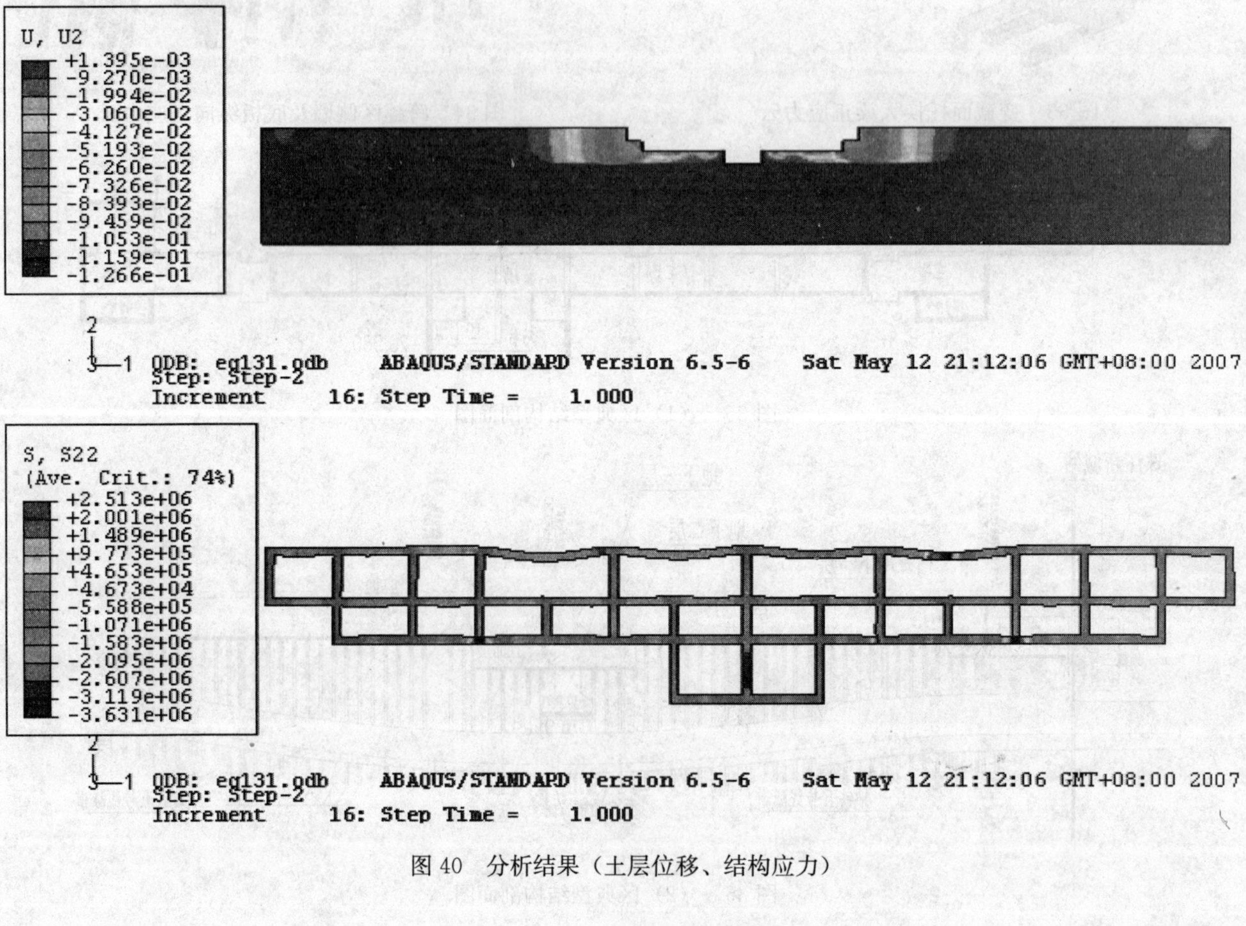

图 40 分析结果（土层位移、结构应力）

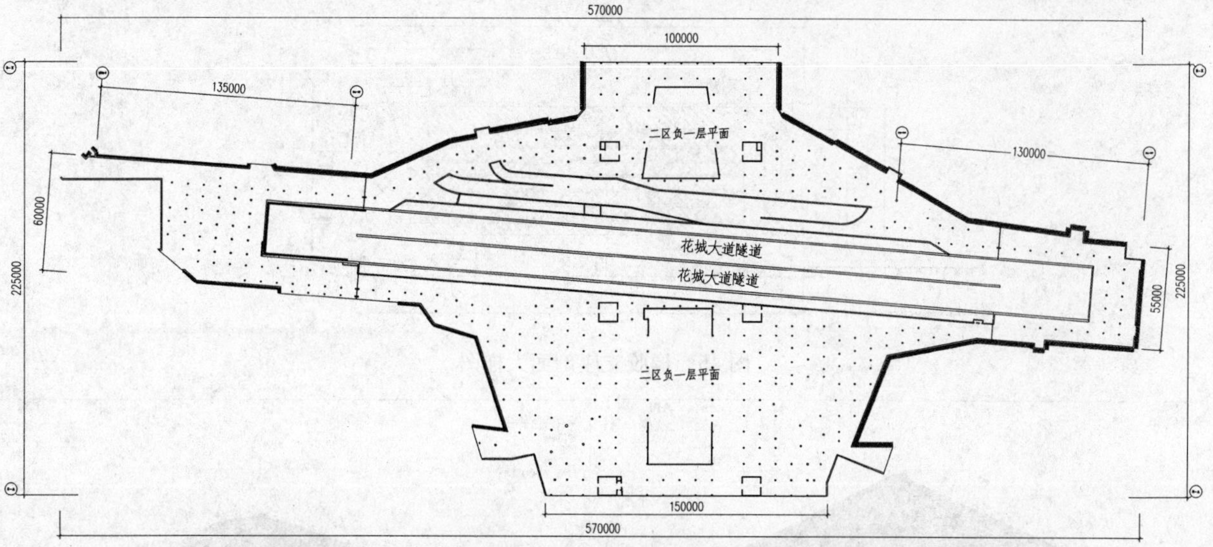

图 41　花城大道隧道平面位置

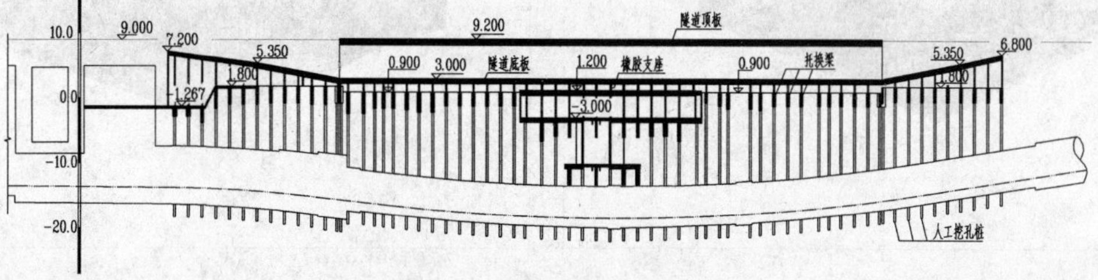

图 42　花城大道隧道纵剖面图

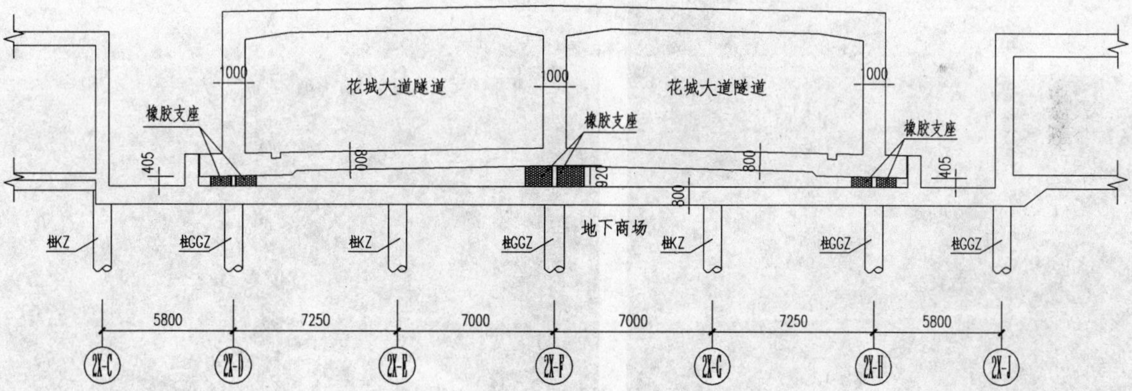

图 43　花城大道隧道横剖面图

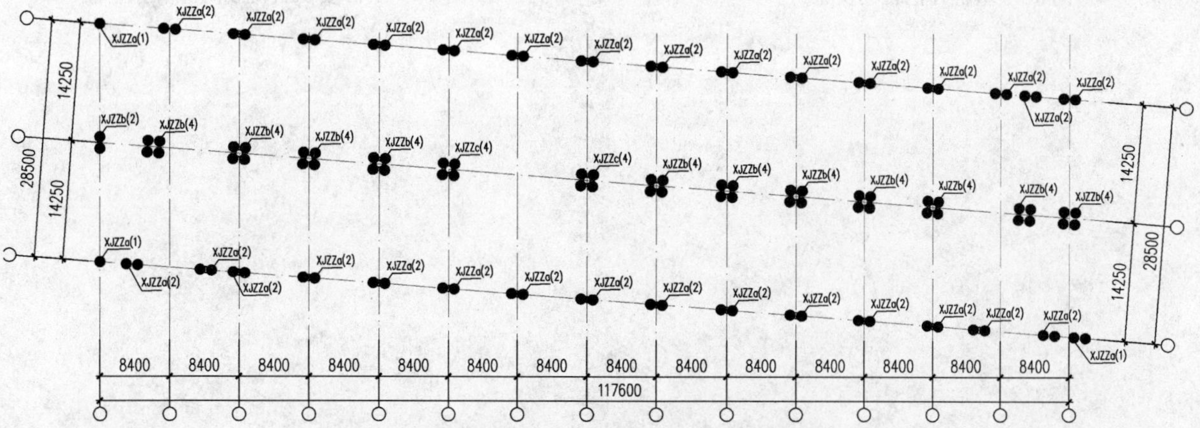

图 44　花城大道隧道隔振橡胶平面位置图

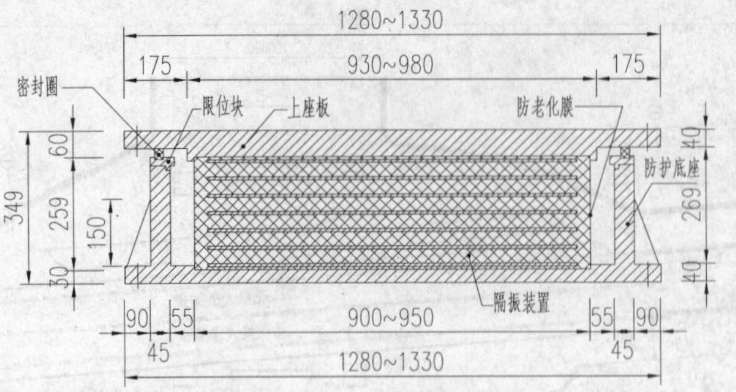

图 45　橡胶支座剖面大样图

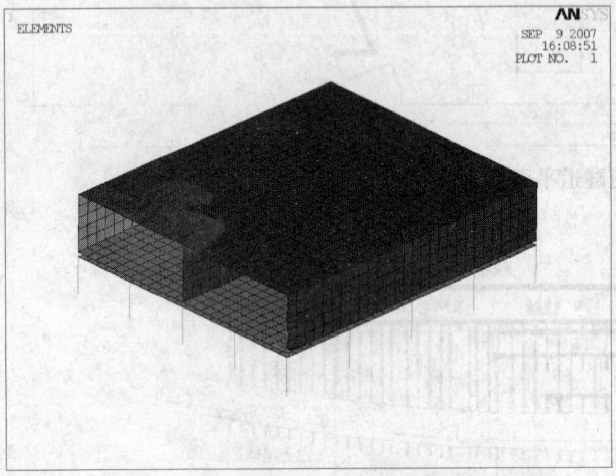

图 46　隔振计算有限元模型

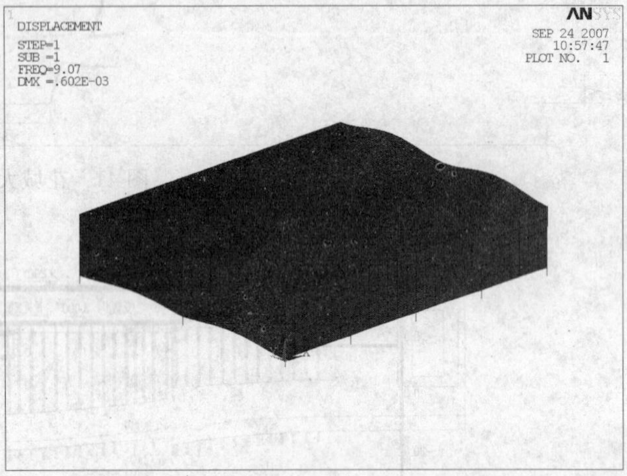

图 47　隧道 F 段第一振型

图 48　基坑开挖现场实景

图 49　项目竣工后现场鸟瞰实景

广州地铁四号线高架轻轨车站结构设计

建设地点 广州市

设计时间 2004～2006

主要设计人 李松柏 周敏辉 李志宏 翟振锋 何奇春 李宇升 刘宇峰 潘伟明

获奖等级 2009年度广东省优秀工程勘察设计奖（工程创新奖）二等奖

一、工程概况

广州地铁四号线首期开通段一新造一黄阁段已于2006年12月30日建成正式通车，她是我国第一条采用直线电机运载系统建成的城市快速轨道交通线，设计时速90km/h。

广东省建筑设计研究院负责设计的高架轻轨站由石碁站、海傍站、低涌站、东涌站、黄阁汽车城站共五个高架车站组成。其中海傍站设有地下通道连接广州亚运城。根据其主体结构墩柱的形式，可分为两类，即前四个车站墩柱为“Ⅱ”形，黄阁汽车城站墩柱为“丫”形。限于篇幅，仅介绍黄阁汽车城站结构设计概况，其余车站类同。

黄阁汽车城站位于广州市番禺区黄阁镇、丰田汽车城的南面。车站主体结构位于一级公路的5m宽绿化带上，根据站位特点和车站规划，主体结构设单排共四个墩柱，其间距为25m，车站全长75m；墩柱造型独特，呈树形，两斜枝末端带水平悬臂段即为“丫”形。结构美观且受力合理，该结构形式为国内首次采用。结构造型如同大鹏展翅，舒展而优雅，体现了广州地铁人奋发向上和敢为人先的精神境界；同时，结构造型与建筑功能又高度统一：墩顶的水平空间用于支承轨道梁，水平悬臂段用于支承站台梁和钢结构屋盖的边梁（位于最外侧），墩顶和水平悬臂段顶面的高差为880mm，正好同轨面与站台面的高差相适应，最大限度地减小了墩柱的高度，从而减小了墩底的设计内力，减小了墩柱的截面尺寸。悬臂段主要承担建筑结构荷载，区间桥梁重载荷通过墩身直接传至基础，受力明确合理，这也是本工程的独创性设计。

钢结构屋盖的外轮廓呈腰鼓形，中间两个墩柱中心至水平悬臂端的距离即悬臂跨度为12.8m，两个边墩则为10.3m。承台面至墩顶的高度即墩高为12.27m，墩柱截面尺寸为2.7m×3.6m（横桥向），水平悬臂段截面尺寸为2.7m×1.3m（截面高度），“丫”形倾斜段的最低点距道路完成面为5.5m，满足规范[1]的要求。

车站处于线路的平坡段，双线线间距4m；双线桥面宽9.3m。与车站相邻区间的轨道梁由区间施工承包商采用节段拼装法施工，节段长2.5m，轨道梁通过支座简支于墩顶。车站三跨轨道梁由区间施工承包商采用支架法施工。

车站设人行天桥两座，其建筑功能分别为过街和进出站，跨径均为10＋30＋30＋10m，设五个柱独立支承，其中道路绿化带上的支承柱与车站主体墩柱共用承台，通过支承在人行天桥上的楼梯和扶梯进出站台。

二、设计原则和技术标准

1. 车站结构采用“桥梁与建筑合建”（简称“桥建合建”）体系，该结构体系能最大限度地表达交通建筑简洁明快的建筑风格，同时可节约宝贵的土地资源。正在设计和施工的世界最大火车站——广州新火车站以及武汉新火车站也采用了相同的结构体系，但这种结构体系的计算非常繁杂，工作量巨大，需要同时满足铁路桥梁设计相关规范[2]、[3]（简称“桥规”）和建筑结构设计相关规范[4]、[5]（简称“建规”）要求。本工程以“桥规”为主进行结构设计，并按“建规”进行结构复核。

2. 车站结构设计基准期为 50 年，设计使用年限为 100 年；建筑结构安全等级为一级，建筑桩基安全等级为一级，结构重要性系数为 $\gamma_0=1.1$。

3. 抗震设防类别为乙类，地震作用按广州地区抗震设防烈度即 7 度（0.1g）计算，抗震措施按 8 度考虑，车站主体结构抗震等级为二级。

4. 墩柱纵向水平线刚度和弹性水平位移控制指标[6]。

采用无缝线路的区间简支梁高架结构桥墩墩顶纵向水平线刚度，对双线桥梁，当不设钢轨伸缩调节器以及桥梁跨度 $20<L\leqslant30$m 时应不小于 320kN/cm。墩顶的弹性水平位移应符合下列规定：顺桥方向：$\Delta\leqslant5\sqrt{L}$，横桥方向：$\Delta\leqslant4\sqrt{L}$。式中：L 为桥梁跨度（m），Δ 单位为 mm；本工程顺桥向为 25mm，横桥向为 20mm。以上两个力学指标对列车的平稳运行有着决定性的意义，若墩柱刚度不足或变形过大，则有可能引起轨道的变形，危及列车的安全，故设计中需要严格控制。根据本工程计算结果，墩柱纵向线刚度一般容易满足，墩柱的截面尺寸则由顺桥向和横桥向位移控制。

5. 墩柱基础的沉降控制。

均匀沉降量和相邻墩柱沉降量之差均不超过 20mm。

6. 墩柱悬臂端正常使用极限状态控制。

由于墩柱悬臂支承着站台箱梁和钢屋盖边梁，而站台箱梁上出挑的悬臂梁又支承着楼梯和扶梯，因此悬臂的挠度大小直接关系到楼梯、扶梯的安全运行以及钢结构屋盖的安全使用，同时考虑到本工程的极其特殊的设计条件一结构下方为一级快速路，所以对墩柱悬臂端挠度从严控制，参照桥规按悬臂计算长度的 1/800 控制，在最不利荷载工况（恒载＋偏心活载＋风载）作用下，其最大挠度为 17.3mm，悬臂根部的最大裂缝宽度限值按 0.2mm 控制。

三、设计荷载与荷载组合

1. 设计荷载

对“桥建合建”的结构，作用在其上的荷载主要分为两大类，即铁路桥梁荷载和建筑荷载。按铁路桥梁规范、桥梁荷载可分为三类：主力、附加力和特殊荷载，其中主力又可分为恒载和活载，如表 1 所示。建筑结构荷载按其属性分别归入桥梁荷载中。

桥梁荷载类别 **表 1**

荷载类别		荷载名称
主力	恒载	结构自重（含二期荷载）、预应力、混凝土收缩和徐变、基础沉降
	活载	列车竖向静活载（含动力系数）、无缝线路纵向水平力、人群荷载
附加力		列车制动力或牵引力、列车横向摇摆力、风荷载、温度作用
特殊荷载		无缝线路断轨力、地震作用、施工临时荷载

1）列车竖向静活载

列车竖向静活载计算图式如图 1，动力作用系数为（$1+\mu$），$\mu=0.175$[2],[4]。根据广州地铁四号线客流量，列车设计为四节编组。设计墩柱时采用移动加载，对影响线异符号区段，轴重按 80kN 计算。

2）无缝线路的纵向水平力

无缝线路的纵向水平力主要有无缝钢轨的温度伸缩力 T_1、挠曲力 T_2 和断轨力 T_3，作用于墩柱的支座中心处。根据轨道专业提供的计算结果，本站 $T_1=45.753$kN、$T_2=66.818$kN、$T_3=192$kN。

3）列车横向摇摆力按相邻两节车四个轴轴重的 15％计算，即 72kN，以集中力形式作用于轨顶面处，轨顶至墩顶距离为 2.41m。

4）制动力或牵引力

按列车竖向静活载的 15％计算，作用于轨顶以上车辆重心处，但计算墩台时移至支座中心处，不计移动作用点引起的力矩。高架车站及其两侧 100m 范围内的双线桥梁考虑双线制动力或牵引力[4]。由于本站前后不设置折返线，而双线列车总是相向而行，故墩柱承受的双线制动力或牵引力是反向的，墩柱实则受扭，为弯剪扭构件。

5）风力

本工程地处广州市南沙区，夏季强台风频繁，且工程设计使用年限为100年，取基本风压 $W_0=0.8kN/m^2$。风荷载的其他系数按荷载规范取值。

6）温度作用

车站结构温度作用计算时最大温差取±25℃。

7）地震作用

旧版《铁路工程抗震设计规范》GBJ 111—87地震作用计算及抗震措施均不能满足本工程抗震设计要求，故本工程地震作用和抗震措施均根据现行的《建筑抗震设计规范》GB 50011—2001，广州地区地震基本烈度为7度（0.1g）建筑场地土的类别为III类。根据计算结果，地震作用不控制设计。

8）施工荷载

由施工承包商根据架桥机设备的实际负荷，提供作用于墩顶的支承力，按桥规对施工过程进行结构检算。

2. 荷载组合

1）荷载组合原则

(1）列车横向摇摆力不与风力组合；

(2）无缝线路纵向力不与本线制动力或牵引力组合；

(3）无缝线路断轨力不与附加力组合；

(4）主力仅与一个方向（纵向或横向）的附加力组合；

(5）只计算一根钢轨的断轨力，且同一根钢轨作用于墩顶的伸缩力、挠曲力、断轨力不作叠加；

(6）当按照桥规设计时，应根据不同的荷载组合，将材料基本容许应力和地基容许承载力乘以不同的提高系数。

2）按地铁设计规范和铁路桥规规范进行荷载组合

当按桥规进行结构检算时，荷载组合的种类如表2所示。

桥梁荷载组合类型 表2

组合类型	主要工况
主力组合	双线无车、双线有车、一线有车
主力＋附加力组合	双线无车＋风力、双线有车＋风力、双线有车＋制动力、双线有车＋摇摆力、一线有车＋风力、一线有车＋制动力、一线有车＋摇摆力、
主力＋特殊荷载组合	双线无车＋地震力、双线无车＋断轨力、双线无车＋施工荷载、双线有车＋地震力、双线有车＋断轨力、一线有车＋地震力、一线有车＋断轨力
主力＋附加力＋特殊荷载组合	双线无车＋风力＋施工荷载

主力应考虑单边站台满布荷载与两边站台满布荷载的工况，同时还应考虑风荷载和列车的单边作用等工况，将上述总控工况细化后，本工程共组合了58种主要荷载工况。

3）按建筑结构设计规范进行荷载组合

按建筑结构设计规范进行结构计算时，荷载组合按现行的《建筑结构荷载规范》GB 50009—2001及《建筑结构抗震设计规范》GB 50010—2001执行。

四、结构设计的难点及其处理方法

1. 不同规范体系、众多特殊荷载共存的结构设计方法

现行铁路桥梁设计规范为容许应力设计法，采用单一的安全系数“K”表达，而现行建筑结构设计规范为极限状态设计法，材料和荷载分别采用不同的分项系数表达；桥梁的移动荷载以及众多特殊荷载和建筑荷载同时作用在同一个结构上，至今没有一个桥梁设计软件或建筑结构设计软件可以同时按两种规

范进行结构设计，这给设计带来了巨大的工作量。作者采取分别计算单项荷载作用下的内力，然后通过EXCEL电子表格手工组合出所有构件的内力，再分别按两套规范对结构构件进行强度设计和正常使用极限状态验算。

2. 钢结构屋盖的温度作用处理方法

除站台梁、轨道梁之外，四个墩柱之间没有结构构件联系，钢结构屋盖支承在墩柱的悬臂端，当温差按±25°计算时，由于温度伸缩产生的顺桥向作用在车站边墩悬臂端的每侧水平推力达到4886kN，作用在中墩悬臂端的每侧水平推力达到2443kN，如此大的水平推力作用在独立墩柱的悬臂上，将直接导致悬臂截面尺寸过大，不能满足建筑设计的要求，本工程借鉴桥梁设计的经验，在墩顶与钢结构边梁之间设置铁路桥梁盆式橡胶支座，释放温度作用，确保墩柱不承受过大的水平力，支座选用情况如表3所示。在两个中墩之间选其一设置固定支座，其余三个墩柱设置纵向活动支座，所有支座横桥向均为固定支座；为最大限度地减小扶梯的伸缩，保证扶梯运行的安全（扶梯下方为高速路），本工程固定支座位置选择位于离扶梯在站台的支承点最近的墩柱。实践表明，用滑动支座释放温度作用产生的效果远比“抗”温度作用要省。

钢结构支座 **表3**

结构部位	支座型号	附注
①、④轴边墩	QPZ－3500－ZX－50－C	纵向滑动（ZX）指顺桥向
②、③轴中墩	QPZ－5000－GD－50－C QPZ－5000－ZX－50－C	固定支座（GD）用于②轴

钢结构边梁为焊接箱形截面，盆式支座与钢结构边梁的连接大样如图2所示。为改善钢结构边梁的受力，在其与盆式支座连接处局部充填C40混凝土，为避免意外，在每个墩顶与钢结构边梁间设置了限位装置。

3. 75m长三跨连续站台箱梁设计

站台主要承担人群荷载，结构为三跨（3m×25m）连续梁，支承于墩柱悬臂上，位于钢结构边梁的内侧，为消除温度应力作用，采用与钢结构屋盖相似的处理方法，即在墩顶设置顺桥向（纵向）滑动盆式橡胶支座释放温度作用。

4. 墩柱设计的关键技术

1）墩顶双向水平位移计算要点

城市轨道交通对列车运行的舒适性要求高，作为重要的技术措施之一，轻轨结构设计对墩顶的双向水平位移需要严格控制。按照铁路桥梁设计规范，墩顶水平位移计算时应计入墩柱基础的水平位移，即需要考虑桩土的相互作用而在承台顶部引起的水平位移以及墩柱转角导致墩顶的水平位移，这是轻轨站结构设计有别于一般的建筑结构设计的要点之一。

2）墩柱配筋

墩柱的结构力学模型为悬臂结构，墩顶除作用有轴压力外，还存在双向水平力、双向力矩和扭矩，受力和配筋非常复杂。图3车站中间墩柱配筋图，其中图3（*a*）为立面配筋图，图3（*b*）为墩身截面配筋图，图3（*c*）为悬臂倾斜段截面配筋图，悬臂水平段除配置普通钢筋外，还配有预应力钢筋以控制挠度和裂缝。

按墩柱的构造特点，墩柱内钢筋可分为两组，即墩身、墩顶以及倾斜悬臂段和水平悬臂段，这两组钢筋互相交错，需要进行合理组织；而墩身两侧倾斜悬臂段内的上、下面钢筋则需要互相穿插、交错伸过墩身的中心线锚固，其侧面钢筋均不伸过墩身中心线。

出于城市景观方面的考虑，将桥梁和钢结构屋面的排水管埋设在墩身内，共预留2根ϕ200mm的排水管；同时由于墩柱高11.27m，一次性浇筑混凝土，根据施工方案，需要在墩身内预留4根ϕ300mm混凝土下料管（钢管），故墩身纵筋和箍筋的排布需要根据预埋管位置调整。

5. 基础设计

车站位于改道后的原有河床上，地表下1.3m左右深度范围内为河道改道时的大面积人工填土，微风化花岗岩岩面距地表23m左右，填土与基岩间均为淤泥土层，工程地质条件较差。

采用钻孔桩基础，根据受力需要，每墩9桩，桩径ϕ1500，桩端嵌入微风化岩1.5D。

顺桥向控制设计的水平力主要是无缝线路的特殊荷载，而横桥向控制设计的水平力主要是钢结构屋盖的风荷载。单桩需要进行水平承载力和水平位移计算，水平荷载为桩的配筋控制荷载。

6. 施工方案

墩柱为清水混凝土，墩高11.27m，属高墩支模，要求一次性浇筑混凝土，断面尺寸大、立面倒角、刻槽，轮廓复杂，采用定型钢模；虽已采用HRB400级钢筋，但墩柱内钢筋仍十分密集且直径大，要求钢筋下料准确、摆放到位、混凝土振捣密实且表面平整光滑，因此需要精心编制施工方案。

墩柱严格按清水混凝土的质量标准控制，混凝土材料及技术指标：采用普硅42.5R水泥；粗骨料采用花岗岩碎石，粒径5～25mm连续级配，细骨料为中粗砂，砂率35%～45%；水灰比0.4，坍落度100±20mm；外加剂采用复合缓凝早强剂。为保证混凝土浇筑过程中不出现冷缝，要求商品混凝土初凝时间大于4h。本工程混凝土施工正值夏季，对商品混凝土需要逐车检查入模温度，严格控制在28°以下，最大不得超过30°。

五、结语

1. “桥建合建”结构形式的成功实践

“桥建合建”的结构设计，建筑简洁，土地的利用率高，可节约宝贵的土地资源，同时也符合交通建筑的建筑美学需求。同时采用全隐藏的排水管道设计，美化了城市景观。建设中的广州新火车站以及武汉新火车站也采用了类似的结构体系，但这种结构体系的设计技术复杂，工作量巨大，需要同时满足铁路桥梁设计规范[2]、[3]（简称“桥规”）和建筑结构设计规范[4]、[5]（简称“建规”）。本工程以“桥规”为主进行结构设计，并按“建规”进行结构复核。

2. 新型、独创性墩柱造型设计

“桥建合建”结构形式的实现，主要是通过技术创新和现有技术的综合运用。五个高架车站按结构类型可划分为两大类：

1）石碁站、海傍站（亚运城）、低涌站、东涌站共四个站，位于地块之中，主体结构采用采用变高度独特的“Π”形墩柱，轨道梁位于中间，侧式站台梁分别位于盖梁两端抬高的的悬臂上，减小了盖梁的挠度和高度，非常好的利用了有限的建筑空间。

2）黄阁汽车城站位于广州市番禺区黄阁镇、丰田汽车城的南面。车站主体结构位于市南公路（一级公路）的5m宽绿化带上，根据站位特点和车站规模，主体结构设单排共四个墩柱，间距25m，车站全长75m。采用了国内外独创性墩型，该墩柱造型独特，呈树形，两斜枝末端带水平悬臂段呈“⌒Y⌒”形，结构美观且受力合理。墩柱造型与区间墩柱形似、舒展而优雅，受到了国内同行专家的高度评价，该站已有多批国内设计院设计人员的专家前来参观。同时，结构造型与建筑功能高度统一：墩顶的水平段用于支承轨道梁，水平悬臂段用于支承站台梁和钢结构屋盖的边梁（位于最外侧），墩顶和水平悬臂段顶面的高差为880mm，同轨面与站台面的高差相符，最大限度地减小了墩柱的高度，从而减小了墩底的设计内力，减小了墩柱的截面尺寸。悬臂段主要承担建筑结构（站台、楼梯、扶梯和钢屋盖）荷载，区间桥梁的荷载通过墩身直线段直接传至基础，受力简捷合理，这也是该工程的独创性设计。

黄阁汽车城站的创新墩型设计，成功解决了在城市绿化带上设置高架车站主站台的技术难题，创造了较好的社会效益和经济效益。

为满足建筑专业对城市景观的要求，地铁设备用房采用了美观大方的V形柱，并支承鱼腹形转换梁。该特色设计主要用于石碁站（位于石碁镇）、海傍站（广州亚运城），因为这两个高架站建筑对城市景观有很高要求。

3. 移植借鉴桥梁技术，有效处理温度应力

本工程五个高架站的站台梁均为3m×25m的箱形截面的三跨连续梁，长75m。均支承在墩柱的悬臂

端。由于温度力造成墩柱尺寸较大，影响美观。设计在移植和吸收桥梁技术的基础上，在站台梁下采用固定与滑动支座释放温度内力。

黄阁汽车城站钢结构屋盖的外轮廓呈腰鼓形，中间两个墩柱中心至水平悬臂端的距离即悬臂跨度为12.8m，两个边墩则为10.3m。承台面至墩顶的高度即墩高为12.27m，墩柱截面尺寸为2.7m×3.6m，水平悬臂段截面尺寸为2.7m×1.3m。

将整个钢结构屋盖看成是一个二组分别支承在墩柱悬臂端的三跨连续梁，采用与站台梁相同的方式设置固定与滑动支座，钢结构屋盖的荷载通过下边梁传递至墩柱悬臂端，成功地释放了温度应力，解决了温度应力过大导致墩柱尺寸过大的问题。

4. 高效预应力技术的运用

由于高架车站是地铁区间上的重要节点，轨面标高受整体设计的限制，因此建筑专业对结构梁高有严格限制。五个高架站的站台梁、石碁站、海傍站、低涌站、东涌站四个高架站的“Π”形墩柱的盖梁、黄阁汽车城站的“丫”型墩柱的水平悬臂段均采用了高效的预应力混凝土结构技术，有效地降低了梁高，控制了大跨度梁的裂缝。保障了建筑对空间的需要。

5. 按“桥规”进行结构设计，按“建规”进行结构复核的设计思路

“桥建合建”的高架轻轨车站，结构设计不但要满足现行的“桥规”的规定，同时也要满足现行的“建规”的规定。而现行的“桥规”，仍旧采用安全系数“*K*”法设计，采用容许应力法；而现行的“建规”则采用极限状态设计法。设计规范不匹配，给设计工作带来了较大的难题。

为此，本工程制定了以“桥规”为主进行结构设计，并按“建规”进行结构复核的有效计算思路，有效地解决了两套不同体系的规范所带来的设计技术困难。

图4、图5分别为石碁站、海傍站、低涌站、东涌站的实景照片和施工期间照片；图6、图7分别为黄阁汽车城站实景照片和施工期间照片。

参考文献

[1]《城市桥梁设计准则》CJJ11－93. 中华人民共和国行业标准．1994.
[2]《铁路桥涵设计基本规范》TB10002.1－99. 中华人民共和国铁道部，2001.01.
[3]《铁路桥涵钢筋混凝土和预应力混凝土结构设计规范》TB 10002.3－99. 中华人民共和国铁道部，2001.02.
[4]《混凝土结构设计规范》GB 50010—2002. 中华人民共和国建设部，2002.4.1.
[5]《建筑抗震设计规范》GB 50011—2001. 中华人民共和国建设部，2002.1.1.
[6]《地铁设计规范》GB 50157—2003. 中华人民共和国建设部，2003.08.

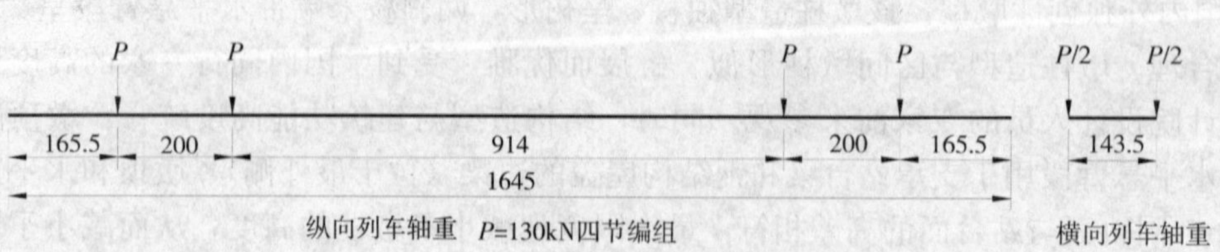

图1 列车竖向静活载图式（尺寸单位：cm）

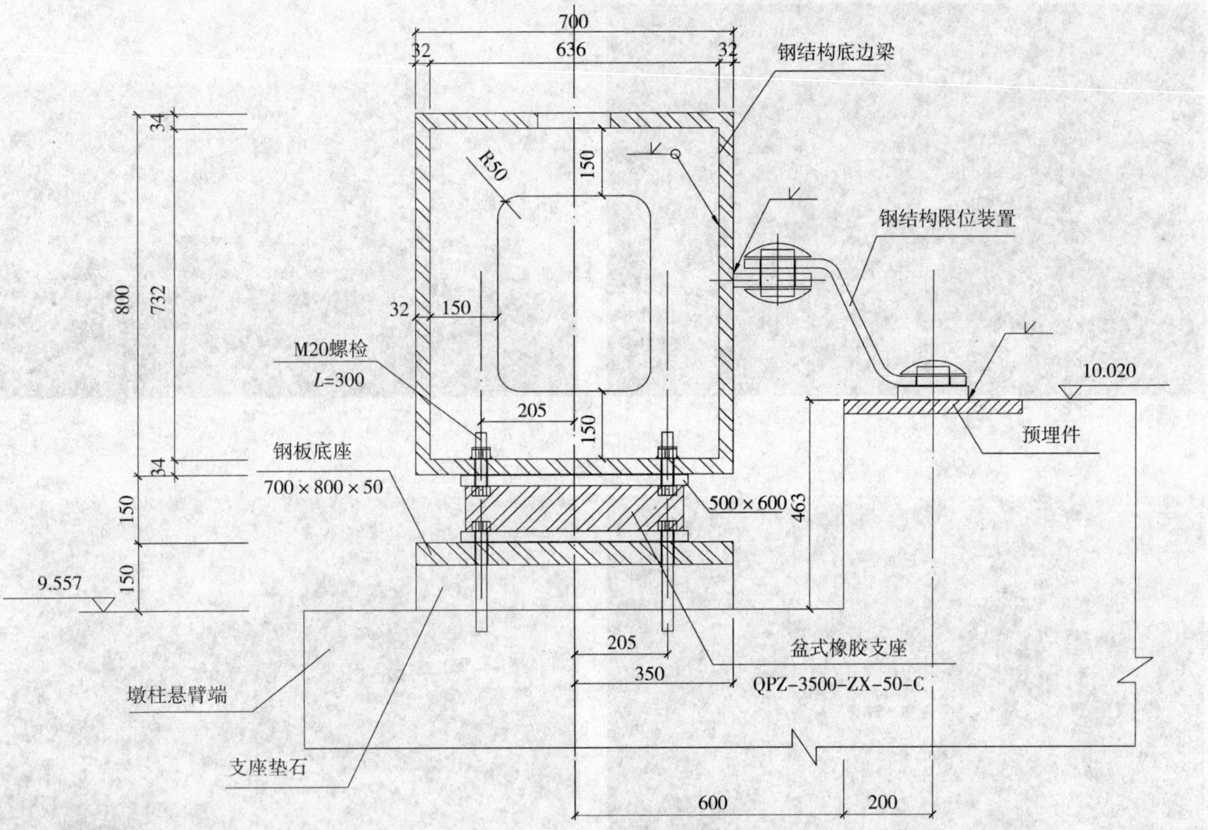

图 2　盆式支座与钢结构边梁的连接大样

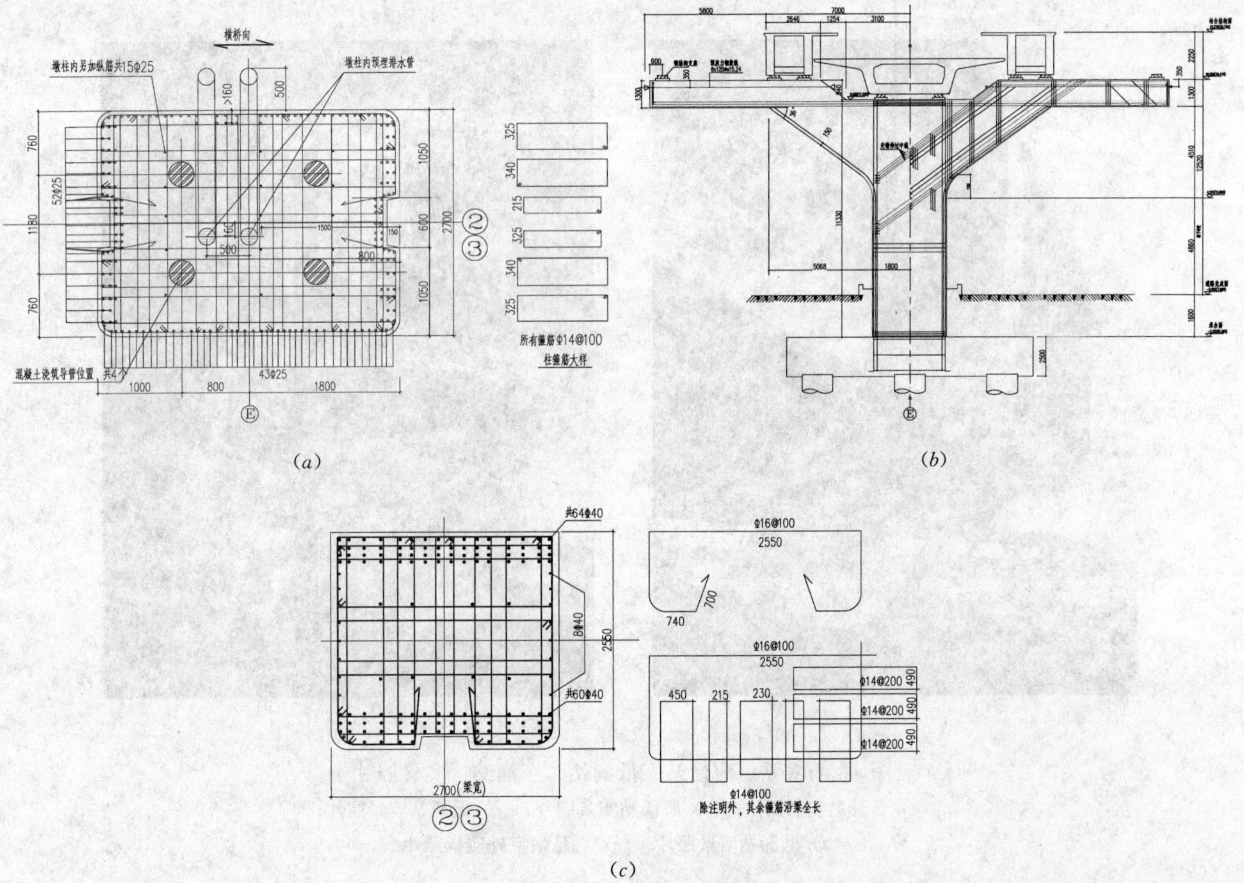

图 3　中间墩柱配筋图

(*a*) 墩柱立面配筋图；(*b*) 1—1 剖面图；(*c*) 2—2 剖面图

(a) (b) (c) (d) (e)

图 4　石碁站、海傍站、低涌站、东涌站　实景照片

(a) 石碁站实景照片；(b) 海傍站实景照片；(c) 低涌站实景照片；
(d) 低涌站实景照片；(e) 石碁站室外实景照片

(*a*)

(*b*)

(*c*)

(*d*)

(*e*)

图 5　石碁站、海傍站、低涌站、东涌站施工期间照片（一）

(*f*)

(*g*)

(*h*)

(*i*)

(*j*)

(*k*)

图 5 石碁站、海傍站、低涌站、东涌站施工期间照片（二）

(*a*) 墩柱施工；(*b*) 墩柱施工完成；(*c*) 区间轨道梁现浇；(*d*) 墩柱施工中；
(*e*) 石碁站、海傍站、低涌站、东涌站箱形轨道梁采用架桥机节段拼装；(*f*) 节段梁拼装；
(*g*) 站台梁完成施工；(*h*) 轨道梁落梁；(*i*) 轨道梁支座施工；
(*j*) V形柱施工；(*k*) V形柱施工完成

(a)

(b)

图 6　黄阁汽车城站实景照片

(a) 黄阁汽车城站实景照片；(b) 黄阁汽车城站室内实景照片

(a)

(b)

(c)

(d)

图 7　黄阁汽车城站施工期间照片

(a) 黄阁汽车城站轨道梁节段拼装；(b) 黄阁汽车城站轨道梁完成节段拼装；
(c) 区间贯通时的情景；(d) 钢结构安装完成